宇航科学与技术系列教材・制导导航与控制方向

航天组合导航原理

王可东　孟偲　王海涌　周俊杰　编著

北京航空航天大学出版社

内 容 简 介

本书以航天飞行器为应用对象，从基本导航原理入手，系统讲解了典型的导航原理、组合滤波算法和性能分析等，并通过编程示范，促进读者对导航原理和组合方法的掌握和应用。

全书共有九章，主要内容包括：航天组合导航的作用与发展趋势、向量矩阵运算基础、随机过程基础、坐标系与时间系统基础、捷联惯性导航原理、全球卫星导航原理、地形辅助导航原理、天文导航原理、视觉导航原理、组合导航滤波算法基础、惯性基组合导航方法与应用。书中各章配备了相应的练习题，同时为主要算法和例题均提供了参考程序。

本书可作为高等学校控制类、仪器类和航空航天类专业的"导航原理与技术"课程的教学用书，也可供其他相关专业师生和科技人员参考。

图书在版编目(CIP)数据

航天组合导航原理 / 王可东等编著. -- 北京 : 北京航空航天大学出版社，2024.10. -- ISBN 978-7-5124-4519-2

Ⅰ. V249.32

中国国家版本馆 CIP 数据核字第 2024C4N687 号

航天组合导航原理

王可东　孟偲　王海涌　周俊杰　编著

策划编辑　陈守平　　责任编辑　王　瑛　王迎腾

*

北京航空航天大学出版社出版发行

北京市海淀区学院路 37 号(邮编 100191)　http://www.buaapress.com.cn

发行部电话：(010)82317024　传真：(010)82328026

读者信箱：goodtextbook@126.com　邮购电话：(010)82316936

北京富资园科技发展有限公司印装　各地书店经销

*

开本：787×1 092　1/16　印张：26.25　字数：689 千字

2024 年 10 月第 1 版　2024 年 10 月第 1 次印刷　印数：1 000 册

ISBN 978-7-5124-4519-2　定价：86.00 元

若本书有倒页、脱页、缺页等印装质量问题，请与本社发行部联系调换。联系电话：(010)82317024

目　　录

第 1 章

绪　论

本章主要介绍航空器与航天器的区别、航天器的组成、航天导航技术发展情况和未来发展趋势，以及本教材所包含的主要内容和编程语言基本情况。

1.1　航空器与航天器

1.1.1　空与天

这里的空与天都是针对地球来说的，虽然其他星球（比如火星）也有空气，但不在本教材所讨论的范畴内。

从地球物理角度看，大气可以分为很多层，主要包括：

① 对流层。对流层是离地面最近的大气层，占整个大气质量的 75%～80%。在赤道附近，对流层最厚，厚度可至 17～20 km；在两极最薄，厚度约为 7 km。风雨雷电等日常气象均发生在大气层。在对流层，离地越远，大气越稀薄。

② 平流层。从对流层顶部至海拔高度约 50 km 处为平流层，其中包括臭氧层。研究表明，相较于对流层，平流层的大气稳定很多，但也是在流动变化的。

③ 中间层。从平流层顶部至海拔高度约 85 km 处为中间层。随着海拔高度的增高，该层大气温度逐渐下降。相较于对流层和平流层，中间层的大气更稀薄。但对于高速飞行的流星来说，中间层大气的密度还是足够高的，所以，流星基本上都在该层燃尽。

④ 热层。从中间层顶部至海拔约 690 km 处为热层。随着海拔高度的增加，该层大气温度逐渐升高，最高能至 2 000 ℃。在太阳辐射作用下，该层大气被电离化，电离层就位于该层。

⑤ 外层。从热层的顶部至海拔约 1 000 km 处为外层。有研究者认为，外层可延伸至海拔 10 000 km 处。外层之外，可以认为基本没有大气。

因此，从这个意义上，地球的大气分层到外层为止。外层以内，均可称为“空”；外层之外，可称为“天”。

1.1.2　航空器与航天器的定义

航空器和航天器有不同的分类方法，一种是按照飞行高度区分，即在大气层内飞行的飞行器，称为航空器；在大气层外飞行的飞行器，称为航天器。但是，需要注意的是，这里所说的大气层内外并不是由上述地球物理意义上所定义的。

对于航空器来说，飞行高度过高，会由于大气过于稀薄，导致气动升力过小。因此，航空器的飞行高度不能过高，存在一个上限，目前一般认为航空器的飞行海拔高度极限为 40 km。不过，随着新技术的发展，这个极限高度也在变化。例如，目前已知军用飞机的最高飞行海拔高度接近 30 km，据称美国 Blackbirds A－12 军用飞机曾飞至海拔 28 km 的高度。而气球则可以飞得更高，例如，2013 年，日本的一个超高空气球的飞行海拔高度达到 53.7 km。可以认为平流层的顶部是航空器飞行高度的上限。

对于航天器来说，飞行高度过低，会由于大气过于稠密，导致气动阻力过大。因此，航天器的飞行高度不能过低，存在一个下限，一般认为航天器的飞行海拔高度下限为 85～100 km，这个高度下限是由 Theodore von Karman 提出的，因此也称为“卡门线”。因此，在热层及以上飞行的飞行器都可以称为航天器。

大气的中间层，对航空器来说，空气密度过小，很难飞上去；而对航天器来说，空气密度过大，空气阻力太大，很难维持飞行的轨道。因此，该大气层往往被忽略。不过，随着超燃冲压发动机、新能源和新材料等技术的快速发展，飞行器在该大气层进行稳定可靠的飞行成为可能，而且在该层飞行的飞行器兼具航空器和航天器的优势，因而，近些年，相关的飞行技术和飞行器得以迅速发展。在该大气层飞行的飞行器称为临近空间飞行器，不过，临近空间的高度范围比中间层要大，通常海拔高度 20～100 km 的大气范围都称为临近空间。典型的临近空间飞行器包括高超声速飞行器、无人机、气球、飞艇等。例如，按照飞行高度，日本飞行海拔高度达到 53.7 km 的高空气球属于临近空间飞行器。

按照飞行高度，还有一些飞行器不能划分至上述任一类，如火箭、航天飞机、弹道导弹等，其飞行空间既包括航空空域，又包括临近空间和太空。以前，人们通常将这类飞行器归类于航天器，近些年则倾向于将其单独分类为跨域飞行器。

除了按照飞行高度划分航空器和航天器之外，划分二者的另一常用标准就是发动机。航空器使用的是航空发动机，而航天器使用的是火箭发动机，前者工作时不需要氧化剂，而后者则需要氧化剂。例如，弹道导弹虽然并不是全程在热层或以上飞行，但由于其使用的是火箭发动机，因此属于航天器。不过，也有例外，例如，空空导弹使用的也是火箭发动机，但往往将其归类为航空器；而巡航导弹使用的是涡扇发动机，却通常将其划归为航天器。

1.2 航天器导航

1.2.1 航天器组成

一个航天器通常由平台和有效载荷构成，其中平台部分包括结构/机构分系统，推进分系统，以及制导、导航与控制分系统，是构成航天器的最小系统，因此，由这三个分系统构成的平台也可以称为航天器。不过，针对具体的某个航天器，通常还有其他分系统，例如，载人飞船还有生命保障分系统。下面只介绍构成航天器平台最小系统的三个分系统。

结构/机构分系统通常又称为航天器总体，是航天器的骨架。按照结构功能该分系统可分为外壳结构、密封结构、防热结构、承载结构、能源结构、天线结构、设备安装面结构和其他机构。比较典型的机构有分离/对接机构、太阳帆板固定/展开机构等。

推进分系统为航天器提供飞行动力，有时也称为发动机或动力装置，不过，也有研究者认为这三者是有区别的，其中产生推力的装置称为发动机，而推进分系统则包含一台或一台以上的发动机，动力装置则包括推进分系统和其他辅助系统。按照工作原理，推进分系统主要包括传统的化学推进和新兴推进，其中传统的化学推进包括液体推进、固体推进和固/液混合推进，新兴推进包括电推进、核推进、激光推进、微波推进和太阳帆/电帆/磁帆推进等。

制导、导航与控制分系统是航天器按照设计航迹精确稳定飞行的关键，分为制导、导航和控制三部分，其中制导部分是指按照一定准则确定飞行器从一个地点飞行至目的地的最优航迹，显然，准则不同，确定的最优航迹也会有差异，因此，最优制导航迹不是唯一的；导航是指通过某种测量方式实时获取飞行器的位置、速度、姿态角、角速度、加速度等导航信息，按照测量方式的不同，分为惯性导航、卫星导航、天文导航、地形辅助导航、地磁辅助导航、重力辅助导航、无线电导航等；控制是指基于实时导航测量的飞行器飞行状态与事先制导规划的飞行状态之间的偏差，按照设计的控制算法，通过确定控制量、驱动执行机构、产生控制力矩，改变飞行器的飞行状态，使其趋于制导规划的飞行状态。因此，制导、导航与控制三者是配合工作的，是有机整体。

作为航天器平台最小系统的组成部分，航天器结构/机构、推进和制导、导航与控制三个分系统都是不可或缺的，其中，结构/机构分系统作为航天器的骨架，是保证航天器性能的基础，在设计制导、导航与控制分系统、推进分系统和有效载荷等其他分系统时，一些约束性指标都是由结构/机构分系统提出的；推进分系统作为航天器的心脏，是保证航天器强劲飞行的关键，航天器能飞多高、多远，在很大程度上取决于推进分系统；制导、导航与控制分系统作为航天器的大脑和中枢神经系统，是保证航天器精准飞行的核心，航天器飞行的稳定性和准确性主要依赖制导、导航与控制分系统。

因为导航是制导、导航与控制分系统的一部分，同时也是本教材重点介绍的内容，因此，后续将对该分系统进行进一步介绍。

1.2.2 制导、导航与控制系统

图1-1所示为制导、导航与控制系统的原理框图，在进行制导/控制算法设计时，需要对航天器、导航系统和执行机构进行运动学和动力学建模。从这个意义上看，航天器也是制导、导航与控制系统的一部分。

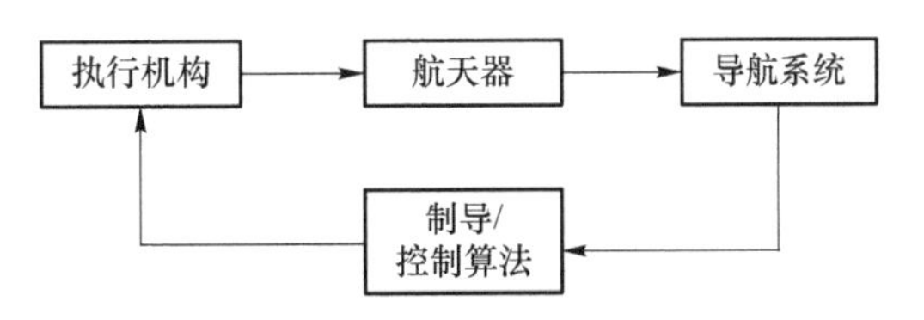

图1-1 制导、导航与控制系统原理框图

航天器在飞行之前通常是要进行航迹规划的，即设计制导率或制导算法。从不同的角度看，制导可分为不同的种类：按照制导的航程，可分为中制导、末制导和全程制导等；按照制导所需的信息来源，可分为惯性制导、激光制导、卫星制导、红外制导和雷达制导等；按照制导的方法，可分为比例制导、平行接近制导、前置角制导和速度追踪制导等；按照是否需要外界信息，可分为自主制导、非自主制导和复合制导等；按照制导率是否是事先设计的，可分为离线制导和在线制导。还有很多其他分类方法，比如按照优化方法对最优制导进行分类等，这里不再列举。

导航是制导、导航与控制系统中唯一的信息获取单元，是实现精确制导和稳定控制的关键，因此，导航技术和系统研制一直是相关领域的核心之一。目前，已有的导航系统主要有惯性导航系统（inertial navigation system，INS）、全球卫星导航系统（global navigation satellite system，GNSS）、天文导航系统（celestial navigation system，CNS）、地形辅助导航系统（terrain -

aided navigation，TAN）、视觉导航系统（visual navigation system，VNS）和各种组合导航系统等，相关内容也是本教材的主题，后续将分别介绍。

制导率是航天器质点运动的规律。需要注意的是，除了直线运动之外，航天器质点运动的实现是通过姿态运动完成的。因此，控制不仅是为了保证航天器稳定飞行，也是为了保证航天器可以按照设计的制导率精确飞行，而在控制航天器飞行姿态的过程中，还利用了导航系统输出的导航信息，在某种程度上，制导、导航与控制系统任务最终是通过控制的形式完成的，因此，有时也将制导、导航与控制系统简称为控制系统。经过多年的发展，目前主要的控制算法有 PID（proportional，integral，derivative）算法、自适应控制算法、自抗扰控制算法、鲁棒控制算法、滑模控制算法和最优控制算法等。

制导、导航与控制的英文分别是 guidance、navigation 和 control，简写为 GNC，需要注意，在这里 guidance 和 navigation 分别指的是制导和导航。另外，还需要注意的是，日常生活中所说的“导航”，从功能上，对应的实际上是 GNC。

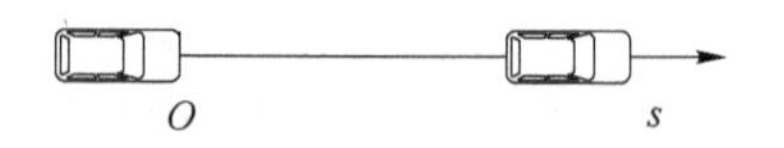

图 1-2　车辆直线行驶

【例 1-1】　如图 1-2 所示，设有一静止的车辆，以 2.5 $\mathrm{m/s^2}$ 的加速度沿一公路直线行驶，问 10 s 后该车辆的速度和位移分别是多少？

【解】　由于车辆进行匀加速直线运动，由运动学可知，在已知车辆加速度 a 的情况下，车辆的速度 $v(t)$ 和位移 $s(t)$ 与运动时间 t 的关系分别为

$$\begin{cases} v(t)=v_0+a(t-t_0) \\ s(t)=s_0+v_0(t-t_0)+\dfrac{1}{2}a\,(t-t_0)^2 \end{cases} \tag{1-1}$$

设初始时刻为 0，位移起始点也为 0，由于初始时车辆静止，因此，式（1-1）可简化为

$$\begin{cases} v(t)=at \\ s(t)=\dfrac{1}{2}at^2 \end{cases} \tag{1-2}$$

当 $t=10$ s 和 $a=2.5\ \mathrm{m/s^2}$ 时，可得速度和位移分别为 25 m/s 和 125 m，即 10 s 后车速达到 90 km/h，位移为 125 m。

在例 1-1 中要求计算的是车辆在 10 s 时的速度和位移（或位置），这就是典型的导航任务。实际上，这个例子中已知了两个条件，即车辆运行的加速度和时间，而在实际运动中，这两个量是需要测量的，比如加速度由加速度计测量，时间由计时器提供。因此，尽管速度和位移是通过积分计算出来的，但积分的对象是由传感器（加速度计和计时器）测量得到的。

1.2.3　航天器导航系统

与其他载体的导航相比，航天器导航有如下鲜明的特点：

（1）可靠性要求高

航天任务具有高价值、高风险和高关注度等特殊性，而导航系统又是 GNC 系统中唯一的信息获取单元，如果导航系统因出现故障而无法工作，将导致 GNC 系统失效，最终会导致整个航天器失效，飞行任务失败。因此，航天器的导航系统需要具有高可靠性，设计时往往通过冗余配置和组合提高导航系统的可靠性。

（2）自主性要求高

在空中和地面载体导航中，使用最普遍的是卫星导航，这不仅是因为其使用价格便宜，还

因为其导航误差不随工作时间发散，导航精度高。不过，有些航天器很难使用卫星导航，比如高轨道卫星和深空探测器。因此，航天器导航的自主性要求高，更多依赖于天文导航、惯性导航、视觉导航和无线电/激光雷达导航等。

(3) 导航应用条件独特

如前所述，航天器的飞行空间为太空和深空，对于高轨道卫星和深空探测器来说，卫星导航很难应用。但是，太空和深空环境下，地球大气对导航的影响就没有了，比如，在大气层中很难观测脉冲星发射的X射线，而在太空和深空接收X射线则不受大气衰减的影响。因此，航天器是天文导航理想的应用平台，脉冲星导航、星敏感器等都是航天器首选的导航方式。

除了飞行空间特殊之外，航天器通常都是按照轨道飞行的，在航天器组合导航中，可以充分利用这个特点，将其作为先验信息，提高导航精度。

1.3　航天导航技术进展

1.3.1　惯性导航

由于惯性导航是完全自主的，因此，其不仅在航天领域得到了广泛使用，而且在水下、陆地、空中等几乎所有领域都得到了普遍使用。

现实生活中很早就开始使用惯性技术了，西汉司马相如的《美人赋》中提到了“金鉔熏香”，其中的“金鉔”就是利用了陀螺原理的被中香炉。利用类似原理的，还有16世纪意大利人Gerolamo Cardano发明的由三个同心环构成的稳定平台，以及1743年英国人John Serson发明的可用于航海的水平稳定平台。不过，这些都还只停留在技术发明阶段，惯性技术直到19世纪中后期才真正发展至有理论基础的现代导航技术阶段。惯性导航系统由陀螺仪和加速度计构成，下面分别就陀螺仪、加速度计和导航系统的发展情况进行简单介绍。

1. 陀螺仪

1852年，法国人Leon Foucault设计研制了一个用于测量地球自转角速度的设备，并将该设备命名为“陀螺仪”。不过，该设备的精度太低，并不能精确测量地球自转角速度。之后，电机技术的快速发展，为驱动陀螺转子高速稳定旋转奠定了基础，也为提高陀螺仪的测量精度创造了条件。

1904年，德国人Hermann Anschütz-Kaempfe和美国人Elmer Sperry分别独立发明了有一定测量精度的机械式陀螺仪，后者还成立了专门研发和生产陀螺仪的公司，生产航空和航海用的陀螺仪和相关产品。不过，尽管陀螺转子的高速旋转有利于提高测量精度，但高速旋转带来的摩擦问题一直是阻碍机械式陀螺仪精度继续提升的瓶颈。基于此，研究人员提出了一系列减小摩擦的技术，并发明了液浮陀螺仪和静电悬浮陀螺仪等，通过液浮和静电悬浮，极大程度地减小了陀螺转子与支撑机构之间的摩擦，从而显著提高了陀螺仪的精度。液浮陀螺仪的精度可以达到1×10^{-3}°/h，而静电悬浮陀螺仪的精度则高达1×10^{-4}°/h，后者是目前实际应用中精度最高的陀螺仪。

机械式陀螺仪的另一个突出问题就是活动部件多、工作可靠性低，因此，通过减少活动部件以提高陀螺仪的可靠性，是20世纪60年代及之后相关领域的研究重点。其中的代表性成果就是动力调谐陀螺仪(也称挠性陀螺仪)和半球谐振陀螺仪，这两种陀螺仪都没有机械框架，从结构上大大降低了复杂度，特别是半球谐振陀螺仪中无活动部件，其平均无故障工作时间

(mean time between failures，MTBF)可达十几年，是卫星和深空探测器等航天器首选的陀螺仪。

从20世纪80年代开始，随着微电子技术的快速发展，基于微机械加工技术(micro-electro-mechanical system，MEMS)的惯性传感器和惯性测量单元(inertial measurement unit，IMU)得到蓬勃发展，为最大程度地降低INS的成本和减小其体积奠定了基础。但是，MEMS陀螺仪和加速度计最初只适合于消费级和部分战术级领域，不过，经过多年的发展，目前MEMS陀螺仪和加速度计的精度已经得到明显的提升。例如，美国Honeywell公司于2021年报道，在其研制的HG7930型MEMS IMU中，陀螺仪和加速度计的零偏稳定性分别优于0.02 °/h和2 μg(1 000 s)，已经达到导航级应用精度。

陀螺仪发展的另一条路线就是光学陀螺仪，与机械陀螺仪相比，光学陀螺仪有望彻底抛弃机械框架，为构建捷联惯性导航系统(strap-down inertial navigation system，SINS)奠定基础。光学陀螺仪基于的Sagnac原理是1913年由法国人Georges Sagnac提出的。由Sagnac原理可知，封闭光路中正反两路光的光程差与光路的旋转角速度呈函数关系，因此，通过光程差可以确定光路的旋转角速度；不过，由于基于光程差测量角速度的灵敏度系数过小，最终需要将光程差转化为频率差，即通过输出两路光的频率差实现对光路旋转角速度的测量。需要指出的是，基于Sagnac原理的第一个光学陀螺仪——激光陀螺仪(ring laser gyroscope，RLG)，一直到1963年才由美国Sperry公司研制成功。这是因为基于频率差输出测量角速度的必要条件是光路中的正反两路光均为单色光，而自然界中所有光均为复合光，直至1960年可被近似认为是单色光的激光发明，这个问题才得以解决，因此，RLG和后续研发的光纤陀螺仪(fiber optic gyroscope，FOG)都是基于激光工作的。

在研制过程中，RLG遇到最大的障碍是频率闭锁(frequency lock-in)，即输入的角速度与输出的频率差并不总是呈线性关系：当角速度足够大时，二者呈线性关系；当角速度较小时，二者呈非线性关系；当角速度小于某个阈值(80～100 °/h)时，输出的频率差为零，此时有输入而无输出。因此，频率闭锁问题不解决，RLG就无法实现高精度测量。频率闭锁是RLG中构成环形腔的反射镜背向散射造成的，只能通过改进加工工艺减小其影响，但无法消除；然而，机械抖动偏频方法的提出，使得输入的角速度在大部分时间都处于线性区间，从而间接抑制频率闭锁所造成的影响。通过机械抖动和随机抖动，RLG的精度可高达1×10^{-3}°/h。20世纪80年代中后期，基于机械抖动的RLG已经发展成熟，逐渐取代机械式陀螺仪，并得到了普遍使用。

考虑到RLG的频率闭锁是由反射镜引起的，另一种解决方法是彻底摈弃反射镜，采用光纤构建环形光路，这就是FOG，随着低损耗光纤技术的成熟，采用长光纤构建高灵敏度FOG成为可能。与RLG相比，FOG不存在频率闭锁问题，不需要采用机械抖动。因此，FOG是彻底不需要机械部件的光学陀螺仪，这有利于FOG的小型化和提高其可靠性。目前，在高精度应用领域，FOG还需要继续改进，但在中低精度应用领域已经得到广泛应用。

基于Sagnac原理，如果光的波长能减小，则可以进一步提高输出灵敏度，原子干涉陀螺仪就是基于这个思路研发的。相关思想早在1973年就提出了，但直到1991年基于原子干涉的Sagnac效应观测才得以实现；同年，以朱棣文为首的研究团队成功实现了用激光冷却原子的技术，为冷原子干涉陀螺仪的研究奠定了基础。不过，到目前为止，原子干涉陀螺仪还处于研究阶段，想要将高灵敏度转化为高精度仍然有很多工作需要完成。

其他的新型陀螺仪，如超流体陀螺仪、核磁共振陀螺仪、微半球谐振陀螺仪等，目前都处于研究阶段。

2. 加速度计

相比较于陀螺仪,加速度计的发展相对简单,大多数加速度计的基本原理都是相对位移式加速度敏感机理,只是读取相对位移的方式不同而已,如压电式、光电式、磁电式等。这里就惯性导航中常用的液浮摆式加速度计、挠性摆式加速度计、MEMS 加速度计和正在发展中的新型加速度计进行简单介绍。

液浮摆式加速度计和挠性摆式加速度计都是机械摆式加速度计,只是二者的支撑方式不同,前者是通过浮液的浮力减小摆组件运动时所产生的摩擦力矩,后者则是通过挠性支撑避免摩擦力矩。后者性能优于前者,在 20 世纪 60 年代成功研发出石英挠性摆式加速度计之后,液浮摆式加速度计的应用就越来越少。目前,石英挠性摆式加速度计仍然是中高精度 INS 的首选,在载人航天和探月等任务中使用的都是石英挠性摆式加速度计。

不过,在中低精度 INS 中,首选的是 MEMS 加速度计。与 MEMS 陀螺仪不同,MEMS 加速度计的精度能够满足大部分低精度以及部分中等精度 INS 的需求,比如瑞士 Colibrys 公司 MS1000 型单轴加速度计的零偏稳定性达到了 3 μg(量程± 2 g)。

目前,更高精度的加速度计和新型加速度计在不断研究中,其中,静电悬浮加速度计是精度最高的,其随机游走误差可低至 $1\times10^{-16}\sim1\times10^{-15}$ g/Hz$^{1/2}$,是目前航天器中用于微重力测量的主要仪器;在 MEMS 加速度计方面,硅谐振式微机械加速度计的零偏稳定性已经优于 1 μg,更高精度的仍然在研发中;基于原子冷凝技术的冷原子加速度计同样可以用于测量加速度,目前,基于冷原子干扰构建的重力仪已经达到实用的程度,在构建加速度计方面,仍然需要在小型化和提高精度等方面继续努力。

3. 惯性导航系统

一套惯性导航系统至少由三个陀螺仪和三个加速度计构成。在航天器中,为了提高惯性导航系统的可靠性,通常会进行冗余配置,即在一套惯性导航系统中采用多于三个陀螺仪和三个加速度计的配置。在本教材中,只讨论三个陀螺仪和三个加速度计的配置。

由三个陀螺仪和三个加速度计构成的设备称为惯性测量单元(IMU),只有对这些传感器的输出进行处理和导航解算,才能得到姿态、速度和位置等导航信息。因此,配备了信号处理和导航解算的 IMU 才能称为惯性导航系统(INS)。

IMU 输出的信号不能直接用于导航解算,因为其中包含安装误差和传感器器件误差等各种误差,如果不进行标定和补偿,会导致导航解算精度严重降低。因此,必须要进行 IMU 误差建模与补偿。IMU 误差建模又分为转台离线建模和在线建模,能否进行在线建模取决于载体的具体运动状况,因此,通常都是通过转台离线进行 IMU 误差标定和建模的。

IMU 的误差主要包括安装误差和传感器器件误差,前者是指三个陀螺仪和三个加速度计实际上并不是正交安装的,可以通过转台标定估计偏离的安装角,用于后续的安装误差补偿;后者包括陀螺仪和加速度计的标度因子误差、偏置误差、随机游走和温度漂移等,总体上可分为确定性误差和随机误差。安装误差是确定性误差的一种,从理论上讲,确定性误差是可以完全补偿的,而随机误差则不一定。

随机误差可分为与时间相关的有色噪声和与时间不相关的白噪声,其中有色噪声是可以通过建模进一步补偿的,而白噪声则是无法补偿的。因此,IMU 器件误差处理的极限是使残余的误差趋于白噪声。目前有色噪声的建模方法主要有基于谱分析的成形滤波器法、时间序列分析法和 Allan 方差分析法三种,其中时间序列分析法又称自回归滑动平均法(autoregressive moving average,ARMA),后两种方法在 IMU 传感器随机误差建模中得到了普遍使用,陀螺仪和加速度计性能手册中给出的指标值就是通过 Allan 方差分析法获得的。

在进行 IMU 误差补偿后,即可进行导航解算。按照使用的陀螺仪类型,可以将惯性导航系统分为平台式和捷联式两大类,前者使用的是带机械框架的转子陀螺仪,如液浮陀螺仪;后者使用的是没有机械框架的陀螺仪,如动力调谐陀螺仪、激光陀螺仪、光纤陀螺仪和 MEMS 陀螺仪等。由于 SINS 直接安装在载体上,具有体积小、动态范围大和可靠性高等优势,因此,其目前已经得到普遍使用,而平台式 INS 只是在极少数载体上使用,故本教材只介绍 SINS。

SINS 的导航解算实际上是在定义的坐标系中,对陀螺仪和加速度计输出的角速度和加速度进行积分,而积分需要确定初值,因此,导航解算又分为初值确定和积分解算两个步骤。

初值确定又称为初始对准,需要确定初始姿态角、速度和位置。初始速度和位置通常比较容易确定,例如在地理坐标系中,静止状态下的载体初始速度是零;在卫星导航或其他导航的辅助下,初始位置也可以得到;但是,初始姿态角通常比较难确定。因此,在实际应用中,初始对准通常指的就是初始姿态角的确定。按照实施条件,初始对准可分为静基座对准、动基座对准和传递对准等,基于找北仪的初始装订可认为是静基座对准。静基座对准只适用于精度较高的 SINS,通过对地球自转角速度和当地重力加速度的测量,构建双矢量定姿算法,可以确定在地理坐标系下的初始姿态角。当陀螺仪精度较低时,静基座对准不再适用,此时可以通过其他导航方式的辅助进行动基座对准。其中应用最多的是基于 GNSS 的组合动基座对准,即基于速度观测,利用速度与姿态之间的耦合关系,实现对姿态角的估计。目前已经发展出基于优化的估计方法(optimization-based alignment,OBA)和基于滤波的估计方法,前者具有收敛速度快的优势,后者则便于过渡到后续的组合导航阶段。还有一种初始对准方式就是传递对准,精度较低的 SINS 初始姿态角是由精度较高的 SINS 提供的,两个 SINS 之间的安装关系确定且已知,对准过程在运动中完成,其典型的应用场景是机载导弹的初始对准,导弹上的 SINS 初始姿态角是由载机的 SINS 提供的,目前已经提出的传递对准方法有速度匹配、姿态匹配和速度/姿态匹配等,其中还包括两个 SINS 之间的弹性振动建模方法等关键技术。

完成初始对准后,即可进行后续的 SINS 导航解算,其中包括姿态解算、速度解算和位置解算。如前所述,导航解算是在定义的导航坐标系中进行的,常用的坐标系包括地理坐标系、地球固联坐标系(earth-centered-earth-fixed,ECEF)和惯性坐标系等,其中尤以地理坐标系最为常用。按照习惯,地理坐标系又分为"东-北-天"(east-north-up,ENU)和"北-东-地"(north-east-down,NED)等,在本教材中默认使用 ENU 坐标系。在定义的坐标系中,导航解算通常是:首先,进行姿态解算,主要使用欧拉角法和姿态四元数法等,由于前者有可能发生解算奇异的情况,因此,通常使用姿态四元数法进行姿态积分;然后,进行速度解算,解算之前,需要先利用更新的姿态解算结果,将载体坐标系中加速度计的输出转换到导航坐标系中,再利用重力场模型对重力加速度进行补偿,得到载体在导航坐标系中的加速度并进行积分,得到速度;最后,对速度再进行一次积分,得到位置。

按照载体动态范围的大小,可以将导航解算分为低动态和高动态两种。载体动态的高低主要取决于运动的角速度和加速度的变化情况。由于姿态积分、速度积分和位置积分都是离散数值积分而不是连续积分,存在着一个积分周期内被积分对象的假设近似问题:对于变化缓慢的低动态情况,当积分周期很短时,通常可将被积分对象的角速度、加速度和速度近似为常值;不过,随着动态变大,常值近似将导致积分误差增大,因此,有必要将这些被积分值近似为一次线性函数、二次函数和高阶函数等,积分中所使用的采样点数量也应相应增加,即所谓的二子样、三子样和四子样解算算法等，随着一次积分中使用采样点数量的增加，解算算法的复杂度和计算量也将显著增加，在设计和实施这类高动态解算算法时，需要考虑相关实施条件。

1.3.2　卫星导航

从工作原理上看，卫星导航属于无线电导航的一种，其原理是通过计算信号源与接收机之间的无线电传输时间（time of arrival，TOA）来确定接收机的位置和速度。另外，卫星导航还可以用于授时。按照可工作范围，可将目前的卫星导航分为区域和全球两种。我国的北斗一号/二号、日本的准天顶星（quasi-zenith satellite system，QZSS）和印度的导航星座（navigation Indian constellation，NavIC）等都属于区域卫星导航系统，而美国的全球定位系统（global positioning system，GPS）、俄罗斯的格洛纳斯系统（global navigation satellite system，GLONASS）、欧洲的伽利略系统（Galileo satellite navigation system，Galileo）和我国的北斗三号卫星导航系统（Beidou navigation satellite system，BDS）为目前在轨运行的四个全球卫星导航系统。下面对这四个 GNSS 系统的建设发展情况进行简单介绍。

1. GPS

美国的 GPS 从 1967 年就开始论证，1973 年开始立项建设，1978 年发射第一颗导航卫星，到 1985 年一共发射了 11 颗导航卫星（其中有 1 颗因故障失效）。这一阶段具有一定的实验验证的目的，此时离 21 颗满星座工作还有较大的距离，这期间发射的导航卫星也称为第一代导航卫星。从 1989 年开始，GPS 进入全面建设阶段（即第二阶段），截至 1994 年，美国完成了由 24 颗卫星构成的星座建设，一直到 2016 年期间发射的导航卫星称为第二代导航卫星，这一代导航卫星在发射过程中也在不断改进；从 2018 年开始发射的导航卫星称为第三代导航卫星，截至 2023 年 1 月 18 日已发射了 6 颗。

GPS 的最小星座组成包括 21 颗导航卫星和 3 颗备用卫星，共 24 颗导航卫星，它们分布在 6 个轨道面上，每个轨道面有 4 颗卫星，轨道高度为 20 180 km，为地球中轨道卫星（medium Earth orbit，MEO）星座，轨道周期为 11 h 58 min。不过，截至 2023 年 7 月 3 日，在轨的 GPS 卫星有 32 颗，其中有 1 颗因故障无法工作，其余 31 颗正常工作。除了卫星星座之外，GPS 还包括地面测控站和用户接收机。

GPS 信号由载波、测距码和导航码等构成，采用码分多址（code division multiple access，CDMA）技术，所有卫星使用的载波频率是一样的，由测距码区分卫星信号，即每颗卫星使用不同的测距码（pseudo random noise，PRN），测距码一共有 37 个，其中可用于卫星的有 32 个，也就是 GPS 的在轨卫星数最多为 32 颗。GPS 信号中，用于信号传输的载波均位于 L 波段，分别为 L1（1 575.42 MHz）、L2（1 227.60 MHz）、L3（1 381.05 MHz）、L4（1 379.913 MHz）和 L5（1 176.45 MHz），其中 L3 用于全球核爆监测，L4 用于电离层修正，L1、L2 和 L5 用于导航。早期的 GPS 测距码只有 L1 C/A 码和 L1/L2 P 码，前者为民用，后者为军用，均采用 BPSK（binary phase shift keying）调制，其区别在于码速率的差异；后来又添加了 L1/L2 M 码、L1/L2 C 码和 L5 C 码，其中的 M 码为军用，C 码为民用，L1/L2 M 码采用 BOC（binary offset carrier）调制，L1/L2 C 码采用 MBOC（multiplexed BOC）调制，L5 C 码采用 QPSK（quadrature phase shift keying）调制，这些新添加的测距码主要是用于分开军民用和提高导航性能等目的。GPS 的导航码中包含信号发射的时刻、卫星的位置、卫星的轨道参数和修正参数等，是定位、测速和授时所必需的信息。

GPS 最初只限于军用，其军事价值在 1991 年的海湾战争中得到了充分检验。尽管当时的 GPS 星座还未建成，但基于 GPS 的精确制导武器大大缩短了战争进程，正是这次战争中 GPS 所展示的优异性能，使美国大大加快了 GPS 星座的建设进度：1994 年实现了由 24 颗导航卫星构成的星座建设，1995 年正式投入使用。不过，GPS 的民用过程比较曲折，其民用过程起源于一次民航悲剧：1983 年，一架韩国民航飞机因为导航错误而被击落，机上 269 人全部遇难，时任美国总统里根于 1984 年宣布 GPS 开放民用。但在开放的同时实施了 SA（selective availability）政策，人为将民用 GPS 的定位精度降至 100 m 左右，直到 2000 年 SA 政策才被取消，使得民用 GPS 的定位精度达到 15～20 m，大大促进了 GPS 在民用领域的广泛使用。目前，GPS 在交通、民航、电网授时、基于位置的服务（location based service，LBS）、环境监测等众多领域均得到了成功使用。

2. GLONASS

GLONASS 系统由苏联于 1976 年立项，于 1982 年发射第一颗卫星，到 1995 年由俄罗斯完成了由 24 颗卫星组成的星座建设。与 GPS 不同的是，GLONASS 的卫星位于 3 个轨道面上，每个轨道面上有 8 颗卫星，轨道高度为 19 100 km，轨道周期为 11 h 15 min。1991 年苏联解体之后，GLONASS 系统归俄罗斯所有，此后受俄罗斯经济条件限制，GLONASS 的在轨卫星数量没有得到及时补充，导致其全球服务能力严重下降，一直到 2011 年才又实现 24 颗卫星的完整星座建设。

虽然 GLONASS 也是基于 TOA 进行定位的，但与 GPS 相比，其实现 TOA 的方式有很大不同。与 GPS 完全相反，GLONASS 的所有卫星都采用一个测距码，而每颗卫星采用不同的载波频率，即采用的是频分多址（frequency division multiple access，FDMA）技术：在 L1 波段，以 1 602 MHz 为中心，每颗卫星的载波频率相差 0.562 5 MHz；在 L2 波段，以 1 246 MHz 为中心，每颗卫星的载波频率相差 0.437 5 MHz。因此，GPS 和 GLONASS 很难进行兼容接收。测距码方面，与 GPS 类似，GLONASS 的测距码也分为民用码和军用码，都采用 BPSK 调制。进入新世纪，俄罗斯在改进 GLONASS 系统时，专门设计了基于 CDMA 技术的新信号，分别位于载波频率为 1 202.025 MHz、1 248.06 MHz 和 1 600.995 MHz 的频点上。CDMA 不仅继续使用 BPSK 调制信号，还使用 BOC 调制信号，为与其他 GNSS 信号的兼容接收创造了条件，其中位于 1 202.025 MHz 频点的 CDMA 信号已经投入使用。

3. Galileo

欧洲的 Galileo 系统于 2003 年正式立项。与 GLONASS 一样，Galileo 系统的卫星也分布在 3 个轨道面上，但其每个轨道面上有 8 颗正常工作的卫星和 2 颗备用卫星（最初计划是每个轨道面上有 9 颗正常工作的卫星和 1 颗备用卫星），轨道高度为 23 222 km，轨道周期为 14 h 4 min。Galileo 系统的卫星发射经历了三个阶段：第一阶段，于 2005 年和 2008 年共发射了 2 颗实验卫星，并于 2012 年退役，主要目的是进行在轨原理验证；第二阶段，于 2011 年和 2012 年共发射了 4 颗在轨实验卫星，进一步进行相关关键技术验证，截至 2023 年 8 月 20 日，除了有 1 颗已不能工作之外，其他 3 颗目前仍然在正常工作；第三阶段，从 2014 年开始发射正式工作卫星，到 2021 年共发射了 24 颗卫星，组成了完整的星座，不过，截至 2023 年 8 月 20 日，有 4 颗已经不能工作。

Galileo 系统也采用 CDMA 技术，载波频率为 1 575.42 MHz（E1-I/Q）、1 176.45 MHz（E5a）、1 207.14 MHz（E5b）和 1 278.75 MHz（E6-I/Q），其中 E1-I/Q 信号的载波频率与 GPS 的 L1 的载波频率完全一样，这是两个系统为了进行兼容接收而设计的，通过采用不同的测距码避免信息之间的互相干扰。Galileo 系统中，除了 E6－I 采用 BPSK 调制之外，其他 5 个测距码都采用 BOC 调制。为了避免互相干扰和取得更好的性能，其采用的是变形的 BOC 调制信号：其中 E1－I 是 CBOC(composite BOC)；E1－Q 和 E6－Q 是 BOCcos；E5a/b 是 AltBOC (alternate BOC)。Galileo 系统的信号分为公开使用的和授权使用的，类似于 GPS 的民用和军用。

4. BDS

我国的 BDS 系统发展历程与 Galileo 系统类似，也经历了三个阶段。

第一阶段为北斗一号，最初的思想为 20 世纪 80 年代初陈芳允院士提出的双星定位原理。基于该原理的北斗一号于 1994 年立项，2000—2003 年完成了 3 颗卫星的发射，其中 1 颗为备用星，2007 年又发射了 1 颗备用星。这 4 颗都是地球静止卫星(geostationary orbit，GEO)，采用的是双向通信定位原理，又称为无线电测定(radio determination satellite system，RDSS)服务：接收机要实现定位时，先发送信号至卫星，卫星再将信号发送至地面站；定位解算是在地面站完成的，然后再由地面站将解算结果发送至卫星，并转发至接收机。双向通信的上行频率为 1 615.68 MHz，下行频率为 2 491.75 MHz。由于北斗一号是基于双向通信原理，因此也可以发送文字信息，即短报文，每次可发送 120 个汉字。由于北斗一号是 GEO 卫星，因此，其只能服务于中国及周边区域，同时有服务容量限制，使用时需得到授权。这 4 颗卫星到 2012 年年底已全部退役。这种系统的好处是需要的卫星数量少、建设成本较低，但缺点也是非常明显的，如接收机发射功率高、容易暴露自己、双向通信延迟大、可工作区域范围有限、服务容量有限等。

第二阶段为北斗二号，于 2004 年立项，最初是按照 5 颗 GEO 卫星、3 颗倾斜地球同步(inclined geosynchronous orbit，IGSO)卫星和 27 颗 MEO 卫星的混合轨道进行全球星座设计的，不过，到 2012 年年底建成时，调整为由 5 颗 GEO 卫星、5 颗 IGSO 卫星和 4 颗 MEO 卫星构成的混合轨道区域星座。2007—2012 年共发射 16 颗卫星，2016 年、2018 年和 2019 年又陆续补发 4 颗。截至 2023 年 5 月 19 日有 6 颗已退役，在轨运行的有 15 颗。其中 MEO 卫星的轨道高度为 21 528 km，轨道周期为 12 h 55 min。北斗二号除了继续保留北斗一号的 RDSS 功能(短报文功能，每次可发送 120 个汉字)之外，更重要的任务是测试验证基于 CDMA 技术的被动式无线电导航(radio navigation satellite system，RNSS)服务。与 GPS 和 Galileo 的类似，北斗二号的载波频率为 1 561.098 MHz(B1-I/Q)、1 207.14 MHz(B2-I/Q)和 1 268.52 MHz(B3-I/Q)，采用的是 QPSK 调制，也分为公开和授权使用两种模式。

第三阶段为北斗三号，于 2009 年立项，按照 3 颗 GEO 卫星、3 颗 IGSO 卫星和 24 颗 MEO 卫星的混合轨道全球星座设计，MEO 卫星轨道与北斗二号一样。2015—2016 年发射了 5 颗北斗三号实验卫星，从 2017 年起开始发射正式工作卫星，截至 2023 年 5 月 19 日，一共有 31 颗在轨运行卫星。2020 年，北斗三号已经正式提供全球服务，成为第四个 GNSS 系统。北斗三号仍然保留了 RDSS 服务，且短报文传送能力有明显提升：在区域发送时，每次最多可发送 1 000个汉字；在全球发送时，每次最多可发送的汉字数为 40 个。在 RNSS 服务方面，北斗三号有 5 个公开的信号，分别为 B1-I、B1-C、B2a/b 和 B3-I；另外，有 3 个授权信号，分别为 B1-A、B3-A 和 B3-Q；5 个载波工作频率为 1 575.42 MHz(B1-A/C)、1 561.098 MHz(B1-I)、1 176.45 MHz (B2-a)、1 207.14 MHz(B2-b)和 1 268.52 MHz(B3-I/Q/A)。在测距码方面，北斗三号既采用 BPSK 调制，也采用 BOC 及其变形的调制。在轨道保持方面，北斗三号除了地面测控站之外，还通过星间链路实现高精度的轨道保持。目前，北斗三号已经在各个领域得到普遍使用。

尽管卫星导航已经在军民用市场得到广泛使用，但是，其仍然有技术局限性，主要包括：

(1) 提供的导航信息有限

如前所述，惯性导航可以提供包括位置、速度、加速度、姿态角和角速度等在内的几乎所有的导航信息；相比较而言，卫星导航只能提供位置、速度和授时信息(positioning，velocity，timing，PVT)，要想获得姿态角信息，则需要构建特殊的接收机，比如多天线接收机。因此，如何扩展卫星导航的输出信息一直是相关领域努力的方向之一，即如何将PVT扩展为PNT(positioning，navigation，timing)。显然，如果能实现PNT功能，则卫星导航输出的导航信息将比惯性导航更多。

(2) 可工作的范围有限

惯性导航几乎在所有的载体上都可以工作，而卫星导航是基于无线电视距传输完成导航功能的，如果传输路线被阻断，则无法完成导航任务，如室内、水下、隧道等卫星导航信号不可视区域是无法使用卫星导航的。因此，如何扩大卫星导航的可工作范围是相关领域努力的另一个方向。从卫星导航角度看，就是要将视觉导航、蓝牙、无线网、惯性导航等纳入到卫星导航体系中，实际上是构建组合导航系统，扩大其可工作范围，实现PNT功能，全源导航就是一种尝试。

(3) 工作可靠性有限

由于需要通过接收导航卫星信号才能实现导航目的，因此，卫星导航容易受有意和/或无意的无线电信号干扰，干扰的方式有压制式、欺骗式和压制/欺骗组合式等。2011年底，伊朗几乎毫无破损地俘获美国当时最先进的RQ-170型无人机所采用的方法，应该就是成功干扰了无人机上的GPS接收机。因此，卫星导航的工作可靠性不高，如何提高卫星导航接收机的抗干扰能力一直是相关领域的研究重点。目前抗干扰问题一直是国防领域的研究重点，随着卫星导航在无人驾驶、电网授时、交通管理等涉及国计民生领域的大规模使用，民用领域卫星导航接收机的抗干扰问题愈发突出。

(4) 载波频点有限

卫星导航是基于扩频通信原理实施的，目前所有的载波频率都位于L波段(1～2 GHz)，各国通过政府间谈判，由联合国下属的国际电信联盟(international telecommunication union，ITU)授权使用，并遵循先使用先得的原则。由于GPS和GLONASS是在20世纪70年代开始建设的，二者已使用部分频段，因此，后面建设的Galileo和BDS的载波频率只能使用剩下的频段。目前唯一例外的就是1 575.42 MHz频点，这是政府间通过谈判，将其用于多系统之间的兼容接收而设计的复用频点。因此，现有的GNSS系统拟通过增加新的载波，实现提高导航性能是很困难的，因为在L波段中用于GNSS的频段都被使用了，即使采用变形的BOC调制，也很难避免与现有信号形成互相干扰的情况。当然，对后续拟建设的新GNSS系统来说，频率设计的难度会更大。因此，如何设置新的GNSS频段，并进一步改进测距码，以减小信号之间的干扰，是卫星导航领域的一个研究难点。比如欧洲学者研究了在C波段(4～8 GHz)设计新信号的可行性，也有研究人员对比分析了S波段(2～4 GHz)与C波段的优劣。

1.3.3 天文导航

与惯性导航一样，天文导航也是一种自主的导航方式，同时也是人类应用最早的一种导航方式：早在4000多年前，山西陶寺遗址的古观象台就是通过观察太阳辨别时令节气的，而到战国的时候则已经使用司南辨别方向了，不过，这些观测还停留在定性层面；成书于西汉的《周髀算经》中已经明确记录了定量测量星体方位和高度角的内容，到唐朝时用于堪舆的指南针也具有定量测量方向的功能，不过，这些测量的精度很低；真正形成较高精度的定量观测和导航，则要晚很多，其中典型代表就是明代郑和下西洋时使用的“牵星术”，其观星精度高达24角分，到十八世纪欧洲人发明的航海六分仪才把观星精度进一步提高到0.1角分。因此，近代天文导航的最早应用场景是航海。

不过，天文导航的最佳应用场景是航天，因为在航海应用中，天文导航会受到大气的影响，而在航天应用中，则没有大气的影响。按照观测星体的不同，天文导航传感器可分为恒星敏感器（简称星敏感器）、太阳敏感器、红外地平仪、月球敏感器和脉冲星敏感器等。下面对基于这些敏感器的天文导航进行简单介绍。

1. 星敏感器

20世纪50年代科学家就开始了基于析像管的星敏感器研制，由于采用的是模拟器件，其观测精度很难提升，在小视场情况下，观测精度很难优于30角秒。

到20世纪70年代，随着CCD(charge coupled device，电荷耦合器件)这类固态图像敏感元件的发明和使用，研发基于CCD的恒星敏感器成为可能。1974年，美国喷气实验室(jet propulsion laboratory，JPL)开始研发基于CCD的星敏感器，并于1976年完成原理验证；随后，欧洲和日本等先后研发了类似的产品。不过，这个时期的星敏感器都是小视场，且配备跟瞄稳定平台，属于星跟踪器(star tracker)。星跟踪器的特点是探测灵敏度高，但需要事先确定观测的恒星，当由于平台误差或其他原因造成观星失败时，星跟踪器很难自主找到新的观测恒星，因此，应用便利性较差。

到20世纪90年代，科学家开始研发大视场CCD星敏感器，其不需要跟瞄稳定平台，而是通过匹配和识别全球星图，完成基于恒星观测的姿态确定。由于是大视场，有利于星敏感器的小型化设计，因此大视场CCD星敏感器逐渐成为主流的星敏感器，可以实现角秒级定姿，也是定姿精度最高的传感器。

但是，CCD在航天应用中存在一些突出的问题，例如，其抗空间辐射能力较差，且与通用集成电路工艺不兼容，很难进一步小型化。因此，从20世纪90年代初，科学家开始研发基于CMOS(complementary metal oxide semiconductor，互补金属氧化物半导体)图像敏感元件的星敏感器。与CCD敏感元件相比，CMOS敏感元件的噪声较大；不过，随着APS(active pixel sensor，主动像素传感器)技术的发明和发展，基于CMOS APS敏感元件的星敏感器有望取得与CCD星敏感器相近的精度，特别是与CCD相比，APS有抗空间辐射能力强、集成度高和功耗低等突出优势。因此，目前基于APS的星敏感器已经成为主流，并已经取得角秒级应用精度，且整个星敏感器只有几十克重，而CCD星敏感器的质量则很少能低于1 kg。

目前，星敏感器仍然在发展过程中：一个发展目标是进一步提高定姿精度，比如实现亚角秒级甚至更高的定姿精度，为太空望远镜和其他空间实验平台提供超高精度的姿态信息；另一个发展目标是扩大动态范围，一般的星敏感器的姿态机动范围是很小的，导致其在载体做较大姿态机动时无法工作，因此，通过硬件TDI(time delay integration，时间延迟积分)技术或软件模糊恢复技术提高星敏感器的姿态机动范围是相关领域的研究热点。

2. 脉冲星敏感器

脉冲星是一种旋转的中子星，1967年被英国剑桥大学的博士生Jocelyn Bell首次发现，其具有旋转周期稳定和旋转速度快的特点。在旋转的过程中，脉冲星向外发射高能粒子，目前观测最多的是射电信号和X射线。由于X射线在进入大气层时会被衰减掉，因此，其只适合于大气层外观测；而大气层内都采用射电观测，比如我国的FAST(five-hundred-meter aperture spherical radio telescope)射电望远镜。脉冲星旋转过程中发射的信号具有很稳定的周期性，因而可以通过信号分析进行到达时间(TOA)计算。当观测到3颗或以上的脉冲星传感器的信号时，即可估计观测位置，其原理与GNSS完全一致，因此，脉冲星导航又称为天然的卫星导航。

20世纪70年代，就有研究人员提出了基于射电观测的脉冲星导航方法，1974年美国JPL的Downs博士论证了将该方法用于航天器定位导航的可行性。显然，这种方法的最大问题在于接收设备难以小型化。因此，20世纪80年代初，J. Bell和他的导师提出了基于X射线观测的脉冲星导航方法；随后在90年代，美国进行了一系列在轨实验，初步验证了基于X射线观测的脉冲星导航方法的可行性。不过，一直到2005年，才由美国马里兰大学的Sheikh博士构建了以太阳中心为参考的脉冲星到达时间差观测模型和定位导航方法，此后的研究都是基于该方法进行的改进和提升。近几年，我国和美国相继发射了若干颗脉冲星实验卫星，初步验证了在轨观测脉冲星的技术可行性，实验结果表明，基于脉冲星观测的导航精度可达到10 km量级，通过组合，可实现1 km量级的导航精度。

脉冲星导航是完全自主的，不仅可以定位，还可以定姿，特别适合于近地航天器和深空探测器等航天应用；不过，目前仍然有一些突出的问题需要解决：首先，其导航精度有待进一步提高，10 km量级的定位精度偏低，如何将其定位精度提升至1 km甚至更高，是相关领域努力的方向之一；其次，X射线敏感器需要小型化，X射线光子探测信号的灵敏度与敏感探测器的面积有关，探测器的面积越大，探测的灵敏度越高，但应用便利程度越差；另外，导航的实时性有待提高，光子探测数目与探测时间有关，时间越长，探测的光子数就越多，信号就越强，但探测时间越长，用于导航的时间就越长，实时性越差。因此，脉冲星导航如何走向应用还有待进一步研究。

3. 其他敏感器

在航天器中，常用的天文敏感器还有红外地平仪、太阳敏感器和月球敏感器等。这些天体都是近地的(包括地球本身)，因此，通常都是用于辅助定位的。比如，通过红外地平仪测量地平信息，进而得到地平仪的地心矢量，将其与星敏感器观测的星光矢量相结合，即可得到星光角距，并确定地球的相对位置。其他敏感器的作用也是类似的，此处不再赘述。与星敏感器相比，这些敏感器的精度通常较低，比如，红外地平仪的测量精度一般为0.01°～0.1°，而星敏感器的测量精度则是角秒级，导致这类定位方法的精度不高，通常为公里级，因此，如何进一步提高航天器的定轨精度一直是航天导航的难点。

如果脉冲星导航的定位精度能进一步提高，其有可能成为高精度定轨的一个解决途径。另一个解决途径就是美国科学家在Apollo登月过程中提出的星光折射定位方法，即通过地球平流层大气掩星观测，获得星光折射观测角，在已知地球平流层大气密度的情况下，可以解算出观测的位置。研究表明，通过滤波，在低轨卫星上，基于该方法可获得100 m量级的定位精度。不过，利用这种方法获得高精度定位精度的必要条件是已知平流层的大气密度，平流层大气密度虽然比较稳定，但也是随时间、水平位置和海拔高度的变化而变化的。因此，准确实时的三维高精度平流层大气密度数据是星光折射定位方法高精度应用的基础。

1.3.4　地形辅助导航

1991年的海湾战争开启了以精确制导武器为典型标志的导航战，其中标志性的技术就是GPS，而标志性的武器就是战斧巡航导弹，后者使用的导航技术为地形辅助导航。实际上，TAN技术早在20世纪60年代就开始了研究，到80年代基本成熟；而在海湾战争中，战斧巡航导弹所起的决定性作用充分表明了TAN技术的实用性；之后，基于TAN技术的巡航导弹得到快速发展。

地形辅助导航系统主要由惯性导航系统、地形高程测量传感器、数字地图和匹配算法等构成，其中巡航导弹上使用的地形高程测量传感器有气压高度计和雷达高度计，数字地图存储的是地形海拔高程。TAN的基本工作流程为：导弹飞行过程中，INS输出一个带误差的导弹位置（经度、纬度和海拔高度），同时气压高度计和雷达高度计输出导弹的海拔高度和离地高度，二者之差即为导弹下方的地形海拔高程；然后，将该地形海拔高程与数字地图存储的地形海拔高程进行比较，比较的范围是以INS输出的经纬度为中心的某个区域。按照某种匹配准则，当高度计得到的地形海拔高程与数字地图中某个位置处的地形海拔高程最接近时，就认为该位置是导弹当前位置的最优估计，并用于修正INS的经纬度，其中的匹配准则就是匹配算法的核心。

显然，当INS和高度计等硬件确定之后，决定TAN精度的就是匹配算法，因此，匹配算法一直是相关领域的研究重点。最早提出的匹配算法是地形轮廓线匹配算法（terrain contour matching，TERCOM）：在一次匹配中，为了提高地形海拔高程的独特性，TERCOM算法利用的是累积的一系列地形高程测量值，而不是一个地形高程测量值，匹配准则有平均绝对差（mean absolute difference，MAD）、平均平方差（mean square difference，MSD）和互相关（cross correlation，CC）三种。TERCOM算法的优势是收敛快、匹配结果稳定，但由于要累积高程测量值，因此，其匹配更新率低。为了提高匹配算法的更新率，美国桑迪亚国家实验室提出了一种基于一个地形高程测量值进行匹配的SITAN（Sandia inertial TAN）算法：匹配时在每个待匹配位置构建扩展Kalman滤波算法（extended Kalman filter，EKF），根据滤波残差的大小，判断当前位置的最优估计结果。由于SITAN算法是基于一个高程测量值构建的匹配算法，因此，其优势是实时性好；但是，其问题在于容易出现误匹配，搜索的范围不宜过大，且地形高程起伏明显。为了兼顾匹配精度和实时性，有学者提出了搜索和跟踪两种模式相结合的匹配算法：在INS误差较大和刚开始匹配时，为了加快收敛速度和提高匹配精度，采用TERCOM算法匹配模式，即搜索模式，一次匹配是基于一系列的地形高程测量值进行的；当匹配收敛后，为了提高匹配算法的实时性，采用SITAN算法匹配模式，即跟踪模式，一次匹配是基于一个高程测量值进行的。这类算法的典型代表是地形剖面线算法（terrain profile matching，TERPROM）。另一种比较典型的匹配算法是迭代最近等值线算法（iterative closest contour point，ICCP），在一次匹配中，也是基于一系列的地形高程测量值进行的，其优势在于通过优化可以进行局部调整，可以在一定程度上提高匹配精度，不过，这种算法对初始误差比较敏感，如果初始误差较大，导致搜索范围很大，则很难收敛。

尽管与单点匹配算法相比，基于一维高程测量序列的匹配算法的精度和稳定性都有明显提升，但仍然容易受地形高程相似性和高程测量误差的影响，导致误匹配，因此，进一步提高一次匹配中的高程测量值或类似的测量值数量，是提高匹配性能的关键。据此，有学者提出了基于图像的景象匹配；不过，相机容易受云雾和环境明暗等因素的影响，其工作可靠性有待提高。

近些年，随着干涉合成孔径雷达（interferometric synthetic aperture radar，InSAR）、激光雷达（light detection and ranging，LiDAR）和立体相机等三维测量传感器的发展和成熟，通过一次测量获得一块区域的三维地形高程成为可能，这为基于三维高程地图构建的匹配算法创造了条件。由于在三维地形高程图中，除了像素值与二维图像的不同之外，其他都是相似的，因此，基于二者的匹配算法是可以共用的，一系列图像匹配算法完全可以借鉴到三维地形匹配中，其中最典型的就是基于特征的匹配算法。考虑到地形图中高程噪声比较大，该匹配算法对特征的抗噪性能要求比较高，因此，往往采用面特征构建匹配算法，比如，基于 3D Zernike 矩构建的三维地形匹配算法。与单点和一维地形高程匹配算法相比，三维地形匹配算法由于在一次匹配中使用了更多的高程值，因此，其匹配精度和稳定性都得到质的提升；与二维图像匹配算法相比，三维地形匹配算法不仅具有全天候和全天时等优势，还具有对高程起伏敏感的特点。目前，三维地形匹配算法最大的问题在于实时计算量比较大，其实时应用也是当前的研究重点。

基于上文可以发现，如果地面比较平坦，匹配算法就容易出现误匹配，因此，地形匹配算法并不是在所有的区域都适合工作的，即存在确定地形适配区的问题。据报道，在海湾战争中，战斧巡航导弹从下达发射命令到真正发射之间，需要 42 h 之久，其中很大一部分时间是用于确定地形适配区的。地形适配区是由地形高程起伏的一系列特征参数确定的，其中主要包括地形高程标准差、坡度、坡向等。地形高程起伏很复杂，如何通过这些地形特征参数构建地形适配性准则，是 TAN 领域中的难点。

TAN 技术不仅在巡航导弹中得到使用，在有类似需求的载体上（如深空探测器和水下潜器）也得到应用。在某种程度上，这些载体更依赖于 TAN 技术，这也是相关领域的研究热点。

1.3.5 视觉导航

视觉导航就是利用可见光/红外相机拍摄的图像，通过匹配，获得目标的绝对或相对位姿信息。视觉导航使用的硬件比较简单，主要是相机和处理器，其中相机主要包括单目的和双目的，按照工作波段又分为可见光的和红外的。与 TAN 类似，在视觉导航中，在硬件确定的情况下，决定导航性能的就是匹配算法，因此，匹配算法也是视觉导航研究的重点。

总体上，视觉导航中的匹配算法可分为有基准图和无基准图两大类。景象匹配就是典型的有基准图视觉导航：在执行任务之前，需要提前获得带坐标的目标图像，通常称为感兴趣区域（region of interest，ROI）；利用下视的相机拍摄经过区域的图像，并将其与存储的目标图像进行匹配，匹配成功后，即可获得载体的位置信息。在探月和探火等深空探测着陆任务中，可以利用巡飞器遥感建立月球和火星等天体的图像数据库；在着陆器着陆过程中，通过将下视相机拍摄的实时图像与遥感的图像数据库进行匹配，实现精准着陆。在匹配算法中，最关键的是特征的提取，特征包括点特征和线特征，在月球探测中还使用陨石坑特征。有研究引入深度学习提取特征的方法，不过，考虑到航天处理器的有限算力，其实用性有待考量。在航天应用中，有些基准图并不带坐标，比如交会对接，基准图中提供的是若干个标志点，在匹配中，先提取这些标志点，完成匹配，再构建 PnP（perspective-n-points，n 点透视）解算算法，实现相对位姿关系的确定。

最典型的无基准图视觉导航技术就是 SLAM（simultaneous location and mapping，同时定位与地图构建），比较适用于月球车和火星车。SLAM 技术最早是针对水下无人潜器自主导航提出的，其目的是解决水下地形图难以获得的问题：利用多波束声纳获得水下三维地形图

(或水深图)，再进行匹配定位，同时制图，完成 SLAM 任务。不过，SLAM 技术的兴起却来自于视觉 SLAM。完整的 SLAM 系统包括前端和后端：前端的任务是基于相机拍摄的图像，提取特征，通过特征匹配或特征跟踪算法，完成特征匹配和位姿估计；后端利用前端的估计结果进行优化，以提高位姿估计精度。

视觉 SLAM 的前端又称为视觉里程计(visual odometry，VO)。早期的 VO 相关研究主要受美国航空航天局(national aeronautics and space administration，NASA)火星探测计划支持，以解决火星车轮胎打滑的问题。根据是否需要提取特征点，可以将前端图像处理分为特征提取法和直接法。在特征提取法中，典型的点特征包括 Harris 角点、SIFT(scale invariant feature transform，尺度不变特征变化)、SURF(speeded up robust features，加速稳健特征)、FAST(features from accelerated segment test，基于加速分割测试的特征)和 BRIEF(binary robust independent elementary features，二进制鲁棒独立基本特征)等。2011 年，为了提高运算效率，有研究人员提出了融合 FAST 和 BRIEF 的 ORB(oriented FAST and rotated BRIEF，定向 FAST 和旋转 BRIEF)特征，目前成为视觉 SLAM 中应用最广泛的点特征。在纹理特征比较少的区域，更容易提取线特征，典型的线特征包括 LSD(line segment detector，直线段检测算法)和 LBD(line band descriptor，线带描述子)等。完成特征提取后，在匹配时采用两种求解方法：一种是用 PnP 进行问题求解，如直接线性变换(direct linear transformation，DLT)、EPnP(efficient PnP，高效 n 点透视算法)和最小化重投影误差法等，进行对目标的位姿估计；另一种是迭代最近点法(iterative closest point，ICP)，通过旋转和平移，实现对目标的位姿估计。在点和线特征都不明显的纹理缺失区域，或者由相机快速运动导致图像运动模糊和特征难以提取时，可以采用直接法进行位姿估计。该方法基于灰度不变假设，根据光度误差建立优化函数，求解相机运动，计算量通常较小。不过，直接法受相机曝光参数和光照变化的影响较大。目前，随着在线算力的大幅度提升，特征提取法应用得更为广泛。

视觉 SLAM 的后端是在前端估计的基础上，利用更多的测量信息，进行后验估计，以提高位姿估计的精度。后验估计问题的求解方法通常分为两种，一种是通过 Kalman 滤波或非线性滤波算法进行估计，通常结果是次优的；另一种是非线性优化方法，即在局部范围内不断逼近最优解，是目前视觉 SLAM 中后验估计问题的主流求解方法。

目前视觉 SLAM 得到了广泛深入的研究，其中有几个里程碑节点：第一个里程碑节点是研究者 2007 年提出的基于单目相机的 MonoSLAM，其前端提取的特征点是 Shi-Tomasi 角点，后端采用 EKF 滤波算法进行位姿估计；同年提出的 PTAM(parallel tracking and mapping，并行跟踪与建图)系统是视觉 SLAM 的第二个里程碑节点，其前端提取的是 FAST 特征点，后端利用特征点的重投影误差构建非线性优化方法并估计位姿和建图，PTAM 是第一个基于非线性优化的视觉 SLAM；2015 年，有学者基于 PTAM 架构提出了 ORB-SLAM 系统，这是第三个里程碑节点，与 PTAM 相比，ORB-SLAM 系统首次添加了利用词袋模型(bag of words，BOW)的回环检测线程，由于其在跟踪、建图和回环检测三个线程中均使用了 ORB 特征，定位和建图精度的一致性好，导航性能得到较大提高，成为后续视觉 SLAM 的主流架构。

近些年，随着室内机器人和自动驾驶对低成本自主导航技术的需求日益迫切，视觉导航技术得到深入研究和蓬勃发展，这些进展对视觉导航在航天任务中的应用无疑是有借鉴意义的；不过，由于航天任务有其自身的特点(比如之前提到的长航时和高可靠性等要求，以及算力有限和低功耗等约束)，因此，有必要针对具体的航天任务研究和设计相应的视觉导航方案。

1.3.6 组合导航

如前所述，每种导航方法都有各自的优势和不足，比如：INS虽然是完全自主的，且能提供几乎所有的导航信息，但是其导航误差随工作时间的推移而累积发散，不能长时间独立完成高精度工作；而GNSS的优势在于应用成本低、利于小型化，且导航误差不随工作时间的推移而累积发散，但是易受遮挡和干扰，工作可靠性不高。无论是民用还是军用，对导航系统的要求都是综合的，比如：民用的车辆自动驾驶对导航的精度要求至少是10 cm量级甚至更高，对工作可靠性和自主性要求也很高，同时要求室内外都能使用，而且应用成本还不能太高，即高性能和低成本；在军用的精确制导武器中，末制导的精度通常为1～3 m，比民用的要求要低一些，但对可靠性（特别是抗干扰性能）要求更高，随着装备规模的增大，对装备成本比较敏感。因此，单一导航很难满足应用需求，组合导航就成为必然的选择。下面对组合导航的发展进行简单的介绍。

1. 典型的组合导航

由于每种导航方式都有各自的不足，而有些导航方式之间却有很强的互补性，即一种导航方式的不足却是另一种导航方式的优势。例如，INS的导航误差随工作时间的推移而累积发散，而GNSS的导航误差却不随工作时间的推移而累积发散；但是，GNSS容易受干扰，而INS抗干扰能力很强，如果将二者组合起来，刚好可以实现优势互补。因此，组合导航的主要目的是通过将两种或以上的导航方式进行组合，实现优势互补，进而实现“1＋1＞2”的效果。下面列举几种典型的组合导航系统，其基本都是优势互补型的。

（1）GNSS/INS组合导航系统

GNSS/INS组合导航系统是目前研究和应用最广泛的组合导航系统。如前所述，GNSS和INS具有很好的互补性，GNSS的优势在于导航误差不随工作时间的推移而累积发散，不足在于动态范围窄、抗干扰能力差、易受遮挡；而INS的优势在于动态范围大、抗干扰能力强、几乎所有场合都可以使用（不受遮挡影响）、完全自主和导航信息全等，不足在于导航误差随工作时间的推移而累积发散、高精度INS产品的成本也高；GNSS/INS组合系统则在兼具二者的优势的同时避免了二者的不足，实现了高性能与低成本的统一，因此，得到了广泛使用。

（2）CNS/INS组合导航系统

CNS/INS组合导航系统是在航天任务中普遍使用的一种组合导航系统。需要注意的是，这里的CNS通常指的是基于星敏感器的天文导航。如前所述，CNS是一类导航，而不仅仅是基于星敏感器的导航，因此，如果有必要，可以用更准确的组合名称来说明导航的组合类型，比如星敏感器/INS组合导航。还需要注意的是，由于航天器通常处于失重状态，加速度计的输入是0，INS退化为陀螺仪组，因此，航天器中使用的组合导航实际上是星敏感器/陀螺仪组合导航系统。显然，这类组合导航系统也利用了二者的优势。比如，星敏感器的定姿精度高，且不发散，但输出率低、动态范围小；而陀螺仪的姿态解算输出率高、动态范围大，但定姿精度随工作时间的推移而累积发散。二者优势互补性好，适合于组合应用。

（3）视觉/INS组合导航系统

视觉/INS组合导航系统是在火星车、机器人和自动驾驶等领域广泛使用的组合导航系统。与之前的组合导航系统不同的是，视觉导航与INS的互补性随视觉导航的具体实现方式不同而有所变化：当视觉导航采用有基准图的景象匹配方式时，二者是完全互补的，景象匹配的结果用于修正INS的累积误差；但是，当视觉导航采用的是VO方式时，本质上其工作原理也是基于积分的，这导致其导航误差也是随工作时间的推移而累积发散的，只是发散速度不如

INS快而已。显然,此时组合导航的互补性就不是很强,这是往往需要引入关键帧进行修正的主要原因。这类组合导航特别适合于交会对接、深空探测器自主着陆、火星车/月球车自主导航等航天任务,也是机器人、无人机和自动驾驶等应用领域所迫切需求的,应用前景广阔。

其他的组合导航系统,例如基于LiDAR、Doppler雷达和车辆里程计等的组合导航,也是遵循互补原则,此处不再列举。

另外,如上所述,在组合导航系统中,通常以INS作为基础,这是由其导航信息全和数据输出率高等优势所决定的。

2. 组合模式

按照分系统是否能独立输出导航信息,可以将组合导航的组合模式分为系统级和器件级。以GNSS/INS组合导航系统为例,在系统级组合模式中,GNSS接收机独立输出位置和速度信息,同时INS独立输出位置、速度和姿态角信息,二者的导航信息通过组合滤波算法进行融合,并用于修正INS的累积误差。在这类组合模式中,任意一个分系统不能工作并不影响另一个分系统正常工作,因此,工作可靠性较高。不过,这类组合模式中,分系统的导航误差是其综合误差。比如GNSS的定位误差是各个通道的伪距误差的综合贡献结果,而实际上每个通道的伪距误差可能是不一样的,如果能在组合滤波算法中将不同伪距误差的通道贡献加以区分,则有望取得更高的组合精度,但系统级组合模式不具备这种区别处理的条件。与系统级组合模式相对应的就是器件级组合模式,在这种模式中,所有的分系统都不能独立工作,只有组合之后才能输出导航信息。仍然以GNSS/INS组合导航系统为例,在器件级组合模式中,GNSS接收机不再输出位置和速度,而是输出各个通道的伪距和伪距率,INS的输出也转化为伪距和伪距率,再进行组合滤波,输出组合后的导航信息。其优势是可以根据GNSS接收机各个通道的伪距和伪距率精度的差异,设置相应的组合权重,以提高组合精度;不过,此时GNSS接收机就不再独立输出位置和速度信息了。

按照组合信息的原始程度,可以将组合模式分为松组合、紧组合和深组合等,这是目前更为常见的一种分类方法。仍然以GNSS/INS组合导航系统为例,如图1-3所示为GNSS/INS组合模式原理示意图。

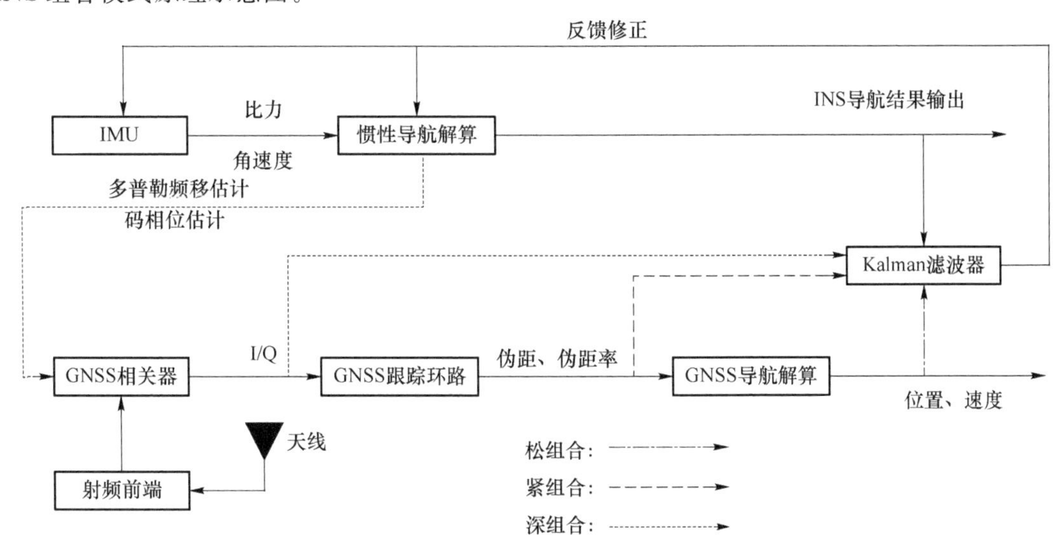

图1-3 GNSS/INS组合模式原理示意图

① 如果组合观测量为位置和速度，则称为松组合。此时，GNSS 接收机和 INS 均可独立输出导航信息，与上述系统级组合模式是一致的。

② 如果组合观测量为伪距和伪距率，则称为紧组合。此时，GNSS 接收机没有独立的导航信息输出功能，属于器件级组合模式。与松组合相比，当紧组合的观测的卫星数少于 4 颗时，组合滤波仍然可以完成，只是观测的卫星数越少，滤波发散就越快。

③ 如果组合观测量为相关器输出的 I/Q 信号，则称为深组合。此时，GNSS 接收机也无法独立输出导航信息，也是器件级组合模式。与紧组合相比，深组合的观测量更原始，有望基于观测误差的建模来提高滤波精度。在深组合中，通常要求 GNSS 相关器得到 INS 的 Doppler 频移估计的辅助。也有一种观点认为，在 GNSS 相关器得到 INS 的 Doppler 频移估计的辅助条件下，基于伪距和伪距率观测的组合称为超紧组合，基于 I/Q 观测的组合称为深组合，前者仍然保留有传统的载波和码跟踪环路，而后者在信号跟踪中不再有传统的环路，二者都可以称为深组合。在本教材中，深组合包括有环路的超紧组合和无环路的深组合。

对于其他组合导航系统，也有类似的分类，比如，在星敏感器/INS 组合导航系统中：如果观测量是姿态角，则可以称为松组合；如果观测量是星光矢量，则可以称为紧组合；如果观测量是更原始的星像点坐标，则可以称为深组合。

3. 组合滤波算法

与 TAN 中匹配算法类似，在组合导航系统中，组合滤波算法往往是决定导航性能的关键，因此，也是相关领域的研究重点。下面，对主要的组合滤波算法的发展历程进行简单介绍。

(1) *最小二乘算法*(least squares，LS)

在 Kalman 滤波算法(Kalman filter，KF)提出之前，LS 算法是组合导航中应用最广的，实际上，LS 算法也是几乎所有数据处理领域中应用最广泛的；而且，即使 KF 算法已经成为组合导航的标准算法，但是，在实际应用中，LS 算法往往也是首选的备用算法，这是因为 LS 算法具有如下突出特点。

① 批处理算法：其基于到当前时刻为止所有的测量结果，对当前时刻的状态进行估计，因而通常适合于事后处理。

② 应用简单：只需要量测模型即可完成估计，且无需对测量误差进行建模。实际上 LS 算法在有无测量误差时均可用，应用条件非常宽泛。

③ 稳定可靠：收敛性好，是应用最广泛的估计算法。

上述特点有时也成为阻碍 LS 算法应用的缺点，例如，对实时应用来说，批处理是不可接受的。因此，针对这些可能存在的问题，研究者提出了相应的改进算法，包括递推 LS(recursive least squares，RLS)、加权 LS(weighted least squares，WLS)和加权递推 LS(weighted recursive least squares，WRLS)等。RLS 主要解决批处理所带来的实时性差的问题；WLS 主要解决不同测量精度数据一起处理时提升估计精度的问题，因为忽略误差模型虽然方便应用，但不利于提升估计精度；而 WRLS 则可以实现高精度实时估计。

(2) Wiener *滤波算法*

虽然 WLS 算法的精度较 LS 算法有一定的提高，但是，LS 算法本质上并不是从随机过程角度处理状态估计问题的，因此，其估计精度有待进一步提高。1942 年，美国的 Robert Wiener 提出了一种有随机噪声干扰下的信号最优估计算法，即维纳滤波算法(Wiener filter，WF)，同时期，苏联的 Andrey Kolmogorov 也独立提出了相似的算法，因此，WF 算法有时也称为 Wiener－Kolmogorov 滤波算法。WF 算法是一种线性、无偏和估计偏差方差最小的最优估计算法，是第一个明确从随机过程角度提出的状态最优估计方法。这是其区别于LS算法最明显之处，标志着状态估计正式从确定性过程处理转为随机过程处理，也使得在LS算法中不需要进行的误差建模，变为算法构建中必不可少的一部分。实际上误差建模是WF算法这类随机过程处理算法精度提升的基础。

但是，WF算法是在频域设计的，过程复杂，一般只适用于一维状态估计，这导致其应用范围很小。20世纪50年代，随着电子计算机的发明和快速发展，信号处理从一维向多维实时处理转变成为可能，需要有取代WF算法的、适用于多维状态最优估计的算法出现。

(3) KF算法

1960年，Rudolf Kalman和Richard Bucy提出了一种适用于多维状态估计的线性、无偏和估计偏差方差最小的估计算法，即KF算法。最优准则上，KF算法与WF算法都是线性、无偏和估计偏差方差最小；但是，二者又有明显的差异，主要包括：

① KF算法既可用于一维状态估计，也可用于多维状态估计；而WF算法通常很难用于多维状态估计。

② KF算法是基于现代控制理论提出的，是基于状态空间方程设计的，是一种时域滤波算法；而WF算法是基于经典控制理论提出的，是基于传递函数设计的，是一种频域滤波算法。

KF算法提出后，曾成功地应用于阿波罗登月。自此，KF算法在航空航天领域得到了广泛的研究和应用。不过，KF算法在应用过程中先后遇到了一系列问题。

第一个问题就是计算量过大。KF算法刚提出时，计算机的计算能力非常有限，例如阿波罗登月的导航计算机的硬盘只有区区几十KB，在处理多维矩阵运算时的困难是可想而知的。为了提高计算的实时性，有研究人员提出了序贯处理算法，将多维的量测量分解为标量处理，在提高计算速度的同时，保证了计算的稳定性。考虑到滤波算法中协方差矩阵的更新消耗了大量的计算资源，有研究人员针对二维和三维滤波分别提出了固定增益的$\alpha-\beta$滤波算法和$\alpha-\beta-\gamma$滤波算法。由于不需要更新协方差矩阵，增益矩阵也是事先计算好且是固定的，因此滤波算法的在线计算量大幅度降低，有效地提高了计算的实时性；不过，此时的滤波算法不是最优的。为了降低计算量，有研究人员还提出了状态删减算法和状态解耦等次优算法。不过，随着计算机计算能力的提升，这些解决方法是否有必要再使用(特别是那些次优算法)，可以根据具体应用情况具体甄别。

第二个问题是滤波发散。按照预期，KF算法的滤波结果应该是估计偏差方差最小意义上的最优估计；但是在实际应用中，KF算法往往不仅不能得到最优估计结果，反而出现估计值与真值偏差越来越大的情况，即滤波结果发散。引起滤波发散的原因主要有两个：一是计算误差；二是模型误差。

由于计算机中处理的都是有限位数值，因此存在截断误差，当计算机的位数较少时，截断误差会比较大；同时计算机还存在算法近似误差(例如正弦函数在计算机中只能按照Taylor级数展开取有限阶)。这就会导致计算误差的出现，而且随着滤波周期的迭代，计算误差可能越来越大，最终导致滤波发散。计算误差引起滤波发散主要是通过协方差矩阵传递实现的，即在计算协方差矩阵时，计算误差的累积导致协方差矩阵失去正定性(即不可逆)，而在更新增益矩阵时，涉及协方差矩阵的求逆，从而导致滤波发散。为了解决由计算误差引起的滤波发散问题，相关研究人员先后提出了平方根滤波算法和UD分解算法，其中平方根滤波算法又分为Potter算法和Calson算法。这些算法都是从保证协方差矩阵在更新过程中的对称性，进而保持其正定性入手的。

进行 KF 滤波算法设计之前，需要进行系统建模和量测建模，其中包括系统误差和量测误差的建模。当这些建立的模型与真实模型存在偏差时，就可能导致滤波发散。需要注意的是，KF 算法只适用于线性系统，而实际应用中几乎所有的系统都是非线性的。因此，从严格意义上来讲，模型误差是客观存在的，只是严重程度不同。当系统模型和/或量测模型与真实模型相差很大时，就会导致滤波发散，现象是在滤波结果中分配给离当前时刻久远的状态的权重过大，而分配给当前的测量值的权重又过小。因此，为了解决由模型误差所导致的滤波发散问题，有研究人员先后提出了限定记忆法、衰减记忆法和强跟踪算法，都是为了提高离当前时刻近的测量值在滤波结果中的权重。显然，这些滤波算法都是次优的。

第三个问题是多传感器测量时的冗余容错。在航空航天这类高风险应用中，往往需要进行冗余配置，而且需要采用多源测量。例如在卫星上同时采用陀螺仪、星敏感器和磁强计等进行姿态确定，在之前的 KF 滤波中，采用的是集中式滤波方案，即将这些测量值都输入到一个 KF 滤波器中。这样做的风险是，如果有一个传感器因出现故障而导致测量精度下降，则很难通过滤波器自行监测和排除，最终将导致整个滤波性能下降，即集中式滤波的可靠性差、冗余容错能力弱。为了提高滤波算法的可靠性和冗余容错能力，有研究人员提出了分散式滤波方案，其中最典型的就是 1988 年 Calson 提出的联邦滤波算法，其具有故障监测和自行诊断隔离的功能，在正常情况下，还可以实现全局最优。

(4) 非线性滤波算法

实际上，KF 算法在应用时面临的最大困难是非线性问题。模型非线性给滤波算法带来两方面的问题：

① 由于 KF 算法只适用于线性系统，因此为了应用 KF 算法，只能将非线性系统通过 Taylor 级数展开进行线性化，这样就不可避免地引入了模型误差。当系统非线性比较强的时候，模型误差很大，从而导致滤波发散。在阿波罗登月任务中，针对实际模型的非线性问题，采用的就是线性化的方法。不过，在线性化方法中(如 EKF 算法，extended kalman filter，扩展 KF 滤波算法)，通常只进行一阶近似，当非线性很强时，仍然会导致滤波发散，因此，研究人员又提出了二阶近似和高阶近似算法。但是，当近似阶次增高时，计算量将大幅度提升，算法的实时性又成为问题。

② 在 KF 算法中，只是对状态的期望和协方差进行估计。由随机过程理论可知，当随机过程符合高斯分布时，其所有的统计特性均由其期望和协方差确定。因此，在高斯分布情况下，利用 KF 算法进行状态估计即可获得状态的期望和协方差，实现了对状态所有统计特性的估计。所以，在 KF 算法中，通常还将高斯分布作为必要条件之一。但是，非线性系统不具有高斯分布保持性，即虽然非线性系统的输入是高斯分布，但其输出不能保持也是高斯分布，因而对非线性系统再进行高斯分布假设通常是不符合实际情况的。为了解决这个问题，一方面可利用 Taylor 级数展开，对非线性系统进行模型线性化；另一方面可利用任意分布都可以等效为无穷多个高斯分布的线性加权，对非线性系统进行高斯和展开近似，并与模型线性化相结合，构建高斯和展开滤波算法。不过，高斯和展开算法非常复杂，计算量大，而且随着迭代的进行，展开的维数越来越高(即所谓的“维数灾难”)，因此，这种算法的应用非常有限。

EKF 算法是基于状态进行的线性化近似，受计算量的限制，通常仅限于一阶近似，当模型非线性较强时，该算法会失效。为了进一步提高近似精度，1995 年，Julier 和 Uhlmann 认为对概率分布进行近似要比对非线性函数进行近似要容易，并由此提出了基于状态的期望和协方差的近似方法，利用 UT 变换(unscented transform)，构建了 UKF 算法(unscented Kalman filter,天迹卡尔曼滤波算法)。在高斯分布情况下,UKF算法可以获得三阶近似精度,大大提高了对模型非线性程度的适应性。随后,Ito和Zhang提出了基于数值积分的中心差分滤波算法(central difference filter,CDF),Norqaard等提出了基于多项式插值的分散差分滤波算法(divided difference filter,DDF)。这两种算法本质上都是基于多项式拟合构建的非线性滤波算法,因此,又统称为中心差分Kalman滤波算法(central difference Kalman filter,CDKF)。2009年,Arasaratnam和Haykin针对UKF在解决高维系统滤波时精度下降的问题,利用球面径向规则逼近非线性状态验后统计特性,构建了容积Kalman滤波算法(cubature Kalman filter,CKF)。CKF在处理低维和高维系统非线性滤波时,精度一致性好。实际上,UKF、CDKF和CKF都是通过对状态的统计特性进行有限采样构建的非线性滤波算法,可以统称为"确定性采样型"非线性滤波算法。相比较于EKF算法,确定性采样型算法不需要计算EKF算法中的Jocobian矩阵,计算量增加适中,应用方便,因而得到广泛应用。但是,这类算法均基于高斯分布假设,所以,并不是彻底的非线性非高斯算法,在处理强非线性系统滤波时,仍然存在发散的风险。

到目前为止,真正的非线性非高斯滤波算法只有基于大样本进行Monte Carlo仿真的粒子滤波算法(particle filter,PF)。PF算法的思想早在20世纪50年代就被提出了,但受当时计算机计算能力的限制,在很长时间内并未受到关注。到20世纪90年代,随着计算机计算能力的快速提升,Gordon等提出了基于Monte Carlo仿真的PF算法,并迅速得到广泛关注和深入研究。由于当采样样本数趋于无穷大时,PF算法可以以足够高的精度去模拟任意分布的随机过程,而且适用于任意非线性系统,因此,PF算法是真正意义上的非线性非高斯滤波算法。但是,PF算法在应用过程遇到了两大难题:

① 粒子退化。模拟的大样本粒子经过迭代后,大部分粒子的权重都趋于0,但这些粒子的迭代却消耗了大量的计算力,这就是粒子退化现象。为此,研究人员提出了重采样方法,即对权重大的粒子进行多次采样,以保持有效粒子数;但这样又导致粒子趋于一致,多样性不足,统计代表性下降。因此,有研究者又提出了一系列改善粒子多样性的重采样方法,如正则化粒子滤波算法、粒子群粒子滤波算法和混合退火粒子滤波算法等。还有研究人员将EKF和UKF引入到PF算法中,利用最新的测量值,利用EKF或UKF设计采样重要性密度函数,使重要性密度函数更接近实际的验后概率密度函数,从而避免粒子退化,改善粒子滤波性能。

② 计算量大。PF算法是基于大样本模拟采样设计实现的,一般要求有效的样本数在2万~10万之间,当进行多维状态估计时,计算量大是可以想象的。为了降低PF算法的计算量,有研究者提出了无需重采样的高斯PF算法(Gaussian particle filter,GPF)。在高斯分布假设下,该算法的计算量有一定程度的减小,但这又破坏了非高斯的假设条件;另外,有研究者还提出了诸如Rao-Blackwellization粒子滤波算法等减小计算量的改进算法。但这些改进算法对计算量的减小的贡献都很有限。因此,PF算法计算量大的问题到目前为止仍然没有很好的解决方法。

另外,在目标跟踪中,有研究者还针对目标的先验信息,提出了交互式多模型(interactive multiple model,IMM),以解决目标快速机动所导致的非线性问题,这里不再多作介绍。

1.4 本教材所包含的内容

本教材以航天应用为背景,以典型的导航原理和方法以及组合导航的算法和应用为主要内容，设计了如下教学内容。

① 相关基础。导航解算和组合滤波算法从推导到应用，都需要一定的数学基础，其中最相关的就是向量与矩阵运算方法和随机过程理论。为了便于学生学习和掌握，本教材将与导航算法相关的向量矩阵运算方法和随机过程理论知识进行了总结。若要进行更全面的学习，建议参考相关线性代数和随机过程的教材。在导航解算中会使用多种坐标系，另外，导航中还会使用时间系统，故本教材对后续将要用到的坐标系和时间系统进行了介绍，包括天文导航中要用到的球面三角形和姿态解算中常用的四元数，至于组合滤波算法所基于的线性系统相关知识，建议参考现代控制理论或线性系统等相关教材。

② 典型的航天导航原理。这部分将重点介绍在航天领域常用的典型导航方法和原理，其中包括捷联惯性导航、卫星导航、天文导航、视觉导航和地形辅助导航等，以基本方法和原理介绍为主，配合一定量的例题和仿真程序，讲解相关导航的特点和应用方法。

③ 组合滤波算法原理。以组合导航为应用对象，介绍典型的组合滤波算法，其中包括 LS 算法、KF 算法和 UKF 算法等，配合例题和仿真程序，重点讲解组合滤波算法的原理、特点和使用方法。

④ 典型的组合导航系统。以航天任务中常用的卫星/惯性组合导航、星敏感器/惯性组合导航和视觉/惯性组合导航为例，讲解组合导航建模方法，滤波算法构建、仿真验证和性能分析等内容，进行组合导航滤波算法设计和仿真示范。

在本教材中，除了视觉导航部分的算法和仿真是基于 OpenCV 编程外，其他算法的实现和仿真均是基于 MATLAB 编程实现的。虽然掌握 MATLAB 编程知识有利于本教材的学习，但本教材更关注的是算法，基于本教材的程序，学生可以比较方便转换到其他编程语言。

1.5 MATLAB 编程语言简介

在本教材中，由于只使用 MATLAB 软件进行算法编程、算法仿真和图形显示等功能，因此，这里只对该软件的相关内容进行简单介绍。在后续章节中，涉及到不一样的功能应用时，将在具体的程序中予以介绍。OpenCV 的编程方法建议参考相关资料，本教材不再介绍。

1.5.1 软件界面简介

不同版本的 MATLAB 软件的界面有一定的差异，但总体相差不大，本教材以 R2020a 版本为例进行介绍。

当软件安装成功后，在“开始”菜单栏找到 MATLAB R2020a 图标，双击该图标即可进入 MATLAB R2020a 的软件操作界面(如图 1-4 所示)，其中最上面菜单栏包括“主页”“绘图”“APP”“编辑器”“发布”和“视图”等选项。在本教材中，通常在“主页”和“编辑器”中进行操作即可。在菜单栏的下面是工具栏，包含一些常用的操作按钮，如“新建脚本”“新建文件”“打开文件”等。再下面一行为“当前目录”，通常是我们自己编辑的程序和数据等文件所存放的目录，通过单击下拉菜单中的选项，可以在不同的目录之间转换，调整所需要的当前目录。

在“当前目录”栏的下方，界面被分为三个活动区域，其中：

① 左上区域为当前目录下所有文件列表，其中文件的后缀也会显示。单击某个文件时，如果 MATLAB 能显示该文件，则会在中间区域中建立新窗口；左下区域为当前打开程序的说明(第一行)。

② 中间区域的上半部分为当前打开程序的内容，每行代码都有编号，以便于调试；中间区域的下半部分为命令窗口，所有操作命令和部分结果都是在这个区域显示的。在“$fx>>$”提示符之后输入命令，按回车键，命令就得到执行。如果在执行命令中出现错误，则错误提示信息也在该窗口显示。因此，该窗口是用户接触最多的区域。

③ 右边区域为内存中的变量列表，这些变量可以直接在命令窗口中进行处理，比如对某个变量进行绘图。在进行程序调试时，往往会在该区域查看有关变量的结果。

图 1-4　MATLAB R2020a 软件操作界面

1.5.2　常用的操作命令

在命令窗口中，常用的命令包括：

1. help

当用户对某个函数不是很熟悉时，在命令行中输入“help XXX”（“XXX”为函数名称）即可得到官方的解释信息和用法等，这是获取帮助的最直接途径。例如，输入“help svd”，即可得到如图 1-5 所示的内容。

```
>> help svd
svd - Singular value decomposition

    This MATLAB function returns a vector of singular values.

    s = svd(X)
    [U,S,V] = svd(X)
    [U,S,V] = svd(X,0)
    [U,S,V] = svd(X,'econ')

    svd 的参考页

    名为 svd 的其他函数
        symbolic/svd
```

图 1-5　help 帮助信息

2. addpath

MATLAB 中所有函数都放在安装目录下，软件启动后会自动找到相关目录。但是，如果用户自己编辑的程序也放到安装目录下，则容易与软件自带程序混淆，特别是当计算机重新安装时，文件容易丢失，因此，不建议将自编程序放在软件安装目录下。在使用时，一种方法是通过改变当前目录，使程序所在目录为当前目录；另一种方法是通过在命令行中运行“addpath 程序目录”，将程序所在目录加入到目录索引中，这样在使用有关程序时，软件会到相应的目录中寻找。如图 1-6 所示为在命令行输入 addpath 之后的效果，此时就可以使用该目录下的所有程序和数据文件。

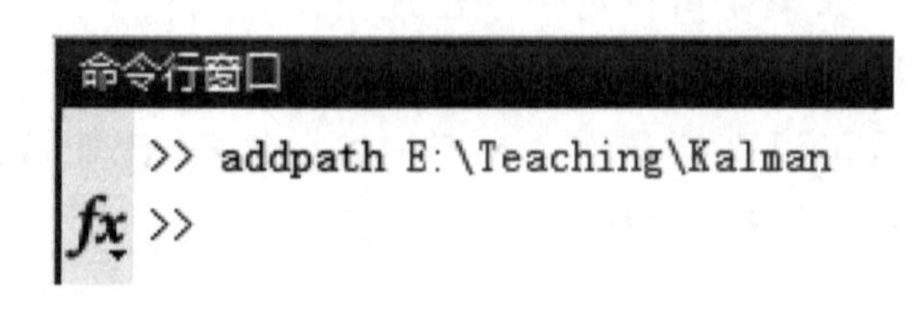

图 1-6 addpath 应用举例

3. clc

在命令行中输入该命令后，命令窗口内的所有内容都将被清除。

4. close all

在命令行中输入该命令后，MATLAB 打开的所有图形窗口均将被关闭。

5. clear all

在命令行中输入该命令后，MATLAB 导入内存中的所有变量均将被释放，即图 1-4 中左下区域中的内容均被清空。如果只是想释放某个变量，改用“clear 变量名”即可。

clc、close all 和 clear all 这三个命令在其他编程语言中也经常使用。

1.5.3 m 文件

在命令行中通常都是执行单个命令，因此，这只适用于较为简单的任务。若任务比较复杂，则需要编辑 m 文件并形成程序，将程序命名，然后在命令行中输入该程序的名称，即可执行所设计的任务。当然，在执行 m 文件时，需要先把该文件所在目录调整为当前目录，或者通过 addpath 将该文件所在目录加入搜索范围内。

如图 1-7 所示为一个编辑的 m 文件，将其保存为“example01_01. m”，其中“. m”为后缀。在新建一个 m 文件时，单击“新建脚本”即弹出一个独立的编辑界面，在该界面内输入所要编辑的内容即可。如图 1-7 所示即为编辑后的内容，最左边的序号标示代码的行数。当运行 m 文件时，如果出现错误，在命令窗口中会提示在哪一行出现问题，在返回检查 m 文件时，可以依据提示的序号快速找到错误之处。

在 m 文件中，每一行一般都是以“;”结束，如果没有“;”，则该行的运行结果将显示在命令窗口中。

在 m 文件中，任务是由上至下顺序执行的。如果某行任务未执行到，则有关变量将不会放入内存。因此，在调试时，如果在命令窗口中显示是在某行出现问题，那么就意味着程序执行到了这一行，其后的任务未执行，只需要检查该行及其之前的任务即可。

另外，在 m 文件中，“%”之后的内容是不执行的，因此，如果在某行代码前加“%”，则相当于将该行屏蔽掉。“Ctrl＋r”是对某行或某些行加“%”,“Ctrl＋t”则是取消某行或某些行前的“%”。

```
exp1_2.m
1      % 第一章绪论例1-2
2      % 编写人：王可东
3      % 编写时间：2023.8.22
4
5 -    clear all; close all; clc;
6
7 -    N = 100;
8 -    x = 25 * ones(N,1);  %被估计对象
9 -    sigma1 = 0.1;
10 -   sigma2 = 0.5;
11 -   v1 = sigma1 * randn(N,1);
12 -   v2 = sigma2 * randn(N,1);
13 -   z1 = x + v1;
14 -   z2 = x + v2;
15
16 -   w1 = sigma2^2/(sigma1^2 + sigma2^2);
17 -   w2 = sigma1^2/(sigma1^2 + sigma2^2);
18 -   x_est = w1 * z1 + w2 * z2;
```

图1-7 m文件示例

1.5.4 绘 图

MATLAB的绘图功能非常强大,且使用方法很简单。

在本教材中,使用最多的是plot绘图函数,其一般使用模式为

plot(自变量1, 函数1,'线型1', 自变量2, 函数2,'线型2',…)

上述plot绘图函数是将多个函数曲线画在一张二维图上,通常“自变量1”和“自变量2”等自变量都是一样的,至少要求所有自变量和函数是同样长度的。例如,所有自变量都是时间序列,所有函数都是在相应的时间点上取值。由于在同一张二维图上画多条函数曲线容易引起混淆,因此,可以通过赋予不同曲线不同线型予以区分,可以设定曲线的颜色、虚实、粗细、连续/离散、标识符等。例如,“－”“－.”“－－”“:”分别表示实线、点划线、虚线和点线,“b”“r”“g”“y”“k”“w”“c”“m”分别表示蓝色、红色、绿色、黄色、黑色、白色、蓝绿色和洋红色,“＋”“o”“*”“.”“x”“s”“d”“^”“v”“>”“<”“p”“h”分别表示加号、圆圈、星号、点号、叉号、方格、菱形、向上的三角形、向下的三角形、向右的三角形、向左的三角形、五边形和六边形。

与plot函数一起使用的函数通常有title、xlabel、ylabel、legend、grid、hold on和hold off等,其中:title用于显示图像的名称(显示在图像的正上方);xlabel和ylabel用于显示图像的横坐标和纵坐标;当一幅图中有多条曲线时,可以用legend加以区分;grid用于给图像加等网格;hold on和hold off分别用于锁定图像和解锁图像。

当绘制多幅图时,通常有两种方法:一种是采用subplot函数将多幅图绘制在一张大图的不同区域。例如,subplot(211)和subplot(212)就表示在一张大图中按照上、下方式分别绘制两个小图,在subplot(211)之后运行plot函数,则函数内容将绘制在上面的小图中,相应地subplot(212)之后运行plot函数,则函数内容将绘制在下面的小图中。另一种方法是采用figure(n)函数,其中n是从1开始的正整数,即序号,每张图都独立绘制。

下面通过一个例子，简单说明如何利用 m 文件完成任务。

【例 1-2】 设一辆汽车在一条公路上匀速直线行驶，速度为 30 m/s。车上安装了 BDS 接收机，其测速误差是均值为 0、标准差为 0.1 m/s 的高斯噪声；车载测速仪的测速误差是均值为 0、标准差为 0.5 m/s 的高斯噪声。试利用这两个车速测量结果，针对车速，设计一线性、无偏和估计偏差的方差最小的估计算法，并画出其在 100 s 之内的速度估计偏差。

【解】 设车速为 x，BDS 接收机的测速结果为 z_1、误差为 v_1、误差标准差为 σ_1，车载测速仪的测速结果为 z_2、误差为 v_2、误差标准差为 σ_2，因此，两次测量值 z_1 和 z_2 分别为

$$\begin{cases} z_1 = x + v_1 \\ z_2 = x + v_2 \end{cases} \tag{1-3}$$

由于两次测量都是无偏的，即 $\mathrm{E}(z_1)=\mathrm{E}(z_2)=\mathrm{E}(x)$，又因为 x 为常量，因此，$\mathrm{E}(x)=x$，可得 $\mathrm{E}(v_1)=\mathrm{E}(v_2)=0$。同时，设

$$\begin{cases} \mathrm{E}(v_1^2) = \sigma_1^2 \\ \mathrm{E}(v_2^2) = \sigma_2^2 \end{cases} \tag{1-4}$$

又因为两次测量是独立的，即两次测量误差之间是不相关的，有 $\mathrm{E}(v_1 v_2)=0$。设 x 的估计值为$\hat{x}$，按照线性假设，有

$$\hat{x} = k_1 z_1 + k_2 z_2 \tag{1-5}$$

式中，k_1 和 k_2 为待定的线性加权系数。由于存在两个未知数，因此，需要两个独立方程来确定。估计偏差为$\tilde{x}=\hat{x}-x$，基于无偏估计要求，有

$$\begin{aligned} \mathrm{E}(\tilde{x}) &= \mathrm{E}[k_1(x+v_1)+k_2(x+v_2)-x] \\ &= (k_1+k_2-1)\mathrm{E}(x) \\ &= (k_1+k_2-1)x \\ &= 0 \end{aligned} \tag{1-6}$$

可得

$$k_1 + k_2 - 1 = 0 \tag{1-7}$$

考虑到估计偏差的方差最小，有

$$\mathrm{E}(\tilde{x}^2) = k_1^2\sigma_1^2 + (1-k_1)^2\sigma_2^2 \tag{1-8}$$

对式(1-8)求关于 k_1 的导数，并令其为 0，得

$$k_1 = \frac{\sigma_2^2}{\sigma_1^2+\sigma_2^2} \tag{1-9}$$

所以，最小均方估计误差为

$$\mathrm{E}(\tilde{x}^2)_{\min} = \left(\frac{1}{\sigma_1^2}+\frac{1}{\sigma_2^2}\right)^{-1} \tag{1-10}$$

$$\hat{x} = \left(\frac{\sigma_2^2}{\sigma_1^2+\sigma_2^2}\right)z_1 + \left(\frac{\sigma_1^2}{\sigma_1^2+\sigma_2^2}\right)z_2 \tag{1-11}$$

相应的 MATLAB 程序如下：

```
clear all;  close all; % 多个命令在一行时,只要有";"区分,并不影响顺序执行结果
N = 100;                               % 运行时间
x = 50 * ones(N,1);                    % 被估计对象
sigma1 = 0.1; sigma2 = 0.5;            % 噪声方差
v1 = sigma1 * randn(N,1);
v2 = sigma2 * randn(N,1);              % 模拟正态分布的白噪声
z1 = x + v1;
z2 = x + v2;                           % 发生测量值
w1 = sigma1^2/(sigma1^2 + sigma2^2);
w2 = sigma2^2/(sigma1^2 + sigma2^2);
x_est = w1 * z2 + w2 * z1;
figure(1)
plot(1:N,x_est,'k*-',1:N,x,'k',1:N,z1,'k',1:N, z2,'ko-');
legend('估计值','真值','测量值 1','测量值 2');
xlabel('时间(s)');   ylabel('速度(m/s)');
figure(2)
plot(1:N,x_est-x,'k*-',1:N,v1,'k',1:N,v2,'ko-');
legend('估计误差','测量误差 1','测量误差 2')
xlabel('时间(s)');  ylabel('速度误差(m/s)')
```

运行结果如图 1-8 和图 1-9 所示。

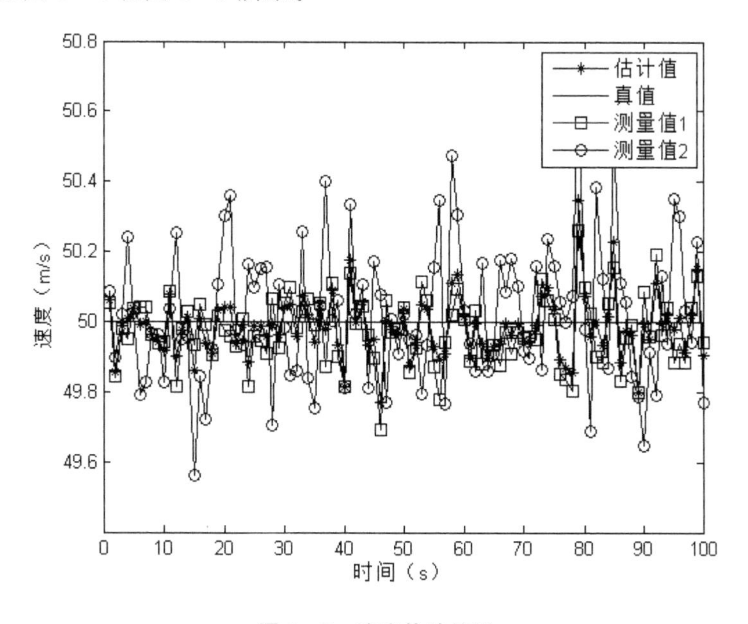

图 1-8　速度估计结果

如图 1-8 所示,算法的速度估计精度与 BDS 接收机的相当,较车载测速仪的更高。如果进一步比较如图 1-9 所示的速度估计误差,可以发现,与两个传感器的测量误差相比,算法的估计精度不低于两个传感器中的任何一个。需要指出的是,这个结果虽然是通过具体的例子得到的,但具有普遍性。

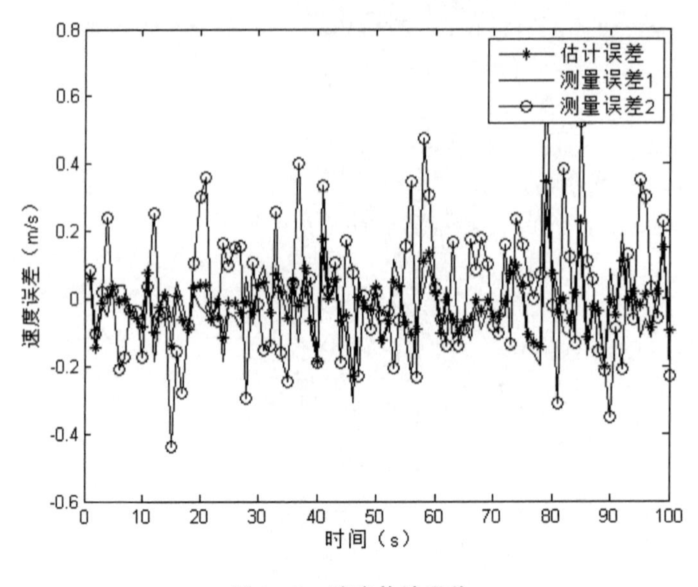

图 1-9　速度估计误差

习　　题

1-1　在地球物理意义上，大气是如何分层的？从航天器和航空器的飞行角度，大气是如何分层的？

1-2　航天器的最小系统由哪几个部分组成？各起什么作用？

1-3　制导、导航与控制三者是什么关系？各起什么作用？

1-4　典型的导航方式有哪些？航天导航有什么特点？

1-5　惯性导航系统由哪些传感器组成？各有什么优点和不足？

1-6　目前全球卫星导航系统有哪几个？GNSS 有什么优点和不足？

1-7　典型的天文导航有哪些？脉冲星导航有什么应用困难？

1-8　对航天应用来说，为什么通常都应用组合导航？典型的组合滤波算法有哪些？

第2章

相关基础

本章介绍本教材使用到的向量矩阵运算、随机过程、坐标系、时间系统和地球重力场模型等基本内容。

2.1 数学基础

2.1.1 向 量

1. 表示方法

向量分为行向量和列向量，在本教材中出现的向量默认为列向量。

n 维的行向量表示为

$$\boldsymbol{x}=[x_1 \quad x_2 \quad \cdots \quad x_n] \tag{2.1}$$

n 维的列向量表示为

$$\boldsymbol{x}=\begin{bmatrix} x_1 \\ x_2 \\ \vdots \\ x_n \end{bmatrix} \tag{2.2}$$

式中，$x_i(i=1,2,\cdots,n)$为向量 $\boldsymbol{x}$ 的第 i 个元素。

2. 基本运算

(1) 零向量

每个元素都为0的向量。

(2) 转置

向量 $\boldsymbol{x}$ 的转置记为$\boldsymbol{x}^{\mathrm{T}}$，上标T表示转置操作，于是有

$$\boldsymbol{x}^{\mathrm{T}}=[x_1 \quad x_2 \quad \cdots \quad x_n] \tag{2.3}$$

$$\boldsymbol{x}=(\boldsymbol{x}^{\mathrm{T}})^{\mathrm{T}}=[x_1 \quad x_2 \quad \cdots \quad x_n]^{\mathrm{T}} \tag{2.4}$$

(3) 加法

两个维数相同的向量可以相加，相加的结果为对应元素相加。设 $\boldsymbol{x}$ 和 $\boldsymbol{y}$ 均为 n 维向量，二者相加的结果为

$$\boldsymbol{x}+\boldsymbol{y}=[x_1+y_1 \quad x_2+y_2 \quad \cdots \quad x_n+y_n]^{\mathrm{T}} \tag{2.5}$$

(4) 标量乘法

标量与向量相乘的结果为标量和向量中的每个元素相乘，即

$$k\boldsymbol{x}=[kx_1 \quad kx_2 \quad \cdots \quad kx_n]^{\mathrm{T}} \tag{2.6}$$

式中，k 为一标量。

(5) 内积

相同维数的向量可以做内积，结果为对应元素的乘积之和，为标量。设 $\boldsymbol{x}$ 和 $\boldsymbol{y}$ 均为 n 维向量，二者的内积为

$$\boldsymbol{x}^{\mathrm{T}}\boldsymbol{y}=\boldsymbol{y}^{\mathrm{T}}\boldsymbol{x}=\sum_{i=1}^{n}x_iy_i \tag{2.7}$$

若$\boldsymbol{x}^{\mathrm{T}}\boldsymbol{y}=0$，则向量 $\boldsymbol{x}$ 和 $\boldsymbol{y}$ 是正交的。

(6) 外积

相同维数的向量可以求外积，结果为方阵。设 $\boldsymbol{x}$ 和 $\boldsymbol{y}$ 均为 n 维向量，二者的外积为

$$\boldsymbol{x}\boldsymbol{y}^{\mathrm{T}}=\begin{bmatrix} x_1y_1 & x_1y_2 & \cdots & x_1y_n \\ x_2y_1 & x_2y_2 & \cdots & x_2y_n \\ \vdots & \vdots & & \vdots \\ x_ny_1 & x_ny_2 & \cdots & x_ny_n \end{bmatrix} \tag{2.8}$$

需要注意的是，外积并不是叉乘，叉乘只适用于三维向量，而外积适用于任意维向量。叉乘的计算方法为

$$\boldsymbol{a}\times\boldsymbol{b}=\begin{vmatrix} \boldsymbol{i} & \boldsymbol{j} & \boldsymbol{k} \\ a_1 & a_2 & a_3 \\ b_1 & b_2 & b_3 \end{vmatrix}=\begin{bmatrix} 0 & -a_3 & a_2 \\ a_3 & 0 & -a_1 \\ -a_2 & a_1 & 0 \end{bmatrix}\begin{bmatrix} b_1 \\ b_2 \\ b_3 \end{bmatrix}=\boldsymbol{a}^{\times}\boldsymbol{b} \tag{2.9}$$

式中，$|\cdot|$表示行列式，$\boldsymbol{i}$、$\boldsymbol{j}$ 和 $\boldsymbol{k}$ 分别表示三个方向的单位基向量，$\boldsymbol{a}^{\times}$表示向量 $\boldsymbol{a}$ 的反对称矩阵。

(7) 导数和积分

向量的导数是对向量中每个元素求导，即

$$\dot{\boldsymbol{x}}=[\dot{x}_1 \quad \dot{x}_2 \quad \cdots \quad \dot{x}_n]^{\mathrm{T}} \tag{2.10}$$

向量的积分是对向量中每个元素积分，即

$$\int\boldsymbol{x}\mathrm{d}t=\left[\int x_1\mathrm{d}t \quad \int x_2\mathrm{d}t \quad \cdots \quad \int x_n\mathrm{d}t\right]^{\mathrm{T}} \tag{2.11}$$

(8) 向量范数

向量的范数用于定义向量的大小，又称为向量的模。向量范数为定义在实数域上的实值函数，用符号$\|\cdot\|$表示，其满足：

① $\|\boldsymbol{x}\|\geqslant 0$，当且仅当 $\boldsymbol{x}=\boldsymbol{0}$ 时，$\|\boldsymbol{x}\|=0$；

② 对于标量 $k\in\mathbf{R}$，有 $\|k\boldsymbol{x}\|=|k|\cdot\|\boldsymbol{x}\|$；

③ $\|\boldsymbol{x}+\boldsymbol{y}\|\leqslant\|\boldsymbol{x}\|+\|\boldsymbol{y}\|$。

满足上述条件的向量范数很多，常用的有

① 1-范数(列范数)

$$\|\boldsymbol{x}\|_1=\sum_{i=1}^{n}|x_i| \tag{2.12}$$

② 2-范数(Euclid范数)

$$\| \boldsymbol{x} \|_2 = \sqrt{\sum_{i=1}^{n} x_i^2} \tag{2.13}$$

2-范数实际上就是 n 维向量 $\boldsymbol{x}$ 的欧式长度,可以用内积表示为 $\| \boldsymbol{x} \|_2 = \sqrt{\boldsymbol{x}^{\mathrm{T}} \boldsymbol{x}}$。

③ ∞-范数(行范数)

$$\| \boldsymbol{x} \|_\infty = \max_{1 \leqslant i \leqslant n} | x_i | \tag{2.14}$$

④ p-范数

$$\| \boldsymbol{x} \|_p = \left(\sum_{i=1}^{n} | x_i |^p \right)^{\frac{1}{p}} \tag{2.15}$$

式中,$p \geqslant 1$。1-范数、2-范数和∞-范数都属于 p-范数的特例,并且有 $\lim\limits_{p \to \infty} \| x \|_p = \max\limits_{1 \leqslant i \leqslant n} | x_i |$。

2.1.2 矩 阵

1. 表示方法

(1) 普通矩阵

一个 m 行、n 列的普通矩阵可以表示为

$$\boldsymbol{A}_{m \times n} = \begin{bmatrix} a_{11} & a_{12} & \cdots & a_{1n} \\ a_{21} & a_{22} & \cdots & a_{2n} \\ \vdots & \vdots & & \vdots \\ a_{m1} & a_{m2} & \cdots & a_{mn} \end{bmatrix} = [a_{ij}]_{m \times n} \tag{2.16}$$

式中,a_{ij} $(i=1,2,\cdots,m; j=1,2,\cdots,n)$ 为矩阵的元素。

(2) 方阵

普通矩阵在 $m=n>0$ 时,变为方阵。

2. 基本运算

(1) 零矩阵

所有元素都为0的矩阵称为零矩阵。

(2) 单位矩阵

主对角线元素为1,其余元素均为0的方阵称为单位矩阵,即

$$\boldsymbol{I} = \begin{bmatrix} 1 & 0 & \cdots & 0 \\ 0 & 1 & \cdots & 0 \\ \vdots & \vdots & & \vdots \\ 0 & 0 & \cdots & 1 \end{bmatrix} = [\delta_{ij}] \tag{2.17}$$

式中,δ_{ij} 为Kronecker δ 函数,定义为

$$\delta_{ij} = \begin{cases} 1 & i=j \\ 0 & i \neq j \end{cases} \tag{2.18}$$

对于同维方阵 $\mathbf{A}$,有 $\boldsymbol{AI} = \boldsymbol{IA} = \boldsymbol{A}$。

(3) 行列式

只有方阵才能计算行列式,其行列式为标量,计算结果为

$$\det(\boldsymbol{A}) = |\boldsymbol{A}| = \sum_{j_1 j_2 \cdots j_n} (-1)^{\tau(j_1 j_2 \cdots j_n)} a_{1j_1} a_{2j_2} \cdots a_{nj_n} \tag{2.19}$$

式中，$\sum\limits_{j_1 j_2 \cdots j_n}$ 表示对所有的 n 级排列求和，$\tau(j_1 j_2 \cdots j_n)$ 表示排列 $j_1 j_2 \cdots j_n$ 的逆序数。对于两个同维的方阵有

$$|\boldsymbol{AB}| = |\boldsymbol{A}|\,|\boldsymbol{B}| \tag{2.20}$$

(4) 加法

两个维数相同的矩阵可以相加，其结果为两矩阵的对应元素相加，即

$$\boldsymbol{A}+\boldsymbol{B}=[a_{ij}+b_{ij}] \tag{2.21}$$

(5) 标量乘法

标量与矩阵的乘法和向量类似，为标量与矩阵的每个元素相乘

$$k\boldsymbol{A}=[ka_{ij}] \tag{2.22}$$

(6) 矩阵乘法

一个矩阵的列数与另一个矩阵的行数相等时，则两个矩阵可以相乘，结果为一个矩阵，矩阵中元素为两个矩阵对应行与列的元素相乘的和。设两个矩阵$\boldsymbol{A}_{m\times n}$和$\boldsymbol{B}_{n\times p}$，二者的乘积为

$$\boldsymbol{C}_{m\times p}=\boldsymbol{A}_{m\times n}\boldsymbol{B}_{n\times p}=[c_{ij}] \tag{2.23}$$

式中，$c_{ij}=\sum\limits_{k=1}^{n}a_{ik}b_{kj}$。

对于维数相同的方阵，一般情况下 $\boldsymbol{AB}\neq\boldsymbol{BA}$。特殊地，当 $\boldsymbol{B}$ 矩阵的列数为 1 时，矩阵乘法变成“向量-矩阵乘法”，其形式为

$$\boldsymbol{y}_{m\times 1}=\boldsymbol{A}_{m\times n}\boldsymbol{B}_{n\times 1} \tag{2.24}$$

式中，$y_i=\sum\limits_{j=1}^{n}a_{ij}b_j$。此时的乘积式表示的是线性方程组。

(7) 导数和积分

矩阵的导数和积分即为对其中的元素进行求导和积分，即

$$\dot{\boldsymbol{A}}=[\dot{a}_{ij}] \tag{2.25}$$

$$\int\boldsymbol{A}\mathrm{d}t=\left[\int a_{ij}\,\mathrm{d}t\right] \tag{2.26}$$

(8) 逆和秩

对于 n 阶方阵 $\boldsymbol{A}$，如果 $\det(\boldsymbol{A})\neq 0$，则该方阵是非奇异的。如果存在 n 阶方阵 $\boldsymbol{B}$，使得

$$\boldsymbol{AB}=\boldsymbol{BA}=\boldsymbol{I}_n \tag{2.27}$$

式中，$\boldsymbol{I}_n$ 为 n 阶单位矩阵，则称 $\boldsymbol{A}$ 是可逆的，而 $\boldsymbol{B}$ 为 $\boldsymbol{A}$ 的逆方阵。$\boldsymbol{A}$ 的逆方阵记作$\boldsymbol{A}^{-1}$，非奇异和可逆两个概念等价。

矩阵的逆还满足如下性质：

$$\begin{cases}(\boldsymbol{A}^{-1})^{-1}=\boldsymbol{A}\\(\boldsymbol{AB})^{-1}=\boldsymbol{B}^{-1}\boldsymbol{A}^{-1}\\(k\boldsymbol{A})^{-1}=\dfrac{1}{k}\boldsymbol{A}^{-1},k\neq 0\\(\boldsymbol{A}^{\mathrm{T}})^{-1}=(\boldsymbol{A}^{-1})^{\mathrm{T}}\\\det(\boldsymbol{A}^{-1})=\det(\boldsymbol{A})^{-1}\neq 0\end{cases} \tag{2.28}$$

矩阵中还有一个重要概念——秩：对于一个 $m\times n$ 的非零矩阵 $\boldsymbol{A}$ 的所有子式中必有一个阶数最大的行列式非零的子式，其阶数为矩阵 $\boldsymbol{A}$ 的秩，记作 $\mathrm{rank}(\boldsymbol{A})$。零矩阵的秩定义为零。

若矩阵满足

$$\mathrm{rank}(\boldsymbol{A})=\min(m,n) \tag{2.29}$$

则称矩阵 $\boldsymbol{A}$ 满秩。对于 n 阶方阵而言,非奇异、可逆、满秩是三个互相等价的概念。

(9) 转置

一个矩阵的转置就是将该矩阵对应行列位置的元素互换,即

$$\boldsymbol{A}=[a_{ij}],\quad \boldsymbol{A}^{\mathrm{T}}=[a_{ji}] \tag{2.30}$$

对于矩阵乘法而言,有

$$(\boldsymbol{AB})^{\mathrm{T}}=\boldsymbol{B}^{\mathrm{T}}\boldsymbol{A}^{\mathrm{T}} \tag{2.31}$$

对于方阵而言,有:

① 若$\boldsymbol{A}^{\mathrm{T}}=\boldsymbol{A}$,则称 $\boldsymbol{A}$ 为对称方阵;

② 若$\boldsymbol{A}^{\mathrm{T}}=\boldsymbol{A}^{-1}$,则称 $\boldsymbol{A}$ 为正交方阵;

③ 若$\boldsymbol{A}^{\mathrm{T}}=-\boldsymbol{A}$,则称 $\boldsymbol{A}$ 为反号对称方阵,其主对角线元素都是 0。

(10) 伪逆

对于矩阵$\boldsymbol{A}_{m\times n}$,$m>n$,且$\boldsymbol{A}^{\mathrm{T}}\boldsymbol{A}$ 非奇异,其伪逆定义为

$$\boldsymbol{A}^{\#}=(\boldsymbol{A}^{\mathrm{T}}\boldsymbol{A})^{-1}\boldsymbol{A}^{\mathrm{T}} \tag{2.32}$$

若 $m<n$,则其伪逆定义为

$$\boldsymbol{A}^{\#}=\boldsymbol{A}^{\mathrm{T}}(\boldsymbol{A}\boldsymbol{A}^{\mathrm{T}})^{-1} \tag{2.33}$$

将矩阵$\boldsymbol{A}_{m\times n}$看作线性方程组 $\boldsymbol{y}=\boldsymbol{Ax}$ 的系数矩阵,$m>n$ 和 $m<n$ 分别对应超定方程组和欠定方程组,$\boldsymbol{x}=\boldsymbol{A}^{\#}\boldsymbol{y}$ 则是方程组在最小二乘意义下的最优解。伪逆满足如下性质:

$$\begin{cases}\boldsymbol{A}\boldsymbol{A}^{\#}\boldsymbol{A}=\boldsymbol{A}\\ \boldsymbol{A}^{\#}\boldsymbol{A}\boldsymbol{A}^{\#}=\boldsymbol{A}^{\#}\\ (\boldsymbol{A}^{\#}\boldsymbol{A})^{\mathrm{T}}=\boldsymbol{A}^{\#}\boldsymbol{A}\\ (\boldsymbol{A}\boldsymbol{A}^{\#})^{\mathrm{T}}=\boldsymbol{A}\boldsymbol{A}^{\#}\end{cases} \tag{2.34}$$

(11) 迹

方阵主对角线元素的代数和称为该方阵的迹,即

$$\mathrm{tr}(\boldsymbol{A})=\sum_{i=1}^{n}a_{ii} \tag{2.35}$$

对于两个方阵相乘,有如下性质:

$$\mathrm{tr}(\boldsymbol{AB})=\mathrm{tr}(\boldsymbol{BA}) \tag{2.36}$$

(12) 方阵函数

常用的方阵函数有 $\mathrm{e}^{\boldsymbol{A}}$、$\sin\boldsymbol{A}$ 和 $\cos\boldsymbol{A}$,其通过方阵级数的形式定义

$$\begin{cases}\mathrm{e}^{\boldsymbol{A}}=\displaystyle\sum_{k=0}^{+\infty}\frac{\boldsymbol{A}^k}{k!}\\ \sin\boldsymbol{A}=\displaystyle\sum_{k=0}^{+\infty}(-1)^k\frac{\boldsymbol{A}^{2k+1}}{(2k+1)!}\\ \cos\boldsymbol{A}=\displaystyle\sum_{k=0}^{+\infty}(-1)^k\frac{\boldsymbol{A}^{2k}}{(2k)!}\end{cases} \tag{2.37}$$

式中,$\boldsymbol{A}^2=\boldsymbol{AA}$,$\boldsymbol{A}^{k+1}=(\boldsymbol{A}^k)\boldsymbol{A}$。上述矩阵的幂级数是绝对收敛的,并且在满足 $\boldsymbol{AB}=\boldsymbol{BA}$ 的情况下,有

$$\mathrm{e}^{\boldsymbol{A}}\mathrm{e}^{\boldsymbol{B}}=\mathrm{e}^{\boldsymbol{B}}\mathrm{e}^{\boldsymbol{A}}=\mathrm{e}^{\boldsymbol{A}+\boldsymbol{B}} \tag{2.38}$$

(13) 矩阵范数

矩阵范数是定义矩阵“大小”的量,又可称之为矩阵的模。矩阵范数为定义在实数域上的实值函数,用符号 $\|\cdot\|$ 表示,对于矩阵$\mathbf{A}_{m\times n}$,其满足:

① $\|\boldsymbol{A}\|\geqslant 0$,当且仅当 $\boldsymbol{A}=\mathbf{0}$ 时,$\|\boldsymbol{A}\|=0$;

② 对于 $k\in\mathbf{R}$,有 $\|k\boldsymbol{A}\|=|k|\cdot\|\boldsymbol{A}\|$;

③ $\|\boldsymbol{A}+\boldsymbol{B}\|\leqslant\|\boldsymbol{A}\|+\|\boldsymbol{B}\|$;

④ $\|\boldsymbol{AB}\|\leqslant\|\boldsymbol{A}\|\ \|\boldsymbol{B}\|$。

满足上述条件的矩阵范数很多,常用的有:

① 1-范数(列范数)

$$\|\boldsymbol{A}\|_1=\max_{1\leqslant j\leqslant n}\sum_{i=1}^{m}|a_{ij}| \tag{2.39}$$

② 2-范数(谱范数)

$$\|\boldsymbol{A}\|_2=\sqrt{\lambda_{\max}(\mathbf{A}^{\mathrm{T}}\mathbf{A})} \tag{2.40}$$

式中,$\lambda_{\max}(\mathbf{A}^{\mathrm{T}}\mathbf{A})$表示矩阵$\mathbf{A}^{\mathrm{T}}\boldsymbol{A}$ 的最大特征值。

③ ∞-范数(行范数)

$$\|\mathbf{A}\|_\infty=\max_{1\leqslant i\leqslant m}\sum_{j=1}^{n}|a_{ij}| \tag{2.41}$$

④ p-范数

对于给定的向量范数和矩阵范数,满足 $\|\boldsymbol{Ax}\|\leqslant\|\boldsymbol{A}\|\ \|\boldsymbol{x}\|$,则称矩阵范数和向量范数相容。给定一种向量范数,则对于任意的矩阵 $\boldsymbol{A}$,令 $\|\boldsymbol{A}\|=\max\limits_{\|\boldsymbol{x}\|=1}\|\boldsymbol{Ax}\|$,该定义下的矩阵范数与给定的范数相容,称该矩阵范数从属于向量范数,也称为矩阵的算子范数。于是对于向量的 p-范数,可以得到相应的算子范数,即是矩阵的 p-范数:

$$\|\boldsymbol{A}\|_p=\max_{\|x\|_p=1}\|\boldsymbol{Ax}\|_p \tag{2.42}$$

⑤ Frobenius 范数(Euclid 范数)

$$\|\boldsymbol{A}\|_{\mathrm{F}}=\sqrt{\sum_{i=1}^{m}\sum_{j=1}^{n}a_{ij}^2} \tag{2.43}$$

Frobenius 范数与向量的 2-范数相容,但是该范数并不是算子范数。

2.1.3 向量-矩阵运算

1. 二次型

设 $\boldsymbol{A}$ 为 n 维的对称方阵,$\boldsymbol{x}$ 为 n 维的列向量,则该对称方阵的二次型定义为

$$J=\boldsymbol{x}^{\mathrm{T}}\boldsymbol{Ax} \tag{2.44}$$

对于方阵 $\boldsymbol{A}$,有

$$f(\lambda)=|\lambda\boldsymbol{I}-\boldsymbol{A}|=\lambda^n+a_1\lambda^{n-1}+\cdots+a_{n-1}\lambda+a_n=0 \tag{2.45}$$

式中,$f(\lambda)$为其特征方程,λ 为方阵 $\boldsymbol{A}$ 的特征值。

若 $\boldsymbol{A}$ 的特征值为$\{\lambda_i\}(i=1,2,\cdots,n)$,那么存在正交矩阵 $\boldsymbol{Q}$,使得

$$J=\boldsymbol{x}^{\mathrm{T}}\boldsymbol{Ax}=\boldsymbol{x}'^{\mathrm{T}}\boldsymbol{A}'\boldsymbol{x}'=\sum_{i=1}^{n}\lambda_i x_i'^2 \tag{2.46}$$

式中,$\boldsymbol{x}'=\boldsymbol{Q}^{\mathrm{T}}\boldsymbol{x}$,$\boldsymbol{A}'=\boldsymbol{Q}^{\mathrm{T}}\boldsymbol{AQ}=\mathrm{diag}(\lambda_i)$,$\mathrm{diag}(\lambda_i)$是对角线元素为特征值、其余位置元素为 0 的对角方阵。

2. 定

对于对称方阵 $\boldsymbol{A}$,按照其二次型的结果,可以分为四种定:①正定,$\boldsymbol{x}^{\mathrm{T}}\boldsymbol{A}\boldsymbol{x}>0$;②负定,$\boldsymbol{x}^{\mathrm{T}}\boldsymbol{A}\boldsymbol{x}<0$;③半正定,$\boldsymbol{x}^{\mathrm{T}}\boldsymbol{A}\boldsymbol{x}\geqslant 0$;④半负定,$\boldsymbol{x}^{\mathrm{T}}\boldsymbol{A}\boldsymbol{x}\leqslant 0$。

对于物理可实现的系统,其对应的系数矩阵都是正定的,与可逆等价。

3. 梯度运算

(1) 标量函数对向量求梯度

标量函数对向量求梯度的运算为标量对向量的每个元素求梯度,然后再构成一个向量,于是,梯度运算后的向量和原来的向量维数相同,即

$$\frac{\partial z}{\partial \boldsymbol{x}}=\boldsymbol{a} \tag{2.47}$$

式中,$a_i=\dfrac{\partial z}{\partial \boldsymbol{x}_i}$,$z$ 为一标量。特殊地,当标量为两个向量的内积时,对于其中一个向量求梯度运算有

$$\begin{cases}\dfrac{\partial}{\partial \boldsymbol{x}}(\boldsymbol{y}^{\mathrm{T}}\boldsymbol{x})=\boldsymbol{y}\\[2ex]\dfrac{\partial}{\partial \boldsymbol{x}}(\boldsymbol{x}^{\mathrm{T}}\boldsymbol{y})=\boldsymbol{y}\end{cases} \tag{2.48}$$

(2) 标量函数对向量求二阶梯度

标量函数对向量求二阶梯度,结果为一个方阵,即

$$\frac{\partial^2 z}{\partial \boldsymbol{x}^2}=\boldsymbol{A} \tag{2.49}$$

式中,$a_{ij}=\dfrac{\partial z}{\partial x_i \partial x_j}$,$|\boldsymbol{A}|$ 为 z 的 Hessian 矩阵行列式。

(3) 向量对向量求梯度

一个向量对另一个向量求梯度,即向量的每一个元素对另一个向量的每一个元素求梯度,结果为一个矩阵,即

$$\frac{\partial \boldsymbol{z}^{\mathrm{T}}}{\partial \boldsymbol{x}}=\boldsymbol{A} \tag{2.50}$$

式中,$a_{ij}=\dfrac{\partial z_j}{\partial x_i}$。若 $\boldsymbol{z}$ 与 $\boldsymbol{x}$ 维数相同,则 $|\boldsymbol{A}|$ 为 $\boldsymbol{z}$ 的 Jacobian 行列式。

(4) 标量对矩阵求梯度

标量对矩阵求梯度,即标量对矩阵的每个元素求梯度,结果为一个同维矩阵,即

$$\frac{\partial z}{\partial \boldsymbol{A}}=\boldsymbol{B} \tag{2.51}$$

式中,$b_{ij}=\dfrac{\partial z}{\partial a_{ij}}$,$\boldsymbol{B}$ 矩阵又称为 Hessian 矩阵。对于方阵 $\boldsymbol{A}$、$\boldsymbol{B}$ 和 $\boldsymbol{C}$,有

$$\begin{cases}\dfrac{\partial}{\partial \boldsymbol{A}}\mathrm{tr}(\boldsymbol{A})=\boldsymbol{I}\\[2ex]\dfrac{\partial}{\partial \boldsymbol{A}}\mathrm{tr}(\boldsymbol{BAC})=\boldsymbol{B}^{\mathrm{T}}\boldsymbol{C}^{\mathrm{T}}\\[2ex]\dfrac{\partial}{\partial \boldsymbol{A}}\mathrm{tr}(\boldsymbol{ABA}^{\mathrm{T}})=\boldsymbol{A}(\boldsymbol{B}^{\mathrm{T}}+\boldsymbol{B})\\[2ex]\dfrac{\partial}{\partial \boldsymbol{A}}\mathrm{tr}(\mathrm{e}^{\boldsymbol{A}})=\mathrm{e}^{\boldsymbol{A}^{\mathrm{T}}}\\[2ex]\dfrac{\partial}{\partial \boldsymbol{A}}|\boldsymbol{BAC}|=|\boldsymbol{BAC}|(\boldsymbol{A}^{-1})^{\mathrm{T}}\end{cases} \tag{2.52}$$

(5) 二次型求梯度

$$\frac{\partial \boldsymbol{x}^{\mathrm{T}}\boldsymbol{A}\boldsymbol{x}}{\partial \boldsymbol{x}}=(\boldsymbol{A}+\boldsymbol{A}^{\mathrm{T}})\boldsymbol{x}=2\boldsymbol{A}\boldsymbol{x} \tag{2.53}$$

(6) 链式求导法则

向量对于多个向量求导,假如变量存在依赖关系 $\boldsymbol{x}\rightarrow\boldsymbol{y}\rightarrow\boldsymbol{z}$,则有链式法则

$$\frac{\partial \boldsymbol{z}}{\partial \boldsymbol{x}}=\frac{\partial \boldsymbol{z}}{\partial \boldsymbol{y}}\frac{\partial \boldsymbol{y}}{\partial \boldsymbol{x}} \tag{2.54}$$

然而,标量对于多个变量求导,则会出现维度不兼容的情况。假如,变量存在依赖关系 $\boldsymbol{x}\rightarrow\boldsymbol{y}\rightarrow z$,其中 z 为标量,$\boldsymbol{x}$ 和 $\boldsymbol{y}$ 为向量,此时需要对式(2.54)的求导法则进行变形,即

$$\frac{\partial z}{\partial \boldsymbol{x}}=\left(\frac{\partial \boldsymbol{y}}{\partial \boldsymbol{x}}\right)^{\mathrm{T}}\frac{\partial z}{\partial \boldsymbol{y}} \tag{2.55}$$

【例 2-1】 给定向量 $\boldsymbol{x}$,其对应的量测为 $\boldsymbol{z}$,并且满足关系 $\boldsymbol{z}=\boldsymbol{H}\boldsymbol{x}+\boldsymbol{v}$,其中 $\boldsymbol{H}$ 为量测矩阵,$\boldsymbol{v}$ 为量测噪声,试求满足

$$\min J=(\boldsymbol{z}-\hat{\boldsymbol{z}})^{\mathrm{T}}(\boldsymbol{z}-\hat{\boldsymbol{z}})$$

的 $\boldsymbol{x}$ 的估计值 $\hat{\boldsymbol{x}}$。式中,$\hat{\boldsymbol{z}}$ 为量测的估计值;$\hat{\boldsymbol{x}}$ 为状态的估计值。

【解】 此处的指标 J 为关于 $\hat{\boldsymbol{x}}$ 的函数,于是可以利用上述的求导法则,求解 J 关于 $\hat{\boldsymbol{x}}$ 的偏导,并令其等于 0,即

$$\frac{\partial J}{\partial \hat{\boldsymbol{x}}}=\boldsymbol{0}$$

由于 J 为标量,运用链式求导法则得到

$$\frac{\partial J}{\partial \hat{\boldsymbol{x}}}=2\,\frac{\partial(\boldsymbol{z}-\boldsymbol{H}\hat{\boldsymbol{x}})}{\partial \hat{\boldsymbol{x}}}(\boldsymbol{z}-\boldsymbol{H}\hat{\boldsymbol{x}})=-2\,\boldsymbol{H}^{\mathrm{T}}(\boldsymbol{z}-\boldsymbol{H}\hat{\boldsymbol{x}})=-2\,\boldsymbol{H}^{\mathrm{T}}\boldsymbol{z}+2\,\boldsymbol{H}^{\mathrm{T}}\boldsymbol{H}\hat{\boldsymbol{x}}=\boldsymbol{0}$$

当 $\boldsymbol{H}^{\mathrm{T}}\boldsymbol{H}$ 可逆时,得到状态的估计为

$$\hat{\boldsymbol{x}}=(\boldsymbol{H}^{\mathrm{T}}\boldsymbol{H})^{-1}\boldsymbol{H}^{\mathrm{T}}\boldsymbol{z}$$

即为最小二乘意义下的估计值。

2.1.4 数值积分

给定常微分方程及其初值,即

$$\begin{cases} y'=f(t,y),\ t_0\leqslant t\leqslant T \\ y(t_0)=y_0 \end{cases} \tag{2.56}$$

若函数 $f(t,y)$ 在区域 $D_0=\{(t,y)\,|\,t_0\leqslant t\leqslant T,\,|y|<\infty\}$ 内连续,并且满足 Lipschitz 条件:

$$|f(t,y_1)-f(t,y_2)|\leqslant L\,|y_1-y_2| \tag{2.57}$$

式中,$f(t,y_1)$和 $f(t,y_2)$为 D_0 内任意两点,L 为一常数,则此时常微分方程的解存在且唯一。对常微分方程可以通过求解析解得到其连续解,也可以通过求数值解得到其离散解,后者更适合于计算机处理。这里介绍求数值解的常用方法。

数值解的通式可表示为

$$F(t_n,y_n,\cdots,y_{n+k},h)=0\quad(n=0,1,\cdots,M-k) \tag{2.58}$$

式中,M 为数值积分点的个数;k 为步数,$k=1$ 时称数值解法为单步法,$k\geqslant 2$ 时称其为多步法;h 为积分步长;函数 F 包含函数 f。若方程可以表示为 $y_{n+k}=G(t_n,y_n,\cdots,y_{n+k-1},h)$,则称数

值解法为显式方法，否则称其为隐式方法。下面给出几种常用的数值积分方法。

1. Runge-Kutta 方法

Runge-Kutta 方法（简称 R-K 方法）属于显式单步法，其一般形式为

$$\begin{cases} y_{n+1} = y_n + h\sum_{i=1}^{N} c_i k_i \\ k_1 = f(t_n, y_n) \\ k_i = f\left(t_n + a_i h, y_n + h\sum_{j=1}^{i-1} b_{ij} k_j\right) \quad (i = 2,3,\cdots,N; n = 0,1,\cdots,M-1) \\ a_i = \sum_{j=1}^{i-1} b_{ij} \end{cases} \tag{2.59}$$

式中，N 为算法的级数；a_i、b_{ij} 和 c_i 都是待定系数。根据待定系数的不同，R-K 方法可以分为不同的算法，积分精度也有所不同。选择合适的系数可以使 R-K 方法的局部解算误差

$$R_{n+1} = y(t_{n+1}) - y(t_n) - h\sum_{i=1}^{N} c_i k_i \tag{2.60}$$

到达 $o(h^{p+1})$，则称 R-K 方法为 N 级 p 阶方法。

（1）一级 R-K 方法

$$y_{n+1} = y_n + hc_1 f(t_n, y_n) \tag{2.61}$$

当 $c_1=1$ 时，R-K 方法取到一阶精度，该方法称为 Euler 法。

（2）二级 R-K 方法

$$\begin{cases} y_{n+1} = y_n + h(c_1k_1 + c_2k_2) \\ k_1 = f(t_n, y_n) \\ k_2 = f(t_n + a_2h, y_n + a_2hk_1) \end{cases} \tag{2.62}$$

当 $c_1=c_2=\frac{1}{2}$ 和 $a_2=1$ 时，该方法称为改进的 Euler 法；当 $c_1=0$、$c_2=1$ 和 $a_2=\frac{1}{2}$ 时，该方法称为中点公式；当 $c_1=\frac{1}{4}$、$c_2=\frac{3}{4}$ 和 $a_2=\frac{2}{3}$ 时，该方法称为 Heun 公式。这三个方法都可以达到二阶精度。

（3）三级 R-K 方法

这里直接给出一个常用的形式，即 Heun 三阶方法，可以达到三阶精度，具体为

$$\begin{cases} y_{n+1} = y_n + \frac{h}{4}(k_1 + 3k_3) \\ k_1 = f(t_n, y_n) \\ k_2 = f\left(t_n + \frac{1}{3}h, y_n + \frac{1}{3}hk_1\right) \\ k_3 = f\left(t_n + \frac{2}{3}h, y_n + \frac{2}{3}hk_2\right) \end{cases} \tag{2.63}$$

（4）四级 R-K 方法

这里直接给出高精度数值积分时最常用的四级四阶 R-K 方法，可以达到四阶精度，具体为

$$\begin{cases}y_{n+1}=y_n+\frac{h}{6}(k_1+2k_2+2k_3+k_4)\\k_1=f(t_n,y_n)\\k_2=f\left(t_n+\frac{1}{2}h,y_n+\frac{1}{2}hk_1\right)\\k_3=f\left(t_n+\frac{1}{2}h,y_n+\frac{1}{2}hk_2\right)\\k_4=f(t_n+h,y_n+hk_3)\end{cases}\tag{2.64}$$

2. 线性多步法

在线性多步法中只给出常用的 Adams 方法。

(1) 二步隐式 Adams 三阶方法

$$y_{n+2}=y_{n+1}+\frac{h}{12}(5f_{n+2}+8f_{n+1}-f_n)\tag{2.65}$$

(2) 三步显式 Adams 三阶方法

$$y_{n+3}=y_{n+2}+\frac{h}{12}(23f_{n+2}-16f_{n+1}+5f_n)\tag{2.66}$$

(3) 三步隐式 Adams 四阶方法

$$y_{n+3}=y_{n+2}+\frac{h}{24}(9f_{n+3}+19f_{n+2}-5f_{n+1}+f_n)\tag{2.67}$$

(4) 四步显式 Adams 四阶方法

$$y_{n+4}=y_{n+3}+\frac{h}{24}(55f_{n+3}-59f_{n+2}+37f_{n+1}-9f_n)\tag{2.68}$$

【例 2-2】 设一常微分方程为

$$\begin{cases}y'(t)=-20y(t), \quad 0\leqslant t\leqslant 1\\y(0)=1\end{cases}$$

仿真步长 h 分别设为 0.01、0.1 和 0.2,对比 Euler 法、改进 Euler 法和四级 R-K 算法的收敛性、精度和算法耗时。

【解】 由题意可知,原函数的精确解为 $y(t)=\mathrm{e}^{-20t}$。根据数值积分收敛性的理论分析,设 $\lambda=\partial f/\partial y$,函数对应的 $\lambda=-20$。此时,Euler 法和改进 Euler 法的绝对稳定区间为 $-2<h\lambda<0$,步长需要满足 $0<h<0.1$;四级 R-K 算法的绝对稳定区间为 $-2.78<h\lambda<0$,步长需要满足 $0<h<0.139$。

通过理论分析可知,当 $h=0.01$ 时,三种算法都能够保证收敛;当 $h=0.1$ 时,Euler 法和改进 Euler 法不能保证收敛;当 $h=0.2$ 时,三种数值积分算法都无法保证收敛。三种步长仿真得到的误差绝对值变化情况,分别如图 2-1、图 2-2 和图 2-3 所示。

在仿真中记录算法耗时,得到 Euler 法、改进 Euler 法和四级 R-K 算法的单次积分耗时分别为 1.5×10^{-7} s、2.1×10^{-7} s 和 3.2×10^{-7} s(注:这里提供的计算耗时随计算条件不同而变化,包括硬件条件和其他程序运行情况等,只具有比较意义)。由此可知,三种数值积分算法的计算量逐渐增加。通过比较变化步长可以得到如下结果:

① 当 $h=0.01$ 时,三种数值积分算法计算都满足绝对收敛,精度从低到高依次为:Euler 法、改进 Euler 法、四级 R-K 算法;

② 当 $h=0.1$ 时, Euler 法和改进 Euler 法不满足绝对稳定性, 算法无法收敛,只有四级

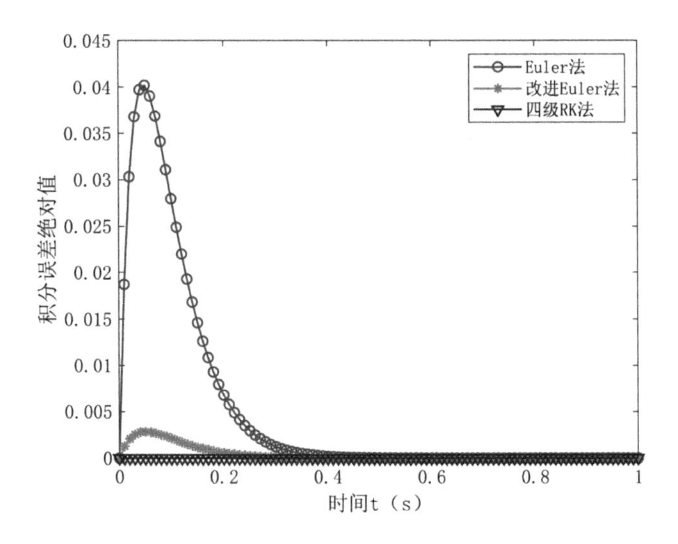

图 2-1　h=0.01 时三种数值积分方法误差

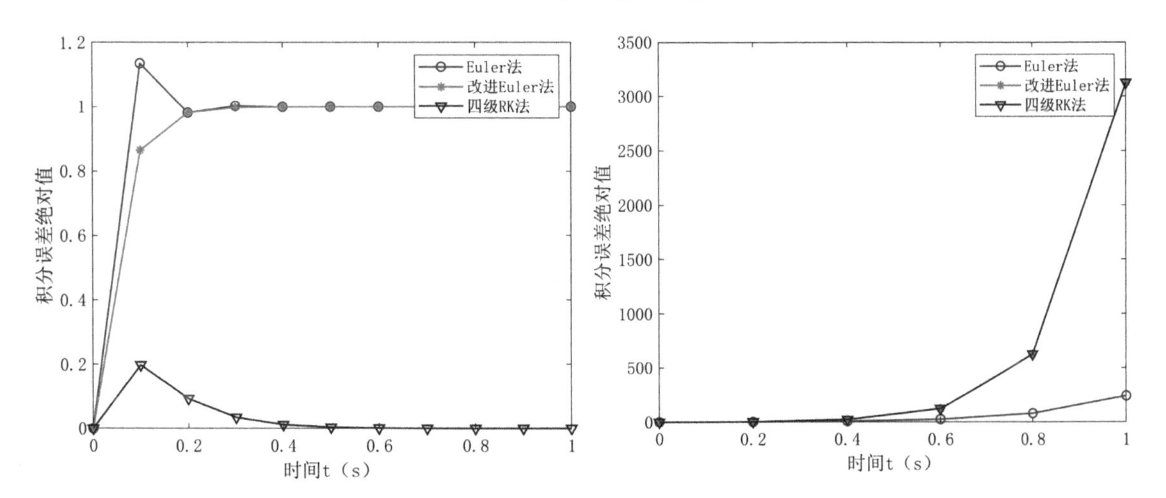

图 2-2　h=0.1 时三种数值积分方法误差

图 2-3　h=0.2 时三种数值积分方法误差

R－K 算法是收敛的；

③ 当 h=0.2 时，三种数值积分算法均无法收敛。

根据仿真结果可知，在选用数值积分算法时，需要根据精度和计算能力的不同选择相应的算法，精度越高，对应的算法耗时通常也越长。同时，数值积分过程中需要选择合适的积分步长，缩短步长会导致计算量的大幅增加，增加步长则可能导致数值积分不收敛。所以，针对具体的数值积分算法，需要根据所需要的计算精度和计算效率，合理选择积分步长和积分算法的级数。

相应的 MATLAB 程序如下：

```
clear; close all; clc;
h = 0.01; % 步长
st = 0; % 积分起始点
ed = 1; % 积分结束点
len = floor((ed-st)/h);
% 初始化数组,并赋予初值
```

```
y1 = zeros(len+1,1); y1(1) = 1;
y2 = zeros(len+1,1); y2(1) = 1;
y3 = zeros(len+1,1); y3(1) = 1;
yt = zeros(len+1,1); yt(1) = 1;
for i = 1:len
    t = st + h * (i-1);
    tic; y1(i+1) = Euler(h,t,y1(i));  t1(i) = toc;
    tic; y2(i+1) = Euler2(h,t,y2(i)); t2(i) = toc;
    tic; y3(i+1) = RK4(h,t,y3(i));    t3(i) = toc;
    tn = st + h * i;
    yt(i+1) = exp(-20 * tn);
end
e1 = y1 - yt; e2 = y2 - yt; e3 = y3 - yt;
figure;
tp = st:h:ed;
plot(tp,abs(e1),'ro-',tp,abs(e2),'g*-',...
    tp,abs(e3),'bv-','linewidth',1);
legend('Euler 法','改进 Euler 法','四级 RK 法');
xlabel('时间 t(s)'); ylabel('积分误差绝对值');
set(gca,'FontName','宋体','FontSize',12);
mt1 = mean(t1); mt2 = mean(t2); mt3 = mean(t3); %计算算法耗时
function y = Euler(h,t,y)
    % Euler 法(一级一阶)
    y = y + h*f(t,y);
end
function y = Euler2(h,t,y)
    %改进 Euler 法(二级二阶)
    k1 = f(t,y);
    k2 = f(t+h,y+h*k1);
    y = y + 0.5*h*(k1+k2);
end
function y = RK4(h,t,y)
    % Runge-Kutta(四级四阶)
    k1 = f(t,y);
    k2 = f(t+0.5*h,y+0.5*h*k1);
    k3 = f(t+0.5*h,y+0.5*h*k2);
    k4 = f(t+h,y+h*k3);
    y  = y + h/6*(k1 + 2*k2 + 2*k3 + k4);
end
function F = f(t,y)
    F = -20*y;
end
```

2.1.5 概　率

1. 随机事件

这里将科学试验或对某一事物的某种特性的观察统称为试验。如果某一试验可以在一定条件下重复，但每次结果不可预知，则称其为随机试验，用字母 E 表示。随机试验的观察结果称为随机事件，用字母 A、B 和 C 等表示。

2. 基本事件和样本空间

随机试验的每一种可能结果都是一个最简单的随机事件，称为基本事件，用小写字母 e 表示。例如，设随机试验 E_1 的基本事件为 $e_i(i=1,2,\cdots,5)$，则随机事件可以为 $A=\{e_1,e_2\}$、$B=\{e_2,e_4,e_5\}$ 等。因此，随机事件是由若干个基本事件组成的，组成随机试验的全部基本事件的集合称为样本空间，用字母 S 或者 Ω 表示。

3. 概率的定义

设 $P=P(A)$ 是定义在 $F=\{A|A\subset S\}$ 上的一个实值函数，$A\in F$ 并且满足

① $0\leqslant P(A)\leqslant 1$；

② $P(S)=1$；

③ 对于互不相容的事件 $A_i(i=1,2,3,\cdots)$，有

$$P\Big(\sum_{i=1}^{+\infty}A_i\Big)=\sum_{i=1}^{+\infty}P(A_i) \tag{2.69}$$

则称 $P\Big(\sum_{i=1}^{+\infty}A_i\Big)$ 为 F 上的概率测度函数，称 $P(A_i)$ 为事件 A_i 的概率。

4. 联合事件和互斥事件

如果若干个事件同时出现，则称这些事件为联合事件。例如，三个事件 A、B 和 C 出现的概率为 $P(ABC)$，如果这三个事件是互相独立的，则 $P(ABC)=P(A)P(B)P(C)$。

如果一个事件出现了，另一个事件肯定不会出现，则称这两个事件是互斥的。对于互斥事件，如图 2-4所示的事件 A 和 C，有 $P(AC)=0$，因此，有

$$P(A+C)=P(A)+P(C) \tag{2.70}$$

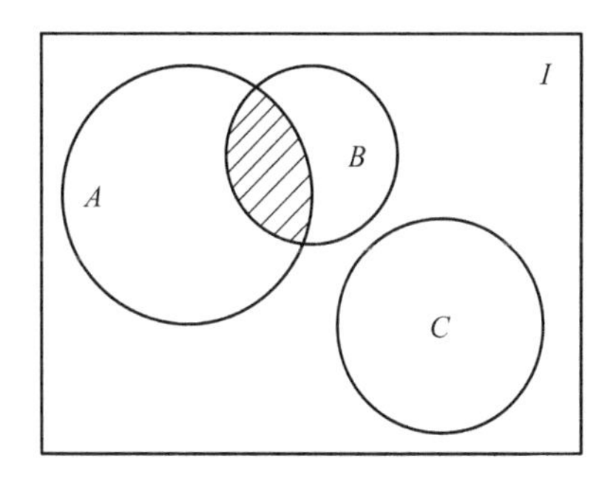

图 2-4　事件之间的关系示意图

事件 A 出现后，事件 B 也有可能出现，即两者存在相容的部分，如图 2-4 中阴影区域所示，该区域的概率为 $P(AB)$，显然有

$$P(A+B)=P(A)+P(B)-P(AB) \tag{2.71}$$

5. 条件概率

在事件 B 发生的情况下，事件 A 发生的概率定义为条件概率 $P(A|B)$，有

$$P(A|B)=\frac{P(AB)}{P(B)} \tag{2.72}$$

由此可以得到多个事件的条件概率，比如三个事件的条件概率可写为

$$P(A_1A_2A_3)=P(A_1)P(A_2|A_1)P(A_3|A_1A_2) \tag{2.73}$$

假设试验 E 的样本空间为 S，$\{B_1,B_2,\cdots,B_n\}$ 为样本空间的一个完备事件组，并且所有的 $P(B_i)>0$，A 为其中的一个事件，则有

$$\begin{aligned}P(A)&=P(AB_1)+P(AB_2)+\cdots+P(AB_n)\\&=P(B_1A)+P(B_2A)+\cdots+P(B_nA)\\&=P(B_1)P(A\mid B_1)+P(B_2)P(A\mid B_2)+\cdots+P(B_n)P(A\mid B_n)\\&=\sum_{i=1}^{n}P(B_i)P(A\mid B_i)\end{aligned} \tag{2.74}$$

式(2.74)便是全概率公式,可以进一步得到

$$P(B\mid A)=\frac{P(AB)}{P(A)}=\frac{P(BA)}{P(A)}=\frac{P(B)P(A\mid B)}{\sum_{i=1}^{n}P(B_i)P(A\mid B_i)} \tag{2.75}$$

式(2.75)就是贝叶斯公式,也可以写为

$$P(B_i\mid A)=\frac{P(B_i)P(A\mid B_i)}{\sum_{i=1}^{n}P(B_i)P(A\mid B_i)} \tag{2.76}$$

【例 2-3】 设环境温度高于 40 ℃时,计算机的正常运行率为 80%;环境温度低于 40 ℃时,计算机的正常运行率为 95%。假设环境温度高于 40 ℃的概率为 90%,求解在已知当天计算机正常运行的情况下,环境温度高于 40 ℃的概率。

【解】 用 A 表示"计算机运行正常",B 表示"气温高于 40 ℃",由题意可知

$$\begin{cases}P(B)=0.9\\P(\overline{B})=1-P(B)=0.1\\P(A|B)=0.8\\P(A|\overline{B})=0.95\end{cases}$$

由贝叶斯公式有

$$\begin{aligned}P(B|A)&=\frac{P(B)P(A|B)}{P(A)}=\frac{P(B)P(A|B)}{P(B)P(A|B)+P(\overline{B})P(A|\overline{B})}\\&=\frac{0.9\times0.8}{0.9\times0.8+0.1\times0.95}\approx0.883\end{aligned}$$

由结果可知,在已知计算机正常运行的情况下,当天环境温度高于 40 ℃的概率比原先预算的 90%更低。即在存在已知信息的情况下,事件发生的概率相较于预测概率会发生变化。

将这个原先预测(通过以往数据)的概率称为先验概率;将得到计算机正常运行的信息后,修正的概率称为后验概率。例 2-3 中,$P(B)$和 $P(A)$都可以称为先验概率,$P(A|B)$为似然概率,最终计算的 $P(B|A)$为后验概率。在随机信号处理中,贝叶斯公式是很多算法的理论基础,起着至关重要的作用。

2.1.6 随机变量

定义随机试验 E 在样本空间 S 中,对于每个样本点 $e\in S$ 都有确定的实数值 $X(e)$与之对应,并且对于任意的 x,满足$\{X\leqslant x\}=\{e\in S|X(e)\leqslant x\}\in F$,其中 F 为概率空间,则称 $X=X(e)$为随机变量。对于随机事件概率的求解就可以转化为随机变量的取值范围的概率求解,概率问题就可以转化为函数的问题进行分析。

1. 概率分布函数和概率分布密度函数

设随机变量为 X,对于任意实数 x,令

$$F(x)=P\{X\leqslant x\}\quad -\infty<x<+\infty \tag{2.77}$$

则称 $F(x)$为随机变量 X 的概率分布函数,记作 $X\sim F(x)$,其具体含义为随机变量 X 在$(-\infty,x]$范围内取值的概率。如果存在一个非负可积函数 $f(x)$,使得对任意 x 满足

$$F(x)=\int_{-\infty}^{x}f(t)\,\mathrm{d}t \tag{2.78}$$

则称 $f(x)$为概率分布密度函数。

【例 2-4】 给定随机变量的分布函数为

$$F(x)=\begin{cases}a+b\mathrm{e}^{-\frac{x^2}{2}} & x\geqslant 0\\ 0 & x<0\end{cases}$$

试求随机变量的概率分布密度函数以及 $P(\sqrt{\ln 4}<X<\sqrt{\ln 16})$。

【解】 根据分布函数的定义，有

$$\begin{cases}F(\infty)=a=1\\ F(-\infty)=F(0)=a+b=0\end{cases}$$

求解得到 $a=1,b=-1$，因此，分布函数可具体写为

$$F(x)=\begin{cases}1-\mathrm{e}^{-\frac{x^2}{2}} & x\geqslant 0\\ 0 & x<0\end{cases}$$

求导得到概率分布密度函数，即

$$f(x)=\begin{cases}x\mathrm{e}^{-\frac{x^2}{2}} & x\geqslant 0\\ 0 & x<0\end{cases}$$

通过分布函数求解概率，即

$$P(\sqrt{\ln 4}<X<\sqrt{\ln 9})=F(\sqrt{\ln 9})-F(\sqrt{\ln 4})=\frac{2}{3}-\frac{1}{2}=\frac{1}{6}$$

在本教材中只介绍连续型随机变量分布，在后续的滤波算法中通常以连续型随机变量进行推导。下面给出常见的分布。

(1) 均匀分布

设有限区间 $[a,b]$，存在连续型随机变量 ζ，其概率分布密度函数为

$$f(x)=\begin{cases}\dfrac{1}{b-a} & a\leqslant x\leqslant b\\ 0 & \text{其他}\end{cases} \tag{2.79}$$

则称 ζ 为区间 $[a,b]$ 上均匀分布的随机变量，记作 $\zeta\sim U[a,b]$，如图 2-5 所示。

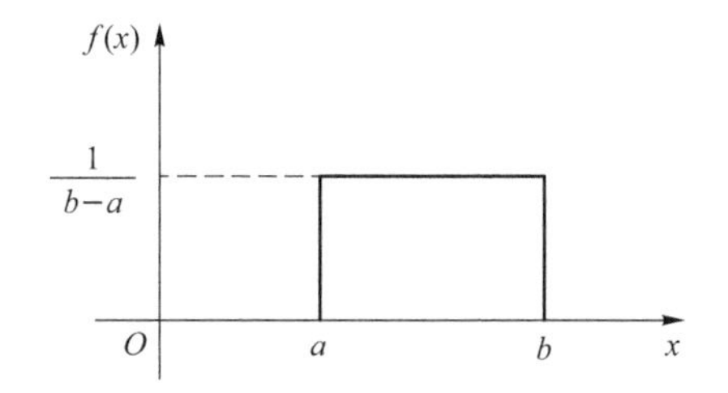

图 2-5　均匀分布的概率分布密度函数图

(2) Γ 分布

对于连续型随机变量 ζ，概率分布密度函数满足关系

$$f(x)=\begin{cases}\dfrac{\beta^\alpha}{\Gamma(\alpha)}x^{\alpha-1}\mathrm{e}^{-\beta x} & x>0\\ 0 & x\leqslant 0\end{cases} \tag{2.80}$$

式中，常数 $\alpha>0,\beta>0,\Gamma(\alpha)=\int_0^{+\infty}t^{\alpha-1}\mathrm{e}^{-t}\mathrm{d}t$。则称 ζ 服从参数为 α 和 β 的 Γ 分布，记作 $\zeta\sim\Gamma(\alpha,\beta)$。

Γ 分布的期望为 $\frac{\alpha}{\beta}$，方差为 $\frac{\alpha}{\beta^2}$。当 $\alpha=1$ 时，Γ 分布变为指数分布；当 $\alpha=\frac{n}{2},\beta=\frac{1}{2}$ 时，Γ 分布为 $\chi^2(n)$ 分布，该分布在统计学中具有重要意义。

【例 2-5】 试比较不同参数情况下 Γ 分布的概率分布密度函数。

【解】 当将参数 α 设为 1 时，概率分布密度函数变为指数分布的概率分布密度函数；对比 α 和 β 的变化，可以发现概率分布密度函数的形状随之发生变化，特别是当 $\alpha=10$、$\beta=\frac{1}{2}$ 时，概

率分布密度函数变为 $\chi^2(20)$ 分布的形式。如图 2-6 所示为几种不同参数组合时的 Γ 分布概率分布密度函数曲线的仿真结果。

相应的 MATLAB 程序如下：

```
clear; close all; clc;
x = 0:0.5:15;
% 不同参数的伽马分布
y1 = gampdf(x,1,2);
y2 = gampdf(x,2,2);
y3 = gampdf(x,2,3);
y4 = gampdf(x,10,0.5);
figure;
plot(x,y1,'ko-',x,y2,'k^-',x,y3,'kv-',x,y4,'k*-');
set(gca,'FontName','Times New Roman','FontSize',14);
legend('\alpha = 1,\beta = 2','\alpha = 2,\beta = 2','\alpha = 2,\beta = 3','\alpha = 10,\beta = 0.5');
```

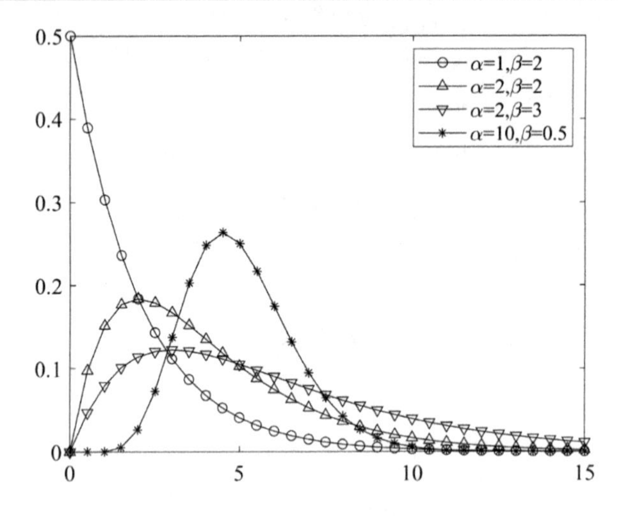

图 2-6　Γ 分布的概率分布密度函数曲线

(3) 正态分布

若连续型随机变量 ζ 的概率分布密度函数满足

$$f(x)=\frac{1}{\sigma\sqrt{2\pi}}\exp\left[-\frac{(x-\mu)^2}{\sigma^2}\right]\quad x\in R \tag{2.81}$$

式中，$-\infty<\mu<+\infty$，$\sigma>0$，μ 和 σ 都是常数，则称 ζ 服从参数为 μ 和 σ 的正态分布（又称为 Gauss 分布），记作 $\zeta\sim N(\mu,\sigma^2)$。当 $\mu=0$、$\sigma=1$ 时，称 ζ 为标准正态分布。

【例 2-6】 当正态分布函数的标准差和均值分别为 $\sigma=0.5$、$\mu=3$，$\sigma=0.5$、$\mu=5$ 和 $\sigma=2$、$\mu=5$ 时，试比较函数曲线的变化情况。

【解】 由题意，仿真画出如图 2-7 所示的正态分布密度函数曲线。由图可知，概率分布密度函数的形状完全由均值和标准差决定。均值决定分布密度函数极大值的所在位置，该极大值随标准差的增大而减小。

相应的 MATLAB 程序如下：

```
clear; close all; clc;
sigma1 = 0.5; sigma2 = 2; mu1 = 3; mu2 = 5;
x = (0:0.05:10)';
y1 = 1/sqrt(2 * pi)/sigma1 * exp( - 1/2/sigma1^2 * (x-mu1).^2);
y2 = 1/sqrt(2 * pi)/sigma1 * exp( - 1/2/sigma1^2 * (x-mu2).^2);
y3 = 1/sqrt(2 * pi)/sigma2 * exp( - 1/2/sigma2^2 * (x-mu2).^2);
plot(x,y1,'kv -',x,y2,'ks -',x,y3,'k * -');
legend('\sigma = 0.5 \mu = 3','\sigma = 0.5 \mu = 5','\sigma = 2 \mu = 5')
set(gca,'FontName','Times New Roman','FontSize',14);
```

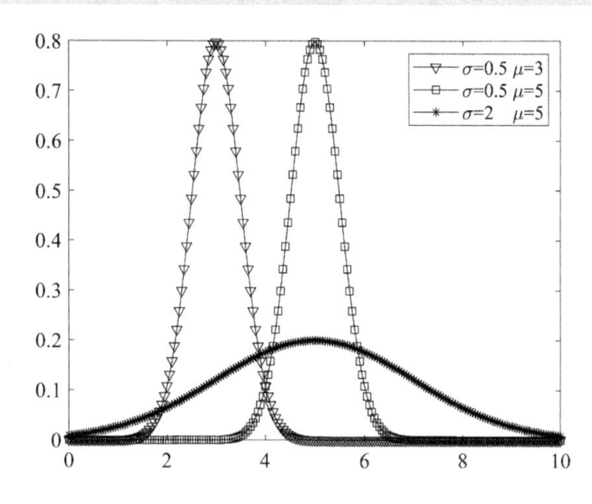

图 2-7　正态分布的概率分布密度函数

2. 二维随机变量

(1) 联合概率

在样本空间 $S=\{e\}$ 中的两个随机变量组成的随机向量 $[X(e) \quad Y(e)]$ 称为二维随机变量或者二维随机向量，其分布函数 $F(x,y)$ 为

$$F(x,y)=P\{X\leqslant x,Y\leqslant y\} \tag{2.82}$$

若有非负可积函数 $f(x,y)$ 满足

$$F(x,y)=\int_{-\infty}^{y}\int_{-\infty}^{x}f(u,v)\mathrm{d}u\mathrm{d}v \tag{2.83}$$

则称 $f(x,y)$ 为随机变量 X 和 Y 的联合概率密度分布函数。

(2) 边缘概率与条件概率

对于二维连续型随机变量 $[X \quad Y]$，其边缘概率分布函数和密度函数满足关系

$$F_X(x)=F(x,+\infty)=\int_{-\infty}^{x}\left[\int_{-\infty}^{+\infty}f(u,v)\mathrm{d}v\right]\mathrm{d}u \tag{2.84}$$

$$f_X(x)=\int_{-\infty}^{+\infty}f(x,v)\mathrm{d}v \tag{2.85}$$

同理也可以得到分量 Y 的边缘概率分布函数和密度函数。

在条件 $Y=y$ 的情况下，X 的条件分布函数和密度函数为

$$F_{X|Y}(x\mid y)=\frac{\int_{-\infty}^{x}f(u,y)\mathrm{d}u}{f_Y(y)}=\int_{-\infty}^{x}\frac{f(u,y)}{f_Y(y)}\mathrm{d}u \tag{2.86}$$

$$f_{X|Y}(x|y)=\frac{f(x,y)}{f_Y(y)} \tag{2.87}$$

式中，$f_Y(y)\neq 0$ 为 Y 的边缘概率分布密度函数。

(3) 相互独立的随机变量

二维连续型随机变量 $[X\quad Y]$ 相互独立的充分必要条件为

$$f(x,y)=f_X(x)f_Y(y) \tag{2.88}$$

【例 2-7】 随机向量 $[X\quad Y]$ 的联合概率密度分布函数为

$$f(x,y)=\frac{c}{(1+x^2)(1+y^2)}$$

求：① $P(0<X<1,0<Y<1)$；② 该随机向量的边缘概率分布密度函数；③ 判断 X 和 Y 是否独立。

【解】 由题意有

$$F(-\infty,+\infty)=\int_{-\infty}^{+\infty}\int_{-\infty}^{+\infty}f(u,v)\mathrm{d}u\mathrm{d}v=c\int_{-\infty}^{+\infty}\frac{1}{1+u^2}\mathrm{d}u\int_{-\infty}^{+\infty}\frac{1}{1+v^2}\mathrm{d}v=c\pi^2$$

解得 $c=1/\pi^2$。

① 进一步可以求解得

$$P(0<X<1,0<Y<1)=\frac{1}{\pi^2}\int_0^1\frac{1}{1+u^2}\mathrm{d}u\int_0^1\frac{1}{1+v^2}\mathrm{d}v=\frac{1}{16}$$

② 求解边缘概率分布密度函数，即

$$f_X(x)=\int_{-\infty}^{+\infty}f(x,v)\mathrm{d}v=\frac{1}{\pi(1+x^2)}$$

$$f_Y(y)=\int_{-\infty}^{+\infty}f(u,y)\mathrm{d}u=\frac{1}{\pi(1+y^2)}$$

③ 由②的解算结果可知，$f(x,y)=f_X(x)f_Y(y)$，所以，X 和 Y 两个随机变量独立。

3. 随机变量的统计特性

这里介绍常用的随机变量统计特性。

(1) 矩

1) 原点矩

给定随机变量 X 和 Y，对于正整数 k 满足

$$\mathrm{E}(X^k)=\int_{-\infty}^{+\infty}x^k f(x)\mathrm{d}x \tag{2.89}$$

若式(2.89)的积分存在，则称 $E(X^k)$ 为 X 的 k 阶原点矩，当 $k=1$ 时称 $\mathrm{E}(X^k)$ 为数学期望，记为 $\mathrm{E}(X)$，即

$$\mathrm{E}(X)=\int_{-\infty}^{+\infty}xf(x)\mathrm{d}x \tag{2.90}$$

2) 中心矩

给定随机变量 X 和 Y，对于正整数 k 满足

$$\mathrm{E}\{[X-\mathrm{E}(X)]^k\}=\int_{-\infty}^{+\infty}[x-\mathrm{E}(X)]^k f(x)\mathrm{d}x \tag{2.91}$$

若式(2.91)的积分存在，则称 $\mathrm{E}\{[X-\mathrm{E}(X)]^k\}$ 为 X 的 k 阶中心矩。当 $k=2$ 时称 $\mathrm{E}\{[X-\mathrm{E}(X)]^k\}$ 为方差，记为 $D(X)$，即

$$D(X)=\sigma^2=\int_{-\infty}^{+\infty}[x-\mathrm{E}(X)]^2 f(x)\mathrm{d}x=\mathrm{E}(X^2)-\mathrm{E}(X)^2 \tag{2.92}$$

其中 σ 为标准差。方差有时也用 Var 表示。当 $E(X)=0$ 时,中心矩和原点矩等价。

3) 混合矩

给定随机变量 X 和 Y,对于正整数 k 满足

$$E\{[X-E(X)]^k[Y-E(Y)]^l\}=\int_{-\infty}^{+\infty}\int_{-\infty}^{+\infty}[x-E(X)]^k[y-E(Y)]^l f(x,y)\mathrm{d}x\mathrm{d}y \tag{2.93}$$

若 $E(X^kY^l)$ 为 $k+l$ 阶原点混合矩,则 $E\{[X-E(X)]^k[Y-E(Y)]^l\}$ 为 $k+l$ 阶中心混合矩。当 $k=l=1$ 时,称 $E\{[X-E(X)]^k[Y-E(Y)]^l\}$ 为协方差,记为 $\mathrm{Cov}(X,Y)$,定义为

$$\begin{aligned}\mathrm{Cov}(X,Y)&=E\{[X-E(X)][Y-E(Y)]\}\\&=\int_{-\infty}^{\infty}\int_{-\infty}^{\infty}[x-E(X)][y-E(Y)]f(x,y)\mathrm{d}x\mathrm{d}y\\&=E(XY)-E(X)E(Y)\end{aligned} \tag{2.94}$$

定义两个随机变量之间的相关系数 ρ 为

$$\rho=\frac{\mathrm{Cov}(X,Y)}{\sigma_X\sigma_Y} \tag{2.95}$$

相关系数表示两个随机变量之间线性关系的近似程度。相关系数的绝对值越接近于 1,X 和 Y 越接近线性关系,所以相关系数的“相关”只用于描述“线性相关”。当 $\rho=0$ 时,X 与 Y 不相关;当 $\rho=\pm1$ 时,X 与 Y 线性相关。

4) RMS 值

RMS(root mean square)为均方根,通常用于误差统计,其定义为

$$\mathrm{RMS}=\sqrt{E(X^2)} \tag{2.96}$$

(2) 特征函数

随机变量的特征函数 $g(t)$ 与其概率分布密度函数 $f(x)$ 互为 Fourier 变换对,即

$$\begin{cases}g(t)=E[\exp(\mathrm{j}tX)]=\int_{-\infty}^{\infty}f(x)\mathrm{e}^{-\mathrm{j}tx}\mathrm{d}x\\f(x)=\dfrac{1}{2\pi}\int_{-\infty}^{\infty}g(t)\mathrm{e}^{\mathrm{j}tx}\mathrm{d}t\end{cases} \tag{2.97}$$

式中,$\mathrm{j}^2=-1$。

特征函数满足:

① 独立随机变量之和的特征函数,等于各个独立变量特征函数的乘积。

② 随机变量的矩可以直接通过特征函数的导数获得。设特征函数 $g(t)$ 在实数域一致连续,且非负,即对于任意正整数 n、任意 n 个复数$(z_1,z_2,\cdots,z_n)$、任意 n 个实数$(t_1,t_2,\cdots,t_n)$,都满足 $\sum_{r=1}^{n}\sum_{s=1}^{n}g(t_r-t_s)z_rz_s\geqslant0$。若随机变量 X 的 n 阶矩存在,则 X 的特征函数 $g(t)$ 直到 n 阶的导数均存在,且满足

$$E(X^n)=\mathrm{j}^{-n}\frac{\mathrm{d}^n g(t)}{\mathrm{d}t^n}\bigg|_{t=0} \tag{2.98}$$

下面给出几个常用分布的特征函数:

(a) 几何分布

$$\begin{cases}P(x=k)=pq^{k-1},\quad k=1,2,\cdots;q=1-p\\g(t)=E(\mathrm{e}^{\mathrm{j}tX})=\sum_{k=1}^{\infty}\mathrm{e}^{\mathrm{j}tk}pq^{k-1}=p\mathrm{e}^{\mathrm{j}t}\sum_{k=1}^{\infty}(q\mathrm{e}^{\mathrm{j}t})^{k-1}=\dfrac{p\mathrm{e}^{\mathrm{j}t}}{1-q\mathrm{e}^{\mathrm{j}t}}\end{cases} \tag{2.99}$$

(b) 泊松分布

$$\begin{cases} P(x=k)=\lambda^k \dfrac{e^{-\lambda}}{k!}, \quad k=1,2,\cdots;q=1-p \\ g(t)=E(e^{jtX})=\sum\limits_{k=1}^{\infty} e^{jtk}\lambda^k \dfrac{e^{-\lambda}}{k!}=e^{-\lambda}\sum\limits_{k=1}^{\infty}\dfrac{(\lambda e^{jt})^k}{k!}=e^{\lambda(e^{jt}-1)} \end{cases} \tag{2.100}$$

(c) 均匀分布

$$f(x)=\frac{1}{b-a}[\mu(x-a)-\mu(x-b)], \quad b>a \tag{2.101}$$

式中,$\mu(x)$为单位阶跃函数。

$$g(t)=E(e^{jtX})=\int_a^b \frac{e^{jtx}dx}{b-a}=\frac{e^{jtb}-e^{jta}}{(b-a)jt} \tag{2.102}$$

(d) 正态分布

$$f(x)=\frac{1}{\sqrt{2\pi}\sigma}\exp\left[-\frac{(x-\mu)^2}{2\sigma^2}\right], \quad \sigma>0 \tag{2.103}$$

$$\begin{aligned} g(t)&=E(e^{jtX}) \\ &=\int_{-\infty}^{+\infty}\frac{dx}{\sqrt{2\pi}\sigma}\exp\left[-\frac{(x-\mu)^2}{2\sigma^2}+jtx\right] \\ &=\int_{-\infty}^{+\infty}\frac{dx}{\sqrt{2\pi}\sigma}\exp\left[-\frac{(x-\mu-jt\sigma^2)^2+t^2\sigma^4-2j\mu t\sigma^2}{2\sigma^2}\right] \\ &=\exp\left(-\frac{1}{2}t^2\sigma^2+j\mu t\right) \end{aligned} \tag{2.104}$$

【例 2-8】 设随机变量 X 与 Y 互相独立,另一随机变量 Z 为二者的和,即 $Z=X+Y$,在已知 X 和 Y 的概率分布密度函数的情况下,求取 Z 的概率分布密度函数。

【解】 由题意,根据概率的定义有

$$P(z\leqslant Z\leqslant z+dz)=P(x\leqslant X\leqslant x+dx, y\leqslant Y\leqslant y+dy)$$

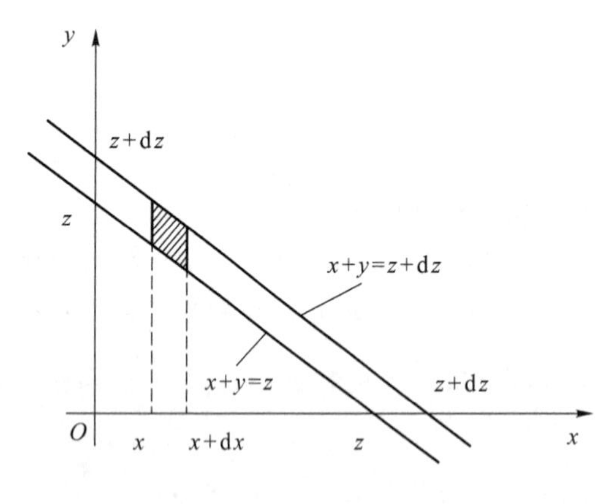

图 2-8 积分区域示意图

由随机变量关系 $y=z-x$ 可知,当 z 发生变化时,x 和 y 会发生对应的变化,如图 2-8 所示。有 $dy=dz$,上式可改写为

$$f_Z(z)dz=\left[\int_{-\infty}^{\infty}f_X(x)f_Y(z-x)dx\right]dy$$

于是有

$$f_Z(z)=\int_{-\infty}^{\infty}f_X(x)f_Y(z-x)dx$$

因此,可以通过两个独立随机变量 X 和 Y 概率分布密度函数的卷积分得到随机变量 Z 的概率分布密度函数。

如果对上式两边进行 Fourier 变换,可得

$$g_Z(t)=g_X(t)g_Y(t)$$

其中 $g_Z(t)$、$g_X(t)$和 $g_Y(t)$分别为 Z、X 和 Y 的特征函数。这个变化关系符合 Fourier 变换的卷积定理。

【例 2-9】 设互相独立的随机变量 X_1、X_2 和 X_3 均服从均匀分布,即

$$f(x)=\begin{cases}\dfrac{1}{T}, & x\in[0,T]\\ 0, & x\notin[0,T]\end{cases}$$

另一随机变量 $Z=X_1+X_2+X_3$,试确定 Z 的概率分布密度函数。

【解】 设 $Y=X_1+X_2$,先确定随机变量 Y 的概率分布密度函数。由例 2-8 有

$$\begin{aligned}f_Y(y)&=\int_{-\infty}^{\infty}f_{X_1}(x_1)f_{X_2}(y-x_1)\mathrm{d}x_1\\&=\begin{cases}\displaystyle\int_0^y\frac{1}{T^2}\mathrm{d}x_1=\frac{y}{T^2}, & y\in[0,T)\\ \displaystyle\int_{y-T}^{T}\frac{1}{T^2}\mathrm{d}x_1=\frac{2T-y}{T^2}, & y\in[T,2T)\\ 0, & \text{其他}\end{cases}\end{aligned}$$

同理,再计算 Z 的概率分布密度函数为

$$\begin{aligned}f_Z(z)&=\int_{-\infty}^{\infty}f_Y(y)f_{X_3}(z-y)\mathrm{d}y\\&=\begin{cases}\displaystyle\int_0^T\frac{1}{T}\frac{y}{T^2}\mathrm{d}y=\frac{z^2}{2T^3}, & z\in[0,T)\\ \displaystyle\int_{z-T}^{T}\frac{1}{T}\frac{y}{T^2}\mathrm{d}y+\int_T^z\frac{1}{T}\frac{2T-y}{T^2}\mathrm{d}y=\frac{6zT-3T^2-2z^2}{2T^3}, & z\in[T,2T)\\ \displaystyle\int_{z-T}^{2T}\frac{1}{T}\frac{2T-y}{T^2}\mathrm{d}y=\frac{(3T-z)^2}{2T^3}, & z\in[2T,3T)\\ 0, & \text{其他}\end{cases}\end{aligned}$$

相应的 MATLAB 程序如下：

```
clear; close all; clc;
T = 2;
x1 = -T:0.05:-0.05;  x2 = 0:0.05:T-0.05;  x3 = T:0.05:2*T-0.05;
x4 = 2*T:0.05:3*T-0.05;  x5 = 3*T:0.05:4*T-0.05;
x_4 = -T:0.05:3*T-0.05;  x_5 = -T:0.05:4*T-0.05;
y11 = zeros(1,T/0.05); y12 = 1/T*ones(1,T/0.05); y13 = zeros(1,T/0.05);
y21 = zeros(1,T/0.05); y22 = x2/T/T; y23 = (2*T-x3)/T/T; y24 = zeros(1,T/0.05);
y31 = zeros(1,T/0.05); y32 = x2.^2/2/T^3; y33 = (6*T*x3-3*T^2-2*x3.^2)/2/T^3;
y34 = (3*T-x4).^2/2/T^3; y35 = zeros(1,T/0.05);
x_1 = [x1,x2,x3];              y_1 = [y11,y12,y13];
x_2 = [x1,x2,x3,x4];           y_2 = [y21,y22,y23,y24];
x_3 = [x1,x2,x3,x4,x5];        y_3 = [y31,y32,y33,y34,y35];
y_4 = sqrt(3/pi)/T*exp(-3*(x_4-T).^2/T/T);
y_5 = sqrt(2/pi)/T*exp(-2*(x_5-1.5*T).^2/T/T);
figure(1)
plot(x_1,y_1,'--.','linewidth',1); axis([-T 2*T 0 0.6]);
set(gca,'FontName','Times New Roman','FontSize',14);
figure(2)
plot(x_2,y_2,x_4,y_4,'r--','linewidth',1);
legend('X1+X2','Normal Distribution')
set(gca,'FontName','Times New Roman','FontSize',14);
figure(3)
```

```
plot(x_3,y_3,x_5,y_5,'r--','linewidth',1);
legend('X1 + X2 + X3','Normal Distribution')
set(gca,'FontName','Times New Roman','FontSize',14);
```

如图 2-9、图 2-10 和图 2-11 所示分别为仿真得到的单个随机变量、两个随机变量的和与三个随机变量的和的概率分布密度函数曲线。图 2-10 和图 2-11 中还分别给出了对比的正态分布曲线（虚线所示），两个正态分布曲线的概率分布密度函数分别为

$$f(x)=\frac{1}{\sqrt{2\pi}\times T/\sqrt{6}}\exp\left[-\frac{(x-T)^2}{2\times(T/\sqrt{6})^2}\right]$$

$$f(x)=\frac{1}{\sqrt{2\pi}\times T/2}\exp\left[-\frac{(x-1.5T)^2}{2\times(T/2)^2}\right]$$

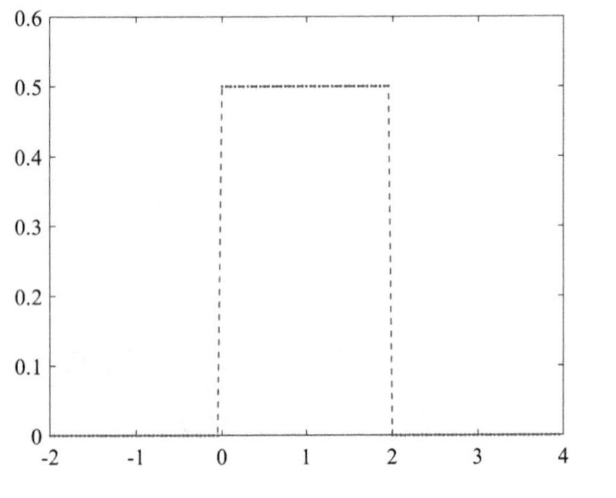

图 2-9　X_1 概率分布密度函数

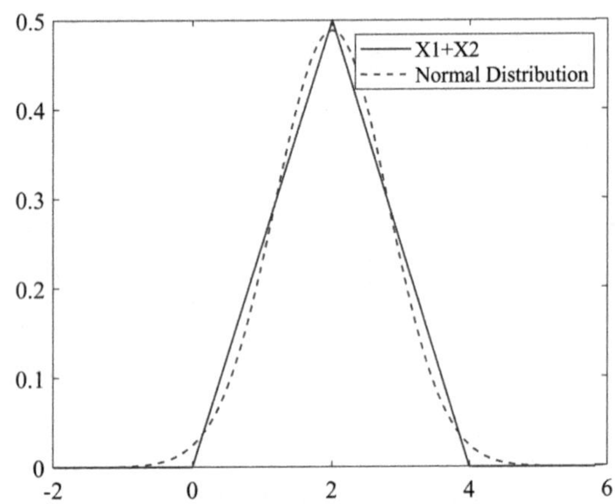

图 2-10　Y 概率分布密度函数

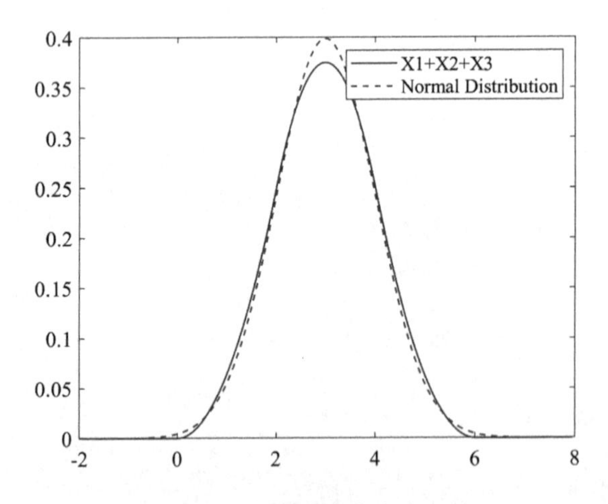

图 2-11　Z 概率分布密度函数

显然，随着独立随机变量取和数目的增加，和的概率分布密度函数趋于正态分布，这个结论具有普遍性。由中心极限定理可知，任意分布的独立随机变量，当其取和的数目趋近于无穷大时，和的概率分布密度函数趋于正态分布。

【例 2-10】　试给出服从二维正态分布的两个随机变量的联合概率分布密度函数。

【解】 设两个随机变量为 $\boldsymbol{x}=[x_1 \quad x_2]^{\mathrm{T}}$，其期望和协方差矩阵分别为

$$\begin{cases} \boldsymbol{m}=\mathrm{E}(\boldsymbol{x})=[m_1 \quad m_2]^{\mathrm{T}} \\ \boldsymbol{P}=\mathrm{E}[(\boldsymbol{x}-\boldsymbol{m})(\boldsymbol{x}-\boldsymbol{m})^{\mathrm{T}}] \\ \quad =\begin{bmatrix} \mathrm{E}[(x_1-m_1)^2] & \mathrm{E}[(x_1-m_1)(x_2-m_2)] \\ \mathrm{E}[(x_1-m_1)(x_2-m_2)] & \mathrm{E}[(x_2-m_2)^2] \end{bmatrix} \\ \quad =\begin{bmatrix} \sigma_1^2 & \rho\sigma_1\sigma_2 \\ \rho\sigma_1\sigma_2 & \sigma_2^2 \end{bmatrix} \end{cases}$$

协方差的行列式和逆分别为

$$\begin{cases} |\boldsymbol{P}|=\begin{vmatrix} \sigma_1^2 & \rho\sigma_1\sigma_2 \\ \rho\sigma_1\sigma_2 & \sigma_2^2 \end{vmatrix}=(1-\rho^2)\sigma_1^2\sigma_2^2 \\ \boldsymbol{P}^{-1}=\dfrac{1}{|\boldsymbol{P}|}\begin{bmatrix} \sigma_2^2 & -\rho\sigma_1\sigma_2 \\ -\rho\sigma_1\sigma_2 & \sigma_1^2 \end{bmatrix}=\dfrac{1}{1-\rho^2}\begin{bmatrix} \dfrac{1}{\sigma_1^2} & \dfrac{-\rho}{\sigma_1\sigma_2} \\ \dfrac{-\rho}{\sigma_1\sigma_2} & \dfrac{1}{\sigma_2^2} \end{bmatrix} \end{cases}$$

因此，联合概率分布密度函数为

$$\begin{aligned} f_2(x_1,x_2)&=\frac{1}{2\pi\ |\boldsymbol{P}|^{\frac{1}{2}}}\exp\left[-\frac{1}{2}(\boldsymbol{x}-\boldsymbol{m})^{\mathrm{T}}\ \boldsymbol{P}^{-1}(\boldsymbol{x}-\boldsymbol{m})\right] \\ &=\frac{1}{2\pi\sigma_1\sigma_2\ \sqrt{1-\rho^2}}\exp\left\{-\frac{1}{2(1-\rho^2)}\left[\frac{(x_1-m_1)^2}{\sigma_1^2}-\frac{2\rho(x_1-m_1)(x_2-m_2)}{\sigma_1\sigma_2}+\right.\right. \\ &\left.\left.\frac{(x_2-m_2)^2}{\sigma_2^2}\right]\right\} \end{aligned}$$

特别地，当 $\rho=0$ 时，二维联合概率分布密度函数变为

$$\begin{aligned} f_2(x_1,x_2)&=\frac{1}{2\pi\sigma_1\sigma_2}\exp\left\{-\frac{1}{2}\left[\frac{(x_1-m_1)^2}{\sigma_1^2}+\frac{(x_2-m_2)^2}{\sigma_2^2}\right]\right\} \\ &=\frac{1}{\sqrt{2\pi}\sigma_1}\exp\left[-\frac{(x_1-m_1)^2}{2\sigma_1^2}\right]\frac{1}{\sqrt{2\pi}\sigma_2}\exp\left[-\frac{(x_2-m_2)^2}{2\sigma_2^2}\right]=f_{X_1}(x_1)f_{X_2}(x_2) \end{aligned}$$

这个结果表明，当 $\rho=0$ 时，即两个服从正态分布的随机变量不相关时，它们也是独立的。不过，这个结论对于其他分布并不适用。一般来说，随机变量独立可以导出随机变量不相关，但随机变量不相关并不能导出随机变量独立的结论。

【例 2-11】 设随机变量 X 和 Y 的联合概率分布密度函数为

$$f_2(x,y)=\begin{cases} \dfrac{1}{\pi}, & x^2+y^2\leqslant 1 \\ 0, & \text{其他} \end{cases}$$

试判断 X 和 Y 是否独立和相关。

【解】 先求解边缘概率分布密度函数，即

$$\begin{cases} f_X(x)=\displaystyle\int_{-\infty}^{\infty}f_2(x,y)\mathrm{d}y=\frac{1}{\pi}\int_{-\sqrt{1-x^2}}^{\sqrt{1-x^2}}\mathrm{d}y=\frac{2}{\pi}\sqrt{1-x^2}, & |x|\leqslant 1 \\ f_Y(y)=\displaystyle\int_{-\infty}^{\infty}f_2(x,y)\mathrm{d}x=\frac{1}{\pi}\int_{-\sqrt{1-y^2}}^{\sqrt{1-y^2}}\mathrm{d}x=\frac{2}{\pi}\sqrt{1-y^2}, & |y|\leqslant 1 \end{cases}$$

显然，$f_2(x,y)\neq f_X(x)f_Y(y)$，因此，$X$ 和 Y 不是独立的。

再判断二者的相关性,由题意有

$$\begin{cases} \mathrm{E}(XY) = \int_{-\infty}^{\infty}\int_{-\infty}^{\infty} xyf_2(x,y)\mathrm{d}x\mathrm{d}y = \dfrac{1}{\pi}\iint\limits_{x^2+y^2\leqslant 1} xy\,\mathrm{d}x\mathrm{d}y = 0 \\ \mathrm{E}(X) = \int_{-\infty}^{\infty} xf_X(x)\mathrm{d}x = \dfrac{2}{\pi}\int_{-1}^{1} x\sqrt{1-x^2}\,\mathrm{d}x = 0 \\ \mathrm{E}(Y) = \int_{-\infty}^{\infty} yf_Y(y)\mathrm{d}y = \dfrac{2}{\pi}\int_{-1}^{1} y\sqrt{1-y^2}\,\mathrm{d}y = 0 \end{cases}$$

因此,$\mathrm{Cov}(X,Y)=\mathrm{E}(XY)-\mathrm{E}(X)\mathrm{E}(Y)=0$,即 X 和 Y 是不相关的。

【例 2-12】 设 X 和 Y 相互独立,其联合概率分布密度函数为

$$f_2(x,y)=\frac{1}{2\pi\sigma^2}\exp\left(-\frac{x^2+y^2}{2\sigma^2}\right)$$

当 $\sigma=2$ 时,试绘制联合概率分布密度函数图。

【解】 由题意仿真绘制的二维联合概率分布密度函数图如图 2-12 所示。

相应的 MATLAB 程序如下:

```
clear; close all; clc;
sigma = 2; x = -5:0.2:5; y = -5:0.2:5;
[X,Y] = meshgrid(x,y); Z = 1/2/pi/sigma^2 * exp( - ((X - 0).^2 + (Y - 0).^2)/2/sigma^2);
surf(X,Y,Z);
xlabel('\it x')
ylabel('\it y')
zlabel('\it z')
set(gca,'FontName','Times New Roman','FontSize',14);
```

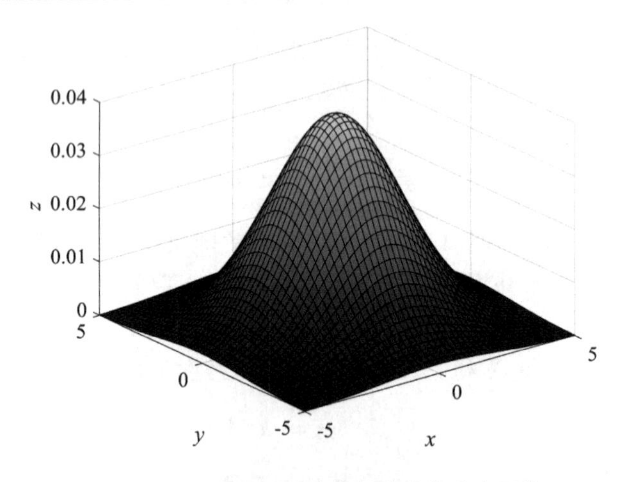

图 2-12 二维正态分布的概率分布密度函数

将正态分布推广到 n 维,设有 n 个服从正态分布的随机变量$(X_1,X_2,\cdots,X_n)$,其联合概率密度为

$$\begin{cases} f_n(x_1,x_2,\cdots,x_n)=\dfrac{1}{(2\pi)^{\frac{n}{2}}\,|\boldsymbol{P}|^{\frac{1}{2}}}\exp\left[-\dfrac{1}{2}(\boldsymbol{x}-\boldsymbol{m})^{\mathrm{T}}\boldsymbol{P}^{-1}(\boldsymbol{x}-\boldsymbol{m})\right] \\ \boldsymbol{x}^{\mathrm{T}}=[x_1 \quad x_2 \quad \cdots \quad x_n] \\ \boldsymbol{m}=\mathrm{E}(\boldsymbol{x}) \\ \boldsymbol{P}=\mathrm{E}[(\boldsymbol{x}-\boldsymbol{m})(\boldsymbol{x}-\boldsymbol{m})^{\mathrm{T}}] \end{cases} \tag{2.105}$$

4. 随机向量的正交投影

若向量中各个元素都为随机变量，则称该向量为随机向量。

(1) 随机向量的正交

如果两个随机向量 $\boldsymbol{x}$ 和 $\boldsymbol{z}$ 满足

$$\mathrm{E}(\boldsymbol{x}\boldsymbol{z}^{\mathrm{T}})=\boldsymbol{0} \tag{2.106}$$

则称 $\boldsymbol{x}$ 和 $\boldsymbol{z}$ 正交。

(2) 正交、不相关和独立之间的联系和区别

向量间的不相关是从协方差角度定义的，即当两个随机变量之间的协方差矩阵为零矩阵时，二者是不相关的，即

$$\mathrm{Cov}(\boldsymbol{x},\boldsymbol{z})=\mathrm{E}[(\boldsymbol{x}-\boldsymbol{m}_x)(\boldsymbol{z}-\boldsymbol{m}_z)^{\mathrm{T}}]=\mathrm{E}(\boldsymbol{x}\boldsymbol{z}^{\mathrm{T}})-\boldsymbol{m}_x\boldsymbol{m}_z^{\mathrm{T}}=\boldsymbol{0} \tag{2.107}$$

向量间的独立是从概率分布密度函数角度定义的，即若两个随机变量的联合概率分布密度函数为二者边缘概率分布密度函数的乘积，则二者是独立的，即

$$f(\boldsymbol{x},\boldsymbol{z})=f(\boldsymbol{x})f(\boldsymbol{z}) \tag{2.108}$$

基于上文论述，可以得出如下结论(此处不再证明)：

① 如果 $\boldsymbol{x}$ 和 $\boldsymbol{z}$ 独立，则 $\boldsymbol{x}$ 和 $\boldsymbol{z}$ 不相关；但如果 $\boldsymbol{x}$ 和 $\boldsymbol{z}$ 不相关，$\boldsymbol{x}$ 和 $\boldsymbol{z}$ 不一定独立。只有在二者都满足正态分布时，独立和不相关才等价。

② 如果 $\boldsymbol{x}$ 和 $\boldsymbol{z}$ 的期望至少有一个为零向量，则不相关和正交等价。

③ 如果 $\boldsymbol{x}$ 和 $\boldsymbol{z}$ 服从正态分布，并且它们中至少有一个期望为零向量，则正交、不相关和独立三者等价。

(3) 正交投影

如果存在某矩阵 $\boldsymbol{A}_1$ 和向量 $\boldsymbol{b}_1$，对任意矩阵 $\boldsymbol{A}$ 和向量 $\boldsymbol{b}$ 都有

$$\mathrm{E}\{[\boldsymbol{x}-(\boldsymbol{A}_1\boldsymbol{z}+\boldsymbol{b}_1)](\boldsymbol{A}\boldsymbol{z}+\boldsymbol{b})^{\mathrm{T}}\}=\boldsymbol{0} \tag{2.109}$$

则称 $(\boldsymbol{A}_1\boldsymbol{z}+\boldsymbol{b}_1)$ 为 $\boldsymbol{x}$ 在 $\boldsymbol{z}$ 上的正交投影。显然，式(2.109)可进一步等价为

$$\begin{cases}\mathrm{E}\{[\boldsymbol{x}-(\boldsymbol{A}_1\boldsymbol{z}+\boldsymbol{b}_1)]\boldsymbol{z}^{\mathrm{T}}\}=\boldsymbol{0}\\ \mathrm{E}[\boldsymbol{x}-(\boldsymbol{A}_1\boldsymbol{z}+\boldsymbol{b}_1)]=\boldsymbol{0}\end{cases} \tag{2.110}$$

2.1.7 随机过程

对于随机试验 E，其样本空间 $S=\{e\}$，对于一个非空集合(常用为时间) $T\subset(-\infty,+\infty)$，对于每个 $e\in S$，对应有参数 $t\in T$ 的函数 $X(e,t)$，则可以得到一族关于 t 的函数集合，表示为 $\{X(e,t),t\in T,e\in S\}$，称其为随机过程，简称为过程，符号简记为 $X(t)$，其中 T 为时间参数集。因此，随机过程可以理解为随时间变化的随机变量。

1. 统计特性

(1) 数学期望

$$\mu_X(t)=\mathrm{E}[X(t)]=\int_{-\infty}^{+\infty}xf(x;t)\mathrm{d}x \tag{2.111}$$

式中，$f(x;t)$ 为时间参数 t 对应的概率分布密度函数。

若 Y 为随机变量 X 的某一函数，即 $Y=g(X)$，则

$$\mathrm{E}(Y)=\int_{-\infty}^{\infty}g(x)f(x;t)\mathrm{d}x \tag{2.112}$$

(2) 二阶原点矩

$$E[X^2(t)] = \int_{-\infty}^{+\infty} x^2 f(x;t) \mathrm{d}x \tag{2.113}$$

(3) 二阶中心矩

$$\sigma_X^2(t) = E\{X(t) - E[X(t)]\}^2 = \int_{-\infty}^{+\infty} \{x - E[X(t)]\}^2 f(x;t) \mathrm{d}x \tag{2.114}$$

(4) 自相关函数

$$\begin{aligned} R_{XX}(t_1,t_2) &= E[X(t_1),X(t_2)] \\ &= \int_{-\infty}^{+\infty}\int_{-\infty}^{+\infty} x_1 x_2 f(x_1,x_2;t_1,t_2) \mathrm{d}x_1 \mathrm{d}x_2 \end{aligned} \tag{2.115}$$

(5) 自协方差函数

$$\begin{aligned} C_{XX}(t_1,t_2) &= E\{\{X(t_1) - E[X(t_1)]\}\{X(t_2) - E[X(t_2)]\}\} \\ &= R_{XX}(t_1,t_2) - E[X(t_1)]E[X(t_2)] \end{aligned} \tag{2.116}$$

(6) 互相关函数

$$R_{XY}(t_1,t_2) = E[X(t_1),Y(t_2)] = \int_{-\infty}^{+\infty}\int_{-\infty}^{+\infty} xyf(x,y;t_1,t_2) \mathrm{d}x\mathrm{d}y \tag{2.117}$$

(7) 互协方差函数

$$\begin{aligned} C_{XY}(t_1,t_2) &= E\{\{X(t_1) - E[X(t_1)]\}\{Y(t_2) - E[Y(t_2)]\}\} \\ &= R_{XY}(t_1,t_2) - E[X(t_1)]E[Y(t_2)] \end{aligned} \tag{2.118}$$

2. 平稳性和各态历经性

对于随机过程 $X(t)$,如果对于任意的时间参数 $t_i(i=1,2,\cdots,n)\in T$,任意实数 ε,满足

$$f(x_1,x_2,\cdots,x_n;t_1,t_2,\cdots,t_n) = f(x_1,x_2,\cdots,x_n;t_1+\varepsilon,t_2+\varepsilon,\cdots,t_n+\varepsilon) \tag{2.119}$$

则称 $X(t)$为严格平稳过程,又称狭义平稳过程。对于一维分布,取 $\varepsilon=-t_1$,有

$$f(x_1;t_1) = f(x_1;0) = f(x_1) \tag{2.120}$$

由此可见,平稳过程的一维分布与时间无关。对于二维分布,取 $\varepsilon=-t_1$,有

$$f(x_1,x_2;t_1,t_2) = f(x_1,x_2;0,t_2-t_1) = f(x_1,x_2;t_2-t_1) \tag{2.121}$$

由此可见,平稳过程的二维分布只与 t_2-t_1 有关,记 $t_2-t_1=\tau$。

与狭义平稳过程相对应的是广义平稳过程,也称宽平稳过程。若一随机过程满足

① $E[X^2(t)]$存在且有限;

② $E[X(t)]$为常数;

③ 对于任意的 $t_1\in T,t_2\in T,E[X(t_1)X(t_2)]=R_{XX}(\tau)$,仅依赖于两个时间的差值,则称该随机过程为广义平稳过程。在本教材中,如果不特别说明,通常指的就是广义平稳过程。

如果一个随机过程的统计特征可以通过一条时间样本以足够高的精度得到,则称该随机过程具有"各态历经性"。具有各态历经性的随机过程同时也具有平稳过程的性质,但是平稳过程的随机过程不一定具有各态历经性。若一随机过程 $X(t)$满足

$$\begin{cases} E[X(t)] = \lim\limits_{T\to\infty} \dfrac{1}{2T}\displaystyle\int_{-T}^{T} x(t)\mathrm{d}t \\ R_{XX}(\tau) = \lim\limits_{T\to\infty} \dfrac{1}{2T}\displaystyle\int_{-T}^{T} x(t)x(t+\tau)\mathrm{d}t \end{cases} \tag{2.122}$$

则称 $X(t)$在均值和自相关性函数意义上均具有各态历经性。若一随机过程的均值和自相关函数都具有各态历经性,则称该平稳随机过程具有各态历经性。

【例 2-13】 设随机过程 $X(t)$的样本函数为 $x(t)=A\sin\omega t$，A 是服从均值为 0、方差为 σ^2 的正态分布，ω 为一确定性常数。试判断该随机过程是否具有各态历经性。

【解】 首先判断该随机过程在值意义下是否有各态历经性。先求期望

$$\mathrm{E}[X(t)]=\mathrm{E}(A\sin\omega t)=\mathrm{E}(A)\sin\omega t=0$$

再求极限

$$\langle X(t)\rangle=\lim_{T\to\infty}\frac{1}{2T}\int_{-T}^{T}A\sin\omega t\,\mathrm{d}t=0$$

显然有 $\mathrm{E}[X(t)]=\lim\limits_{T\to\infty}\frac{1}{2T}\int_{-T}^{T}x(t)\,\mathrm{d}t$。因此，该随机过程在均值意义下具有各态历经性。

然后判断该随机过程在自相关意义下是否具有各态历经性。先求自相关函数

$$R_{xx}(\tau)=\mathrm{E}[A^2\sin\omega t\cdot\sin(\omega t+\omega\tau)]=\mathrm{E}(A^2)\sin\omega t\cdot\sin(\omega t+\omega\tau)=\sigma^2\sin\omega t\cdot\sin(\omega t+\omega\tau)$$

再求极限

$$\langle X(t)X(t+\tau)\rangle=\lim_{T\to\infty}\frac{1}{2T}\int_{-T}^{T}A^2\sin\omega t\cdot\sin(\omega t+\omega\tau)\,\mathrm{d}t=\frac{A^2}{2}\cos\omega\tau$$

因此，该随机过程在自相关意义下不具有各态历经性。

3. 功率谱密度函数

随机过程 $X(t)$的一个实现为 $x(t)$，其功率谱密度为

$$P_{xx}(\mathrm{j}\omega)=\lim_{T\to\infty}\frac{|X_T(\mathrm{j}\omega)|^2}{T}\tag{2.123}$$

式中，$X_T(\mathrm{j}\omega)$是 $x(t)$的截短函数 $x_T(t)$所对应的功率谱函数。随机过程的功率谱密度可由其实现的功率谱密度函数的统计平均确定，即

$$\Phi_{xx}(\mathrm{j}\omega)=\mathrm{E}[P_{xx}(\mathrm{j}\omega)]=\lim_{T\to\infty}\frac{\mathrm{E}[|X_T(\mathrm{j}\omega)|^2]}{T}\tag{2.124}$$

令

$$\Phi_{xxT}(\mathrm{j}\omega)=\frac{\mathrm{E}[|X_T(\mathrm{j}\omega)|^2]}{T}\tag{2.125}$$

对式(2.125)做如下处理：

$$\begin{aligned}\Phi_{xxT}(\mathrm{j}\omega)&=\frac{1}{T}\mathrm{E}[|X_T(\mathrm{j}\omega)|^2]=\frac{1}{T}\mathrm{E}\{|\mathscr{F}[x_T(t)]|^2\}=\frac{1}{T}\mathrm{E}\left[\int_0^T x_T(t)\mathrm{e}^{-\mathrm{j}\omega t}\,\mathrm{d}t\int_0^T x_T(u)\mathrm{e}^{\mathrm{j}\omega u}\,\mathrm{d}u\right]\\&=\frac{1}{T}\int_0^T\int_0^T\mathrm{E}[x_T(u)x_T(t)]\mathrm{e}^{-\mathrm{j}\omega(t-u)}\,\mathrm{d}t\mathrm{d}u=\frac{1}{T}\int_0^T\int_0^T R_{xx}(t-u)\mathrm{e}^{-\mathrm{j}\omega(t-u)}\,\mathrm{d}t\mathrm{d}u\end{aligned}\tag{2.126}$$

式中，$\mathscr{F}(x)$表示对 x 求 Fourier 变换。在式(2.126)中，令 $\tau=t-u$，那么积分区间由 $t-u$ 平面内的矩形区域，变为 $\tau-t$ 平面内的平行四边形区域，如图 2-13 所示。

式(2.126)可改写为

$$\begin{aligned}\Phi_{xxT}(\mathrm{j}\omega)&=\frac{1}{T}\int_{-T}^{0}\int_{0}^{\tau+T}R_{xx}(\tau)\mathrm{e}^{-\mathrm{j}\omega\tau}\,\mathrm{d}t\mathrm{d}\tau+\frac{1}{T}\int_0^T\int_\tau^T R_{xx}(\tau)\mathrm{e}^{-\mathrm{j}\omega\tau}\,\mathrm{d}t\mathrm{d}\tau\\&=\frac{1}{T}\int_{-T}^{0}(\tau+T)R_{xx}(\tau)\mathrm{e}^{-\mathrm{j}\omega\tau}\,\mathrm{d}\tau+\frac{1}{T}\int_0^T(T-\tau)R_{xx}(\tau)\mathrm{e}^{-\mathrm{j}\omega\tau}\,\mathrm{d}\tau\\&=\int_{-T}^{T}\left(1-\frac{|\tau|}{T}\right)R_{xx}(\tau)\mathrm{e}^{-\mathrm{j}\omega\tau}\,\mathrm{d}\tau\end{aligned}\tag{2.127}$$

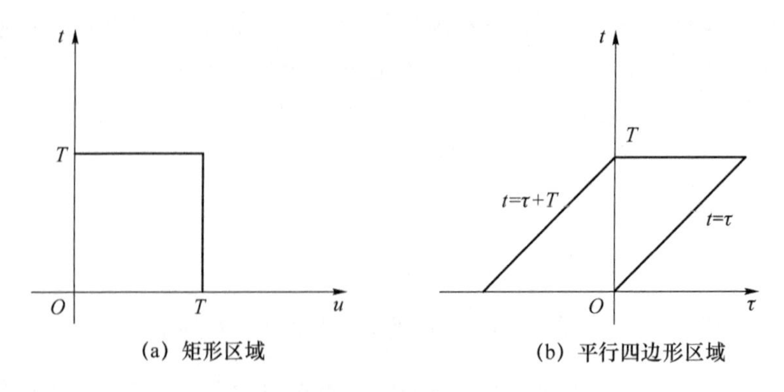

图 2-13 积分区域示意图

当 $T\to\infty$ 时,对式(2.127)两边求极限得

$$\Phi_{xx}(\mathrm{j}\omega)=\lim_{T\to\infty}\Phi_{xxT}(\mathrm{j}\omega)=\int_{-\infty}^{\infty}R_{xx}(\tau)\mathrm{e}^{-\mathrm{j}\omega\tau}\mathrm{d}\tau \tag{2.128}$$

由式(2.128)可知,平稳随机过程的功率谱密度函数是其自相关函数的 Fourier 变换,因此,有

$$R_{xx}(\tau)=\frac{1}{2\pi}\int_{-\infty}^{\infty}\Phi_{xx}(\mathrm{j}\omega)\mathrm{e}^{\mathrm{j}\omega\tau}\mathrm{d}\omega \tag{2.129}$$

式(2.128)和(2.129)又称为 Wiener - Khinchin 定理。由式(2.129)有

$$R(0)=\frac{1}{2\pi}\int_{-\infty}^{\infty}\Phi_{xx}(\mathrm{j}\omega)\mathrm{d}\omega=\mathrm{E}[x^2(t)] \tag{2.130}$$

式(2.130)表明 $R(\tau)$ 在 $\tau=0$ 时的取值为随机过程的功率,即功率谱密度曲线下的面积。对于一个时域信号,功率谱密度函数计算的关键在于自相关函数。

【例 2-14】 已知平稳随机过程的某个样本 $x(t)$ 的自相关函数 $R_{xx}(\tau)=k\mathrm{e}^{-a|\tau|}\ (a>0)$,试求其功率谱密度 $\Phi_{xx}(\omega)$,并绘制 $k=1$ 的情况下,$a=0.5$ 和 $a=5$ 的自相关函数和功率谱密度函数图像。

【解】 因为功率谱密度函数与自相关函数是互为 Fourier 变换对,因此,有

$$\begin{aligned}\Phi_{xx}(\mathrm{j}\omega)&=\int_{-\infty}^{\infty}R_{xx}(\tau)\mathrm{e}^{-\mathrm{j}\omega\tau}\mathrm{d}\tau=\int_{-\infty}^{\infty}k\mathrm{e}^{-a|\tau|}\mathrm{e}^{-\mathrm{j}\omega\tau}\mathrm{d}\tau\\&=\left[\int_{-\infty}^{0}k\mathrm{e}^{a\tau}\mathrm{e}^{-\mathrm{j}\omega\tau}\mathrm{d}\tau+\int_{0}^{\infty}k\mathrm{e}^{-a\tau}\mathrm{e}^{-\mathrm{j}\omega\tau}\mathrm{d}\tau\right]=k\left(\frac{1}{a-\mathrm{j}\omega}+\frac{1}{a+\mathrm{j}\omega}\right)=\frac{2ka}{\omega^2+a^2}\end{aligned}$$

相应的 MATLAB 程序如下:

```
clear; close all; clc;
k = 1; a1 = 0.5; a2 = 5;
t1 = -10:0.05:-0.05; t2 = 0:0.05:10;
t = [t1,t2];
omega = -10:0.05:10;
y11 = k * exp(a1 * t1); y12 = k * exp(-a1 * t2); y1 = [y11,y12];
y21 = k * exp(a2 * t1); y22 = k * exp(-a2 * t2); y2 = [y21,y22];
phi_y1 = 2 * k * a1./(omega.^2 + a1^2);
phi_y2 = 2 * k * a2./(omega.^2 + a2^2);
figure(1)
plot(t,y1,'r--',t,y2,'bo-'); xlabel('\it\fontname{Times New Roman}t')
ylabel('\it\fontname{Times New Roman}R_x_x\rm(\tau)')
legend('\it\fontname{Times New Roman}a = 0.5','\it\fontname{Times New Roman}a = 5')
```

```
figure(2)
plot(omega,phi_y1,'r - -',omega,phi_y2,'bo -');
xlabel('\fontname{Times New Roman}\omega')
ylabel('\fontname{Times New Roman}\Phi_x_x(\omega)')
legend('\it\fontname{Times New Roman}a = 0.5','\it\fontname{Times New Roman}a = 5')
```

运行结果如图 2－14 和图 2－15 所示。结果表明，随着 a 的增大，自相关的延迟时间长度减小，对应功率谱密度函数的分布更加均匀，功率谱密度函数的相关性减弱；反之，随着 a 的减小，相关性增强。一般将 $\tau=1/a$ 定义为相关时间。显然，相关时间越大，相关性越强；相关时间越小，相关性越弱。

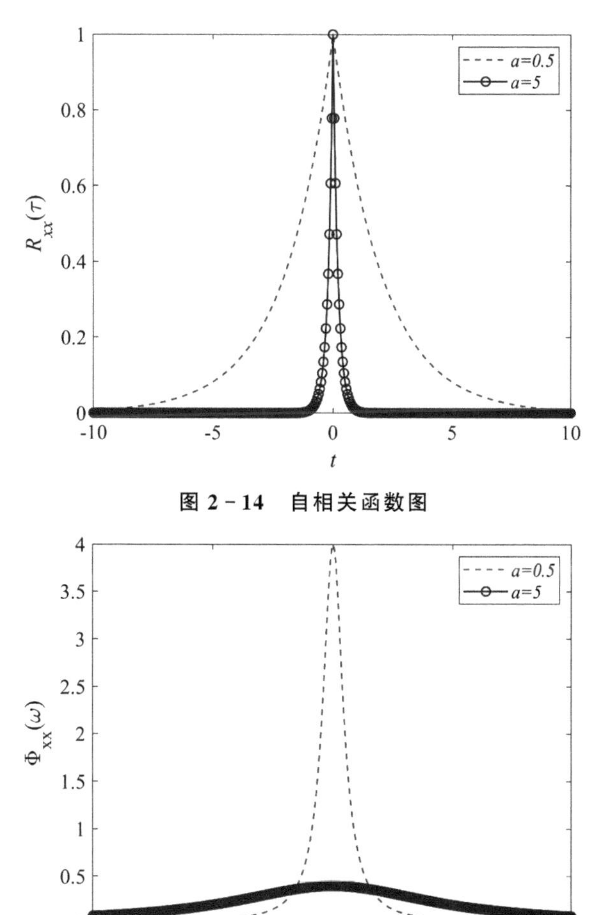

图 2－14　自相关函数图

图 2－15　功率谱密度函数图

4. 白噪声

若一个平稳随机过程的功率谱密度函数值为非零常数，则称其为白噪声；反之，如果功率谱密度函数不是常值，则称为有色噪声。按照白噪声的定义，有

$$\begin{cases}\Phi_{XX}(\mathrm{j}\omega)=\Phi_0\\ R_{XX}(\tau)=\dfrac{1}{2\pi}\displaystyle\int_{-\infty}^{+\infty}\Phi_0\,\mathrm{e}^{\mathrm{j}\omega\tau}\,\mathrm{d}\omega=\Phi_0\delta(\tau)\end{cases}\tag{2.131}$$

式中，$\delta(\tau)$为 Dirac δ 函数，满足性质

$$\begin{cases}\delta(\tau)=0, & \tau\neq 0\\ \delta(\tau)=\infty, & \tau=0\\ \int_{-\infty}^{+\infty}\delta(\tau)\mathrm{d}\tau=1\end{cases} \tag{2.132}$$

由白噪声的定义，可知其有如下特性：

① 在频域上，白噪声在所有频段上的功率分布是一样的，因此，采用选频方式是无法抑制白噪声的，即传统的频域滤波器(如带通滤波器)在处理白噪声时效果不会太好。

② 在时域上，只有在 $\tau=0$ 时，白噪声的自相关函数不为 0，除此之外，白噪声的自相关函数均为 0。这表明白噪声在各个时刻都是不相关的，也意味着无法基于过往时刻的信息对当前和未来时刻的白噪声进行预测，即白噪声是不可预测的。

③ 如果存在白噪声，则其在频域上的功率是无穷大的，在时域上，当 $\tau=0$ 时其自相关函数是无穷大的。而实际信号的功率和自相关函数都是有限的，因此，白噪声只是一个理想模型，在现实中是不可实现的。

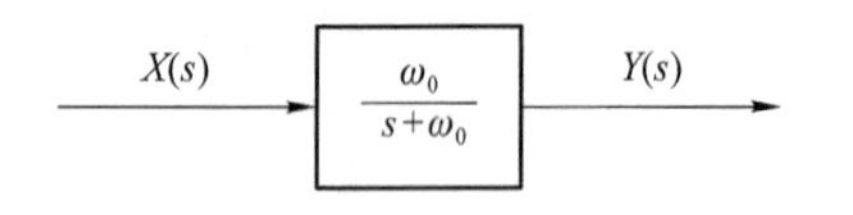

图 2-16　线性系统模型图

【例 2-15】 设一系统模型如图 2-16 所示，输入为白噪声，$\Phi_{xx}(\omega)=a$，试计算输出的均方值。

【解】 由题意可知系统的传递函数为

$$G(s)=\frac{\omega_0}{s+\omega_0}$$

映射到虚轴上，有

$$G(\mathrm{j}\omega)=\frac{\omega_0}{\mathrm{j}\omega+\omega_0}$$

线性系统输出的功率谱密度函数是输入的功率谱密度函数与传递函数模的平方的乘积，因此，有

$$\Phi_{yy}(\omega)=\Phi_{xx}(\omega)\left|G(\mathrm{j}\omega)\right|^2=a\times G(\mathrm{j}\omega)G(-\mathrm{j}\omega)=\frac{a\omega_0^2}{\omega^2+\omega_0^2}$$

进一步可求得

$$\begin{aligned}R_{yy}(\tau)&=\frac{1}{2\pi}\int_{-\infty}^{\infty}\frac{a\omega_0^2}{\omega^2+\omega_0^2}\mathrm{e}^{\mathrm{j}\omega\tau}\mathrm{d}\omega\\&=\frac{a\omega_0}{2}\left(\frac{1}{2\pi}\int_{-\infty}^{\infty}\frac{1}{\omega_0+\mathrm{j}\omega}\mathrm{e}^{\mathrm{j}\omega\tau}\mathrm{d}\omega+\frac{1}{2\pi}\int_{-\infty}^{\infty}\frac{1}{\omega_0-\mathrm{j}\omega}\mathrm{e}^{\mathrm{j}\omega\tau}\mathrm{d}\omega\right)=\frac{a\omega_0}{2}\mathrm{e}^{-\omega_0|\tau|}\end{aligned}$$

令 $\tau=0$，有

$$\mathrm{E}[y^2(t)]=R_{yy}(0)=\frac{a\omega_0}{2}$$

结果表明，当线性系统的输入为白噪声时，其输出是有色噪声。本例中，输出的有色噪声的自相关函数是指数型的，这也是实际中常用的有色噪声之一。由此可见，虽然白噪声在实际中并不存在，但可以将很多有色噪声看成是由白噪声作为输入的线性系统的输出，这也是有色噪声白化处理的理论基础。

5. Gauss 过程

若随机过程 $x(t)$的任意维分布都是正态分布，则称之为 Gauss 随机过程或者正态过程。其概率分布密度函数表示如下：

$$
\begin{cases}
f(x_1, x_2, \cdots, x_n) = \dfrac{1}{\sqrt{(2\pi)^n |\boldsymbol{P}|}} \exp\left[-\dfrac{1}{2}(\boldsymbol{x}-\boldsymbol{m})^{\mathrm{T}} \boldsymbol{P}^{-1} (\boldsymbol{x}-\boldsymbol{m})\right] \\
\boldsymbol{x} = [x_1 \quad x_2 \quad \cdots \quad x_n]^{\mathrm{T}} \\
\boldsymbol{m} = \mathrm{E}(\boldsymbol{x}) \\
\boldsymbol{P} = \mathrm{E}[(\boldsymbol{x}-\boldsymbol{m})(\boldsymbol{x}-\boldsymbol{m})^{\mathrm{T}}]
\end{cases}
\tag{2.133}
$$

由此可见，n 维分布完全由 n 个随机变量的期望和协方差决定。所以在对 Gauss 过程的研究中只需要关注期望和协方差。

【例 2-16】 设 Gauss 随机过程 $x(t)$ 的自相关函数为 $R(\tau)=R_0 \mathrm{e}^{-\beta|\tau|}$，其中 $\beta>0$。试给出 τ 分别取 0、1、2 和 3 时的概率分布函数。

【解】 因为 $x(t)$ 服从 Gauss 分布，所以分别求出其期望和协方差即可。可以确定的是 $x(t)$ 在任意时刻的期望都是 0，原因是 $R(\tau)=\mathrm{E}[x(t)x(t+\tau)]$，而当 $\tau\to\infty$ 时，$R(\tau)\to 0$，即 $x(t)$ 与 $x(t+\tau)$ 是不相关的。又因为 $x(t)$ 服从 Gauss 分布，其不相关与独立是等价的，即 $x(t)$ 与 $x(t+\tau)$ 是独立的，因此有

$$
R(\tau)=\mathrm{E}[x(t)]\mathrm{E}[x(t+\tau)]=0
$$

所以有

$$
\mathrm{E}[x(t)]=\mathrm{E}[x(t+\tau)]=0
$$

设初始时刻为 0，那么将 τ 分别取 0、1、2 和 3 时对应的随机变量设为 $x_1=x(0)$、$x_2=x(1)$、$x_3=x(2)$ 和 $x_4=x(3)$，有

$$
\begin{cases}
\boldsymbol{x} = [x_1 \quad x_2 \quad x_3 \quad x_4]^{\mathrm{T}} \\
\boldsymbol{m} = \mathrm{E}(\boldsymbol{x}) = \boldsymbol{0}
\end{cases}
$$

$$
\boldsymbol{P} = \mathrm{E}[(\boldsymbol{x}-\boldsymbol{m})(\boldsymbol{x}-\boldsymbol{m})^{\mathrm{T}}] = \mathrm{E}(\boldsymbol{x}\boldsymbol{x}^{\mathrm{T}}) = \begin{bmatrix}
\mathrm{E}(x_1^2) & \mathrm{E}(x_1x_2) & \mathrm{E}(x_1x_3) & \mathrm{E}(x_1x_4) \\
\mathrm{E}(x_2x_1) & \mathrm{E}(x_2^2) & \mathrm{E}(x_2x_3) & \mathrm{E}(x_2x_4) \\
\mathrm{E}(x_3x_1) & \mathrm{E}(x_3x_2) & \mathrm{E}(x_3^2) & \mathrm{E}(x_3x_4) \\
\mathrm{E}(x_4x_1) & \mathrm{E}(x_4x_2) & \mathrm{E}(x_4x_3) & \mathrm{E}(x_4^2)
\end{bmatrix}
$$

$$
= \begin{bmatrix}
R(0) & R(1) & R(2) & R(3) \\
R(1) & R(0) & R(1) & R(2) \\
R(2) & R(1) & R(0) & R(1) \\
R(3) & R(2) & R(1) & R(0)
\end{bmatrix} = R_0 \begin{bmatrix}
1 & \mathrm{e}^{-\beta} & \mathrm{e}^{-2\beta} & \mathrm{e}^{-3\beta} \\
\mathrm{e}^{-\beta} & 1 & \mathrm{e}^{-\beta} & \mathrm{e}^{-2\beta} \\
\mathrm{e}^{-2\beta} & \mathrm{e}^{-\beta} & 1 & \mathrm{e}^{-\beta} \\
\mathrm{e}^{-3\beta} & \mathrm{e}^{-2\beta} & \mathrm{e}^{-\beta} & 1
\end{bmatrix}
$$

将期望和协方差矩阵代入式(2.133)即可得到 4 个时刻随机变量的联合概率分布密度函数。

6. Markov 过程

对于一个连续过程 $x(t)(t_1<t_2<\cdots<t_n)$，若概率分布密度函数满足

$$
F[x(t_k)|x(t_{k-1}), x(t_{k-2}), \cdots, x(t_1)] = F[x(t_k)|x(t_{k-1})]
\tag{2.134}
$$

则称该连续过程为一阶 Markov 过程，用微分方程描述为

$$
\frac{\mathrm{d}x}{\mathrm{d}t} + \beta_1 x = \omega
\tag{2.135}
$$

式中，β_1 为时间常数，ω 为白噪声。如果 $x(t)$ 还呈现 Gauss 分布，则称之为一阶段 Gauss-Markov 过程。对微分方程进行拉氏变换，通过 Fourier 逆变换求得自相关函数为

$$
R_{xx}(\tau) = \frac{\Phi_0}{2\beta_1} \mathrm{e}^{-\beta_1|\tau|}
\tag{2.136}
$$

式中，Φ_0 为白噪声的功率谱密度。当 $\beta_1 \to 0$ 时，$R_{xx} \to \infty$，即完全相关，一阶 Markov 过程趋近于随机常数；当 $\beta_1 \to \infty$时，$x(t)$的功率谱函数趋于常数，一阶 Markov 过程趋于白噪声，即完全不相关。

同理可以推导二阶的 Markov 过程，对应的微分方程为

$$\frac{d^2x}{dt^2}+2\beta_2\frac{dx}{dt}+\beta_2^2x=\omega \tag{2.137}$$

式中，β_2 为时间常数，自相关函数为

$$R_{xx}(\tau)=\frac{\Phi_0}{4\beta_2^3}(1+\beta_2|\tau|)e^{-\beta_2|\tau|} \tag{2.138}$$

类似地，当 $\beta_2 \to \infty$时，二阶 Markov 过程也趋于白噪声。

【例 2-17】 绘制二阶 Markov 过程的自相关函数和功率谱密度函数，其中 $\beta_1=2, \beta_2=10, \sigma=1; \Phi_1=4\beta_1^3\sigma^2, \Phi_2=4\beta_2^3\sigma^2$。

【解】 根据式(2.138)可知，二阶 Markov 过程的自相关函数为

$$R_{xx}(\tau)=\sigma^2(1+\beta_1|\tau|)e^{-\beta_1|\tau|}$$

对自相关函数进行 Fourier 变换有

$$\begin{aligned}\Phi_{xx}(j\omega) &= \int_{-\infty}^{+\infty} R_{xx}(\tau)e^{-j\omega\tau}d\tau \\ &= \sigma^2\int_{-\infty}^{+\infty}(1+\beta_1|\tau|)e^{-\beta_1|\tau|}e^{-j\omega\tau}d\tau \\ &= \sigma^2\left[\int_0^{+\infty}(1+\beta_1\tau)e^{-(\beta_1+j\omega)\tau}d\tau+\int_{-\infty}^{0}(1-\beta_1\tau)e^{(\beta_1-j\omega)\tau}d\tau\right] \\ &= \frac{4\beta_1^3\sigma^2}{(\omega^2+\beta_1^2)^2}\end{aligned}$$

相应的 MATLAB 程序如下：

```
clear; close all; clc;
sigma = 1; beta1 = 2; beta2 = 10;
t = -10:0.05:10;
omega = -10:0.05:10;
y1 = sigma^2 * exp(-beta1 * abs(t)).* (1 + beta1 * abs(t));
y2 = sigma^2 * exp(-beta2 * abs(t)).* (1 + beta2 * abs(t));
phi_y1 = 4 * beta1^3 * sigma^2./(omega.^2 + beta1^2).^2;
phi_y2 = 4 * beta2^3 * sigma^2./(omega.^2 + beta2^2).^2;
figure(1)
plot(t,y1,'r--',t,y2,'bo-','linewidth',1); xlabel('\it\fontname{Times New Roman}t')
ylabel('\it\fontname{Times New Roman}R_x_x\rm(\tau)')
legend('\fontname{Times New Roman}\beta = 2',…
'\fontname{Times New Roman}\beta = 10')
set(gca,'FontName','Times New Roman','FontSize',14);
figure(2)
plot(omega,phi_y1,'r--',omega,phi_y2,'bo-','linewidth',1);
xlabel('\it\fontname{Times New Roman}\omega')
ylabel('\it\fontname{Times New Roman}\Phi_x_x\rm(\omega)')
legend('\fontname{Times New Roman}\beta = 2',…
'\fontname{Times New Roman}\beta = 10')
set(gca,'FontName','Times New Roman','FontSize',14);
```

如图 2－17 和图 2－18 所示分别为程序仿真绘制的二阶 Markov 过程的自相关函数和功率谱密度函数曲线。

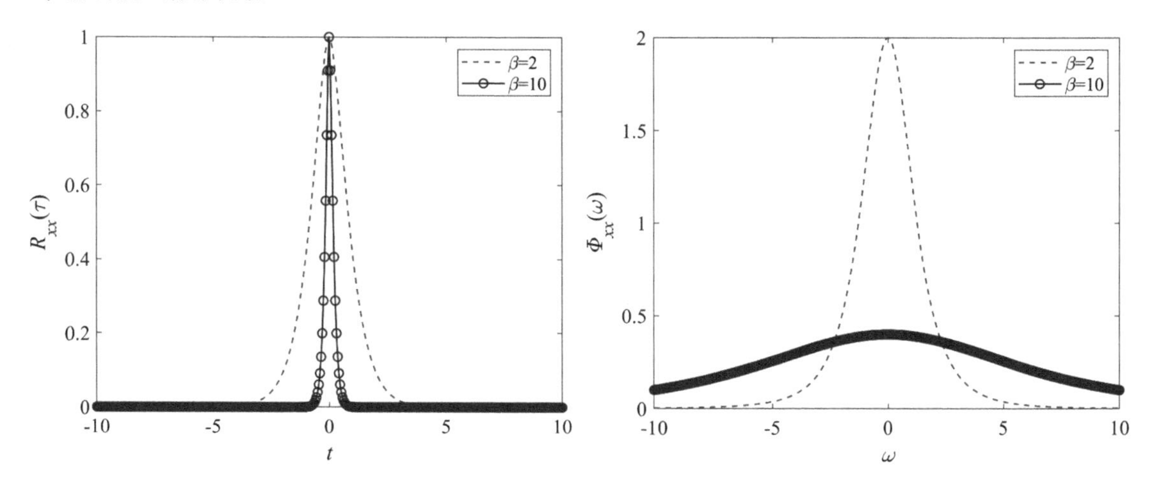

图 2－17　二阶 Markov 过程自相关函数　　**图 2－18　二阶 Markov 过程功率谱密度函数**

类似地，还可以得到更高阶 Gauss－Markov 过程的微分方程、功率谱密度和自相关函数，如表 2－1 所列为各阶 Markov 过程的功率谱密度、自相关函数和相关时间等，其中将白噪声看成“零阶”Gauss－Markov 过程，$\Gamma(n)$是 Γ(伽马)函数。需要说明的是，表 2－1 中一阶和二阶 Markov 过程的功率谱密度和自相关函数与之前计算的有些差别，主要原因是白噪声 w 的功率谱密度取值不同。在之前的计算中，都设定 w 的功率谱密度为 Φ_0，而表 2－1 中一阶和二阶 Markov 过程的白噪声功率谱密度分别设定为 $2\beta_1\sigma^2$ 和 $4\beta_2^3\sigma^2$。在后续内容中，基本上对 Markov 过程都是这样建模的，即 w 的功率谱密度与相关时间有联系。

表 2－1　Markov 过程的主要统计量

阶　次	功率谱密度	自相关函数	相关时间
0	Φ_0	$\Phi_0\delta(\tau)$	0
1	$\dfrac{2\beta_1\sigma^2}{\omega^2+\beta_1^2}$	$\sigma^2 e^{-\beta_1\|\tau\|}$	$\dfrac{1}{\beta_1}$
2	$\dfrac{4\beta_2^3\sigma^2}{(\omega^2+\beta_2^2)^2}$	$\sigma^2 e^{-\beta_2\|\tau\|}(1+\beta_2\|\tau\|)$	$\dfrac{2.146}{\beta_2}$
3	$\dfrac{16\beta_3^5\sigma^2}{3(\omega^2+\beta_3^2)^3}$	$\sigma^2 e^{-\beta_3\|\tau\|}\left(1+\beta_3\|\tau\|+\dfrac{1}{3}\beta_3^{\ 2}\|\tau\|^2\right)$	$\dfrac{2.903}{\beta_3}$
n	$\dfrac{(2\beta_n)^{2n-1}\Gamma_n^2}{(2n-2)(\omega^2+\beta_3^2)^n}$	$\sigma^2 e^{-\beta_n\|\tau\|}\sum\limits_{k=0}^{n-1}\dfrac{\Gamma(n)(2\beta_n\|\tau\|)^{n-k-1}}{(2n-2)!k!\Gamma(n-k)}$	—
∞	$2\pi\sigma^2\delta(\omega)$	σ^2	∞

7. 随机游走

以白噪声为输入的积分输出为随机游走。其微分方程为

$$\frac{dx}{dt}=\omega \tag{2.139}$$

其期望和自相关函数满足

$$E[X(t)]=\int_0^t E[\omega(u)]du \tag{2.140}$$

$$R_{xx}(t_1,t_2)=\begin{cases}\Phi_0 t_2 & t_1\geqslant t_2\\ \Phi_0 t_1 & t_1<t_2\end{cases} \tag{2.141}$$

当 $t_1=t_2$ 时，有

$$R_{xx}(t,t)=\mathrm{E}[X^2(t)]=\Phi_0 t \tag{2.142}$$

由此可见，随机游走的自相关函数与初始时刻有关，是非平稳随机过程。

2.2 坐标系和时间系统

由于导航需要确定物体在空间中的运动状态，而运动是相对的，因此，诸如位置、速度、加速度和姿态角等导航信息都是在定义的坐标系中描述的。根据导航的需求不同，坐标系的选取也有区别。对于在空间轨道上运行的卫星而言，其在轨运动状态只受地球中心引力场的作用，与地球自转无关，比较适合于采用地心惯性坐标系；而对于相对于地球表面运动的载体，其姿态需要用相对于当地的水平面进行描述，更适合于采用地理坐标系。因此，在导航中选择合适的坐标系是非常重要的。根据坐标轴指向的不同，导航坐标系可以分为三维直角坐标系和天球坐标系。一般的导航计算中都使用三维直角坐标系，但对于天体的运动描述则使用天球坐标系。另外，导航坐标系通常还可分为惯性坐标系和非惯性坐标系。本节将讲述本教材中使用到的主要坐标系。

载体的运动在时间上是连续的，所以，除了定义坐标系外，还需要定义时间系统。实际上，时间信息也属于导航信息之一，比如，通过计时即可知道当地经度值。因此，本节还将介绍本教材中将使用到的时间系统。

2.2.1 三维直角坐标系

1. 惯性坐标系

牛顿运动定律适用的空间称为惯性空间，在惯性空间中保持静止或匀速运动的坐标系称为惯性坐标系(简称为惯性系)。

(1) 太阳中心惯性坐标系

太阳中心惯性坐标系适合于深空探测和行星际载体的运动描述，表示为 $O_S X_S Y_S Z_S$，坐标原点 O_S 位于太阳中心，Z_S 轴垂直于地球公转轨道，X_S 轴和 Y_S 轴都位于轨道面内，与 Z_S 轴构成右手坐标系。

(2) 地心惯性坐标系

地心惯性坐标系适合于地球表面和近地空间载体的运动描述，表示为 $O_i X_i Y_i Z_i$，坐标原点 O_i 位于地球中心，Z_i 轴沿地球自转轴指向北极，X_i 轴指向春分点，X_i 轴和 Y_i 轴都位于赤道面内，与 Z_i 轴构成右手坐标系。

(3) 发射点惯性坐标系

对火箭和弹道导弹等飞行器，通常会更关注其相对于发射点的轨迹，因此，通常会在发射点惯性坐标系中对其进行描述。发射点惯性坐标系表示为 $O_L X_L Y_L Z_L$，选取发射点为坐标原点，X_L 轴在发射点水平面内指向发射瞄准方向，Y_L 轴沿发射点的铅垂线向上，Z_L 轴与 X_L 轴、Y_L 轴构成右手直角坐标系，并将发射时刻的发射点固定在惯性空间中。

如图 2-19 所示为三个惯性坐标系的示意图。

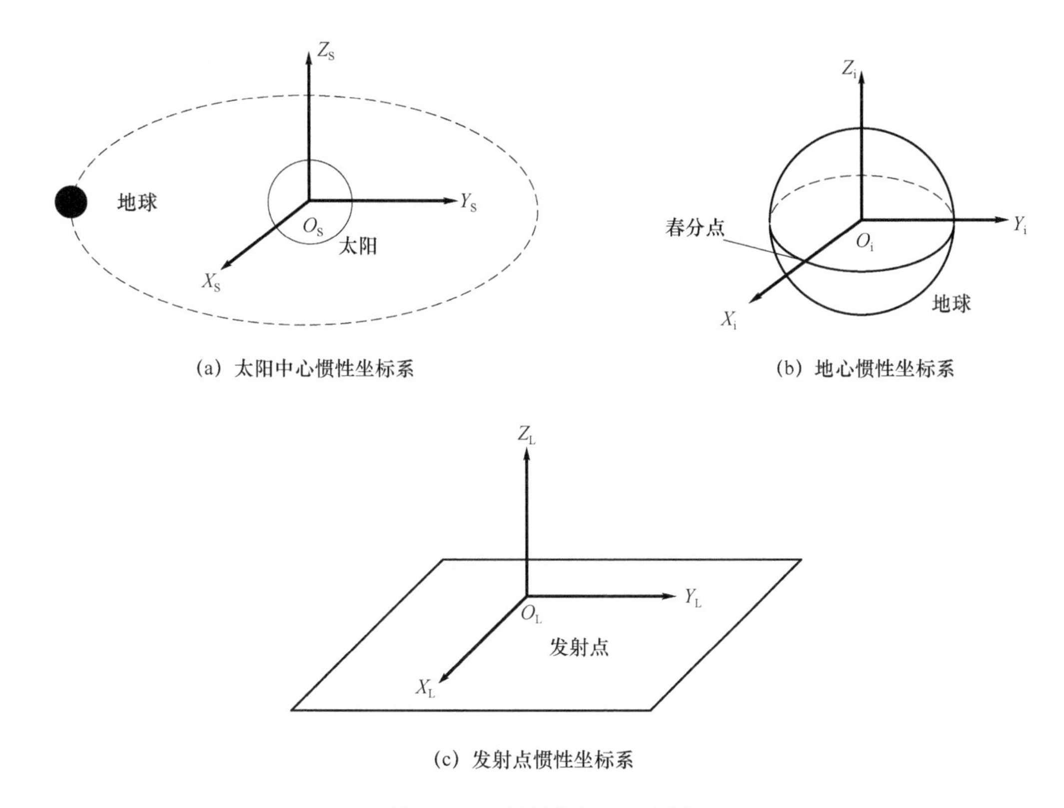

(a) 太阳中心惯性坐标系　　(b) 地心惯性坐标系

(c) 发射点惯性坐标系

图 2-19　惯性坐标系示意图

2. 地心地固坐标系

对于地球表面载体的运动更适合于在地球坐标系中进行描述。地球坐标系相对于地球是固定不动的，因此，又称为地固坐标系。常用的地固坐标系是地心地固坐标系，其坐标原点位于地球中心，表示为 $O_eX_eY_eZ_e$，Z_e 轴和地球自转轴重合，指向北极，X_e 轴在赤道面内，与格林尼治子午线相交，Y_e 轴与其他两轴构成右手坐标系。本教材后续将这类坐标系简称为地球坐标系。

3. 协议地球坐标系

由于地球存在极移，有学者以国际协议原点(conventional international origin，CIO)为协议地极(conventional terrestrial pole，CTP)定义了协议地球坐标系(conventional terrestrial system，CTS)。

美国 GPS 系统中采用的是 WGS-84(world geodetic system 1984)协议地球坐标系，其定义的椭球是一个定位在地心的等位椭球，椭球的坐标轴指向和 WGS-84 三轴指向一致。我国 BDS 系统中采用的是 CGCS2000(China geodetic coordinate system 2000)协议地球坐标系。表 2-2 给出了 WGS-84 坐标系和 CGCS2000 坐标系的参考椭球参数。在应用不同坐标系时，需要注意这些关键参数的差异，否则会导致计算结果的偏差。

表 2-2　两个协议地球坐标系的参数

坐标系名称 / 参　数	WGS-84	CGCS2000
长半轴 a/m	6 378 137	6 378 137
短半轴 b/m	6 356 752.314	6 356 752.314 14

续表 2-2

参数 \ 坐标系名称	WGS-84	CGCS2000
地球扁率 f	1/298.257 223 563	1/298.257 222 101
地球常数 $GM/m^3 \cdot s^{-2}$	$3.986\,005\times10^{14}$	$3.986\,004\,417\times10^{14}$
地球自转角速度 $\omega_{ie}/rad \cdot s^{-1}$	$7.292\,115\,146\,7\times10^{-5}$	$7.292\,115\times10^{-5}$

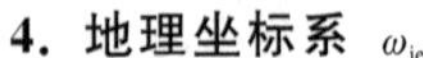

4. 地理坐标系

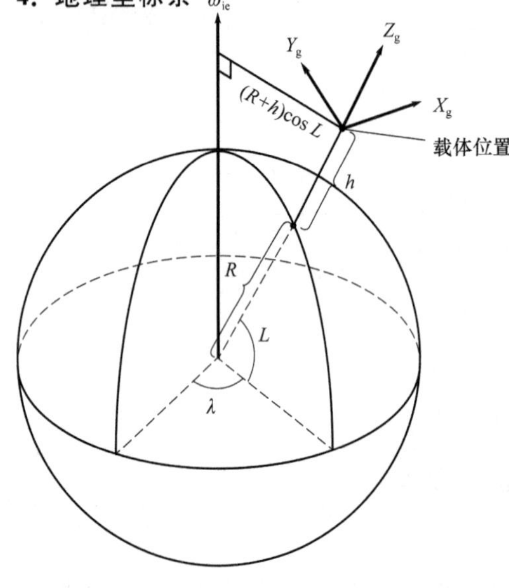

图 2-20 地理坐标系示意图

地理坐标系又称当地水平坐标系，是导航中应用最多的坐标系，表示为 $O_g X_g Y_g Z_g$，坐标原点 O_g 位于载体重心，三个坐标轴有多种定义方法，在本教材中，定义天向为 Z_g 轴，X_g 轴和 Y_g 轴分别指向东向和北向，即“东-北-天”坐标系，如图 2-20 所示。

以载体水平航行为例，可以计算载体运动过程中地理坐标系相对于惯性坐标系的转动角速度在地理坐标系中的投影。设载体速度大小为 v，航向角为 ψ(自 Y_g 轴方向向右为正)，北向和东向的速度分量为

$$\begin{cases} v_N = v\cos\psi \\ v_E = v\sin\psi \end{cases} \tag{2.143}$$

v_N 引起地理纬度 L 的变化率 $\dot{L}$ 为

$$\dot{L} = \frac{v_N}{R+h} = \frac{v\cos\psi}{R+h} \tag{2.144}$$

式中，R 和 h 分别为地球半径和海拔高度。v_E 引起地理经度 λ 的变化率 $\dot{\lambda}$ 为

$$\dot{\lambda} = \frac{v_E}{(R+h)\cos L} = \frac{v\sin\psi}{(R+h)\cos L} \tag{2.145}$$

将地理经纬度的变化率投影到地理坐标系，有

$$\begin{cases} (\omega_{eg}^{g})_x = -\dot{L} = -\dfrac{v\cos\psi}{R+h} \\ (\omega_{eg}^{g})_y = \dot{\lambda}\cos L = \dfrac{v\sin\psi}{R+h} \\ (\omega_{eg}^{g})_z = \dot{\lambda}\sin L = \dfrac{v\sin\psi}{R+h}\tan L \end{cases} \tag{2.146}$$

式(2.146)为载体速度引起的地理坐标系相对于地球坐标系的转动角速度。同时，地球坐标系相对于惯性坐标系也在转动，将地球自转角速度投影到地理坐标系，有

$$\begin{cases} (\omega_{ie}^{g})_x = 0 \\ (\omega_{ie}^{g})_y = \omega_{ie}\cos L \\ (\omega_{ie}^{g})_z = \omega_{ie}\sin L \end{cases} \tag{2.147}$$

因此,地理坐标系相对于惯性坐标系的转动角速度在地理坐标系中的投影为

$$\begin{cases}(\omega_{ig}^{g})_x=-\dfrac{v\cos\psi}{R+h}\\(\omega_{ig}^{g})_y=\omega_{ie}\cos L+\dfrac{v\sin\psi}{R+h}\\(\omega_{ig}^{g})_z=\omega_{ie}\sin L+\dfrac{v\sin\psi}{R+h}\tan L\end{cases}\tag{2.148}$$

5. 载体坐标系

载体坐标系的原点和三轴都随着载体运动,原点位于载体重心,表示为 $O_bX_bY_bZ_b$。关于载体坐标系有多种定义,本教材中的定义为:沿着载体横轴指向右边的为 X_b 轴,沿载体纵轴指向前的为 Y_b 轴,Z_b 轴与其余两轴构成右手坐标系,又称为“右-前-上”坐标系,如图 2-21 所示。

载体的实时姿态通过载体坐标系和地理坐标系之间的关系确定,其中:航向角 ψ 为 Y_b 轴在水平面内的投影与 Y_g 轴之间的夹角,取值范围为[0°,360°],北向东偏转为正;俯仰角 θ 为 Y_b 轴与水平面之间的夹角,取值范围为[-90°,90°],抬头为正;滚转角 γ 为 Z_b 轴与平面 $Y_gO_gZ_g$ 之间的夹角,取值范围为[-180°,180°],向左侧偏转为正。

6. 视觉导航常用坐标系

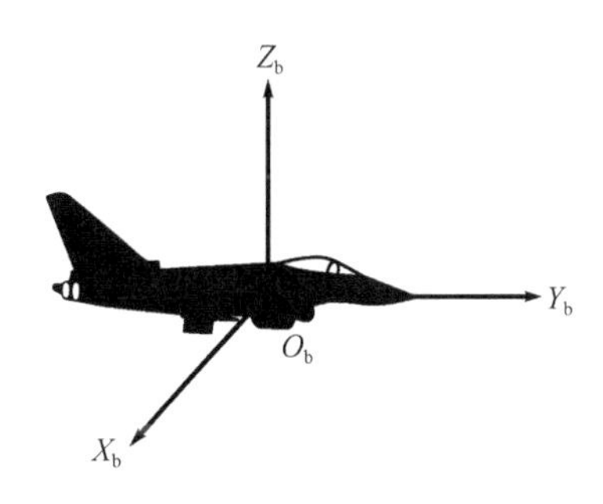

图 2-21　载体坐标系示意图

在视觉导航中,常用的坐标系主要有像素坐标系、图像坐标系、相机坐标系和世界坐标系:像素坐标系为二维直角坐标系,其原点位于像平面中心 $[u_0\quad v_0]^T$,像素坐标表示为$[u_p\quad v_p]^T$,u_p 和 v_p 分别表示像素在水平和垂直方向上的位置;图像坐标系也是二维坐标系,又称为相机平面坐标系,其原点位于像平面的左上角,横轴向右延伸,纵轴向下延伸,坐标单位是毫米等长度单位,具体取决于所使用的相机和成像设备,坐标用 $[x_p\quad y_p]^T$ 表示;相机坐标系表示为 $O_cX_cY_cZ_c$,坐标原点位于相机的镜头中心,Z_c 轴为相机的光轴(前向),$X_cO_cY_c$ 平面与图像平面平行,X_c 轴和 Y_c 轴分别向右和向上;世界坐标系表示为 $O_wX_wY_wZ_w$,可以根据应用需求定义为上述的某一个坐标系(比如地理坐标系)。下面给出这几个坐标系之间的转换关系。

世界坐标系到相机坐标系的转换关系为

$$\begin{bmatrix}x_c\\y_c\\z_c\end{bmatrix}=[\boldsymbol{R}_w^c\,|\,\boldsymbol{T}_w^c]\begin{bmatrix}x_w\\y_w\\z_w\\1\end{bmatrix}\tag{2.149}$$

式中,$\boldsymbol{R}_w^c$是一个 3×3 的旋转变换矩阵,$\boldsymbol{T}_w^c$是一个 3×1 的平移变换矩阵。

相机坐标系到平面坐标系的转换关系为

$$z_c\begin{bmatrix}x_p\\y_p\\1\end{bmatrix}=\begin{bmatrix}f_x&0&0&0\\0&f_y&0&0\\0&0&1&0\end{bmatrix}\begin{bmatrix}x_c\\y_c\\z_c\\1\end{bmatrix}\tag{2.150}$$

式中，f_x 和 f_y 为相机的焦距。

相机平面坐标系到像素坐标系的转换关系为

$$\begin{bmatrix} u_{\mathrm{p}} \\ v_{\mathrm{p}} \\ 1 \end{bmatrix} = \begin{bmatrix} 1/\mathrm{d}x & 0 & u_0 \\ 0 & 1/\mathrm{d}y & v_0 \\ 0 & 0 & 1 \end{bmatrix} \begin{bmatrix} x_{\mathrm{p}} \\ y_{\mathrm{p}} \\ 1 \end{bmatrix} \tag{2.151}$$

式中，$\mathrm{d}x$ 和 $\mathrm{d}y$ 分别为 x 和 y 方向像素的物理尺寸。

7. 坐标系之间的转换

确定转动刚体的空间指向需要两套坐标系，一套是参考坐标系（如惯性坐标系）；另一套是动坐标系（如载体坐标系）。两套坐标系之间的转换关系就反映了转动刚体和参考坐标系之间的姿态关系。表达姿态关系常用欧拉角法和姿态四元数法，其中，前者是有物理意义的，不过，欧拉角的选取并不唯一，且存在万向节锁定的奇异问题；所以，在导航计算中，更倾向于使用姿态四元数法。

（1）基元旋转矩阵

坐标系只绕着一个轴的转动称为基元旋转，如图 2－22 所示坐标系为分别绕 X 轴、Y 轴和 Z 轴旋转的情况，其对应的基元旋转矩阵分别为

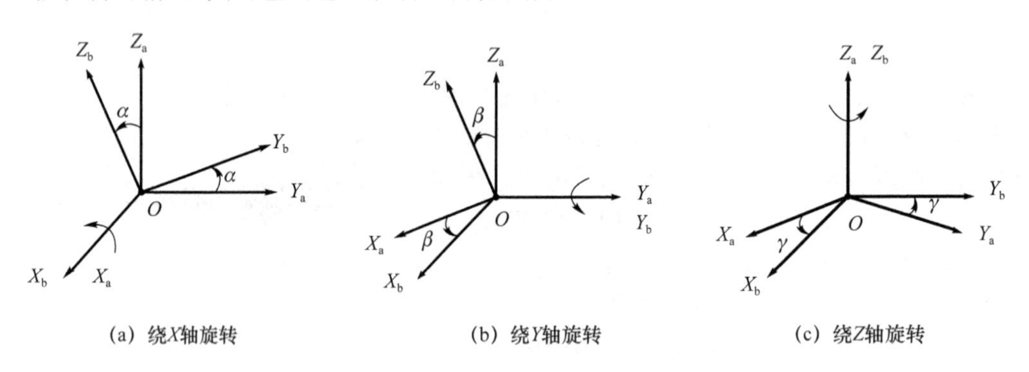

(a) 绕X轴旋转　(b) 绕Y轴旋转　(c) 绕Z轴旋转

图 2－22　基元旋转矩阵示意图

$$C_x(\alpha) = \begin{bmatrix} 1 & 0 & 0 \\ 0 & \cos\alpha & \sin\alpha \\ 0 & -\sin\alpha & \cos\alpha \end{bmatrix} \tag{2.152}$$

$$C_y(\beta) = \begin{bmatrix} \cos\beta & 0 & -\sin\beta \\ 0 & 1 & 0 \\ \sin\beta & 0 & \cos\beta \end{bmatrix} \tag{2.153}$$

$$C_z(\gamma) = \begin{bmatrix} \cos\gamma & \sin\gamma & 0 \\ -\sin\gamma & \cos\gamma & 0 \\ 0 & 0 & 1 \end{bmatrix} \tag{2.154}$$

（2）地心惯性坐标系与地心地固坐标系的转换

地心地固坐标系（e 系）相对于地心惯性坐标系（i 系）之间存在一个由地球自转角速度所产生的角度差异。旋转矩阵$\boldsymbol{C}_{\mathrm{i}}^{\mathrm{e}}$为

$$\boldsymbol{C}_{\mathrm{i}}^{\mathrm{e}} = \boldsymbol{C}_z(\omega_{\mathrm{ie}}t) = \begin{bmatrix} \cos(\omega_{\mathrm{ie}}t) & \sin(\omega_{\mathrm{ie}}t) & 0 \\ -\sin(\omega_{\mathrm{ie}}t) & \cos(\omega_{\mathrm{ie}}t) & 0 \\ 0 & 0 & 1 \end{bmatrix} \tag{2.155}$$

式中，ω_{ie}为地球自转角速率，t 为时间。

(3) 地心地固坐标系与地理坐标系的转换

地理坐标系(g 系)与地心地固坐标系之间的转换可以通过两次旋转完成，即先绕 Z 轴旋转$(\lambda+\pi/2)$，再绕 X 轴旋转$(\pi/2-L)$。旋转矩阵 $\boldsymbol{C}_{\mathrm{e}}^{\mathrm{g}}$为

$$\boldsymbol{C}_{\mathrm{e}}^{\mathrm{g}}=\boldsymbol{C}_x\left(\frac{\pi}{2}-L\right)\boldsymbol{C}_z\left(\lambda+\frac{\pi}{2}\right)=\begin{bmatrix}-\sin\lambda & \cos\lambda & 0\\ -\sin L\cos\lambda & -\sin L\sin\lambda & \cos L\\ \cos L\cos\lambda & \cos L\sin\lambda & \sin L\end{bmatrix} \tag{2.156}$$

(4) 地理坐标系与载体坐标系的转换

载体坐标系(b 系)与地理坐标系之间的转换可以通过三次旋转完成，即先绕 Z 轴转动偏航角 ψ，接着绕 X 轴转动俯仰角 θ，最后绕 Y 轴转动滚转角 γ。旋转矩阵为

$$\begin{aligned}\boldsymbol{C}_{\mathrm{g}}^{\mathrm{b}}&=\boldsymbol{C}_y(\gamma)\boldsymbol{C}_x(\theta)\boldsymbol{C}_z(\psi)\\ &=\begin{bmatrix}\cos\gamma\cos\psi-\sin\gamma\sin\theta\sin\psi & \cos\gamma\sin\psi+\sin\gamma\sin\theta\cos\psi & -\sin\gamma\cos\theta\\ -\cos\theta\sin\psi & \cos\theta\cos\psi & \sin\theta\\ \sin\gamma\cos\psi+\cos\gamma\sin\theta\sin\psi & \sin\gamma\sin\psi-\cos\gamma\sin\theta\cos\psi & \cos\gamma\cos\theta\end{bmatrix}\end{aligned} \tag{2.157}$$

【例 2-18】 一个坐标系 $OX_{\mathrm{a}}Y_{\mathrm{a}}Z_{\mathrm{a}}$，首先绕 X 轴旋转 45°到过渡坐标系，然后在过渡坐标系再绕 Y 轴旋转$-30°$变换到坐标系 $OX_{\mathrm{b}}Y_{\mathrm{b}}Z_{\mathrm{b}}$。矢量 $\boldsymbol{p}$ 在坐标系 $OX_{\mathrm{a}}Y_{\mathrm{a}}Z_{\mathrm{a}}$ 中的表达$(\boldsymbol{p})_{\mathrm{a}}$ 为$[0\quad 0\quad 1]^{\mathrm{T}}$，矢量 $\boldsymbol{q}$ 在坐标系 $OX_{\mathrm{b}}Y_{\mathrm{b}}Z_{\mathrm{b}}$中的表达$(\boldsymbol{q})_{\mathrm{b}}$ 为$[1\quad 0\quad 0]^{\mathrm{T}}$。矢量 $\boldsymbol{r}=\boldsymbol{p}\times\boldsymbol{q}+\boldsymbol{p}$，试求坐标系 $OX_{\mathrm{a}}Y_{\mathrm{a}}Z_{\mathrm{a}}$中 $\boldsymbol{r}$ 的表达$(\boldsymbol{r})_{\mathrm{a}}$。

【解】 由题意得两个坐标系之间的旋转矩阵为

$$\begin{aligned}\boldsymbol{C}_{\mathrm{a}}^{\mathrm{b}}&=\boldsymbol{C}_y(-30°)\boldsymbol{C}_x(45°)\\ &=\begin{bmatrix}\cos(-30°) & 0 & -\sin(-30°)\\ 0 & 1 & 0\\ \sin(-30°) & 0 & \cos(-30°)\end{bmatrix}\begin{bmatrix}1 & 0 & 0\\ 0 & \cos(45°) & \sin(45°)\\ 0 & -\sin(45°) & \cos(45°)\end{bmatrix}=\begin{bmatrix}\sqrt{3}/2 & -\sqrt{2}/4 & \sqrt{2}/4\\ 0 & \sqrt{2}/2 & \sqrt{2}/2\\ -1/2 & -\sqrt{6}/4 & \sqrt{6}/4\end{bmatrix}\end{aligned}$$

由于只知道 $\boldsymbol{q}$ 在坐标系 $OX_{\mathrm{b}}Y_{\mathrm{b}}Z_{\mathrm{b}}$中的表达，因此，需要将其转换到坐标系 $OX_{\mathrm{a}}Y_{\mathrm{a}}Z_{\mathrm{a}}$中，即

$$(\boldsymbol{q})_{\mathrm{a}}=\boldsymbol{C}_{\mathrm{b}}^{\mathrm{a}}(\boldsymbol{q})_{\mathrm{b}}=\boldsymbol{C}_{\mathrm{a}}^{\mathrm{bT}}(\boldsymbol{q})_{\mathrm{b}}=\begin{bmatrix}\sqrt{3}/2 & 0 & -1/2\\ -\sqrt{2}/4 & \sqrt{2}/2 & -\sqrt{6}/4\\ \sqrt{2}/4 & \sqrt{2}/2 & \sqrt{6}/4\end{bmatrix}\begin{bmatrix}1\\0\\0\end{bmatrix}=\begin{bmatrix}\sqrt{3}/2\\ -\sqrt{2}/4\\ \sqrt{2}/4\end{bmatrix}$$

最后，得

$$(\boldsymbol{r})_{\mathrm{a}}=(\boldsymbol{p})_{\mathrm{a}}^{\times}(\boldsymbol{q})_{\mathrm{a}}+(\boldsymbol{p})_{\mathrm{a}}=\begin{bmatrix}0 & -1 & 0\\ 1 & 0 & 0\\ 0 & 0 & 0\end{bmatrix}\begin{bmatrix}\sqrt{3}/2\\ -\sqrt{2}/4\\ \sqrt{2}/4\end{bmatrix}+\begin{bmatrix}0\\0\\1\end{bmatrix}=\begin{bmatrix}\sqrt{2}/4\\ \sqrt{3}/2\\ 1\end{bmatrix}$$

(5) 姿态四元数

采用欧拉角描述姿态时存在万向节锁定的问题，比如在 ZXY 顺序旋转中，绕 Y 轴旋转$\pm 90°$，会导致三个自由度的旋转变成两个自由度的旋转，即丢失一个旋转自由度，最终导致旋转的不唯一性，在数学上表现为奇异性。理论分析表明，用三个实数进行三维旋转的表达不可避免会存在奇异性。而如果采用四个数表达三维旋转，则可以消除这种奇异性。这种用四个数表达三维旋转的方法称为四元数法。

一个四元数可定义为

$$\boldsymbol{Q}(q_0, q_1, q_2, q_3) = q_0 + q_1\boldsymbol{i} + q_2\boldsymbol{j} + q_3\boldsymbol{k} \tag{2.158}$$

式中，q_0、q_1、q_2 和 q_3 为实数；$\boldsymbol{i}$、$\boldsymbol{j}$ 和 $\boldsymbol{k}$ 为相互正交的单位向量；其共轭复数$\boldsymbol{Q}^*$ 为

$$\boldsymbol{Q}^* = q_0 - q_1\boldsymbol{i} - q_2\boldsymbol{j} - q_3\boldsymbol{k} \tag{2.159}$$

如果令 $\boldsymbol{q} = q_1\boldsymbol{i} + q_2\boldsymbol{j} + q_3\boldsymbol{k}$，则式(2.158)也可以写为

$$\boldsymbol{Q} = q_0 + \boldsymbol{q} \tag{2.160}$$

特别是在矢量旋转中，可以将式(2.160)具体化为

$$\boldsymbol{Q} = \cos\frac{\theta}{2} + \boldsymbol{u}\sin\frac{\theta}{2} \tag{2.161}$$

式中，θ 为矢量旋转角度，$q_0 = \cos\frac{\theta}{2}$，$q = \boldsymbol{u}\sin\frac{\theta}{2}$，$\boldsymbol{u}$ 为单位矢量。另外，式(2.158)还可以表示为

$$\boldsymbol{Q} = [q_0 \quad q_1 \quad q_2 \quad q_3]^{\mathrm{T}} \tag{2.162}$$

四元数有如下基本运算：

1）模长

四元数的模长为其 2 -范数，即

$$\|\boldsymbol{Q}\| = \sqrt{q_0^2 + q_1^2 + q_2^2 + q_3^2} \tag{2.163}$$

如果 $\|\boldsymbol{Q}\| = 1$，则称 $\boldsymbol{Q}$ 为单位四元数。

2）加法和减法

设两个四元数：

$$\boldsymbol{Q} = q_0 + q_1\boldsymbol{i} + q_2\boldsymbol{j} + q_3\boldsymbol{k} \tag{2.164}$$

$$\boldsymbol{P} = p_0 + p_1\boldsymbol{i} + p_2\boldsymbol{j} + p_3\boldsymbol{k} \tag{2.165}$$

则二者相加或相减就是对应元素相加或相减，即

$$\boldsymbol{Q} \pm \boldsymbol{P} = (q_0 \pm p_0) + (q_1 \pm p_1)\boldsymbol{i} + (q_2 \pm p_2)\boldsymbol{j} + (q_3 \pm p_3)\boldsymbol{k} \tag{2.166}$$

3）乘法

四元数的标量乘法为

$$a\boldsymbol{Q} = aq_0 + aq_1\boldsymbol{i} + aq_2\boldsymbol{j} + aq_3\boldsymbol{k} \tag{2.167}$$

式中，a 为标量。两个四元数的乘法为

$$\begin{aligned}\boldsymbol{Q} \otimes \boldsymbol{P} &= (q_0 + q_1\boldsymbol{i} + q_2\boldsymbol{j} + q_3\boldsymbol{k}) \otimes (p_0 + p_1\boldsymbol{i} + p_2\boldsymbol{j} + p_3\boldsymbol{k}) \\ &= (q_0p_0 - q_1p_1 - q_2p_2 - q_3p_3) + (q_0p_1 + q_1p_0 + q_2p_3 - q_3p_2)\boldsymbol{i} + \\ &\quad (q_0p_2 + q_2p_0 + q_3p_1 - q_1p_3)\boldsymbol{j} + (q_0p_3 + q_3p_0 + q_1p_2 - q_2p_1)\boldsymbol{k} \\ &= r_0 + r_1\boldsymbol{i} + r_2\boldsymbol{j} + r_3\boldsymbol{k}\end{aligned} \tag{2.168}$$

式中，$\otimes$表示四元数乘法。式(2.168)用矩阵的形式表示为

$$\begin{bmatrix} r_0 \\ r_1 \\ r_2 \\ r_3 \end{bmatrix} = \begin{bmatrix} q_0 & -q_1 & -q_2 & -q_3 \\ q_1 & q_0 & -q_3 & q_2 \\ q_2 & q_3 & q_0 & -q_1 \\ q_3 & -q_2 & q_1 & q_0 \end{bmatrix} \begin{bmatrix} p_0 \\ p_1 \\ p_2 \\ p_3 \end{bmatrix} = \boldsymbol{M}(\boldsymbol{Q})\boldsymbol{P} \tag{2.169}$$

或

$$\begin{bmatrix} r_0 \\ r_1 \\ r_2 \\ r_3 \end{bmatrix} = \begin{bmatrix} p_0 & -p_1 & -p_2 & -p_3 \\ p_1 & p_0 & p_3 & -p_2 \\ p_2 & -p_3 & p_0 & p_1 \\ p_3 & p_2 & -p_1 & p_0 \end{bmatrix} \begin{bmatrix} q_0 \\ q_1 \\ q_2 \\ q_3 \end{bmatrix} = \boldsymbol{M}'(\boldsymbol{P})\boldsymbol{Q} \tag{2.170}$$

通常情况下，$\boldsymbol{M}(\boldsymbol{Q}) \neq \boldsymbol{M}'(\boldsymbol{Q})$，所以

$$\boldsymbol{Q} \otimes \boldsymbol{P} = \boldsymbol{M}(\boldsymbol{Q})\boldsymbol{P} \neq \boldsymbol{M}'(\boldsymbol{Q})\boldsymbol{P} = \boldsymbol{P} \otimes \boldsymbol{Q} \tag{2.171}$$

即四元数乘法不满足交换律。不过，四元数乘法满足分配律和结合律，即

$$\boldsymbol{P} \otimes (\boldsymbol{Q} + \boldsymbol{R}) = \boldsymbol{P} \otimes \boldsymbol{Q} + \boldsymbol{P} \otimes \boldsymbol{R} \tag{2.172}$$

$$\boldsymbol{P} \otimes \boldsymbol{Q} \otimes \boldsymbol{R} = (\boldsymbol{P} \otimes \boldsymbol{Q}) \otimes \boldsymbol{R} = \boldsymbol{P} \otimes (\boldsymbol{Q} \otimes \boldsymbol{R}) \tag{2.173}$$

4）除法（求逆）

如果四元数 $\boldsymbol{Q}$ 和 $\boldsymbol{P}$ 满足 $\boldsymbol{Q} \otimes \boldsymbol{P} = 1$，则称 $\boldsymbol{P}$ 为 $\boldsymbol{Q}$ 的逆，记为 $\boldsymbol{P} = \boldsymbol{Q}^{-1}$。根据四元数模长和共轭的定义，有

$$\begin{aligned} \boldsymbol{Q} \otimes \boldsymbol{Q}^* &= (q_0 + q_1\boldsymbol{i} + q_2\boldsymbol{j} + q_3\boldsymbol{k}) \otimes (q_0 - q_1\boldsymbol{i} - q_2\boldsymbol{j} - q_3\boldsymbol{k}) \\ &= q_0^2 + q_1^2 + q_2^2 + q_3^2 \\ &= \| \boldsymbol{Q} \|^2 \end{aligned} \tag{2.174}$$

于是有 $\boldsymbol{Q} \otimes \frac{\boldsymbol{Q}^*}{\| \boldsymbol{Q} \|^2} = 1$，即$\boldsymbol{Q}^{-1} = \frac{\boldsymbol{Q}^*}{\| \boldsymbol{Q} \|^2}$。

基于四元数可以表达刚体转动关系。设载体坐标系为 b 系，参考坐标系为 R 系，刚体的转动可描述为绕一个瞬时转轴 $\boldsymbol{u}$（单位矢量）转动 θ 角，瞬时转轴在 R 系的投影为$\boldsymbol{u}^{\mathrm{R}} = [l \quad m \quad n]^{\mathrm{T}}$，那么转动 θ 角的过程对应的四元数可表示为

$$\begin{aligned} \boldsymbol{Q} &= q_0 + q_1\boldsymbol{i} + q_2\boldsymbol{j} + q_3\boldsymbol{k} \\ &= \cos\frac{\theta}{2} + (l\boldsymbol{i} + m\boldsymbol{j} + n\boldsymbol{k})\sin\frac{\theta}{2} = \cos\frac{\theta}{2} + \boldsymbol{u}^{\mathrm{R}}\sin\frac{\theta}{2} \end{aligned} \tag{2.175}$$

在该四元数中包含刚体定点转动的全部信息，比如可以得到如下旋转矩阵：

$$\boldsymbol{C}_{\mathrm{b}}^{\mathrm{R}} = \begin{bmatrix} 1-2(q_2^2+q_3^2) & 2(q_1q_2-q_0q_3) & 2(q_1q_3+q_0q_2) \\ 2(q_1q_2+q_0q_3) & 1-2(q_3^2+q_1^2) & 2(q_2q_3-q_0q_1) \\ 2(q_1q_3-q_0q_2) & 2(q_2q_3+q_0q_1) & 1-2(q_1^2+q_2^2) \end{bmatrix} \tag{2.176}$$

由于 $\| \boldsymbol{Q} \|^2 = \cos^2\frac{\theta}{2} + (l^2+m^2+n^2)\sin^2\frac{\theta}{2} = q_0^2+q_1^2+q_2^2+q_3^2 = 1$，式(2.176)可等效为

$$\boldsymbol{C}_{\mathrm{b}}^{\mathrm{R}} = \begin{bmatrix} q_0^2+q_1^2-q_2^2-q_3^2 & 2(q_1q_2-q_0q_3) & 2(q_1q_3+q_0q_2) \\ 2(q_1q_2+q_0q_3) & q_0^2-q_1^2+q_2^2-q_3^2 & 2(q_2q_3-q_0q_1) \\ 2(q_1q_3-q_0q_2) & 2(q_2q_3+q_0q_1) & q_0^2-q_1^2-q_2^2+q_3^2 \end{bmatrix} \tag{2.177}$$

向量 $\boldsymbol{x}$ 在 R 系和 b 系的坐标$\boldsymbol{x}^{\mathrm{R}}$ 和 $\boldsymbol{x}^{\mathrm{b}}$满足转换关系：

$$\boldsymbol{x}^{\mathrm{R}} = \boldsymbol{C}_{\mathrm{b}}^{\mathrm{R}}\boldsymbol{x}^{\mathrm{b}} \tag{2.178}$$

如果设 $\boldsymbol{x}^{\mathrm{R}'}$ 和 $\boldsymbol{x}^{\mathrm{b}'}$ 分别为以 0 为标量部分，以 x^{R} 和 x^{b} 为向量部分的四元数，则有

$$\boldsymbol{x}^{\mathrm{R}'} = \boldsymbol{Q} \otimes x^{\mathrm{b}'} \otimes \boldsymbol{Q}^* \tag{2.179}$$

【例 2-19】 设坐标系 $OX_{\mathrm{a}}Y_{\mathrm{a}}Z_{\mathrm{a}}$先绕 X 轴旋转 45°到过渡坐标系，然后过渡坐标系再绕 Y 轴旋转 −30°变换到坐标系 $OX_{\mathrm{b}}Y_{\mathrm{b}}Z_{\mathrm{b}}$。试用四元数描述两次转动过程，并求解姿态旋转矩阵$\boldsymbol{C}_{\mathrm{a}}^{\mathrm{b}}$。

【解】 首先绕 X 轴旋转，旋转轴$\boldsymbol{u}_1 = [1 \quad 0 \quad 0]^{\mathrm{T}}$，旋转角度 $\theta_1 = 45°$，对应的四元数为

$$\boldsymbol{q}_1=[\cos(22.5°)\quad \sin(22.5°)\quad 0\quad 0]^{\mathrm{T}}$$

然后绕 Y 轴旋转，旋转轴 $\boldsymbol{u}_2=[0\quad 1\quad 0]^{\mathrm{T}}$，旋转角度 $\theta_2=-30°$，对应的四元数为

$$\boldsymbol{q}_2=[\cos(-15°)\quad 0\quad \sin(-15°)\quad 0]^{\mathrm{T}}$$

从 a 系到 b 系的旋转四元数 $\boldsymbol{q}_3=\boldsymbol{q}_1\otimes\boldsymbol{q}_2=[0.892\quad 0.370\quad -0.239\quad -0.099]^{\mathrm{T}}$。根据式(2.177)计算得到姿态转换矩阵 $\boldsymbol{C}_{\mathrm{b}}^{\mathrm{a}}$ 为

$$\boldsymbol{C}_{\mathrm{b}}^{\mathrm{a}}=(\boldsymbol{C}_{\mathrm{a}}^{\mathrm{b}})^{\mathrm{T}}=\begin{bmatrix}0.866 & 0.000 & -0.500\\ -0.354 & 0.707 & -0.612\\ 0.354 & 0.707 & 0.612\end{bmatrix}$$

该结果与例 2-18 中的相同，说明计算方法是等效的。

2.2.2 天球坐标系

在天文导航中，还常用天球坐标系。由于天体之间的距离过于遥远，描述其相对距离的意义不大，于是通常假设所有的天体都位于一个半径任意大的球面上，该球面称为天球，半径设定为 1。天球坐标系就是基于假设的天球定义的，这里给出相关定义。

1. 球面几何基础

球面上半径最大的圆称为“大圆”，大圆所在的面肯定过球心，而不过球心的圆都称为“小圆”。在大圆的基础上，可以定义几个球面几何基础概念：

① 球面直线为过球面两个点的大圆；

② 球面距离为过球面两个点的大圆的劣弧长度；

③ 球面角为从一点出发的两个大圆半弧构成的角度。

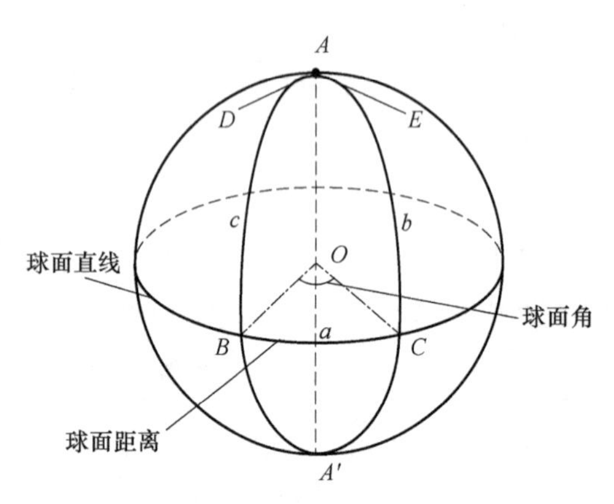

图 2-23　球面示意图

如图 2-23 所示，图中劣弧 $\overset{\frown}{BC}$ 为 B 和 C 两个点的球面距离，A 处球面角 $\angle BAC$ 的大小等于二面角 $\angle BOC$ 的大小，其值还等于劣弧 $\overset{\frown}{BC}$ 的长度(单位球上)，也等于切线 AD 和 AE 的夹角。由此，可以定义球面三角形：球面上不在同一大圆上的三个点 A、B 和 C，其中的任意两个点均不是对径点(同一个直径上的点)，那么，由连接这三个点的三条大圆劣弧组成的图形称为球面三角形，三个顶点对应的边分别为 a、b 和 c。在球面三角形中，满足如下关系：

① 球面三角形三条边之和大于 0，且小于 2π。

② 球面三角形两条边之和大于第三边，两条边之差小于第三边。

③ 球面三角形三个角之和大于 π，且小于 3π。

④ 球面三角形两个角之和减去第三角小于 π。

⑤ 正弦公式：

$$\frac{\sin A}{\sin a}=\frac{\sin B}{\sin b}=\frac{\sin C}{\sin c} \tag{2.180}$$

⑥ 边的余弦公式：

$$\cos a=\cos b\cos c+\sin b\sin c\cos A \tag{2.181}$$

⑦ 角的余弦公式：

$$\cos A=-\cos B\cos C+\sin B\sin C\cos a \tag{2.182}$$

⑧ 边的五元素公式：

$$\sin a\cos B=\cos b\sin c-\sin b\cos c\cos A \tag{2.183}$$

⑨ 角的五元素公式：

$$\sin A\cos b=\cos B\sin C-\sin B\cos C\cos a \tag{2.184}$$

如图 2-24 所示为天球中常用的概念，其中包括：

① 天极为地球自转轴与天球相交的直径 P_NP_S 的两个端点，P_N 为天北极，P_S 为天南极。

② 与天轴（将地轴无限沿长得到的直线）垂直的大圆称为天赤道 QQ'。

③ 观测者所在地的铅垂线反向延长线与天球的交点称为天顶 Z，延长线与天球的交点称为天底 Z'。

④ 测者天文地平圆 ESWN 与 ZZ' 垂直；天子午圈为通过天顶和天极的大圆；天卯酉圈过天顶与测者子午圈垂直；四方点为测者天文地平圆与测者子午圈和天卯酉圈的四个交点 E、W、S、N 分别对应东西南北四个方向。

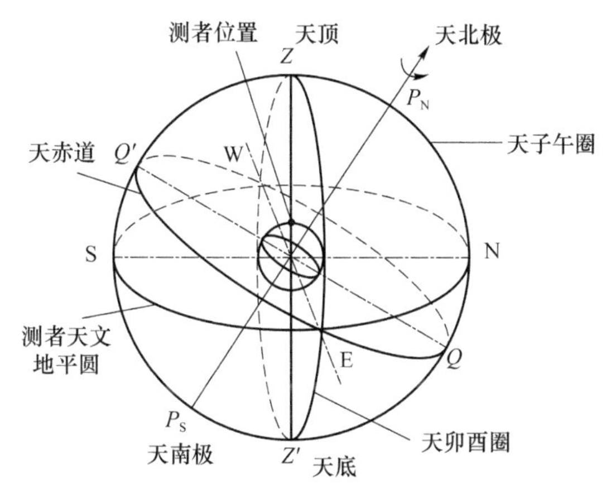

图 2-24　天球中常用的概念

2. 第一赤道坐标系（时角坐标系）

常用的天体坐标系如图 2-25 所示，其中，第一赤道坐标系的基本大圆为天赤道，坐标原点为测者午圈和天赤道的交点；时角 t 由天子午圈沿天赤道自东向西度量至天体赤经圈（过天北极 P_N 和天体 σ 的大圆），取值范围为 0～24 h 或 0°～360°；赤纬 δ 由天赤道沿过天体赤经圈向两极方向度量，向天北极方向为正，取值范围为 −90°～90°。

3. 第二赤道坐标系

第二赤道坐标系的基本大圆也为天赤道，坐标原点为春分点，即天赤道与天球黄道相交的位置点；赤经 α 由春分点沿天赤道自西向东至天体赤经圈，取值范围为 0～24 h 或 0°～360°；赤纬 δ 的定义和第一赤道坐标系中相同。

4. 地平坐标系

地平坐标系的基本大圆为地平圈，坐标原点为地平圈上的北点 N 或南点 S；方位角 A 从北点按照顺时针方向进行度量，取值范围为 0°～360°；天体高度 h 从地平圈沿天体方位圆进行度量，向天顶方向为正，取值范围为 −90°～90°；天顶距 z 为从天顶沿天体方位圆到天体的弧段，取值范围为 0°～180°，同时有 $z+h=90°$。

5. 黄道坐标系

黄道坐标系的基本大圆为黄道，坐标原点为春分点；黄经 λ 由春分点沿黄道自西向东逆时针方向度量，取值范围为 0～24 h 或 0°～360°；黄纬 β 由黄道沿天体黄经圈向两极方向度量，向北为正，取值范围为 −90°～90°。

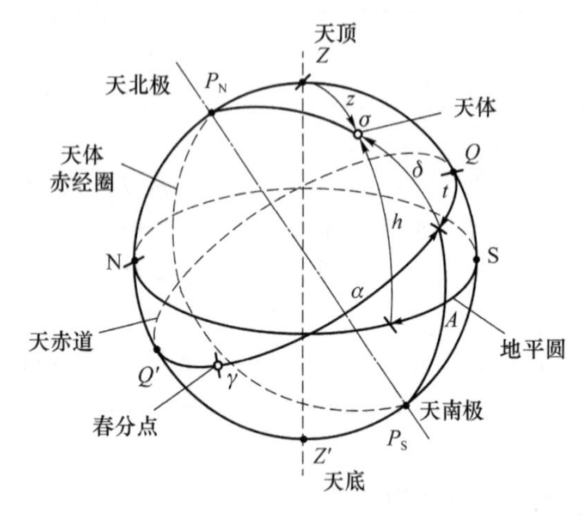

(a) 赤道坐标系和地平坐标系

(b) 赤道坐标系和黄道坐标系

图 2-25　常用天球坐标系

【例 2-20】 已知第一赤道坐标系下天体的时角 t、赤纬 δ 和测者地理纬度 φ，求地平坐标系下的天体方位角 A 和天顶距 z（或地平高度 h）。

【解】 如图 2-25(a)所示，ZQ 边为地理纬度 φ，在 $\Delta P_N Z\sigma$ 中，三条边的对应关系分别为

$$\begin{cases} P_N Z = 90° - \varphi \\ Z\sigma = z \\ P_N\sigma = 90° - \delta \end{cases}$$

三个角的对应关系分别为

$$\begin{cases} \angle P_N \sigma Z = \theta \\ \angle Z P_N \sigma = t \\ \angle P_N Z \sigma = 180° - A \end{cases}$$

式中，θ 为待定角度，图 2-25(a)中并没有具体定义的角度与之对应。

① 采用边的余弦公式，可以得到

$$\cos(Z\sigma) = \cos(P_N Z)\cos(P_N\sigma) + \sin(P_N Z)\sin(P_N\sigma)\cos(\angle Z P_N \sigma)$$

即

$$\cos z = \sin\varphi\sin\delta + \cos\varphi\cos\delta\cos t$$

② 采用正弦定理，有

$$\frac{\sin(\angle P_N Z\sigma)}{\sin(P_N\sigma)} = \frac{\sin(\angle Z P_N\sigma)}{\sin(Z\sigma)}$$

即

$$\sin z\sin A = \cos\delta\sin t$$

③ 采用边的五元素公式，有

$$\sin(Z\sigma)\cos(\angle P_N Z\sigma) = \cos(P_N\sigma)\sin(P_N Z) - \sin(P_N\sigma)\cos(P_N Z)\cos(\angle Z P_N\sigma)$$

即

$$-\sin z\cos A=\sin\delta\cos\varphi-\cos\delta\sin\varphi\cos t$$

2.2.3　时间系统

时间是重要的物理量，物体的运动和时间紧密相连。在运动中需要区分两个重要概念：时刻和时间间隔。时刻指的是发生事件的某一瞬间，对应到时间轴上就是一个点；时间间隔指的是事件的持续时间，对应到时间轴上就是事件开始至结束的时间长度。如图 2-26 所示，描述时间或者时间系统需要四个要素：时刻(历元)、原点(起始历元)、时间间隔和时间尺度(基准)。根据任务需求，可以定义多种时间系统。下面介绍导航中常用的时间系统。

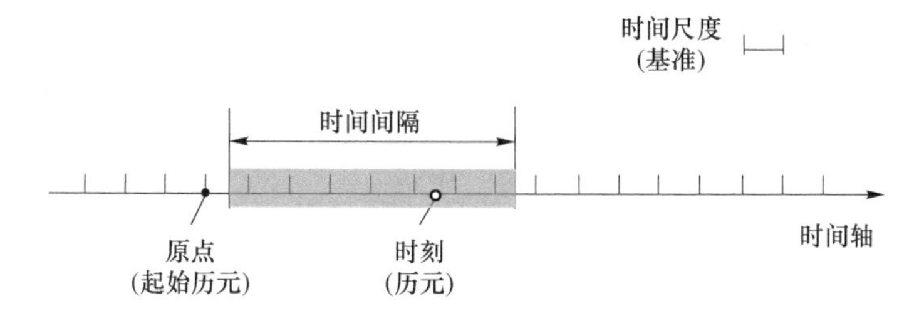

图 2-26　时间系统示意图

1. 恒星时、平太阳时和世界时

恒星时(sidereal time，ST)、平太阳时(mean solar time，MT)和世界时(universal time，UT)都是选取地球自转测定时间作为时间尺度。根据选择空间参考点的不同，描述时间的结果有所不同。

(1) 恒星时

恒星时是通过春分点周日视运动所确定的时间系统。恒星时的 0 h 是春分点刚好通过当地午线(上中天)的时刻；一个恒星日为春分点连续两次经过本地午圈的时间间隔，为该时间系统的尺度；恒星时在数值上等于春分点相对于本地午圈的时角，单位为时分秒。

在恒星时中，根据量测初始位置的不同，各个量测站得到的春分点时角也是有差异的，具有本地性。某一地的恒星时又称为地方恒星时。另外，由于地球自转在惯性空间中的指向存在缓慢的变化，春分点在赤道上的位置也会变化，因此，国际组织定义了真春分点和平春分点。考虑到测站位置和地球自转轴偏移因素的影响，常用的恒星时有四个，即真春分点格林尼治时角(Greenwich apparent sidereal time，GAST)、平春分点格林尼治时角(Greenwich mean sidereal time，GMST)、真春分点地方时角(local apparent sidereal time，LAST)和平春分点地方时角(local mean sidereal time，LMST)。四个恒星时的关系如图 2-27 所示，且满足

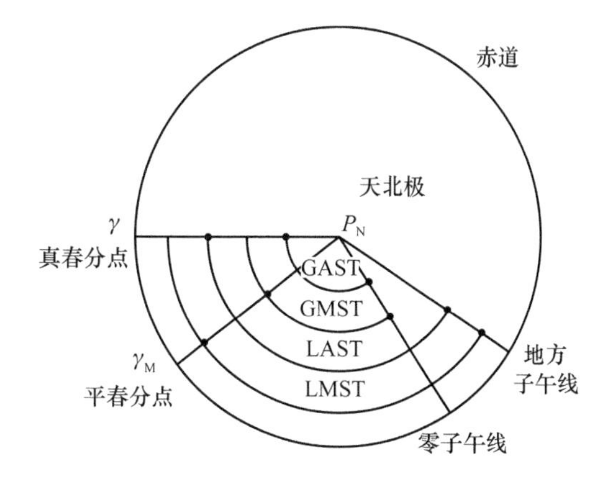

图 2-27　各个恒星时的示意图

$$\begin{cases}\mathrm{LAST}-\mathrm{LMST}=\mathrm{GAST}-\mathrm{GMST}=\Delta\varphi\cos\varepsilon \\ \mathrm{GAST}-\mathrm{LAST}=\mathrm{GMST}-\mathrm{LMST}=\lambda\end{cases} \tag{2.185}$$

式中，$\Delta\varphi$ 为黄经章动；ε 为黄赤交角；λ 为地方天文经度。

(2) 平太阳时

太阳时的参考点为太阳中心，太阳时 0 h 是太阳中心经过测者子圈的时刻(下中天)，太阳通过测者午圈(上中天)的时刻定义为 12 h；太阳日定义为太阳中心两次经过本地午圈的时间间隔，为该时间系统的尺度；太阳时等于太阳相对于午圈的时角加上 12 h，因此，太阳时的时刻与太阳时间(天体的时角)存在 12 h(180°)的差值。

如果太阳时的参考点为平太阳，那么上述的太阳时就称为平太阳时。显然，平太阳时也具有本地性，所以又称其为地方平太阳时或地方平时。平太阳的假想需满足三个条件：

① 沿天赤道做周年运动；

② 运动速度均匀，周期为一个回归年；

③ 经过近地点和远地点的时刻与真太阳时相同。

(3) 世界时

世界时也称为格林尼治的平太阳时(Greenwich mean solar time，GMT)，其时间尺度与平太阳时相同，只是参考点不同。二者关系为

$$m=M+\lambda \tag{2.186}$$

式中，m 为地方平时；M 为世界时；λ 为当地经度。

世界时也是基于地球自转定义的，但地球自转受潮汐摩擦力带来的长期变化、地表气团季节性移动产生的季节变化和机制不清的不规则变化等因素影响，因此，地球自转轴是在变化的。为了修正地球自转轴的变化，国际机构定义了三种修正的世界时，即：

① UT_0，基于天文观测修正得到的世界时；

② UT_1，考虑极移引起子午圈变化修正得到的世界时；

③ UT_2，在 UT_1 基础上，再考虑地球自转角速度周年变化修正得到的世界时。

三个世界时之间的关系为

$$UT_2=UT_1+\Delta T_S=UT_0+\Delta\lambda+\Delta T_S \tag{2.187}$$

式中，$\Delta\lambda$ 为观测瞬间地极相对天球中心的极移修正；ΔT_S 为地球自转速度的季节性变化修正。

恒星时、平太阳时和世界时三者之间满足：1 回归年(世界时)等于 365.242 2 个平太阳日，等于 366.242 2 个恒星日，因此有

$$\frac{\text{恒星时}}{\text{平太阳时}}=\frac{1\text{ 回归年的平太阳日}}{1\text{ 回归年的恒星日}}=1.002\,737\,897\,47=1+\mu \tag{2.188}$$

$$S=S^{0h}+(1+\mu)M \tag{2.189}$$

$$s=S^{0h}+(1+\mu)M+\lambda=S^{0h}+m+\mu m-\mu\lambda \tag{2.190}$$

式中，S 为恒星时；S^{0h}为恒星时 0 h；s 为地方恒星时。

【例 2-21】 已知地方平时 $m=22$ h，当地经度 λ 为东经 120°，地方恒星时为 23 h，试计算恒星时 0 h。

【解】 由式(2.189)可得

$$S^{0h}=s-(m+\mu m-\mu\lambda)\approx 0.961\,67\text{ h}=14°25'30.15''$$

2. 原子时和协调世界时

原子时是位于大地水准面上的铯原子(Cs^{133})基态的两个超精细能级在零磁场中跃迁辐

射振荡 9 192 631 770 周所持续的时间，称为国际制秒。将国际制秒作为时间尺度的时间系统称为国际原子时(international atomic time，TAI)。

TAI 的起始点为 1958 年 1 月 1 日 0h(UT_1)，受限于当时技术的原因，实际起始历元和定义的起始历元存在 0.003 9 s 的差异，即

$$UT_1 - TAI = 0.003\,9\ \mathrm{s} \tag{2.191}$$

原子时系统从 1972 年 1 月 1 日 0 时正式启用，为了保证原子时的精确，国际上对位于 50 多个国家的 200 余座原子钟产生的原子时进行加权平均，原子时的稳定度为 $10^{-14} \sim 10^{-13}$，30 万年的误差不超过 1 s。

虽然已经将 TAI 作为时间计量基准，但世界时仍然在很多领域中广泛使用。而世界时有长期变慢的趋势，因此，世界时时刻将越来越落后于原子时。为了避免发播的原子时与世界时有过大的偏离，1972 年起国际上发播时号采用了协调世界时(coordinated universal time，UTC)，其时间单位为国际制秒，通过在 6 月 30 日或 12 月 31 日的最后一秒进行跳秒，来保证其时刻与世界时 UT_1 的偏离不超过 0.9 s，调整前会预先发布通知。

协调世界时提供精确到秒的近似世界时，其秒小数等于 TAI 的秒小数，本质上是被世界时 UT_1 制约的原子时系统，符合民用习惯，同时又与原子时系统存在确定的换算关系。当前的钟表区时刻就是基于 UTC 完成的。

3. 地球力学时

地球力学时是天体动力学理论以及历表所用的时间系统。在太阳系中有两种常用的力学时：

① 质心力学时(barrycentric dynamical time，TDB)：太阳质心坐标系中，描述天体运动方程和历表的时间系统；

② 地球力学时(terrestrial dynamical time，TT)：地心坐标系中，描述天体运动方程和历表的时间系统。

TT 的秒长和 TAI 的一致，起始历元为 1899 年 12 月 31 日 12 时 UT_1，二者有

$$TT - TAI = 32.184\ \mathrm{s} \tag{2.192}$$

其中，国际宇航联(international astronomical union，IAU)规定 1977 年 1 月 1 日 0 h00 min00 s 的 TAI 时刻对应 1977 年 1 月 1 日 0 h00 min32.184 s 的 TT 时刻。

【例 2-22】 请给出 UT_1、ET、TAI 和 TT 四个时间之间的关系图。

【解】 由题意，四个时间之间的关系如图 2-28 所示。

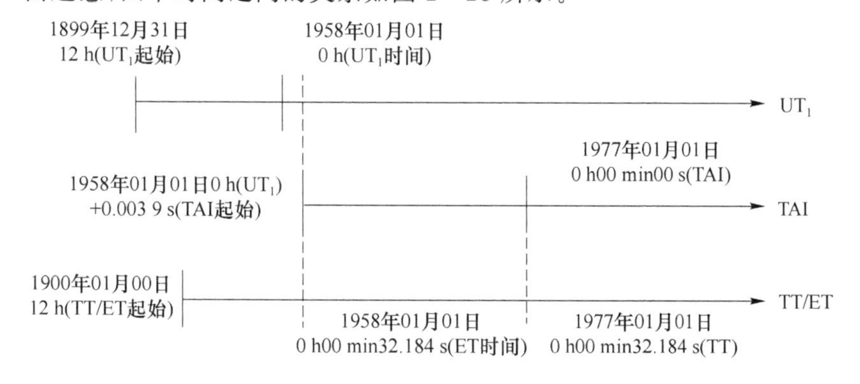

图 2-28　UT_1、ET、TAI、TT 之间起始历元和偏差关系

2.2.4 地球重力场模型

1. 地球形状

在之前的地球坐标系的建立中并没有讨论地球的实际形状，而球状模型并不足以实现精确导航。实际地表呈现出高度复杂的凹凸不平特征，很难对其准确描述。针对这一情况，有两种近似处理方法，一种是假设海洋表面为静止状态，并将其延伸至陆地表面，构建出一个封闭的曲面，称为大地水准面，地球的所有质量都包括在大地水准面之内；大地水准面所围绕的空间实体称为大地水准体。不过，由于地球内部的质量分布不均与地表形态复杂等因素的影响，大地水准体本身呈现出高度不规则的几何特征，导致其应用时比较复杂；另一种是将地球近似为旋转椭球体，地球自转轴与椭球体的一个短半轴重合，主要参数包括：

① 半长轴：R_e；

② 半短轴：$R_p=(1-f)R_e$；

③ 地球扁率：$f=(R_e-R_p)/R_e$；

④ 偏心率：$e=\sqrt{f(2-f)}=\sqrt{R_e^2-R_p^2}/R_e$。

地球参考椭球体的竖切面为椭圆，基于此可以定义两个纬度：地心纬度 L_e 和地理纬度 L。地心纬度是指参考椭球上一点和地球中心 O_e 的连线与赤道平面的夹角，该连线称为地心垂线；地理纬度是指参考椭球上一点的法线与赤道平面的夹角，该法线称为地理垂线。由于椭球模型存在一定的近似，所以地理垂线与当地重力垂线通常不重合，不过，二者的偏差一般不超过 30″。

地理纬度和地心纬度之间的偏差约为

$$\Delta L=L-L_e\approx e\sin 2L \tag{2.193}$$

由式(2.193)可知，二者在地理纬度 $L=45°$处偏差最大，约为 11′。如图 2-29 所示为参考椭球面、地理纬度和地心纬度的示意图。

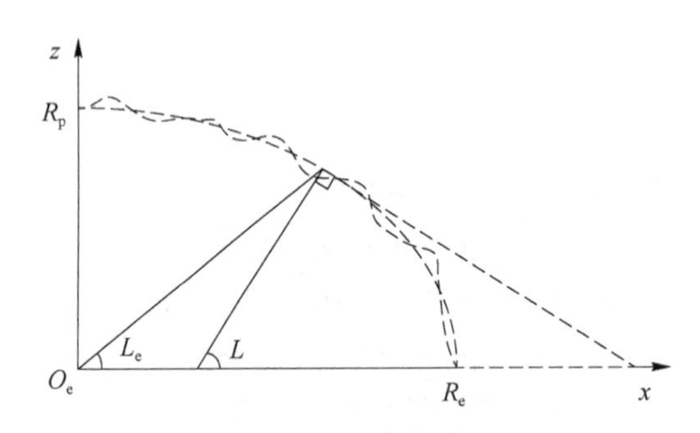

图 2-29　地球的纬度示意图

由于椭球体在不同位置的曲率半径不同，因此按照水平面内的不同方向，定义三种曲率半径：子午圈曲率半径、卯酉圈曲率半径和等纬度圈半径。

(1) 子午圈曲率半径

将过极轴和当地坐标点的平面与参考椭球体相截，得到的椭圆截面为当地子午面。子午面的轮廓线称为子午圈或者子午线，其曲率半径近似为

$$R_M=R_e(1-2e+3e\sin^2 L) \tag{2.194}$$

(2) 卯酉圈曲率半径

卯酉面垂直于子午面，并且经过子午面法线。卯酉圈曲率半径近似为

$$R_{\mathrm{N}}=R_{\mathrm{e}}(1+e\sin^2 L) \tag{2.195}$$

(3) 等纬度圈半径

用过椭球上一点且平行于赤道的平面截取参考椭球，该平面与椭球体相交的圆称为等纬度圈，其曲率半径近似为

$$R_{\mathrm{L}}\approx R_{\mathrm{e}}(1+e\sin^2 L)\cos L \tag{2.196}$$

三种曲率半径所在平面的关系如图 2-30 所示。

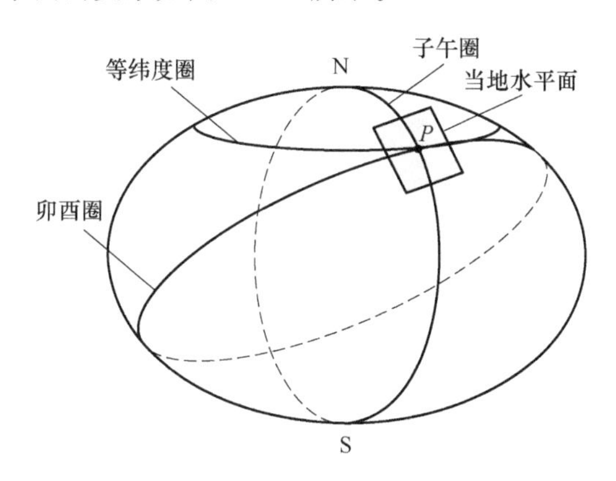

图 2-30　地球参考椭球体的三种曲率半径所在平面示意图

2. 一般重力场模型

地面和地球附近的物体重力是由地球中心引力和地球自转所产生的离心惯性力共同作用的合力，因此，在导航中，一般也是基于此得到重力场的近似模型。例如，在 WGS-84 坐标系中，参考椭球体表面的重力加速度大小可近似为

$$g(L)=9.780\,325\times(1+0.005\,302\,40\times\sin^2 L-0.000\,005\,82\times\sin^2 2L)\,\mathrm{m/s^2} \tag{2.197}$$

不在椭球体表面的重力加速度大小随海拔高度 h 的变化而变化，可近似为

$$g(L,h)=9.780\,325\times(1+0.005\,302\,40\times\sin^2 L-0.000\,005\,82\times\sin^2 2L)-0.000\,308\,6h\ \mathrm{m/s^2} \tag{2.198}$$

3. 球谐重力场模型

随着纬度的升高，一般重力场模型所产生的误差会逐渐增大，此时，需要用更复杂的重力场模型，即球谐重力场模型。地球引力势函数的积分为

$$V=\frac{\mu}{r}\sum_{n=0}^{\infty}\left(\frac{R_{\mathrm{e}}}{r}\right)^n\sum_{k=0}^{\infty}(C_n^k\cos k\lambda+S_n^k\sin k\lambda)P_n^k(\cos\theta) \tag{2.199}$$

式中，r、λ 和 θ 为航天器在地球中心坐标系中的球坐标；$\mu=GM$ 为地球引力常数；$P_n^k(\cdot)$ 为连带 Legendre 多项式；n 和 k 均为球谐展开阶次。两个系数 C_n^k 和 S_n^k 的表达式为

$$C_n^k=\frac{2(n-k)!}{M(1+\delta_k)(n-k)!}\int_M\left(\frac{R}{R_{\mathrm{e}}}\right)^n P_n^k(\cos\theta')\cos k\lambda'\,\mathrm{d}m \tag{2.200}$$

$$S_n^k=\frac{2(n-k)!}{M(1+\delta_k)(n-k)!}\int_M\left(\frac{R}{R_{\mathrm{e}}}\right)^n P_n^k(\cos\theta')\sin k\lambda'\,\mathrm{d}m \tag{2.201}$$

式中，R、λ' 和 θ' 为质量微元 $\mathrm{d}m$ 在球坐标系下的坐标。利用三角函数恒等式，可以将

式(2.199)化为

$$V=\frac{\mu}{r}\left\{1-\sum_{n=1}^{\infty}\left(\frac{R_e}{r}\right)^n\left[J_nP_n(\cos\theta)+\sum_{k=1}^{\infty}J_n^kP_n^k(\cos\theta)\cos k(\lambda+\lambda_n^k)\right]\right\} \tag{2.202}$$

式中，$J_n=-C_n^0$；$J_n^k=\sqrt{(C_n^k)^2+(S_n^k)^2}$；$\lambda_n^k=-\arctan(C_n^k/S_n^k)/k$。而当 $n=2$ 时，J_2 项的摄动约为 5×10^{-4}，其他地球引力球谐系数比 J_2 小三个数量级。所以通常在近地卫星的运动中只考虑球形地球引起的引力势 μ/r 和 J_2 的影响，于是引力势函数简化为

$$V\approx\frac{\mu}{r}\left[1-\left(\frac{R_e}{r}\right)^2J_2P_2(\cos\theta)\right]=\frac{\mu}{r}\left[1-\frac{J_2R_e^2}{2r^2}(3\cos^2\theta-1)\right] \tag{2.203}$$

习　　题

2－1　已知矩阵 $\boldsymbol{A}$ 和向量 $\boldsymbol{x}$ 为

$$\boldsymbol{A}=\begin{bmatrix}3&-6&2\\-2&8&1\\7&2&-5\end{bmatrix},\quad \boldsymbol{x}=\begin{bmatrix}6\\-3\\2\end{bmatrix}$$

求 $\|\boldsymbol{x}\|_p(p=1,2,\infty)$、$\|\boldsymbol{A}\|_1$、$\|\boldsymbol{A}\|_\infty$ 和 $\|\boldsymbol{A}\|_F$。

2－2　设 $\boldsymbol{a}=[2\quad -1\quad 2]$，$\boldsymbol{b}=\begin{bmatrix}1\\3\\2\end{bmatrix}$，$f(x)=2x^2+5x+1$。求 $(\boldsymbol{ba})^n$ 和 $f(\boldsymbol{ba})$。

2－3　设 $\boldsymbol{A}=\begin{bmatrix}\lambda&1&0\\0&\lambda&1\\0&0&\lambda\end{bmatrix}$，求 $\boldsymbol{A}^n$。

2－4　设 $\boldsymbol{A}$ 和 $\boldsymbol{B}$ 为 n 阶矩阵，$\boldsymbol{AB}=\boldsymbol{A}+2\boldsymbol{B}$，证明 $\boldsymbol{AB}=\boldsymbol{BA}$。

2－5　设 m 阶矩阵 $\boldsymbol{A}$ 和 n 阶矩阵 $\boldsymbol{B}$ 均为可逆矩阵，$\boldsymbol{C}$ 为 $m\times n$ 矩阵，证明 $\begin{bmatrix}\boldsymbol{A}&\boldsymbol{C}\\\boldsymbol{0}&\boldsymbol{B}\end{bmatrix}$ 为可逆矩阵，并求出逆矩阵。

2－6　判断二次型 $-5x_1^2-6x_2^2-4x_3^2+4x_1x_2+4x_1x_3$ 的正定性。

2－7　商店出售两个工厂的空调，甲品牌的空调占60%，乙品牌的占40%。甲品牌空调的合格率为95%，乙品牌空调的合格率为80%。求该店铺的空调合格率。

2－8　设 $X_1,X_2,\cdots,X_n$ 是来自正态总体 $N(\mu,\sigma^2)$ 的样本，令 $Y_i=X_i-\frac{1}{n}\sum_{j=1}^{n}X_j,i=1,2,\cdots,n$，求 Y_i 服从的分布以及对应的概率分布密度函数。

2－9　分别用 Euler 法(一级一阶 RK 方法)、改进 Euler 法(二级二阶 RK 方法)和经典 RK 方法(四级四阶)，求解初值问题：

$$\begin{cases}y'=f(t,y)=1-\dfrac{2ty}{1+t^2}, & 0\leqslant t\leqslant 2\\ y(0)=0\end{cases}$$

取步长为 $h=0.5$，并将三种方法的结果和精确解 $y(t)=\dfrac{t(3+t^2)}{3(1+t^2)}$ 作比较。

2－10　常用的惯性坐标系有哪些？它们之间的区别是什么？

2－11　第一和第二赤道坐标系的区别是什么？第一赤道坐标系中的时角 t 反映的是哪

个角度？地平坐标系中的天体高度 h 和天顶距 z 分别代指什么？有何关系？

2-12　已知地平坐标系下的天体方位角 a、天顶距 z 和测者地理纬度 φ，求时角坐标系下的天体时角 t 和赤纬 δ。

2-13　描述时间或者时间系统的四要素是什么？

2-14　GAST 和 LAST 分别代表什么意思？它们之间满足何种关系？

2-15　恒星时、平太阳时和世界时三者之间满足何种转换关系？

第3章

惯性导航

惯性导航是一种独立于外部参考系统的导航技术，它利用由陀螺仪和加速度计构成的IMU测量运动物体的加速度和角速度；通过积分，计算出物体的姿态、速度和位置等导航信息。

对于一维的直线运动，运动物体行驶的位置和速度满足关系式：

$$\begin{cases} x(t_k) = x(t_0) + \int_{t_0}^{t_k} v(t)\mathrm{d}t \\ v(t_k) = v(t_0) + \int_{t_0}^{t_k} a(t)\mathrm{d}t \end{cases} \tag{3.1}$$

式中，$x(t_0)$和$v(t_0)$分别为t_0时刻的位置和速度；$x(t_k)$和$v(t_k)$分别为t_k时刻的位置和速度，$a(t)$为加速度。式(3.1)的离散形式为

$$\begin{cases} x_{k+1} = x_k + v_k T \\ v_k = v_{k-1} + a_{k-1} T \end{cases} \tag{3.2}$$

式中，T为采样时间间隔。

对于二维运动，以如图3-1所示的航位推算(dead reckoning, DR)为例，在一维线运动的基础上，还要加入角度信息，离散的位置解算结果为

$$\begin{cases} x_{k+1} = x_k + v_k T\cos\theta_k \\ y_{k+1} = y_k + v_k T\sin\theta_k \end{cases} \tag{3.3}$$

式中，θ_k为k时刻的航向角。

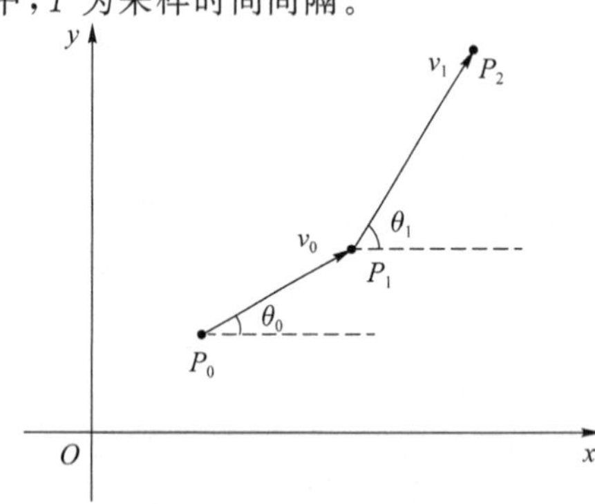

图3-1 DR原理示意图

对于三维运动，除了考虑三轴线运动外，还需要考虑三轴角运动，通过惯性导航可以解算得到三轴姿态、速度和位置。其矢量表示形式为

$$\begin{cases} \boldsymbol{\varphi}(t_k) = \boldsymbol{\varphi}(t_0) + \int_{t_0}^{t_k} \boldsymbol{\omega}(t)\mathrm{d}t \\ \boldsymbol{v}(t_k) = \boldsymbol{v}(t_0) + \int_{t_0}^{t_k} \boldsymbol{a}(t)\mathrm{d}t \\ \boldsymbol{r}(t_k) = \boldsymbol{r}(t_0) + \int_{t_0}^{t_k} \boldsymbol{v}(t)\mathrm{d}t \end{cases} \tag{3.4}$$

式中，$\boldsymbol{\omega}(t)$和$\boldsymbol{a}(t)$分别为角速度和加速度，$\boldsymbol{\varphi}(t)$、$\boldsymbol{v}(t)$和$\boldsymbol{r}(t)$分别为姿态角、速度和位置。

上述一维、二维和三维运动的解算本质上都是基于惯性导航原理，因此，都可以称为惯性导航。不过，通常将二维解算称为 DR，只将三维解算称为惯性导航，本教材中不作特别说明时，惯性导航都是指三维解算。

在惯性导航中，角速度和加速度是由传感器（分别为陀螺仪和加速度计）直接测量的，姿态角、速度和位置都是积分解算的结果。按照使用的陀螺仪类型，惯性导航系统可分为平台式和捷联式，在本教材中只涉及后者。本章就 SINS 中典型的陀螺仪与加速度计的原理、误差标定与补偿以及导航解算算法等进行讲解。

3.1　惯性仪器原理

如前文所述，一套惯性导航系统至少由三个陀螺仪和三个加速度计构成，其中，陀螺仪测量输出载体的姿态角速度，通过积分，可以确定该载体相对某个参考坐标系的姿态角及其变化，为加速度在导航坐标系中的投影和后续的速度和位置积分提供姿态基础；加速度计测量输出载体的加速度，不过，其实际输出中包含重力加速度，在确定姿态的情况下，通过对载体加速度进行积分，可以得到速度和位移，在知道初始位置的情况下，即可知道当前时刻的位置。

本节将讲述典型的加速度计和陀螺仪的基本工作原理。需要说明的是，尽管 SINS 中不使用框架式机械陀螺仪，但框架式机械陀螺仪所涉及的相关理论是理解惯性导航的基础，因此，在陀螺仪部分也会介绍相关理论。

3.1.1　加速度计

1. 力学原理

原理上，加速度计可以等效为如图 3-2 所示的“质量-弹簧-阻尼”模型，其中设质量块的质量为 m，弹簧刚度为 k，阻尼器的阻尼比系数为 c。设敏感轴 x 铅垂向下，选定弹簧不受力的位置为原点 O，以质量块为受力分析对象，有

$$m(\Delta\ddot{\boldsymbol{x}}+\boldsymbol{a})=-k\Delta\boldsymbol{x}-c\Delta\dot{\boldsymbol{x}}+m\boldsymbol{g} \tag{3.5}$$

式中，$\Delta\boldsymbol{x}$ 为质量块相对于载体的相对位移；$\boldsymbol{a}$ 为载体的加速度矢量；$\boldsymbol{g}$ 为重力加速度。在平衡状态时，$\Delta\ddot{\boldsymbol{x}}=\Delta\dot{\boldsymbol{x}}=\boldsymbol{0}$，式(3.5)简化为

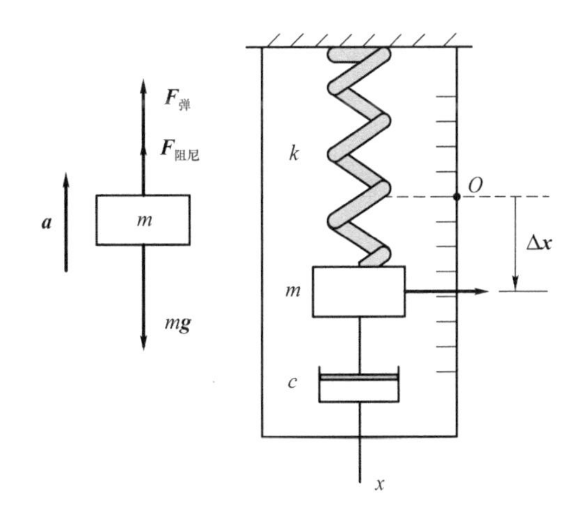

图 3-2　加速度计工作原理示意图

$$-\frac{k}{m}\Delta\boldsymbol{x}=\boldsymbol{a}-\boldsymbol{g} \tag{3.6}$$

令比力(Specific Force)$\boldsymbol{f}=\dfrac{\boldsymbol{F}_{弹}}{m}=-\dfrac{k}{m}\Delta\boldsymbol{x}$，式(3.6)变为

$$\boldsymbol{f}=\boldsymbol{a}-\boldsymbol{g} \tag{3.7}$$

因此，加速度计的输出并不是载体的加速度，而是比力 $\boldsymbol{f}$。为了从比力中得到载体加速度 $\boldsymbol{a}$，需要补偿掉当地重力加速度 $\boldsymbol{g}$。需要注意的是，式(3.7)是在平衡静止状态下得到的，当载体

运动时，还会产生其他有害加速度，这些也需要予以补偿。

当然，如果需要输出当地的重力加速度(测量传感器为重力仪)，需要补偿的则是载体加速度，因此，重力仪和加速度计本质上是一样的，只是补偿的对象和输出量不同而已。

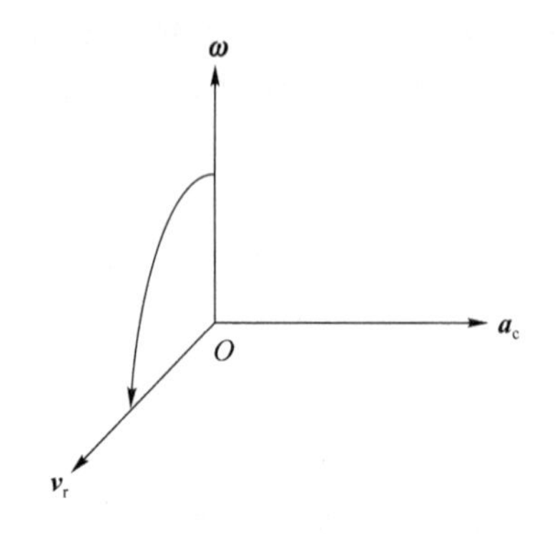

图 3-3　科氏加速度方向示意图

2. 绝对加速度与比力

(1) 科氏加速度

当载体相对于动坐标系(如地理坐标系)作相对运动，并且动坐标系相对于惯性空间又存在牵连转动时，则载体将存在科氏(Coriolis)加速度$\boldsymbol{a}_c$，如图 3-3 所示，其方向垂直于牵连角速度 $\boldsymbol{\omega}$ 与相对速度$\boldsymbol{v}_r$ 所构成的平面，从 $\boldsymbol{\omega}$ 沿最短路径，按右手准则握向$\boldsymbol{v}_r$，右手大拇指指向为科氏加速度方向。

科氏加速度的表达式为

$$\boldsymbol{a}_c = 2\boldsymbol{\omega} \times \boldsymbol{v}_r \tag{3.8}$$

显然，科氏加速度同时受动坐标系的旋转和载体相对于动坐标系的相对运动的影响，这两个因素共同决定科氏加速度的大小和方向。

(2) 绝对加速度

由力学分析可知，载体的绝对加速度是其相对加速度$\boldsymbol{a}_r$、牵连加速度$\boldsymbol{a}_e$ 和科氏加速度$\boldsymbol{a}_c$ 的矢量和，即

$$\boldsymbol{a} = \boldsymbol{a}_r + \boldsymbol{a}_e + \boldsymbol{a}_c \tag{3.9}$$

如图 3-4 所示，由于此处讨论的是绝对加速度，可以选太阳中心惯性坐标系$O_iX_iY_iZ_i$作为参考坐标系，选地心地固坐标系 $O_eX_eY_eZ_e$ 作为动坐标系。设载体 p 在惯性坐标系和地心地固坐标系中的位置矢量分别为 $\boldsymbol{R}$ 和 $\boldsymbol{r}$，地心在惯性坐标系中的位置矢量为 $\boldsymbol{R}_0$。显然有

$$\boldsymbol{R} = \boldsymbol{R}_0 + \boldsymbol{r} \tag{3.10}$$

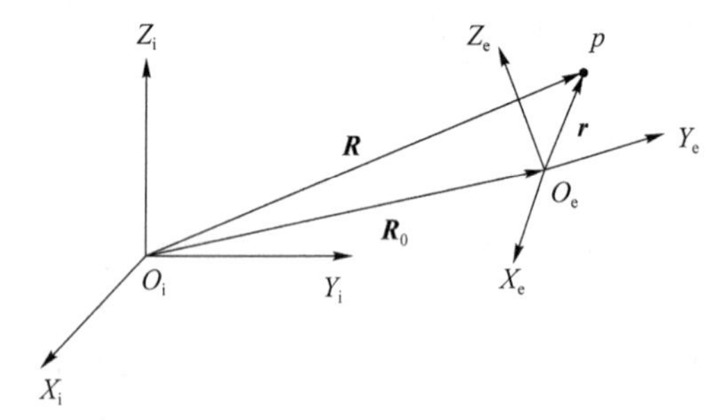

图 3-4　位置矢量关系示意图

对式(3.10)求关于时间的一阶导数，得到载体的绝对速度为

$$\left.\frac{\mathrm{d}\boldsymbol{R}}{\mathrm{d}t}\right|_i = \left.\frac{\mathrm{d}\boldsymbol{R}_0}{\mathrm{d}t}\right|_i + \left.\frac{\mathrm{d}\boldsymbol{r}}{\mathrm{d}t}\right|_i = \left.\frac{\mathrm{d}\boldsymbol{R}_0}{\mathrm{d}t}\right|_i + \left.\frac{\mathrm{d}\boldsymbol{r}}{\mathrm{d}t}\right|_e + \boldsymbol{\omega}_{ie} \times \boldsymbol{r} \tag{3.11}$$

式中，$\left.\frac{\mathrm{d}\boldsymbol{R}}{\mathrm{d}t}\right|_i$ 为载体相对于惯性空间的绝对速度；$\left.\frac{\mathrm{d}\boldsymbol{R}_0}{\mathrm{d}t}\right|_i$ 为地球公转引起的地心相对于惯性空间的速度；$\left.\frac{\mathrm{d}\boldsymbol{r}}{\mathrm{d}t}\right|_e$ 为载体相对于地球的相对速度；$\boldsymbol{\omega}_{ie} \times \boldsymbol{r}$ 为地球自转引起的牵连速度。对式(3.11)求关于时间的一阶导数，得到载体的绝对加速度为

$$\left.\frac{\mathrm{d}^2\boldsymbol{R}}{\mathrm{d}t^2}\right|_i = \left.\frac{\mathrm{d}^2\boldsymbol{R}_0}{\mathrm{d}t^2}\right|_i + \left(\left.\frac{\mathrm{d}^2\boldsymbol{r}}{\mathrm{d}t^2}\right|_e + \boldsymbol{\omega}_{ie} \times \left.\frac{\mathrm{d}\boldsymbol{r}}{\mathrm{d}t}\right|_e\right) + \left[\left.\frac{\mathrm{d}\boldsymbol{\omega}_{ie}}{\mathrm{d}t}\right|_e \times \boldsymbol{r} + \boldsymbol{\omega}_{ie} \times \left.\frac{\mathrm{d}\boldsymbol{r}}{\mathrm{d}t}\right|_e + \boldsymbol{\omega}_{ie} \times (\boldsymbol{\omega}_{ie} \times \boldsymbol{r})\right] \tag{3.12}$$

式中，$\boldsymbol{\omega}_{ie}$可以看作常矢量，则$\left.\frac{\mathrm{d}\boldsymbol{\omega}_{ie}}{\mathrm{d}t}\right|_e = \boldsymbol{0}$，整理式(3.12)得

$$\left.\frac{\mathrm{d}^2\boldsymbol{R}}{\mathrm{d}t^2}\right|_{\mathrm{i}}=\left.\frac{\mathrm{d}^2\boldsymbol{R}_0}{\mathrm{d}t^2}\right|_{\mathrm{i}}+\left.\frac{\mathrm{d}^2\boldsymbol{r}}{\mathrm{d}t^2}\right|_{\mathrm{e}}+2\boldsymbol{\omega}_{\mathrm{ie}}\times\left.\frac{\mathrm{d}\boldsymbol{r}}{\mathrm{d}t}\right|_{\mathrm{e}}+\boldsymbol{\omega}_{\mathrm{ie}}\times(\boldsymbol{\omega}_{\mathrm{ie}}\times\boldsymbol{r}) \tag{3.13}$$

式中，$\left.\frac{\mathrm{d}^2\boldsymbol{R}}{\mathrm{d}t^2}\right|_{\mathrm{i}}$ 为载体相对于惯性空间的绝对加速度；$\left.\frac{\mathrm{d}^2\boldsymbol{R}_0}{\mathrm{d}t^2}\right|_{\mathrm{i}}$ 为地球公转引起地心相对于惯性空间的加速度；$\left.\frac{\mathrm{d}^2\boldsymbol{r}}{\mathrm{d}t^2}\right|_{\mathrm{e}}$ 为载体相对于地球的相对加速度；$2\boldsymbol{\omega}_{\mathrm{ie}}\times\left.\frac{\mathrm{d}\boldsymbol{r}}{\mathrm{d}t}\right|_{\mathrm{e}}$ 为科氏加速度；$\boldsymbol{\omega}_{\mathrm{ie}}\times(\boldsymbol{\omega}_{\mathrm{ie}}\times\boldsymbol{r})$ 为地球自转引起的牵连向心加速度。于是得到绝对加速度 $\boldsymbol{a}$、相对加速度 $\boldsymbol{a}_{\mathrm{r}}$、牵连加速度 $\boldsymbol{a}_{\mathrm{e}}$ 和科氏加速 $\boldsymbol{a}_{\mathrm{c}}$ 的表达式如下：

$$\boldsymbol{a}=\left.\frac{\mathrm{d}^2\boldsymbol{R}}{\mathrm{d}t^2}\right|_{\mathrm{i}} \tag{3.14}$$

$$\boldsymbol{a}_{\mathrm{r}}=\left.\frac{\mathrm{d}^2\boldsymbol{r}}{\mathrm{d}t^2}\right|_{\mathrm{e}} \tag{3.15}$$

$$\boldsymbol{a}_{\mathrm{e}}=\left.\frac{\mathrm{d}^2\boldsymbol{R}_0}{\mathrm{d}t^2}\right|_{\mathrm{i}}+\boldsymbol{\omega}_{\mathrm{ie}}\times(\boldsymbol{\omega}_{\mathrm{ie}}\times\boldsymbol{r}) \tag{3.16}$$

$$\boldsymbol{a}_{\mathrm{c}}=2\boldsymbol{\omega}_{\mathrm{ie}}\times\left.\frac{\mathrm{d}\boldsymbol{r}}{\mathrm{d}t}\right|_{\mathrm{e}} \tag{3.17}$$

（3）比力

在太阳中心惯性坐标系中，对重力加速度 $\boldsymbol{g}$ 有贡献的不仅是地球引力加速度$\boldsymbol{G}_{\mathrm{earth}}$，还有太阳、月球和其他天体的引力加速度，即 $\boldsymbol{G}=\boldsymbol{G}_{\mathrm{earth}}+\boldsymbol{G}_{\mathrm{sun}}+\boldsymbol{G}_{\mathrm{moon}}+\boldsymbol{G}_{\mathrm{others}}$，于是有

$$\boldsymbol{f}=\left.\frac{\mathrm{d}^2\boldsymbol{R}_0}{\mathrm{d}t^2}\right|_{\mathrm{i}}+\left.\frac{\mathrm{d}^2\boldsymbol{r}}{\mathrm{d}t^2}\right|_{\mathrm{e}}+2\boldsymbol{\omega}_{\mathrm{ie}}\times\left.\frac{\mathrm{d}\boldsymbol{r}}{\mathrm{d}t}\right|_{\mathrm{e}}+\boldsymbol{\omega}_{\mathrm{ie}}\times(\boldsymbol{\omega}_{\mathrm{ie}}\times\boldsymbol{r})-\boldsymbol{G} \tag{3.18}$$

式中，$\left.\frac{\mathrm{d}^2\boldsymbol{R}_0}{\mathrm{d}t^2}\right|_{\mathrm{i}}-\boldsymbol{G}_{\mathrm{sun}}\approx\boldsymbol{0}$；$\boldsymbol{G}_{\mathrm{moon}}+\boldsymbol{G}_{\mathrm{others}}$对于一般精度的惯性系统而言可以忽略，因此，式(3.18)可简化为

$$\boldsymbol{f}=\left.\frac{\mathrm{d}^2\boldsymbol{r}}{\mathrm{d}t^2}\right|_{\mathrm{e}}+2\boldsymbol{\omega}_{\mathrm{ie}}\times\left.\frac{\mathrm{d}\boldsymbol{r}}{\mathrm{d}t}\right|_{\mathrm{e}}+\boldsymbol{\omega}_{\mathrm{ie}}\times(\boldsymbol{\omega}_{\mathrm{ie}}\times\boldsymbol{r})-\boldsymbol{G}_{\mathrm{earth}} \tag{3.19}$$

设载体的导航坐标系为 $O_{\mathrm{n}}X_{\mathrm{n}}Y_{\mathrm{n}}Z_{\mathrm{n}}$，其相对于地球坐标系的转动角速度为 $\boldsymbol{\omega}_{\mathrm{en}}$，则有

$$\left.\frac{\mathrm{d}^2\boldsymbol{r}}{\mathrm{d}t^2}\right|_{\mathrm{e}}=\left.\frac{\mathrm{d}}{\mathrm{d}t}\left(\left.\frac{\mathrm{d}\boldsymbol{r}}{\mathrm{d}t}\right|_{\mathrm{e}}\right)\right|_{\mathrm{n}}+\boldsymbol{\omega}_{\mathrm{en}}\times\left.\frac{\mathrm{d}\boldsymbol{r}}{\mathrm{d}t}\right|_{\mathrm{e}} \tag{3.20}$$

令 $\boldsymbol{v}=\left.\frac{\mathrm{d}\boldsymbol{r}}{\mathrm{d}t}\right|_{\mathrm{e}}$，$\dot{\boldsymbol{v}}=\left.\frac{\mathrm{d}}{\mathrm{d}t}\left(\left.\frac{\mathrm{d}\boldsymbol{r}}{\mathrm{d}t}\right|_{\mathrm{e}}\right)\right|_{\mathrm{n}}$，$\boldsymbol{g}=\boldsymbol{G}_{\mathrm{earth}}-\boldsymbol{\omega}_{\mathrm{ie}}\times(\boldsymbol{\omega}_{\mathrm{ie}}\times\boldsymbol{r})$，式(3.19)可进一步简化为

$$\boldsymbol{f}=\dot{\boldsymbol{v}}+\boldsymbol{\omega}_{\mathrm{en}}\times\boldsymbol{v}+2\boldsymbol{\omega}_{\mathrm{ie}}\times\boldsymbol{v}-\boldsymbol{g} \tag{3.21}$$

式中，$\dot{\boldsymbol{v}}$ 为载体相对于地球坐标系的速度在导航坐标系中的变化率；$\boldsymbol{\omega}_{\mathrm{en}}\times\boldsymbol{v}$ 为导航坐标系相对于地球转动产生的向心加速度；$2\boldsymbol{\omega}_{\mathrm{ie}}\times\boldsymbol{v}$ 为科氏加速度；$\boldsymbol{g}$ 为当地重力加速度。式(3.21)可改写为

$$\dot{\boldsymbol{v}}=\boldsymbol{f}-(\boldsymbol{\omega}_{\mathrm{en}}\times\boldsymbol{v}+2\boldsymbol{\omega}_{\mathrm{ie}}\times\boldsymbol{v}-\boldsymbol{g}) \tag{3.22}$$

令有害加速度$\boldsymbol{a}_{\mathrm{B}}=\boldsymbol{\omega}_{\mathrm{en}}\times\boldsymbol{v}+2\boldsymbol{\omega}_{\mathrm{ie}}\times\boldsymbol{v}-\boldsymbol{g}$，则可以得到

$$\dot{\boldsymbol{v}}=\boldsymbol{f}-\boldsymbol{a}_{\mathrm{B}} \tag{3.23}$$

在对式(3.23)进行积分时，需要从比力中补偿掉有害加速度的影响，有害加速度中的角速度信息需要由陀螺仪测量得到，当地重力加速度需要依赖于陀螺仪和重力模型，各个有害加速度在载体系中的分量依赖于姿态输出，所以惯性导航系统的速度和位置精度不仅仅取决于加速度计。

3. 摆式加速度计

在如图 3-2 所示的相对位移式加速度计中，通常弹簧刚度都比较大，且质量块质量比较小，以扩大其工作带宽(特别是低频特性)；但是这种设计会导致其相对位移输出灵敏度比较低，因此，惯性导航中使用的加速度计通常采用摆式结构，将质量块偏置，通过设计较大的摆臂来提高输出灵敏度。这种加速计称为摆式加速度计。下面重点介绍常用的摆式加速度计。

(1) *液浮摆式加速度计*

为了减小摆式构件的机械摩擦，这种加速度计采用液浮的方式。将质量块放在液体中，以减小支撑力和摩擦力，同时也能产生阻尼效果。图 3-5 为液浮摆式加速度计的原理图，摆组件的重心 C_m 和浮心 C_F 距离支撑轴 O_A 的距离分别为 L_m 和 L_F，摆组件的质量为 m，所受浮力的大小为 F。加速度输入轴为 I_A，输出轴(也是支撑轴)为 O_A，摆轴为 P_A，则摆组件绕 O_A 轴的力矩的大小满足

$$M_p = mgL_m + FL_F \tag{3.24}$$

定义摆组件的摆性为

$$P = mL = mL_m + \frac{F}{g}L_F \tag{3.25}$$

式中，L 为等效摆臂，当摆组件的浮力大小 F 和重力大小 mg 相等时，等效摆臂为 $L_m + L_F$，摆性单位常用 g·cm。

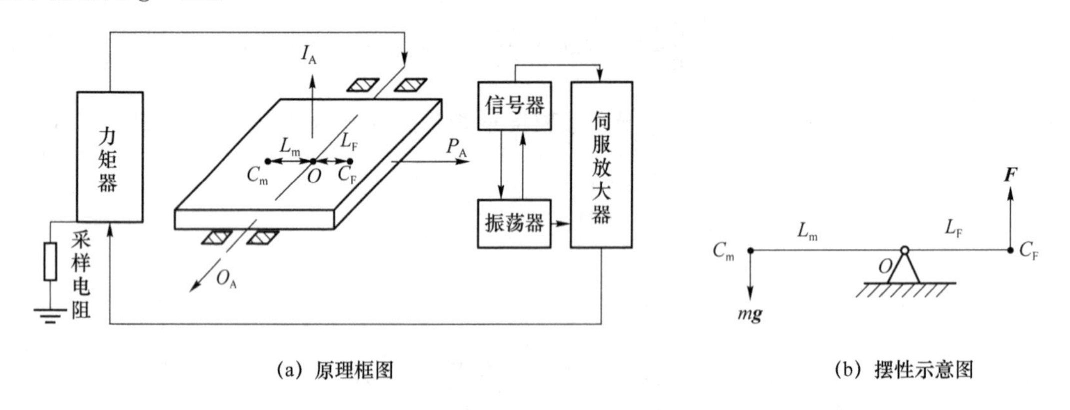

(a) 原理框图　　　　(b) 摆性示意图

图 3-5　液浮摆式加速度计原理图

当输入轴 I_A 存在加速度时，由惯性力产生的摆力矩作用于输出轴 O_A，使其绕轴转动。信号器可以敏感输出轴的偏转角 θ，将敏感到的电压 $u = k_u\theta$ 输出至伺服放大器。伺服放大器输出电流 $i = k_a\theta$ 至力矩器，力矩器产生对应的力矩大小 $M = k_m i$。力矩作用到转轴上用于平衡摆组件产生的摆力矩。当达到力矩平衡时，力矩器的电流会通过采样电阻输出一个与加速度成比例的电压信号，因而由采样电阻上的电流输出即可得到输入加速度的大小，实现加速度的测量。

这种加速度计具有精度高的优势，但是，其工作性能在很大程度上取决于浮液，特别是浮液的温度。因此，这种加速度计在工作前和工作中需要对浮液的温度进行控制，导致其启动时间长、小型化困难。

4. 石英挠性加速度计

另一种常用的摆式加速度计是石英挠性加速度计。与液浮摆式加速度计相比，石英挠性

加速度计不需要浮液，具有精度高、功耗小、抗过载能力强、抗干扰能力强、热稳定性好、弹性后效小和易于小型化等特点，因此，是目前应用最广泛的中高精度加速度计。

如图3-6所示为石英挠性加速度计的原理示意图。当沿敏感轴方向输入加速度时，惯性力会作用于挠性梁支承的敏感质量单元，使其从原位置离开并与上下力矩器之间产生相对位移。敏感质量单元由2个粘接在摆片摆舌两端的线圈构成，摆舌上有镀膜极面，与上下力矩器的相对面构成平板电容器。当敏感质量单元在上下力矩器之间产生相对位移时，平板电容器的电容会发生变化，差动电容传感器将电容变化转换为电流信号。该电流信号与输入加速度的大小成比例，可以通过输出电阻，由输出电压得到输入加速度。同时，该电流信号通过伺服电路加载在线圈上，在力矩器磁场的作用下，产生一个与加速度方向相反的控制力，形成恢复力矩，当恢复力矩与输入加速度所引起的惯性力矩相平衡时，敏感质量单元将恢复到平衡位置。

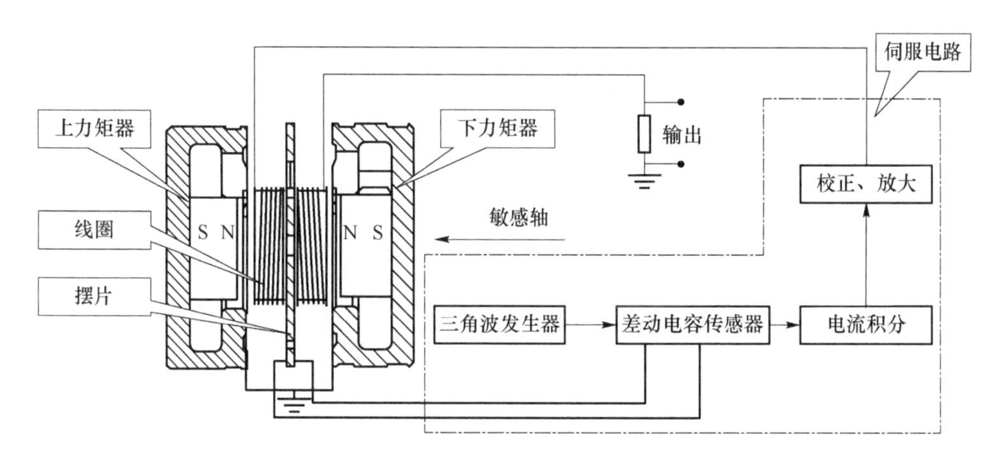

图3-6　石英挠性加速度计原理示意图

如图3-7所示为石英挠性加速度计的力学模型。设加速度计的敏感轴I_A和摆轴P_A都在水平面内，重力加速度沿着加速度计的输出轴O_A方向，设沿I_A轴和P_A轴存在加速度a_i和a_p，摆组件绕着O_A轴的转动惯量为$\boldsymbol{I}_O$，挠性杆的弹性系数为C，阻尼系数为D，信号传递系数为K_s，伺服放大器增益为K_a，负载系数K_R，力矩器标度因数为K_T。根据动量矩定理，有

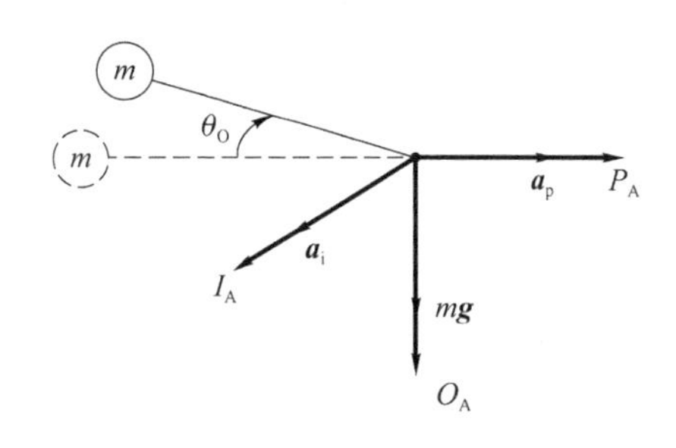

图3-7　挠性加速度计力学原理图

$$I_O\ddot{\theta}_O = mLa_i - mL\sin\theta_O a_p - D\dot{\theta}_O - C\theta_O - K_T i + M_d \tag{3.26}$$

式中，$i=K_R K_a K_s \theta_O$为加入力矩器的反馈电流；M_d为沿输出轴O_A方向的干扰力矩的大小。在实际工作时，控制系统处于闭环状态，力再平衡回路工作。

【例3-1】　如图3-8所示，给定两个载体分别为b和s，二者的位置矢量存在固定关系$\boldsymbol{r}_s=\boldsymbol{r}_b+\boldsymbol{r}$，其中$\boldsymbol{r}$在载体b系中可表示为$[l\quad 0\quad 0]^T$。已知载体b的绝对速度$\left.\frac{d\boldsymbol{r}_b}{dt}\right|_i$、绝对加速度$\left.\frac{d^2\boldsymbol{r}_b}{dt^2}\right|_i$、相对于惯性系的角速度$\boldsymbol{\omega}_{ib}$和加速度计比力输出$f_{ib}^b$。试求载体s的绝对速度、绝

对加速度和两个载体质心处的比力输出。

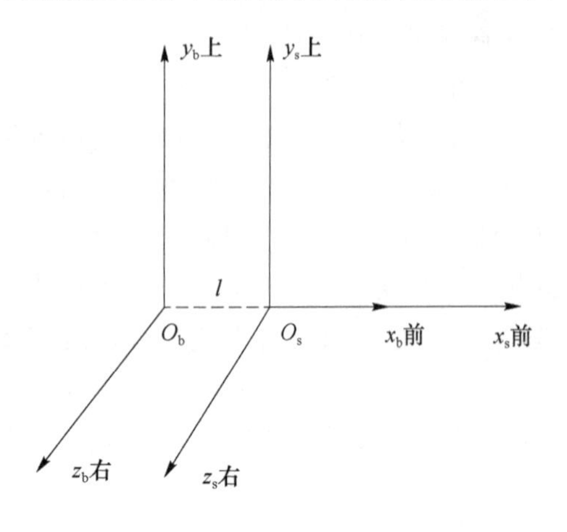

图 3-8　载体 b 和载体 s 相对关系示意图

【解】　根据式(3.11)和式(3.13)，对载体 s 的位置矢量 $\boldsymbol{r}_s$ 分别求一阶和二阶导数。先对位置矢量求一阶导数，得到载体 s 的绝对速度，即

$$\left.\frac{\mathrm{d}\boldsymbol{r}_s}{\mathrm{d}t}\right|_i=\left.\frac{\mathrm{d}\boldsymbol{r}_b}{\mathrm{d}t}\right|_i+\left.\frac{\mathrm{d}\boldsymbol{r}}{\mathrm{d}t}\right|_i=\left.\frac{\mathrm{d}\boldsymbol{r}_b}{\mathrm{d}t}\right|_i+\left.\frac{\mathrm{d}\boldsymbol{r}}{\mathrm{d}t}\right|_b+\boldsymbol{\omega}_{ib}\times\boldsymbol{r} \tag{3.27}$$

式中，两个载体之间的相对关系固定，于是有 $\left.\frac{\mathrm{d}\boldsymbol{r}}{\mathrm{d}t}\right|_b=\boldsymbol{0}$，简化(3.27)得

$$\left.\frac{\mathrm{d}\boldsymbol{r}_s}{\mathrm{d}t}\right|_i=\left.\frac{\mathrm{d}\boldsymbol{r}_b}{\mathrm{d}t}\right|_i+\boldsymbol{\omega}_{ib}\times\boldsymbol{r} \tag{3.28}$$

在式(3.28)的基础上，再进行求导得到载体的绝对加速度，即

$$\begin{aligned}\boldsymbol{a}_{is}&=\left.\frac{\mathrm{d}^2\boldsymbol{r}_s}{\mathrm{d}t^2}\right|_i=\left.\frac{\mathrm{d}^2\boldsymbol{r}_b}{\mathrm{d}t^2}\right|_i+\left.\frac{\mathrm{d}(\boldsymbol{\omega}_{ib}\times\boldsymbol{r})}{\mathrm{d}t}\right|_i=\left.\frac{\mathrm{d}^2\boldsymbol{r}_b}{\mathrm{d}t^2}\right|_i+\left.\frac{\mathrm{d}\boldsymbol{\omega}_{ib}}{\mathrm{d}t}\right|_i\times\boldsymbol{r}+\boldsymbol{\omega}_{ib}\times\left.\frac{\mathrm{d}\boldsymbol{r}}{\mathrm{d}t}\right|_i\\&=\left.\frac{\mathrm{d}^2\boldsymbol{r}_b}{\mathrm{d}t^2}\right|_i+\left(\left.\frac{\mathrm{d}\boldsymbol{\omega}_{ib}}{\mathrm{d}t}\right|_b+\boldsymbol{\omega}_{ib}\times\boldsymbol{\omega}_{ib}\right)\times\boldsymbol{r}+\boldsymbol{\omega}_{ib}\times\left(\left.\frac{\mathrm{d}\boldsymbol{r}}{\mathrm{d}t}\right|_b+\boldsymbol{\omega}_{ib}\times\boldsymbol{r}\right)\\&=\left.\frac{d^2\boldsymbol{r}_b}{\mathrm{d}t^2}\right|_i+\left.\frac{\mathrm{d}\boldsymbol{\omega}_{ib}}{\mathrm{d}t}\right|_b\times\boldsymbol{r}+\boldsymbol{\omega}_{ib}\times(\boldsymbol{\omega}_{ib}\times\boldsymbol{r})=\boldsymbol{a}_{ib}+\left.\frac{\mathrm{d}\boldsymbol{\omega}_{ib}}{\mathrm{d}t}\right|_b\times\boldsymbol{r}+\boldsymbol{\omega}_{ib}\times(\boldsymbol{\omega}_{ib}\times\boldsymbol{r})\end{aligned} \tag{3.29}$$

将式(3.29)投影到 s 系中，得到 $\boldsymbol{a}_{is}^s$ 的表达式为

$$\boldsymbol{a}_{is}^s=\boldsymbol{C}_b^s\ \boldsymbol{a}_{ib}^b+\left.\frac{\mathrm{d}\boldsymbol{\omega}_{ib}^s}{\mathrm{d}t}\right|_b\times\boldsymbol{r}+\boldsymbol{\omega}_{ib}^s\times(\boldsymbol{\omega}_{ib}^s\times\boldsymbol{r}) \tag{3.30}$$

式中，$\boldsymbol{C}_b^s$ 为载体 b 到载体 s 的姿态转移矩阵。此处认为两个坐标系的三个轴方向重合，于是有 $\boldsymbol{C}_s^b=\boldsymbol{I}_{3\times 3}$，并且 $\boldsymbol{\omega}_{ib}^b=\boldsymbol{\omega}_{ib}^s=\boldsymbol{\omega}_{is}^s$。将式(3.30)进一步展开，有

$$\boldsymbol{a}_{is}^s=\boldsymbol{a}_{ib}^b+l\begin{bmatrix}-{\omega_{isz}^s}^2-{\omega_{isy}^s}^2\\ \omega_{isx}^s\omega_{isy}^s+\dot{\omega}_{isz}^s\\ \omega_{isx}^s\omega_{isz}^s-\dot{\omega}_{isy}^s\end{bmatrix} \tag{3.31}$$

由于加速度计测量的是比力，其中还包括重力加速度，此处假设 b 系和 s 系原点的重力加速度相同，于是式(3.31)可以变为

$$\boldsymbol{f}_{is}^s=\boldsymbol{f}_{ib}^b+l\begin{bmatrix}-{\omega_{isz}^s}^2-{\omega_{isy}^s}^2\\ \omega_{isx}^s\omega_{isy}^s+\dot{\omega}_{isz}^s\\ \omega_{isx}^s\omega_{isz}^s-\dot{\omega}_{isy}^s\end{bmatrix} \tag{3.32}$$

至此得到载体 s 的绝对速度、绝对加速度和比力输出。

3.1.2　陀螺仪

1. 陀螺仪力学原理

(1) 刚体的动量矩

给定刚体以角速度 $\boldsymbol{\omega}$ 绕定点 O 转动，则刚体内任意一质点 i 对 O 的位置矢量 $\boldsymbol{r}_i$，可以得

到该位置处的速度$\boldsymbol{v}_i=\boldsymbol{\omega}\times\boldsymbol{r}_i$，对应的动量为

$$m_i\boldsymbol{v}_i=m_i\boldsymbol{\omega}\times\boldsymbol{r}_i \tag{3.33}$$

则对于一个绕定点旋转的刚体，每个质点 i 的动量矩 $\boldsymbol{H}_i$ 为质点的动量对定点 O 的矩，整个刚体的动量矩可表达为

$$\boldsymbol{H}=\sum\boldsymbol{H}_i=\sum m_i\boldsymbol{r}_i\times\boldsymbol{v}_i \tag{3.34}$$

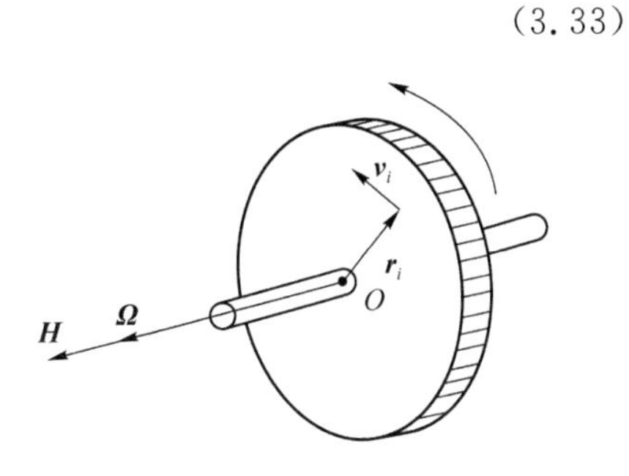

图 3-9　刚体绕定点转动的动量矩示意图

如图 3-9 所示，在陀螺仪中，设其绕旋转轴的角速度为$\boldsymbol{\Omega}$，那么$\boldsymbol{\Omega}$、$\boldsymbol{r}_i$ 和$\boldsymbol{v}_i$ 是相互垂直的，因此，陀螺仪的动量矩可简化为

$$\boldsymbol{H}=\sum m_i\boldsymbol{r}_i\times(\boldsymbol{\Omega}\times\boldsymbol{r}_i)=\sum m_ir_i^2\boldsymbol{\Omega}=J\boldsymbol{\Omega} \tag{3.35}$$

式中，$J=\sum m_ir_i^2$ 为转动惯量。由式(3.35) 可知，动量矩 $\boldsymbol{H}$ 和角速度 $\boldsymbol{\Omega}$ 的方向一致。

(2) 动量矩定理

对式(3.34)两边求关于时间的导数，可得

$$\frac{\mathrm{d}\boldsymbol{H}}{\mathrm{d}t}=\sum m_i\frac{\mathrm{d}\boldsymbol{r}_i}{\mathrm{d}t}\times\boldsymbol{v}_i+\sum m_i\boldsymbol{r}_i\times\frac{\mathrm{d}\boldsymbol{v}_i}{\mathrm{d}t} \tag{3.36}$$

式中，$\frac{\mathrm{d}\boldsymbol{r}_i}{\mathrm{d}t}\times\boldsymbol{v}_i=\boldsymbol{v}_i\times\boldsymbol{v}_i=\boldsymbol{0}$，而 $m_i\boldsymbol{r}_i\times\frac{\mathrm{d}\boldsymbol{v}_i}{\mathrm{d}t}=\boldsymbol{r}_i\times m_i\boldsymbol{a}_i=\boldsymbol{r}_i\times\boldsymbol{F}_i$，因此，式(3.36)可进一步写为

$$\frac{\mathrm{d}\boldsymbol{H}}{\mathrm{d}t}=\sum(\boldsymbol{r}_i\times\boldsymbol{F}_i)=\boldsymbol{M} \tag{3.37}$$

式(3.37)就是刚体的动量矩定理，即：刚体对某点的动量矩的导数等于作用在刚体上所有外力对同一点的总力矩。根据莱查定理，也可以将式(3.37)描述为动量矩 $\boldsymbol{H}$ 的末端速度$\boldsymbol{v}_{\mathrm{H}}$ 与外力矩 $\boldsymbol{M}$ 大小相等、方向相同，即

$$\frac{\mathrm{d}\boldsymbol{H}}{\mathrm{d}t}=\boldsymbol{v}_{\mathrm{H}}=\boldsymbol{M} \tag{3.38}$$

(3) 刚体的欧拉动力学方程

刚体在绕定点转动时，选定固定坐标系和动坐标系(与刚体固连并且选定惯性主轴为坐标轴)，设动坐标系 $OXYZ$ 以角速度 $\boldsymbol{\omega}$ 绕定点 O 的某个瞬时轴转动，刚体动量矩为

$$\boldsymbol{H}=J_x\omega_x\boldsymbol{i}+J_y\omega_y\boldsymbol{j}+J_z\omega_z\boldsymbol{k}=H_x\boldsymbol{i}+H_y\boldsymbol{j}+H_z\boldsymbol{k} \tag{3.39}$$

根据科氏转动坐标系定理，可以得到动量矩关于时间的绝对导数等于相对变化率加上牵连变化率，即

$$\left.\frac{\mathrm{d}\boldsymbol{H}}{\mathrm{d}t}\right|_{\mathrm{i}}=\left.\frac{\mathrm{d}\boldsymbol{H}}{\mathrm{d}t}\right|_{\mathrm{r}}+\boldsymbol{\omega}\times\boldsymbol{H} \tag{3.40}$$

式中，$\left.\frac{\mathrm{d}\boldsymbol{H}}{\mathrm{d}t}\right|_{\mathrm{i}}$ 为动量矩关于时间的绝对导数；$\left.\frac{\mathrm{d}\boldsymbol{H}}{\mathrm{d}t}\right|_{\mathrm{r}}$ 为动量矩的相对变化率；$\boldsymbol{\omega}\times\boldsymbol{H}$ 为牵连变化率。相对变化率和牵连变化率可以表示为

$$\left.\frac{\mathrm{d}\boldsymbol{H}}{\mathrm{d}t}\right|_{\mathrm{r}}=\frac{\mathrm{d}H_x}{\mathrm{d}t}\boldsymbol{i}+\frac{\mathrm{d}H_y}{\mathrm{d}t}\boldsymbol{j}+\frac{\mathrm{d}H_z}{\mathrm{d}t}\boldsymbol{k} \tag{3.41}$$

$$\boldsymbol{\omega}\times\boldsymbol{H}=\begin{vmatrix}\boldsymbol{i} & \boldsymbol{j} & \boldsymbol{k}\\ \omega_x & \omega_y & \omega_z\\ H_x & H_y & H_z\end{vmatrix}=(\omega_yH_z-\omega_zH_y)\boldsymbol{i}+(\omega_zH_x-\omega_xH_z)\boldsymbol{j}+(\omega_xH_y-\omega_yH_x)\boldsymbol{k} \tag{3.42}$$

根据动量矩定理可以得到

$$\left.\frac{\mathrm{d}\boldsymbol{H}}{\mathrm{d}t}\right|_{\mathrm{r}}+\boldsymbol{\omega}\times\boldsymbol{H}=\boldsymbol{M} \tag{3.43}$$

特别地，当选定动坐标系各轴与惯性主轴 $J_xJ_yJ_z$ 重合时，分量形式的欧拉动力学方程为

$$\begin{cases} J_x\dfrac{\mathrm{d}\omega_x}{\mathrm{d}t}-(J_y-J_z)\omega_y\omega_z=M_x \\ J_y\dfrac{\mathrm{d}\omega_y}{\mathrm{d}t}-(J_z-J_x)\omega_z\omega_x=M_y \\ J_z\dfrac{\mathrm{d}\omega_z}{\mathrm{d}t}-(J_x-J_y)\omega_x\omega_y=M_z \end{cases} \tag{3.44}$$

当 $\boldsymbol{H}$ 为常量，即 $\left.\frac{\mathrm{d}\boldsymbol{H}}{\mathrm{d}t}\right|_{\mathrm{r}}=\boldsymbol{0}$ 时，式(3.43)可简化为

$$\boldsymbol{\omega}\times\boldsymbol{H}=\boldsymbol{M} \tag{3.45}$$

(4) 定轴性

陀螺仪在惯性空间中，自转轴保持空间方位稳定的特性叫做陀螺仪的定轴性。在外力矩 $\boldsymbol{M}=\boldsymbol{0}$ 时，$\left.\frac{\mathrm{d}\boldsymbol{H}}{\mathrm{d}t}\right|_{\mathrm{i}}=\boldsymbol{0}$。根据科氏定理可以得到

$$\left.\frac{\mathrm{d}\boldsymbol{H}}{\mathrm{d}t}\right|_{\mathrm{e}}+\boldsymbol{\omega}_{\mathrm{ie}}\times\boldsymbol{H}=\boldsymbol{0} \tag{3.46}$$

式中，e 表示地球固联坐标系。于是在地球上可以观察到动量矩的变化，即

$$\left.\frac{\mathrm{d}\boldsymbol{H}}{\mathrm{d}t}\right|_{\mathrm{e}}=\boldsymbol{H}\times\boldsymbol{\omega}_{\mathrm{ie}} \tag{3.47}$$

又由之前提到的莱查定理，$\left.\frac{\mathrm{d}\boldsymbol{H}}{\mathrm{d}t}\right|_{\mathrm{e}}$ 可以表示为动量矩 $\boldsymbol{H}$ 在地球上观察到的速度 $\boldsymbol{v}_{\mathrm{H}}$，其大小为

$$v_{\mathrm{H}}=H\omega_{\mathrm{ie}}\sin\theta \tag{3.48}$$

其中，H 和 ω_{ie} 分别为动量矩和地球自转角速度的大小，关系如图 3-10 所示。

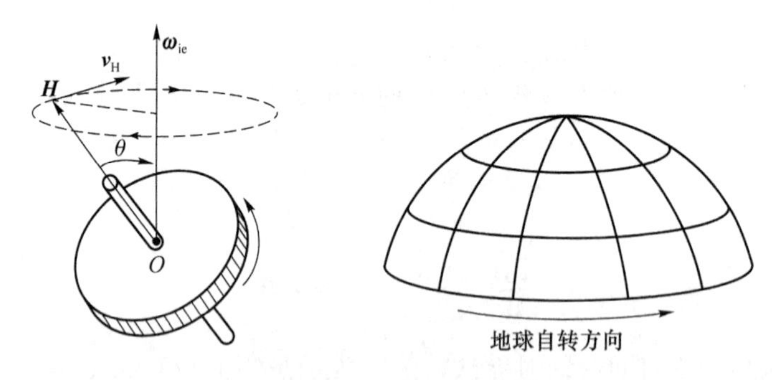

图 3-10 陀螺的表观运动

这种由于陀螺在惯性空间中指向稳定，但在地球固联坐标系中观察到的相对运动，称为表观运动。表观运动周期和地球自转周期相同，表观运动绕地球自转轴的旋转角速度大小为

$$\omega_{\mathrm{eG}}=\frac{v_{\mathrm{H}}}{H\sin\theta}=\frac{H\omega_{\mathrm{ie}}\sin\theta}{H\sin\theta}=\omega_{\mathrm{ie}} \tag{3.49}$$

即表观运动的旋转角速度与地球自转角速度大小相等，但旋转方向相反。所以，当 $\theta\neq0$ 时，在地球上的观察者看到陀螺自转轴绕地球自转轴以 $-\omega_{\mathrm{ie}}$ 的角速度进行旋转，并且旋转形成的面

为圆锥面。

(5) 进动性

当外力矩 $\boldsymbol{M}\neq\boldsymbol{0}$ 时，根据动量矩定理可以有

$$\left.\frac{\mathrm{d}\boldsymbol{H}}{\mathrm{d}t}\right|_{\mathrm{i}}=\boldsymbol{M} \tag{3.50}$$

式中，动量矩 $\boldsymbol{H}$ 在惯性空间的时间导数表示矢量 $\boldsymbol{H}$ 的变化率，即 $\boldsymbol{v}_H=\boldsymbol{M}$。说明此时动量矩矢端速度大小等于外力矩的大小，方向平行于外力矩 $\boldsymbol{M}$。此时陀螺仪绕定点 O 发生旋转运动，即陀螺仪的进动现象。设陀螺仪的进动角速度为 $\boldsymbol{\omega}$，有

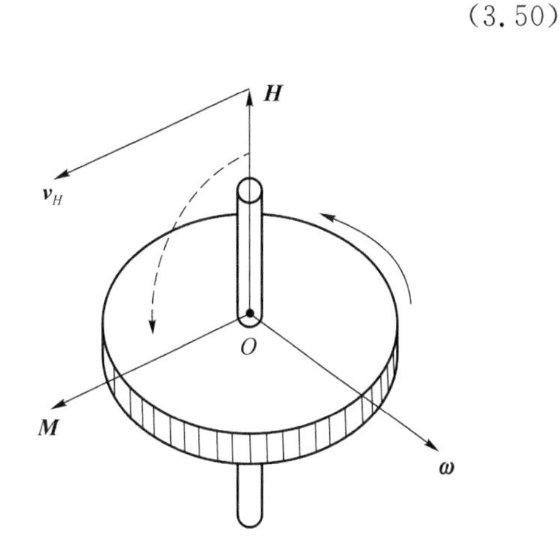

图 3-11　陀螺的进动性示意图

$$\omega=\frac{|\boldsymbol{v}_H^{\mathrm{v}}|}{|\boldsymbol{H}|}=\frac{M}{H}\sin\langle\boldsymbol{H},\boldsymbol{v}_H\rangle=\frac{M}{H}\sin\langle\boldsymbol{H},\boldsymbol{M}\rangle \tag{3.51}$$

式中，$M=|\boldsymbol{M}|$，$H=|\boldsymbol{H}|$，$\boldsymbol{v}_H^{\mathrm{v}}$ 为 $\boldsymbol{v}_H$ 在垂直于 $\boldsymbol{H}$ 方向上的分量。由于进动现象的旋转角速度垂直于速度矢量 $\boldsymbol{v}$ 和动量矩 $\boldsymbol{H}$，于是进动角速度 $\boldsymbol{\omega}$ 垂直于外力矩 $\boldsymbol{M}$ 和动量矩 $\boldsymbol{H}$，表现为 $\boldsymbol{H}$ 沿着最短路径向 $\boldsymbol{M}$ 运动，如图 3-11所示。因此有

$$\boldsymbol{\omega}=\omega\boldsymbol{u}=\frac{M}{H}\frac{\boldsymbol{H}\times\boldsymbol{M}}{|\boldsymbol{H}\times\boldsymbol{M}|}\sin\langle\boldsymbol{H},\boldsymbol{M}\rangle=\frac{\boldsymbol{H}\times\boldsymbol{M}}{H^2} \tag{3.52}$$

式中，$\boldsymbol{u}$ 为旋转方向 $\boldsymbol{\omega}$ 的单位矢量。

(6) 二自由度陀螺仪和单自由度陀螺仪

如图 3-12 所示为二自由度陀螺仪和单自由度陀螺仪的示意图。其中，二自由度陀螺仪具有内外两个框架，内框架可以提供绕内框轴旋转的自由度，外框架可以提供绕外框轴旋转的自由度。两个框架轴垂直且相交，内框轴与陀螺自转轴垂直且相交，三个轴相交于陀螺仪的支撑中心，并且陀螺仪的进动现象不受限制；单自由度陀螺仪只有内框架，陀螺自转轴只能绕着内框架旋转，只具有单自由度，进动现象受限。

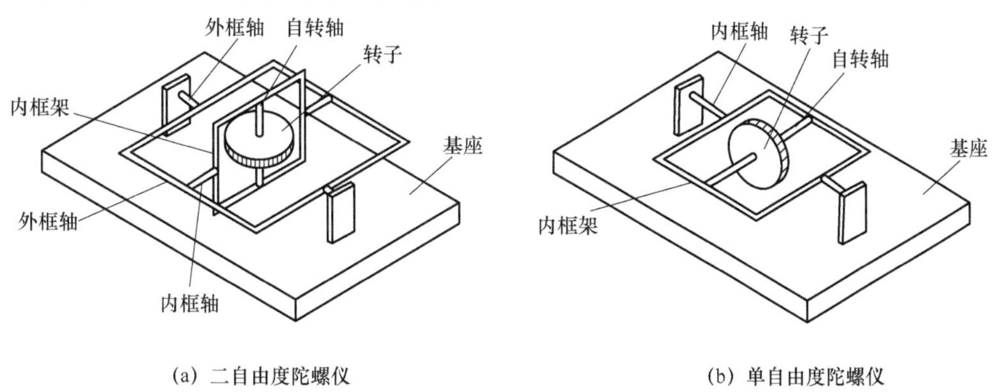

(a) 二自由度陀螺仪　　(b) 单自由度陀螺仪

图 3-12　陀螺仪示意图

对于二自由度陀螺仪，当沿内框轴输入外力矩时，陀螺可以实现绕外框轴的转动；当沿外框轴输入外力矩时，陀螺可以实现绕内框轴转动。陀螺仪存在两个转动自由度，进动现象和之前的分析相一致。

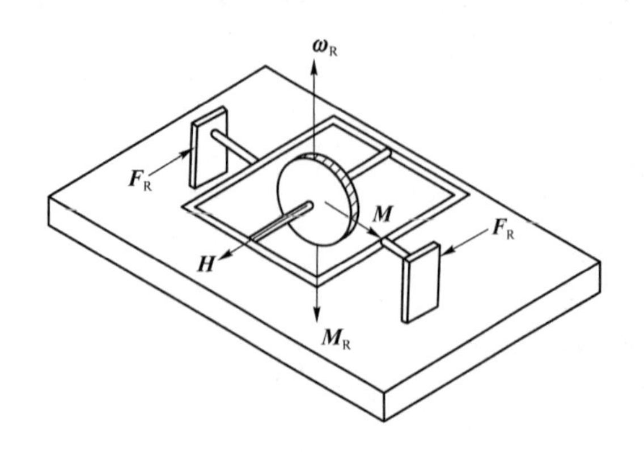

图 3-13　单自由陀螺仪受约束情况示意图

对于单自由度陀螺仪，只有当输入力矩存在垂直基座平面分量时才能发生进动。如图 3-13 所示，当沿内框轴输入外力矩 $\boldsymbol{M}$ 时，陀螺产生进动的趋势，但是并不存在转动自由度，于是将力作用在基座上，基座产生反作用力 $\boldsymbol{F}_R$，反作用力的力矩 $\boldsymbol{M}_R$ 垂直于基座平面，转子此时也会绕内框轴进动，瞬时进动角速度为 $\boldsymbol{\omega}_R$。

【例 3-2】 给定二自由度陀螺仪，如图 3-12(a)所示，其动量矩 $\boldsymbol{H}$ 的大小为 $2\ \mathrm{kg\cdot m^2/s}$，动量矩方向垂直于内框轴和外框轴。陀螺仪绕内外框轴的转动惯量 $J_x=J_y=5\times10^{-4}\ \mathrm{kg\cdot m^2}$。当沿内框轴作用的干扰力矩 $\boldsymbol{M}_x$ 大小为 $5\times10^{-4}\ \mathrm{N\cdot m}$ 时，陀螺仪绕着外框轴的漂移角速度大小为多少？

【解】 对于二自由度陀螺仪，当干扰力矩 $\boldsymbol{M}_x$ 沿内框轴输入时，转子绕外框轴会发生旋转，而转子的自转轴方向始终和 $\boldsymbol{M}_x$ 垂直，漂移角速度大小为

$$\omega_x=\frac{M_x}{H}=2.5\times10^{-4}\ \mathrm{rad/s} \tag{3.53}$$

如果转子没有旋转，则将转子看作一般刚体，计算转动角加速度大小为

$$\varepsilon_x=\frac{M_x}{J_x}=1\ \mathrm{rad/s^2} \tag{3.54}$$

同样经过 30 s 的时间，旋转的陀螺仪和静止的陀螺仪分别转过

$$\theta_{x1}=\omega_x t=2.5\times10^{-4}\ \mathrm{rad/s}\times30\ \mathrm{s}=7.5\times10^{-3}\ \mathrm{rad}\approx0.429^\circ \tag{3.55}$$

$$\theta_{x2}=\frac{1}{2}\varepsilon_x t^2=1\ \mathrm{rad/s^2}\times(30\ \mathrm{s})^2=\frac{1}{2}\times30^2\ \mathrm{rad}=450\ \mathrm{rad}\approx71.62\ 周 \tag{3.56}$$

由此可见，陀螺仪相对于一般刚体，其自转轴的稳定性更高，并且旋转角速度随着角动量的增大而减小，自转轴的指向稳定性更好。所以，陀螺仪的定轴性应该理解为其相对于惯性空间更加稳定，而并不是在惯性空间中的指向固定。

2. 动力调谐陀螺

在框架式转子陀螺仪中，转子放置在框架中心，支撑的环架在转子外部，环架通过轴承连接。在连接处存在摩擦，摩擦产生的力矩会引起陀螺的漂移；自转轴的高速旋转会导致轴承磨损，从而导致中心偏移。因此，如何减小支撑摩擦是提高转子陀螺仪精度的关键。一般采用两种方法减小摩擦：一种方法是通过减小支撑力以减小支撑摩擦，比如液浮、气浮和静电悬浮等，其目的都是减小支撑摩擦力；另一种是取消轴承支撑，以彻底消除支撑摩擦。

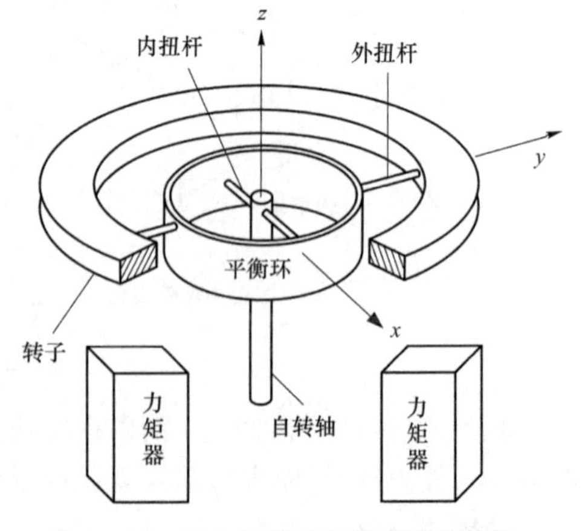

图 3-14　动力调谐陀螺仪原理结构图

动力调谐陀螺仪采用的就是后一种方法，其通过挠性支撑，取代了旋转的框架，不再需要支撑轴承。在光学陀螺仪出现之前，动力调谐陀螺仪是构建 SINS 的唯一选择。如图 3-14 所示为动力调谐

陀螺仪的原理结构图。动力调谐陀螺仪扭杆的抗弯刚度较高，而抗扭刚度较低，通过内外两个扭杆实现二自由度。在转子中镶嵌有磁钢，力矩器的线圈通过施矩电流完成转子的力矩施加，信号器通过测量转子相对于平面的偏转角完成姿态量测。由于没有支撑轴承，动力调谐陀螺仪极大程度地降低了由支撑摩擦所造成的误差，而且在动力调谐状态下，扭杆的扭转变形也会被平衡环平衡掉，成为自由陀螺，有利于其精度的进一步提升。

3. 光学陀螺

(1) Sagnac 效应

如图 3-15 所示，在环形光路中，有顺时针和逆时针两束光，如果光路相对惯性空间没有转动，两束光线在某个地方合光输出时不存在光程差；相反，如果光路相对惯性空间有转动，两束光线的光程将出现差异，即存在光程差，这种现象称为 Sagnac 效应。需要说明的是，虽然图 3-15 中是以圆形光路为例，但实际上只要光路是闭合的即可，而不一定非得是圆形的。下面给出光程差与旋转角速度的具体关系式。

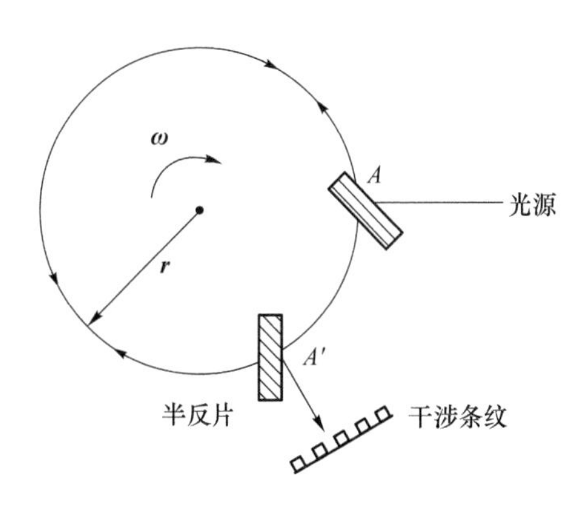

图 3-15 Sagnac 原理示意图

设两束光线在静止的光路中环绕一周的时间为

$$t=\frac{2\pi r}{c} \tag{3.57}$$

式中，r 为环路的半径；c 为光速。当光路以 ω 的角速度转动时，顺时针的光线到达半反片的时间记为 t^+，逆时针光线到达半反片的时间记为 t^-，时间差为

$$\Delta t=t^+-t^-=\frac{2\pi r}{c-r\omega}-\frac{2\pi r}{c+r\omega}=\frac{4\pi r^2\omega}{c^2-r^2\omega^2} \tag{3.58}$$

而考虑到 $c^2\gg r^2\omega^2$，于是 $\Delta t\approx\frac{4\pi r^2\omega}{c^2}$。光程差可以简化为

$$\Delta L=c\Delta t=\frac{4\pi r^2\omega}{c}=\frac{4S\omega}{c} \tag{3.59}$$

式中，$S=\pi r^2$ 为环形光路的面积。由式(3.59)可知，只要得到光程差 ΔL，就可以得到光路的旋转角速度 ω，从而实现对角速度的测量。因而可以基于该效应构建光学陀螺仪，即 Sagnac 效应是光学陀螺仪的理论基础。

不过，需要指出的是，式(3.59)并不能用于测量角速度，因为等式右边的分母上有光速，导致实际的光程差很小，角速度很难被感知测量。如果有单色光，设其波长和频率分别为 λ 和 f，二者有

$$\lambda=\frac{c}{f} \tag{3.60}$$

设光路静止时，光传播一周的光程为 L，共有 N 个波长，即

$$L=N\lambda \tag{3.61}$$

设光路旋转时，顺时针和逆时针的光程分别为 L_b 和 L_p，对应的频率和波长分别为 f_b、f_p、λ_b 和 λ_p，其中有

$$L_b = N\lambda_b \tag{3.62}$$

$$L_p = N\lambda_p \tag{3.63}$$

则可以导出两束光的频差为

$$\Delta f = f_p - f_b = \frac{4S}{\lambda L}\omega \tag{3.64}$$

显然，式(3.64)中右式角速度前面的灵敏度系数已经足够大，可以用于实际的光学陀螺仪构建。不过，由于其中用到的是单色光，而自然界中并不存在单色光，因此，一直到激光发明之前，光学陀螺仪仍然无法走向应用。

(2) 激光陀螺仪

1960 年发明的激光可以近似为单色光，这使得基于 Sagnac 效应构建光学陀螺仪成为可能，实际上激光陀螺仪是 1963 年发明出来的。如图 3－16 所示为激光陀螺仪测量框图，光路中的两束激光通过干涉输出，通过光电传感器测量输出频差，进而得到旋转角速度。激光陀螺仪是第一款可以实现 0.001°/h 测量精度的光学陀螺仪，也是构建 SINS 的理想器件。

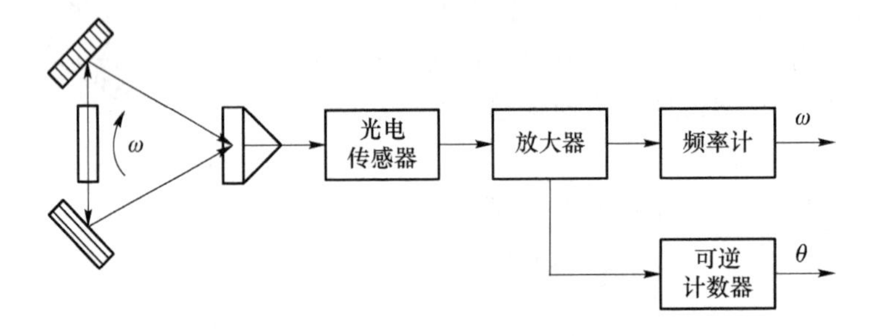

图 3－16　激光陀螺仪测量框图

【例 3－3】　给定周长 L 为 0.3 m 的正三角形环路，激光采用波长 λ 为 532 nm 的绿光，试计算该激光陀螺仪在测量地球自转角速度时的频差。

【解】　该激光陀螺仪的标度因数 K 为

$$K = \frac{4S}{L\lambda} = \frac{\sqrt{3}(L/3)^2}{L\lambda} = 1.085\times10^5\ \text{Hz/(rad}\cdot\text{s}^{-1}) = 1\,894\ \text{Hz/(°}\cdot\text{s}^{-1}) \tag{3.65}$$

如果测量地球自转角速度，对应的频差为

$$\Delta\upsilon = K\omega_{ie} = 1.085\times10^5\ \text{Hz/(rad}\cdot\text{s}^{-1})\times7.292\times10^{-5}\ \text{rad}\cdot\text{s}^{-1} = 7.912\ \text{Hz} \tag{3.66}$$

式中，$\omega_{ie} = 15\ °/\text{h} = 7.292\times10^{-5}\ \text{rad/s}$。这种量级的频差可以通过频率计精确测量，因此，采用频差法可以大幅提升光学陀螺仪的灵敏度。

需要指出的是，当输入角速度比较小时，环形光路的损耗会导致输出频差趋于 0，即在输入角速度趋于 0 时，式(3.64)的线性输出关系将变为非线性输出关系。这种现象称为频率闭锁(frequency lock－in)，发生频率闭锁的角速度阈值为 80～100°/h。因此，如果不解决频率闭锁问题，激光陀螺仪将无法实现高精度测量。解决频率闭锁比较有效的方法是在输入角速度上人为添加抖动角速度。添加方式是通过机械抖动机构，让激光陀螺仪处于谐振状态，将抖动谐波角速度信号叠加至输入角速度上，并进一步叠加随机抖动角速度，可以较好地抑制频率闭锁的影响。采用这种方式可以实现 0.001°/h 测量精度，因此，实际的激光陀螺仪基本上都是采用机械抖动偏频方法。不过，由于抖动偏频是通过机械抖动机构实现的，这导致激光陀螺仪中出现机械结构，不利于其小型化和可靠性的提高。

(3) 光纤陀螺仪

与激光陀螺仪相比，光纤陀螺仪是一款没有机械结构的光学陀螺仪，其也是基于 Sagnac 效应设计的。与激光陀螺仪不同的是，光纤陀螺仪是利用两束光的相位差进行角速度测量的。图 3-17 为光纤陀螺仪的原理示意图。下面简单介绍其工作原理。

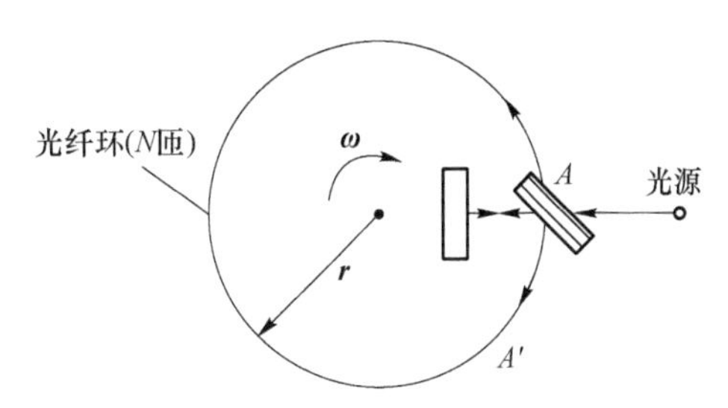

图 3-17　光纤陀螺仪原理示意图

两束光之间的相位差 $\Delta\varphi$ 与光程差 ΔL 的关系为

$$\Delta\varphi=\frac{2\pi}{\lambda}\Delta L=\frac{4\pi rL}{c\lambda}\omega \tag{3.67}$$

式中，λ 为光源的波长；L 为单匝环路的周长。一般的光纤陀螺仪都是多匝的情况，即

$$\Delta\varphi=\frac{4\pi rLN}{c\lambda}\omega \tag{3.68}$$

式中，N 为光纤陀螺的匝数。在光纤环半径一定的情况下，可以通过增加环路匝数(即增加光纤总长度)，以增大标度因数，提升角速度测量的灵敏度。不过，光纤长度也不能无限延长，因为随着光纤长度的增加，激光在光纤中传播的损耗相应增加，因此，一般光纤长度不超过 2.5 km。

【例 3-4】 设光纤陀螺仪的光纤长度为 1 000 m，光纤环路匝数为 2 500，红色激光的波长为 650 nm，试求该光纤陀螺仪的标度因数 K。

【解】

$$L\approx\frac{1\,000}{2\,500}\ \text{m}=0.4\ \text{m} \tag{3.69}$$

$$r=\frac{L}{2\pi}\approx 0.064\ \text{m} \tag{3.70}$$

$$K=\frac{4\pi rLN}{c\lambda}=\frac{4\pi\times 0.064\ \text{m}\times 0.4\ \text{m}\times 2\,500}{3\times 10^{8}\ \text{m/s}\times 650\times 10^{-9}\ \text{m}}=4.124\ \text{s} \tag{3.71}$$

4. 量子陀螺仪

量子陀螺仪是一种基于量子力学原理实现角速度测量的传感器，如图 3-18 所示为量子陀螺仪的基本工作原理示意图。一个原子或分子被激发到特定能态时，会以特定频率发出或吸收电磁波，该频率即为共振频率。原子或分子在惯性空间中旋转时，也会产生 Sagnac 效应，导致共振频率发生变化，并且频率的变化量与旋转角速度成比例关系。因此，通过测量共振频率的变化，就可以得到旋转角速度的大小。

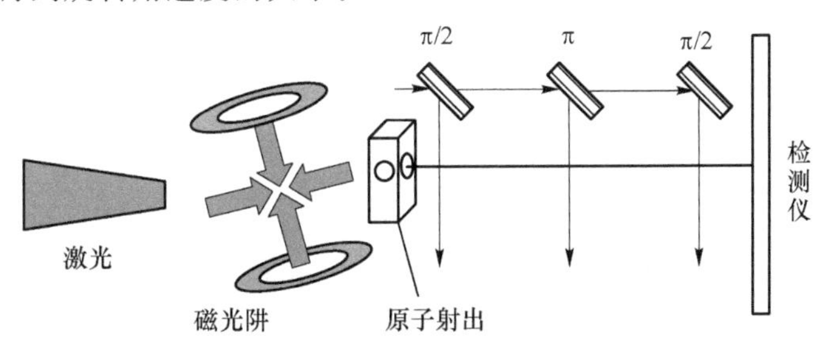

图 3-18　量子陀螺仪原理图

因此，量子陀螺仪在原理上也是基于 Sagnac 效应，与光学陀螺仪是一致的，只是前者干涉的是原子或分子，而后者干涉的是激光。如图 3-18 所示，Raman 原子干涉仪采用$\frac{\pi}{2}\sim\pi\sim\frac{\pi}{2}$构型，在第一个$\frac{\pi}{2}$的脉冲和原子相互作用时发生原子分束，在 π 的脉冲和原子作用时发生反射；在第二个$\frac{\pi}{2}$的脉冲和原子合束时发生干涉，Raman 光的相位影响到原子内态，任意扫描相位可以得到原子干涉条纹。在环路中的原子感受到了科氏加速度，由旋转引起的相位变化为

$$\Delta\varphi=2\boldsymbol{k}_{\mathrm{e}}(\boldsymbol{\omega}\times\boldsymbol{v})\frac{L^2}{v^2} \tag{3.72}$$

式中，$\boldsymbol{k}_{\mathrm{e}}$ 为 Raman 光的有效波矢；L 为 Raman 光的脉冲间隔；v 为原子的速度大小。

3.2 惯性仪器标定及误差建模

与所有的传感器一样，陀螺仪和加速度计都有测量误差，总体上可分为确定性误差和随机误差两大类，前者包括安装误差、标度因子误差和偏置误差等，后者包括零偏稳定性、逐次启动稳定性和随机游走等。理论上，确定性误差是可以通过标定完全补偿的，而随机误差中与时间相关的部分也可以通过建模予以补偿，误差处理的极限是使残余误差趋于白噪声。

惯性传感器的误差可以通过标定得到。惯性传感器可以单独标定，也可以先构成传感器组合，即惯性测量单元(inertial measurement unit，IMU)，对 IMU 进行标定。本节介绍 IMU 的标定和误差建模方法。

3.2.1 转台标定及误差补偿

1. 误差模型

惯性传感器常见的误差有零偏误差、标度因子误差、交叉耦合误差和随机误差等。惯性传感器在没有输入时，仍然有随时间变化的输出，称为零偏误差(简称零偏)。加速度计和陀螺仪的零偏分别记为$\boldsymbol{b}_{\mathrm{a}}$ 和$\boldsymbol{b}_{\mathrm{g}}$。标度因子误差是指惯性传感器标度因子实际值与标称值之间的差异。加速度计和陀螺仪的标度因子误差系数分别记为 $\boldsymbol{s}_{\mathrm{a}}=[s_{\mathrm{a}x}\quad s_{\mathrm{a}y}\quad s_{\mathrm{a}z}]^{\mathrm{T}}$ 和 $\boldsymbol{s}_{\mathrm{g}}=[s_{\mathrm{g}x}\quad s_{\mathrm{g}y}\quad s_{\mathrm{g}z}]^{\mathrm{T}}$。理想情况下，IMU 中陀螺仪和加速度计的敏感轴是严格正交的，而在实际中这是不可能做到的，由此造成的误差称为交叉耦合误差。记 α 轴敏感到 β 轴的加速度计的交叉耦合误差系数为 $m_{\mathrm{a}\alpha\beta}$，类似地定义陀螺仪的交叉耦合误差系数为 $m_{\mathrm{g}\alpha\beta}$。此外，有些陀螺仪中还存在与输入加速度相关的输出，称为 $\boldsymbol{g}$ 相关零偏或 $\boldsymbol{g}$ 灵敏度，记为$\boldsymbol{G}_{\mathrm{g}}\boldsymbol{f}_{\mathrm{ib}}^{\mathrm{b}}$。通过标定补偿掉确定性误差后的残余误差(通常统称为随机误差，又称随机噪声)，可以进一步对其中与时间相关的部分进行建模和补偿。

综上所述，加速度计和陀螺仪的输出值可以表示为

$$\begin{cases}\tilde{\boldsymbol{f}}_{\mathrm{ib}}^{\mathrm{b}}=\boldsymbol{b}_{\mathrm{a}}+(\boldsymbol{I}+\boldsymbol{M}_{\mathrm{a}})\boldsymbol{f}_{\mathrm{ib}}^{\mathrm{b}}+\boldsymbol{w}_{\mathrm{a}}\\ \tilde{\boldsymbol{\omega}}_{\mathrm{ib}}^{\mathrm{b}}=\boldsymbol{b}_{\mathrm{g}}+(\boldsymbol{I}+\boldsymbol{M}_{\mathrm{g}})\boldsymbol{\omega}_{\mathrm{ib}}^{\mathrm{b}}+\boldsymbol{G}_{\mathrm{g}}\boldsymbol{f}_{\mathrm{ib}}^{\mathrm{b}}+\boldsymbol{w}_{\mathrm{g}}\end{cases} \tag{3.73}$$

式中，$\tilde{\boldsymbol{f}}_{\mathrm{ib}}^{\mathrm{b}}$和$\tilde{\boldsymbol{\omega}}_{\mathrm{ib}}^{\mathrm{b}}$是加速度计和陀螺仪的真实输出值；$\boldsymbol{f}_{\mathrm{ib}}^{\mathrm{b}}$和 $\boldsymbol{\omega}_{\mathrm{ib}}^{\mathrm{b}}$为加速度计和陀螺仪的理想输出值；$\boldsymbol{I}$ 为单位矩阵；$\boldsymbol{M}_{\mathrm{a}}$ 和$\boldsymbol{M}_{\mathrm{g}}$ 的主对角元素为标度因子误差，非主对角元素为交叉耦合误差；$\boldsymbol{w}_{\mathrm{a}}$ 和$\boldsymbol{w}_{\mathrm{g}}$ 为加速度计和陀螺仪的随机误差。

零偏、$\boldsymbol{g}$ 相关零偏、标度因子误差和交叉耦合误差都是确定性误差，可以通过转台标定予以补偿，随机误差中的时间相关部分可以通过 Allan 方差法、自回归滑动平均模型（auto - regressive moving average，ARMA）等数学方法进行建模和补偿。

2. 转台标定

确定性误差可以通过转台标定获得，按照标定时的工作状态，又可以将转台标定分为静态标定和动态标定。其中，静态标定是通过改变转台的朝向从而改变重力加速度的输入分量形式，实现对 $\boldsymbol{b}_a$、$\boldsymbol{b}_g$、$\boldsymbol{M}_a$ 和 $\boldsymbol{G}_g\boldsymbol{f}_{ib}^b$ 等误差的标定；陀螺仪的动态标定是通过给陀螺仪提供角速度输入，以激励陀螺仪误差模型中的标度因子误差和交叉耦合误差 $\boldsymbol{M}_g$；加速度计的动态标定通常是在离心机上完成的，原理与陀螺仪的动态标定类似，这里不予介绍。

（1）静态标定

静态标定有多种方案，这里介绍 12 位置标定方案。如图 3 - 19 所示为 12 位置转台轴向示意图。转台可以水平调节位置，但不能指北。设初始的 X 轴为北偏东 α_0，则地球自转角速度在测量轴（竖直方向）的分量为

$$\boldsymbol{\omega}_s = [\omega_{ie}\cos L\sin\alpha_0 \quad \omega_{ie}\cos L\cos\alpha_0 \quad \omega_{ie}\sin L]^T \tag{3.74}$$

式中，L 为当地纬度。

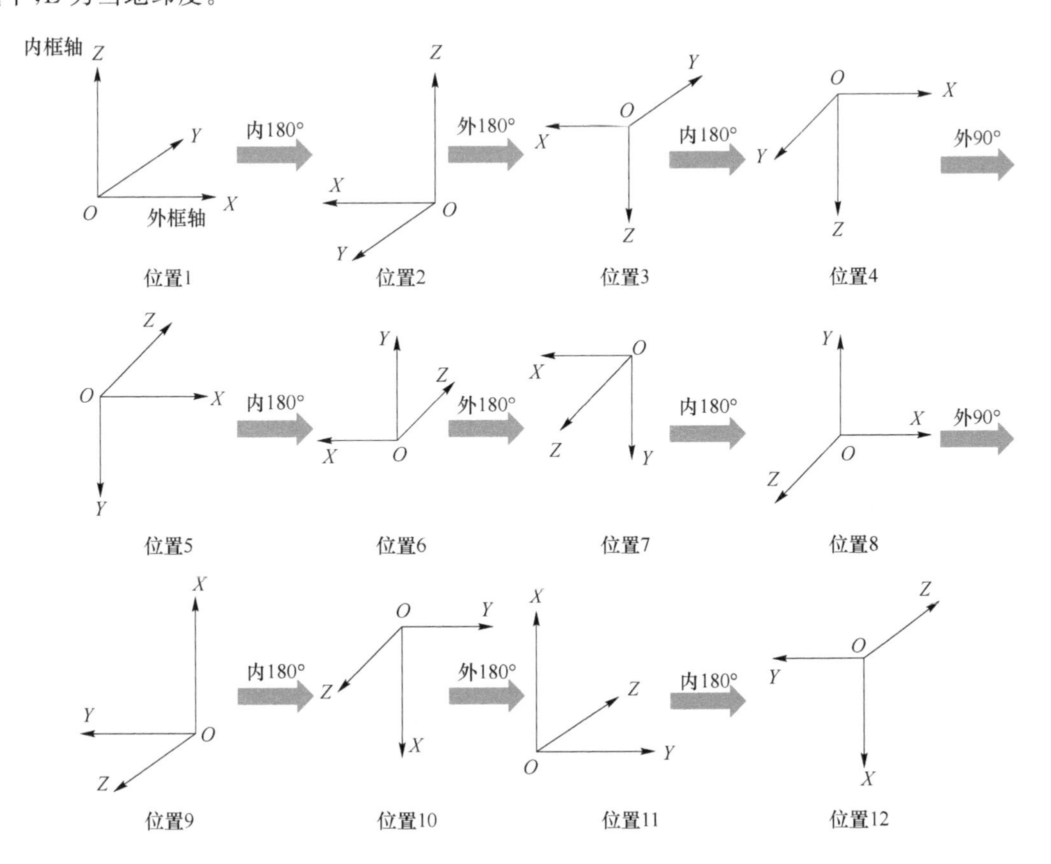

图 3 - 19　转台静态标定 12 位置转台轴向示意图

如图 3 - 19 所示，在位置 1 和位置 2 中，Z 轴朝上；在位置 3 和位置 4 中，Z 轴朝下；在位置 6 和位置 8 中，Y 轴朝上；在位置 5 和位置 7 中，Y 轴朝下；在位置 9 和位置 11 中，X 轴朝上；在位置 10 和位置 12 中，X 轴朝下。因此，在这些位置，相应轴上加速度计的真实输入值是知道

的,例如,在位置 1 和位置 2,三轴加速度计的真实输入值应该为

$$\boldsymbol{f}=[0 \quad 0 \quad g]^{\mathrm{T}} \tag{3.75}$$

其他位置加速度计的真实输入值可以类似得到。将式(3.73)中加速度计误差改写为

$$\tilde{\boldsymbol{f}}^{\mathrm{T}}-\boldsymbol{f}^{\mathrm{T}}=(\boldsymbol{b}_{\mathrm{a}}+\boldsymbol{M}_{\mathrm{a}}\boldsymbol{f})^{\mathrm{T}}=[1 \quad \boldsymbol{f}^{\mathrm{T}}]\begin{bmatrix}\boldsymbol{b}_{\mathrm{a}}^{\mathrm{T}}\\ \boldsymbol{M}_{\mathrm{a}}^{\mathrm{T}}\end{bmatrix} \tag{3.76}$$

基于多个位置的测量结果,可以得到

$$\boldsymbol{y}=\begin{bmatrix}(\tilde{\boldsymbol{f}}_1-\boldsymbol{f}_1)^{\mathrm{T}}\\ (\tilde{\boldsymbol{f}}_2-\boldsymbol{f}_2)^{\mathrm{T}}\\ \vdots\\ (\tilde{\boldsymbol{f}}_n-\boldsymbol{f}_n)^{\mathrm{T}}\end{bmatrix}=\begin{bmatrix}1 & \boldsymbol{f}_1^{\mathrm{T}}\\ 1 & \boldsymbol{f}_2^{\mathrm{T}}\\ \vdots & \vdots\\ 1 & \boldsymbol{f}_n^{\mathrm{T}}\end{bmatrix}\begin{bmatrix}\boldsymbol{b}_{\mathrm{a}}^{\mathrm{T}}\\ \boldsymbol{M}_{\mathrm{a}}^{\mathrm{T}}\end{bmatrix}=\boldsymbol{H}\boldsymbol{x} \tag{3.77}$$

式(3.77)的最小二乘估计为$\hat{\boldsymbol{x}}=(\boldsymbol{H}^{\mathrm{T}}\boldsymbol{H})^{-1}\boldsymbol{H}^{\mathrm{T}}\boldsymbol{y}$,实现对$\boldsymbol{b}_{\mathrm{a}}$ 和$\boldsymbol{M}_{\mathrm{a}}$ 的估计。

在静态标定中,可以利用相应位置陀螺仪对地球自转角速度和重力加速度的敏感情况,估计相应的误差系数。例如,基于位置 1~4,可以得到

$$\tilde{\boldsymbol{\omega}}_{3+4}-\tilde{\boldsymbol{\omega}}_{1+2}=2\,\boldsymbol{M}_{\mathrm{g}}\,[0 \quad 0 \quad -2\omega_{z0}]^{\mathrm{T}}+2\,\boldsymbol{G}_{\mathrm{g}}\,[0 \quad 0 \quad 2g]^{\mathrm{T}} \tag{3.78}$$

式中,下标的加号表示两个位置的输出求和。类似地,可以得到其他几个位置的类似关系式。对于低精度陀螺仪,当陀螺仪的漂移和地球自转角速度 15 °/h 相当时,可以忽略 ω_{z0}项,即

$$\boldsymbol{G}_{\mathrm{g}}=\left[\frac{\tilde{\boldsymbol{\omega}}_{10+12}-\tilde{\boldsymbol{\omega}}_{9+11}}{4g} \quad \frac{\tilde{\boldsymbol{\omega}}_{5+7}-\tilde{\boldsymbol{\omega}}_{6+8}}{4g} \quad \frac{\tilde{\boldsymbol{\omega}}_{3+4}-\tilde{\boldsymbol{\omega}}_{1+2}}{4g}\right]^{\mathrm{T}} \tag{3.79}$$

对于高精度陀螺仪,如果知道转台所在地的纬度,则还可以进一步得到$\boldsymbol{M}_{\mathrm{g}}$ 的估计值。

对于陀螺仪的零偏$\boldsymbol{b}_{\mathrm{g}}$,可以通过 12 个位置的陀螺仪输出平均得到,即

$$\boldsymbol{b}_{\mathrm{g}}=\frac{\sum_{i=1}^{12}\tilde{\boldsymbol{\omega}}_i}{12} \tag{3.80}$$

(2) 动态标定

基于转台的动态标定可以用于陀螺的标度因子误差和交叉耦合误差$\boldsymbol{M}_{\mathrm{g}}$ 的估计。在标定中,对于同一测量轴,通过正反转输入,并将输出值相减,可以消除零偏的影响;在某一角速率输入测试时,通过旋转整周圈数,可以消除地球自转角速率在水平面内分量的影响。以绕 Z 轴旋转为例,Z 轴铅垂向下,设转台输入角速度大小为 ω,沿正方向转动,t 时刻的角速度输出为

$$\begin{aligned}\tilde{\omega}_{Z\text{正}}&=\boldsymbol{b}_{\mathrm{g}}+(\boldsymbol{I}+\boldsymbol{M}_{\mathrm{g}})\begin{bmatrix}\cos\omega t & \sin\omega t & 0\\ -\sin\omega t & \cos\omega t & 0\\ 0 & 0 & 1\end{bmatrix}\begin{bmatrix}\omega_{x0}\\ \omega_{y0}\\ \omega_{z0}+\omega\end{bmatrix}+\boldsymbol{G}_{\mathrm{g}}\begin{bmatrix}0\\ 0\\ -g\end{bmatrix}\\ &=\boldsymbol{b}_{\mathrm{g}}+(\boldsymbol{I}+\boldsymbol{M}_{\mathrm{g}})\begin{bmatrix}\omega_{x0}\cos\omega t+\omega_{y0}\sin\omega t\\ -\omega_{x0}\sin\omega t+\omega_{y0}\cos\omega t\\ \omega_{z0}+\omega\end{bmatrix}+\boldsymbol{G}_{\mathrm{g}}\begin{bmatrix}0\\ 0\\ -g\end{bmatrix}\end{aligned} \tag{3.81}$$

同理,可以得到转台绕 Z 轴进行反方向转动的输出为

$$\tilde{\boldsymbol{\omega}}_{Z\text{负}}=\boldsymbol{b}_{\mathrm{g}}+(\boldsymbol{I}+\boldsymbol{M}_{\mathrm{g}})\begin{bmatrix}\omega_{x0}\cos\omega t-\omega_{y0}\sin\omega t\\ \omega_{x0}\sin\omega t+\omega_{y0}\cos\omega t\\ \omega_{z0}-\omega\end{bmatrix}+\boldsymbol{G}_{\mathrm{g}}\begin{bmatrix}0\\ 0\\ -g\end{bmatrix} \tag{3.82}$$

由于采取整周转动，对于角速度输出进行积分（离散求和）可以得到

$$\begin{cases} \sum \tilde{\omega}_{Z正} = N(\boldsymbol{b}_g + (\boldsymbol{I}+\boldsymbol{M}_g)\begin{bmatrix}0 & 0 & \omega_{z0}+\omega\end{bmatrix}^T + \boldsymbol{G}_g\begin{bmatrix}0 & 0 & -g\end{bmatrix}^T) \\ \sum \tilde{\omega}_{Z负} = N(\boldsymbol{b}_g + (\boldsymbol{I}+\boldsymbol{M}_g)\begin{bmatrix}0 & 0 & \omega_{z0}-\omega\end{bmatrix}^T + \boldsymbol{G}_g\begin{bmatrix}0 & 0 & -g\end{bmatrix}^T) \end{cases} \tag{3.83}$$

式中，N 为转动的整周数。式(3.83)中两式相减，得

$$\sum \tilde{\boldsymbol{\omega}}_{Z正} - \sum \tilde{\boldsymbol{\omega}}_{Z负} = N(\boldsymbol{I}+\boldsymbol{M}_g)\begin{bmatrix}0 & 0 & 2\omega\end{bmatrix}^T \tag{3.84}$$

设$\boldsymbol{M}_g = \begin{bmatrix} s_{gx} & m_{gxy} & m_{gxz} \\ m_{gyx} & s_{gy} & m_{gyz} \\ m_{gzx} & m_{gzy} & s_{gz} \end{bmatrix}$，于是有

$$\begin{bmatrix} m_{gxz} \\ m_{gyz} \\ s_{gz} \end{bmatrix} = \frac{\sum \tilde{\boldsymbol{\omega}}_{Z正} - \sum \tilde{\boldsymbol{\omega}}_{Z负}}{2N\omega} - \begin{bmatrix}0\\0\\1\end{bmatrix} \tag{3.85}$$

类似地，绕 X 轴和 Y 轴可以解出$\boldsymbol{M}_g$ 的前两列为

$$\begin{bmatrix} s_{gx} \\ m_{gyx} \\ m_{gzx} \end{bmatrix} = \frac{\sum \tilde{\boldsymbol{\omega}}_{X正} - \sum \tilde{\boldsymbol{\omega}}_{X负}}{2N\omega} - \begin{bmatrix}1\\0\\0\end{bmatrix} \tag{3.86}$$

$$\begin{bmatrix} m_{gxy} \\ s_{gy} \\ m_{gzy} \end{bmatrix} = \frac{\sum \tilde{\boldsymbol{\omega}}_{Y正} - \sum \tilde{\boldsymbol{\omega}}_{Y负}}{2N\omega} - \begin{bmatrix}0\\1\\0\end{bmatrix} \tag{3.87}$$

3. 零位修正

惯性传感器在每次启动时，都会有较大的零位偏差，对于高精度器件，可以将其建模为随机常数；对于低精度器件，可以通过零位修正予以补偿。

零位修正是在静止状态下，由陀螺仪和加速度计的输出值估计得到的常值零偏误差。由前文可知，在载体坐标系中，陀螺仪的输出为

$$\boldsymbol{\omega}_{ib}^b = \boldsymbol{\omega}_{nb}^b + \boldsymbol{C}_n^b(\boldsymbol{\omega}_{en}^n + \boldsymbol{\omega}_{ie}^n) \tag{3.88}$$

静止时，当地水平坐标系（常用的导航坐标系）与地球坐标系无相对运动，于是有 $\boldsymbol{\omega}_{nb}^b = \boldsymbol{0}$ 和 $\boldsymbol{\omega}_{en}^n = \boldsymbol{0}$，因此，式(3.88)可简化为 $\boldsymbol{\omega}_{ib}^b = \boldsymbol{C}_n^b \boldsymbol{\omega}_{ie}^n$。地球自转角速率为 $7.292\,115\times10^{-5}$ rad/s，如果陀螺仪的误差与其相当或更大，则可以近似认为地球自转角速率也为 0，此时陀螺仪的输出就可以认为是常值零偏，一般将陀螺仪静止时输出值的平均值作为常值零偏的估计值，并在后续的输出中予以补偿。

类似地，也可以对加速计进行零位修正。加速度计的比力输出值为

$$\boldsymbol{f}_{ib} = \dot{\boldsymbol{v}} - \boldsymbol{g} + (2\boldsymbol{\omega}_{ie} + \boldsymbol{\omega}_{en}) \times \boldsymbol{v} \tag{3.89}$$

静止状态下，式(3.89)可简化为 $\boldsymbol{f}_{ib} = -\boldsymbol{g}$，在载体坐标系中有 $\boldsymbol{f}_{ib}^b = \boldsymbol{C}_n^b\begin{bmatrix}0 & 0 & -g\end{bmatrix}^T$。如果初始的姿态矩阵已知，可以得到 $\boldsymbol{f}_{ib}^b$ 的理论值。设加速计的实际输出值为 $\tilde{\boldsymbol{f}}_{ib}^b$，则 $\tilde{\boldsymbol{f}}_{ib}^b - \boldsymbol{f}_{ib}^b$ 即为加速度计的常值零偏。

3.2.2 随机误差建模

在补偿了确定性误差后，惯性传感器的残余误差就是随机误差，通过对其中与时间相关的部分进行建模和补偿，可以进一步提高惯性传感器的应用精度。下面只介绍两种常用的惯性

传感器随机误差建模方法：Allan 方差法和 ARMA 法，其中 Allan 方差法是惯性传感器厂家对陀螺仪和加速度计进行性能标定时使用的方法。

1. Allan 方差法

在 Allan 方差法中，先将数据进行分组，对于总数为 N 的采样序列 $\{\delta\omega\}$，每组数据选取 n 个数，时长为 T，一共分为 K 组，$K=\lfloor N/n \rfloor$，$\lfloor \cdot \rfloor$表示下取整，则 Allan 方差计算如下

$$\sigma^2(T) = \frac{1}{2(K-1)} \sum_{k=1}^{K-1} \left[\delta\bar{\omega}_{k+1}(T) - \delta\bar{\omega}_k(T)\right]^2 \tag{3.90}$$

式中，$\delta\bar{\omega}_k(T) = \dfrac{1}{n} \sum\limits_{j=(k-1)n+1}^{kn} \delta\bar{\omega}_j(T)$ 为每组数据的均值。设采样函数的功率谱密度函数为 $\Phi_{\delta\omega}(f)$，f 为频率，其与 Allan 方差有如下关系：

$$\sigma^2(T) = 4\int_0^{\infty} \Phi_{\delta\omega}(f)\,\frac{\sin^4(\pi f T)}{(\pi f T)^2}\mathrm{d}f \tag{3.91}$$

由式(3.91)，可以根据随机误差的功率谱密度函数计算其 Allan 方差，特别是对于一些特殊的随机误差，可以得到二者比较简单的关系。Allan 方差建模就是基于这些简单的关系实现的。下面介绍几种常见的随机误差 Allan 方差建模方法。

(1) 量化噪声

量化噪声是对连续信号进行离散采样时产生的。该噪声可以等效为矩形窗函数对白噪声进行采样，其功率谱密度函数为

$$\Phi_{\delta\omega}(f) = (2\pi f)^2 T_s Q_z^2 \frac{\sin^2(\pi f T_s)}{(\pi f T_s)^2} \tag{3.92}$$

式中，Q_z 为输入量化噪声强度；T_s 为采样周期。当 T_s 足够小时，式(3.92)可近似为

$$\Phi_{\delta\omega}(f) \approx (2\pi f)^2 T_s Q_z^2 \tag{3.93}$$

将上式代入式(3.91)得

$$\sigma_Q^2(T) = \frac{3Q_z^2}{T^2} \tag{3.94}$$

对式(3.94)两边同时取对数，有

$$\ln \sigma_Q(T) = \ln \sqrt{3}Q_z - \ln T \tag{3.95}$$

因此，在双对数坐标系中，量化噪声的 Allan 方差 $\sigma_Q(T)$与 T 是斜率为-1 的直线。

(2) 角度随机游走

角度随机游走的功率谱密度函数为

$$\Phi_{\delta\omega}(f) = Q^2 \tag{3.96}$$

计算得到 Allan 方差为

$$\sigma_\omega^2(T) = \frac{Q^2}{T} \tag{3.97}$$

两边取对数，有

$$\ln \sigma_\omega(T) = \ln Q - \frac{1}{2}\ln T \tag{3.98}$$

在双对数坐标系中，角度随机游走的 Allan 方差是斜率为$-\dfrac{1}{2}$的直线。

(3) 零偏稳定性

零偏稳定性为低频噪声，其功率谱密度函数为

$$\Phi_{\delta\omega}(f)=\begin{cases}\dfrac{B^2}{2\pi f} & f\leqslant f_0\\ 0 & f>f_0\end{cases}\tag{3.99}$$

式中，B 为零偏稳定性系数；f_0 为截止频率。计算得到 $\sigma_B(T)$ 满足关系：

$$\sigma_B(T)\to\begin{cases}0 & T\ll\dfrac{1}{f_0}\\ \sqrt{\dfrac{2\ln 2}{\pi}}B & T\gg\dfrac{1}{f_0}\end{cases}\tag{3.100}$$

在双对数坐标系中，随着 T 的增大，$\sigma_B(T)$ 趋于常数。

(4) 角速率随机游走

角速率随机游走的功率谱密度函数为

$$\Phi_{\delta\omega}(f)=\left(\frac{K}{2\pi f}\right)^2\tag{3.101}$$

式中，K 为角速率随机游走系数。将上式代入式(3.91)可得

$$\sigma_W^2(T)=\frac{K^2}{3}T\tag{3.102}$$

因此，有

$$\ln\sigma_W(T)=\ln\frac{K}{\sqrt{3}}+\frac{1}{2}\ln T\tag{3.103}$$

在双对数坐标系中，角速率随机游走的 Allan 方差是斜率为$\frac{1}{2}$的直线。

(5) 随机斜坡

随机斜坡的函数表达式为

$$\delta\omega=Rt\tag{3.104}$$

式中，R 为随机斜坡系数。随机斜坡的功率谱密度函数为

$$\Phi_{\delta\omega}(f)=\frac{R^2}{(2\pi f)^3}\tag{3.105}$$

将上式代入式(3.91)得

$$\sigma_R^2(T)=\frac{R^2}{2}T^2\tag{3.106}$$

两边取对数，得

$$\ln\sigma_R(T)=\ln\frac{R}{\sqrt{2}}+\ln T\tag{3.107}$$

在双对数坐标系中，随机斜坡的 Allan 方差是斜率为 1 的直线。

(6) 一阶马尔可夫过程

一阶马尔可夫过程功率谱密度函数为

$$\Phi_{\delta\omega}(f)=\frac{q_c^2T_c^2}{1+(2\pi fT_c)^2}\tag{3.108}$$

式中，q_c 为驱动噪声强度；T_c 为相关时间。计算得到一阶马尔可夫过程的 Allan 方差$\sigma_M(T)$为

$$\sigma_M(T)=\frac{q_cT_c}{\sqrt{T}}\sqrt{1-\frac{T_c}{2T}(3-4e^{-T/T_c}+e^{-2T/T_c})}\tag{3.109}$$

进一步可以得到

$$\sigma_{\mathrm{M}}(T)\to\begin{cases}\dfrac{q_{\mathrm{c}}T_{\mathrm{c}}}{\sqrt{T}} & T\gg T_{\mathrm{c}}\\[2ex] \dfrac{q_{\mathrm{c}}}{\sqrt{3}}\sqrt{T} & T\ll T_{\mathrm{c}}\end{cases} \tag{3.110}$$

在双对数坐标系中，当相关时间较小时，一阶马尔可夫过程的 Allan 方差斜率为$-\frac{1}{2}$；当相关时间较大时，其 Allan 方差斜率为$\frac{1}{2}$。

(7) 正弦噪声

正弦噪声的功率谱密度函数为

$$\Phi_{\delta\omega}(f)=\frac{1}{2}\Omega_0^2\left[\delta(f-f_0)+\delta(f+f_0)\right] \tag{3.111}$$

式中，Ω_0 为噪声幅值，f_0 为正弦噪声频率。将上式代入式(3.91)计算得

$$\ln\sigma_{\mathrm{S}}(T)=\ln\Omega_0+\ln\frac{\sin^2(\pi f_0 T)}{\pi f_0 T} \tag{3.112}$$

在双对数坐标系中，当相关时间较小时，正弦噪声的 Allan 方差斜率为 1；当相关时间较大时，其 Allan 方差曲线的外包络线斜率为-1。

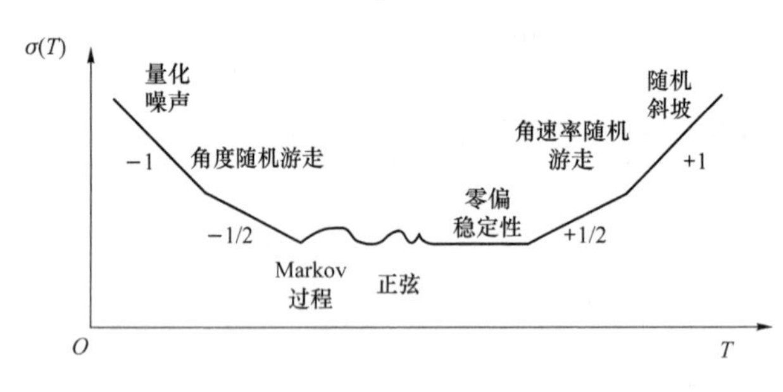

图 3-20 实际噪声的双对数曲线示意图

实际随机噪声的 Allan 方差在双对数坐标系中的曲线如图 3-20 所示，即实际随机噪声是多种随机噪声的叠加，各噪声之间是相互独立的。基于此，即可对这些随机噪声参数进行估计，从而完成随机噪声的 Allan 方差建模。

在应用 Allan 方差时，如果分段数目过少，拟合精度会降低，因此，一般会设置分段数目的最小阈值。该阈值可期待如下：设总样本数为 N，分段数为 K，每段有 n 个样本，定义计算误差为

$$\delta\sigma(T)=\frac{\sigma(T,K)-\sigma(T)}{\sigma(T)} \tag{3.113}$$

式中，$\sigma(T,K)$为计算的 Allan 方差值；$\sigma(T)$为 Allan 方差的理论值。设 $\delta\sigma(T)$的标准差为 $\sigma_{\delta\sigma}$。若给定计算精度不大于阈值 σ_{th}，则每组样本数量需要满足关系：

$$n<\frac{N}{\dfrac{1}{2\sigma_{\mathrm{th}}^2}+1} \tag{3.114}$$

【例 3-5】 根据 MATLAB 仿真的某微机械陀螺仪的输出噪声如图 3-21 所示，试用 Allan 方差法对其进行建模。

【解】 首先，确定 Allan 方差计算中每组的最大样本数。该样本数不能超过总样本数的一半。在本例中，总样本数为 11 971，采样周期为 0.01 s，因此，每组最大样本数不能超过 5 985。此外，还得考虑计算 Allan 方差的精度，即考虑式(3.114)。这里分别取 σ_{th} 为 5%、10%和 20%，得每组最大样本数分别为 59、234 和 886。因此，取每组的样本数上限为 59、234 和 886。

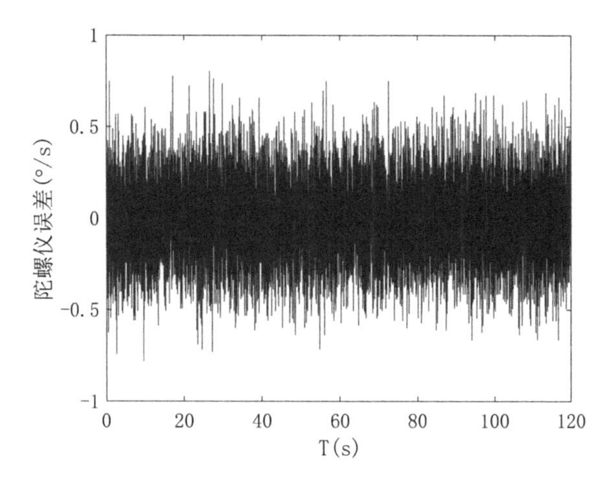

图 3-21　某陀螺的输出噪声

其次,按照不同的样本数分组计算 Allan 方差。样本数从最小的 2 个连续变化到样本数上限,即相关时间 T 从 0.02 s 一直增大到$(0.01\times n)$ s,计算每个相关时间对应的 Allan 方差值。

然后,利用最小二乘算法拟合噪声系数。结合 Allan 方差曲线判断其中包含量化噪声、角度随机游走和零偏稳定性误差等三项。在三种误差阈值情况下分别得到的拟合结果为

$$\sigma_{\mathrm{th}}=5\%,\quad \begin{cases} Q_z=2.18'' \\ Q=0.02°/\mathrm{s}^{1/2} \\ B=0.012°/\mathrm{s} \end{cases} \tag{3.115}$$

$$\sigma_{\mathrm{th}}=10\%,\quad \begin{cases} Q_z=2.26'' \\ Q=0.02°/\mathrm{s}^{1/2} \\ B=0.015°/\mathrm{s} \end{cases} \tag{3.116}$$

$$\sigma_{\mathrm{th}}=20\%,\quad \begin{cases} Q_z=1.90'' \\ Q=0.02°/\mathrm{s}^{1/2} \\ B=0.007°/\mathrm{s} \end{cases} \tag{3.117}$$

最后,将拟合的结果代入模型,计算估计的噪声,并与原噪声进行对比。

相应的 MATLAB 程序如下:

```
clear; close all;clc;
load dsarma.mat;
y = yu(:,3); y = y - mean(y); N = length(y); delta_sig_arr = [0.05;0.1;0.2];
figure,plot((1:N) * 0.01,y),xlabel('T(s)'),ylabel('陀螺仪误差(\circ/s)')
set(gca,'FontName','宋体','FontSize',14);
for loopCnt = 1:3
    delta_sigma = delta_sig_arr(loopCnt);
    M1 = floor(N/2); M2 = floor(N/(1 + 1/2/delta_sigma^2)); M = M2;
    sigma_allan = [];
    for m = 2:M
        K1 = floor((N - 1)/(m - 1)) - 1;somega = 0 ; temp1 = sum(y(1:m,1))/m;
        for i = 2:K1
            temp2 = sum(y((i - 1) * (m - 1) + 1:(i * (m - 1) + 1),1))/m;
```

```
            somega = somega + (temp2 - temp1)^2;  temp1 = temp2;
        end;
        sigma_allan = [sigma_allan,somega/2/K1];
    end;
    sigma_allan2 = [];
    for m2 = 2:M
        K2 = floor(N/m2) - 1;  somega2 = 0;  temp1 = sum(y(1:m2,1))/m2;
        for i = 2:K2
            temp2 = sum(y((i-1) * m2 + 1:i * m2,1))/m2;
            somega2 = somega2 + (temp2 - temp1)^2;    temp1 = temp2;
        end;
        sigma_allan2 = [sigma_allan2,somega2/2/K2];
    end
    sigma_allan_std = sqrt(sigma_allan);
    t = (2:M)/100; sigma_allan_std2 = sqrt(sigma_allan2);
    Tt = zeros(M-1,2);tt = t'; Tt(:,1) = 1./(tt.^2); Tt(:,2) = 1./tt; Tt(:,3) = ones(M-1,1);
    Sigma = sigma_allan2'; A = Tt\Sigma;Qz = sqrt(A(1)/3); Q = sqrt(A(2));
    B = sqrt(A(3) * pi/(2 * log(2)));
    sigma_allan_std_est = sqrt(A(1)./tt.^2 + A(2)./tt + A(3));
    figure,loglog(t,sigma_allan_std2,'b',t,sigma_allan_std_est,'r'),grid,xlim([0.02 2.4])
    xlabel('T(s)'),ylabel('\sigma(T)'),legend('原始数据','估计拟合结果')
    set(gca,'FontName','宋体','FontSize',14);
end
```

图 3-22 给出了 σ_{th} 为 5%时的拟合结果。误差阈值设置得越大，估计的拟合曲线越偏离原始噪声。另外两个误差阈值下的拟合结果运行程序可得，这里不再展示。

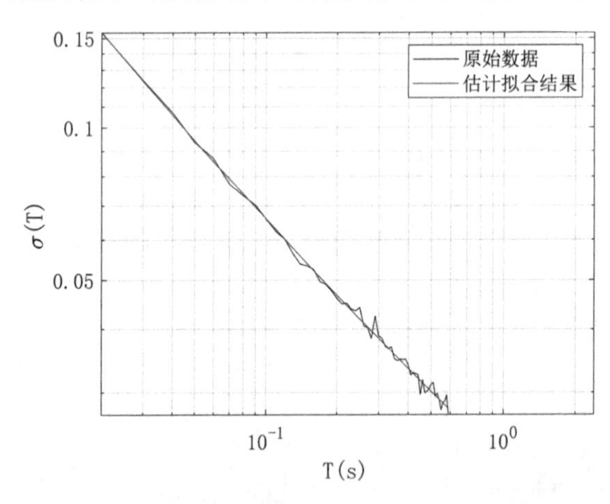

图 3-22 原始噪声 Allan 方差和估计拟合 Allan 方差曲线(σ_{th}为 5%)

需要指出的是，在使用 Allan 方差法对随机噪声进行建模时，需要根据 Allan 方差曲线判断可能存在的随机误差模型的种类。如果判断的偏差较大，在拟合时可能得到不合理的结果。例如，在例 3-5 中，如果采用常见的五项拟合，将角速率随机游走和随机斜坡也考虑在内，拟合时将得到负的拟合系数。在建模过程中，如果得到负的拟合系数，则需要将相应的随机误差模型剔除，然后再进行拟合，直至得到的拟合系数均为正数为止。

在 Allan 方差建模中，常用的随机误差模型包括量化噪声、角度随机游走、零偏稳定性、角速率随机游走和随机斜坡等五项，一阶马尔科夫过程和正弦随机噪声很少使用。一方面是因为这两种噪声的估计需要分别知道时间常数和频率，增加了建模的难度；另一方面是因为这两种噪声在一定程度上与其他噪声项叠加，可以由其他噪声替代。

2. ARMA 建模方法

ARMA 建模方法又称为时间序列分析法，即将平稳的有色噪声序列 $\{x_k\}$ 建模为各时刻相关的序列和各时刻不相关的白噪声叠加的组成，即

$$x_k = \sum_{i=1}^{p}\phi_i x_{k-i} + w_k - \sum_{i=1}^{q}\theta_i w_{k-i} \tag{3.118}$$

式中，$\phi_i(i=1,2,\cdots,p)$ 为自回归参数；$\theta_i(i=1,2,\cdots,q)$ 为滑动平均参数；$\{w_k\}$ 为白噪声序列。这种模型称为自回归滑动平均模型 ARMA(p,q)。如果 $p=0$，则称其为 q 阶滑动平均模型 MA(q)；如果 $q=0$，则称其为 p 阶自回归模型 AR(p)。

如果 $\{x_k\}$ 是非平稳随机过程，即其统计特性与时间有关，那么通过 m 次差分将其变成平稳过程，再利用自回归滑动平均模型建模。则这种模型称为自回归积分滑动平均模型（auto-regressive integrated moving average）ARIMA(p,m,q)，即

$$\begin{cases} y_k = x_k - x_{k-m} \\ y_k = \sum_{i=1}^{p}\phi_i y_{k-i} + w_k - \sum_{i=1}^{q}\theta_i w_{k-i} \end{cases} \tag{3.119}$$

式中，$\{y_k\}$ 为非平稳随机过程。

在 ARMA(p,q) 中，如果有 r 阶干扰输入，则称该模型为扰动自回归滑动平均模型（auto-regressive moving average model with exogenous inputs）ARMAX(p,r,q)。

$$\begin{cases} y_k = \sum_{i=1}^{r}a_i y_{k-i} + u_k - \sum_{i=1}^{r}b_i u_{k-i} + e_k \\ e_k = \sum_{i=1}^{p}\phi_i e_{k-i} + w_k - \sum_{i=1}^{q}\theta_i w_{k-i} \end{cases} \tag{3.120}$$

式中：$a_i(i=1,2,\cdots,r)$ 为回归参数；$\{u_k\}$ 为干扰输入；b_i 为其系数；$\{e_k\}$ 为白噪声序列。

在这里只考虑平稳有色噪声序列，建模的任务是确定模型中的各项参数值，包括 p、q、ϕ_i、θ_i 和白噪声序列 w_k 的方差，下面分别予以介绍。

(1) 模型定阶

比较主流的定阶方法有 FPE（final prediction error，最终预测误差准则）、AIC（Akaike information criterion，赤池信息量准则）和 MDL（minimum description length，最小描述长度准则）等，这里介绍一种基于 MDL 的定阶方法。

首先，构建如下方程：

$$\boldsymbol{D}\boldsymbol{\psi} = \boldsymbol{v} \tag{3.121}$$

式中，

$$\boldsymbol{D} = \begin{bmatrix} x_1 & 0 & \cdots & 0 & w_1 & 0 & \cdots & 0 \\ x_2 & x_1 & \cdots & 0 & w_2 & w_1 & \cdots & 0 \\ \vdots & \vdots & & \vdots & \vdots & \vdots & & \vdots \\ x_N & x_{N-1} & \cdots & x_{N-p} & w_N & w_{N-1} & \cdots & w_{N-q} \end{bmatrix}$$

$$\boldsymbol{\psi} = [\phi_0 \quad -\phi_1 \quad \cdots \quad -\phi_p \quad -\theta_0 \quad \theta_1 \quad \cdots \quad \theta_q]^{\mathrm{T}}$$

$$\boldsymbol{v} = [v_1 \quad v_2 \quad \cdots \quad v_N]^{\mathrm{T}}$$

式中，$\boldsymbol{v}$ 是所有元素都服从均值为 0、方差为 σ_v^2 的高斯分布，且各元素互相之间不相关，$\varphi_0=\theta_0=1$。基于式(3.121)构建如下矩阵：

$$\boldsymbol{M}=\boldsymbol{D}^{\mathrm{T}}\boldsymbol{D} \tag{3.122}$$

在构建矩阵 $\boldsymbol{M}$ 时，需要用到驱动噪声序列值 $w_i(i=1,2,\cdots,N)$，但在定阶时并没有这些值，因此，可以通过如下方法估计得到：由于只有序列样本值，因此可通过将模型展开为 MA 模型的方法来估计得到驱动噪声序列值的估值 $\hat{w}_i$。当展开项数足够大时，估计值与真值非常接近。当设定了展开项数 H_q 之后，有

$$w_i \approx x_i - \sum_{j=1}^{H_q} \vartheta_j x_{i-j} = x_i - \boldsymbol{x}_i^{\mathrm{T}} \boldsymbol{\alpha} \tag{3.123}$$

式中：$\boldsymbol{x}_i=\begin{bmatrix} x_{i-1} & x_{i-2} & \cdots & x_{i-H_q} \end{bmatrix}^{\mathrm{T}}$，$\boldsymbol{\alpha}=\begin{bmatrix} \vartheta_1 & \vartheta_2 & \cdots & \vartheta_{H_q} \end{bmatrix}^{\mathrm{T}}$。$\boldsymbol{\alpha}$ 的最小二乘估计为

$$\hat{\boldsymbol{\alpha}} = \left[\frac{1}{N+1}\sum_{i=1}^{N} \boldsymbol{x}_i \boldsymbol{x}_i^{\mathrm{T}}\right]^{-1} \frac{1}{N+1}\sum_{i=1}^{N} \boldsymbol{x}_i x_i \tag{3.124}$$

在得到 $\hat{\boldsymbol{\alpha}}$ 后，将其代入式(3.123)得到 $\hat{w}_i$，再用于构建 $\boldsymbol{M}$。

当确定了 p 和 q 之后，即可按式(3.122)得到一个矩阵 $\boldsymbol{M}$，再计算其特征值，设其最小特征值为 $\lambda_{\min}(p,q)$。

再让 p 和 q 分别在一个范围内变化，例如[0,10]，则可得到一个关于 $\lambda_{\min}(p,q)$ 的矩阵 $\boldsymbol{J}(p,q)$。最后，再计算 $\dfrac{\lambda_{\min}(p,q)}{\lambda_{\min}(p-1,q)}$ 和 $\dfrac{\lambda_{\min}(p,q)}{\lambda_{\min}(p,q-1)}$，分别找相应的最小值，并记下对应的 p 和 q，而对应的 p 和 q 就是模型阶次的估计值。

该方法是基于极大似然估计原理推导出来的，具体推导过程请参考有关文献。下面通过一个例子来具体说明该定阶方法的估计效果。

【例 3-6】 设一序列服从如下 ARMA 模型：

$x_k+0.579x_{k-1}+0.442x_{k-2}-0.769x_{k-3}=w_k+0.494w_{k-1}-0.297w_{k-2}$

式中，$\mathrm{E}(w_k)=0$，$\mathrm{E}(w_k w_j)=\sigma_w^2\delta_{kj}$，$\sigma_w^2=1$。

如图 3-23 所示为该模型的一个样本序列，请尝试以该样本序列作为建模对象，确定其对应的模型阶次。

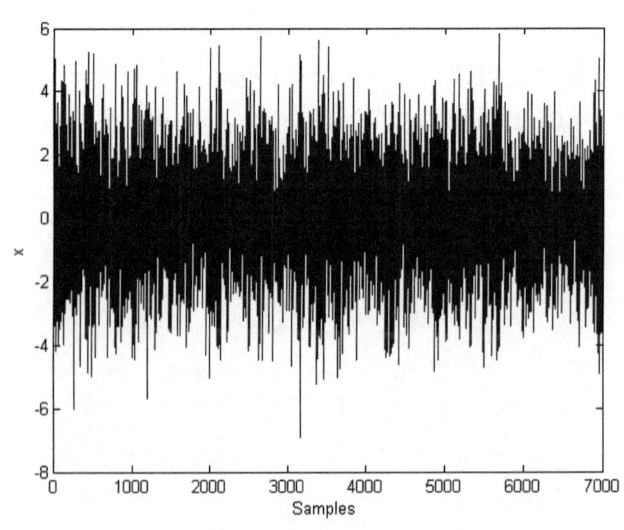

图 3-23 ARMA(3,2)过程的一个时间样本

【解】 由图3-23可知，$N=7\,000$。首先，设展开项数为100(具体可根据需要调整，一般在50～150之间即可)，根据序列样本先估计得到$\hat{\boldsymbol{\alpha}}$，并进一步估计得到$\hat{w}_i$。

然后，设定某一个p和q，一般阶次不超过10，所以，二者的待定值分别从0变化到10。针对每一对p和q，先构建矩阵$\boldsymbol{M}$，然后计算其最小特征值$\lambda_{\min}(p,q)$。当遍历所有的待定p和q值之后，即可得到关于$\lambda_{\min}(p,q)$的矩阵$\boldsymbol{J}(p,q)$。

再分别计算$\dfrac{\lambda_{\min}(p,q)}{\lambda_{\min}(p-1,q)}$和$\dfrac{\lambda_{\min}(p,q)}{\lambda_{\min}(p,q-1)}$，确定阶次。

相应的MATLAB程序如下：

```
N = 7000; P = 3;Q = 2;sigmau = 1;AR = -[-0.579 -0.442 0.769];MA = [-0.494 0.297];
u = normrnd(0,sigmau,N,1); u = [zeros(P,1);u]; X = zeros(P,1); MA = [1,MA];
MA = fliplr(MA); AR = fliplr(AR);
for i = (P+1):(N+P)
    U = u((i-Q):i); x(i) = AR * X + MA * U; X = [X(2:P);x(i)];
end
DSx = (x((P+1):(N+P)))';DSx = DSx - mean(DSx);
m = 100;Psum = zeros(m,m);Ysum = zeros(m,1);
for i = 1:N
    phi = zeros(m,1);
    for j = 1:m
        if (i-j)>0 phi(j,1) = -DSx(i-j); end;
    end;
    Psum = Psum + phi * phi';    Ysum = Ysum + phi * DSx(i);
end
theta = inv(Psum) * Ysum; ee = zeros(N,1);
for i = 1:N
    phi = zeros(m,1);
    for j = 1:m
        if (i-j)>0 phi(j,1) = DSx(i-j); end;
    end;
    ee(i,1) = DSx(i) + sum(theta. * phi);
end
for p = 0:10
    for q = 0:10
        for i = 1:N
            for j = 1:(p+1)
                if (i-j)>= 0 Dpq(i,j) = DSx(i-j+1); else Dpq(i,j) = 0; end;
            end;
            for j = (p+2):(p+q+2)
                if (i+p+1-j)>= 0 Dpq(i,j) = ee(i-j+1+p+1);
                else Dpq(i,j) = 0;
                end;
            end;
        end;
    Rpq = Dpq' * Dpq; RpqEig = eig(Rpq); RpqEigMin(p+1,q+1) = RpqEig(1);
    end
```

```
end
J = RpqEigMin';
for i = 1:10
    Jpq(i,:) = J(i+1,:)./J(i,:); Jpq1(:,i) = J(:,i+1)./J(:,i);
end
[RM,orderPQ] = min(Jpq,[],1); [M,orderQ] = min(RM);   orderQ = orderPQ(orderQ)
[RM1,orderPQ1] = min(Jpq1,[],2);
[M1,orderQ1] = min(RM1);orderP = orderPQ1(orderQ1)
t = 1:N; plot(t,DSx);xlabel('Samples'),ylabel('\it\rm{x}')
```

运行结果如图 3-23 所示，如表 3-1～表 3-3 所列。

表 3-1　解算的特征值(一)

q \ p	0	1	2	3	4	5	6	7	8	9	10
0	3 859.808 7	520.378 9	501.898 5	200.095 5	27.248 5	21.977 5	19.471 4	17.788 1	16.394 8	15.395 1	14.783 2
1	3 845.710 9	775.387 6	589.316 2	86.975 0	26.923 4	24.307 7	22.054 2	19.148 82	17.787 4	16.291 8	15.369 2
2	2 474.423 6	724.090 6	705.566 1	30.708 8	29.710 1	25.627 4	19.496 6	18.077 32	16.388 1	15.493 2	14.770 7
3	2 288.638 8	537.194 9	456.188 6	31.249 8	26.340 4	24.959 4	19.744 2	18.719 4	17.981 4	16.163 6	15.422 9
4	2 257.590 9	914.917 9	757.417 3	30.318 8	26.630 3	21.208 5	21.041 9	19.640 0	16.435 2	15.600 5	14.764 9
5	1 397.491 6	490.006 4	471.977 3	31.804 1	27.135 8	21.374 1	19.421 9	19.420 9	16.524 8	15.879 2	15.455 7
6	1 386.101 6	603.189 6	518.990 1	30.845 0	26.342 9	21.461 2	19.310 4	17.619 8	17.264 8	16.378 8	14.769 2
7	1 024.659 5	666.634 8	664.553 0	30.778 6	26.223 8	21.212 3	19.581 6	17.479 0	16.360 2	16.355 1	14.810 9
8	925.067 8	462.336 9	446.155 1	30.929 9	26.243 6	21.266 4	19.392 1	17.487 0	16.312 5	15.205 4	15.158 7
9	925.005 8	659.138 1	658.455 3	30.301 4	26.517 2	21.242 9	19.378 4	17.484 8	16.353 6	15.204 6	14.756 4
10	582.092 0	441.551 1	440.651 5	30.273 1	26.223 8	21.202 4	19.278 5	17.477 6	16.312 2	15.194 1	14.735 5

表 3-2　解算的特征值(二)

q \ p	0	1	2	3	4	5	6	7	8	9	10
1	0.996 3	1.490 0	1.174 2	0.434 7	0.988 1	1.106 0	1.132 6	1.076 5	1.084 9	1.058 2	1.039 6
2*	0.643 4	0.933 8	1.197 3	**0.353 1***	1.103 5	1.054 3	0.884 0	0.944 0	0.921 3	0.951 0	0.961 1
3	0.924 9	0.741 89	0.646 6	1.017 6	0.886 6	0.973 9	1.012 7	1.035 5	1.097 2	1.043 3	1.044 2
4	0.986 4	1.703 1	1.660 3	0.970 2	1.011 0	0.849 7	1.065 7	1.049 2	0.914 0	0.965 2	0.957 3
5	0.619 0	0.535 6	0.623 1	1.049 0	1.019 0	1.007 8	0.923 0	0.988 8	1.005 5	1.017 9	1.046 8
6	0.991 8	1.231 0	1.099 6	0.969 8	0.970 8	1.004 1	0.994 3	0.907 3	1.044 8	1.031 5	0.955 6
7	0.739 2	1.105 2	1.280 5	0.997 8	0.995 5	0.988 4	1.014 0	0.992 0	0.947 6	0.998 6	1.002 8
8	0.902 8	0.693 5	0.671 4	1.004 9	1.000 8	1.002 6	0.990 3	1.000 5	0.997 1	0.929 7	1.023 5
9	0.999 9	1.425 7	1.475 8	0.979 7	1.010 4	0.998 9	0.999 3	0.999 9	1.002 5	0.999 9	0.973 5
10	0.629 3	0.669 9	0.669 2	0.999 1	0.988 9	0.998 1	0.994 8	0.999 6	0.997 5	0.999 3	0.998 6

表 3-3　解算的特征值(三)

q \ p	1	2	3*	4	5	6	7	8	9	10
0	0.134 8	0.964 5	0.398 7	0.136 2	0.806 6	0.886 0	0.913 5	0.921 7	0.939 0	0.960 3
1	0.201 6	0.760 0	0.147 6	0.309 6	0.902 8	0.907 3	0.868 3	0.928 9	0.915 9	0.943 4
2	0.292 6	0.974 4	0.043 5	0.967 5	0.862 6	0.760 8	0.927 2	0.906 6	0.945 4	0.953 4
3	0.234 7	0.849 2	0.068 5	0.842 9	0.947 6	0.791 1	0.948 1	0.960 6	0.898 9	0.954 2
4	0.405 3	0.827 9	**0.040 0***	0.878 3	0.796 4	0.992 1	0.933 4	0.836 8	0.949 2	0.946 4
5	0.350 6	0.963 2	0.067 4	0.853 2	0.787 7	0.908 7	0.999 9	0.850 9	0.960 9	0.973 3
6	0.435 2	0.860 4	0.059 4	0.854 0	0.814 7	0.899 8	0.912 5	0.979 9	0.948 7	0.901 7
7	0.650 6	0.996 9	0.046 3	0.852 0	0.808 9	0.923 1	0.892 6	0.936 0	0.999 7	0.905 6
8	0.499 8	0.965 0	0.069 3	0.848 5	0.810 3	0.911 9	0.901 8	0.932 8	0.932 1	0.996 9
9	0.712 6	0.999 0	0.046 0	0.875 1	0.801 1	0.912 2	0.902 3	0.935 3	0.929 7	0.970 5
10	0.758 67	0.998 0	0.068 7	0.866 2	0.808 5	0.909 3	0.906 6	0.933 3	0.931 5	0.969 8

如表 3-2 和表 3-3 中星号所标示，所标示的数为表格中的最小值，所对应的行和列分别为对应的阶次，即 $q=2$ 和 $p=3$，显然是正确的。不过，需要说明的是，影响定阶结果正确性的因素包括样本长度 N、模型阶次和有无噪声等。一般来说，N 越大，定阶结果越准确；模型阶次越高，定阶结果也越准确。例如本例 ARMA(3,2)模型的定阶准确性要比 ARMA(6,4)模型的低。如果样本中有噪声(称为观测噪声)，定阶准确性将下降。在本例中未加入观测噪声，所以，有利于提高定阶结果的准确性。

(2) AR 参数估计

对式(3.118)来说，在等式两边同时乘以 $x_{k-\tau}$，并取期望得

$$\mathrm{E}(x_k x_{k-\tau}) = R_{xx}(\tau) = \sum_{i=1}^{p}\phi_i R_{xx}(\tau-i) + \mathrm{E}(w_k x_{k-\tau}) - \sum_{j=1}^{q}\theta_j \mathrm{E}(w_{k-j}x_{k-\tau}) \tag{3.125}$$

当 $\tau>q$ 时，有

$$R_{xx}(\tau) = \sum_{i=1}^{p}\phi_i R_{xx}(\tau-i) \tag{3.126}$$

此时序列的自相关函数只与 AR 参数有关。如果能得到序列的自相关函数，则可以估计得到 AR 参数，即

$$\begin{bmatrix} R_{xx}(q) & R_{xx}(q-1) & \cdots & R_{xx}(q-p+1) \\ R_{xx}(q+1) & R_{xx}(q) & \cdots & R_{xx}(q-p+2) \\ \vdots & \vdots & & \vdots \\ R_{xx}(s-1) & R_{xx}(s-2) & \cdots & R_{xx}(s-p) \end{bmatrix} \begin{bmatrix} \phi_1 \\ \phi_2 \\ \vdots \\ \phi_p \end{bmatrix} = \begin{bmatrix} R_{xx}(q+1) \\ R_{xx}(q+2) \\ \vdots \\ R_{xx}(s) \end{bmatrix} \tag{3.127}$$

令

$$\boldsymbol{R}_{xx} = \begin{bmatrix} R_{xx}(q) & R_{xx}(q-1) & \cdots & R_{xx}(q-p+1) \\ R_{xx}(q+1) & R_{xx}(q) & \cdots & R_{xx}(q-p+2) \\ \vdots & \vdots & & \vdots \\ R_{xx}(s-1) & R_{xx}(s-2) & \cdots & R_{xx}(s-p) \end{bmatrix}$$

$$\boldsymbol{R}_s = [R_{xx}(q+1) \quad R_{xx}(q+2) \quad \cdots \quad R_{xx}(s)]^{\mathrm{T}}$$

$$\boldsymbol{\varphi}=[\phi_1 \quad \phi_2 \quad \cdots \quad \phi_p]^{\mathrm{T}}$$

则式(3.127)可重写为

$$\boldsymbol{R}_s=\boldsymbol{R}_{xx}\boldsymbol{\varphi} \tag{3.128}$$

那么，$\boldsymbol{\varphi}$ 的最小二乘估计结果为

$$\hat{\boldsymbol{\varphi}}=(\boldsymbol{R}_{xx}^{\mathrm{T}}\boldsymbol{R}_{xx})^{-1}\boldsymbol{R}_{xx}^{\mathrm{T}}\boldsymbol{R}_s \tag{3.129}$$

这样就实现了对 AR 参数的估计。

(3) MA 参数和驱动噪声方差估计

在 AR 参数估计完成后，可以对 ARMA 过程进行滤波补偿，即按照 AR 模型设计补偿滤波器，进而得到补偿后的残余序列。该序列可近似认为是服从 MA 的随机过程。下面对该过程进行建模。

设残余序列服从的 MA 过程为

$$r_k=w_k-\theta_1 w_{k-1}-\cdots-\theta_q w_{k-q} \tag{3.130}$$

式中：$\mathrm{E}(w_k)=0$，$\mathrm{E}(w_k w_j)=\sigma_w^2\delta_{kj}$。建模的任务就是确定 $\theta_i(i=1,2,\cdots,q)$ 和 σ_w^2。估计方法如下：

设

$$R_{rr}(\tau)=\begin{cases}\mathrm{E}(r_k r_{k-\tau}), & \tau=0,1,\cdots,q\\ 0, & \tau>q\end{cases} \tag{3.131}$$

另设

$$\begin{cases}R_{rw}(\tau)=\mathrm{E}(r_k w_{k-\tau})\\ R_{ww}(0)=\mathrm{E}(w_k w_k)=\sigma_w^2\end{cases} \tag{3.132}$$

由式(3.130)可得

$$\mathrm{E}(r_k w_{k-\tau})=-\theta_\tau\sigma_w^2 \tag{3.133}$$

即

$$\theta_\tau=-\frac{\mathrm{E}(r_k w_{k-\tau})}{\sigma_w^2} \tag{3.134}$$

显然由式(3.132)和(3.134)即可确定 $\theta_i(i=1,2,\cdots,q)$ 和 σ_w^2。不过，在真正估计中，需要通过多次迭代才能实现较高精度的估计，因此，具体的估计方法如下：

由式(3.130)有

$$\begin{cases}r_{k-m}=w_{k-m}-\theta_1 w_{k-m-1}-\cdots-\theta_q w_{k-m-q}\\ w_{k-m}=r_{k-m}+\theta_1 w_{k-m-1}+\cdots+\theta_q w_{k-m-q}\end{cases} \tag{3.135}$$

式中，$m=k,k-1,\cdots,0$。从而可以得到

$$\mathrm{E}(r_{k-m}w_{k-m-\tau})=-\theta_\tau\mathrm{E}(w_{k-m-\tau}w_{k-m-\tau}) \tag{3.136}$$

即

$$\theta_\tau=-\frac{\mathrm{E}(r_{k-m}w_{k-m-\tau})}{\mathrm{E}(w_{k-m-\tau}w_{k-m-\tau})} \tag{3.137}$$

又

$$\begin{aligned}R_{rw}(k,k-m)&=\mathrm{E}(r_k w_{k-m})\\ &=\mathrm{E}\left\{r_k\left[r_{k-m}-\sum_{i=1}^{q}\frac{\mathrm{E}(r_{k-m}w_{k-m-i})}{\mathrm{E}(w_{k-m-i}w_{k-m-i})}w_{k-i-m}\right]\right\}\\ &=R_{rr}(m)-\sum_{i=1}^{q-m}\frac{R_{rw}(k-m,k-m-i)R_{rw}(k,k-i-m)}{R_{ww}(k-m-i,k-m-i)}\\ &\overset{j=m+i}{=\!=\!=}R_{rr}(m)-\sum_{j=m+1}^{q}\frac{R_{rw}(k,k-j)R_{rw}(k-m,k-j)}{R_{ww}(k-j,k-j)}\end{aligned} \tag{3.138}$$

在式(3.138)推导中，用到了当 $j>q$ 时，$R_{rw}(k,k-j)=0$。对式(3.137)按 $k-m$ 进行多次迭

代，稳定后的结果即可以认为是MA参数的估计值。

因此，总结MA参数估计方法如下：

$$\begin{cases} \theta_i = -\lim\limits_{k\to\infty} \dfrac{R_{rw}(k,k-i)}{R_{ww}(k,k)} \\ \sigma_w^2 = \lim\limits_{k\to\infty} R_{ww}(k,k) \\ R_{rw}(k,k-i) = R_{rr}(i) - \sum\limits_{j=i+1}^{q} \dfrac{R_{rw}(k,k-j)R_{rw}(k-i,k-j)}{R_{ww}(k-j,k-j)} \end{cases} \tag{3.139}$$

式中：$k=0,1,\cdots,N$；$i=1,2,\cdots,q$。另规定：

$$\begin{cases} R_{rw}(0,0)=R_{ww}(0) \\ R_{rw}(k,k-s)=0, \quad k<s \\ \dfrac{1}{R_{ww}(k-s,k-s)}=0, \quad k<s \end{cases} \tag{3.140}$$

由式(3.139)和(3.140)所确定的MA参数估计方法称为Gevers－Wouters迭代算法，或简称为G－W算法。

至此，当确定了ARMA模型的阶次后，即可完成模型参数的估计，从而完成建模。下面通过一个例子来说明建模效果。

【例3－7】 仍然以例3－6模型所产生的样本序列作为建模对象，试基于该样本估计该模型参数。

【解】 由题意可知，$p=3$，$q=2$，需要估计AR参数、MA参数和σ_w^2。

首先，估计AR参数。取$s=3p$，构建式(3.128)，其中：

$\boldsymbol{R}_s=[-1.2438 \quad -0.2182 \quad -1.807 \quad -0.1785 \quad -0.7438 \quad 0.8944 \quad 0.3254]^{\mathrm{T}}$

$$\boldsymbol{R}_{xx}=\begin{bmatrix} 1.4686 & 0.1433 & 2.8214 \\ -1.2438 & 1.4686 & 0.1433 \\ -0.2182 & -1.2438 & 1.4686 \\ -1.807 & -0.2182 & -1.2438 \\ -0.1785 & -1.807 & -0.2182 \\ -0.7438 & -0.1785 & -1.807 \\ 0.8944 & -0.7438 & -0.1785 \end{bmatrix}$$

将上式代入式(3.129)得

$$\hat{\boldsymbol{\varphi}}=[0.5868 \quad 0.4383 \quad -0.7732]^{\mathrm{T}}$$

其次，再进行MA参数和σ_w^2的估计。先利用估计得到的AR参数构建滤波器，并对原始序列进行滤波，即从原始序列中减去AR滤波估计值，得到残余序列，用于进行MA参数和σ_w^2的估计。迭代100次，结果为

$$\hat{\theta}_1=-0.4955, \quad \hat{\theta}_2=0.268, \quad \hat{\sigma}_w^2=0.9765$$

从估计结果看，估计值与真值相差不大，估计效果良好。

相应的MATLAB程序如下：

```
N = 7000; P = 3;Q = 2;sigmau = 1;AR = -[-0.579 -0.442 0.769];MA = [-0.494 0.297];
u = normrnd(0,sigmau,N,1); u = [zeros(P,1);u]; X = zeros(P,1); MAT = [1,MA];
```

```
MAF = fliplr(MAT); ARF = fliplr(AR);
for i = (P + 1):(N + P)
    U = u((i - Q):i);     x(i) = ARF * X + MAF * U;     X = [X(2:P);x(i)]; % 更新 X
end
DSx = (x((P + 1):(N + P)))'; DSx = DSx - mean(DSx); S = 3 * P;
for i = 0:S
    sum(i + 1) = 0;
    for j = 1:(N - i)
        sum(i + 1) = sum(i + 1) + DSx(j) * DSx(j + i);
    end
    Ryy(i + 1) = sum(i + 1)/N;
end
Ryy = Ryy';
for i = 1:(S - Q)
    R1(i,1) = Ryy(1 + abs(Q + i));
    for j = 1:P
        Ry(i,j) = Ryy(1 + abs(i - j + Q));
    end
end
ARpara = inv(Ry' * Ry) * Ry' * R1;
for i = 1:N
    ResDS(i) = DSx(i);
    for j = 1:P
        if(i>j) ResDS(i) = ResDS(i) - ARpara(j) * DSx(i - j); end;
    end
end
for i = 0:P + 1
    sum1(i + 1) = 0;
    for j = 1:(N - i)
        sum1(i + 1) = sum1(i + 1) + ResDS(j) * ResDS(j + i);
    end
Rfy(i + 1) = sum1(i + 1)/N;
end
Rfy = Rfy'; ARpara1 = [1,ARpara'];
for tao = 1:(Q + 1)
    Rfx(tao) = Rfy(tao);
end
[a,b] = size(Rfx); if(a == 1) Rfx = Rfx'; end
R0 = Rfx(1); if(Rfx(1)~= 1) Rfx = Rfx/R0; end
LoopN = 100; R = Rfx'; [a,b] = size(R); m = min(a,b); n = size(R,2)/m - 1;
R(:,m * (n + 2):m * (LoopN + 10)) = zeros;Rre(1:m,1:m) = R(:,1:m);
for t = 1:LoopN
    Rre(t * m + 1:(t + 1) * m,1:m) = R(:,t * m + 1:(t + 1) * m);
    for i = t - 1:-1:0
        sum = zeros(m,m);
        for s = i + 1:min(n,t)
```

```
            sum = sum + Rre(t * m + 1:(t + 1) * m,(t - s) * m + 1:(t - s + 1) * m)/(Rre((t - s) * m + 1:(t - s + 1) * m,(t -
s) * m + 1:(t - s + 1) * m)) * Rre((t - i) * m + 1:(t - i + 1) * m,(t - s) * m + 1:(t - s + 1) * m);
            end
          Rre(t * m + 1:(t + 1) * m,(t - i) * m + 1:(t - i + 1) * m) = R(:,i * m + 1:(i + 1) * m) - sum;
        end
    end
    for i = 1:LoopN
        qe(:,(i - 1) * m + 1:m * i) = Rre((i - 1) * m + 1:m * i,(i - 1) * m + 1:m * i);
    end
    for j = 1:n
        for t = 1 + j:LoopN
            d((j - 1) * m + 1:j * m,(t - 1) * m + 1:t * m) = Rre((t - 1) * m + 1:t * m,(t - j - 1) * m + 1:(t - j) * m)/
(qe(:,(t - 1) * m + 1:m * t));
        end
    end
    MApara = d(1:Q,LoopN)'; BMA = [1,MApara]; PrnV = R0/norm(BMA,2)^2; t = 1:N;
    figure(1); plot(t,DSx);xlabel('Samples'),ylabel('\it\rm{x}')
    figure(2); plot(t,ResDS);xlabel('Samples'),ylabel('\it\rm{x}')
```

运行结果如图 3－24 所示，为 AR 滤波补偿后的残余序列。

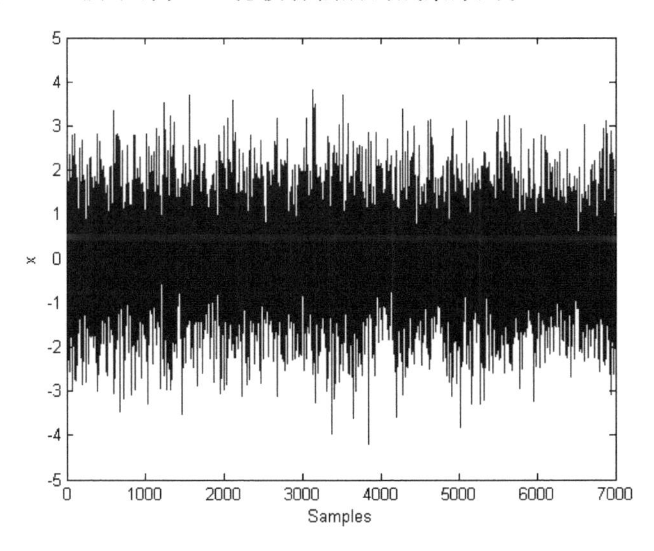

图 3－24　AR 滤波补偿后的残余序列

3.3　捷联惯导解算

如图 3－25 所示为捷联惯导解算的流程示意图，其中包括姿态解算、速度解算和位置解算。基于陀螺仪和加速度计的输出，在已知初始值的条件下，通过积分，可以递推得到解算的姿态角、速度和位置，因此，相关初始值的确定是不可或缺的。以当地地理坐标系作为导航解算的坐标系，需要给定的初始条件包括：初始位置 L_0、λ_0、h_0，初始速度 v_{x0}^{n}、v_{y0}^{n}、v_{z0}^{n}，初始姿态角 ψ_0、θ_0、γ_0。初始的姿态四元数$\boldsymbol{Q}_0$ 和姿态转换矩阵$\boldsymbol{C}_{n(0)}^{b(0)}$可以利用三个初始姿态角计算得到。确定这些初始值的过程称为初始对准，将在 3.4 节介绍。

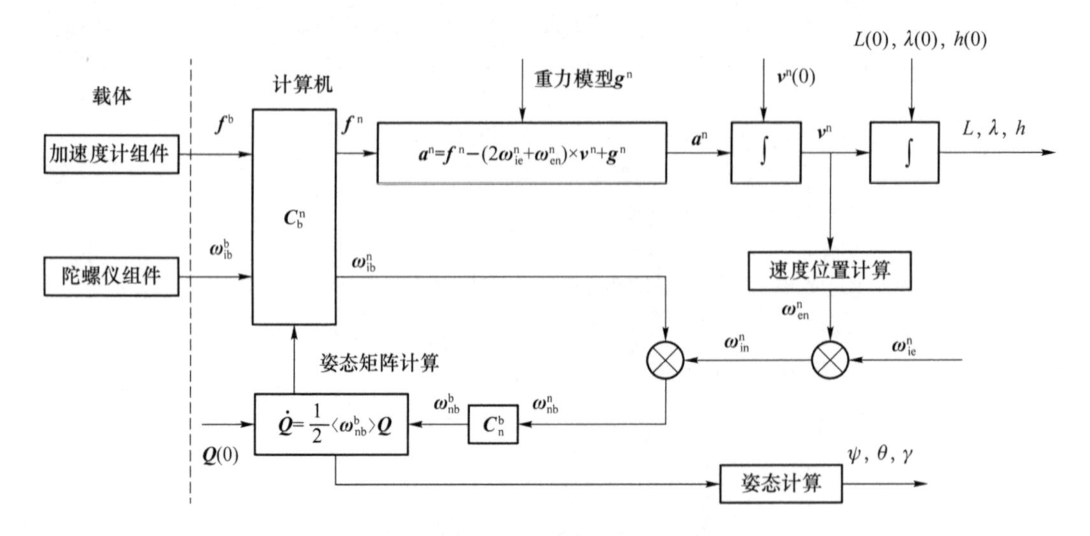

图 3-25　捷联惯导解算流程示意图

3.3.1　姿态解算

载体坐标系(b 系)相对于导航坐标系(n 系)的转动角速度在本体坐标系中的投影 $\boldsymbol{\omega}_{nb}^b$,与陀螺仪输出的角速度 $\boldsymbol{\omega}_{ib}^b$、地球自转角速度 $\boldsymbol{\omega}_{ie}^n$、位置角速度 $\boldsymbol{\omega}_{en}^n$ 以及姿态矩阵$\boldsymbol{C}_b^n$ 有如下关系:

$$\boldsymbol{\omega}_{nb}^b=\boldsymbol{\omega}_{ib}^b-\boldsymbol{C}_n^b(\boldsymbol{\omega}_{en}^n+\boldsymbol{\omega}_{ie}^n) \tag{3.141}$$

$$\boldsymbol{\omega}_{ie}^n=\begin{bmatrix}0\\ \omega_{ie}\cos L\\ \omega_{ie}\sin L\end{bmatrix} \tag{3.142}$$

$$\boldsymbol{\omega}_{en}^n=\begin{bmatrix}-\dfrac{v_y^n}{R_M+h}\\ \dfrac{v_x^n}{R_N+h}\\ \dfrac{v_x^n\tan L}{R_N+h}\end{bmatrix} \tag{3.143}$$

在得到计算结果后,可以求解如下关于姿态四元数的微分方程:

$$\dot{\boldsymbol{Q}}=\begin{bmatrix}\dot{q}_0\\ \dot{q}_1\\ \dot{q}_2\\ \dot{q}_3\end{bmatrix}=\frac{1}{2}\begin{bmatrix}0 & -\omega_{nbx}^b & -\omega_{nby}^b & -\omega_{nbz}^b\\ \omega_{nbx}^b & 0 & \omega_{nbz}^b & -\omega_{nby}^b\\ \omega_{nby}^b & -\omega_{nbz}^b & 0 & \omega_{nbx}^b\\ \omega_{nbz}^b & \omega_{nby}^b & -\omega_{nbx}^b & 0\end{bmatrix}\begin{bmatrix}q_0\\ q_1\\ q_2\\ q_3\end{bmatrix}=\frac{1}{2}\langle\boldsymbol{\omega}_{nb}^b\rangle\boldsymbol{Q} \tag{3.144}$$

式中,$\boldsymbol{Q}=[q_0\quad q_1\quad q_2\quad q_3]^T$ 为姿态四元数,$\boldsymbol{\omega}_{nb}^b=[\omega_{nbx}^b\quad \omega_{nby}^b\quad \omega_{nbz}^b]^T$,$\langle\boldsymbol{\omega}_{nb}^b\rangle$ 为 $\boldsymbol{\omega}_{nb}^b$ 对应的四元数反对称矩阵。对式(3.144)积分得

$$\boldsymbol{Q}_{k+1}=\exp\left[\frac{1}{2}\int_{t_k}^{t_{k+1}}\langle\boldsymbol{\omega}_{nb}^b\rangle\mathrm{d}t\right]\boldsymbol{Q}_k=\left\{\cos\frac{\Delta\theta}{2}\boldsymbol{I}+\frac{\sin\dfrac{\Delta\theta}{2}}{\Delta\theta}[\Delta\boldsymbol{\theta}]\right\}\boldsymbol{Q}_k \tag{3.145}$$

$$[\Delta\boldsymbol{\theta}]=\begin{bmatrix}0 & -\Delta\theta_x & -\Delta\theta_y & -\Delta\theta_z\\ \Delta\theta_x & 0 & \Delta\theta_z & -\Delta\theta_y\\ \Delta\theta_y & -\Delta\theta_z & 0 & \Delta\theta_x\\ \Delta\theta_z & \Delta\theta_y & -\Delta\theta_x & 0\end{bmatrix} \tag{3.146}$$

设采样间隔为 T,则 $\Delta\theta_i=\omega_{\mathrm{nb}i}^{\mathrm{b}}T(i=x,y,z)$,$\Delta\theta$ 的表达式为

$$\Delta\theta=\sqrt{\Delta\theta_x^2+\Delta\theta_y^2+\Delta\theta_z^2} \tag{3.147}$$

在实际计算中,根据需要的计算精度,可以将 $\cos\dfrac{\Delta\theta}{2}$ 和 $\sin\dfrac{\Delta\theta}{2}$ 进行 Taylor 级数展开,取若干项近似。例如,当取四阶近似时,式(3.145)近似为

$$\boldsymbol{Q}_{k+1}\approx\left\{\left[1-\frac{(\Delta\theta)^2}{8}+\frac{(\Delta\theta)^4}{384}\right]\boldsymbol{I}+\left[\frac{1}{2}-\frac{(\Delta\theta)^2}{48}\right][\Delta\boldsymbol{\theta}]\right\}\boldsymbol{Q}_k \tag{3.148}$$

完成姿态四元数 $\boldsymbol{Q}$ 的更新后,利用四元数与姿态转移矩阵、姿态角之间的转换关系,可以计算出姿态矩阵 $\boldsymbol{C}_{\mathrm{b}}^{\mathrm{n}}$ 和姿态角 ψ、θ、γ。

3.3.2 速度解算

在导航坐标系中,速度方程为

$$\dot{\boldsymbol{v}}^{\mathrm{n}}=\boldsymbol{C}_{\mathrm{b}}^{\mathrm{n}}\boldsymbol{f}^{\mathrm{b}}-(2\boldsymbol{\omega}_{\mathrm{ie}}^{\mathrm{n}}+\boldsymbol{\omega}_{\mathrm{en}}^{\mathrm{n}})\times\boldsymbol{v}^{\mathrm{n}}+\boldsymbol{g}^{\mathrm{n}} \tag{3.149}$$

给定速度初值 v_{x0}^{n}、v_{y0}^{n}、v_{z0}^{n},对式(3.149)进行积分得

$$\boldsymbol{v}_{k+1}^{\mathrm{n}}=\boldsymbol{v}_k^{\mathrm{n}}+\int_{t_k}^{t_{k+1}}\boldsymbol{C}_{\mathrm{b}}^{\mathrm{n}}\boldsymbol{f}^{\mathrm{b}}\mathrm{d}t+[\boldsymbol{g}_k^{\mathrm{n}}-(2\boldsymbol{\omega}_{\mathrm{ie},k}^{\mathrm{n}}+\boldsymbol{\omega}_{\mathrm{en},k}^{\mathrm{n}})\times\boldsymbol{v}_k^{\mathrm{n}}](t_{k+1}-t_k) \tag{3.150}$$

式(3.150)的右边第二项可进一步写为

$$\Delta\boldsymbol{v}_k^{\mathrm{n}}=\int_{t_k}^{t_{k+1}}\boldsymbol{C}_{\mathrm{b}}^{\mathrm{n}}\boldsymbol{f}^{\mathrm{b}}\mathrm{d}t=\int_{t_k}^{t_{k+1}}\boldsymbol{C}_{\mathrm{b}(k)}^{\mathrm{n}(k)}\boldsymbol{C}_{\mathrm{b}(t)}^{\mathrm{b}(k)}\boldsymbol{f}^{\mathrm{b}}\mathrm{d}t=\boldsymbol{C}_{\mathrm{b}(k)}^{\mathrm{n}(k)}\int_{t_k}^{t_{k+1}}\boldsymbol{C}_{\mathrm{b}(t)}^{\mathrm{b}(k)}\boldsymbol{f}^{\mathrm{b}}\mathrm{d}t \tag{3.151}$$

$$\boldsymbol{C}_{\mathrm{b}(t)}^{\mathrm{b}(k)}=\boldsymbol{I}+\frac{\sin\Delta\theta}{\Delta\theta}(\Delta\boldsymbol{\theta}\times)+\frac{1-\cos\Delta\theta}{\Delta\theta^2}(\Delta\boldsymbol{\theta}\times)(\Delta\boldsymbol{\theta}\times)\approx\boldsymbol{I}+(\Delta\boldsymbol{\theta}\times) \tag{3.152}$$

式中,$\Delta\boldsymbol{\theta}=[\Delta\theta_x\quad\Delta\theta_y\quad\Delta\theta_z]^{\mathrm{T}}$,$\Delta\theta$ 为 $\Delta\boldsymbol{\theta}$ 的模,$(\Delta\boldsymbol{\theta}\times)$ 为 $\Delta\boldsymbol{\theta}$ 的反对称矩阵。设

$$\Delta\boldsymbol{\theta}=\int_{t_k}^{t}\boldsymbol{\omega}_{\mathrm{nb}}^{\mathrm{b}}\mathrm{d}t \tag{3.153}$$

$$\Delta\boldsymbol{v}^{\mathrm{b}}=\int_{t_k}^{t}\boldsymbol{f}^{\mathrm{b}}\mathrm{d}t \tag{3.154}$$

则式(3.151)可进一步写为

$$\begin{aligned}\Delta\boldsymbol{v}_k^{\mathrm{n}}&=\boldsymbol{C}_{\mathrm{b}(k)}^{\mathrm{n}(k)}\int_{t_k}^{t_{k+1}}(\boldsymbol{f}^{\mathrm{b}}+\Delta\boldsymbol{\theta}\times\boldsymbol{f}^{\mathrm{b}})\mathrm{d}t\\&=\boldsymbol{C}_{\mathrm{b}(k)}^{\mathrm{n}(k)}\left[\Delta\boldsymbol{v}_k^{\mathrm{b}}+\frac{1}{2}\Delta\boldsymbol{\theta}_k\times\Delta\boldsymbol{v}_k^{\mathrm{b}}+\int_{t_k}^{t_{k+1}}\frac{1}{2}(\Delta\boldsymbol{\theta}\times f^{\mathrm{b}}-\omega_{\mathrm{nb}}^{\mathrm{b}}\times\Delta\boldsymbol{v}^{\mathrm{b}})\mathrm{d}t\right]\\&\approx\boldsymbol{C}_{\mathrm{b}(k)}^{\mathrm{n}(k)}\left(\Delta\boldsymbol{v}_k^{\mathrm{b}}+\frac{1}{2}\Delta\boldsymbol{\theta}_k\times\Delta\boldsymbol{v}_k^{\mathrm{b}}\right)\end{aligned} \tag{3.155}$$

式中

$$\Delta\boldsymbol{\theta}_k=\int_{t_k}^{t_{k+1}}\boldsymbol{\omega}_{\mathrm{nb}}^{\mathrm{b}}\mathrm{d}t\approx\boldsymbol{\omega}_{\mathrm{nb},k}^{\mathrm{b}}(t_{k+1}-t_k) \tag{3.156}$$

$$\Delta\boldsymbol{v}_k^{\mathrm{b}}=\int_{t_k}^{t_{k+1}}\boldsymbol{f}^{\mathrm{b}}\mathrm{d}t\approx\boldsymbol{f}_k^{\mathrm{b}}(t_{k+1}-t_k) \tag{3.157}$$

将式(3.155)的计算结果代入式(3.150),即可完成速度方程的积分更新。

3.3.3 位置解算

SINS 的位置方程为

$$\begin{cases}\dot{L}=\dfrac{v_y^{\mathrm{n}}}{(R_{\mathrm{M}}+h)}\\ \dot{\lambda}=\dfrac{v_x^{\mathrm{n}}}{(R_{\mathrm{N}}+h)\cos L}\\ \dot{h}=v_z^{\mathrm{n}}\end{cases} \tag{3.158}$$

给定初始位置 L_0、λ_0、h_0，利用上述方程积分可以得到导航坐标系下的纬度、经度和海拔高度，其中高度方程通常单独计算，而经纬度方程通常采用如下计算方法。

将式(3.143)的位置角速度方程改写为

$$\omega_{\mathrm{en}}^{\mathrm{n}}=\begin{bmatrix}0 & -\dfrac{1}{R_{\mathrm{M}}+h} & 0\\ \dfrac{1}{R_{\mathrm{N}}+h} & 0 & 0\\ \dfrac{\tan L}{R_{\mathrm{N}}+h} & 0 & 0\end{bmatrix}\begin{bmatrix}v_x^{\mathrm{n}}\\ v_y^{\mathrm{n}}\\ v_z^{\mathrm{n}}\end{bmatrix}=\boldsymbol{F}\boldsymbol{v}^{\mathrm{n}} \tag{3.159}$$

令

$$\boldsymbol{\xi}=\int_{t_k}^{t_{k+1}}\boldsymbol{\omega}_{\mathrm{en}}^{\mathrm{n}}\mathrm{d}t\approx\boldsymbol{F}_{(t_k,t_{k+1})/2}\Delta\boldsymbol{r}^{\mathrm{n}} \tag{3.160}$$

其中

$$\begin{cases}L_{(t_k,t_{k+1})/2}=L_k+\dfrac{1}{2}(L_k-L_{k-1})=\dfrac{3}{2}L_k-\dfrac{1}{2}L_{k-1}\\ h_{(t_k,t_{k+1})/2}=h_k+\dfrac{1}{2}(h_k-h_{k-1})=\dfrac{3}{2}h_k-\dfrac{1}{2}h_{k-1}\\ \Delta\boldsymbol{r}^{\mathrm{n}}=\displaystyle\int_{t_k}^{t_{k+1}}\boldsymbol{v}^{\mathrm{n}}\mathrm{d}t\approx\int_{t_k}^{t_{k+1}}\left[\boldsymbol{v}_k^{\mathrm{n}}+\dfrac{\boldsymbol{v}_{k+1}^{\mathrm{n}}-\boldsymbol{v}_k^{\mathrm{n}}}{T}(t-t_k)\right]\mathrm{d}t=\dfrac{1}{2}(\boldsymbol{v}_{k+1}^{\mathrm{n}}+\boldsymbol{v}_k^{\mathrm{n}})T\end{cases} \tag{3.161}$$

则有

$$\boldsymbol{C}_{\mathrm{n}(k+1)}^{\mathrm{n}(k)}=\boldsymbol{I}+\frac{\sin|\boldsymbol{\xi}|}{|\boldsymbol{\xi}|}(\boldsymbol{\xi}\times)+\frac{1-\cos|\boldsymbol{\xi}|}{|\boldsymbol{\xi}|^2}(\boldsymbol{\xi}\times)(\boldsymbol{\xi}\times)\approx\boldsymbol{I}+(\boldsymbol{\xi}\times) \tag{3.162}$$

同时有

$$\boldsymbol{C}_{\mathrm{e}}^{\mathrm{n}(k+1)}=\boldsymbol{C}_{\mathrm{n}(k)}^{\mathrm{n}(k+1)}\boldsymbol{C}_{\mathrm{e}}^{\mathrm{n}(k)} \tag{3.163}$$

由式(3.163)即可实现位置矩阵的更新，并可由下式求解经纬度，即

$$\boldsymbol{C}_{\mathrm{e}}^{\mathrm{n}}=\begin{bmatrix}-\sin\lambda & \cos\lambda & 0\\ -\sin L\cos\lambda & -\sin L\sin\lambda & \cos L\\ \cos L\cos\lambda & \cos L\sin\lambda & \sin L\end{bmatrix} \tag{3.164}$$

3.4 初始对准

如前所述，由于 SINS 基于积分式工作原理，因此，在开始导航解算之前，需要设置初值，包括初始姿态、初始速度和初始位置。在地理坐标系下，如果初始是静止状态，则初始速度为 0，输出位置可以通过其他方式确定(如卫星导航)，而初始姿态的确定较为复杂，因此，初始对准

的主要任务是确定初始姿态。

捷联式导航系统正式工作前，需要在导航计算机中存入载体坐标系 b 到导航坐标系 n 的姿态转换矩阵。设真实的姿态矩阵为$\boldsymbol{C}_b^n$，计算机通过惯性器件输出解算得到的姿态矩阵为$\boldsymbol{C}_b^{\hat{n}}$，姿态误差角向量的反对称矩阵为$(\boldsymbol{\varphi}\times)$（小角度假设），有

$$\boldsymbol{C}_b^{\hat{n}}=\boldsymbol{C}_n^{\hat{n}}\boldsymbol{C}_b^n=[\boldsymbol{I}-(\boldsymbol{\varphi}\times)]\boldsymbol{C}_b^n \tag{3.165}$$

其中

$$(\boldsymbol{\varphi}\times)=\begin{bmatrix}0 & -\varphi_U & \varphi_N\\ \varphi_U & 0 & -\varphi_E\\ -\varphi_N & \varphi_E & 0\end{bmatrix} \tag{3.166}$$

可以进一步得到$\boldsymbol{C}_b^n$（可视为用$(\boldsymbol{\varphi}\times)$对$\boldsymbol{C}_b^{\hat{n}}$进行修正），即

$$\boldsymbol{C}_b^n=[\boldsymbol{I}+(\boldsymbol{\varphi}\times)]\boldsymbol{C}_b^{\hat{n}} \tag{3.167}$$

如式(3.167)所示就是初始姿态确定的基本过程，初始姿态的确定包括水平角（滚转角和俯仰角）和方位角的确定。滚转角和俯仰角可以通过对当地重力加速度的测量以较高精度获得。而方位角的确定则较为困难：如果有寻北仪，可以由其获得方位角；如果没有寻北仪，且陀螺仪精度较高，则可以通过对地球自转角速度的测量得到方位角的估计值，这种方法称为静基座自对准；如果陀螺仪精度不高，则需要通过其他方法（如通过卫星导航的速度观测，通过载体运动耦合）得到方位角的估计值，这种方法称为动基座组合对准；如果陀螺仪精度不高，但载体上还有一套精度较高的惯性导航系统，则可以通过组合滤波确定其初始姿态，这种方法称为传递对准。下面分别介绍这几种对准方法。

3.4.1 静基准对准

如果陀螺仪和加速度计的精度较高，可以通过静基座初始对准实现对初始姿态的估计。静基准初始对准通常分为两个步骤：先是通过粗对准提供一个精度足够高的计算姿态矩阵$\boldsymbol{C}_b^{\hat{n}}$；然后再通过惯性器件的输出和精确的位置测量估计姿态偏差；最终建立精确的姿态初始矩阵$\boldsymbol{C}_b^n$。

1. 粗对准

(1) 解析式粗对准

在已知当地经度λ、纬度L和海拔高度h时，可以通过重力模型得到$\boldsymbol{g}$，并且$\boldsymbol{\omega}_{ie}$在地理坐标系下的分量也可以确定。在地理坐标系下，有

$$\boldsymbol{g}^n=[0\quad 0\quad -g]^T \tag{3.168}$$

$$\boldsymbol{\omega}_{ie}^n=[0\quad \omega_{ie}\cos L\quad \omega_{ie}\sin L]^T \tag{3.169}$$

基于$\boldsymbol{g}$和$\boldsymbol{\omega}_{ie}$，还可以构成一个新的矢量$\boldsymbol{r}=\boldsymbol{g}\times\boldsymbol{\omega}_{ie}$，因此，有

$$\begin{cases}\boldsymbol{g}^b=\boldsymbol{C}_n^b\boldsymbol{g}^n\\ \boldsymbol{\omega}_{ie}^b=\boldsymbol{C}_n^b\boldsymbol{\omega}_{ie}^n\\ \boldsymbol{r}^b=\boldsymbol{C}_n^b\boldsymbol{r}^n\end{cases} \tag{3.170}$$

可进一步得

$$\boldsymbol{C}_b^n=\begin{bmatrix}(\boldsymbol{g}^n)^T\\ (\boldsymbol{\omega}_{ie}^n)^T\\ (\boldsymbol{r}^n)^T\end{bmatrix}^{-1}\begin{bmatrix}(\boldsymbol{g}^b)^T\\ (\boldsymbol{\omega}_{ie}^b)^T\\ (\boldsymbol{r}^b)^T\end{bmatrix} \tag{3.171}$$

其中

$$\begin{bmatrix}(\boldsymbol{g}^{\mathrm{n}})^{\mathrm{T}}\\(\boldsymbol{\omega}_{\mathrm{ie}}^{\mathrm{n}})^{\mathrm{T}}\\(\boldsymbol{r}^{\mathrm{n}})^{\mathrm{T}}\end{bmatrix}^{-1}=\begin{bmatrix}0&0&-g\\0&\omega_{\mathrm{ie}}\cos L&\omega_{\mathrm{ie}}\sin L\\g\omega_{\mathrm{ie}}\cos L&0&0\end{bmatrix}^{-1}=\begin{bmatrix}0&0&\dfrac{1}{g\omega_{\mathrm{ie}}}\sec L\\\dfrac{1}{g}\tan L&\dfrac{1}{\omega_{\mathrm{ie}}}\sec L&0\\-\dfrac{1}{g}&0&0\end{bmatrix} \tag{3.172}$$

将式(3.172)代入式(3.171)得

$$\boldsymbol{C}_{\mathrm{b}}^{\mathrm{n}}=\begin{bmatrix}\dfrac{\sec L}{g\omega_{\mathrm{ie}}}(\omega_{\mathrm{iez}}^{\mathrm{b}}g_y^{\mathrm{b}}-\omega_{\mathrm{iey}}^{\mathrm{b}}g_z^{\mathrm{b}})&\dfrac{\sec L}{g\omega_{\mathrm{ie}}}(\omega_{\mathrm{iex}}^{\mathrm{b}}g_z^{\mathrm{b}}-\omega_{\mathrm{iez}}^{\mathrm{b}}g_x^{\mathrm{b}})&\dfrac{\sec L}{g\omega_{\mathrm{ie}}}(\omega_{\mathrm{iey}}^{\mathrm{b}}g_x^{\mathrm{b}}-\omega_{\mathrm{iex}}^{\mathrm{b}}g_y^{\mathrm{b}})\\\dfrac{g_x^{\mathrm{b}}}{g}\tan L+\dfrac{\omega_{\mathrm{iex}}^{\mathrm{b}}}{\omega_{\mathrm{ie}}}\sec L&\dfrac{g_y^{\mathrm{b}}}{g}\tan L+\dfrac{\omega_{\mathrm{iey}}^{\mathrm{b}}}{\omega_{\mathrm{ie}}}\sec L&\dfrac{g_z^{\mathrm{b}}}{g}\tan L+\dfrac{\omega_{\mathrm{iez}}^{\mathrm{b}}}{\omega_{\mathrm{ie}}}\sec L\\-\dfrac{g_x^{\mathrm{b}}}{g}&-\dfrac{g_y^{\mathrm{b}}}{g}&-\dfrac{g_z^{\mathrm{b}}}{g}\end{bmatrix} \tag{3.173}$$

在静基座情况下，比力输出的负值$-\tilde{\boldsymbol{f}}^{\mathrm{b}}$可近似代替$\boldsymbol{g}_{\mathrm{b}}$，$\tilde{\boldsymbol{\omega}}_{\mathrm{ib}}^{\mathrm{b}}$可近似代替$\boldsymbol{\omega}_{\mathrm{ie}}^{\mathrm{b}}$。在当地经纬高已知的条件下，由式(3.173)即可确定初始姿态。这种方法称为双矢量对准。

不过，由式(3.173)确定的初始姿态误差比较大，通常还需要进一步修正和静对准，以提高对准精度。

(2) 一次修正粗对准

在解析式粗对准之后，计算地理坐标系$\hat{\mathrm{n}}$和真实地理坐标系 n 之间仍然存在小角度误差$\boldsymbol{\Phi}_{\hat{\mathrm{n}}\mathrm{n}}$。可以在解析式粗对准的基础上，继续利用惯性器件提供的信息，对误差$\boldsymbol{\Phi}_{\hat{\mathrm{n}}\mathrm{n}}$进行估计，然后对计算姿态矩阵$\boldsymbol{C}_{\mathrm{b}}^{\hat{\mathrm{n}}}$进行一次修正，以得到更为准确的姿态矩阵。

给定水平方向的误差方程形式如下：

$$\begin{cases}f_{\mathrm{E}}^{\hat{\mathrm{n}}}=2\omega_{\mathrm{ie}}\delta V_{\mathrm{N}}\sin L-\varphi_{\mathrm{N}}g+\nabla_{\mathrm{E}}+a_{\mathrm{dE}}\\f_{\mathrm{N}}^{\hat{\mathrm{n}}}=-2\omega_{\mathrm{ie}}\delta V_{\mathrm{E}}\sin L+\varphi_{\mathrm{E}}g+\nabla_{\mathrm{N}}+a_{\mathrm{dN}}\end{cases} \tag{3.174}$$

式中，δV_{E} 和 δV_{N} 分别为东向和北向速度偏差，∇_{E}和∇_{N}分别为东向和北向加速度计的零偏分量；a_{dE}和a_{dN}分别为东向和北向的加速度计由角运动带来的扰动输入。略去交叉耦合项$2\omega_{\mathrm{ie}}\delta V_{\mathrm{N}}\sin L$ 和$-2\omega_{\mathrm{ie}}\delta V_{\mathrm{E}}\sin L$，并假设加速计不存在测量误差，得

$$\begin{cases}f_{\mathrm{E}}^{\hat{\mathrm{n}}}=-\varphi_{\mathrm{N}}g\\f_{\mathrm{N}}^{\hat{\mathrm{n}}}=\varphi_{\mathrm{E}}g\end{cases} \tag{3.175}$$

给定陀螺仪输出为

$$\boldsymbol{\omega}_{\mathrm{ib}}^{\hat{\mathrm{n}}}=\boldsymbol{C}_{\mathrm{b}}^{\hat{\mathrm{n}}}\tilde{\omega}_{\mathrm{ib}}^{\mathrm{b}}=\boldsymbol{C}_{\mathrm{n}}^{\hat{\mathrm{n}}}\tilde{\omega}_{\mathrm{ib}}^{\mathrm{n}} \tag{3.176}$$

在小角度假设下，计算地理坐标系和真实地理坐标系之间的旋转矩阵$\boldsymbol{C}_{\mathrm{n}}^{\hat{\mathrm{n}}}$可以简化为

$$\boldsymbol{C}_{\mathrm{n}}^{\hat{\mathrm{n}}}=\begin{bmatrix}1&\varphi_{\mathrm{U}}&-\varphi_{\mathrm{N}}\\-\varphi_{\mathrm{U}}&1&\varphi_{\mathrm{E}}\\\varphi_{\mathrm{N}}&-\varphi_{\mathrm{E}}&1\end{bmatrix}=\boldsymbol{I}-(\boldsymbol{\varphi}\times) \tag{3.177}$$

在静基座情况下，陀螺仪的输出为

$$\tilde{\boldsymbol{\omega}}_{\mathrm{ib}}^{\mathrm{n}}=\tilde{\boldsymbol{\omega}}_{\mathrm{ie}}^{\mathrm{n}}+\delta\tilde{\boldsymbol{\omega}}_{\mathrm{ib}}^{\mathrm{n}} \tag{3.178}$$

若忽略掉测量误差，陀螺仪输出可简化为

$$\hat{\boldsymbol{\omega}}_{\mathrm{ib}}^{\mathrm{n}}=[\boldsymbol{I}-(\boldsymbol{\varphi}\times)]\tilde{\boldsymbol{\omega}}_{\mathrm{ib}}^{\mathrm{n}} \tag{3.179}$$

分量形式为

$$\begin{cases}\hat{\omega}_{\mathrm{ibE}}^{\mathrm{n}}=\varphi_{\mathrm{U}}\omega_{\mathrm{ie}}\cos L-\varphi_{\mathrm{N}}\omega_{\mathrm{ie}}\sin L\\ \hat{\omega}_{\mathrm{ibN}}^{\mathrm{n}}=\omega_{\mathrm{ie}}\cos L+\varphi_{\mathrm{E}}\omega_{\mathrm{ie}}\sin L\\ \hat{\omega}_{\mathrm{ibU}}^{\mathrm{n}}=\omega_{\mathrm{ie}}\sin L-\varphi_{\mathrm{E}}\omega_{\mathrm{ie}}\cos L\end{cases} \tag{3.180}$$

根据 $\hat{\omega}_{\mathrm{ibE}}^{\mathrm{n}}$ 的表达式可以反解出 φ_{U}。综合之前加速计的关系，可以得到误差角的表达式为

$$\begin{cases}\varphi_{\mathrm{E}}=\dfrac{\hat{f}_{\mathrm{N}}^{\mathrm{n}}}{g}\\ \varphi_{\mathrm{N}}=-\dfrac{\hat{f}_{\mathrm{E}}^{\mathrm{n}}}{g}\\ \varphi_{\mathrm{U}}=\dfrac{\hat{\omega}_{\mathrm{ibE}}^{\mathrm{n}}}{\omega_{\mathrm{ie}}\cos L}+\varphi_{\mathrm{N}}\tan L=\dfrac{\hat{\omega}_{\mathrm{ibE}}^{\mathrm{n}}}{\omega_{\mathrm{ie}}\cos L}-\dfrac{\hat{f}_{\mathrm{E}}^{\mathrm{n}}}{g}\tan L\end{cases} \tag{3.181}$$

基于式(3.181)的结果，可以进一步修正姿态角的估计结果。不过，这里忽略了惯性器件的误差，对于估计精度的提升仍然有限。为了进一步提高对准精度，有必要考虑这些惯性器件误差的影响，进行精对准。

2. 精对准

在精对准中，需要考虑惯性器件误差的影响。由于初始对准时间较短，可以将陀螺仪和加速度计的误差假设为随机常数。此外，地球自转角速率和当地经纬度已知。

精对准的误差方程为

$$\begin{cases}\delta\dot{V}_{\mathrm{E}}=2\omega_{\mathrm{ie}}\sin L\delta V_{\mathrm{N}}-\varphi_{\mathrm{N}}g+\nabla_x\\ \delta\dot{V}_{\mathrm{N}}=-2\omega_{\mathrm{ie}}\sin L\delta V_{\mathrm{E}}+\varphi_{\mathrm{E}}g+\nabla_y\\ \dot{\varphi}_{\mathrm{E}}=\varphi_{\mathrm{U}}\omega_{\mathrm{ie}}\cos L-\varphi_{\mathrm{N}}\omega_{\mathrm{ie}}\sin L+\varepsilon_x\\ \dot{\varphi}_{\mathrm{N}}=\varphi_{\mathrm{E}}\omega_{\mathrm{ie}}\sin L+\varepsilon_y\\ \dot{\varphi}_{\mathrm{U}}=-\varphi_{\mathrm{E}}\omega_{\mathrm{ie}}\cos L+\varepsilon_z\end{cases} \tag{3.182}$$

其中，量测误差满足：

$$\begin{cases}[\dot{\nabla}_x\quad \dot{\nabla}_y\quad \dot{\nabla}_z]^{\mathrm{T}}=\boldsymbol{0}\\ [\dot{\varepsilon}_x\quad \dot{\varepsilon}_y\quad \dot{\varepsilon}_z]^{\mathrm{T}}=\boldsymbol{0}\end{cases} \tag{3.183}$$

于是可以建立误差方程的状态方程，即

$$\dot{\boldsymbol{X}}=\boldsymbol{A}\boldsymbol{X}+\boldsymbol{W} \tag{3.184}$$

式中，$\boldsymbol{X}=[\delta V_{\mathrm{E}}\quad \delta V_{\mathrm{N}}\quad \varphi_{\mathrm{E}}\quad \varphi_{\mathrm{N}}\quad \varphi_{\mathrm{U}}\quad \nabla_x\quad \nabla_y\quad \varepsilon_x\quad \varepsilon_y\quad \varepsilon_z]^{\mathrm{T}}$，$\delta V_{\mathrm{E}}$ 和 δV_{N} 分别为东向和北向的速度误差，φ_{E}、φ_{N} 和 φ_{U} 分别是东北天三个方向的失准角，∇ 为加速度计的偏置误差，ε 为陀螺仪的常值漂移，$\boldsymbol{W}(t)=[\omega_{\delta V_{\mathrm{E}}}\quad \omega_{\delta V_{\mathrm{N}}}\quad \omega_{\varphi_{\mathrm{E}}}\quad \omega_{\varphi_{\mathrm{N}}}\quad \omega_{\varphi_{\mathrm{U}}}\quad \boldsymbol{0}_{1\times 5}]^{\mathrm{T}}$ 为服从 $\boldsymbol{N}(\boldsymbol{0},\boldsymbol{Q})$ 的状态噪声。

$$\boldsymbol{A}=\begin{bmatrix}\boldsymbol{F} & \boldsymbol{T}\\ \boldsymbol{0}_{5\times 5} & \boldsymbol{0}_{5\times 5}\end{bmatrix} \tag{3.185}$$

$$
\boldsymbol{F}=\begin{bmatrix} 0 & 2\Omega_{\mathrm{U}} & 0 & -g & 0 \\ -2\Omega_{\mathrm{U}} & 0 & g & 0 & 0 \\ 0 & 0 & 0 & \Omega_{\mathrm{U}} & -\Omega_{\mathrm{N}} \\ 0 & 0 & -\Omega_{\mathrm{U}} & 0 & 0 \\ 0 & 0 & \Omega_{\mathrm{N}} & 0 & 0 \end{bmatrix} \tag{3.186}
$$

$$
\boldsymbol{T}=\begin{bmatrix} C_{11} & C_{12} & \boldsymbol{0}_{1\times 3} \\ C_{21} & C_{22} & \boldsymbol{0}_{1\times 3} \\ \boldsymbol{0}_{3\times 1} & \boldsymbol{0}_{3\times 1} & \boldsymbol{C}_{\mathrm{b}}^{\mathrm{t}} \end{bmatrix}
$$

式中，$\Omega_{\mathrm{U}}=\omega_{\mathrm{ie}}\sin L$；$\Omega_{\mathrm{N}}=\omega_{\mathrm{ie}}\cos L$；$L$ 为当地纬度；$\boldsymbol{C}_{\mathrm{b}}^{\mathrm{n}}=[C_{ij}]$ $(i=1,2,3;j=1,2,3)$。

在静止状态下，真实的速度为0，惯性导航系统输出的速度就是误差量，以 δV_{E} 和 δV_{N} 作为量测量，则系统量测方程为

$$
\boldsymbol{Z}=\boldsymbol{H}\boldsymbol{X}+\boldsymbol{V} \tag{3.187}
$$

式中，$\boldsymbol{H}=\begin{bmatrix} 1 & 0 & \boldsymbol{0}_{1\times 8} \\ 0 & 1 & \boldsymbol{0}_{1\times 8} \end{bmatrix}$；$\boldsymbol{V}$ 为服从 $\boldsymbol{N}(\boldsymbol{0},\boldsymbol{R})$ 的量测噪声。在建立了状态模型和量测模型后，可以采用 Kalman 滤波的方式进行误差估计。Kalman 滤波算法在后续章节中将详细讲解。

【例 3-8】 在静止状态下，已知当地纬度 $L=40°$，重力加速度大小为 $9.8\ \mathrm{m/s^2}$，地球自转角速度大小为 $7.292\times 10^{-5}\ \mathrm{rad/s}$，三轴加速度计和陀螺仪的输出为

$$
\boldsymbol{f}_{\mathrm{ib}}^{\mathrm{b}}=[-6.001\,2\quad 6.929\,6\quad 3.464\,8]^{\mathrm{T}} \tag{3.188}
$$

$$
\boldsymbol{\omega}_{\mathrm{ib}}^{\mathrm{b}}=[1.489\quad 6.735\quad 2.366]^{\mathrm{T}}\times 10^{-5}\ \mathrm{rad/s} \tag{3.189}
$$

试确定姿态转移矩阵 $\boldsymbol{C}_{\mathrm{b}}^{\mathrm{n}}$，并求解三轴姿态角。

【解】 根据式(3.173)，并且用 $\boldsymbol{g}_{\mathrm{b}}$ 近似代替 $-\tilde{\boldsymbol{f}}^{\mathrm{b}}$，用 $\tilde{\omega}_{\mathrm{ib}}^{\mathrm{b}}$ 近似代替 $\omega_{\mathrm{ie}}^{\mathrm{b}}$，可以得到从本体系 b 到地理系 n 的姿态矩阵的表达式，即

$$
\boldsymbol{C}_{\mathrm{b}}^{\mathrm{n}}=\begin{bmatrix} \dfrac{\sec L}{g\omega_{\mathrm{ie}}}(-\omega_{\mathrm{ibz}}^{\mathrm{b}}f_{\mathrm{iby}}^{\mathrm{b}}+\omega_{\mathrm{iby}}^{\mathrm{b}}f_{\mathrm{ibz}}^{\mathrm{b}}) & \dfrac{\sec L}{g\omega_{\mathrm{ie}}}(-\omega_{\mathrm{ibx}}^{\mathrm{b}}f_{\mathrm{ibz}}^{\mathrm{b}}+\omega_{\mathrm{ibz}}^{\mathrm{b}}f_{\mathrm{ibx}}^{\mathrm{b}}) & \dfrac{\sec L}{g\omega_{\mathrm{ie}}}(-\omega_{\mathrm{iby}}^{\mathrm{b}}f_{\mathrm{ibx}}^{\mathrm{b}}+\omega_{\mathrm{ibx}}^{\mathrm{b}}f_{\mathrm{iby}}^{\mathrm{b}}) \\ -\dfrac{f_{\mathrm{ibx}}^{\mathrm{b}}}{g}\tan L+\dfrac{\omega_{\mathrm{ibx}}^{\mathrm{b}}}{\omega_{\mathrm{ie}}}\sec L & -\dfrac{f_{\mathrm{iby}}^{\mathrm{b}}}{g}\tan L+\dfrac{\omega_{\mathrm{iby}}^{\mathrm{b}}}{\omega_{\mathrm{ie}}}\sec L & -\dfrac{f_{\mathrm{ibz}}^{\mathrm{b}}}{g}\tan L+\dfrac{\omega_{\mathrm{ibz}}^{\mathrm{b}}}{\omega_{\mathrm{ie}}}\sec L \\ \dfrac{f_{\mathrm{ibx}}^{\mathrm{b}}}{g} & \dfrac{f_{\mathrm{iby}}^{\mathrm{b}}}{g} & \dfrac{f_{\mathrm{ibz}}^{\mathrm{b}}}{g} \end{bmatrix} \tag{3.190}
$$

将上式代入相应数据之后计算得到

$$
\boldsymbol{C}_{\mathrm{b}}^{\mathrm{n}}=\begin{bmatrix} 0.126\,8 & -0.353\,6 & 0.926\,8 \\ 0.780\,3 & 0.612\,4 & 0.126\,8 \\ -0.612\,4 & 0.707\,1 & 0.353\,6 \end{bmatrix} \tag{3.191}
$$

转置后得到从地理系 n 到本体系 b 的姿态转换矩阵为

$$
\boldsymbol{C}_{\mathrm{n}}^{\mathrm{b}}=\begin{bmatrix} 0.126\,8 & 0.780\,3 & -0.612\,4 \\ -0.353\,6 & 0.612\,4 & 0.707\,1 \\ 0.926\,8 & 0.126\,8 & 0.353\,6 \end{bmatrix} \tag{3.192}
$$

又由姿态转换矩阵对应欧拉角的表达式为

$$
\boldsymbol{C}_{\mathrm{n}}^{\mathrm{b}}=\begin{bmatrix} \cos\gamma\cos\psi-\sin\gamma\sin\theta\sin\psi & \cos\gamma\sin\psi+\sin\gamma\sin\theta\cos\psi & -\sin\gamma\cos\theta \\ -\cos\theta\sin\psi & \cos\theta\cos\psi & \sin\theta \\ \sin\gamma\cos\psi+\cos\gamma\sin\theta\sin\psi & \sin\gamma\sin\psi-\cos\gamma\sin\theta\cos\psi & \cos\gamma\cos\theta \end{bmatrix} \tag{3.193}
$$

对应式(3.192)中各个元素,可以得到

$$\begin{cases}\theta=\sin^{-1}[\boldsymbol{C}_{23}]=0.785\ 4\ \text{rad}\approx45^\circ\\ \gamma=\tan^{-1}\left[-\dfrac{\boldsymbol{C}_{13}}{\boldsymbol{C}_{33}}\right]=1.047\ 2\ \text{rad}\approx60^\circ\\ \psi=\tan^{-1}\left[-\dfrac{\boldsymbol{C}_{21}}{\boldsymbol{C}_{22}}\right]=0.523\ 6\ \text{rad}\approx30^\circ\end{cases}\tag{3.194}$$

式中,$\boldsymbol{C}_{i,j}$表示第 i 行,第 j 列的元素。式(3.194)中存在 arctan 函数,其值域为$(-90^\circ,90^\circ)$,将 arctan 函数计算得到的角度值称为主值。为了得到正确的姿态角,还需要对 γ 和 ψ 进行真值计算。下面是姿态角真值和主值的对应关系:

$$\gamma_{真值}=\begin{cases}\gamma_{主值} & \boldsymbol{C}_{33}>0\\ \gamma_{主值}+180^\circ & \boldsymbol{C}_{33}<0,\quad \gamma_{主值}<0\\ \gamma_{主值}-180^\circ & \boldsymbol{C}_{33}<0,\quad \gamma_{主值}>0\end{cases}\tag{3.195}$$

$$\psi_{真值}=\begin{cases}\psi_{主值} & \boldsymbol{C}_{22}>0,\quad \psi_{主值}>0\\ \psi_{主值}+360^\circ & \boldsymbol{C}_{22}>0,\quad \psi_{主值}<0\\ \psi_{主值}+180^\circ & \boldsymbol{C}_{22}<0\end{cases}\tag{3.196}$$

3.4.2　动基座组合对准

由式(3.181)可知,当陀螺仪精度过低时,方位角估计误差将显著变大。例如,当陀螺仪误差为 1°/h 时,方位角误差将超过 5°。如果采用的是 10°/h 的陀螺仪,则方位角误差将超过 50°,显然,此时方位角已经不能通过静基座对准进行估计。因此,静基座对准适用于精度较高的 SINS,通过对地球自转角速度和重力加速度的双矢量测量,实现对初始姿态的确定。但是,当 SINS 的精度较低时,特别是陀螺仪的精度较低时,就无法利用双矢量测量进行初始对准了。此时,比较实用的方法是通过对其他信息的观测(如速度)和运动耦合,实现对初始姿态的确定。下面介绍基于卫星导航输出的位置和速度,通过载体运动完成低精度 SINS 初始对准的方法,即动基座组合对准。

首先,构建用于组合滤波的状态方程。与后续的卫星/惯性组合类似,这里也采用偏差状态。

设$\boldsymbol{C}_\text{b}^\text{n}$和$\hat{\boldsymbol{C}}_\text{b}^\text{n}$对应的姿态四元数分别为$\boldsymbol{Q}_\text{b}^\text{n}$ 和$\tilde{\boldsymbol{Q}}_\text{b}^\text{n}$,$\tilde{\boldsymbol{Q}}_\text{b}^\text{n}=[\tilde{q}_\text{bn}^0\quad \tilde{q}_\text{bn}^1\quad \tilde{q}_\text{bn}^2\quad \tilde{q}_\text{bn}^3]^\text{T}$,二者之差即为姿态四元数偏差,即 $\delta\boldsymbol{Q}_\text{b}^\text{n}=\tilde{\boldsymbol{Q}}_\text{b}^\text{n}-\boldsymbol{Q}_\text{b}^\text{n}$。类似地,可以定义速度偏差和位置偏差分别为 $\delta\boldsymbol{v}^\text{n}=\tilde{\boldsymbol{v}}^\text{n}-\boldsymbol{v}^\text{n}$和 $\delta\boldsymbol{r}^\text{n}=\tilde{\boldsymbol{r}}^\text{n}-\boldsymbol{r}^\text{n}$,其中 $\boldsymbol{r}^\text{n}=[L\quad\lambda\quad h]^\text{T}$。分别对式(3.144)、式(3.149)和式(3.158)求偏差,得

$$\begin{cases}\delta\dot{\boldsymbol{Q}}_\text{b}^\text{n}=\boldsymbol{M}\delta\boldsymbol{Q}_\text{b}^\text{n}+\dfrac{1}{2}\boldsymbol{U}_1\delta\boldsymbol{\omega}_\text{ib}^\text{b}-\dfrac{1}{2}\boldsymbol{Y}_1\delta\boldsymbol{\omega}_\text{in}^\text{n}\\ \delta\dot{\boldsymbol{v}}^\text{n}=\delta\boldsymbol{C}_\text{b}^\text{n}\tilde{\boldsymbol{f}}_\text{ib}^\text{b}+\tilde{\boldsymbol{C}}_\text{b}^\text{n}\delta\boldsymbol{f}_\text{ib}^\text{b}-(2\tilde{\boldsymbol{\omega}}_\text{ie}^\text{n}+\tilde{\boldsymbol{\omega}}_\text{en}^\text{n})\times\delta\boldsymbol{v}^\text{n}-(2\delta\boldsymbol{\omega}_\text{ie}^\text{n}+\delta\boldsymbol{\omega}_\text{en}^\text{n})\times\tilde{\boldsymbol{v}}^\text{n}\\ \delta\dot{\boldsymbol{r}}^\text{n}=\boldsymbol{A}\delta\boldsymbol{v}^\text{n}+\boldsymbol{B}\delta\boldsymbol{r}^\text{n}\end{cases}\tag{3.197}$$

式中,$\boldsymbol{\omega}_\text{nb}^\text{b}$为载体相对于导航系的角速度在载体系中的投影;$\boldsymbol{\omega}_\text{ib}^\text{b}$和 $\boldsymbol{f}_\text{ib}^\text{b}$分别为陀螺仪和加速度计在载体系中的输出值;$\boldsymbol{\omega}_\text{in}^\text{b}$为导航坐标系的角速度在载体系中的投影;式中符号上方的"～"表示对应量带有误差的值,且有 $\delta\boldsymbol{\omega}_\text{ib}^\text{b}=\tilde{\boldsymbol{\omega}}_\text{ib}^\text{b}-\boldsymbol{\omega}_\text{ib}^\text{b}$、$\delta\boldsymbol{\omega}_\text{in}^\text{n}=\tilde{\boldsymbol{\omega}}_\text{in}^\text{n}-\boldsymbol{\omega}_\text{in}^\text{n}$、$\delta\boldsymbol{f}_\text{ib}^\text{b}=\tilde{\boldsymbol{f}}_\text{ib}^\text{b}-\boldsymbol{f}_\text{ib}^\text{b}$、$\delta\boldsymbol{C}_\text{b}^\text{n}=\tilde{\boldsymbol{C}}_\text{b}^\text{n}-\boldsymbol{C}_\text{b}^\text{n}$,另外有

$$\widetilde{\boldsymbol{\Omega}}_{\mathrm{ib}}^{\mathrm{b}}=\begin{bmatrix}0 & -\widetilde{\omega}_{\mathrm{ib}x}^{\mathrm{b}} & -\widetilde{\omega}_{\mathrm{ib}y}^{\mathrm{b}} & -\widetilde{\omega}_{\mathrm{ib}z}^{\mathrm{b}}\\ \widetilde{\omega}_{\mathrm{ib}x}^{\mathrm{b}} & 0 & \widetilde{\omega}_{\mathrm{ib}z}^{\mathrm{b}} & -\widetilde{\omega}_{\mathrm{ib}y}^{\mathrm{b}}\\ \widetilde{\omega}_{\mathrm{ib}y}^{\mathrm{b}} & -\widetilde{\omega}_{\mathrm{ib}z}^{\mathrm{b}} & 0 & \widetilde{\omega}_{\mathrm{ib}x}^{\mathrm{b}}\\ \widetilde{\omega}_{\mathrm{ib}z}^{\mathrm{b}} & \widetilde{\omega}_{\mathrm{ib}y}^{\mathrm{b}} & -\widetilde{\omega}_{\mathrm{ib}x}^{\mathrm{b}} & 0\end{bmatrix} \tag{3.198}$$

$$\widetilde{\boldsymbol{\Omega}}_{\mathrm{in}}^{\mathrm{n}}=\begin{bmatrix}0 & -\widetilde{\omega}_{\mathrm{in}x}^{\mathrm{n}} & -\widetilde{\omega}_{\mathrm{in}y}^{\mathrm{n}} & -\widetilde{\omega}_{\mathrm{in}z}^{\mathrm{n}}\\ \widetilde{\omega}_{\mathrm{in}x}^{\mathrm{n}} & 0 & -\widetilde{\omega}_{\mathrm{in}z}^{\mathrm{n}} & \widetilde{\omega}_{\mathrm{in}y}^{\mathrm{n}}\\ \widetilde{\omega}_{\mathrm{in}y}^{\mathrm{n}} & \widetilde{\omega}_{\mathrm{in}z}^{\mathrm{n}} & 0 & -\widetilde{\omega}_{\mathrm{in}x}^{\mathrm{n}}\\ \widetilde{\omega}_{\mathrm{in}z}^{\mathrm{n}} & -\widetilde{\omega}_{\mathrm{in}y}^{\mathrm{n}} & \widetilde{\omega}_{\mathrm{in}x}^{\mathrm{n}} & 0\end{bmatrix} \tag{3.199}$$

$$\boldsymbol{M}=\frac{1}{2}(\widetilde{\boldsymbol{\Omega}}_{\mathrm{ib}}^{\mathrm{b}}-\widetilde{\boldsymbol{\Omega}}_{\mathrm{in}}^{\mathrm{n}}) \tag{3.200}$$

$$\boldsymbol{Y}_1=\begin{bmatrix}-\widetilde{q}_{\mathrm{bn}}^1 & -\widetilde{q}_{\mathrm{bn}}^2 & -\widetilde{q}_{\mathrm{bn}}^3\\ \widetilde{q}_{\mathrm{bn}}^0 & \widetilde{q}_{\mathrm{bn}}^3 & -\widetilde{q}_{\mathrm{bn}}^2\\ -\widetilde{q}_{\mathrm{bn}}^3 & \widetilde{q}_{\mathrm{bn}}^0 & \widetilde{q}_{\mathrm{bn}}^1\\ \widetilde{q}_{\mathrm{bn}}^2 & -\widetilde{q}_{\mathrm{bn}}^1 & \widetilde{q}_{\mathrm{bn}}^0\end{bmatrix} \tag{3.201}$$

$$\boldsymbol{U}_1=\begin{bmatrix}-\widetilde{q}_{\mathrm{bn}}^1 & -\widetilde{q}_{\mathrm{bn}}^2 & -\widetilde{q}_{\mathrm{bn}}^3\\ \widetilde{q}_{\mathrm{bn}}^0 & -\widetilde{q}_{\mathrm{bn}}^3 & \widetilde{q}_{\mathrm{bn}}^2\\ \widetilde{q}_{\mathrm{bn}}^3 & \widetilde{q}_{\mathrm{bn}}^0 & -\widetilde{q}_{\mathrm{bn}}^1\\ -\widetilde{q}_{\mathrm{bn}}^2 & \widetilde{q}_{\mathrm{bn}}^1 & \widetilde{q}_{\mathrm{bn}}^0\end{bmatrix} \tag{3.202}$$

$$\boldsymbol{A}=\begin{bmatrix}0 & \dfrac{1}{R_{\mathrm{M}}+h} & 0\\ \dfrac{1}{(R_{\mathrm{N}}+h)\cos L} & 0 & 0\\ 0 & 0 & 1\end{bmatrix} \tag{3.203}$$

$$\boldsymbol{B}=\begin{bmatrix}0 & 0 & -\dfrac{v_{\mathrm{N}}}{(R_{\mathrm{M}}+h)^2}\\ \dfrac{v_{\mathrm{E}}\tan L}{(R_{\mathrm{N}}+h)\cos L} & 0 & -\dfrac{v_{\mathrm{e}}}{(R_{\mathrm{N}}+h)^2\cos L}\\ 0 & 0 & 0\end{bmatrix} \tag{3.204}$$

陀螺仪和加速度计的随机误差可建模为时间相关的有色噪声。对低精度器件来说，在初始对准期间，可以将其建模为随机游走，即

$$\begin{cases}\dot{\boldsymbol{b}}_{\mathrm{a}}=[\dot{\nabla}_x \quad \dot{\nabla}_y \quad \dot{\nabla}_z]^{\mathrm{T}}=[w_{\mathrm{a}x} \quad w_{\mathrm{a}y} \quad w_{\mathrm{a}z}]^{\mathrm{T}}\\ \dot{\boldsymbol{b}}_{\mathrm{g}}=[\dot{\varepsilon}_x \quad \dot{\varepsilon}_y \quad \dot{\varepsilon}_z]^{\mathrm{T}}=[w_{\mathrm{g}x} \quad w_{\mathrm{g}y} \quad w_{\mathrm{g}z}]^{\mathrm{T}}\end{cases} \tag{3.205}$$

式中，$w_{\mathrm{a}i}$ 和 $w_{\mathrm{g}i}(i=x,y,z)$ 均为 0 期望白噪声。因此，设滤波的状态向量为

$$\boldsymbol{X}=[\delta\boldsymbol{Q}_{\mathrm{b}}^{\mathrm{nT}} \quad \delta\boldsymbol{v}^{\mathrm{nT}} \quad \delta\boldsymbol{r}^{\mathrm{nT}} \quad \boldsymbol{b}_{\mathrm{a}}^{\mathrm{T}} \quad \boldsymbol{b}_{\mathrm{g}}^{\mathrm{T}}]^{\mathrm{T}} \tag{3.206}$$

基于式(3.206)设定的状态向量，将式(3.197)和式(3.205)组合起来，即可得到初始对准的状态方程。

下面给出量测方程。设卫星导航接收机在导航坐标系中的位置和速度输出分别为 $\boldsymbol{r}_{\mathrm{GNSS}}^{\mathrm{n}}$

和$\boldsymbol{v}_{\mathrm{GNSS}}^{\mathrm{n}}$，SINS 在导航坐标系中的位置和速度输出分别为$\boldsymbol{r}_{\mathrm{SINS}}^{\mathrm{n}}$和$\boldsymbol{v}_{\mathrm{SINS}}^{\mathrm{n}}$，则量测方程为

$$\boldsymbol{Z}=\begin{bmatrix}\boldsymbol{r}_{\mathrm{GNSS}}^{\mathrm{n}}\\ \boldsymbol{v}_{\mathrm{GNSS}}^{\mathrm{n}}\end{bmatrix}-\begin{bmatrix}\boldsymbol{r}_{\mathrm{SINS}}^{\mathrm{n}}\\ \boldsymbol{v}_{\mathrm{SINS}}^{\mathrm{n}}\end{bmatrix}=\boldsymbol{HX}+\boldsymbol{n} \tag{3.207}$$

式中，$\boldsymbol{H}=\begin{bmatrix}\boldsymbol{0}_{3\times 4} & \boldsymbol{0}_{3\times 3} & -\boldsymbol{I}_3 & \boldsymbol{0}_{3\times 6}\\ \boldsymbol{0}_{3\times 4} & -\boldsymbol{I}_3 & \boldsymbol{0}_{3\times 3} & \boldsymbol{0}_{3\times 6}\end{bmatrix}$；$\boldsymbol{n}=\begin{bmatrix}\delta\boldsymbol{r}_{\mathrm{GNSS}}^{\mathrm{n}}\\ \delta\boldsymbol{v}_{\mathrm{GNSS}}^{\mathrm{n}}\end{bmatrix}$；$\delta\boldsymbol{r}_{\mathrm{GNSS}}^{\mathrm{n}}$和$\delta\boldsymbol{v}_{\mathrm{GNSS}}^{\mathrm{n}}$分别为卫星导航的位置误差和速度误差。

在完成状态方程和量测方程建模后，如果初始姿态角误差(通常称为失准角)是小误差，则$\tilde{\boldsymbol{C}}_{\mathrm{b}}^{\mathrm{n}}$与式(3.165)中的$\hat{\boldsymbol{C}}_{\mathrm{b}}^{\mathrm{n}}$类似，$\delta\boldsymbol{C}_{\mathrm{b}}^{\mathrm{n}}$可近似为$-(\boldsymbol{\varphi}\times)\boldsymbol{C}_{\mathrm{b}}^{\mathrm{n}}$，是关于失准角的线性函数，因此，状态方程和量测方程都是线性的，可以应用 Kalman 滤波算法进行初始对准。

不过，在初始对准时，初始姿态角通常是未知的，如果没有外界辅助，失准角通常很难满足小角度假设条件。此时，$\delta\boldsymbol{C}_{\mathrm{b}}^{\mathrm{n}}$是非线性的，不能直接基于 Kalman 滤波算法进行初始对准估计。在实际应用中，可以在对准之前，先基于重力加速度测量进行调平，调平后的滚转角和俯仰角可以近似为小失准角；但是，方位角的失准角仍然是大的，即调平后$\delta\boldsymbol{C}_{\mathrm{b}}^{\mathrm{n}}$仍然是非线性的。

针对大失准角下速度方程的非线性问题，有两种解决思路：一种是使用非线性滤波算法进行估计，不过，代价是计算量的大幅度提升；另一种是对$\delta\boldsymbol{C}_{\mathrm{b}}^{\mathrm{n}}$进行线性化，然后，再使用 Kalman 滤波算法进行估计，这里就不再展开了。

在组合对准中，对准性能除了与模型和滤波算法有关之外，还与载体的运动特性有关。比如，在车载运动中，通常要求车辆在初始对准过程中进行 S 形或回字形机动，以增强状态的可观测度(相关概念在组合滤波算法部分介绍)。在具体应用时，可以参考有关资料，这里不再赘述。

3.4.3 传递对准

当载体上有精度较高的主惯导时，可以为精度较低的子惯导进行初始对准，这种对准方法称为传递对准，常用于机载和舰载等场合。

在传递对准过程中，由于主子惯导的位置关系是相对固定的，因此，可以为子惯导设置初值，然后，再进行后续的对准。在传递对准中，可以认为是在小失准角条件下进行的，对准过程中的状态方程与动基座组合对准相同，其中$\delta\boldsymbol{C}_{\mathrm{b}}^{\mathrm{n}}$可近似为$-(\boldsymbol{\varphi}\times)\boldsymbol{C}_{\mathrm{b}}^{\mathrm{n}}$。量测方程有多种选择，主要有“速度”匹配、“姿态”匹配和“速度＋姿态”匹配等，其中“速度＋姿态”匹配具有收敛快和精度高的优势，目前已得到普遍使用，因此，下面只介绍基于速度和姿态观测的“速度＋姿态”匹配时的量测方程建模方法。

1. 状态建模

与动基座组合对准类似，传递对准的状态模型也由姿态方程、速度方程、陀螺仪和加速度计零偏误差等构成，也是采用偏差模型方式构建的；不同的是，在传递对准中，还需要考虑主、子惯导之间的杆臂效应和二者之间的挠曲变形等因素。

在“速度＋姿态”匹配对准中，量测量有姿态角，因此，这里姿态偏差方程不采用姿态四元数方式构建，而是直接用子惯导的姿态角偏差构建。对于旋转矩阵，有

$$\dot{\boldsymbol{C}}_{\mathrm{b}}^{\mathrm{n}}=\boldsymbol{C}_{\mathrm{b}}^{\mathrm{n}}(\boldsymbol{\omega}_{\mathrm{nb}}^{\mathrm{b}}\times)=\boldsymbol{C}_{\mathrm{b}}^{\mathrm{n}}[(\boldsymbol{\omega}_{\mathrm{ib}}^{\mathrm{b}}\times)-(\boldsymbol{\omega}_{\mathrm{in}}^{\mathrm{b}}\times)]=\boldsymbol{C}_{\mathrm{b}}^{\mathrm{n}}[(\boldsymbol{\omega}_{\mathrm{ib}}^{\mathrm{b}}\times)-\boldsymbol{C}_{\mathrm{n}}^{\mathrm{b}}(\boldsymbol{\omega}_{\mathrm{in}}^{\mathrm{n}}\times)] \tag{3.208}$$

$$\delta\boldsymbol{C}_{\mathrm{b}}^{\mathrm{n}}=-(\boldsymbol{\varphi}\times)\boldsymbol{C}_{\mathrm{b}}^{\mathrm{n}} \tag{3.209}$$

$$\delta\dot{\boldsymbol{C}}_b^n=-(\dot{\boldsymbol{\varphi}}\times)\boldsymbol{C}_b^n-(\boldsymbol{\varphi}\times)\dot{\boldsymbol{C}}_b^n \tag{3.210}$$

当考虑失准角时，结合式(3.165)，有

$$\dot{\boldsymbol{C}}_b^{\hat{n}}=\dot{\boldsymbol{C}}_b^n+\delta\dot{\boldsymbol{C}}_b^n=[\boldsymbol{I}-(\boldsymbol{\varphi}\times)]\boldsymbol{C}_b^n\{[(\boldsymbol{\omega}_{ib}^b+\boldsymbol{b}_g)\times]-\boldsymbol{C}_n^b[\boldsymbol{I}+(\boldsymbol{\varphi}\times)][(\boldsymbol{\omega}_{in}^n+\delta\boldsymbol{\omega}_{in}^n)\times]\} \tag{3.211}$$

将式(3.208)和式(3.210)代入式(3.211)，并考虑到$\boldsymbol{C}_b^n(\boldsymbol{\varphi}\times)\boldsymbol{C}_n^b=[(\boldsymbol{C}_b^n\boldsymbol{\varphi})\times]$，整理得

$$-(\dot{\boldsymbol{\varphi}}\times)=[(\boldsymbol{C}_b^n\delta\boldsymbol{\omega}_{ib}^b-\boldsymbol{\varphi}\times\boldsymbol{\omega}_{in}^n-\delta\boldsymbol{\omega}_{in}^n)\times] \tag{3.212}$$

式(3.212)对应的向量形式为

$$\dot{\boldsymbol{\varphi}}=-\boldsymbol{\omega}_{in}^n\times\boldsymbol{\varphi}-\boldsymbol{C}_b^n\delta\boldsymbol{\omega}_{ib}^b+\delta\boldsymbol{\omega}_{in}^n \tag{3.213}$$

在实际应用中，$\boldsymbol{\omega}_{in}^n$和$\boldsymbol{C}_b^n$都是以带误差的结果代替，即$\tilde{\boldsymbol{\omega}}_{in}^n$和$\tilde{\boldsymbol{C}}_b^n$。在式(3.197)中，将姿态四元数表达改成姿态矩阵，即可将速度偏差方程改写为

$$\delta\dot{\boldsymbol{v}}^n=\boldsymbol{C}_b^n\tilde{\boldsymbol{f}}_{ib}^b\times\boldsymbol{\varphi}-(2\tilde{\boldsymbol{\omega}}_{ie}^n+\tilde{\boldsymbol{\omega}}_{en}^n)\times\delta\boldsymbol{v}^n-(2\delta\boldsymbol{\omega}_{ie}^n+\delta\boldsymbol{\omega}_{en}^n)\times\tilde{\boldsymbol{v}}^n+\tilde{\boldsymbol{C}}_b^n\delta\boldsymbol{f}_{ib}^b \tag{3.214}$$

在传递对准中，主惯导的精度被认为是没有误差的，因此，在滤波中，是以子惯导构建偏差模型的，其中$\tilde{\boldsymbol{\omega}}_{in}^n$、$\tilde{\boldsymbol{\omega}}_{ie}^n$和$\tilde{\boldsymbol{\omega}}_{en}^n$的计算都以主惯导的输出作为基础，因此，通常认为这些量也是没有误差的，即式(3.213)和式(3.214)可改写为

$$\dot{\boldsymbol{\varphi}}=-\boldsymbol{\omega}_{in}^n\times\boldsymbol{\varphi}-\boldsymbol{C}_b^n\delta\boldsymbol{\omega}_{ibs}^{bs} \tag{3.215}$$

$$\delta\dot{\boldsymbol{v}}^n=\boldsymbol{C}_{bs}^n\tilde{\boldsymbol{f}}_{ibs}^{bs}\times\boldsymbol{\varphi}-(2\boldsymbol{\omega}_{ie}^n+\boldsymbol{\omega}_{en}^n)\times\delta\boldsymbol{v}^n+\boldsymbol{C}_{bs}^n\delta\boldsymbol{f}_{ibs}^{bs} \tag{3.216}$$

式中，bs表示子惯导所定义的载体坐标系。由于对准的时间较短，陀螺仪和加速度计的误差可设为随机常值和白噪声的叠加，即

$$\begin{cases}\delta\boldsymbol{\omega}_{ibs}^{bs}=\boldsymbol{b}_g+\boldsymbol{\varepsilon}_g\\ \delta\boldsymbol{f}_{ibs}^{bs}=\boldsymbol{b}_a+\boldsymbol{\varepsilon}_a\\ \dot{\boldsymbol{b}}_a=\dot{\boldsymbol{b}}_g=\boldsymbol{0}\end{cases} \tag{3.217}$$

式中，$\boldsymbol{\varepsilon}_g$和$\boldsymbol{\varepsilon}_a$分别为陀螺仪和加速度计的白噪声误差向量。因此，基于式(3.215)、式(3.216)、式(3.217)即可构建传递对准的状态方程。

2. 量测建模

在"速度＋姿态"匹配模式中，量测量分别为速度偏差和姿态角偏差，下面介绍相应量测方程的构建方法。设主、子惯导输出的速度(地速)分别为$\boldsymbol{v}_m^n$和$\boldsymbol{v}_s^n$，同时，考虑到主、子惯导质心不重合会产生附加的杆臂速度$\boldsymbol{v}_l^n$，杆臂速度为

$$\boldsymbol{v}_l^n=\boldsymbol{v}_s^n-\boldsymbol{v}_m^n=\boldsymbol{C}_{bm}^n(\boldsymbol{\omega}_{ebm}^n\times\boldsymbol{r}^{bm})\approx\boldsymbol{C}_{bm}^n(\boldsymbol{\omega}_{ibm}^n\times\boldsymbol{r}^{bm}) \tag{3.218}$$

式中，bm表示的是主惯导所在的载体坐标系(如载机)；$\boldsymbol{\omega}_{ebm}^n$是主惯导所在的载体坐标系相对于地球的旋转角速度在导航坐标系中的投影，这里可以用载体角速度在导航坐标系中的投影近似(即$\boldsymbol{\omega}_{ibm}^n$)；$\boldsymbol{r}^{bm}$为主子惯导质心之间的杆臂矢量。考虑到误差，则有

$$\begin{cases}\tilde{\boldsymbol{v}}_m^n=\boldsymbol{v}_m^n+\delta\boldsymbol{v}_m^n\\ \tilde{\boldsymbol{v}}_s^n=\boldsymbol{v}_s^n+\delta\boldsymbol{v}^n\\ \tilde{\boldsymbol{v}}_l^n=\boldsymbol{v}_l^n+\delta\boldsymbol{v}_l^n\end{cases} \tag{3.219}$$

式中，～表示带误差的量，δ表示误差量。理想情况下，有

$$\boldsymbol{v}_s^n=\boldsymbol{v}_m^n+\boldsymbol{v}_l^n+\boldsymbol{v}_w^n \tag{3.220}$$

式中，$\boldsymbol{v}_{\mathrm{w}}^{\mathrm{n}}$ 为主子惯导之间的连接部件振动和挠曲变形等所产生的附加速度。速度偏差量测量为

$$\boldsymbol{z}_{\mathrm{v}}=\widetilde{\boldsymbol{v}}_{\mathrm{s}}^{\mathrm{n}}-\widetilde{\boldsymbol{v}}_{\mathrm{m}}^{\mathrm{n}}-\widetilde{\boldsymbol{v}}_{\mathrm{l}}^{\mathrm{n}}=\delta\boldsymbol{v}^{\mathrm{n}}+(\boldsymbol{v}_{\mathrm{w}}^{\mathrm{n}}-\delta\boldsymbol{v}_{\mathrm{m}}^{\mathrm{n}}-\delta\boldsymbol{v}_{\mathrm{l}}^{\mathrm{n}})=\delta\boldsymbol{v}^{\mathrm{n}}+\delta\boldsymbol{v}_{\mathrm{v}}^{\mathrm{n}} \tag{3.221}$$

式中，$\delta\boldsymbol{v}_{\mathrm{v}}^{\mathrm{n}}=\boldsymbol{v}_{\mathrm{w}}^{\mathrm{n}}-\delta\boldsymbol{v}_{\mathrm{m}}^{\mathrm{n}}-\delta\boldsymbol{v}_{\mathrm{l}}^{\mathrm{n}}$，为等效的速度偏差噪声。

姿态角偏差量测方程的构建有多种方法，下面介绍一种比较简单的方法。设

$$\Delta\boldsymbol{C}=\widetilde{\boldsymbol{C}}_{\mathrm{bm}}^{\mathrm{n}}\boldsymbol{C}_{\mathrm{bf}}^{\mathrm{bh}}\widetilde{\boldsymbol{C}}_{\mathrm{n}}^{\mathrm{bs}} \tag{3.222}$$

式中，$\widetilde{\boldsymbol{C}}_{\mathrm{bm}}^{\mathrm{n}}$和$\widetilde{\boldsymbol{C}}_{\mathrm{bs}}^{\mathrm{n}}$分别表示主、子惯导输出的姿态矩阵；$\boldsymbol{C}_{\mathrm{bf}}^{\mathrm{bh}}$表示主、子惯导所在载体间的安装矩阵；bh 和 bf 分别表示主、子惯导所在的载体坐标系。设主惯导的姿态角误差向量为$\boldsymbol{\varphi}_{\mathrm{m}}^{\mathrm{n}}$，有

$$\begin{cases}\widetilde{\boldsymbol{C}}_{\mathrm{bm}}^{\mathrm{n}}=[\boldsymbol{I}-(\boldsymbol{\varphi}_{\mathrm{m}}^{\mathrm{n}}\times)]\boldsymbol{C}_{\mathrm{bm}}^{\mathrm{n}}\\ \widetilde{\boldsymbol{C}}_{\mathrm{n}}^{\mathrm{bs}}=\boldsymbol{C}_{\mathrm{n}}^{\mathrm{bs}}[\boldsymbol{I}+(\boldsymbol{\varphi}^{\mathrm{n}}\times)]\end{cases} \tag{3.223}$$

另外，设载体挠曲变形角和振动变形角向量分别为$\boldsymbol{\alpha}_{\mathrm{f}}$ 和$\boldsymbol{\alpha}_{\mathrm{w}}$，安装误差角向量为$\boldsymbol{\alpha}_{\mathrm{a}}$，且设这些角度为小量，则有

$$\begin{cases}\boldsymbol{C}_{\mathrm{bm}}^{\mathrm{n}}=\boldsymbol{C}_{\mathrm{bh}}^{\mathrm{n}}\boldsymbol{C}_{\mathrm{bm}}^{\mathrm{bh}}=\boldsymbol{C}_{\mathrm{bh}}^{\mathrm{n}}[\boldsymbol{I}-(\boldsymbol{\alpha}_{\mathrm{f}}\times)-(\boldsymbol{\alpha}_{\mathrm{w}}\times)]\\ \boldsymbol{C}_{\mathrm{n}}^{\mathrm{bs}}=\boldsymbol{C}_{\mathrm{bf}}^{\mathrm{bs}}\boldsymbol{C}_{\mathrm{n}}^{\mathrm{bf}}=[\boldsymbol{I}-(\boldsymbol{\alpha}_{\mathrm{a}}\times)]\boldsymbol{C}_{\mathrm{n}}^{\mathrm{bf}}\end{cases} \tag{3.224}$$

将式(3.223)和式(3.224)代入式(3.222)，并忽略二阶小量，得

$$\Delta\boldsymbol{C}=\boldsymbol{I}+[(\boldsymbol{\varphi}^{\mathrm{n}}-\boldsymbol{C}_{\mathrm{bf}}^{\mathrm{n}}\boldsymbol{\alpha}_{\mathrm{a}})\times]-[(\boldsymbol{C}_{\mathrm{bm}}^{\mathrm{n}}\boldsymbol{\alpha}_{\mathrm{f}}+\boldsymbol{C}_{\mathrm{bm}}^{\mathrm{n}}\boldsymbol{\alpha}_{\mathrm{w}}+\boldsymbol{\varphi}_{\mathrm{m}}^{\mathrm{n}})\times] \tag{3.225}$$

显然，$\Delta\boldsymbol{C}$ 为反对称矩阵，在小角度条件下，可得

$$\boldsymbol{z}_{\varphi}=\frac{1}{2}\begin{bmatrix}\Delta\boldsymbol{C}(3,2)-\Delta\boldsymbol{C}(2,3)\\ \Delta\boldsymbol{C}(1,3)-\Delta\boldsymbol{C}(3,1)\\ \Delta\boldsymbol{C}(2,1)-\Delta\boldsymbol{C}(1,2)\end{bmatrix}=\boldsymbol{\varphi}^{\mathrm{n}}-\boldsymbol{C}_{\mathrm{bf}}^{\mathrm{n}}\boldsymbol{\alpha}_{\mathrm{a}}-(\boldsymbol{C}_{\mathrm{bm}}^{\mathrm{n}}\boldsymbol{\alpha}_{\mathrm{f}}+\boldsymbol{C}_{\mathrm{bm}}^{\mathrm{n}}\boldsymbol{\alpha}_{\mathrm{w}}+\boldsymbol{\varphi}_{\mathrm{m}}^{\mathrm{n}}) \tag{3.226}$$

令 $\delta\boldsymbol{\varphi}=\boldsymbol{C}_{\mathrm{bm}}^{\mathrm{n}}\boldsymbol{\alpha}_{\mathrm{f}}+\boldsymbol{C}_{\mathrm{bm}}^{\mathrm{n}}\boldsymbol{\alpha}_{\mathrm{w}}+\boldsymbol{\varphi}_{\mathrm{m}}^{\mathrm{n}}$，为等效的角度偏差噪声；同时考虑到$\boldsymbol{\alpha}_{\mathrm{a}}$ 为确定性常量，即$\dot{\boldsymbol{\alpha}}_{\mathrm{a}}=\boldsymbol{0}$，可以将其扩展至状态中，通过估计予以补偿。则式(3.226)可改写为

$$\boldsymbol{z}_{\varphi}=\boldsymbol{\varphi}^{\mathrm{n}}-\boldsymbol{C}_{\mathrm{bf}}^{\mathrm{n}}\boldsymbol{\alpha}_{\mathrm{a}}-\delta\boldsymbol{\varphi} \tag{3.227}$$

式中，$\boldsymbol{C}_{\mathrm{bf}}^{\mathrm{n}}$可由$\widetilde{\boldsymbol{C}}_{\mathrm{bs}}^{\mathrm{n}}$近似。联合式(3.221)和式(3.227)即可构成“速度＋姿态”匹配的完整量测方程，由于状态方程和量测方程均为线性，因此，可以直接利用 Kalman 滤波算法进行估计。

这里将挠曲变形和振动作为量测噪声处理。也有方法将挠曲变形建模为二阶马尔可夫过程，然后扩展至状态中，通过估计予以补偿，这里就不再介绍。

3.5　高动态惯导解算

在 3.3 节中已经给出惯导的解算方法，但这些方法只适用于低动态情况。如果载体进行高动态运动(如快速旋转或高加速度运动)时仍然使用这些解算方法，解算误差则会显著增大。此时，为了减小解算误差，应采用高动态解算方法。下面介绍该方法。

3.5.1　二子样惯导解算方法

1. 姿态更新的旋转矢量算法

设 t_k 时刻导航系 n(k)向本体系 b(k)的旋转四元数为 $\boldsymbol{Q}(t_k)$，t_{k+1}时刻导航系 n($k+1$)向本体系 b($k+1$)的旋转四元数为 $\boldsymbol{Q}(t_{k+1})$，本体系 b(k)向本体系 b($k+1$)的旋转四元数为

$\boldsymbol{q}(T)$，导航系 n(k)系向导航系 n($k+1$)的旋转四元数为 $\boldsymbol{p}(T)$，$T=t_{k+1}-t_k$，则有

$$\boldsymbol{Q}(t_{k+1})=\boldsymbol{p}^*(T)\otimes\boldsymbol{Q}(t_k)\otimes\boldsymbol{q}(T) \tag{3.228}$$

式中，上标 * 表示四元数的共轭。由于姿态更新周期 T 较短，导航坐标系的变化十分缓慢，因此式(3.228)可以近似为

$$\boldsymbol{Q}(t_{k+1})=\boldsymbol{Q}(t_k)\otimes\boldsymbol{q}(T) \tag{3.229}$$

式中，$\boldsymbol{q}(T)$的标量部分是 $\cos\dfrac{|\boldsymbol{\Phi}|}{2}$，矢量部分是$\dfrac{\boldsymbol{\Phi}}{|\boldsymbol{\Phi}|}\sin\dfrac{|\boldsymbol{\Phi}|}{2}$，$\boldsymbol{\Phi}$ 为 b(k)到 b($k+1$)的等效旋转矢量，按 Bortz 方程有

$$\dot{\boldsymbol{\Phi}}=\boldsymbol{\omega}_{\mathrm{nb}}^{\mathrm{b}}+\frac{1}{2}\boldsymbol{\Phi}\times\boldsymbol{\omega}_{\mathrm{nb}}^{\mathrm{b}}+\frac{1}{|\boldsymbol{\Phi}|^2}\left[1-\frac{|\boldsymbol{\Phi}|\sin|\boldsymbol{\Phi}|}{2(1-\cos|\boldsymbol{\Phi}|)}\right]\boldsymbol{\Phi}\times(\boldsymbol{\Phi}\times\boldsymbol{\omega}_{\mathrm{nb}}^{\mathrm{b}}) \tag{3.230}$$

由于姿态更新周期较短，$|\boldsymbol{\Phi}|$很小，对 sin 项和 cos 项展开近似，得

$$\dot{\boldsymbol{\Phi}}\approx\boldsymbol{\omega}_{\mathrm{nb}}^{\mathrm{b}}+\frac{1}{2}\boldsymbol{\Phi}\times\boldsymbol{\omega}_{\mathrm{nb}}^{\mathrm{b}}+\frac{1}{12}\boldsymbol{\Phi}\times(\boldsymbol{\Phi}\times\boldsymbol{\omega}_{\mathrm{nb}}^{\mathrm{b}}) \tag{3.231}$$

在$[t_k,t_{k+1}]$时间段内，如果设 $\boldsymbol{\omega}_{\mathrm{nb}}^{\mathrm{b}}$ 为固定值，上述方法就是低动态解算时的解算方法，那么一个积分周期内只使用一个角速度采样值，称该方法为单子样算法；如果设 $\boldsymbol{\omega}_{\mathrm{nb}}^{\mathrm{b}}$ 是变化的，且拟合为直线，则在一个积分周期内将使用两个角速度采样值，称该方法为二子样算法；如果将 $\boldsymbol{\omega}_{\mathrm{nb}}^{\mathrm{b}}$ 拟合为抛物线，则在一个积分周期内将使用三个角速度采样值，故称该方法为三子样算法；类似地，按照需要，还可以将 $\boldsymbol{\omega}_{\mathrm{nb}}^{\mathrm{b}}$ 假设为更高阶的模型，在一个积分周期内使用的角速度采样值将相应增加，由此可以设计基于更多子样的解算算法。这里以二子样为例，设

$$\boldsymbol{\omega}_{\mathrm{nb}}^{\mathrm{b}}(t_k+\tau)=\boldsymbol{a}+2\boldsymbol{b}\tau,\quad 0\leqslant\tau\leqslant T \tag{3.232}$$

对 $\boldsymbol{\Phi}(T)$进行 Taylor 级数展开，得

$$\boldsymbol{\Phi}(T)=\boldsymbol{\Phi}(0)+T\dot{\boldsymbol{\Phi}}(0)+\frac{T^2}{2}\ddot{\boldsymbol{\Phi}}(0)+\cdots \tag{3.233}$$

设一个周期内的两个角增量为

$$\begin{cases}\Delta\boldsymbol{\theta}_1=\displaystyle\int_0^{\frac{T}{2}}\boldsymbol{\omega}_{\mathrm{nb}}^{\mathrm{b}}(t_k+\tau)\mathrm{d}\tau\\[2ex]\Delta\boldsymbol{\theta}_2=\displaystyle\int_{\frac{T}{2}}^{T}\boldsymbol{\omega}_{\mathrm{nb}}^{\mathrm{b}}(t_k+\tau)\mathrm{d}\tau\end{cases} \tag{3.234}$$

将式(3.232)和式(3.233)代入式(3.231)，并将待定系数 $\boldsymbol{a}$ 和 $\boldsymbol{b}$ 用角增量 $\Delta\boldsymbol{\theta}_1$ 和 $\Delta\boldsymbol{\theta}_2$ 表示，得

$$\boldsymbol{\Phi}(T)=\Delta\boldsymbol{\theta}_1+\Delta\boldsymbol{\theta}_2+\frac{2}{3}\Delta\boldsymbol{\theta}_1\times\Delta\boldsymbol{\theta}_2 \tag{3.235}$$

式(3.235)即旋转矢量的双子样求解方法。同理，可得三子样求解公式为

$$\boldsymbol{\Phi}(T)=\Delta\boldsymbol{\theta}_1+\Delta\theta_2+\Delta\boldsymbol{\theta}_3+\frac{33}{80}\Delta\boldsymbol{\theta}_1\times\Delta\boldsymbol{\theta}_3+\frac{57}{80}\Delta\boldsymbol{\theta}_2\times(\Delta\boldsymbol{\theta}_3-\Delta\boldsymbol{\theta}_1) \tag{3.236}$$

多子样的旋转矢量求解方法需要陀螺仪在一个姿态更新周期内输出多个姿态角增量，以拟合更新周期内的角速度变化曲线。显然，使用的角增量越多，拟合的阶次就越高，越能更精确地描述快速变化的载体的角运动。因此，姿态快速机动时，应采用基于多子样的高动态姿态解算算法。不过，随着采样数的增加，解算的计算量相应增加。在满足精度要求的情况下，要尽可能地使用采样数少的算法。

2. 速度解算方法

高动态时的速度解算方法仍然如式(3.150)所示，只是需要对式(3.155)重新进行处理，下

面进行具体介绍。

设式(3.155)第二个等式右边的第二项和第三项分别为$\boldsymbol{v}_{\mathrm{rot}}$和$\boldsymbol{v}_{\mathrm{scul}}$。其中,前者为旋转效应补偿项,是由运载体的线运动方向在空间旋转产生的;后者为划桨效应补偿项,是由运载体线振动和角振动引起的。与姿态解算类似,根据载体运动的动态大小,在$[t_k,t_{k+1}]$时间段内,可以将角速度$\boldsymbol{\omega}$和比力$\boldsymbol{f}$进行线性拟合、二次拟合或三次拟合,利用待定系数法确定拟合系数,得到划桨效应补偿项的二子样、三子样或四子样算法,例如,双子样时划桨效应补偿结果为

$$\Delta \boldsymbol{v}_{\mathrm{scul}}=\frac{2}{3}\left[\Delta \boldsymbol{v}_{k,1}^{\mathrm{b}} \times \Delta \boldsymbol{\theta}_2-\Delta \boldsymbol{v}_{k,2}^{\mathrm{b}} \times \Delta \boldsymbol{\theta}_1\right] \tag{3.237}$$

式中,$\Delta \boldsymbol{v}_{k,1}^{\mathrm{b}}$和$\Delta \boldsymbol{\theta}_1$分别是$\left[t_k,t_k+\dfrac{T}{2}\right]$区间内的速度增量和角增量;$\Delta \boldsymbol{v}_{k,2}^{\mathrm{b}}$和$\Delta \boldsymbol{\theta}_2$分别是$\left[t_k+\dfrac{T}{2},t_{k+1}\right]$区间内的速度增量和角增量。

3. 位置解算方法

在高动态时位置解算方法仍然如式(3.159)所示,只是需要对式(3.161)中的$\Delta \boldsymbol{r}^{\mathrm{n}}$重新处理。下面进行具体介绍。

在$[t_k,t_{k+1}]$时间段内,重力加速度和有害加速度补偿项变化很慢,因此,可以将其设为常值,设$\Delta \boldsymbol{v}_{\mathrm{g/cor}}^{\mathrm{n}}=\left[\boldsymbol{g}_k^{\mathrm{n}}-(2\boldsymbol{\omega}_{\mathrm{ie},k}^{\mathrm{n}}+\boldsymbol{\omega}_{\mathrm{en},k}^{\mathrm{n}}) \times \boldsymbol{v}_k^{\mathrm{n}}\right](t_{k+1}-t_k)$,另设$\Delta \boldsymbol{v}_{\mathrm{sf}}^{\mathrm{n}}(t)=\int_{t_k}^{t} \boldsymbol{C}_{\mathrm{b}(\tau)}^{\mathrm{n}(t_k)} \boldsymbol{f}^{\mathrm{b}}(\tau)\mathrm{d}\tau$,则式(3.161)的第三式可写为

$$\Delta \boldsymbol{r}^{\mathrm{n}}=\left(\boldsymbol{v}_k^{\mathrm{n}}+\frac{1}{2}\Delta \boldsymbol{v}_{\mathrm{g/cor}}^{\mathrm{n}}\right)T+\Delta \boldsymbol{r}_{\mathrm{sf}}^{\mathrm{n}} \tag{3.238}$$

$$\Delta \boldsymbol{r}_{\mathrm{sf}}^{\mathrm{n}}=\int_{t_k}^{t_{k+1}} \Delta \boldsymbol{v}_{\mathrm{sf}}^{\mathrm{n}}(t)\mathrm{d}t \tag{3.239}$$

又

$$\Delta \boldsymbol{v}_{\mathrm{sf}}^{\mathrm{n}(t)}(t)=\boldsymbol{C}_{\mathrm{n}(k)}^{\mathrm{n}(t)} \Delta \boldsymbol{v}_{\mathrm{sf}}^{\mathrm{n}(k)}(t)=\left[\boldsymbol{C}_{\mathrm{n}(k)}^{\mathrm{n}(t)}-\boldsymbol{I}\right]\Delta \boldsymbol{v}_{\mathrm{sf}}^{\mathrm{n}(k)}(t)+\Delta \boldsymbol{v}_{\mathrm{sf}}^{\mathrm{n}(k)}(t) \tag{3.240}$$

在$[t_k,t_{k+1}]$时间段内,导航坐标系的旋转近似为匀速,加速度也近似不变,因此设

$$\boldsymbol{\xi}(t)=\frac{t-t_k}{T}\boldsymbol{\xi}_k \tag{3.241}$$

$$\Delta \boldsymbol{v}_{\mathrm{sf}}^{\mathrm{n}(k)}(t)=\frac{t-t_k}{T}\Delta \boldsymbol{v}_{\mathrm{sf},k}^{\mathrm{n}(k)} \tag{3.242}$$

将式(3.241)和式(3.242)代入式(3.240),并对两端积分可得

$$\Delta \boldsymbol{r}_{\mathrm{sf}}^{\mathrm{n}}=-\frac{T}{3}(\boldsymbol{\xi}_k \times)\Delta \boldsymbol{v}_{\mathrm{sf},k}^{\mathrm{n}(k)}+\boldsymbol{C}_{\mathrm{b}(k)}^{\mathrm{n}(k)}\Delta \boldsymbol{r}_{\mathrm{sf}}^{\mathrm{b}} \tag{3.243}$$

式中,$\Delta \boldsymbol{r}_{\mathrm{sf}}^{\mathrm{b}}$为$\Delta \boldsymbol{v}_{\mathrm{sf}}^{\mathrm{b}}$积分项;$\Delta \boldsymbol{v}_{\mathrm{sf}}^{\mathrm{b}}$为速度解算中比力引起的速度补偿量,包含加速度积分项、旋转效应补偿项、划桨效应补偿项;$\Delta \boldsymbol{v}_{\mathrm{sf}}^{\mathrm{b}}$经过二次积分后也产生新的位置积分补偿量,即

$$\Delta \boldsymbol{r}_{\mathrm{sf}}^{\mathrm{b}}=\int_{t_k}^{t_{k+1}} \Delta \boldsymbol{v}_{\mathrm{sf}}^{\mathrm{b}}(t)\mathrm{d}t=\int_{t_k}^{t_{k+1}}\left[\Delta \boldsymbol{v}^{\mathrm{b}}(t)+\frac{1}{2}\Delta \boldsymbol{\theta}^{\mathrm{b}}(t) \times \Delta \boldsymbol{v}^{\mathrm{b}}(t)+\Delta \boldsymbol{v}_{\mathrm{scul}}^{\mathrm{b}}(t)\right]\mathrm{d}t \tag{3.244}$$

将划桨效应补偿项$\Delta \boldsymbol{v}_{\mathrm{scul}}^{\mathrm{b}}$的表达式代入式(3.244),并进行积分,得

$$\Delta \boldsymbol{r}_{\mathrm{sf}}^{\mathrm{b}}=\boldsymbol{s}_{\Delta v}^{\mathrm{b}}+\Delta \boldsymbol{r}_{\mathrm{rot}}^{\mathrm{b}}+\Delta \boldsymbol{r}_{\mathrm{scrl}}^{\mathrm{b}} \tag{3.245}$$

式中,$\boldsymbol{s}_{\Delta v}^{\mathrm{b}}=\int_{t_k}^{t_{k+1}}\int_{t_k}^{t} \boldsymbol{f}^{\mathrm{b}}(\tau)\mathrm{d}\tau\mathrm{d}t$,$\boldsymbol{s}_{\Delta \theta}^{\mathrm{b}}=\int_{t_k}^{t_{k+1}}\int_{t_k}^{t} \boldsymbol{\omega}^{\mathrm{b}}(\tau)\mathrm{d}\tau\mathrm{d}t$,分别为比力和角速度的二次积分项;$\Delta \boldsymbol{r}_{\mathrm{rot}}^{\mathrm{b}}$为位置计算中的旋转效应补偿项;$\Delta \boldsymbol{r}_{\mathrm{scrl}}^{\mathrm{b}}$为位置计算中的涡卷效应补偿项。

$$\Delta \boldsymbol{r}_{\mathrm{rot}}^{\mathrm{b}}=\frac{1}{6}(\boldsymbol{s}_{\Delta\theta}^{\mathrm{b}}\times\Delta\boldsymbol{v}^{\mathrm{b}}+\Delta\boldsymbol{\theta}^{\mathrm{b}}\times\boldsymbol{s}_{\Delta v}^{\mathrm{b}}) \tag{3.246}$$

$$\Delta \boldsymbol{r}_{\mathrm{scrl}}^{\mathrm{b}}=\frac{1}{6}\int_{t_k}^{t_{k+1}}[\boldsymbol{s}_{\Delta v}^{\mathrm{b}}(t)\times\boldsymbol{\omega}^{\mathrm{b}}(t)-\boldsymbol{s}_{\Delta\theta}^{\mathrm{b}}(t)\times\boldsymbol{f}^{\mathrm{b}}(t)+\Delta\boldsymbol{\theta}^{\mathrm{b}}(t)\times\boldsymbol{v}^{\mathrm{b}}(t)+6\Delta\boldsymbol{v}_{\mathrm{scul}}^{\mathrm{b}}(t)]\mathrm{d}t \tag{3.247}$$

类似地，设$[t_k,t_{k+1}]$区间内比力和角速度呈线性变化，采用待定系数法，可得二子样算法的相关补偿项如下：

$$\begin{cases}\Delta\boldsymbol{s}_{\Delta v}^{\mathrm{b}}=\left(\dfrac{5}{6}\Delta\boldsymbol{v}_{k,1}^{\mathrm{b}}+\dfrac{1}{3}\Delta\boldsymbol{v}_{k,2}^{\mathrm{b}}\right)T\\ \Delta\boldsymbol{r}_{\mathrm{rot}}^{\mathrm{b}}=\left[\Delta\boldsymbol{\theta}_1\times\left(\dfrac{5}{18}\Delta\boldsymbol{v}_{k,1}^{\mathrm{b}}+\dfrac{1}{6}\Delta\boldsymbol{v}_{k,2}^{\mathrm{b}}\right)+\Delta\boldsymbol{\theta}_2\times\left(\dfrac{1}{6}\Delta\boldsymbol{v}_{k,1}^{\mathrm{b}}+\dfrac{1}{18}\Delta\boldsymbol{v}_{k,2}^{\mathrm{b}}\right)\right]T\\ \Delta\boldsymbol{r}_{\mathrm{scrl}}^{\mathrm{b}}=\left[\Delta\boldsymbol{\theta}_1\times\left(\dfrac{11}{90}\Delta\boldsymbol{v}_{k,1}^{\mathrm{b}}+\dfrac{1}{10}\Delta\boldsymbol{v}_{k,2}^{\mathrm{b}}\right)+\Delta\boldsymbol{\theta}_2\times\left(\dfrac{1}{90}\Delta\boldsymbol{v}_{k,2}^{\mathrm{b}}-\dfrac{7}{30}\Delta\boldsymbol{v}_{k,1}^{\mathrm{b}}\right)\right]T\end{cases} \tag{3.248}$$

如果将角速度和比力设为二次曲线或更高阶多项式，则可以得到相应的三子样补偿项和多子样补偿项，这里不再赘述。

得到补偿项后，即可由式(3.238)完成$\Delta\boldsymbol{r}^{\mathrm{n}}$的计算，再由式(3.160)、式(3.162)和式(3.163)完成位置矩阵的更新，实现对经纬度的求解。

3.5.2 四子样解算算法

如前所述，采用的子样越多，惯导解算的计算量就越大，因此，一般惯导解算至多采用四子样算法。下面介绍四子样惯导解算算法。

在$[t_k,t_{k+1}]$时间段内，在四子样算法中，对角速度和比力进行三次多项式拟合，即

$$\begin{cases}\boldsymbol{\omega}(t)=\boldsymbol{a}+\boldsymbol{b}(t-t_k)+\boldsymbol{c}(t-t_k)^2+\boldsymbol{d}(t-t_k)^3\\ \boldsymbol{f}(t)=\boldsymbol{A}+\boldsymbol{B}(t-t_k)+\boldsymbol{C}(t-t_k)^2+\boldsymbol{D}(t-t_k)^3\end{cases} \tag{3.249}$$

用待定系数法，可以确定式(3.249)中的拟合系数，得姿态解算结果为

$$\begin{aligned}\boldsymbol{\Phi}(T)=&\Delta\boldsymbol{\theta}_1+\Delta\boldsymbol{\theta}_2+\Delta\boldsymbol{\theta}_3+\Delta\boldsymbol{\theta}_4+\frac{214}{315}(\Delta\boldsymbol{\theta}_1\times\Delta\boldsymbol{\theta}_2+\Delta\boldsymbol{\theta}_3\times\Delta\boldsymbol{\theta}_4)+\\&\frac{46}{105}(\Delta\boldsymbol{\theta}_1\times\Delta\boldsymbol{\theta}_3+\Delta\boldsymbol{\theta}_2\times\Delta\boldsymbol{\theta}_4)+\frac{54}{105}\Delta\boldsymbol{\theta}_1\times\Delta\boldsymbol{\theta}_4+\frac{214}{315}\Delta\boldsymbol{\theta}_2\times\Delta\boldsymbol{\theta}_3\end{aligned} \tag{3.250}$$

式中，$\Delta\boldsymbol{\theta}_1$、$\Delta\boldsymbol{\theta}_2$、$\Delta\boldsymbol{\theta}_3$和$\Delta\boldsymbol{\theta}_4$分别为$\left[t_k,t_k+\frac{T}{4}\right]$、$\left[t_k+\frac{T}{4},t_k+\frac{T}{2}\right]$、$\left[t_k+\frac{T}{2},t_k+\frac{3T}{4}\right]$和$\left[t_k+\frac{3T}{4},t_{k+1}\right]$区间的角增量，即一个姿态更新周期内需要陀螺仪的四个姿态角增量输出，要求陀螺仪的采样输出频率提高为单子样的4倍。

速度解算算法中的划桨效应补偿项为

$$\begin{aligned}\Delta\boldsymbol{v}_{\mathrm{scul}}=&\frac{736}{945}[\Delta\boldsymbol{\theta}_1\times\Delta\boldsymbol{v}_{k,2}+\Delta\boldsymbol{\theta}_3\times\Delta\boldsymbol{v}_{k,4}+\Delta\boldsymbol{v}_{k,1}\times\Delta\boldsymbol{\theta}_2+\Delta\boldsymbol{v}_{k,3}\times\Delta\boldsymbol{\theta}_4]+\\&\frac{334}{945}[\Delta\boldsymbol{\theta}_1\times\Delta\boldsymbol{v}_{k,3}+\Delta\boldsymbol{\theta}_2\times\Delta\boldsymbol{v}_{k,4}+\Delta\boldsymbol{v}_{k,1}\times\Delta\boldsymbol{\theta}_3+\Delta\boldsymbol{v}_{k,2}\times\Delta\boldsymbol{\theta}_4]+\\&\frac{526}{945}[\Delta\boldsymbol{\theta}_1\times\Delta\boldsymbol{v}_{k,4}+\Delta\boldsymbol{v}_{k,1}\times\Delta\boldsymbol{\theta}_4]+\frac{654}{945}[\Delta\boldsymbol{\theta}_2\times\Delta\boldsymbol{v}_{k,3}+\Delta\boldsymbol{v}_{k,2}\times\Delta\boldsymbol{\theta}_3]\end{aligned} \tag{3.251}$$

类似地，可以得到位置解算公式(3.245)中相关补偿项如下：

$$\Delta \boldsymbol{s}_{\Delta v}^{\mathrm{b}}=\left(\frac{83}{90}\Delta \boldsymbol{v}_{k,1}^{\mathrm{b}}+\frac{17}{30}\Delta \boldsymbol{v}_{k,2}^{\mathrm{b}}+\frac{13}{30}\Delta \boldsymbol{v}_{k,3}^{\mathrm{b}}+\frac{4}{90}\Delta \boldsymbol{v}_{k,4}^{\mathrm{b}}\right)T \tag{3.252}$$

$$\begin{aligned}\Delta \boldsymbol{r}_{\mathrm{rot}}^{\mathrm{b}}=T\Big[&\Delta\boldsymbol{\theta}_1\times\left(\frac{83}{270}\Delta \boldsymbol{v}_{k,1}^{\mathrm{b}}+\frac{67}{270}\Delta \boldsymbol{v}_{k,2}^{\mathrm{b}}+\frac{61}{270}\Delta \boldsymbol{v}_{k,3}^{\mathrm{b}}+\frac{1}{6}\Delta \boldsymbol{v}_{k,4}^{\mathrm{b}}\right)+\\&\Delta\boldsymbol{\theta}_2\times\left(\frac{67}{270}\Delta \boldsymbol{v}_{k,1}^{\mathrm{b}}+\frac{17}{90}\Delta \boldsymbol{v}_{k,2}^{\mathrm{b}}+\frac{1}{6}\Delta \boldsymbol{v}_{k,3}^{\mathrm{b}}+\frac{29}{270}\Delta \boldsymbol{v}_{k,4}^{\mathrm{b}}\right)+\\&\Delta\boldsymbol{\theta}_3\times\left(\frac{61}{270}\Delta \boldsymbol{v}_{k,1}^{\mathrm{b}}+\frac{1}{6}\Delta \boldsymbol{v}_{k,2}^{\mathrm{b}}+\frac{13}{90}\Delta \boldsymbol{v}_{k,3}^{\mathrm{b}}+\frac{23}{270}\Delta \boldsymbol{v}_{k,4}^{\mathrm{b}}\right)+\\&\Delta\boldsymbol{\theta}_4\times\left(\frac{1}{6}\Delta \boldsymbol{v}_{k,1}^{\mathrm{b}}+\frac{29}{270}\Delta \boldsymbol{v}_{k,2}^{\mathrm{b}}+\frac{23}{270}\Delta \boldsymbol{v}_{k,3}^{\mathrm{b}}+\frac{7}{270}\Delta \boldsymbol{v}_{k,4}^{\mathrm{b}}\right)\Big]\end{aligned} \tag{3.253}$$

$$\begin{aligned}\Delta \boldsymbol{r}_{\mathrm{scul}}^{\mathrm{b}}=T\Big[&\Delta\boldsymbol{\theta}_1\times\left(\frac{797}{5670}\Delta \boldsymbol{v}_{k,1}^{\mathrm{b}}+\frac{1103}{1890}\Delta \boldsymbol{v}_{k,2}^{\mathrm{b}}+\frac{47}{630}\Delta \boldsymbol{v}_{k,3}^{\mathrm{b}}-\frac{47}{810}\Delta \boldsymbol{v}_{k,4}^{\mathrm{b}}\right)+\\&\Delta\boldsymbol{\theta}_2\times\left(-\frac{307}{630}\Delta \boldsymbol{v}_{k,1}^{\mathrm{b}}+\frac{43}{378}\Delta \boldsymbol{v}_{k,2}^{\mathrm{b}}+\frac{629}{1890}\Delta \boldsymbol{v}_{k,3}^{\mathrm{b}}-\frac{13}{270}\Delta \boldsymbol{v}_{k,4}^{\mathrm{b}}\right)+\\&\Delta\boldsymbol{\theta}_3\times\left(-\frac{37}{3780}\Delta \boldsymbol{v}_{k,1}^{\mathrm{b}}-\frac{79}{270}\Delta \boldsymbol{v}_{k,2}^{\mathrm{b}}+\frac{173}{1890}\Delta \boldsymbol{v}_{k,3}^{\mathrm{b}}+\frac{61}{1890}\Delta \boldsymbol{v}_{k,4}^{\mathrm{b}}\right)+\\&\Delta\boldsymbol{\theta}_4\times\left(-\frac{1091}{5670}\Delta \boldsymbol{v}_{k,1}^{\mathrm{b}}-\frac{59}{630}\Delta \boldsymbol{v}_{k,2}^{\mathrm{b}}-\frac{187}{1890}\Delta \boldsymbol{v}_{k,3}^{\mathrm{b}}-\frac{1}{5670}\Delta \boldsymbol{v}_{k,4}^{\mathrm{b}}\right)\Big]\end{aligned} \tag{3.254}$$

由二子样和四子样算法可知，多子样高动态解算算法的构建思路是一致的。将一个解算周期内的角速度和比力进行多项式拟合时，动态范围越大，需要拟合的阶次越高，相应地要求采样频率也就越高，以减小动态所导致的解算误差。当然，一个解算周期内用到的子样越多，解算所需要的计算量也越大。因此，在应用中，需要在解算精度和在线计算能力之间进行平衡。

【例 3-9】 给定飞机起始纬度、经度和高度为[39°　115°　2 000 m]，在东北天坐标系下，初始速度为[0　500　0] m/s，初始姿态角为[0　0　0]°，轨迹参数如表 3-4 所列。

表 3-4　仿真轨迹参数

轨迹时间段/s	载体运动轨迹
0～50	匀速直线飞行
50～60	爬升机动并改平
60～70	匀速直线飞行
70～80	向东协调转弯
80～90	匀速直线飞行
90～91	前向加加速度为 500 m/s^3 的匀加加速度飞行
91～105	前向加速度为 500 m/s^2 的匀加速度飞行
105～107	前向加加速度为 −500 m/s^3 的匀加加速度飞行
107～121	前向加速度为 −500 m/s^2 的匀加速度飞行
121～122	前向加加速度为 500 m/s^3 的匀加加速度飞行
122～132	向西协调转弯
132～142	匀速直线飞行
142～152	俯冲机动并改平
152～180	匀速直线飞行

飞行轨迹的示意图以及速度、加速度和加加速度曲线分别如图 3-26～图 3-29 所示。陀螺仪的零漂为 0.1°/h，随机游走为 $12°/h^{1/2}$；加速度计的零漂为 1.6 mg，随机游走为 $0.13\ mg/s^{1/2}$。试编程给出单子样、二子样和四子样算法的速度和位置解算误差，并进行对比分析。

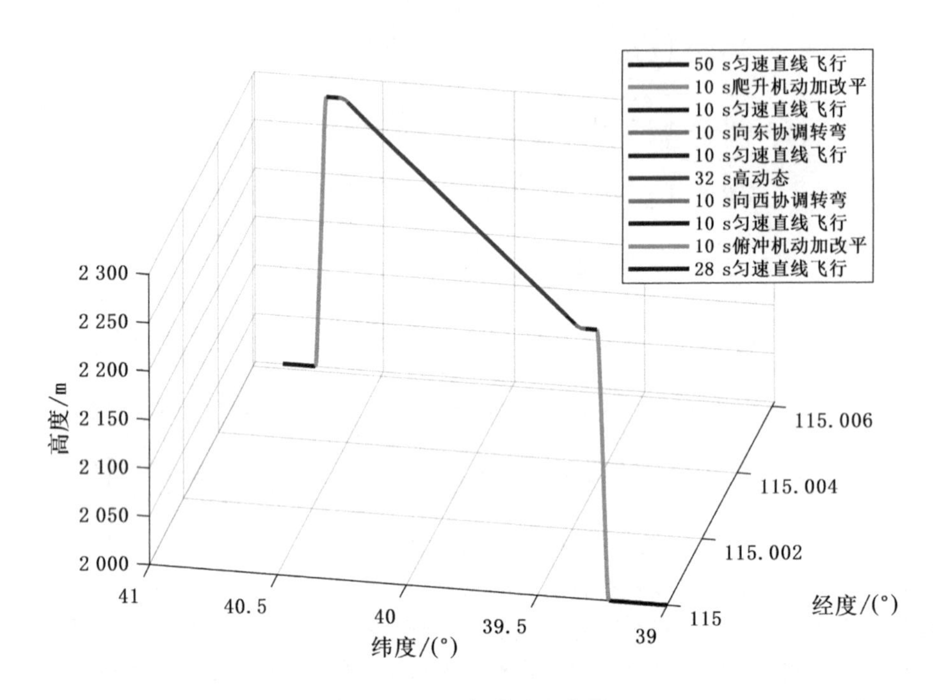

图 3-26　飞行轨迹示意图

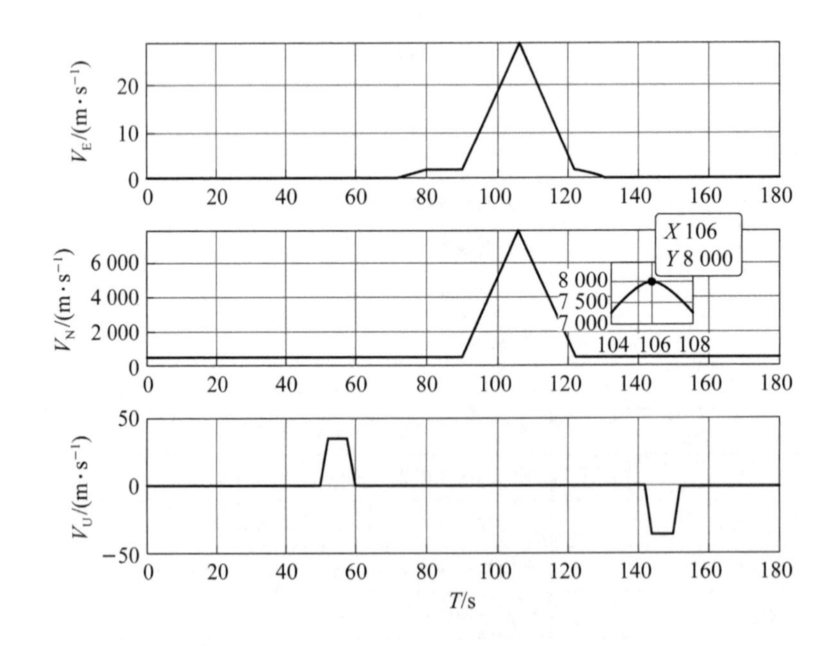

图 3-27　飞行东向、北向和天向速度示意图

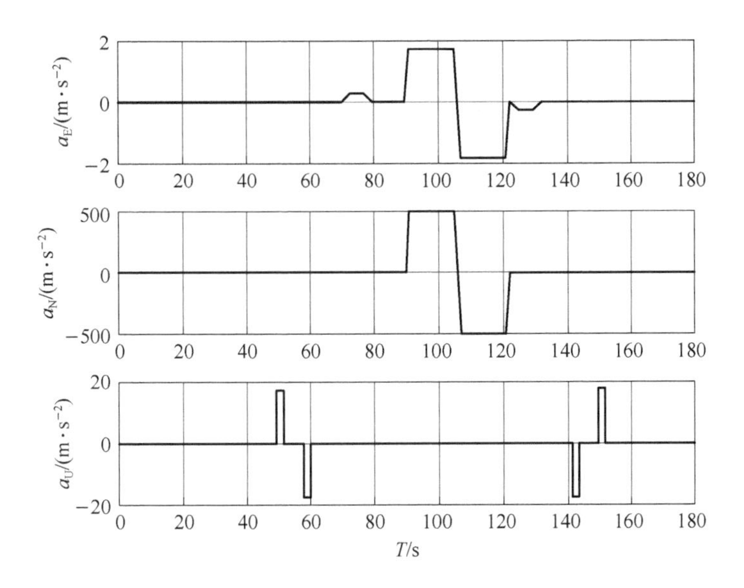

图 3－28　飞行东向、北向和天向加速度示意图

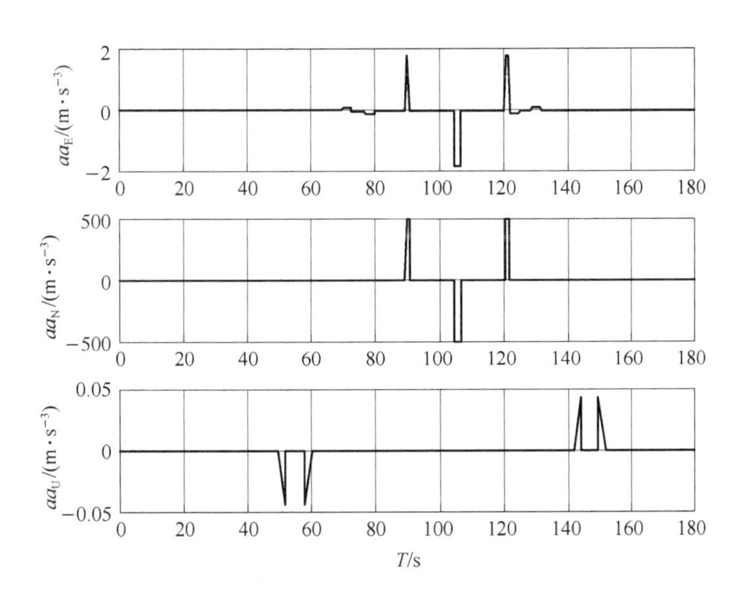

图 3－29　飞行东向、北向和天向加加速度示意图

【解】 在给定的飞行轨迹中，低动态部分采用 100 Hz 的导航解算频率，高动态部分采用 500 Hz 的导航解算频率，解算程序略。速度和位置误差解算结果分别如图 3－30 和图 3－31 所示。

由图 3－30 和图 3－31 可知，采用单子样的惯性解算方法的误差在高动态时最大，速度和位置误差都出现较大的发散趋势；采用二子样和四字样的惯性解算方法的误差都得到较好的抑制，最终呈现的发散趋势较小，其中四子样的解算精度最高，算法减小了高动态带来的误差。但是高动态惯性解算方法对应更高的采样率，导航解算周期更短，并且算法的计算量更大，对于单个解算周期内的多个采样数据的运算处理更加复杂。

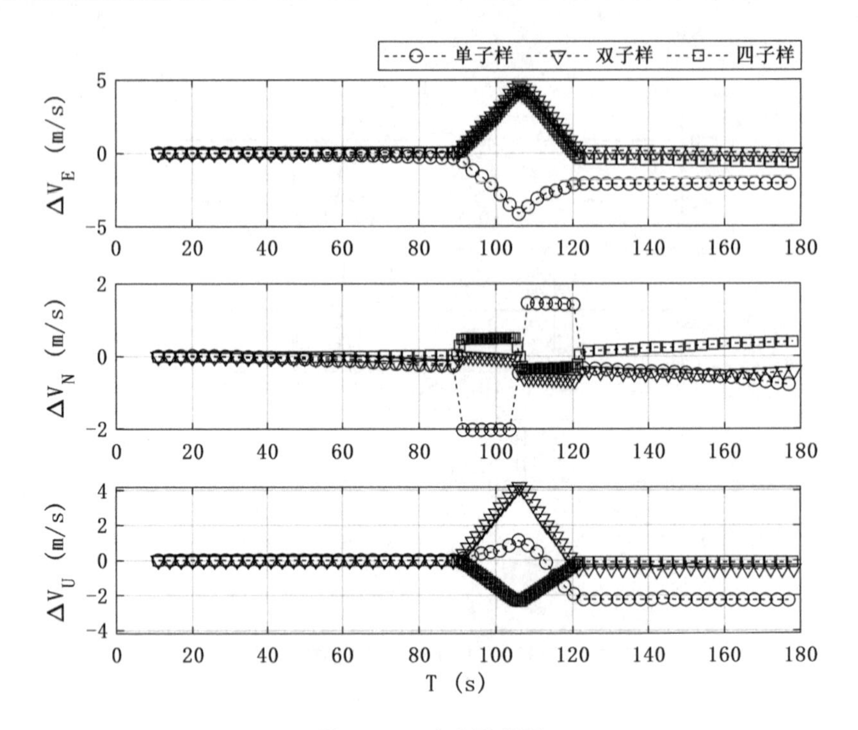

图 3-30 速度误差图

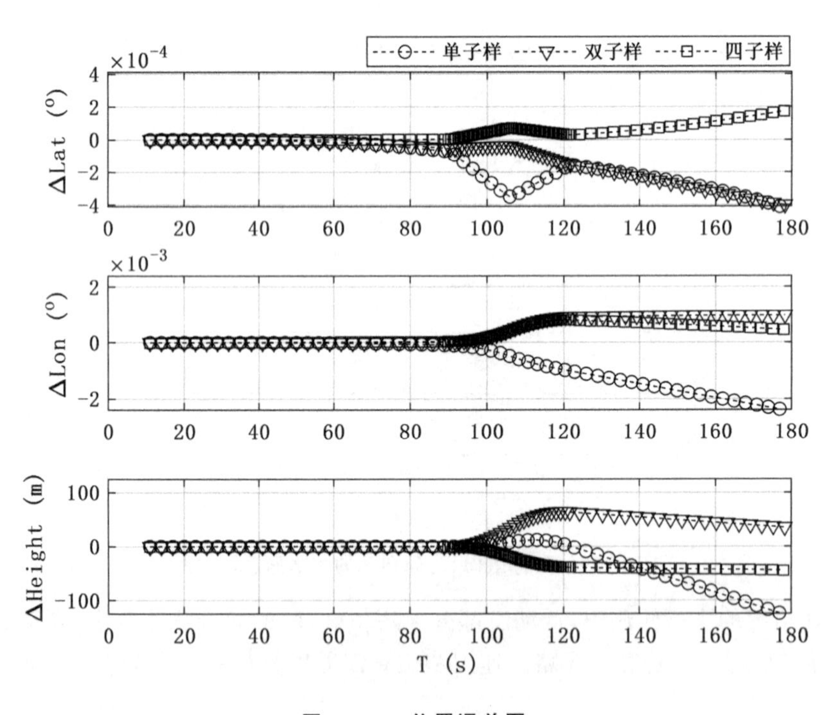

图 3-31 位置误差图

习 题

3-1 惯性传感器包括哪些？分别测量载体的何种运动？

3－2　加速度计输出的是载体的运动加速度吗？

3－3　对于自由方位的陀螺仪，将其放置在赤道，初始时刻陀螺仪的自转轴处于铅垂方向，地球上的观察者可以发现什么现象？称为什么运动？该现象和陀螺的何种性质有关？

3－4　地球自转角速率为多少？分别用 rad/s 和°/h 表示（惯性空间中，地球自转一周的时间为 86 164 s）。

3－5　设导航坐标系 n 的原点位于地球上的某点 O，O 点在 ECEF 坐标系中的位置矢量为 $\boldsymbol{R}_O$，载体在地球系中的位置矢量为 $\boldsymbol{R}_P$，在 n 系中的位置矢量为 $\boldsymbol{r}_P$，导航系相对于地球坐标系的旋转角速度为 $\boldsymbol{\omega}_{ne}$，矢量关系如图 3－32所示。试推导载体相对于导航坐标系 n 系的速度 $\boldsymbol{V}_n$ 与相对于地球的速度 $\boldsymbol{V}_e$ 之间满足 $\boldsymbol{V}_n=\boldsymbol{V}_e+\boldsymbol{\omega}_{ne}\times\boldsymbol{r}_P$。

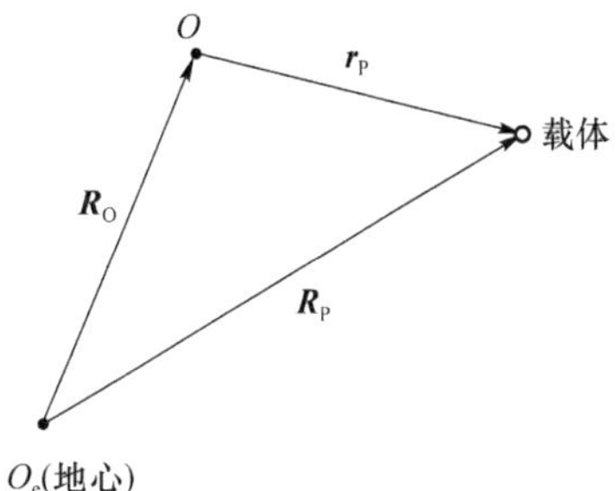

图 3－32　习题 3－5 对应图

3－6　已知姿态矩阵 $\boldsymbol{C}_b^n$ 与姿态四元数 $\boldsymbol{Q}=[q_0\quad q_1\quad q_2\quad q_3]^T$ 之间的关系为

$$\boldsymbol{C}_b^n=\begin{bmatrix}1-2(q_2^2+q_3^2) & 2(q_1q_2-q_0q_3) & 2(q_1q_3+q_0q_2)\\ 2(q_1q_2+q_0q_3) & 1-2(q_3^2+q_1^2) & 2(q_2q_3-q_0q_1)\\ 2(q_1q_3-q_0q_2) & 2(q_2q_3+q_0q_1) & 1-2(q_1^2+q_2^2)\end{bmatrix}$$

试证明：(1)姿态四元数 $-\boldsymbol{Q}$ 和 $\boldsymbol{Q}$ 描述的是等效的姿态旋转过程；(2) $\boldsymbol{\omega}^n=\boldsymbol{C}_b^n\boldsymbol{\omega}^b$ 与 $\boldsymbol{Q}\otimes\boldsymbol{\omega}^b\otimes\boldsymbol{Q}^*$ 等价，其中 $\boldsymbol{\omega}$ 为角速度。

3－7　已知四元数的微分方程为 $\dot{\boldsymbol{Q}}=\frac{1}{2}\langle\boldsymbol{\omega}_{nb}^b\rangle\boldsymbol{Q}$，证明姿态四元数的近似解为

$$\boldsymbol{Q}(t_{k+1})=\left(\cos\frac{\Delta\theta}{2}\boldsymbol{I}+\frac{\sin\frac{\Delta\theta}{2}}{\Delta\theta}\Delta\boldsymbol{\theta}\right)\boldsymbol{Q}(t_k)$$

其中，

$$\Delta\boldsymbol{\theta}=\begin{bmatrix}0 & -\Delta\theta_x & -\Delta\theta_y & -\Delta\theta_z\\ \Delta\theta_x & 0 & \Delta\theta_z & -\Delta\theta_y\\ \Delta\theta_y & -\Delta\theta_z & 0 & \Delta\theta_x\\ \Delta\theta_z & \Delta\theta_y & -\Delta\theta_x & 0\end{bmatrix}$$

$$\Delta\theta=\sqrt{\Delta\theta_x^2+\Delta\theta_y^2+\Delta\theta_z^2}$$

式中，$\Delta\theta_x$、$\Delta\theta_y$ 和 $\Delta\theta_z$ 分别表示 x、y 和 z 方向在时间段 $[t_k,t_{k+1}]$ 的角度增量。

附：齐次微分方程的解为 $\boldsymbol{Q}(t_{k+1})=e^{\frac{1}{2}\int_{t_k}^{t_{k+1}}\langle\boldsymbol{\omega}_{nb}^b\rangle dt}\boldsymbol{Q}(t_k)$。

令

$$\Delta\boldsymbol{\theta}=\int_{t_k}^{t_{k+1}}\langle\boldsymbol{\omega}_{nb}^b\rangle dt=\int_{t_k}^{t_{k+1}}\begin{bmatrix}0 & -\omega_x & -\omega_y & -\omega_z\\ \omega_x & 0 & \omega_z & -\omega_y\\ \omega_y & -\omega_z & 0 & \omega_x\\ \omega_z & \omega_y & -\omega_x & 0\end{bmatrix}dt\approx\begin{bmatrix}0 & -\Delta\theta_x & -\Delta\theta_y & -\Delta\theta_z\\ \Delta\theta_x & 0 & \Delta\theta_z & -\Delta\theta_y\\ \Delta\theta_y & -\Delta\theta_z & 0 & \Delta\theta_x\\ \Delta\theta_z & \Delta\theta_y & -\Delta\theta_x & 0\end{bmatrix}$$

3－8　捷联式初始对准的主要目的和任务是什么？

3－9　解析式粗对准和一次修正粗对准的目的分别是什么？

第4章 卫星导航

卫星导航是利用导航卫星和用户之间的无线电传输，实现对用户位置和速度的确定，同时还可以进行授时。按照工作范围，卫星导航分为全球卫星导航系统（GNSS）和区域卫星导航系统，前者包括 GPS、GLONASS、Galileo 和 BDS。本章只涉及 GNSS 的相关导航原理。

GNSS 主要由导航卫星星座、地面测控网和用户设备组成，其中，导航卫星星座由分布在多个轨道面上的多颗卫星组成，这些卫星广播式发射无线电导航信号，是 GNSS 的信息源。GPS、GLONASS 和 Galileo 采用的都是中轨道星座；BDS 除了采用中轨道星座之外，还采用静止轨道和倾斜同步轨道卫星，以增强导航卫星的地面覆盖率。由于卫星轨道会受到太阳、月球和地球大气等影响而出现摄动，因此，GNSS 的导航卫星星座需要持续进行轨道监测和控制。该任务由地面测控网负责，主要目的是跟踪、测量和预报卫星轨道，并对卫星上设备的工作进行控制管理。地面测控网通常包括跟踪站、遥测站、计算中心、注入站及时间统一系统等部分；用户设备通常由接收机、定时器、数据预处理器、计算机和显示器等组成，该设备在接收到 GNSS 卫星发射的无线电信号后，通过解调和解码，得到导航卫星的轨道参数和定时信息等，进一步解算出用户的位置和速度信息，并能给出基于 GNSS 原子时针的秒脉冲（pulse per second，PPS）信息（也称为授时信息）。

对于用户来说，导航卫星星座和地面测控网并不是其关注重点，因此，下面重点介绍 GNSS 的信号接收和导航解算原理。另外，除了 GLONASS 之外，其他三个 GNSS 系统的工作原理基本一致，因此，本章主要以 GPS 为例进行相关原理的讲解。

4.1 无线电定位原理

无线电定位原理如图 4-1 所示，设 u 表示用户位置，s_1、s_2 和 s_3 分别表示空间中已知位置的三颗卫星，r_1、r_2 和 r_3 分别表示三颗卫星相对用户的距离。用户可以接收三颗卫星发射的无线电信息，并通过计时获得相对距离，即

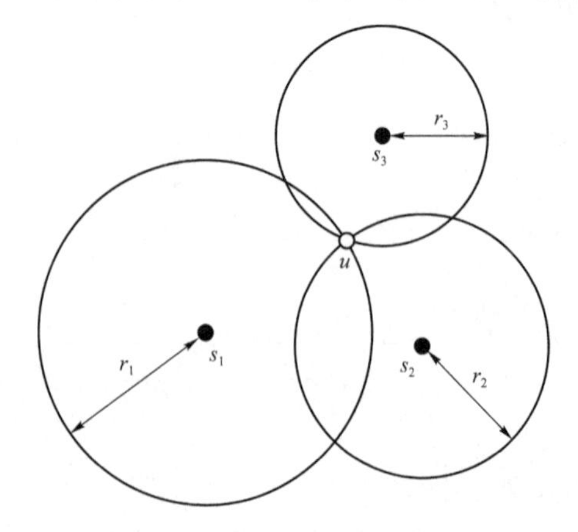

图 4-1 无线电定位原理示意图

$$r_i = c(t_{r,i} - t_{s,i}) = \sqrt{(x - x_{s,i})^2 + (y - y_{s,i})^2 + (z - z_{s,i})^2} \tag{4.1}$$

式中，r_i 表示第 i 颗卫星到用户的距离，这里 i 为 1、2 或 3；c 为光速；(x, y, z)为用户的三维坐标，$(x_{s,i}, y_{s,i}, z_{s,i})$为第 i 颗卫星的三维坐标；$t_{r,i}$ 和 $t_{s,i}$ 分别为用户接收到第 i 颗卫星信号的时刻和第 i 颗卫星信号的发射时刻。由于用户位置中包含三个未知量，因此，有三个独立方程才能确定用户的唯一位置，故无线电定位至少需要同时接收到三颗卫星的信号才能实现。不过，需要注意的是，实际应用中，$t_{r,i}$ 和 $t_{s,i}$ 都是有计时误差的，因此，式(4.1)应改写为

$$c[(t_{r,i} + \Delta t_r) - (t_{s,i} + \Delta t_s)] = c(t_{r,i} - t_{s,i}) + c(\Delta t_r - \Delta t_s) \approx r_i + c\Delta t_r = \rho_i \tag{4.2}$$

式中，Δt_r 和 Δt_s 分别为用户接收机时钟和卫星星钟的计时误差；ρ_i 是带误差的相对距离，称为伪距。因此，式(4.2)也称为伪距方程。在式(4.2)中，由于卫星上的星钟为原子钟，而用户接收机一般使用的时钟是晶振，前者的精度要远高于后者，因此，卫星星钟误差在伪距中可以忽略；但是，用户接收机时钟误差是不可以忽略的，通常作为第四个未知量。所以，在卫星导航中，需要至少同时接收到四颗导航卫星的信号，才能确定用户的唯一三维坐标和用户接收机时钟误差。如果同时接收到四颗以上导航卫星信号，则可以通过最小二乘算法进行超定方程求解，取得更高的解算精度。具体求解方法将在本章后续内容中介绍。

综上所述，卫星导航基于的就是如式(4.2)所示的无线电定位原理，导航卫星单方向广播式发射导航信号，用户接收到不少于四颗导航卫星信号之后，即可通过联立求解，实现对用户位置的确定。另外，通过式(4.2)还可以确定 Δt_r，之后可将用户接收机的时钟同步至导航卫星的原子时，这个过程称为授时。因此，由式(4.2)可实现定位和授时，卫星导航的测速原理将在后续内容中介绍。

4.2　卫星信号结构

在式(4.2)中，假设已经得到卫星的位置和卫星信号的发射时刻，但是，在实际应用中，如何让用户接收机得到这些信息是需要对导航信号进行设计的，因此，本节将以 GPS 信号为例，介绍卫星导航的信号。

卫星将其位置、速度和卫星信号的发射时刻等信息通过编码，形成导航电文，并向外发射，因此，接收和获取导航电文是卫星导航的关键。不过，导航电文的频率过低，通常为 50 Hz 或 500 Hz，是无法直接通过无线电进行发射的，因此，需要添加载波信号，与导航电文进行调制。目前 GNSS 的载波信号都位于 L 波段(1～2 GHz)，称为射频信号。需要说明的是，这些载波频率的使用需要得到联合国下属的国际电信联盟(ITU)的授权，是具有国际法约束力的。为了区分来自不同卫星的信号，GLONASS 系统中卫星间各自使用不同的载波频率，这种调制方法称为频分多址(frequency division multiple access，FDMA)。显然，FDMA 会占用更多的频率资源。因此，除了 GLONASS 之外，其他三个 GNSS 系统中，所有卫星都使用相同的载波频率。为了区分不同卫星的信号，为每颗卫星设计了一个独特的测距码，这种调制方法称为码分多址(code division multide access，CDMA)。与 FDMA 相比，CDMA 更省频率资源，但需要额外设计测距码。

由于本教材以 GPS 为主进行介绍，因此，下面将重点介绍由载波、测距码和导航电文三部分构成的卫星信号，BDS 和 Galileo 的信号结构与 GPS 的相似，就不再赘述。

4.2.1　载　波

GPS 的载波信号是正弦波(C/A 码)或余弦波(P 码)，三个载波频率分别称为 L1(1 575.42 MHz)、L2(1 227.60 MHz)和 L5(1 176.45 MHz)。由于频率和波长之间有

$$\lambda=\frac{c}{f} \tag{4.3}$$

式中，光速 c 约为 3×10^8 m/s，因此，L1、L2 和 L5 对应的载波波长分别为 0.19 m、0.244 m 和 0.255 m。由于卫星上生成载波信号的原子钟基准频率 f_0 为 10.23 MHz，因此有

$$\begin{cases} f_1=154f_0 \\ f_2=120f_0 \\ f_3=115f_0 \end{cases} \tag{4.4}$$

式中，f_1、f_2 和 f_3 分别为 L1、L2 和 L5 的载波频率。

如前所述，GNSS 的载波频率的使用是需要得到 ITU 授权的，目前，ITU 授权用于 GNSS 的频段主要集中于 L 波段，在 S 波段（2～4GHz）和 C 波段（4～8GHz）也有少量可使用的频段；但是，随着载波频率的提升，需要的发射功率会显著增加，这对卫星的电源控制而言是巨大挑战，因此，目前使用的载波频率均位于 L 波段。但是，当多个 GNSS 系统的信号都位于 L 波段时，如何避免卫星之间的互相干扰是必须要解决的问题。目前的解决方法主要集中于测距码的设计。下面以 GPS 的 C/A 码和 P 码为例介绍测距码。

4.2.2 测距码

测距码又称为伪随机码（pseudo random noise，PRN），为二进制序列。通过设计，测距码具有独特的自相关特性，即当没有时间延迟时，自相关函数取极大值；而当时间延迟超过一个测距码片时，自相关函数趋于 0，且不同测距码之间的互相关函数值也趋于 0，可以达到区分卫星信号的目的。

1. 二进制随机序列

在无线通信中采用正电平（+1）和负电平（−1）分别表示二进制中的“0”和“1”。二进制序列中的一位二进制数称为码元或者码片（chip），单个码片持续的时间 T_C 称为码宽，1 s 内传送码片的个数称为码率，即码率等于 $1/T_C$。如果令随机数 $x(t)$ 在 $kT_C\leqslant t<(k+1)T_C$ 内取值为 $x(kT_C)$（简记为 $x(k)$ 或 x_k），那么其表达式和自相关函数（auto-correlation function，ACF）可分别表示为

$$x(t)=\sum_{k=0}^{\infty}x_k p\left(\frac{t-kT_C}{T_C}\right) \tag{4.5}$$

$$R_{xx}(\tau)=\lim_{T\to\infty}\frac{1}{T}\int_0^T x(t)x(t-\tau)\mathrm{d}t=\begin{cases}0, & |\tau|>T_C \\ 1-\dfrac{|\tau|}{T_C}, & |\tau|\leqslant T_C\end{cases} \tag{4.6}$$

式中，$p\left(\dfrac{t-kT_C}{T_C}\right)$为如图 4-2 所示的窗函数。如图 4-3 所示为随机数 $x(t)$ 的自相关函数，显然，当 $|\tau|\leqslant T_C$ 时，随机数是相关的，当 $\tau=0$ 时是完全相关的，当 $|\tau|>T_C$ 时则完全不相关。根据功率谱密度函数与自相关函数之间互为 Fourier 变换的关系，可以得到随机数的功率谱密度函数为

$$\begin{aligned} S_{xx}(\omega) &= \int_{-\infty}^{\infty}R_{xx}(\tau)\mathrm{e}^{-\mathrm{j}\omega\tau}\mathrm{d}\tau=\int_{-T_C}^{0}\left(1+\frac{\tau}{T_C}\right)\mathrm{e}^{-\mathrm{j}\omega\tau}\mathrm{d}\tau+\int_0^{T_C}\left(1-\frac{\tau}{T_C}\right)\mathrm{e}^{-\mathrm{j}\omega\tau}\mathrm{d}\tau \\ &= T_C\sin\mathrm{c}^2\left(\frac{\omega T_C}{2}\right) \end{aligned} \tag{4.7}$$

如图 4-4 所示为 $T_C=1\times10^{-6}$ s 时的功率谱密度函数，并将圆频率转换为线频率，信号的主要功率分布在低频段。

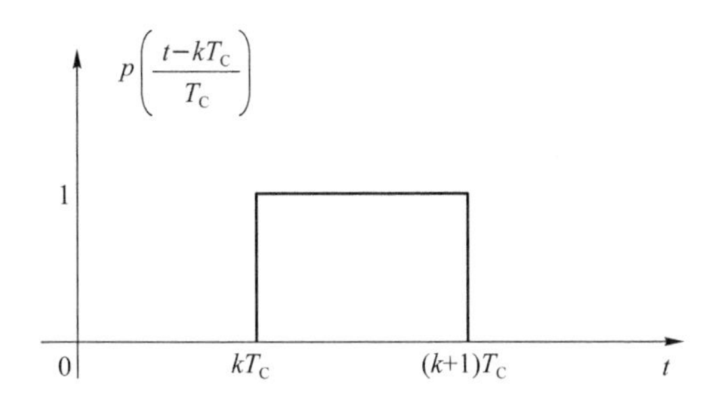

图 4-2　窗函数

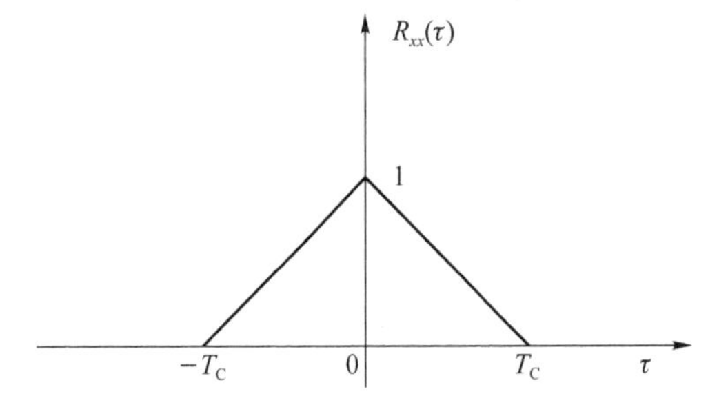

图 4-3　随机数的自相关函数图

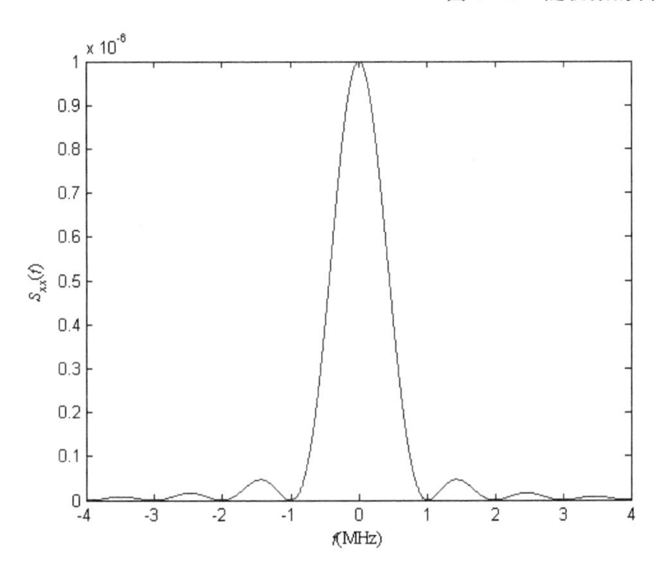

图 4-4　随机数的功率谱密度函数图

不过,实际中无限长的理想随机数是无法实现的,可实现的是具有周期性的伪随机数(rseudo - random number,PRN),PRN 在一个周期内的表达可表示为

$$x(t) = \sum_{k=0}^{N-1} x_k p\left(\frac{t-kT_C}{T_C}\right) \tag{4.8}$$

式中,N 为一个周期内传送的码片数目,周期 $T=NT_C$。PRN 的自相关函数可分 $\tau=iT_C(i=0,1,\cdots,N-1)$ 和 $iT_C<\tau<(i+1)T_C$ 两种情况。当 $\tau=iT_C$ 时,有

$$R_{xx}(\tau=iT_C) = \frac{1}{T}\int_0^T x(t)x(t-iT_C)\mathrm{d}t = \frac{T_C}{T}\sum_{k=0}^{N-1} x_k x_{k+i} = \frac{1}{N}\sum_{k=0}^{N-1} x_k x_{k+i} \tag{4.9}$$

其值取决于取和项中 1 和 −1 的个数。当 $iT_C<\tau<(i+1)T_C$ 时,有

$$\begin{aligned}
R_{xx}(\tau) &= \frac{1}{T}\int_0^T x(t)x(t-iT_C)\mathrm{d}t = \frac{1}{T}\sum_{k=0}^{N-1}\int_{kT_C}^{(k+1)T_C} x(t)x(t-\tau)\mathrm{d}t \\
&= \frac{1}{T}\sum_{k=0}^{N-1}\left[\int_{kT_C}^{(k+1)T_C-\tau+iT_C} x(t)x(t-\tau)\mathrm{d}t + \int_{(k+1)T_C-\tau+iT_C}^{(k+1)T_C} x(t)x(t-\tau)\mathrm{d}t\right] \\
&= \frac{1}{T}\sum_{k=0}^{N-1}\left[x_k x_{k+i}(T_C-\tau+iT_C) + x_k x_{k+i+1}(\tau-iT_C)\right] \\
&= R(iT_C)\left(i+1-\frac{\tau}{T_C}\right) + R[(i+1)T_C]\left(\frac{\tau}{T_C}-1\right)
\end{aligned} \tag{4.10}$$

PRN 的功率谱密度函数可计算如下:

按照周期函数的 Fourier 变换有

$$X(\omega)=\mathscr{F}[x(t)]=\sum_{n=-\infty}^{\infty}2\pi X_n\delta(\omega-n\omega_0) \tag{4.11}$$

式中，$\mathscr{F}(x)$表示对 x 求 Fourier 变换；$\omega_0=\frac{2\pi}{T}$；x_n 为

$$\begin{aligned}X_n&=\frac{1}{T}\int_0^T x(t)\mathrm{e}^{-\mathrm{j}n\omega_0 t}\mathrm{d}t=\frac{1}{T}\int_0^T\sum_{k=0}^{N-1}x_k p\left(\frac{t-kT_\mathrm{C}}{T_\mathrm{C}}\right)\mathrm{e}^{-\mathrm{j}n\omega_0 t}\mathrm{d}t\\&=\frac{1}{T}\sum_{k=0}^{N-1}x_k\int_0^T p\left(\frac{t-kT_\mathrm{C}}{T_\mathrm{C}}\right)\mathrm{e}^{-\mathrm{j}n\omega_0 t}\mathrm{d}t=\frac{1}{T}\sum_{k=0}^{N-1}x_k\int_{(k-1/2)T_\mathrm{C}}^{(k+1/2)T_\mathrm{C}}\mathrm{e}^{-\mathrm{j}n\omega_0 t}\mathrm{d}t\\&=T_\mathrm{C}\mathrm{sinc}\left(\frac{n\omega_0 T_\mathrm{C}}{2}\right)\sum_{k=0}^{N-1}x_k\mathrm{e}^{-\mathrm{j}n\omega_0 kT_\mathrm{C}}=T_\mathrm{C}\sqrt{N}\mathrm{sinc}\left(\frac{n\omega_0 T_\mathrm{C}}{2}\right)X_N\end{aligned} \tag{4.12}$$

其中

$$X_N=\frac{1}{\sqrt{N}}\sum_{k=0}^{N-1}x_k\mathrm{e}^{-\mathrm{j}n\omega_0 kT_\mathrm{C}} \tag{4.13}$$

按功率谱定义，有

$$S_{xx}(n\omega_0)=\frac{1}{NT_\mathrm{C}}|X_n|^2=T_\mathrm{C}\ \mathrm{sinc}^2\left(\frac{n\omega_0 T_\mathrm{C}}{2}\right)|X_N|^2 \tag{4.14}$$

因此，周期性函数的频谱是离散冲激谱，功率谱密度也是离散谱。

周期性二进制序列可以通过多级移位寄存器生成，其具有代表性的就是 m 序列。所谓 m 序列，是指移位寄存器在一个周期内经历了所有有效状态，其由级数为 n 的移位寄存器生成，周期为(2^n-1)。为了改变寄存器的输出结果，可以选取某些级的寄存器输出进行“异或”运算，作为寄存器的输入。“异或”运算又称为模 2 和，运算规则如下：

$$\begin{cases}0\oplus0=1\oplus1=0\\0\oplus1=1\oplus0=1\end{cases} \tag{4.15}$$

式中，$\oplus$表示“异或”。对正负电平而言，“异或”运算相当于乘法，即

$$\begin{cases}(+1)\times(+1)=(-1)\times(-1)=+1\\(+1)\times(-1)=(-1)\times(+1)=-1\end{cases} \tag{4.16}$$

【例 4-1】 如图 4-5 所示为两个五级反馈移位寄存器的原理示意图，其特征多项式分别为

$$\begin{cases}F_1(x)=1+x^3+x^5\\F_2(x)=1+x+x^2+x^3+x^5\end{cases} \tag{4.17}$$

试画出这两个移位寄存器产生的伪随机数的自相关和互相关函数图。

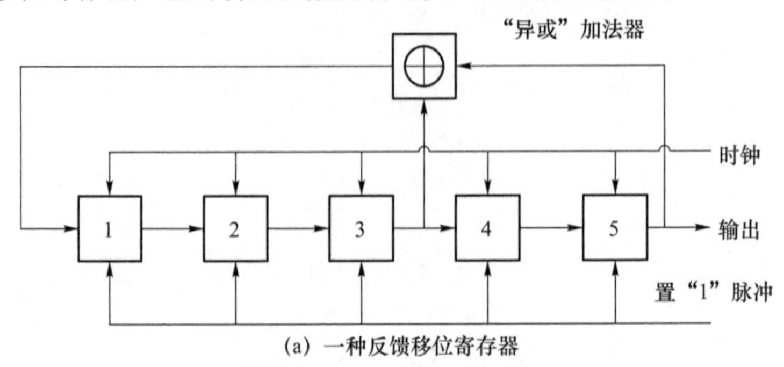

(a) 一种反馈移位寄存器

图 4-5 五级反馈移位寄存器示意图

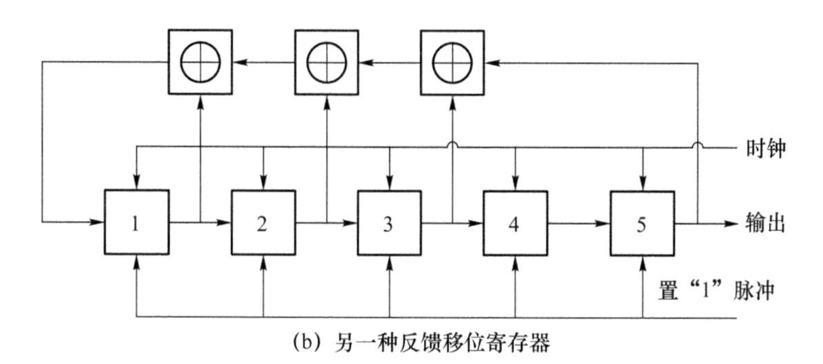

(b) 另一种反馈移位寄存器

图 4-5　五级反馈移位寄存器示意图(续)

【解】 对于离散的信号,其自相关和互相关函数可计算如下:

$$\begin{cases} R_{xx}(i) = \dfrac{1}{N}\sum\limits_{k=0}^{N-1} x(k)x(k-i) \\ R_{xy}(i) = \dfrac{1}{N}\sum\limits_{k=0}^{N-1} x(k)y(k-i) \end{cases} \tag{4.18}$$

在移位寄存器中不存在全为 0 的状态,所以,n 级移位寄存器最多能产生 2^n-1 个状态,因此,其所产生的伪随机数周期 N 就是 2^n-1。

相应的 MATLAB 程序如下:

```
n = 5; length = 2^n - 1; g1 = ones(1,n);
for i = 1:length
    code(i) = g1(n);  g_updated = [mod(g1(3) + g1(5),2)]; g1 = [g_updated g1(1:n - 1)];
end
code(find(code == 1)) = - 1; code(find(code == 0)) = 1;
cacode1 = code; % CA code for SVN 1
g2 = ones(1,n);
for i = 1:length
    code(i) = g2(n);g_updated = [mod(g2(1) + g2(2) + g2(3) + g2(5),2)];
    g2 = [g_updated g2(1:n - 1)];
end
code(find(code == 1)) = - 1; code(find(code == 0)) = 1;
cacode2 = code; % CA code for SVN 1
for i = 1:length
    cacode_temp = circshift(cacode1',i - 1)'; rxx1(i) = sum(cacode1. * cacode_temp)/length;
    cacode_temp = circshift(cacode2',i - 1)'; rxx2(i) = sum(cacode2. * cacode_temp)/length;
    rxy(i) = sum(cacode1. * cacode_temp)/length;
end
figure(1)
plot(1:length,rxx1);xlabel('\fontname{Times New Roman}Lag')
ylabel('\it\fontname{Times New Roman}R_x_x\rm(\tau)')
figure(2)
plot(1:length,rxx2);xlabel('\fontname{Times New Roman}Lag')
ylabel('\it\fontname{Times New Roman}R_x_x\rm(\tau)')
figure(3)
plot(1:length,rxy);xlabel('\fontname{Times New Roman}Lag')
```

```
ylabel('\it\fontname{Times New Roman}R_x_y\rm(\tau)')
figure(4)
stairs(1:length,cacode1(1:length));
axis([0 31 -1.5 1.5]);xlabel('Lag'),ylabel('Pseudorandom code')
N = length;tc = 1/N; f0 = 1; sn = [];
for n = -100:1:100
    xnr = 0; xni = 0;
    for i = 1:N
        xnr = xnr + cacode1(i) * cos(2 * pi * f0 * n * i * tc);
        xni = xni + cacode1(i) * sin(2 * pi * f0 * n * i * tc);
    end
    temp = tc * sinc(n * f0 * tc)^2 * (xnr^2 + xni^2)/N;     sn = [sn;temp];
end
snlog = 10 * log10(sn);
figure(5)
stem(-100:100,sn);xlabel('\fontname{Times New Roman}\itf')
ylabel('\it\fontname{Times New Roman}S_x_x\rm(\itf\rm)')
```

运行结果如图 4-6～图 4-9 所示。

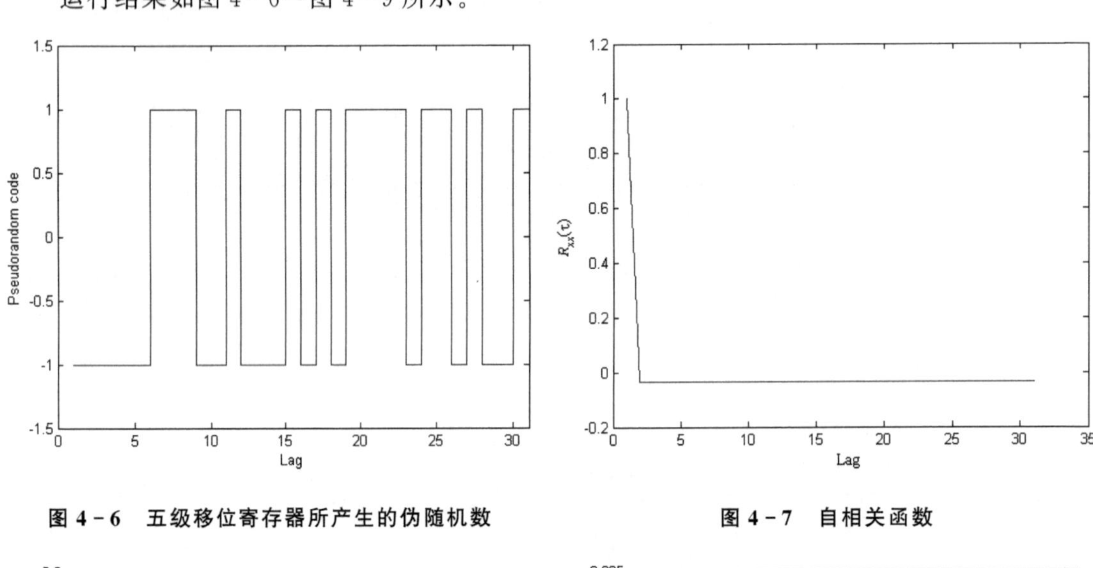

图 4-6　五级移位寄存器所产生的伪随机数

图 4-7　自相关函数

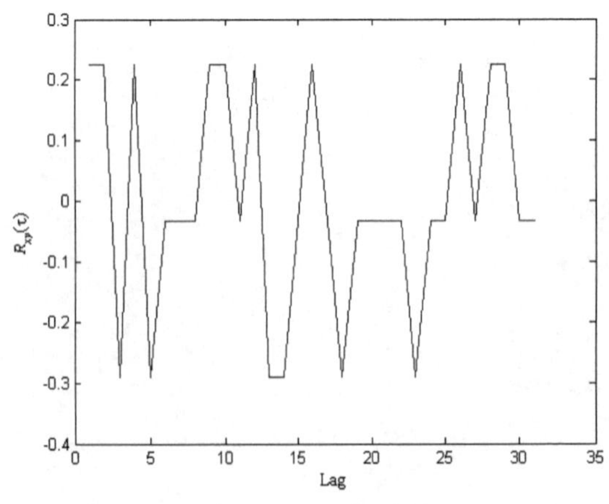

图 4-8　互相关函数

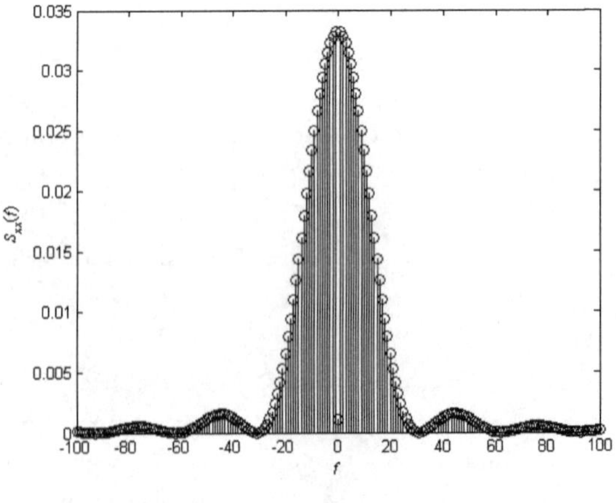

图 4-9　PRN 的功率谱密度函数图

如图 4-6 所示为图 4-5(a)移位寄存器所产生的伪随机数在一个周期内的结果。按式(4.18)，可分别计算由图 4-5 中两个移位寄存器所产生的伪随机数的自相关和互相关,如图 4-7和图 4-8 所示分别为所计算的自相关和互相关结果,其中,如图 4-5 所示的两个寄存器所产生的伪随机数的自相关函数是一样的,互相关结果表明这两个伪随机数是相关的。图 4-7的结果表明,在一个周期内自相关为

$$R_{xx}(i)=\begin{cases}1, & i=0\\ -\dfrac{1}{N}, & i\neq 0\end{cases} \tag{4.19}$$

显然,自相关函数也是周期的,且周期为 N。类似地,由图 4-8 可知,互相关函数也是周期的,且周期也为 N,在一个周期内互相关取值为 7/31、−9/31 和 −1/31。如图 4-9 所示为其功率谱密度函数,其外包络为窗函数形式,不过是离散的。

伪随机数可分为线性 m 序列、组合码和非线性码。这三种 PRN 中非线性码是最安全的。但在卫星导航中常用组合码,例如,在 GPS 信号中就利用了一种名为 Gold 码的组合码。如图 4-10所示为将图 4-5 中的两个寄存器组合起来构成的一个 Gold 码发生器。需要说明的是,Gold 码的组合码是有选择的,能产生 Gold 码的组合码对称为优选 m 序列对,如图 4-10中的相位选择器就是进行优选 m 序列对的选择单元。

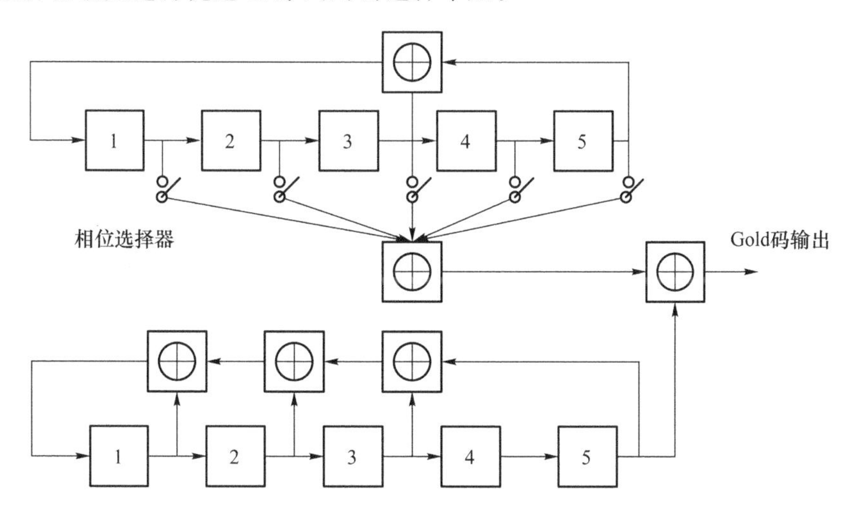

图 4-10　Gold 码发生器原理示意图

Gold 码的自相关和互相关函数分别为

$$\begin{cases}R_{xx}(i)\in\left\{1,-\dfrac{1}{N},-\dfrac{\beta(n)}{N},\dfrac{\beta(n)-2}{N}\right\}\\ R_{xy}(i)\in\left\{-\dfrac{1}{N},-\dfrac{\beta(n)}{N},\dfrac{\beta(n)-2}{N}\right\}\\ \beta(n)=1+2^{\left\lfloor\frac{n+2}{2}\right\rfloor}\end{cases} \tag{4.20}$$

式中,$\lfloor a \rfloor$表示取不大于 a 的最大整数。由式(4.20)可知,当 N 增大时,Gold 码的自相关和互相关特性更好,码之间的区分度更大。

2. C/A 码

GPS 中的 C/A 码采用的是由两个 10 级 m 码构成的 Gold 码,周期为 1 023(即 $2^{10}-1$)个码片,周期持续时间为 1 ms,码率为 1.023×10^6 cps(码片/秒),即 1.023 Mcps,码宽 T_C 为

977.5 ns,一个码片对应的距离约为 293 m。如图 4-11 所示为 C/A 码生成的原理示意图,其中两个 m 序列发生器 G_1 和 G_2 的特征多项式为

$$\begin{cases} G_1(x)=1+x^3+x^{10} \\ G_2(x)=1+x^2+x^3+x^6+x^8+x^9+x^{10} \end{cases} \tag{4.21}$$

G_1 的最后一级寄存器输出,以及 G_2 的两个不同级寄存器输出进行"异或"运算之后,输送至"异或"运算器中进行组合,得到最终的 C/A 码。由于 G_2 中进行"异或"运算的寄存器有多种相位选择,相应地可以生成不同的 C/A 码(PRN),在 GPS 中,总共选取了 37 个 PRN,其中的 32 个 PRN 用于卫星导航(如表 4-1 所列为相位选择器的分配情况),剩余 5 个 PRN 保留用于其他目的。因此,GPS 的在轨卫星最多不超过 32 颗。

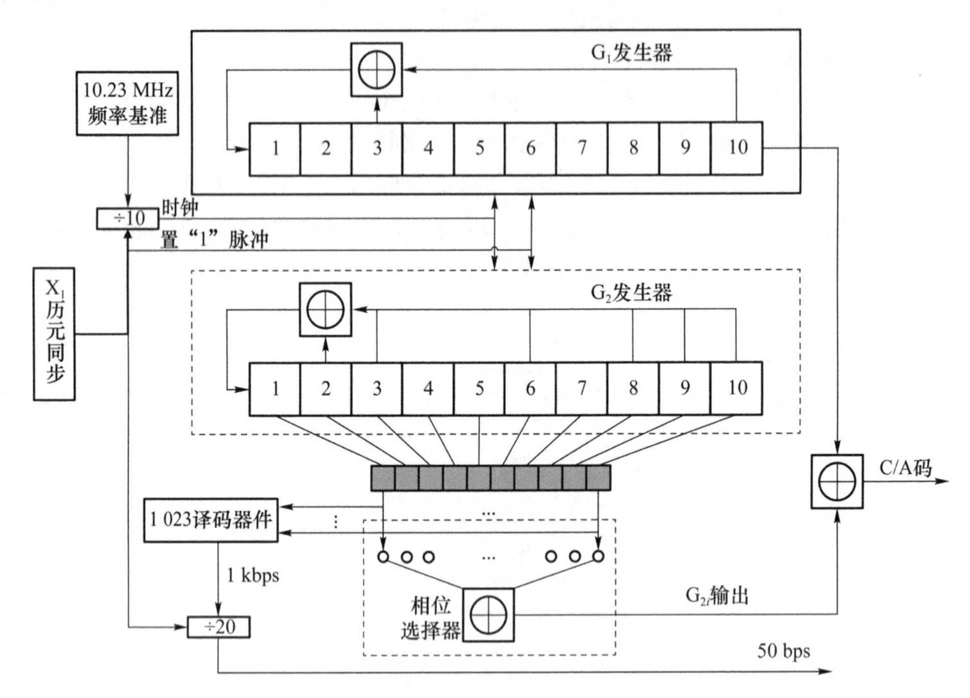

图 4-11 C/A 码生成原理图

表 4-1 各个 PRN 对应的相位选择表

PRN	1	2	3	4	5	6	7	8	9	10	11
G_{2i}	2⊕6	3⊕7	4⊕8	5⊕9	1⊕9	2⊕10	1⊕8	2⊕9	3⊕10	2⊕3	3⊕4
PRN	12	13	14	15	16	17	18	19	20	21	22
G_{2i}	5⊕6	6⊕7	7⊕8	8⊕9	9⊕10	1⊕4	2⊕5	3⊕6	4⊕7	5⊕8	6⊕9
PRN	23	24	25	26	27	28	29	30	31	32	
G_{2i}	1⊕3	4⊕6	5⊕7	6⊕8	7⊕9	8⊕10	1⊕6	2⊕7	3⊕8	4⊕9	

3. P 码

针对 C/A 码容易被压制式和欺骗式干扰的问题,GPS 卫星还发射另一种伪随机码,即 P 码。P 码的码率为 10.23 Mcps,周期为 7 天,码宽 T_P 约为 0.1 μs,即 P 码的码率是 C/A 码的 10 倍,带宽也是后者的 10 倍,因此,其抗压制式干扰的能力得到显著提升。另外,实际发射的 P 码是经过

加密的，称为Y码，只有授权用户才能使用，因此，其抗欺骗式干扰的能力显著加强。

如图4-12所示为P码的生成原理示意图，其中有两个12级反馈移位寄存器构成的序列发生器 X_1 和 X_2，均能产生周期为4 095个码片的m序列。将得到的两组m序列分别截短成长度为4 092和4 093个码片的序列 X_{1A} 和 X_{1B}，截短是在一个完整周期还没完成之前通过重置实现的。截短后的两个序列进行“异或”运算，得到长度为16 748 556(4 092×4 093)个码片的长码，再通过重置，截短成长度为15 345 000(1.5 s×10.23 Mcps)个码片的序列 X_1，周期为1.5 s。序列 X_2 的生成方法类似，其长度为15 345 037个码片。对于不同的卫星，对 X_2 进行平移操作(延时)，得到移 i 位的平移等价序列 X_{2i}。最终，将 X_1 和 X_{2i} 进行“异或”运算并截短，得到P码。

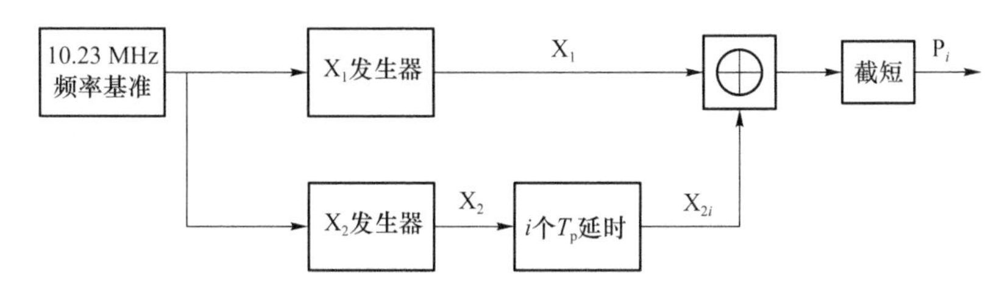

图4-12　P码生成流程图

X_1 和 X_{2i} 进行“异或”后的序列周期为

$$(15\,345\,000\times 15\,345\,037)\text{chip}/10.23\ \text{Mcps}=23\,017\,555.5\ \text{s}\approx 38\ 星期 \tag{4.22}$$

P码需要在这基础上再截短，最终得到周期为一个星期的序列。P码的长周期有利于提高其抗干扰能力，但也带来一些问题。例如，直接对P码进行捕获会导致搜索范围过大，很难实现快速捕获。因此，通常是先对C/A进行捕获，再对P码进行估计，然后再对P码进行捕获。

另外，P码还存在其他问题，如其频带是中心对称的，主要能量分布在中心频率附近，不利于测距码的兼容设计；而且从抗压制式干扰角度看，其带宽仍然偏窄。因此，后来又有研究者提出了BOC码，其由主、副码构成，通过对不同参数的设计，不仅可以将其频带设计成非中心对称结构，还可以调整其带宽，在增强码兼容性的同时，还有利于提升其抗干扰性能。关于BOC码及其改进形式，请参考有关文献，本教材不再展开。

【例4-2】　试生成两段C/A码数据，并分析其自相关、互相关和功率谱特性。

【解】　以GPS卫星的PRN为5和9为例。如图4-13所示为仿真给出的PRN为5的C/A码序列局部图和整体图，PRN为9的C/A码序列类似，此处不再给出。

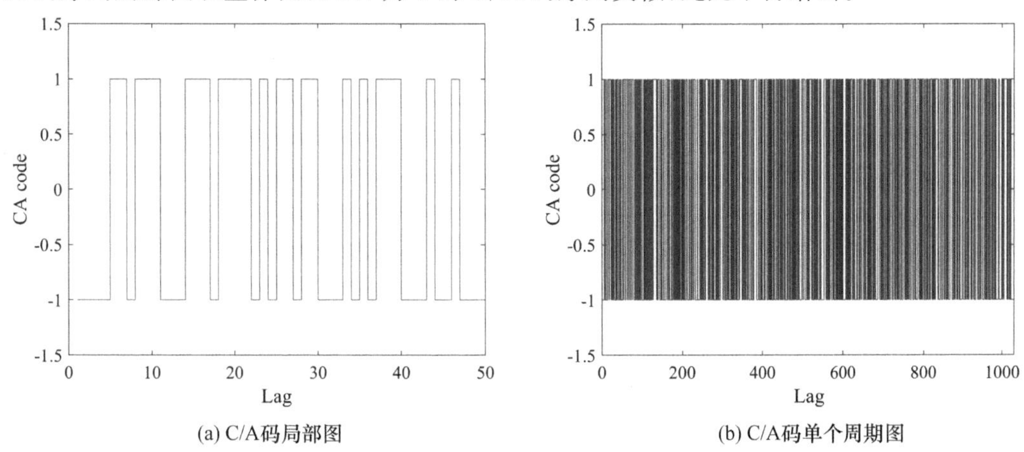

(a) C/A码局部图　　(b) C/A码单个周期图

图4-13　PRN为5的C/A码序列

如图 4-14 所示是仿真给出的 PRN 为 5 的 C/A 码的自相关结果。由图可知，当 $\tau=0$ 时，其自相关函数取极大值，而当 τ 不是周期的整数倍时，其自相关函数值很小。因此，C/A 码具有良好的自相关特性，利用该特性，可以寻找 C/A 码序列的初始码相位。

如图 4-15 所示是仿真给出的 PRN 为 5 和 9 的两个 C/A 码的互相关结果。由图可知，两个 C/A 码的互相关值远小于 1，说明两个伪随机码之间的互相关性很弱，即基于伪随机码可以很好地区分各个卫星的信号。

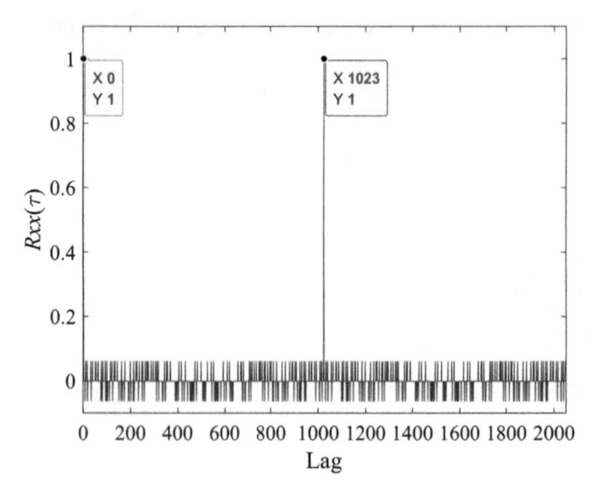

图 4-14　PRN 为 5 的 C/A 码自相关结果

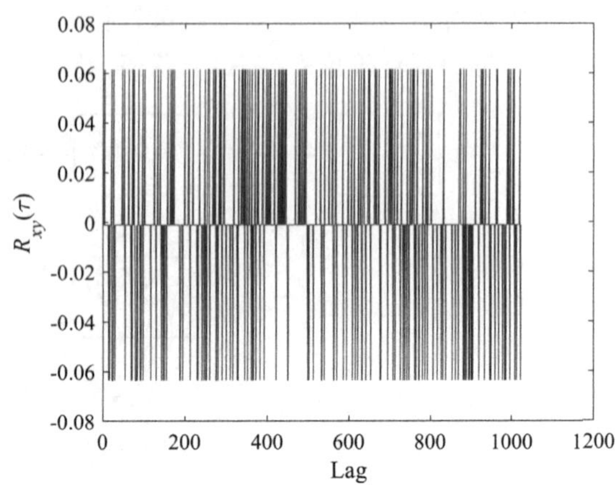

图 4-15　两个 C/A 码互相关结果

如图 4-16 所示为仿真给出的 PRN 为 5 的 C/A 码功率谱密度函数。其关于中心频率（0 频点）对称，随着频率离中心频率点距离的增大，功率谱密度逐渐衰减，即主要功率分布于中心频率附近，中心频率附近第一个零点之内的频率范围通常称为 C/A 码的带宽，占据 C/A 码的主要功率，如图 4-16(b)所示，其带宽约为 2 MHz。

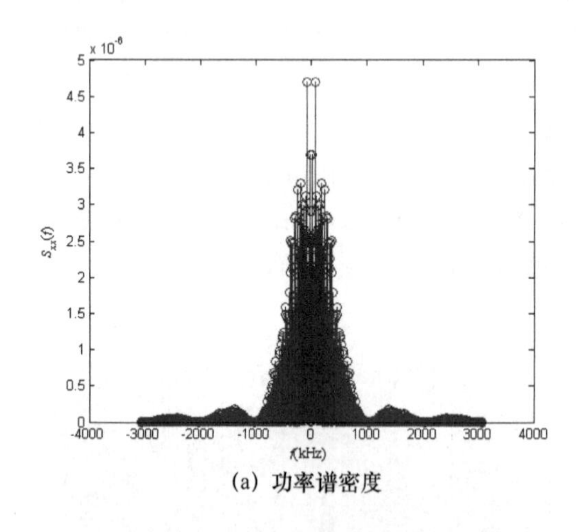

(a) 功率谱密度

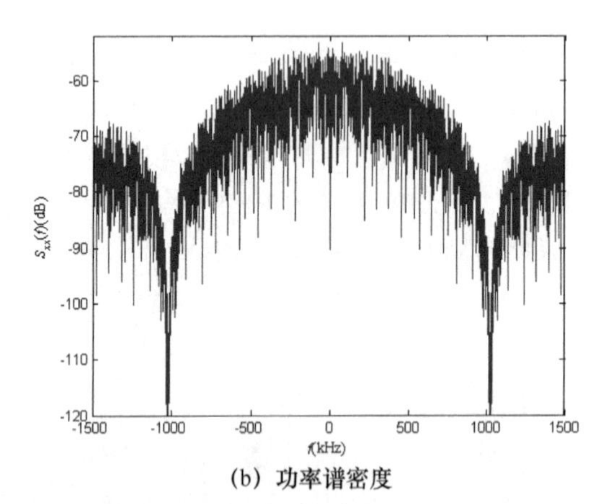

(b) 功率谱密度

图 4-16　PRN 为 5 的 C/A 码功率谱密度函数

相应的 MATLAB 程序如下：

```
clear; close all;clc;
g1 = ones(1,10); g2 = ones(1,10);
number1 = 7; % SVN 1
number2 = 3; % SVN 2
```

```
g2mod = [2,3,4,5,1,2,1,2,3,2,3,5,6,7,8,9,1,2,3,4,5,6,1,4,5,6,7,8,1,2,3,4;...
    6,7,8,9,9,10,8,9,10,3,4,6,7,8,9,10,4,5,6,7,8,9,3,6,7,8,9,10,6,7,8,9];
length = 1023; % length of CA code in a chip
for i = 1:length
    g2i = mod(g2(g2mod(1,number1)) + g2(g2mod(2,number1)),2);
    code(i) = mod(g2i + g1(10),2);
    g1_updated = [mod(g1(3) + g1(10),2)];
    g1 = [g1_updated g1(1:9)];
    g2_updated = [mod(g2(2) + g2(3) + g2(6) + g2(8) + g2(9) + g2(10),2)];
    g2 = [g2_updated g2(1:9)];
end
cacode = repmat(code,1,2);
cacode(find(cacode == 1)) = - 1; cacode(find(cacode == 0)) = 1;
cacode1 = cacode; % CA code for SVN 1
code(find(code == 1)) = - 1; code(find(code == 0)) = 1;
cacode12 = code;
g1 = ones(1,10); g2 = ones(1,10);
for i = 1:length
    g2i = mod(g2(g2mod(1,number2)) + g2(g2mod(2,number2)),2);
    code(i) = mod(g2i + g1(10),2);
    g1_updated = [mod(g1(3) + g1(10),2)];
    g1 = [g1_updated g1(1:9)];
    g2_updated = [mod(g2(2) + g2(3) + g2(6) + g2(8) + g2(9) + g2(10),2)];
    g2 = [g2_updated g2(1:9)];
end
cacode = repmat(code,1,2);
cacode(find(cacode == 1)) = - 1; cacode(find(cacode == 0)) = 1;
cacode2 = cacode; % CA code for SVN 2
code(find(code == 1)) = - 1; code(find(code == 0)) = 1;
cacode22 = code;
figure(1)
stairs(1:50,cacode(1:50)); ylim([ - 1.5 1.5]);
xlabel('Lag'),ylabel('CA code');
set(gca,'FontName','Times New Roman','FontSize',14);
figure(2)
stairs(1:length,cacode(1:length)); axis([0 1030 - 1.5 1.5]);
xlabel('Lag'),ylabel('CA code')
set(gca,'FontName','Times New Roman','FontSize',14);
figure(3)
spectrum_ca1 = fft(cacode1,2 * length);
spectrum1 = real(ifft(conj(spectrum_ca1). * spectrum_ca1))/2/length;
spectrum = ifftshift(spectrum1); plot(0:2045,spectrum)
set(gca,'xtick',[0:200:2 * length - 1]); axis([0 2050 - 0.1 1.1]);
xlabel('Lag');  ylabel('\itRxx\rm(\tau)');
set(gca,'FontName','Times New Roman','FontSize',14);
for i = 1:length
    cacode_temp = circshift(cacode22',i - 1)';
```

```
    rxy(i) = sum(cacode12. * cacode_temp)/length;
end
figure(4)
plot(1:length,rxy); xlabel('Lag'); ylabel('\itR_x_y\rm(\tau)')
set(gca,'FontName','Times New Roman','FontSize',14);
```

4.2.3 导航电文

如前所述，载波和测距码都是为了传输导航电文而设计的，因为导航电文中包含导航解算所需要的卫星位置和信号发射时刻等信息。导航电文采用二进制编码，又称为 D 码。相比较于载波和测距码，导航电文的频率最低，常用的码率为 50 bps，即一个比特(bit)对应的时长为 20 ms，也即 20 个 C/A 码周期。在信号调制中，C/A 码和导航电文的跳变沿是严格对齐的。如图 4－17 所示为载波、C/A 码和导航电文的关系示意图。

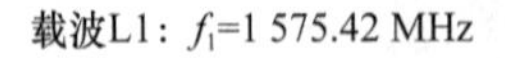

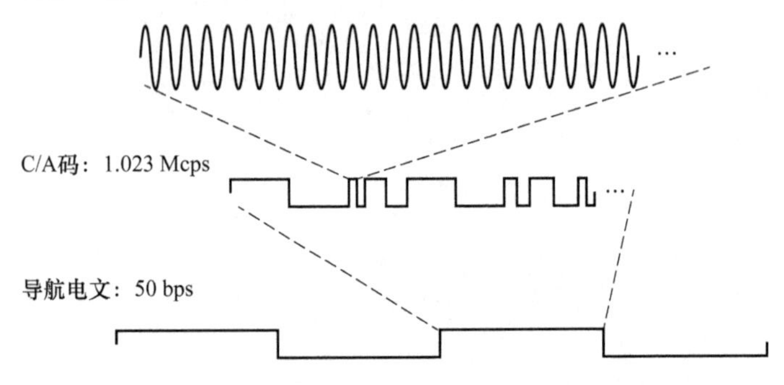

图 4－17　GPS 载波、C/A 码和导航电文的关系示意图

1. 导航电文的格式

如图 4－18 所示为 GPS 导航电文的结构示意图，按照时间历元从短到长构筑电文信息，最短的时间构成单元为一个码元，持续 1/1 023 ms；一个 C/A 码周期持续 1 ms，包含 1 023 个码元；1 bit导航电文持续 20 ms，包含 20 个 C/A 码；一个字持续 0.6 s，包含 30 个 D 码；一个子帧持续 6 s，包含 10 个字；一个主帧持续 30 s，包含 5 个子帧；一个超帧持续 12.5 min，包含 25 个主帧。

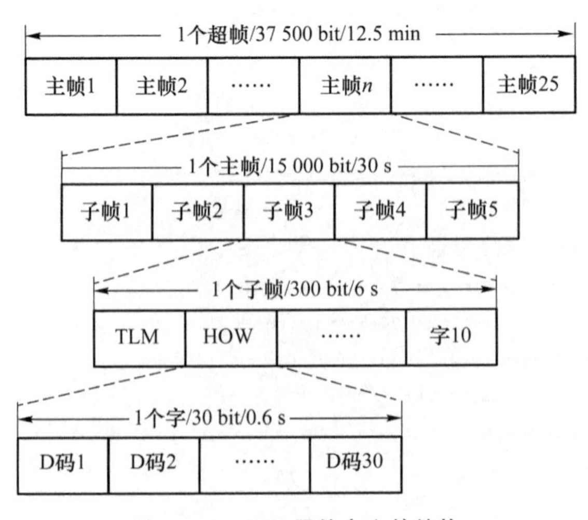

图 4－18　GPS 导航电文的结构

每个子帧的前两个字分别为遥测字(telemetry,TLM)和交接字(handover word,HOW),用于帧同步;第 3～10 个字组成数据块,不同子帧内的数据块包含不同的导航信息。每个主帧包含 5 个子帧,其中,第 1 子帧的数据块称为第 1 数据块,第 2 和第 3 子帧的数据块合称为第 2 数据块,第 4 和第 5 子帧的数据块合称为第 3 数据块。

与第 1 和第 2 数据块不同,第 3 数据块的内容采用分页结构,即第 1 主帧中的第 4 和第 5 子帧为一页,下一主帧中继续发送下一页,需要持续 25 页才能播发完整。考虑到第 3 数据块的分页结构,一套完整的导航电文总共需要花费 12.5 min。当第 3 数据块的内容需要更新时,新的导航电文可以从任意一页开始播发。

需要指出的是,与定位和测速相关的导航信息主要包含于第 1 和第 2 数据块中,因此,在一般的接收机中,通常只需提取前 3 个子帧信息即可,只是在特殊场合(如地面测控),才需要提取完整的 12.5 min 导航电文信息。如图 4-19 所示为某卫星通道帧同步成功后,根据上述格式组装的前 3 个子帧的结果。

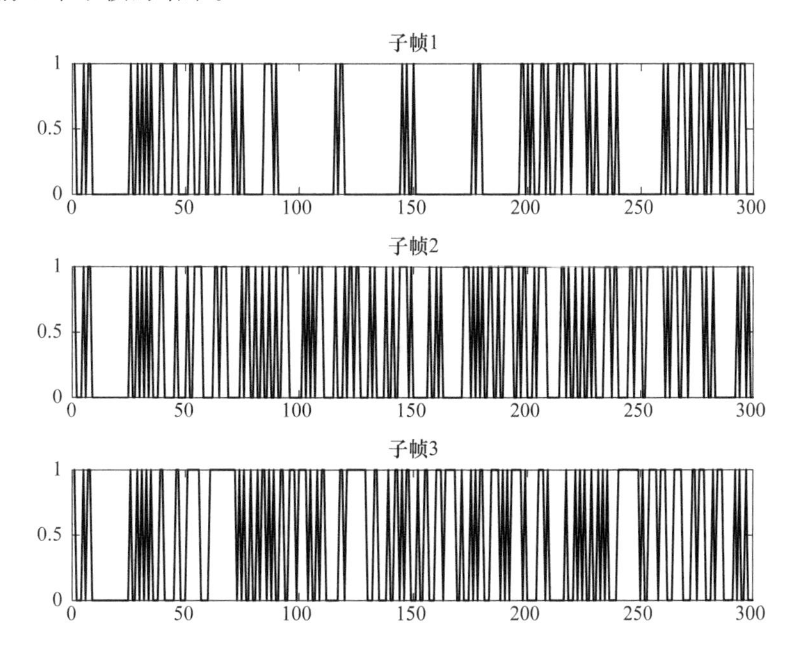

图 4-19　某通道子帧 1～3 电文组装结果

2. 遥测字和交接字

如图 4-20 所示描述了遥测字和交接字的内部结构。导航电文每一个子帧的第 1 个字均为遥测字,每 6 s 重复一次,其中,第 1～8 bit 为固定的同步码 10001011,第 9～22 bit 提供特许用户的信息,第 23～24 bit 保留,最后 6 bit 为奇偶校验码。遥测字的主要作用是提供同步码信息,以便于进行帧同步。

交接字紧接在遥测字之后,是每个子帧中的第 2 个字,同样每 6 s 重复一次。交接字的第 1～17 bit(即子帧的第 31～47 bit)是从 Z 计数器得到的截短后的周内时计数值。二进制 Z 计数器长 29 位,由高 10 位的星期数(week number,WN)和低 19 位的周内时(time of week,TOW)计数两部分组成,高位先播发,低位后播发。周内时计数从周六午夜零时计数 0 开始,每隔 1.5 s 增加 1,直至周内时计数的最大值 403 199,然后置 0 重复。不过,403 199 的二进制表示为 19 位,而交接字只截取了周内时计数的高 17 位,低 2 位则被舍弃,这相当于每 6 s(截

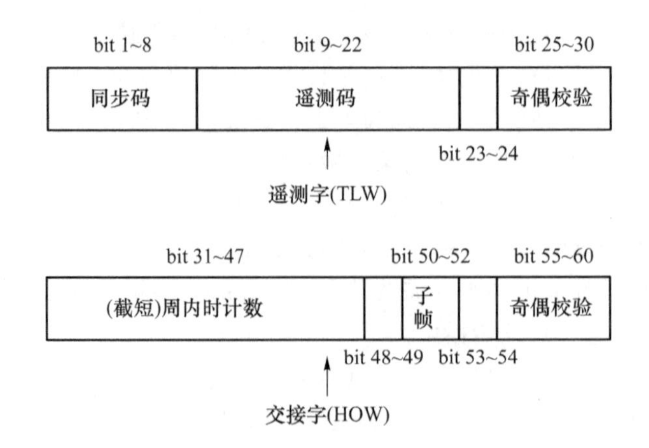

图 4-20　遥测字和交接字的格式

短)周内时计数增加 1,故(截短)周内时乘以 6 便可以得到该子帧结束、下一子帧开始对应的 GPS 时间。在后续的信号发射时间组装中,周内时是非常重要的一个参数。

交接字的第 18、19 bit(即子帧的第 48、49 bit)分别为警告标志和 A-S 标志,当取值为 1 时,分别表示非授权用户需要承担使用该卫星信号的风险和对该卫星实施了抗欺骗措施;第 20～22 bit(即子帧的第 50～52 bit)为子帧识别标志,从 001 至 101,共有 5 个有效二进制值,分别表示第 1 子帧～第 5 子帧,知道了当前子帧的标识标志,即可按照该子帧的编码格式进行数据解译;第 23～24 bit 为求解得到的,目的是使交接字的 6 bit 奇偶校验码以 00 结尾。

GPS 电文格式要求每个字的最后 6 bit 为奇偶校验位,这样接收机就能以字为单位对数据比特进行奇偶校验,以保证用于译码的数据比特的正确性,其流程介绍如下。

设 d_i 为 24 bit 的原始数据,D_i 为 30 bit 经过编码后由卫星播发的数据。接收机在完成帧同步后,得到以字为单位的数据比特 D_i。首先,通过"异或"运算,得到 24 bit 的原始数据 d_i,即

$$d_i = D_{30}^* \oplus D_i, \quad i=1,2,\cdots,24 \tag{4.23}$$

用 D_{29}^* 和 D_{30}^* 表示卫星发射的上一字中最后两位奇偶校验码。然后,对 D_{29}^*、D_{30}^* 和 $d_i(i=1,2,\cdots,24)$ 进行"异或"运算,即

$$\begin{cases} D_{25} = D_{29}^* \oplus d_1 \oplus d_2 \oplus d_3 \oplus d_5 \oplus d_6 \oplus d_{10} \oplus d_{11} \oplus d_{12} \oplus d_{13} \oplus d_{14} \oplus d_{17} \oplus d_{18} \oplus d_{20} \oplus d_{23} \\ D_{26} = D_{30}^* \oplus d_2 \oplus d_3 \oplus d_4 \oplus d_6 \oplus d_7 \oplus d_{11} \oplus d_{12} \oplus d_{13} \oplus d_{14} \oplus d_{15} \oplus d_{18} \oplus d_{19} \oplus d_{21} \oplus d_{24} \\ D_{27} = D_{30}^* \oplus d_1 \oplus d_3 \oplus d_4 \oplus d_5 \oplus d_7 \oplus d_8 \oplus d_{12} \oplus d_{13} \oplus d_{14} \oplus d_{15} \oplus d_{16} \oplus d_{19} \oplus d_{20} \oplus d_{22} \\ D_{28} = D_{30}^* \oplus d_2 \oplus d_4 \oplus d_5 \oplus d_6 \oplus d_8 \oplus d_9 \oplus d_{13} \oplus d_{14} \oplus d_{15} \oplus d_{16} \oplus d_{17} \oplus d_{20} \oplus d_{21} \oplus d_{23} \\ D_{29} = D_{30}^* \oplus d_1 \oplus d_3 \oplus d_5 \oplus d_6 \oplus d_7 \oplus d_9 \oplus d_{10} \oplus d_{14} \oplus d_{15} \oplus d_{16} \oplus d_{17} \oplus d_{18} \oplus d_{21} \oplus d_{22} \oplus d_{24} \\ D_{30} = D_{29}^* \oplus d_3 \oplus d_5 \oplus d_6 \oplus d_8 \oplus d_9 \oplus d_{10} \oplus d_{11} \oplus d_{13} \oplus d_{15} \oplus d_{19} \oplus d_{22} \oplus d_{23} \oplus d_{24} \end{cases} \tag{4.24}$$

得到 6 bit 的奇偶校验码,并将计算得到的 6 bit 奇偶校验码与解码得到的 6 bit 奇偶校验码 D_{25}～D_{30} 进行比对:如果完全一致,则奇偶校验成功;否则,奇偶校验失败。

当一个字通过奇偶校验后,该字的电文解码结果便被保存起来,直至整个子帧的 10 个字全部解码完毕,再按照该子帧的格式定义,翻译成导航电文参数。如果奇偶校验失败,则放弃对该段数据的解码,重新进行信号的捕获跟踪。

BDS 系统的导航电文也有类似的 BCH 编码机制和交织机制,同步字和周内时计数字的

定义和格式虽然不尽相同，但基本原理和思路是一致的，此处不再赘述。

3. 第1、第2数据块

第1数据块包含第1子帧中的第3～10字，称为时钟数据块，主要提供卫星的时钟校正参数和健康状态等内容。

星期数(WN)由Z计数器的高10位确定，周内时计数归0时，星期数的计数加1，其最大值为1 023，计满之后归0。GPS时间的完整表达是由星期数和周内时组成的。

时钟校正参数a_{f0}、a_{f1}和a_{f2}是时钟校正模型中的三个系数；参数t_{oc}在校正模型中作为时间参考点；对单频接收机来说，还有群波延时校正值T_{GD}。基于这些参数，可以求得卫星的钟差和钟漂，是导航解算中的关键环节。

第1数据块中还有用户测距精度(user ranging accuracy，URA)、卫星健康状况、时钟数据期号等参数，但和导航解算关系不大。

第2数据块包含第2和第3子帧，主要提供卫星自身的星历参数。表4-2列举了第2数据块中GPS卫星播发的16个卫星星历参数。根据这些参数，能够确定星历参考时间t_{oe}前后2 h内的卫星运动参数，超过2 h的星历通常被认为是无效的，利用星期数和周内时可以判断星历参数的有效性。

第3数据块中包含有效时间更长但精度更低的卫星历书信息。在接收机的导航解算中通常不需要这部分内容。

一个主帧的持续时间为5个子帧，共30 s，因此，一般情况下接收机在平均30 s的时间内便能完整地获取前三个子帧的内容。

表4-2　GPS卫星星历参数

序　号	符　号	名　称
1	t_{oe}	星历参考时间
2	$\sqrt{a_s}$	卫星轨道半长轴a_s的平方根
3	e_s	轨道偏心率
4	i_0	t_{oe}时轨道倾角
5	Ω_0	周内时等于0时轨道升交点赤经
6	ω	轨道近地角距
7	M_0	t_{oe}时的平近点角
8	Δn	平均运动角速度校正值
9	$\dot{i}$	轨道倾角对时间变化率
10	$\dot{\Omega}$	轨道升交点赤经对时间变化率
11	C_{uc}	升交点角距余弦调和矫正振幅
12	C_{us}	升交点角距正弦调和矫正振幅
13	C_{rc}	轨道半径余弦调和矫正振幅
14	C_{rs}	轨道半径正弦调和矫正振幅
15	C_{ic}	轨道倾角余弦调和矫正振幅
16	C_{is}	轨道倾角正弦调和矫正振幅

【例 4-3】 在冷启动的情况下,GPS 接收机完成位置解算至少需要多少时间?

【解】 由于卫星导航的位置解算需要知道卫星的位置和信号发射时刻,所以,冷启动接收机要完成位置解算,需要获取完整的卫星星历。

卫星的时间信息和导航星历分别存储在第 1 和第 2 数据块中,也即第 1~第 3 子帧。卫星信号的子帧持续 6 s,于是,获取前 3 子帧至少需要 18 s。所以在接收机冷启动的情况下,获取单颗卫星的导航信息最少需要 18 s。

4.2.4 星上信号

如前文所述,GPS 的信号由载波、测距码和导航电文三部分组成,t 时刻第 i 颗卫星的发射信号 $s_i(t)$ 可表达为

$$s_i(t)=A_iC_i(t)D_i(t)\sin(2\pi f_1 t+\varphi_i) \tag{4.25}$$

式中,A_i 为载波幅值;$C_i(t)$ 为 C/A 码;$D_i(t)$ 为导航电文;φ_i 为载波相位。在式(4.25)中,只考虑了 C/A 码,实际上发射的信号中还包括其他码信号,比如 P 码,其表达公式类似,在此不再给出。由式(4.25)可知,星上信号的生成是对导航电文进行调制的过程,即分别用载波和测距码对导航电文进行调制,最后经过功率放大,通过天线向外发射。

4.3 全球卫星导航系统结构简介

如前文所述,GNSS 系统主要由导航卫星星座、地面监测网和用户设备三部分组成,图 4-21 为其组成示意图。

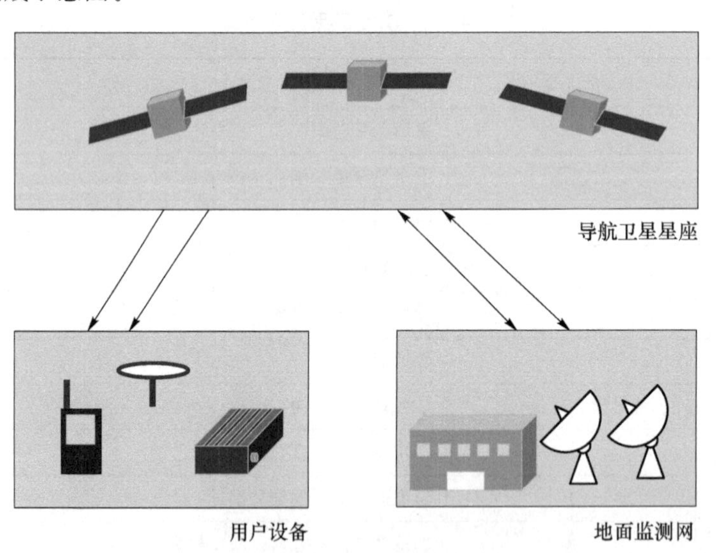

图 4-21 全球卫星导航系统组成示意图

导航卫星星座为用户设备提供时空参考,为用户提供定位、测速和授时等信息,其中最重要的部分包括星上信号发生、调制和发射,以及卫星轨道维持等,对于用户来说,一般对其关注较少,因此,本教材不过多介绍。

地面监测网由若干个主控站、时间同步/注入站和监测站组成,其中,主控站负责收集时间同步/注入站、监测站的监测数据,生成导航电文,并注入导航卫星,进行任务规划调度、系统运

行管理控制、卫星载荷监测和异常分析等；时间同步/注入站主要用于完成星地时间同步测量，向导航卫星注入导航电文参数；监测站通过导航卫星传输的信息和实时的气象数据，完成对导航卫星轨道运行情况的监测，解算出导航卫星的星历数据以及钟差信息。这部分是进行 GNSS 系统正常工作维护的关键，由系统运行和维护部门负责，一般用户也不会涉及，因此，本教材后续也不再介绍。

用户设备包括各类接收机和硬件模块，在接收到导航信号之后，进一步得到载波频率、码相位和解调后的导航电文，解算出用户的位置和速度，并且完成接收机和卫星的时间同步。按照不同目的，用户设备可分为导航型接收机、测绘型接收机、监测型接收机、授时型接收机、差分接收机和兼容型接收机等。用户设备是用户直接接触和使用的单元，本章后续将重点介绍这部分内容。

4.4　卫星信号的传输

GNSS 卫星信号从星上天线发射之后，在到达接收机天线之前，还会经过太空、电离层、对流层和其他反射物等，这对卫星信号会产生三个方面的影响：①信号功率衰减；②信号延迟；③附加Doppler 频移。

4.4.1　信号衰减

1. 自由空间损耗

无线电信号在空间传播时，信号的功率会随着传播距离的变化而衰减。这种衰减称为自由空间损耗，用 L（单位：dB）表示，具体计算公式为

$$L = 20\log_{10} f + 20\log_{10} d_t + 32.4 \tag{4.26}$$

式中，f 为无线电信号的频率（单位：MHz）；d_t 为信号传输的距离（单位：km）。由式(4.26)可知，载波频率越高，信号的传输距离越远，信号自己的空间损耗就越大，在接收信号功率不变的情况下，意味着信号的发射功率就越大。对于 GPS 的 L1 载波来说，信号频率为 1 575.42 MHz；以地面的接收机为例，信号传输距离的最大值约为 25 785 km（卫星轨道半径 26 560 km、地球半径约为 6 368 km），代入式(4.26)，可得自由空间损耗为 184.6 dB。

2. 大气衰减

除了自由空间损耗，大气也会造成信号的衰减，主要包括电离层闪烁、对流层闪烁和水汽衰减等。

电离层闪烁又分为相位闪烁和幅值闪烁，造成信号衰减的是幅值闪烁。由于电离层闪烁是随机的，目前有一些基于长期数据观测构建的统计经验模型，用于估计电离层闪烁所造成的相位延迟和幅值衰减。幅值闪烁主要与信号的频率有关，频率越高，幅值闪烁所造成的衰减越小。以 ITU 的经验模型为例，对 GPS 的 L1 载波来说，幅值闪烁所造成的衰减约为 2.9 dB（高度角为 30°，观测地点为中国香港）。除了自由空间损耗之外，电离层闪烁是造成信号衰减的主要因素。

类似地，对流层闪烁也分为相位闪烁和幅值闪烁，幅值闪烁也与信号频率有关。不过，与电离层闪烁相反，对于对流层闪烁，信号的频率越高，幅值闪烁所造成的衰减越大。以 ITU 的经验模型为例，对 GPS 的 L1 载波来说，当高度角为 5°时，幅值闪烁所造成的信号衰减约

为 0.85 dB。

大气的其他成分(包括水汽和云雾等)也会造成信号衰减,不过,与电离层闪烁和对流层闪烁相比,衰减量很小。

3. 树叶遮挡

接收机的天线被树叶遮挡会造成较为严重的信号衰减,衰减程度与树叶的浓密程度和厚度以及信号的频率有关,信号的频率越高,衰减得越严重。有粗略的经验模型表明,对 GPS 的 L1 载波来说,树叶遮挡所造成的信号衰减约为 1 dB/m,这表明树叶遮挡对信号的衰减还是比较严重的,特别是树叶比较浓密的区域。

4. 其他衰减

接收机天线和卫星发射天线也有损耗,从而导致接收的信号功率发生衰减。

5. 接收信号功率

在 GPS 系统中,要求在接收天线端接收的信号最低功率不得过低,否则,后续的信号处理将无法成功提取导航信号,一般要求 C/A 码信号的接收最低功率不得低于－158.5 dBW。按照上述分析,信号从卫星天线端发射之后,会有自由空间损耗、电离层闪烁、对流层闪烁和水汽衰减等,如果不考虑树叶遮挡因素,自由空间损耗和大气衰减所产生的总衰减约为 188.7 dB,发射和接收天线的衰减约为 3.5 dB,总衰减约为 192.2 dB。同时,考虑到发射天线的增益约为 14 dB。因此,发射端的信号功率不得低于 19.7 dBW。

在实际应用中,还有一些未考虑到的损耗,GPS 的 C/A 码信号的实际发射功率是 26.8 dBW,即 478.63 W,因此,实际接收的信号功率通常要高于约定的最低信号功率。

4.4.2 信号延时

GPS 卫星的轨道半径约为 26 560 km,地球的平均半径约为 6 368 km,则卫星至地面接收机之间的最大距离约为 25 785 km,最小距离约为 20 192 km,因此,二者之间的传输时间介于 67.3～85.9 ms 之间。

但是,由于卫星信号需要穿过大气才能到达接收机,这会造成卫星信号的折射,进而导致额外的延时。主要的延时发生在电离层和对流层,尤以电离层延时为主。研究表明,电离层延时主要与载波频率和总电子量(total electron count,TEC)有关,载波频率越高和 TEC 越小,电离层延时越短。对于 GPS 的 C/A 码信号,电离层延时和对流层延时所造成的伪距误差分别约为 7 m 和 0.2 m。因此,有必要抑制电离层延时误差。对单频接收机来说,通过建模,比如 Klobuchar 模型,可以在一定程度上抑制电离层延时误差;对双频接收机来说,则可以通过双频估计的方法,极大程度地抑制电离层延时误差。需要注意的是,测距码和载波的电离层延时是不一样的,前者是滞后,而后者是超前,但二者的绝对值是一样的。

另一个可能造成较大信号延时的是多路径,比如在城市中、水面附近等会造成信号反射的场合,会由于信号反射而产生额外的传播延时,即多路径效应。多路径效应所造成的延时误差通常是随机的,只能通过建立统计模型予以抑制,但无法消除。

4.4.3 Doppler 频移

卫星信号到达接收机天线时,卫星和接收机之间的相对运动会导致接收到的卫星信号频率产生 Doppler 频移,尽管在获得星历数据的情况下卫星的位置和速度是可以推算得到的,但接收机的位置和速度通常是未知的，因此，卫星与接收机之间的相对运动所产生的 Doppler 频移通常是未知的，给后续的载波和测距码解调带来很大的困难。实际上，接收机端载波和测距码的 Doppler 频移估计是卫星信号处理中最重要的任务。下面以 GPS 为例，大概估算一下 L1 载波和 C/A 码的 Doppler 频移。

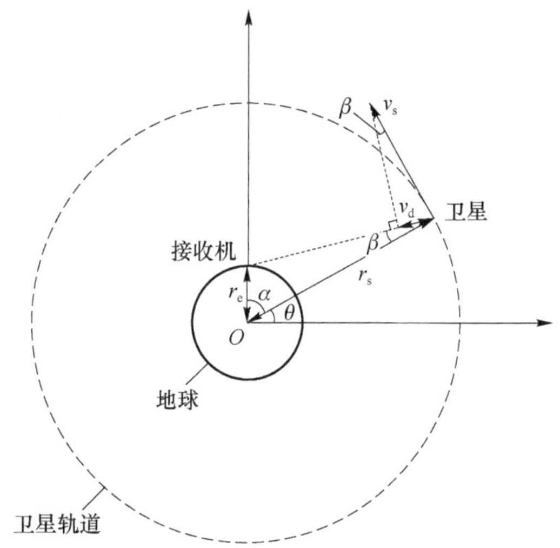

图 4 - 22　Doppler 频移估算示意图

如图 4 - 22 所示为某颗卫星和地面上静止接收机之间的位置关系。考虑到 GPS 卫星的轨道半径为 26 560 km，运行周期约为 11 h 58 min，按匀速圆周运动考虑，可得卫星的切向速度大小 v_s 约为 3 874 m/s，其在接收机与卫星之间视线方向的速度投影 v_d 为

$$v_d = \frac{v_s r_e \cos\theta}{\sqrt{r_e^2 + r_s^2 - 2 r_e r_s \sin\theta}} \tag{4.27}$$

显然，v_d 随 θ 的变化而变化，其最大值约为 929 m/s，对应的 L1 载波和 C/A 码的 Doppler 频移分别为

$$f_{\mathrm{L1,shift,max}} = \frac{f_1 v_{\mathrm{d,max}}}{c} = \frac{1\ 575.42\ \mathrm{MHz} \times 929\ \mathrm{m/s}}{3 \times 10^8\ \mathrm{m/s}} \approx 4.9\ \mathrm{kHz} \tag{4.28}$$

$$f_{\mathrm{C/A,shift,max}} = \frac{f_{\mathrm{C/A}} v_{\mathrm{d,max}}}{c} = \frac{1.023 \times 10^6\ \mathrm{Hz} \times 929\ \mathrm{m/s}}{3 \times 10^8\ \mathrm{m/s}} \approx 3.2\ \mathrm{Hz} \tag{4.29}$$

需要注意的是，上面估算的 Doppler 频移是以地面静止的接收机为条件的。如果接收机也在运动，那么 Doppler 频移会发生变化，特别是在接收机高动态运动时，Doppler 频移会显著增加。这些因素在后续的卫星信号处理中必须要考虑。

4.5　接收卫星信号的处理和导航解算

4.5.1　信号解调原理

如式(4.25)所示，星上信号需要经过调制后再发射，而在接收机端，为了从导航电文中提取卫星位置和发射时刻等信息，接收机需要将载波和测距码去除，解码得到导航电文，这个过程称为解调。设接收到的第 i 颗卫星的信号 $s_{ri}(t)$ 为

$$s_{ri}(t) = A_{ri} C_{ri}(t) D_i(t) \sin(2\pi f_r t + \varphi_{ri}) \tag{4.30}$$

式中，A_{ri} 为接收到的信号幅值(可以是放大后的)；$C_{ri}(t)$ 为接收到的 C/A 码信号；f_r 为接收到信号的载波频率；φ_{ri} 为载波相位。需要注意的是，如上所述，接收到的 C/A 码和载波中均产生了 Doppler 频移，因此，f_r 并不等于 f_1。

假设在接收机端产生如下正弦信号：

$$s_1(t) = A_1 \sin(2\pi f_1 t + \varphi_1) \tag{4.31}$$

式中，A_1、f_1 和 φ_1 分别为所产生信号的幅值、频率和相位。将该信号与接收到的卫星信号相

乘，则有

$$s_{ci}(t)=s_{ri}(t)s_1(t)=A_{ri}A_1C_{ri}(t)D_i(t)\sin(2\pi f_r t+\varphi_{ri})\sin(2\pi f_1 t+\varphi_1)$$
$$=\frac{1}{2}A_{ri}A_1C_{ri}(t)D_i(t)\{\cos[2\pi(f_r-f_1)t+\varphi_{ri}-\varphi_1]-\cos[2\pi(f_r+f_1)t+\varphi_{ri}+\varphi_1]\}$$

(4.32)

再将相乘后的信号 $s_{ci}(t)$输入至一个低通滤波器中，则可以去掉式(4.32)最后一个等式右边的第二项(即高频项)。因此，低通滤波器的输出信号为

$$s_{ci,\text{filter}}(t)=\frac{1}{2}A_{ri}A_1C_{ri}(t)D_i(t)\cos[2\pi(f_r-f_1)t+\varphi_{ri}-\varphi_1] \tag{4.33}$$

由式(4.33)可知，如果 $f_1=f_r$ 和 $\varphi_{ri}=\varphi_1$，则低通滤波后的信号中将没有载波信号，即实现了载波信号的解调。码信号的解调原理与载波信号的类似，在此不再赘述。

但是，如前所述，由于接收的载波和码信号中均有未知的 Doppler 频移，因此，要实现载波和码信号的解调，必须精确估计出相应的 Doppler 频移。由于载波和码频率之间有固定的比例关系，因此，二者的 Doppler 频移也有固定比例关系，即只要估计出其中一个信号的 Doppler 频移，另一个也就可以得到。所以，对接收的载波和码信号的 Doppler 频移的精确估计是进行信号解调的关键。下面介绍其精确估计的流程和方法。

4.5.2 接收信号的处理流程

如图 4-23 所示为接收信号的处理流程示意图，基本上可分为接收天线、射频前端和数字处理单元等三部分，其中，AGC(auto-gain control)、A/D(analog-to-digital)、IF(intermediate frequency)和 NCO(numerically controlled oscillator)分别表示自动增益控制、模/数转换采样、中频和数控振荡器。

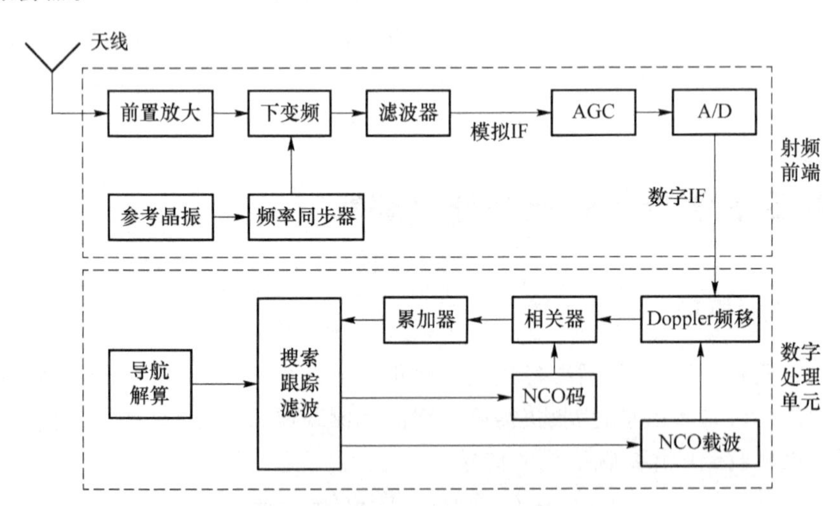

图 4-23 接收信号处理流程示意图

接收天线负责接收导航卫星所发射的无线电信号。如前所述，接收到的卫星信号是非常弱的，比如 GPS 的 C/A 码信号接收功率约为−158.5 dBW，而热噪声功率 N_r(单位：W)为

$$N_r=kTB \tag{4.34}$$

式中，k 为 Boltzmann 常数，其大小为 1.38×10^{-23} J/K；T 为温度，单位为 K；B 为带宽，单位为 Hz。如果温度为 290 K，带宽为 1 Hz，那么，热噪声功率密度为−204 dBW/Hz。考虑到 GPS

的 C/A 码带宽为 2.046 MHz，对应的热噪声功率为 −141 dBW，比接收的 C/A 码信号功率还高17.5 dBW，因此，对接收的信号必须进行放大。

在射频前端部分，前置放大环节就是对接收的弱信号进行放大，之后的下变频是将信号从射频段移至中频段，频移原理和解调原理类似。在式(4.33)中，如果 $f_1 \neq f_r$，就可以实现频移目的，即下变频。之所以进行下变频，是因为卫星信号的载波频率是射频段频率，比如 GPS 的 L1 频率为 1 575.42 MHz，如果直接采样，按照 Shannon 采样定理，采样频率至少需要在 3 GHz 以上。但是，实际传输的导航电文和测距码的带宽是很窄的，比如 GPS 的 C/A 码带宽为 2.046 MHz，即没有必要用 3 GHz 以上的采样频率对 2.046 MHz 的信号进行采样。显然，此时将载波频率移至 2.046 MHz 附近是比较合适的，因为既实现了对测距码信号的有效采样，又显著降低了采样频率，采样的数据也相应降低。下变频后的信号称为 IF 信号，图 4－23 中下变频之后的滤波器为低通滤波器，就是滤除式(4.32)中的高频成分。低通滤波器的输出为模拟 IF 信号，对其进行 AGC 稳幅之后，即可进行 A/D 采样，得到数字 IF 信号。因此，整个射频前端部分的输入是接收天线输出的卫星信号，输出是离散的数字 IF 信号。射频前端目前已经实现模块化，有集成的芯片可完成所有功能。需要指出的是，这里关于下变频和中频采样，是按照常规的 Shannon 采样定理介绍的，在扩频通信中，称其为低通采样定理(或 Nyquist 采样定理)，对扩频信号则采用带通采样定理，确定采样频率。感兴趣的读者可以参考有关材料，这里不再展开。

数字处理单元以数字 IF 信号为处理对象，以载波和码信号的 Doppler 频移估计为主要任务，进行载波和测距码解调，并进一步对导航电文进行解码和译码，最后完成定位、测速和授时等工作。这部分是接收机的核心，下面具体介绍。

4.5.3　基带处理

数字 IF 信号处理最重要的环节称为基带处理(baseband processing)，主要包括信号捕获和信号跟踪。

1. 信号捕获

如前所述，由于接收机相对于卫星有相对运动，因此接收到的卫星信号中会有较大的 Doppler 频移。在接收机相对于地面不动时，该 Doppler 频移最大值约为 4.9 kHz；如果接收机是运动的，则会产生更大的 Doppler 频移。所以，对于一般动态应用的接收机，Doppler 频移范围可设为 ±10 kHz，对于高动态应用的接收机，Doppler 频移则应设更高的范围，比如 ±40 kHz。

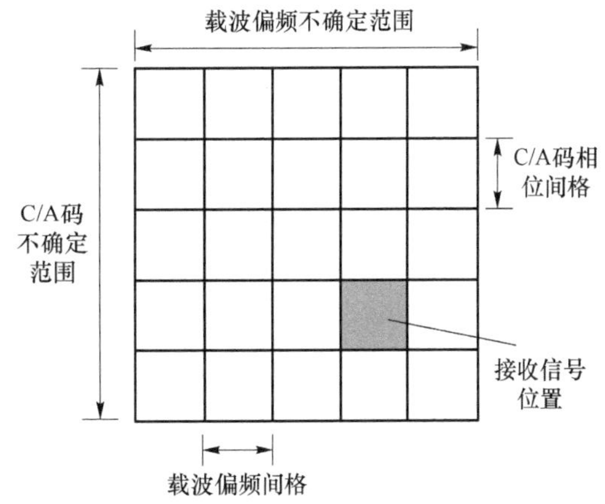

图 4－24　信号捕获原理示意图

如图 4－24 所示，信号的捕获包括载波频率和码相位的确定，是二维搜索过程，通常分为粗捕获和精捕获两个阶段。以载波频率为例，当粗、精捕获结束时，如果载波频率的估计误差分别低于 1 kHz 和 100 Hz，则认为捕获成功。

（1）粗捕获

常用的粗捕获方法主要包括时域滑动相关法、频域循环相关法和延时相乘法等。时域滑动相关法和频域循环相关法得到的结果相同，硬件接收机中常用时域滑动相关法，而软件接收机中由于可以利用计算机的并行运算能力，普遍使用基于快速 Fourier 变换（fast Fourier transform，FFT）的频域循环相关法。下面介绍时域滑动相关法和频域循环相关法。

1）时域滑动相关法

时域滑动相关法的思路非常简单，分为载波频率搜索和码相位搜索两部分。如式（4.33）所示，当改变本地发生载波的频率 f_1 时，即可得到相乘后的载波相关结果。为了提高相关结果的强度，通常将一段时间内（比如 1 ms）的相关值累加起来，当 f_1 接近 f_r 时，载波相关值取极大值。对测距码，如前所述，当没有码相位差时，其自相关值取极大值。因此，时域滑动相关法采用如图 4-25 所示的搜索过程，即载波频率在设定的搜索范围内按照搜索间隔（步长）遍历，同时码相位在可能的取值范围内遍历（比如 C/A 码的可能相位有 0～1 022 共 1 023 个），并将一段时间内的相关值累加起来，即

$$z(n)=\frac{1}{N}\sum_{m=0}^{N-1}x(m)y(m-n) \tag{4.35}$$

式中，N 为累加的数据个数；$x(m)$ 和 $y(m-n)$ 分别表示离散后的 IF 信号和本地发生的信号。当相关值 $z(n)$ 取极大值且该极大值大于某个设定的阈值时，则认为有相应测距码的卫星信号。在图 4-25 中，I 和 Q 分别表示同相（in-phase）和正交相（quadrature-phase）的信号，对于 GPS 的 C/A 码来说，I 路是有信号的，而 Q 路只有噪声。

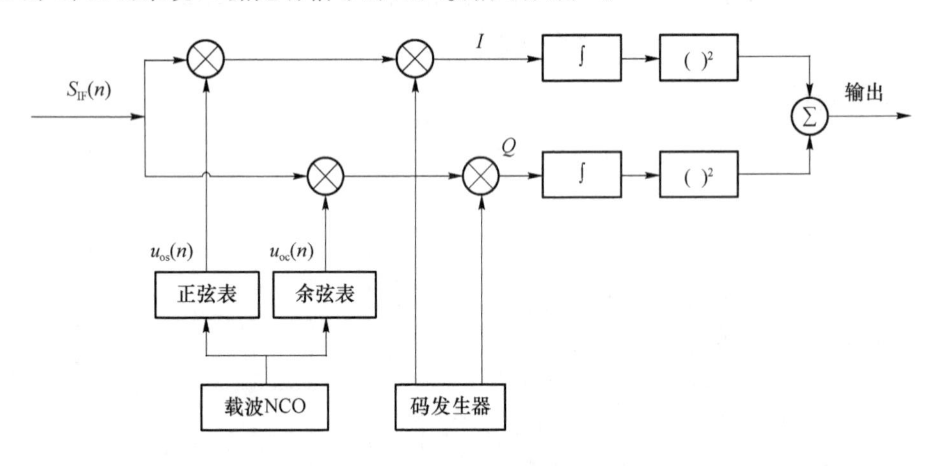

图 4-25 时域滑动相关法原理示意图

显然，时域滑动相关法是串行执行的，以载波频率搜索范围为±10 kHz、搜索间隔为 1 kHz，C/A 码相位搜索范围为 0～1 022 为例。一颗卫星信号的相关累加数目为 21 483 个（1 023×21），在冷启动时，通常要搜索 12 颗卫星信号，则总的相关累加数目为 257 796 个（21 483×12），因此，时域滑动相关法是非常耗时的。

2）频域循环相关法

可以证明相关器的运算等价于离散 Fourier 变换。对 $z(n)$ 进行离散 Fourier 变换，得

$$Z(k)=\frac{1}{N}\sum_{m=0}^{N-1}x(m)\mathrm{e}^{-2\pi jkm/N}\sum_{m=0}^{N-1}y(m-n)\mathrm{e}^{-2\pi jk(m-n)/N}=\frac{1}{N}X(k)\overline{Y(k)} \tag{4.36}$$

式中，$X(k)$ 和 $Y(k)$ 分别为 $x(n)$ 和 $y(n)$ 的离散 Fourier 变换；$\overline{Y(k)}$ 表示 $Y(k)$ 的共轭。

式(4.36)表明,两个序列 $x(n)$ 和 $y(n)$ 在时域做相关运算,等价于 $X(k)$ 及 $\overline{Y(k)}$ 在频域做乘积运算。

频域循环相关法的捕获流程如图 4-26 所示,利用时间长度为 T_{coh} 的中频数据对某个接收机通道进行冷启动捕获的步骤如下:

① 对采样后的 PRN 码 $c(n)$ 做 FFT 运算,得到频域 $C(k)$,$n=k=1,2,\cdots,f_s T_{coh}$。

② 取 $C(k)$ 的复共轭,记作 $\overline{C(k)}$。

③ 计算本地复制正弦和余弦信号,并与中频信号混频,即

$$\begin{cases} I_i(n)=S_{IF}(n)\sin(2\pi f_i n) \\ Q_i(n)=S_{IF}(n)\cos(2\pi f_i n) \end{cases} \tag{4.37}$$

式中,下标 i 表示搜索区间内的搜索频点。复数形式的混频结果为

$$l_i(n)=I_i(n)+\mathrm{j}Q_i(n)=S_{IF}(n)\exp(\mathrm{j}2\pi f_i n) \tag{4.38}$$

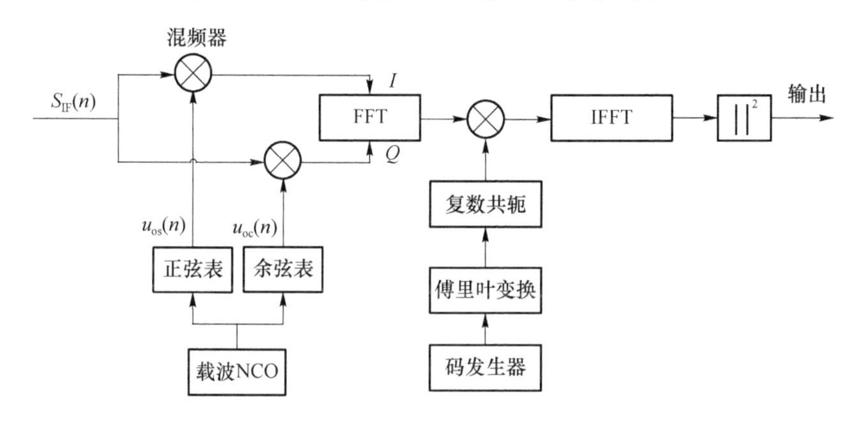

图 4-26　基于 FFT 的频域循环相关法信号捕获示意图

④ 对 $l_i(n)$ 进行 FFT 运算,得到频域 $L_i(k)$。

⑤ 计算相关值 $R_i(k)=L_i(k)\overline{C(k)}$,进行逆变换(inverse fast Fourier transform,IFFT),得到 $r_i(n)$,计算自相关功率 $|r_i(n)|^2$。

⑥ 计算多个非相干周期内自相关功率的累加值,得到 $\sum |r_i(n)|^2$。

⑦ 找到自相关功率累加值的极大值 $\text{peak}=\max\sum|r_i(n)|^2$,并得到对应的第 n 个时间位置和第 i 个频率位置。

⑧ 去除第 n 个时间位置前后一个码片的信号功率,得到剩余信号的功率 noise。

⑨ 如果峰噪比 $\dfrac{\text{peak}}{\text{noise}}$ 大于设定的阈值,则认为该测距码信号捕获成功,并以 $1/f_s$ 的时间分辨率得到 PRN 码的起始相位,以 $1/T_{coh}$ 的频率分辨率得到载波频率;否则,认为该通道内信号未捕获成功。

以 GPS 的 C/A 码为例,设用于捕获的时间长度 $T_{coh}=1$ ms,信号采样频率 $f_s=5$ MHz,频率搜索范围为±10 kHz、搜索步长为 1 kHz,则粗捕获过程中需要搜索的范围为 5 000×21 个点,其中 5 000 为 1 ms 内一个 C/A 码周期的采样点数,21 为频率搜索点数。经过粗捕获后,码相位分辨率为 0.204 6 个码元(200 ns),载波频率精度为 1 kHz。码相位的分辨率已满足后续跟踪要求,而载波频率的精度则没有达到载波跟踪的要求,因此,需要对载波频率进行精捕获。

(2) 精捕获

精捕获方法主要有相位估计法和|sinc|函数拟合法,下面简单介绍后者。在不考虑噪声的情况下,相干积分值为

$$\begin{cases} I(n) = aD(n)R(\tau)\mathrm{sinc}(f_e T_{coh})\cos\phi_e \\ Q(n) = aD(n)R(\tau)\mathrm{sinc}(f_e T_{coh})\sin\phi_e \end{cases} \tag{4.39}$$

式中,a 为信号幅值;$D(n)$ 为导航码信号;τ 为接收 C/A 码相位和本地码相位之间的差异;$R(\tau)$ 为 C/A 码相关值;f_e 为接收载波频率和本地载波频率之差;ϕ_e 为两载波相位之差。因此,非相干积分值的幅值为

$$\sqrt{I^2(n)+Q^2(n)} = aR(\tau)\left|\mathrm{sinc}(f_e T_{coh})\right| \tag{4.40}$$

设非相干积分的数目为 N_{nc},则非相干积分幅值的累加值为

$$V = \sum_{n=1}^{N_{nc}} \sqrt{I^2+Q^2} \tag{4.41}$$

在粗捕获完成后,接收的码相位和本地码相位之间的差异 $\tau \approx 0$,而相干积分时间 T_{coh} 为常值。因此,非相干积分累加值 V 只和 f_e 有关,基于此,可设计精捕获方法。

设根据粗捕获得到的频率 f_P 计算得到的非相干积分累加值为 V_P,取其相邻两频率,即 $f_P \pm 1$ kHz,计算相应的非相干积分累加值,分别为 V_L 和 V_R。基于三个频点的累加值拟合得到二次曲线,该曲线的极大值所对应的频率即为精捕获频率。当然,也可以取更多的频率点,以便拟合更高阶的曲线,比如再添加两个频率点 $f_P \pm 500$ Hz,则可以拟合四次曲线。精捕获频率的估计精度可能更高,计算量也相应提高不少,在设计中,可根据具体情况斟酌。

【例 4-4】 给定一段卫星信号,试分别采用时域滑动相关法和基于 FFT 的循环相关法进行卫星信号捕获,并比较两种方法的运算效率。

【解】 根据任务,编制了 MATLAB 代码,其中,cal_corr_value 和 cal_corr_value_fft 分别为执行时域滑动相关法和频域循环相关法的两个子函数。

捕获的部分结果如图 4-27 和图 4-28 所示。图 4-27 为单个通道载波频率和码相位二维搜索后的捕获结果示意图,其中峰值点所在的位置即为捕获结果;图 4-28 所示为各个 PRN 通道的捕获结果,并标示了成功捕获的卫星信号所对应的 PRN 号。

程序运行最后输出两种捕获方法的耗时。结果表明,时域滑动相关法的平均耗时约为 16 s,频域循环相关法的平均耗时约为 0.16 s。因此,相比较于时域滑动相关法,频域循环相关法通过并行运算大大缩短了计算时间。需要说明的是,这里的计时结果随计算机的配置不同而变化,不过,这两种方法的平均耗时量级是有参考价值的。

相应的 MATLAB 代码如下:

```
clear; close all;clc;
addpath('常用函数');load('acq.mat');
for test_cnt = 1:2
    for loopCnt = 1:length(acq_index)
        freqSearchBin = settings.IF + ...
            (-settings.FreqBin:settings.freqStep:settings.FreqBin);
        corrPart = zeros(length(freqSearchBin),samplesPerCode);
        corrAccum = zeros(length(freqSearchBin),samplesPerCode);
        prn = acqResults(acq_index(loopCnt)).PRN;
        prnCode = settings.GPSCACodeTable(prn,:);
        prnCode_Sampled = sampling_PRN_code(settings.Fs,settings.F_CA,prnCode);
```

```
prnCode_Sampled = repmat(prnCode_Sampled,1,settings.n_nonCoh);
prnCode_group = …
reshape(prnCode_Sampled,samplesPerCode,settings.n_nonCoh);
prnCode_group = prnCode_group';
IF_Samp_group = …
reshape(IF_samples_cut,samplesPerCode,settings.n_nonCoh);
IF_Samp_group = IF_Samp_group';
tic
for loopCnt2 = 1:settings.n_nonCoh
    switch test_cnt
        case 1
            corrPart = cal_corr_value_fft(IF_Samp_group(loopCnt2,:),...
                settings.Fs, prnCode_group(loopCnt2,:), freqSearchBin);
        case 2
            corrPart = cal_corr_value(IF_Samp_group(loopCnt2,:),...
                settings.Fs, prnCode_group(loopCnt2,:), freqSearchBin);
    end
    corrAccum = corrAccum + corrPart;
end
time(test_cnt,loopCnt) = toc;
corrPeak = max(max(corrAccum));
[dopInd, codeInd] = find(corrAccum == max(max(corrAccum)));
noisePeak = calculate_Noise_Peak(settings,…
            corrAccum,codeInd,samplesPerCode);
pn_ratio = corrPeak/noisePeak;
acqResults(acq_index(loopCnt)).p2n_Ratio = pn_ratio;
if pn_ratio >= settings.acqThreshold
    acqResults(acq_index(loopCnt)).PRN       = prn;
    acqResults(acq_index(loopCnt)).status    = 3;
    acqResults(acq_index(loopCnt)).codePhase = settings.skipSamples + …
                                               glbVar.acqStart + codeInd;
    acqResults(acq_index(loopCnt)).doppler = freqSearchBin(dopInd) - …
                                             settings.IF;
    acqResults(acq_index(loopCnt)).p2n_Ratio = pn_ratio;
    acqResults(acq_index(loopCnt)).CP_Refine = 0;
    X = ['The PRN ',num2str(prn),' has been successfully acquired.'];
    Y = ['Doppler : ',num2str(freqSearchBin(dopInd) - settings.IF),'',...
        'Code Start : ',num2str(codeInd),'',...
        'Peak Noise Ratio : ',num2str(corrPeak/noisePeak)];
    fig_acq = figure(101);
    mesh((0:length(corrAccum) - 1),freqSearchBin,10 * log10(corrAccum));
    grid on
    xlabel('Code Phase (samples)');
    ylabel('Frequency (Hz)');
    zlabel('Accumulated power (dB)');
    tit = ['Signal Acquisition, PRN = ',num2str(prn)];
```

```
            title(tit,'FontName','Times New Roman','FontSize',14);
            set(gca,'FontName','Times New Roman','FontSize',14);
            colormap Jet; pause(0.001);disp(X);disp(Y);
        else
            X = ['The PRN',num2str(prn),' does not exist.'];
            Y = ['The PNR = ', num2str(pn_ratio)]; disp([X,Y]);
        end
    end
    if  exist('fig_acq','var')
        close(fig_acq);
    end
end
plotAcquisition(acqResults,acq_index);
disp(strcat('频域相关法平均耗时为:',num2str(mean(time(1,:))),'s'));
disp(strcat('时域滑动相关法平均耗时为:',num2str(mean(time(2,:))),'s'));
```

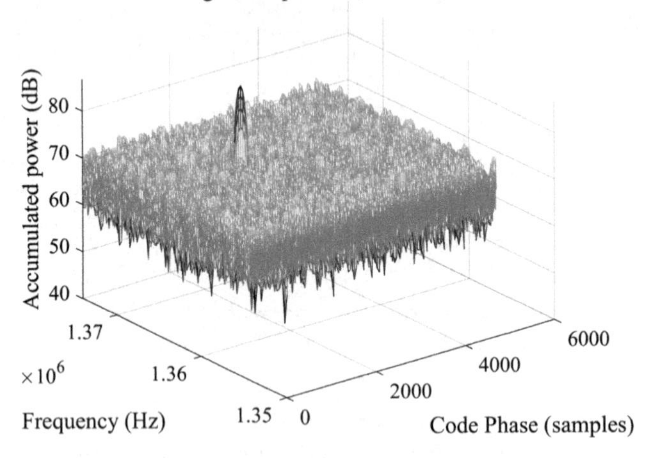

图 4-27　单个通道载波频率和码相位二维搜索捕获结果示意图

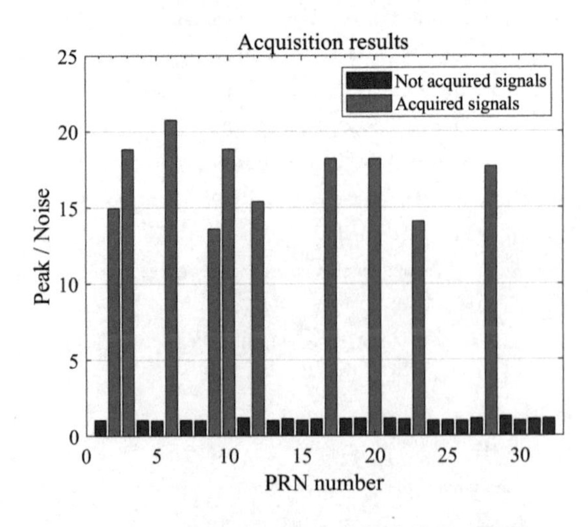

图 4-28　各个 PRN 通道的捕获结果示意图

2. 信号跟踪

在成功捕获到卫星信号之后，即可进入信号跟踪阶段，以便更精确地得到接收信号的载波频率和测距码相位信息。载波频率和测距码相位的跟踪都采用闭环控制的结构，基于PID(proportional, integral, derivative)控制方法，实现对载波频率、载波相位和测距码相位的精确跟踪。载波频率采用的是锁频环FLL(frequency - lacky loop)，载波相位采用的是锁相环PLL(phase - locked loop)，测距码相位采用的是延迟环DLL(delay - locked loop)。接收机的动态性能和导航精度很大程度上取决于这些跟踪环路，因此，跟踪环路的设计也是接收机中最重要的环节。下面介绍跟踪环路的原理。

(1) PLL

1) PLL结构

PLL是一个基于相位误差负反馈的闭环控制系统，如图4-29所示。典型的PLL由鉴相器、环路滤波器和NCO构成，其中，鉴相器是一个比例环节，环路滤波器是一个低通滤波器，NCO是一个比例积分环节。

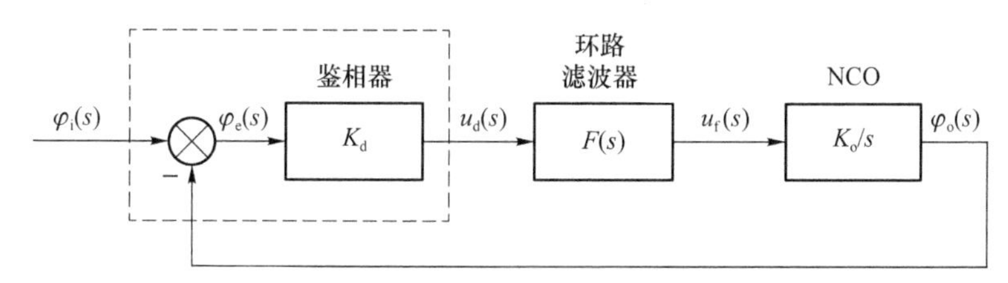

图4-29　PLL典型结构示意图

如图4-29所示，PLL的闭环传递函数为

$$H(s)=\frac{\varphi_o(s)}{\varphi_i(s)}=\frac{KF(s)}{s+KF(s)} \tag{4.42}$$

$$K=K_d K_o \tag{4.43}$$

式中，K为环路增益；$F(s)$为环路滤波器的传递函数。由式(4.42)可知，PLL的性能主要取决于环路滤波器；在实际应用中，$F(s)$的阶次不会超过三阶。

① 一阶环路。对于一阶环路，环路滤波器的传递函数为比例常数。设

$$F(s)=\frac{1}{K}\omega_n \tag{4.44}$$

式中，ω_n为固有频率。$H(s)$具体为

$$H(s)=\frac{\omega_n}{s+\omega_n} \tag{4.45}$$

即一阶PLL为一阶低通滤波器。

② 二阶环路。对于二阶环路，环路滤波器的传递函数为比例和积分环节的组合。设

$$F(s)=\frac{\tau_2 s+1}{\tau_1 s} \tag{4.46}$$

式中，τ_1和τ_2为两个参数。$H(s)$可改写为

$$H(s)=\frac{2\xi\omega_n s+\omega_n^2}{s^2+2\xi\omega_n s+\omega_n^2} \tag{4.47}$$

式中，$\omega_n=\sqrt{\frac{K}{\tau_1}}$，$\xi=\frac{\omega_n\tau_2}{2}$。因此，二阶PLL为二阶带通滤波器，其性能主要取决于固有频率ω_n和阻尼比系数ξ。将ω_n和ξ的表达式代入式(4.46)，并令$a_2=2\xi$，则有

$$F(s)=\frac{1}{K}\left(a_2\omega_n+\frac{\omega_n^2}{s}\right) \tag{4.48}$$

③ 三阶环路。类似地，对于三阶环路，环路滤波器和闭环传递函数可写为

$$F(s)=\frac{1}{K}\left(b_3\omega_3+\frac{a_3\omega_n^2}{s}+\frac{\omega_n^3}{s^2}\right) \tag{4.49}$$

$$H(s)=\frac{b_3\omega_n s^2+a_3\omega_n^2 s+\omega_n^3}{s^3+b_3\omega_n s^2+a_3\omega_n s+\omega_n^3} \tag{4.50}$$

三阶 PLL 传递函数框图如图 4－30 所示。

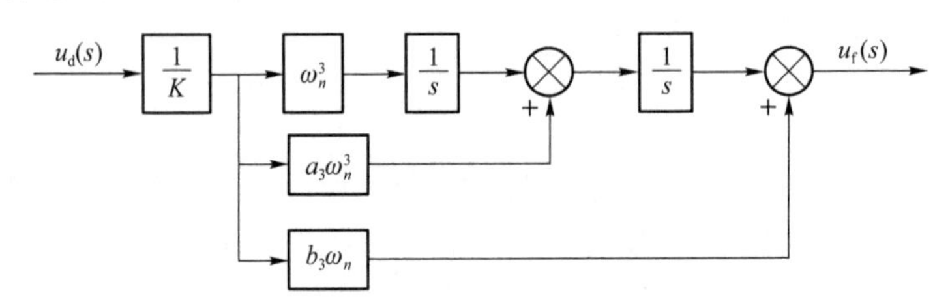

图 4－30　三阶 PLL 传递函数框图

2）PLL 离散化

通过双线性变换可将连续的传递函数离散化。以二阶环路滤波器为例，应用双线性变换，环路滤波器变为

$$F(z)=\frac{u_f(z)}{u_d(z)}=\frac{1}{K}\left(a_2\omega_n+\frac{T_s}{2}\frac{1+z^{-1}}{1-z^{-1}}\omega_n^2\right) \tag{4.51}$$

式中，T_s 为信号采样周期。令

$$\begin{cases} b_0=a_2\omega_n+\frac{T_s}{2}\omega_n^2 \\ b_1=-a_2\omega_n+\frac{T_s}{2}\omega_n^2 \end{cases} \tag{4.52}$$

式(4.51)可改写为

$$F(z)=\frac{1}{K}\frac{b_0+b_1z^{-1}}{1-z^{-1}} \tag{4.53}$$

NCO 的输入/输出关系为

$$\varphi_o(t)=K_o\int_0^t u_f(t)\mathrm{d}t \tag{4.54}$$

通过微分近似，式(4.54)可离散化为

$$\varphi_o(n)=\varphi_o(n-1)+K_oT_su_f(n-1) \tag{4.55}$$

对式(4.55)进行 z 变换，得

$$V(z)=\frac{\varphi_o(z)}{u_f(z)}=\frac{K_oT_sz^{-1}}{1-z^{-1}} \tag{4.56}$$

因此，离散化后的二阶 PLL 传递函数为

$$H(z)=\frac{\varphi_o(z)}{\varphi_i(z)}=\frac{K_dF(z)V(z)}{1+K_dF(z)V(z)} \tag{4.57}$$

将 $V(z)$ 和 $F(z)$ 代入式(4.57)中，得

$$H(z)=\frac{T_s(b_0z^{-1}+b_1z^{-2})}{(1-z^{-1})^2+T_s(b_0z^{-1}+b_1z^{-2})} \tag{4.58}$$

一般$(N-1)$阶环路滤波器的传递函数为

$$F(z)=\frac{1}{K}\frac{\sum_{n=0}^{N-1}b_n z^{-n}}{(1-z^{-1})^{N-1}} \tag{4.59}$$

对应的 N 阶 PLL 传递函数为

$$H(z)=\frac{T_s\sum_{n=0}^{N-1}b_n z^{-n-1}}{(1-z)^N+T_s\sum_{n=0}^{N-1}b_n z^{-n-1}} \tag{4.60}$$

3) PLL 的噪声带宽

在获得系统的闭环传递函数后，其噪声带宽定义为

$$B_n=\int_0^{\infty}|H(f)|^2\mathrm{d}f \tag{4.61}$$

噪声带宽 B_n 越窄，进入环路的噪声就越少，在信号强度不变的情况下，处理信号的信噪比就提升了，即环路的滤波效果越好，跟踪精度越高。但是，噪声带宽越窄，环路对信号的响应就越慢，环路的动态性能越差，越容易失锁。因此，在环路噪声带宽设计中，需要在跟踪精度和动态性能之间进行折中。

以二阶 PLL 为例，将其响应函数 $H(s)$ 表达式中的 s 替换为 $\mathrm{j}2\pi f$，计算噪声带宽，得

$$B_2=\frac{\omega_n}{2\pi}\int_0^{\infty}\frac{1+(2\xi\omega/\omega_n)^2}{(\omega/\omega_n)^4+2(2\xi^2-1)(\omega/\omega_n)^2+1}\mathrm{d}\omega=\frac{\omega_n}{2}\left(\xi+\frac{1}{4\xi}\right) \tag{4.62}$$

因此，当环路参数确定后，环路的噪声带宽就可以解算得到。表 4-3 列出了前三阶 PLL 优选的参数和对应的噪声带宽，此时，相应环路的噪声带宽是最大的。

表 4-3　环路滤波器参数值

环路阶数	环路滤波器参数
一阶	$B_1=0.25\omega_n$
二阶	$a_2=1.414$
	$B_2=\frac{1+a_2^2}{4a_2}\omega_n=0.53\omega_n$
三阶	$a_3=1.1$
	$b_3=2.4$
	$B_3=\frac{a_3b_3^2+a_3^2-b_3}{4(a_3b_3-1)}\omega_n=0.7845\omega_n$

4) I/Q 解调和相干积分

如图 4-31 所示为基于 PLL 的 I/Q 解调流程示意图。设系统输入的连续时间信号为

$$u_{\mathrm{i}}(t)=\sqrt{2}aD(t)\sin(\omega_{\mathrm{i}}t+\theta_{\mathrm{i}})+n \tag{4.63}$$

接收机端本地发生的正余弦载波信号为

$$\begin{cases}u_{\mathrm{os}}(t)=\sqrt{2}\sin(\omega_{\mathrm{o}}t+\theta_{\mathrm{o}})\\ u_{\mathrm{oc}}(t)=\sqrt{2}\cos(\omega_{\mathrm{o}}t+\theta_{\mathrm{o}})\end{cases} \tag{4.64}$$

将本地发生的正弦载波信号与输入信号相乘，即混频，结果为

$$\begin{aligned}i_{\mathrm{p}}(t)&=u_{\mathrm{i}}(t)u_{\mathrm{os}}(t)=\left[\sqrt{2}aD(t)\sin(\omega_{\mathrm{i}}t+\theta_{\mathrm{i}})+n\right]\sqrt{2}\sin(\omega_{\mathrm{o}}t+\theta_{\mathrm{o}})\\&=-aD(t)\{\cos[(\omega_{\mathrm{i}}+\omega_{\mathrm{o}})t+(\theta_{\mathrm{i}}+\theta_{\mathrm{o}})]-\cos(\omega_{\mathrm{e}}t+\theta_{\mathrm{e}})\}+n_{\mathrm{i,p}}\end{aligned} \tag{4.65}$$

式中，

$$\omega_e = \omega_i - \omega_o \tag{4.66}$$

$$\theta_e = \theta_i - \theta_o \tag{4.67}$$

与下变频类似，混频结果经过低通滤波器，除去高频成分后，得

$$I_p(t) = aD(t)\cos(\omega_e t + \theta_e) \tag{4.68}$$

同理，正交支路混频滤波以后的输出为

$$Q_p(t) = aD(t)\sin(\omega_e t + \theta_e) \tag{4.69}$$

因此，可以得到

$$\phi_e(t) = \arctan\left[\frac{Q_p(t)}{I_p(t)}\right] \tag{4.70}$$

式中，$\phi_e(t) = \omega_e t + \theta_e$。显然，当 ω_e 和 θ_e 都趋于 0 时，$\phi_e(t)$ 也趋于 0，此时 PLL 称为锁定状态。由式(4.68)和式(4.69)可知，PLL 锁定时，$I_p(t)$ 包含导航电文信号 $D(t)$，而 $Q_p(t)$ 趋于 0，即不包含导航信息，这就是 I/Q 解调原理。如图 4-32 所示为某通道的 I/Q 解调结果。结果表明，I 路除了有导航电文信号之外，还有小幅波动的噪声，而 Q 路只有噪声。

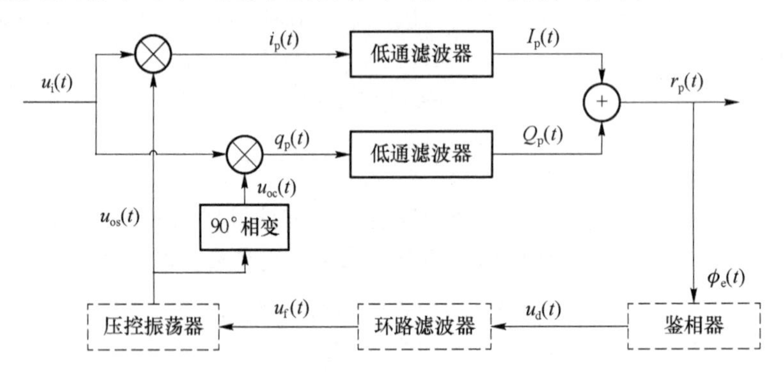

图 4-31 I/Q 解调的流程示意图

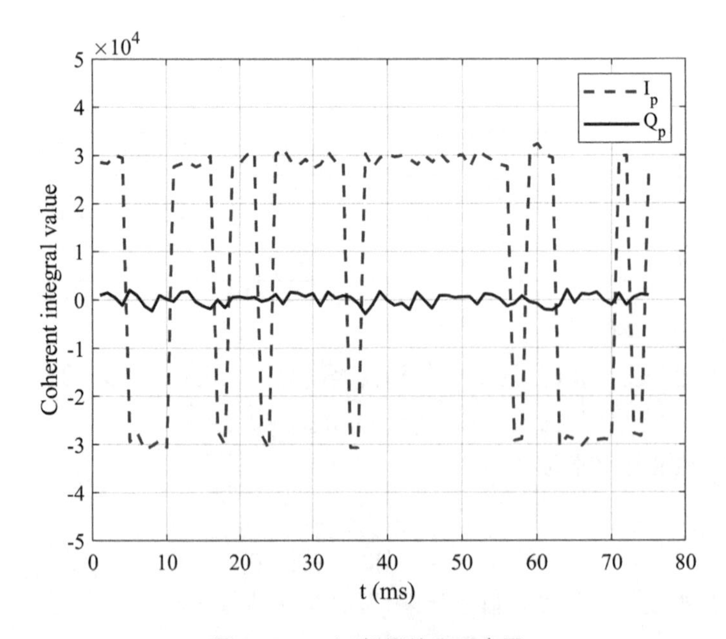

图 4-32 I/Q 解调结果示意图

如图 4-33 所示为典型的载波 PLL 结构，其中，载波 NCO 的偏移量与环路滤波器的输出

结果相加，作为控制载波 NCO 的相位增量；C/A 码发生器以捕获结果为基础，码相位误差很小，即近似认为码相位已经对齐；积分清除环节中，先将混频信号进行积分（实际上是求和），再输入到低通滤波器，以消除高频信号成分和抑制高频噪声，该环节与图 4-31 不同，是图 4-31 的细化，积分的目的是提高处理信号的强度，也就是跟踪载噪比（carrier-to-noise ratio）。

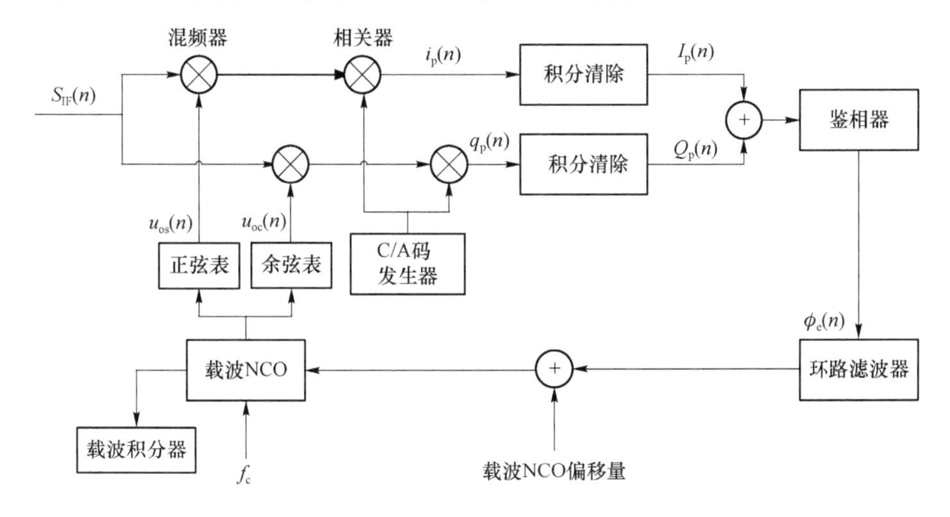

图 4-33 典型的载波 PLL 结构示意图

在积分清除环节中，积分器对输入信号 $i_p(n)$ 和 $q_p(n)$ 经过时间 T_{coh} 积分后，分别输出 $I_p(n)$ 和 $Q_p(n)$，然后清零积分器，接着进行下一次积分。因为 I 和 Q 支路的积分是分开进行的，称为相干积分。I 和 Q 支路的积分结果为

$$
\begin{aligned}
I_p(n) &= \frac{1}{T_{coh}}\int_{t_1}^{t_1+T_{coh}} i_p(t)\,\mathrm{d}t \approx \frac{1}{T_{coh}}\int_{t_1}^{t_1+T_{coh}} aD(t)\cos(\omega_e t+\theta_e)\,\mathrm{d}t \\
&= \frac{aD(n)}{\frac{1}{2}\omega_e T_{coh}}\sin\left(\frac{1}{2}\omega_e T_{coh}\right)\cos\left[\omega_e\left(t_1+\frac{T_{coh}}{2}\right)+\theta_e\right]
\end{aligned} \tag{4.71}
$$

$$
Q_p(n) = \frac{1}{T_{coh}}\int_{t_1}^{t_1+T_{coh}} q_p(t)\,\mathrm{d}t \approx \frac{aD(n)}{\frac{1}{2}\omega_e T_{coh}}\sin\left(\frac{1}{2}\omega_e T_{coh}\right)\sin\left[\omega_e\left(t_1+\frac{T_{coh}}{2}\right)+\theta_e\right] \tag{4.72}
$$

将 I 和 Q 支路积分结果合并，写成如下复向量形式：

$$
r_p(n) = I_p(n) + \mathrm{j}Q_p(n) = A_p(n)\mathrm{e}^{\mathrm{j}\varphi_e(n)} \tag{4.73}
$$

式中，

$$
A_p(n) = \frac{aD(n)}{\frac{1}{2}\omega_e T_{coh}}\sin\left(\frac{1}{2}\omega_e T_{coh}\right) = aD(n)\,\mathrm{sinc}(f_e T_{coh}) \tag{4.74}
$$

$$
\varphi_e(n) = 2\pi f_e\left(t_1+\frac{T_{coh}}{2}\right)+\theta_e \tag{4.75}
$$

类似地，可以得到离散形式的结果。忽略高频信号成分后，混频后的 I 和 Q 支路信号为

$$
i_p(n) = aD(n)\cos[\omega_e(n)t(n)+\theta_e] \tag{4.76}
$$

$$
q_p(n) = aD(n)\sin[\omega_e(n)t(n)+\theta_e] \tag{4.77}
$$

积分后的结果为

$$
I_p(n) = \frac{1}{N_{coh}}\sum_{k=1}^{N_{coh}} i_p(nN_{coh}+k) \tag{4.78}
$$

$$Q_p(n)=\frac{1}{N_{coh}}\sum_{k=1}^{N_{coh}}q_p(nN_{coh}+k) \tag{4.79}$$

式中,N_{coh}为相干积分时间T_{coh}内送入积分器数据的个数。通过相干积分后,N_{coh}个$i_p(n)$相加,得到相干积分结果$I_p(n)$的幅值为$i_p(n)$的N_{coh}倍,即功率增强了N_{coh}^2倍,而噪声累加后的功率只增强了N_{coh}倍,因此,相干积分后的信噪比增加了N_{coh}倍。

在图4-33中,另一个比较关键的环节是鉴相器,表4-4列出了常用的PLL鉴相器。如表4-4所列,衡量鉴相器性能通常会考虑其线性范围(也称为牵入范围)、计算量和是否为Costas型鉴相器等。如前所述,接收的卫星信号由载波、测距码和导航电文构成,如果在相干积分期间,导航电文信号发生变化(即电文跳变),而鉴相器的结果不受影响,则称该鉴相器为Costas型,否则就不是Costas型。

表4-4 常用的PLL鉴相器

鉴相器算法	牵入范围	计算量	归一化系数	是否为Costas型
$\arctan(Q_p/I_p)$	$-90°\sim90°$	大	1	是
Q_p/I_p	$-90°\sim90°$	小	1	是
Q_pI_p	$-90°\sim90°$	小	$\frac{1}{2\sigma_n^2(C/N_0)T_{coh}}$	是
$Q_p\text{sign}(I_p)$	$-90°\sim90°$	小	$\frac{1}{\sigma_n\sqrt{2(C/N_0)T_{coh}}}$	是
Q_P	$-180°\sim180°$	小	$\frac{1}{\sigma_n\sqrt{2(C/N_0)T_{coh}}}$	否
$\arctan2(Q_p/I_p)$	$-180°\sim180°$	大	1	否

如图4-34所示为四种Costas型鉴相器的输入/输出特性。这四种鉴相器的牵入范围均为$-90°\sim90°$,其中$\arctan(Q_p/I_p)$的线性特性是最好的,这是其得到普遍使用的主要原因。如图4-35所示为两种非Costas型鉴相器的输入/输出特性,显然,在牵入范围内,$\arctan2(Q_p/I_p)$鉴相器的线性特性更好,因此,在使用非Costas型鉴相器时,应优选该鉴相器。注意,有时将$\arctan(Q_p/I_p)$和$\arctan2(Q_p/I_p)$分别写为$\arctan(Q_p,I_p)$和$\arctan2(Q_p,I_p)$。

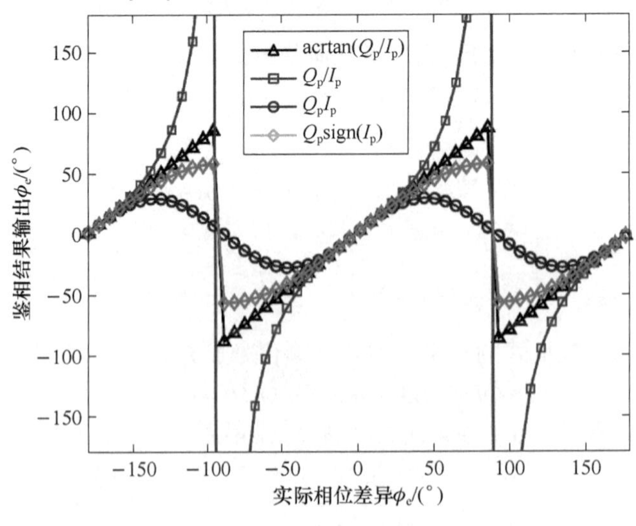

图4-34 几种Costas型鉴相器的输入/输出特性

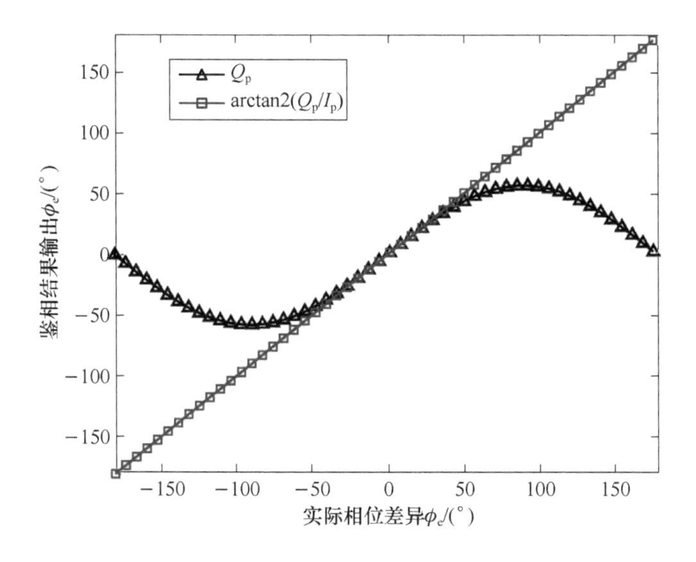

图 4-35　两种非 Costas 型鉴相器的输入/输出特性

5）相位跟踪误差与跟踪门限

PLL 相位跟踪误差主要包括相位抖动误差和动态应力误差。其中，相位抖动误差主要由热噪声、振动引起的振荡器相位抖动和 Allan 偏差引起的相位抖动组成，三者均为随机噪声；动态应力误差是由接收机与卫星之间视线方向的相对运动所引起的，为稳态偏置误差。只有当相位跟踪误差小于设定的阈值时，才认为载波相位跟踪成功，即锁定状态，之后才可以进行导航电文解码。

热噪声的均方差 σ_{tPLL} 的估算公式为

$$\sigma_{\mathrm{tPLL}}=\frac{360}{2\pi}\sqrt{\frac{B_n}{C/N_0}\left(1+\frac{1}{2TC/N_0}\right)} \tag{4.80}$$

式中，σ_{tPLL} 的单位为度(°)，可以根据需要将其转换成 rad 或 m；T 为积分时间(单位：s)；C/N_0 为载噪比(单位：dB-Hz)。由式(4.80)可知，热噪声由载噪比、噪声带宽和积分时间所决定，与环路阶次无关；提高接收载噪比、降低噪声带宽和延长积分时间，都有利于降低热噪声均方差。

由振动引起的振荡器相位抖动为

$$\sigma_{\mathrm{v}}=\frac{360f}{2\pi}\sqrt{\int_{f_{\min}}^{f_{\max}} S_{\mathrm{v}}^2(f_{\mathrm{m}})\frac{P(f_{\mathrm{m}})}{f_{\mathrm{m}}^2}\mathrm{d}f_{\mathrm{m}}} \tag{4.81}$$

式中，σ_{v} 的单位为度(°)；f 为载波频率(单位：Hz)；$S_{\mathrm{v}}(f_{\mathrm{m}})$为振荡器振动灵敏度函数，以每个 g 的 $\Delta f/f$ 表示；f_{m} 为随机振动的调制频率(单位：Hz)；$P(f_{\mathrm{m}})$为随机振动的功率曲率函数，以 g^2/Hz 表示，g 为重力加速度。由式(4.81)可知，由振动引起的振荡器相位抖动与载波频率、振荡器的振动灵敏度系数和振动功率等有关。

由 Allan 偏差引起的相位抖动为

$$\theta_{\mathrm{A}}=\alpha\frac{\sigma_{\mathrm{A}}(\tau)f}{B_n} \tag{4.82}$$

式中，θ_{A} 的单位为度(°)；α 为比例系数，对二阶和三阶 PLL，其值分别取 144 和 160；$\sigma_{\mathrm{A}}(\tau)$为衡量频率稳定度的 Allan 均方差。由式(4.82)可知，Allan 偏差引起的相位抖动与噪声带宽成反比，因此，降低噪声带宽会造成相位抖动的增加。

综上所述，总的相位抖动方差 σ_i 可估算为

$$\sigma_{\mathrm{i}}=\sqrt{\sigma_{\mathrm{tPLL}}^2+\sigma_{\mathrm{v}}^2+\sigma_{\mathrm{A}}^2} \tag{4.83}$$

动态应力误差是 PLL 在动态应力作用下的稳态响应，N 阶 PLL 的稳态跟踪误差 θ_{e} 为

$$\theta_{\mathrm{e}}=\frac{1}{\omega_n^N}\frac{\mathrm{d}^N R}{\mathrm{d}t^N} \tag{4.84}$$

式中，R 表示卫星与接收机之间视线方向的距离（相位值）；$\frac{\mathrm{d}^N R}{\mathrm{d}t^N}$为距离 R 对时间的 N 次导数。对于二阶 PLL，结合表 4－3，式(4.84)可具体化为

$$\theta_{\mathrm{e}}=0.280\,9\,\frac{1}{B_n^2}\frac{\mathrm{d}^2 R}{\mathrm{d}t^2} \tag{4.85}$$

设卫星和接收机之间视线方向的加速度为 9.8 m/s^2，对 GPS 的 L1 载波来说，$\mathrm{d}^2R/\mathrm{d}t^2$ 可计算为(9.8 m/s^2)×(360°/cycle)×(1 575.42×106 cycles/s)/c，即 18 539.8 °/s^2，其中 c 为光速。类似地，可以计算出三阶 PLL 的动态应力误差。由式(4.84)可知，环路噪声带宽越大，动态应力误差越小。

对 PLL 相位跟踪门限的保守估计是：相位跟踪误差均方差的 3σ 值不得超过鉴相器牵入范围的四分之一。结合表 4－4，对于 Costas 型鉴相器，其相位跟踪门限为

$$3\sigma_{\mathrm{PLL}}=3\sigma_{\mathrm{i}}+\theta_{\mathrm{e}}\leqslant 45° \tag{4.86}$$

式中，σ_{PLL} 为相位测量误差均方差。对于非 Costas 型鉴相器，其相位跟踪门限值是式(4.86)的两倍。当式(4.86)满足时，PLL 处于锁定状态；否则，PLL 处于失锁状态。

综上所述，影响 PLL 相位跟踪误差的关键参数是载噪比和噪声带宽，载噪比过小会导致热噪声相位误差增大；而噪声带宽过大会有利于减小 Allan 抖动相位误差和动态应力相位误差，但会导致热噪声相位误差增大。因此，噪声带宽不能过大或过小。

(2) FLL

在结构上，FLL 与 PLL 类似，区别在于 FLL 将 PLL 中的鉴相器换成了鉴频器。下面对 FLL 进行简单介绍。

设 FLL 的 I 和 Q 支路在第 n 历元分别输出相干积分值 $I_{\mathrm{p}}(n)$ 和 $Q_{\mathrm{p}}(n)$，相应的相位差异角为 $\phi_{\mathrm{e}}(n)$，第 $n-1$ 历元的相位差异角为 $\phi_{\mathrm{e}}(n-1)$，则角频率误差为

$$\omega_{\mathrm{e}}(n)=\frac{\phi_{\mathrm{e}}(n)-\phi_{\mathrm{e}}(n-1)}{t(n)-t(n-1)} \tag{4.87}$$

相邻两个历元的时间差为相干积分时间 T_{coh}，$\omega_{\mathrm{e}}(n)=2\pi f_{\mathrm{e}}(n)$。两个历元的复相量 $r_{\mathrm{p}}(n)$ 和 $r_{\mathrm{p}}(n-1)$ 的共轭相乘可表示为

$$\begin{aligned}r_{\mathrm{p}}(n)\overline{r_{\mathrm{p}}(n-1)}&=[I_{\mathrm{p}}(n)+\mathrm{j}Q_{\mathrm{p}}(n)]\left[\overline{I_{\mathrm{p}}(n-1)+\mathrm{j}Q_{\mathrm{p}}(n-1)}\right]\\&=A_{\mathrm{p}}(n)\mathrm{e}^{\mathrm{j}\phi_{\mathrm{e}}(n)}A_{\mathrm{p}}(n-1)\mathrm{e}^{-\mathrm{j}\phi_{\mathrm{e}}(n-1)}=A_{\mathrm{p}}(n)A_{\mathrm{p}}(n-1)\mathrm{e}^{\mathrm{j}[\phi_{\mathrm{e}}(n)-\phi_{\mathrm{e}}(n-1)]}\\&=P_{\mathrm{dot}}+\mathrm{j}P_{\mathrm{cross}}\end{aligned} \tag{4.88}$$

式中，

$$P_{\mathrm{dot}}=A_{\mathrm{p}}(n-1)A_{\mathrm{p}}(n)\cos[\phi_{\mathrm{e}}(n)-\phi_{\mathrm{e}}(n-1)] \tag{4.89}$$

$$P_{\mathrm{cross}}=A_{\mathrm{p}}(n-1)A_{\mathrm{p}}(n)\sin[\phi_{\mathrm{e}}(n)-\phi_{\mathrm{e}}(n-1)] \tag{4.90}$$

基于式(4.89)和式(4.90)可构建 FLL 的鉴频器，图 4－36 和表 4－5 给出了几种常见

FLL鉴频器的输入/输出特性。与PLL鉴相器类似，Costas型鉴频器的牵入范围只有非Costas型的一半。另外，鉴频器的性能受相干积分时间T_{coh}影响，显然，T_{coh}越大，牵入范围越窄，因此，从牵入范围角度看，T_{coh}越小越好；但是，如前所述，T_{coh}的增大有利于提高处理信号的信噪比，从这个角度出发，T_{coh}越大越好。在FLL设计中，T_{coh}的确定需要在牵入范围和信噪比之间进行折中。

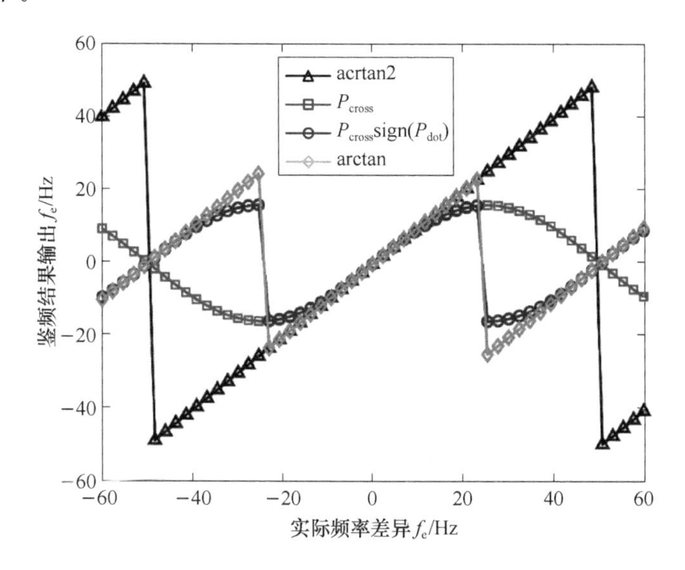

图4-36 几种鉴频器的输入/输出特性

表4-5 常用的FLL鉴频器

鉴频器算法	牵入范围	计算量	归一化系数	是否为Costas型
$\frac{\arctan2(P_{cross},P_{dot})}{t(n)-t(n-1)}$	$-\frac{1}{2T_{coh}}\sim\frac{1}{2T_{coh}}$	大	$\frac{1}{2\pi T_{coh}}$	否
$\frac{P_{cross}}{t(n)-t(n-1)}$	$-\frac{1}{2T_{coh}}\sim\frac{1}{2T_{coh}}$	小	$\frac{1}{4\pi\sigma_n^2(C/N_0)T_{coh}^2}$	否
$\frac{P_{cross}\cdot\text{sign}(P_{dot})}{t(n)-t(n-1)}$	$-\frac{1}{4T_{coh}}\sim\frac{1}{4T_{coh}}$	小	$\frac{1}{4\pi\sigma_n^2(C/N_0)T_{coh}^2}$	是
$\frac{\arctan(P_{cross},P_{dot})}{t(n)-t(n-1)}$	$-\frac{1}{4T_{coh}}\sim\frac{1}{4T_{coh}}$	大	$\frac{1}{2\pi T_{coh}}$	是

与PLL类似，FLL频率跟踪误差均方差的3σ值不得超过鉴频器牵入范围的四分之一。因此，结合表4-5，对于Costas型鉴频器，其频率跟踪门限为

$$3\sigma_{FLL}=3\sigma_{tFLL}+f_e\leqslant\frac{1}{8T}\tag{4.91}$$

式中，σ_{FLL}为FLL的频率跟踪误差，单位为Hz；σ_{tFLL}为热噪声频率抖动；f_e为动态应力误差。与PLL相比，FLL的频率跟踪误差中只考虑了热噪声和动态应力的影响，时钟的影响可以忽略不计。热噪声和动态应力所产生的跟踪误差分别可计算为

$$\sigma_{tFLL}=\frac{1}{\pi T}\sqrt{\frac{aB_n}{C/N_0}\left(1+\frac{1}{TC/N_0}\right)}\tag{4.92}$$

式中，a为常数，当C/N_0比较小时(比如小于38 dB-Hz)，取值为2；当C/N_0比较大时，取值为1。

$$f_e = \frac{1}{360\omega_n^N}\frac{d^{N+1}R}{dt^{N+1}} \tag{4.93}$$

(3) DLL

测距码的跟踪是通过 DLL 实现的。如图 4-37 所示为典型的 DLL 结构示意图，码环通过产生三个不同相位的测距码，与接收的信号进行相关运算，得到 P、E 和 L 三支路的结果，分别称为即时、超前和滞后支路，并基于相关运算的结果，确定测距码自相关函数取极值的位置，进而确定本地产生的测距码和接收测距码之间的相位差异，输入至码 NCO，形成闭合回路。当码环进入锁定状态后，P 支路的即时码与接收的测距码相位一致，此时 P 支路的即时码就是接收信号中的测距码。下面具体介绍 DLL 的工作原理。

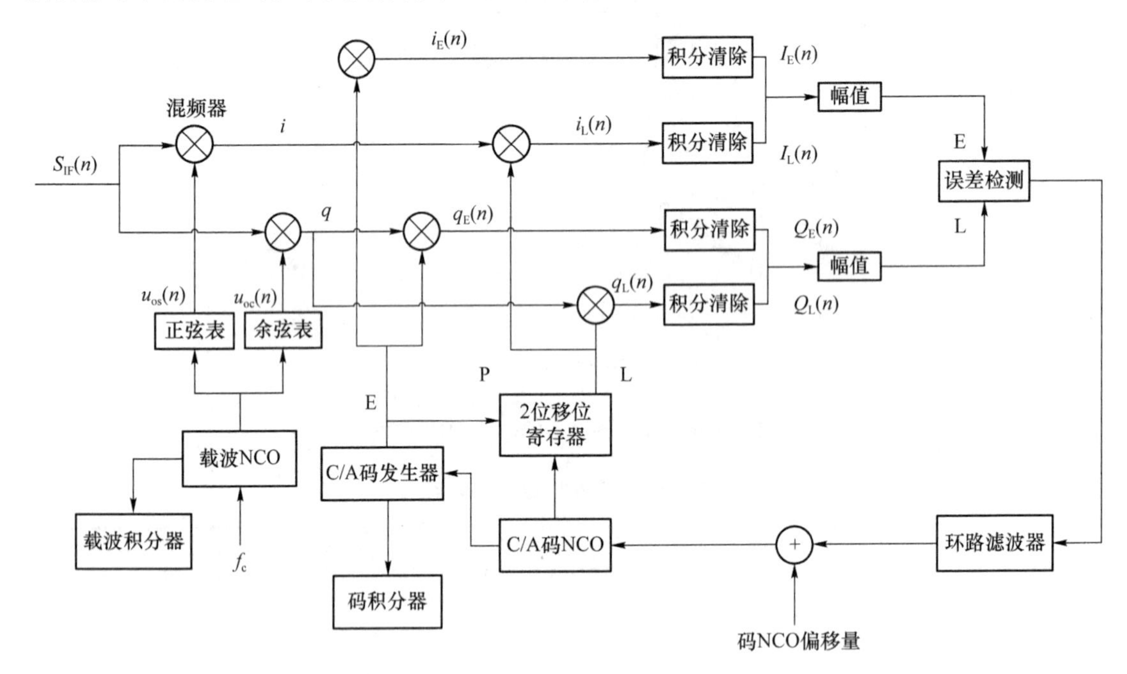

图 4-37 典型的 DLL 结构示意图

设两个相邻相关器之间的相位差为 d，超前和滞后两个相关器之间的相位差为 D，有

$$D = 2d \tag{4.94}$$

一般接收机中，d 和 D 分别设为 1/2 码片和 1 码片。设接收信号的测距码为 $x(n)$，接收机产生的测距码为 $y(n)$，二者的相关运算结果为

$$z(n) = \frac{1}{N}\sum_{k=0}^{N-1} x(k)y(k-n) \tag{4.95}$$

如果 $x(n)$ 和 $y(n)$ 是同一个测距码，二者的相关结果就是自相关函数 $R(\tau)$，因此，式(4.76)和式(4.77)可改写为

$$i_p(n) = aD(n)R(\tau_p)\cos[\omega_e(n)t(n)+\theta_e] \tag{4.96}$$

$$q_p(n) = aD(n)R(\tau_p)\sin[\omega_e(n)t(n)+\theta_e] \tag{4.97}$$

式中，τ_p 为即时码和接收测距码之间的相位差。相应地，相干积分的结果为

$$I_p(n) = aD(n)R(\tau_p)\mathrm{sinc}(f_e T_{coh})\cos\varphi_e \tag{4.98}$$

$$Q_p(n) = aD(n)R(\tau_p)\mathrm{sinc}(f_e T_{coh})\sin\varphi_e \tag{4.99}$$

进一步可以得到其幅值为

$$P(n)=\sqrt{I_{\mathrm{P}}^{2}(n)+Q_{\mathrm{P}}^{2}(n)}=aR(\tau_{\mathrm{P}})\,|\,\mathrm{sinc}(f_{\mathrm{e}}T_{\mathrm{coh}})\,| \tag{4.100}$$

类似地,可以得到超前和滞后支路的自相关幅值,分别为

$$E(n)=\sqrt{I_{\mathrm{E}}^{2}(n)+Q_{\mathrm{E}}^{2}(n)}=aR(\tau_{\mathrm{E}})\,|\,\mathrm{sinc}(f_{\mathrm{e}}T_{\mathrm{coh}})\,| \tag{4.101}$$

$$L(n)=\sqrt{I_{\mathrm{L}}^{2}(n)+Q_{\mathrm{L}}^{2}(n)}=aR(\tau_{\mathrm{L}})\,|\,\mathrm{sinc}(f_{\mathrm{e}}T_{\mathrm{coh}})\,| \tag{4.102}$$

显然,自相关幅值不受载波相位的影响,因此,码环在一定程度上独立于载波环。同时,由于自相关幅值不包含 $D(n)$的任何信息,所以,码环的自相关幅值不受导航电文比特跳变的限制。对于 GPS 的 C/A 码,相干积分中,由于需要与周期为 20 ms 的导航电文数据进行比特同步,因此,相干积分时间不得超过 20 ms。如果积分时间不受导航电文比特跳变的影响,则可以采用 20 ms 以上的积分时间,即进行非相干积分。更长的积分时间有利于提高跟踪信号的信噪比,因此,在弱信号跟踪中往往采用非相干积分。设接收通道在即时支路上每隔一个相干积分时间 T_{coh}产生一对相干积分结果 $I_{\mathrm{P}}(n)$和 $Q_{\mathrm{p}}(n)$,非相干积分就是码环对 N_{nc}个自相关幅值 $P(n)$进行累加,即

$$P_{\mathrm{nc}}=\frac{1}{N_{nc}}\sum_{n=1}^{N_{nc}}P(n)=\frac{1}{N_{nc}}\sum_{n=1}^{N_{nc}}\sqrt{I_{\mathrm{P}}^{2}(n)+Q_{\mathrm{P}}^{2}(n)} \tag{4.103}$$

式中,整数 N_{nc}为非相干积分数目。将式(4.100)代入式(4.103),得

$$P_{nc}=\frac{1}{N_{nc}}a\,|\,\mathrm{sinc}(f_{\mathrm{e}}T_{\mathrm{coh}})\,|\sum_{n=1}^{N_{nc}}R[\tau_{\mathrm{P}}(n)] \tag{4.104}$$

在获得了超前、即时和滞后支路所输入的相干或非相干积分结果后,码环鉴别器利用自相关幅值,估算出码相位差,通过环路滤波器控制码 NCO,相关处理结构与 PLL 类似。

以相关器间距 d 为 1/2 码片为例,表 4-6 列出了常用的几种码环鉴别器,既有基于相干积分的,也有基于非相干积分的。

表 4-6　常用的码环鉴别器

鉴别器名称	鉴别器算法	特　点
非相干超前 减滞后幅值法	$\frac{1}{2}\frac{\mathrm{E}-\mathrm{L}}{\mathrm{E}+\mathrm{L}}$	牵入范围内呈线性 计算量大
非相干超前 减滞后功率法	$\frac{1}{2}\frac{\mathrm{E}^2-\mathrm{L}^2}{\mathrm{E}^2+\mathrm{L}^2}$	计算量稍小 略有误差
相似相干点积 功率法	$\frac{1}{4}\left(\frac{I_{\mathrm{E}}-I_{\mathrm{L}}}{I_{\mathrm{P}}}+\frac{Q_{\mathrm{E}}-Q_{\mathrm{L}}}{Q_{\mathrm{P}}}\right)$	计算量更小 需要三个相关器
相干点积 功率法	$\frac{1}{4}\frac{I_{\mathrm{E}}-I_{\mathrm{L}}}{I_{\mathrm{P}}}$	计算量小 在载波环相位稳定时使用

类似地,DLL 相位跟踪误差均方差的 3σ 值不得超过鉴别器牵入范围的二分之一,因此,其码相位跟踪门限为

$$3\sigma_{\mathrm{DLL}}=3\sigma_{\mathrm{tDLL}}+R_{\mathrm{e}}\leqslant\frac{D}{2} \tag{4.105}$$

式中,σ_{DLL}为 DLL 的相位跟踪误差,单位为码片数(chips);σ_{tDLL}为热噪声频率抖动;R_{e} 为动态

应力误差；D 为超前-滞后相关器间隔，如前所述，与 $2d$ 相等。热噪声和动态应力所产生的跟踪误差分别可计算为

$$\sigma_{\text{tDLL}} \approx \frac{1}{T_c}\sqrt{\frac{B_n\int_{-B_{\text{fe}}/2}^{B_{\text{fe}}/2} S_s(f)\sin^2(2\pi f D T_c)\mathrm{d}f}{(2\pi)^2 C/N_0\left[\int_{-B_{\text{fe}}/2}^{B_{\text{fe}}/2} f S_s(f)\sin(2\pi f D T_c)\mathrm{d}f\right]^2}} \times \sqrt{1+\frac{\int_{-B_{\text{fe}}/2}^{B_{\text{fe}}/2} S_s(f)\cos^2(2\pi f D T_c)\mathrm{d}f}{TC/N_0\left[\int_{-B_{\text{fe}}/2}^{B_{\text{fe}}/2} f S_s(f)\cos(2\pi f D T_c)\mathrm{d}f\right]^2}} \tag{4.106}$$

式中，$S_s(f)$ 信号的功率谱密度；B_{fe} 为射频前端双边带宽；T_c 为码周期。当 D 比较小时，式(4.106)可近似为

$$\sigma_{\text{tDLL}} \approx \frac{1}{T_c}\sqrt{\frac{B_n}{(2\pi)^2 C/N_0\int_{-B_{\text{fe}}/2}^{B_{\text{fe}}/2} f^2 S_s(f)\mathrm{d}f}\left[1+\frac{1}{TC/N_0\int_{-B_{\text{fe}}/2}^{B_{\text{fe}}/2} S_s(f)\mathrm{d}f}\right]} \tag{4.107}$$

$$R_e = \frac{1}{\omega_n^N}\frac{\mathrm{d}^N R}{\mathrm{d}t^N} \tag{4.108}$$

(4) FLL 辅助下的 PLL

在载波频率跟踪中，既可以应用 PLL，也可以应用 FLL，不过，二者还是有区别的：

① PLL 采用较窄的噪声带宽，抑制噪声性能好，跟踪误差小，解调数据误码率低；缺点是动态范围小，在高动态情况下容易失锁。

② FLL 采用较宽的噪声带宽，动态性能好；缺点是环路噪声和跟踪误差都较大，解调数据误码率高。

因此，FLL 和 PLL 具有很好的互补性，因而可以组合使用。通常，PLL 是必备的，在高动态应用时，则可以进一步利用 FLL 辅助 PLL，以提高载波环路的动态范围。由于 FLL 跟踪信号频率，而 PLL 跟踪信号相位，两者之间为积分关系，因此，FLL 的阶次比 PLL 的要低一阶。例如，实际中常用的有一阶 FLL 辅助下的二阶 PLL 和二阶 FLL 辅助下的三阶 PLL。

如图 4-38 所示为二阶 FLL 辅助三阶 PLL 的结构，其工作流程为：当接收机由捕获刚转入跟踪阶段时，载波环以宽带宽、短相干积分时间的 FLL 形式开始工作，在 FLL 趋于收敛后，转换为窄带宽的 FLL 辅助下的宽带宽的 PLL 工作模式，最后转换为窄带宽、长相干积分时间的 PLL 形式稳定工作；当信号失锁或丢失时，载波环均转换为宽带宽、短相干积分时间的 FLL 工作模式，再进行后续的工作模式转换，最后稳定工作于窄带宽、长相干积分时间的 PLL 模式。一般情况下，FLL 的宽、窄带宽通常分别设置为 60 Hz 和 20 Hz 左右，PLL 的宽、窄带宽通常分别设置为 20 Hz 和 10 Hz 左右。

另外，由于载波环的测量精度远高于码环的测量精度，因此，实际接收机中普遍使用载波

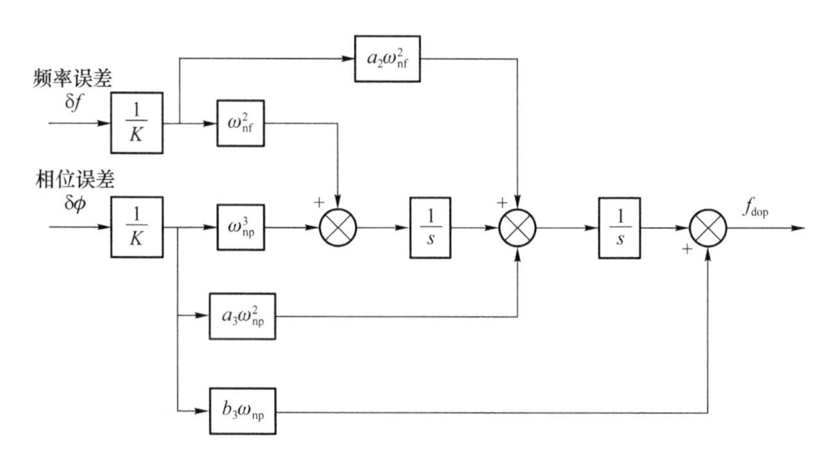

图 4-38　二阶 FLL 辅助三阶 PLL 的环路结构

环辅助码跟踪环路，载波环基本承受了所有的动态应力。相应地，码环工作于低动态条件下，因而，码环可以采用非常窄的噪声带宽，以提高其抗噪性能和跟踪精度。载波环辅助下的码环通常采用一阶 DLL，噪声带宽为 2 Hz 左右。

【例 4-5】 给定一段卫星信号，试通过仿真计算，对比如下两种跟踪环路的性能：①二阶载波环，一阶码环；②二阶载波环，一阶码环，载波环辅助码环。

【解】 根据要求，编制了 MATLAB 代码程序，得到两种情况下的环路跟踪误差曲线。

在第一种情况下，图 4-39 给出了码相位、载波相位和载波频率的跟踪误差，码相位误差在 1 000 ms 处出现波动，并且存在固定的码相位偏差，而载波相位误差和频率误差都比较稳定。

在第二种情况下，由于载波环辅助码环只影响码环的输出结果，因此，载波环的跟踪结果与第一种情况是一样的，这里不再给出。图 4-40 给出了码环的跟踪误差图，结果表明，载波辅助下的码环跟踪误差得到抑制，最终实现了稳定跟踪。因此，在实际应用中，码环的稳定跟踪通常都是以载波环的稳定跟踪作为前提条件的，即采用载波环辅助码环的形式。

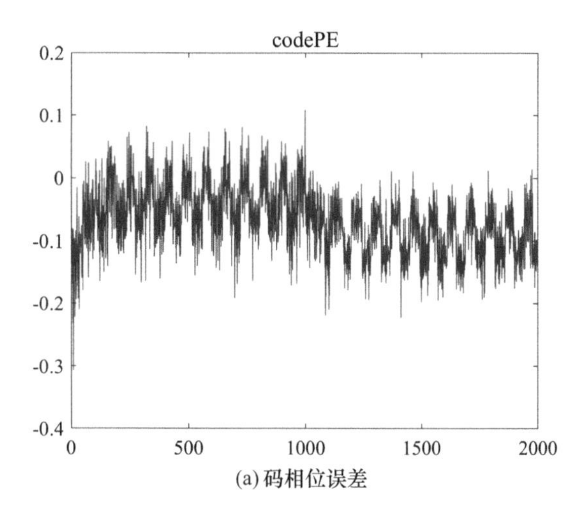

图 4-39　二阶载波环和一阶码环的环路跟踪误差图

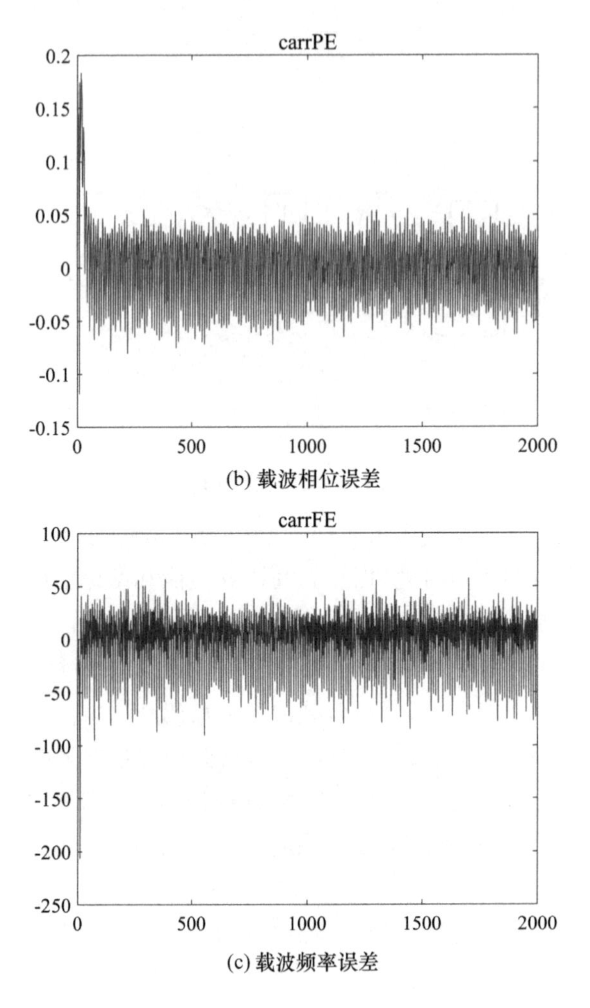

(b) 载波相位误差

(c) 载波频率误差

图 4-39　二阶载波环和一阶码环的环路跟踪误差图(续)

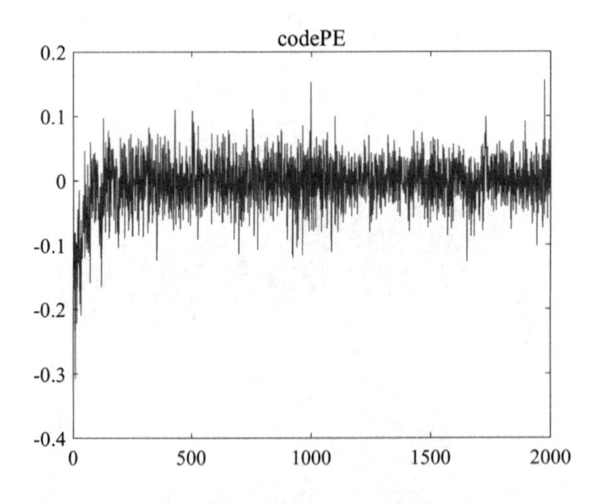

图 4-40　二阶载波环和一阶码环且载波环辅助码环的码环跟踪误差图

相应的 MATLAB 代码如下：

```
clear; close all;clc;
% GPS L1 码信号跟踪模块的设计
addpath('常用函数'); load('track.mat');
glbVar.fid = fopen(settings.datapath,'r'); % 打开文件指针
for process_cnt = 1:2000 %处理时长
    for loopCnt = 3:3
        if trkChn(loopCnt).PRN ~= 0
            trkChn(loopCnt).carrLoop.order = 2; %载波环阶数
            trkChn(loopCnt).codeLoop.order = 1; %码环阶数
            trkChn(loopCnt).carrAiding = 1;      %载波环辅助码环使能
            [E,P,L,trkChn(loopCnt).remCodePhase] = …
                     codeGenerating(trkChn(loopCnt).remCodePhase,...
                     trkChn(loopCnt).prnCode,trkChn(loopCnt).codeFreq,…
                     settings.d,settings.CA_CodeLen, settings.Fs);
            blksize = size(E,2);
            [carrI,carrQ,trkChn(loopCnt).remCarrPhase] =
                   carrGenerating(trkChn(loopCnt).remCarrPhase,...
                   trkChn(loopCnt).carrFreq, settings.Fs, blksize);
            fseek(glbVar.fid, trkChn(loopCnt).codePhase,'bof');
            IF_Signal = fread(glbVar.fid,blksize,'int8');
            trkChn(loopCnt).codePhase = ftell(glbVar.fid);
            correValues = Correlator(IF_Signal,carrI,carrQ,E,P,L);
            I_E =correValues(1);
            Q_E =correValues(2);
            I_P =correValues(3);
            Q_P =correValues(4);
            I_L =correValues(5);
            Q_L =correValues(6);
            trkChn(loopCnt).corrBuffer = …
                   [trkChn(loopCnt).corrBuffer(1:2,2:end) [I_P;Q_P]];
            trkChn(loopCnt).chnCounter = trkChn(loopCnt).chnCounter + 1;
            trkResults(loopCnt).ind = trkResults(loopCnt).ind + 1;
            trkChn(loopCnt).sumI_E = trkChn(loopCnt).sumI_E + I_E;
            trkChn(loopCnt).sumQ_E = trkChn(loopCnt).sumQ_E + Q_E;
            trkChn(loopCnt).sumI_P = trkChn(loopCnt).sumI_P + I_P;
            trkChn(loopCnt).sumQ_P = trkChn(loopCnt).sumQ_P + Q_P;
            trkChn(loopCnt).sumI_L = trkChn(loopCnt).sumI_L + I_L;
            trkChn(loopCnt).sumQ_L = trkChn(loopCnt).sumQ_L + Q_L;
            trkChn(loopCnt).carrPE =…
              ATAN_DISC(trkChn(loopCnt).sumI_P,trkChn(loopCnt).sumQ_P);
            Tcoh = 1/1000;
            iftrkChn(loopCnt).sumI_P_old == 0
              trkChn(loopCnt).carrFreqErrEst = 0;
            else
                [trkChn(loopCnt).carrFE,trkChn(loopCnt).fllLockInd.FLI1]  = ...
```

```
  ATAN2_DISC(trkChn(loopCnt).sumI_P,trkChn(loopCnt).sumQ_P,...
  trkChn(loopCnt).sumI_P_old,trkChn(loopCnt).sumQ_P_old,Tcoh);
end
trkChn(loopCnt).sumI_P_old =   trkChn(loopCnt).sumI_P;
trkChn(loopCnt).sumQ_P_old =   trkChn(loopCnt).sumQ_P;
trkChn(loopCnt).E = sqrt(trkChn(loopCnt).sumI_E^2 + …
                    trkChn(loopCnt).sumQ_E^2);
trkChn(loopCnt).P = sqrt(trkChn(loopCnt).sumI_P^2 + …
                    trkChn(loopCnt).sumQ_P^2);
trkChn(loopCnt).L = sqrt(trkChn(loopCnt).sumI_L^2 + …
                    trkChn(loopCnt).sumQ_L^2);
trkChn(loopCnt).codePE = …
        NC_EMLE(trkChn(loopCnt).E,trkChn(loopCnt).L,settings.d);
iftrkChn(loopCnt).chnCounter == 1000 % 1s后调整带宽
    trkChn(loopCnt).carrLoop.Bn = trkChn(loopCnt).carrLoop.Bn2;
    trkChn(loopCnt).codeLoop.Bn = trkChn(loopCnt).codeLoop.Bn2;
end
[trkChn(loopCnt).carrLoop] = trkLoopFilter(trkChn(loopCnt).carrPE, ...
    trkChn(loopCnt).carrFE,trkChn(loopCnt).carrLoop, Tcoh);
[trkChn(loopCnt).codeLoop] = trkLoopFilter(trkChn(loopCnt).codePE, ...
    0,trkChn(loopCnt).codeLoop, Tcoh);
trkChn(loopCnt).carrFreq = settings.IF  + trkChn(loopCnt).carrLoop.Nco;
if trkChn(loopCnt).carrAiding == 1
    trkChn(loopCnt).codeFreq = settings.F_CA - …
                          trkChn(loopCnt).codeLoop.Nco + ...
                          (trkChn(loopCnt).carrFreq - …
                          settings.IF)/(settings.f_L1/settings.F_CA);
else
    trkChn(loopCnt).codeFreq = settings.F_CA -
                          trkChn(loopCnt).codeLoop.Nco;
end
trkResults(loopCnt).remCodePhase(trkResults(loopCnt).ind) = …
                                  trkChn(loopCnt).remCodePhase;
trkResults(loopCnt).codePhase(trkResults(loopCnt).ind) = …
                                       trkChn(loopCnt).codePhase;
trkResults(loopCnt).carrPE(trkResults(loopCnt).ind) = …
                                         trkChn(loopCnt).carrPE;
trkResults(loopCnt).carrFE(trkResults(loopCnt).ind) = …
                                          trkChn(loopCnt).carrFE;
trkResults(loopCnt).codePE(trkResults(loopCnt).ind) = …
                                         trkChn(loopCnt).codePE;
trkChn(loopCnt).sumI_E = 0;
trkChn(loopCnt).sumQ_E = 0;
trkChn(loopCnt).sumI_P = 0;
trkChn(loopCnt).sumQ_P = 0;
trkChn(loopCnt).sumI_L = 0;
```

```
                trkChn(loopCnt).sumQ_L = 0;
            end
        end
    end
    figure;plot(trkResults(3).codePE);title('codePE'); xlim([0,2000]);
    set(gca,'FontName','Times New Roman','FontSize',14);
    figure;plot(trkResults(3).carrPE);title('carrPE');
    set(gca,'FontName','Times New Roman','FontSize',14); xlim([0,2000]);
    figure;plot(trkResults(3).carrFE);title('carrFE');
    set(gca,'FontName','Times New Roman','FontSize',14); xlim([0,2000]);
```

4.5.4　数据解码

在完成信号的捕获和跟踪之后，可以对信号进行数据解码，通过位同步和帧同步，以获得信号的发射时刻和导航电文。

1. 位同步

位同步的目的是找到数据比特跳变的位置，并将 20 个连续的 1 ms 测距码比特值合并为 1 个 20 ms 的导航电文比特值。在位同步过程中，利用了如下条件：

① 在没有噪声的情况下，载波环 1 ms 的比特值在同一个 20 ms 的数据比特下是相等的，相邻两个 1 ms 的比特值只可能在数据比特边缘处发生跳变。

② 正常情况下，接收到的卫星信号中所包含的导航电文必然存在着数据比特跳变。

③ 每 20 ms 的数据比特起始沿在时间上必定与某个测距码周期的第一个码片起始沿重合。

④ 在码环稳定收敛后，相干积分的起始沿能够始终保持和测距码比特的起始沿一致。

常用的位同步方法有直方图法和码相关法。直方图法的基本流程为

① 将载波环输出的 1 ms 数据比特流用 1～20 循环编号，标号为 1 的首个数据比特是任意选定的。

② 逐个统计相邻两个毫秒之间的数据跳变情况，若第 i 个数据到第 $i+1$ 个数据发生跳变，则对应第 $i+1$ 个直方的计数器值加 1，否则保持不变。

③ 处理连续的 $M\times 20$ ms 的数据，如果有一个直方图的计数值达到门限值 N，则位同步成功，该计数值及之后的 19 个毫秒为同一数据比特；否则，位同步失败，等待下次位同步。

码相关法的基本流程为

① 利用 20 个并行相关器及其相关支路对接收信号进行时间长度为 20 ms 的相关运算，并使每个相关支路的起始沿分别相差 1 ms。

② 比较所有相关器的相干积分值，最高的相干积分值对应的相关器计数器加 1。

③ 处理连续的 $M\times 20$ ms 的数据，若某个相关器至少取得 N 组最大值，则认为该并行相关器的起始沿与数据比特的起始沿重合，位同步成功；否则，位同步失败，等待下次位同步。

直方图法和码相关法中的门限阈值 N 和统计组数 M，是平衡同步错误率和同步效率的重要指标。这两个值设得越大，同步错误率就越低，相应地，同步效率也越低；反之，亦然。在应用中，可以根据应用条件和性能需求，按经验设计。

2. 帧同步

位同步完成后，要确定数据流的子帧边缘，并将其按顺序划分为连续的子帧，这样才能从

一连串数据流中进一步提取出有用的导航星历信息。

由于导航电文中都有用于帧同步的同步码，通过逐个搜索位同步完成后解调得到的数据比特，找出与同步码完全相匹配或者全部反向的连续数个比特，以确定子帧的边缘。同时，根据同步码的正向匹配或反向匹配关系，数据比特的180°相位模糊度问题也得到解决。

不过，随机产生的8个连续比特恰好与同步码或者反向同步码相同的概率为0.007 8(即1/128)，在庞大的数据比特流中，这很可能会发生。因此，需要对匹配码进一步对比确认，以减小误判的可能性。以GPS的L1频点D码为例，帧同步的流程为

① 进行帧同步码10001011和解算电文的互相关运算，寻找是否存在相关值为8或−8的位置。如果存在，则转至步骤②；否则，更新数据，继续进行互相关运算。

② 接收通道收集接下来的22比特，结合8比特帧同步码进行奇偶校验。若奇偶校验成功，则转至步骤③；否则，返回步骤①。

③ 进一步验证帧同步的可靠性，要求30比特交接字必须满足奇偶校验，且前17比特的截短周内时记数值所对应的GPS时间应该在0～604 799 s之间，同时第20～22比特代表的子帧识别标志必须在1～5之间。如果所有检测均通过，则转至步骤④；否则，返回步骤③。

④ 搜集完下一帧的遥测字之后，检查这一子帧的遥测字中前17比特所代表的截短周内时TOW计数值与上一帧中相应的值相比是否刚好大于1。如果是，则认为帧同步成功；否则，帧同步失败，重新开始帧同步。

在实现位同步和帧同步之后，接收机不仅锁定了测距码的边沿，也锁定了比特边沿和子帧边沿，接收机可以维持对接收信号的位同步和帧同步，直到码环对接收信号失锁为止。当卫星信号失锁，进行重捕获时，接收机应当根据需要决定是否重新进行位同步和帧同步。如图4-41所示为三个通道在某次帧同步后的导航电文提取结果。

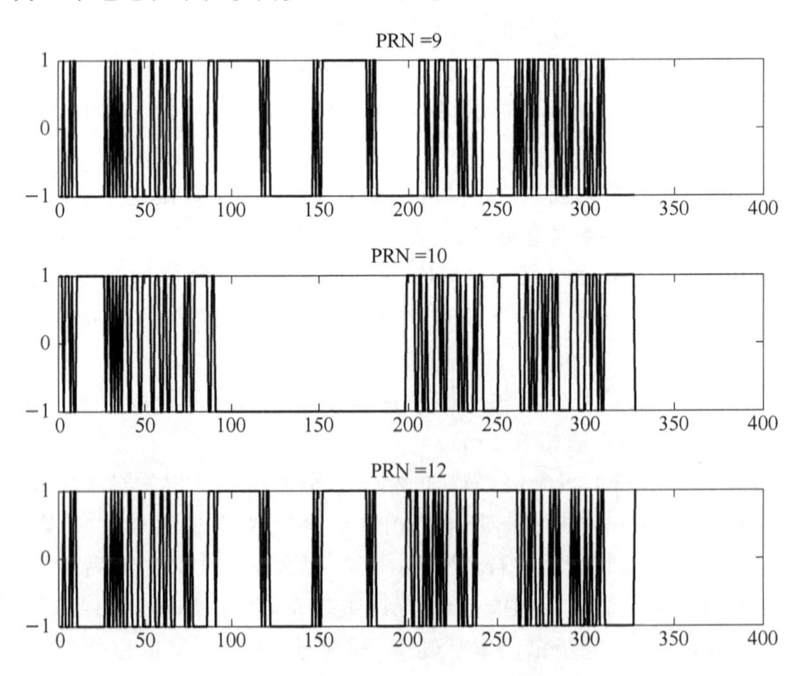

图4-41　帧同步后通道的电文提取结果

3. 信号发射时刻的获取

如图 4-42 所示为卫星信号发射时刻的确定流程示意图。先从交接字中解码得到周内时 TOW；在当前子帧中，得到已经接收到的 w 个导航电文数据码的字；在当前字中，得到已经接收到的 b 个导航电文的比特；在当前比特中，得到已经接收到的 c 个整周 C/A 码的导航电文；在当前 C/A 码中，得到已经接收到的码相位为 CP 的相位值。

因此，卫星信号发射时刻 $t^{(s)}$ 的计算式为

$$t^{(s)}=\text{TOW}+(30w+b)\times 0.02+\left(c+\frac{\text{CP}}{1\,023}\right)\times 0.001(\text{s}) \tag{4.109}$$

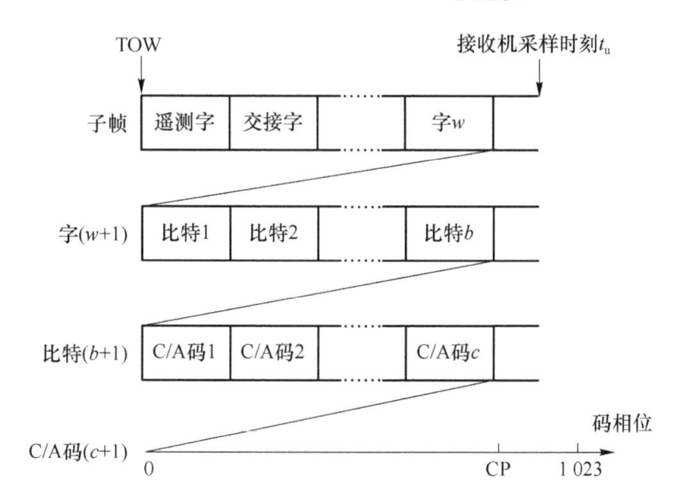

图 4-42　卫星信号发射时刻的确定流程

4. 卫星位置和速度的确定

导航电文的第二数据块给出了 GPS 卫星星历的 16 个参数，基于这些参数，可以计算得到星历参考时间 t_{oe} 前后 2 h 内的卫星运动参数，进而可以得到卫星的位置和速度。具体计算步骤如下：

① 计算规化时间 t_k

卫星星历给出的轨道参数是以参考时间 t_{oe} 作为时间基准的。首先，求出信号发射时刻 $t^{(s)}$ 和参考时刻 t_{oe} 之间的差异为

$$t_k=t^{(s)}-t_{oe} \tag{4.110}$$

由于 t_k 值应当在 t_{oe} 的前后 2 h 之间，因此，当计算得到的 t_k 大于 302 400 s 时，t_k 应减去 604 800 s；当 t_k 小于 −302 400 s 时，t_k 应加上 604 800 s。如果星历的星期数和当前时间的星期数不相符，则需要将其转化到同一个星期内的时间，再进行计算。

② 计算卫星的平均角速度 n_0

$$n_0=\sqrt{\frac{\mu}{a_s^3}} \tag{4.111}$$

式中，$\mu=GM$，为地球的引力常数。校正后的卫星平均角速度 n 为

$$n=n_0+\Delta n \tag{4.112}$$

③ 计算信号发射时刻的平近点角 M_k

$$M_k=M_0+nt_k \tag{4.113}$$

与 t_k 的计算方式类似，计算出的 M_k 需要调整至 $0\sim2\pi$ 范围内。

④ 计算信号发射时刻的偏近点角 E_k

偏近点角 E 和平近点角 M 之间的关系为

$$M=E-e_s\sin E \tag{4.114}$$

由于式(4.114)为超越方程，因此，可以通过迭代计算，即

$$E_j=M_k+e_s\sin(E_{j-1}) \tag{4.115}$$

式中，E 的迭代初值可以设置为 M_k，通常两三次迭代后，即可得到较为精确的解。

⑤ 计算信号发射时刻的真近点角 v_k

$$\cos v_k=\frac{\cos E_k-e_s}{1-e_s\cos E_k} \tag{4.116}$$

$$\sin v_k=\frac{\sqrt{1-e_s^2}\sin E_k}{1-e_s\cos E_k} \tag{4.117}$$

$$v_k=\arctan\left(\frac{\sqrt{1-e_s^2}\sin E_k}{\cos E_k-e_s}\right) \tag{4.118}$$

求解的真近点角 v_k 需调整至 $(-\pi,\pi]$ 之间。

⑥ 计算信号发射时刻的升交点角距 Φ_k

$$\Phi_k=v_k+\omega \tag{4.119}$$

升交点角距为卫星当前位置点与升交点相对地心的夹角。

⑦ 计算信号发射时刻的摄动校正项 δu_k、δr_k 和 δi_k

$$\begin{cases}\delta u_k=C_{us}\sin(2\Phi_k)+C_{uc}\cos(2\Phi_k)\\ \delta r_k=C_{rs}\sin(2\Phi_k)+C_{rc}\cos(2\Phi_k)\\ \delta i_k=C_{is}\sin(2\Phi_k)+C_{ic}\cos(2\Phi_k)\end{cases} \tag{4.120}$$

⑧ 计算摄动校正后的升交点角距 u_k、矢径长度 r_k 和轨道倾角 i_k

$$\begin{cases}u_k=\Phi_k+\delta u_k\\ r_k=a_s(1-e_s\cos E_k)+\delta r_k\\ i_k=i_0+t_k\dot{i}+\delta i_k\end{cases} \tag{4.121}$$

⑨ 计算信号发射时刻卫星在轨道平面内的位置 (x'_k,y'_k)

将极坐标 (r_k,u_k) 转化成轨道平面直角坐标系中的坐标 (x'_k,y'_k)，得

$$\begin{cases}x'_k=r_k\cos u_k\\ y'_k=r_k\sin u_k\end{cases} \tag{4.122}$$

⑩ 计算信号发射时刻的升交点赤经 Ω_k

$$\Omega_k=\Omega_0+(\dot{\Omega}-\dot{\Omega}_e)t_k-\dot{\Omega}_e t_{oe} \tag{4.123}$$

式中，$\dot{\Omega}_e$ 表示地球自转角速度常数。在式(4.123)中已经考虑地球自转对卫星升交点与Greenwich子午面之间相对位置关系的影响，因此，得到的 Ω_k 是 t_k 时刻的卫星升交点在 t_k 时刻的WGS-84坐标系中的经度。

⑪ 计算卫星在WGS-84地心地固坐标系中的坐标 (x_k,y_k,z_k)

$$\begin{cases}x_k=x'_k\cos\Omega_k-y'_k\cos i_k\sin\Omega_k\\ y_k=x'_k\sin\Omega_k-y'_k\cos i_k\cos\Omega_k\\ z_k=y'_k\sin i_k\end{cases} \tag{4.124}$$

通过上述步骤，最终得到了 t_k 时刻卫星在 ECEF 坐标系中的位置(x_k, y_k, z_k)。下面在上述定位步骤的基础上，继续给出卫星速度的确定过程。

⑫ 计算信号发射时刻的偏近点角变化率 $\dot{E}_k$

$$\dot{E}_k = \frac{n}{1 - e_a \cos E_k} \tag{4.125}$$

⑬ 计算信号发射时刻的升交点角距变化率 $\dot{\Phi}_k$

$$\dot{\Phi}_k = \frac{\sqrt{1-e_s^2}\dot{E}_k}{1 - e_s \cos E_k} \tag{4.126}$$

⑭ 计算信号发射时刻的摄动校正项变化率 $\delta\dot{u}_k$、$\delta\dot{r}_k$ 和 $\delta\dot{i}_k$

$$\begin{cases} \delta\dot{u}_k = 2\dot{\Phi}_k[C_{us}\cos(2\Phi_k) - C_{uc}\sin(2\Phi_k)] \\ \delta\dot{r}_k = 2\dot{\Phi}_k[C_{rs}\cos(2\Phi_k) - C_{rc}\sin(2\Phi_k)] \\ \delta\dot{i}_k = 2\dot{\Phi}_k[C_{is}\cos(2\Phi_k) - C_{ic}\sin(2\Phi_k)] \end{cases} \tag{4.127}$$

⑮ 计算信号发射时刻的轨道要素变化率 $\dot{u}_k$、$\dot{r}_k$、$\dot{i}_k$ 和 $\dot{\Omega}_k$

$$\begin{cases} \dot{u}_k = \dot{\Phi}_k + \delta\dot{u}_k \\ \dot{r}_k = a_s e_s \dot{E}_k \sin E_k + \delta\dot{r}_k \\ \dot{i}_k = \dot{i} + \delta\dot{i}_k \\ \dot{\Omega}_k = \dot{\Omega} - \dot{\Omega}_e \end{cases} \tag{4.128}$$

⑯ 计算信号发射时刻卫星在轨道平面内的速度$(\dot{x}'_k, \dot{y}'_k)$

$$\begin{cases} \dot{x}'_k = \dot{r}_k\cos u_k - r_k\dot{u}_k\sin u_k \\ \dot{y}'_k = \dot{r}_k\sin u_k - r_k\dot{u}_k\cos u_k \end{cases} \tag{4.129}$$

⑰ 计算卫星在 WGS-84 坐标系中的速度$(\dot{x}_k, \dot{y}_k, \dot{z}_k)$

$$\begin{cases} \dot{x}_k = -y_k\dot{\Omega}_k - (\dot{y}'_k\cos i_k - z_k\dot{i}_k)\sin\Omega_k + \dot{x}'_k\cos\Omega_k \\ \dot{y}_k = x_k\dot{\Omega}_k + (\dot{y}'_k\cos i_k - z_k\dot{i}_k)\cos\Omega_k + \dot{x}'_k\sin\Omega_k \\ \dot{z}_k = \dot{y}'_k\sin i_k + y'_k\dot{i}_k\cos i_k \end{cases} \tag{4.130}$$

通过上述步骤，最终得到 t_k 时刻卫星在 ECEF 坐标系中的速度$(\dot{x}_k, \dot{y}_k, \dot{z}_k)$。

【例 4-6】 设某颗卫星运行轨道的近地点地心距 $r_p = 15\ 000$ km 和远地点地心距 $r_a = 35\ 000$ km，该轨道的外法线方向单位矢量在地心惯性坐标系中为 $[0\quad -\sqrt{3}/2\quad 1/2]^T$，近地点幅角 $\omega = 0°$。已知当前时刻卫星的地心距离 $r = 175\ 000$ km，且偏近点角 E 满足 $0° < E < 180°$。试求解卫星在惯性系下的位置和速度。(地球引力常数 $\mu = 3.986 \times 10^{14}\ m^3/s^2$。)

惯性系到轨道系的坐标变换矩阵为

$$\boldsymbol{C}_i^o = \boldsymbol{C}_z(u)\boldsymbol{C}_x(i)\boldsymbol{C}_z(\Omega) \tag{4.131}$$

式中，u 为纬度幅角，满足关系 $u = \omega + \theta$。

【解】 由于轨道的外法线方向垂直于轨道面，所以轨道坐标系中的外法线单位矢量为 $[0\quad 0\quad 1]^T$，将其转换到地心惯性坐标系中，有

$$\boldsymbol{C}_z^{\mathrm{T}}(\Omega)\boldsymbol{C}_x^{\mathrm{T}}(i)\boldsymbol{C}_z^{\mathrm{T}}(u)\begin{bmatrix}0\\0\\1\end{bmatrix}=\begin{bmatrix}0\\-\sqrt{3}/2\\1/2\end{bmatrix} \tag{4.132}$$

写成分量形式后有

$$\begin{cases}\sin i\sin\Omega=0\\-\sin i\cos\Omega=-\sqrt{3}/2\\\cos i=1/2\end{cases} \tag{4.133}$$

因此,轨道倾角 $i=60°$,升交点赤经 $\Omega=0°$。根据椭圆轨道的近地点和远地点地心距,可以计算得到轨道面的参数为

$$\begin{cases}a=\dfrac{r_{\mathrm{a}}+r_{\mathrm{p}}}{2}=25\ 000\ \mathrm{km}\\e=\dfrac{r_{\mathrm{a}}-r_{\mathrm{p}}}{r_{\mathrm{a}}+r_{\mathrm{p}}}=0.4\\p=\mathrm{a}(1-e^2)=21\ 000\ \mathrm{km}\end{cases} \tag{4.134}$$

根据椭圆的极坐标方程 $r=\dfrac{p}{1+e\cos\theta}$,可以计算得到 $\cos\theta=0.5$,又由于 $\theta/2$ 和 $E/2$ 一定在同一象限内,于是可以得到,当 $0°<\theta<180°$时,$\theta=60°$。

又由于近地点幅角 $\omega=0°$,于是有 $u=\omega+\theta=60°$。因此,坐标转换矩阵$\boldsymbol{C}_{\mathrm{i}}^{\mathrm{o}}$ 为

$$\boldsymbol{C}_{\mathrm{i}}^{\mathrm{o}}=\boldsymbol{C}_z(60°)\boldsymbol{C}_x(60°)\boldsymbol{C}_z(0°)=\begin{bmatrix}1/2&\sqrt{3}/4&3/4\\-\sqrt{3}/2&1/4&\sqrt{3}/4\\0&-\sqrt{3}/2&1/2\end{bmatrix} \tag{4.135}$$

解算地心惯性坐标系中的卫星坐标为

$$\begin{bmatrix}x_i\\y_i\\z_i\end{bmatrix}=[\boldsymbol{C}_{\mathrm{i}}^{\mathrm{o}}]^{\mathrm{T}}\begin{bmatrix}175\ 000\\0\\0\end{bmatrix}=\begin{bmatrix}1/2&-\sqrt{3}/2&0\\\sqrt{3}/4&1/4&-\sqrt{3}/2\\3/4&\sqrt{3}/4&1/2\end{bmatrix}\begin{bmatrix}175\ 000\\0\\0\end{bmatrix}=\begin{bmatrix}8\ 750\\75\ 777.2\\131\ 250\end{bmatrix}\mathrm{km} \tag{4.136}$$

根据轨道面的几何关系,可以得到卫星的径向速度和横向速度的大小分别为

$$\begin{cases}v_{\mathrm{r}}=\sqrt{\dfrac{\mu}{p}}e\sin\theta=1\ 509.2\ \mathrm{m/s}\\v_{\mathrm{u}}=\sqrt{\dfrac{\mu}{p}}(1+e\cos\theta)=5\ 228.1\ \mathrm{m/s}\end{cases} \tag{4.137}$$

解算地心惯性坐标系中的卫星速度分量为

$$\begin{bmatrix}v_{xi}\\v_{yi}\\v_{zi}\end{bmatrix}=[\boldsymbol{C}_{\mathrm{i}}^{\mathrm{o}}]^{\mathrm{T}}\begin{bmatrix}v_{\mathrm{r}}\\v_{\mathrm{u}}\\0\end{bmatrix}=\begin{bmatrix}1/2&-\sqrt{3}/2&0\\\sqrt{3}/4&1/4&-\sqrt{3}/2\\3/4&\sqrt{3}/4&1/2\end{bmatrix}\begin{bmatrix}1\ 509.2\\5\ 228.1\\0\end{bmatrix}=\begin{bmatrix}-3\ 773.1\\1\ 960.5\\3\ 395.7\end{bmatrix}\mathrm{m/s} \tag{4.138}$$

4.5.5 伪距定位

1. 伪距测量

如前所述,伪距方程为

$$\rho(t)=c\tau+c[\delta t_{\mathrm{u}}(t)-\delta t^{(s)}(t-\tau)] \tag{4.139}$$

式中，t 为卫星时间，比如 GPS 时；τ 为信号从卫星到接收机的实际传播时间；c 为光速；$t^{(s)}$ 为信号的发射时刻，$\delta t^{(s)}$ 为卫星钟差；t_u 为信号的接收时刻，δt_u 为接收机钟差。由于大气折射，电磁波在大气中的实际传播速度小于其在真空中的传播速度，因此，卫星信号的实际传播时间 τ 可以等效为以光速 c 穿过卫星和接收机之间的几何距离 r 所需要的传播时间，以及大气折射造成的传播延时，即

$$\tau=\frac{r(t-\tau,t)}{c}+I_{\text{ion}}(t)+T_{\text{trop}}(t) \tag{4.140}$$

式中，$I_{\text{ion}}(t)$ 表示电离层延时，$T_{\text{trop}}(t)$ 表示对流层延时，通过数学模型计算可以视为已知量；几何距离 $r(t-\tau,t)$ 代表 $(t-\tau)$ 时刻卫星位置与 t 时刻接收机位置之间的直线距离，为未知量。将式(4.140)代入式(4.139)中，并省略时间标记，式(4.139)可重写为

$$\rho(t)=r+c[\delta t_u-\delta t^{(s)}]+cI_{\text{ion}}+cT_{\text{trop}} \tag{4.141}$$

由于式(4.141)中的时间度量乘以光速 c 可以转化为长度度量，在不引起歧义的情况下，将式(4.141)进一步改写为

$$\rho(t)=r+\delta t_u-\delta t^{(s)}+I_{\text{ion}}+T_{\text{trop}} \tag{4.142}$$

由于卫星钟差 $\delta t^{(s)}$ 可以通过第一数据块中的时钟校正参数精确计算得到，因此，可视为已知量，而 I_{ion} 和 T_{trop} 同样也为已知量，设校正后的伪距观测量 ρ_c 为

$$\rho_c=\rho+\delta t^{(s)}-I_{\text{ion}}-T_{\text{trop}} \tag{4.143}$$

式(4.142)可改写为

$$r+\delta t_u=\rho_c \tag{4.144}$$

式(4.144)左边包含接收机的三维位置和接收机钟差四个未知参量，而右边为校正后的伪距观测量，为已知量。因此，当观测到四颗或四颗以上卫星时，即可解算得到接收机的位置和钟差，实现定位和授时功能。

2. 星历误差和卫星钟差

在伪距方程中，r 的计算要考虑星历误差，ρ_c 的计算要考虑卫星时钟误差 $\delta t^{(s)}$、电离层延时 I_{ion} 和对流层延时 T_{trop}。下面分析星历误差和卫星钟差的影响。

星历误差的产生原因是，在信号接收时刻到发射时刻期间，由于地球自转，t 时刻的 ECEF_r 坐标系相对于 $(t-\tau)$ 时刻的 ECEF_t 坐标系绕 Z 轴旋转了 $\omega_{ie}\tau$。设信号发射时刻 $(t-\tau)$ 卫星在 ECEF_t 坐标系中的坐标为 (x_k,y_k,z_k)，则信号接收时刻 t 卫星在 ECEF_r 坐标系中的坐标 $(x^{(s)},y^{(s)},z^{(s)})$ 为

$$\begin{bmatrix}x^{(s)}\\y^{(s)}\\z^{(s)}\end{bmatrix}=\begin{bmatrix}\cos(\omega_{ie}\tau) & \sin(\omega_{ie}\tau) & 0\\-\sin(\omega_{ie}\tau) & \cos(\omega_{ie}\tau) & 0\\0 & 0 & 1\end{bmatrix}\begin{bmatrix}x_k\\y_k\\z_k\end{bmatrix} \tag{4.145}$$

需要注意的是，接收机在首次定位授时之前传播延时 τ 是未知的，在迭代计算中，首次计算时，可将其设为一个合理的估计值，比如 70 ms；在首次定位授时之后，接收机钟差 δt_u 被准确估计得到后，便可以对传播时间 τ 进行准确估计。

对于 GPS 的 L1 单频接收机来说，卫星钟差项 $\delta t^{(s)}$ 由二项式项 $\Delta t^{(s)}$、相对论效应校正项 Δt_r 和波群延时校正值 T_{GD} 构成，即

$$\delta t^{(s)}=\Delta t^{(s)}+\Delta t_r-T_{\text{GD}} \tag{4.146}$$

式中，二项式项 $\Delta t^{(s)}$ 由时钟校正参数 a_{f0}、a_{f1} 和 a_{f2}，以及参考时间 t_{oc} 给出。这些参数都可以从第一数据块中得到，有

$$\Delta t^{(s)}=a_{f0}+a_{f1}(t-t_{oc})+a_{f2}(t-t_{oc})^2 \tag{4.147}$$

相对论效应校正项 Δt_r 为

$$\Delta t_r=Fe_s\sqrt{a_s}\sin E_k \tag{4.148}$$

式中，e_s 为卫星轨道偏心率；a_s 为轨道半长轴；E_k 为卫星偏近点角；F 的计算方法如下：

$$F=\frac{-2\sqrt{\mu}}{c^2} \tag{4.149}$$

波群延时校正值 T_{GD} 由第一数据块给出。

将式(4.147)对时间求导，可以得到卫星钟漂 $\delta f^{(s)}$ 的校正公式为

$$\delta f^{(s)}=a_{f1}+2a_{f2}(t-t_{oc})+\Delta\dot{t}_r \tag{4.150}$$

式中，群波延时校正值 T_{GD} 对时间的导数值可以认为是 0。对式(4.148)求导，得

$$\Delta\dot{t}_r=Fe_s\sqrt{a_s}\dot{E}_k\cos E_k \tag{4.151}$$

3. 伪距定位解算方法

由于通常初始位置是未知的，因此，伪距定位常用牛顿迭代法。在每个定位历元中，计算步骤如下：

(1) 准备数据和设置初始解

按照式(4.139)搜集所有可见卫星在同一信号接收时刻的伪距测量值 $\rho^{(n)}$，计算校正量 $\delta t^{(n)}$、$I_{ion}^{(n)}$ 和 $T_{trop}^{(n)}$，计算误差校正后的伪距测量值 $\rho_c^{(n)}$。

同时，对每颗可见卫星按照星历误差补偿方法，计算经过地球自转校正后的卫星位置坐标 $(x^{(n)},y^{(n)},z^{(n)})$。

在迭代计算中，接收机当前位置的初值 $\boldsymbol{x}_0=[x_0\quad y_0\quad z_0]^T$ 和接收机钟差初值 $\delta t_{u,0}$ 均可设置为 0 状态。

(2) 解算方程组的线性化

由于式(4.144)所示的伪距定位方程是非线性的，在迭代计算时，需要对其进行线性化。在第 k 次迭代中，在 $[\boldsymbol{x}_{k-1}^T\quad \delta t_{u,k-1}]^T$ 处对式(4.144)进行线性化，当可见星数目为 N 时，线性化后的线性方程组为

$$\boldsymbol{G}\begin{bmatrix}\Delta x\\ \Delta y\\ \Delta z\\ \Delta\delta t_u\end{bmatrix}=\boldsymbol{b} \tag{4.152}$$

式中，$\boldsymbol{G}$ 为 Jacobi 矩阵，有

$$\boldsymbol{G}=\begin{bmatrix}-I_x^{(1)}(\boldsymbol{x}_{k-1}) & -I_y^{(1)}(\boldsymbol{x}_{k-1}) & -I_z^{(1)}(\boldsymbol{x}_{k-1}) & 1\\ -I_x^{(2)}(\boldsymbol{x}_{k-1}) & -I_y^{(2)}(\boldsymbol{x}_{k-1}) & -I_z^{(2)}(\boldsymbol{x}_{k-1}) & 1\\ \vdots & \vdots & \vdots & \vdots\\ -I_x^{(N)}(\boldsymbol{x}_{k-1}) & -I_y^{(N)}(\boldsymbol{x}_{k-1}) & -I_z^{(N)}(\boldsymbol{x}_{k-1}) & 1\end{bmatrix}=\begin{bmatrix}-[\boldsymbol{I}^{(1)}(\boldsymbol{x}_{k-1})]^T & 1\\ -[\boldsymbol{I}^{(2)}(\boldsymbol{x}_{k-1})]^T & 1\\ \vdots & \vdots\\ -[\boldsymbol{I}^{(N)}(\boldsymbol{x}_{k-1})]^T & 1\end{bmatrix} \tag{4.153}$$

$$\boldsymbol{b}=\begin{bmatrix}\rho_c^{(1)}-r^{(1)}(\boldsymbol{x}_{k-1})-\delta t_{u,k-1}\\ \rho_c^{(2)}-r^{(2)}(\boldsymbol{x}_{k-1})-\delta t_{u,k-1}\\ \vdots\\ \rho_c^{(N)}-r^{(N)}(\boldsymbol{x}_{k-1})-\delta t_{u,k-1}\end{bmatrix} \tag{4.154}$$

$$-I_x^{(n)}(\boldsymbol{x}_{k-1})=\frac{\partial r^{(n)}}{\partial x}\bigg|_{x=\boldsymbol{x}_{k-1}}=\frac{-(x^{(n)}-x_{k-1})}{\|\boldsymbol{x}^{(n)}-\boldsymbol{x}_{k-1}\|}=\frac{-(x^{(n)}-x_{k-1})}{r^{(n)}(\boldsymbol{x}_{k-1})} \tag{4.155}$$

式中，Δx、Δy 和 Δz 分别表示接收机位置坐标的修正量；$\Delta\delta t_u$ 为接收机钟差的修正量；上标 n ($n=1,2,\cdots,N$)表示第 n 颗可见星。另外，$\boldsymbol{G}$ 只与各颗卫星相对于用户的几何位置有关，因此，$\boldsymbol{G}$ 也被称为几何矩阵。

(3) 线性方程组求解

式(4.152)的最小二乘解为

$$\begin{bmatrix}\Delta x\\ \Delta y\\ \Delta z\\ \Delta\delta t_u\end{bmatrix}=(\boldsymbol{G}^{\mathrm{T}}\boldsymbol{G})^{-1}\boldsymbol{G}^{\mathrm{T}}\boldsymbol{b} \tag{4.156}$$

(4) 定位结果的更新

$$\boldsymbol{x}_k=\boldsymbol{x}_{k-1}+\Delta\boldsymbol{x}=\boldsymbol{x}_{k-1}+\begin{bmatrix}\Delta x\\ \Delta y\\ \Delta z\end{bmatrix} \tag{4.157}$$

$$\delta t_{u,k}=\delta t_{u,k-1}+\Delta\delta t_u \tag{4.158}$$

(5) 迭代终止条件

当式(4.156)计算的修正量足够小时，迭代就收敛了，因此，迭代终止条件为

$$\sqrt{\Delta x^2+\Delta y^2+\Delta z^2+(\Delta\delta t_u)^2}<\text{threshold} \tag{4.159}$$

当迭代收敛终止后，即可输出定位和授时结果。

4.5.6　多普勒测速

在伪距定位的基础上，可以进一步进行多普勒测速。对式(4.143)求导，可得

$$\dot{\rho}^{(n)}=\dot{r}^{(n)}+\delta f_u-\delta f^{(n)} \tag{4.160}$$

式中，δf_u 为未知的接收机钟漂，$\delta f^{(n)}$ 为根据式(4.150)计算得到的卫星钟漂，考虑到大气延时的变化率很小，可以忽略不计。对接收机和卫星之间的几何变化率 $\dot{r}^{(n)}$，有

$$\dot{r}^{(n)}=[\boldsymbol{I}^{(n)}]^{\mathrm{T}}[\boldsymbol{v}^{(n)}-\boldsymbol{v}] \tag{4.161}$$

式中，$\boldsymbol{v}^{(n)}$ 为卫星的运行速度，$\boldsymbol{I}^{(n)}$ 代表卫星在接收机处的单位观测矢量，可分别由式(4.130)和式(4.155)求解得到；接收机速度 $\boldsymbol{v}$ 是求解对象。

通过载波环得到的 Doppler 频移 $f_d^{(n)}$ 和伪距变化率 $\dot{\rho}^{(n)}$ 之间的关系为

$$\dot{\rho}^{(n)}=-\lambda f_d^{(n)} \tag{4.162}$$

式中，λ 为载波波长，对 GPS 的 L1 波段来说，其值约为 19 cm。将式(4.161)和式(4.162)代入式(4.160)，得

$$-[\boldsymbol{I}^{(n)}]^{\mathrm{T}}\boldsymbol{v}+\delta f_u=-\lambda f_d^{(n)}-[\boldsymbol{I}^{(n)}]^{\mathrm{T}}\boldsymbol{v}^{(n)}+\delta f^{(n)} \tag{4.163}$$

式中，等号左边的 $\boldsymbol{v}$ 和 δf_u 为未知量，等号右边均为已知量。对 N 颗可见星，有

$$\boldsymbol{G}\begin{bmatrix}v_x\\ v_y\\ v_z\\ \delta f_u\end{bmatrix}=\boldsymbol{B} \tag{4.164}$$

式中，$\boldsymbol{G}$ 如式(4.153)所示，完成定位后，该矩阵为已知量。

$$\boldsymbol{B}=\begin{bmatrix} -\lambda f_{\mathrm{d}}^{(1)}-[\boldsymbol{I}^{(1)}]^{\mathrm{T}}\boldsymbol{v}^{(1)}+\delta f^{(1)} \\ -\lambda f_{\mathrm{d}}^{(2)}-[\boldsymbol{I}^{(2)}]^{\mathrm{T}}\boldsymbol{v}^{(2)}+\delta f^{(2)} \\ \vdots \\ -\lambda f_{\mathrm{d}}^{(N)}-[\boldsymbol{I}^{(N)}]^{\mathrm{T}}\boldsymbol{v}^{(N)}+\delta f^{(N)} \end{bmatrix} \tag{4.165}$$

式(4.164)同样可以用最小二乘法求解，与定位求解不同的是，速度求解不需要迭代。

4.5.7 精度因子

如式(4.156)所示，伪距定位精度不仅受伪距测量精度的影响，还与可见卫星在空间中的分布有关，这种由于几何分布带来的误差影响称为精度因子(dilution of precision，DOP)，下面介绍 DOP 的计算方法。

当考虑误差时，式(4.152)可改写为

$$\boldsymbol{G}\begin{bmatrix} \Delta x+\varepsilon_x \\ \Delta y+\varepsilon_y \\ \Delta z+\varepsilon_z \\ \Delta\delta t_{\mathrm{u}}+\varepsilon_{\delta t_{\mathrm{u}}} \end{bmatrix}=\boldsymbol{b}+\boldsymbol{\varepsilon}_\rho \tag{4.166}$$

式中，ε_x、ε_y、ε_z 和 $\varepsilon_{\delta t_{\mathrm{u}}}$ 分别为三维位置偏差的求解误差和接收机钟差的求解误差；ε_ρ 为伪距误差向量，即

$$\boldsymbol{\varepsilon}_\rho=[-\varepsilon_\rho^{(1)} \quad -\varepsilon_\rho^{(2)} \quad \cdots \quad -\varepsilon_\rho^{(N)}]^{\mathrm{T}} \tag{4.167}$$

由式(4.166)可得

$$\boldsymbol{G}\begin{bmatrix} \varepsilon_x \\ \varepsilon_y \\ \varepsilon_z \\ \varepsilon_{\delta t_{\mathrm{u}}} \end{bmatrix}=\varepsilon_\rho \tag{4.168}$$

因此，定位误差的最小二乘解为

$$\begin{bmatrix} \varepsilon_x \\ \varepsilon_y \\ \varepsilon_z \\ \varepsilon_{\delta t_{\mathrm{u}}} \end{bmatrix}=(\boldsymbol{G}^{\mathrm{T}}\boldsymbol{G})^{-1}\boldsymbol{G}^{\mathrm{T}}\boldsymbol{\varepsilon}_\rho \tag{4.169}$$

设伪距误差 $\varepsilon_\rho^{(i)}$ 符合均值为 0、方差为 σ_ρ^2 的正态分布，即，$\mathrm{E}(\varepsilon_\rho^{(i)})=\boldsymbol{0}$，$\mathrm{Var}(\varepsilon_\rho^{(i)})=\sigma_\rho^2$，且各个卫星通道之间的伪距误差是不相关的，那么，定位误差的协方差矩阵为

$$E\left(\begin{bmatrix} \varepsilon_x \\ \varepsilon_y \\ \varepsilon_z \\ \varepsilon_{\delta t_{\mathrm{u}}} \end{bmatrix}\begin{bmatrix} \varepsilon_x & \varepsilon_y & \varepsilon_z & \varepsilon_{\delta t_{\mathrm{u}}} \end{bmatrix}\right)=(\boldsymbol{G}^{\mathrm{T}}\boldsymbol{G})^{-1}\boldsymbol{G}^{\mathrm{T}}\boldsymbol{E}(\varepsilon_\rho\varepsilon_\rho^{\mathrm{T}})\boldsymbol{G}(\boldsymbol{G}^{\mathrm{T}}\boldsymbol{G})^{-1}=(\boldsymbol{G}^{\mathrm{T}}\boldsymbol{G})^{-1}\sigma_\rho^2=\boldsymbol{H}\sigma_\rho^2 \tag{4.170}$$

式中，$\boldsymbol{H}=(\boldsymbol{G}^{\mathrm{T}}\boldsymbol{G})^{-1}$ 为权重系数矩阵。设 h_{11}、h_{22}、h_{33} 和 h_{44} 分别为其四个对角线上的元素，DOP 的计算方法如下

$$\begin{cases} \mathrm{GDOP}=\sqrt{h_{11}^2+h_{22}^2+h_{33}^2+h_{44}^2} \\ \mathrm{PDOP}=\sqrt{h_{11}^2+h_{22}^2+h_{33}^2} \\ \mathrm{HDOP}=\sqrt{h_{11}^2+h_{22}^2} \\ \mathrm{VDOP}=h_{33} \\ \mathrm{TDOP}=h_{44} \end{cases} \tag{4.171}$$

式中，GDOP、PDOP、HDOP、VDOP 和 TDOP 分别称为几何精度因子、位置精度因子、水平精度因子、垂直精度因子和时间精度因子，各个 DOP 之间的包含关系如图 4－43所示。DOP 值反映了伪距误差在最终的位置解算误差中的放大倍数，DOP 值越大，定位误差就越大，精度越低。

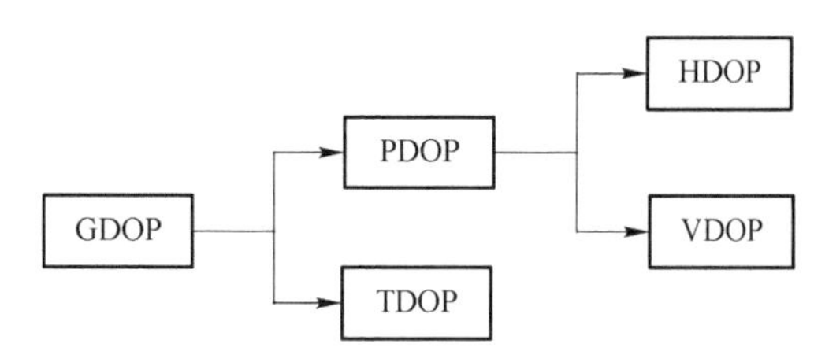

图 4－43　各个 DOP 之间的包含关系

习　题

4－1　给定两个信号源 s_1 和 s_2 分别位于点(0,4)和点(4,0)处，用户和原点的距离不大于 1。假如接收机与两个信号源的距离分别为 $\sqrt{17}$和 5，并且测量过程中不存在时钟误差，试计算接收机的准确坐标。

4－2　假设五位移位寄存器的特征多项式为 $F(x)=1+x^2+x^5$，初始时刻将各级寄存器都置为 1，给出前 10 次各级移位寄存器的输出结果。

4－3　说明卫星信号的传输时间的确定过程。

4－4　一组完整的 GPS 卫星星历数据发送需要多久？星历数据多久重复一次？

4－5　已知 GNSS 卫星的 ECEF 下坐标和伪距如下所列：

PRN	X/m	Y/m	Z/m	伪距/m
4	－37 609 629.203	19 013 311.265	－80 890.998	38 581 245.625
9	10 074 821.313	38 183 647.306	15 605 270.329	37 652 294.077
13	－5 291 283.303	38 350 774.856	16 465 112.058	36 217 894.436
16	－1 099 233.741	32 282 814.948	27 286 002.663	36 268 606.816
25	－17 801 046.156	21 073 244.388	4 125 858.664	22 834 482.086
33	－19 264 905.608	10 512 275.441	17 244 534.145	22 503 533.558

通过迭代算法，计算接收机在 ECEF 系下的 XYZ 位置和钟差，并将位置结果转化为经纬高的形式(WGS84 坐标系)。

4－6　以 GPS 卫星为例，卫星运行在圆轨道上，轨道平面可以通过升交点经度 Ω 和轨道倾角 α 确定。卫星在轨道面内的位置可以通过时角 θ 确定。

GPS 卫星时角以大约 $1.458\,4\times10^{-4}$ rad/s 的速率变化，单个周期约为 43 082 s(半天)。于是可以得到卫星时角和升交点经度满足关系：

$$\begin{cases}\theta=\theta_0+(t-t_0)\dfrac{2\pi}{43\ 082}\\ \Omega=\Omega_0+(t-t_0)\dfrac{2\pi}{86\ 164}\end{cases}$$

给定轨道半径 $R=26\ 560\ 000$ m，于是 ECEF 系下的卫星坐标可以表示为

$$\begin{cases}X=R(\cos\theta\cos\Omega-\sin\theta\sin\Omega\cos\alpha)\\ Y=R(\cos\theta\sin\Omega+\sin\theta\cos\Omega\cos\alpha)\\ Z=R\sin\theta\sin\alpha\end{cases}$$

若卫星在 $t=0$ 时位置由轨道参数 $\Omega_0=45°$，$\theta_0=120°$，$\alpha=55°$，$R=26\ 560\ 000$ m 确定，求 $t=1$ s 时，卫星在 ECEF 坐标系中的位置。

4-7　给定四颗卫星的俯仰角和方位角，计算四颗卫星在如下分布下的 DOP。

序　号	俯仰角 α/(°)	方位角 β/(°)
1	10	0
2	10	120
3	10	240
4	90	0

第 5 章

地形辅助导航

地形辅助导航(TAN)技术已广泛用于巡航导弹、直升机和无人机等飞行器中,为飞行器提供定位信息。与 INS 相比,TAN 提供的定位信息误差不发散;与 GNSS 相比,TAN 的抗干扰性能好。另外,TAN 还具有突防性能好的优势,是 GNSS 拒止条件下,修正 INS 比较理想的导航方法。近些年,TAN 技术也在水下潜器中得到了应用,有关技术在交会对接和深空探测等方面也有应用价值。

本章以飞行器为对象,在简单介绍 TAN 系统之后,重点介绍几种典型的地形匹配算法,为掌握地形辅助导航原理奠定基础。

5.1 TAN 系统简介

5.1.1 系统组成

如图 5-1 所示为 TAN 系统的基本组成,其主要由 INS、高程测量传感器、基准地图(也称高程地图)和匹配算法等组成。事先通过测绘获取感兴趣区域的地形基准地图,地图中存储的是地形海拔高程;当飞行器飞行时,INS 基于陀螺仪和加速度计的测量值解算得到飞行器的姿态角、速度和位置等导航信息,如前所述,这些导航信息的误差随工作时间累积发散;利用气压高度计和雷达高度计获取飞行器所经过区域的地形海拔高程,其中,气压高度计获取的是飞行器的地形海拔高程,雷达高度计测量的是飞行器的离地高程;匹配算法基于高度计测量的地形海拔高程值,按照 INS 提供的水平位置,在基准地图中确定包含真实位置在内的搜索区域,得到待匹配的地图,然后按照一定的准则,将测量的海拔高程值与匹配地图中的地形海拔高程值进行比较,最终确定当前位置的估计值,并用于修正 INS 的水平位置误差。

在 TAN 系统中,高程测量传感器和 INS 属于硬件部分,测绘得到的基准地图和匹配算法属于软件部分。在硬件和基准地图都给定的条件下,导航性能就取决于匹配算法,因此,匹配算法一直是相关领域的研究重点。

在第三章已经介绍过 INS,因此,本章将简单介绍一下高程测量传感器和基准地图,重点介绍几种典型的地形匹配算法原理。

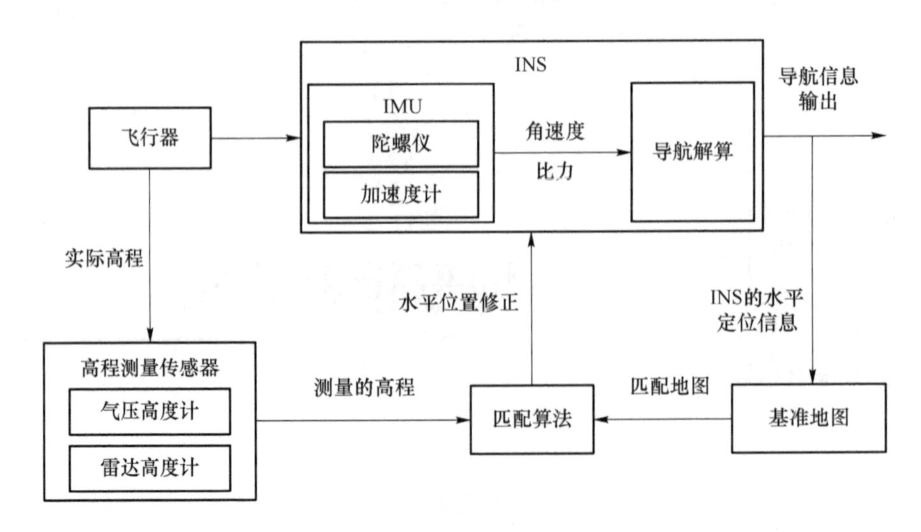

图 5-1 TAN 系统组成示意图

5.1.2 高程测量传感器

1. 高程测量方法

如图 5-2 所示，在 TAN 中，目前主要有四种地形高程测量方法：

① 单点采样：基于气压高度计和雷达高度计在同一个位置的测量结果，得到该位置的地形海拔高程，用于后续的匹配。

② 一维序列采样：飞行器在飞行过程中，基于气压高度计和雷达高度计在一系列位置处进行地形海拔高程的测量，得到一系列地形海拔高程的测量结果，再进行一次匹配。

③ 二维图像采样：当飞行器上安装了光学相机或合成孔径雷达(synthetic aperture radar, SAR)时，可以获得飞行区域的二维光学灰度图像或 SAR 回波图像。这些图像与地形高程有一定关系，此时的基准地图也是相应的光学灰度图像或 SAR 回波图像，相关内容在第 6 章中予以重点介绍。

④ 三维高程采样：与二维图像采样类似，如果飞行器上安装有三维高程测量传感器，如干

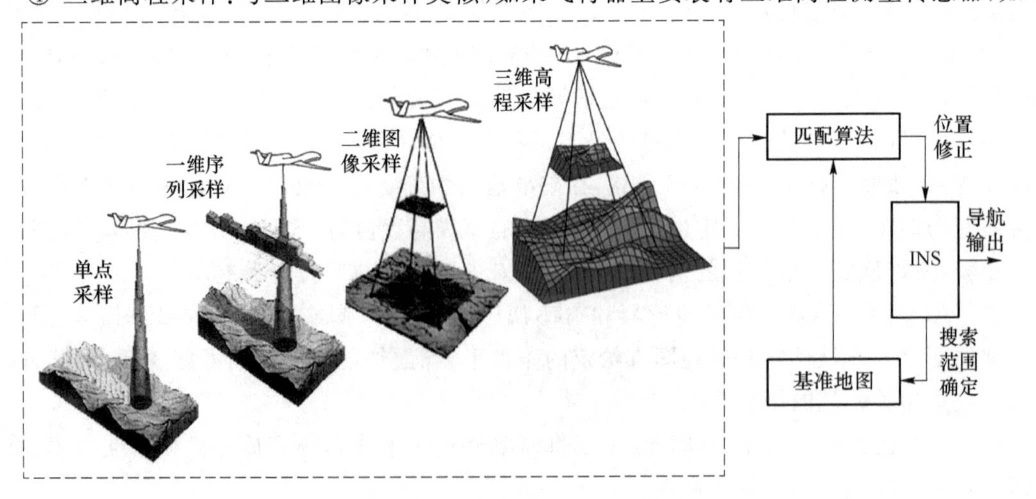

图 5-2 高程量测方式示意图

涉合成孔径雷达(interference SAR，InSAR)，则可以获得飞行区域的三维地形高程图，再与高程基准地图进行匹配。

2. 气压高度计工作原理

气压高度计是利用气压与海拔高程之间的数学关系，通过测量当前位置处的气压值，获得飞行器的海拔高程。设大气密度随高度均匀变化，若已知海平面处的大气密度为 ρ_0，则海拔高程为 h 处的大气密度为

$$\rho(h)=\rho_0\frac{r-h}{r} \tag{5.1}$$

式中，r 为大气密度为 0 的海拔高程。相应地，可以得到该位置处的大气压强为

$$P(h)=\int_h^r \rho(h)g\,\mathrm{d}h=\rho_0 g\frac{(r-h)^2}{2r} \tag{5.2}$$

因此，如果已知海拔高程为 h 处的压强 P，则可以得到海拔高程 h 为

$$h=r-\sqrt{\frac{2rP}{\rho_0 g}} \tag{5.3}$$

式(5.3)就是气压高度计的工作原理，不过，实际的气压高度计还要考虑温度和湿度等因素，而且气压高度计的测量精度与海拔高程也有关系，在使用中，需要注意这些因素。

3. 雷达高度计工作原理

雷达高度计在工作中，先发射一束无线电信号，该信号在遇到物体后反射，雷达高度计再接收反射的无线电信号，通过确定无线电信号的发射和反射传输时间，获得雷达和物体之间的距离，即

$$h_{\mathrm{r}}=\frac{1}{2}c\Delta t \tag{5.4}$$

式中，c 为光速；$\Delta t=t_{\mathrm{r}}-t_{\mathrm{s}}$，$t_{\mathrm{r}}$ 和 t_{s} 分别为信号的发射时刻和接收时刻。激光雷达的工作原理类似，只是传输的是激光。

当获得了气压高度计和雷达高度计的测量结果后，就可以推算出相应位置处地形的海拔高程 h_{i} 为

$$h_{\mathrm{i}}=h-h_{\mathrm{r}} \tag{5.5}$$

4. 侧扫雷达工作原理

如图 5－3 所示，在飞行器位置 A 点处，侧扫的无线电信号在地面 B 点处被反射，B 点对应的地形海拔高程为 e，那么 A 点与 B 点之间的斜距 r 为

$$r=(h-e)\sec\theta \tag{5.6}$$

式中，h 为飞行器的海拔高程；θ 为侧扫角度。由式(5.6)可以得到

$$e=h-r\cos\theta \tag{5.7}$$

在式(5.7)中，h 可由飞行器上的气压高度计测量得到，r 可由侧扫雷达测量得到，θ 可由雷达扫描机构提供，因此，雷达信号扫描点 B 对应的地形高程 e 可以由式(5.7)计算得到。需要注意的是，与下视地形高程测量不同的是，在侧扫雷达测量地形高程时，地形高程测量精度还会受到侧扫角度误差的影响，而且飞行高度越高，侧扫角度误差所造成的地形高程误差越大，因此，在应用时要考虑这个误差因素。

地形高程测量误差是直接影响匹配精度的关键因素之一，因此，从地形匹配算法的角度，会对地形高程测量精度提出约束性要求。与其他传感器一样，用于高程测量的气压高度计、雷

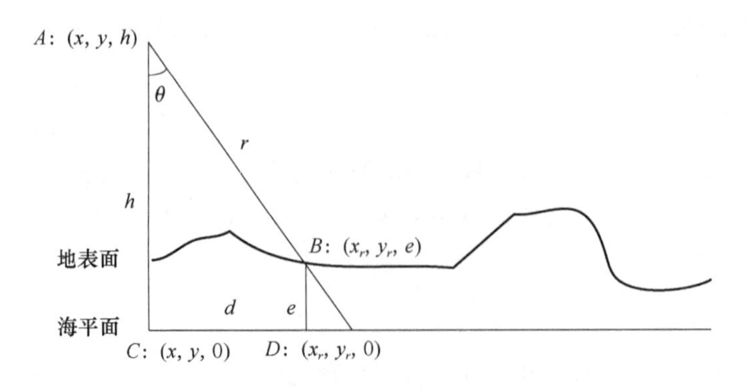

图 5-3　雷达侧扫测距几何关系示意图

达高度计和侧扫雷达等仪器的误差可分为确定性的系统误差和随机误差，在应用时，应尽可能地补偿掉系统误差，必要时可对随机误差中与时间相关的部分进行建模和补偿，以最大限度地减小残余的测量误差。相关内容可参考有关材料，本教材不再展开。

5.1.3　基准地图

基准地图是地形匹配的基础，是通过遥感和测绘，事先按照一定的格式存储带经纬度的地形海拔高程数据，构建的基准地形高程地图。基准地图作为地理信息系统（geographic information system，GIS）的一部分（也称为图层），常用的格式有矢量数据结构和栅格数据结构。在 GIS 中，除了地形高程之外，可能还有建筑、水文、土壤和道路等信息，不过，在地形匹配中，只涉及地形高程信息。因此，下面简单介绍地形高程数据的存储格式和地形适配性的评价方法。

1. 矢量数据结构

矢量数据结构存储的数据既有大小，又有方向，其中，两点之间连线的长度为矢量的大小，两点的顺序表示矢量的方向。矢量数据结构包括点、线、面以及组合体等欧式几何中的所有元素，能够充分表达地理空间中的实际分布情况。

矢量数据结构可以分为实体数据结构和拓扑数据结构。实体数据结构直接按照基本空间对象进行组织，不包含拓扑信息，表达清晰直观；不过，由于每个存储元素之间存在公共边界，信息存在冗余，并且各个数据之间的拓扑信息缺失，因而彼此无法进行关联。相反，拓扑数据结构中，每个点都是相互独立的，点连成线，线构成面，每个多边形之间的关系都是清晰的，避免了信息冗余，因此，拓扑数据结构能够提供更多的属性信息和数据的关联信息。

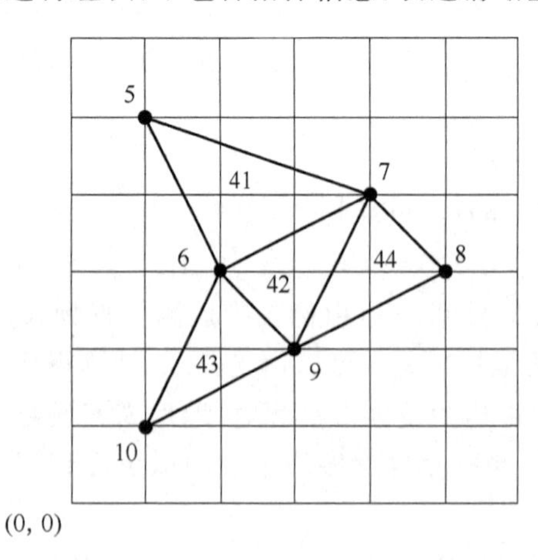

图 5-4　TIN 数据结构示意图

不过，由于地形高程信息不涉及复杂的数据分析，在地形匹配中通常采用的是实体数据结构，应用最广泛的是不规则三角网（triangulated irregular network，TIN）。如图 5-4所示为 TIN 数据结构示意图，即把地形表面表达为一系列互相不重叠的三角形平面，每个三角面都存在倾斜角度，以拟合地形连续曲面。为了减小拟合误差和存储容量，在地形高程变化较小的区域采用稀疏的大三角面，以降低存储容量；而在地形高程变化较大的区域则采用密集的小三角面，以保证拟合精度。

如图 5-4 所示，TIN 中的实体数据包括点、线和面等基本的欧式几何要素，以编号的方式进行数据管理，包括每个三角形的编号、相邻三角形的编号和数据文件，数据文件中包含节点编号和坐标(x,y,z)。表 5-1 和表 5-2 分别展示了三角形的表达结构和数据文件结构。

表 5-1　TIN 数据三角形表达结构

三角形编号	相邻三角形编号	节点清单
41	—，—，42	5，6，7
42	41，43，44	6，7，9
43	—，42，—	6，10，9
44	42，—，—	7，9，8

表 5-2　TIN 数据文件结构

节点编号	坐标信息
5	(1，5，820)
6	(2，3，756)
7	(4，4，785)
8	(5，3，803)
9	(3，2，812)
10	(1，1，793)

2. 栅格数据结构

需要指出的是，由于在 TIN 结构中，不规则三角形表达不便于地形匹配，因此，在地形匹配中，通常使用的是规则的栅格数据结构。

在栅格数据结构中，通常按照经度和纬度进行等间隔采样，存储相应经度和纬度处的地形高程，构建数字高程模型(digital elevation model，DEM)。采样间隔也称为 DEM 的空间分辨率，单位为 m/grid，该分辨率的值越小，DEM 的划分精度越高。从地形匹配角度来说，DEM 数据的分辨率越高，匹配精度提升的可能性就越大，因此，通常要求基准地图的分辨率不能过低。

传统生成 DEM 的方法是利用立体测绘仪创建三维模型或等高线地形图。近些年，陆续发展了应用基于光学相机、激光雷达(LiDAR)和干涉合成孔径雷达(InSAR)生成 DEM 的方法。

在光学相机生成 DEM 的方法中，利用相机在较短时间内拍摄的两幅或以上不同方向的光学图像进行三维地形重建，最终得到 DEM 数据。例如，美国 Terra 极地轨道遥感卫星和法国 SPOT5 遥感卫星就是利用各自搭载的光学相机，通过三维地形重建，获取全球 DEM 数据的。前者搭载的成像设备称为 ASTER(advanced spaceborne thermal emission and reflection radiometer)成像仪，ASTER 提供的 DEM 空间分辨率最高为 15 m/grid，而 SPOT5 提供的 DEM 空间分辨率最高可达 2.5 m/grid。

在激光雷达生成 DEM 的方法中，利用激光扫描仪获得相距待测目标的距离，同时利用 GNSS 和 INS 获得激光扫描仪的位置和姿态，最终联合反演得到 DEM 数据。与光学相机相比，由激光雷达生成的 DEM 空间分辨率更高，通常能够达到 0.5～2 m/grid。

与光学相机类似，在 InSAR 生成 DEM 的方法中，也是利用两幅或以上的 SAR 图像，通过干涉反演三维地形高程，得到 DEM 数据。通过这种方法获得 DEM 数据的典型案例有美国的 SRTM、德国的 TerraSAR-X 和欧空局的 Sentinel-1(哨兵卫星)。

如前所述，基准地图是进行地形匹配的基础，在进行相关技术研究中，可以利用有关公开的 DEM 数据库，如中国科学院地理空间数据云提供了分辨率为 30 m 和 90 m 的全球 DEM 数据。

3. 地形适配性

在地形匹配算法中，首先利用飞行器上搭载的高程测量传感器，实时测量飞行器所经过位置处的地形海拔高程；然后按照一定的匹配准则，将测量结果与基准地图进行比较，以找到飞行器所经过位置的最优估计，显然，比较的结果严重依赖于基准地图的起伏特性。例如，如果飞行器经过区域的地形高程起伏较小，即相对比较平坦，那么基于地形海拔高程就很难唯一确定飞行器所经过的位置；相反，如果飞行器所经过区域的地形高程起伏较大，则地形海拔高程的坐标属性就很强，即基于地形海拔高程比较容易唯一确定飞行器所经过的位置。在地形匹配中，定量描述地形起伏显著程度的参数很多，基于这些参数，可以评价某个区域的地形起伏程度，并可以进一步判断该区域是否适合于进行基于某种匹配算法的地形匹配，这种判断过程称为匹配算法的地形适配性分析。

由上可知，并不是所有区域都适合于进行地形匹配。总体上可以将区域分为适配区和不适配区，即前者是适合于进行地形匹配的，地形海拔高程起伏较为显著；而后者则不适合于进行地形匹配，地形海拔高程较为平坦。地形适配性分析就是通过某些描述地形海拔高程起伏变化的参数，基于构建的判定准则，定量判断区域的地形适配性。在构建判定准则时，通常会针对某个特定的匹配算法，常用的地形适配性分析方法有理论模型法和统计分类法。下面在介绍主要的地形特征参数的基础上，简单介绍这两种地形适配性分析方法。

(1) 地形特征参数

从不同角度，描述地形海拔高程起伏的参数有十几种，总体上可以分为宏观起伏、微观破碎和自相似三个方面。在诸多参数中，有些参数之间的相关性很强，可以认为是一致的。表 5-3列出了相关性较弱的三类特征参数。

表 5-3 地形特征参数集

宏观起伏特征	微观破碎特征	自相似特征
高程均值 高程标准差 偏态系数 峰态系数	坡度标准差 粗糙度 地形熵	相关系数

对于一幅 M 行 N 列的 DEM 地图，网格间距(分辨率)为 ΔW，在网格节点(i,j)处的地形海拔高程值为 $H(i,j)$，则表 5-3 中所列的各参数计算方法如下。

① 高程均值(MEAN)

$$\text{MEAN} = \frac{1}{MN}\sum_{i=1}^{M}\sum_{j=1}^{N}H(i,j) \tag{5.8}$$

② 高程标准差(SIGMA)

$$\text{SIGMA} = \sqrt{\frac{1}{MN-1}\sum_{i=1}^{M}\sum_{j=1}^{N}\left[H(i,j)-\text{MEAN}\right]^2} \tag{5.9}$$

③ 偏态系数(SKEW)

$$\mathrm{SKEW}=\frac{1}{MN}\sum_{i=1}^{M}\sum_{j=1}^{N}\frac{[H(i,j)-\mathrm{MEAN}]^3}{\mathrm{SIGMA}^3} \tag{5.10}$$

④ 峰态系数(KURT)

$$\mathrm{KURT}=\frac{1}{MN}\sum_{i=1}^{M}\sum_{j=1}^{N}\frac{[H(i,j)-\mathrm{MEAN}]^4}{\mathrm{SIGMA}^4} \tag{5.11}$$

⑤ 坡度标准差(SLOPE)

对于 2×2 的子区域,坡度标准差 s 可表示为

$$s=\arctan\sqrt{a_1^2+a_2^2} \tag{5.12}$$

其中,

$$a_1=\frac{1}{2\Delta W}[H(i+1,j)+H(i+1,j+1)-H(i,j)-H(i,j+1)] \tag{5.13}$$

$$a_2=\frac{1}{2\Delta W}[H(i,j+1)+H(i+1,j+1)-H(i,j)-H(i+1,j)] \tag{5.14}$$

⑥ 粗糙度(ROUGH)

粗糙度定义为区域表面积 A_{surf} 与正投影面积 A_{proj} 之比,即

$$\mathrm{ROUGH}=\frac{A_{\mathrm{surf}}}{A_{\mathrm{proj}}} \tag{5.15}$$

其中,表面积计算方法为

$$\begin{cases}A_{\mathrm{surf}}=\sum_{i=1}^{M-1}\sum_{j=1}^{N-1}[A_1(i,j)+A_2(i,j)]\\A_1(i,j)=\sqrt{P_1(P_1-D_{11})(P_1-D_{12})(P_1-D_{13})}\\A_2(i,j)=\sqrt{P_2(P_2-D_{21})(P_2-D_{22})(P_2-D_{23})}\end{cases} \tag{5.16}$$

式中,$A_1(i,j)$ 和 $A_2(i,j)$ 分别表示矩形网格划分得到的上下两个三角形面积,其计算方法分别为

$$\begin{cases}P_1=\frac{1}{2}(D_{11}+D_{12}+D_{13})\\D_{11}=\sqrt{\Delta W^2+[H(i+1,j)-H(i,j)]^2}\\D_{12}=\sqrt{\Delta W^2+[H(i,j+1)-H(i,j)]^2}\\D_{13}=\sqrt{2\Delta W^2+[H(i+1,j)-H(i,j+1)]^2}\end{cases} \tag{5.17}$$

$$\begin{cases}P_2=\frac{1}{2}(D_{21}+D_{22}+D_{23})\\D_{21}=\sqrt{\Delta W^2+[H(i+1,j+1)-H(i+1,j)]^2}\\D_{22}=\sqrt{\Delta W^2+[H(i+1,j+1)-H(i,j+1)]^2}\\D_{23}=D_{13}\end{cases} \tag{5.18}$$

投影面积的计算方法为

$$A_{\mathrm{proj}}=(M-1)\times(N-1)\times\Delta W^2 \tag{5.19}$$

⑦ 地形熵(ENY)

$$\begin{cases} \text{ENY} = -\sum\limits_{i=1,j=1}^{M,N} P(i,j)\log P(i,j) \\ P(i,j) = \dfrac{D_H(i,j)}{\sum\limits_{i=1,j=1}^{M,N} D_H(i,j)} \\ D_H(i,j) = \dfrac{|H(i,j) - \text{MEAN}|}{\text{MEAN}} \end{cases} \tag{5.20}$$

⑧ 相关系数(CINX)

$$\begin{cases} \text{CINX} = (\rho_x + \rho_y)/2 \\ \rho_x = \dfrac{1}{M(N-1)\text{SIGMA}^2}\sum\limits_{i=1}^{M}\sum\limits_{j=1}^{N-1}[H(i,j) - \text{MAEN}][H(i,j+1) - \text{MEAN}] \\ \rho_y = \dfrac{1}{N(M-1)\text{SIGMA}^2}\sum\limits_{i=1}^{M-1}\sum\limits_{j=1}^{N}[H(i,j) - \text{MAEN}][H(i+1,j) - \text{MAEN}] \end{cases} \tag{5.21}$$

(2) 地形适配性分析方法

1) 基于解析模型的地形适配性分析方法

尽管地形适配性是以地形高程图为分析对象的，但适配与否是需要与具体的匹配算法挂钩。因此，可以基于某些假设简化，通过对匹配算法的匹配准则进行解析推导，构建适用于相应匹配准则的正确匹配概率(probability of right，POR)或误匹配概率(probability of error，POE)模型，并可进一步建立地形适配性准则。下面以 TERCOM 算法中的 MSD 准则为例，进行分析方法构建。

设地形高程数据是平稳各态历经的零均值高斯过程，像元高程值之间相互独立，且高程测量噪声是零均值高斯白噪声，则某次地形高程测量值 y_i 为

$$y_i = x_i + n_i \tag{5.22}$$

式中，x_i 为真实地形高程，$x_i \sim N(0,\sigma_x)$，σ_x 为地形高程方差；n_i 为测量噪声，$n_i \sim N(0,\sigma_n)$，σ_n 为测量噪声方差。当匹配序列长度为 N，地形位置偏移量为 j 时，MSD 准则计算公式为

$$D_j = \frac{1}{N}\sum_{i=1}^{N}(x_{i+j} - y_i)^2 \tag{5.23}$$

令 $\varphi_i = x_{i+j} - y_i = x_{i+j} - x_i - n_i$，则式(5.23)可改写为

$$D_j = \frac{1}{N}\sum_{i=1}^{N}\varphi_i{}^2 \tag{5.24}$$

由独立像元假设，$\varphi_i \sim N(0,\sigma_s)$，其中

$$\sigma_s^2 = \begin{cases} \sigma_n^2 & j = 0 \\ 2\sigma_x^2 + \sigma_n^2 & j \neq 0 \end{cases} \tag{5.25}$$

由正态分布与卡方分布的关系，有

$$\sum_{i=1}^{N}\frac{\varphi_i^2}{\sigma_s^2} \sim \chi^2(N) \tag{5.26}$$

因此，有

$$\text{E}(D_j) = \text{E}\left(\frac{\sigma_s^2}{N}\sum_{i=1}^{N}\frac{\varphi_i^2}{\sigma_s^2}\right) = \frac{\sigma_s^2}{N}\text{E}\left(\sum_{i=1}^{N}\frac{\varphi_i^2}{\sigma_s^2}\right) = \sigma_s^2 \tag{5.27}$$

方差为

$$\text{Var}(D_j) = \text{Var}\left(\frac{\sigma_s^2}{N}\sum_{i=1}^{N}\frac{\varphi_i^2}{\sigma_s^2}\right) = \left(\frac{\sigma_s^2}{N}\right)^2\text{Var}\left(\sum_{i=1}^{N}\frac{\varphi_i^2}{\sigma_s^2}\right) = \frac{2}{N}\sigma_s^4 \tag{5.28}$$

在匹配位置，即 $j=0$，有

$$\begin{cases}\overline{D}_0=\sigma_n^2\\ \sigma_{D_0}^2=\dfrac{2}{N}\sigma_n^4\end{cases}\tag{5.29}$$

在非匹配位置，即 $j\neq 0$，有

$$\begin{cases}\overline{D}_j=2\sigma_x^2+\sigma_n^2\\ \sigma_{D_j}^2=\dfrac{2}{N}(2\sigma_x^2+\sigma_n^2)^2\end{cases}\tag{5.30}$$

若匹配状态($j=0$)用 S 表示，不匹配状态($j\neq 0$)用 B 表示，则当 N 足够大时，由中心极限定理，有如下条件概率密度函数：

$$p(D/\mathrm{S})=\frac{1}{\sqrt{2\pi}\sigma_{D_0}}\exp\left[-\frac{(D-\overline{D}_0)^2}{2\sigma_{D_0}^2}\right]\tag{5.31}$$

$$p(D/\mathrm{B})=\frac{1}{\sqrt{2\pi}\sigma_{D_j}}\exp\left[-\frac{(D-\overline{D}_j)^2}{2\sigma_{D_j}^2}\right]\tag{5.32}$$

若在 $Q+1$ 次匹配序列搜索过程中，能够实现正确匹配，则 POR 可表示为

$$P=\int_{-\infty}^{+\infty}p(D/\mathrm{S})\left[\int_{D}^{+\infty}p(D'/\mathrm{B})\mathrm{d}D'\right]^Q\mathrm{d}D\tag{5.33}$$

将式(5.31)和式(5.32)代入式(5.33)可得

$$P=\frac{1}{\sqrt{2\pi}\sigma_{D_0}}\int_{-\infty}^{+\infty}\exp\left[-\frac{(D-\overline{D}_0)^2}{2\sigma_{D_0}^2}\right]\left\{\frac{1}{\sqrt{2\pi}\sigma_{D_j}}\int_{D}^{+\infty}\exp\left[-\frac{(D'-\overline{D}_j)^2}{2\sigma_{D_j}^2}\right]\mathrm{d}D'\right\}^Q\mathrm{d}D\tag{5.34}$$

令 $\eta=\dfrac{D-\overline{D}_0}{\sqrt{2}\sigma_{D_0}}$，$\gamma=\dfrac{D'-\overline{D}_j}{\sqrt{2}\sigma_{D_j}}$，则式(5.34)可改写为

$$P=\frac{1}{\sqrt{\pi}}\int_{-\infty}^{+\infty}\exp(-\eta^2)\left[\frac{1}{\sqrt{\pi}}\int_{\frac{\overline{D}_0-\overline{D}_j+\sqrt{2}\sigma_{D_0}\eta}{\sqrt{2}\sigma_{D_j}}}^{+\infty}\exp(-\gamma^2)\mathrm{d}\gamma\right]^Q\mathrm{d}\eta\tag{5.35}$$

由于有

$$\mathrm{erf}(x)\triangleq\frac{2}{\sqrt{\pi}}\int_0^x\exp(-\gamma^2)\mathrm{d}\gamma\tag{5.36}$$

因此，式(5.35)可改写为

$$P=\frac{1}{\sqrt{\pi}}\int_{-\infty}^{+\infty}\exp(-\eta^2)\left[\frac{1}{\sqrt{\pi}}-\frac{1}{2}\mathrm{erf}\left(\frac{\overline{D}_0-\overline{D}_j+\sqrt{2}\sigma_{D_0}\eta}{\sqrt{2}\sigma_{D_j}}\right)\right]^Q\mathrm{d}\eta\tag{5.37}$$

令 $\mathrm{SNR}=\sigma_x^2/\sigma_n^2$，则有

$$P=\frac{1}{\sqrt{\pi}}\int_{-\infty}^{+\infty}\exp(-\eta^2)\left[\frac{1}{\sqrt{\pi}}-\frac{1}{2}\mathrm{erf}\left(\frac{-\sqrt{N}\mathrm{SNR}+\eta}{2\mathrm{SNR}+1}\right)\right]^Q\mathrm{d}\eta\tag{5.38}$$

由式(5.38)可知，只要确定匹配次数 Q、序列点数 N 和信噪比 SNR，就可以估计 MSD 准则的正确匹配概率水平。如果已知相关长度为 L，式(5.38)中参数 N 和 Q 应当分别被修正为独立像元数，即

$$\begin{cases}N=\dfrac{\widetilde{N}}{\pi L}\\ Q=\dfrac{\widetilde{Q}}{\pi L}\end{cases}\tag{5.39}$$

式中，$\widetilde{N}$ 和 $\widetilde{Q}$ 表示修正前的数值。

在获得式(5.38)所示的概率计算公式后,可以计算某块区域地图的正确匹配概率。如果设定了地形可匹配的正确匹配概率阈值,则可以进一步判定该区域适配与否。

不过,需要指出的是,在式(5.38)中,涉及的地形特征参数只有高程标准差 σ_x 和相关长度 L。而研究表明,地形高程起伏非常复杂,很难用一两个参数进行准确描述,因此,基于式(5.38)构建的地形适配性判定结果可能会与实际情况相差比较大。另外,式(5.38)是针对 MSD 准则推导的,即只适用于 MSD 准则。如果匹配算法是基于其他准则构建的,则要另行推导。如果匹配准则比较复杂,很难得到解析的 POR 结果。因此,通过解析推导构建地形适配性判定准则的方法在实际中使用得并不多,而基于多个地形特征参数构建地形适配性判定准则受到了更多的关注。下面简单介绍一下该方法。

2) 基于统计模型的地形适配性分析方法

在这类方法中,首先,通过大样本计算,得到由多个地形特征参数构成的地形特征参数计算数据库;其次,针对某个匹配算法,在相应的样本区域进行地形匹配,得到匹配误差,并按照设定的误差阈值,判定该区域适配与否;最后,利用模式识别和决策理论等领域的有关方法,构建以地形特征参数值为输入,以适配性评价指标为输出的映射模型。常用的方法有多元线性回归、BP 神经网络(back propagation neural network, BPNN)和支持向量机等。多元线性回归为线性模型,后两者为非线性模型。下面以 BP 神经网络为例,介绍地形适配性分析方法。

神经网络的基本结构包括输入层、隐层和输出层,各层之间通过权值和激发函数相连接。神经网络层数通常是指隐层和输出层数目,而不包括输入层。三层权值 BP 神经网络运用较为广泛,这里使用的也是该网络,其包含两个隐层,如图 5-5 所示为其结构示意图。

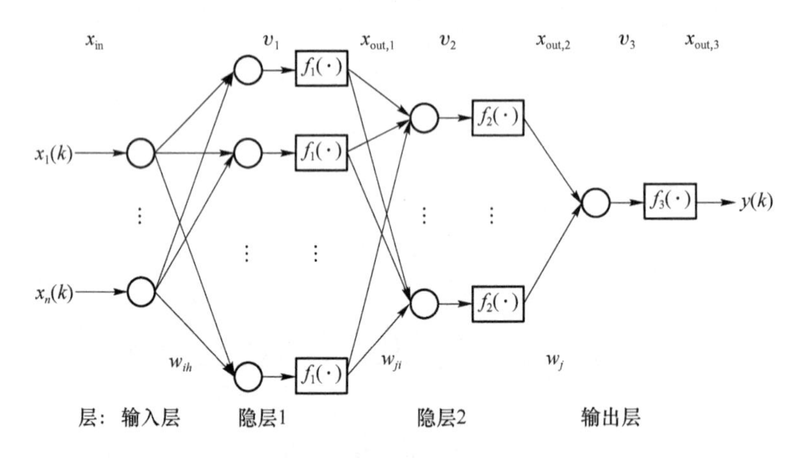

图 5-5 三层权值 BP 神经网络结构示意图

BP 神经网络的学习过程由正向传播和反向传播组成。在正向传播过程中,输入信息从输入层经隐层逐层处理,并传向输出层,每层神经元(节点)的状态只影响下一层神经元的状态。如果在输出层不能得到期望的输出,则转至反向传播,将误差信号(理想输出与实际输出之差)按联接通路反向计算,通过梯度下降法调整各层神经元的权值,使误差信号减小。

在正向传播过程中,隐层神经元的输入为所有输入的加权之和,即

$$v_j = \sum_i w_{ji} x_i \tag{5.40}$$

隐层神经元的输出采用 S 函数激发,即

$$x_{\text{out}}=f(x_j)=\frac{1}{1+\mathrm{e}^{-v_j}} \tag{5.41}$$

输出层神经元的输出为

$$y(k)=f\Big(\sum_j w_j x_{\text{out},2}\Big) \tag{5.42}$$

若取某次输出层神经元的输出结果 $y_n(k)$，其与理想输出 $y(k)$的误差为

$$e(k)=y(k)-y_n(k) \tag{5.43}$$

则误差性能指标函数为

$$\min J=\frac{1}{2}e(k)^2 \tag{5.44}$$

在反向传播过程中，通用权值更新可表示为

$$w_{ji}^s(k+1)=w_{ji}^s(k)+\mu^s\delta_j^s x_{\text{out},i}^{s-1} \tag{5.45}$$

式中，s 表示层数；在相邻的两层中，j 为靠近输出一侧的神经元编号，i 为靠近输入一侧的神经元编号；μ 为学习因子；x_{out}表示神经元的输出。对于输出层，有

$$\delta_j^s=(d_j-x_{\text{out},j}^s)g(v_j^s) \tag{5.46}$$

对于隐层，有

$$\delta_j^s=\Big(\sum_k^{n_{s+1}}\delta_k^{s+1}w_{kj}^{s+1}\Big)\cdot g(v_j^s) \tag{5.47}$$

式中，$g(\cdot)$表示神经元激活函数的一阶导数；n_{s+1}为下一层神经元的数目。此外，可在权值更新公式(5.45)中，引入动量因子 $\alpha\in(0,1)$，以加速学习速率。若当前更新方向与上一次更新方向一致，则更新步长增大；反之，更新步长减小。引入动量因子后，式(5.45)可调整为

$$w_{ji}^s(k+1)=w_{ji}^s(k)+\mu^s\delta_j^s x_{\text{out},i}^{s-1}+\alpha\cdot[w_{ji}^s(k)-w_{ji}^s(k-1)] \tag{5.48}$$

在网络训练过程中，学习因子和动量因子的设置不合理(偏大)容易造成初始阶段训练过程的发散。在训练的初始阶段，可以先将动量因子设为0，并将学习因子设为较小的值，待网络初步收敛后，再添加动量因子，并适当增大学习因子，以加快收敛速度。

当BP神经网络训练收敛后，即可基于学习获得的模型进行地图的适配性判定。如图5-6所示为基于某区域的地形高程地图和TERCOM匹配算法的匹配概率(MSD准则)，利用BP神经网络学习的模型判定的地图匹配概率与实际匹配概率之间的关系，总体上看，基于BP神经网络模型的判定结果与实际情况的符合程度较好。

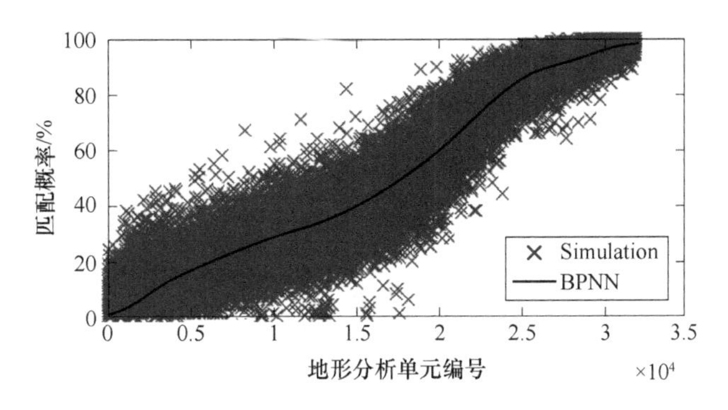

图5-6　BP神经网络学习模型判定的地形匹配概率

其他基于统计模型的地形适配性分析方法，诸如二项式Logistic回归和支持向量机等，基本思路和流程与BP神经网络的类似，这里不再赘述。

5.1.4 匹配算法

在 INS、高程测量传感器和基准地图都确定的情况下，匹配算法将直接决定 TAN 的性能，因此，匹配算法一直是相关领域的研究热点。如图 5-2 所示，按照每次匹配使用的高程采样点数，可以将匹配算法分为单点、一维序列和三维高程匹配算法，其中的二维图像匹配算法从广义上可以看成地形匹配的一种特例，只是其匹配采样值为灰度或 SAR 回波强度等二维图像值。在本教材中，以基于高程采样的地形匹配算法为对象，重点介绍基于单点高程采样的 SITAN 算法、基于一维序列高程采样的 TERCOM 算法和基于三维地形高程采样的 3D Zernike 矩算法。

5.2 SITAN 算法

在匹配算法开始工作之前，默认 INS 已经开始正常工作，基准地图已经按照要求存储在导航计算机中，且按照正方形网格格式存储（即经度和纬度方向都是等间隔），气压高度计和雷达高度计正常下视工作，可以获得飞行器下方的地形海拔高程。下面介绍 SITAN 算法的基本工作过程。

5.2.1 确定搜索范围

如图 5-7 所示，设当前时刻 INS 的位置已经获得（如图中方块所示），INS 在经纬度方向的位置误差估计值是已知的，经纬度方向误差的最大值为 σ。那么，搜索范围可确定为：在基准地图中，以 INS 位置为中心，以 3σ 为半径，圆内的网格点都是 SITAN 算法的待匹配位置（如图中的黑点所示）。

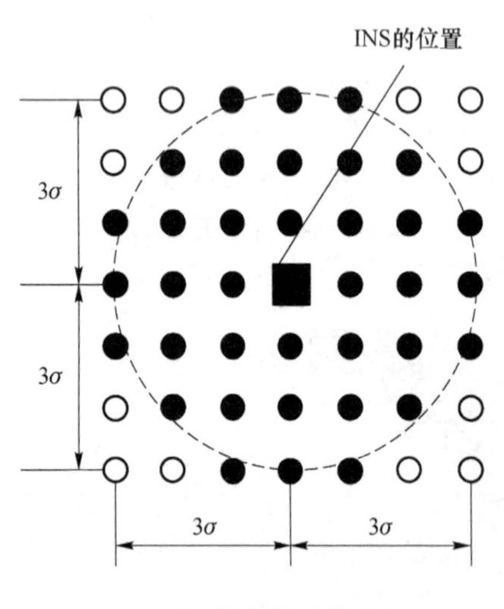

图 5-7 搜索范围的确定

搜索范围的确定原则是，首先要确保真实位置位于搜索范围之内，否则，会导致误匹配；其次，搜索范围要尽可能地小，搜索范围过大，不仅会导致匹配计算量增大，还容易出现误匹配，不利于匹配精度的提升。在首次进行 SITAN 算法匹配时，通常能获得的信息只有 INS 的位置和位置误差估计值，因此，只能按照图 5-7 的方式确定搜索范围，这个阶段通常称为“搜索阶段”。当 SITAN 算法匹配收敛后，转入“跟踪阶段”。在此阶段，一种是退出搜索模式，认为当前修正后的 INS 位置位于真实位置附近，直接基于 INS 位置设计一个 Kalman 滤波器；另一种是继续采用搜索模式，不过，要尽可能地减小搜索范围，比如限定搜索半径为 3 grids 或 5 grids。在跟踪阶段，如果判定位置误差逐渐增大，并超过某个阈值，则返回至搜索阶段，进行较大范围的搜索。

5.2.2 并行 Kalman 滤波算法设计

在如图 5-7 所示的搜索范围内，在每个基准地图网格点上都设计一个 Kalman 滤波算法；然后，基于所有网格点上设计的 Kalman 滤波算法运行结果，确定对当前飞行器真实位置的估计，因此，SITAN 算法又称为并行 Kalman 滤波算法。下面介绍在某一个网格点上的 Kalman 滤波算法设计方法。

1. 状态方程

由于 INS 独立解算，因此，SITAN 算法的滤波器可以以位置偏差作为状态量，还可以将水平方向的速度偏差作为状态量，以减小位置偏差的估计波动，因此，滤波器的状态向量可设为

$$\delta \boldsymbol{x}_{k,j} = [\delta x_{k,j} \quad \delta y_{k,j} \quad \delta h_{k,j} \quad \delta v_{xk,j} \quad \delta v_{yk,j}]^{\mathrm{T}} \tag{5.49}$$

式中，$\delta x_{k,j}$、$\delta y_{k,j}$ 和 $\delta h_{k,j}$ 分别为第 k 时刻第 j 个网格点处的经度、纬度和海拔高度的偏差；δv_{xk} 和 δv_{yk} 为水平方向速度偏差。

在 Kalman 滤波算法的状态方程设计中，通常认为飞行器做定高匀速飞行，因此，状态方程可建模为

$$\delta \boldsymbol{x}_{k,j} = \boldsymbol{\Phi} \delta \boldsymbol{x}_{k-1,j} + \boldsymbol{\Gamma} \boldsymbol{w}_{k-1} \tag{5.50}$$

$$\boldsymbol{\Phi} = \begin{bmatrix} 1 & 0 & 0 & T & 0 \\ 0 & 1 & 0 & 0 & T \\ 0 & 0 & 1 & 0 & 0 \\ 0 & 0 & 0 & 1 & 0 \\ 0 & 0 & 0 & 0 & 1 \end{bmatrix} \tag{5.51}$$

式中，T 为滤波周期；$\boldsymbol{w}_{k-1}$ 为状态噪声，通常设为零期望白噪声向量或随机游走向量，如果设为白噪声，则 $\boldsymbol{\Gamma}$ 为单位阵，如果设为随机游走，则

$$\boldsymbol{\Gamma} = \begin{bmatrix} T & 0 & 0 & \dfrac{T^2}{2} & 0 \\ 0 & T & 0 & 0 & \dfrac{T^2}{2} \\ 0 & 0 & T & 0 & 0 \\ 0 & 0 & 0 & T & 0 \\ 0 & 0 & 0 & 0 & T \end{bmatrix} \tag{5.52}$$

式(5.50)所示的状态方程采用的是五状态模型，当并行 Kalman 滤波器的数目比较大时，并行计算量会显著增加，对在线计算能力要求很高。因此，为了降低在线计算量，又先后提出了三状态模型和单状态模型。在三状态模型中，在式(5.49)中将两个水平速度偏差状态去掉，即

$$\delta \boldsymbol{x}_{k,j} = [\delta x_{k,j} \quad \delta y_{k,j} \quad \delta h_{k,j}]^{\mathrm{T}} \tag{5.53}$$

而在单状态模型中，则进一步去掉两个水平位置偏差状态，只保留海拔高度的偏差。

2. 量测方程

设在第 k 时刻高程传感器测得的地形海拔高程为 $\tilde{h}_k$，在第 j 个网格点处基准地图中的地形海拔高程为 $\tilde{h}_j$，那么，量测量可设为

$$z_{k,j} = \tilde{h}_k - \tilde{h}_j \tag{5.54}$$

设实际的地形海拔高程为 h_k，则有

$$\begin{cases}\tilde{h}_k=h_k+v_{kh}\\ \tilde{h}_j=h_k+\dfrac{\partial h}{\partial x}\delta x_{k,j}+\dfrac{\partial h}{\partial y}\delta y_{k,j}+\delta h_{k,j}+v_{kj}\end{cases}\tag{5.55}$$

式中，v_{kh}为地形海拔高程测量误差，包括气压高度计和雷达高度计的测量误差；v_{kj}为地形线性化误差；$\frac{\partial h}{\partial x}$和$\frac{\partial h}{\partial y}$为地形海拔高程关于水平方向的梯度，在滤波中，通常是在一步预测位置处进行线性化。由式(5.54)和式(5.55)，可得量测方程为

$$z_{k,j}=-\frac{\partial h}{\partial x}\delta x_{k,j}-\frac{\partial h}{\partial y}\delta y_{k,j}-\delta h_{k,j}+v_{k,j}=\boldsymbol{H}_{k,j}\delta\,\boldsymbol{x}_{k,j}+v_{k,j}\tag{5.56}$$

式中，$v_{k,j}=v_{kh}-v_{kj}$；对于单状态，量测矩阵退化为标量，即 $H_{k,j}=-1$；对于三状态，$\boldsymbol{H}_{k,j}=\begin{bmatrix}-\frac{\partial h}{\partial x} & -\frac{\partial h}{\partial y} & -1\end{bmatrix}$；对于五状态，$\boldsymbol{H}_{k,j}=\begin{bmatrix}-\frac{\partial h}{\partial x} & -\frac{\partial h}{\partial y} & -1 & 0 & 0\end{bmatrix}$。

3. 滤波算法

如式(5.50)所示的状态方程是线性的，对于单状态，如式(5.56)所示的量测方程也是线性的，对于三状态和五状态，线性化后的量测方程也是线性的，因此，可以使用标准 Kalman 滤波算法进行状态估计。有关滤波算法的推导可参考本教材第八章有关内容，这里直接给出滤波算法方程如下：

对第 k 时刻的第 j 个滤波器，一步预测方程为

$$\begin{cases}\delta\hat{\boldsymbol{x}}_{k,j}(-)=\boldsymbol{\Phi}\delta\hat{\boldsymbol{x}}_{k-1,j}(+)\\ \boldsymbol{P}_{k,j}(-)=\boldsymbol{\Phi}\boldsymbol{P}_{k-1,j}(+)\boldsymbol{\Phi}^{\mathrm{T}}+\boldsymbol{\Gamma}\boldsymbol{Q}_{k-1}\boldsymbol{\Gamma}^{\mathrm{T}}\end{cases}\tag{5.57}$$

量测更新方程为

$$\begin{cases}\boldsymbol{K}_{k,j}=\boldsymbol{P}_{k,j}(-)\boldsymbol{H}_{k,j}^{\mathrm{T}}[\boldsymbol{H}_{k,j}\boldsymbol{P}_{k,j}(-)\boldsymbol{H}_{k,j}^{\mathrm{T}}+R_{k,j}]^{-1}\\ \delta\hat{\boldsymbol{x}}_{k,j}(+)=\delta\hat{\boldsymbol{x}}_{k,j}(-)+\boldsymbol{K}_{k,j}[z_{k,j}-\boldsymbol{H}_{k,j}\delta\hat{\boldsymbol{x}}_{k,j}(-)]\\ \boldsymbol{P}_{k,j}(+)=(\boldsymbol{I}-\boldsymbol{K}_{k,j}\boldsymbol{H}_{k,j})\boldsymbol{P}_{k,j}(-)(\boldsymbol{I}-\boldsymbol{K}_{k,j}\boldsymbol{H}_{k,j})^{\mathrm{T}}+\boldsymbol{K}_{k,j}R_{k,j}\boldsymbol{K}_{k,j}^{\mathrm{T}}\end{cases}\tag{5.58}$$

式中，$\boldsymbol{Q}_{k-1}=\mathrm{E}(\boldsymbol{w}_{k-1}\boldsymbol{w}_{k-1}^{\mathrm{T}})$；$R_{k,j}=\mathrm{E}(v_{k,j}^2)$。

5.2.3 地形线性化方法

常用的地形线性化方法有一阶 Taylor 级数展开法和九点平面拟合法。如图 5-8 所示为利用一阶 Taylor 级数展开法计算地形线性化系数的原理示意图，其中，A 点设为需要进行地形线性化的网格点位置，同时获取基准地图中其相邻四网格点位置的地形海拔高程，那么，地形线性化的两个梯度值可近似为

$$\begin{cases}\dfrac{\partial h}{\partial x}=\dfrac{h(i+1,j)-h(i-1,j)}{2d}\\ \dfrac{\partial h}{\partial y}=\dfrac{h(i,j+1)-h(i,j-1)}{2d}\end{cases}\tag{5.59}$$

式中，d 为网格间距。计算过程中只需要 5 个点。

与一阶 Taylor 级数展开法相比，平面拟合法中将采用更多的网格点进行梯度拟合，以提高拟合精度。如图 5-9 所示为九点平面拟合法的原理示意图，其中，需要进行地形线性化的位置为 P_5，与其相邻的 8 个位置也在基准地图中确定，这九点在基准地图中的地形海拔高程值均已获得。设这些点均位于一个平面上，即

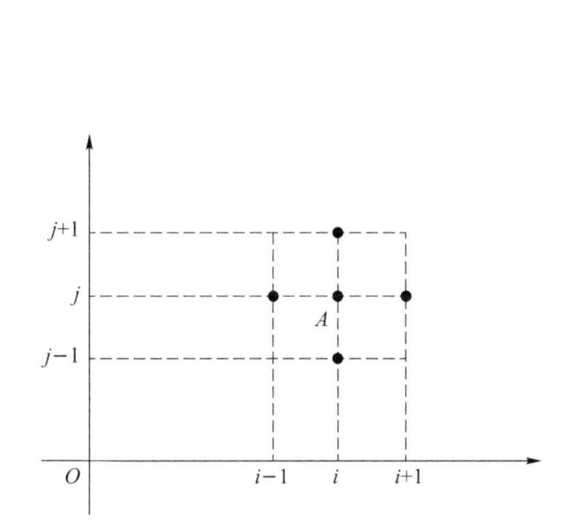

图 5-8　一阶 Taylor 展开法示意图

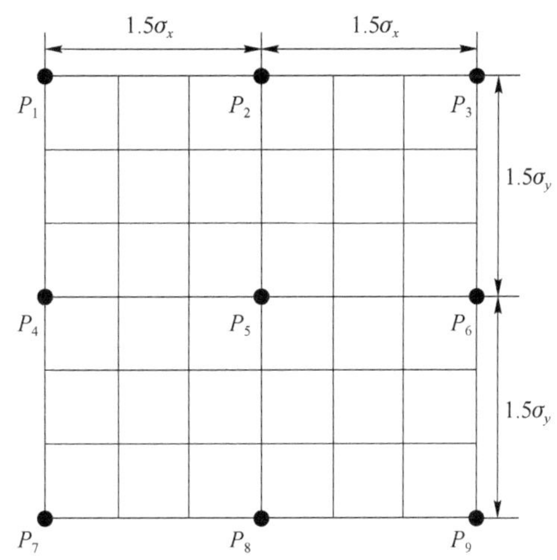

图 5-9　九点平面拟合法示意图

$$\boldsymbol{H}_d=\begin{bmatrix}h(k_{1,x},k_{1,y})\\h(k_{2,x},k_{2,y})\\\vdots\\h(k_{9,x},k_{9,y})\end{bmatrix}=a\begin{bmatrix}1\\1\\\vdots\\1\end{bmatrix}+\frac{\partial h}{\partial x}d\begin{bmatrix}k_{1,x}-k_{5,x}\\k_{2,x}-k_{5,x}\\\vdots\\k_{9,x}-k_{5,x}\end{bmatrix}+\frac{\partial h}{\partial y}d\begin{bmatrix}k_{1,y}-k_{5,y}\\k_{2,y}-k_{5,y}\\\vdots\\k_{9,y}-k_{5,y}\end{bmatrix}=\boldsymbol{A}\begin{bmatrix}a\\\frac{\partial h}{\partial x}d\\\frac{\partial h}{\partial y}d\end{bmatrix}\tag{5.60}$$

$$\boldsymbol{A}=\begin{bmatrix}1 & k_{1,x}-k_{5,x} & k_{1,y}-k_{5,y}\\1 & k_{2,x}-k_{5,x} & k_{2,y}-k_{5,y}\\\vdots & \vdots & \vdots\\1 & k_{9,x}-k_{5,x} & k_{9,y}-k_{5,y}\end{bmatrix}\tag{5.61}$$

式中，$h(k_{i,x},k_{i,y})(i=1,2,\cdots,9)$为基准地图中第 i 网格点的地形海拔高程值；$a=h(k_{5,x},k_{5,y})$；$k_{i,x}$和$k_{i,y}$分别为网格点距 P_5 的网格数。式(5.60)的最小二乘解为

$$\begin{bmatrix}a\\\frac{\partial h}{\partial x}d\\\frac{\partial h}{\partial y}d\end{bmatrix}=(\boldsymbol{A}^{\mathrm{T}}\boldsymbol{A})^{-1}\boldsymbol{A}^{\mathrm{T}}\boldsymbol{H}_d\tag{5.62}$$

由式(5.62)即可得到 P_5 位置处的两个梯度值。在实际应用中，往往与取 P_5 相距一个网格间距的周边八个网格点进行平面拟合，即式(5.61)中的所有元素都变为 1(除了第 5 行和第 5 列)。

5.2.4　匹配准则

SITAN 算法中，通常以滤波器的滤波残差作为判定是否为匹配位置的准则，即

$$\mathrm{AWRS}_{N,j}=\frac{1}{N}\sum_{i=1}^{N}\frac{[z_{i,j}-\boldsymbol{H}_{i,j}\delta\hat{\boldsymbol{x}}_{i,j}(-)]^2}{\boldsymbol{H}_{i,j}\boldsymbol{P}_{i,j}(-)\boldsymbol{H}_{i,j}^{\mathrm{T}}+R_{i,j}}\tag{5.63}$$

式中，N 为高程测量值的个数；$\mathrm{AWRS}_{N,j}$ 为第 j 个滤波器的平均加权残差平方(average weighted residual squared，AWRS)。当 SITAN 算法开始工作时，在获取到第一个高程测量值之后，对每个滤波器均按照式(5.63)计算各自的滤波残差平方值，且当 N 达到设定的阈值后，在所有的滤波器中，认为 AWRS 值最小的滤波器对应的位置为当前飞行器所处位置的最

优估计，之后即可转入跟踪模式，反之，则继续进行搜索。

除了式(5.63)的匹配准则之外，在 Heli/SITAN 算法中提出的平滑加权残差平方(smoothed weighted residual squared，SWRS)也是一种应用比较广泛的匹配准则，计算方法为

$$\begin{cases}\mathrm{WRS}_{n,j}=\dfrac{\left[z_{n,j}-\boldsymbol{H}_{n,j}\delta\hat{\boldsymbol{x}}_{n,j}(-)\right]^2}{\boldsymbol{H}_{n,j}\boldsymbol{P}_{n,j}(-)\boldsymbol{H}_{n,j}^{\mathrm{T}}+R_{n,j}} \\ \mathrm{SWRS}_{n,j}=(1-\alpha)\mathrm{SWRS}_{n-1,j}+\alpha\mathrm{WRS}_{n,j}\end{cases} \tag{5.64}$$

式中，$\mathrm{WRS}_{n,j}$为第 n 时刻第 j 个滤波器的加权残差平方值；$\mathrm{SWRS}_{n-1,j}$为第 $n-1$ 时刻第 j 个滤波器的 SWRS 值；$\alpha\in(0,1)$为平滑因子。一般，SWRS 的初值设为 1，α 取值小于 0.1，比如介于 0.04～0.06 之间。基于式(5.64)可以构建相应的匹配准则，比如

$$\begin{cases}\dfrac{\mathrm{SWRS}_{\min *}-\mathrm{SWRS}_{\min}}{\mathrm{SWRS}_{\min}}>\varepsilon \\ C>N_{\mathrm{th}}\end{cases} \tag{5.65}$$

式中，$\mathrm{SWRS}_{\min}$是所有滤波器中 SWRS 值最小的；$\mathrm{SWRS}_{\min *}$为去掉取 $\mathrm{SWRS}_{\min}$的滤波器及其邻近 8 个滤波器之后剩余滤波器中取 SWRS 值最小的(可称为次小值)；ε 为小于 1 的阈值；C 为在 N 次迭代后某个滤波器的 SWRS 值为最小值的次数；N_{th}为设定的次数阈值。

5.2.5 流程框图

如图 5-10 所示为 SITAN 算法的流程框图，在初始化之后，先进入搜索模式。在经过 N 个测量值迭代滤波后，如果满足如式(5.63)或式(5.65)所示的匹配准则，则转入跟踪模式；否则，重置后继续搜索。

在跟踪模式中，如果滤波发散，则转入搜索模式。其中的发散准则可以基于式(5.63)或式(5.64)构建。需要注意的是，在跟踪模式中只有一个滤波器，此时可以设定基于 AWRS 值或 SWRS 值的发散判定条件，比如，当该值大于设定的阈值时，则判定滤波器发散。如果滤波器是收敛的，则继续进行跟踪滤波。

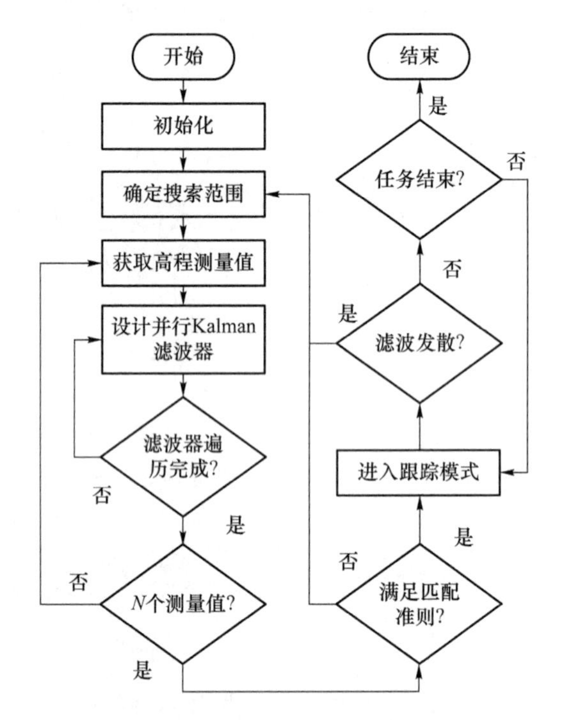

图 5-10 SITAN 算法流程框图

如果任务已经结束，则整个算法匹配过程终止；否则，继续进行匹配。

【例 5-1】 给定 120 grid×120 grid 的数字高程基准图，基准图分辨率为 10 m/grid。设飞行器以 15 m/s 的速度进行匀速恒定高度巡航，航向角为 45°，真实的初始位置为 $[150\quad 150\quad 500]^{\mathrm{T}}$m，飞行总时长为 80 s。飞行器的惯性导航系统采用“位置-速度”模型，在 x 和 y 方向的速度存在 1 m/s 的高斯白噪声，惯导输出初始位置为$[120\quad 180\quad 500]^{\mathrm{T}}$m，惯导解算周期为 1 s。飞行器的高程测量输出频率为 1 Hz，测量带有 5 m 的高斯白噪声。

试根据上述条件，编写 SITAN 算法程序，进行飞行器位置估计。

【解】 由于初始位置误差较大，需要先采用并行卡尔曼滤波器进行搜索。惯导初始误差标准差为 3 grid，于是搜索选取的固定窗格半径为 9 grid，搜索时长为 10 s。在完成搜索后，切换为跟踪模式，进行持续滤波。

相应的 MATLAB 程序如下：

```
%%%%%%%%%%%%%%%%%%%%%%%%%%%%%%%%%%
%   地形匹配 SITAN
%   简化的二维运动模型
%   量测模型中 h(xk,yk)函数未知
%%%%%%%%%%%%%%%%%%%%%%%%%%%%%%%%%%
clear;
close all; clc;
% % 载入数据,初始化
global IntervalWidth
IntervalWidth = 1;
addpath('常用函数'); addpath('dig - map'); load dem1.mat % 载入地图
T = 1; T_total = 80; N = T_total/T; % 仿真步长和总时间
% 初始化真实值 Xr 和滤波值 Xe
Xr = zeros(5,N); Xe = zeros(5,N);
xk = 15; yk = 15;hk = 500; vxk = 1.5/sqrt(2); vyk = 1.5/sqrt(2); Xr(:,1) = [xk;yk;hk;vxk;vyk];
xe = 12 ;ye = 18; vxe = vxk; vye = vyk; Xe(:,1) = [xe;ye;hk;vxe;vye];
Xe1(:,1) = Xe(:,1); Xe2(:,1) = Xe(:,1);
Xpneg1 = [xe;ye;vxk;vyk]; Xpneg2 = Xpneg1;
% 初始化 Q 阵、R 阵和 P 阵
QX = 0; QY = 0; QVX = 0.1; QVY = 0.1; R = 0.25;
P1 = diag([10,10,0,01,0.01]);
Q1 = diag([(QX)^2,(QY)^2,0.1,(QVX)^2, (QVY)^2]);
P2 = P1; Q2 = Q1;
PHI = T * eye(5) + [0 0 0 T^2/2 0;0 0 0 0 T^2/2;zeros(3,5)]; % 离散化的 PHI_k
PHI_s = 1; P_s = 100;q_s = 0.5;Q_s = q_s^2;
% 地图尺度
scale = 10;
% 随机线性化的方式
type = 2;   % 1 - 一阶 Taylor 法;2 - 九点拟合法
a = 1.5; % 线性化的调节系数
s_arr = [-1 -1;-1 0;-1 1;0 -1;0 0;0 1;1 -1;1 0;1 1];
SWRS = ones(3,253);
AWRS = ones(3,253);
flag_s = 0;
s_cnt = 0;
for i = 2:N
    % 双线性插值函数
    m = 0; n = 0; REMsize = [m n];
```

```
%理想轨迹生成
xk = xk + vxk * T; yk = yk + vyk * T;
Xr(:,i) = [xk;yk;hk;vxk;vyk];
%生成高度量测值
%(此处直接采用海拔高度减去相对高度之后的地形高程值)
Trajectory_RC = [Xr(1,i),Xr(2,i)] * IntervalWidth;
zr = insardem(dem1,Trajectory_RC,REMsize,0,0);
%状态预测
vxneg = vxk + QVX * randn; vyneg = vyk + QVY * randn; %系统方程
Xpneg1(4) = vxneg; Xpneg1(5) = vyneg;Xpneg1(3) = 0;
Xpneg1(1) = Xpneg1(1) + vxneg * T;
Xpneg1(2) = Xpneg1(2) + vyneg * T; %一步预测
Xpneg2(4) = vxneg; Xpneg2(5) = vyneg;Xpneg2(3) = 0;
Xpneg2(1) = Xpneg2(1) + vxneg * T;
Xpneg2(2) = Xpneg2(2) + vyneg * T; %一步预测
% ---搜索阶段---
if flag_s == 0 && mod(i,1) == 0
    number = 1;
    h = zr + sqrt(R) * rand; %量测高度
    xe = Xpneg1(1); ye = Xpneg1(2);
    for j1 = -9:9
        for j2 = -9:9 %生成滤波器组
            if (j1^2 + j2^2) <= 81  %圆形的搜索区域
                x = floor(xe + j1); y = floor(ye + j2); %滤波器所在网格点位置
                Trajectory_IC = [x,y] * IntervalWidth;
                ze = insardem(dem1,Trajectory_IC,REMsize,0,0); %滤波器所在地图位置
                X_s = 0; X_s = X_s;
                P_s = P_s + Q_s; %一步预测的协方差矩阵
                H_s = -1;
                zest = h- ze; %高度量测误差
                deta = zest - H_s * X_s;
                SWR = deta^2./(H_s * P_s * H_s' + R);
                SWRS(1,number) = 0.05 * SWR + 0.95 * SWRS(1,number);
                AWRS(1,number) = SWR + AWRS(1,number);
                K_s = P_s * H_s'/(H_s * P_s * H_s' + R);
                X_s = X_s + K_s * (zest - H_s * X_s);
                P_s = (1- K_s * H_s) * P_s;
                %存储滤波器位置
                SWRS(2,number) = j1;
                SWRS(3,number) = j2;
                AWRS(2,number) = j1;
                AWRS(3,number) = j2;
                number = number + 1;
            end
        end
    end
    if s_cnt == 9
```

```
            AWRS(1,:) = AWRS(1,:)/s_cnt; % 除以高程量测个数
            Xpneg1(1:2) = search_results(AWRS,SWRS,xe,ye); % 输出搜索值
            Xpneg2 = Xpneg1;
            flag_s = 1;
            s_cnt = 0;
        end
        s_cnt = s_cnt + 1;
    end
    % ----------------
    % ---跟踪阶段用 EKF ---
    X1 = zeros(5,1); % 误差修正更新
    X2 = zeros(5,1); % 误差修正更新
    zh = zr + sqrt(R) * randn; % 量测值生成
    P1 = PHI * P1 * (PHI.') + Q1; % 一步预测的协方差矩阵
    P2 = PHI * P2 * (PHI.') + Q2; % 一步预测的协方差矩阵
    if mod(i,1) == 0 && flag_s == 1 % 量测修正
        % 计算预测点对应的量测矩阵 H
        Trajectory_MC1 = [Xpneg1(1),Xpneg1(2)] * IntervalWidth;
        dP1 = diag(P1);
        dx1 = a * sqrt(dP1(1)); % 选取点的间隔 x
        dy1 = a * sqrt(dP1(2)); % 选取点的间隔 y
        Trajectory_MC2 = [Xpneg2(1),Xpneg2(2)] * IntervalWidth;
        dP2 = diag(P2);
        dx2 = a * sqrt(dP2(1)); % 选取点的间隔 x
        dy2 = a * sqrt(dP2(2)); % 选取点的间隔 y
        % ====== 随机线性化 ===========
        % 一阶 Taylor 法
        zhx1 = insardem(dem1,Trajectory_MC1 - [dx1,0],REMsize,0,0);
        zhx2 = insardem(dem1,Trajectory_MC1 + [dx1,0],REMsize,0,0);
        hx1 = (zhx2 - zhx1)/2/dx1 * IntervalWidth;
        zhy1 = insardem(dem1,Trajectory_MC1 - [0,dy1],REMsize,0,0);
        zhy2 = insardem(dem1,Trajectory_MC1 + [0,dy1],REMsize,0,0);
        hy1 = (zhy2 - zhy1)/2/dy1 * IntervalWidth;
        % 九点拟合法
        sa = Trajectory_MC2. * ones(9,2) + s_arr. * [dx2 dy2];
        for cnt = 1:9
            Hm(cnt,1) = insardem(dem1,sa(cnt,:),REMsize,0,0);
            Am(cnt,:) = [1 sa(cnt,1) - sa(5,1) sa(cnt,2) - sa(5,2)];
        end
        xout = inv(Am' * Am) * Am' * Hm;
        hx2 = xout(2); hy2 = xout(3);
        % ==============================
        H1 = [hx1,hy1,0,0,0];
        H2 = [hx2,hy2,0,0,0];
        zest1 = insardem(dem1,Trajectory_MC1,REMsize,0,0) - zh; % 高度量测误差
        K1 = P1 * H1'/(H1 * P1 * H1' + R);
        X1 = X1 + K1 * (zest1 - H1 * X1);
        P1 = (eye(5) - K1 * H1) * P1;
        zest2 = insardem(dem1,Trajectory_MC2,REMsize,0,0) - zh; % 高度量测误差
```

```
        K2 = P2 * H2'/(H2 * P2 * H2' + R);
        X2 = X2 + K2 * (zest2 - H2 * X2);
        P2 = (eye(5) - K2 * H2) * P2;
    end
    Xe1(:,i) = Xpneg1 - X1;
    Xpneg1 = Xe1(:,i);
    Pout1(:,i-1) = diag(P1); %储存 P 阵对角线元素
    Xe2(:,i) = Xpneg2 - X2;
    Xpneg2 = Xe2(:,i);
    Pout2(:,i-1) = diag(P2); %储存 P 阵对角线元素
end
%%绘图
t = T:T:T_total;
Xr = Xr * scale;
Xe1 = Xe1 * scale; Pout1 = Pout1 * (scale)^2;
Xe2 = Xe2 * scale; Pout2 = Pout2 * (scale)^2;
%绘制轨迹图
plot_Fcn(Xr,Xe1,Xe2,Pout1,Pout2,scale,dem1,t);
```

运行结果如图 5-11～图 5-15 所示。

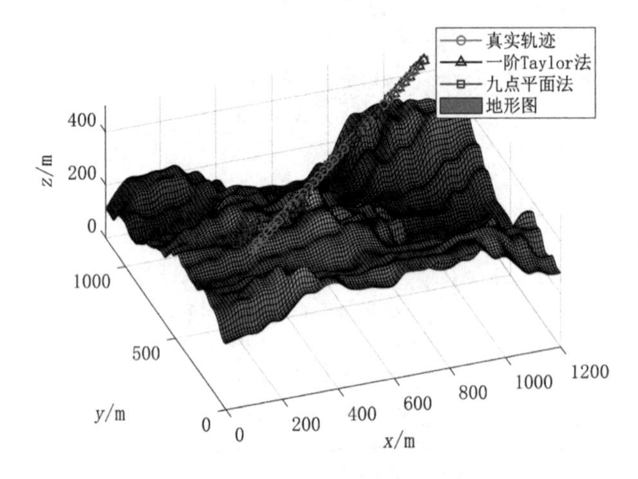

图 5-11　真实轨迹和解算轨迹

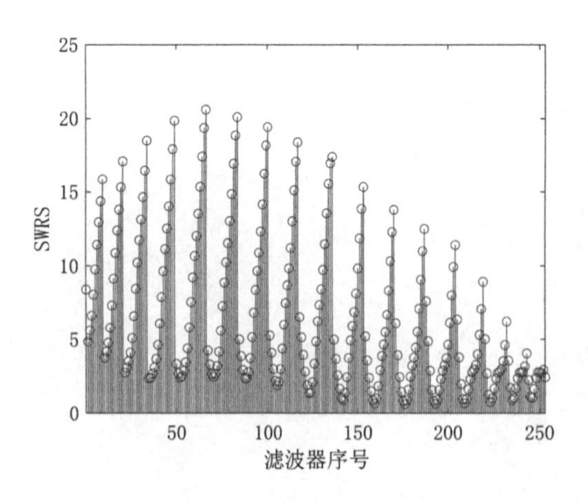

图 5-12　SWRS 判断输出图

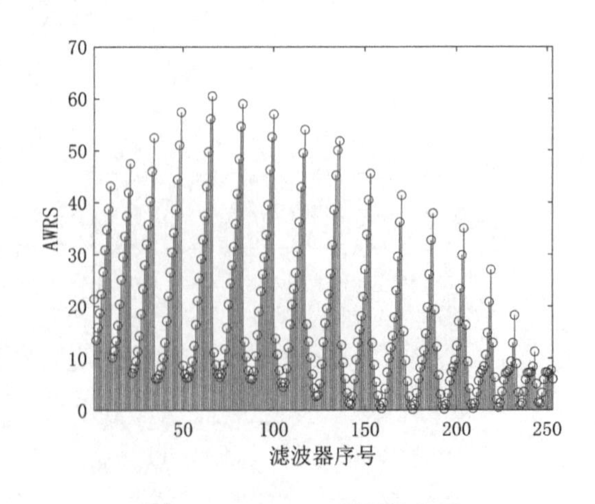

图 5-13　AWRS 判断输出图

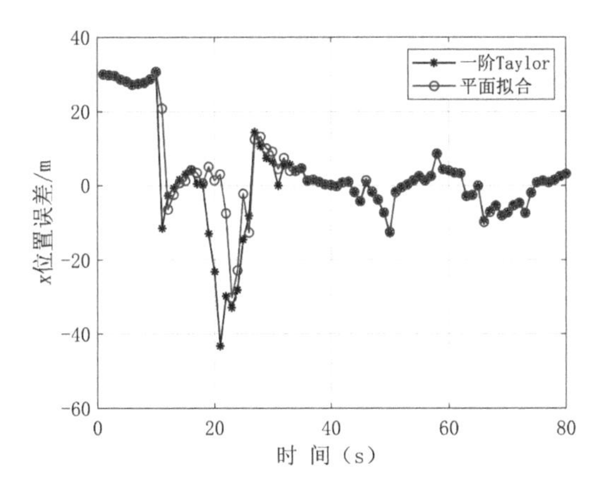

图 5-14　x 方向位置误差图

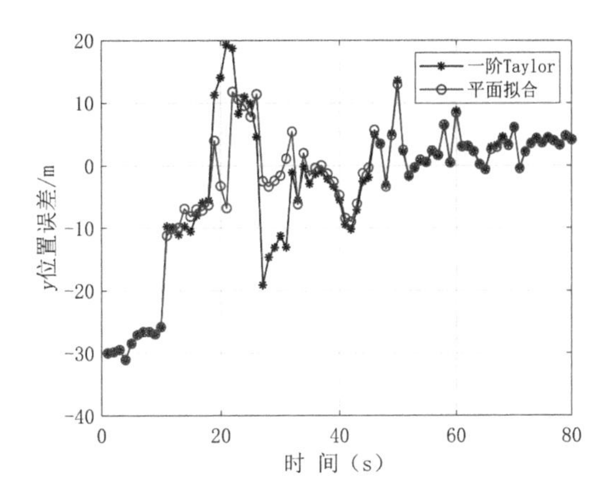

图 5-15　y 方向位置误差图

从图 5-14 和图 5-15 中可以看出，在前 10 s 的搜索阶段，x 和 y 方向的位置误差较大，此时通过并行滤波器进行持续滤波，最终通过如图 5-12 和图 5-13 所示的 SWRS 和 AWRS 准则判断，将残差最小的滤波器位置作为跟踪阶段的起始位置。

在跟踪阶段采用五状态的单滤波器，在进行地形线性化时，分别采用一阶 Taylor 法和九点平面法，两种线性化方法对应滤波器解算的误差为 12.63 m 和 9.12 m。当选取的线性化窗口大小较大时，九点平面法效果更好；当选取的线性化窗口足够小时，两个算法的性能相当。

5.3　TERCOM 算法

与 SITAN 算法基于单个高程采样点进行地形匹配不同，在 TERCOM 算法中，先累积一定数量的高程采样值（称为高程序列）才匹配一次，以提高高程序列的独特性，减小误匹配概率。因此，与 SITAN 算法相比，TERCOM 算法更容易收敛。下面介绍算法原理。

5.3.1　搜索范围的确定

与 SITAN 算法类似，在进行 TERCOM 算法匹配之前，需要先确定搜索范围。由于 TERCOM 算法的大范围收敛性能很好，所以，在由纯 INS 导航转为 TERCOM 算法匹配时，可以采用较大的搜索区域。搜索区域的确定方法与 SITAN 算法在搜索模式下的类似，如图 5-7 所示，以当前 INS 输出的位置为中心，以 INS 的水平位置误差估计值为基础，按照 3σ 准则，确定搜索范围。该范围可以是圆形的，也可以是正方形的，在应用中，为了方便，通常是正方形的。

5.3.2　匹配准则

设累积采样的高程序列为 $\{h_{\text{mea}}(i)\}$ $(i=1,2,\cdots,N)$，在确定的搜索范围内，以每个基准地图网格点作为终点，按照 INS 航迹形状，在基准地图中确定相应的待匹配航迹和高程序列。设某一待匹配航迹在基准地图中对应的高程序列为 $\{h_{\text{map}}(i)\}$ $(i=1,2,\cdots,N)$，然后，计算一个或多个匹配准则，即

$$\begin{cases} \mathrm{MAD} = \dfrac{1}{N}\sum_{k=1}^{N} \left| h_{\mathrm{map}}(k) - h_{\mathrm{mea}}(k) \right| \\ \mathrm{MSD} = \dfrac{1}{N}\sum_{k=1}^{N} \left[h_{\mathrm{map}}(k) - h_{\mathrm{mea}}(k) \right]^2 \\ \mathrm{NPC} = \dfrac{\sum_{k=1}^{N} \left[h_{\mathrm{map}}(k) h_{\mathrm{mea}}(k) \right]}{\sqrt{\sum_{k=1}^{N} \left[h_{\mathrm{map}}(k) \right]^2 \sum_{k=1}^{N} \left[h_{\mathrm{mea}}(k) \right]^2}} \end{cases} \tag{5.66}$$

如果采用 MAD 或 MSD 准则，则在搜索区域内，取得最小值的位置即为当前飞行器位置的最优估计结果；如果采用 NPC 准则，在搜索区域内取最大值的位置为当前飞行器位置的最优估计结果。

在地形匹配中，常用 MAD 和 MSD 准则；而在图像匹配中多采用 NPC 准则。

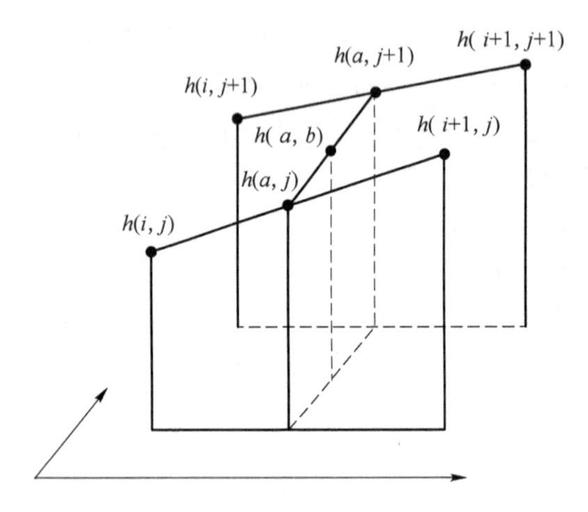

图 5－16　双线性插值原理示意图

在 TERCOM 算法匹配中，在算法仿真中，通常假设飞行器沿经度或纬度方向直线飞行；但是，在实际中假设飞行器做直线飞行比较符合实际情况，但通常很难做到沿经度或纬度方向飞行。因此，在匹配中，提取待匹配序列和相应的高程序列时，通常需要基于 INS 航迹形状，通过插值得到待匹配的高程序列，常用的方法为双线性插值方法，如图 5－16 所示。设需要通过插值获得高程的位置为(a,b)，其邻近的四个网格点坐标分别为(i,j)、$(i+1,j)$、$(i,j+1)$和$(i+1,j+1)$，那么按照双线性插值方法，有

$$\begin{cases} h(a,j)=h(i,j)+(a-i)\left[h(i+1,j)-h(i,j)\right] \\ h(a,j+1)=h(i,j+1)+(a-i)\left[h(i+1,j+1)-h(i,j+1)\right] \\ h(a,b)=h(a,j)+(b-j)\left[h(a,j+1)-h(a,j)\right] \end{cases} \tag{5.67}$$

在匹配过程中，一次累积的高程采样点数 N 一般不宜过少，否则容易出现误匹配；也不宜过多，否则匹配的实时性较差。一般可根据地形的相关长度确定初值（比如设为相关长度的 5～8 倍），再通过算法调试确定。

另外，在实际应用中，为了减小误匹配概率，往往要进行误匹配判断。常用的判定方法为 M/N 判决方法，即基于 INS 输出的航迹，将前面的 $N-1$ 次 TERCOM 匹配位置推算至当前时刻的位置，如果 N 次推算结果中有 M 次落在预期区域内，则判定没有发生误匹配，认为 TERCOM 匹配算法已收敛，否则继续匹配，并进行误匹配判断。M/N 值一般都是根据经验选取的，如 3/7 或者 2/3。判断准则示意图如图 5－17 所示。

从图 5－17 可以看出，前 $N-1$ 次匹配可以通过惯导输出的轨迹进行推算。图中第 k 个匹配点即当前匹配点，从第 j 个匹配点开始，根据惯导轨迹往前推算到第 k 点匹配时刻。判断推算后的结果和当前匹配位置之间是否满足一致性。如果推算后的位置都能够分布在当前匹配位置的预期区域之内，则认为匹配收敛。

图 5－18 为 TERCOM 算法的流程图。

【例 5－2】 模拟实现 TERCOM 算法，对比 MAD、MSD 和 NPC 三种算法的计算量和匹

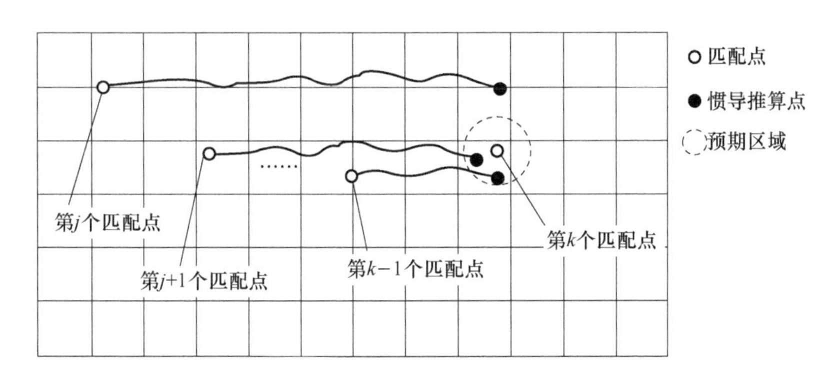

图 5-17　*M/N* 判决方法示意图

配精度。地图网格分辨率为 50 m/grid，设载体沿着经度方向，以 50 m/s 的飞行速度进行定高匀速飞行。惯导采用“位置-速度”模型，x 和 y 方向速度存在 2 m/s 的高斯噪声，惯导更新周期为 1 s。高程序列测量存在标准差为10 m的高斯噪声，高程采样频率为 1 Hz。

惯导初始位置误差均方差为 100 m，搜索区域的半径为 300 m。以当前惯导指示位置为中心，遍历搜索区域内的点。对于搜索区域里的点，将它们作为轨迹终点，往前递推飞行轨迹，并在轨迹中的对应位置进行采样。将搜索的高程序列与测量的高程序列进行匹配，得到最优的匹配序列，该序列的终点即为当前匹配的最优位置。实验地形如图 5-19 所示。

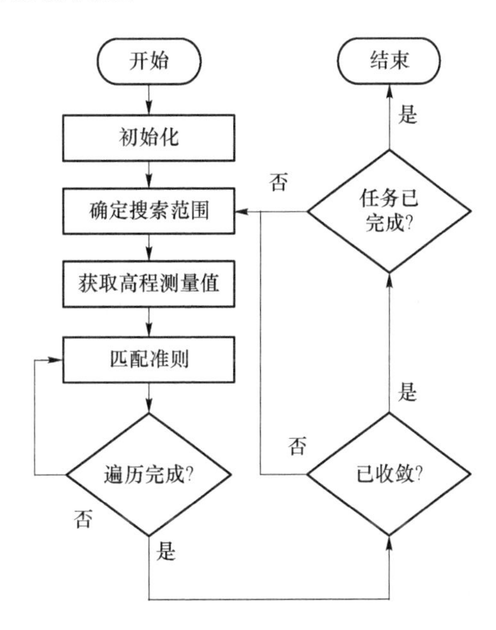

图 5-18　TERCOM 算法流程示意图

在仿真中，序列长度为 100，总共仿真 100 次，求三种算法的匹配误差均方误差和平均单次匹配耗时。

【解】　三种匹配算法的匹配点相对于真实点的分布如图 5-20、图 5-21 和图 5-22 所示。如图 5-23 和图 5-24 所示分别为算法匹配误差对比图和耗时对比图。

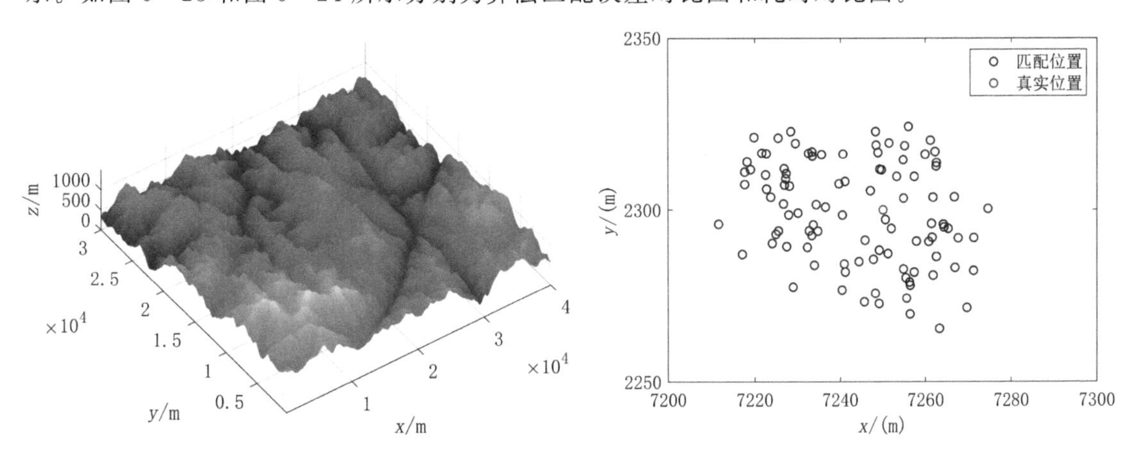

图 5-19　TERCOM 实验地形图

图 5-20　匹配点和真实点分布图(NPC)

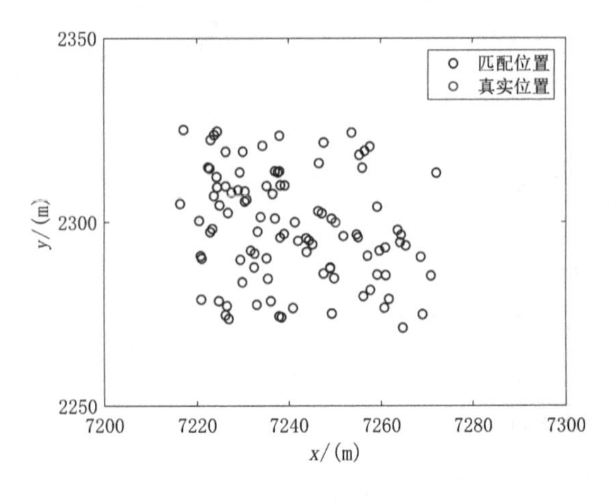

图 5-21　匹配点和真实点分布图(MAD)

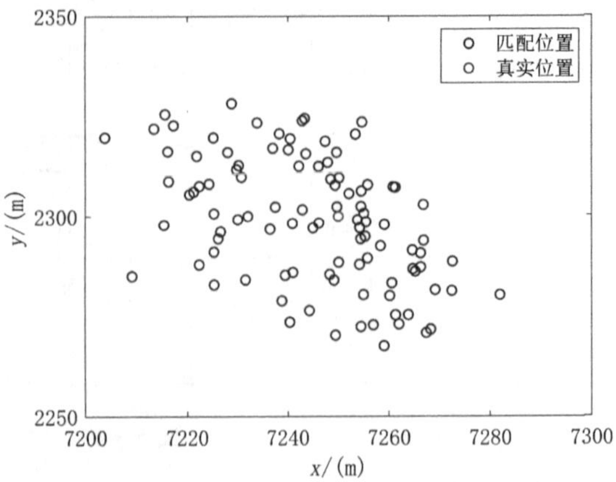

图 5-22　匹配点和真实点分布图(MSD)

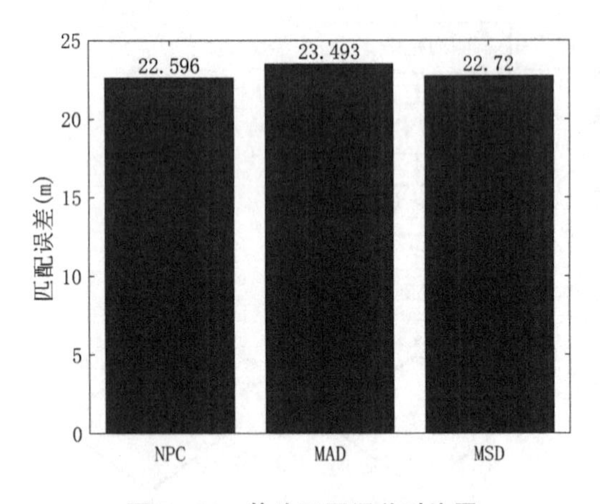

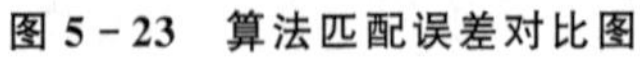
图 5-23　算法匹配误差对比图

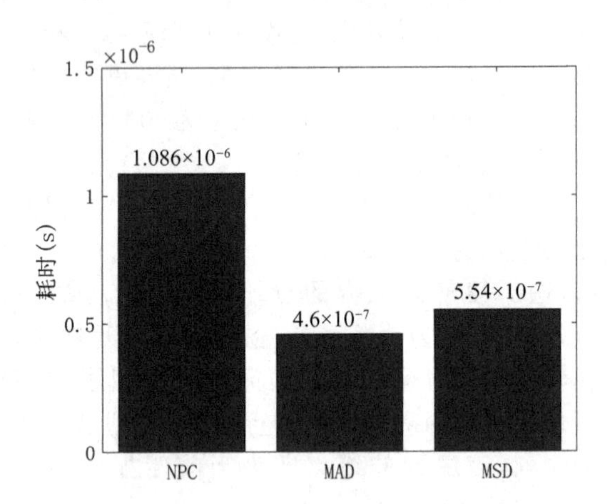

图 5-24　算法匹配耗时对比图

从匹配点相较于真实点的分布，以及匹配误差图可以看出，三种算法中精度最高的为NPC，MSD次之，MAD精度最差，整体上三种算法的精度差别不大。但是三种算法在时间上NPC>MSD>MAD，这也符合算法的计算量排序。所以对于匹配算法而言，需要根据实际匹配需求，选择相应的匹配算法。

相应的MATLAB代码如下：

```
clear;close all;clc;
addpath('常用函数');
addpath('dig-map'); load map;
map(1,:) = 0; map(:,1) = 0;
%导入保存的惯导轨迹
load('searchPosition.mat');
load('position.mat');
INS_traj = searchPos - searchPos(1,:);
startPoint = [2300,2300]; %起始点
sampleTimes = 100; %采样次数(<200)
sigma_h = 10; %高度测量均方根误差
sigma_pos = [100,100]; %惯导均方根误差,包括X方向和Y方向
```

```
% 转换为弧度
N = 1e2; % Monte Carlo 仿真次数
dt = 1;
for type = 1:3
    ME = zeros(1,N);
    bestMatch = 1e100 * ones(1,N);
    for cnt = 1:N
        % 飞机以恒定速度飞行,计算在采样点处的坐标 position,(采样间隔)
        position = position(1:sampleTimes,:);
        % 计算实时图高度序列
        height = zeros(1,sampleTimes,'double');
        for i = 1:1:sampleTimes
            kx = position(i,1)/szCell;
            ky = position(i,2)/szCell;
            height(i) = insardem(map,[kx,ky],[0 0],0,0);
        end
        height = height + normrnd(0,sigma_h,1,sampleTimes);   % 模拟实时测量高度
        INSPos = zeros(1,2);
        % 随机的初始位置误差
        INSPos(1) = position(sampleTimes,1) + normrnd(0,sigma_pos(1),1,1);
        INSPos(2) = position(sampleTimes,2) + normrnd(0,sigma_pos(2),1,1);
        [cx, cy, row, column] = AreaSelect(INSPos,szCell,sigma_pos);
        for i = - row:1:row
            for j = - column:1:column
                desx = (cx + i) * szCell - szCell/2;
                desy = (cy + j) * szCell - szCell/2;
                baseHeight = zeros(1,sampleTimes,'double');
                searchPos = zeros(sampleTimes,2);
                searchPos(1,:) = [desx,desy];
                baseHeight(sampleTimes) =
                    insardem(map,searchPos(1,:)/szCell,[0 0],0,0);
                for k = 2:sampleTimes
                    % 生成搜索位置对应的高程序列
                    searchPos(k,1) = searchPos(1,1) + INS_traj(k,1);
                    searchPos(k,2) = searchPos(1,2) + INS_traj(k,2);
                    sx = searchPos(k,1); sy = searchPos(k,2);
                    baseHeight(sampleTimes - k + 1) = insardem(map,[sx,sy]/szCell,[0 0],0,0);
                end
                switch type  % 1 - NPC; 2 - MAD; 3 - MSD
                    case 1
                        [match,time1] = NPC(height,baseHeight,sampleTimes);
                    case 2
                        [match,time1] = MAD(height,baseHeight,sampleTimes);
                    case 3
                        [match,time1] = MSD(height,baseHeight,sampleTimes);
```

```
                end
                time(cnt) = time1;
                if match<bestMatch(cnt)
                    bestMatch(cnt) = match;
                    matchPos = [desx desy];
                end
            end
        end
        match_error = norm(matchPos - position(sampleTimes,:));
        MPx(cnt,type) = matchPos(1);
        MPy(cnt,type) = matchPos(2);
        ME(cnt) = match_error;
    end
    outErr(type)  = rms(ME);
    outtime(type) = mean(time);
    MET(type,:) = ME;
end
%%绘图部分
close all;
figure;
[pX,pY] = meshgrid(szCell:szCell:800 * szCell,szCell:szCell:600 * szCell);
mesh(pX,pY,map); grid on;
xlim([200,40000]); ylim([200,30000]); view([-35,75]);
xlabel('\itx\rm/m'); ylabel('\ity\rm/m'); zlabel('\itz\rm/m');
set(gca,'FontSize',14,'FontName','宋体');
for i = 1:3
    figure,plot(MPx(:,i),MPy(:,i),'bo','linewidth',1);hold on;
    plot(position(end,1),position(end,2),'ro','linewidth',1);
    legend('匹配位置','真实位置');
    xlabel('\itx\rm/(m)'); ylabel('\ity\rm/(m)');
    set(gca,'FontName','宋体','FontSize',14);
    xlim([7200,7300]);
    ylim([2250,2350]);
end
figure
X = categorical({'NPC','MAD','MSD'});
X = reordercats(X,{'NPC','MAD','MSD'});
b = bar(X,outErr); ylabel('匹配误差(m)');
xtips1 = b(1).XEndPoints;
ytips1 = b(1).YEndPoints;
labels1 = string(round(b(1).YData,3));
text(xtips1,ytips1,labels1,'HorizontalAlignment','center',...
    'VerticalAlignment','bottom','FontName','宋体','FontSize',14);
set(gca,'FontName','宋体','FontSize',14);
figure
X = categorical({'NPC','MAD','MSD'});
```

```
X = reordercats(X,{'NPC','MAD','MSD'});
b = bar(X,outtime); ylabel('耗时(s)');
xtips1 = b(1).XEndPoints;
ytips1 = b(1).YEndPoints;
labels1 = string(b(1).YData); ylim([0,1.5e-6]);
text(xtips1,ytips1,labels1,'HorizontalAlignment','center',...
    'VerticalAlignment','bottom','FontName','宋体','FontSize',14);
set(gca,'FontName','宋体','FontSize',14);
```

5.4　3D Zernike 矩匹配算法

与 SITAN 算法相比,尽管 TERCOM 算法由于在一次匹配中利用了更多的采样点,大幅度增加了匹配序列的独特性,使其收敛性能得到显著提高,但是在地形起伏不是很明显的区域,或者相似性区域较多时,TERCOM 算法仍然容易发生误匹配。因此,如果能继续增加一次匹配中采样点的个数,则有可能进一步提高匹配算法的收敛性。不过,在 TERCOM 算法中,如果匹配序列过长,匹配的实时性将下降。InSAR、立体相机和激光雷达等三维成像传感器的发明和应用,使短时间内获得更多高程采样点成为可能。这样既可以利用更多的采样点,以提高匹配性能,又避免了因采样时间过长而影响匹配的实时性。

由于二维地形高程图与二维灰度图像在结构上是一致的,只是像素值不同,因此,二维图像匹配算法可以借鉴到三维地形高程匹配中,比如第六章中基于特征提取的匹配算法是可以用于三维地形高程匹配的。本节将介绍基于 Zernike 矩的三维地形匹配算法。实际上 2D Zernike 矩已经在图像匹配中得到成功应用,考虑到三维地形高程匹配中三维地形高程曲面与二维图像的差异,有研究者提出了 3D Zernike 矩匹配算法。下面在介绍 3D Zernike 矩的定义和特征向量之后,给出基于 3D Zernike 矩的匹配算法。

5.4.1　3D Zernike 矩

一个三维实体的 3D Zernike 矩 Ω_{nl}^{m} 定义为

$$\Omega_{nl}^{m} \triangleq \frac{3}{4\pi}\int_{|\boldsymbol{x}|\leqslant 1} f(\boldsymbol{x})\overline{Z_{nl}^{m}(\boldsymbol{x})}\mathrm{d}\boldsymbol{x} \tag{5.68}$$

式中,$f(\boldsymbol{x})$为三维实体归一化函数;$\boldsymbol{x}=[x \quad y \quad z]^{\mathrm{T}}$ 为三维实体归一化后的坐标,对三维地形高程曲面来说,如果 $\boldsymbol{x}$ 位于曲面上,$f(\boldsymbol{x})=1$,否则,$f(\boldsymbol{x})=0$;$Z_{nl}^{m}(x)$为 3D Zernike 函数,$\overline{Z_{nl}^{m}(\boldsymbol{x})}$为其共轭函数;$n$ 是矩的阶次,l 是重复度,满足 $n\geqslant l$,且$(n-l)$为偶数,$m\in[-l,l]$。$Z_{nl}^{m}(\boldsymbol{x})$定义为

$$Z_{nl}^{m}(\boldsymbol{x}) = c_l^m 2^{-m}\sum_{v=0}^{k} q_{kl}^{v}\sum_{\alpha=0}^{v}\binom{v}{\alpha}\sum_{\beta=0}^{v-\alpha}\binom{v-\alpha}{\beta}\sum_{u=0}^{m}(-1)^{m-u}\binom{m}{u}i^{u}\sum_{\mu=0}^{\lfloor (l-m)/2\rfloor}(-1)^{\mu}2^{-2\mu}\binom{l}{\mu}\binom{l-\mu}{m+\mu}\times$$
$$\sum_{\tau=0}^{\mu}\binom{\mu}{\tau}x^{2(\tau+\alpha)+u}y^{2(\mu-\tau+\beta)+m-u}z^{2(v-\alpha-\beta-\mu)+l-m} \tag{5.69}$$

式中,$\binom{a}{b}$表示从 a 个总体中选取 b 个元素的组合数;$k=(n-l)/2$;v、α、β、μ 和 τ 均为非负整数;$\lfloor a \rfloor$表示对 a 向上取整;c_l^m 和 q_{kl}^{v}的计算方法如下:

$$c_l^m = c_l^{-m} = \frac{\sqrt{(2l+1)(l+m)!\,(l-m)!}}{l!} \tag{5.70}$$

$$q_{kl}^v = \frac{(-1)^k}{2^{2k}}\sqrt{\frac{2l+4k+3}{3}}\binom{2k}{k}(-1)^v \frac{\binom{k}{v}\binom{2(k+l+v)+1}{2k}}{\binom{k+l+v}{k}} \tag{5.71}$$

令

$$\begin{cases} r=2(\tau+\alpha)+u \\ s=2(\mu-\tau+\beta)+m-u \\ t=2(v-\mu-\alpha-\beta)+l-m \end{cases} \tag{5.72}$$

显然，r、s 和 t 均为非负整数，且有

$$r+s+t=2v+l \tag{5.73}$$

令

$$\begin{aligned} \chi_{nlm}^{rst} = {} & c_l^m 2^{-m} \sum_{v=0}^{k} q_{kl}^v \sum_{\alpha=0}^{v}\binom{v}{\alpha}\sum_{\beta=0}^{v-\alpha}\binom{v-\alpha}{\beta}\sum_{u=0}^{m}(-1)^{m-u}\binom{m}{u} i^u \times \\ & \sum_{\mu=0}^{[(l-m)/2]}(-1)^{\mu}2^{-2\mu}\binom{l}{\mu}\binom{l-\mu}{m+\mu}\sum_{\tau=0}^{\mu}\binom{\mu}{\tau} \end{aligned} \tag{5.74}$$

则式(5.69)可简写为

$$Z_{nl}^m(x) = \sum_{r+s+t\leqslant n}\chi_{nlm}^{rst} x^r y^s z^t \tag{5.75}$$

式(5.68)可重写为

$$\Omega_{nl}^m = \frac{3}{4\pi}\sum_{r+s+t\leqslant n}\overline{\chi_{nlm}^{rst}} M_{rst} \tag{5.76}$$

式中，M_{rst} 为几何矩，定义为

$$M_{rst} \triangleq \int_{|x|\leqslant 1} f(x) x^r y^s z^t \mathrm{d}x \tag{5.77}$$

在离散情况下，设总的采样点数为 N，则几何矩可近似计算为

$$M_{rst} = \sum_{i=1}^{N} x_i^r y_i^s z_i^t \tag{5.78}$$

需要指出的是，在式(5.76)中，χ_{nlm}^{rst} 是一系列组合数的计算，其计算是独立于几何矩的。因此，可以事先计算保存，在进行 Ω_{nl}^m 计算时，直接调用即可。在几何矩计算中，通常需要对三维地形高程图进行中心化和归一化。中心化和归一化之后，有

$$\begin{cases} \sum_{i}^{N} x_i = 0 \\ \sum_{i}^{N} y_i = 0 \\ \sum_{i}^{N} z_i = 0 \end{cases} \tag{5.79}$$

此时，当 z 的幂次 t 等于 0 时，显然有

$$M_{rs0} = \sum_{i=1}^{N} x_i^r y_i^s = \sum_{i=1}^{N} x_i^s y_i^r = M_{sr0} \tag{5.80}$$

特别地,当 r 或者 s 为奇数时,有

$$M_{rs0} = \sum_{i=1}^{N} x_i^r y_i^s = 0 \tag{5.81}$$

由此可得

$$\begin{cases} \Omega_{0,0}^{0} = \dfrac{3N}{4\pi} \\ \Omega_{1,1}^{0} = \dfrac{3}{4\pi} \overline{\chi_{1,1,0}^{0,0,1}} M_{0,0,1} = \dfrac{3}{4\pi} \overline{\chi_{1,1,0}^{0,0,1}} \sum_{i=1}^{N} z_i = 0 \\ \Omega_{1,1}^{1} = \dfrac{3}{4\pi} (\overline{\chi_{1,1,1}^{0,1,0}} M_{0,1,0} + \overline{\chi_{1,1,1}^{1,0,0}} M_{1,0,0}) = \dfrac{3}{4\pi} (\overline{\chi_{1,1,1}^{0,1,0}} \sum_{i=1}^{N} y_i + \overline{\chi_{1,1,1}^{1,0,0}} \sum_{i=1}^{N} x_i) = 0 \end{cases} \tag{5.82}$$

另外,关于 Ω_{nl}^{m},有

$$\Omega_{nl}^{-m} = (-1)^m \overline{\Omega_{nl}^{m}} \tag{5.83}$$

5.4.2 特征向量

由式(5.83)可知,3D Zernike 矩的复数形式表明其具有方向性,所以,3D Zernike 矩不具有旋转不变性。在地形匹配中,由于采样的实时高程图(real - time elevation map,REM)与基准高程图 DEM 之间通常是存在旋转角度的,如果用于匹配的特征参数不具有旋转不变性,那么 REM 与 DEM 之间的旋转会导致出现误匹配,因此,有必要构建具有旋转不变性的特征。下面介绍基于 3D Zernike 矩构建具有旋转不变性的特征向量的方法。

首先,构建如下 3D Zernike 矩向量:

$$\boldsymbol{\Omega}_{nl} = [\Omega_{nl}^{l} \quad \Omega_{nl}^{l-1} \quad \cdots \quad \Omega_{nl}^{-l}]^{\mathrm{T}} \tag{5.84}$$

再计算该向量的模值,即

$$F_{nl} = \| [\Omega_{nl}^{l} \quad \Omega_{nl}^{l-1} \quad \cdots \quad \Omega_{nl}^{-l}]^{\mathrm{T}} \|_2 \tag{5.85}$$

式中,F_{nl} 称为 3D Zernike 矩描述子,当 n 为偶数时,其称为偶数阶描述子;当 n 为奇数时,其称为奇数阶描述子。显然,F_{nl} 具有旋转不变性。不同阶次的矩表达了地形高程起伏的不同细节,其中,低阶矩主要反映地形高程变化的轮廓和低频信息,高阶矩则反映地形高程变化的高频信息。因此,为了充分精确地表达地形高程的起伏变化情况,基于多阶 3D Zernike 矩描述子,构建如下特征向量:

$$\boldsymbol{F}_L = [F_{0,0} \quad F_{1,1} \quad F_{2,0} \quad \cdots \quad F_{L,L-2} \quad F_{L,L}]^{\mathrm{T}} \tag{5.86}$$

式中,L 为特征向量的阶次。不过,考虑到式(5.82),有

$$\begin{cases} F_{0,0} = \dfrac{3N}{4\pi} \\ F_{1,1} = \| [\Omega_{1,1}^{-1} \quad \Omega_{1,1}^{0} \quad \Omega_{1,1}^{1}]^{\mathrm{T}} \|_2 = 0 \end{cases} \tag{5.87}$$

即 $F_{0,0}$ 和 $F_{1,1}$ 与地形高程无关,因此,可以将这两个描述子予以剔除,式(5.86)调整为

$$\boldsymbol{F}_L = [F_{2,0} \quad F_{2,2} \quad F_{3,1} \quad \cdots \quad F_{L,L-2} \quad F_{L,L}]^{\mathrm{T}} \tag{5.88}$$

另外,研究表明,偶数阶描述子匹配性能弱于奇数阶的描述子,因此,可以进一步剔除偶数阶的描述子。仿真试验结果显示,只保留奇数阶的描述子,特征向量仍然有很好的匹配性能,而用于匹配的 3D Zernike 矩的计算量大大降低了,感兴趣的读者可以参考有关文献。

5.4.3 阶次和模板

如前文所述,低阶矩和高阶矩分别描述地形高程起伏变化的低频信息和高频信息,因此,

在式(5.88)的特征向量中应包含足够高阶次的描述子,以充分描述地形高程起伏变化的高频部分,保证匹配成功率。但是,如果描述子的阶次过高,则计算量将显著增加,导致在线实时性变差。因此,在算法设计中,在充分保证匹配成功率前提下,应尽可能地减小特征向量的阶次 L,以降低在线计算量。仿真研究表明,当 L 为 10 时,再进一步提高阶次,对匹配成功率的提升并不明显,因此,在应用中 L 的取值通常不超过 10。

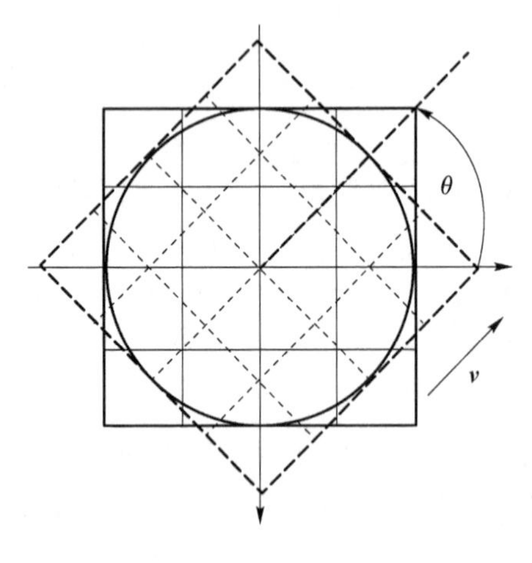

图 5-25　模板形状

与二维图像匹配类似,三维地形匹配中,在获得一幅实时图 REM 之后,在基准图中确定搜索区域,以搜索区域中的每个网格点为中心,选取与 REM 大小一样的区域,并与 REM 进行比较,以判定该网格点是否是当前位置的最优估计。其中,REM 的大小称为模板,常用的形状为正方形。不过,如图 5-25 所示,当飞行器的速度为 v 时,如果采用正方形模板,采样得到的 REM(虚线)将与基准图 DEM(实线)之间有一个旋转角度 θ。显然 REM 的部分采样点与 DEM 的不重合,即使二者的中心点位置重合,二者的特征向量也会有偏差。该偏差较大会导致误匹配。相反,如果采用图中圆形模板,当 REM 和 DEM 的中心点位置重合时,即使二者之间有旋转角度,二者的区域也是重合的,因此,相比较于正方形模板,采用圆形模板具有更好的抗旋转性能。

另外,模板尺寸越大,意味着一次匹配所使用的高程采样点数越多,地图的唯一性越强,因此,模板的尺寸应足够大。不过,模板尺寸越大,意味着计算量越大,不利于提高匹配的实时性。因此,在应用中,在保证匹配成功率的条件下,应尽可能地减小模板尺寸。如果采用圆形模板,并基于如式(5.88)所示的特征向量进行匹配,那么当采用不同的模板尺寸(D)和不同的阶次(L)时,匹配成功率的变化情况会随着 D 和 L 的增加而增加。根据文献可知,当 D 为 80 个网格和 L 为 10 时,再增加二者的值,匹配成功率不再显著提高。

5.4.4　匹配准则

如前所述,在获得一幅 REM 之后,按照 INS 输出的位置在基准地图中确定一个搜索范围,并按照 REM 的大小,在该搜索范围内的每个网格点上,选取相应大小的区域,即 DEM;再按照式(5.88)分别计算得到 REM 和 DEM 的 3D Zernike 矩特征向量,此时,需要匹配准则来判定二者相似程度。显然,可以采用 TERCOM 算法的三个准则,不过,目前的研究中,通常采用 Canberra 距离作为 3D Zernike 矩匹配准则,即

$$d(\boldsymbol{p},\boldsymbol{q}) = \sum_{j=1}^{K}\left|\frac{p_j - q_j}{p_j + q_j}\right| \tag{5.89}$$

式中,$\boldsymbol{p}$ 和 $\boldsymbol{q}$ 是两个 K 维的特征向量,且 $p_j + q_j \neq 0$。由式(5.89)可知,Canberra 距离为归一化的准则,比较适合于特征向量元素值之间相差比较大的情况。计算结果表明,式(5.86)中不同阶次描述子的值相差很大,因此,比较适合于采用式(5.89)所示的匹配准则。不过,需要说明的是,对 3D Zernike 矩特征向量来说,目前还没有相关研究证实 Canberra 距离是否是最合适的匹配准则,感兴趣的读者可进一步研究。在本教材中,将以 Canberra 距离作为 3D

Zernike 矩算法的匹配准则。

如图 5-26 所示为 3D Zernike 矩匹配算法的流程图。需要指出的是，与 SITAN 算法和 TERCOM 算法相比，3D Zernike 矩匹配算法的误匹配概率很低，所以，在事先通过适配性分析确定了适配区之后，在线匹配时，可以不进行在线误匹配判断。当然，如果对匹配成功率要求较高，可以在图 5-26 所示的算法流程中加入在线误匹配判断环节，这里不再展开。

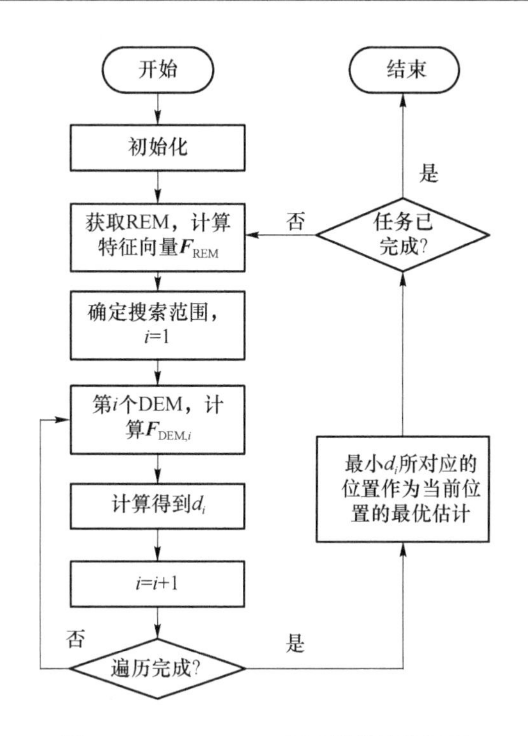

图 5-26　3D Zernike 矩匹配算法流程图

【例 5-3】　给定 300 grid×300 grid 的数字高程基准图，在其中选取模板半径为 40 grid 的实时图，分别计算不同阶次 3D Zernike 矩的匹配成功率。

【解】　由于在模板匹配中不涉及惯导系统建模，所以直接采用单次匹配进行仿真，直接随机给定惯导的位置误差。

在进行搜索前，需要确定搜索区域。在仿真中，惯导误差设置在 3 grid 之内，则中心点搜索的搜索窗区域大小为 18 grid×18 grid，搜索窗口为 98 grid×98 grid，搜索区域和搜索窗口的示意图如图 5-27 所示。

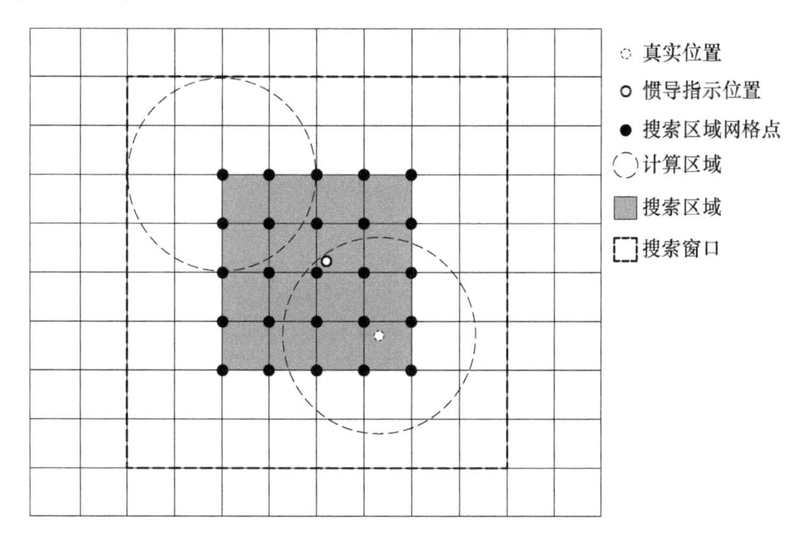

图 5-27　3D Zernike 矩搜索区域示意图

从图 5-27 可以看出，搜索窗口大于搜索区域，搜索区域只包含搜索中心网格点。在基准图中随机位置选取 1 000 个中心点，进行 Monte Carlo 仿真。然后在中心点附近生成标准差为 3 grid 的惯导指示位置，以其为中心进行开窗搜索。因为 3D Zernike 矩进行模板计算时需要在中心点周围采样，为了保证模板计算不超过基准图边缘，中心点位置至少需要距离边缘 40 grid 以上。

在进行阶次选择时还需要注意，由于 3D Zernike 矩在计算前需要对 *XYZ* 坐标进行中心化和归一化，所以构建特征向量时会删除第 0 阶和第 1 阶的无用描述子。在仿真时，最低阶次为 2，最高阶次到 10。当匹配的 x 和 y 都小于 1.4 grid 时，认为匹配成功。

相应的 MATLAB 程序如下：

```
clear; close all; clc;
IntervalWidth = 25;
addpath('dig-map'); addpath('常用函数');
load('numberlist_10.mat');
load('MapZMD_Circle.mat');
load('REM_ZMD.mat'); load('Real_Position.mat');
M = 300; N = 300;
m = 80; n = 80;
REMsize = [m n];
length_k = 1000; %Monte Carlo 仿真次数
disp('Processing...');
error = zeros(length_k,2); success_Rate = zeros(1,10);
for P = 2:10
    num = Calnum(P) - 2;
    new = 1:num;  %选择特定的阶次
    MapZMD_Circle = save_MapZMD(:,:,new); %读取基准图特征向量
    numF = size(MapZMD_Circle,3);
    for k = 1:length_k
        %读取实时图特征向量
        REM_ZMD_Circle = save_RZC(k,new);
        %读取真实位置点
        Trajectory_IC = save_TIC(k,:);
        %生成惯导指示位置
        INS_pos = Trajectory_IC+3*rand(1,2).*sign(randn(1,2));
        INS_grid = round(INS_pos); %搜索窗口中心
        ErrorMatrix = ones(M,N)*Inf;
        %窗口内搜索
        for i = INS_grid(1)-9:INS_grid(1)+9
            for j = INS_grid(2)-9:INS_grid(2)+9
                %遍历搜索,计算距离
                ZMD = reshape(MapZMD_Circle(i,j,:),1,numF);
                ErrorMatrix(i,j) = camberra(ZMD,REM_ZMD_Circle);
            end
        end
        [MatchIndex,MinValue] = mind2(ErrorMatrix);
        MatchError = Trajectory_IC - MatchIndex;  %计算匹配误差
        error(k,:) = MatchError;
    end
    results = 0;
    for i = 1:length_k
        if abs(error(i,1))<1.4 && abs(error(i,2))<1.4
            results = results + 1;
        end
```

```
    end
    success_Rate(P) = sum(results)/length_k * 100; % 匹配成功百分率
    disp(strcat(num2str(P),'阶的匹配成功率为:',num2str(success_Rate(P)),'%'));
end
figure;
plot(2:10,success_Rate(2:10),'bo-','MarkerSize',10,'linewidth',1);
xlim([2:10]); ylim([0,100]); grid on;
xlabel('阶次'); ylabel('匹配成功率(%)');
set(gca,'FontName','宋体','FontSize',18);
```

运行结果如图 5-28 所示。

从图 5-28 中可以看出，随着阶次的提升，匹配成功率整体呈上升趋势。在匹配阶次为 7、8、9、10 时，匹配成功率分别为 90.1%、89.4%、91.9%和 92.1%。说明当阶次大于 7 时，3D Zernike 矩的匹配性能已经足够。

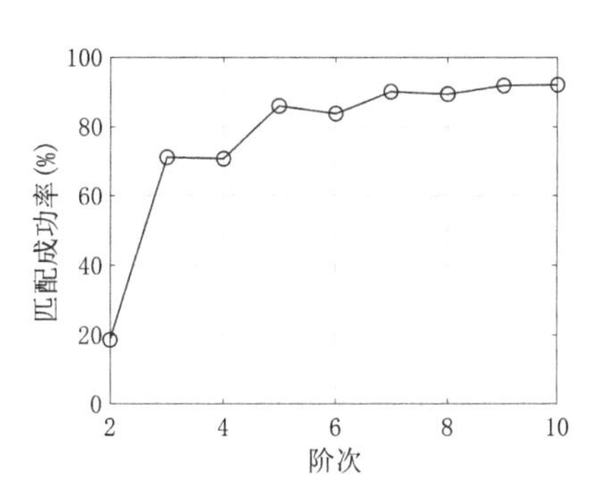

图 5-28　匹配成功率随阶次变化

3D Zernike 矩采用模板计算的思路，能够更加充分地表达地形，在地形匹配中表现优异。同时，3D Zernike 矩的鲁棒性使其在噪声或干扰条件下仍能保持稳定的匹配性能。由于这些优良特性，3D Zernike 矩能够实现高精度的地形匹配，对于无人机自主导航具有重要意义。但是，其计算量与 SITAN 和 TERCOM 相比较大，在实际工程应用中，仍然有可优化的空间。

习　　题

5-1　简述地形匹配导航系统的基本组成和功能。

5-2　简单列出几种地形参数，并给出其定义式和具体含义。

5-3　对比 TERCOM 算法和 SITAN 算法，说明两种算法的优劣。

5-4　对于 3D Zernike 矩算法，已知模板为 $n\times n$ 的矩形模板，并且有

① $\sum_{i,j=1}^{n} x_{i,j}=0,\quad \sum_{i,j=1}^{n} y_{i,j}=0$

② $\sum_{i,j=1}^{n} x_{i,j}^{k}=0,\quad \sum_{i,j=1}^{n} y_{i,j}^{k}=0$（$k$ 为奇数）

③ $x_{1,j}=x_{2,j}=\cdots=x_{n,j},\quad y_{i,1}=y_{i,2}=\cdots=y_{i,n}$

试证明：当 r 和 s 至少有一个为奇数时，有 $\sum_{i=1}^{n}\sum_{j=1}^{n}(x_{i,j}^{r}\quad y_{i,y}^{s})=0$ 成立。

第6章

视觉导航

视觉导航是一种通过图像获取环境中的可见特征和标志，结合相机的成像参数，确定载体位置和方向等导航信息的方法。在航天应用中，常见的视觉导航用途包括：①在远距离时，探知目标的方位。由于远距离观察时目标较小，视觉导航主要用于感知目标在观察者视线中的方位，特别是偏离观察视轴的方位角，从而引导观察者向目标运动。②在中近距离时，感知目标的位置和姿态。在中近距离观察时目标在图像上的区域变大，体现出更多的细节信息，此时需要感知目标的位置和姿态，从而引导观察者以合适方位逼近目标以进行后续的任务操作（如抓捕或者对接）。③在外星球地表巡视探测时，感知地表物质与形状，特别是感知地表三维形状及巡视路径上障碍物，以引导无人巡视器在外星球表面的非结构化环境中，进行安全的、长距离的探测，并同时建立地表精细地图。

广义上，景象匹配和星敏感器定姿定位也属于视觉导航。目前，视觉导航已经发展至对掌握环境进行识别和理解的阶段，并向智能化方向发展。不过，本章仍然以基于视觉图像的位姿确定为主，并介绍两种典型的应用案例。

6.1 成像模型与摄像机标定

6.1.1 相机成像模型

小孔成像模型是一种简化的和普遍使用的光学成像模型，该模型主要基于光线直线传播的特性。假设从物体一点发出（或从物体表面反射发出的）的光线经小孔中心投影到图像平面上成像，则物体点、小孔中心和其图像点三点共线。对于实际的相机，假设相机的透镜是理想透镜，从物体发出的光线经透镜折射后聚焦于成像平面，则其像点、透镜中心与物体点在空间中三点共线。不过，实际应用中使用的相机透镜由于加工制造和装配原因，以及对不同波段可见光的折射率不同，实际成像位置与小孔成像位置会有偏差，该成像偏差可用镜头的畸变模型进行描述。

1. 小孔成像模型

小孔成像模型也叫针孔成像模型、中心射影成像模型。如图 6-1(a)所示，O_C 为一小孔，I 是成像平面，P 是空间中一点，P 点发出的光线经过小孔 O_C 投射到成像平面 I 获得其投影成

像位置 p。

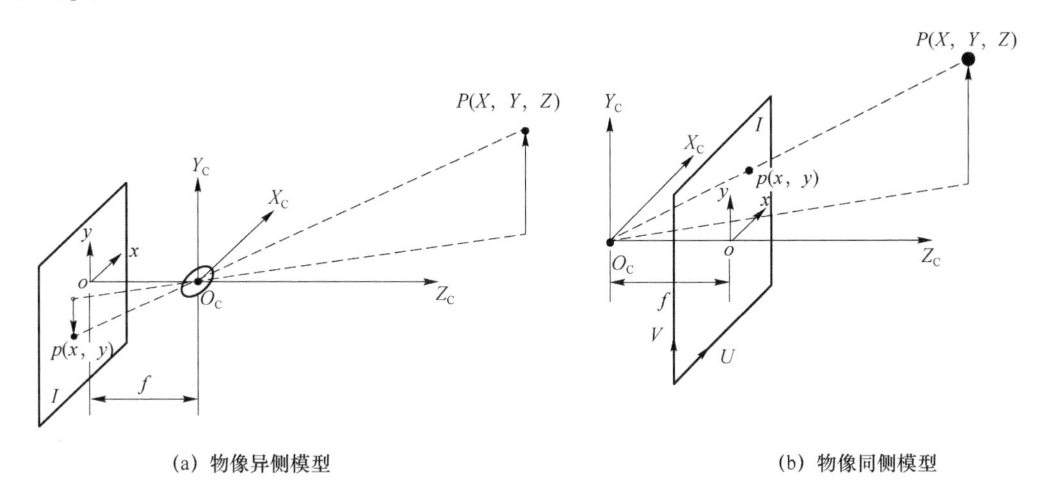

(a) 物像异侧模型　　(b) 物像同侧模型

图 6-1 小孔成像模型

为了定量描述相机空间成像的几何位置关系，建立空间坐标系。以小孔中心 O_C 为原点，以垂直于图像平面向外方向为 Z_C 轴，以平行于图像宽度方向为 X_C 轴，按右手法则建立相机三维参考坐标系 C(简称为 C 系)。以 Z_C 轴与图像平面的交点为原点 o(该点称为图像的主点)，在图像平面内建立物理坐标系 oxy，其中 x 轴的指向与 X 轴指向相同。O_C 到图像平面 I 的距离，即 $|oO_C|$ 是图像/相机的焦距，记作 f。空间点 P 在 C 系的坐标为 $\boldsymbol{P}_C = [X_C \quad Y_C \quad Z_C]^T$，像点 p 在 oxy 坐标系中坐标为 $p=[x \quad y]^T$，坐标的对应关系为

$$\begin{cases} x = -f\dfrac{X_C}{Z_C} \\ y = -f\dfrac{Y_C}{Z_C} \end{cases} \tag{6.1}$$

可将式(6.1)改写为线性变换形式，即

$$\begin{cases} \hat{\boldsymbol{p}} = [x \quad y \quad 1]^T \\ \boldsymbol{H}_C = \begin{bmatrix} -f & 0 & 0 \\ 0 & -f & 0 \\ 0 & 0 & 1 \end{bmatrix} \\ Z_C \hat{\boldsymbol{p}} = \boldsymbol{H}_C \boldsymbol{P}_C \end{cases} \tag{6.2}$$

式中，$\hat{\boldsymbol{p}}$ 是 $\boldsymbol{p}$ 的齐次坐标(本章均用“ˆ”表示坐标变量的齐次坐标)。

由图 6-1(a)可以看到小孔所成图像是倒立的，且 $\boldsymbol{H}_C$ 中有负数元素存在。为便于分析，将成像平面 I 对原点 O_C 镜像，得到如图 6-1(b)所示结构，其中物理坐标系 oxy 建立方式不变，并在图像上建立像素坐标系 U-V。经过镜像后，物体所成图像变成正立，小孔成像变换 $\boldsymbol{H}_C$ 变为

$$\boldsymbol{H}_C = \begin{bmatrix} f & 0 & 0 \\ 0 & f & 0 \\ 0 & 0 & 1 \end{bmatrix} \tag{6.3}$$

假设数字图像 I 的单个像素宽度和高度分别为 $\mathrm{d}x$ 和 $\mathrm{d}y$，主点 o 在像素坐标系 U-V 中的

坐标为$[u_0 \quad v_0]^{\mathrm{T}}$，数字图像传感器的$U$轴和$V$轴的不垂直度因子为$\gamma$(一般为0)，像点$p$在像素坐标系$U$-$V$中的坐标为$\boldsymbol{p}_{uv}=[u \quad v]^{\mathrm{T}}$，则像点$p$由物理坐标到像素坐标转换的变换为

$$\begin{bmatrix} u \\ v \\ 1 \end{bmatrix}=\begin{bmatrix} \frac{1}{\mathrm{d}x} & \gamma & u_0 \\ 0 & \frac{1}{\mathrm{d}y} & v_0 \\ 0 & 0 & 1 \end{bmatrix}\begin{bmatrix} x \\ y \\ 1 \end{bmatrix} \tag{6.4}$$

将式(6.2)、式(6.3)和式(6.4)联合，则得到点P在C系中的空间点坐标与其像点p在像素坐标系U-V中的坐标变换关系为

$$\begin{cases} \hat{\boldsymbol{p}}_{uv}=[u \quad v \quad 1]^{\mathrm{T}} \\ \boldsymbol{K}=\begin{bmatrix} f_u & \gamma & u_0 \\ 0 & f_v & v_0 \\ 0 & 0 & 1 \end{bmatrix} \\ Z_{\mathrm{C}}\,\hat{\boldsymbol{p}}_{uv}=\boldsymbol{K}\boldsymbol{P}_{\mathrm{C}} \end{cases} \tag{6.5}$$

式中，$f_u=\dfrac{f}{\mathrm{d}x}$，$f_v=\dfrac{f}{\mathrm{d}y}$；$\boldsymbol{K}$称为相机的内参矩阵，仅由相机结构本身决定，与相机的空间位置和姿态无关。为统一起见，将式(6.5)中点P也用齐次坐标表示，则有

$$\begin{cases} \hat{\boldsymbol{P}}_{\mathrm{C}}=[X_{\mathrm{C}} \quad Y_{\mathrm{C}} \quad Z_{\mathrm{C}} \quad 1]^{\mathrm{T}} \\ Z_{\mathrm{C}}\,\hat{\boldsymbol{p}}_{uv}=[\boldsymbol{K} \quad \boldsymbol{0}_{3\times 1}]\hat{\boldsymbol{P}}_{\mathrm{C}} \end{cases} \tag{6.6}$$

图6-1中，点P在C系中的坐标一般是未知的。更一般地，点P在用户坐标系或世界坐标系W(简称为W系)中表达，如图6-2所示。C系相对于W系的姿态为$\boldsymbol{R}$，$\boldsymbol{t}$为O_{W}在C系中的位置，则对于空间任意一点P，有

$$\hat{\boldsymbol{P}}_{\mathrm{C}}=\begin{bmatrix} \boldsymbol{R} & \boldsymbol{t} \\ \boldsymbol{0}_{1\times 3} & 1 \end{bmatrix}\hat{\boldsymbol{P}}_{\mathrm{W}} \tag{6.7}$$

式中，$(\boldsymbol{R},\boldsymbol{t})$与C系在W系中的位置和姿态相关，称为相机的外部参数(简称外参)。

结合式(6.6)和式(6.7)可得W系中任意一点P投影到图像平面I的坐标为

$$Z_{\mathrm{C}}\,\hat{\boldsymbol{p}}_{uv}=[\boldsymbol{K} \quad \boldsymbol{0}_{3\times 1}]\begin{bmatrix} \boldsymbol{R} & \boldsymbol{t} \\ \boldsymbol{0}_{1\times 3} & 1 \end{bmatrix}\hat{\boldsymbol{P}}_{\mathrm{W}} \tag{6.8}$$

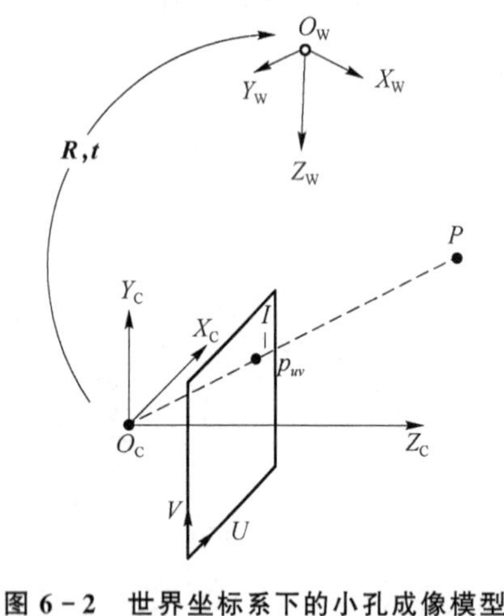

图6-2　世界坐标系下的小孔成像模型

令$\boldsymbol{M}=[\boldsymbol{K} \quad \boldsymbol{0}_{3\times 1}]\begin{bmatrix} \boldsymbol{R} & \boldsymbol{t} \\ \boldsymbol{0}_{1\times 3} & 1 \end{bmatrix}=\boldsymbol{K}[\boldsymbol{R} \quad \boldsymbol{t}]$，则式(6.8)可简化为

$$Z_{\mathrm{C}}\,\hat{\boldsymbol{p}}_{uv}=\boldsymbol{M}\hat{\boldsymbol{P}}_{\mathrm{W}} \tag{6.9}$$

式中，$\boldsymbol{M}$为3×4矩阵，称为相机的投影矩阵。由于坐标的齐次性，式(6.9)两边乘以任意非零常数不影响点的非齐次坐标，因此，式(6.9)可变为

$$s\,\hat{\boldsymbol{p}}_{uv}=\boldsymbol{M}\hat{\boldsymbol{P}}_{\mathrm{W}} \tag{6.10}$$

式中，s 为任意非零常数。式(6.10)有时也近似表述为

$$\hat{\boldsymbol{p}}_{uv} \simeq \boldsymbol{M}\hat{\boldsymbol{P}}_{\mathrm{W}} \tag{6.11}$$

式中，$\simeq$ 表示左右两边在齐次坐标下相差一个常数因子。

2. 镜头畸变

实际摄像机成像是通过光学透镜，而不是物理上的光学小孔，由于透镜固有的畸变以及光机装调误差，摄像机成像过程并不是线性过程。摄像机小孔成像模型忽略了镜头可能存在的畸变，在对精度要求不高的场合尚可以满足要求；但对于高精度的测量任务，必须考虑摄像机镜头的畸变因素。

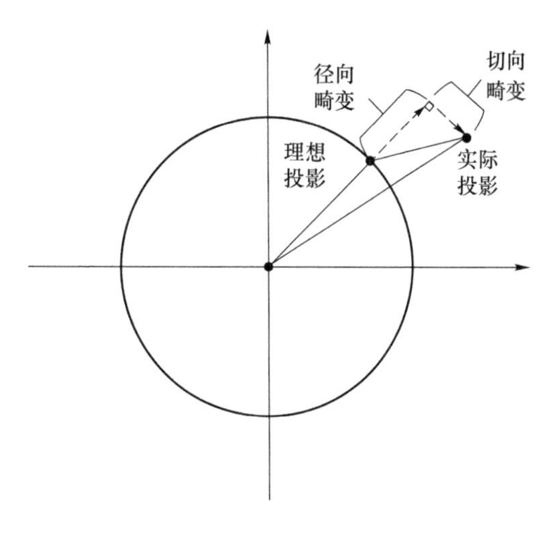

图 6-3　摄像机镜头畸变模型

摄像机镜头的畸变一般有三种：径向畸变、切向畸变和薄棱镜畸变。实际应用中，薄棱镜畸变一般较小，通常可以忽略。图 6-3 描述了摄像机镜头的径向和切向畸变。

(1) 径向畸变

径向畸变主要由透镜曲率引起的，由透镜本身的制作工艺导致。径向畸变导致图像放大率随着光线与图像中心的距离的变化而变化，使得实际图像点相对于理想图像点发生沿半径向外或者向内的偏移。径向畸变的数学模型可以描述为

$$\begin{cases} \delta_{xr} = x(k_1 r^2 + k_2 r^4 + k_3 r^6) \\ \delta_{yr} = y(k_1 r^2 + k_2 r^4 + k_3 r^6) \end{cases} \tag{6.12}$$

式中，$r=\sqrt{x^2+y^2}$ 是像素点和光轴中心之间的距离；系数 k_1、k_2 和 k_3 依次表示各次径向畸变系数。

(2) 切向畸变

切向畸变也称离心畸变，一般来自传感器与光轴之间的偏移，其数学模型可以描述为

$$\begin{cases} \delta_{xd} = 2p_1 xy + p_2(r^2 + 2x^2) \\ \delta_{yd} = p_1(r^2 + 2y^2) + 2p_2 xy \end{cases} \tag{6.13}$$

式中，p_1 和 p_2 称为切向畸变系数。与径向畸变不同的的是，切向畸变不是中心对称的，在精密测量系统中会导致视场内误差分布不对称。除了鱼眼镜头、广角镜头外，一般镜头往往忽略切向畸变系数，只采用一阶和二阶径向畸变系数。研究表明，由于非线性畸变模型的引入，摄像机标定需要使用非线性优化算法，过多的畸变会导致标定结果不稳定。

6.1.2　摄像机标定

摄像机标定是通过一组物理约束获得摄像机成像数学模型参数值的过程和方法。单目摄像机标定是为了获得摄像机的内部参数；双目摄像机标定包含单目摄像机标定和立体标定两步，其中单目摄像机标定是为了获得左右摄像机的内部参数，然后基于单目摄像机的标定进行立体标定，从而获得双目成像系统的整体参数。

一旦摄像机的内参矩阵和外参矩阵参数确定，空间点与像点之间的映射关系就会随之确

定。相机内参矩阵取决于摄像机结构的几何特征，包含主点坐标、畸变系数和焦距等；外参矩阵取决于摄像机本体坐标系与世界坐标系的相对位置姿态关系，可以用旋转矩阵和平移向量来表示。

1. 摄像机标定方法概述

摄像机标定方法可以分为传统摄像机标定方法、摄像机自标定方法和摄像机主动运动标定方法。

传统摄像机标定方法使用标定参照物或者靶标，比如棋盘格、立体靶标等进行标定。靶标上提供了用于标定的参考点精确坐标，参考点在图像上对应的像点位置通过图像处理算法得到。通过将靶标上参考点精确的空间位置与图像位置对应，可为精确标定相机提供足够的约束信息。传统摄像机标定主要包括直接线性变换标定法（direct linear transformation，DLT）、径向约束标定法（radial alignment constraint，RAC）和张氏平面标定法（简称为“张氏标定法”）。

DLT 标定法将摄像机投影矩阵 $\boldsymbol{M}$ 当作通用的 3×4 线性代数变换，只要提供不少于 6 个对应参考点，就可确定该线性变换的所有参数，然后可根据摄像机的内外参模型，分解得到摄像机的内参和外参。该方法的缺点是没有考虑摄像机镜头的切向和径向畸变参数，而且分解的内外参精度较低。改进的 DLT 考虑了镜头的畸变因素，将 DLT 求解结果和无畸变系数作为初值，利用优化方法对摄像机投影矩阵和畸变系数进行整体优化，标定精度得到提升。

RAC 标定法考虑高性能摄像机的镜头畸变主要以径向畸变为主，将摄像机标定分为两步：先利用 RAC 径向约束性质，可通过线性最小二乘法，求解得到摄像机外参的姿态 $\boldsymbol{R}$、平移向量 $\boldsymbol{t}$ 的两个分量（t_x 和 t_y）和摄像机 U/V 轴的不垂直度因子 s_x；再通过迭代优化求解摄像机焦距 f、平移分量 t_z 和径向畸变系数 k_1。RAC 标定法要求提供图像传感器的像素物理尺寸；此外，RAC 标定法将图像中心当作摄像机的主点，影响了摄像机的标定精度。

与 DLT 方法和 RAC 方法都要求将高精度的三维靶标作为标定参照物不同，张氏平面标定法只是利用平面靶标，既能提供高精度参照物，又能降低靶标制作难度，标定过程简单易行，且精度较高，是目前业界广泛接受的标定方法。

传统摄像机标定方法需要拍摄靶标进行摄像机标定，当不具备拍摄靶标时，这些标定方法将无法使用。相机自标定方法无需靶标，仅通过场景中的特殊结构（如 3 个正交方向的平行线）或多幅图像间对应点的关系，即可完成摄像机内参的标定。相机自标定方法使用灵活，但没有考虑镜头畸变，精度低于传统摄像机标定方法。

摄像机主动运动标定适用于可精确控制摄像机运动情形下的摄像机标定。如机器人手眼视觉或云台监控，控制摄像机在空间中做两个互不平行的三正交空间运动，通过运动方向的正交隐消点标定摄像机。摄像机主动运动标定方法本质上属于摄像机自标定。

2. 张氏标定法

张氏标定法是一种基于平面模板标定实现摄像机标定的方法，甚至在简化标定中自行打印一个棋盘格即可满足标定要求。标定过程中，只需要控制摄像机在多个不同角度拍摄棋盘格即可。与自标定相比，张氏标定法具有方法简洁和标定结果更加可靠等优点，得到了广泛应用。

张氏标定法应用最普遍的是使用棋盘格进行摄像机标定，如图 6－4 所示。在棋盘格标定物中，将棋盘格角点（称为 X 角点）作为标定参考点。以棋盘格左下角 X 角点作为世界坐标系原点，棋盘格 X 角点的行列分别作为 X 轴和 Y 轴，建立 W 系。

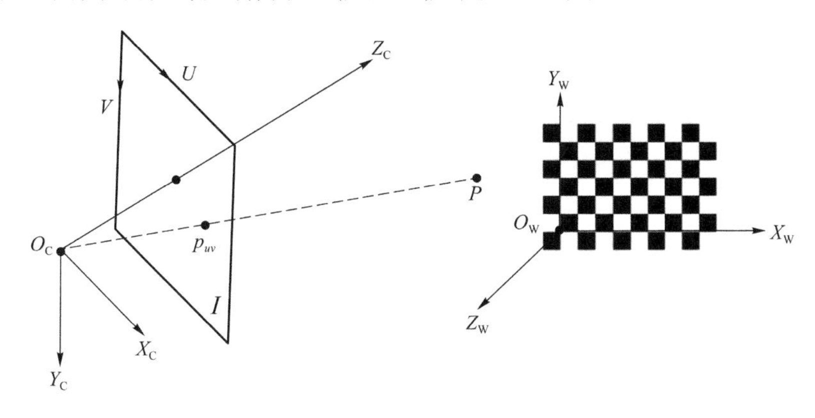

图 6-4　张氏棋盘格摄像机标定法

由于棋盘格上所有角点的 Z 坐标均为 0，因此，棋盘格上的角点 $\boldsymbol{P}_W=[X\quad Y\quad 0]^T$，将其代入式(6.8)得

$$s\hat{\boldsymbol{p}}_{uv}=\boldsymbol{K}[\boldsymbol{R}\quad \boldsymbol{t}]\begin{bmatrix}X\\Y\\0\\1\end{bmatrix} \tag{6.14}$$

令 $\boldsymbol{R}=[\boldsymbol{r}_1\quad \boldsymbol{r}_2\quad \boldsymbol{r}_3]$，则式(6.15)简化为

$$s\hat{\boldsymbol{p}}_{uv}=\boldsymbol{K}[\boldsymbol{r}_1\quad \boldsymbol{r}_2\quad \boldsymbol{t}]\begin{bmatrix}X\\Y\\1\end{bmatrix} \tag{6.15}$$

将 $\boldsymbol{K}[\boldsymbol{r}_1\quad \boldsymbol{r}_2\quad \boldsymbol{t}]$ 记为 $\boldsymbol{H}$，称之为单应矩阵。$\boldsymbol{H}$ 是一个 3×3 的齐次矩阵，有 8 个未知数，通过对应棋盘格上 4 个非共线的角点就可确定 $\boldsymbol{H}$。已知棋盘格尺寸，则棋盘格每个 X 角点的世界坐标系坐标为已知量，再利用图像角点检测算法，获得这些 X 角点在图像上的坐标位置，即可运用最小二乘法解出 $\boldsymbol{H}$。

令 $\boldsymbol{H}=[\boldsymbol{h}_1\quad \boldsymbol{h}_2\quad \boldsymbol{h}_3]$，则 $[\boldsymbol{h}_1\quad \boldsymbol{h}_2\quad \boldsymbol{h}_3]=\boldsymbol{K}[\boldsymbol{r}_1\quad \boldsymbol{r}_2\quad \boldsymbol{t}]$。考虑到姿态矩阵 $\boldsymbol{R}$ 是单位正交矩阵，有 $\boldsymbol{r}_1^T\boldsymbol{r}_2=0$，$\|\boldsymbol{r}_1\|=\|\boldsymbol{r}_2\|=1$，因此有

$$\begin{cases}\boldsymbol{h}_1^T\boldsymbol{K}^{-T}\boldsymbol{K}^{-1}\boldsymbol{h}_2=0\\ \boldsymbol{h}_1^T\boldsymbol{K}^{-T}\boldsymbol{K}^{-1}\boldsymbol{h}_1=\boldsymbol{h}_2^T\boldsymbol{K}^{-T}\boldsymbol{K}^{-1}\boldsymbol{h}_2\end{cases} \tag{6.16}$$

式(6.16)提供了对内参矩阵的两个约束，由于 $\boldsymbol{K}$ 有 5 个未知参数，因此，需要拍摄至少三幅不同角度和不同距离的棋盘格图像以完成标定。令 $\boldsymbol{B}=\boldsymbol{K}^{-T}\boldsymbol{K}^{-1}$，显然 $\boldsymbol{B}$ 是一个对称矩阵，将其主对角线及右上角共 6 个元素写成向量 $\boldsymbol{b}$，即 $\boldsymbol{b}=[b_{11}\quad b_{12}\quad b_{22}\quad b_{13}\quad b_{23}\quad b_{33}]^T$，则有 $\boldsymbol{h}_i^T\boldsymbol{B}\boldsymbol{h}_j=\boldsymbol{v}_{ij}^T\boldsymbol{b}$，式(6.16)可改写为

$$\begin{bmatrix}\boldsymbol{v}_{12}^T\\ \boldsymbol{v}_{11}^T-\boldsymbol{v}_{22}^T\end{bmatrix}\boldsymbol{b}=\boldsymbol{0} \tag{6.17}$$

式中，$\boldsymbol{v}_{ij}=[h_{i1}h_{j1}\quad h_{i1}h_{j2}+h_{i2}h_{j1}\quad h_{i2}h_{j2}\quad h_{i1}h_{j3}+h_{i1}h_{j3}\quad h_{i3}h_{j2}+h_{i2}h_{j3}\quad h_{i3}h_{j3}]^T$，$h_{ij}$ 为 $\boldsymbol{h}_i$ 向量的第 j 个元素。累积 N 张不同距离和不同角度的棋盘格图像，可以求解 $\boldsymbol{b}$，从而确定 $\boldsymbol{B}$。对 $\boldsymbol{B}$ 进行 Cholesky 矩阵分解，即可得到摄像机的内外参矩阵元素值，其中内参矩阵各元素值为

$$
\begin{cases}
v_0=\dfrac{(b_{12}b_{13}-b_{11}b_{23})}{(b_{11}b_{22}-b_{12}^2)} \\
\lambda=\dfrac{b_{33}-[b_{13}^2+v_0(b_{12}b_{13}-b_{11}b_{23})]}{b_{11}} \\
f_u=\sqrt{\dfrac{\lambda}{b_{11}}} \\
f_v=\sqrt{\dfrac{\lambda b_{11}}{(b_{11}b_{22}-b_{12}^2)}} \\
\gamma=\dfrac{-b_{12}f_u^2 f_v}{\lambda} \\
u_0=\dfrac{\gamma v_0}{f_u-b_{13}f_u^2/\lambda}
\end{cases}
\tag{6.18}
$$

外参矩阵元素值为

$$
\begin{cases}
\boldsymbol{r}_1=\lambda\boldsymbol{K}^{-1}\boldsymbol{h}_1 \\
\boldsymbol{r}_2=\lambda\boldsymbol{K}^{-1}\boldsymbol{h}_2 \\
\boldsymbol{r}_3=\boldsymbol{r}_1\times\boldsymbol{r}_2 \\
\boldsymbol{t}=\lambda\boldsymbol{K}^{-1}\boldsymbol{h}_3 \\
\lambda=\dfrac{1}{\|\boldsymbol{K}^{-1}\boldsymbol{h}_1\|}=\dfrac{1}{\|\boldsymbol{K}^{-1}\boldsymbol{h}_2\|}
\end{cases}
\tag{6.19}
$$

注意,由于世界坐标系固定在棋盘格上,每张棋盘格和摄像机的相对位姿都在发生变化,式(6.19)求出的是摄像机相对于每张棋盘格位置的外参。另外,$\boldsymbol{B}=\boldsymbol{K}^{-\mathrm{T}}\boldsymbol{K}^{-1}$实际上是绝对二次曲线在摄像机图像平面上投影曲线的矩阵表示,因此,张氏标定法可以认为是介于传统标定和自标定方法之间的方法。

式(6.18)和式(6.19)未考虑到镜头畸变。考虑到镜头畸变,假设畸变系数如式(6.12)和式(6.13)所示,则可通过目标函数对摄像机参数进行优化,即

$$
\arg\min\sum_{i=1}^{N}\sum_{j=0}^{J}\|\boldsymbol{p}_{ij}-\boldsymbol{M}(\boldsymbol{K},k_1,k_2,k_3,p_1,p_2,\boldsymbol{R}_i,\boldsymbol{t}_i,\boldsymbol{P}_{ij})\|
\tag{6.20}
$$

式中,$\boldsymbol{M}(\boldsymbol{K},k_1,k_2,k_3,p_1,p_2,\boldsymbol{R}_i,\boldsymbol{t}_i,\boldsymbol{P}_{ij})$表示利用由摄像机参数$(\boldsymbol{K},k_1,k_2,k_3,p_1,p_2,\boldsymbol{R}_i,\boldsymbol{t}_i)$确定的相机模型将第$i$个棋盘格上第$j$个角点投影到图像上的理论失真位置;$\boldsymbol{p}_{ij}$是第$i$个棋盘格图像上检测出来的第$j$个角点的实际失真位置;$N$表示总共有$N$个棋盘格图像;$J$表示每张棋盘上共有$J$个角点。式(6.20)中摄像机内外参初值由无畸变条件标定获得,畸变系数的初值设置为0。

6.2 视觉位姿测量

在获得目标的图像后,恢复目标的方位和位姿是视觉导航的主要任务。视觉导航主要分为基于单目摄像机(或单幅图像)的位姿测量与基于双目摄像机(或多幅图像)的位姿测量。单目图像主要适用于远距离时的目标方位估计与中近距离时的目标位姿估计,双目图像主要适用于近距离时的高精度目标位姿估计。

6.2.1　基于视觉的目标方位测量

如图 6-5 所示，当空间目标与摄像机相距比较远时，空间目标在图像上呈现为点状图像，目标轮廓没有呈现，这时只能对目标偏离视轴方向的角度（或称方位）进行估计。图中 O_CZ_C 为摄像机的视轴方向，一般与载体的飞行方向一致。假设 P 为空间目标，p 为空间目标在图像上的投影，则偏离角定义为 $\alpha=\angle PO_CZ_C$，即目标偏离视轴方向的角度。假设 P 向 $O_CX_CZ_C$ 平面的投影为 P_{XZ}，称 $\gamma=\angle P_{XZ}O_CZ_C$ 为俯仰角，$\beta=\angle PO_CP_{XZ}$ 为偏航角，因此，空间目标的方位角一般用(γ,β)表示。

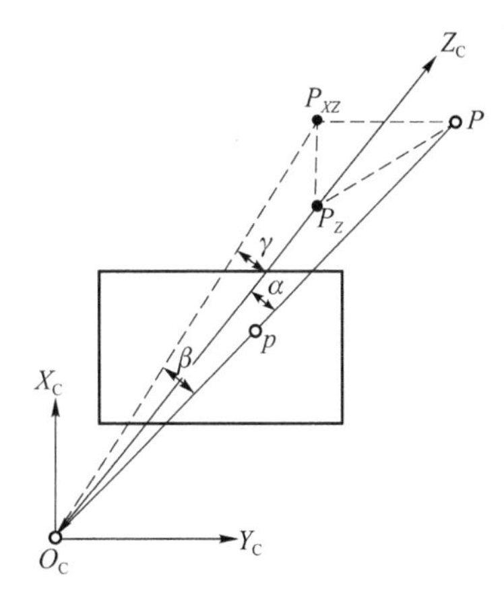

图 6-5　目标方位测量原理示意图

设摄像机的内参矩阵 $\boldsymbol{K}$ 已经通过标定获得，空间目标 P 的图像 p 通过图像处理算法也已经在图像中检测得到，则空间目标的方位角可由 p 计算得出。设 p 在图像中的像素坐标 $\boldsymbol{p}_{uv}$ 为 $[u\quad v]^{\mathrm{T}}$，则由式(6.5)可得其在摄像机坐标系中归一化空间坐标为 $\overline{\boldsymbol{p}}=\boldsymbol{K}^{-1}\hat{\boldsymbol{p}}_{uv}$，$\overline{\boldsymbol{p}}$ 可以认为是射线$\overrightarrow{O_CP}$在 C 系中的方向向量，而视轴的方向向量 $\boldsymbol{e}_Z=[0\quad 0\quad 1]^{\mathrm{T}}$，则可确定偏离角为

$$\alpha=\arccos\frac{\overline{\boldsymbol{p}}^{\mathrm{T}}\boldsymbol{e}_Z}{\|\overline{\boldsymbol{p}}\|}\tag{6.21}$$

设 $\overline{\boldsymbol{p}}=[p_x\quad p_y\quad 1]^{\mathrm{T}}$，$\overline{\boldsymbol{p}}_{XZ}=[p_x\quad p_y\quad 0]^{\mathrm{T}}$，则可得空间目标 P 的方位角为

$$\begin{cases}\beta=\arccos\dfrac{\overline{\boldsymbol{p}}^{\mathrm{T}}\,\overline{\boldsymbol{p}}_{XZ}}{\|\overline{\boldsymbol{p}}\|\,\|\overline{\boldsymbol{p}}_{XZ}\|}\\[2ex]\gamma=\arccos\dfrac{\overline{\boldsymbol{p}}_{XZ}^{\mathrm{T}}\boldsymbol{e}_Z}{\|\overline{\boldsymbol{p}}_{XZ}\|}\end{cases}\tag{6.22}$$

6.2.2　基于单目视觉的位姿测量

1. 概　述

在中近距离情况下，目标在图像上成像区域变大，目标轮廓和细节逐渐变得清晰，此时，可对目标的空间位姿进行估计。如果空间目标为合作目标或预先知道目标上的一些结构信息，则可利用单目图像估计目标的空间位姿；如果目标信息完全未知，则需要利用额外的辅助信息（如摄像机的运动或者双目摄像机）进行位姿估计。

单目视觉的位姿估计主要有 PnP、PnL（perspective-n-lines，n 线透视）和 PnC（perspective-n-circles，n 圆透视）方法。PnP 是利用目标物体上已知的 N 个点及其在图像上的对应点估计物体位姿，其中利用的最少对应点数为 3 个。由于空间成像环境的复杂性，目标上存在大量的噪声点，而目标点不仅可能被掩盖，甚至可能未能成像，因此，PnP 方法的最大难点在于如何获得这些点对应。NASA 在 NextSAT 卫星上安装了两组角反射器标志，并在跟踪卫星上的先进视觉制导系统（advanced vision guidance system，AVGS）上安装了两组摄像机，分别用于远距离和近距离的目标位姿估计。

PnL 是利用物体上边缘直线及其在图像上的对应成像估计物体位姿的。对于人造物体而言，物体上容易出现直线型轮廓边缘，直线特征为点的集合特征，在图像上数量更少，抗噪声能力强于角点特征。PnL 最少需要利用 3 条直线，才能完成空间物体的位姿估计。

PnC 是利用目标物体上的圆形轮廓及其在图像上的对应成像估计物体位姿的，最少利用 1 个已知半径的圆及其对应投影，即可完成对物体的位姿估计。对于卫星、空间站等空间目标，存在通信天线罩、对接环、火箭喷口等圆形轮廓，比较适用于采用 PnC 方法。与角点和直线相比，圆形轮廓边缘数量更少，抗噪声能力更强。

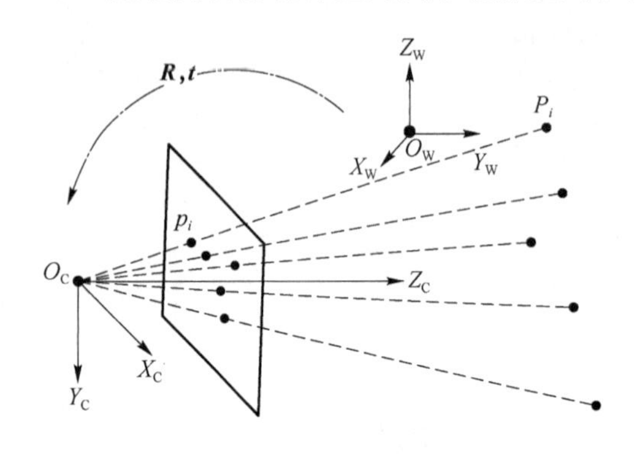

图 6-6　PnP 原理示意图

2. PnP

如图 6-6 所示，将空间目标物体的坐标系作为世界坐标系，给定物体上若干 3D 点的坐标（P_i）及其在图像上对应的 2D 点坐标（p_i），已知内参矩阵 $\boldsymbol{K}$，即可确定相机的位姿，即旋转矩阵 $\boldsymbol{R}$ 和平移矩阵 $\boldsymbol{t}$。

已知空间中 3D 点的坐标 $[X_W \quad Y_W \quad Z_W]^T$，对应的齐次坐标为 $[X_W \quad Y_W \quad Z_W \quad 1]^T$；投影点的坐标为 $[u \quad v]^T$，对应的齐次坐标为 $[u \quad v \quad 1]^T$，则有

$$Z_C \begin{bmatrix} u \\ v \\ 1 \end{bmatrix} = \boldsymbol{K} \begin{bmatrix} \boldsymbol{R} & \boldsymbol{t} \\ \boldsymbol{0}_{1\times 3} & 1 \end{bmatrix} \begin{bmatrix} X_W \\ Y_W \\ Z_W \\ 1 \end{bmatrix} \tag{6.23}$$

式(6.23)可改写为

$$Z_C \boldsymbol{K}^{-1} \hat{\boldsymbol{p}} = \boldsymbol{RP} + \boldsymbol{t} \tag{6.24}$$

式(6.24)展开后可得 3 个方程，消去 Z_C，可得到关于 $\boldsymbol{t}$ 约束的两个方程。$\boldsymbol{R}$ 有 9 个元素，但 $\boldsymbol{R}$ 是正交矩阵，自身有 6 个约束，只有 3 个独立变量，加上 $\boldsymbol{t}$ 的 3 个独立变量，共有 6 个独立变量。因此，至少需要 3 个空间非共直线点，才能唯一确定 $\boldsymbol{R}$ 和 $\boldsymbol{t}$，这就是 PnP 确定位姿的基本原理。

如式(6.24)所示的 PnP 问题求解通常是通过对重投影误差求极小值实现的，即先完成位姿估计；然后将三维点投影至二维图像平面，再与检测到的投影点作差，得到重投影误差；最后，通过迭代优化的方式，最小化重投影误差，实现最优的摄像机位姿估计。

按照具体实现形式，已经提出了多个 PnP 算法，包括 E-PnP、O-PnP（optimal PnP）和 U-PnP（uncalibrated PnP）等。这里以 E-PnP 为例进行简单介绍。E-PnP 是最常用的 PnP 算法，该算法使用非迭代的求解方式，有效地减少了计算量，其计算复杂度为 $O(N)$，对于点对数较多的 PnP 问题，计算效率非常高。E-PnP 算法的核心思想是将 PnP 问题转换为 ICP 问题，如果通过某种方式能够计算得到三维点在摄像机坐标下的坐标，就可以使用 ICP 算法对摄像机坐标系下的点和世界坐标下的点进行拟合，进而求解得到位姿矩阵。E-PnP 算法根据三维点的分布，利用主成分分析，在世界坐标系下构建一个新的坐标系。由于坐标系的变换并不影响点与点之间的距离，因此，位姿矩阵的求解可等效为计算相机坐标系和新坐标系之间的位姿变换矩阵。基于 MATLAB 实现的 E-PnP 算法程序可参考cvlab-epfl/EPnP：EPnP：Efficient Perspective-n-Point Camera Pose Estimation (github.com)。

3. P1C(Perspective-1-Circle)

如图 6-7(a)所示，已知 Γ 为空间平面 π 上半径为 R_Γ 的圆，其在摄像机 O_C 图像平面 I 上投影为二次曲线 τ。一般情况下 τ 是椭圆，特殊情况下 τ 退化为直线，本教材只考虑一般情况下的位姿估计。设 τ 在图像平面上已经通过图像算法检测得到。以 O_C 为顶点，O_C 和 τ 可以确定在空间中的一个椭圆锥面 Q，如图 6-7(b)所示。用空间平面截 Q，由于 Q 为空间椭圆锥面，因此，只有特定空间法向的平面与 Q 的交线才会形成圆。因此，当圆的半径未知时，可以确定该空间平面的法向方向信息；如果圆的半径已知，则可以进一步确定平面的空间位置。

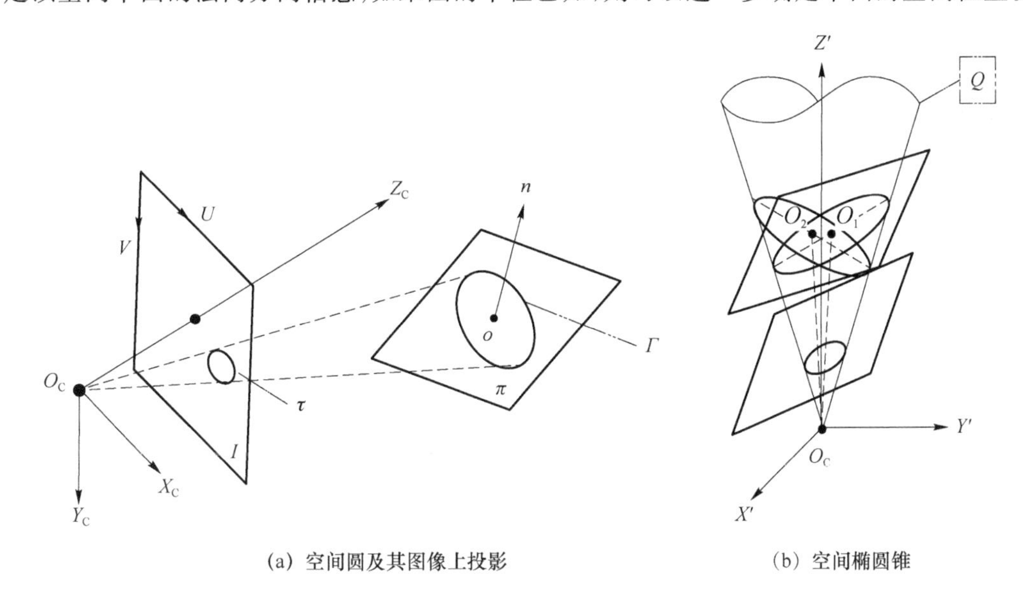

图 6-7　单圆投影位姿估计原理示意图

设图像上椭圆二次曲线 τ 的方程描述为

$$au^2+bv^2+2cuv+2du+2ev+f=0 \tag{6.25}$$

式中，(a,b,c,d,e,f) 为椭圆曲线的参数。将该椭圆用二次型表示为

$$\hat{\boldsymbol{p}}_{uv}^{\mathrm{T}}\boldsymbol{C}\,\hat{\boldsymbol{p}}_{uv}=0 \tag{6.26}$$

式中，$\hat{\boldsymbol{p}}_{uv}=[u\quad v\quad 1]^{\mathrm{T}}$ 是椭圆 τ 上像素的齐次坐标，$\boldsymbol{C}=\begin{bmatrix} a & c & d \\ c & b & e \\ d & e & f \end{bmatrix}$ 是椭圆 τ 的二次型。

由式(6.5)可知，$s\hat{\boldsymbol{p}}_{uv}=\boldsymbol{K}\boldsymbol{P}_{XYZ}$，其中 $\boldsymbol{P}_{XYZ}=[x\quad y\quad z]^{\mathrm{T}}$ 是椭圆锥曲面 Q 上点的欧氏坐标，将其代入式(6.26)，并消去 s 可得

$$\boldsymbol{P}_{XYZ}^{\mathrm{T}}\boldsymbol{K}^{\mathrm{T}}\boldsymbol{C}\boldsymbol{K}\boldsymbol{P}_{XYZ}=0 \tag{6.27}$$

令 $\boldsymbol{Q}=\boldsymbol{K}^{\mathrm{T}}\boldsymbol{C}\boldsymbol{K}$，其为空间椭圆锥面 Q 的二次型。一般情况下，O_CZ_C 轴不与椭圆锥面 Q 的轴线重合，因此，Q 在 C 系下表示复杂。为了便于分析，将 C 系统原点进行旋转，得到新的坐标系 $O_CX'Y'Z'$，其中 Z' 轴与 Q 的轴线重合，τ 的长轴与 X' 轴共平面，$O_CX'Y'Z'$ 是椭圆锥面的标准坐标系。由于 $\boldsymbol{Q}$ 是实对称矩阵，必存在正交阵 $\boldsymbol{U}$ 可将其对角化，即

$$\boldsymbol{U}^{\mathrm{T}}\boldsymbol{Q}\boldsymbol{U}=\boldsymbol{U}^{-1}\boldsymbol{Q}\boldsymbol{U}=\mathrm{diag}(\lambda_1,\lambda_2,\lambda_3) \tag{6.28}$$

式中，diag 表示对角矩阵。令

$$\boldsymbol{U}\,[x'\quad y'\quad z']^{\mathrm{T}}=[x\quad y\quad z]^{\mathrm{T}} \tag{6.29}$$

则有

$$[x' \quad y' \quad z']\boldsymbol{U}^{\mathrm{T}}\boldsymbol{Q}\boldsymbol{U}[x' \quad y' \quad z']^{\mathrm{T}}=0 \tag{6.30}$$

经变换后，椭圆锥面的方程为

$$\lambda_1 x'^2+\lambda_2 y'^2+\lambda_3 z'^2=0 \tag{6.31}$$

式(6.31)表示一椭圆锥面，其中，λ_1、λ_2 和 λ_3 中必有 2 个值符号相同，且与另外一个异号。当空间圆成像为圆时，该椭圆锥变成圆锥，则同号的 2 个值相等。

为便于后续计算，还需要对 λ_1、λ_2、λ_3 和 $\boldsymbol{U}=[\boldsymbol{u}_1 \quad \boldsymbol{u}_2 \quad \boldsymbol{u}_3]$ 进行处理。设 $\boldsymbol{Q}$ 矩阵的特征值及规范化向量分别为$[\eta_1 \quad \eta_2 \quad \eta_3]$与$[\boldsymbol{q}_1 \quad \boldsymbol{q}_2 \quad \boldsymbol{q}_3]$。设条件①为 η_1，η_2 同号；条件②为$\|\eta_1\|\geqslant\|\eta_2\|$。如果条件①和②同时成立，则 $\lambda_1=\eta_1$，$\lambda_2=\eta_2$，$\lambda_3=\eta_3$；如果$[\eta_1 \quad \eta_2 \quad \eta_3]$需要调整顺序才满足条件①和②，则$[\boldsymbol{q}_1 \quad \boldsymbol{q}_2 \quad \boldsymbol{q}_3]$也需进行相应的顺序调换。接下来，令 $\boldsymbol{u}_2=\boldsymbol{q}_2$；若$[0 \quad 0 \quad 1]\boldsymbol{q}_3>0$，则 $\boldsymbol{u}_3=\boldsymbol{q}_3$，否则 $\boldsymbol{u}_3=-\boldsymbol{q}_3$；令$\boldsymbol{u}_1=\boldsymbol{u}_2\times\boldsymbol{u}_3$。

在标准坐标系下的椭圆锥面求解圆心位置和切割平面的法向量，分别有两组解，一组解为

$$\begin{cases}[x'_{O1} \quad y'_{O1} \quad z'_{O1}]=\left[R_\Gamma\sqrt{\dfrac{|\lambda_3|(|\lambda_1|-|\lambda_2|)}{|\lambda_1|(|\lambda_1|+|\lambda_3|)}} \quad 0 \quad R_\Gamma\sqrt{\dfrac{|\lambda_1|(|\lambda_2|+|\lambda_3|)}{|\lambda_3|(|\lambda_1|+|\lambda_3|)}}\right] \\ [n'_{x1} \quad n'_{y1} \quad n'_{z1}]=\left[\sqrt{\dfrac{|\lambda_1|-|\lambda_2|}{|\lambda_1|+|\lambda_3|}} \quad 0 \quad -\sqrt{\dfrac{|\lambda_2|+|\lambda_3|}{|\lambda_1|+|\lambda_3|}}\right]\end{cases} \tag{6.32}$$

另一组解为

$$\begin{cases}[x'_{O2} \quad y'_{O2} \quad z'_{O2}]=\left[-R_\Gamma\sqrt{\dfrac{|\lambda_3|(|\lambda_1|-|\lambda_2|)}{|\lambda_1|(|\lambda_1|+|\lambda_3|)}} \quad 0 \quad R_\Gamma\sqrt{\dfrac{|\lambda_1|(|\lambda_2|+|\lambda_3|)}{|\lambda_3|(|\lambda_1|+|\lambda_3|)}}\right] \\ [n'_{x2} \quad n'_{y2} \quad n'_{z2}]=\left[-\sqrt{\dfrac{|\lambda_1|-|\lambda_2|}{|\lambda_1|+|\lambda_3|}} \quad 0 \quad -\sqrt{\dfrac{|\lambda_2|+|\lambda_3|}{|\lambda_1|+|\lambda_3|}}\right]\end{cases} \tag{6.33}$$

再将标准坐标系旋转回原来坐标系，可得在初始摄像机坐标系下圆的位置与法向方向分别为

$$\begin{cases}[x_{Oi} \quad y_{Oi} \quad z_{Oi}]^{\mathrm{T}}=\boldsymbol{U}[x'_{Oi} \quad y'_{Oi} \quad z'_{Oi}]^{\mathrm{T}} \\ [n_{xi} \quad n_{yi} \quad n_{zi}]^{\mathrm{T}}=\boldsymbol{U}[n'_{xi} \quad n'_{yi} \quad n'_{zi}]^{\mathrm{T}}\end{cases} \quad (i=1,2) \tag{6.34}$$

式中，$\boldsymbol{O}_i=[x_{oi} \quad y_{oi} \quad z_{oi}]^{\mathrm{T}}(i=1,2)$为空间圆 Γ 的圆心摄像机坐标系下圆心的位置；$\boldsymbol{n}_i=[n_{xi} \quad n_{yi} \quad n_{zi}]^{\mathrm{T}}(i=1,2)$为空间圆切割平面在摄像机坐标系下的法向方向向量。式(6.34)表明恢复的空间圆位姿有两个，而物体真实圆相对于摄像机的位姿只有一个，因此，其中一个为虚假解。如果有额外的约束，该虚假解是可以消除的。比如在空间中有两个平行的非共心圆，由于两个圆平行，因此，具有共同的法向方向。分别估计两个圆的法向方向，则在摄像机坐标系下法向方向相同的为真实解。

上述方法只利用了单个圆的投影，因此，称为 P1C。P1C 方法仅能恢复平面的法向量，不能确定物体绕法向量的转角。因此，P1C 只能估计以圆作为表征的目标物体空间的 5 个自由度信息，不能确定物体在空间的全部 6 个自由度信息。

4. PCL

如图 6-8 所示，设空间直线 L 平行于空间圆所在平面。以空间圆圆心为原点，法向量方

向为 Z 轴方向,平行于直线 L 方向为 X 轴方向,建立空间目标物体上的坐标系 $O_BX_BY_BZ_B$。如前文所述,利用 P1C 方法,可以获得圆的法向方向向量,即 $\overrightarrow{O_BZ_B}$ 向量。如果能进一步确定 L 的方向信息,即 $\overrightarrow{O_BX_B}$ 的方向,那么空间物体 B 的空间位姿即可完全确定。

设空间直线 L 在图像上的投影为 l,其在图像平面的表达为 $\boldsymbol{l}=[a \quad b \quad c]^{\mathrm{T}}$,通过图像检测方法已获取。将 C 系设为世界坐标系,则摄像机的投影矩阵为 $\boldsymbol{M}=\boldsymbol{K}[\boldsymbol{I} \quad \boldsymbol{0}]$。空间直线 L 与 O_C 确定的空间平面为 π_1。设 P 为平面 π_1 上的任意一点,显然 P 的图像投影 p 位于直线 l 上。将 $s\hat{\boldsymbol{p}}=\boldsymbol{M}\hat{\boldsymbol{P}}$ 代入 $\boldsymbol{l}^{\mathrm{T}}\hat{\boldsymbol{p}}=0$,有

$$\boldsymbol{l}^{\mathrm{T}}\boldsymbol{M}\hat{\boldsymbol{P}}=0 \tag{6.35}$$

令 $\boldsymbol{\pi}_1=\boldsymbol{M}^{\mathrm{T}}\boldsymbol{l}$,显然其为空间平面 π_1 的齐次坐标表示。由于 l 已知,因此空间平面 π_1 可以确定。空间平面 π 在摄像机坐标系下的位置和法向也已经获得,设 L_1 为空间平面 π 和平面 π_1 的交线,则 L_1 可确定。因为 L_1 平行于 L,所以,可以确定 L 在摄像机坐标系中的方向,物体的完全姿态也得以确定。

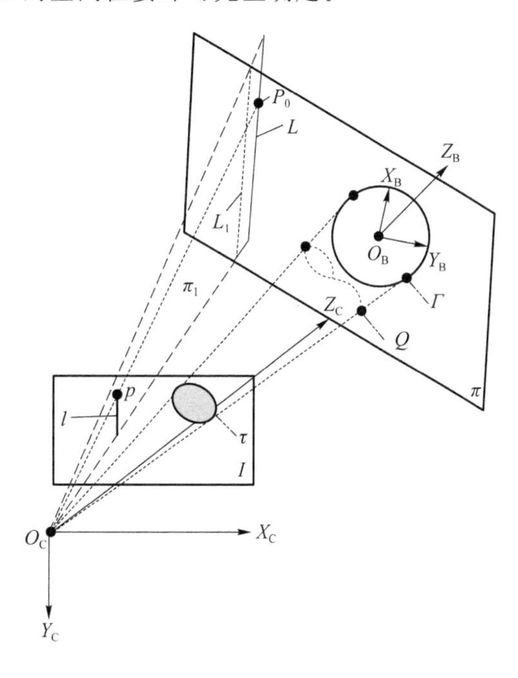

图 6-8　圆与直线组合投影的位姿恢复

不过,如前所述,式(6.34)中平面 π 有两个位置和法向方向,因此,确定的 L 也有两个结果,需要进一步消除虚假解。设平面 π 的法向方向 O_BZ_B 的归一化向量为 $\boldsymbol{n}_Z$,L 的归一化直线方向向量为 $\boldsymbol{n}_L$,则 O_BY_B 的归一化方向向量为 $\boldsymbol{n}_Y=\boldsymbol{n}_Z\times\boldsymbol{n}_L$。令 $\boldsymbol{R}=[\boldsymbol{n}_L^{\mathrm{T}} \quad \boldsymbol{n}_Y^{\mathrm{T}} \quad \boldsymbol{n}_Z^{\mathrm{T}}]^{\mathrm{T}}$ 为目标物体在摄像机坐标系下的姿态,而摄像机在物体参考坐标系下的姿态是该姿态的逆旋转。因此,在物体参考坐标系 B 下,摄像机的投影矩阵 $\boldsymbol{M}_B$ 为

$$\boldsymbol{M}_B=\boldsymbol{K}[\boldsymbol{R}^{-1} \quad \boldsymbol{O}_B] \tag{6.36}$$

在直线 L 上取任意一点 P_0,其在 B 系下的坐标 $\boldsymbol{P}_0$ 由空间圆与直线的已知空间关系确定。将 $\boldsymbol{P}_0$ 用 $\boldsymbol{M}_B$ 投影到图像上,则其投影应该在图像直线 l 上,满足投影在直线 l 的解是真实解,不满足的是虚假解。

6.2.3　基于立体视觉的近距离目标空间位姿测量

基于单幅图像的单目视觉恢复目标的空间位姿,需要预先知道目标的某些信息。多数情况下,视觉导航面对的是非合作目标或非结构化场景,因此,基于单幅图像的单目视觉难以胜任。

如图 6-9 所示,如果只有摄像机在 O_{C1} 位置对空间点 P 成像,其像点为 p_1,由小孔成像模型可知,P 在由 O_{C1} 和 p_1 确定的空间射线上。但由于缺乏其他信息,无法确定 P 在射线上的具体位置(如 P' 在图像上投影也为 p_1)。但如果摄像机在 O_{C2} 位置也对点 P 成像,像点为 p_2,则 P 也在由 O_{C2} 和 p_2 确定的空间射线上。由于射线 $O_{C1}p_1$ 和射线 $O_{C2}p_2$ 不重合,因此,可确

定 P 为两条射线的交点，从而确定 P 的空间位置。摄像机 C1 和摄像机 C2 可以是同一个摄像机在不同时刻的两个位置，也可以是不同摄像机在同一时刻的位置，前者称为单目运动立体视觉，后者称为双目立体视觉。单目运动立体视觉要求空间点 P 是静止的（至少在两次观测成像时位置不动），而双目立体视觉则对点 P 没有特殊要求。除了图像是由摄像机运动前后形成之外，单目运动立体视觉与双目立体视觉本质上相同，因此，这里只介绍双目立体视觉，并统称为立体视觉。

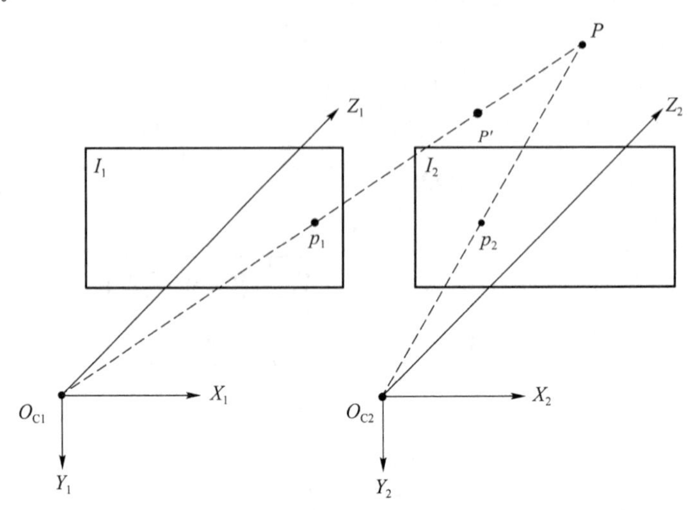

图 6-9 基于两幅图像的立体视觉

对于立体视觉，一般会选性能相当的两个摄像机前向并行排列布置，以便于将摄像机系统处理成数学上完全对齐的、具有最大公共视野的标准双目立体视觉，以简化后续的立体匹配任务，并提高三维重建的计算速度。这里先介绍理想前向并行排列的立体视觉模型，再介绍一般的立体视觉模型。

1. 理想前向并行排列的立体视觉模型

理想前向前行排列的立体视觉模型如图 6-10 所示，设将摄像机 C1 的克隆摄像机 C2 沿 X 轴由 O_{C1} 位置平移距离 b 到 O_{C2} 位置，形成标准的双目立体视觉系统，其中 b 称为立体视觉系统的基线。空间点 P 在两个参考系下的坐标分别为 $\boldsymbol{P}_{C1}=[x_1 \quad y_1 \quad z_1]^T$ 和 $\boldsymbol{P}_{C2}=[x_2 \quad y_2 \quad z_2]^T$，显然，$x_1-x_2=b$，$y_1=y_2$，$z_1=z_2$。点 P 在图像 I_1 和 I_2 的像点坐标分别为 $\boldsymbol{p}_1=[u_1 \quad v_1]^T$ 和 $\boldsymbol{p}_2=[u_2 \quad v_2]^T$。显然，由于 C1 和 C2 摄像机内参完全相同，而外参只存在 X 轴方向的平移，因此，$v_1=v_2$。设摄像机的内参为 $\boldsymbol{K}$，则有

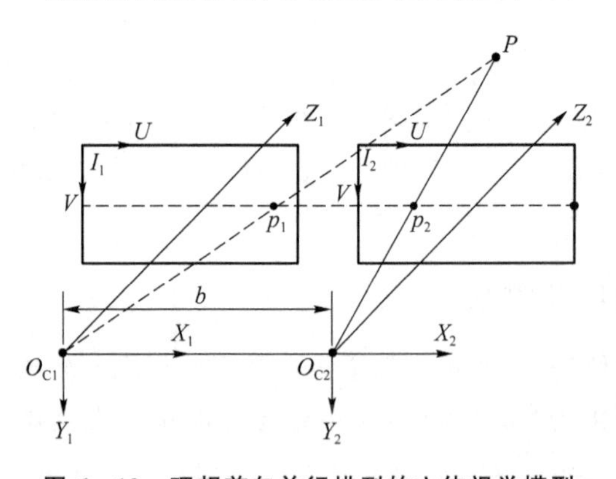

图 6-10 理想前向并行排列的立体视觉模型

$$z_1 \hat{\boldsymbol{p}}_1=\boldsymbol{K}\boldsymbol{P}_{C1} \tag{6.37}$$

$$z_1 \hat{\boldsymbol{p}}_2=\boldsymbol{K}\boldsymbol{P}_{C2} \tag{6.38}$$

用式(6.37)减去式(6.38)，得

$$z_1\begin{bmatrix}d\\0\\0\end{bmatrix}=\boldsymbol{K}\begin{bmatrix}b\\0\\0\end{bmatrix} \tag{6.39}$$

式中，$d=u_1-u_2$，称为 P 点的成像视差（简称视差）。结合式(6.5)中 $\boldsymbol{K}$ 的定义，有

$$z_1=f_u b d^{-1} \tag{6.40}$$

再结合式(6.37)，可重构点 P 在摄像机参考系 C1 下的空间坐标为

$$\boldsymbol{P}_{\mathrm{C1}}=f_u b d^{-1}\boldsymbol{K}^{-1}\hat{\boldsymbol{p}}_1 \tag{6.41}$$

令

$$\boldsymbol{Q}=\begin{bmatrix}1&0&0&-u_0\\0&f_u/f_v&0&-v_0 f_u/f_v\\0&0&0&f_u\\0&0&1/b&0\end{bmatrix} \tag{6.42}$$

则可将式(6.41)改写为

$$\begin{bmatrix}x\\y\\z\\w\end{bmatrix}=\boldsymbol{Q}\begin{bmatrix}u_1\\v_1\\d\\1\end{bmatrix} \tag{6.43}$$

式中，$[x\quad y\quad z\quad w]^{\mathrm{T}}$ 是点 P 的齐次坐标；$\boldsymbol{Q}$ 仅与标准立体视觉系统的内参和结构参数有关。设 $\boldsymbol{D}$ 为与 I_1 大小相同的图像，且 $D(u_1,v_1)=d$，则称 $\boldsymbol{D}$ 为视差图。显然，结合 $\boldsymbol{D}$ 和 $\boldsymbol{Q}$，即可确定点 P 的空间位置。如果能获得稠密的视差图，就可获得稠密的空间三维重建点云。

2. 一般排列立体视觉系统

实际的立体视觉系统中，除了单目运动立体视觉能保证运动前后的摄像机内参完全一致外，基于双目的两个摄像机无法做到内参完全一致，更无法做到坐标轴的对齐。

一般情况下的双目立体视觉系统如图 6-11所示，设摄像机 C1 的内参为 $\boldsymbol{K}_1$，摄像机 C2 的内参为 $\boldsymbol{K}_2$，以摄像机坐标系 C1 作为世界参考坐标系 W，坐标系 C2 相对于 C1 的空间位姿变换由旋转矩阵 $\boldsymbol{R}$ 和平移向量 $\boldsymbol{t}$ 表示。在 W 系中，两个摄像机的投影矩阵分别为 $\boldsymbol{M}^{(1)}=\boldsymbol{K}_1[\boldsymbol{I}\quad \boldsymbol{0}]$ 和 $\boldsymbol{M}^{(2)}=\boldsymbol{K}_2[\boldsymbol{R}\quad \boldsymbol{t}]$。令

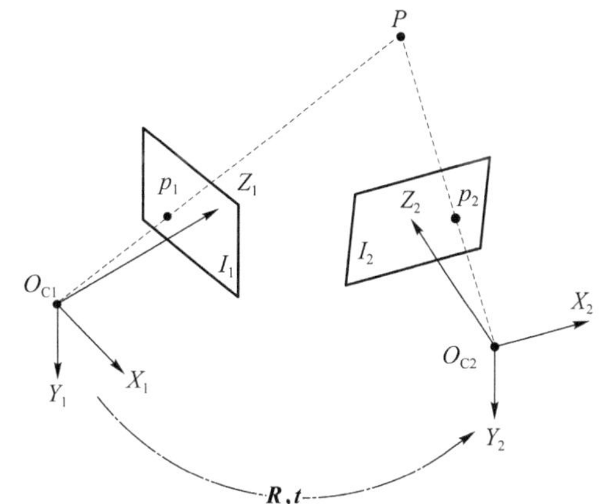

图 6-11　一般双目立体视觉系统组成示意图

$$\boldsymbol{M}^{(i)}=\begin{bmatrix}m_{11}^{(i)}&m_{12}^{(i)}&m_{13}^{(i)}&m_{14}^{(i)}\\m_{21}^{(i)}&m_{22}^{(i)}&m_{23}^{(i)}&m_{24}^{(i)}\\m_{31}^{(i)}&m_{32}^{(i)}&m_{33}^{(i)}&m_{34}^{(i)}\end{bmatrix}=\begin{bmatrix}\boldsymbol{m}_1^{(i)}\\\boldsymbol{m}_2^{(i)}\\\boldsymbol{m}_3^{(i)}\end{bmatrix}\quad (i=1,2) \tag{6.44}$$

点 P 为空间中任意一点，其在摄像机 C1 图像中的像点为 $\boldsymbol{p}_1=[u_1\quad v_1]^{\mathrm{T}}$，在摄像机 C2 图像中的像点为 $\boldsymbol{p}_2=[u_2\quad v_2]^{\mathrm{T}}$，设均已通过图像算法检测出图像中的准确位置。由摄像机投影成像公式可知 $\hat{\boldsymbol{p}}_i\simeq\boldsymbol{M}^{(i)}\hat{\boldsymbol{P}}(i=1,2)$，“$\simeq$”表示齐次相等，消去 s 常数，结合式(6.44)，有

$$
\begin{cases}
u_i = \dfrac{\boldsymbol{m}_1^{(i)}\hat{\boldsymbol{P}}}{\boldsymbol{m}_3^{(i)}\hat{\boldsymbol{P}}} \\
v_i = \dfrac{\boldsymbol{m}_2^{(i)}\hat{\boldsymbol{P}}}{\boldsymbol{m}_3^{(i)}\hat{\boldsymbol{P}}}
\end{cases} \tag{6.45}
$$

式(6.45)可改写为

$$
\begin{cases}
(u_i\boldsymbol{m}_3^{(i)} - \boldsymbol{m}_1^{(i)})\hat{\boldsymbol{P}} = 0 \\
(v_i\boldsymbol{m}_3^{(i)} - \boldsymbol{m}_2^{(i)})\hat{\boldsymbol{P}} = 0
\end{cases} \tag{6.46}
$$

令

$$
\boldsymbol{A} = \begin{bmatrix}
u_1\boldsymbol{m}_3^{(1)} - \boldsymbol{m}_1^{(1)} \\
v_i\boldsymbol{m}_3^{(1)} - \boldsymbol{m}_2^{(1)} \\
u_2\boldsymbol{m}_3^{(2)} - \boldsymbol{m}_1^{(2)} \\
v_2\boldsymbol{m}_3^{(2)} - \boldsymbol{m}_2^{(2)}
\end{bmatrix} \tag{6.47}
$$

则 $\boldsymbol{AX}=\boldsymbol{0}$ 的非零解就是点 P 的齐次坐标。不过，由于噪声和图像检测误差等原因，$\boldsymbol{AX}=\boldsymbol{0}$一般不存在非零解，此时，应寻找合适的非零 $\boldsymbol{X}$ 使得$\|\boldsymbol{AX}\|$最小。

注意，一般双目立体视觉仅需要知道两个摄像机在世界坐标系下的投影矩阵即可，不用知道摄像机的内参。一般情况下，可以利用靶标对双目摄像机进行同时标定，获得摄像机在同一世界坐标下的投影矩阵 $\boldsymbol{M}^{(1)}$ 和 $\boldsymbol{M}^{(2)}$ 即可。在机器人手眼视觉情况下，$\boldsymbol{R}$ 和 $\boldsymbol{t}$ 可以精确给出，则可利用上面的方法计算投影矩阵 $\boldsymbol{M}^{(1)}$ 和 $\boldsymbol{M}^{(2)}$，此时 $\boldsymbol{K}_1=\boldsymbol{K}_2$。

3. 非理想前向并行排列的立体视觉系统

实际的摄像机系统既无法达到内参完全相同，也无法将其沿 X 轴方向对齐。在构建系统时，可以选择参数相近的摄像机，并尽可能地实现物理对齐，然后通过数学方法，将实际的物理系统变换为理想的标准双目视觉系统。如图 6－12 所示，摄像机 C1 和 C2 的实际图像平面分别是 I_1 和 I_2，两个摄像机的内参有差异，坐标轴也未对齐。在摄像机前方选择一个公共平面 π，在公共平面 π 上以相同的内参构建虚拟摄像机 C1 和 C2，其原点与真实摄像机原点位置相同，图像平面分别为 I_1' 和 I_2'，且行对齐。对于摄像机 C1，点 P 在图像 I_1 上的像点 p_1 在图像 I_1'上均有唯一的像点 p_1'与之对应，即图像 I_1 和图像 I_1'之间存在唯一的单应变换；对于摄像机 C2 同样如此。因此，只要将图像 I_1 和 I_2 变换到 I_1'和 I_2'，就得到数学上完全对齐的标准立体视觉系统，然后就可以利用数学对齐的标准立体视觉，对空间目标物体进行位姿估计。

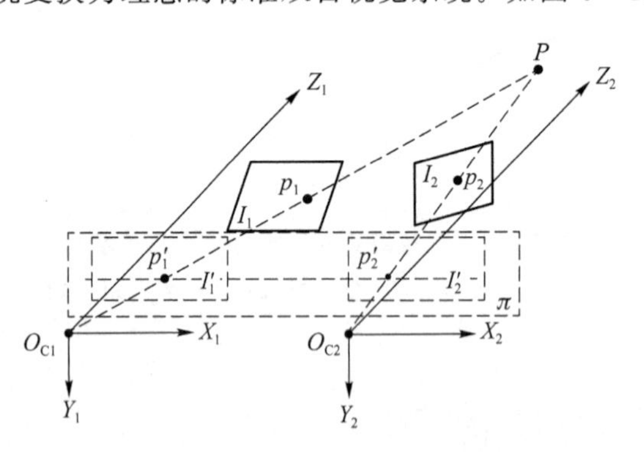

图 6－12　经数学校正为标准立体视觉系统

根据两个摄像机的光轴是否平行，立体视觉摄像机双目立体视觉系统分为平行结构和非平行结构。平行结构的成像处于同一平面，双目的转换关系只有基线方向的一个平移分量。这种情况下使用简单的公式即可恢复像点的三维坐标，同时立体匹配过程需要的计算量最小。但在实际情况中，很难通过装调实现理想的平行双目立体系统，两个摄像机的坐标系并不平行，除了基线以外，另外两个坐标轴方向也存在平移分量。

与平行结构的双目立体视觉系统相比，非平行结构的双目系统引入更高昂的计算代价；但另一方面其具备一些前者不具备的优势，包括：

① 深度信息增强。非平行结构的双目系统可以提供更多的深度信息。当两个摄像机的光学轴不平行时，同一物体在两个摄像机中的投影位置之间的视差会因深度而变化。这使得非平行结构的双目系统能够更好地估计物体在空间中的深度，尤其是对于近距离的物体。

② 三维结构恢复。由于视差信息的复杂性，非平行结构的双目系统通常比平行结构更能提供关于场景中物体的准确三维结构信息，这对于需要进行三维重建或进行更精确定位的应用非常有用。

③ 对非平面结构的适应性。非平行结构的双目系统对于非平面结构的场景更具适应性。在平行结构中，由于光学轴平行，可能难以捕捉到一些非平面结构或深度变化较大的场景，而非平行结构可以更好地捕捉这些细节。

④ 视差变化对深度解析度的影响。非平行结构的双目系统中，视差的变化对深度解析度的影响可能是非线性的。这使得在某些情况下，相较于平行结构，非平行结构能够更准确地还原深度信息。

需要注意的是，非平行结构的双目系统通常需要更复杂的算法来处理视差图和进行深度估计；同时，其硬件上的校准也变得更加关键。

4. 立体视觉进行目标位姿估计

立体视觉测量一般只适用于近距离的目标位姿测量，测量时需要从两个视点对目标进行成像，以确定目标点的空间位置。这种测量方法称为三角测量法。由式(6.40)可知

$$d=\frac{f_u b}{z} \tag{6.48}$$

显然，z 越大，视差 d 越小。当 $z\to\infty$ 时，$d\to 0$。视差 d 是恢复深度的关键，通过增大 f_u 或增大 b 可以增大可测量的视差 d 和距离；不过，如图 6-13所示，摄像机的 FOV(Field of View)角 $\theta=2\arctan\frac{W}{2f_u}$，其中 W 为图像传感器尺寸，灰色区域为两个摄像机的公共视野区域，因此，增大 f_u 增大或 b 会减小相机的 FOV 角和两个相机的公共视野。另外，基线距 b 还会受摄像机载体本身的尺寸限制，除非摄像机 C1 和 C2 位于不同的载体上。

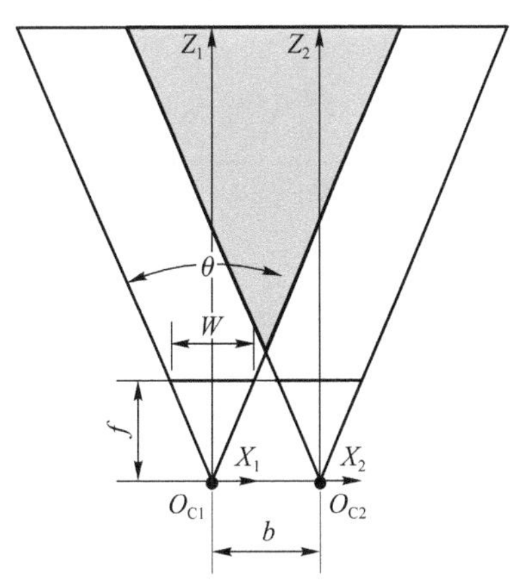

图 6-13　立体视觉系统的 FOV 及公共视野区域示意图

立体视觉对目标物体的定位不依赖于目标物体信息，因此，适用于未知目标和非结构化环境的定位测量。前面方法实现了对任意空间点的位置估计，对于空间物体，可以利用目标物体上的三个空间非共线的点进行位置估计，其中第一个点用于确定物体的空间位置，第二点用于确定物体的空间转轴向量方向，第三个点则用于确定物体围绕转轴

的转动角度。

5. 立体视觉系统摄像机标定

对立体视觉系统的标定不仅要确定单目摄像机的内外参数，还要确定双目摄像机之间的位置关系，即两个摄像机之间的旋转矩阵 $\boldsymbol{R}$ 和平移矩阵 $\boldsymbol{t}$。设 $\boldsymbol{R}_1$ 和 $\boldsymbol{t}_1$ 是双目系统中左摄像机相对于世界坐标系的位姿，$\boldsymbol{R}_2$ 和 $\boldsymbol{t}_2$ 是右摄像机相对于世界坐标系的位姿，对世界坐标系下任意一点的齐次坐标 $\hat{\boldsymbol{P}}_{\mathrm{W}}$，与对应在左右摄像机下的齐次坐标 $\hat{\boldsymbol{P}}_1$ 和 $\hat{\boldsymbol{P}}_2$ 的关系为

$$\begin{cases}\hat{\boldsymbol{P}}_1=\boldsymbol{R}_1\hat{\boldsymbol{P}}_{\mathrm{W}}+\boldsymbol{t}_1\\ \hat{\boldsymbol{P}}_2=\boldsymbol{R}_2\hat{\boldsymbol{P}}_{\mathrm{W}}+\boldsymbol{t}_2\end{cases}\tag{6.49}$$

$$\hat{\boldsymbol{P}}_2=\boldsymbol{R}_2\boldsymbol{R}_1^{-1}\hat{\boldsymbol{P}}_1+\boldsymbol{t}_2-\boldsymbol{R}_2\boldsymbol{R}_1^{-1}\boldsymbol{t}_1\tag{6.50}$$

另外，双目系统的左右摄像机关系为 $\hat{\boldsymbol{P}}_2=\boldsymbol{R}\hat{\boldsymbol{P}}_1+\boldsymbol{t}$，由此可得两摄像机之间的相对位姿为

$$\begin{cases}\boldsymbol{R}=\boldsymbol{R}_2\boldsymbol{R}_1^{-1}\\ \boldsymbol{t}=\boldsymbol{t}_2-\boldsymbol{R}_2\boldsymbol{R}_1^{-1}\boldsymbol{t}_1\end{cases}\tag{6.51}$$

【例 6-1】 试利用 MATLAB 的摄像机立体标定进行双目摄像机的标定，给出摄像机内参、畸变系数和双目基线关系等。

【解】 如图 6-14 所示为 MATLAB 自带的摄像机标定工具箱(Camera Calibration Toolbox for Matlab)，可进行单目摄像机和双目摄像机的标定。该标定工具箱的下载地址为 https://data.caltech.edu/records/jx9cx-fdh55。

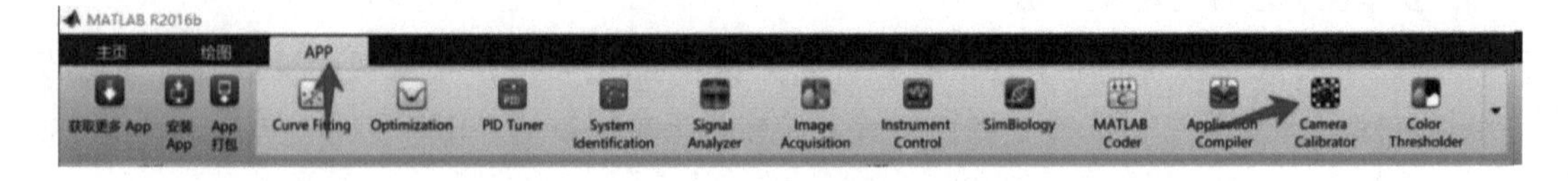

图 6-14 MATLAB 自带摄像机标定工具箱

单目摄像机的标定参数如表 6-1 所列，立体摄像机还要确定左右摄像机间的旋转矩阵 $\boldsymbol{R}$ 和平移向量 $\boldsymbol{t}$。

表 6-1 摄像机标定的参数

参　数	表达式	自由度
内部参数	$\boldsymbol{K}=\begin{bmatrix}f_u & \gamma & u_0\\ 0 & f_v & v_0\\ 0 & 0 & 1\end{bmatrix}$	5
外部参数	$\boldsymbol{R}=\begin{bmatrix}r_{11} & r_{12} & r_{13}\\ r_{21} & r_{22} & r_{23}\\ r_{31} & r_{32} & r_{33}\end{bmatrix},\boldsymbol{t}$	6
畸变参数	$(k1,k2,k3,p1,p2)$	5

立体标定步骤如表 6-2 所列。先准备如图 6-15 所示的棋盘格，该棋盘格可以由如下链接生成：Camera Calibration Pattern Generator-calib.io (https://calib.io/pages/camera-

calibration-pattern-generator)。制作好标定板之后,使用单目或双目摄像机拍摄 20 张左右照片,尽量让标定板占据更多的画面;然后通过工具箱读取图像,该工具箱可以自动剔除不满足标定要求的图像,并且提取角点用于后续标定。完成图像剔除和焦点检测之后,工具箱会利用张氏标定法实现单目或双目系统的标定,输出标定结果和误差。

表 6-2　立体标定步骤

步骤序号	内　容
(1)	打印一张 A4 大小的棋盘格,贴在平板上,制作标定板
(2)	将标定板放置在不同的位置,用摄像机对其拍摄成像
(3)	对拍摄的图像进行特征点检测
(4)	根据张氏标定法求取摄像机的内、外参数和畸变参数
(5)	求出左右摄像机之间的旋转矩阵和平移矩阵
(6)	求解立体标定的误差

MATLAB 自带的摄像机标定程序包含 camera calibrator 和 stereo camera calibrator 两种,分别用于单目和双目摄像机的标定。在 MATLAB 中单击摄像机标定页面,可以提前拍摄好 10～20 张棋盘格照片,也可以在线拍摄。如图 6-16 所示,单击 Add Images 添加拍摄好的棋盘格照片,然后单击 Calibrate 进行标定,最后单击 Export Camera Parameters 输出摄像机的标定参数。

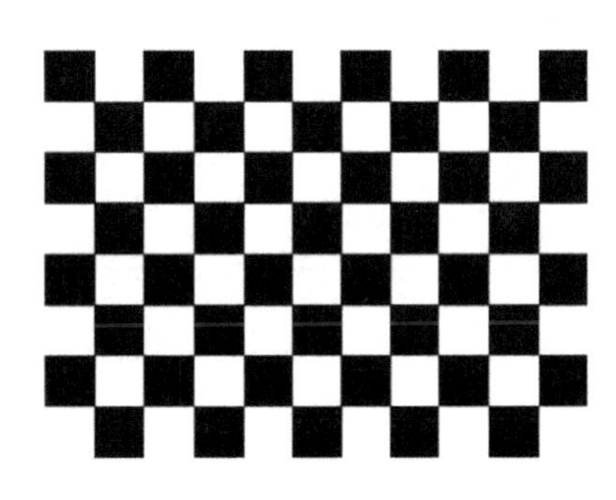

图 6-15　进行标定使用的棋盘格示例

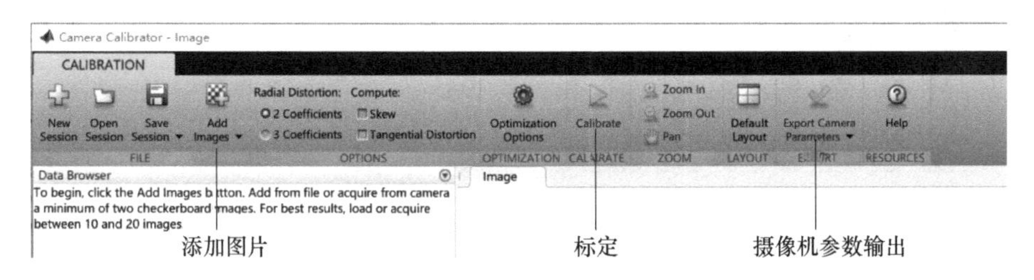

图 6-16　添加棋盘格照片进行标定和参数输出示例

用于标定的图像数量越多,标定结果越精确。标定图像一般不少于 10 幅。选择照片后,需要输入棋盘格的大小,如图 6-17 所示。

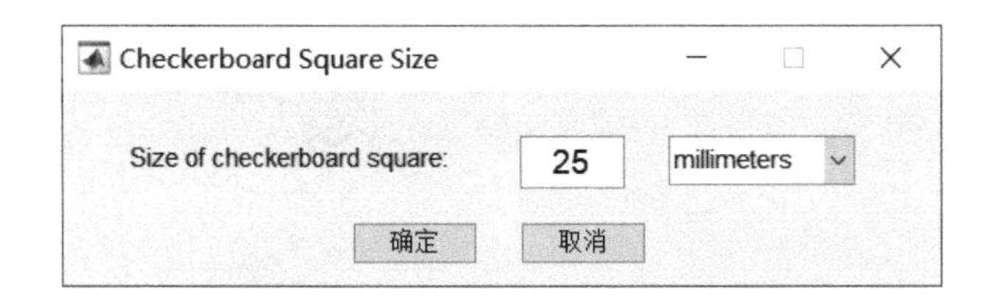

图 6-17　设置标定板中棋盘格的大小

然后,可以选择径向畸变系数以及是否计算切向畸变和倾斜,通过优化选项,可以设置内参矩阵以及径向畸变参数的输出形式。图 6-18 显示了检测棋盘格图片角点的过程，当角点提取完成后，即可计算摄像机的内外参数，以及两个摄像机之间的旋转矩阵和平移矩阵。图 6-19给出了标定过程中全部棋盘格图像的误差和平均误差。图 6-20 给出了双目立体摄像机的位置关系和采集棋盘格过程中棋盘格的位置。表 6-3 给出了某次标定结果，标定过程中可以剔除误差较大的棋盘格图像，如图 6-19 中的图像 16。

图 6-18　标定检测到左右图像中的角点

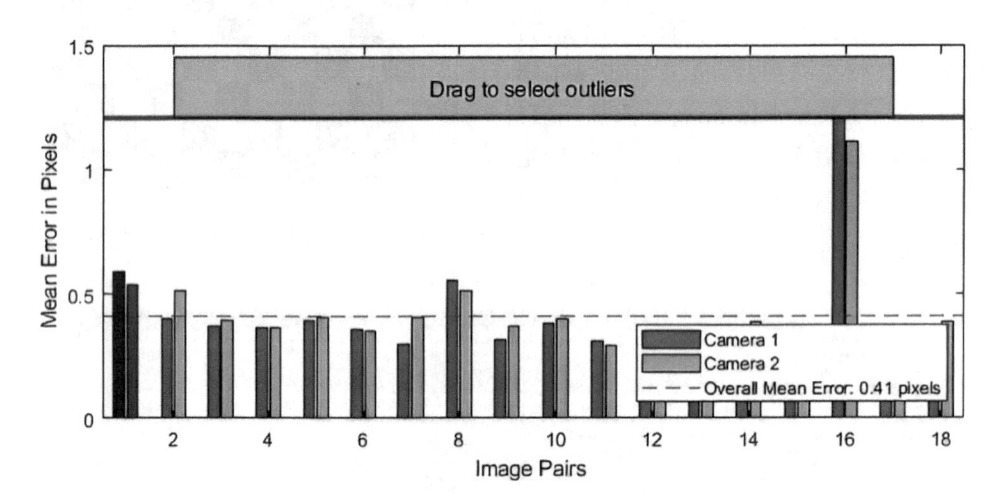

图 6-19　标定的误差及平均误差

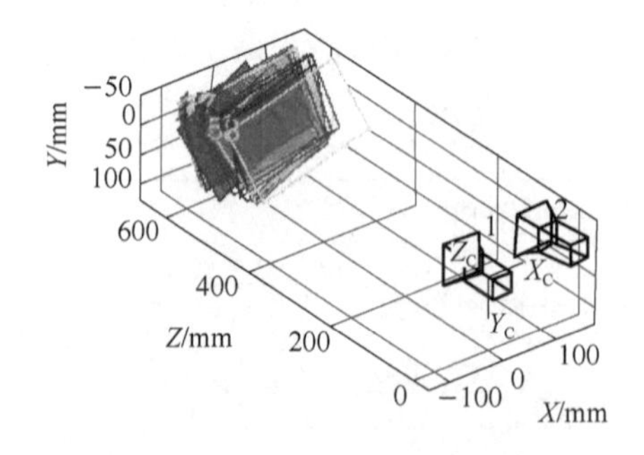

图 6-20　标定板三维重构的结果

表6-3　标定的结果

项　目	左摄像机	右摄像机
$\boldsymbol{K}$	$\begin{bmatrix} 834.71 & 0 & 333.21 \\ 0 & 833.93 & 253.07 \\ 0 & 0 & 1 \end{bmatrix}$	$\begin{bmatrix} 830.95 & 0 & 332.23 \\ 0 & 831.42 & 223.43 \\ 0 & 0 & 1 \end{bmatrix}$
畸变参数	(−0.02，1.45，0.03，0.06，−1.11)	(−0.05，0.36，0.04，0.05，−1.20)
结构参数	$\boldsymbol{R}=\begin{bmatrix} 0.837 & -0.014 & -0.039 \\ 0.014 & 0.979 & 0.019 \\ 0.005 & -0.004 & 0.939 \end{bmatrix}$，$\boldsymbol{t}=\begin{bmatrix} -702.3 \\ 0.57 \\ -1.31 \end{bmatrix}$	
平均误差	0.411 7 pixels	

6.3　特征提取和特征匹配

在前面的摄像机标定和视觉位姿测量中，均假设空间目标在图像上对应的特征点已经通过算法检测出，在立体视觉测量中也假设两个摄像机中的对应特征已匹配上。但实际上，图像中目标的检测识别、特征点的提取与对应（或匹配）是视觉导航任务中重要的一环，本节将介绍典型的特征提取和匹配方法。

6.3.1　图像预处理

空间成像中光照条件复杂多变，对成像质量造成较大的影响（如噪声增大和对比度下降等），不利于图像特征的提取。因此，在图像特征提取之前，通常需要对图像进行预处理，常见的预处理包括图像平滑和增强等。

1. 图像平滑

图像平滑是一项基本操作，其目的是抑制图像中的噪声。不过，如果平滑过度，则图像细节会损失严重。因此，在设计图像平滑方法时，需要在降噪和细节保留之间进行平衡。下面介绍典型的图像平滑方法。

(1) 均值滤波

设有一个大小为$(2h+1)\times(2h+1)$的滤波模板（也称为卷积核），其中h是一个非负整数，对滤波模板区域内的像素值取平均，并将该均值作为模板中心像素的值，这就是均值滤波原理。设$I(x,y)$为图像在坐标(x,y)处的像素值，均值滤波后(x,y)处的像素值$J(x,y)$为

$$J(x,y)=\frac{1}{(2h+1)^2}\sum_{s=x-h}^{x+h}\sum_{t=y-h}^{y+h}I(s,t) \tag{6.52}$$

用滤波模板遍历图像的每个像素点，按照式(6.52)计算均值滤波后的像素值，即可完成对图像的均值滤波。滤波模板的大小h可以根据需要调整，较大的h降噪效果更好，但可能导致图像细节丢失较多。

【例6-2】　试对给定的图像进行均值滤波。

【解】　相应的MATLAB程序如下：

```
%读取图像
originalImage = imread('image.jpg');
%定义均值滤波器的大小(窗口尺寸)
filterSize = 3; %可根据需要调整
%生成均值滤波器
meanFilter = fspecial('average', [filterSize, filterSize]);
%应用均值滤波器
filteredImage = imfilter(originalImage, meanFilter, 'replicate'); % 'replicate'表示在边缘处复制边界像素
%显示原始图像和滤波后的图像
figure;
subplot(1, 2, 1);
imshow(originalImage);
title('Original Image');
subplot(1, 2, 2);
imshow(filteredImage);
title('Mean Filtered Image');
```

如图 6-21 所示为均值滤波结果，滤波后的图像噪声得到一定程度的抑制。

(a) 无噪声图像

(b) 椒盐噪声污染图像

(c) 均值滤波后的结果图像

图 6-21　均值滤波结果示意图

(2) 高斯滤波

由于一般的噪声都是彼此独立的零均值加性高斯噪声，因此采用高斯滤波不仅能有效抑制噪声，还能保留更多的图像细节。高斯滤波的数学表达式为

$$J(x,y)=\frac{1}{2\pi\sigma^2}\sum_{s=x-h}^{x+h}\sum_{t=y-h}^{y+h}\mathrm{e}^{\frac{s^2+t^2}{2\sigma^2}}I(s,t) \tag{6.53}$$

式中，σ 是高斯函数的标准差。σ 越大，滤波效果越明显；反之，滤波效果越轻微。

【例 6-3】 试用高斯滤波对给定的图像进行处理。

【解】 相应的 MATLAB 程序如下：

```
%读取图像
originalImage = imread('image.jpg');
%定义高斯滤波器的参数
filterSize = 5; %滤波器大小,奇数推荐
sigma = 1.0;    %高斯分布的标准差,可根据需要调整
%生成高斯滤波器
gaussianFilter = fspecial('gaussian', [filterSize, filterSize], sigma);
%应用高斯滤波器
```

```
filteredImage = imfilter(originalImage, gaussianFilter, 'replicate'); % 'replicate'表示在边缘处复制边界像素
%显示原始图像和滤波后的图像
figure;
subplot(1, 2, 1);
imshow(originalImage);
title('Original Image');
subplot(1, 2, 2);
imshow(filteredImage);
title('Gaussian Filtered Image');
```

如图 6－22 所示为高斯滤波的效果，通过改变 σ，可以调整噪声抑制程度。

(a) 无噪声图像

(b) 椒盐噪声污染图像

(c) 高斯滤波后的结果图像

图 6－22　高斯滤波结果示意图

(3) 中值滤波

中值滤波是一种常用的非线性图像处理方法，抑制图像中的椒盐噪声或其他离群点效果较好。中值滤波的数学表达式为

$$J(x,y)=\underset{s\in[x-h,x+h],t\in[y-h,y+h]}{\text{median}}[I(s,t)] \tag{6.54}$$

式中，median(·)表示对滤波模板区域内的像素值进行排序，并取排序后的中间值作为滤波后(x,y)处的像素值。

【例 6－4】　试用中值滤波对给定的图像进行处理。

【解】

相应的 MATLAB 程序如下：

```
%读取图像
originalImage = imread('image.jpg');
%定义中值滤波器的大小
filterSize = [3, 3]; %可根据需要调整
%应用中值滤波器
filteredImage = medfilt2(originalImage, filterSize);
%显示原始图像和滤波后的图像
figure;
subplot(1, 2, 1);
imshow(originalImage);
title('Original Image');
subplot(1, 2, 2);
imshow(filteredImage);
title('Median Filtered Image');
```

如图 6-23 所示为中值滤波的结果。与均值滤波和高斯滤波结果相比,中值滤波后的残余椒盐噪声很少,且对图像的细节影响也很小。

(a) 无噪声图像

(b) 椒盐噪声污染图像

(c) 中值滤波后的结果图像

图 6-23　中值滤波结果示意图

2. 图像增强

图像增强可以增强图像的对比度、亮度和清晰度等特征,减少噪声和伪影,改善图像的视觉效果。

(1) 对比度增强

对比度增强可以通过以下线性变换实现,即

$$J(x,y)=aI(x,y)+b \tag{6.55}$$

式中,a 是增益参数,用于控制增强的程度;b 是偏移参数,用于调整增强后的像素值范围。一般来说,较大的增益参数会增强对比度,而较小的增益参数则会减弱对比度。

(2) 直方图均衡化

直方图均衡化是指通过对图像像素值的直方图进行变换,使图像的像素值在整个灰度级范围内均匀分布,从而增强图像的对比度。设 I 为输入图像(通常是灰度级图像),J 为输出图像,其直方图均衡化的过程为:

① 计算原始图像的直方图 $H(I)$。$H(I)$表示图像中各个灰度级的像素个数。对于灰度级为 i 的像素值,直方图 $H(I)$中的第 i 个元素表示图像中像素值为 i 的像素个数。

② 计算归一化直方图 $C(I)$。对直方图中每个像素点进行归一化处理,即

$$C(i)=\frac{H(i)}{\sum H(i)} \tag{6.56}$$

③ 计算累积分布函数 $T(I)$。累积分布函数 $T(I)$表示图像中像素值小于或等于 i 的像素值的概率累积分布,即

$$T(i)=\sum_{j=0}^{i}C(j) \tag{6.57}$$

④ 对图像像素值进行映射。经过直方图均衡化后的新像素值 $J(x,y)$可以通过累积分布函数 $T(I)$进行映射,即

$$J(x,y)=T[I(x,y)](L-1) \tag{6.58}$$

式中,L 表示灰度级的总数。

【例 6-5】 试分别对给定图像进行对比度增强和直方图均衡化处理。

【解】 相应的 MATLAB 程序如下:

```
%读取图像
I = imread('your_image.jpg');

%显示原始图像
figure;
subplot(1, 3, 1);
imshow(I);
title('原始图像');

%对比度增强
I_adjusted = imadjust(I);
subplot(1, 3, 2);
imshow(I_adjusted);
title('对比度增强后的图像');

%直方图均衡化
I_histeq = histeq(I);
subplot(1, 3, 3);
imshow(I_histeq);
title('直方图均衡化后的图像');
```

如图 6-24 所示为两种图像增强处理后的效果。

(a) 给定图像　(b) 对比度增强图像　(c) 直方图均衡后图像

图 6-24　图像对比度增强和直方图均衡结果

6.3.2　特征提取

如前所述，在视觉导航中，常用的特征有点特征、直线特征和椭圆曲线特征等。下面介绍这些特征的提取方法。

1. 点特征的提取

图像中的点特征是指图像中具有显著性、独特性和稳定性的像素点或局部区域，包括角点、边缘点和斑点等。常用的点特征检测方法包括 SIFT、SURF 和 ORB 等。

SIFT 特征点检测方法最为经典，其充分考虑了尺度、光照和旋转等图像变化对特征点的影响，鲁棒性强，但计算资源消耗也较大。SURF 特征点检测方法就是针对 SIFT 特征点计算资源消耗较大的问题而提出的。该方法不需要通过降采样的方式得到不同尺寸的图像金字塔，而是通过盒式滤波器和积分图像的卷积计算得到近似的图像二阶微分 Hessian 矩阵，进而通过 Hessian 矩阵识别潜在的对尺度和旋转具有一定不变性的特征点。这样的改进在保留鲁棒性的同时，极大地提升了算法的计算效率；不过，在算力有限的场景下，比如嵌入式系统中，SURF 算法的计算量仍然偏大。

与 SIFT 和 SURF 方法相比，ORB 特征点检测方法采用了新的思路，其结合了计算速度极快的特征点检测算法与特征描述子算法，即 FAST 和 BRIEF，同时通过计算主方向与构建图像金字塔的方法实现旋转和尺度不变性。虽然 ORB 算法的鲁棒性不如 SIFT 算法，但其计算效率上的优势突出。比如，在需要检测出 1 000 个特征点的情况下，在同等计算条件下，ORB 算法仅需耗费 15 ms 左右，而 SURF 需要耗费约 200 ms，SIFT 则需要耗费约 500 ms。因此，ORB 算法已广泛用于图像匹配、图像识别和视觉 SLAM 等领域，在算力有限的卫星、飞船或地外探测器上，ORB 算法都是进行特征点检测的优选对象。下面以 ORB 算法为例，介绍特征点检测的主要原理与计算流程。

与一般的特征点一样，ORB 特征点也由关键点与描述子两部分组成，分别被称为 oriented FAST 角点和 steer BRIEF 描述子。

(1) oriented FAST 关键点提取

FAST 算法是一种基于环形测试的角点检测方法。如图 6-25 所示，如果一个像素与相邻环形区域(一般是一个半径为 3 像素的圆环)上像素间灰度值差异超过一定阈值的像素个数超过一定比例(比如 3/4)，则这个像素很可能是一个角点，其数学表达为

$$N = \sum_{x \in \mathrm{ring}_r(p)} \left| I(x) - I(p) \right| > \varepsilon_{\mathrm{Th}} \tag{6.59}$$

式中，p 为待测试像素；$\mathrm{ring}_r(p)$ 表示以 p 为圆心、半径为 r 的环形像素集合；$I(x)$ 表示像素 x 的灰度；$\varepsilon_{\mathrm{Th}}$ 表示灰度差阈值；N 表示环形测试段上灰度差异超过阈值的像素的个数。

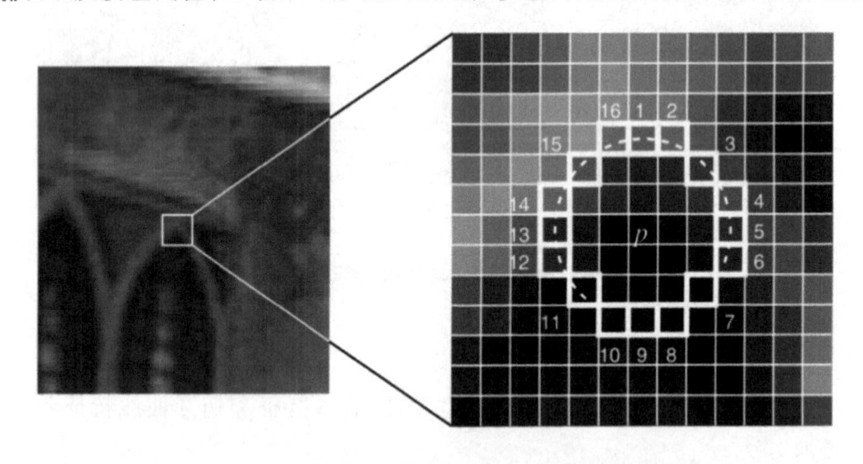

图 6-25 在围绕中心点的圆环上比较像素的灰度值

由于仅使用像素的灰度进行检测，因此 FAST 算法比其他角点检测算法计算更快，加之其采用类似决策树搜索的机器学习方法，使其成为最快的点特征搜索方法。不过，FAST 算法中固定的检测环半径导致 FAST 角点对尺度变换的鲁棒性较差；另外，该算法基于灰度比较，无法提供任何方向信息，因而其不具有旋转不变性。

为了解决 FAST 角点的上述不足，oriented FAST 角点检测算法通过引入图像金字塔的方法，为角点赋予了尺度不变性；通过寻找邻域内灰度质心的方法，计算角点的主方向，为描述

子增加了一定的旋转不变性。

1）建立图像金字塔

图像金字塔是计算机视觉中用于处理不同尺度图像的常见方法。金字塔的最底层是原始尺寸的图像，上一层图像以 2∶1的比例对下一层图像进行降采样处理，这样就能得到一系列不同分辨率的图像。分辨率小的图像对应在远处拍摄的场景，分辨率大的图像对应在近处拍摄的场景，相当于建立了一个不同尺度下的图像集合，故图像金字塔又称为尺度空间。在进行特征点检测时，通过在不同层的图像中分别进行角点提取，就能实现一定程度的尺度不变性。如图 6－26 所示，两幅分别在近距离和远距离拍摄的图像，在近距离图像的金字塔上层提取的特征点，应该能在远距离图像的金字塔下层提取到对应的特征点。

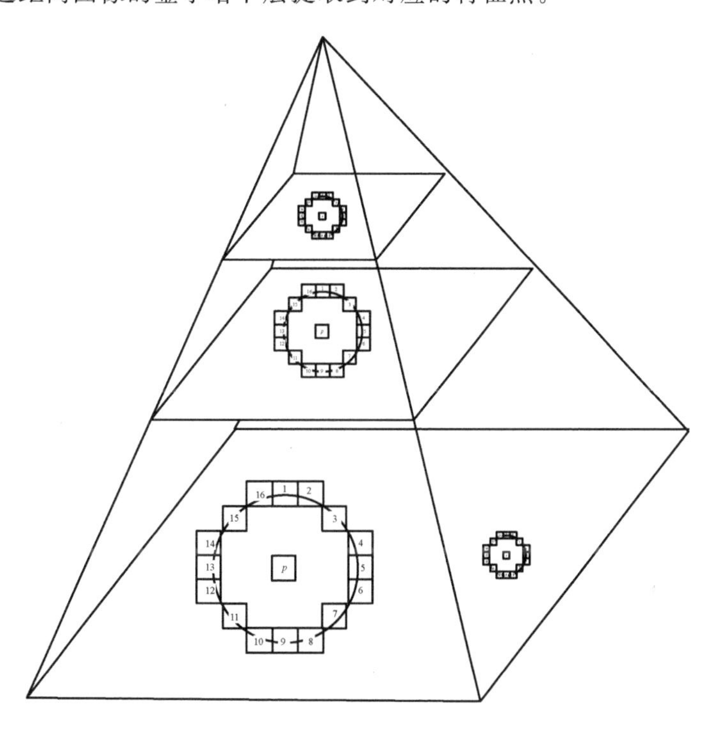

图 6－26　多尺度图像特征点检测

2）FAST 角点检测

从当前图像中选取一像素点 P；在以 P 点为中心、$r=3$的圆环上，依次选取像素与 P 点的灰度值进行比较。若存在连续的 N 个像素都比 P 点的像素值大或者小，则认为 P 点是一个角点（N 通常取 12，即 FAST－12，有时也取 FAST－9 或 FAST－11）。如图 6－27 所示，为提升计算效率，也可先比较处于 1、5、9 和 13 四个位置上的像素灰度值，若存在三个或以上的像素灰度值大于或小于 P 点的灰度值，则 P 点才有可能是角点；否则，可直接判定 P 点为非角点。

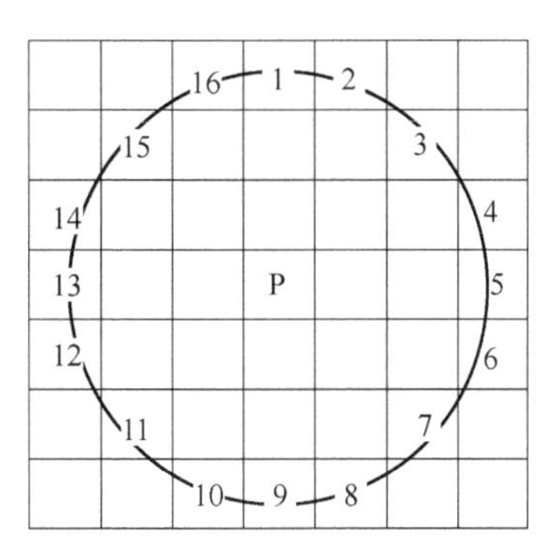

图 6－27　在围绕中心点的圆环上比较像素的灰度值

在图像金字塔的每一层均会进行上述 FAST 角点

检测，并保存所提取的角点信息。

3) 计算角点的主方向

首先，求角点邻域区域的灰度质心 m_{pq}，即

$$m_{pq} = \sum_{x,y \in B} x^p y^q I(x,y) \quad (p,q = \{0,1\}) \tag{6.60}$$

式中，B 为中心的局部区域。计算图像块的质心坐标为

$$\boldsymbol{C} = \begin{bmatrix} \frac{m_{10}}{m_{00}} & \frac{m_{01}}{m_{00}} \end{bmatrix}^{\mathrm{T}} \tag{6.61}$$

从中心点 P 指向质心 C 的方向角 θ 为

$$\theta = \arctan\left(\frac{m_{01}}{m_{10}}\right) \tag{6.62}$$

如图 6-28 所示，得到有方向性的 FAST 角点。

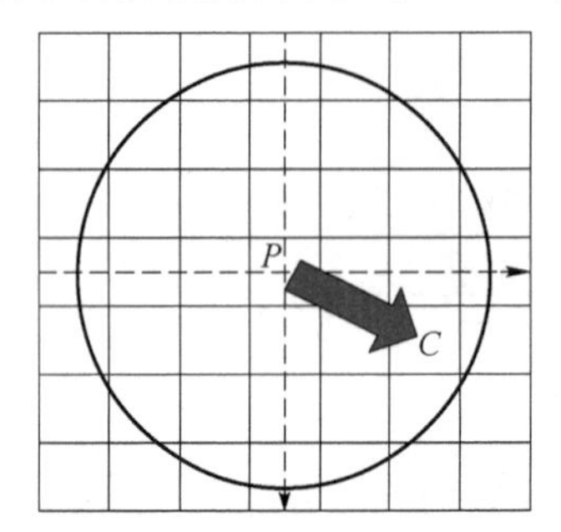

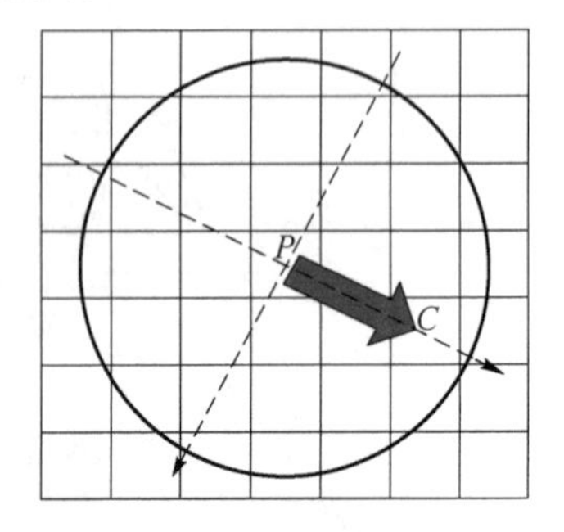

图 6-28　FAST 角点主方向：由角点指向邻域灰度质心

(2) Steer BRIEF 描述子提取

提取有方向性的 FAST 角点后，需要对每个角点分别计算对应的特征描述子。ORB 算法使用的是改进的 Steer BRIEF 描述子。

图 6-29　与中心像素比较构建 BRIEF 描述子

BRIEF 是一种二进制描述子，它的描述向量由关键点邻域窗口内的 N 个(如 $N=512$)像素对($p \leftrightarrow q$)的灰度比较结果组成(比如 $I(p)>I(q)$为 1，否则为 0)，其中 p 为角点像素，q 为邻域像素网格随机选取的像素，p、q 间的连线表示比较像素对。即描述子是 N 维列向量。图 6-29 所示是一种描述子构建方式，其中，中心点像素即为 p，在窗口选取的 N 个像素即为 q，p、q 间的连线表示比较像素对。

BRIEF 描述子不具有旋转不变性，在图像发生旋转时描述子会改变，如图 6-30(a)所示。ORB 的 Steer BRIEF 描述子，应用有方向性的 FAST 角点的主方向，先将角点附近的图像块旋转到主方向的位置，再计算 BRIEF 描述子(相当于把 BRIEF 算法的"点对提取阵列"旋转到主方向的位置)。这样无论图像如何旋转，对于同一个特征点，其对应的 BRIEF 描述子是相同的，因而具有较好的旋转不变性，如图 6-30(b)所示。

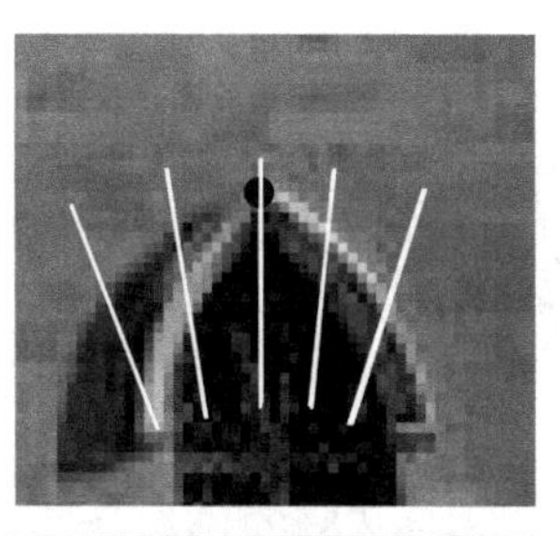
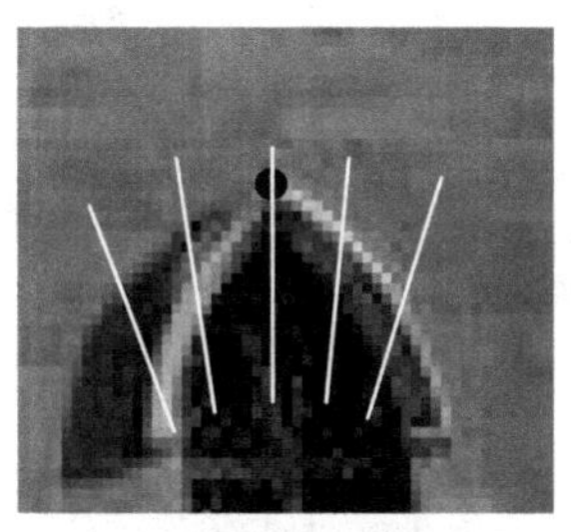
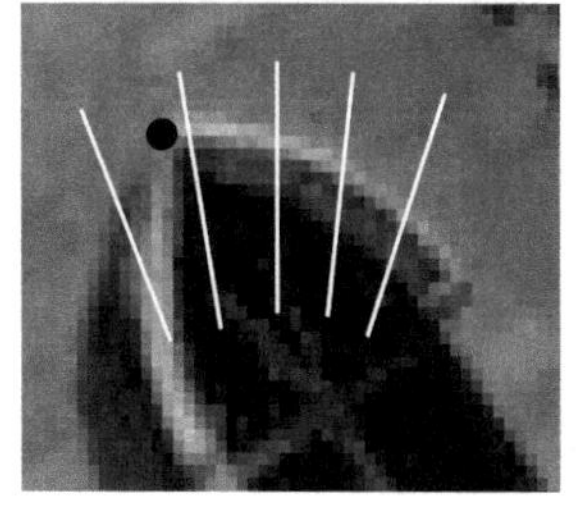
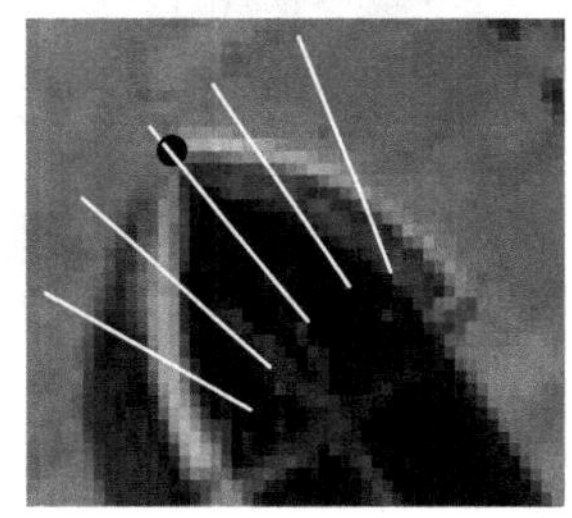

(a) 原始BRIEF不具有旋转不变性　　(b) 旋转到主方向可实现旋转不变性

图 6-30　旋转 BRIEF 描述子的旋转不变性

【例 6-6】 试检测给出两幅图像的 ORB 特征，并进行匹配。

【解】 这里使用 python 下的 opencv 库，对两幅图像分别检测 ORB 特征点，并进行特征点匹配。相应的程序如下：

```
import cv2
import numpy as np
#加载两幅图像
image1 = cv2.imread('1.jpg', 0)
image2 = cv2.imread('2.jpg', 0)
image1 = cv2.resize(image1, (680, 680))
image2 = cv2.resize(image2, (680, 680))
#创建 ORB 对象
orb = cv2.ORB_create()
#检测并计算第一幅图像的特征点和描述符
keypoints1, descriptors1 = orb.detectAndCompute(image1, None)
descriptors1 = descriptors1.astype(np.uint8)  #将描述符数据类型转换为 CV_8U
#检测并计算第二幅图像的特征点和描述符
keypoints2, descriptors2 = orb.detectAndCompute(image2, None)
descriptors2 = descriptors2.astype(np.uint8)  #将描述符数据类型转换为 CV_8U
#创建 Brute-Force Matcher 对象
bf = cv2.BFMatcher(cv2.NORM_HAMMING, crossCheck = True)
#进行特征点匹配
matches = bf.match(descriptors1, descriptors2)
#按照距离对匹配结果进行排序
matches = sorted(matches, key = lambda x: x.distance)
#绘制前 50 个匹配结果
matched_image = cv2.drawMatches(image1, keypoints1, image2, keypoints2, matches[:50], None, flags = cv2.
DrawMatchesFlags_NOT_DRAW_SINGLE_POINTS)
#显示匹配结果
cv2.imshow('Matches', matched_image)
cv2.waitKey(0)
cv2.destroyAllWindows()
```

如图 6-31 所示为 ORB 特征点检测和匹配结果。

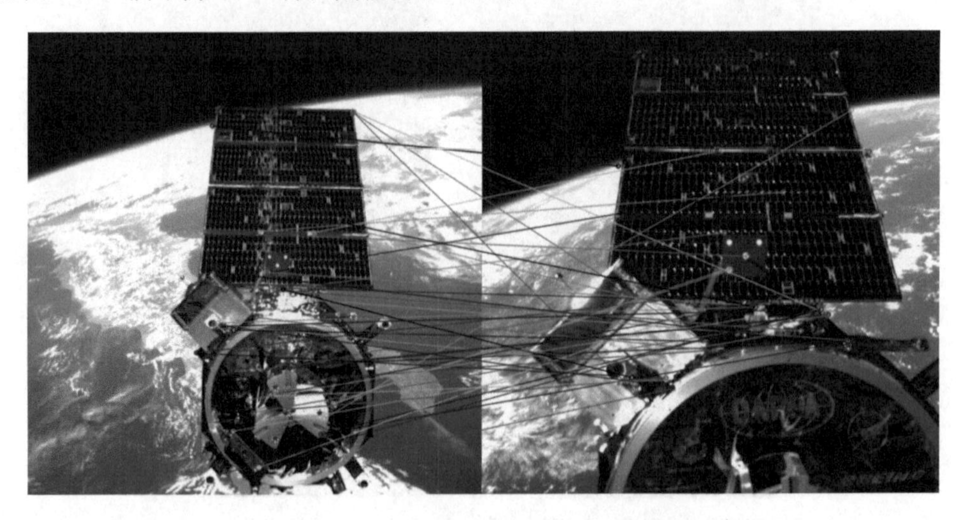

图 6-31　ORB 特征点检测与匹配结果

2. 线特征的提取

线特征是指图像中具有明显的线状结构的特征，包括直线、曲线和圆弧等，其可以是实际存在的物体边缘或轮廓，也可以是由边缘检测算法提取出的线条。线特征具有一定的长度、方向和形状，能够描述图像中的几何结构和形状信息。

(1) 边缘检测

线特征主要存在于图像中目标的边缘，因此，边缘检测一般是线特征检测的基础。常用的边缘检测算法有 Sobel 边缘、Canny 边缘和 Laplacian 边缘等。下面以 Canny 边缘为例，介绍边缘检测过程。

Canny 算子是一种经典的边缘检测算法，是一种多步骤的边缘检测方法，在准确检测图像边缘的同时，还能最大程度地抑制噪声和误检测。其主要步骤包括：

① 抑制噪声。使用高斯滤波抑制图像中的噪声。

② 计算梯度幅值和方向。使用 Sobel 算子计算图像在水平和垂直方向上的梯度值，再计算梯度幅值和方向。

③ 非极大值抑制。在梯度方向上，只保留局部梯度幅值的最大值，从而细化边缘。

④ 双阈值处理。将梯度幅值图像进行双阈值处理，双阈值分为高阈值和低阈值。高阈值用于确定强边缘，低阈值用于确定弱边缘。如果像素的梯度幅值高于高阈值，则像素所在位置被认为是强边缘；如果像素的梯度幅值低于低阈值，则像素所在位置被认为是弱边缘；如果像素的梯度幅值在两个阈值之间，则像素所在位置被认为是可能的边缘。

⑤ 边缘连接。根据强边缘和可能的边缘，通过连接连续的像素点，得到最终的边缘。如果一个像素点与强边缘相连，则其被认为是边缘的一部分；如果一个像素点与可能的边缘相连，且与强边缘相连，则其也被认为是边缘的一部分。

【例 6-7】 试提取给定图像的 Canny 边缘。

【解】 相应的 MATLAB 程序如下：

```
%读取图像
originalImage = imread('image.jpg');
%转换为灰度图像
grayImage = rgb2gray(originalImage);
%使用 Canny 边缘检测算子
edgeImage = edge(grayImage, 'canny');
%显示原始图像和 Canny 边缘检测结果
figure;
subplot(1, 2, 1);
imshow(originalImage);
title('Original Image');
subplot(1, 2, 2);
imshow(edgeImage);
title('Canny Edge Detection');
```

图 6-32 展示了不同边缘检测算子的检测结果。

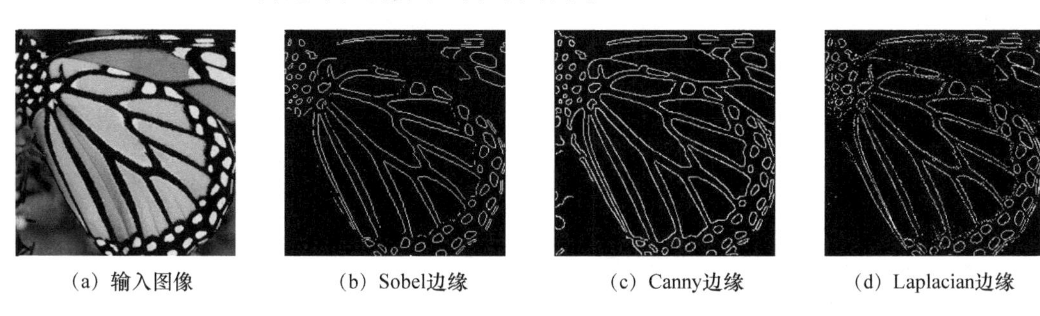

(a) 输入图像　(b) Sobel边缘　(c) Canny边缘　(d) Laplacian边缘

图 6-32　不同边缘检测算子的检测结果

(2) 基于 Hough 变换的直线特征检测

直线特征检测算法用于从图像中提取直线特征,并给出这些直线的参数,如斜率和截距。常见的直线特征检测方法有 Hough 变换、Probabilistic Hough 变换、基于边缘检测的直线拟合和多尺度直线检测等。下面以 Hough 变换为例,介绍直线特征检测算法。

Hough 变换是一种基于投票决策的特征检测方法,如图 6-33 所示,图(a)为原来坐标空间,图(b)为直线坐标参数化空间。对于图(a)中的任意一条直线 $l: y=ax+b$,其在斜截式参数化空间中均可用直线的参数坐标表示为(a,b)。将(a,b)对应的点作为计数器,统计图(a)中满足直线 $l: y=ax+b$ 的像素点数,得票数越多,说明落在直线 $l: y=ax+b$ 上的像素越多,则图(a)中该直线真实存在的可能性越大。例如,在图(a)中,$l_1: y=a_1x+b_1$ 上有两个点(x_i, y_i)和(x_j, y_j),因此,参数化空间计数器(a_1, b_1)得到 2 票;$l_2: y=a_2x+b_2$ 上仅有一点(x_j, y_j),因此,参数化空间计数器(a_2, b_2)仅得到 1 票。

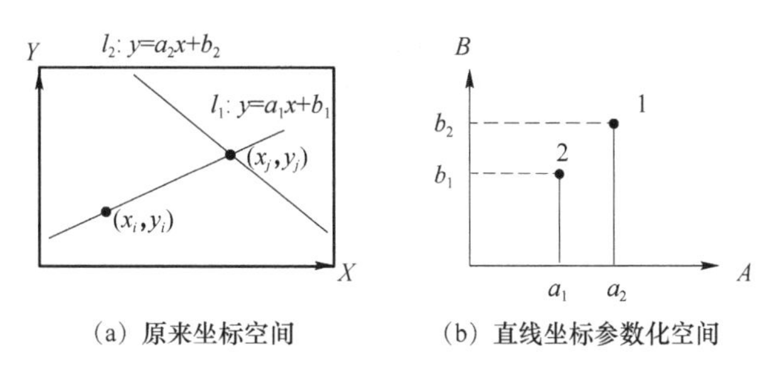

(a) 原来坐标空间　(b) 直线坐标参数化空间

图 6-33　Hough 变换直线检测原理示意图

在使用斜截式表达直线时，若直线接近垂直，则斜率 a 趋于无穷大，导致表达困难。因此，在实际检测时，可以使用极坐标直线表示 $l:\rho=x\cos\theta+y\sin\theta$，其中 ρ 是图像原点到直线的距离，θ 是直线与 X 轴的夹角。

综上所述，利用 Hough 变换检测直线的算法步骤如下：

① 边缘检测。首先对输入图像进行边缘检测，以获取图像中的边缘信息。

② 参数空间初始化。初始化累加器数组，将其所有元素的值初始化为零。

③ 构建累加器数组。对于每个边缘点，在参数空间中遍历所有可能的直线，对与每个边缘点对应的直线进行累加。

④ 直线检测。设置阈值，在累加器数组中寻找大于阈值（即该直线上最少具有的像素点数）的点，根据该点的坐标，得到图像中的直线。

⑤ 后处理。根据需要，对检测到的直线进行滤波，以提高检测精度。

【例 6-8】 试对给出的图像采用 Hough 变换提取直线。

【解】 相应的 MATLAB 程序如下：

```
img = imread('./line.jpg');                        % 读取图像
gray_img = rgb2gray(img);                          % 灰度化
edges_img = edge(gray_img,'Canny');                % 边缘检测
[H, theta, rho] = hough(edges_img);                % Hough 变换
% 在 Hough 空间中寻找直线
P = houghpeaks(H, 2);                              % 选择前五条最强的直线
lines = houghlines(edges_img, theta, rho, P);      % 提取直线参数
figure; imshow(img); hold on;                      % 绘制图像和检测到的直线
for k = 1:length(lines)
    xy = [lines(k).point1; lines(k).point2];
    plot(xy(:,1), xy(:,2), 'LineWidth', 2, 'Color', 'red');
End
```

图 6-34 分别给出了原图、Canny 边缘提取结果和 Hough 变换直线检测的结果。

(a) 原　图

(b) Canny边缘提取结果

(c) Hough变换直线检测结果

图 6-34　Hough 直线检测结果示意图

(3) 基于边缘连接的椭圆特征检测

Hough 变换不仅可以应用于直线检测，也可应用于椭圆曲线检测；不过，不同于直线二维参数化空间，椭圆曲线具有 5 个参数 $E:c_x,c_y,w,h,\theta$，如图 6-35 所示，其中，(c_x,c_y) 为椭圆中

心坐标，w，h 分别为椭圆的长轴和短轴长度，θ 为椭圆长轴与 X 轴的夹角，因此，椭圆检测是在 5 维空间中投票，算法效率非常低。

因此，椭圆检测一般采用基于边缘跟随的检测方法。这种方法是在边缘检测的基础上，对轮廓边缘进行分析与操作，尝试找出可能是来自同一椭圆的边缘部分；然后利用这些边缘像素进行椭圆拟合，并统计分析这些边缘像素到拟合椭圆边缘的真实距离，以验证这些边缘组合是否是真实的椭圆。只有所有边缘像素到拟合椭圆的距离都小于给定的阈值，且边缘像素在整个椭圆上的圆心张角和大于接受张角阈值(如 180°)的椭圆，才认为这些边缘像素是真实的椭圆。如图 6－36 所示，假设 arc_i 是椭圆 E 的支撑弧之一，则 θ_i 为该支撑弧的圆心张角。所有支撑弧的圆心张角之和是该椭圆的圆心张角。显然，圆心张角最大值为 360°。

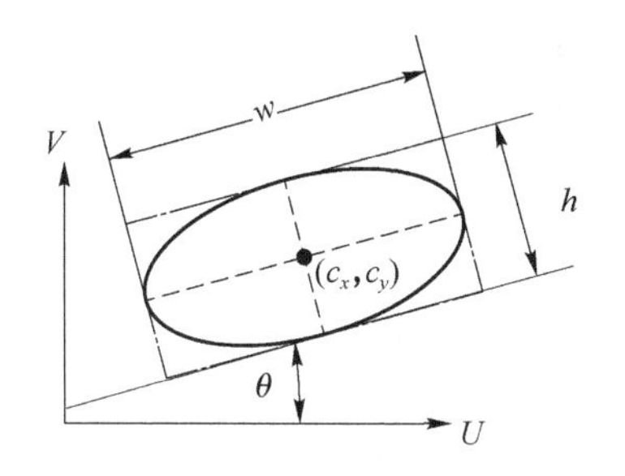

图 6－35　椭圆参数示意图

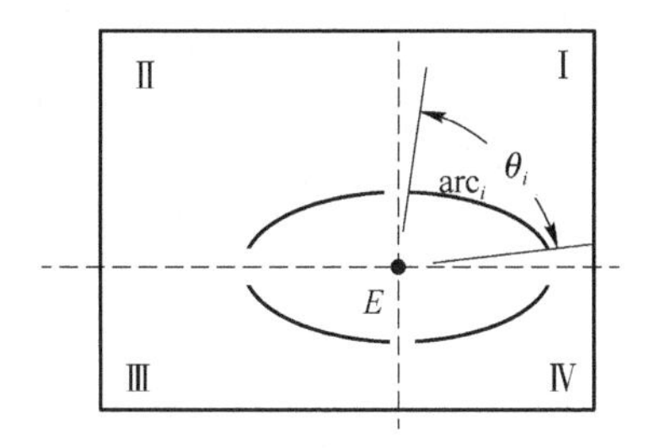

图 6－36　基于曲率朝向象限分割的椭圆检测算法示意

椭圆检测的一般步骤包括：

① 对轮廓按边缘曲率进行分割，曲率发生突变(包括曲率方向和大小的突变)的点将轮廓切分成更细的单元，切分后的每个弧段都具有相同的曲率朝向。

② 根据邻接性质，将端点距离靠近且曲率变化较一致的两个弧段合并为一个弧段，这样形成的弧段作为合并候选集合 ϕ_1；再将非相邻但可能来自同一椭圆的弧段进行组合，形成组合候选集合 ϕ_2。

③ 对 $\phi_1+\phi_2$ 集合中所有候选弧段进行椭圆拟合和验证，从而检测出椭圆。

④ 对检测出的椭圆结果进行聚合，消除重复椭圆。

具体的边缘分析检测椭圆的方法有很多种，分别利用的是椭圆的不同性质。下面介绍一种基于边缘弧段象限分析的椭圆检测方法。如图 6－36 所示，图像中任意一段轮廓边缘，根据其边缘梯度朝向可以分割为 4 类平滑变化的弧段，分别定义为Ⅰ类、Ⅱ类、Ⅱ类和Ⅳ类弧段，并分别形成 Θ_{I}、Θ_{II}、Θ_{III} 和 Θ_{IV} 集合。对于完全水平或者完全竖直的边缘则丢弃之。然后，从 Θ_{I}、Θ_{II}、Θ_{III} 和 Θ_{IV} 中任意选出三个集合构成一组，在三个集合中各任意选一元素(弧段)，将三个弧段作为某一椭圆的支撑弧进行测试，验证其是否为真实椭圆。将这三个集合中的所有元素组合均遍历分析完成后，再选出一组三个集合进行遍历，直到所有的组合都测试完毕。最后，对检测得到的椭圆进行聚类处理，消除重复检测的椭圆。该方法的优点是检测准确率高；但由于需要至少三个象限的支撑弧段，因此对于缺失较严重的椭圆无法检测。如图 6－37 所示为采用该方法获得的椭圆检测结果。

(a) 普通图检测试验

(b) 仿真图1近距离检测结果

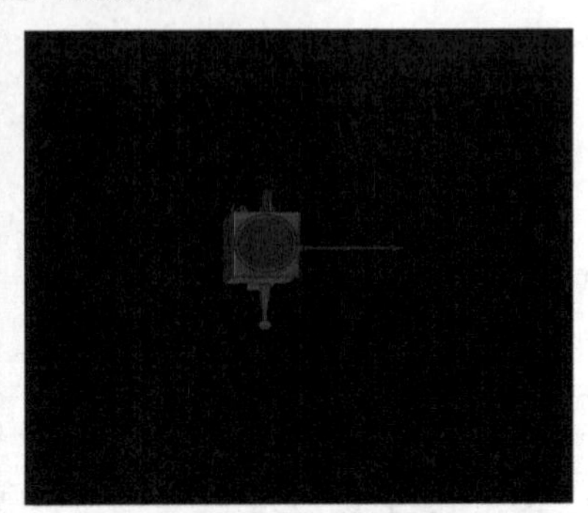

(c) 仿真图1远距离检测结果

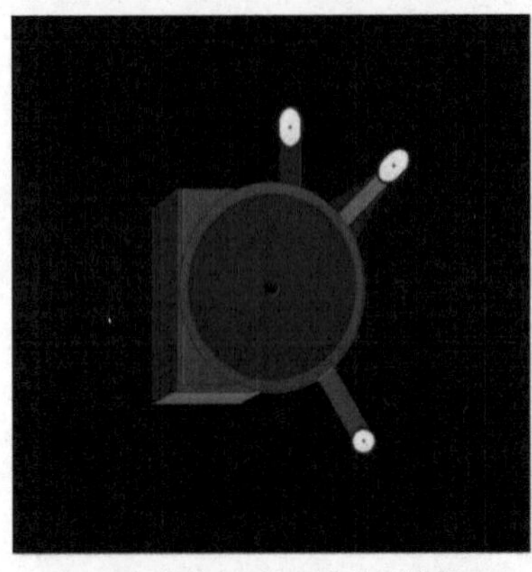

(d) 仿真图2近距离检测结果

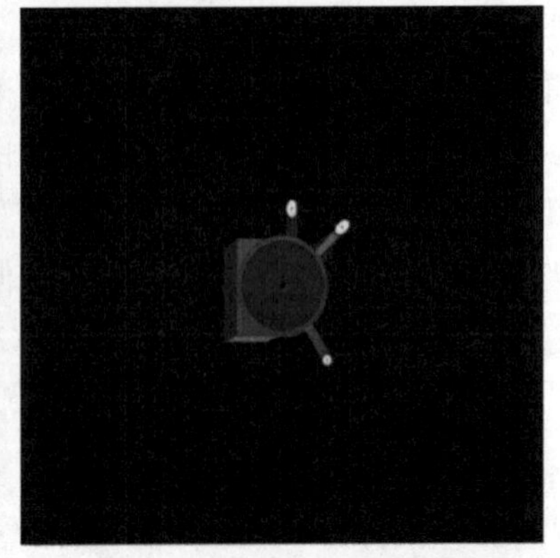

(e) 仿真图2远距离检测结果

(f) 物理图像远距离检测结果

(g) 物理图像近距离检测结果

图 6-37 椭圆检测试验

6.3.3　特征匹配

双目立体视觉在提取得到左右眼各自图像中的特征后，还要将两幅图像中的特征进行匹配，找到匹配的特征对。由于匹配的特征对来自对空间同一场景或目标的观察，因此，匹配的特征对应具有相似的性质。但两幅图像中具有相似性质的特征，也可能来自不同的目标，因此，特征的可靠匹配是立体视觉的难点。

对于双目立体视觉而言，由于摄像机经过标定，因此，对于其中一幅图像中的某一特征而言，不用在另一幅图像中进行全图搜索，而是利用极线几何的约束关系，在特征对应的极线上进行搜索，匹配的特征必定落在对应的极线上，这是双目空间几何的结构决定的。极线几何极大地缩小了匹配特征的搜索区域，但不能确定具体位置。匹配特征在极线上的具体位置，需要结合其他匹配搜索方法进一步确定。

1. 极线几何

如图 6-38 所示为对极几何约束的示意图，I_1 和 I_2 为相机成像平面，O_1 和 O_2 为对应的相机光心。空间中一点 P，在两幅图像上的像点分别为 p_1 和 p_2。O_1、O_2 和 P 三点确定的平面称为极平面，极平面与两个成像平面的交线 l_1 和 l_2 称为极线，O_1O_2 称为基线，基线与两个成像平面的交点 e_1 和 e_2 称为极点。

从第一幅图像的角度看，如果已知空间点 P 在第一幅图像上的成像点 p_1，即空间点 P 在射线$\overrightarrow{O_1P}$上，那么根据对极几何关系，点 P 在第二幅图像上的成像点 p_2 仅可能出现在极线$\overrightarrow{e_2p_2}$上。因此，对极约束可以表述为：像点 p_1 在另一成像平面的对应点 p_2 必然在 p_1 确定的极线$\overrightarrow{e_2p_2}$上；反之亦然。

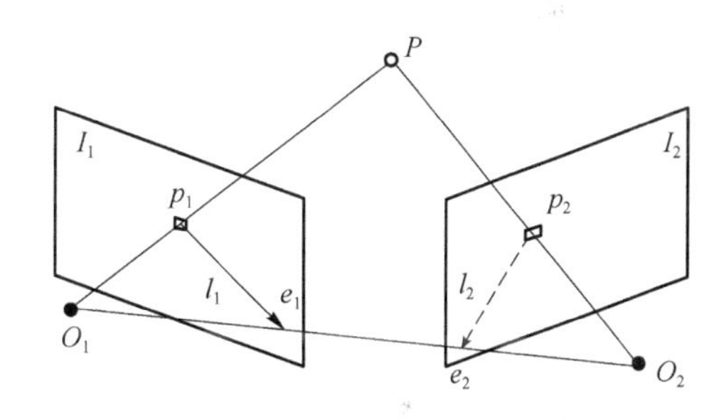

图 6-38　对极几何约束示意图

下面从代数的角度分析对极几何关系。设在第一幅图像的相机坐标系下点 P 的空间位置为

$$\boldsymbol{P}=[X \quad Y \quad Z]^{\mathrm{T}} \tag{6.63}$$

根据针孔相机成像模型，像素点 p_1 和 p_2 的位置可以表述为

$$\begin{cases} s_1\ \hat{\boldsymbol{p}}_1=\boldsymbol{K}_1\boldsymbol{P} \\ s_2\ \hat{\boldsymbol{p}}_2=\boldsymbol{K}_2(\boldsymbol{RP}+\boldsymbol{t}) \end{cases} \tag{6.64}$$

式(6.64)也可写为

$$\begin{cases} \hat{\boldsymbol{p}}_1\simeq\boldsymbol{K}_1\boldsymbol{P} \\ \hat{\boldsymbol{p}}_2\simeq\boldsymbol{K}_2(\boldsymbol{RP}+\boldsymbol{t}) \end{cases} \tag{6.65}$$

式中，$\simeq$表示按比值相等。记 $\boldsymbol{x}_1$ 和 $\boldsymbol{x}_2$ 为两个像素点在相机归一化平面上的坐标，即

$$\begin{cases} \hat{\boldsymbol{x}}_1\simeq\boldsymbol{K}_1^{-1}\ \hat{\boldsymbol{p}}_1 \\ \hat{\boldsymbol{x}}_2\simeq\boldsymbol{K}_2^{-1}\ \hat{\boldsymbol{p}}_2 \end{cases} \tag{6.66}$$

将式(6.66)代入式(6.65)，得

$$\hat{\boldsymbol{x}}_2 \simeq \boldsymbol{R}\hat{\boldsymbol{x}}_1 + \boldsymbol{t} \tag{6.67}$$

式(6.67)两边同时左叉乘 $\boldsymbol{t}$,得

$$\boldsymbol{t}\times\hat{\boldsymbol{x}}_2 \simeq \boldsymbol{t}\times(\boldsymbol{R}\hat{\boldsymbol{x}}_1 + \boldsymbol{t}) \tag{6.68}$$

进一步变化,得

$$\hat{\boldsymbol{x}}_2^{\mathrm{T}}\boldsymbol{t}^{\times}\hat{\boldsymbol{x}}_2 \simeq \hat{\boldsymbol{x}}_2^{\mathrm{T}}\boldsymbol{t}^{\times}\boldsymbol{R}\hat{\boldsymbol{x}}_1 \tag{6.69}$$

式中,$\boldsymbol{t}^{\times}\hat{\boldsymbol{x}}_2$ 是一个与 $\boldsymbol{t}$ 和 $\hat{\boldsymbol{x}}_2$ 都垂直的向量,因此,$\boldsymbol{t}^{\times}\hat{\boldsymbol{x}}_2$ 与 $\hat{\boldsymbol{x}}_2$ 做内积时,结果为 0。因此,式(6.69)可改写为

$$\hat{\boldsymbol{x}}_2^{\mathrm{T}}\boldsymbol{t}^{\times}\boldsymbol{R}\hat{\boldsymbol{x}}_1 = 0 \tag{6.70}$$

将式(6.66)代入式(6.70),得

$$\hat{\boldsymbol{p}}_2^{\mathrm{T}}\boldsymbol{K}_2^{-T}\boldsymbol{t}^{\times}\boldsymbol{R}\boldsymbol{K}_1^{-1}\hat{\boldsymbol{p}}_1 = 0 \tag{6.71}$$

记 $\boldsymbol{F}=\boldsymbol{K}_2^{-T}\boldsymbol{t}^{\times}\boldsymbol{R}\boldsymbol{K}_1^{-1}$,称为基础矩阵,式(6.71)表示的对极约束可简化为

$$\hat{\boldsymbol{p}}_2^{\mathrm{T}}\boldsymbol{F}\hat{\boldsymbol{p}}_1 = 0 \tag{6.72}$$

对极约束简洁地给出了两个匹配点的空间位置关系。如果已知 p_1 点的位置,代入 $\boldsymbol{F}\hat{\boldsymbol{p}}_1$ 即可得到 p_2 点所在的极线坐标,沿着极线搜索,即可确定 p_2 点的位置;反之,也可确定 p_1 点的位置。这样通过极线约束,可将在图像内二维搜索匹配点转化为沿着极线的一维搜索。

利用对极几何关系还可以对双目图像进行校正,让两幅图像完全行对齐。对于行对齐的图像,匹配点的列坐标完全相同,从而将匹配点的搜索简化为水平扫描线上的搜索。图 6-39 给出了校正示例。

(a) 极线未水平校正示意图

(b) 极线水平校正示意图

图 6-39　对极几何约束校正示例

2. 基于极几何的灰度匹配

如图 6-40 所示，在对立体视觉图像进行极线校正后，对于左图像中的任意一点 p_1，在右图像中可沿水平扫描线进行扫描搜索。受视差有限的约束，实际可在右图像（$u_{2\min}$，$u_{2\max}$）之间搜索。在搜索过程中，根据考虑的范围，立体匹配算法主要分为局部匹配算法和全局匹配算法。

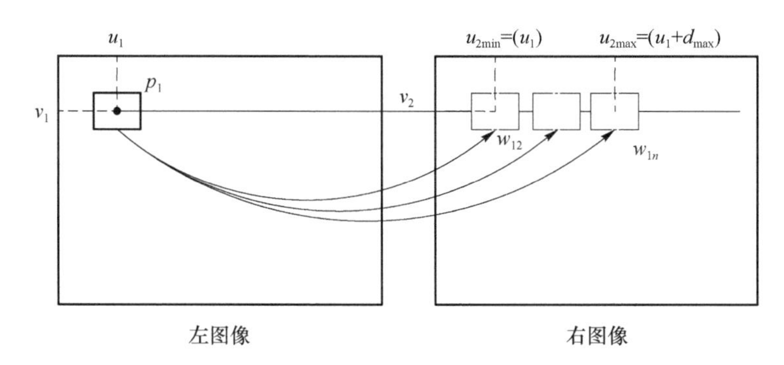

图 6-40　窗口匹配搜索

(1) 局部匹配算法

局部匹配算法是出现最早的立体匹配算法，具有运算高效、算法复杂度低等优点。其基本的匹配过程是基于参考视图的匹配基元，建立匹配视图的相似性测度函数，通过求相似性测度函数极值，确定最合适的视差。根据不同的匹配基元，局部匹配又分为基于区域、基于特征和基于相位的匹配。基于区域的局部匹配在极线校正图像对之间具有较强的通用性。下面以其为例，介绍局部匹配过程。

1) 匹配代价计算

匹配代价是计算立体图像中匹配的像素点之间的差异度。对于基于距离的度量，匹配代价越小，表示两个像素越相似；而对于基于相关性的度量，则相反，匹配代价越大，表示两个像素越相似。匹配代价的计算结果通常是一个三维矩阵，这个矩阵被称为初始代价矩阵。匹配代价是通过对匹配窗口进行相似性测度函数计算完成的。基于像素点的典型测度函数如表 6-4 所列，其中 $C(x,y,d)$ 为代价函数，(x,y) 为待匹配的像素点坐标，d 为视差，$I_L(x,y)$ 和 $I_R(x,y)$ 分别为左图像和右图像的像素值，W 为匹配窗口。

表 6-4　基于像素点的典型测度函数

距离测度	绝对像素差和	$C(x,y,d)=\sum_{(i,j)\in W}\lvert I_L(x+i,y+j)-I_R(x+i+d,y+j)\rvert$
	像素差平方和	$C(x,y,d)=\sum_{(i,j)\in W}[I_L(x+i,y+j)-I_R(x+i+d,y+j)]^2$
相关性测度	归一化互相关	$C(x,y,d)=\dfrac{\sum_{(i,j)\in W}I_L(x+i,y+j)I_R(x+i+d,y+j)}{\sqrt{\sum_{(i,j)\in W}I_L(x+i,y+j)^2\sum_{(i,j)\in W}I_R(x+i+d,y+j)^2}}$
	零均值归一化互相关	$C(x,y,d)=\dfrac{\sum_{(i,j)\in W}[I_L(x+i,y+j)-\overline{I_L}][I_R(x+i+d,y+j)-\overline{I_R}]}{\sqrt{\sum_{(i,j)\in W}[I_L(x+i,y+j)-\overline{I_L}]^2\sum_{(i,j)\in W}[I_R(x+i+d,y+j)-\overline{I_R}]}}$
非参数变换测度	秩函数	$C(x,y,d)=\sum_{(i,j)\in W}\lvert \mathrm{Rank}[I_L(x+i,y+j)]-\mathrm{Rank}[I_R(x+i+d,y+j)]\rvert$

2）匹配代价聚合

直接对通过匹配代价计算得到的初始代价矩阵求极值，其匹配结果的精度通常不高，因此，匹配中要基于初始代价矩阵构建匹配代价聚合，即选择一个滑动窗口来对初始代价矩阵做某种形式的聚合，以降低初始匹配的错误率，即

$$C(x,y,d)=W(x,y,d)C_0(x,y,d) \tag{6.73}$$

式中，$C(x,y,d)$是聚合后的代价矩阵；$W(x,y,d)$为滑动窗口；$C_0(x,y,d)$是初始代价矩阵。滑动窗口主要有固定窗体、多重窗体、自适应窗体和移动窗体等。

3）视差计算

在完成代价聚合之后，代价矩阵中最小/最大匹配代价所对应的位置，就是最终的匹配位置，该位置处的像素点视差值就是所求值，即

$$d_p=\arg\min_{d\in D}/\max C(x,y,d) \tag{6.74}$$

式中，D是进行视差搜索的范围；d_p是匹配位置处的视差。

4）视差精炼

绝大多数的立体匹配算法用于在离散空间中匹配得到离散的视差图。这种离散的结果在机器人导航和行人跟踪等应用中通常没有问题，但是，在诸如基于图像的三维渲染等应用中，离散的视差图会导致视觉合成结果不佳。因此，在完成初始离散匹配之后，还需要进行亚像素级的视差精炼，并通过交叉检查，检查由遮挡造成的误匹配，对遮挡部分采用曲面拟合或其他方法进行填充，最后通过滤波方法抑制异常点。

（2）全局匹配算法

全局匹配算法通过构建一个能量函数$E(d)$实现对整幅图像的匹配，即

$$E(d)=E_{\text{data}}(d)+\lambda E_{\text{smooth}}(d) \tag{6.75}$$

式中，d为视差；$E_{\text{data}}(d)$和$E_{\text{smooth}}(d)$分别为数据项和平滑项能量；λ为平衡因子。通过优化方法求得使能量函数最小的d，即为最终的视差图。与局部匹配算法相比，全局匹配算法效果更好（特别是在遮挡区域和弱纹理区域），不过，其计算量也大幅度增加，难以实时应用。

（3）基于深度学习的全局匹配算法

近年来，随着深度学习方法的快速发展，有研究者先后提出了多个基于深度学习的匹配算法。这里以SuperGlue匹配算法为例，简单介绍这类算法的匹配过程。如图6-41所示，SuperGlue算法的整个框架由注意力图神经网络（graph neural network，GNN）和最优匹配层构成。注意力GNN先将特征点和描述子编码为特征向量，再利用自我注意力和交叉注意力来回增强特征向量的匹配性能；增强后的特征向量输入至最优匹配层，计算特征向量的内积，得到匹配度得分矩阵，再通过Sinkhorn算法，解算得到最优特征分配矩阵。在SuperGlue算法中使用了两种注意力：①自我注意力，可以增强局部描述符的接受力；②交叉注意力，可以实现跨图像交流，并受到人类来回观察方式的启发进行图像匹配。实验表明，SuperGlue与现有方法相比有了显著改进，可以在极宽的基线室内和室外图像对上进行高精度的相对姿势估计。此外，SuperGlue可以实时运行，并且可以同时使用经典和深度学习特征。关于SuperGlue算法可参考文献[35]。

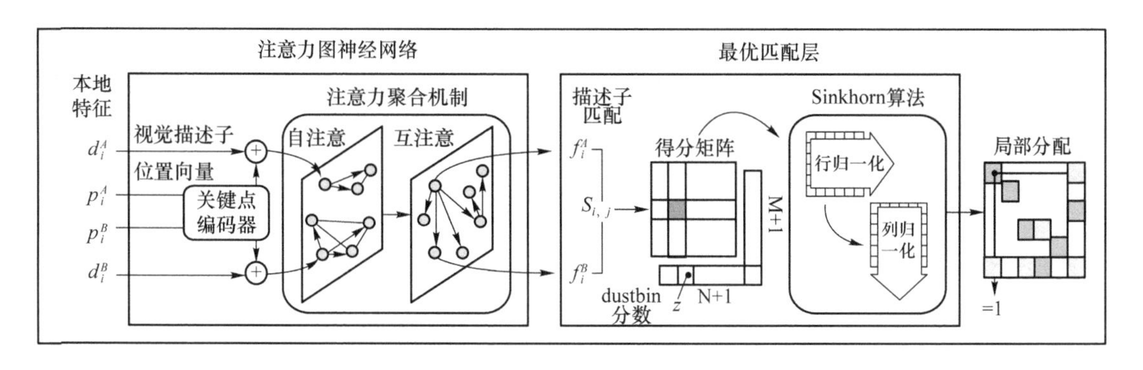

图 6-41 SuperGlue 网络架构图

6.4 视觉导航应用举例

6.4.1 基于空间对接环的相对位姿测量

1. 任务简介

空间卫星的捕获与交汇对接是实现空间在轨服务(如维修、补充燃料、载荷升级等)的前提,完成捕获与交汇对接的基础是获取两个航天器之间的位姿关系,视觉导航是航天器相对位姿测量的主要测量手段。

由于空间成像条件的限制,稳定提取和跟踪空间目标上的点特征是很困难的。通过在目标卫星上安装角反射器或光源,是提高点特征检测识别能力的有效方法,不过,大部分卫星上都不具备这种安装条件。相比于点特征,卫星上的直线或圆形边缘数量少,存在的干扰也少,而且是集合特征,被稳定检出的概率高。特别是广泛存在于卫星上的圆形结构易检测,确定位姿所需的计算量小,且精度高,因此,基于圆形特征的检测在视觉导航中得到了普遍应用。如图 6-42 所示为美国空间轨道快车计划的卫星,其表面安装了多个圆形标志,用于视觉位姿估计;图 6-43 所示靶标使用了一圈圆形上的离散点以确定位姿,在实际应用中,可以根据点特征的缺失情况和特征点之间的匹配关系,动态采用基于圆或基于点的位姿测量方法;图 6-44 所示卫星用于大气中性密度实验,其使用圆形和十字靶标进行快速定位与位姿测量。天宫二号交会对接和嫦娥五号月面采样等任务中,均使用了圆形特征作为位姿测量特征。

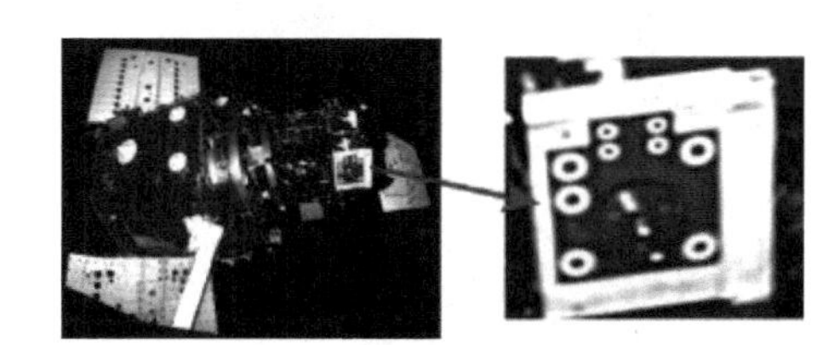

图 6-42 空间轨道快车计划卫星模型及其使用的靶标

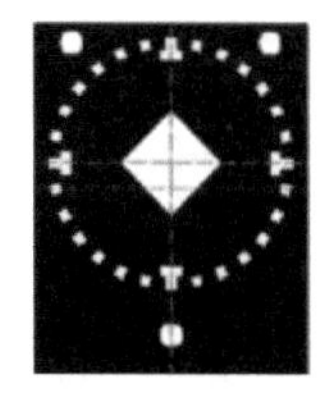
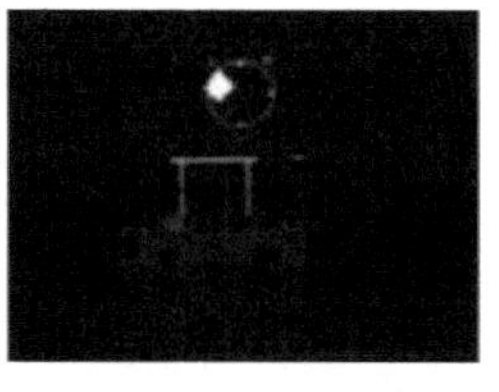

图 6-43 基于离散点的空间圆测量靶标

图 6-44 大气中性密度实验所用的卫星及其末端靶标

2. 基于PCL的目标卫星位姿估计

在空间目标对接任务中，当服务卫星被引导至目标卫星附近且目标卫星轮廓可检测识别时，开启对目标卫星的视觉位姿测量，以便引导服务卫星精确地逼近目标卫星。如图6-45所示，服务卫星在逼近目标卫星的过程中，一般基于单目图像，利用角点、直线或圆形轮廓等特征，进行位姿估计，与点特征相比，直线和圆形特征的鲁棒性更高。不过，在远距离目标较小时，圆形特征易被认为是噪声；在近距离目标较大时，又可能出现成像不完整的情况。太阳帆板的直线特征在逼近过程中一直很稳定。

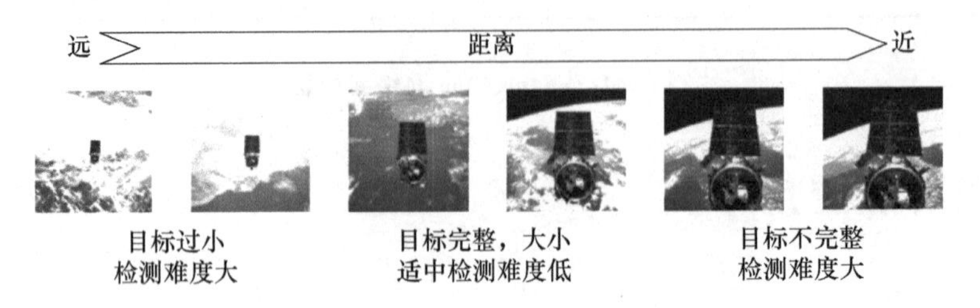

图6-45　卫星接近任务成像示例图

位姿解算基本流程如图6-46所示，完成数据接收之后，考虑到空间图像普遍存在亮度和对比度低的问题，需要先对图像进行亮度和对比度的增强；然后，从图像中检测出椭圆和直线段特征，并筛选出所需要的特征；最后，由椭圆解算出位姿解，并利用直线去除虚假解。下面进行具体介绍。

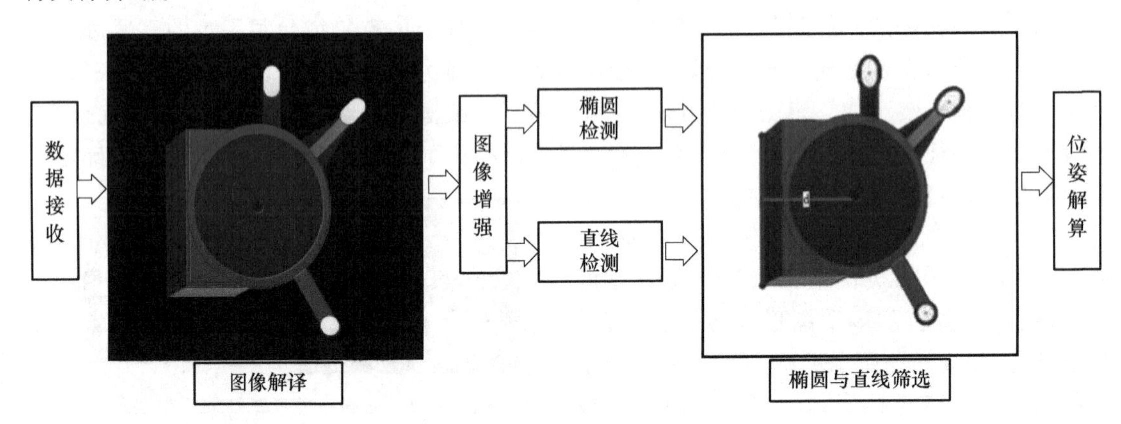

图6-46　位姿解算系统流程示意图

(1) 圆特征的筛选

椭圆特征的研究是实现圆目标相对位姿测量研究的基础。通过边缘分类分组的椭圆拟合，可从图像中提取到椭圆。但如果光照原因使目标的图像边界不稳定或不清晰，则椭圆的检测结果会变得不稳定。

如图6-47所示，由于原始图像的边界不清晰，在椭圆检测中可能检测出多个椭圆，因此，有必要对检测出的椭圆进行筛选。下面介绍一些常用的筛选方法。

1) 椭圆长轴最小长度

假设摄像机的内部参数已知，而圆上总有一直径会平行于成像平面，并且其投影为最长。如果最远工作距离 L_{max} 已知，那么，图像上椭圆长轴的最小尺寸应大于该直径投影长度，即

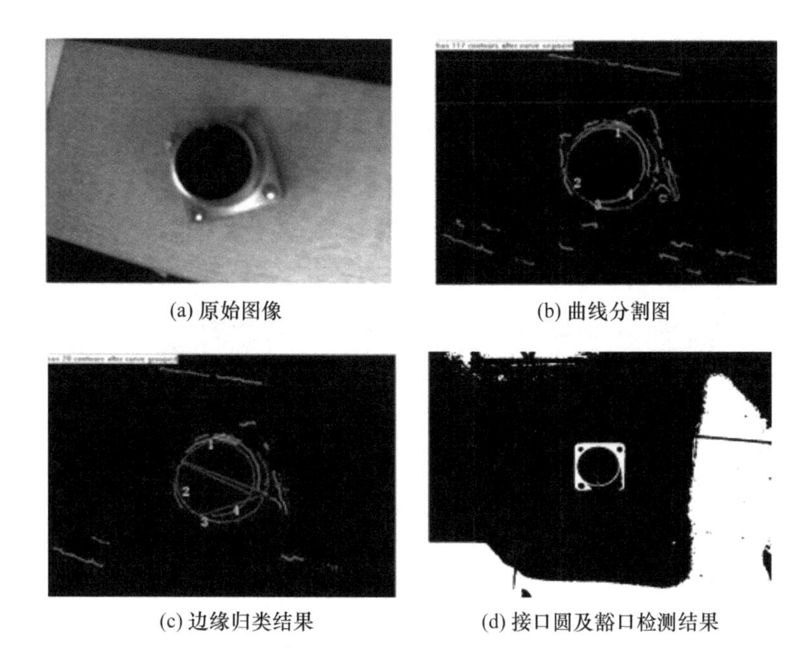

(a) 原始图像　(b) 曲线分割图

(c) 边缘归类结果　(d) 接口圆及豁口检测结果

图 6-47　椭圆检测及干扰

$$\mathrm{LongAxis}(E) > Df/L_{\max} \tag{6.76}$$

式中，LongAxis(E)为候选椭圆曲线 E 的长轴；D 是目标空间圆的直径；f 为摄像机的焦距；$L_{\max}$为最远工作距离。

2）椭圆可信度

在只有单帧图像时，对于满足“椭圆长轴最小长度”的椭圆，若没有额外的信息用于排除虚假或干扰椭圆，则可选择可信度最高的椭圆。候选椭圆 E 的可信度 $\sigma(E)$ 定义为

$$\sigma(E) = \Sigma(E)/\mathrm{Perimeter}(E) \tag{6.77}$$

式中，$\Sigma(E)$为参与拟合椭圆 E 的弦长之和，是 E 的近似周长；Perimeter(E)为椭圆 E 的理论周长。一般来说，$\sigma(E)$越大，表明用于拟合椭圆的边缘越多，拟合的正确性越高。

3）基于投票的椭圆筛选

在视频序列图像中，对连续若干帧图像的检测结果进行统计比较，如果连续几帧图像的检测结果相近，则检测结果为正确椭圆的几率是最高的，可以认定所检测到的椭圆为正确椭圆。

4）基于追踪的椭圆筛选

在视频序列图像中，如果在上一帧图像中已经筛选出正确的椭圆，由于视频的连续性和目标变化的有限性，则后续帧图像的椭圆检测结果与上一帧图像的检测结果的变化量应是有限的。因此，通过与上一帧图像检测结果的比较，可对当前帧图像的椭圆检测结果进行筛选，即

$$E_{\mathrm{pre}} - E_{\mathrm{cur}} < \Delta E_{\max} \tag{6.78}$$

式中，E_{pre}为上一帧图像的椭圆检测信息；E_{cur}为当前帧图像的椭圆检测信息；$\Delta E_{\max}$为相邻两帧图像椭圆变化的极值。

5）同心椭圆的筛选

当目标距离摄像机的距离较近时，实际圆具有的物理尺寸会导致在图像上呈现出双边缘，如图 6-48 所示。根据圆的结构参数定义，内部的椭圆为正确的椭圆。

(2) 直线特征的筛选

当在目标卫星图像中检测出多条直线时,可按照如下方法筛选辅助直线(见图 6-49):

① 距离椭圆中心距离最远的直线,其与椭圆中心的距离应大于椭圆的半长轴;

② 直线方向与椭圆长轴的方向近似垂直。

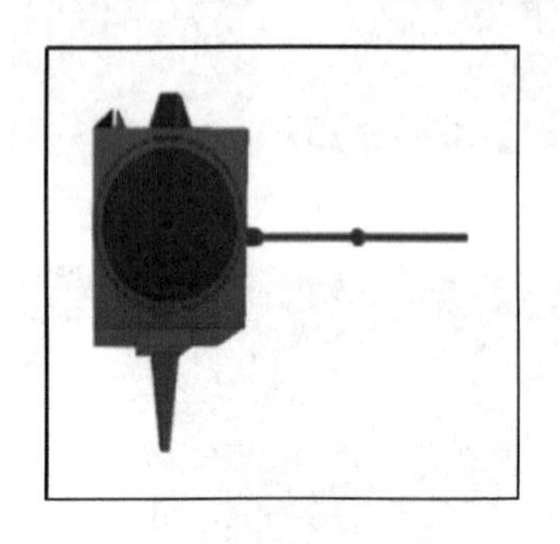

图 6-48 双同心椭圆

图 6-49 直线特征的筛选

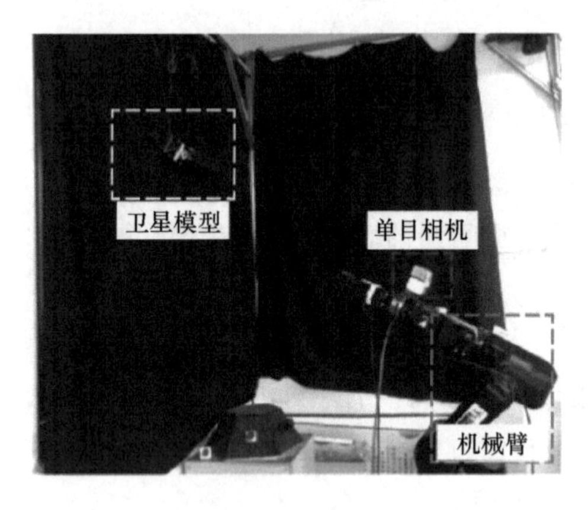

图 6-50 半物理仿真试验系统——空间目标位姿测量实验平台

因此,直线的筛选依赖于椭圆信息,所以,直线的检测与筛选需要在椭圆检测之后进行。

3. 试验验证

如图 6-50 所示为搭建的半物理仿真试验系统,主要由卫星模型、单目相机、机械臂和位姿解算软件等组成,其中,卫星模型目标具有圆形和直线特征信息,圆形部件半径为 20 mm,模型直线端点的世界坐标为 $[36\ \text{mm}\quad -28\ \text{mm}\quad 6.5\ \text{mm}]^T$;Micron Tracker 相机的分辨率为1 024×768 pixel,焦距为 787.83(mm),主点坐标为$[512.23\ \text{mm}\quad 404.25\ \text{mm}]^T$。

由于在半物理实验中无法获得目标的理论真实位置,这里使用增量法评估位姿测量结果。实验中,在基准位置$[85.95\ \text{mm}\quad -59.38\ \text{mm}\quad 605.91\ \text{mm}]^T$ 和基准姿态$[1.71°\quad 2.30°\quad -3.08°]^T$ 的基础上,使用机械臂将相机沿着某个方向移动一段距离 Δd,再比较相机位置改变前后本系统测量的位置差值 Δr 与 Δd 的差异。图 6-51 展示了实验过程中解算位姿所检测的直线和椭圆特征。

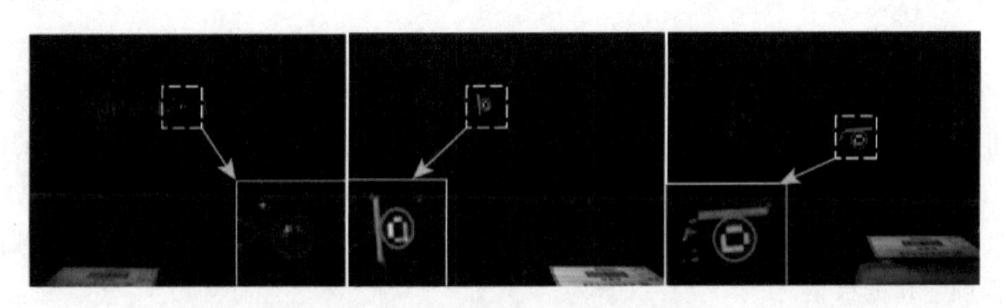

图 6-51 物理实验测量效果图

表 6-5 给出了部分试验结果,其中,Δr 为测量位置与基准位置之间的欧式距离,ΔE 为测量姿态角与基准姿态角的差值。由试验结果可知,位姿测量结果有一定范围的波动,原因是受

试验环境和相机标定精度等因素的影响，特征检测存在一定的误差，不过，位姿估计结果是收敛有效的。

表 6-5　物理实验平台下的位姿测量结果与误差

偏移量/mm	测量位置/mm	测量姿态/(°)	Δr/mm	ΔE/(°)
$\Delta d_z=-100$	(86.17，−55.52，513.98)	(1.09，1.78，−2.47)	92.01	(0.62，0.52，0.61)
$\Delta d_z=-50$	(97.88，−62.65，552.53)	(1.45，−0.68，−4.11)	54.79	(0.26，2.98，1.02)
$\Delta d_x=-100$	(181.97，−61.33，600.64)	(−1.99，3.94，−2.29)	96.19	(3.70，1.64，0.80)
$\Delta d_x=-50$	(36.23，−56.42，589.81)	(−0.58，3.66，−1.65)	52.34	(2.29，1.36，1.43)
$\Delta d_x=-150$	(−58.14，−54.33，590.69)	(−2.09，−1.12，−3.02)	144.97	(3.80，3.42，0.07)
$\Delta d_y=-50$	(82.75，−104.99，589.76)	(0.07，3.85，−3.58)	48.49	(1.64，1.55，0.50)
$\Delta d_y=-100$	(82.65，−158.90，599.20)	(−1.21，3.40，−2.29)	99.80	(2.92，1.09，0.79)
$\Delta d_y=-150$	(97.56，40.59，615.61)	(2.59，3.39，−3.21)	101.10	(0.88，1.08，0.13)

6.4.2　视觉 SLAM

如图 6-52 所示，视觉 SLAM 系统一般包括前端视觉里程计、后端优化、回环检测和建图四个部分。其中，前端视觉里程计（visual odometry，VO）主要用于计算两帧图像之间的相机相对位姿关系，并构建局部环境模型；后端优化主要用于对前端输出的位姿估计序列和回环检测的信息进行优化，从而得到全局一致的轨迹和地图；回环检测主要用于将不同时刻或不同位置获取的图像数据进行匹配和比较，如果找到了可能表示相同地点的图像特征，说明飞行器正在经过之前访问过的地点，即发生了回环，此时，系统会将相应的信息传递给后端，以纠正地图的偏差和轨迹的漂移，即增强轨迹与地图的全局一致性；建图部分主要用于根据前端估计的轨迹和相应的图像信息，建立与任务要求相适应的地图模型。目前，已经提出了多种视觉 SLAM 系统，其中 ORB-SLAM 是研究和应用最广泛的系统之一。因此，下面以基于单目相机的 ORB-SLAM 为例，介绍视觉 SLAM 的基本原理。

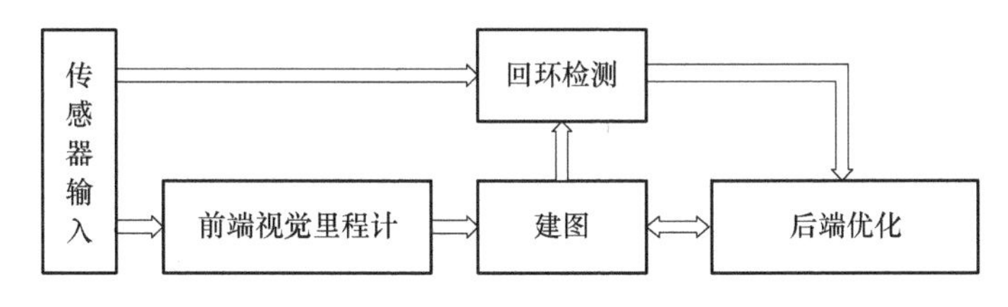

图 6-52　视觉 SLAM 的一般框架

1. 前端视觉里程计

对于人类，基于两幅相邻帧的图像估计拍摄者位姿的变换情况是一件很自然的事；但对于计算机，由于两幅图像中包含大量无用信息，如何从这些信息中提取位姿变化的信息是很困难的，因此，如何根据图像估计相机的运动情况是实现视觉里程计的核心问题。目前，实现视觉里程计的方法主要有特征点法和直接法，ORB-SLAM 采用的是基于 ORB 特征的特征点法。

（1）特征点提取

ORB 特征的提取方法如前所述，在获得前后帧图像后，分别提取该两幅图像的 ORB 特征点。

（2）特征点匹配

基于某个测度（此处以汉明距离为例）对两幅图像的 ORB 特征点进行匹配。汉明距离越小，则两幅图像的匹配度越高。汉明距离定义为两个二进制字符串“异或”运算后结果为 1 的个数。由于 ORB 特征点的描述子是二进制的，因此，使用汉明距离可以大幅提高计算效率。

在特征匹配过程中，由于极线未知，因此，只能使用极线未知情况下的特征匹配。一种方法是将一幅图像中的每一个特征点与另一幅图像中的特征点进行遍历匹配，取匹配度最高的点为正确匹配点。当特征点数量较大时，这种遍历匹配的效率不高。因此，在实际匹配中，一般使用基于 K 最近邻匹配的比例筛选法，筛选出初始候选匹配，再进一步利用 RANSAC（random sample consensus，随机样本一致性）方法估计图像的对极几何约束，排除错误匹配。

（3）摄像机运动求解

在排除错误匹配后，由余下的匹配点对计算基础矩阵 $\boldsymbol{F}$。由前文可知，基础矩阵为 $\boldsymbol{F}=\boldsymbol{K}_2^{-\mathrm{T}}\boldsymbol{t}^{\times}\boldsymbol{R}\boldsymbol{K}_1^{-1}$。定义本质矩阵为 $\boldsymbol{E}=\boldsymbol{t}^{\times}\boldsymbol{R}$。由于采用同一摄像机，摄像机内参 $\boldsymbol{K}$ 在运动前后不变且可提前标定获得，因此有

$$\boldsymbol{E}=\boldsymbol{K}^{\mathrm{T}}\boldsymbol{F}\boldsymbol{K} \tag{6.79}$$

本质矩阵 $\boldsymbol{E}$ 是一个 3×3 的矩阵，由旋转矩阵和平移向量组成，共有 6 个自由度；但由于尺度等价性，即对 $\boldsymbol{E}$ 乘以任意非零常数后，对极约束仍然满足，故 $\boldsymbol{E}$ 实际上只有 5 个自由度。对 $\boldsymbol{E}$ 进行奇异值分解（SVD）得

$$\boldsymbol{E}=\boldsymbol{U}\boldsymbol{\Sigma}\boldsymbol{V}^{\mathrm{T}} \tag{6.80}$$

式中，$\boldsymbol{U}$ 和 $\boldsymbol{V}$ 为正交矩阵；$\boldsymbol{\Sigma}=\mathrm{diag}(\sigma_1,\sigma_2,\sigma_3)$ 为奇异值矩阵，且 $\sigma_1\geqslant\sigma_2\geqslant\sigma_3$。由于 $\boldsymbol{E}$ 的秩为 2，因此，$\sigma_3=0$，可以令 $\sigma=(\sigma_1+\sigma_2)/2$ 和 $\boldsymbol{\Sigma}'=\mathrm{diag}(\sigma,\sigma,0)$。对于任意一个本质矩阵，由 SVD 分解可以得到两个可能的 $\boldsymbol{R}$ 和 $\boldsymbol{t}$，即

$$\begin{cases}\boldsymbol{t}_1^{\times}=\boldsymbol{U}\boldsymbol{R}_Z\left(\dfrac{\pi}{2}\right)\boldsymbol{\Sigma}'\boldsymbol{U}^{\mathrm{T}}\\ \boldsymbol{t}_2^{\times}=\boldsymbol{U}\boldsymbol{R}_Z\left(-\dfrac{\pi}{2}\right)\boldsymbol{\Sigma}'\boldsymbol{U}^{\mathrm{T}}\\ \boldsymbol{R}_1=\boldsymbol{U}\boldsymbol{R}_Z^{\mathrm{T}}\left(\dfrac{\pi}{2}\right)\boldsymbol{V}^{\mathrm{T}}\\ \boldsymbol{R}_2=\boldsymbol{U}\boldsymbol{R}_Z^{\mathrm{T}}\left(-\dfrac{\pi}{2}\right)\boldsymbol{V}^{\mathrm{T}}\end{cases} \tag{6.81}$$

式中，$\boldsymbol{R}_Z(\theta)$ 表示绕 Z 轴旋转 θ 角度后得到的旋转矩阵。对式（6.81）中的结果进行组合，可得四种可能的解。如图 6-53 为四种解的几何意义，图中 O_1 与 O_2 仍为摄像机中心，粗实线为成像平面。四种解中，只有一种情况是真正的解。可以通过把任意一个特征点带入四种解中，检测该点在两个摄像机坐标系中的深度，只有当两个摄像机中的深度值均为正值时，才是真正解，最终得到正确的相机运动 $\boldsymbol{R}$ 和 $\boldsymbol{t}$。由本质矩阵分解得到的摄像机运动具有尺度不确定性，摄像机的旋转运动可以准确估计，但平移运动的尺度丢失需要借助其他传感器的信息进行恢复。

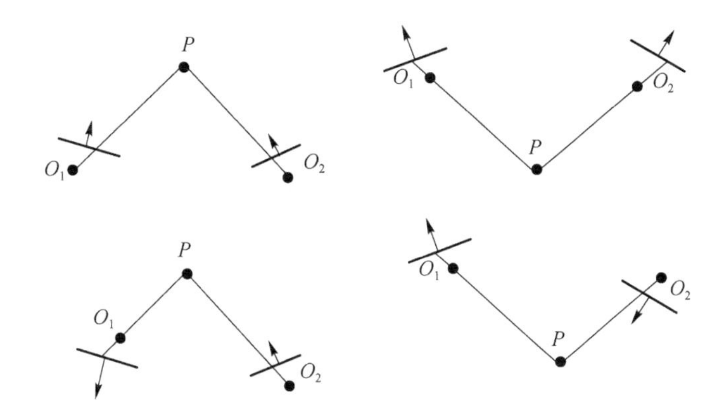

图 6-53　$\boldsymbol{R}$ 和 $\boldsymbol{t}$ 对应的空间点 $\boldsymbol{P}$ 与摄像机的朝向关系示意图

2. 后端优化

视觉里程计给出了运动过程中的局部最优解，但存在偏差，而且该偏差随着运动的持续逐步积累。因此，针对长距离的运动路径，需要在运动距离较长时，运用更长时间范围内的信息进行估计和修正，这就是后端优化。

后端优化需要用到状态估计，基于单目视觉的 ORB-SLAM 系统中，摄像机的运动方程与量测方程描述如下：

$$\begin{cases} \boldsymbol{x}_k = f(\boldsymbol{x}_{k-1}, \boldsymbol{u}_k) + \boldsymbol{w}_k \\ \boldsymbol{z}_{k,j} = h(\boldsymbol{y}_j, \boldsymbol{x}_k) + \boldsymbol{v}_{k,j} \end{cases} \quad k=1,2,\cdots,N; j=1,2,\cdots,M \tag{6.82}$$

式中，$\boldsymbol{x}_k$ 为 k 时刻的摄像机的运动状态信息；$\boldsymbol{u}_k$ 为确定性控制量，如果没有此量，可以不考虑；$\boldsymbol{w}_k$ 为状态噪声，通常建模为零期望白噪声；f 为非线性运动模型；$\boldsymbol{z}_{k,j}$ 为 k 时刻摄像机对第 j 个"路标"$\boldsymbol{y}_j$ 的观测结果，"路标"指在 SLAM 系统进行定位时用作位置参考的空间位置点，如 ORB 特征点；$\boldsymbol{v}_{k,j}$ 为量测噪声，通常也建模为零期望白噪声；h 为摄像机成像模型所决定的量测模型。

需要注意的是，在视觉 SLAM 系统中，只有当摄像机看到了路标 $\boldsymbol{y}_j$ 时才会产生一次观测结果 $\boldsymbol{z}_{k,j}$，且路标 $\boldsymbol{y}_j$ 的数量通常很大且不确定，故通常会存在很多个观测方程。另外由于视觉 SLAM 系统通常不包含运动传感器与控制系统，因此，一般只建立量测方程，而不建立运动方程。后端优化就是通过一系列观测与量测方程，估计摄像机的运动状态，并修正运动路径。

后端优化经常使用光束平差法(bundle adjustment，BA)进行优化，以达到在整个路径上的估计偏差最小的目标。设 $\boldsymbol{P}$ 为空间中的一个特征点 $\boldsymbol{y}_j$ 的三维坐标，根据摄像机的成像模型，设特征点在摄像机坐标系下的坐标为 $\boldsymbol{P}_\mathrm{C}$，归一化坐标为 $\overline{\boldsymbol{p}}$，则有

$$\begin{cases} \boldsymbol{P}_\mathrm{C} = \boldsymbol{RP} + \boldsymbol{t} \\ \overline{\boldsymbol{p}} = \begin{bmatrix} \dfrac{X}{Z} & \dfrac{Y}{Z} & 1 \end{bmatrix}^\mathrm{T} = \begin{bmatrix} u_\mathrm{C} & v_\mathrm{C} & 1 \end{bmatrix}^\mathrm{T} \end{cases} \tag{6.83}$$

考虑径向畸变，有

$$\begin{cases} u'_\mathrm{C} = u_\mathrm{C}(1 + k_1 r_\mathrm{C}^2 + k_2 r_\mathrm{C}^4) \\ v'_\mathrm{C} = v_\mathrm{C}(1 + k_1 r_\mathrm{C}^2 + k_2 r_\mathrm{C}^4) \end{cases} \tag{6.84}$$

最后根据内参模型，计算像素坐标为

$$\begin{cases} u_\mathrm{S} = f_x u_\mathrm{C} + c_x \\ v_\mathrm{S} = f_y v_\mathrm{C} + c_y \end{cases} \tag{6.85}$$

因此，量测方程可改写为

$$\boldsymbol{z}_{k,j} = h(\boldsymbol{y}_j, \boldsymbol{x}_k) = h(\boldsymbol{P}_j, \boldsymbol{R}_k, \boldsymbol{t}_k) \tag{6.86}$$

观测误差 $\boldsymbol{e}_{k,j}$ 为

$$\boldsymbol{e}_{k,j}=\boldsymbol{z}_{k,j}-h(\boldsymbol{P}_j,\boldsymbol{R}_k,\boldsymbol{t}_k) \tag{6.87}$$

因此，使观测误差最小化的代价函数为

$$J=\frac{1}{2}\sum_{k=1}^{m}\sum_{j=1}^{n}\|\boldsymbol{e}_{k,j}\|^2=\frac{1}{2}\sum_{k=1}^{m}\sum_{j=1}^{n}\|\boldsymbol{z}_{k,j}-h(\boldsymbol{P}_j,\boldsymbol{R}_k,\boldsymbol{t}_k)\|^2 \tag{6.88}$$

对式(6.88)求极值，即可确定使代价函数最小的 $\boldsymbol{P}_j$、$\boldsymbol{R}_k$ 和 $\boldsymbol{t}_k$，显然，该最优解为最小二乘意义上的最优结果。

随着观测数据的积累，进行一次 BA 优化所需要的计算量也在增加。为了保证算法的实时性，在实际应用中，一般每次做 BA 优化时只对当前时刻前一小段时间的观测结果进行优化，然后每过较长一段时间就对所有观测结果做一次全局 BA 优化。

3. 回环检测

设摄像机的运动轨迹是闭合的，摄像机在某一时刻能看到历史上经过的路径点，回环检测能够检测出摄像机经过同一个地方这个事件，将经过的同一地方路径闭合作为约束输入后端优化，即可补偿累积误差。在回环检测中，选定一些特征点丰富的图像作为回环候选关键帧，生成闭环约束时，当前帧与回环候选关键帧对应的摄像机拍摄位置应当是相同或相近的。生成回环约束后，这些约束将用于全局优化，通过优化，调整关键帧的估计位姿和路标点的位置，最小化观测误差。另外，一旦发生回环，关键帧和路标点就会被标记为“冻结”状态，以防止其在后续优化中被过度调整。回环检测会在全局优化中纠正可能的漂移，从而提高地图的一致性和准确性。

不过，对于单向探测的导航应用，通常是无法进行回环检测的，此情况下如果需要抑制累积误差，则需要利用其它先验信息，比如环月或环火的卫星遥感图像。

4. 建　图

SLAM 是由“定位”与“建图”两部分组成的。在完成定位的过程中，其实已经间接完成了建图的过程。在传统的 SLAM 概念中，对路标 $\boldsymbol{y}_j$（也就是特征点）的定位过程，就是对周围环境进行建图的过程，所有特征点的空间位置构成一种稀疏地图，如图 6-54(a)所示。随着应用需求的不断提升，仅由有限个路标或特征点组成的稀疏地图已很难满足应用要求，有必要通过 SLAM 构建如图 6-54(b)所示的稠密三维地图。

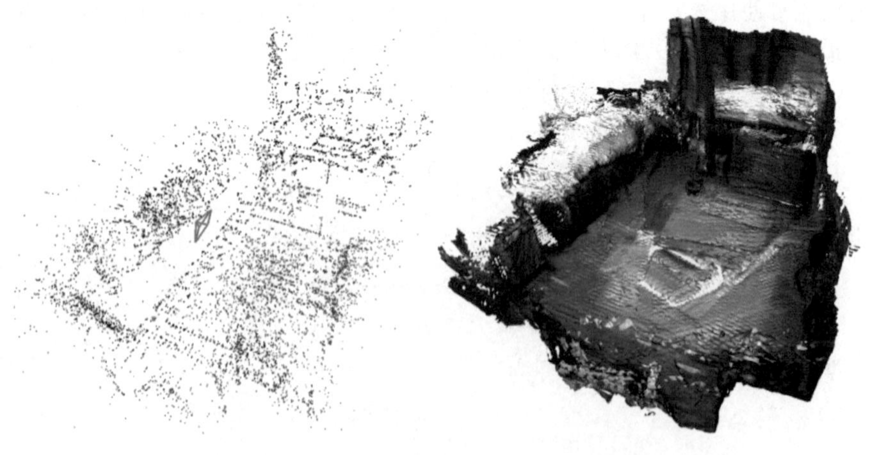

(a) 稀疏地图　　(b) 稠密三维地图

图 6-54　由特征点组成的稀疏地图和稠密三维地图

近年来,随着虚拟现实技术和人工智能技术的快速发展,摄像机的运动决策不仅需要SLAM 提供包含路标位置信息的稀疏地图模型,还需要 SLAM 提供包含“障碍物”和“目标物”等参照物的地图模型,一般称为语义地图。一些应用场景下,还需要 SLAM 重建出体素级别的稠密三维地图,一般称为稠密地图。如图 6-55 所示为基于神经网络的神经辐射场稠密场景三维重建示意图。对相关内容感兴趣的可以参考文献[36]。

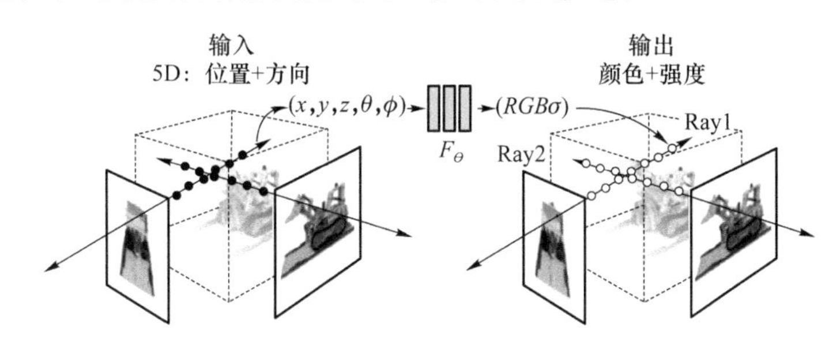

图 6-55　神经辐射场稠密场景三维重建示意图

习　题

6-1　什么是摄像机标定？简要解释其作用和重要性。

6-2　在摄像机标定中,误差是不可避免的。解释内参误差和外参误差分别是什么,并提供每种误差可能的来源。

6-3　假设已完成摄像机标定,但在实际应用中发现图像中的物体出现畸变。可能是哪些因素导致这种情况？讨论如何校正这些畸变。

6-4　对于一幅大小为 3×3 的灰度图像,使用均值滤波器进行平滑处理。均值滤波器的模板如下：

$$\begin{matrix} 1 & 1 & 1 \\ 1 & 1 & 1 \\ 1 & 1 & 1 \end{matrix}$$

图像的像素值如下：

$$\begin{matrix} 100 & 110 & 120 \\ 130 & 140 & 150 \\ 160 & 170 & 180 \end{matrix}$$

请计算平滑后的像素值。

6-5　什么是直方图均衡化？简要描述其工作原理。

6-6　简要介绍传统的图像特征提取方法,如边缘检测、角点检测和 SIFT 特征检测。对于每种方法,描述其工作原理以及适用的应用场景。

6-7　深度学习方法(如 CNN)在图像特征提取方面有何优势？相较于传统方法,为什么深度学习方法在大规模数据上表现更好？

6-8　请简单说明什么是视觉 SLAM,其主要目标是什么？

6-9　什么是特征点？为什么在 SLAM 中使用特征点？

第 7 章

天文导航

天文导航是一种以自然天体的已知信息为基准，通过天体敏感器被动探测天体方位，经过解算确定载体导航信息的导航方法。尽管天文导航技术很早就广泛应用于航海，但天文导航系统易受地面大气的影响，因此，更适用于飞机和导弹等飞行器，特别是几乎无大气影响的卫星和空间站等航天器。所以，无论是 20 世纪中叶的阿波罗登月飞船和"和平号"空间站，还是后来的"水手"9 号、"旅行者"1 号/2 号、"伽利略"号和"卡西尼"号等航天器，以及近年来的"天宫"空间站和"天问"探测器等航天器，均普遍使用太阳敏感器和星敏感器等天文导航技术。随着成像技术的快速发展，天文导航技术也在不断改进：一方面，以星敏感器为代表的天文导航传感器向小型化方向发展，大大减轻了负载压力；另一方面，以脉冲星导航为代表的新型天文导航技术也在持续研究中，为未来自主深空探测创造了条件。

本章主要介绍几种典型的天体敏感器、基于星敏感器的星光定姿原理、纯几何天文定位方法和基于敏感地平的定位方法。

7.1 天体敏感器

根据敏感对象的不同，天体敏感器分为太阳敏感器、地球敏感器、恒星敏感器（简称为"星敏感器"）和行星敏感器等；根据所感应光谱波段的不同，又分为可见光敏感器、红外敏感器、紫外敏感器和 X 射线敏感器等。下面简单介绍一下常用的太阳敏感器、地球敏感器和恒星敏感器。

7.1.1 太阳敏感器

太阳敏感器将太阳光的辐射转换为电信号，以测定航天器相对于太阳的方位矢量。由于太阳的亮度和辐射强度非常高，易于感应和分辨，是最可靠的参考天体，因此，太阳敏感器广泛应用于各种航天器。太阳敏感器具有结构简洁、工作稳定、能耗低、质量轻和视场范围广等优点，其分辨能力可以达到角秒级。

1. 太阳敏感器的分类

如图 7-1 所示，太阳敏感器总体上可以分为模拟式、数字式和太阳出现式三种。前两种的主要区别是输出信号的方式不同，一个是模拟信号，一个是数字信号；第三种又称为太阳指示器，输出"1"或"0"两个状态，反映太阳是否在敏感器的视场内。

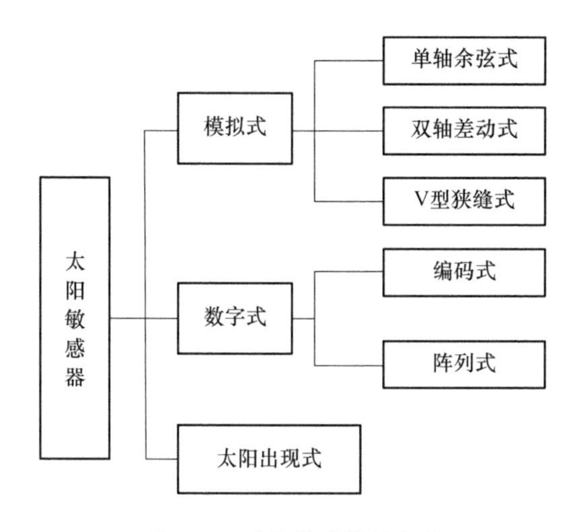

图 7-1　太阳敏感器的分类

（1）模拟式太阳敏感器

模拟式太阳敏感器主要有单轴余弦式、双轴差动式和 V 型狭缝式三种结构。如图 7-2 所示为单轴余弦式太阳敏感器的工作原理示意图，当经过光学系统的阳光照射到由两块光电池构成的敏感元件上时，在输出电阻上产生的输出电压与太阳光入射角成余弦规律变化，因此，其又称为余弦检测器，基于输出电压可以得到一个方向上的太阳方位角度。

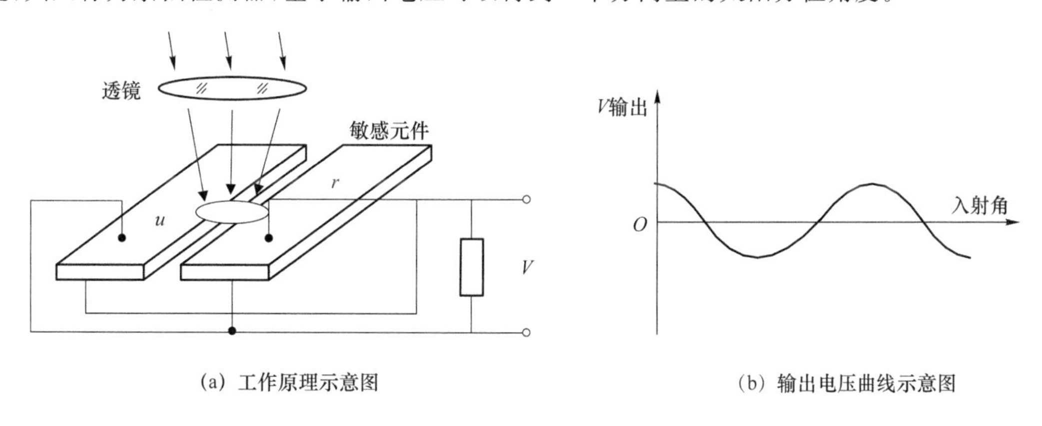

(a) 工作原理示意图　　(b) 输出电压曲线示意图

图 7-2　单轴余弦式太阳敏感器（余弦检测器）

如图 7-3 所示为双轴差动式太阳敏感器的敏感元件示意图，由四片硅光太阳能电池片构成四个敏感象限，当阳光从方形窗投射至敏感区域时，敏感太阳在不同象限上产生的照射面积，通过差动式电路输出，就可以同时获得两个方向上的太阳方位角度。

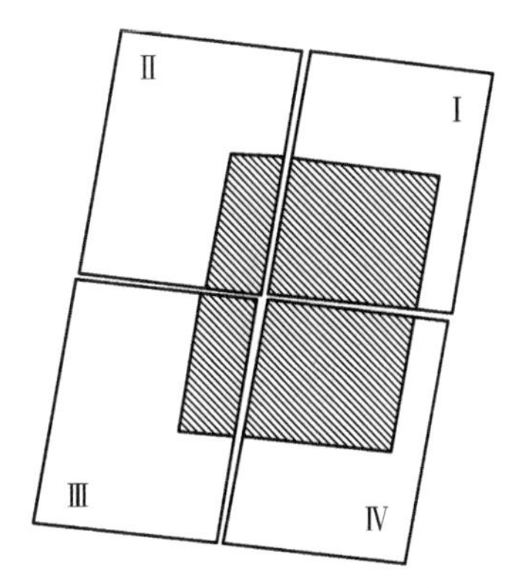

图 7-3　双轴差动式太阳敏感器的敏感元件示意图

V 型狭缝式太阳敏感器广泛应用于自旋卫星，其有两条窄缝：缝Ⅰ的中间面与卫星自旋轴平行，称为基准平面或指令平面；缝Ⅱ的中间面倾斜一个角度，与自旋轴构成 V 字形，每条缝的出缝端贴装有硅光电池。卫星自旋时，缝Ⅰ和缝Ⅱ先后扫过太阳，产生两个脉冲信号。太阳光与自旋轴的夹角是两个脉冲之间时间间隔的函数，通过测量脉冲间隔时间即可确定太阳光与自旋轴的夹角。此外,根据缝Ⅰ生成的两个连续脉冲,还可以确定卫星的自旋周期。这种敏感器结构简单,工作可靠,测量范围大,精度可达0.05°。

(2) 数字式太阳敏感器

数字式太阳敏感器主要有码盘式和阵列式两种。如图7-4所示为码盘式太阳敏感器码盘的工作原理示意图。图(a)中在一块玻璃上下表面镀上金属膜,并在上表面光刻一条透光狭缝,称为测量入缝,下表面光刻成透明和不透明相间的格雷码(Gray code)图案,在格雷码图案的各码道贴装硅光电池,硅光电池输出的二进制格雷码与太阳入射角有关。结合细分电路,码盘式太阳敏感器的精度可达0.025°。

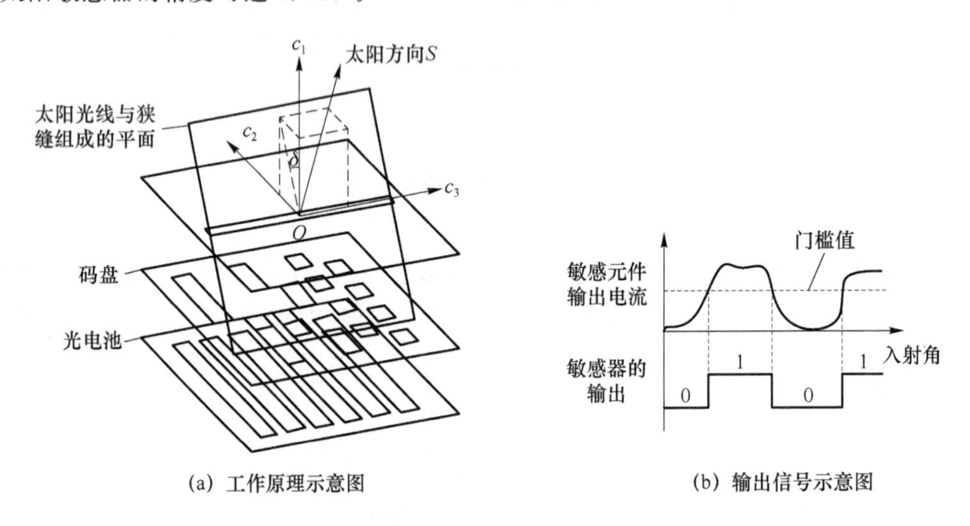

(a) 工作原理示意图　　(b) 输出信号示意图

图7-4　码盘式太阳敏感器码盘的工作原理示意图

对于自旋卫星应用场景,玻璃上下表面还应该光刻出两条平行的透光狭缝,称为指令入缝和指令出缝,这两个缝构成的平面称为指令平面,它应该与测量入缝相垂直,且与卫星自旋轴平行。在卫星自旋过程中,当太阳光进入指令平面时,指令出缝上贴装的硅光电池输出一个指令信号,此时测量部件所产生的用格雷码表示的角度输出,就是太阳姿态角,即太阳矢量与卫星自旋轴的夹角。三轴稳定卫星用单轴码盘式太阳敏感器测角部件的工作原理与上述相同,只是它不必使用指令部件。双轴太阳敏感器只要将两个单轴太阳敏感器成正交安装即可。

当前阵列式太阳敏感器的敏感元件主要是CMOS APS线阵,如图7-5所示为阵列式太阳敏感器的工作原理示意图,太阳像落在线阵上的位置代表太阳方位角,Z形狭缝成像在线阵上的三个交点的间距表示太阳的高度角。由于阵列器件中敏感元集成度很高,再结合细分电路,阵列式敏感器的精度可达到角秒级。

(3) 太阳出现式敏感器

太阳出现式敏感器工作原理简单,当太阳出现在敏感器视场内,并且信号强度超过门限值时,输出为"1",表示敏感到太阳;当太阳不在敏感器视场内,或信号强度低于门限值时,输出为"0",表示没有敏感到太阳。这类太阳敏感器一般用作保护器,用于保护红外地平仪或星敏感器等敏感器免受太阳光的影响。

2. 太阳敏感器的信号处理流程

如图7-6所示为太阳敏感器的信号处理流程示意图,由光谱滤波器、几何滤波器、辐射敏

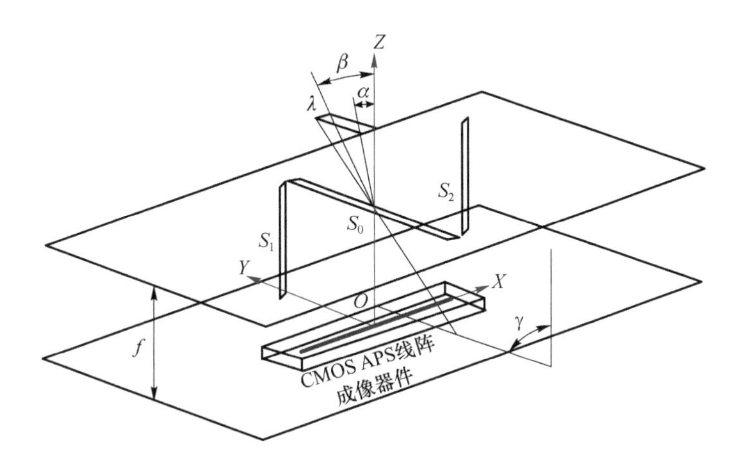

图 7-5　线阵光电器件结合 Z 形狭缝的太阳敏感器结构原理图

感器件和信号处理电路组成。太阳辐射的光谱范围很宽,太阳敏感器只利用其中的可见光部分。光谱滤波器对可见光部分不进行抑制,而对可见光之外部分进行抑制,透镜、滤光片或增透膜片等都是光谱滤波器。几何滤波器用于确定敏感器内外的几何关系,在一定视场范围内表现被测太阳光的矢量方向。辐射敏感器件是将通过光谱滤波器和几何滤波器后具有矢量属性的辐射能转变为电能的元件。信号处理电路将辐射敏感器件输出的电能信号进行处理,最终得到太阳光的矢量方向或相关测量量。

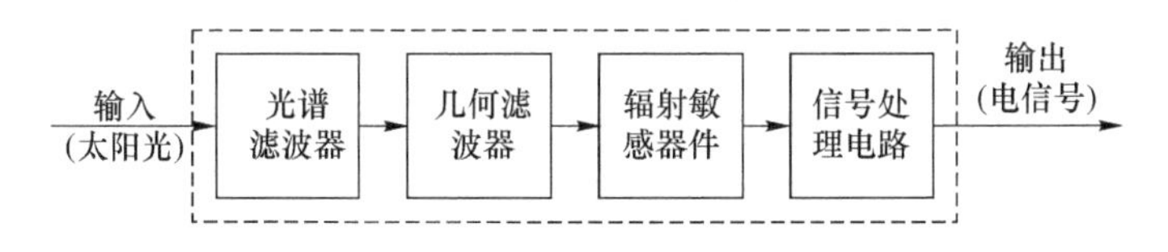

图 7-6　太阳敏感器的信号处理流程示意图

7.1.2　地球敏感器

地球被大气层包裹,其辐射主要由大气层和地球表面产生,包括反射辐射和自身辐射,前者主要是可见光辐射,后者主要是红外辐射。因此,根据敏感的光谱波段,地球敏感器主要分为地球反照敏感器和红外地球敏感器两种。

地球反照敏感器是一种通过感应地球反射的太阳光,以获取航天器相对于地球的姿态信息的天体敏感器,主要敏感于可见光波段。尽管这类感应器结构简单,但其性能受反照信息的时变性影响严重,地球边缘的不确定性是限制其测量精度的主要因素。

红外地球敏感器是一种通过感应地球的红外辐射,以获取航天器相对于地球的姿态信息的天体敏感器,又称为红外地平仪。地球的红外辐射由地球表面辐射和大气层辐射共同作用形成。影响地平辐射波动的最大因素是温度变化和云层,其中温度是最重要的影响因素。随着波长的变大,辐射的波动变小,因此,红外地球敏感器工作于远红外波段,常用的工作波段为 14～16 μm。与地球反照敏感器相比,红外地球敏感器对航天器本身反射的太阳光不敏感。地球的红外边缘清晰、稳定,因此红外地球敏感器可全天候工作,应用更加广泛。红外地球敏感器(以下简称地平仪)主要由光学系统、敏感元件和处理电路等组成,按照工作原理,分为动态地平仪和静态地平仪。

1. 动态地平仪

动态地平仪的主要原理是利用运动机械部件带动一个或少量几个敏感元件扫过地平圈来获得瞬时视场,从而将空间分布的辐射图像变换为时间分布的波形,再通过信号处理,检测地球边缘进出视场获得的脉冲宽度和相位,计算出地平圈的位置,进而确定两轴姿态。根据扫描方式,动态地平仪分为圆锥扫描和摆动扫描两种。

圆锥扫描红外地平仪具有视场范围大、易于敏感到地球且响应速度快等优点,适用于三轴稳定的航天器。如图 7-7 所示为圆锥扫描红外地平仪的工作原理示意图,以安装在本体上的扫描装置的扫描轴为中心轴,视轴与中心轴有一定的夹角。在敏感过程中,电机驱动视轴绕中心轴形成一锥面来对地平圈进行扫描,将扫描的信息进行采集和处理,以确定地平的矢量信息。

摆动扫描红外地平仪一般适用于长寿命的同步卫星,其工作原理与圆锥扫描红外地平仪类似;不同的是其扫描装置为摆动装置,通过视轴在一定角度范围内摆动实现对地平的扫描。摆动扫描红外地平仪对地平圈上的同一点进行方向相反的两次扫描,根据这两次扫描所获取的信息,完成对地平的量测。

2. 静态地平仪

静态地平仪的工作方式类似于人的眼睛,利用焦平面技术,将多个航天器放在光学系统的焦平面上,通过航天器对投影在焦平面上地球红外图像的响应,来计算地球的方位。静态地平仪具有体积小、质量轻、功耗低、寿命长和抗振动等优点,适合用作新一代小型卫星的姿态敏感器。这里主要介绍一种辐射热平衡式红外地平仪,如图 7-8 所示。这种地平仪一般有多个视场,且等间隔对称分布,每个视场只接收来自地球特定区域的红外辐射,地平仪对每个视场所接收的辐射能量进行分析处理,完成对航天器姿态的量测。

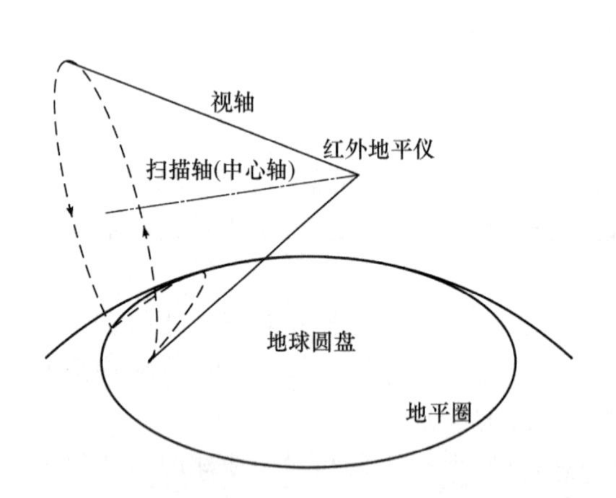

图 7-7 圆锥扫描红外地平仪的工作原理示意图

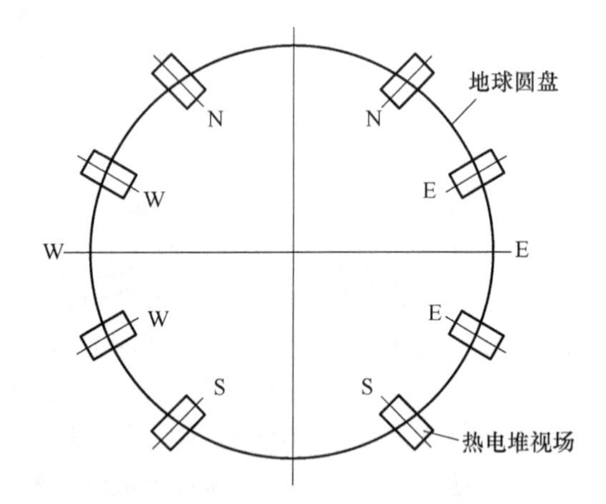

图 7-8 辐射热平衡式红外地平仪

7.1.3 恒星敏感器

恒星敏感器(简称为星敏感器)是目前姿态测量精度最高的天体敏感器,其利用曝光得到的星像点信息,经过质心提取、星图匹配和姿态确定等环节,给出航天器在惯性空间中的姿态信息。其基本工作原理描述如下。

如图 7-9 所示,已知恒星在天球坐标系 $OXYZ$ 的赤经 α 和赤纬 δ,则地心惯性坐标系中

恒星的单位矢量 $\boldsymbol{s}_{\mathrm{I}}$ 可表示为

$$\boldsymbol{s}_{\mathrm{I}}=\begin{bmatrix}\cos\alpha\cos\delta\\ \sin\alpha\cos\delta\\ \sin\delta\end{bmatrix} \tag{7.1}$$

星光经过光学透镜折射，在星敏感器的光敏阵列上成像，星像点在敏感器像平面坐标系 Ouv 的坐标(u_s，v_s)可直接读出。根据图 7－10 所示几何关系，恒星在星敏感器本体坐标系 $OX_sY_sZ_s$ 的单位矢量 $\boldsymbol{s}_s$ 可表示为

$$\boldsymbol{s}_s=\frac{1}{\sqrt{(u-u_0)^2+(v-v_0)^2+f^2}}\begin{bmatrix}u-u_0\\ v-v_0\\ f\end{bmatrix} \tag{7.2}$$

式中，f 是光学透镜焦距。

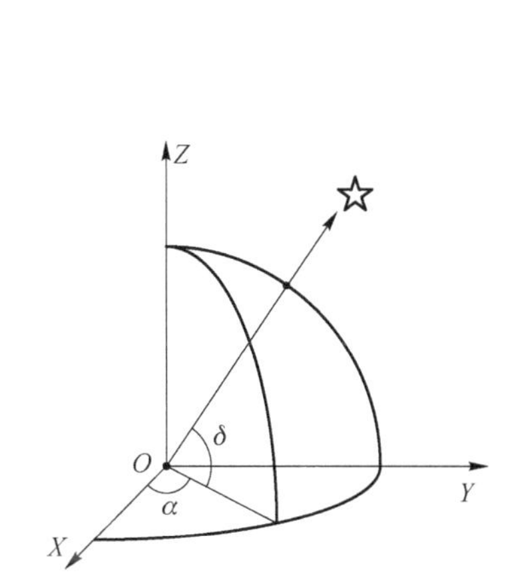

图 7－9　天球坐标系中恒星的二维坐标

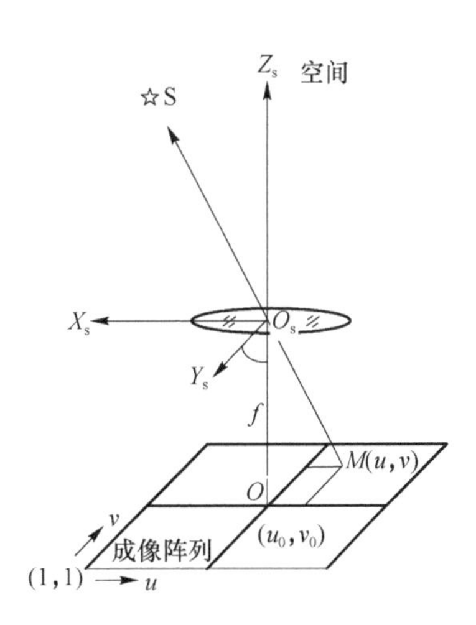

图 7－10　星敏感器成像几何关系

恒星在不同坐标系中单位矢量的关系为

$$\boldsymbol{s}_s=\boldsymbol{A}_s\boldsymbol{A}_b\boldsymbol{A}_o\boldsymbol{s}_{\mathrm{I}} \tag{7.3}$$

式中，$\boldsymbol{A}_s$ 为星敏感器在航天器本体坐标中的安装矩阵，对于固联的星敏感器，该矩阵的各元素为常数；$\boldsymbol{A}_b$ 为航天器本体坐标系在轨道坐标系中的姿态矩阵；$\boldsymbol{A}_o$ 为航天器轨道坐标系到惯性坐标系的转移矩阵，可由轨道参数计算得到。式(7.3)表明，若星敏感器能同时捕获到至少 3 个不共线的星像点，则可计算得到航天器的姿态矩阵 $\boldsymbol{A}_b$，这就是星敏感器的基本工作原理。

7.2　基于星敏感器的星光定姿原理

7.2.1　星　表

星表是通过天文观测获得的恒星的相关数据，是星图匹配的基准。目前有多个组织发布了各自的观测星表。下面介绍 5 种常用的星表。

1. SAO 星表

SAO(smithsonian astrophysical observatory)星表是由美国史密斯天文台发布的，最早一

版于1966年发布,最初采用J1950.0为参考历元。1990年发布的版本加入了基于J2000.0参考历元的恒星信息,主要包括SAO星表号、J1950.0的位置和自行信息、J2000.0的位置和自行信息、照相星等、视星等、光谱型、双星和变星标识等30种类型的恒星数据,与HD(Henry Draper)星表和BD(Bonner Durchmusterung)星表有交叉认证信息,包含天文导航常用参数。

SAO星表的数据结构分为三个部分,第一部分是恒星像点源的SAO星表星号、光谱类型;第二部分是恒星像点源的位置信息,包括基于J1950和J2000的赤经、赤纬、赤经自行、赤纬自行;第三部分是恒星视星等、照相星等和编码源等其它信息。SAO星表的具体数据结构信息见表7-1。

表7-1 SAO星表的数据结构

字节位置	格　式	单　位	标识位	备　注
1～6	I6	—	SAO	SAO星表星号
7	A1	—	delFlag	是否删除标志位
8～9	I2	h	RAh	赤经时J1950
10～11	I2	min	RAm	赤经分J1950
12～17	F6.3	s	RAs	赤经秒J1950
18～24	F7.4	s/a	pmRA	FK4系统赤经自行
25～26	I2	mas/a	pmRA	赤经自行标准差
27	A1	—	RA2mf	[+-]
28～33	F6.3	s	RA2s	—
34～35	I2	10 mas	e_RA2s	RA2标准差
36～41	F6.1	a	EpRA2	RA2历元
42	A1	—	DE-	赤纬符号J1950
43～44	I2	deg	DEd	赤纬度J1950
45～46	I2	arcmin	DEm	赤纬角分J1950
47～51	F5.2	arcsec	DEs	赤纬角秒J1950
52～57	F6.3	arcsec/a	pmDE	FK4系统赤纬自行
58～59	I2	mas/a	e_pmDE	赤纬自行标准差
60	A1	—	DE2mf	[+-]
61～65	F5.2	arcsec	DE2s	—
66～67	I2	10 mas	e_DE2s	DE2标准差
68～73	F6.1	a	EpDE2	DE2历元
74～76	I3	10 mas	e_Pos	位置标准差J1950
77～80	F4.1	mag	Pmag	照相星等
81～84	F4.1	mag	Vmag	视星等
85～87	A3	—	SpType	光谱类型
88～89	I2	—	r_Vmag	视星等编码源
90～91	I2	—	r_Num	星编号和脚注编码源
92	I1	—	r_Pmag	照相星等编码源

续表 7-1

字节位置	格　式	单　位	标识位	备　注
93	I1	—	r_pmRA	自行编码源
94	I1	—	r_SpType	光谱编码源
95	I1	—	Rem	编码备注和可变度
96	I1	—	a_Vmag	视星等精度
97	I1	—	a_Pmag	Ptg 精度
98～99	I2	—	r_Cat	源星表
100～104	I5	—	CatNum	源星表星号
105～117	A13	—	DM	DM 星表编号
118～123	A6	—	HD	HD 星表编号
124	A1	—	m_HD	HD 编码
125～129	A5	—	GC	GC 星表编号
130～139	D10.8	rad	RArad	赤经弧度 J1950
140～150	D11.8	rad	DErad	赤纬弧度 J1950
151～152	I2	h	RA2000h	赤经时 J2000
153～154	I2	min	RA2000m	赤经分 J2000
155～160	F6.3	s	RA2000s	赤经秒 J2000
161～167	F7.4	s/a	pmRA2000	FK5 系统赤经自行
168	A1	—	DE2000－	赤纬符号 J2000
169～170	I2	deg	DE2000d	赤纬度 J2000
171～172	I2	arcmin	DE2000m	赤纬角分 J2000
173～177	F5.2	arcsec	DE2000s	赤纬角秒 J2000
178～183	F6.3	arcsec/a	pmDE2000	FK5 系统赤纬自行
184～193	D10.8	rad	RA2000rad	赤经弧度 J2000
194～204	D11.8	rad	DE2000rad	赤纬弧度 J2000

2. HD 星表

HD 星表是第一个收录主要恒星光谱的星表，由美国哈佛大学天文台编纂。该星表首次将恒星分为 O、B、A、F、G、K 和 M 等光谱类型，被天文学界广泛接受，收录了 225 300 颗恒星的光谱信息，包含 HD 星号、BD 星号、J1900.0 参考历元的赤经和赤纬、视星等和照相星等、光谱型等恒星数据，并与 SAO 星表和 Tycho－2 星表有交叉认证信息。

3. Hipparcos-Tycho 星表

欧洲航天局于 1997 年 6 月正式发布 Hipparcos 星表和 Tycho 星表，包含 100 多万颗视星等至 11 等的恒星和 1 万多个非恒星物体。1997 年发布的 Hipparcos 星表第 2 版，包含视星等至 13 等的恒星，位置精度高达 0.001 角秒。2000 年发布的 Tycho-2 星表包含的恒星数量与 Tycho-1 星表相比增加了很多，主要从天体照相星表和 143 个其它地面天文观测星表中获得，并归一化到 Hipparcos 天体坐标系。

4. FK 系列星表

FK 系列星表是根据绝对观测的恒星子午环星表编纂而成的，绝对观测数据模型包含地球自转参数、岁差、章动和太阳系其它天体的动力学信息。FK5 星表是 FK 星表的第 5 版，主要分为两部分：第一部分包含 FK4 星表中的 1 535 颗恒星，它们的位置和自行数据由 FK4 系统归化至 FK5 系统；第二部分提供了 3 117 颗 FK4 星表中未包含的新恒星，并包含这些恒星在 J2000.0 历元下的赤经、赤纬和年自行等参数信息。

5. Gaia 星表

2013 年底，欧洲航天局发射了 Gaia 宇宙天体测量卫星，其在拉格朗日 L2 点工作，已发布 Gaia DR1、Gaia DR2 和 Gaia EDR3 三期数据，可在法国 Strasbourg 天文数据中心和我国天文数据中心查阅完整数据。Gaia EDR3 数据包含超过 18 亿颗恒星的位置、自行和星等信息。Gaia 星表数据基于国际天球参考系，其参考历元为 J2015.0。Gaia 星表数据不仅给出了恒星位置、自行、G 星等、视差和三角视差等参数，还列出了这些参数的标准差数据。

7.2.2 星敏感器定姿算法

如图 7－11 所示为星敏感器定姿过程示意图，在星光进入光学系统之后，由敏感元件输出原始星图，经过星图预处理和星图匹配成功之后，通过姿态解算即可得到星敏感器相对于惯性坐标系的姿态。

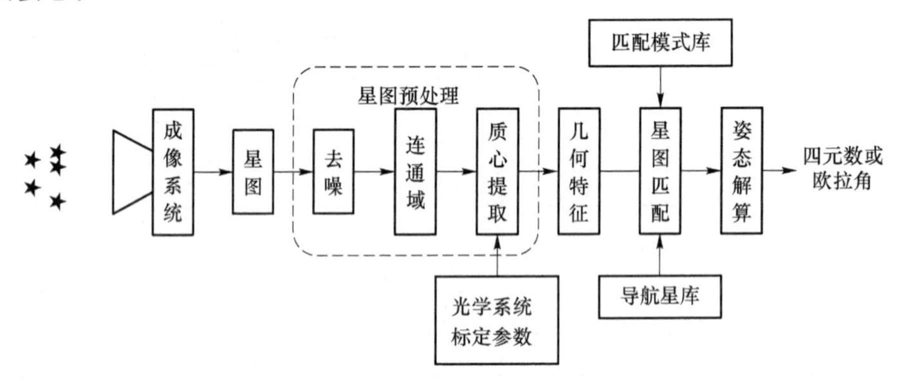

图 7－11 星敏感器定姿过程示意图

1. 星图预处理

星图预处理的作用是降低星图噪声，并利用星像点范围内的灰度和坐标信息，解算出星像点的质心位置，为星图识别和姿态解算提供质心数据。星图预处理包括星图存取、星图滤波、星像点粗提取、连通域算法和亚像素质心定位等处理环节。

(1) *星图存取*

星图存取是星图预处理的第一个环节，其读入速率、存储方式和资源占用量与星敏感器硬件系统和星敏感器对数据缓存的要求相关。星图存取一般是将当前帧的星图数据全部存入到存储器中，再将数据从存储器中依次读出，进行相关算法的遍历处理。当然，也可以边传输边处理，以提升存取的实时性。

(2) *星图滤波*

星敏感器的噪声主要包括器件本身的噪声和星空背景噪声。器件本身的噪声有受温度影响的暗电流噪声、散粒噪声和白噪声等，星空背景噪声主要包含杂散光、单粒子像和空间目标

的反光成像等。因此，星图中坐标为(i,j)像素点的灰度值$g(i,j)$可记为

$$g(i,j)=g_{\mathrm{T}}(i,j)+f_{\mathrm{B}}(i,j)+f_{\mathrm{N}}(i,j) \tag{7.4}$$

式中，$g_{\mathrm{T}}(i,j)$为该像素点无噪声时的灰度值；$f_{\mathrm{B}}(i,j)$为星空背景噪声；$f_{\mathrm{N}}(i,j)$为器件噪声。实际上，星敏感器的噪声还可以分为确定性的系统误差和随机噪声，前者理论上是可以完全滤除的，后者则只能抑制。因此，式(7.4)可写为

$$g(i,j)=g_{\mathrm{T}}(i,j)+f_{\mathrm{sys}}(i,j)+f_{\mathrm{rand}}(i,j) \tag{7.5}$$

式中，$f_{\mathrm{sys}}(i,j)$为系统误差；$f_{\mathrm{rand}}(i,j)$为随机噪声，随机噪声通常可建模为白噪声$f_{\mathrm{norm}}(i,j)$和散粒噪声$f_{\mathrm{shot}}(i,j)$的组合，即

$$f_{\mathrm{rand}}(i,j)=f_{\mathrm{norm}}(i,j)+f_{\mathrm{shot}}(i,j) \tag{7.6}$$

如果忽略散粒噪声，且系统误差只考虑残余的背景电平，则式(7.5)可进一步简化为

$$g(i,j)=g_{\mathrm{T}}(i,j)+b+f_{\mathrm{norm}}(i,j) \tag{7.7}$$

式中，b为残余的固定背景电平。

常用的星图滤波算法的中值滤波和平均滤波等，可参考第六章有关内容。在星敏感器定姿中，噪声过大会导致成像的信噪比过低，不利于定姿精度的提升，因此，一般要求星像点的成像信噪比不得低于 3。

(3) 星像点粗提取及连通域算法

星像点粗提取可以实现有效灰度信息的星像与叠加噪声的背景图像分离。用于粗提取的灰度阈值选取越合适，虚警率和漏警率越低，通常选择背景噪声均值和 3～6 倍背景噪声标准差σ之和，作为灰度阈值。

连通域算法将粗提取的有效星像像素进行聚类分析，使得相邻有效星像被划分到相同标记的连通域中，视为同一颗星的星像，其一般步骤如下。

① 从第一个像素点开始，按照一定顺序扫描图像中每一个像素点。

② 将初始标记设为 1，对于灰度值大于预设背景灰度的像素点，应根据其周围像素点的标记值进行标记，标记方法为：(a)若该像素点仅上面或左面的一个像素点有标记，就将这个标记赋给该像素点。(b)若该像素点的上面和左面的像素点均有标记，则应观测这两个标记是否相同。若两个标记相同，则同样将这个标记赋给该像素点；若不同，则应将较小的标记值赋给该像素点，并将另一标记点的标记也改为较小的标记值。(c)如果该像素点上面和左面的像素点均无标记，则将标记值加 1，赋予该像素点。

③ 重复步骤②，直至将图像中所有像素点均扫描一遍，即对所有灰度大于给定阈值的点均进行标记。

如图 7-12 所示为对某一幅星图进行连通域算法处理后的结果示意图，图中显示有 4 颗导航星像。根据连通域所包含的星像有效像素数目，还可以判断出星像的能量或星等的大小顺序，包含的像素数目越多，则星等越小。

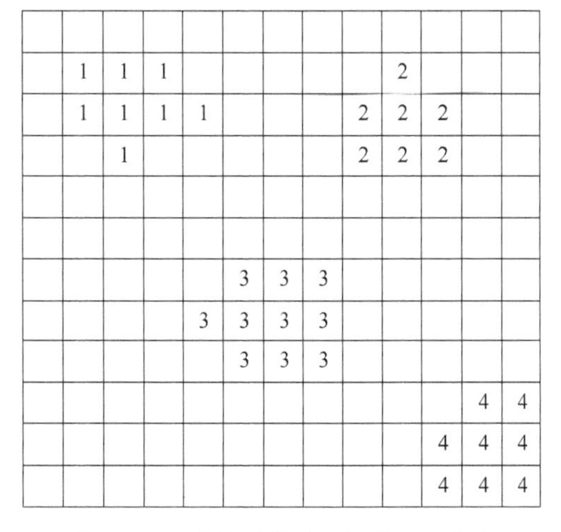

图 7-12　连通域算法运行结果示意图

(4) 质心提取

由于星敏感器通常采用散焦成像，因

此，恒星在像平面上某一范围成像，如图 7-12 所示，因而有必要通过算法估计星像的质心。提取质心的主要算法有灰度重心法、加权灰度重心法和基于行列灰度和的高斯解析质心法等。

1）灰度重心法

(x_c, y_c)为星像点的计算质心位置。灰度重心法的计算公式为

$$(x_c, y_c) = \left(\frac{\Sigma_{ij} i g(i,j)}{\Sigma_{ij} g(i,j)}, \frac{\Sigma_{ij} j g(i,j)}{\Sigma_{ij} g(i,j)}\right) \tag{7.8}$$

2）加权灰度重心法

加权灰度重心法的计算公式为

$$(x_c, y_c) = \left(\frac{\Sigma_{ij} w_{ij} g(i,j) i}{\Sigma_{ij} w_{ij} g(i,j)}, \frac{\Sigma_{ij} w_{ij} g(i,j) j}{\Sigma_{ij} w_{ij} g(i,j)}\right) \tag{7.9}$$

式中，w_{ij}为灰度加权系数。在应用中，通常将星像点的灰度分布假设为高斯分布，加权系数一般基于其灰度分布设置。需要指出的是，在灰度重心法和加权灰度重心法中，通常需要补偿掉图像的系统误差。

3）基于行列灰度和的高斯解析质心法

设散焦弥散的星像点灰度为高斯分布，则位于(m,n)像素的成像灰度为

$$g(m,n) = \frac{A}{2\pi\sigma_x\sigma_y}\exp\left[-\frac{(i-m-\Delta x)^2}{2\sigma_x^2} - \frac{(j-n-\Delta y)^2}{2\sigma_y^2}\right] \tag{7.10}$$

式中，A为灰度系数；σ_x和σ_y分别为沿行列方向的高斯半径；Δx和Δy分别为沿行列方向的相对于(m,n)像素的质心偏移。以第n列作为中心列，分别计算中心列、第$(n-1)$列和第$(n+1)$列的星像灰度累加和Σ_{cc}、Σ_{cl}和Σ_{cr}，则有

$$\begin{cases} \dfrac{\Sigma_{cc}}{\Sigma_{cl}} = \exp\left(\dfrac{1+2\Delta y}{2\sigma_y^2}\right) \\ \dfrac{\Sigma_{cc}}{\Sigma_{cr}} = \exp\left(\dfrac{1-2\Delta y}{2\sigma_y^2}\right) \\ \dfrac{\Sigma_{cr}}{\Sigma_{cl}} = \exp\left(\dfrac{2\Delta y}{\sigma_y^2}\right) \end{cases} \tag{7.11}$$

进而可得

$$\begin{cases} \sigma_y = \dfrac{1}{\sqrt{\ln\dfrac{(\Sigma_{cc})^2}{\Sigma_{cl}\Sigma_{cr}}}} \\ \Delta y = \dfrac{1}{2}\sigma_y^2 \ln\dfrac{\Sigma_{cr}}{\Sigma_{cl}} \end{cases} \tag{7.12}$$

类似地，以第m行作为中心行，可以分别计算中心行、上一行和下一行的星像灰度累加和Σ_{rc}、Σ_{ru}和Σ_{rd}，进一步可得

$$\begin{cases} \sigma_x = \dfrac{1}{\sqrt{\ln\dfrac{(\Sigma_{rc})^2}{\Sigma_{ru}\Sigma_{rd}}}} \\ \Delta x = \dfrac{1}{2}\sigma_x^2 \ln\dfrac{\Sigma_{rd}}{\Sigma_{ru}} \end{cases} \tag{7.13}$$

最后，星像质心的估计位置为

$$\begin{cases} x_c = m + \Delta x \\ y_c = n + \Delta y \end{cases} \tag{7.14}$$

2. 星图匹配的一般流程

星图匹配又称为星图识别，通过将实拍的星图与预先存储的星表进行对比，以确定星图中的星像点与哪一颗恒星相对应。按照是否进行全天球搜索，星图匹配分为初始捕获和跟踪两种工作模式。在星敏感器进入工作状态的初始时刻或者由于故障遇到姿态丢失的情况下，星敏感器会进入初始姿态捕获模式，由于没有先验姿态信息，需要进行全天球星图识别，一般需要较长时间。一旦获得的初始姿态的正确性得以确认，星敏感器即进入跟踪模式，可以利用前一帧或者前几帧图像获得的姿态信息对当前帧图像中星像的位置进行预测，因此，跟踪模式的星图识别速度较快。当然，如果在飞行任务之前，通过其它方法获取了星敏感器的初始姿态信息，则可以直接进入跟踪模式。这里先介绍星图匹配的一般流程，主要包括特征提取、观测模式构建、匹配识别和性能评价等；然后再介绍两种常用的星图匹配算法，即三角形匹配算法和栅格匹配算法。

（1）特征提取和观测模式构建

与一般图像不同，星图可利用的识别信息较少，只有星像点的质心位置和星像点的灰度累加和，星像点的灰度和与星等对应。由于图像传感器及光学系统的频谱响应特性的差异，不同型号的星敏感器具有不同的仪器星等，与视星等并不一致，偏差较大，而且有些恒星的星等并不是固定不变的，因此，星等信息在星图识别中通常很少用。

实际应用中，常用星间角距（即星与星之间的球心角，简称角距）作为特征构建观测模式，角距可以通过星图中的星像点坐标依据光学系统模型计算得到。对于导航星表中的任意两颗导航星，可以认为其角距是不随时间变化的，是一种非常可靠的特征量。因此，角距广泛应用于多种识别算法中。

（2）导航数据库

导航数据库一般包括导航星表和导航星的特征模式数据库。导航星表从天文星表中挑选出一定亮度范围的导航星，存储的是导航星的星号、赤经、赤纬和星等值。导航星特征模式数据库是为了后续的匹配识别而构建的，例如，如果后续采用三角形匹配，则特征模式数据库存储的是两个星点之间的角距和星号信息。

（3）匹配识别

从拍摄星图中提取出观测星的特征模式后，就可以在导航星特征模式数据库中寻找模式相似的导航星，识别的结果可能有：

① 正确识别：找到唯一正确的匹配星；

② 不能识别：无法找到对应的匹配星，输出不能识别的标识；

③ 错误识别：对应匹配是错误的，且未输出错误标识；

④ 模糊识别：找到多于一颗匹配星，需要进一步剔除冗余匹配结果。

显然，在匹配算法中，想要尽可能地实现正确识别，就需要在算法中设计相关的确认环节。

（4）星图识别性能评价

星图识别算法性能的评价往往从以下几个方面进行：

1）鲁棒性

鲁棒性主要用来评估各种干扰对星图识别算法的影响。一般的干扰包括噪声和干扰星，通过统计在不同视轴指向下的识别正确率来衡量。

星图噪声包括位置噪声和星等噪声。星像点的位置噪声主要来源于星敏感器的校准误差(如焦距测量误差、镜头畸变和光轴偏移误差等)和星像点质心提取误差;星等噪声反映了星敏感器光学系统对恒星亮度的敏感误差,如果在匹配算法中未利用星等信息,星等噪声对匹配没有影响,反之则会影响匹配结果。

干扰星有三种,第一种是"伪星",如行星和人造卫星等;第二种是能量或形态不符合高斯分布的"假星",如单粒子像和成像芯片阵列的常亮坏点等;第三种是"缺失星",即该导航星在观测视场内,但没有正确成像。

2) 识别时间

在捕获模式下,需要进行全天球的星图识别,耗时要远长于跟踪模式。因此,捕获模式下的识别时间是星敏感器设计中的一个重要指标,其值越小,表明匹配算法的实时性越好。

3) 存储容量

由于实际的星图匹配算法运行于嵌入式处理器中,实拍的星图和导航数据库均需要存储在内存芯片中,考虑到存储芯片容量的限制,星图匹配算法所消耗的存储空间要尽可能地小。

3. 三角形星图匹配算法

(1) 角距匹配原理

三角形星图匹配算法利用3颗星两两之间的角距进行匹配识别。设一颗恒星的赤经和赤纬为(α, δ),则其春分点赤道惯性系(i系)下的星光矢量为

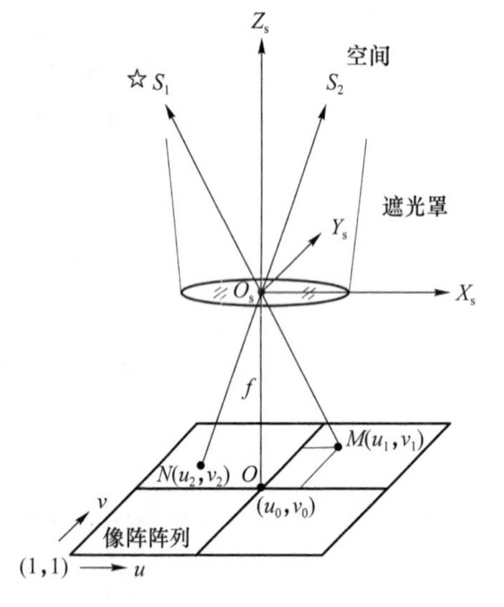

图7-13 光学系统星光成像

$$\boldsymbol{s}=\begin{bmatrix}\cos\alpha\cos\delta\\ \cos\alpha\sin\delta\\ \sin\delta\end{bmatrix}\tag{7.15}$$

两颗导航星 i 和 j 的星光矢量记为 $\boldsymbol{s}i$ 和 $\boldsymbol{s}_j$,定义星光角距为

$$d(i,j)=\cos^{-1}(\boldsymbol{s}_i\cdot\boldsymbol{s}_j)\tag{7.16}$$

设观测星1和2在成像面上星像点质心坐标分别为(u_1, v_1)和(u_2, v_2),如图7-13所示,则其星敏感器坐标系下的角距可以定义为

$$d_{\mathrm{m}}^{12}=\cos^{-1}(\boldsymbol{p}_1\cdot\boldsymbol{p}_2)\tag{7.17}$$

$$\boldsymbol{p}_1=\frac{1}{\sqrt{(u_1-u_0)^2+(v_1-v_0)^2+f^2}}\begin{bmatrix}u_0-u_1\\ v_0-v_1\\ f\end{bmatrix}\tag{7.18}$$

$$\boldsymbol{p}_2=\frac{1}{\sqrt{(u_2-u_0)^2+(v_2-v_0)^2+f^2}}\begin{bmatrix}u_0-u_2\\ v_0-v_2\\ f\end{bmatrix}\tag{7.19}$$

式中,$\boldsymbol{p}_1$ 和 $\boldsymbol{p}_2$ 分别为观测星1和2在星敏感器坐标系下的方向矢量;(u_0, v_0)为光学系统的主点位置。

建立观测星和导航星的匹配关系式，即

$$|d(i,j)-d_{\mathrm{m}}^{12}|\leqslant\varepsilon \tag{7.20}$$

式中，ε 为角距匹配阈值。对于观测星对角距 d_{m}^{12} 而言，满足式(7.20)的导航星对一般并不唯一，而是一个集合。以极限星等为 6 等星的导航星库为例，在角距 d_{m}^{12} 为 6°、ε 为 0.02°时，符合式(7.20)的星对有 200 多个。因此，仅基于一个星对角距很难完成全天球星图匹配。

三角形匹配是在一个星对匹配的基础上，再增加 1 颗星，构建三个星对，可以在很大程度上剔除冗余的匹配星对。如图 7-14 所示，三角形算法通常有两种匹配模式，一种是"边-边-边"模式，即

$$\begin{cases}|d(i,j)-d_{\mathrm{m}}^{12}|\leqslant\varepsilon\\|d(j,k)-d_{\mathrm{m}}^{23}|\leqslant\varepsilon\\|d(i,k)-d_{\mathrm{m}}^{13}|\leqslant\varepsilon\end{cases} \tag{7.21}$$

另一种是"边-角-边"模式，即

$$\begin{cases}|d(i,j)-d_{\mathrm{m}}^{12}|\leqslant\varepsilon\\|d(j,k)-d_{\mathrm{m}}^{23}|\leqslant\varepsilon\\|\theta(i,k)-\theta_{\mathrm{m}}^{13}|\leqslant\delta\end{cases} \tag{7.22}$$

式中，δ 为球面角 θ 的匹配阈值。

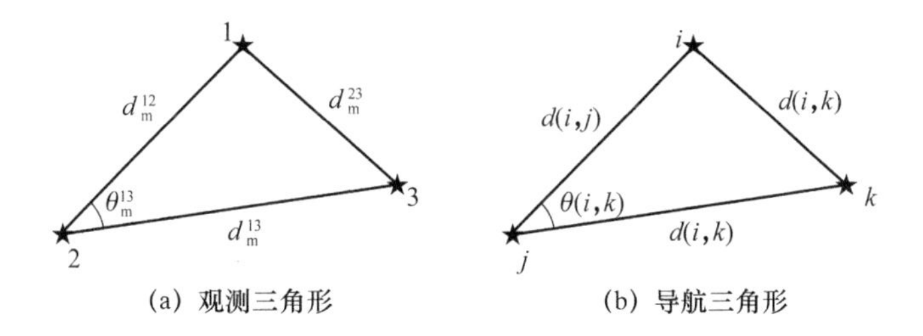

图 7-14　三角形匹配示意图

(2) 导航数据库构建

导航星表的原始数据来自某个选定的星表，如 SAO 星表。首先，根据星敏感器视场、星敏感器探测能力以及视星等和仪器星等的最大偏差，确定星敏感器的极限探测星等，挑选亮于极限探测星等的星，并进一步剔除伪星、双星等数据，得到导航星表。表 7-2 给出了筛选后的导航星表。然后，针对三角形匹配，构建特征模式数据库，表 7-3 给出了角距模式数据库的构成。

表 7-2　筛选后的导航星表

星　号	赤经值	赤纬值	星　等
⋮	⋮	⋮	⋮
10 866	3.886 439	1.294 257	2.2
57 865	0.554 898	0.409 496	2.2
865 889	5.795 512	−0.819 63	2.2
⋮	⋮	⋮	⋮

表 7-3　角距模式数据库

角距值	星号 1	星号 2
⋮	⋮	⋮
8.977 326	489	1 962
8.977 351	901	3 453
8.977 369	3 364	6 643
⋮	⋮	⋮

理论上，视场内 n 颗导航星可以组成 $n(n-1)/2$ 个星对，要远小于可能组成的三角形的数目 $n(n-1)(n-2)/6$，因此，角距模式数据库是根据星对角距构建的。矩形视场的对角距是星

敏感器的外接圆视场,将导航星表中每颗星所能构成的小于对角距的星对角距排列成表,即可构建角距模式数据库。角距模式数据库的第 1 列为角距值,按照角距值的升序排列,便于对星对角距进行快速检索。

(3) 观测三角形的选取

由于亮星的信噪比高,通常优先挑选灰度累加和高的亮星进行星图识别。在观测三角形选取过程中,选取数量为 N_B 的一组亮星,并依据既定的策略构成观测三角形,并依据既定的次序完成识别任务。如果第 1 个观测三角形识别失败,则转而识别第 2 个观测三角形,直到得到正确的识别为止。这种方法仅需要从粗略的亮度信息中挑选最亮的一组观测星。

N_B 的取值须合适,通常 N_B 值决定参与定姿的星数。星数过少是很难获得较高的定姿精度的,但星数过多会导致匹配量增加,且对定姿精度的提升不明显。一般 N_B 取 6,也有取 9、12 或更多的情况。

(4) 三角形星图匹配

以△123 为例,如图 7-15 所示,所挑选的观测三角形的三条边(角距)记为 d_m^{12}、d_m^{23} 和 d_m^{13}。在角距模式数据库中找到 d_m 值的位置,并依据式(7.21)所示的角距阈值 ε 确定角距置信区间$[d_m-\varepsilon,\ d_m+\varepsilon]$;然后,在角距模式数据库中确定 3 个匹配星对子集 C_{12}、C_{23} 和 C_{13},包含的星对数目分别为 n_{12}、n_{23} 和 n_{13},如表 7-4 所列。三角形匹配的过程实际上是寻找 3 个星对:$p_1 \in C_{12}$,$p_2 \in C_{23}$,$p_3 \in C_{13}$,且满足 p_1、p_2 和 p_3 首尾相接,即这 3 个星对两两之间有且仅有 1 颗共同的导航星。满足这样条件的(p_1,p_2,p_3)可以构成观测三角的一个匹配三角形。注意也不排除有冗余匹配三角形出现的可能。

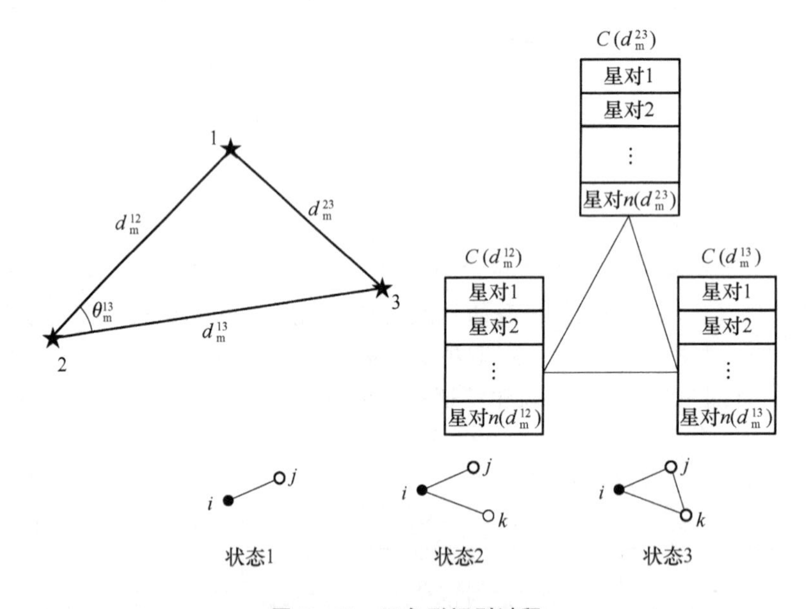

图 7-15 三角形识别过程

对于 3 个角距模式子集 C_{12}、C_{23} 和 C_{13},如果采用遍历组合的方法进行角距匹配搜索,则需要 $n_{12} \times n_{23} \times n_{13}$次的比较运算。按照每条边(角距)对应的角距模式子集样本数为 100 估算,则一次匹配需要 10^6次比较运算,搜索时间很长。为了避免这种情况,可以采用一种基于状态标识的快速检索方法,它通过状态标识的设置与判断来寻找符合(p_1,p_2,p_3)条件的 3 颗星,具体步骤如下:

① 将导航星表中的每一颗星均设置一个状态标识，初始均设为“0”；

② 将 C_{12} 子集中 $2\times n_{12}$ 颗星的状态都置为“1”，并记下与之组成星对的另一颗星的星号 j，如表 7-5 第 3 列所列；

③ 遍历 C_{23}，如果 C_{23} 中 $2\times n_{23}$ 星对所包含的导航星的状态已被置为“1”，则将这颗导航星的状态标记重置为“2”，并添加与之组成星对的另一颗导航星的星号 k，如表 7-6 第 4 列所列；

④ 遍历 C_{13} 中状态标识为“2”的行，如果其 $(j, k)\in C_{13}$，即导航星 j 和导航星 k 组成的星对出现在 C_{13} 中，则认为 (i,j,k) 是与观测三角形匹配的一个导航三角形。

表 7-4　三角形 3 条边对应角距模式中 3 个子集

角距值	星号 1	星号 2	
⋮	⋮	⋮	↑
⋮	10	20	C_{12}
⋮	40	60	
⋮	⋮	⋮	↓
⋮	⋮	⋮	↑
⋮	10	30	C_{23}
⋮	50	70	
⋮	⋮	⋮	↓
⋮	⋮	⋮	↑
⋮	20	30	C_{13}
⋮	40	70	
⋮	⋮	⋮	↓

表 7-5　遍历 C_{12} 后星对状态赋值例示

导航星的星号	标志位	组成星对的星号 1	组成星对的星号 2
⋮	⋮	⋮	⋮
10	1	20	0
20	1	10	0
40	1	60	0
60	1	40	0
⋮	⋮	⋮	⋮

表 7-6　遍历 C_{23} 后星对状态赋值例示

导航星的星号	标志位	组成星对的星号 1	组成星对的星号 2
⋮	⋮	⋮	⋮
10	2	20	30
20	1	10	0
40	1	60	0
60	1	40	0
⋮	⋮	⋮	⋮
30	1	0	10
50	1	0	70
70	1	0	50
⋮	⋮	⋮	⋮

采用以上设置状态标识的方法后，搜索次数仅为 $n_{12}+n_{23}+n_{13}$。

完成△123 的匹配后，接着对后续的三角形进行匹配，如△234、△345 和△456 等，匹配过程与上述步骤相同。

通过以上匹配过程获得的匹配导航三角形可能多于 1 个，需要进行冗余三角形的剔除，以获得唯一的正确匹配结果，称为验证环节。实际上，后序匹配三角形和前序匹配三角形是可以互相验证的。例如，先进行△123 的匹配，再进行△234 的匹配，两次匹配结果中若有 2 个星号相同，则认定△123 和△234 的匹配结果均正确。如果基于 6 颗导航星进行星图匹配，且△123、△234、△345 和△456 按顺序均匹配正确，则可以基于这 6 颗星的匹配结果进行姿态确定。

如果在成功匹配 6 颗星的基础上，再额外增加匹配星数，则首先基于 6 颗星的匹配结果确定姿态；然后，将增加的导航星像点质心转换成星敏感器坐标系中的矢量，利用定姿结果将其进一步转换成惯性系中的矢量；再在导航星库中光轴指向周围的视场邻域内，寻找与这些导航星像点对应的导航星，只要观测星矢量和导航星矢量的夹角小于设定的阈值，即认为是正确的匹配；最后，综合利用先期匹配成功的6颗星和后续成功匹配的导航星，再进行姿态确定，以取得更高的定姿精度。

如果导航系统中有陀螺定姿结果，则其可以作为星敏感器定姿结果正确性的验证。

4. 栅格星图匹配算法

与三角形匹配算法相比，栅格匹配算法在容错能力、存储容量和运行时间等方面均有较好的性能。栅格模式的生成过程如下：

① 选定待识别主星及模式半径 p_r，该主星的模式由 p_r 所确定的邻域内的伴星构成，如图7-16(a)所示。

② 将星图进行平移，使主星位于视场中央位置，如图7-16(b)所示。在半径 p_r 之内和半径 b_r 之外寻找一颗离主星最近的星，称为近邻星。

③ 以主星为中心将星图旋转，将主星和近邻星的连线旋转至星图阵列的行方向，如图7-16(c)所示。

④ 将星图划分成 $n\times n$ 的栅格，主星的特征模式用 $n\times n$ 栅格 cell$(i,\ j)$ 表示，如果栅格内有伴星，其值为1，否则为0，如图7-16(d)和(e)所示。

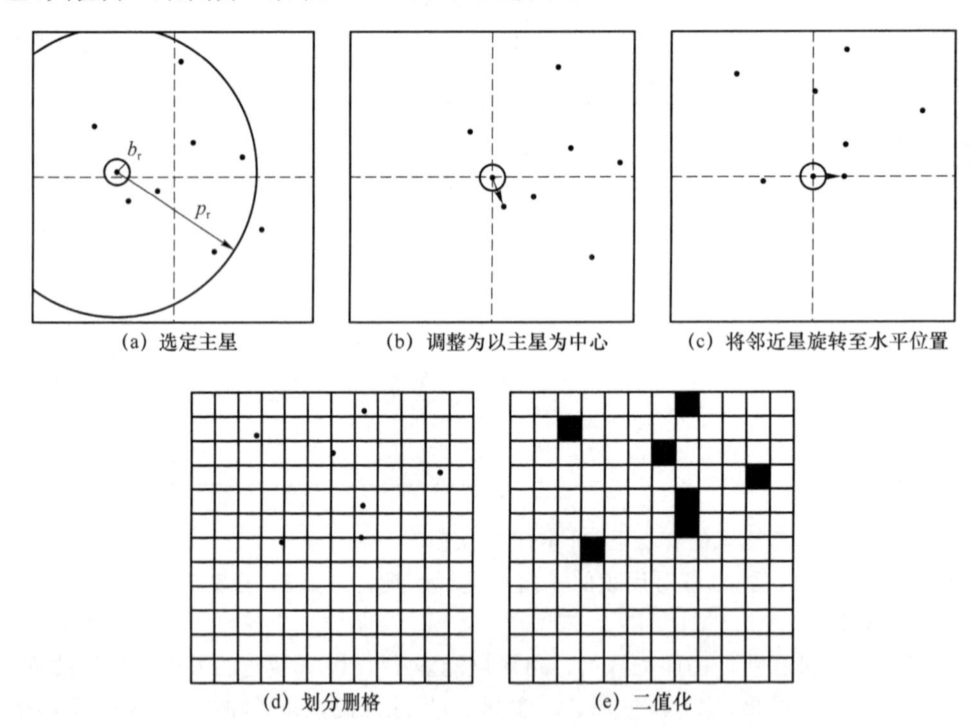

(a) 选定主星　(b) 调整为以主星为中心　(c) 将邻近星旋转至水平位置

(d) 划分删格　(e) 二值化

图7-16　栅格模式构建流程图

栅格模式用一维向量表示为 $\boldsymbol{p}=[a_1\quad a_2\quad \cdots\quad a_{n^2}]^{\mathrm{T}}$

$$a_k=\begin{cases}1, & \text{cell}(i,j)=1\\ 0, & \text{cell}(i,j)=0\end{cases}\tag{7.23}$$

式中，$k=1,2,\cdots,n^2$，且 $k=n(i-1)+j$。

设观测星 S_m 的模式为 $\boldsymbol{p}_m$，导航星表中所有导航星所构成模式的集合为 $\{\boldsymbol{r}_i\}$，那么，可以计算

$$d(\boldsymbol{p}_m,\boldsymbol{r}_i)=\sum_{k=1}^{n^2}(\boldsymbol{p}_m \,\&\, \boldsymbol{r}_i) \tag{7.24}$$

式中，“&”代表两个向量按位进行逻辑“与”运算。当式(7.24)取最大值时，则认为导航星模式与观测星模式匹配成功。

不过，栅格匹配算法与主星的选择、模式半径 p_r 以及近邻星半径 b_r 等有关，也容易受成像位置噪声的影响，实用性不如三角形匹配算法，因此，实际应用中以后者为主。

5. 姿态确定

这里分别以惯性坐标系和发射点惯性坐标系为参考，介绍捷联星敏感器的定姿原理。

(1) 星敏感器相对于惯性坐标系的姿态确定

如图 7－17 所示为星敏感器的成像模型示意图。如果星图预处理获得了某颗导航星 S_n 的星像点质心坐标(u_n, v_n)，则在星敏感器坐标系中的单位矢量为

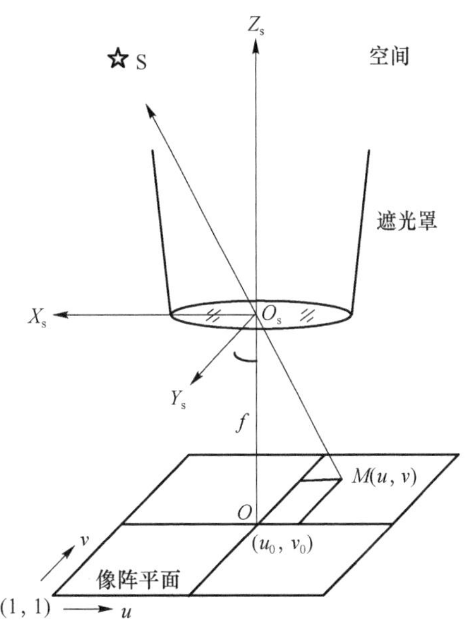

图 7－17　星敏感器成像模型及本体坐标系

$$(\boldsymbol{s}_n)_s=\begin{bmatrix}X_n\\Y_n\\Z_n\end{bmatrix}=\frac{1}{\sqrt{(u_n-u_0)^2+(v_n-v_0)^2+f^2}}\begin{bmatrix}u_n-u_0\\f\\v_n-v_0\end{bmatrix} \tag{7.25}$$

通过星图匹配，获得该导航星在导航星表中的赤经和赤纬(α_n,δ_n)，则其在惯性坐标系中的单位矢量为

$$(\boldsymbol{s}_n)_i=\begin{bmatrix}U_n\\V_n\\W_n\end{bmatrix}=\begin{bmatrix}\sin\alpha_n\cos\delta_n\\\cos\alpha_n\cos\delta_n\\\sin\delta_n\end{bmatrix} \tag{7.26}$$

如果知道惯性参考系 i 系和星敏感器坐标系 s 系之间的转换矩阵 $\boldsymbol{C}_i^s$，则有

$$(\boldsymbol{s}_n)_s=\boldsymbol{C}_i^s(\boldsymbol{s}_n)_i \tag{7.27}$$

当成功匹配多颗导航星时，依据式(7.25)、式(7.26)和式(7.27)，有

$$\begin{bmatrix}U_1 & V_1 & W_1\\U_2 & V_2 & W_2\\\vdots & \vdots & \vdots\\U_n & V_n & W_n\end{bmatrix}=\boldsymbol{C}_i^s\begin{bmatrix}X_1 & Y_1 & Z_1\\X_2 & Y_2 & Z_2\\\vdots & \vdots & \vdots\\X_n & Y_n & Z_n\end{bmatrix} \tag{7.28}$$

当导航星数不少于 3 颗时，由式(7.28)即可确定 $\boldsymbol{C}_i^s$，进而可以得到星敏感器坐标系相对于惯性坐标系的三轴姿态角。

(2) 相对于发射点惯性坐标系的星光定姿

如图 7－18 所示，星敏感器固联于航天器。

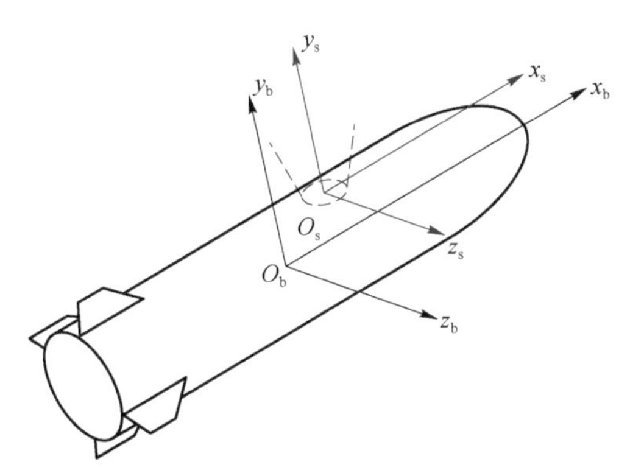

图 7－18　捷联星敏感器与本体系的关系

实际应用中，由于安装误差，星敏感器坐标系 s 系与航天器本体坐标系 b 系并不重合，设二者的安装矩阵为常量矩阵 $\boldsymbol{C}_{\mathrm{b}}^{\mathrm{s}}$。

由姿态旋转矩阵的连乘关系，本体 b 系相对于发射点惯性系 l 系的姿态矩阵可计算为

$$\boldsymbol{C}_{\mathrm{l}}^{\mathrm{b}}=(\boldsymbol{C}_{\mathrm{i}}^{\mathrm{l}}\boldsymbol{C}_{\mathrm{s}}^{\mathrm{i}}\boldsymbol{C}_{\mathrm{b}}^{\mathrm{s}})^{-1} \tag{7.29}$$

式中，$\boldsymbol{C}_{\mathrm{b}}^{\mathrm{s}}$通过标定获得；$\boldsymbol{C}_{\mathrm{i}}^{\mathrm{s}}$由式(7.28)得到；$\boldsymbol{C}_{\mathrm{i}}^{\mathrm{l}}$可计算如下：

$$\boldsymbol{C}_{\mathrm{i}}^{\mathrm{l}}=\boldsymbol{C}_{\mathrm{e}}^{\mathrm{l}}\boldsymbol{C}_{\mathrm{i}}^{\mathrm{e}}=$$

$$\begin{bmatrix} -\cos A\sin\phi\cos(\lambda+S)-\sin A\sin(\lambda+S) & -\cos A\sin(\lambda+S)+\sin A\cos(\lambda+S) & \cos A\cos\phi \\ \cos\phi\cos(\lambda+S) & \cos\phi\sin(\lambda+S) & \sin\phi \\ \sin A\sin\phi\cos(\lambda+S)-\cos A\sin(\lambda+S) & \sin A\sin\phi\sin(\lambda+S)+\cos A\cos(\lambda+S) & -\sin A\cos\phi \end{bmatrix} \tag{7.30}$$

式中，A 为轴 x_1 的方位角；S 为发射时刻的 Greenwich 恒星时，或发射时刻的春分点格林时角(Greenwich hour angle，GHA)GHA_{Υ}；(λ,ϕ)为发射点经纬度。在由式(7.29)获得 $\boldsymbol{C}_{\mathrm{l}}^{\mathrm{b}}$之后，即可计算得到本体坐标系相对于发射点惯性坐标系的姿态角。

【例 7-1】 利用一星敏感器拍摄的一幅星图如图 7-19 所示，星图中的 12 颗亮星的预处理质心坐标如表 7-7 所列，试计算星敏感器本体坐标系相对于地心赤道惯性坐标系的姿态。

图 7-19 量 图

表 7-7 预处理质心坐标

序 号	行坐标(u)	列坐标(v)	星 等
1	1 668.431	1 311.375	0.6
2	907.011	1 220.838	1.7
3	1 166.413	445.772 2	1.8
4	1 280.393	366.477 4	2
5	1 061.834	541.039 3	2.5
6	428.548 9	62.921 9	2.9
7	10.686 6	1 318.712	3.3
8	864.042 8	331.554 5	3.4
9	1 168.652	1 578.729	3.7
10	40.324 6	1 177.522	3.8
11	1 227.345	300.401 1	3.8
12	106.101 6	849.576 9	3.9

星敏感器的有关参数有：$u_0=1\,024$，$v_0=1\,024$，像素边长为 6 μm，$f=34.844$ mm$=5\,807.3$ pixel，成像芯片的分辨率为 2 048×2 048 pixel。

【解】

(1) 计算观测星在星敏本体下的单位矢量

从图 7-19 中拣选 3 颗亮星(表 7-7 中的第 1/4/7 颗星)，预处理已获得的星像点的质心坐标(u, v)和焦距 f，计算这 3 颗星在星敏感器中的矢量为

$$(\boldsymbol{s}_n)_{\mathrm{s}}=\begin{bmatrix} X_n \\ Y_n \\ Z_n \end{bmatrix}=\frac{1}{\sqrt{(u_n-u_0)^2+(v_n-v_0)^2+f^2}}\begin{bmatrix} -(u_n-u_0) \\ -(v_n-v_0) \\ f \end{bmatrix}$$

结合星敏感器的参数，可得第 1/4/7 颗星在星敏感器本体坐标系下的矢量为

$$(\boldsymbol{s}_1)_s=\begin{bmatrix}-0.1102\\-0.0491\\0.9927\end{bmatrix}$$

$$(\boldsymbol{s}_4)_s=\begin{bmatrix}-0.0438\\0.1124\\0.9927\end{bmatrix}$$

$$(\boldsymbol{s}_7)_s=\begin{bmatrix}0.1716\\-0.0499\\0.9839\end{bmatrix}$$

利用矢量内积公式计算获得观测星 1/4/7 两两之间的角距为

$$\theta_{14}=\cos^{-1}[(\boldsymbol{s}_1)_s\cdot(\boldsymbol{s}_4)_s]=10.0171^\circ$$

$$\theta_{47}=\cos^{-1}[(\boldsymbol{s}_4)_s\cdot(\boldsymbol{s}_7)_s]=15.514^\circ$$

$$\theta_{17}=\cos^{-1}[(\boldsymbol{s}_1)_s\cdot(\boldsymbol{s}_7)_s]=16.2099^\circ$$

(2) 通过星图匹配获得对应的导航星星号

角距模式库包含数万条，共 3 列，第 1 列是角距值，第 2 列和第 3 列是具有该角距值的两颗星的星号，如表 7－8 所列。

通过搜索对比，θ_{14} 值最接近角距 10.017 11°，对应 9 号星和 39 号星；θ_{47} 值最接近角距 15.513 99°，对应 39 号星和 200 号星；θ_{17} 值最接近角距 16.209 95°，对应 9 号星和 200 号星。通常，3 个星对构成闭环状态（如图 7－20 所示），可认定为匹配成功。

匹配结果如表 7－9 所列。

表 7－8　角距模式库

角距/(°)	第 1 颗星序号	第 2 颗星序号
⋮	⋮	⋮
10.016 18	358	1 613
10.016 48	658	947
10.016 68	1 644	1 774
10.017 11	**9**	**39**
10.017 85	101	1 217
10.018 22	297	544
10.018 24	1 297	1 781
⋮	⋮	⋮
15.512 45	399	789
15.513 31	968	1 278
15.513 64	198	1 074
15.513 99	**39**	**200**
15.514 02	559	1 579
15.514 3	19	1 392
15.514 97	847	1 687
⋮	⋮	⋮
16.209 45	677	1 542
16.209 52	268	786
16.209 74	680	1 780
16.209 95	**9**	**200**
16.210 05	681	1 150
16.210 42	934	1 521
16.211 05	1 018	1 509
⋮	⋮	⋮

表 7－9　匹配结果

观测星序号	1	4	7
匹配星号 ID	9	39	200
赤经 α/rad	1.549 73	1.486 84	1.264 67
赤纬 δ/rad	0.129 28	−0.033 91	0.121 50

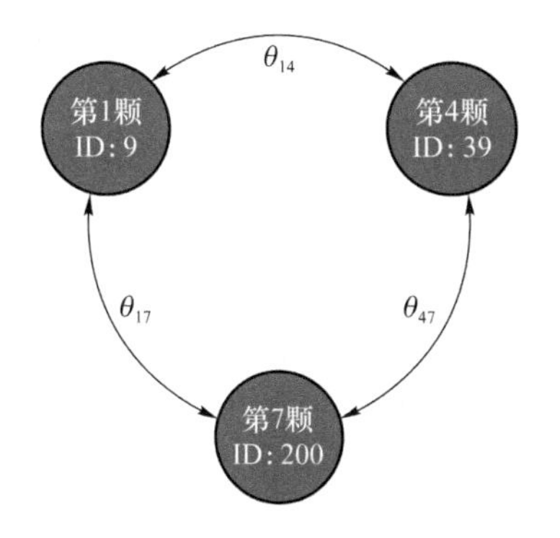

图 7－20　闭环状态

表 7－9 中第 3 行和第 4 行的赤经和赤纬值是以 ID 号为索引查导航星表所得的。

(3) 姿态计算

根据公式

$$(\boldsymbol{s}_n)_{\mathrm{i}}=\begin{bmatrix}U_n\\V_n\\W_n\end{bmatrix}=\begin{bmatrix}\sin\alpha_n\cos\delta_n\\\cos\alpha_n\cos\delta_n\\\sin\delta_n\end{bmatrix}$$

计算获得3颗匹配导航星在惯性坐标系下的单位矢量，即

$$(\boldsymbol{s}_1)_{\mathrm{i}}=\begin{bmatrix}0.0209\\0.9914\\0.1289\end{bmatrix}\quad(\boldsymbol{s}_4)_{\mathrm{i}}=\begin{bmatrix}0.0838\\0.9959\\-0.0339\end{bmatrix}\quad(\boldsymbol{s}_7)_{\mathrm{i}}=\begin{bmatrix}0.2991\\0.9464\\0.1212\end{bmatrix}$$

将惯性坐标系下和星敏感器本体坐标系下的恒星单位矢量$(\boldsymbol{s}_1)_{\mathrm{i}}$、$(\boldsymbol{s}_4)_{\mathrm{i}}$、$(\boldsymbol{s}_7)_{\mathrm{i}}$和$(\boldsymbol{s}_1)_{\mathrm{s}}$、$(\boldsymbol{s}_4)_{\mathrm{s}}$、$(\boldsymbol{s}_7)_{\mathrm{s}}$做转置并组成矩阵$\boldsymbol{S}$和$\boldsymbol{C}$，与姿态矩阵存在如下关系：

$$\boldsymbol{C}=\begin{bmatrix}(\boldsymbol{s}_1)_{\mathrm{i}}^{\mathrm{T}}\\(\boldsymbol{s}_4)_{\mathrm{i}}^{\mathrm{T}}\\(\boldsymbol{s}_7)_{\mathrm{i}}^{\mathrm{T}}\end{bmatrix}=\boldsymbol{T}_{\mathrm{i}}^{\mathrm{s}}\begin{bmatrix}(\boldsymbol{s}_1)_{\mathrm{s}}^{\mathrm{T}}\\(\boldsymbol{s}_4)_{\mathrm{s}}^{\mathrm{T}}\\(\boldsymbol{s}_7)_{\mathrm{s}}^{\mathrm{T}}\end{bmatrix}=\boldsymbol{T}_{\mathrm{i}}^{\mathrm{s}}\boldsymbol{S}$$

$$\begin{bmatrix}0.0209&0.9914&0.1289\\0.0838&0.9959&-0.0339\\0.2991&0.9464&0.1212\end{bmatrix}=\boldsymbol{T}_{\mathrm{i}}^{\mathrm{s}}\begin{bmatrix}-0.1102&-0.0491&0.9927\\-0.0438&0.1124&0.9927\\0.1716&-0.0499&0.9839\end{bmatrix}$$

解得

$$\boldsymbol{T}_{\mathrm{i}}^{\mathrm{s}}=\boldsymbol{C}\boldsymbol{S}^{\mathrm{T}}=\begin{bmatrix}0.9913&-0.1284&-0.0278\\-0.0176&0.0804&-0.9966\\0.1302&0.9885&0.0775\end{bmatrix}$$

基于该旋转矩阵，可得到星敏感器本体坐标系相对于惯性坐标系的姿态角(−85.27°，−59.24°，302.05°)，具体计算方法可参考第三章的有关内容。

7.2.3 星图模拟

1. 星图模拟的方式

星图模拟是一种模拟星敏感器光学系统对恒星成像的方法，普遍应用于星敏感器算法调试和星敏感器产品测试中，目前主要有物理模拟和数字模拟两种方式。

(1) 物理星光模拟

物理星光模拟装置由准直光管(或平行光管)和发光目标板组成，如图7-21所示，将发光目标板置于准直光管的焦平面处，则准直光管出瞳处将产生不同方向的平行光，用于模拟实际观测到的星光，并直接射入星敏感器镜头的入瞳。发光目标板的结构有镀膜光刻星点板、光纤出射端集成板和液晶光阀等形式。

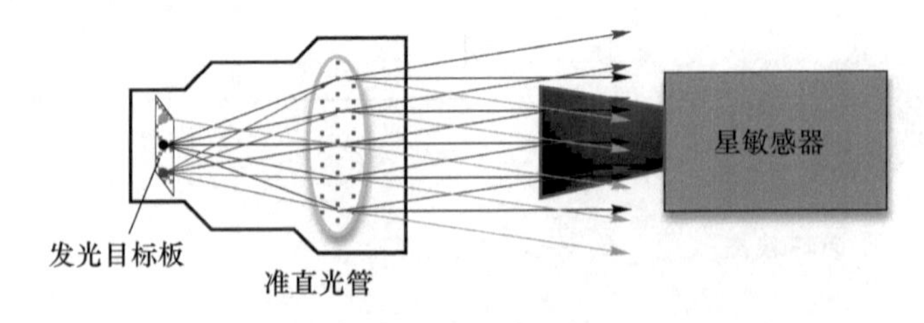

图7-21 物理星光模拟原理示意图

(2) 数字模拟

星图的数字模拟通过建立的成像模型，利用计算机模拟星敏感器成像输出的星图，在算法

研究阶段，有其便利之处，如果结合光学系统和敏感元件的特性，则更符合实际情况。下面介绍星图的数字模拟流程。

2. 数字模拟流程

星图模拟是星光定姿的逆过程，前者已知实际姿态模拟生成星图，后者则是基于拍摄的星图估计姿态。

(1) 惯性坐标系和星敏感器本体坐标系的旋转矩阵

如果已知星敏感器光轴相对于惯性坐标系的旋转角(α_0,δ_0,γ)，那么，星敏感器本体坐标系与惯性坐标系之间旋转矩阵为

$$\boldsymbol{C}_{\mathrm{i}}^{\mathrm{s}}=\begin{bmatrix} -\sin\alpha_0\cos\gamma-\cos\alpha_0\sin\delta_0\sin\gamma & \cos\alpha_0\cos\gamma-\sin\alpha_0\sin\delta_0\sin\gamma & \cos\delta_0\sin\gamma \\ \sin\alpha_0\sin\gamma-\cos\alpha_0\sin\delta_0\cos\gamma & -\cos\alpha_0\sin\gamma-\sin\alpha_0\sin\delta_0\cos\gamma & \cos\delta_0\cos\gamma \\ \cos\alpha_0\cos\delta_0 & \sin\alpha_0\cos\delta_0 & \sin\delta_0 \end{bmatrix} \tag{7.31}$$

(2) 成像面恒星投影点的获取

通过索引导航星表获得某颗恒星的赤经和赤纬(α,δ)，由式(7.26)即可得到其在惯性坐标系(i 系)下的单位矢量$[U\quad V\quad W]^{\mathrm{T}}$，再结合式(7.31)和式(7.27)，即可得到其在星敏感器坐标系中的坐标$[X\quad Y\quad Z]^{\mathrm{T}}$。如果星敏感器的光学系统没有畸变，由小孔成像模型，可得该恒星在像平面的成像点坐标(u,v)为

$$\begin{cases} u=\dfrac{fX}{\mathrm{d}Z} \\ v=\dfrac{fY}{\mathrm{d}Z} \end{cases} \tag{7.32}$$

如果光学系统有畸变，在知道畸变模型的基础上，可以对式(7.32)进行相应调整。

(3) 恒星到成像面阵的映射

矩形视场或方形视场都有视场外接圆，如果给定的是光学系统参数，则视场外接圆半张角为

$$\eta=\tan^{-1}\left(\frac{\sqrt{a^2+b^2}}{f}\right) \tag{7.33}$$

如果给定的是矩形视场参数，则视场外接圆半张角为

$$\eta=\cos^{-1}\frac{1}{\sqrt{1+\left(\tan\dfrac{\mathrm{Fov}_x}{2}\right)^2+\left(\tan\dfrac{\mathrm{Fov}_y}{2}\right)^2}} \tag{7.34}$$

式中，Fov_x 和 Fov_y 为两个方向的视场角。如果视场是方形视场，则视场外接圆半张角为

$$\eta=\cos^{-1}\frac{1}{\sqrt{1+2\left(\tan\dfrac{\mathrm{Fov}}{2}\right)^2}} \tag{7.35}$$

则视场天球投影区域的赤纬上下限分别为

$$\begin{cases} \delta_{\mathrm{up}}=\delta_0+\eta \\ \delta_{\mathrm{down}}=\delta_0-\eta \end{cases} \tag{7.36}$$

式中，δ_0 为星敏感器光轴指向的赤纬值。

在图 7-22 中，对于球面直角三角形$\triangle P_{\mathrm{N}}FD$，依据球面三角形的正弦定理有

$$\frac{\sin\theta}{\sin\eta}=\frac{\sin 90^\circ}{\sin(90^\circ-\delta_0)} \tag{7.37}$$

即有

$$\theta=\sin^{-1}\left(\frac{\sin\eta}{\cos\delta_0}\right) \tag{7.38}$$

那么，星敏感器视场所对应的待投影天区的赤经左右界线为

$$\begin{cases}\alpha_1=\alpha_0-\theta\\ \alpha_r=\alpha_0+\theta\end{cases} \tag{7.39}$$

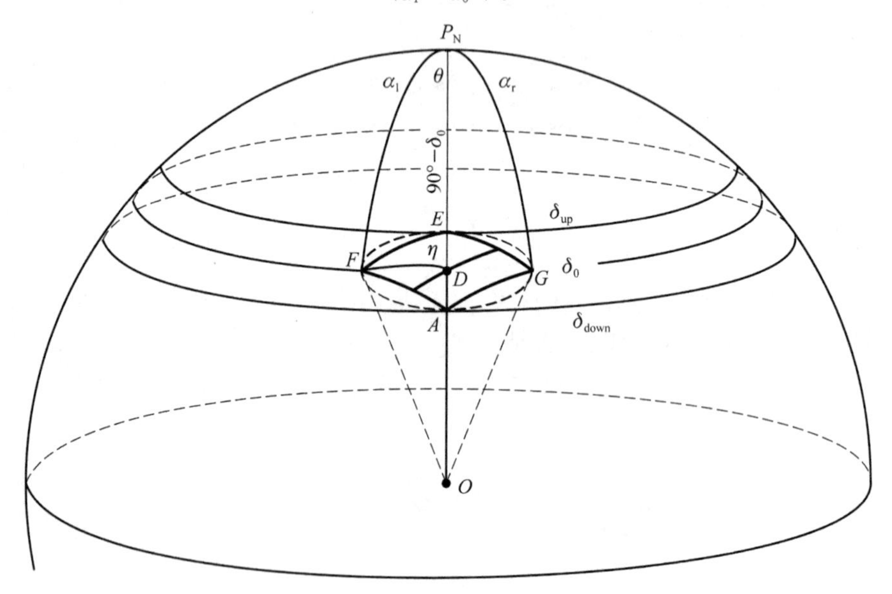

图 7-22　视场的天球投影示意图

如图 7-23 所示，天球通常先行被划分为比视场更小的小块，与星敏感器光轴最近的小块被拼接为一个集合，该集合通常比式(7.36)和式(7.39)确定的视场投影区稍大。

能够投影到实际成像阵列上的为有效映射，如图 7-24 中的“★”；投影到成像阵列有效坐标范围之外的为无效映射，如图 7-24 中的“☆”，则舍掉。

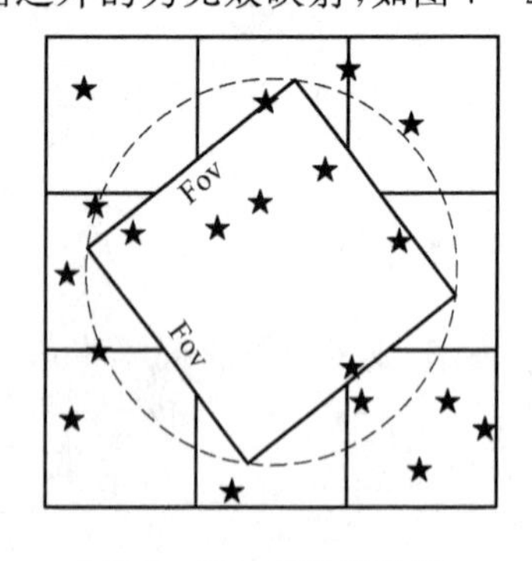

图 7-23　待映射天区

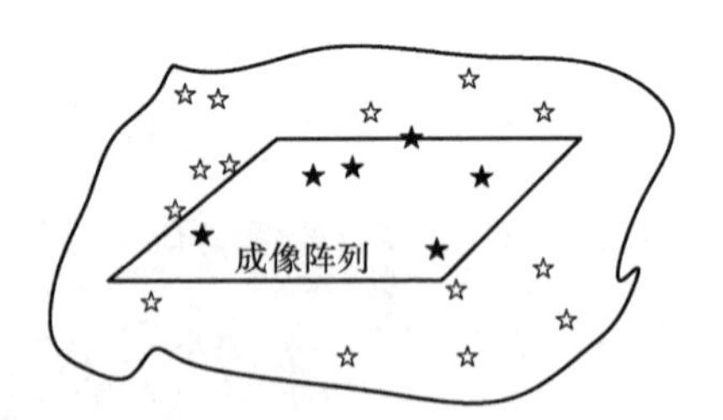

图 7-24　阵列上的有效映射和阵列外的无效映射

(4) 高斯星像点的模拟

星敏感器为了获取更高精度的星像点质心精度，都会采取散焦成像，令星像点弥散，借此获得更好的边缘轮廓，从而便于利用图像处理算法提高质心精度至亚像素水平。

图 7-25 所示为模拟星像点积分型点扩散数学模型，图 7-26 所示为模拟星像点简易点

扩散数学模型。

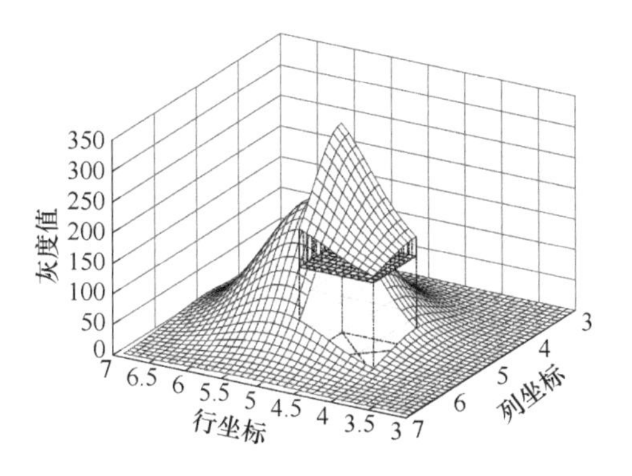

图 7-25　模拟星像点积分型点扩散数学模型图示

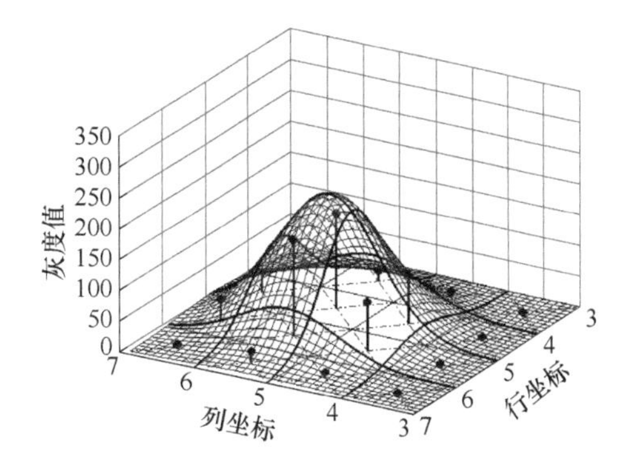

图 7-26　模拟星像点简易点扩散数学模型图示

为了模拟散焦弥散的星像点，有两种高斯点扩散弥散模型可以使用，如图 7-23 所示为积分型点扩散模型，即

$$g_1(i,j)=\frac{A}{2\pi\sigma^2}\int_{i-0.5}^{i+0.5}\int_{j-0.5}^{j+0.5}\exp\left[-\frac{(x-x_{\mathrm{m}})^2+(y-y_{\mathrm{m}})^2}{2\sigma^2}\right]\mathrm{d}x\mathrm{d}y \quad (x,y)\in C \tag{7.40}$$

如图 7-24 所示为简易点扩散模型，即

$$g_2(i,j)=\frac{B}{2\pi\sigma^2}\exp\left[-\frac{(i-x_{\mathrm{m}})^2+(j-y_{\mathrm{m}})^2}{2\sigma^2}\right] \tag{7.41}$$

式中，$(x_{\mathrm{m}},y_{\mathrm{m}})$为映射坐标；$(i,j)$为像点范围内任一像素坐标；$g_1(i,j)$和 $g_2(i,j)$为成像阵列面的冲击响应；C 是以$(x_{\mathrm{m}},y_{\mathrm{m}})$为圆心的圆形映射区域；$\sigma$ 为高斯半径；A 和 B 为能量灰度系数。

积分型点扩散函数符合像素面元能量积分的物理规律，因而其模拟的星像点通常作为理想的参考数据，但模型包含二重积分运算，耗时较多。简易型点扩散模型没有积分运算，耗时少，但精度稍差。一般模拟中，通常选用简易型点扩散模型，以加快模拟速度，且质心精度损失并不大。

如图 7-27 所示为一幅模拟的星图。基于星图模拟和星敏感器，即可构建如图 7-28 所示的星敏感器天文导航半物理仿真系统，进而可以进行有关算法的验证。

图 7-27　一幅模拟的星图

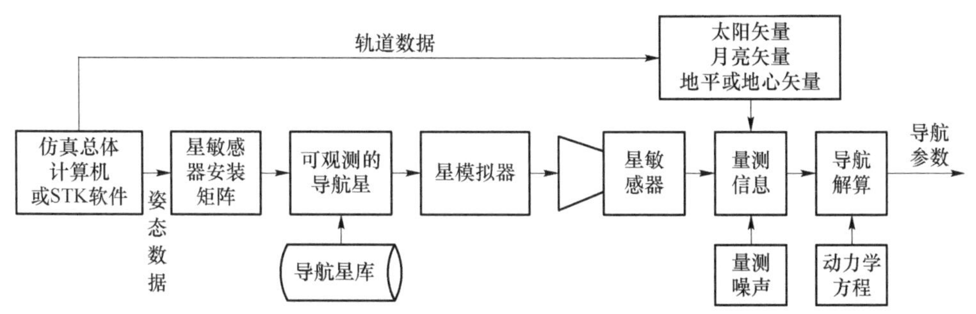

图 7-28　半物理仿真系统流程图

7.3 纯几何天文定位方法

7.3.1 航海天文定位方法

1. 测量仪器

航海六分仪和天文钟是传统航海天文定位所必需的两件仪器。航海六分仪用于测量天体的高度角，使用方法是调整指标杆使天体的像与地平线重合，天体高度角为固定镜与指标镜夹角的2倍；天文钟用于确定世界时和查询航海天文历，以得到所观测天体的坐标。

六分仪机械误差较大，观测精度受天气、风浪和使用者经验等影响严重，阴雨天无法使用，不过，由于其使用简单和完全自主，仍然是船只必备的导航仪器。

早期的航海天文钟为机械钟，后来发展为石英钟和原子钟，计时精度越来越高。1 μs的计时误差对应的海平面位置误差约为0.463 mm，而目前时钟误差远低于1 μs，因此，时钟误差通常可以忽略不计。

2. 航海天文定位的基本原理

如图7-29所示，设天体A和天体B与地心连线分别相交地球表面于GP_a和GP_b两点，称为天体投影点；海平面上的船只观测到两个天体的高度角分别为H_a和H_b，对应的天顶距分别为Z_a和Z_b；那么，以两个天体投影点为中心，以各自的天顶距为半径，在海平面上可以得到两个圆，相交于两个点，船只肯定位于其中的一个交点(另一个交点可通过先验信息予以排除)。这就是航海天文定位的基本原理。高度角可由六分仪测得，天体投影点可由观测时刻(由时钟提供)的航海天文历获得。

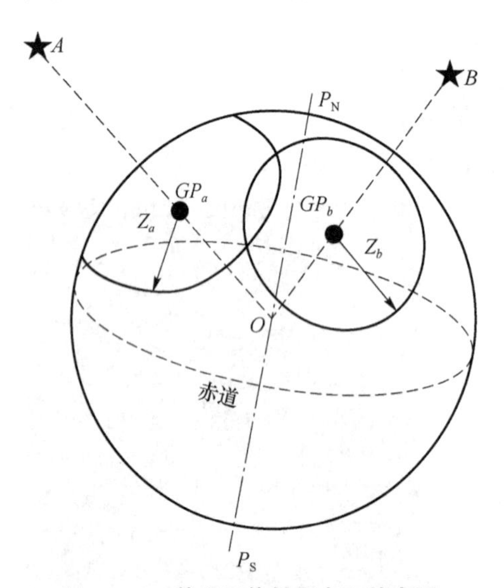

图7-29 基于天体投影点和等高圆的船舶定位原理

3. 天体高度测量值的修正

(1) 标度误差修正

六分仪即便经过标定和修正，仍然会存在残余的常值误差，称为标度误差IE。因此，由六分仪测量得到的天体高度值H_s需要修正标度误差，即

$$H_1=H_s-\mathrm{IE} \tag{7.42}$$

如果采用经纬仪或其它仪器测量得到天体的天顶距Z，也需要进行标度误差的修正，即

$$H_1=90^\circ-Z+\mathrm{IE} \tag{7.43}$$

(2) 地平俯角修正

如图7-30所示为几种常见的地平，其中，地理地平是指顶点位于测者眼睛，并与地球球面相切的平面；视地平是由于大气折射的影响，导致观测的光线发生了偏折，即由地理地平的直线AF变成曲线，该曲线在A点的切线即为视地平；地面真地平为与测者垂线相垂直的地平面；测者地平为通过测者眼睛并垂直于地心和天顶连线的平面，平行于地面真地平；天文地

平为通过地心且与地面真地平平行的平面。

地平俯角 Dip 是指测者地平相对于视地平的高度角，也称为眼高差，其经验计算公式为

$$\mathrm{Dip}=a\sqrt{H_E}+b(t_W-t_A) \quad (7.44)$$

式中，H_E 为测者眼高海拔，单位为 m；t_W 和 t_A 分别为测者处的海水表层温度和测者眼睛处的空气稳定温度，单位为℃；a 和 b 分别取 1.765′和 0.2′。如果存在地平俯角，则需要修正，即

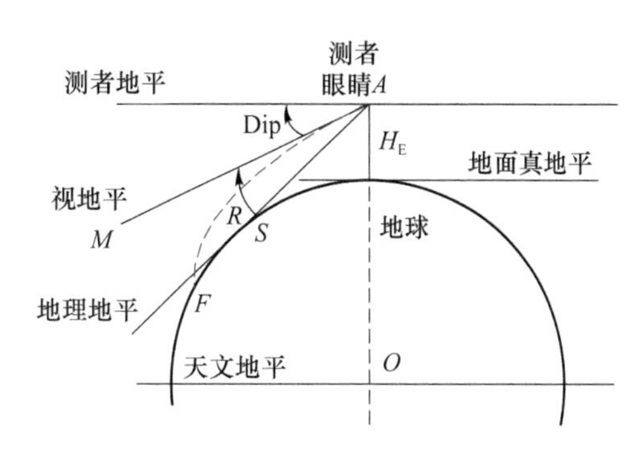

图 7－30　常见的地平关系示意图

$$H_2=H_1-\mathrm{Dip} \quad (7.45)$$

修正后的高度 H_2 又称为视高度。

(3) 蒙气差修正

大气折射的影响导致观测天体的视线由理想的直线变成曲线的切线，二者之间的夹角就称为蒙气差，其计算公式为

$$R=R_0(1+A+B) \quad (7.46)$$

式中，R_0 为纬度 45°处、气温为 0 ℃和气压为 760 mmHg 时观测到的海平面蒙气差；A 和 B 分别为气温和气压修正系数，有

$$A=\frac{-0.00383T}{1+0.00367T} \quad (7.47)$$

$$B=\frac{H}{760}-1 \quad (7.48)$$

$$H=H'[1-0.00264\cos 2\phi-0.000163(T'-T)] \quad (7.49)$$

式中，T 和 T'分别为空气和气压计的温度；H'为气压计测量得到的气压；ϕ 为当地纬度。由于观测高度角越小，蒙气差越大，因此，一般要避免观测高度角小于 15°的天体。如果确要观测这类天体，则要采用更大的修正系数，在式(7.46)中用 αA 代替 A，R_0 和 α 在航海天文历的蒙气差订正表中可查询得到。

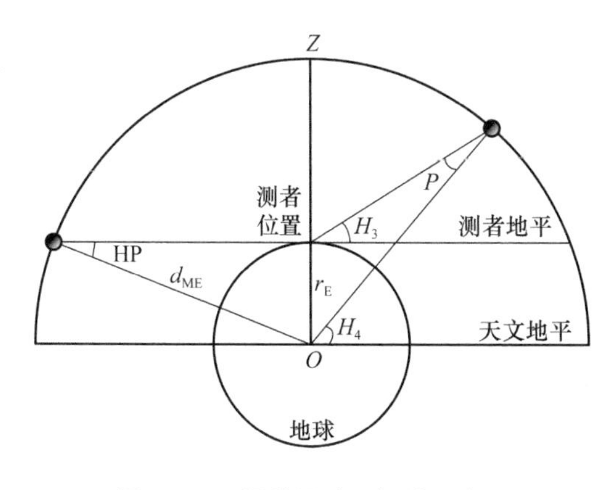

图 7－31　视差及地平视差示意图

在 15°～90°的天体高度范围内，蒙气差还可以按如下经验公式计算：

$$R=0.97127'\tan(90°-H)-0.00137'\tan^3(90°-H) \quad (7.50)$$

修正蒙气差后的高度角为

$$H_3=H_2-R \quad (7.51)$$

(4) 视差修正

如图 7－31 所示，近天体相对天文地平的高度(图中 H_4)要大于其相对于测者地平的高度 H_3，两者之差就是视差 P，即

$$P=H_4-H_3 \quad (7.52)$$

地平视差 HP 是视差 P 的一个特例。位于真地平上的天体的视差称为地平视差，也就是地球半径相对于近天体的最大张角。各近天体的地平视差可以在航海天文历中查到。由于视

差都是小角度，P 和 HP 存在如下近似关系：

$$P = \mathrm{HP}\cos H_3 \tag{7.53}$$

视差修正后的高度角为

$$H_4 = H_3 + P \tag{7.54}$$

通常，需要修正视差的近天体主要有 4 个，其中，月亮最近，地平视差 HP 最大，在 53.9′～61.5′之间变化；其次是金星，其最大 HP 为 0.6′；火星的最大 HP 为 0.4′；太阳的 HP 在 8.65″～8.94″范围内变化。

（5）视半径修正

天体半径对于地心的张角称为视半径，又称为半径差。如果知道了视半径 SD，则修正视半径后的高度角为

$$H_5 = H_4 \pm \mathrm{SD} \tag{7.55}$$

式中，如果观测的是天体下边缘，取正号；如果观测的是天体上边缘，取负号。

太阳和月亮的视半径与其本身的半径和离地球的距离有关，由于地球绕太阳公转和月亮绕地球公转的轨道都是椭圆，因此，一年中太阳的视半径的变化范围是 15.8′～16.3′，月亮的视半径的变化范围为 14.7′～16.8′。恒星距离非常遥远，可以认为不存在半径差。

需要指出的是，上述修正项在有些情况下不一定存在，例如，海平面上观测太阳，不涉及 Dip；舰船上观星，P 和 SD 均不涉及。因此，在实际应用中，应根据实际情况，采用相应的高度角误差修正。

4. 天体投影点的位置和时间

天体投影点 GP 是在第一赤道坐标系中定义的，如图 7－32 所示，其两个坐标为格林时角 GHA 和赤纬（declination，Dec），其中，格林时角是指从 Greenwich 子午圈向西到 GP 所在子午圈之间的夹角，取值范围为 0°～360°；赤纬是指从赤道到 GP 之间的夹角，取值范围为 －90°～±90°，向北为正，向南为负。格林时角和赤纬分别与地理经度和纬度相对应，其中，格林时角与地理经度之和为 360°，赤纬与地理纬度相等。

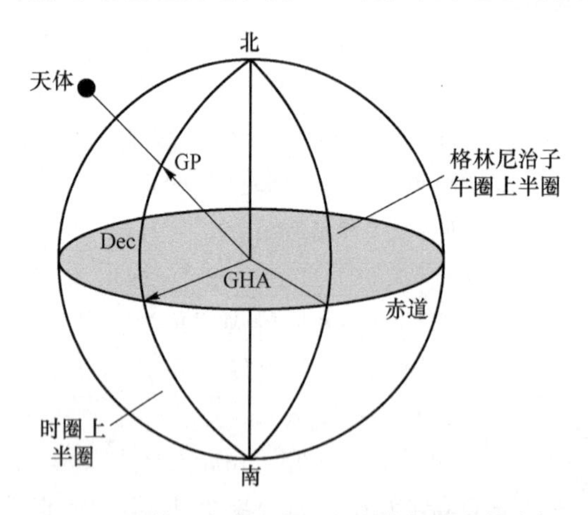

图 7－32　第一赤道坐标系下天体投影点的坐标

天体及其时圆在空间中的方位不随地球旋转，而 Greenwich 子午线则随地球自西向东旋转而旋转，因此，天体的 GHA 大约每小时增加 15°。太阳、月球和行星的轨道周期各不相同，其 GHA 变化率与恒星相比要复杂得多。

春分点时角 SHA，是从春分点向西到天体时圆之间的夹角，测量范围为 0°～360°。春分点作为参考点，其空间指向变化很小，甚至可以抽象为一个虚拟的恒星，因此，恒星的春分点时角可以认为不随地球自转和公转而变化。天体的 GHA 等于天体的 SHA 和春分点的格林时角 $\mathrm{GHA}_{\mathrm{Aries}}$ 之和，即

$$\mathrm{GHA} = \mathrm{SHA} + \mathrm{GHA}_{\mathrm{Aries}} \tag{7.56}$$

从春分点向东至天体时圆之间的夹角称为天体的赤经（right ascension，RA）。在天文领

域常用赤经，而在航海领域更多使用春分点时角。如果将时间和角度单位统一，即1 h、1 min和1 s分别对应15°、15′和15″，那么有

$$\mathrm{SHA}+\mathrm{RA}=360^\circ(\text{或者 }24\ \mathrm{h}) \tag{7.57}$$

由于存在不同的轨道运动、黄赤交角及黄白交角，太阳、月亮和行星的赤经和赤纬随着时间的推移而存在显著的变化。尽管恒星距离可以视为无限远，但由于受地球球极轴岁差和章动的影响，恒星的春分点时角和赤纬会发生缓慢的变化，称为自行。

在航海天文历中，采用的是格林尼治平太阳时(Greenwich mean time，GMT)。在天文导航领域，可能涉及的时间体制则有多种，包括世界时、恒星时、力学时、原子时和协调世界时等，还涉及儒略日和儒略世纪数等参数换算。

5. 航海高度差定位方法

早期的航海定位通常是基于墨卡托海图进行的，该图是基于等角正圆柱投影获得的。无论是地理经度还是纬度，除了赤道附近小区域符合主比例尺没有变形之外，其它区域局部比例尺则随纬度的增加而增大，即墨卡托海图是畸变的，这导致很难在图上画出等量畸变的非规则船位圆。1843年，美国的Thomas Hubbard Sumner提出了基于一段船位圆弧的Sumner定位法，其中要求两个观测星的方位角之差最好接近于90°，任一天体不应该位于测者子午线的附近。在Sumner定位法的基础上，后来又发展出高度差法，由于其更便于应用，逐渐成为航海定位的主流方法。因此，下面介绍高度差法的定位原理。

(1) 高度差法的基本原理

首先，引入两个与格林时角相近的概念：

① 地方时角：若起始经圈为地方子午圈，则称其为地方时角(local hour angle，LHA)，其取值范围为0 h～24 h或0°～360°；

② 子午圈时角：起始经圈和LHA相同，都是地方子午圈，只是度量方法不同，其取值范围为－12 h～12 h或－180°～180°，西向为正，东向为负。

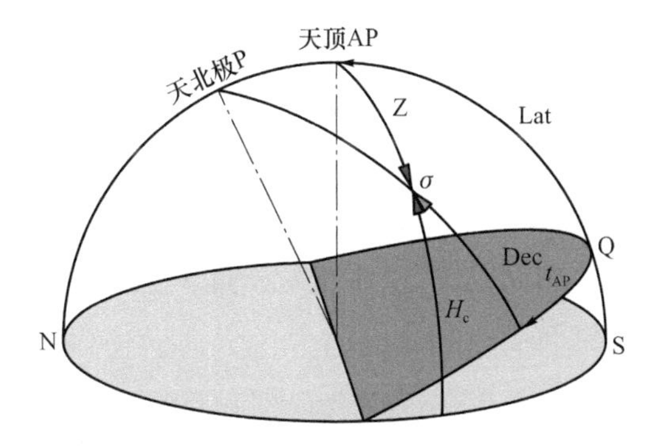

图7-33　天文三角形

如图7-33所示，在估计船位附近任选一点(或者就选择估计船位本身)作为假定位置AP($\mathrm{Lon_{AP}}$，$\mathrm{Lat_{AP}}$)，则可以计算得到天体的高度为

$$H_c=\arcsin(\sin \mathrm{Lat_{AP}}\sin \mathrm{Dec}+\cos \mathrm{Lat_{AP}}\cos \mathrm{Dec}\cos t_{\mathrm{AP}}) \tag{7.58}$$

式中，t_{AP}为假定位置处的子午圈时角。如果已知天体的观测高度为H_0，那么，二者之差就称为高度差。显然，如果假定位置与观测位置相同，则高度差为0。这就是基于高度差法进行定位的基本原理。高度差法定位的一般步骤如下。

① 设定假定位置AP。

② 求观测天体的子午圈时角t_{AP}。通过查天文航海历获得SHA、GHA和$\mathrm{GHA_{Aries}}$，对于太阳系内的天体来说，有

$$t_{\mathrm{AP}}=\mathrm{GHA}+\mathrm{Lon_{AP}} \tag{7.59}$$

如果观测的是恒星，有

$$t_{AP}=SHA+GHA_{Aries}+Lon_{AP} \tag{7.60}$$

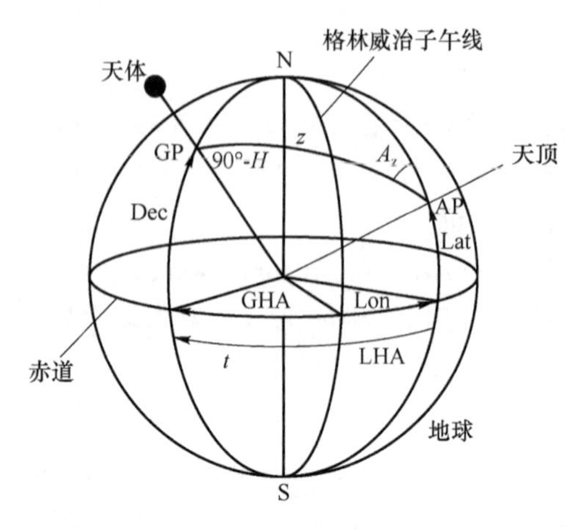

图 7-34　方位角、真方位角和方位线

③ 求天体的计算高度 H_c。将假定位置 AP 的地理经度 Lat_{AP}、t_{AP} 和天体赤纬 Dec，带入式(7.58)计算得到。

④ 计算高度差 $\Delta H=H_0-H_c$。

⑤ 计算天体相对于 AP 点的真方位角 A_c。如图 7-34 所示，方位线 AP-GP 和地方子午线 N-AP 之间的夹角，称为位置角 A_z。从北点按照顺时针方向度量到天体方位圆的夹角，称为天体的真方位角 A_c。（注：天球子午面与天球地平面的垂直交线称为子午线，子午线与天球相交于两个点，靠近北天极的交点称为北点，另一点称为南点。）

位置角通过如下三种方式均可计算得到：

$$A_z=\arccos\left(\frac{\cos Lat\ \sin Dec-\sin Lat\ \cos Dec\ \cos t}{\cos H_c}\right) \tag{7.61}$$

$$A_z=\arcsin\left(\frac{\cos Dec\ \sin t}{\cos H_c}\right) \tag{7.62}$$

$$A_z=\arccos\left(\frac{\sin Dec-\sin H_c\ \sin Lat}{\cos H_c\ \cos Lat}\right) \tag{7.63}$$

真方位角与位置角之间有如下关系：

$$A_c=\begin{cases}A_z, & t_{AP}<0^\circ\\ 360^\circ-A_z, & t_{AP}\geqslant 0^\circ\end{cases} \tag{7.64}$$

⑥ 画出天体方位线和位置线。依据北向和 A_c 从 AP 点画出方位线 AP-GP 的指向，在 AP-GP 的指向线上量取 ΔH，得到点 P。如果 $\Delta H>0$，则朝向天体投影点 GP 量取；如果 $\Delta H<0$，则向 GP 反方向量取。过 P 点做方位线的垂线，即为所要求的一条位置线 LOP，如图 7-35 所示。

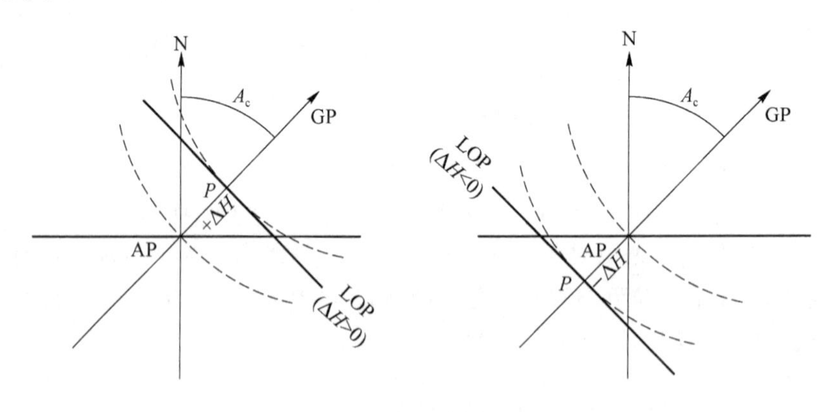

图 7-35　船位位置线 LOP

⑦ 观测第二个天体，重复步骤①～⑥，得到第二条位置线，两条位置线的交点即为船位，如图 7-36 所示。在图 7-36 中，基于两个天体观测获取位置线的过程中，假设位置 AP 是相同的，不过，这不是必要条件，即可以取不同的假设位置。

在上述基于高度差法的位置计算中，忽略了等高圆的曲率，用直线近似求解会导致计算得到的位置与真实位置之间存在几何误差。当等高圆半径很大，且 AP 点非常接近真实船位时，该几何误差很小；另外，通过迭代，即将计算得到的位置作为假定位置，重复步骤①～⑦，可减小几何误差。

如果观测三个天体，理论上三条位置线应相交于一点，即真实船位；但是，由于观测误差和几何误差等因素，通常会出现位置线两两相交的情况，构成一个误差三角形，如图 7-37 所示。该三角形的大小和形状与误差因素有关，误差越小，三角形也越小，反之则越大。一般取该三角形内切圆的圆心作为真实船位的估计。

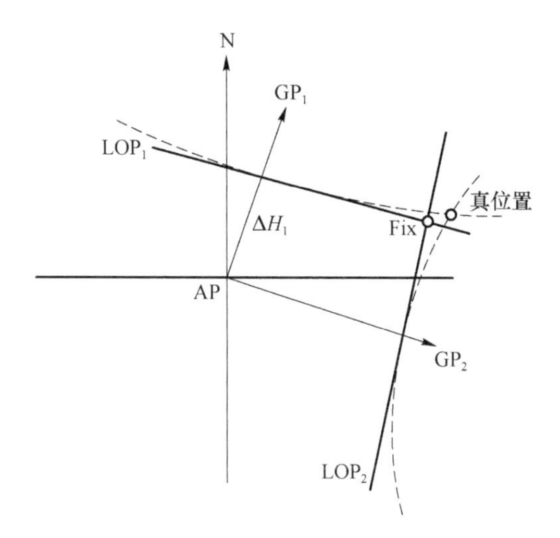

图 7-36　观测 2 个天体获得两条位置线

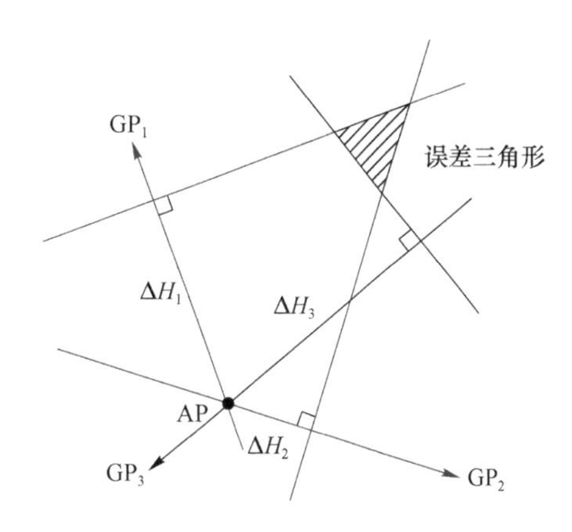

图 7-37　三星观测获得误差三角形

(2) 解析高度差法

如图 7-38 所示，$\Delta\phi$ 和 Dep 分别为计算得到的位置线上任一点 E 与假设位置之间的纬度差和东西向距离，为待求的未知量。设高度差 ΔH 和真方位角 A_c 已经计算得到，为已知量。图 7-38 中，线段 AP-K 的长度为 ΔH，船位纬线与假定位置 AP 经线的交点为 G，过 G 点作一条垂线与方位线交于 D，显然，线段 AP-D 和 DK 的长度分别为 $\Delta\phi\cos A_c$ 和 Dep $\sin A_c$。如果观测到两颗导航星，则有

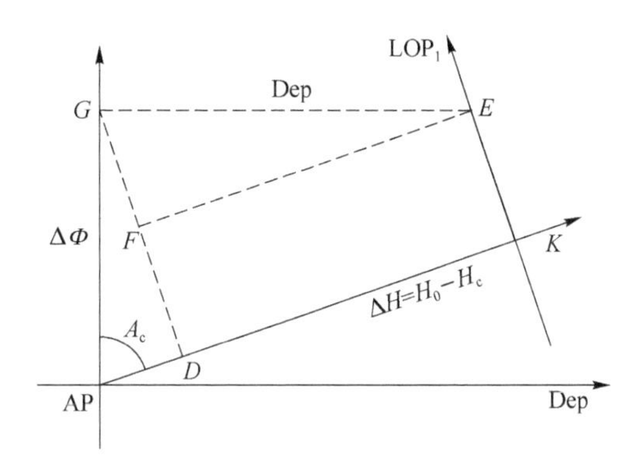

图 7-38　纬度差和东西距与其它参量的几何关系

$$\begin{cases}\Delta\phi\cos A_{c1}+\text{Dep}\sin A_{c1}=\Delta H_1\\ \Delta\phi\cos A_{c2}+\text{Dep}\sin A_{c2}=\Delta H_2\end{cases}\tag{7.65}$$

解得

$$\begin{cases}\Delta\phi=\dfrac{\Delta H_1\sin A_{c2}-\Delta H_2\sin A_{c1}}{\sin(A_{c2}-A_{c1})}\\ \text{Dep}=\dfrac{\Delta H_2\cos A_{c1}-\Delta H_1\sin A_{c2}}{\sin(A_{c2}-A_{c1})}\end{cases}\tag{7.66}$$

那么，基于假定位置的估计船位为

$$\begin{cases}\phi=\phi_{AP}+\Delta\phi \\ \lambda=\lambda_{AP}+\text{Dep}\ \sec\phi\end{cases} \tag{7.67}$$

式中，ϕ_{AP}和λ_{AP}分别为假定位置 AP 的地理纬度和经度。

【例 7-2】 假设船的地理经纬度为$\lambda_{AP}=116°41'\text{E}$，$\phi_{AP}=22°55'N$。选定 2 颗恒星，查航海天文历并推算其天体投影点的地理经纬度分别为 $GP_1(Lon_1, Lat_1)=(66°48'\text{E}, 5°27'\text{N})$，$GP_2(Lon_2, Lat_2)=(56°53'\text{E}, 64°46'\text{N})$；观测获得天体高度$H_{o1}$和$H_{o2}$分别为$39°2.652'$和$33°22.494'$。试利用高度差法求解船的真实位置。

【解】

（1）基于假定船位求解计算高度

$$H_{c1}=\cos^{-1}[\sin\phi_{AP}\sin\delta_1+\cos\phi_{AP}\cos\delta_1\cos(Lon_1-\lambda_{AP})]=39.077\,6°$$

$$H_{c2}=\cos^{-1}[\sin\phi_{AP}\sin\delta_2+\cos\phi_{AP}\cos\delta_2\cos(Lon_2-\lambda_{AP})]=33.349\,9°$$

式中，$\delta_1=5°27'\text{N}$ 和 $\delta_2=64°46'\text{N}$ 为观测天体 1 和 2 的赤纬，天体投影点 GP_1 和 GP_2 的地理纬度 Lat_1 和 Lat_2 视为相等；$Lon_1=66°48'\text{E}$ 和 $Lon_2=56°53'\text{E}$ 和为天体投影点 GP_1 和 GP_2 的地理经度。

（2）求高度差

$$\Delta H_1=H_{o1}-H_{c1}=-2'$$

$$\Delta H_2=H_{o2}-H_{c2}=1.5'$$

（3）求天体投影点指向与北向的夹角

$$A_{c1}=\cos^{-1}\left(\frac{\sin\delta_1-\sin H_{o1}\sin\phi_{AP}}{\cos H_{o1}\cos\phi_{AP}}\right)=78.510\,3°$$

$$A_{c2}=\cos^{-1}\left(\frac{\sin\delta_2-\sin H_{o2}\sin\phi_{AP}}{\cos H_{o2}\cos\phi_{AP}}\right)=26.163\,2°$$

其真方位角为 $A_{cN1}=258.510\,3°$，$A_{cN2}=333.836\,8°$，如图 7-39 所示。

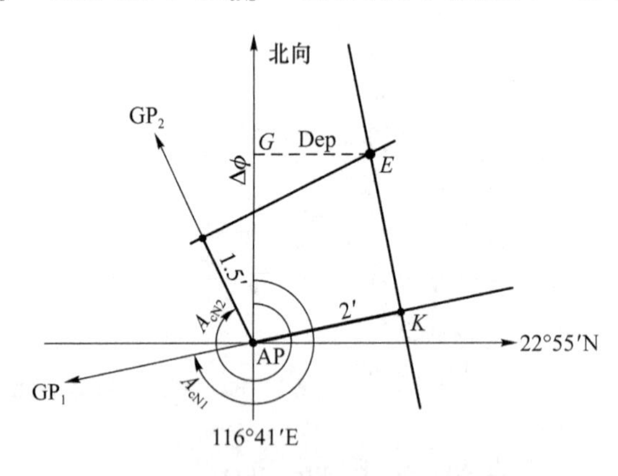

图 7-39 真方位角示意图

将 $A_1=78.510\,3°$和 $A_2=-26.163\,2°$代入式(7.66)，得

$$\begin{cases}\Delta\phi=\dfrac{|\Delta H_1|\sin A_2-|\Delta H_2|\sin A_1}{\sin(A_2-A_1)}=2.431\,1' \\ \text{Dep}=\dfrac{|\Delta H_2|\cos A_1-|\Delta H_1|\sin A_2}{\sin(A_1-A_2)}=1.220\,4'\end{cases}$$

(4) 求船位的估计位置

基于式(7.67)可计算出船位的估计位置为

$$\begin{cases}\phi=\phi_{AP}+\Delta\phi=22^{\circ}.957\,2=22^{\circ}57'.432\text{N}\\ \lambda=\lambda_{AP}+\text{Dep}\sec\phi=116^{\circ}.705\,4=116^{\circ}42'.324\text{E}\end{cases}$$

7.3.2 空间纯几何天文定位方法

1. 纯天文定位的基本原理

如前所述,基于恒星的观测可以确定星敏感器相对于惯性坐标系的姿态;但如果要进一步确定其位置,则还需要位置已知的近天体(比如地球、月球和太阳等)的观测数据。

(1) 常用的观测量

1) 行星视角

如图 7-40 所示,D 是观测行星的直径,行星视角 A 为行星中心矢量与其视边缘之间的夹角,则有

$$\sin\frac{A}{2}=\frac{D}{2r} \tag{7.68}$$

式中,r 为航天器到行星的距离。显然,航天器位于以 P_0 为球心、r 为半径的球面上。该观测量适用于航天器离近行星较近的情况,否则,定位精度不易提高。

2) 恒星仰角

如图 7-41 所示,恒星仰角 γ 是指从航天器上观测到的一颗恒星与一颗行星的视边缘之间的夹角,有如下关系:

$$\cos\left(\gamma+\frac{A}{2}\right)=-\boldsymbol{i}_r\cdot\boldsymbol{i}_s \tag{7.69}$$

式中,$\boldsymbol{i}_s$ 和 $\boldsymbol{i}_r$ 分别为航天器指向恒星和行星中心的方向矢量。

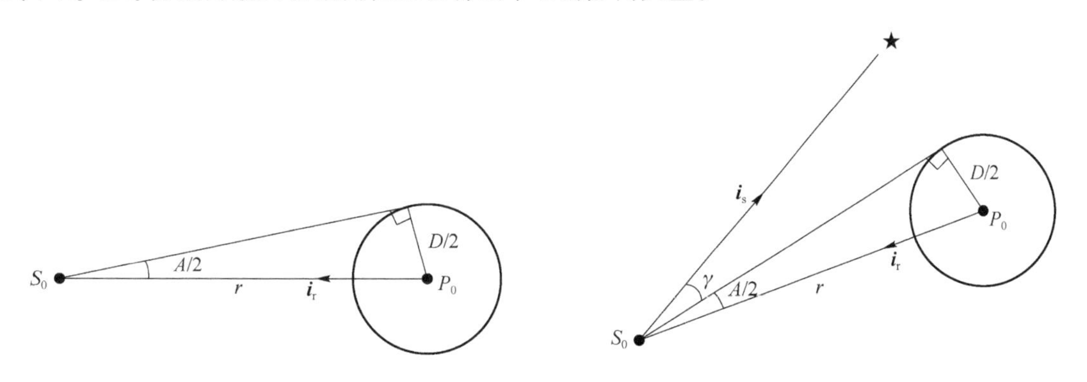

图 7-40　行星的视角　　　图 7-41　恒星仰角

3) 掩星观测

如图 7-42 所示,当从航天器上观测到某颗恒星时,在恒星星光被行星遮挡的瞬间,可确定一个圆柱形位置面,圆柱面的轴线通过行星的中心,并与航天器到恒星的视线方向平行,圆柱面的直径等于行星的直径,$\boldsymbol{i}_p$ 为航天器指向行星边缘的矢量,$\boldsymbol{i}_s$ 为恒星的星光矢量,显然有

$$\boldsymbol{i}_p=\boldsymbol{i}_s \tag{7.70}$$

4) 一个近天体和一个远天体之间的夹角

如图 7-43 所示,在纯天文自主定位解算中,应用最为广泛的观测量是一个近天体(如行

星、太阳)和一个远天体(恒星)之间的夹角 A。图中,P_0 为近天体中心,$\boldsymbol{i}_r$ 为从航天器指向近天体中心的矢量,$\boldsymbol{i}_s$ 为远天体的单位矢量,显然有

$$\cos A=-\boldsymbol{i}_r\cdot\boldsymbol{i}_s \tag{7.71}$$

因此,航天器位于锥角为 A 的圆锥面上。

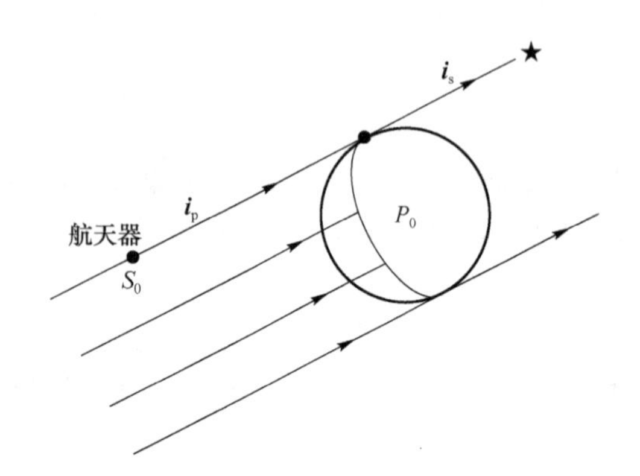

图 7-42 掩星观测

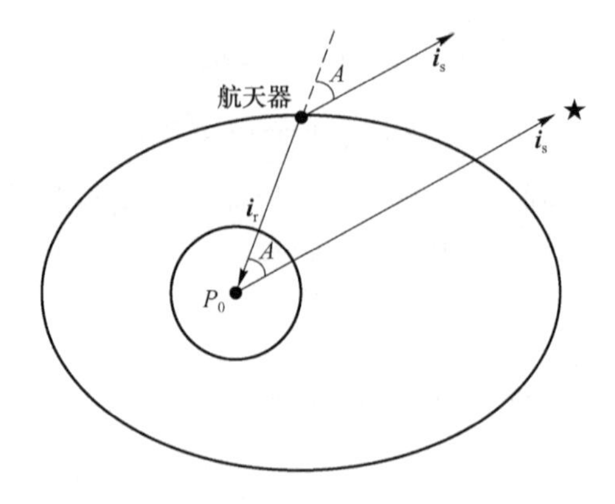

图 7-43 一个近天体和一个远天体之间的夹角

5) 两个近天体之间的夹角

如图 7-44 所示,以地球和太阳为例,两个近天体之间的夹角 A,就是从航天器上观测到的两个近天体的视线方向之间的夹角,$\boldsymbol{r}$ 为太阳指向探测器的矢量,$\boldsymbol{r}_e$ 为太阳指向地球的矢量,$\boldsymbol{z}$ 为探测器指向地球的矢量,显然有

$$\cos A=-\boldsymbol{r}\cdot(\boldsymbol{r}_e-\boldsymbol{r}) \tag{7.72}$$

几何上,该观测量确定了一个如图 7-45 所示的超环面,探测器必位于该面上。该超环面由一段圆弧绕着以两个近天体的连线构成的轴线旋转而成,圆弧的中心 O 在两个近天体连线的垂直平分线上,圆弧半径 R 与两个近天体之间的距离 r_e 和 A 之间的关系为

$$R=\frac{r_e}{2\sin A} \tag{7.73}$$

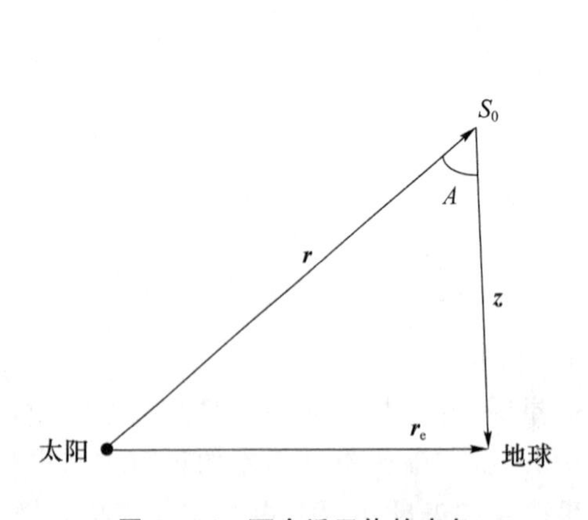

图 7-44 两个近天体的夹角

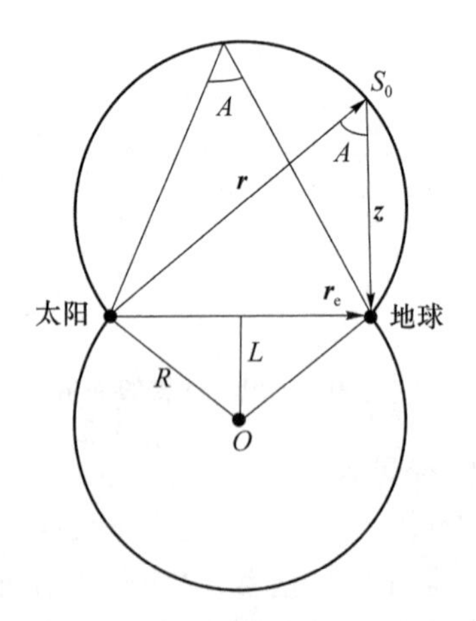

图 7-45 两个近天体夹角确定的位置面

(2) 纯天文自主定位的几何解析法

1) 基于两个近天体和恒星之间的星光角距的定位

如图 7－46 所示，航天器观测到一个近天体(行星 1)，同时观测到一颗恒星(恒星 1)，那么，航天器一定位于以恒星 1 矢量方向 $\boldsymbol{s}_1$ 为轴线、以近天体为顶点的圆锥面上，圆锥角为行星位置线单位矢量 $\boldsymbol{L}_1$ 与 $\boldsymbol{s}_1$ 的夹角；同理，再观测另外两颗恒星，则可得到另外两个圆锥面。三个圆锥面相交于一条直线，该直线即为行星与航天器的连接线，即航天器的位置线。不过，航天器在该位置线上的什么位置是无法确定的。因此，还需要基于另一个近天体的类似观测，得到另一条位置线，两条位置线的交点即为航天器的位置。下面介绍具体确定方法。

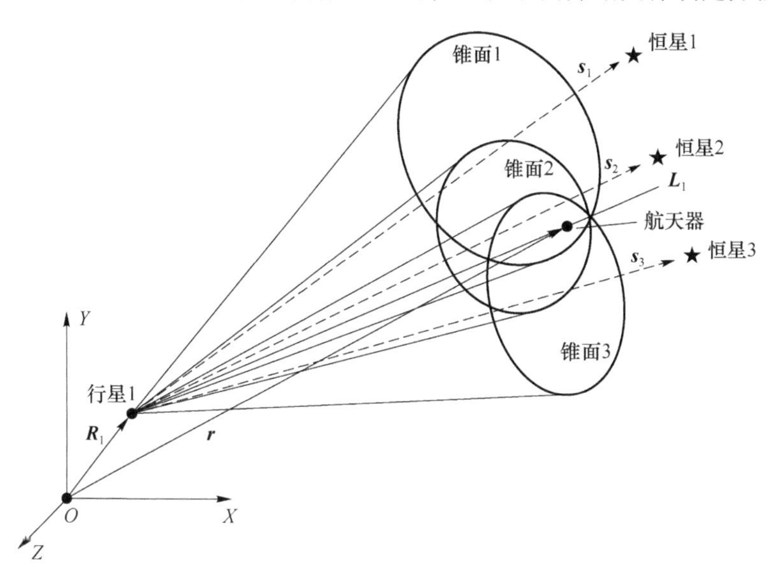

图 7－46　一个近天体和三颗恒星之间的夹角确定的位置线

设基于第一个近天体观测获得的位置线单位矢量为 $\boldsymbol{L}_1$，其与观测到的 3 颗恒星之间的角距分别为 A_1、A_2 和 A_3，则有

$$\begin{cases}\boldsymbol{L}_1\cdot s_1=\cos A_1\\ \boldsymbol{L}_1\cdot s_2=\cos A_2\\ \boldsymbol{L}_1\cdot s_3=\cos A_3\end{cases}\tag{7.74}$$

式中，$\boldsymbol{L}_1=[L_{1x}\quad L_{1y}\quad L_{1z}]^{\mathrm{T}}$，$\boldsymbol{s}_i=[s_{ix}\quad s_{iy}\quad s_{iz}]^{\mathrm{T}}(i=1,2,3)$。在式(7.74)中，关于 $\boldsymbol{L}_1$ 有 3 个未知量，观测到 3 颗恒星，可建立 3 个独立方程，因此，可以唯一确定位置线单位矢量 $\boldsymbol{L}_1$。类似地，利用另一个近天体的观测值，可以确定另一条位置线单位矢量 $\boldsymbol{L}_2$。

下面再确定两条位置线相关的模长 ρ_1 和 ρ_2。设已知两个近天体的位置矢量 $\boldsymbol{R}_1=[x_1\quad y_1\quad z_1]^{\mathrm{T}}$ 和 $\boldsymbol{R}_2=[x_2\quad y_2\quad z_2]^{\mathrm{T}}$，那么，由图 7－46 得航天器的位置矢量为

$$\boldsymbol{r}=\boldsymbol{R}_1+\rho_1\boldsymbol{L}_1=\boldsymbol{R}_2+\rho_2\boldsymbol{L}_2\tag{7.75}$$

可进一步得

$$\begin{bmatrix}L_{1x} & -L_{2x}\\ L_{1y} & -L_{2y}\\ L_{1z} & -L_{2z}\end{bmatrix}\begin{bmatrix}\rho_1\\ \rho_2\end{bmatrix}=\begin{bmatrix}x_2-x_1\\ y_2-y_1\\ z_2-z_1\end{bmatrix}\tag{7.76}$$

因此，可解得

$$\begin{bmatrix}\rho_1\\ \rho_2\end{bmatrix}=(\boldsymbol{A}^{\mathrm{T}}\boldsymbol{A})^{-1}\boldsymbol{A}^{\mathrm{T}}\begin{bmatrix}x_2-x_1\\ y_2-y_1\\ z_2-z_1\end{bmatrix}\tag{7.77}$$

$$
\boldsymbol{A}=\begin{bmatrix} L_{1x} & -L_{2x} \\ L_{1x} & -L_{2y} \\ L_{1x} & -L_{2z} \end{bmatrix} \tag{7.78}
$$

如果已知两条位置线之间的夹角为 ϕ,则有 $\boldsymbol{L}_1 \cdot \boldsymbol{L}_2=\cos\phi$,那么有

$$
\boldsymbol{A}^{\mathrm{T}}\boldsymbol{A}=\begin{bmatrix} 1 & -\cos\phi \\ -\cos\phi & 1 \end{bmatrix} \tag{7.79}
$$

$$
(\boldsymbol{A}^{\mathrm{T}}\boldsymbol{A})^{-1}=\frac{1}{\sin^2\phi}\begin{bmatrix} 1 & \cos\phi \\ \cos\phi & 1 \end{bmatrix} \tag{7.80}
$$

因此,式(7.77)可改写为

$$
\begin{bmatrix} \rho_1 \\ \rho_2 \end{bmatrix}=\frac{1}{\sin^2\phi}\begin{bmatrix} 1 & \cos\phi \\ \cos\phi & 1 \end{bmatrix}\begin{bmatrix} L_{1x} & L_{1y} & L_{1z} \\ -L_{2x} & -L_{2y} & -L_{2z} \end{bmatrix}\begin{bmatrix} x_2-x_1 \\ y_2-y_1 \\ z_2-z_1 \end{bmatrix} \tag{7.81}
$$

在确定了位置线模长之后,即可获得航天器的位置矢量 $\boldsymbol{r}=\boldsymbol{R}_1+\rho_1\boldsymbol{L}_1$,或 $\boldsymbol{r}=\boldsymbol{R}_2+\rho_2\boldsymbol{L}_2$。

2) 基于一个近天体和恒星之间的星光角距的定位

首先,利用一个近天体和三颗或以上恒星之间的星光角距,通过式(7.74),得到航天器相对于该近天体的位置线单位矢量 $\boldsymbol{L}$;再利用该近天体的行星视角,通过式(7.68),计算得到航天器至该近天体的距离 r,进而可得到航天器相对于该近天体的位置矢量为 $\boldsymbol{r}=r\boldsymbol{L}$。

需要指出的是,上述纯天文几何解析定位方法的缺点是不能直接获得航天器的速度信息,且定位精度随量测噪声的波动较大。如果结合轨道动力学方程进行预测滤波,则可进一步提高定位精度。

7.4 基于敏感地平的天文定位方法

7.4.1 直接敏感地平法

直接敏感地平法的基本原理是利用星敏感器测得导航星的星光矢量,利用红外地球敏感器测量地平视线方向或解算的地心方向,根据航天器、导航星和地球之间的几何关系,结合轨道动力学方程进行滤波,得到航天器位置和速度等导航信息。

1. 星光角距

如图 7-47 所示,星光角距指恒星的星光矢量 $\boldsymbol{s}$ 与地心到航天器的位置矢量 $\boldsymbol{r}$ 之间的夹角为 α,$\boldsymbol{s}$ 由星敏感器测量获得,位置矢量 $\boldsymbol{r}$ 的方向可通过红外地球敏感器观测获得,有如下关系:

$$
\alpha=\arccos\left(-\frac{\boldsymbol{r}\cdot\boldsymbol{s}}{r}\right) \tag{7.82}
$$

式中,r 为位置矢量 $\boldsymbol{r}$ 的模。

2. 星光仰角

如图 7-48 所示,星光仰角指恒星的星光矢量 $\boldsymbol{s}$ 与地球边缘切线方向之间的夹角 γ,有

$$
\gamma=\arccos\left(-\frac{\boldsymbol{r}\cdot\boldsymbol{s}}{r}\right)-\arcsin\frac{R_{\mathrm{e}}}{r} \tag{7.83}
$$

式中，R_e 为地球半径。

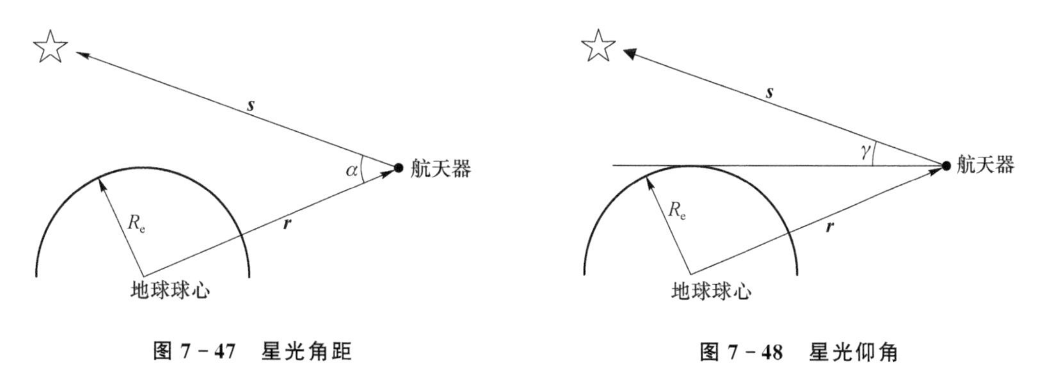

图 7-47　星光角距　　　图 7-48　星光仰角

3. 地心方向矢量

当只使用红外地球敏感器测量地球的方向矢量时，可得单位方向 $\boldsymbol{r}/r$ 和地心距 r。

需要指出的是，红外地球敏感器的精度通常远低于星敏感器的，导致直接敏感地平的定位精度通常不高，一般为公里级精度。

7.4.2　间接敏感地平法

如图 7-49 所示，对于近地航天器，利用星敏感器观测经过大气折射的星光，结合大气密度与折射角之间的关系，进而可以基于折射角的测量来确定航天器相对地球的位置。这种相对地球的定位方法称为间接敏感地平法。在图 7-49 中，$\boldsymbol{u}_s$ 为直射星光矢量，$\boldsymbol{r}_s$ 为航天器与地心的连线矢量，R_e 为地球半径，h_a 和 h_g 分别为视高度和折射高度，a 为一个小量，R 为折射角。与直接敏感地平法不同的是，间接敏感地平法只使用星敏感器，因此，有望实现比直接敏感地平法更高的定位精度。

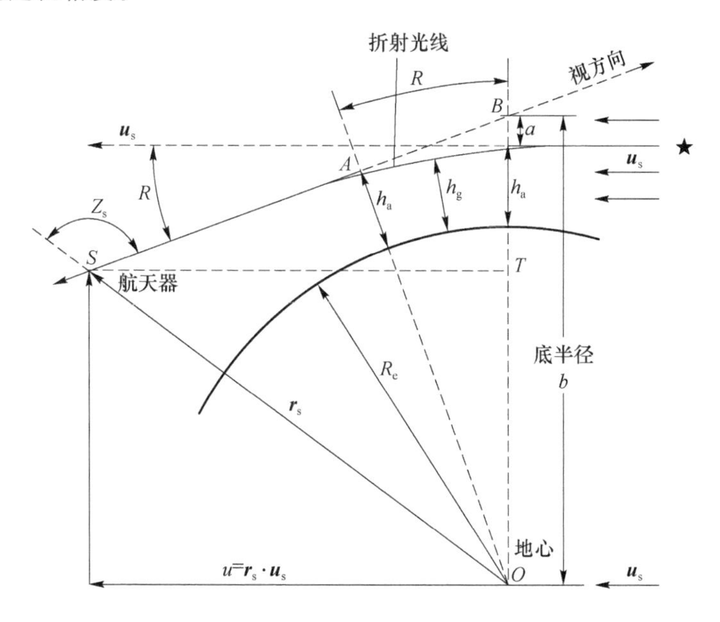

图 7-49　星光折射几何关系示意图

1. 折射角的获取

如图 7－50 所示，在星空成像的拍摄星图中，视场覆盖的平流层在星图中映射为一个窄的条带，成像位置落在平流层映射条带中的星作为有效折射星。对流层位于平流层之下，大气密度更大，穿越对流层的星光折射角度更大。但对流层的大气密度变化太大，导致基于折射角和大气密度模型推算的折射高度误差过大，因此，对流层不宜作为有效折射星观测区间；高于平流层的空间大气密度过小，星光折射角度也很小，也不宜作为有效折射星观测区间。通常，用于折射星的观测范围为海拔高度为 20～50 km 之间的平流层。

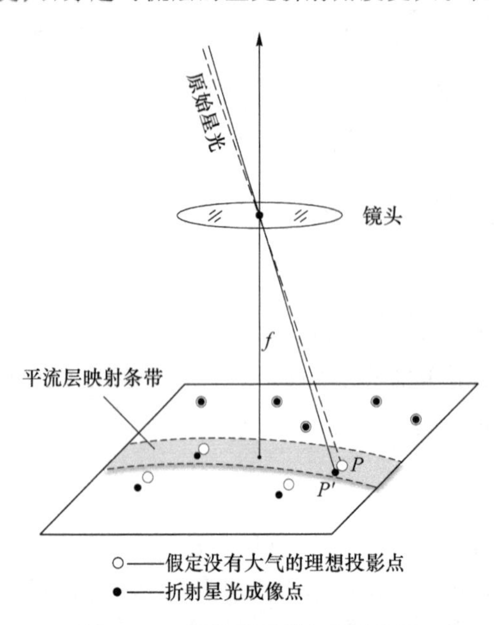

图 7－50　平流层映射条带示意图

折射角的获取目前有两种方法：一种是利用两个星敏感器，一个观测直射星光，以确定姿态，另一个观测折射星光，并利用已确定的姿态信息，推算发生折射的星光所对应的直射星光矢量方向，进而与观测到的折射星光矢量方向作差，得到折射角度；另一种是利用一个星敏感器，考虑到折射星光只是位于视场内的一小条带，因此，视场内通常还有直射星，可以基于这些直射星光的观测信息确定姿态，然后再确定折射星光的折射角，确定方法与第一种方法的类似。与第一种方法相比，第二种方法不仅少用了一个星敏感器，同时也不存在两个星敏感器之间安装矩阵的确定误差影响。实际上，在第一种方法中，最后影响折射星提取精度的主要因素之一就是两个星敏感器之间的安装矩阵误差。不过，在第二种方法中，需要同时观测到直射星和折射星，其中直射星的观测数目不能少于 3 颗，因此，星敏感器的视场不能太小。

2. 折射高度和折射角的关系

地球表面的大气密度与海拔高度近似成指数关系，即

$$\rho=\rho_0\exp\left(-\frac{h-h_0}{H}\right) \tag{7.84}$$

式中，ρ 是海拔高度为 h 处的大气密度；ρ_0 是在海拔高度 h_0 处的大气密度；H 是密度标尺高度，可表示为

$$H=\frac{R_{\mathrm{g}}T_{\mathrm{m}}}{M_0 g+R_{\mathrm{g}}\dfrac{\mathrm{d}T_{\mathrm{m}}}{\mathrm{d}h}} \tag{7.85}$$

式中，R_{g} 为普适气体常数；T_{m} 为分子标尺温度；M_0 为海平面处的大气分子量；g 为重力加速度。

对于理想大气，由于重力加速度 g 和分子标尺温度 T_{m} 随高度的变化而变化，H 也相应地随高度的变化而变化。不过，在一个有限的高度范围内，H 的变化非常小，基本保持不变，那么，星光折射角的近似值表达式为

$$R \approx (\mu_g - 1)\sqrt{\frac{2\pi(R_e + h_g)}{H}} \tag{7.86}$$

式中，μ_g 为 h_g 高度处的折射率。根据 Gladstone-Dale 定律，折射率与大气密度的关系为

$$\mu - 1 = k(\lambda)\rho \tag{7.87}$$

式中，$k(\lambda)$为散射系数，与波长 λ 有关，对于既定中心波长的星敏感器来说可以认为是常数。

根据 Edlen 公式，在 0 ℃和 1 个标准大气压下，大气折射率与波长有如下关系：

$$10^8(\mu_g - 1) = 64\ 328 + \frac{2\ 949\ 810}{146 - \lambda^{-2}} + \frac{25\ 540}{41 - \lambda^{-2}} \tag{7.88}$$

在 0 ℃和 1 个标准大气压下，大气密度为 1 225 g/m^3，式(7.87)可重写为

$$k(\lambda) = 10^{-8}\left(52.513 + \frac{2\ 408}{146 - \lambda^{-2}} + \frac{20.849}{41 - \lambda^{-2}}\right) \tag{7.89}$$

考虑到地球半径 R_e 远大于折射高度 h_g，将式(7.84)代入式(7.86)，近似为

$$R \approx k(\lambda)\rho_0\sqrt{\frac{2\pi R_e}{H}}\exp\left(-\frac{h_g - h_0}{H}\right) \tag{7.90}$$

因此，可得

$$h_g = h_0 - H\ln R + H\ln\left[k(\lambda)\rho_0\sqrt{\frac{2\pi R_e}{H}}\right] \tag{7.91}$$

3. 视高度与折射高度的关系

由 Snell 定律，在光路上任何一点都有

$$\mu r\sin(Z) = 常数 \tag{7.92}$$

式中：μ 为折射率；r 为该点地心距；Z 为该点的径向与光线方向的夹角。对折射切点，有 Z 为 90°，$r = R_e + h_g$，折射率记为 μ_g，因此有

$$\mu_g(R_e + h_g) = 常数 \tag{7.93}$$

在航天器位置 S 点处，可近似认为没有大气，即折射率 $\mu_s = 1$，因此有

$$r_s\sin Z_s = \mu_g(R_e + h_g) \tag{7.94}$$

在图 7-49 中，有

$$r_s\sin Z_s = R_e + h_a \tag{7.95}$$

结合式(7.94)和式(7.95)，可得如下关系：

$$h_a = h_g + k(\lambda)\rho_g(R_e + h_g) \tag{7.96}$$

将式(7.90)代入式(7.96)，得

$$h_a = h_0 - H\ln R + H\ln\left[k(\lambda)\rho_0\sqrt{\frac{2\pi R_e}{H}}\right] + R\sqrt{\frac{HR_e}{2\pi}} \tag{7.97}$$

另外，在图 7-48 中，根据几何关系，有

$$h_a = \sqrt{r_s^2 - u^2} + u\tan R - R_e - a \tag{7.98}$$

式中，r_s 为 $\boldsymbol{r}_s$ 的模长；$u = |\boldsymbol{r} \cdot \boldsymbol{u}_s|$；$a$ 为一可忽略的小量。联立式(7.97)与式(7.98)，令 $\tan R \approx R$，并略去小量 a，则有

$$\sqrt{r_s^2 - u^2} - R_e = h_0 - H\ln R + H\ln\left[k(\lambda)\rho_0\sqrt{\frac{2\pi R_e}{H}}\right] + R\sqrt{\frac{HR_e}{2\pi}} - uR \tag{7.99}$$

式(7.99)就是航天器位置与折射角之间关系的方程。只要观测到 3 颗折射星，理论上就可以确定航天器相对地球的位置。

习　　题

7－1　简述地球敏感器的分类。地球敏感器所解算的是什么信息？

7－2　对比星图模拟和星光定姿的基本流程的首末端，分析两者在功能上的不同。

7－3　请指明舰船天文船位圆的圆心和半径各是什么？空间天文定位的位置锥的锥点和半锥角各是什么？

7－4　地球卫星自主天文导航方法中，间接敏感地平和直接敏感地平在基本概念内涵上有何不同？何者精度更高？

第8章 组合滤波算法基础

前面几章讲述了在航天领域中常用的几种导航方法。在实际应用中,由于航天任务的特殊性,每个航天器通常配备两种或以上的导航设备,通过数据处理,构建组合导航方法,以提高导航系统的可靠性。在构建组合导航系统的过程中,组合滤波算法是关键,本章介绍相关原理和基础内容。

8.1 最优估计

8.1.1 估　计

在对随机状态进行确定时,不能追求对其某个样本值的确定,而是追求对其统计值的确定,对随机状态统计值的确定就是"估计"。按照状态估计的时刻与利用测量值的时刻之间的先后关系,估计分为如下三类:

① 预测:利用从初始时刻到当前时刻的所有测量结果,对未来某一时刻的状态进行估计的过程。

② 滤波:利用从初始时刻到当前时刻的所有测量结果,对当前时刻的状态进行估计的过程。

③ 平滑:利用从初始时刻到当前时刻的所有测量结果,对过往某一时刻的状态进行估计的过程。

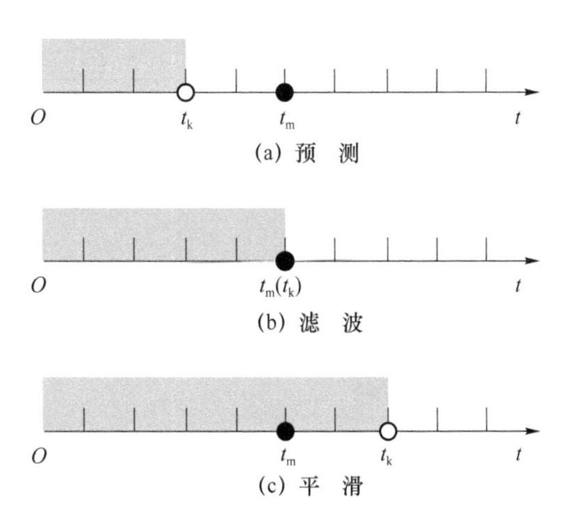

图8-1　三类估计示意图

如图8-1所示为上述三类估计的原理示意图,其中,t_m 为待估计时刻,t_k 为当前量测时刻。显然,从常识角度看,由于预测过程是利用旧的测量结果对还未发生的状态进行估计的,因而,预测的精度在三者中是最差的;相反,在平滑过程中,由于利用最新的测量结果对过往的状态进行估计,属于事后处理,因而平滑的精度在三者中是最高的;滤波的精度介于预测的和平滑的之间。

8.1.2 最优估计的一般过程

基于对状态的多个测量结果，按照某种最优准则，实现的对状态的估计就称为最优估计。如第一章中的例1-2就是一种线性、无偏和最小方差估计。最优估计的一般过程如下。

① 基于事物自身的某种规律，建立状态随时间的变化关系（如位移、速度和加速度之间的积分推算关系），称为"系统建模"。基于建立的系统模型，可以推算出状态的估计值，即预测；但是，由于测量误差的存在，通常只基于系统模型的预测误差是随时间发散的，即推算的时间越长，误差越大。因此，只基于系统模型进行预测是不能长时间、高精度工作的。

② 建立测量值与状态之间的变化关系，称为"量测建模"，如BDS接收机的位置和速度测量。为了避免系统模型中积分推算所导致的误差发散，在建立的量测模型中，应尽量避免测量值与状态之间有微积分关系，如BDS接收机输出的位置就是对物体位置的直接测量，二者之间不是微积分关系。测量量与状态之间存在微积分关系将导致与系统模型相似的后果，即基于测量值对状态进行估计会导致误差发散。

③ 对误差进行建模，包括系统误差和测量误差。在例1-2中，测量误差的无偏、独立和方差都是进行状态精确估计的必要条件，而这些条件的获取过程就是误差建模。因此，系统误差和测量误差的建模是系统和量测建模不可缺少的一部分，误差的精确建模是取得精确估计的必要基础。

④ 基于某种最优准则构建最优估计算法。在例1-2中，就是基于线性、无偏和估计偏差方差最小的最优准则，建立了式(1-11)对常量x的最优估计算法。在一般的状态估计中，由于建立的是关于时间的递推算法，因此，还需要进行状态的初始化。

图8-2给出了最优估计的一般架构和流程。在本教材中，只涉及状态预测和滤波，因此，下面分别介绍状态预测、状态滤波和Kalman滤波算法的基本原理。

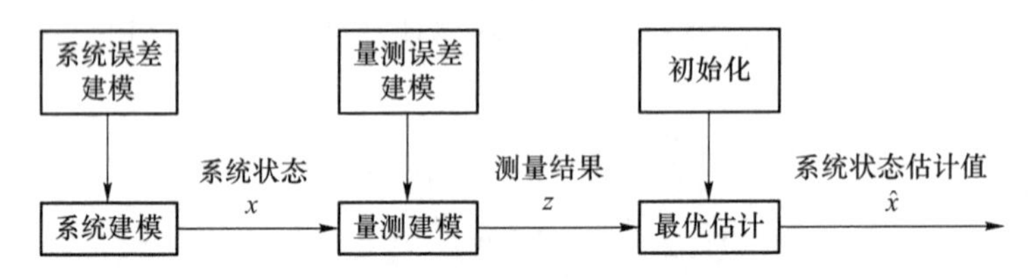

图8-2 最优估计的一般架构

8.2 状态预测

8.2.1 有色噪声

这里将第2章给出的白噪声定义重复如下：

$$\Phi_{xx}(\omega)=\Phi_0 \tag{8.1}$$

式中，$\Phi_{xx}(\omega)$为噪声x的功率谱密度，$-\infty<\omega<\infty$；Φ_0为一大于0的常数。由白噪声的定义可知，白噪声在现实中并不存在，因为如果白噪声存在，则意味着其功率为无限大，而实际信号都是功率有限的。

由功率谱密度函数与自相关函数互为Fourier变换对关系，可得

$$R_{xx}(\tau)=\frac{1}{2\pi}\int_{-\infty}^{\infty}\Phi_0 e^{j\omega\tau}d\omega=\Phi_0\delta(\tau) \tag{8.2}$$

即白噪声的自相关函数为 δ 函数，由此可以得出如下结论：

① 白噪声在时域也是不可实现的，因为 δ 函数在现实中不存在；

② 当 $\tau=0$ 时，白噪声的自相关函数为无穷大，当 $\tau\neq 0$ 时，其自相关函数为 0，即不相关，因此，白噪声是不可通过时间相关性予以预测的，即白噪声不可预测。

不满足式(8.1)定义的噪声都称为有色噪声。由上述可知，现实噪声都是有色噪声，但是，很多有色噪声都可以建模为以白噪声作为输入信号的一个线性系统的输出，这种建模过程称为有色噪声的白化处理。下面简单介绍有色噪声的建模方法。

常用的有色噪声建模方法包括成形滤波器法、时间序列分析法和 Allan 方差法三种，后两种方法在第三章中已经介绍过，因此，这里只介绍成形滤波器法。

根据线性系统理论，系统的输入/输出功率谱密度函数有如下关系：

$$\Phi_{yy}(\omega)=|h(j\omega)|^2\Phi_{xx}(\omega) \tag{8.3}$$

式中，$h(j\omega)$为线性系统的单位脉冲响应函数。如果设 $x(t)$为输入白噪声功率谱密度为 1 时的输出，那么有 $\Phi_{yy}(\omega)=|h(j\omega)|^2=h(j\omega)\overline{h(j\omega)}$，其中$\overline{h(j\omega)}$为 $h(j\omega)$的共轭复数。如果有色噪声的功率谱密度函数 $\Phi_{yy}(\omega)$能有理式分解为 $\phi_{yy}(j\omega)\overline{\phi_{yy}(j\omega)}$，则 $h(j\omega)=\phi_{yy}(j\omega)$，这就是成形滤波器的传递函数。

因此，对随机过程建模时，先计算出其相关函数，再通过 Fourier 变换求出其功率谱密度函数，最后得到其成形滤波器，完成对有色噪声的白化处理。下面举例说明。

【例 8-1】 已知平稳随机过程的某个样本 $x(t)$的相关函数 $R_{xx}(\tau)=ke^{-a|\tau|}$ $(a>0)$，试对其进行白化处理，并进行离散化。

【解】 先求 $x(t)$的功率谱密度函数，即

$$\begin{aligned}\Phi_{xx}(\omega)&=\int_{-\infty}^{\infty}R_{xx}(\tau)e^{-j\omega\tau}d\tau=\int_{-\infty}^{\infty}ke^{-a|\tau|}e^{-j\omega\tau}d\tau\\&=k\left(\int_{-\infty}^{0}e^{a\tau}e^{-j\omega\tau}d\tau+\int_{0}^{\infty}e^{-a\tau}e^{-j\omega\tau}d\tau\right)\\&=k\left(\frac{1}{a-j\omega}+\frac{1}{a+j\omega}\right)=\frac{2ka}{\omega^2+a^2}=\frac{\sqrt{2ka}}{a+j\omega}\frac{\sqrt{2ka}}{a-j\omega}\end{aligned} \tag{8.4}$$

成形滤波器传递函数为

$$h(s)=\frac{\sqrt{2ka}}{a+s}=\frac{X(s)}{W(s)} \tag{8.5}$$

式(8.5)所对应的模型方框图如图 8-3 所示，转为微分方程形式为

$$\dot{x}(t)=-ax(t)+\sqrt{2ka}w(t) \tag{8.6}$$

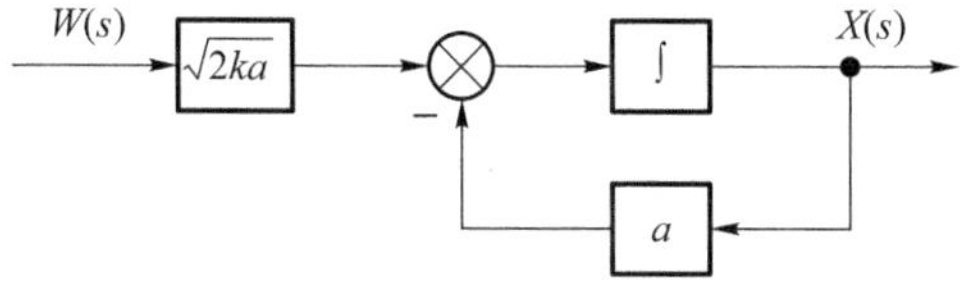

图 8-3　模型方框图

式中，$w(t)$为零均值、功率谱密度为 1 的白噪声。显然微分方程中噪声项具有如下一阶、二阶矩：

$$\begin{cases}\mathrm{E}\left[\sqrt{2ka}w(t)\right]=0\\ \mathrm{E}\left[\sqrt{2ka}w(t)\sqrt{2ka}w(\tau)\right]=2ka\delta(t-\tau)\end{cases} \tag{8.7}$$

至此就完成了有色噪声的建模，该有色噪声是由白噪声作为输入的一阶线性系统的输出。对式(8.6)进一步离散化，可得到其离散化的表达式为

$$x_{k+1}=\Phi x_k+w_k \tag{8.8}$$

式中，x_k 和 x_{k+1} 分别为 k 时刻和 $k+1$ 时刻的有色噪声值；Φ 为状态转移系数；w_k 为离散白噪声。在式(8.8)中，离散化后的白噪声 w_k 是不可预测的，但是两个时刻状态 x_k 和 x_{k+1} 是时间相关的，因此是可以预测的。设 k 时刻的状态估计值是 $\hat{x}_k$，那么，由式(8.8)可得 $k+1$ 时刻的状态估计值为

$$\hat{x}_{k+1}=\Phi\hat{x}_k \tag{8.9}$$

综上所述可知，白噪声是不可预测的，而有色噪声是可以预测的。由式(8.6)可知，有色噪声可以表达为时间相关的随机微分方程的形式，由此推广，表达为随机微分方程形式的状态都可以进行状态预测。下面进行具体介绍。

8.2.2 线性系统模型

1. 连续模型

由线性系统的相关知识可知，对于多维状态，可建立如下状态方程：

$$\dot{\boldsymbol{x}}(t)=\boldsymbol{A}(t)\boldsymbol{x}(t)+\boldsymbol{B}(t)\boldsymbol{u}(t) \tag{8.10}$$

式中，$\boldsymbol{x}(t)$ 为 n 维状态向量；$\boldsymbol{A}(t)$ 和 $\boldsymbol{B}(t)$ 为系数矩阵；$\boldsymbol{u}(t)$ 在控制系统中为确定性的控制向量，在本章为白噪声向量。需要指出的是，式(8.10)所示的状态方程只是系统模型的一种，还有诸如传递函数和结构方框图等多种建模方法，这些方法得到的模型是等价的，且可以互相转换，在本教材中，以式(8.10)所示的状态方程为主。

2. 离散模型

式(8.10)对应的离散模型为

$$\boldsymbol{x}(kT)=\boldsymbol{\Phi}[(k-1)T]\boldsymbol{x}[(k-1)T]+\boldsymbol{\Gamma}[(k-1)T]\boldsymbol{u}[(k-1)T] \tag{8.11}$$

式中，T 为离散化周期；$\boldsymbol{x}(kT)$ 和 $\boldsymbol{x}[(k-1)T]$ 分别表示 kT 时刻和 $(k-1)T$ 时刻的状态；$\boldsymbol{\Phi}[(k-1)T]$ 和 $\boldsymbol{\Gamma}[(k-1)T]$ 为离散的系数矩阵；$\boldsymbol{u}[(k-1)T]$ 为离散的白噪声向量。在后续表达中，为了简洁，一般都将离散化周期 T 予以忽略不写，即式(8.11)可简写为

$$\boldsymbol{x}_k=\boldsymbol{\Phi}_{k-1}\boldsymbol{x}_{k-1}+\boldsymbol{\Gamma}_{k-1}\boldsymbol{u}_{k-1} \tag{8.12}$$

与连续模型类似，离散模型也有多种建模方法，且可以互相转换，在本教材中只使用如式(8.12)所示的状态方程。

3. 连续状态模型的解

针对如式(8.10)所示的连续状态模型，可按照齐次方程和非齐次修正的方法求解，求解过程如下。

(1) 齐次解

齐次方程为

$$\dot{\boldsymbol{x}}=\boldsymbol{A}\boldsymbol{x} \tag{8.13}$$

设其解的形式为

$$\boldsymbol{x}=\boldsymbol{b}_0+\boldsymbol{b}_1 t+\cdots+\boldsymbol{b}_k t^k+\cdots \tag{8.14}$$

式中，$\boldsymbol{b}_i(i=0,1,\cdots,n,\cdots)$为待定的列向量。将式(8.14)代入式(8.13)，得

$$\boldsymbol{b}_1+2\boldsymbol{b}_2 t+3\boldsymbol{b}_3 t^2+\cdots+k\boldsymbol{b}_k t^{k-1}+\cdots=\boldsymbol{A}(\boldsymbol{b}_0+\boldsymbol{b}_1 t+\boldsymbol{b}_2 t^2+\cdots+\boldsymbol{b}_k t^k+\cdots) \tag{8.15}$$

整理式(8.15)，有

$$\begin{cases}\boldsymbol{b}_1=\boldsymbol{A}\boldsymbol{b}_0\\ \boldsymbol{b}_2=\dfrac{1}{2}\boldsymbol{A}\boldsymbol{b}_1=\dfrac{1}{2}\boldsymbol{A}^2\boldsymbol{b}_0\\ \vdots\\ \boldsymbol{b}_k=\dfrac{1}{k!}\boldsymbol{A}^k\boldsymbol{b}_0\end{cases} \tag{8.16}$$

在 $t=0$ 时，$\boldsymbol{x}(0)=\boldsymbol{b}_0$，则齐次方程的解为

$$\boldsymbol{x}(t)=\left(\boldsymbol{I}+\boldsymbol{A}t+\frac{1}{2}\boldsymbol{A}^2t^2+\cdots+\frac{1}{k!}\boldsymbol{A}^k t^k+\cdots\right)\boldsymbol{x}(0)=\mathrm{e}^{\boldsymbol{A}t}\boldsymbol{x}(0)=\boldsymbol{\Phi}(t)\boldsymbol{x}(0) \tag{8.17}$$

式中，$\boldsymbol{\Phi}(t)=\mathrm{e}^{\boldsymbol{A}t}$，称为状态转移矩阵，有如下性质：

① $\boldsymbol{\Phi}(0)=\mathrm{e}^0=\boldsymbol{I}$；

② $\boldsymbol{\Phi}(t)=\mathrm{e}^{\boldsymbol{A}t}=(\mathrm{e}^{-\boldsymbol{A}t})^{-1}=[\boldsymbol{\Phi}(-t)]^{-1}\rightarrow\boldsymbol{\Phi}^{-1}(t)=\boldsymbol{\Phi}(-t)$；

③ $\boldsymbol{\Phi}(t_1+t_2)=\mathrm{e}^{\boldsymbol{A}(t_1+t_2)}=\mathrm{e}^{\boldsymbol{A}t_1}\mathrm{e}^{\boldsymbol{A}t_2}=\boldsymbol{\Phi}(t_1)\boldsymbol{\Phi}(t_2)=\boldsymbol{\Phi}(t_2)\boldsymbol{\Phi}(t_1)$；

④ $[\boldsymbol{\Phi}(t)]^n=\boldsymbol{\Phi}(nt)$；

⑤ $\boldsymbol{\Phi}(t_2-t_1)\boldsymbol{\Phi}(t_1-t_0)=\boldsymbol{\Phi}(t_2-t_0)=\boldsymbol{\Phi}(t_1-t_0)\boldsymbol{\Phi}(t_2-t_1)$；

⑥ $\dfrac{\mathrm{d}}{\mathrm{d}t}\boldsymbol{\Phi}(t)=\dfrac{\mathrm{d}}{\mathrm{d}t}\mathrm{e}^{\boldsymbol{A}t}=\mathrm{e}^{\boldsymbol{A}t}\boldsymbol{A}=\boldsymbol{A}\mathrm{e}^{\boldsymbol{A}t}$；

⑦ 若 $\boldsymbol{AB}=\boldsymbol{BA}$，则 $\mathrm{e}^{(\boldsymbol{A}+\boldsymbol{B})t}=\mathrm{e}^{\boldsymbol{A}t}\mathrm{e}^{\boldsymbol{B}t}$，否则 $\mathrm{e}^{(\boldsymbol{A}+\boldsymbol{B})t}\neq\mathrm{e}^{\boldsymbol{A}t}\mathrm{e}^{\boldsymbol{B}t}$；

⑧ $\mathrm{e}^{\boldsymbol{A}t}=\mathscr{L}^{-1}[(s\boldsymbol{I}-\boldsymbol{A})^{-1}]$。

【例 8-2】 $\begin{bmatrix}\dot{x}_1\\ \dot{x}_2\end{bmatrix}=\begin{bmatrix}0 & 1\\ -2 & -3\end{bmatrix}\begin{bmatrix}x_1\\ x_2\end{bmatrix}$，求 $\boldsymbol{\Phi}(t)$和 $\boldsymbol{\Phi}^{-1}(t)$。

【解】

$$\boldsymbol{A}=\begin{bmatrix}0 & 1\\ -2 & -3\end{bmatrix},\quad s\boldsymbol{I}-\boldsymbol{A}=\begin{bmatrix}s & 0\\ 0 & s\end{bmatrix}-\begin{bmatrix}0 & 1\\ -2 & -3\end{bmatrix}=\begin{bmatrix}s & -1\\ 2 & s+3\end{bmatrix}$$

$$(s\boldsymbol{I}-\boldsymbol{A})^{-1}=\frac{1}{(s+1)(s+2)}\begin{bmatrix}s+3 & 1\\ -2 & s\end{bmatrix}=\begin{bmatrix}\dfrac{s+3}{(s+1)(s+2)} & \dfrac{1}{(s+1)(s+2)}\\ \dfrac{-2}{(s+1)(s+2)} & \dfrac{s}{(s+1)(s+2)}\end{bmatrix}$$

$$\boldsymbol{\Phi}(t)=\mathrm{e}^{\boldsymbol{A}t}=L^{-1}[(s\boldsymbol{I}-\boldsymbol{A})^{-1}]=\begin{bmatrix}2\mathrm{e}^{-t}-\mathrm{e}^{-2t} & \mathrm{e}^{-t}-\mathrm{e}^{-2t}\\ -2\mathrm{e}^{-t}+2\mathrm{e}^{-2t} & -\mathrm{e}^{-t}+2\mathrm{e}^{-2t}\end{bmatrix}$$

$$\boldsymbol{\Phi}^{-1}(t)=\boldsymbol{\Phi}(-t)=\begin{bmatrix}2\mathrm{e}^{t}-\mathrm{e}^{2t} & \mathrm{e}^{t}-\mathrm{e}^{2t}\\ -2\mathrm{e}^{t}+2\mathrm{e}^{2t} & -\mathrm{e}^{t}+2\mathrm{e}^{2t}\end{bmatrix}$$

(2) 非齐次解

将式(8.10)改写为

$$\dot{\boldsymbol{x}}-\boldsymbol{A}\boldsymbol{x}=\boldsymbol{B}\boldsymbol{u} \tag{8.18}$$

上式两边同乘以 $\mathrm{e}^{-\boldsymbol{A}t}$，可得

$$\mathrm{e}^{-\boldsymbol{A}t}(\dot{\boldsymbol{x}}-\boldsymbol{A}\boldsymbol{x})=\frac{\mathrm{d}}{\mathrm{d}t}(\mathrm{e}^{-\boldsymbol{A}t}\boldsymbol{x})=\mathrm{e}^{-\boldsymbol{A}t}\boldsymbol{B}\boldsymbol{u} \tag{8.19}$$

在 $0\sim t$ 之间对式(8.19)积分,可得

$$\mathrm{e}^{-\boldsymbol{A}t}\boldsymbol{x}(t)=\boldsymbol{x}(0)+\int_0^t \mathrm{e}^{-\boldsymbol{A}\tau}\boldsymbol{B}\boldsymbol{u}(\tau)\mathrm{d}\tau \tag{8.20}$$

即

$$\boldsymbol{x}(t)=\mathrm{e}^{\boldsymbol{A}t}\boldsymbol{x}(0)+\int_0^t \mathrm{e}^{\boldsymbol{A}(t-\tau)}\boldsymbol{B}\boldsymbol{u}(\tau)\mathrm{d}\tau=\boldsymbol{\Phi}(t)\boldsymbol{x}(0)+\int_0^t \boldsymbol{\Phi}(t-\tau)\boldsymbol{B}\boldsymbol{u}(\tau)\mathrm{d}\tau \tag{8.21}$$

式(8.21)即为式(8.10)的解,其中,第一项是对 $\boldsymbol{x}(0)$ 的响应,第二项是对非齐次项的响应。类似地,如果还有其它非齐次项,可以采用类似的方法求解。

4. 连续状态方程的离散化方法

在实际建模中,往往得到的是连续系统模型,而采用计算机计算时,有必要将其转换为离散模型,即连续模型的离散化。下面介绍基于连续状态方程的解,进行连续状态方程离散化的方法。

对式(8.10)所示的连续状态方程,按照式(8.21),其在 kT 和 $(k+1)T$ 时刻有

$$\begin{cases}\boldsymbol{x}(kT)=\mathrm{e}^{\boldsymbol{A}kT}\boldsymbol{x}(0)+\int_0^{kT}\mathrm{e}^{\boldsymbol{A}(kT-\tau)}\boldsymbol{B}\boldsymbol{u}(\tau)\mathrm{d}\tau\\ \boldsymbol{x}[(k+1)T]=\mathrm{e}^{\boldsymbol{A}(k+1)T}\boldsymbol{x}(0)+\int_0^{(k+1)T}\mathrm{e}^{\boldsymbol{A}[(k+1)T-\tau]}\boldsymbol{B}\boldsymbol{u}(\tau)\mathrm{d}\tau\end{cases} \tag{8.22}$$

如果 $\boldsymbol{u}(t)$ 为确定性控制向量,则可设 $kT\leqslant t<(k+1)T$ 时,$\boldsymbol{u}(t)=\boldsymbol{u}(kT)$,有

$$\begin{aligned}\boldsymbol{x}_{k+1}&=\boldsymbol{x}[(k+1)T]=\mathrm{e}^{\boldsymbol{A}T}\boldsymbol{x}(kT)+\mathrm{e}^{\boldsymbol{A}(k+1)T}\int_{kT}^{(k+1)T}\mathrm{e}^{-\boldsymbol{A}\tau}\boldsymbol{B}\boldsymbol{u}(\tau)\mathrm{d}\tau\\ &=\mathrm{e}^{\boldsymbol{A}T}\boldsymbol{x}(kT)+\int_0^T\mathrm{e}^{\boldsymbol{A}\tau}\boldsymbol{B}\boldsymbol{u}[(k+1)T-\tau]\mathrm{d}\tau\\ &=\mathrm{e}^{\boldsymbol{A}T}\boldsymbol{x}(kT)+\int_0^T\mathrm{e}^{\boldsymbol{A}\tau}\mathrm{d}\tau\boldsymbol{B}\boldsymbol{u}(kT)\\ &=\boldsymbol{\Phi}_k\boldsymbol{x}(kT)+\boldsymbol{\Gamma}_k\boldsymbol{u}(kT)=\boldsymbol{\Phi}_k\boldsymbol{x}_k+\boldsymbol{\Gamma}_k\boldsymbol{u}_k\end{aligned} \tag{8.23}$$

其中,

$$\begin{cases}\boldsymbol{\Phi}_k=\mathrm{e}^{\boldsymbol{A}T}\\ \boldsymbol{\Gamma}_k=\int_0^T\mathrm{e}^{\boldsymbol{A}\tau}\boldsymbol{B}\mathrm{d}\tau=\int_0^T\mathrm{e}^{\boldsymbol{A}\tau}\mathrm{d}\tau\boldsymbol{B}\end{cases} \tag{8.24}$$

如果 $\boldsymbol{u}(t)$ 是白噪声,则不能按照上面的方法进行处理,因为白噪声是不可预测的,不能认为其在积分区间内是固定值。实际上,对于随机噪声来说,其具体的样本实现并不重要,我们真正关心的是其统计量,即一、二阶矩,计算如下:

令

$$\boldsymbol{\Gamma}_k\boldsymbol{u}_k=\int_{t_k}^{t_{k+1}}\boldsymbol{\Phi}(t_{k+1},\tau)\boldsymbol{B}(\tau)\boldsymbol{u}(\tau)\mathrm{d}\tau \tag{8.25}$$

式中,$\boldsymbol{u}(t)$ 为零期望白噪声,即 $\mathrm{E}[\boldsymbol{u}(t)]=\boldsymbol{0}$,$\mathrm{E}[\boldsymbol{u}(t)\boldsymbol{u}^{\mathrm{T}}(\tau)]=\boldsymbol{Q}(t)\delta(t-\tau)$;$\boldsymbol{Q}(t)$ 为其功率谱密度。那么,离散化后的白噪声 $\boldsymbol{\Gamma}_k\boldsymbol{u}_k$ 的期望和协方差矩阵可计算为

$$\begin{aligned}\mathrm{E}(\boldsymbol{\Gamma}_k\boldsymbol{u}_k)&=\mathrm{E}\left[\int_{t_k}^{t_{k+1}}\boldsymbol{\Phi}(t_{k+1},\tau)\boldsymbol{B}(\tau)\boldsymbol{u}(\tau)\mathrm{d}\tau\right]\\ &=\int_{t_k}^{t_{k+1}}\boldsymbol{\Phi}(t_{k+1},\tau)\boldsymbol{B}(\tau)\mathrm{E}[\boldsymbol{u}(\tau)]\mathrm{d}\tau=\boldsymbol{0}\end{aligned} \tag{8.26}$$

$$
\begin{aligned}
\boldsymbol{\Gamma}_k\boldsymbol{Q}_k\boldsymbol{\Gamma}_k^{\mathrm{T}} &= \mathrm{E}[(\boldsymbol{\Gamma}_k\boldsymbol{u}_k)(\boldsymbol{\Gamma}_k\boldsymbol{u}_k)^{\mathrm{T}}] \\
&= \mathrm{E}\left[\int_{t_k}^{t_{k+1}}\int_{t_k}^{t_{k+1}}\boldsymbol{\Phi}(t_{k+1},\tau)\boldsymbol{B}(\tau)\boldsymbol{u}(\tau)\boldsymbol{u}^{\mathrm{T}}(\alpha)\boldsymbol{B}^{\mathrm{T}}(\alpha)\boldsymbol{\Phi}^{\mathrm{T}}(t_{k+1},\alpha)\mathrm{d}\tau\mathrm{d}\alpha\right] \\
&= \int_{t_k}^{t_{k+1}}\int_{t_k}^{t_{k+1}}\boldsymbol{\Phi}(t_{k+1},\tau)\boldsymbol{B}(\tau)\mathrm{E}[\boldsymbol{u}(\tau)\boldsymbol{u}^{\mathrm{T}}(\alpha)]\boldsymbol{B}^{\mathrm{T}}(\alpha)\boldsymbol{\Phi}^{\mathrm{T}}(t_{k+1},\alpha)\mathrm{d}\tau\mathrm{d}\alpha \\
&= \int_{t_k}^{t_{k+1}}\int_{t_k}^{t_{k+1}}\boldsymbol{\Phi}(t_{k+1},\tau)\boldsymbol{B}(\tau)\boldsymbol{Q}(\tau)\delta(\tau-\alpha)\boldsymbol{B}^{\mathrm{T}}(\alpha)\boldsymbol{\Phi}^{\mathrm{T}}(t_{k+1},\alpha)\mathrm{d}\tau\mathrm{d}\alpha \\
&= \int_{t_k}^{t_{k+1}}\boldsymbol{\Phi}(t_{k+1},\tau)\boldsymbol{B}(\tau)\boldsymbol{Q}(\tau)\boldsymbol{B}^{\mathrm{T}}(\tau)\boldsymbol{\Phi}^{\mathrm{T}}(t_{k+1},\tau)\mathrm{d}\tau \qquad (8.27)
\end{aligned}
$$

在得到离散白噪声的期望和协方差矩阵后，就完成有白噪声输入的连续状态方程的离散化。

为了区别，在下文中，用 $\boldsymbol{w}(t)$ 和 $\boldsymbol{w}_k$ 分别表示连续和离散的白噪声向量，用 $\boldsymbol{u}(t)$ 和 $\boldsymbol{u}_k$ 分别表示连续和离散的确定性控制向量。

【例 8-3】 设一系统的微分方程为 $\dot{x}(t)=\beta x(t)+Kw(t)$，其中，$\beta$ 和 K 是常数，$w(t)$ 为功率谱密度为 q 的零期望白噪声。试将其离散化。

【解】 设采样周期为 Δt，离散化后的方程为

$$
x[(k+1)\Delta t] = \mathrm{e}^{\beta\Delta t}x(k\Delta t) + K\int_{k\Delta t}^{(k+1)\Delta t}\mathrm{e}^{\beta[(k+1)\Delta t-\tau]}w(\tau)\mathrm{d}\tau = \Phi_k x(k\Delta t) + w_k
$$

式中，

$$
\mathrm{E}(w_k) = \mathrm{E}\left[K\int_{k\Delta t}^{(k+1)\Delta t}\mathrm{e}^{\beta[(k+1)\Delta t-\tau]}w(\tau)\mathrm{d}\tau\right] = K\int_{k\Delta t}^{(k+1)\Delta t}\mathrm{e}^{\beta[(k+1)\Delta t-\tau]}\mathrm{E}[w(\tau)]\mathrm{d}\tau = 0
$$

$$
\begin{aligned}
q_k = \mathrm{E}(w_k^2) &= K^2\mathrm{E}\left[\int_{k\Delta t}^{(k+1)\Delta t}\int_{k\Delta t}^{(k+1)\Delta t}\mathrm{e}^{\beta[2(k+1)\Delta t-\tau-\alpha]}w(\tau)w(\alpha)\mathrm{d}\tau\mathrm{d}\alpha\right] \\
&= K^2\int_{k\Delta t}^{(k+1)\Delta t}\int_{k\Delta t}^{(k+1)\Delta t}\mathrm{e}^{\beta[2(k+1)\Delta t-\tau-\alpha]}\mathrm{E}[w(\tau)w(\alpha)]\mathrm{d}\tau\mathrm{d}\alpha \\
&= K^2\int_{k\Delta t}^{(k+1)\Delta t}\int_{k\Delta t}^{(k+1)\Delta t}\mathrm{e}^{\beta[2(k+1)\Delta t-\tau-\alpha]}q\delta(\tau-\alpha)\mathrm{d}\tau\mathrm{d}\alpha \\
&= qK^2\int_{k\Delta t}^{(k+1)\Delta t}\mathrm{e}^{2\beta[(k+1)\Delta t-\tau]}\mathrm{d}\tau = -\frac{qK^2}{2\beta}(1-\mathrm{e}^{2\beta\Delta t})
\end{aligned}
$$

相应的 MATLAB 程序如下：

```
clear; close all;clc;
beta = -1; K = 2; q = 0.5;delta_t = 0.1; N = 1000;
w_unit = randn(1,N);
q_k = sqrt(-q * K^2/2/beta * (1 - exp(2 * beta * delta_t)));
w_k = q_k * w_unit;
phi_k = exp(beta * delta_t); x(1) = 0;
for i = 2:N
    x(i) = phi_k * x(i-1) + w_k(i-1);
end
t = (1:N) * delta_t;
plot(t,x');
xlabel('\it\fontname{Times New Roman}t\rm(s)');
ylabel('\it\fontname{Times New Roman}x\rm(\itt\rm)');
set(gca,'FontName','Times New Roman','FontSize',14);
```

运行结果如图 8-4 所示，其中，$-\beta$ 和 Δt 分别取值 1 Hz 和 0.1 s，K 为 0.5，q 为 0.1，初始状态为 1。图 8-4 展示了 100 s 内状态的一个时间序列。需要注意的是，由于驱动白噪声每次发生时都是不一样的，因此，该时间序列只是该状态的一个时间样本，每次发生时都会有变化。

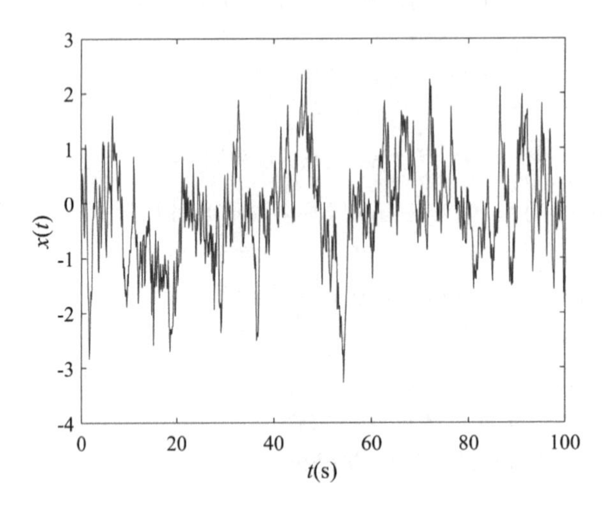

图 8-4 时间序列输出图

8.2.3 状态预测

1. 状态预测方法

设离散系统的状态方程为

$$\boldsymbol{x}_{k+1}=\boldsymbol{\Phi}_k\boldsymbol{x}_k+\boldsymbol{\Gamma}_k\boldsymbol{w}_k \tag{8.28}$$

式中，$\boldsymbol{w}_k$ 为零期望白噪声。设 k 时刻的状态估计为$\hat{\boldsymbol{x}}_k$，由于白噪声是不可预测的，因此，$k+1$ 时刻的状态估计为

$$\hat{\boldsymbol{x}}_{k+1}=\boldsymbol{\Phi}_k\hat{\boldsymbol{x}}_k \tag{8.29}$$

式(8.29)就是基于时间相关的状态方程，通过状态预测得到的状态估计结果，显然，由于没有估计白噪声，状态估计结果存在误差。下面分别从期望和协方差矩阵角度分析状态预测的误差。

2. 误差分析

(1) 无偏保持性

设 k 时刻的估计偏差为 $\tilde{\boldsymbol{x}}_k=\hat{\boldsymbol{x}}_k-\boldsymbol{x}_k$，如果 k 时刻的状态估计是无偏的，即 $\mathrm{E}(\tilde{\boldsymbol{x}}_k)=\boldsymbol{0}$，那么有

$$\mathrm{E}(\tilde{\boldsymbol{x}}_{k+1})=\boldsymbol{\Phi}_k\mathrm{E}(\tilde{\boldsymbol{x}}_k)-\boldsymbol{\Gamma}_k\mathrm{E}(\boldsymbol{w}_k)=\boldsymbol{0} \tag{8.30}$$

因此，在 $\boldsymbol{w}_k$ 为零期望的条件下，状态预测具有无偏保持性，即从期望意义上看，状态预测是精确的。

(2) 估计偏差协方差矩阵

设 k 时刻的状态估计偏差的协方差为

$$\boldsymbol{P}_k=\mathrm{E}(\tilde{\boldsymbol{x}}_k\tilde{\boldsymbol{x}}_k^{\mathrm{T}}) \tag{8.31}$$

那么,在 $k+1$ 时刻,有

$$\begin{aligned}\tilde{\boldsymbol{x}}_{k+1}\tilde{\boldsymbol{x}}_{k+1}^{\mathrm{T}} &= (\boldsymbol{\Phi}_k\tilde{\boldsymbol{x}}_k-\boldsymbol{\Gamma}_k\boldsymbol{w}_k)(\boldsymbol{\Phi}_k\tilde{\boldsymbol{x}}_k-\boldsymbol{\Gamma}_k\boldsymbol{w}_k)^{\mathrm{T}} \\ &= \boldsymbol{\Phi}_k\tilde{\boldsymbol{x}}_k\tilde{\boldsymbol{x}}_k^{\mathrm{T}}\boldsymbol{\Phi}_k^{\mathrm{T}}-\boldsymbol{\Phi}_k\tilde{\boldsymbol{x}}_k\boldsymbol{w}_k^{\mathrm{T}}\boldsymbol{\Gamma}_k^{\mathrm{T}}-\boldsymbol{\Gamma}_k\boldsymbol{w}_k\tilde{\boldsymbol{x}}_k^{\mathrm{T}}\boldsymbol{\Phi}_k^{\mathrm{T}}+\boldsymbol{\Gamma}_k\boldsymbol{w}_k\boldsymbol{w}_k^{\mathrm{T}}\boldsymbol{\Gamma}_k^{\mathrm{T}}\end{aligned} \tag{8.32}$$

由于 $\tilde{\boldsymbol{x}}_k$ 与白噪声 $\boldsymbol{w}_k$ 不相关,因此有

$$\boldsymbol{P}_{k+1}=\mathrm{E}(\tilde{\boldsymbol{x}}_{k+1}\tilde{\boldsymbol{x}}_{k+1}^{\mathrm{T}})=\boldsymbol{\Phi}_k\boldsymbol{P}_k\boldsymbol{\Phi}_k^{\mathrm{T}}+\boldsymbol{\Gamma}_k\boldsymbol{Q}_k\boldsymbol{\Gamma}_k^{\mathrm{T}} \tag{8.33}$$

考虑到状态噪声的非负定特点,由式(8.33)可知,随着状态预测的进行,状态估计偏差协方差是非减的,在实际中通常是递增的。因此,从状态估计偏差协方差矩阵角度看,只基于状态方程进行状态预测,通常是不可持续的,不宜长时间独立进行,否则会导致状态估计结果与真值的偏差波动范围越来越大。

既然基于状态方程的状态预测是不可持续的,那么有必要通过其它手段,提高状态估计精度,以保证状态估计的长时间精度。因此,下面介绍基于状态测量的状态滤波方法。

8.3 状态滤波

8.3.1 量测建模

设需要估计的状态向量为 $\boldsymbol{x}$,基于传感器的测量向量为 $\boldsymbol{z}$,且二者之间有如下关系:

$$\boldsymbol{z}=\boldsymbol{H}\boldsymbol{x}+\boldsymbol{v} \tag{8.34}$$

式中,$\boldsymbol{H}$ 为量测矩阵;$\boldsymbol{v}$ 为量测噪声向量,通常为零期望白噪声。式(8.34)就是量测模型,显然,基于量测模型也可以对状态进行估计,即状态滤波。

按照最优准则的不同,状态估计主要分为如下三类。

① 最小二乘(LS)估计:旨在最小化估计偏差的平方和。LS 估计具有宽松的适用条件,只需要构建测量模型即可,无需对测量噪声进行详细建模,对状态分布是否为随机过程等条件要求较低,因此使用方便。然而,其估计精度通常不高。传统 LS 估计为批处理算法,不太适合在计算机上实现,于是有学者基于此发展了递推 LS 估计算法。

② 最小方差估计:与 LS 估计相比,该方法利用了状态和测量量的概率分布密度函数,有望获得更高的估计精度。然而,在实际应用中,若无法获取状态和测量量的概率分布密度函数,该估计方法难以有效利用。

③ 条件概率分布密度函数最大的估计方法:如果该估计方法是对验前概率分布密度函数求极值,对状态进行估计,则称其为极大似然估计;如果该估计方法是对验后概率分布密度函数求极值,对状态进行估计,则称其为极大验后估计。与最小方差估计类似,这些方法要求已知条件概率分布密度函数,因此应用范围受限。

下面介绍一下这三种状态滤波方法。

8.3.2 最小二乘估计

1. 最小二乘算法

在第二章已经通过例题推导了 LS 算法,这里直接给出估计结果,在完成如式(8.34)所示的量测模型建立之后,LS 的估计结果为

$$\hat{\boldsymbol{x}}=(\boldsymbol{H}^{\mathrm{T}}\boldsymbol{H})^{-1}\boldsymbol{H}^{\mathrm{T}}\boldsymbol{z} \tag{8.35}$$

接下来我们对估计结果的性能进行分析。首先,分析LS估计的无偏性,有

$$\begin{aligned}\mathrm{E}(\tilde{\boldsymbol{x}})&=\mathrm{E}(\boldsymbol{x}-\hat{\boldsymbol{x}})=\mathrm{E}[\boldsymbol{x}-(\boldsymbol{H}^{\mathrm{T}}\boldsymbol{H})^{-1}\boldsymbol{H}^{\mathrm{T}}\boldsymbol{z}]\\&=\mathrm{E}[(\boldsymbol{H}^{\mathrm{T}}\boldsymbol{H})^{-1}\boldsymbol{H}^{\mathrm{T}}(\boldsymbol{H}\boldsymbol{x}-\boldsymbol{z})]\\&=\mathrm{E}[-(\boldsymbol{H}^{\mathrm{T}}\boldsymbol{H})^{-1}\boldsymbol{H}^{\mathrm{T}}\boldsymbol{v}]=\boldsymbol{0}\end{aligned} \tag{8.36}$$

即如果量测噪声是零期望的,则LS估计是无偏的。下面再确定其误差传播方程,有

$$\begin{aligned}\boldsymbol{P}&=\mathrm{E}(\tilde{\boldsymbol{x}}\tilde{\boldsymbol{x}}^{\mathrm{T}})=\mathrm{E}[(\boldsymbol{H}^{\mathrm{T}}\boldsymbol{H})^{-1}\boldsymbol{H}^{\mathrm{T}}\boldsymbol{v}\boldsymbol{v}^{\mathrm{T}}\boldsymbol{H}(\boldsymbol{H}^{\mathrm{T}}\boldsymbol{H})^{-1}]\\&=(\boldsymbol{H}^{\mathrm{T}}\boldsymbol{H})^{-1}\boldsymbol{H}^{\mathrm{T}}\mathrm{E}(\boldsymbol{v}\boldsymbol{v}^{\mathrm{T}})\boldsymbol{H}(\boldsymbol{H}^{\mathrm{T}}\boldsymbol{H})^{-1}\\&=(\boldsymbol{H}^{\mathrm{T}}\boldsymbol{H})^{-1}\boldsymbol{H}^{\mathrm{T}}\boldsymbol{R}\boldsymbol{H}(\boldsymbol{H}^{\mathrm{T}}\boldsymbol{H})^{-1}\delta(t-\tau)\end{aligned} \tag{8.37}$$

式中,$\mathrm{E}[\boldsymbol{v}(t)\boldsymbol{v}^{\mathrm{T}}(\tau)]=\boldsymbol{R}\delta(t-\tau)$。

【例8-4】 用一台仪器对未知确定性标量 x 作 r 次直接测量,量测值分别为 $z_i(i=1,2,\cdots,r)$,测量误差的均值为零,协方差矩阵为 $R\boldsymbol{I}$。试求 x 的LS估计,并计算估计的均方误差。

【解】 由题意,r 次直接测量的量测方程为

$$\boldsymbol{z}=\boldsymbol{H}x+\boldsymbol{v} \tag{8.38}$$

式中:$\boldsymbol{z}=[z_1\quad z_2\quad\cdots\quad z_r]^{\mathrm{T}}$;$\boldsymbol{H}=[1\quad 1\quad\cdots\quad 1]^{\mathrm{T}}$;$\mathrm{E}(\boldsymbol{v}\boldsymbol{v}^{\mathrm{T}})=R\boldsymbol{I}$。由式(8.35)有

$$\hat{x}=\frac{1}{r}\sum_{i=1}^{r}z_i \tag{8.39}$$

由式(8.37),估计的均方误差为

$$\mathrm{E}(\tilde{\boldsymbol{x}}^2)=\frac{R}{r} \tag{8.40}$$

由式(8.40)可知,当用 r 次同等精度的测量结果进行LS估计时,其估计结果的精度是单次测量结果的 $1/r$,即估计精度比单次测量精度高。

同时也可以看出,LS估计实际上是对多次测量的结果取平均,显然,这种估计只适用于同等精度的测量,如果测量精度相差较大,估计结果不一定合理。下面通过另一个例子予以说明。

【例8-5】 分别用GNSS和雷达测速仪对速度 $\boldsymbol{x}$ 进行测量,量测量分别为 z_1 和 z_2,仪器测量误差为零均值,方差为 r 和 $5r$ 的白噪声,并且两个测量噪声之间独立。给出速度 $\boldsymbol{x}$ 的最小二乘估计表达式,并计算估计值的均方误差。

【解】 由题干得到量测方程为

$$z=\begin{bmatrix}z_1\\z_2\end{bmatrix}=\begin{bmatrix}1\\1\end{bmatrix}x+\begin{bmatrix}v_1\\v_2\end{bmatrix} \tag{8.41}$$

式中,量测噪声协方差矩阵 $\boldsymbol{R}=\mathrm{E}\left(\begin{bmatrix}v_1^2 & v_1v_2\\v_2v_1 & v_2^2\end{bmatrix}\right)=\begin{bmatrix}r & 0\\0 & 5r\end{bmatrix}$。根据式(8.35)可以得到LS估计的表达式为

$$\hat{x}=(\boldsymbol{H}^{\mathrm{T}}\boldsymbol{H})^{-1}\boldsymbol{H}^{\mathrm{T}}\boldsymbol{z}=\begin{bmatrix}\frac{1}{2} & \frac{1}{2}\end{bmatrix}\begin{bmatrix}z_1\\z_2\end{bmatrix}=\frac{1}{2}z_1+\frac{1}{2}z_2 \tag{8.42}$$

根据式(8.37)估计值 $\hat{x}$ 的均方误差为

$$\mathrm{E}[(\boldsymbol{x}-\hat{\boldsymbol{x}})(\boldsymbol{x}-\hat{\boldsymbol{x}})^{\mathrm{T}}]=\frac{1}{2}\times[1 \quad 1]\begin{bmatrix} r & 0 \\ 0 & 5r \end{bmatrix}\begin{bmatrix} 1 \\ 1 \end{bmatrix}\times\frac{1}{2}=\frac{3}{2}r>r \tag{8.43}$$

由式(8.43)可知，虽然测量仪器的数量增加了，但是LS估计值的方差比GNSS的更大，即基于两个传感器的测量结果进行LS估计，估计精度低于其中精度较高传感器的输出。这样就失去了进行多传感器组合的必要性。之所以出现这种情况，是因为传感器的测量精度不同，而LS估计是以同等精度为默认条件的，即此时不宜使用LS估计算法。更为合理的思路是：按照传感器的测量精度分配不同的权重，即精度高的分配更大的权重，精度低的分配较小的权重。由此，可以构建加权最小二乘估计算法。

2. 加权最小二乘算法

设加权矩阵为$\boldsymbol{W}$，加权最小二乘算法的目标函数为

$$J=(\boldsymbol{z}-\boldsymbol{H}\hat{\boldsymbol{x}})^{\mathrm{T}}\boldsymbol{W}(\boldsymbol{z}-\boldsymbol{H}\hat{\boldsymbol{x}}) \tag{8.44}$$

令其关于$\hat{\boldsymbol{x}}$的一阶偏导为零，得

$$-\boldsymbol{H}^{\mathrm{T}}(\boldsymbol{W}+\boldsymbol{W}^{\mathrm{T}})\boldsymbol{z}+\boldsymbol{H}^{\mathrm{T}}(\boldsymbol{W}+\boldsymbol{W}^{\mathrm{T}})\boldsymbol{H}\hat{\boldsymbol{x}}=0 \tag{8.45}$$

令$\boldsymbol{W}$为对称矩阵，且$(\boldsymbol{H}^{\mathrm{T}}\boldsymbol{W}\boldsymbol{H})$可逆，则有

$$\hat{\boldsymbol{x}}=(\boldsymbol{H}^{\mathrm{T}}\boldsymbol{W}\boldsymbol{H})^{-1}\boldsymbol{H}^{\mathrm{T}}\boldsymbol{W}\boldsymbol{z} \tag{8.46}$$

式(8.46)即为WLS估计算法公式。类似地，也可以分析WLS估计算法的无偏性和估计偏差协方差矩阵，下面先分析其无偏性：

$$\mathrm{E}(\tilde{\boldsymbol{x}})=\mathrm{E}(\hat{\boldsymbol{x}}-\boldsymbol{x})=\mathrm{E}[(\boldsymbol{H}^{\mathrm{T}}\boldsymbol{W}\boldsymbol{H})^{-1}\boldsymbol{H}^{\mathrm{T}}\boldsymbol{W}\boldsymbol{z}-\boldsymbol{x}]=\mathrm{E}[(\boldsymbol{H}^{\mathrm{T}}\boldsymbol{W}\boldsymbol{H})^{-1}\boldsymbol{H}^{\mathrm{T}}\boldsymbol{W}\boldsymbol{v}]=\boldsymbol{0} \tag{8.47}$$

由上式可知，WLS估计算法也是无偏的。下面再分析其估计偏差协方差：

$$\begin{aligned}\mathrm{E}(\tilde{\boldsymbol{x}}\tilde{\boldsymbol{x}}^{\mathrm{T}})&=(\boldsymbol{H}^{\mathrm{T}}\boldsymbol{W}\boldsymbol{H})^{-1}\boldsymbol{H}^{\mathrm{T}}\boldsymbol{W}\mathrm{E}[\boldsymbol{v}\boldsymbol{v}^{\mathrm{T}}]\boldsymbol{W}\boldsymbol{H}(\boldsymbol{H}^{\mathrm{T}}\boldsymbol{W}\boldsymbol{H})^{-1}\\&=(\boldsymbol{H}^{\mathrm{T}}\boldsymbol{W}\boldsymbol{H})^{-1}\boldsymbol{H}^{\mathrm{T}}\boldsymbol{W}\boldsymbol{R}\boldsymbol{W}\boldsymbol{H}(\boldsymbol{H}^{\mathrm{T}}\boldsymbol{W}\boldsymbol{H})^{-1}\delta(t-\tau)\end{aligned} \tag{8.48}$$

由于$\boldsymbol{R}$通常是正定的，因此其可表示为

$$\boldsymbol{R}=\boldsymbol{T}^{\mathrm{T}}\boldsymbol{T} \tag{8.49}$$

式中，$\boldsymbol{T}$为可逆矩阵。将式(8.49)代入式(8.48)得

$$\mathrm{E}(\tilde{\boldsymbol{x}}\tilde{\boldsymbol{x}}^{\mathrm{T}})=[\boldsymbol{T}\boldsymbol{W}\boldsymbol{H}(\boldsymbol{H}^{\mathrm{T}}\boldsymbol{W}\boldsymbol{H})^{-1}]^{\mathrm{T}}[\boldsymbol{T}\boldsymbol{W}\boldsymbol{H}(\boldsymbol{H}^{\mathrm{T}}\boldsymbol{W}\boldsymbol{H})^{-1}]\delta(t-\tau) \tag{8.50}$$

令

$$\begin{cases}\boldsymbol{A}=\boldsymbol{H}^{\mathrm{T}}\boldsymbol{T}^{-1}\\\boldsymbol{B}=\boldsymbol{T}\boldsymbol{W}\boldsymbol{H}(\boldsymbol{H}^{\mathrm{T}}\boldsymbol{W}\boldsymbol{H})^{-1}\end{cases} \tag{8.51}$$

由Schwarz不等式，有

$$\boldsymbol{B}^{\mathrm{T}}\boldsymbol{B}\geqslant(\boldsymbol{A}\boldsymbol{B})^{\mathrm{T}}(\boldsymbol{A}\boldsymbol{A}^{\mathrm{T}})^{-1}(\boldsymbol{A}\boldsymbol{B})=(\boldsymbol{H}^{\mathrm{T}}\boldsymbol{R}^{-1}\boldsymbol{H})^{-1} \tag{8.52}$$

式中，不等号表示的是正定或非负定，即不等式的左边减去右边之后，矩阵是正定或非负定。显然，由式(8.52)可知，当$\boldsymbol{W}=\boldsymbol{R}^{-1}$时，WLS估计算法的估计偏差协方差是最小的，因此，此时的WLS估计算法实际上是线性无偏最小方差估计，又称为Markov估计算法。不过，如果未对测量噪声进行精确建模，即$\boldsymbol{R}$未知，则WLS估计算法不再满足最小方差的性质，只是保留了线性无偏的性质。

【例8-6】 在例8-5的基础上，采用加权最小二乘估计，给出估计的表达式，并求估计的

均方误差。

【解】 取加权矩阵为

$$\boldsymbol{W}=\boldsymbol{R}^{-1}=\begin{bmatrix}\dfrac{1}{r} & 0\\ 0 & \dfrac{1}{5r}\end{bmatrix} \tag{8.53}$$

WLS 估计结果为

$$\hat{x}=(\boldsymbol{H}^{\mathrm{T}}\boldsymbol{W}\boldsymbol{H})^{-1}\boldsymbol{H}^{\mathrm{T}}\boldsymbol{W}\boldsymbol{z}=\frac{5}{6}z_1+\frac{1}{6}z_2 \tag{8.54}$$

估计的均方误差为

$$\mathrm{E}[(\boldsymbol{x}-\hat{\boldsymbol{x}})(\boldsymbol{x}-\hat{\boldsymbol{x}})^{\mathrm{T}}]=(\boldsymbol{H}^{\mathrm{T}}\boldsymbol{R}^{-1}\boldsymbol{H})^{-1}=\frac{5}{6}r<r \tag{8.55}$$

从式(8.54)可以看出，精度更高的 z_1 权重为 5/6，精度更低的 z_2 权重为 1/6，最终得到估计的均方误差小于 z_1，说明 WLS 精度高于两个仪器单独测量的结果。

不过，LS 算法和 WLS 算法均为批处理算法，也就是累积了一批测量数据，每估计一次，在进行下一次估计时，都会使用之前的测量数据。这带来的问题包括：

① 随着估计的进行，测量数据越来越多，占用的计算存储空间越来越多，而且不能释放；

② 随着估计的进行，需要处理的测量数据越来越多，导致计算量越来越大，在计算能力固定时，计算实时性会持续下降。

因此，有必要对现有的 LS 估计算法进行改进，最好采用递推形式，即当前估计只与当前测量结果(或少数最新测量结果)和上一时刻的估计结果有关。下面介绍 RWLS 算法。

3. 递推最小二乘算法

设测量值为 $\boldsymbol{z}_i(i=1,2,\cdots,k,\cdots)$，如果 k 时刻的估计结果已知为 $\hat{\boldsymbol{x}}_k$，那么，在获得 $\boldsymbol{z}_{k+1}$ 之后，通过对 $\hat{\boldsymbol{x}}_k$ 和 $\boldsymbol{z}_{k+1}$ 进行加权，得到 $\hat{\boldsymbol{x}}_{k+1}$，这种估计过程就是递推。从形式上看，$\hat{\boldsymbol{x}}_{k+1}$ 只与 $\hat{\boldsymbol{x}}_k$ 和 $\boldsymbol{z}_{k+1}$ 有关，之前时刻的信息都压缩在 $\hat{\boldsymbol{x}}_k$ 中，无需额外存储，便于计算机运行。下面针对 WLS 算法，给出其递推形式，即 RWLS 算法。

对于第 i 次测量，有

$$\boldsymbol{z}_i=\boldsymbol{H}_i\boldsymbol{x}+\boldsymbol{v}_i \tag{8.56}$$

令

$$\begin{cases}\bar{\boldsymbol{z}}_k=[\boldsymbol{z}_1^{\mathrm{T}} \quad \boldsymbol{z}_2^{\mathrm{T}} \quad \cdots \quad \boldsymbol{z}_k^{\mathrm{T}}]^{\mathrm{T}}\\ \overline{\boldsymbol{H}}_k=[\boldsymbol{H}_1^{\mathrm{T}} \quad \boldsymbol{H}_2^{\mathrm{T}} \quad \cdots \quad \boldsymbol{H}_k^{\mathrm{T}}]^{\mathrm{T}}\\ \bar{\boldsymbol{v}}_k=[\boldsymbol{v}_1^{\mathrm{T}} \quad \boldsymbol{v}_2^{\mathrm{T}} \quad \cdots \quad \boldsymbol{v}_k^{\mathrm{T}}]^{\mathrm{T}}\end{cases} \tag{8.57}$$

则有

$$\bar{\boldsymbol{z}}_k=\overline{\boldsymbol{H}}_k\boldsymbol{x}+\bar{\boldsymbol{v}}_k \tag{8.58}$$

由式(8.46)可知

$$\hat{\boldsymbol{x}}_k=(\overline{\boldsymbol{H}}_k^{\mathrm{T}}\overline{\boldsymbol{W}}_k\overline{\boldsymbol{H}}_k)^{-1}\overline{\boldsymbol{H}}_k^{\mathrm{T}}\overline{\boldsymbol{W}}_k\,\bar{\boldsymbol{z}}_k=\boldsymbol{P}_k\overline{\boldsymbol{H}}_k^{\mathrm{T}}\overline{\boldsymbol{W}}_k\,\bar{\boldsymbol{z}}_k \tag{8.59}$$

式中

$$\overline{\boldsymbol{W}}_k = \begin{bmatrix} \boldsymbol{W}_1 & \boldsymbol{0} & \cdots & \boldsymbol{0} \\ \boldsymbol{0} & \boldsymbol{W}_2 & \cdots & \boldsymbol{0} \\ \vdots & \vdots & & \vdots \\ \boldsymbol{0} & \boldsymbol{0} & \cdots & \boldsymbol{W}_k \end{bmatrix} \tag{8.60}$$

$$\boldsymbol{P}_k = (\overline{\boldsymbol{H}}_k^{\mathrm{T}} \overline{\boldsymbol{W}}_k \overline{\boldsymbol{H}}_k) \tag{8.61}$$

同理，有

$$\begin{cases} \overline{\boldsymbol{z}}_{k+1} = \overline{\boldsymbol{H}}_{k+1} \boldsymbol{x} + \overline{\boldsymbol{v}}_{k+1} \\ \overline{\boldsymbol{z}}_{k+1} = [\overline{\boldsymbol{z}}_k^{\mathrm{T}} \quad \boldsymbol{z}_{k+1}^{\mathrm{T}}]^{\mathrm{T}} \\ \overline{\boldsymbol{H}}_{k+1} = [\overline{\boldsymbol{H}}_k^{\mathrm{T}} \quad \boldsymbol{H}_{k+1}^{\mathrm{T}}]^{\mathrm{T}} \\ \overline{\boldsymbol{v}}_{k+1} = [\overline{\boldsymbol{v}}_k^{\mathrm{T}} \quad \boldsymbol{v}_{k+1}^{\mathrm{T}}]^{\mathrm{T}} \end{cases} \tag{8.62}$$

$$\hat{\boldsymbol{x}}_{k+1} = (\overline{\boldsymbol{H}}_{k+1}^{\mathrm{T}} \overline{\boldsymbol{W}}_{k+1} \overline{\boldsymbol{H}}_{k+1})^{-1} \overline{\boldsymbol{H}}_{k+1}^{\mathrm{T}} \overline{\boldsymbol{W}}_{k+1} \overline{\boldsymbol{z}}_{k+1} = \boldsymbol{P}_{k+1} \overline{\boldsymbol{H}}_{k+1}^{\mathrm{T}} \overline{\boldsymbol{W}}_{k+1} \overline{\boldsymbol{z}}_{k+1} \tag{8.63}$$

式中

$$\boldsymbol{P}_{k+1} = (\overline{\boldsymbol{H}}_{k+1}^{\mathrm{T}} \overline{\boldsymbol{W}}_{k+1} \overline{\boldsymbol{H}}_{k+1})^{-1} \tag{8.64}$$

对式(8.63)进行如下处理：

$$\begin{aligned} \hat{\boldsymbol{x}}_{k+1} &= \boldsymbol{P}_{k+1} \overline{\boldsymbol{H}}_{k+1}^{\mathrm{T}} \overline{\boldsymbol{W}}_{k+1} \overline{\boldsymbol{z}}_{k+1} \\ &= \boldsymbol{P}_{k+1} [\overline{\boldsymbol{H}}_k^{\mathrm{T}} \quad \boldsymbol{H}_{k+1}^{\mathrm{T}}] \begin{bmatrix} \overline{\boldsymbol{W}}_{k+1} & \boldsymbol{0} \\ \boldsymbol{0} & \boldsymbol{W}_{k+1} \end{bmatrix} \begin{bmatrix} \overline{\boldsymbol{z}}_k \\ \boldsymbol{z}_{k+1} \end{bmatrix} \\ &= \boldsymbol{P}_{k+1} \overline{\boldsymbol{H}}_k^{\mathrm{T}} \overline{\boldsymbol{W}}_k \overline{\boldsymbol{z}}_k + \boldsymbol{P}_{k+1} \boldsymbol{H}_{k+1}^{\mathrm{T}} \boldsymbol{W}_{k+1} \boldsymbol{z}_{k+1} \end{aligned} \tag{8.65}$$

由式(8.64)有

$$\begin{aligned} \boldsymbol{P}_{k+1} &= (\overline{\boldsymbol{H}}_{k+1}^{\mathrm{T}} \overline{\boldsymbol{W}}_{k+1} \overline{\boldsymbol{H}}_{k+1})^{-1} \\ &= \left\{ [\overline{\boldsymbol{H}}_k^{\mathrm{T}} \quad \boldsymbol{H}_{k+1}^{\mathrm{T}}] \begin{bmatrix} \overline{\boldsymbol{W}}_k & \boldsymbol{0} \\ \boldsymbol{0} & \boldsymbol{W}_{k+1} \end{bmatrix} \begin{bmatrix} \overline{\boldsymbol{H}}_k \\ \boldsymbol{H}_{k+1} \end{bmatrix} \right\}^{-1} \\ &= (\overline{\boldsymbol{H}}_k^{\mathrm{T}} \overline{\boldsymbol{W}}_k \overline{\boldsymbol{H}}_k + \boldsymbol{H}_{k+1}^{\mathrm{T}} \boldsymbol{W}_{k+1} \boldsymbol{H}_{k+1})^{-1} = (\boldsymbol{P}_k^{-1} + \boldsymbol{H}_{k+1}^{\mathrm{T}} \boldsymbol{W}_{k+1} \boldsymbol{H}_{k+1})^{-1} \end{aligned} \tag{8.66}$$

或者

$$\boldsymbol{P}_{k+1}^{-1} = \boldsymbol{P}_k^{-1} + \boldsymbol{H}_{k+1}^{\mathrm{T}} \boldsymbol{W}_{k+1} \boldsymbol{H}_{k+1} \tag{8.67}$$

如果矩阵 $\boldsymbol{A}$ 和 $\boldsymbol{C}$ 可逆，则有如下反演公式：

$$(\boldsymbol{A} - \boldsymbol{B}\boldsymbol{C}^{-1}\boldsymbol{D})^{-1} = \boldsymbol{A}^{-1} + \boldsymbol{A}^{-1}\boldsymbol{B}(\boldsymbol{C} - \boldsymbol{D}\boldsymbol{A}^{-1}\boldsymbol{B})^{-1}\boldsymbol{D}\boldsymbol{A}^{-1} \tag{8.68}$$

令 $\boldsymbol{A} = \boldsymbol{P}_k^{-1}$，$\boldsymbol{B} = -\boldsymbol{H}_{k+1}^{\mathrm{T}}$，$\boldsymbol{C} = \boldsymbol{W}_{k+1}^{-1}$，$\boldsymbol{D} = \boldsymbol{H}_{k+1}$，则式(8.66)可变为

$$\begin{aligned} \boldsymbol{P}_{k+1} &= (\boldsymbol{P}_k^{-1} + \boldsymbol{H}_{k+1}^{\mathrm{T}} \boldsymbol{W}_{k+1} \boldsymbol{H}_{k+1})^{-1} \\ &= \boldsymbol{P}_k - \boldsymbol{P}_k \boldsymbol{H}_{k+1}^{\mathrm{T}} (\boldsymbol{W}_{k+1}^{-1} + \boldsymbol{H}_{k+1} \boldsymbol{P}_k \boldsymbol{H}_{k+1}^{\mathrm{T}})^{-1} \boldsymbol{H}_{k+1} \boldsymbol{P}_k \end{aligned} \tag{8.69}$$

将式(8.67)代入式(8.65)得

$$\begin{aligned} \hat{\boldsymbol{x}}_{k+1} &= \boldsymbol{P}_{k+1} \overline{\boldsymbol{H}}_k^{\mathrm{T}} \overline{\boldsymbol{W}}_k \overline{\boldsymbol{z}}_k + \boldsymbol{P}_{k+1} \boldsymbol{H}_{k+1}^{\mathrm{T}} \boldsymbol{W}_{k+1} \boldsymbol{z}_{k+1} \\ &= \boldsymbol{P}_{k+1} \boldsymbol{P}_k^{-1} \hat{\boldsymbol{x}}_k + \boldsymbol{P}_{k+1} \boldsymbol{H}_{k+1}^{\mathrm{T}} \boldsymbol{W}_{k+1} \boldsymbol{z}_{k+1} \\ &= \hat{\boldsymbol{x}}_k - \boldsymbol{P}_{k+1} \boldsymbol{H}_{k+1}^{\mathrm{T}} \boldsymbol{W}_{k+1} \boldsymbol{H}_{k+1} \hat{\boldsymbol{x}}_k + \boldsymbol{P}_{k+1} \boldsymbol{H}_{k+1}^{\mathrm{T}} \boldsymbol{W}_{k+1} \boldsymbol{z}_{k+1} \\ &= \hat{\boldsymbol{x}}_k + \boldsymbol{P}_{k+1} \boldsymbol{H}_{k+1}^{\mathrm{T}} \boldsymbol{W}_{k+1} (\boldsymbol{z}_{k+1} - \boldsymbol{H}_{k+1} \hat{\boldsymbol{x}}_k) \end{aligned} \tag{8.70}$$

式(8.69)和式(8.70)就构成 RWLS 算法。在进行算法计算时，需要知道初值 $\hat{\boldsymbol{x}}_0$ 和 $\boldsymbol{P}_0$，即验前信息，一般取其真值，此时 $\boldsymbol{P}_0 = \boldsymbol{0}$。如果不知道真值，则取 $\hat{\boldsymbol{x}}_0 = \mathrm{E}(\boldsymbol{x}_0)$；如果状态的初始统计特性也不知道，则设初始为零状态，并令 $\boldsymbol{P}_0 = \alpha \boldsymbol{I}$，其中 α 为一很大的正数，一般经过几次迭代即

可收敛。

【例 8-7】 试推导(8.68)的反演公式。

【解】 设 $\boldsymbol{E}=(\boldsymbol{A}-\boldsymbol{B}\boldsymbol{C}^{-1}\boldsymbol{D})^{-1}$，于是有

$$\begin{cases}\boldsymbol{E}(\boldsymbol{A}-\boldsymbol{B}\boldsymbol{C}^{-1}\boldsymbol{D})=\boldsymbol{I}\\ \boldsymbol{E}\boldsymbol{A}-\boldsymbol{E}\boldsymbol{B}\boldsymbol{C}^{-1}\boldsymbol{D}=\boldsymbol{I}\\ \boldsymbol{E}-\boldsymbol{E}\boldsymbol{B}\boldsymbol{C}^{-1}\boldsymbol{D}\boldsymbol{A}^{-1}=\boldsymbol{A}^{-1}\\ \boldsymbol{E}\boldsymbol{B}\boldsymbol{C}^{-1}\boldsymbol{D}\boldsymbol{A}^{-1}=\boldsymbol{E}-\boldsymbol{A}^{-1}\end{cases}\tag{8.71}$$

对 $\boldsymbol{E}$ 再进行恒等变换有

$$\begin{cases}\boldsymbol{E}(\boldsymbol{A}-\boldsymbol{B}\boldsymbol{C}^{-1}\boldsymbol{D})=\boldsymbol{I}\\ \boldsymbol{E}\boldsymbol{B}-\boldsymbol{E}\boldsymbol{B}\boldsymbol{C}^{-1}\boldsymbol{D}\boldsymbol{A}^{-1}\boldsymbol{B}=\boldsymbol{A}^{-1}\boldsymbol{B}\\ \boldsymbol{E}\boldsymbol{B}\boldsymbol{C}^{-1}(\boldsymbol{C}-\boldsymbol{D}\boldsymbol{A}^{-1}\boldsymbol{B})=\boldsymbol{A}^{-1}\boldsymbol{B}\\ \boldsymbol{E}\boldsymbol{B}\boldsymbol{C}^{-1}\boldsymbol{D}\boldsymbol{A}^{-1}=\boldsymbol{A}^{-1}\boldsymbol{B}(\boldsymbol{C}-\boldsymbol{D}\boldsymbol{A}^{-1}\boldsymbol{B})^{-1}\boldsymbol{D}\boldsymbol{A}^{-1}\end{cases}\tag{8.72}$$

将式(8.71)代入(8.72)中得到

$$\boldsymbol{E}=\boldsymbol{A}^{-1}+\boldsymbol{A}^{-1}\boldsymbol{B}(\boldsymbol{C}-\boldsymbol{D}\boldsymbol{A}^{-1}\boldsymbol{B})^{-1}\boldsymbol{D}\boldsymbol{A}^{-1}\tag{8.73}$$

至此，反演公式证明完毕。

【例 8-8】 设量测方程为

$$z=\boldsymbol{H}\boldsymbol{x}+\boldsymbol{v}$$

式中，$\boldsymbol{x}=[x_1\quad x_2]^{\mathrm{T}}$。已知：$z_1=2, z_2=1, z_3=4; \boldsymbol{H}_1=[1\quad 1], \boldsymbol{H}_2=[0\quad 1], \boldsymbol{H}_3=[1\quad 2]$；测量噪声 v 的期望为0，三次测量的标准差分别为 $\sigma_1=1, \sigma_2=0.5, \sigma_3=5$。试分别用传统LS估计算法、WLS估计算法和RWLS估计算法估计3次测量后的状态量。

【解】

(1) 传统LS估计

按题意，3次测量后有：

$$\begin{cases}\bar{\boldsymbol{z}}_3=[z_1\quad z_2\quad z_3]^{\mathrm{T}}=[2\quad 1\quad 4]^{\mathrm{T}}\\ \overline{\boldsymbol{H}}_3=\begin{bmatrix}\boldsymbol{H}_1\\ \boldsymbol{H}_2\\ \boldsymbol{H}_3\end{bmatrix}=\begin{bmatrix}1&1\\0&1\\1&2\end{bmatrix}\end{cases}$$

LS估计结果为

$$\hat{\boldsymbol{x}}_3=(\overline{\boldsymbol{H}}_3^{\mathrm{T}}\overline{\boldsymbol{H}}_3)^{-1}\overline{\boldsymbol{H}}_3^{\mathrm{T}}\bar{\boldsymbol{z}}_3=\left\{\begin{bmatrix}1&0&1\\1&1&2\end{bmatrix}\begin{bmatrix}1&1\\0&1\\1&2\end{bmatrix}\right\}^{-1}\begin{bmatrix}1&0&1\\1&1&2\end{bmatrix}\begin{bmatrix}2\\1\\4\end{bmatrix}=\frac{1}{3}\begin{bmatrix}3\\4\end{bmatrix}$$

(2) WLS估计

设加权矩阵为

$$\overline{\boldsymbol{W}}_3=\begin{bmatrix}\sigma_1^2&0&0\\0&\sigma_2^2&0\\0&0&\sigma_3^2\end{bmatrix}^{-1}=\begin{bmatrix}1&0&0\\0&4&0\\0&0&0.04\end{bmatrix}$$

WLS估计结果为

$$\hat{\boldsymbol{x}}_3=(\overline{\boldsymbol{H}}_3^{\mathrm{T}}\overline{\boldsymbol{W}}_3\overline{\boldsymbol{H}}_3)^{-1}\overline{\boldsymbol{H}}_3^{\mathrm{T}}\overline{\boldsymbol{W}}_3\bar{\boldsymbol{z}}_3$$

$$=\left\{\begin{bmatrix}1 & 0 & 1\\1 & 1 & 2\end{bmatrix}\begin{bmatrix}1 & 0 & 0\\0 & 4 & 0\\0 & 0 & 0.04\end{bmatrix}\begin{bmatrix}1 & 1\\0 & 1\\1 & 2\end{bmatrix}\right\}^{-1}\begin{bmatrix}1 & 0 & 1\\1 & 1 & 2\end{bmatrix}\begin{bmatrix}1 & 0 & 0\\0 & 4 & 0\\0 & 0 & 0.04\end{bmatrix}\begin{bmatrix}2\\1\\4\end{bmatrix}$$

$$=\begin{bmatrix}1.0286\\1.0095\end{bmatrix}$$

(3) RWLS 估计

由于第一次测量时，只有一个测量值，而状态量为两个，因此，LS 求解是不定的。所以，估计从获得第二次测量结果开始，有如下估计值：

$$\hat{\boldsymbol{x}}_2=(\overline{\boldsymbol{H}}_2^{\mathrm{T}}\overline{\boldsymbol{W}}_2\overline{\boldsymbol{H}}_2)^{-1}\overline{\boldsymbol{H}}_2^{\mathrm{T}}\overline{\boldsymbol{W}}_2\,\bar{\boldsymbol{z}}_2$$

$$=\left\{\begin{bmatrix}1 & 0\\1 & 1\end{bmatrix}\begin{bmatrix}1 & 0\\0 & 4\end{bmatrix}\begin{bmatrix}1 & 1\\0 & 1\end{bmatrix}\right\}^{-1}\begin{bmatrix}1 & 0\\1 & 1\end{bmatrix}\begin{bmatrix}1 & 0\\0 & 4\end{bmatrix}\begin{bmatrix}2\\1\end{bmatrix}=\begin{bmatrix}1\\1\end{bmatrix}$$

$$\boldsymbol{P}_2=(\overline{\boldsymbol{H}}_2^{\mathrm{T}}\overline{\boldsymbol{W}}_2\overline{\boldsymbol{H}}_2)^{-1}=\left\{\begin{bmatrix}1 & 0\\1 & 1\end{bmatrix}\begin{bmatrix}1 & 0\\0 & 4\end{bmatrix}\begin{bmatrix}1 & 1\\0 & 1\end{bmatrix}\right\}^{-1}=\frac{1}{4}\begin{bmatrix}5 & -1\\-1 & 1\end{bmatrix}$$

完成第三次测量后，利用递推估计，有

$$\boldsymbol{P}_3=\boldsymbol{P}_2-\boldsymbol{P}_2\boldsymbol{H}_3^{\mathrm{T}}(\boldsymbol{W}_3^{-1}+\boldsymbol{H}_3\boldsymbol{P}_2\boldsymbol{H}_3^{\mathrm{T}})^{-1}\boldsymbol{H}_3\boldsymbol{P}_2$$

$$=\frac{1}{4}\begin{bmatrix}5 & -1\\-1 & 1\end{bmatrix}-\frac{1}{4}\begin{bmatrix}5 & -1\\-1 & 1\end{bmatrix}\begin{bmatrix}1\\2\end{bmatrix}\left\{25+\begin{bmatrix}1 & 2\end{bmatrix}\frac{1}{4}\begin{bmatrix}5 & -1\\-1 & 1\end{bmatrix}\begin{bmatrix}1\\2\end{bmatrix}\right\}^{-1}\begin{bmatrix}1 & 2\end{bmatrix}\frac{1}{4}\begin{bmatrix}5 & -1\\-1 & 1\end{bmatrix}$$

$$=\begin{bmatrix}1.2286 & -0.2571\\-0.2571 & 0.2476\end{bmatrix}$$

$$\hat{\boldsymbol{x}}_3=\hat{\boldsymbol{x}}_2+\boldsymbol{P}_3\boldsymbol{H}_3^{\mathrm{T}}\boldsymbol{W}_3(\boldsymbol{z}_3-\boldsymbol{H}_3\hat{\boldsymbol{x}}_2)$$

$$=\begin{bmatrix}1\\1\end{bmatrix}+\begin{bmatrix}1.2286 & -0.2571\\-0.2571 & 0.2476\end{bmatrix}\begin{bmatrix}1\\2\end{bmatrix}\frac{1}{25}\left\{4-\begin{bmatrix}1 & 2\end{bmatrix}\begin{bmatrix}1\\1\end{bmatrix}\right\}=\begin{bmatrix}1.0286\\1.0095\end{bmatrix}$$

由结果可知，递推估计的结果与批处理方式的是一样的，但是前者的计算量要小很多，特别是当测量数据越来越多的时候。

【例 8-9】 在列车上存在与列车同向运行的小车，列车运行速度为 x_1，小车相对于列车的速度为 x_2。现有工具可以测量小车相对于地面的速度 x_1+x_2，但是无法测得小车相对于列车的速度。已知小车正在缓慢刹车，小车相对于列车的速度每秒减小 1%，因此，量测方程可写为

$$z_k=x_1+0.99^{k-1}x_2+v_k \tag{8.74}$$

式中，v_k 为速度量测噪声，为零均值、方差 $R=0.05$ 的白噪声。已知真实值：$x_1=10$，$x_2=5$；设初始估计值：$\hat{\boldsymbol{x}}_1=8$，$\hat{\boldsymbol{x}}_2=7$。试用 RLS 算法编程估计列车和小车的运行速度。

【解】 设定初始协方差矩阵 $\boldsymbol{P}_0=\begin{bmatrix}10 & 0\\0 & 10\end{bmatrix}$，仿真 40 s，编制 MATLAB 仿真程序。仿真结果如图 8-5 和图 8-6 所示。由图可知，随着估计算法的迭代持续进行，两个状态的估计值逐渐收敛至真值附近，估计偏差方差趋于 0。需要说明的是，这里的估计偏差协方差初值是人为设定的，但是，随着迭代的进行，其对估计结果的影响逐渐减小。

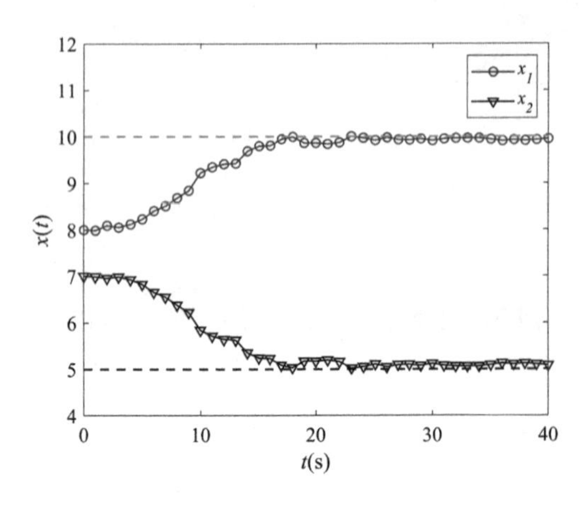

图 8-5　速度的估计值

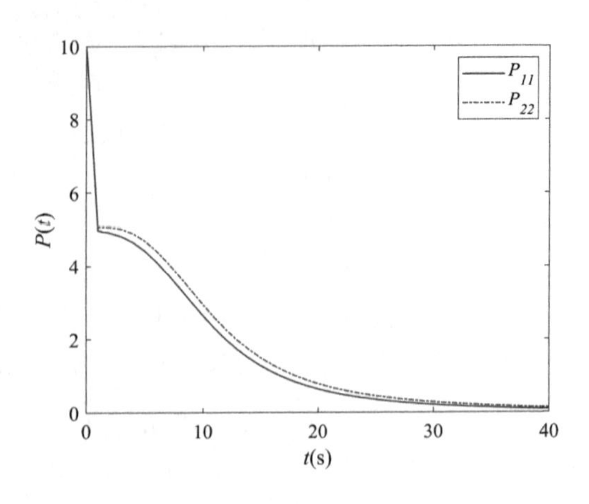

图 8-6　速度估计的协方差

相应的 MATLAB 代码如下：

```
clear; close all;clc;
X0 = [8;7]; P0 = 10 * eye(2); N = 41;
Xr = [10;5]; Zr = zeros(1,N); R = 0.05; % 初始化量测
Xe = zeros(2,N); Pe = zeros(2,N);
Xe(:,1) = X0; Pe(:,1) = diag(P0); % 初始化系统状态和协方差矩阵
Pneg = P0; Ppos = Pneg; % 初始化协方差矩阵
for i = 2:N
    Hk = [1 0.99^(i - 1)];
    Zr(i) = Hk * Xr + R * randn;
    Ppos = Pneg - Pneg * Hk' * inv(R + Hk * Pneg * Hk') * Hk * Pneg;
    Xe(:,i) = Xe(:,i - 1) + Ppos * Hk' * inv(R) * (Zr(i) - Hk * Xe(:,i - 1));
    Pe(:,i) = diag(Ppos);
    Pneg = Ppos;
end
t = 0:N - 1;
y1 = 10 * ones(size(t));
y2 = 5 * ones(size(t));
figure;
plot(t,Xe(1,:),'ro -','linewidth',1); hold on;
plot(t,Xe(2,:),'bv -','linewidth',1); hold on;
plot(t,y1,'- -','linewidth',1.5); hold on;
plot(t,y2,'- -','linewidth',1.5);
ylim([4,12]); legend('\itx_1','\itx_2');
xlabel('\it\fontname{Times New Roman}t\rm(s)');
ylabel('\it\fontname{Times New Roman}x\rm(\itt\rm)');
set(gca,'FontName','Times New Roman','FontSize',14);
figure;
plot(t,Pe(1,:),'linewidth',1); hold on;
plot(t,Pe(2,:),'- .','linewidth',1);
legend('\itP_{11}','\itP_{22}');
xlabel('\it\fontname{Times New Roman}t\rm(s)');
ylabel('\it\fontname{Times New Roman}P\rm(\itt\rm)');
set(gca,'FontName','Times New Roman','FontSize',14);
```

8.3.3 最小方差估计

由前文可知，尽管 LS 估计应用方便，但是其估计精度有待提高。即使采用 WLS 估计，只有当加权矩阵设定为测量噪声协方差阵的逆时，才能取得最小方差的精度。因此，通常 LS 估计不会超过最小方差估计的精度。LS 估计的精度之所以较低，是因为其利用的信息较少，特别是没有从随机过程角度建立最优准则，没有利用概率分布密度函数的信息。因此，下面介绍最小方差估计算法，其利用了概率分布密度函数，有望取得更高的估计精度。

1. 最小方差估计算法

(1) 算法推导

设随机向量 $\boldsymbol{z}$ 为随机向量 $\boldsymbol{x}$ 的测量值，构建如式(8.34)所示的量测方程，那么，最小方差估计的目标函数为

$$J=\mathrm{E}_{x,z}\{[\boldsymbol{x}-\hat{\boldsymbol{x}}(\boldsymbol{z})]^{\mathrm{T}}[\boldsymbol{x}-\hat{\boldsymbol{x}}(\boldsymbol{z})]\} \tag{8.75}$$

式中，期望的下标表示其是关于 $\boldsymbol{x}$ 和 $\boldsymbol{z}$ 的联合期望。当 J 取极小值时 $\boldsymbol{x}$ 的估计值就称为最小方差估计，记为$\hat{\boldsymbol{x}}_{\mathrm{MV}}(\boldsymbol{z})$。下面推导最小方差估计的一般形式。

对式(8.75)做如下同等变换：

$$\begin{aligned}
J&=\mathrm{E}_{x,z}\{[\boldsymbol{x}-\hat{\boldsymbol{x}}_{\mathrm{MV}}(\boldsymbol{z})]^{\mathrm{T}}[\boldsymbol{x}-\hat{\boldsymbol{x}}_{\mathrm{MV}}(\boldsymbol{z})]\}\\
&=\int_{-\infty}^{+\infty}\int_{-\infty}^{+\infty}[\boldsymbol{x}-\hat{\boldsymbol{x}}_{\mathrm{MV}}(\boldsymbol{z})]^{\mathrm{T}}[\boldsymbol{x}-\hat{\boldsymbol{x}}_{\mathrm{MV}}(\boldsymbol{z})]p(\boldsymbol{x},\boldsymbol{z})\mathrm{d}\boldsymbol{x}\mathrm{d}\boldsymbol{z}\\
&=\int_{-\infty}^{+\infty}p_z(\boldsymbol{z})\mathrm{d}\boldsymbol{z}\int_{-\infty}^{+\infty}[\boldsymbol{x}-\hat{\boldsymbol{x}}_{\mathrm{MV}}(\boldsymbol{z})]^{\mathrm{T}}[\boldsymbol{x}-\hat{\boldsymbol{x}}_{\mathrm{MV}}(\boldsymbol{z})]p(\boldsymbol{x}|\boldsymbol{z})\mathrm{d}\boldsymbol{x}
\end{aligned} \tag{8.76}$$

式中，$p(\boldsymbol{x},\boldsymbol{z})$、$p_z(\boldsymbol{z})$和 $p(\boldsymbol{x}|\boldsymbol{z})$分别为联合概率分布密度函数、边缘概率分布密度函数和条件概率分布密度函数。由于 $p_z(\boldsymbol{z})>0$，所以在式(8.76)中只要让关于 $\boldsymbol{x}$ 的积分取极小值，J 就取极小值。因此，下面只处理关于 $\boldsymbol{x}$ 的积分部分：

$$\begin{aligned}
&\int_{-\infty}^{+\infty}[\boldsymbol{x}-\hat{\boldsymbol{x}}_{\mathrm{MV}}(\boldsymbol{z})]^{\mathrm{T}}[\boldsymbol{x}-\hat{\boldsymbol{x}}_{\mathrm{MV}}(\boldsymbol{z})]p(\boldsymbol{x}\mid\boldsymbol{z})\mathrm{d}\boldsymbol{x}\\
=&\int_{-\infty}^{+\infty}[\boldsymbol{x}-\mathrm{E}(\boldsymbol{x}\mid\boldsymbol{z})+\mathrm{E}(\boldsymbol{x}\mid\boldsymbol{z})-\hat{\boldsymbol{x}}_{\mathrm{MV}}(\boldsymbol{z})]^{\mathrm{T}}[\boldsymbol{x}-\\
&\mathrm{E}(\boldsymbol{x}\mid\boldsymbol{z})+\mathrm{E}(\boldsymbol{x}\mid\boldsymbol{z})-\hat{\boldsymbol{x}}_{\mathrm{MV}}(\boldsymbol{z})]p(\boldsymbol{x}\mid\boldsymbol{z})\mathrm{d}\boldsymbol{x}\\
=&\int_{-\infty}^{+\infty}[\boldsymbol{x}-\mathrm{E}(\boldsymbol{x}\mid\boldsymbol{z})]^{\mathrm{T}}[\boldsymbol{x}-\mathrm{E}(\boldsymbol{x}\mid\boldsymbol{z})]p(\boldsymbol{x}\mid\boldsymbol{z})\mathrm{d}\boldsymbol{x}+\\
&\int_{-\infty}^{+\infty}p(\boldsymbol{x}\mid\boldsymbol{z})\mathrm{d}\boldsymbol{x}\,[\mathrm{E}(\boldsymbol{x}\mid\boldsymbol{z})-\hat{\boldsymbol{x}}_{\mathrm{MV}}(\boldsymbol{z})]^{\mathrm{T}}[\mathrm{E}(\boldsymbol{x}\mid\boldsymbol{z})-\hat{\boldsymbol{x}}_{\mathrm{MV}}(\boldsymbol{z})]+\\
&\int_{-\infty}^{+\infty}[\boldsymbol{x}-\mathrm{E}(\boldsymbol{x}\mid\boldsymbol{z})]^{\mathrm{T}}p(\boldsymbol{x}\mid\boldsymbol{z})\mathrm{d}\boldsymbol{x}[\mathrm{E}(\boldsymbol{x}\mid\boldsymbol{z})-\hat{\boldsymbol{x}}_{\mathrm{MV}}(\boldsymbol{z})]+\\
&[\mathrm{E}(\boldsymbol{x}\mid\boldsymbol{z})-\hat{\boldsymbol{x}}_{\mathrm{MV}}(\boldsymbol{z})]^{\mathrm{T}}\int_{-\infty}^{+\infty}[\boldsymbol{x}-\mathrm{E}(\boldsymbol{x}\mid\boldsymbol{z})]p(\boldsymbol{x}\mid\boldsymbol{z})\mathrm{d}\boldsymbol{x}\\
=&\int_{-\infty}^{+\infty}[\boldsymbol{x}-\mathrm{E}(\boldsymbol{x}\mid\boldsymbol{z})]^{\mathrm{T}}[\boldsymbol{x}-\mathrm{E}(\boldsymbol{x}\mid\boldsymbol{z})]p(\boldsymbol{x}\mid\boldsymbol{z})\mathrm{d}\boldsymbol{x}+\\
&[\mathrm{E}(\boldsymbol{x}\mid\boldsymbol{z})-\hat{\boldsymbol{x}}_{\mathrm{MV}}(\boldsymbol{z})]^{\mathrm{T}}[\mathrm{E}(\boldsymbol{x}\mid\boldsymbol{z})-\hat{\boldsymbol{x}}_{\mathrm{MV}}(\boldsymbol{z})]
\end{aligned} \tag{8.77}$$

式(8.77)中最后一个等式右边的第一项与$\hat{\boldsymbol{x}}_{\mathrm{MV}}(\boldsymbol{z})$无关,第二项为内积的形式,因此,其极小值为0,此时有

$$\hat{\boldsymbol{x}}_{\mathrm{MV}}(\boldsymbol{z})=\mathrm{E}(\boldsymbol{x}|\boldsymbol{z}) \tag{8.78}$$

即最小方差估计为如式(8.78)所示的条件期望。计算该条件期望需要知道条件概率分布密度函数 $p(\boldsymbol{x}|\boldsymbol{z})$,而这在实际应用中往往是比较困难的,这也是最小方差估计在应用中的最大障碍。

(2) 估计偏差特性

先确定最小方差估计偏差的期望:

$$\begin{aligned}
\mathrm{E}[\hat{\boldsymbol{x}}_{\mathrm{MV}}(\boldsymbol{z})] &= \mathrm{E}_z[\hat{\boldsymbol{x}}_{\mathrm{MV}}(\boldsymbol{z})] = \mathrm{E}_z[\mathrm{E}_x(\boldsymbol{x} \mid \boldsymbol{z})] \\
&= \int_{-\infty}^{+\infty}\left[\int_{-\infty}^{+\infty}\boldsymbol{x}p(\boldsymbol{x}|\boldsymbol{z})\mathrm{d}\boldsymbol{x}\right]p_z(\boldsymbol{z})\mathrm{d}\mathrm{z} \\
&= \int_{-\infty}^{+\infty}\int_{-\infty}^{+\infty}\boldsymbol{x}p(\boldsymbol{x},\boldsymbol{z})\mathrm{d}\boldsymbol{x}\mathrm{d}\mathrm{z} = \int_{-\infty}^{+\infty}\boldsymbol{x}\left[\int_{-\infty}^{+\infty}p(\boldsymbol{x},\boldsymbol{z})\mathrm{d}\mathrm{z}\right]\mathrm{d}\boldsymbol{x} \\
&= \int_{-\infty}^{+\infty}\boldsymbol{x}p_x(\boldsymbol{x})\mathrm{d}\boldsymbol{x} = \mathrm{E}(\boldsymbol{x})
\end{aligned} \tag{8.79}$$

由式(8.79)可知,最小方差估计是无偏的。最小方差估计的估计偏差协方差矩阵如下:

$$\boldsymbol{P}=\mathrm{E}_{x,z}\{[\boldsymbol{x}-\hat{\boldsymbol{x}}(\boldsymbol{z})][\boldsymbol{x}-\hat{\boldsymbol{x}}(\boldsymbol{z})]^{\mathrm{T}}\}=\mathrm{E}_{x,z}\{[\boldsymbol{x}-\mathrm{E}(\boldsymbol{x}|\boldsymbol{z})][\boldsymbol{x}-\mathrm{E}(\boldsymbol{x}|\boldsymbol{z})]^{\mathrm{T}}\} \tag{8.80}$$

当知道了状态和测量量的联合概率分布密度函数和条件概率分布密度函数后,可以求解最小方差估计偏差协方差。

在实际应用中,上述的概率分布密度函数很难获取,这导致最小方差估计难以应用。因此,下面分别基于 Gauss 分布假设和线性估计假设,给出可实施的最小方差估计算法。

2. Gauss 分布时的最小方差估计

假设 n 维状态 $\boldsymbol{x}$ 和 m 维测量量 $\boldsymbol{z}$ 都服从 Gauss 分布。二者的联合概率分布和条件概率分布也服从 Gauss 分布。由于最小方差估计结果为条件期望,因此,只要确定了相应的条件概率分布密度函数,即可获得最小方差估计和对应的估计偏差协方差矩阵。

由 Bayes 公式有

$$p(\boldsymbol{x},\boldsymbol{z})=p(\boldsymbol{x}|\boldsymbol{z})p_z(\boldsymbol{z}) \tag{8.81}$$

设 $\boldsymbol{y}=[\boldsymbol{x}^{\mathrm{T}} \quad \boldsymbol{z}^{\mathrm{T}}]^{\mathrm{T}}$,则有

$$\begin{cases}
\mathrm{E}(\boldsymbol{y})=\boldsymbol{m}_y=\begin{bmatrix}\boldsymbol{m}_x\\ \boldsymbol{m}_z\end{bmatrix} \\
\boldsymbol{C}_y=\mathrm{E}\{[\boldsymbol{y}-\mathrm{E}(\boldsymbol{y})][\boldsymbol{y}-\mathrm{E}(\boldsymbol{y})]^{\mathrm{T}}\}=\begin{bmatrix}\boldsymbol{C}_x & \boldsymbol{C}_{xz}\\ \boldsymbol{C}_{zx} & \boldsymbol{C}_z\end{bmatrix}
\end{cases} \tag{8.82}$$

由于服从 Gauss 分布,所以有

$$\begin{cases}
p(\boldsymbol{y})=p(\boldsymbol{x},\boldsymbol{z})=\dfrac{1}{(\sqrt{2\pi})^{m+n}\sqrt{|\boldsymbol{C}_y|}}\exp\left\{-\dfrac{1}{2}\begin{bmatrix}\boldsymbol{x}-\boldsymbol{m}_x\\ \boldsymbol{z}-\boldsymbol{m}_z\end{bmatrix}^{\mathrm{T}}\boldsymbol{C}_y^{-1}\begin{bmatrix}\boldsymbol{x}-\boldsymbol{m}_x\\ \boldsymbol{z}-\boldsymbol{m}_z\end{bmatrix}\right\} \\
p_z(\boldsymbol{z})=\dfrac{1}{(\sqrt{2\pi})^{m}\sqrt{|\boldsymbol{C}_z|}}\exp\left[-\dfrac{1}{2}(\boldsymbol{z}-\boldsymbol{m}_z)^{\mathrm{T}}\boldsymbol{C}_z^{-1}(\boldsymbol{z}-\boldsymbol{m}_z)\right]
\end{cases} \tag{8.83}$$

将式(8.83)代入式(8.81)有

$$p(\boldsymbol{x}|\boldsymbol{z})=\frac{p(\boldsymbol{x},\boldsymbol{z})}{p_z(\boldsymbol{z})}$$

$$=\frac{\sqrt{|\boldsymbol{C}_z|}}{(\sqrt{2\pi})^m\sqrt{|\boldsymbol{C}_y|}}\exp\left\{-\frac{1}{2}\begin{bmatrix}\boldsymbol{x}-\boldsymbol{m}_x\\\boldsymbol{z}-\boldsymbol{m}_z\end{bmatrix}^{\mathrm{T}}\boldsymbol{C}_y^{-1}\begin{bmatrix}\boldsymbol{x}-\boldsymbol{m}_x\\\boldsymbol{z}-\boldsymbol{m}_z\end{bmatrix}+\frac{1}{2}(\boldsymbol{z}-\boldsymbol{m}_z)^{\mathrm{T}}\boldsymbol{C}_z^{-1}(\boldsymbol{z}-\boldsymbol{m}_z)\right\}\tag{8.84}$$

下面对式(8.84)进行化简。考虑下式

$$\begin{bmatrix}\boldsymbol{I}&-\boldsymbol{C}_{xz}\boldsymbol{C}_z^{-1}\\\boldsymbol{0}&\boldsymbol{I}\end{bmatrix}\begin{bmatrix}\boldsymbol{C}_x&\boldsymbol{C}_{xz}\\\boldsymbol{C}_{zx}&\boldsymbol{C}_z\end{bmatrix}\begin{bmatrix}\boldsymbol{I}&\boldsymbol{0}\\-\boldsymbol{C}_z^{-1}\boldsymbol{C}_{xz}^{\mathrm{T}}&\boldsymbol{I}\end{bmatrix}=\begin{bmatrix}\boldsymbol{C}_x-\boldsymbol{C}_{xz}\boldsymbol{C}_z^{-1}\boldsymbol{C}_{zx}&\boldsymbol{0}\\\boldsymbol{0}&\boldsymbol{C}_z\end{bmatrix}\tag{8.85}$$

对式(8.85)两边同时求行列式,并整理得

$$\begin{vmatrix}\boldsymbol{I}&-\boldsymbol{C}_{xz}\boldsymbol{C}_z^{-1}\\\boldsymbol{0}&\boldsymbol{I}\end{vmatrix}|\boldsymbol{C}_y|\begin{vmatrix}\boldsymbol{I}&\boldsymbol{0}\\-\boldsymbol{C}_z^{-1}\boldsymbol{C}_{xz}^{\mathrm{T}}&\boldsymbol{I}\end{vmatrix}=|\boldsymbol{C}_y|=\begin{vmatrix}\boldsymbol{C}_x-\boldsymbol{C}_{xz}\boldsymbol{C}_z^{-1}\boldsymbol{C}_{zx}&\boldsymbol{0}\\\boldsymbol{0}&\boldsymbol{C}_z\end{vmatrix}$$

$$=|\boldsymbol{C}_x-\boldsymbol{C}_{xz}\boldsymbol{C}_z^{-1}\boldsymbol{C}_{zx}||\boldsymbol{C}_z|\tag{8.86}$$

再对式(8.85)两边同时求逆,得

$$\boldsymbol{C}_y^{-1}=\begin{bmatrix}\boldsymbol{I}&\boldsymbol{0}\\-\boldsymbol{C}_z^{-1}\boldsymbol{C}_{xz}^{\mathrm{T}}&\boldsymbol{I}\end{bmatrix}\begin{bmatrix}(\boldsymbol{C}_x-\boldsymbol{C}_{xz}\boldsymbol{C}_z^{-1}\boldsymbol{C}_{zx})^{-1}&\boldsymbol{0}\\\boldsymbol{0}&\boldsymbol{C}_z^{-1}\end{bmatrix}\begin{bmatrix}\boldsymbol{I}&-\boldsymbol{C}_{xz}\boldsymbol{C}_z^{-1}\\\boldsymbol{0}&\boldsymbol{I}\end{bmatrix}\tag{8.87}$$

将式(8.86)和式(8.87)代入式(8.84),整理得

$$\begin{bmatrix}\boldsymbol{x}-\boldsymbol{m}_x\\\boldsymbol{z}-\boldsymbol{m}_z\end{bmatrix}^{\mathrm{T}}\boldsymbol{C}_y^{-1}\begin{bmatrix}\boldsymbol{x}-\boldsymbol{m}_x\\\boldsymbol{z}-\boldsymbol{m}_z\end{bmatrix}$$

$$=\begin{bmatrix}\boldsymbol{x}-\boldsymbol{m}_x\\\boldsymbol{z}-\boldsymbol{m}_z\end{bmatrix}^{\mathrm{T}}\begin{bmatrix}\boldsymbol{I}&\boldsymbol{0}\\-\boldsymbol{C}_z^{-1}\boldsymbol{C}_{xz}^{\mathrm{T}}&\boldsymbol{I}\end{bmatrix}\begin{bmatrix}(\boldsymbol{C}_x-\boldsymbol{C}_{xz}\boldsymbol{C}_z^{-1}\boldsymbol{C}_{zx})^{-1}&\boldsymbol{0}\\\boldsymbol{0}&\boldsymbol{C}_z^{-1}\end{bmatrix}\begin{bmatrix}\boldsymbol{I}&-\boldsymbol{C}_{xz}\boldsymbol{C}_z^{-1}\\\boldsymbol{0}&\boldsymbol{I}\end{bmatrix}\begin{bmatrix}\boldsymbol{x}-\boldsymbol{m}_x\\\boldsymbol{z}-\boldsymbol{m}_z\end{bmatrix}$$

$$=\left[[(\boldsymbol{x}-\boldsymbol{m}_x)^{\mathrm{T}}-(\boldsymbol{z}-\boldsymbol{m}_z)^{\mathrm{T}}\boldsymbol{C}_z^{-1}\boldsymbol{C}_{xz}^{\mathrm{T}}](\boldsymbol{C}_x-\boldsymbol{C}_{xz}\boldsymbol{C}_z^{-1}\boldsymbol{C}_{zx})^{-1}\quad(\boldsymbol{z}-\boldsymbol{m}_z)^{\mathrm{T}}\boldsymbol{C}_z^{-1}\right]\cdot\begin{bmatrix}\boldsymbol{x}-\boldsymbol{m}_x-\boldsymbol{C}_{xz}\boldsymbol{C}_z^{-1}(\boldsymbol{z}-\boldsymbol{m}_z)\\\boldsymbol{z}-\boldsymbol{m}_z\end{bmatrix}$$

$$=[(\boldsymbol{x}-\boldsymbol{m}_x)^{\mathrm{T}}-(\boldsymbol{z}-\boldsymbol{m}_z)^{\mathrm{T}}\boldsymbol{C}_z^{-1}\boldsymbol{C}_{xz}^{\mathrm{T}}](\boldsymbol{C}_x-\boldsymbol{C}_{xz}\boldsymbol{C}_z^{-1}\boldsymbol{C}_{zx})^{-1}[\boldsymbol{x}-\boldsymbol{m}_x-\boldsymbol{C}_{xz}\boldsymbol{C}_z^{-1}(\boldsymbol{z}-\boldsymbol{m}_z)]+$$
$$(\boldsymbol{z}-\boldsymbol{m}_z)^{\mathrm{T}}\boldsymbol{C}_z^{-1}(\boldsymbol{z}-\boldsymbol{m}_z)\tag{8.88}$$

令

$$\overline{\boldsymbol{m}}_x=\boldsymbol{m}_x+\boldsymbol{C}_{xz}\boldsymbol{C}_z^{-1}(\boldsymbol{z}-\boldsymbol{m}_z)\tag{8.89}$$

将式(8.89)代入式(8.88)有

$$\begin{bmatrix}\boldsymbol{x}-\boldsymbol{m}_x\\\boldsymbol{z}-\boldsymbol{m}_z\end{bmatrix}^{\mathrm{T}}\boldsymbol{C}_y^{-1}\begin{bmatrix}\boldsymbol{x}-\boldsymbol{m}_x\\\boldsymbol{z}-\boldsymbol{m}_z\end{bmatrix}=(\boldsymbol{x}^{\mathrm{T}}-\overline{\boldsymbol{m}}_x^{\mathrm{T}})(\boldsymbol{C}_x-\boldsymbol{C}_{xz}\boldsymbol{C}_z^{-1}\boldsymbol{C}_{zx})^{-1}(\boldsymbol{x}-\overline{\boldsymbol{m}}_x)+$$
$$(\boldsymbol{z}-\boldsymbol{m}_z)^{\mathrm{T}}\boldsymbol{C}_z^{-1}(\boldsymbol{z}-\boldsymbol{m}_z)\tag{8.90}$$

因此,式(8.84)可简化为

$$p(\boldsymbol{x}|\boldsymbol{z})=\frac{1}{(\sqrt{2\pi})^n\sqrt{|\boldsymbol{C}_x-\boldsymbol{C}_{xz}\boldsymbol{C}_z^{-1}\boldsymbol{C}_{zx}|}}\exp\left\{-\frac{1}{2}[(\boldsymbol{x}^{\mathrm{T}}-\overline{\boldsymbol{m}}_x^{\mathrm{T}})(\boldsymbol{C}_x-\boldsymbol{C}_{xz}\boldsymbol{C}_z^{-1}\boldsymbol{C}_{zx})^{-1}(\boldsymbol{x}-\overline{\boldsymbol{m}}_x)]\right\}\tag{8.91}$$

所以,最小方差估计和其估计偏差协方差矩阵分别为

$$\begin{cases}\hat{\boldsymbol{x}}_{\mathrm{MV}}=\mathrm{E}(\boldsymbol{x}|\boldsymbol{z})=\boldsymbol{m}_x+\boldsymbol{C}_{xz}\boldsymbol{C}_z^{-1}(\boldsymbol{z}-\boldsymbol{m}_z)\\\boldsymbol{P}=\boldsymbol{C}_x-\boldsymbol{C}_{xz}\boldsymbol{C}_z^{-1}\boldsymbol{C}_{zx}\end{cases}\tag{8.92}$$

由式(8.92)可知，最小方差估计及其估计偏差协方差矩阵完全由条件概率分布密度函数的一、二阶矩所决定，而且最小方差估计是测量量的线性组合，与后续讲解的线性最小方差估计结果一致。

【例 8-10】 设 x 为服从 Gauss 分布的随机变量，均值为 m_x，方差为 C_x。对 x 采用 k 台设备进行测量，每次测量的误差也是服从 Gauss 分布的随机变量，均值为 0，方差为 C_v。给出 x 的最小方差估计和估计的均方误差。

【解】 设量测方程为

$$\boldsymbol{z}=\boldsymbol{H}\boldsymbol{x}+\boldsymbol{v} \tag{8.93}$$

于是有

$$\begin{cases}\boldsymbol{m}_z=\boldsymbol{H}\boldsymbol{m}_x\\ \boldsymbol{C}_{xz}=\boldsymbol{C}_{zx}^{\mathrm{T}}=\mathrm{E}[(\boldsymbol{x}-\boldsymbol{m}_x)(\boldsymbol{z}-\boldsymbol{m}_z)^{\mathrm{T}}]=\boldsymbol{C}_x\boldsymbol{H}^{\mathrm{T}}\\ \boldsymbol{C}_z=\mathrm{E}[(\boldsymbol{z}-\boldsymbol{m}_z)(\boldsymbol{z}-\boldsymbol{m}_z)^{\mathrm{T}}]=\boldsymbol{H}\boldsymbol{C}_x\boldsymbol{H}^{\mathrm{T}}+\boldsymbol{C}_v\end{cases} \tag{8.94}$$

此时，最小方差估计和估计偏差协方差矩阵为

$$\begin{cases}\hat{\boldsymbol{x}}_{\mathrm{MV}}=\boldsymbol{m}_x+\boldsymbol{C}_x\boldsymbol{H}^{\mathrm{T}}(\boldsymbol{H}\boldsymbol{C}_x\boldsymbol{H}^{\mathrm{T}}+\boldsymbol{C}_v)^{-1}(\boldsymbol{z}-\boldsymbol{H}\boldsymbol{m}_x)\\ \boldsymbol{P}=\boldsymbol{C}_x-\boldsymbol{C}_x\boldsymbol{H}^{\mathrm{T}}(\boldsymbol{H}\boldsymbol{C}_x\boldsymbol{H}^{\mathrm{T}}+\boldsymbol{C}_v)^{-1}\boldsymbol{H}\boldsymbol{C}_x\end{cases} \tag{8.95}$$

对式(8.95)进行化简，并利用反演公式(8.68)，可得

$$\begin{cases}\hat{\boldsymbol{x}}_{\mathrm{MV}}=(\boldsymbol{C}_x^{-1}+\boldsymbol{H}^{\mathrm{T}}\boldsymbol{C}_v^{-1}\boldsymbol{H})^{-1}(\boldsymbol{H}^{\mathrm{T}}\boldsymbol{C}_v^{-1}\boldsymbol{z}+\boldsymbol{C}_x^{-1}\boldsymbol{m}_x)\\ \boldsymbol{P}=(\boldsymbol{C}_x^{-1}+\boldsymbol{H}^{\mathrm{T}}\boldsymbol{C}_v^{-1}\boldsymbol{H})^{-1}\end{cases} \tag{8.96}$$

由题意，$\boldsymbol{z}=[z_1\quad z_2\quad\cdots\quad z_k]^{\mathrm{T}}$，$\boldsymbol{H}=[1\quad 1\quad\cdots\quad 1]^{\mathrm{T}}$，$\boldsymbol{v}=[v_1\quad v_2\quad\cdots\quad v_k]^{\mathrm{T}}$，$\boldsymbol{C}_v=C_v\boldsymbol{I}$，代入式(8.96)得到

$$\begin{cases}\hat{\boldsymbol{x}}_{\mathrm{MV}}=(C_x^{-1}+\boldsymbol{H}^{\mathrm{T}}\boldsymbol{C}_v^{-1}\boldsymbol{H})^{-1}(\boldsymbol{H}^{\mathrm{T}}\boldsymbol{C}_v^{-1}\boldsymbol{z}+C_x^{-1}m_x)=m_x+\dfrac{kC_x}{kC_x+C_v}\left(\dfrac{1}{k}\sum_{i=1}^{k}z_k-m_x\right)\\ P=(C_x^{-1}+\boldsymbol{H}^{\mathrm{T}}\boldsymbol{C}_v^{-1}\boldsymbol{H})^{-1}=\dfrac{C_xC_v}{kC_x+C_v}\end{cases} \tag{8.97}$$

由式(8.97)可知，随着测量次数 k 的增加，权重 $kC_x/(kC_x+C_v)$ 趋于 1，说明状态估计更依赖量测更新信息 $\sum_{i=1}^{k}z_k/k-m_x$，并且，P 随着测量次数增加而减小，说明精度也随着 k 的增加而提高。

【例 8-11】 设一系统的输出为零期望的平稳 Gauss 随机过程，即

$$\dot{x}(t)=\beta x(t)+K\beta w(t) \tag{8.98}$$

式中，β 和 K 为确定性常数；$w(t)$ 为零期望、功率谱密度为 1 的 Gauss 白噪声。现在用三台仪器独立对该输出进行测量，测量值分别为 $z_1(t)$、$z_2(t)$ 和 $z_3(t)$，即

$$\begin{cases}z_1(t)=x(t)+v_1(t)\\ z_2(t)=x(t)+v_2(t)\\ z_3(t)=x(t)+v_3(t)\end{cases} \tag{8.99}$$

式中，$v_1(t)$、$v_2(t)$ 和 $v_3(t)$ 均为零期望 Gauss 白噪声，功率谱密度分别为 0.01、1 和 10，且与

$w(t)$均独立。设 $K=-2, \beta=-2\times10^{-4}$，试分别利用 RWLS 和最小方差估计 $x(t)$。

【解】 (1) 对状态进行离散化

按照离散化方法，得

$$x_{k+1} = \mathrm{e}^{\beta(t_{k+1}-t_k)} x_k + \int_{t_k}^{t_{k+1}} \mathrm{e}^{\beta(t_{k+1}-\tau)} K w(\tau) \mathrm{d}\tau = \Phi x_k + w_k \tag{8.100}$$

其中

$$\begin{cases} \mathrm{E}(w_k) = \int_{t_k}^{t_{k+1}} \mathrm{e}^{\beta(t_{k+1}-\tau)} K \cdot \mathrm{E}[w(\tau)] \mathrm{d}\tau = 0 \\ \mathrm{E}(w_k w_j) = -\dfrac{K}{2}(1-\mathrm{e}^{2\beta(t_{k+1}-t_k)})\delta_{kj} \end{cases} \tag{8.101}$$

(2) RWLS 估计

由式(8.70)和式(8.71)有

$$\begin{cases} \hat{x}_{k+1} = \hat{x}_k + P_{k+1} \boldsymbol{H}_{k+1}^{\mathrm{T}} \boldsymbol{W}_{k+1} (\boldsymbol{z}_{k+1} - \boldsymbol{H}_{k+1} \hat{x}_k) \\ P_{k+1} = (P_k^{-1} + \boldsymbol{H}_{k+1}^{\mathrm{T}} \boldsymbol{W}_{k+1} \boldsymbol{H}_{k+1})^{-1} \end{cases} \tag{8.102}$$

其中

$$\begin{cases} \boldsymbol{z}_k = \begin{bmatrix} 1 \\ 1 \end{bmatrix} x_k + \begin{bmatrix} v_{1k} \\ v_{2k} \end{bmatrix} = \boldsymbol{H}_k x_k + \boldsymbol{v}_k \\ \boldsymbol{W}_k = \boldsymbol{R}_k^{-1} \\ \boldsymbol{H}_k = [1 \quad 1 \quad 1]^{\mathrm{T}} \\ \boldsymbol{R}_k = \mathrm{E}(\boldsymbol{v}_k \boldsymbol{v}_k^{\mathrm{T}}) = \begin{bmatrix} 0.01 & 0 & 0 \\ 0 & 1 & 0 \\ 0 & 0 & 10 \end{bmatrix} \end{cases} \tag{8.103}$$

设初值为 $\hat{x}_0=0, P_0=1\times10^6$，然后按照式(8.102)迭代即可。

(3) 最小方差估计

需要注意的是，与 LS 估计一样，在进行当前时刻的估计时，用到的是从初始时刻到当前时刻的所有测量信息，本质上也是批处理算法。为了进行计算机编程计算，可以类似地推导出如下的递推算法：

$$\begin{cases} \hat{x}_{k+1} = \hat{x}_k + P_{k+1} \boldsymbol{H}_{k+1}^{\mathrm{T}} \boldsymbol{R}_{k+1}^{-1} (\boldsymbol{z}_{k+1} - \boldsymbol{H}_{k+1} \hat{x}_k) + P_{k+1} \boldsymbol{C}_x^{-1} (\boldsymbol{m}_{x,k+1} - \boldsymbol{m}_{x,k}) \\ P_{k+1} = (P_k^{-1} + \boldsymbol{H}_{k+1}^{\mathrm{T}} \boldsymbol{R}_{k+1}^{-1} \boldsymbol{H}_{k+1})^{-1} \end{cases} \tag{8.104}$$

式中，$C_x = -\dfrac{K}{2}(1-\mathrm{e}^{2\beta(t_{k+1}-t_k)})$；$\boldsymbol{m}_{x,k} = \boldsymbol{m}_{x,k+1} = \boldsymbol{0}$。初值的设定方法可以与 LS 估计一样。

(4) 仿真结果

仿真中设 $T=t_{k+1}-t_k=1$，总的仿真次数为 100。相应的 MATLAB 程序如下：

```
clear; close all;clc;
beta = - 2e - 4; T = 1; K = - 2; rk1 = 0.1; rk2 = 1; rk3 = 10; N = 100; t = (0:N - 1) * T;
phik = exp(beta * T); Cx = - K/2 * (1 - exp(2 * beta * T));
qk = sqrt(Cx); wn = 1 * randn(N,1); Wk = qk * wn;
```

```
xk = zeros(N,1); xk(1,1) = Wk(1,1);
for i = 2:N
    xk(i,1) = phik * xk(i-1,1) + Wk(i,1);
end
vk1 = rk1 * randn(N,1); zk1 = xk + vk1;
vk2 = rk2 * randn(N,1); zk2 = xk + vk2;
vk3 = rk3 * randn(N,1); zk3 = xk + vk3;
h = [1;1;1]; R = diag([rk1;rk2;rk3]); zk = [zk1,zk2,zk3]; R_inv = inv(R);
% Recursive Weighted Least Squares
wk = R_inv; x_est_wls(1,1) = 0; p_est_wls(1) = 1e6;
p_est_wls(1) = 1/(1/p_est_wls(1) + h'* wk * h);
x_est_wls(1,1) = x_est_wls(1,1) + p_est_wls(1) * h'* wk * (zk(1,:)'- h * x_est_wls(1,1));
for i = 2:N
    p_est_wls(i) = 1/(1/p_est_wls(i-1) + h'* wk * h);
    x_est_wls(i,1) = x_est_wls(i-1,1) + p_est_wls(i) * h'* wk * (zk(i,:)'- h * x_est_wls(i-1,1));
end
% Minimum Variance
Kk = Cx * h'* inv(h * Cx * h'+ R);
for i = 1:N
    x_est_mv(i,1) = Kk * zk(i,:)';
end
x_est_mv1(1,1) = 0; p_est_mv1(1) = 1e6; p_est_mv1(1) = 1/(1/Cx + h'* R_inv * h);
x_est_mv1(1,1) = x_est_mv1(1,1) + p_est_mv1(1) * h'* R_inv * (zk(1,:)'- h * x_est_mv1(1,1));
for i = 2:N
    p_est_mv1(i) = inv(inv(p_est_mv1(i-1)) + h'* R_inv * h);
    x_est_mv1(i,1) = x_est_mv1(i-1,1) + p_est_mv1(i) * h'* R_inv * (zk(i,:)'- ...
            h * x_est_mv1(i-1,1));
end
figure(1)
plot(t,xk,'b-',t,x_est_wls,'r*-',t,x_est_mv1,'ko-');
xlabel('Time(s)');ylabel('Estimation'); legend('True','RWLS','MV');
set(gca,'FontName','Times New Roman','FontSize',14);
figure(2)
plot(t,x_est_wls-xk,'r*-',t,x_est_mv1-xk,'ko-');
xlabel('Time(s)');ylabel('Estimation Error');
legend('RWLS EstimationError','MV Estimation Error');
set(gca,'FontName','Times New Roman','FontSize',14);
figure(3)
plot(t,p_est_wls,'r*-',t,p_est_mv1,'ko-');
xlabel('Time(s)');ylabel('P'); legend('RWLS','MV');
set(gca,'FontName','Times New Roman','FontSize',14);
```

运行结果如图 8-7～图 8-9 所示。由图可知，当 $\beta=-2\times10^{-4}$ 时，前后时刻的状态之间的相关性较强，RWLS 和 MV 的估计精度都较高。通过仿真发现，计算的 P 阵并不是直接反映状态误差的协方差，而是随着时间变化的理论值，在使用 P 阵的时候需要注意。

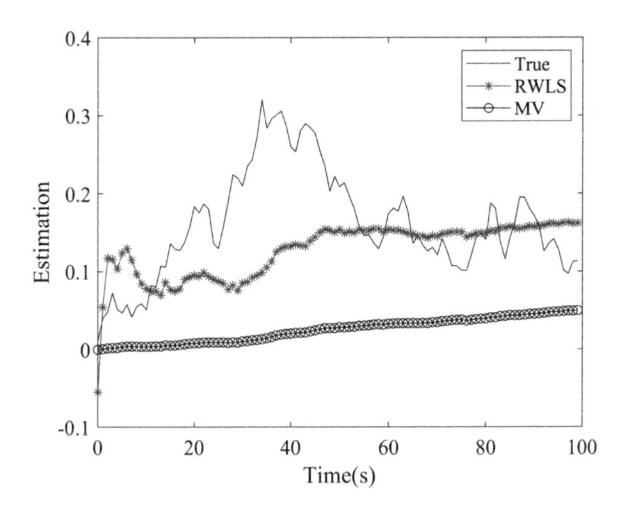

图 8－7　真值和估计值

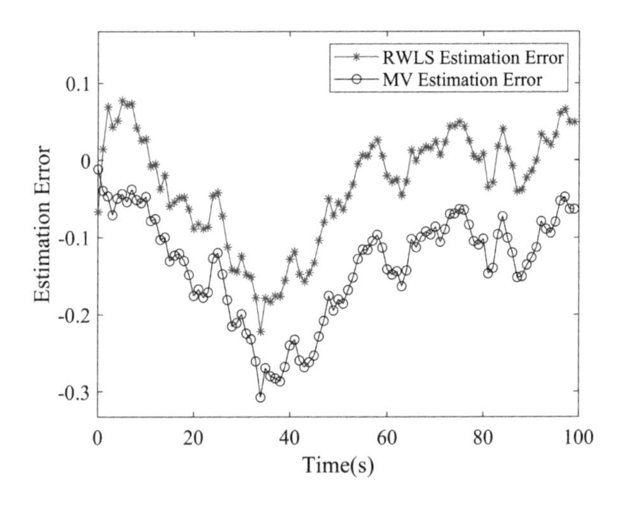

图 8－8　估计误差值

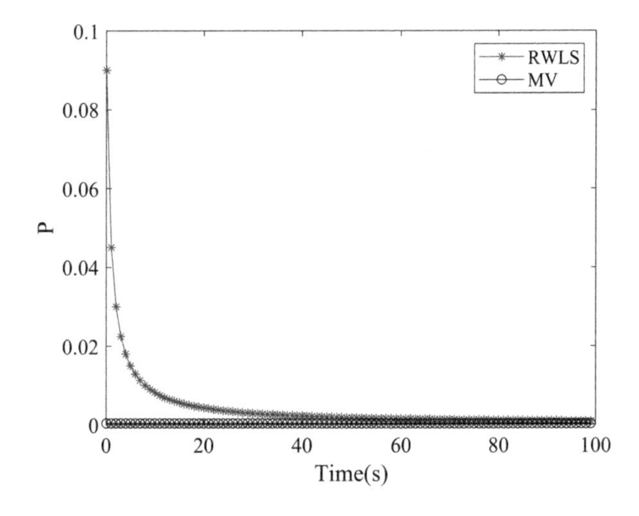

图 8－9　估计协方差矩阵

如果 $\beta=-2$，此时状态之间的关联性减弱，趋近于白噪声，得到的估计结果如图 8-10～图 8-12 所示。由图可知，整体上只能对状态的期望值进行估计，估计结果在真值的期望附近波动。然而，这种结果在当前情境下却是正确合理的，因为此时状态变化迅速，接近于白噪声，很难对其实时波动进行准确估计，这与白噪声的不可预测结论是相符的。

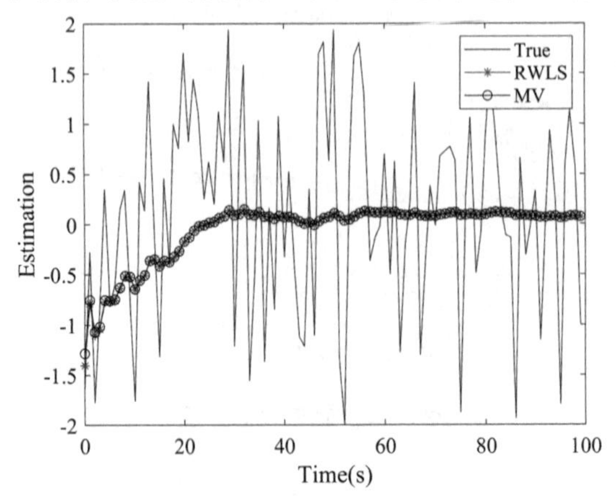

图 8-10　真值和估计值

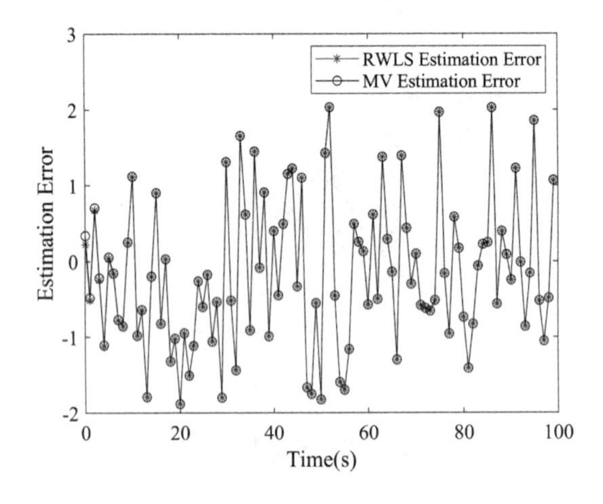

图 8-11　估计误差值

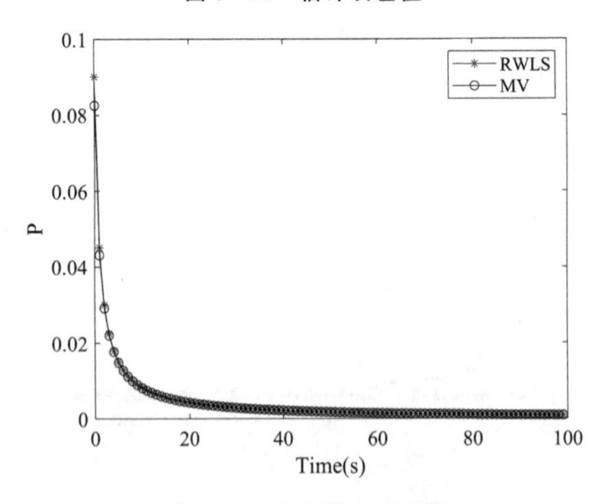

图 8-12　估计协方差矩阵

通过对两种情形下的估计结果进行比较，可以得出在服从 Gauss 分布的假设下，加权最小二乘估计和最小方差估计精度相当。

3. 线性假设下的最小方差估计

由前文可知，当状态和测量量都服从 Gauss 分布时，最小方差的估计结果为测量量的线性组合，且只和状态和测量量的一、二阶矩有关。如果状态和测量量不服从 Gauss 分布，但仍要求估计结果为测量量的线性组合并满足最小方差要求，那么，此时的估计即为线性最小方差估计。下面给出最小方差的估计结果。

设 n 维状态 $\boldsymbol{x}$ 和 m 维测量量 $\boldsymbol{z}$，如果 $\hat{\boldsymbol{x}}_{\mathrm{L}}(\boldsymbol{z})=\boldsymbol{Az}+\boldsymbol{b}$ 满足

$$J=\mathrm{E}\{[\boldsymbol{x}-\hat{\boldsymbol{x}}(\boldsymbol{z})]^{\mathrm{T}}[\boldsymbol{x}-\hat{\boldsymbol{x}}(\boldsymbol{z})]\}\Big|_{\hat{\boldsymbol{x}}(\boldsymbol{z})=\hat{\boldsymbol{x}}_{\mathrm{L}}(\boldsymbol{z})}=\min \tag{8.105}$$

则称 $\hat{\boldsymbol{x}}_{\mathrm{L}}(\boldsymbol{z})$ 为 $\boldsymbol{x}$ 关于 $\boldsymbol{z}$ 的线性最小方差估计，可记为 $\mathrm{E}^{*}(\boldsymbol{x}|\boldsymbol{z})$，其中的星号用于区别最小方差估计。对于任意分布情况，可以证明

$$\hat{\boldsymbol{x}}_{\mathrm{L}}(\boldsymbol{z})=\boldsymbol{m}_x+\boldsymbol{C}_{xz}\boldsymbol{C}_z^{-1}(\boldsymbol{z}-\boldsymbol{m}_z) \tag{8.106}$$

下面对式(8.106)予以证明。

对任一随机向量 $\boldsymbol{w}$，有

$$\begin{aligned}\mathrm{E}(\boldsymbol{w}^{\mathrm{T}}\boldsymbol{w}) &= \mathrm{E}[\mathrm{trace}(\boldsymbol{ww}^{\mathrm{T}})] = \mathrm{trace}[\mathrm{E}(\boldsymbol{ww}^{\mathrm{T}})] \\ &= \mathrm{trace}\{\mathrm{E}\{[\boldsymbol{w}-\mathrm{E}(\boldsymbol{w})+\mathrm{E}(\boldsymbol{w})][\boldsymbol{w}-\mathrm{E}(\boldsymbol{w})+\mathrm{E}(\boldsymbol{w})]^{\mathrm{T}}\}\} \\ &= \mathrm{trace}\{\boldsymbol{C}_w+\mathrm{E}(\boldsymbol{w})\mathrm{E}^{\mathrm{T}}(\boldsymbol{w})+\mathrm{E}[\boldsymbol{w}-\mathrm{E}(\boldsymbol{w})]\mathrm{E}^{\mathrm{T}}(\boldsymbol{w})+\mathrm{E}(\boldsymbol{w})\mathrm{E}^{\mathrm{T}}[\boldsymbol{w}-\mathrm{E}(\boldsymbol{w})]\} \\ &= \mathrm{trace}[\boldsymbol{C}_w+\mathrm{E}(\boldsymbol{w})\mathrm{E}^{\mathrm{T}}(\boldsymbol{w})]\end{aligned} \tag{8.107}$$

设 $\boldsymbol{L}$ 为一确定性系数矩阵，那么

$$\begin{aligned}\mathrm{trace}[\boldsymbol{LC}_z\boldsymbol{L}^{\mathrm{T}}] &= \mathrm{trace}\{\boldsymbol{L}\mathrm{E}[(\boldsymbol{z}-\boldsymbol{m}_z)(\boldsymbol{z}-\boldsymbol{m}_z)^{\mathrm{T}}]\boldsymbol{L}^{\mathrm{T}}\} \\ &= \mathrm{trace}\{\mathrm{E}[[\boldsymbol{L}(\boldsymbol{z}-\boldsymbol{m}_z)][\boldsymbol{L}(\boldsymbol{z}-\boldsymbol{m}_z)]^{\mathrm{T}}]\}\end{aligned} \tag{8.108}$$

令 $\boldsymbol{v}=\boldsymbol{L}(\boldsymbol{z}-\boldsymbol{m}_z)$，则式(8.108)变为

$$\mathrm{trace}[\boldsymbol{LC}_z\boldsymbol{L}^{\mathrm{T}}]=\mathrm{trace}[\mathrm{E}(\boldsymbol{vv}^{\mathrm{T}})] \tag{8.109}$$

由式(8.107)，式(8.109)可进一步写为

$$\mathrm{trace}[\boldsymbol{LC}_z\boldsymbol{L}^{\mathrm{T}}]=\mathrm{trace}[\mathrm{E}(\boldsymbol{vv}^{\mathrm{T}})]=\mathrm{E}(\boldsymbol{v}^{\mathrm{T}}\boldsymbol{v}) \tag{8.110}$$

只有当 $\boldsymbol{v}=\boldsymbol{0}$ 时，式(8.110)才取极小值 0。又因为 $\boldsymbol{z}$ 为一任意随机向量，因此，只有 $\boldsymbol{L}=\boldsymbol{0}$ 时，才可能有 $\boldsymbol{v}=\boldsymbol{0}$，即此时式(8.110)取极小值 0。

设 $\boldsymbol{y}=\boldsymbol{x}-\boldsymbol{Az}-\boldsymbol{b}$，$\boldsymbol{m}_x=\mathrm{E}(\boldsymbol{x})$，$\boldsymbol{m}_z=\mathrm{E}(\boldsymbol{z})$，则有

$$\begin{cases}\mathrm{E}(\boldsymbol{y})=\mathrm{E}(\boldsymbol{x})-\boldsymbol{A}\mathrm{E}(\boldsymbol{z})-\boldsymbol{b}=\boldsymbol{m}_x-\boldsymbol{Am}_z-\boldsymbol{b} \\ \boldsymbol{C}_y=\mathrm{E}\{[\boldsymbol{y}-\mathrm{E}(\boldsymbol{y})][\boldsymbol{y}-\mathrm{E}(\boldsymbol{y})]^{\mathrm{T}}\} \\ \quad=\mathrm{E}\{[(\boldsymbol{x}-\boldsymbol{m}_x)-\boldsymbol{A}(\boldsymbol{z}-\boldsymbol{m}_z)][(\boldsymbol{x}-\boldsymbol{m}_x)-\boldsymbol{A}(\boldsymbol{z}-\boldsymbol{m}_z)]^{\mathrm{T}}\} \\ \quad=\boldsymbol{C}_x+\boldsymbol{AC}_z\boldsymbol{A}^{\mathrm{T}}-\boldsymbol{C}_{xz}\boldsymbol{A}-\boldsymbol{AC}_{zx} \\ \quad=(\boldsymbol{A}-\boldsymbol{C}_{xz}\boldsymbol{C}_z^{-1})\boldsymbol{C}_z(\boldsymbol{A}^{\mathrm{T}}-\boldsymbol{C}_z^{-1}\boldsymbol{C}_{zx})+\boldsymbol{C}_x-\boldsymbol{C}_{xz}\boldsymbol{C}_z^{-1}\boldsymbol{C}_{zx}\end{cases} \tag{8.111}$$

同时有

$$\begin{aligned}J &= \mathrm{E}[(\boldsymbol{x}-\boldsymbol{Az}-\boldsymbol{b})^{\mathrm{T}}(\boldsymbol{x}-\boldsymbol{Az}-\boldsymbol{b})]=\mathrm{E}(\boldsymbol{y}^{\mathrm{T}}\boldsymbol{y})=\mathrm{trace}[\boldsymbol{C}_y+\mathrm{E}(\boldsymbol{y})\mathrm{E}^{\mathrm{T}}(\boldsymbol{y})] \\ &=\mathrm{trace}(\boldsymbol{C}_y)+\mathrm{E}^{\mathrm{T}}(\boldsymbol{y})\mathrm{E}(\boldsymbol{y})=\mathrm{trace}(\boldsymbol{C}_x+\boldsymbol{AC}_z\boldsymbol{A}^{\mathrm{T}}-\boldsymbol{C}_{xz}\boldsymbol{A}-\boldsymbol{AC}_{zx})+\mathrm{E}^{\mathrm{T}}(\boldsymbol{y})\mathrm{E}(\boldsymbol{y}) \\ &=\mathrm{trace}[(\boldsymbol{A}-\boldsymbol{C}_{xz}\boldsymbol{C}_z^{-1})\boldsymbol{C}_z(\boldsymbol{A}^{\mathrm{T}}-\boldsymbol{C}_z^{-1}\boldsymbol{C}_{zx})]+\mathrm{trace}(\boldsymbol{C}_x-\boldsymbol{C}_{xz}\boldsymbol{C}_z^{-1}\boldsymbol{C}_{zx})+\mathrm{E}^{\mathrm{T}}(\boldsymbol{y})\mathrm{E}(\boldsymbol{y})\end{aligned} \tag{8.112}$$

在式(8.112)中，最后一个等式右边的中间项与估计值无关，因此，只关注第一和第三项。由式(8.110)可知，第一项取极小值的条件是

$$\boldsymbol{A}-\boldsymbol{C}_{xz}\boldsymbol{C}_{z}^{-1}=\boldsymbol{0} \tag{8.113}$$

第三项取极小值的条件是

$$\mathrm{E}(\boldsymbol{y})=\boldsymbol{0} \tag{8.114}$$

将式(8.111)和式(8.113)代入式(8.114)，得

$$\boldsymbol{b}=\boldsymbol{m}_x-\boldsymbol{C}_{xz}\boldsymbol{C}_{z}^{-1}\boldsymbol{m}_z \tag{8.115}$$

因此，线性最小方差估计的结果为

$$\hat{\boldsymbol{x}}_{\mathrm{L}}(\boldsymbol{z})=\boldsymbol{m}_x+\boldsymbol{C}_{xz}\boldsymbol{C}_{z}^{-1}(\boldsymbol{z}-\boldsymbol{m}_z) \tag{8.116}$$

对式(8.116)两边同时取期望，可知线性最小方差估计是无偏的。估计偏差协方差矩阵可计算如下：

$$\begin{aligned}\boldsymbol{P}&=\mathrm{E}\{[\boldsymbol{x}-\hat{\boldsymbol{x}}_{\mathrm{L}}(\boldsymbol{z})][\boldsymbol{x}-\hat{\boldsymbol{x}}_{\mathrm{L}}(\boldsymbol{z})]^{\mathrm{T}}\}\\&=\mathrm{E}\{[(\boldsymbol{x}-\boldsymbol{m}_x)-\boldsymbol{C}_{xz}\boldsymbol{C}_z^{-1}(\boldsymbol{z}-\boldsymbol{m}_z)][(\boldsymbol{x}-\boldsymbol{m}_x)-\boldsymbol{C}_{xz}\boldsymbol{C}_z^{-1}(\boldsymbol{z}-\boldsymbol{m}_z)]^{\mathrm{T}}\}\\&=\boldsymbol{C}_x-\boldsymbol{C}_{xz}\boldsymbol{C}_z^{-1}\boldsymbol{C}_{zx}\end{aligned} \tag{8.117}$$

可见线性最小方差估计的结果与Gauss分布条件下的最小方差估计的结果是一样的；但是，线性最小方差估计并未对状态和测量量的分布做任何限制，因此，其应用范围更宽泛些。

【例 8 - 12】 设 $y(t)$ 为零均值标量平稳随机过程，其相关函数为 $R_{yy}(\tau)=\mathrm{E}[y(t)y(t+\tau)]=2\mathrm{e}^{-|\tau|}$，根据 t 时刻的状态 $y(t)$，试用线性最小方差估计 $y(t+T)$。

【解】 设量测值 $y(t)$ 为 z，待估计值 $y(t+T)$ 为 x，则有

$$\begin{cases}C_z=\mathrm{E}[y(t)y(t)]=2\\C_{xz}=\mathrm{E}[y(t+T)y(t)]=2\mathrm{e}^{-T}\end{cases} \tag{8.118}$$

由式(8.106)，可得

$$\hat{x}_{\mathrm{L}}=m_x+C_{xz}C_z^{-1}(z-m_z)=2\mathrm{e}^{-T}\times\frac{1}{2}\times y(t)=\mathrm{e}^{-T}y(t) \tag{8.119}$$

式(8.119)就是关于 $y(t+T)$ 的线性最小方差估计结果，结果表明，可以利用相关函数对多个时刻的状态进行估计。

式(8.119)只是利用了一个时刻的测量结果进行状态估计，实际上，还可以利用更多时刻的测量结果对当前时刻进行估计。例如，如果采用当前时刻 t_k 和上一时刻 t_{k-1} 的量测值进行估计，则有

$$\begin{cases}\boldsymbol{C}_z=\mathrm{E}\left\{\begin{bmatrix}y(t_{k-1})+v_{k-1}\\y(t_k)+v_k\end{bmatrix}[y(t_{k-1})+v_{k-1}\quad y(t_k)+v_k]\right\}=\begin{bmatrix}2+C_v & 2\mathrm{e}^{-\Delta t}\\2\mathrm{e}^{-\Delta t} & 2+C_v\end{bmatrix}\\\boldsymbol{C}_{xz}=\mathrm{E}\{y(t_k)[y(t_{k-1})+v_{k-1}\quad y(t_k)+v_k]\}=[2\mathrm{e}^{-\Delta t}\quad 2]\end{cases} \tag{8.120}$$

式中，$\Delta t=t_k-t_{k-1}$；$C_x=2$。此时线性最小方差估计为

$$\hat{y}(t_k)=\boldsymbol{C}_{xz}\boldsymbol{C}_z^{-1}\boldsymbol{z}=[2\mathrm{e}^{-\Delta t}\quad 2]\begin{bmatrix}2+C_v & 2\mathrm{e}^{-\Delta t}\\2\mathrm{e}^{-\Delta t} & 2+C_v\end{bmatrix}^{-1}\begin{bmatrix}y(t_{k-1})+v_{k-1}\\y(t_k)+v_k\end{bmatrix} \tag{8.121}$$

根据式(8.117)，可以分别计算只用 z_k 的估计方差 P 和同时用 z_k、z_{k-1} 的估计方差 P'，两者做差可以得到

$$P-P'=\frac{4\mathrm{e}^{-2\Delta t}C_v^2}{(2+C_v)[(2+C_v)^2-4\mathrm{e}^{-2\Delta t}]} \tag{8.122}$$

由于 $C_v>0, 4e^{-2\Delta t}<4$，所以，$P-P'>0$，即基于两次测量的估计精度优于基于单次测量的估计精度。虽然该结论是通过本例题得到的，但是，该结论具有普适性，因此，在估计中，应尽可能多地利用测量结果。实际上，在一般估计中，都是利用从初始时刻开始至当前最新测量结果为止的所有测量信息，以实现对当前状态的估计，从而尽可能地提高估计精度。

8.3.4　概率最大估计

1. 极大验后估计

如式(8.78)所示的最小方差估计中，利用了验后条件概率分布密度函数，以得到验后条件期望。实际上，也可以直接对验后条件概率分布密度函数求极值，得到对状态的估计，从信息利用角度看，二者是等价的。下面简单介绍一下基于验后概率分布密度函数的估计方法。

设状态向量 $\boldsymbol{x}$ 在测量向量 $\boldsymbol{z}$ 已知的情况下的条件概率分布密度函数为 $p(\boldsymbol{x}|\boldsymbol{z})$，该密度函数也称为验后概率分布密度函数或后验概率分布密度函数。如果估计值 $\hat{\boldsymbol{x}}_{\mathrm{MA}}(\boldsymbol{z})$ 使

$$p(\boldsymbol{x}|\boldsymbol{z})\Big|_{x=\hat{x}_{\mathrm{MA}}(z)}\rightarrow \max \tag{8.123}$$

则称 $\hat{\boldsymbol{x}}_{\mathrm{MA}}(\boldsymbol{z})$ 为 $\boldsymbol{x}$ 的极大验后估计。

显然，能进行极大验后估计的条件是获得验后概率分布密度函数，而这往往是比较困难的。如果 $\boldsymbol{x}$ 和 $\boldsymbol{z}$ 都服从 Gauss 分布，则极大验后估计与最小方差估计是同等精度的，即

$$\hat{\boldsymbol{x}}_{\mathrm{MA}}(\boldsymbol{z})=\hat{\boldsymbol{x}}_{\mathrm{MV}}(\boldsymbol{z}) \tag{8.124}$$

证明如下：

如果 $\boldsymbol{x}$ 和 $\boldsymbol{z}$ 都服从 Gauss 分布，此时最小方差估计为验后条件期望，所以有

$$p(\boldsymbol{x}|\boldsymbol{z})=\frac{p(\boldsymbol{x},\boldsymbol{z})}{p(\boldsymbol{z})}=\frac{1}{(\sqrt{2\pi})^n\sqrt{|\boldsymbol{P}|}}\exp\left\{-\frac{1}{2}\left[(\boldsymbol{x}^{\mathrm{T}}-\hat{\boldsymbol{x}}_{\mathrm{MV}}^{\mathrm{T}})\boldsymbol{P}^{-1}(\boldsymbol{x}-\hat{\boldsymbol{x}}_{\mathrm{MV}})\right]\right\} \tag{8.125}$$

对式(8.125)两边同时求自然对数，得

$$\ln p(\boldsymbol{x}|\boldsymbol{z})=-\frac{n}{2}\ln 2\pi-\frac{1}{2}\ln|\boldsymbol{P}|-\frac{1}{2}\left[(\boldsymbol{x}^{\mathrm{T}}-\hat{\boldsymbol{x}}_{\mathrm{MV}}^{\mathrm{T}})\boldsymbol{P}^{-1}(\boldsymbol{x}-\hat{\boldsymbol{x}}_{\mathrm{MV}})\right] \tag{8.126}$$

对式(8.126)两边同时求关于 $\boldsymbol{x}$ 的偏导数，得

$$\frac{\partial}{\partial \boldsymbol{x}}\ln p(\boldsymbol{x}|\boldsymbol{z})=-\boldsymbol{P}^{-1}(\boldsymbol{x}-\hat{\boldsymbol{x}}_{\mathrm{MV}}) \tag{8.127}$$

由于 $p(\boldsymbol{x}|\boldsymbol{z})$ 和 $\ln p(\boldsymbol{x}|\boldsymbol{z})$ 的变化趋势是一致的，因此，令式(8.127)为零向量，即可得到验后概率分布密度函数的极大值，得

$$\hat{\boldsymbol{x}}_{\mathrm{MA}}(\boldsymbol{z})=\hat{\boldsymbol{x}}_{\mathrm{MV}}(\boldsymbol{z}) \tag{8.128}$$

此时的极大验后估计与最小方差估计精度相当。

2. 极大似然估计

设测量向量 $\boldsymbol{z}$ 在状态向量 $\boldsymbol{x}$ 已知的情况下的条件概率分布密度函数为 $p(\boldsymbol{z}|\boldsymbol{x})$，该密度函数也称为似然概率分布密度函数或先验概率分布密度函数。如果估计值 $\hat{\boldsymbol{x}}_{\mathrm{ML}}(\boldsymbol{z})$ 使

$$p(\boldsymbol{z}|\boldsymbol{x})\Big|_{x=\hat{x}_{\mathrm{ML}}(z)}\rightarrow \max \tag{8.129}$$

则称 $\hat{\boldsymbol{x}}_{\mathrm{ML}}(\boldsymbol{z})$ 为 $\boldsymbol{x}$ 的极大似然估计。与极大验后估计类似，极大似然估计的基础也是获得似然概率分布密度函数，这在应用中也是比较困难的。不过，一般似然概率分布密度函数要比验后

概率分布密度函数容易建模，因此，虽然极大验后估计的精度一般比极大似然估计的要高，但极大似然估计要比极大验后估计应用更为普遍。

如果 $\boldsymbol{x}$ 的任何验前知识都没有，则极大验后估计与极大似然估计精度相当，具体证明如下。

由 Bayes 公式有

$$p(\boldsymbol{x}|\boldsymbol{z})=\frac{p(\boldsymbol{z}|\boldsymbol{x})p_x(\boldsymbol{x})}{p_z(\boldsymbol{z})} \tag{8.130}$$

对式(8.130)两边同时求自然对数，有

$$\ln p(\boldsymbol{x}|\boldsymbol{z})=\ln p(\boldsymbol{z}|\boldsymbol{x})+\ln p_x(\boldsymbol{x})-\ln p_z(\boldsymbol{z}) \tag{8.131}$$

对式(8.131)两边同时求关于 $\boldsymbol{x}$ 的偏导数，得

$$\frac{\partial}{\partial \boldsymbol{x}}\ln p(\boldsymbol{x}|\boldsymbol{z})=\frac{\partial}{\partial \boldsymbol{x}}\ln p(\boldsymbol{z}|\boldsymbol{x})+\frac{\partial}{\partial \boldsymbol{x}}\ln p_x(\boldsymbol{x}) \tag{8.132}$$

当 $\boldsymbol{x}=\hat{\boldsymbol{x}}_{\mathrm{MA}}(\boldsymbol{z})$ 时，式(8.132)变为

$$\frac{\partial}{\partial \boldsymbol{x}}\ln p(\boldsymbol{z}|\boldsymbol{x})\bigg|_{\boldsymbol{x}=\hat{\boldsymbol{x}}_{\mathrm{MA}}(\boldsymbol{z})}+\frac{\partial}{\partial \boldsymbol{x}}\ln p_x(\boldsymbol{x})\bigg|_{\boldsymbol{x}=\hat{\boldsymbol{x}}_{\mathrm{MA}}(\boldsymbol{z})}=\boldsymbol{0} \tag{8.133}$$

由于 $\boldsymbol{x}$ 的任何验前知识都没有，因此，可任意假设其概率分布密度函数，这里将其设为协方差矩阵无穷大的 Gauss 分布，即

$$p_x(\boldsymbol{x})=\frac{1}{\sqrt{(2\pi)^n|\boldsymbol{C}_x|}}\exp\left[-\frac{1}{2}(\boldsymbol{x}-\boldsymbol{m}_x)^{\mathrm{T}}\boldsymbol{C}_x^{-1}(\boldsymbol{x}-\boldsymbol{m}_x)\right] \tag{8.134}$$

式中，$\boldsymbol{C}_x=\sigma^2\boldsymbol{I}$，$\sigma\to\infty$。对式(8.134)两边同时求自然对数，得

$$\ln p_x(\boldsymbol{x})=-\frac{1}{2}\ln[(2\pi)^n|\boldsymbol{C}_x|]-\frac{1}{2}(\boldsymbol{x}-\boldsymbol{m}_x)^{\mathrm{T}}\boldsymbol{C}_x^{-1}(\boldsymbol{x}-\boldsymbol{m}_x) \tag{8.135}$$

对式(8.135)两边同时求关于 $\boldsymbol{x}$ 的偏导数，得

$$\frac{\partial}{\partial \boldsymbol{x}}\ln p_x(\boldsymbol{x})=-\boldsymbol{C}_x^{-1}(\boldsymbol{x}-\boldsymbol{m}_x)=-\frac{1}{\sigma^2}(\boldsymbol{x}-\boldsymbol{m}_x) \tag{8.136}$$

显然，当 $\sigma\to\infty$ 时，式(8.136)的偏导数趋于零向量，即

$$\frac{\partial}{\partial \boldsymbol{x}}\ln p(\boldsymbol{z}|\boldsymbol{x})\bigg|_{\boldsymbol{x}=\hat{\boldsymbol{x}}_{\mathrm{MA}}(\boldsymbol{z})}=\boldsymbol{0} \tag{8.137}$$

此时取得极大似然估计，因此：

$$\hat{\boldsymbol{x}}_{\mathrm{ML}}(\boldsymbol{z})=\hat{\boldsymbol{x}}_{\mathrm{MA}}(\boldsymbol{z}) \tag{8.138}$$

【例 8-13】 设 n 维随机向量 $\boldsymbol{x}$ 服从 Gauss 分布 $N(\boldsymbol{\mu},\boldsymbol{P})$，$m$ 维测量向量 $\boldsymbol{z}$ 与 $\boldsymbol{x}$ 有线性关系，即

$$\boldsymbol{z}=\boldsymbol{H}\boldsymbol{x}+\boldsymbol{v} \tag{8.139}$$

式中，$\boldsymbol{v}$ 为 m 维量测噪声，服从 Gauss 分布 $N(\boldsymbol{0},\boldsymbol{R})$，$\boldsymbol{x}$ 和 $\boldsymbol{v}$ 不相关。试求 $\hat{\boldsymbol{x}}_{\mathrm{ML}}(\boldsymbol{z})$。

【解】 为了得到极大似然估计，需要构建似然概率分布密度函数，由于 $\boldsymbol{x}$ 和 $\boldsymbol{z}$ 都服从 Gauss 分布，因此，似然概率分布密度函数也服从 Gauss 分布，因而，获取其期望和协方差矩阵即可。由于似然概率分布密度函数服从 Gauss 分布，可以利用 Gauss 分布下的最小方差估计来确定似然期望和协方差矩阵，即

$$\begin{cases}\mathrm{E}(\boldsymbol{z}|\boldsymbol{x})=\mathrm{E}(\boldsymbol{z})+\boldsymbol{C}_{zx}\boldsymbol{C}_x^{-1}[\boldsymbol{x}-\mathrm{E}(\boldsymbol{x})]\\ \boldsymbol{C}_{z|x}=\boldsymbol{C}_z-\boldsymbol{C}_{zx}\boldsymbol{C}_x^{-1}\boldsymbol{C}_{xz}\end{cases} \tag{8.140}$$

由已知条件有

$$\begin{cases} \mathrm{E}(\boldsymbol{x})=\boldsymbol{\mu} \\ \boldsymbol{C}_x=\boldsymbol{P} \\ \mathrm{E}(\boldsymbol{z})=\boldsymbol{H\mu} \\ \boldsymbol{C}_z=\boldsymbol{HPH}^{\mathrm{T}}+\boldsymbol{R} \\ \boldsymbol{C}_{zx}=\boldsymbol{HP} \\ \boldsymbol{C}_{xz}=\boldsymbol{PH}^{\mathrm{T}} \end{cases} \tag{8.141}$$

因此有

$$\begin{cases} \mathrm{E}(\boldsymbol{z}\,|\,\boldsymbol{x})=\boldsymbol{H\mu}+\boldsymbol{HPP}^{-1}(\boldsymbol{x}-\boldsymbol{\mu})=\boldsymbol{Hx} \\ \boldsymbol{C}_{z\,|\,x}=\boldsymbol{HPH}^{\mathrm{T}}+\boldsymbol{R}-\boldsymbol{HPP}^{-1}\boldsymbol{PH}^{\mathrm{T}}=\boldsymbol{R} \end{cases} \tag{8.142}$$

$$p(\boldsymbol{z}\,|\,\boldsymbol{x})=\frac{1}{\sqrt{(2\pi)^m\,|\boldsymbol{R}|}}\exp\left[-\frac{1}{2}(\boldsymbol{z}-\boldsymbol{Hx})^{\mathrm{T}}\boldsymbol{R}^{-1}(\boldsymbol{z}-\boldsymbol{Hx})\right] \tag{8.143}$$

对上式两边同时求自然对数，得

$$\ln p(\boldsymbol{z}\,|\,\boldsymbol{x})=-\frac{1}{2}m\ln(2\pi)-\frac{1}{2}\ln|\boldsymbol{R}|-\frac{1}{2}(\boldsymbol{z}-\boldsymbol{Hx})^{\mathrm{T}}\boldsymbol{R}^{-1}(\boldsymbol{z}-\boldsymbol{Hx}) \tag{8.144}$$

对上式两边同时求关于 $\boldsymbol{x}$ 的偏导数，得

$$\frac{\partial}{\partial \boldsymbol{x}}\ln p(\boldsymbol{z}\,|\,\boldsymbol{x})=-\boldsymbol{H}^{\mathrm{T}}\boldsymbol{R}^{-1}(\boldsymbol{z}-\boldsymbol{Hx}) \tag{8.145}$$

令上式为零向量，得

$$\boldsymbol{x}=(\boldsymbol{H}^{\mathrm{T}}\boldsymbol{R}^{-1}\boldsymbol{H})^{-1}\boldsymbol{H}^{\mathrm{T}}\boldsymbol{R}^{-1}\boldsymbol{z} \tag{8.146}$$

上式即为极大似然估计 $\hat{\boldsymbol{x}}_{\mathrm{ML}}(\boldsymbol{z})$。由结果可知，极大似然估计与加权矩阵为 $\boldsymbol{R}^{-1}$时的 WLS 估计是一样的。

8.4　Kalman 滤波算法

前面分别介绍了基于系统模型的状态预测和基于量测模型的状态滤波方法。由前文可知，如果能够将状态预测和量测滤波的信息进行融合，有可能取得比二者精度更高的估计结果。Kalman 滤波算法就是基于这种思路构建的。下面以离散系统为对象介绍该算法。

8.4.1　递推滤波算法

下面以一个 LS 估计的例子来说明递推滤波器的设计思路。

设一个标量常量 x，对其进行测量，量测方程为

$$z_i=x+v_i \tag{8.147}$$

式中，v_i 为白噪声序列。如果用 LS 估计算法进行估计，则有

$$\begin{cases} \boldsymbol{z}_k=[z_1\quad z_2\quad \cdots\quad z_k]^{\mathrm{T}}=[1\quad 1\quad \cdots\quad 1]^{\mathrm{T}}x+[v_1\quad v_2\quad \cdots\quad v_k]^{\mathrm{T}}=\boldsymbol{H}_k x+\boldsymbol{v}_k \\ \hat{x}_k=(\boldsymbol{H}_k^{\mathrm{T}}\boldsymbol{H}_k)^{-1}\boldsymbol{H}_k^{\mathrm{T}}\boldsymbol{z}_k=\dfrac{1}{k}\displaystyle\sum_{i=1}^{k}z_i \end{cases} \tag{8.148}$$

在获得 z_{k+1}之后，估计值为

$$\hat{x}_{k+1}=(\boldsymbol{H}_{k+1}^{\mathrm{T}}\boldsymbol{H}_{k+1})^{-1}\boldsymbol{H}_{k+1}^{\mathrm{T}}\boldsymbol{z}_{k+1}=\frac{1}{k+1}\sum_{i=1}^{k+1}z_i \tag{8.149}$$

递推滤波器的结构是，$k+1$ 时刻的状态估计只用到 k 时刻的状态估计和 $k+1$ 时刻的测量量，不再需要更早时刻的测量量。下面对式(8.149)进行处理，即

$$\begin{aligned}\hat{x}_{k+1}&=\frac{1}{k+1}\sum_{i=1}^{k+1}z_i=\frac{1}{k+1}\sum_{i=1}^{k}z_i+\frac{z_{k+1}}{k+1}=\frac{k}{k+1}\frac{1}{k}\sum_{i=1}^{k}z_i+\frac{z_{k+1}}{k+1}=\frac{k}{k+1}\hat{x}_k+\frac{z_{k+1}}{k+1}\\&=\hat{x}_k+\frac{1}{k+1}(z_{k+1}-\hat{x}_k)\end{aligned} \tag{8.150}$$

式(8.150)就是典型的递推滤波算法的形式，其中$(z_{k+1}-\hat{x}_k)$一般称为量测残差。

式(8.150)所示的递推算法实际上就是前面所述的 RLS 算法，所以，仍然未将系统方程考虑在内。因此，下面将从系统建模开始，基于递推滤波器的架构，构建离散 Kalman 滤波算法。

8.4.2 模型建立

与之前的 LS 估计和最小方差估计等不同，在 Kalman 滤波中，不仅需要对量测方程进行建模，也需要对状态方程进行建模。由于 Kalman 滤波只针对线性系统，因此，要求状态方程和量测方程均为线性。建模结果一般如下：

设状态变量为 n 维，k 时刻的状态为 $\boldsymbol{x}_k$，k 时刻的 m 维测量量为 $\boldsymbol{z}_k$。状态方程为

$$\boldsymbol{x}_k=\boldsymbol{\Phi}_{k-1}\boldsymbol{x}_{k-1}+\boldsymbol{\Gamma}_{k-1}\boldsymbol{w}_{k-1} \tag{8.151}$$

式中，$\boldsymbol{\Phi}_{k-1}$为状态转移矩阵；$\boldsymbol{\Gamma}_{k-1}$为状态噪声系数矩阵；$\boldsymbol{w}_{k-1}$为状态噪声，一般设为零期望白噪声，$\mathrm{E}(\boldsymbol{w}_k\boldsymbol{w}_j^{\mathrm{T}})=\boldsymbol{Q}_k\delta_{kj}$，$\boldsymbol{Q}_k$ 为状态噪声协方差矩阵，一般为非负定。

量测方程为

$$\boldsymbol{z}_k=\boldsymbol{H}_k\boldsymbol{x}_k+\boldsymbol{v}_k \tag{8.152}$$

式中，$\boldsymbol{H}_k$ 为量测矩阵；$\boldsymbol{v}_k$ 为量测噪声，一般设为零期望白噪声，$\mathrm{E}(\boldsymbol{v}_k\boldsymbol{v}_j^{\mathrm{T}})=\boldsymbol{R}_k\delta_{kj}$，且 $\mathrm{E}(\boldsymbol{w}_k\boldsymbol{v}_j^{\mathrm{T}})=\boldsymbol{0}$，即 $\boldsymbol{w}_k$ 与 $\boldsymbol{v}_k$ 不相关。

8.4.3 算法推导

设 k 时刻状态的一步预测估计结果为$\hat{\boldsymbol{x}}_k(-)$，量测滤波修正结果为$\hat{\boldsymbol{x}}_k(+)$，相应的估计偏差定义为

$$\begin{cases}\tilde{\boldsymbol{x}}_k(+)=\hat{\boldsymbol{x}}_k(+)-\boldsymbol{x}_k\\\tilde{\boldsymbol{x}}_k(-)=\hat{\boldsymbol{x}}_k(-)-\boldsymbol{x}_k\end{cases} \tag{8.153}$$

先基于状态方程进行一步预测如下：

假设 $k-1$ 时刻的量测滤波修正的状态估计为$\hat{\boldsymbol{x}}_{k-1}(+)$，考虑到白噪声不可预测，因此，有

$$\hat{\boldsymbol{x}}_k(-)=\boldsymbol{\Phi}_{k-1}\hat{\boldsymbol{x}}_{k-1}(+) \tag{8.154}$$

估计偏差为

$$\tilde{\boldsymbol{x}}_k(-)=\hat{\boldsymbol{x}}_k(-)-\boldsymbol{x}_k=\boldsymbol{\Phi}_{k-1}\hat{\boldsymbol{x}}_{k-1}(+)-\boldsymbol{\Phi}_{k-1}\boldsymbol{x}_{k-1}-\boldsymbol{\Gamma}_{k-1}\boldsymbol{w}_{k-1}=\boldsymbol{\Phi}_{k-1}\tilde{\boldsymbol{x}}_{k-1}(+)-\boldsymbol{\Gamma}_{k-1}\boldsymbol{w}_{k-1} \tag{8.155}$$

设 $\mathrm{E}[\tilde{\boldsymbol{x}}_{k-1}(+)]=\boldsymbol{0}$，即上一时刻量测修正是无偏的，代入式(8.155)有

$$\mathrm{E}[\tilde{\boldsymbol{x}}_k(-)]=\boldsymbol{\Phi}_{k-1}\mathrm{E}[\tilde{\boldsymbol{x}}_{k-1}(+)]-\boldsymbol{\Gamma}_{k-1}\mathrm{E}(\boldsymbol{w}_{k-1})=\boldsymbol{0} \tag{8.156}$$

一步预测的估计偏差协方差矩阵为

$$\begin{aligned}\boldsymbol{P}_k(-)&=\mathrm{E}[\tilde{\boldsymbol{x}}_k(-)\tilde{\boldsymbol{x}}_k^{\mathrm{T}}(-)]\\&=\mathrm{E}\{[\boldsymbol{\Phi}_{k-1}\tilde{\boldsymbol{x}}_{k-1}(+)-\boldsymbol{\Gamma}_{k-1}\boldsymbol{w}_{k-1}][\boldsymbol{\Phi}_{k-1}\tilde{\boldsymbol{x}}_{k-1}(+)-\boldsymbol{\Gamma}_{k-1}\boldsymbol{w}_{k-1}]^{\mathrm{T}}\}\\&=\boldsymbol{\Phi}_{k-1}\mathrm{E}[\tilde{\boldsymbol{x}}_{k-1}(+)\tilde{\boldsymbol{x}}_{k-1}^{\mathrm{T}}(+)]\boldsymbol{\Phi}_{k-1}^{\mathrm{T}}+\boldsymbol{\Gamma}_{k-1}\mathrm{E}(\boldsymbol{w}_{k-1}\boldsymbol{w}_{k-1}^{\mathrm{T}})\boldsymbol{\Gamma}_{k-1}^{\mathrm{T}}\\&=\boldsymbol{\Phi}_{k-1}\boldsymbol{P}_{k-1}(+)\boldsymbol{\Phi}_{k-1}^{\mathrm{T}}+\boldsymbol{\Gamma}_{k-1}\boldsymbol{Q}_{k-1}\boldsymbol{\Gamma}_{k-1}^{\mathrm{T}}\end{aligned} \tag{8.157}$$

式中，设状态与状态噪声不相关，即 $\mathrm{E}[\tilde{\boldsymbol{x}}_{k-1}(+)\boldsymbol{w}_{k-1}^{\mathrm{T}}]=\mathrm{E}[\boldsymbol{w}_{k-1}\tilde{\boldsymbol{x}}_{k-1}^{\mathrm{T}}(+)]=\boldsymbol{0}$。

下面再按照递推滤波算法的架构，构建量测修正估计，即

$$\hat{\boldsymbol{x}}_k(+)=\boldsymbol{K}_k'\hat{\boldsymbol{x}}_k(-)+\boldsymbol{K}_k\boldsymbol{z}_k \tag{8.158}$$

式中，$\boldsymbol{K}_k'$ 和 $\boldsymbol{K}_k$ 为待定的加权系数矩阵。显然，这里采用的是线性估计。在式(8.158)中之所以用 $\hat{\boldsymbol{x}}_k(-)$ 与 $\boldsymbol{z}_k$ 进行加权，而不是用 $\hat{\boldsymbol{x}}_{k-1}(+)$，是因为通过一步预测，$\hat{\boldsymbol{x}}_k(-)$ 包含状态方程的信息，因而 $\hat{\boldsymbol{x}}_k(-)$ 的精度可能会比 $\hat{\boldsymbol{x}}_{k-1}(+)$ 更高。剩下的问题是如何确定两个加权系数矩阵，这里采用无偏和最小方差准则来确定，推导过程如下：

首先考虑无偏估计，有

$$\begin{aligned}\mathrm{E}[\hat{\boldsymbol{x}}_k(+)-\boldsymbol{x}_k]&=\boldsymbol{K}'_k\mathrm{E}[\hat{\boldsymbol{x}}_k(-)]+\boldsymbol{K}_k\mathrm{E}(\boldsymbol{z}_k)-\mathrm{E}(\boldsymbol{x}_k)\\&=\boldsymbol{K}'_k\mathrm{E}[\hat{\boldsymbol{x}}_k(-)-\boldsymbol{x}_k]+\boldsymbol{K}'_k\mathrm{E}(\boldsymbol{x}_k)+\boldsymbol{K}_k\mathrm{E}(\boldsymbol{H}_k\boldsymbol{x}_k+\boldsymbol{v}_k)-\mathrm{E}(\boldsymbol{x}_k)\\&=\boldsymbol{K}'_k\mathrm{E}[\tilde{\boldsymbol{x}}_k(-)]+(\boldsymbol{K}'_k+\boldsymbol{K}_k\boldsymbol{H}_k-\boldsymbol{I})\mathrm{E}(\boldsymbol{x}_k)+\boldsymbol{K}_k\mathrm{E}(\boldsymbol{v}_k)\\&=(\boldsymbol{K}'_k+\boldsymbol{K}_k\boldsymbol{H}_k-\boldsymbol{I})\mathrm{E}(\boldsymbol{x}_k)=\boldsymbol{0}\end{aligned} \tag{8.159}$$

考虑到 $\boldsymbol{x}_k$ 为任意随机向量，所以 $\mathrm{E}(\boldsymbol{x}_k)$ 不可能恒为零，那么只能是其系数矩阵为零，即

$$\boldsymbol{K}_k'+\boldsymbol{K}_k\boldsymbol{H}_k-\boldsymbol{I}=\boldsymbol{0} \tag{8.160}$$

再利用最小方差估计准则，有

$$\begin{aligned}J&=\mathrm{E}[\tilde{\boldsymbol{x}}_k^{\mathrm{T}}(+)\tilde{\boldsymbol{x}}_k(+)]\\&=\mathrm{E}\{[(\boldsymbol{I}-\boldsymbol{K}_k\boldsymbol{H}_k)\tilde{\boldsymbol{x}}_k(-)+\boldsymbol{K}_k\boldsymbol{v}_k]^{\mathrm{T}}[(\boldsymbol{I}-\boldsymbol{K}_k\boldsymbol{H}_k)\tilde{\boldsymbol{x}}_k(-)+\boldsymbol{K}_k\boldsymbol{v}_k]\}\\&=(\boldsymbol{I}-\boldsymbol{K}_k\boldsymbol{H}_k)^{\mathrm{T}}\mathrm{E}[\tilde{\boldsymbol{x}}_k^{\mathrm{T}}(-)\tilde{\boldsymbol{x}}_k(-)](\boldsymbol{I}-\boldsymbol{K}_k\boldsymbol{H}_k)+\boldsymbol{K}_k^{\mathrm{T}}\mathrm{E}(\boldsymbol{v}_k^{\mathrm{T}}\boldsymbol{v}_k)\boldsymbol{K}_k\\&=\mathrm{trace}[(\boldsymbol{I}-\boldsymbol{K}_k\boldsymbol{H}_k)\boldsymbol{P}_k(-)(\boldsymbol{I}-\boldsymbol{K}_k\boldsymbol{H}_k)^{\mathrm{T}}+\boldsymbol{K}_k\boldsymbol{R}_k\boldsymbol{K}_k^{\mathrm{T}}]\end{aligned} \tag{8.161}$$

在式(8.161)中，$\boldsymbol{K}_k$ 为待定增益矩阵。考虑到式(8.161)为二次型的形式，肯定有极小值，因此，求 J 关于 $\boldsymbol{K}_k$ 的梯度，并令其为零，即为极小值点，即

$$\frac{\partial J}{\partial \mathbf{K}_k}=-2(\boldsymbol{I}-\boldsymbol{K}_k\boldsymbol{H}_k)\boldsymbol{P}_k(-)\boldsymbol{H}_k^{\mathrm{T}}+2\boldsymbol{K}_k\boldsymbol{R}_k=\boldsymbol{0} \tag{8.162}$$

其中用到了

$$\frac{\partial}{\partial \boldsymbol{A}}[\mathrm{trace}(\boldsymbol{ABA}^{\mathrm{T}})]=2\boldsymbol{AB} \tag{8.163}$$

式中，$\boldsymbol{B}$ 为对称阵。由式(8.162)可得

$$\boldsymbol{K}_k=\boldsymbol{P}_k(-)\boldsymbol{H}_k^{\mathrm{T}}\ [\boldsymbol{H}_k\boldsymbol{P}_k(-)\boldsymbol{H}_k^{\mathrm{T}}+\boldsymbol{R}_k]^{-1} \tag{8.164}$$

将式(8.160)和式(8.164)的结果代入式(8.158)，得

$$\hat{\boldsymbol{x}}_k(+)=\hat{\boldsymbol{x}}_k(-)+\boldsymbol{K}_k[\boldsymbol{z}_k-\boldsymbol{H}_k\hat{\boldsymbol{x}}_k(-)] \tag{8.165}$$

式(8.159)已经保证量测修正估计也是无偏的，即具有无偏保持性。下面确定其估计偏差

协方差矩阵。

$$\begin{aligned}\boldsymbol{P}_k(+) &= \mathrm{E}[\tilde{\boldsymbol{x}}_k(+)\tilde{\boldsymbol{x}}_k^{\mathrm{T}}(+)] \\ &= \mathrm{E}\{[(\boldsymbol{I}-\boldsymbol{K}_k\boldsymbol{H}_k)\tilde{\boldsymbol{x}}_k(-)+\boldsymbol{K}_k\boldsymbol{v}_k][(\boldsymbol{I}-\boldsymbol{K}_k\boldsymbol{H}_k)\tilde{\boldsymbol{x}}_k(-)+\boldsymbol{K}_k\boldsymbol{v}_k]^{\mathrm{T}}\} \\ &= (\boldsymbol{I}-\boldsymbol{K}_k\boldsymbol{H}_k)\mathrm{E}[\tilde{\boldsymbol{x}}_k(-)\tilde{\boldsymbol{x}}_k^{\mathrm{T}}(-)](\boldsymbol{I}-\boldsymbol{K}_k\boldsymbol{H}_k)^{\mathrm{T}}+\boldsymbol{K}_k\mathrm{E}(\boldsymbol{v}_k\boldsymbol{v}_k^{\mathrm{T}})\boldsymbol{K}_k^{\mathrm{T}} \\ &= (\boldsymbol{I}-\boldsymbol{K}_k\boldsymbol{H}_k)\boldsymbol{P}_k(-)(\boldsymbol{I}-\boldsymbol{K}_k\boldsymbol{H}_k)^{\mathrm{T}}+\boldsymbol{K}_k\boldsymbol{R}_k\boldsymbol{K}_k^{\mathrm{T}}\end{aligned} \tag{8.166}$$

将式(8.164)代入式(8.166)，化简得

$$\begin{aligned}\boldsymbol{P}_k(+) &= (\boldsymbol{I}-\boldsymbol{K}_k\boldsymbol{H}_k)\boldsymbol{P}_k(-)(\boldsymbol{I}-\boldsymbol{K}_k\boldsymbol{H}_k)^{\mathrm{T}}+\boldsymbol{K}_k\boldsymbol{R}_k\boldsymbol{K}_k^{\mathrm{T}} \\ &= \boldsymbol{P}_k(-)-\boldsymbol{K}_k\boldsymbol{H}_k\boldsymbol{P}_k(-)-\boldsymbol{P}_k(-)\boldsymbol{H}_k^{\mathrm{T}}\boldsymbol{K}_k^{\mathrm{T}}+\boldsymbol{K}_k\boldsymbol{H}_k\boldsymbol{P}_k(-)\boldsymbol{H}_k^{\mathrm{T}}\boldsymbol{K}_k^{\mathrm{T}}+\boldsymbol{K}_k\boldsymbol{R}_k\boldsymbol{K}_k^{\mathrm{T}} \\ &= \boldsymbol{P}_k(-)-\boldsymbol{K}_k\boldsymbol{H}_k\boldsymbol{P}_k(-)-\boldsymbol{P}_k(-)\boldsymbol{H}_k^{\mathrm{T}}\boldsymbol{K}_k^{\mathrm{T}}+\boldsymbol{K}_k[\boldsymbol{H}_k\boldsymbol{P}_k(-)\boldsymbol{H}_k^{\mathrm{T}}+\boldsymbol{R}_k]\boldsymbol{K}_k^{\mathrm{T}} \\ &= (\boldsymbol{I}-\boldsymbol{K}_k\boldsymbol{H}_k)\boldsymbol{P}_k(-)-\boldsymbol{P}_k(-)\boldsymbol{H}_k^{\mathrm{T}}\boldsymbol{K}_k^{\mathrm{T}}+ \\ &\quad \boldsymbol{P}_k(-)\boldsymbol{H}_k^{\mathrm{T}}[\boldsymbol{H}_k\boldsymbol{P}_k(-)\boldsymbol{H}_k^{\mathrm{T}}+\boldsymbol{R}_k]^{-1}[\boldsymbol{H}_k\boldsymbol{P}_k(-)\boldsymbol{H}_k^{\mathrm{T}}+\boldsymbol{R}_k]\boldsymbol{K}_k^{\mathrm{T}} \\ &= (\boldsymbol{I}-\boldsymbol{K}_k\boldsymbol{H}_k)\boldsymbol{P}_k(-)\end{aligned} \tag{8.167}$$

至此，离散 Kalman 滤波算法推导结束。

8.4.4 离散 Kalman 滤波算法

将上述推导结果总结如下。

① 系统建模

状态模型：

$$\begin{cases}\boldsymbol{x}_k=\boldsymbol{\Phi}_{k-1}\boldsymbol{x}_{k-1}+\boldsymbol{w}_{k-1} \\ \mathrm{E}(\boldsymbol{w}_k)=\boldsymbol{0} \\ \mathrm{E}(\boldsymbol{w}_k\boldsymbol{w}_j^{\mathrm{T}})=\boldsymbol{Q}_k\delta_{kj}\end{cases} \tag{8.168}$$

量测模型：

$$\begin{cases}\boldsymbol{z}_k=\boldsymbol{H}_k\boldsymbol{x}_k+\boldsymbol{v}_k \\ \mathrm{E}(\boldsymbol{v}_k)=\boldsymbol{0} \\ \mathrm{E}(\boldsymbol{v}_k\boldsymbol{v}_j^{\mathrm{T}})=\boldsymbol{R}_k\delta_{kj} \\ \mathrm{E}(\boldsymbol{w}_k\boldsymbol{v}_j^{\mathrm{T}})=\boldsymbol{0}\end{cases} \tag{8.169}$$

② 初始条件

如果知道状态的初始统计特性，则初始条件可设为

$$\begin{cases}\hat{\boldsymbol{x}}_0(-)=\mathrm{E}[\boldsymbol{x}(0)] \\ \boldsymbol{P}_0(-)=\mathrm{E}\{[\hat{\boldsymbol{x}}_0(-)-\boldsymbol{x}(0)][\hat{\boldsymbol{x}}_0(-)-\boldsymbol{x}(0)]^{\mathrm{T}}\}\end{cases} \tag{8.170}$$

③ 滤波算法

一步预测：

$$\begin{cases}\hat{\boldsymbol{x}}_k(-)=\boldsymbol{\Phi}_{k-1}\hat{\boldsymbol{x}}_{k-1}(+) \\ \boldsymbol{P}_k(-)=\boldsymbol{\Phi}_{k-1}\boldsymbol{P}_{k-1}(+)\boldsymbol{\Phi}_{k-1}^{\mathrm{T}}+\boldsymbol{\Gamma}_{k-1}\boldsymbol{Q}_{k-1}\boldsymbol{\Gamma}_{k-1}^{\mathrm{T}}\end{cases} \tag{8.171}$$

量测更新(修正)：

$$\begin{cases}\boldsymbol{K}_k=\boldsymbol{P}_k(-)\boldsymbol{H}_k^{\mathrm{T}}\left[\boldsymbol{H}_k\boldsymbol{P}_k(-)\boldsymbol{H}_k^{\mathrm{T}}+\boldsymbol{R}_k\right]^{-1}\\ \hat{\boldsymbol{x}}_k(+)=\hat{\boldsymbol{x}}_k(-)+\boldsymbol{K}_k\left[\boldsymbol{z}_k-\boldsymbol{H}_k\hat{\boldsymbol{x}}_k(-)\right]\\ \boldsymbol{P}_k(+)=(\boldsymbol{I}-\boldsymbol{K}_k\boldsymbol{H}_k)\boldsymbol{P}_k(-)(\boldsymbol{I}-\boldsymbol{K}_k\boldsymbol{H}_k)^{\mathrm{T}}+\boldsymbol{K}_k\boldsymbol{R}_k\boldsymbol{K}_k^{\mathrm{T}}\end{cases}\tag{8.172}$$

可以证明，关于增益矩阵和量测更新的协方差矩阵有如下同等表达式：

$$\begin{cases}\boldsymbol{K}_k=\boldsymbol{P}_k(+)\boldsymbol{H}_k^{\mathrm{T}}\boldsymbol{R}_k^{-1}\\ \boldsymbol{P}_k(+)=\left[\boldsymbol{P}_k^{-1}(-)+\boldsymbol{H}_k^{\mathrm{T}}\boldsymbol{R}_k^{-1}\boldsymbol{H}_k\right]^{-1}\end{cases}\tag{8.173}$$

【例 8-14】 设一物体做匀加速直线运动，利用 BDS 接收机对其进行定位。试利用 Kalman 滤波算法对该物体的位置、速度和加速度进行估计。

【解】 由题意，设三个状态量分别为位置 r、速度 v 和加速度 a，即 $\boldsymbol{x}=[r\quad v\quad a]^{\mathrm{T}}$，物体运动的系统状态方程为

$$\dot{\boldsymbol{x}}=\begin{bmatrix}\dot{r}\\ \dot{v}\\ \dot{a}\end{bmatrix}=\begin{bmatrix}0&1&0\\0&0&1\\0&0&0\end{bmatrix}\begin{bmatrix}r\\ v\\ a\end{bmatrix}=\boldsymbol{A}\boldsymbol{x}\tag{8.174}$$

离散化之后的状态方程为

$$\boldsymbol{x}_{k+1}=\boldsymbol{F}\boldsymbol{x}_k\tag{8.175}$$

其中，

$$\boldsymbol{F}=\mathrm{e}^{\boldsymbol{A}T}=\boldsymbol{I}+\boldsymbol{A}T+\frac{1}{2!}(\boldsymbol{A}T)^2+\cdots=\begin{bmatrix}1&T&\dfrac{T^2}{2}\\0&1&T\\0&0&1\end{bmatrix}\tag{8.176}$$

由于该系统不存在模型噪声，于是有 $\mathrm{E}(\boldsymbol{w}_k\boldsymbol{w}_j^{\mathrm{T}})=\boldsymbol{Q}_k\delta_{kj}=\boldsymbol{0}$。

基于 BDS 接收机输出的定位结果，可以构建如下量测方程：

$$z_k=\boldsymbol{H}\boldsymbol{x}_k+v_k=[1\quad 0\quad 0]\boldsymbol{x}_k+v_k\tag{8.177}$$

式中，$v_k\sim N(0,R_k)$；$R_k=\sigma^2$。

显然，该系统模型满足 Kalman 滤波算法的要求，因此，可以利用离散 Kalman 滤波算法进行状态预测和滤波，有关滤波方程不再给出。下面对协方差矩阵进行分析。一步预测的协方差矩阵为

$$\boldsymbol{P}_k(-)=\boldsymbol{\Phi}_{k-1}\boldsymbol{P}_{k-1}(+)\boldsymbol{\Phi}_{k-1}^{\mathrm{T}}\tag{8.178}$$

增益矩阵为

$$\boldsymbol{K}_k=\boldsymbol{P}_k(-)\boldsymbol{H}_k^{\mathrm{T}}\left[\boldsymbol{H}_k\boldsymbol{P}_k(-)\boldsymbol{H}_k^{\mathrm{T}}+R_k\right]^{-1}=\begin{bmatrix}P_k(-)_{11}\\P_k(-)_{21}\\P_k(-)_{31}\end{bmatrix}\frac{1}{P_k(-)_{11}+\sigma^2}\tag{8.179}$$

后验协方差矩阵为

$$\begin{aligned}\boldsymbol{P}_k(+)&=(\boldsymbol{I}-\boldsymbol{K}_k\boldsymbol{H}_k)\boldsymbol{P}_k(-)\\&=\boldsymbol{P}_k(-)-\frac{1}{P_k(-)_{11}+\sigma^2}\begin{bmatrix}P_k(-)_{11}^2&P_k(-)_{11}P_k(-)_{12}&P_k(-)_{11}P_k(-)_{13}\\P_k(-)_{21}P_k(-)_{11}&P_k(-)_{21}P_k(-)_{12}&P_k(-)_{12}P_k(-)_{13}\\P_k(-)_{31}P_k(-)_{11}&P_k(-)_{31}P_k(-)_{12}&P_k(-)_{31}P_k(-)_{13}\end{bmatrix}\end{aligned}\tag{8.180}$$

先验和后验协方差矩阵的迹分别为

$$\mathrm{tr}[\boldsymbol{P}_k(-)] = P_k(-)_{11} + P_k(-)_{22} + P_k(-)_{33} \tag{8.181}$$

$$\mathrm{tr}[\boldsymbol{P}_k(+)] = \mathrm{tr}[\boldsymbol{P}_k(-)] - \frac{P_k(-)_{11}^2 + P_k(-)_{21}^2 + P_k(-)_{31}^2}{P_k(-)_{11} + \sigma^2} \tag{8.182}$$

在推导式(8.182)的过程中，认为 $\boldsymbol{P}_k(-)$是对称矩阵。由式(8.182)可知，通过量测更新之后，状态估计值的协方差矩阵迹变小了。图 8－13 和图 8－14 分别给出了位置估计偏差的先验和后验协方差对应项在估计过程中的局部和整体变化情况。由图可知，位置估计偏差总体上是收敛的，但在局部存在先增加后减小的振荡过程，预测对应的估计偏差会增大，而量测修正(滤波)对应的估计偏差会减小。

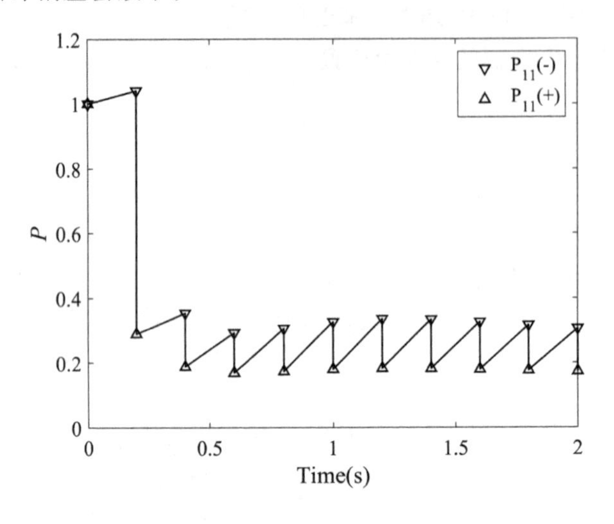

图 8－13　先验和后验估计协方差矩阵(局部图)

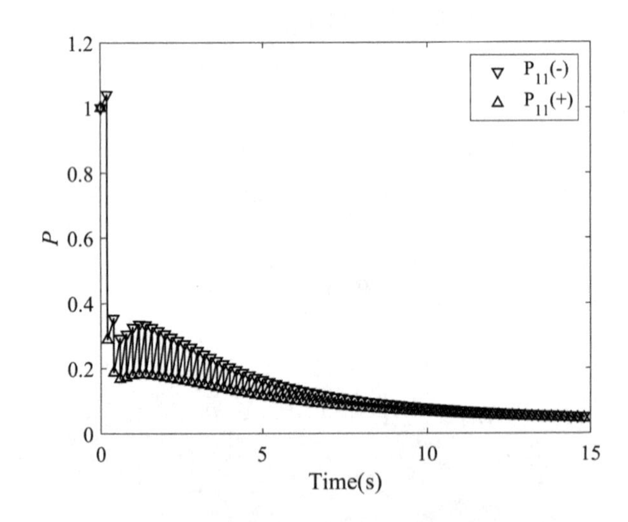

图 8－14　先验和后验估计协方差矩阵(整体图)

图 8－15 给出了位置估计误差，并将其与位置测量误差进行对比。总体上看，与位置测量误差相比，滤波后的位置估计误差更小。

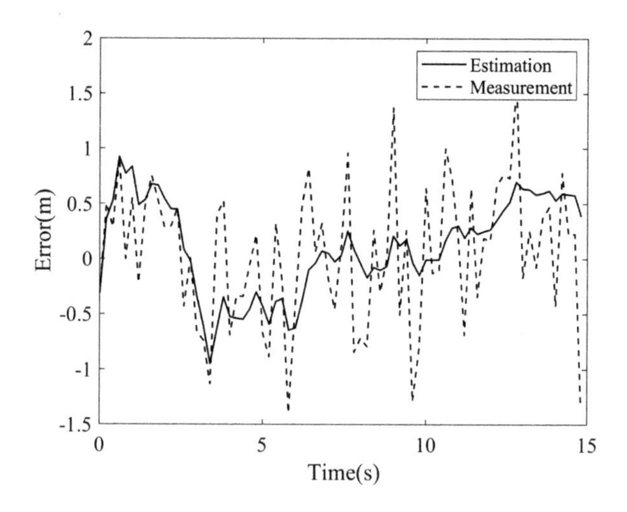

图 8 - 15　估计误差和量测误差

相应的 MATLAB 代码如下：

```
clear; close all;clc;
T = 0.2;  Phi = [1 T  0.5 * T^2;0 1 T;0 0 1]; G = [0 0 T]'; H = [1 0 0];
Q = 0; R = 0.4; I = eye(3); N = 15/T;
xr(:,1) = randn(3,1); xe(:,1) = zeros(3,1);
Ppos = eye(3); Psave(:,1:2) = [diag(Ppos) diag(Ppos)];
for i = 2:N
    x(:,i) = Phi * xe(:,i - 1);
    Pneg = Phi * Ppos * Phi' + G * Q * G';
    w = Q^0.5 * randn; xr(:,i) = Phi * xr(:,i - 1) + G * w;
    v = R^0.5 * randn; z(:,i) = H * xr(:,i) + v;
    K(:,i) = Pneg * H' * inv(H * Pneg * H' + R);
    Ppos = (I - K(:,i) * H) * Pneg * (I - K(:,i) * H)' + K(:,i) * R * K(:,i)';
    xe(:,i) = x(:,i) + K(:,i) * (z(:,i) - H * x(:,i));
    Psave(:,2 * i - 1:2 * i) = [diag(Pneg) diag(Ppos)];
end
err1 = xr - xe; err2 = xr(1,:) - z;
t1 = T * (0:N - 1);
t2 = [T * (0:N - 1);T * (0:N - 1)];
t2 = reshape(t2,2 * N,1);
figure
plot(t2(1:2:22),Psave(1,1:2:22),'kv','linewidth',1);hold on;
plot(t2(2:2:22),Psave(1,2:2:22),'k^','linewidth',1);hold on;
plot(t2(1:22),Psave(1,1:22),'k - ','linewidth',1);hold on;
legend('P_{11}( - )','P_{11}( + )');xlabel('Time(s)'); ylabel('\itP');
set(gca,'FontName','Times New Roman','FontSize',14);
figure
plot(t2(1:2:end),Psave(1,1:2:end),'kv','linewidth',1);hold on;
plot(t2(2:2:end),Psave(1,2:2:end),'k^','linewidth',1);hold on;
plot(t2(1:end),Psave(1,1:end),'k - ','linewidth',1);hold on;
legend('P_{11}( - )','P_{11}( + )');xlabel('Time(s)'); ylabel('\itP');
```

```
set(gca,'FontName','Times New Roman','FontSize',14);
figure
plot(t1,err1(1,:),'k-','linewidth',1); hold on;
plot(t1,err2,'k--','linewidth',1);
legend('Estimation','Measurement');
xlabel('Time(s)'); ylabel('Error(m)');
set(gca,'FontName','Times New Roman','FontSize',14);
```

【例 8-15】 设一物体做直线运动，t_k 时刻的位移、速度、加速度和加加速度（加速度的变化率）分别为 r_k、v_k、a_k 和 j_k，只对位移进行测量，有

$$\begin{cases} z_k = r_k + \upsilon_k \\ \mathrm{E}(\upsilon_k) = \mathrm{E}(j_k) = 0 \\ \mathrm{E}(\upsilon_k \upsilon_j) = R\delta_{kj} \\ \mathrm{E}(j_k j_j) = Q\delta_{kj} \end{cases} \tag{8.183}$$

υ_k 和 j_k 不相关，采样周期为 T。试对 r_k、v_k 和 a_k 进行估计。

【解】 由题意，设状态变量 $\boldsymbol{x}_k = [r_k \quad v_k \quad a_k]^{\mathrm{T}}$，考虑到加加速度为白噪声扰动，建立如下离散的状态方程：

$$\begin{cases} r_k = r_{k-1} + v_{k-1}T + a_{k-1}\dfrac{T^2}{2} \\ v_k = v_{k-1} + a_{k-1}T \\ a_k = a_{k-1} + j_{k-1}T \end{cases} \tag{8.184}$$

也可写成

$$\boldsymbol{x}_k = \begin{bmatrix} 1 & T & \dfrac{T^2}{2} \\ 0 & 1 & T \\ 0 & 0 & 1 \end{bmatrix} \begin{bmatrix} r_{k-1} \\ v_{k-1} \\ a_{k-1} \end{bmatrix} + \begin{bmatrix} 0 \\ 0 \\ T \end{bmatrix} j_{k-1} = \boldsymbol{\Phi x}_{k-1} + \boldsymbol{\Gamma} j_{k-1} \tag{8.185}$$

量测模型为

$$z_k = r_k + \upsilon_k = [1 \quad 0 \quad 0] \begin{bmatrix} r_k \\ v_k \\ a_k \end{bmatrix} + \upsilon_k = \boldsymbol{H x}_k + \upsilon_k \tag{8.186}$$

显然符合 Kalman 滤波条件，因此按照 Kalman 滤波进行估计如下：

$$\begin{cases} \hat{\boldsymbol{x}}_k(-) = \boldsymbol{\Phi} \hat{\boldsymbol{x}}_{k-1}(+) \\ \boldsymbol{P}_k(-) = \boldsymbol{\Phi P}_{k-1}(+)\boldsymbol{\Phi}^{\mathrm{T}} + \boldsymbol{\Gamma Q}_{k-1}\boldsymbol{\Gamma}^{\mathrm{T}} \\ \boldsymbol{K}_k = \boldsymbol{P}_k(-)\boldsymbol{H}^{\mathrm{T}} [\boldsymbol{HP}_k(-)\boldsymbol{H}^{\mathrm{T}} + \boldsymbol{R}_k]^{-1} \\ \hat{\boldsymbol{x}}_k(+) = \hat{\boldsymbol{x}}_k(-) + \boldsymbol{K}_k[z_k - \boldsymbol{H}\hat{\boldsymbol{x}}_k(-)] \\ \boldsymbol{P}_k(+) = (\boldsymbol{I} - \boldsymbol{K}_k\boldsymbol{H})\boldsymbol{P}_k(-) \end{cases} \tag{8.187}$$

式中：$\boldsymbol{Q}_k = \boldsymbol{Q}$，$\boldsymbol{R}_k = \boldsymbol{R}$，$\boldsymbol{\Gamma} = [0 \quad 0 \quad T]^{\mathrm{T}}$，$\boldsymbol{H}_k = \boldsymbol{H} = [1 \quad 0 \quad 0]$，且

$$\boldsymbol{\Phi} = \begin{bmatrix} 1 & T & \dfrac{T^2}{2} \\ 0 & 1 & T \\ 0 & 0 & 1 \end{bmatrix} \tag{8.188}$$

当滤波稳定后，有 $\boldsymbol{P}_k(-)=\boldsymbol{P}_k(+)=\boldsymbol{P}$，代入滤波算法有

$$\boldsymbol{P}=(\boldsymbol{I}-\boldsymbol{P}\boldsymbol{H}^{\mathrm{T}}\boldsymbol{R}^{-1}\boldsymbol{H})(\boldsymbol{\Phi}\boldsymbol{P}\boldsymbol{\Phi}^{\mathrm{T}}+\boldsymbol{\Gamma}\boldsymbol{Q}\boldsymbol{\Gamma}^{\mathrm{T}}) \tag{8.189}$$

解式(8.189)可得 $\boldsymbol{P}$，设结果为

$$\boldsymbol{P}=\begin{bmatrix} p_{11} & p_{12} & p_{13} \\ p_{21} & p_{22} & p_{23} \\ p_{31} & p_{32} & p_{33} \end{bmatrix} \tag{8.190}$$

代入增益矩阵公式得

$$\boldsymbol{K}=\boldsymbol{P}\boldsymbol{H}^{\mathrm{T}}r^{-1}=\begin{bmatrix} p_{11} & p_{12} & p_{13} \\ p_{21} & p_{22} & p_{23} \\ p_{31} & p_{32} & p_{33} \end{bmatrix}\begin{bmatrix} 1 \\ 0 \\ 0 \end{bmatrix}R^{-1}=\begin{bmatrix} \dfrac{p_{11}}{R} \\ \dfrac{p_{21}}{R} \\ \dfrac{p_{31}}{R} \end{bmatrix}\triangleq\begin{bmatrix} \alpha \\ \beta \\ \gamma \end{bmatrix} \tag{8.191}$$

量测修正状态估计为

$$\hat{\boldsymbol{x}}_k(+)=\hat{\boldsymbol{x}}_k(-)+\boldsymbol{K}_k[z_k-\boldsymbol{H}\hat{\boldsymbol{x}}_k(-)]=\boldsymbol{\Phi}\hat{\boldsymbol{x}}_{k-1}(+)+\begin{bmatrix} \alpha \\ \beta \\ \gamma \end{bmatrix}[z_k-\boldsymbol{H}\boldsymbol{\Phi}\hat{\boldsymbol{x}}_{k-1}(+)] \tag{8.192}$$

设 T 为 0.2 s，Q 和 R 分别取 0.1 和 0.4，可以得到稳态时的协方差矩阵和增益阵分别为

$$\begin{cases} \boldsymbol{P}=\begin{bmatrix} 0.108\,8 & 0.086\,2 & 0.034\,1 \\ 0.086\,2 & 0.108\,3 & 0.058\,7 \\ 0.0341 & 0.058\,7 & 0.050\,5 \end{bmatrix} \\ \boldsymbol{K}=[0.272\,0 \quad 0.215\,4 \quad 0.085\,3]^{\mathrm{T}} \end{cases} \tag{8.193}$$

相应的 MATLAB 程序如下：

```
clear; close all; clc;
T = 0.2;   Phi = [1 T  0.5 * T^2;0 1 T;0 0 1]; G = [0 0 T]'; H = [1 0 0];
Q = 0.1; R = 0.4; I = eye(3);
xr(:,1) = randn(3,1); xe(:,1) = zeros(3,1);
Ppos = eye(3); Ppre(:,1) = diag(Ppos); Pest(:,1) = diag(Ppos);
for i = 2:100
    x(:,i) = Phi * xe(:,i - 1);
    Pneg = Phi * Ppos * Phi' + G * Q * G'; Ppre(:,i) = diag(Pneg);
    w = Q^0.5 * randn; xr(:,i) = Phi * xr(:,i - 1) + G * w;
    v = R^0.5 * randn; z(:,i) = H * xr(:,i) + v;
    K(:,i) = Pneg * H' * inv(H * Pneg * H' + R);
    Ppos = (I - K(:,i) * H) * Pneg * (I - K(:,i) * H)' + K(:,i) * R * K(:,i)'; Pest(:,i) = diag(Ppos);
    xe(:,i) = x(:,i) + K(:,i) * (z(:,i) - H * x(:,i));
end
Ks = Ppos * H' * 1/R; xe1(:,1) = zeros(3,1);
for i = 2:100
    xe1(:,i) = Phi * xe1(:,i - 1) + Ks * (z(:,i) - H * Phi * xe1(:,i - 1));
```

```
    end
    t=T*(1:100);
    figure(1);
    plot(t,abs(x(1,:)-xr(1,:)),'k',t,abs(xe(1,:)-xr(1,:)),'ro-',t,abs(xe1(1,:)-xr(1,:)),'b*-'),
    set(gca,'FontName','Times New Roman','FontSize',14);
    legend('预测误差','滤波误差','稳态增益滤波误差','FontName','宋体','FontSize',14);
    xlabel('时间','FontName','宋体','FontSize',14);
    ylabel('位移估计误差','FontName','宋体','FontSize',14);
    figure(2)
    plot(t,abs(x(2,:)-xr(2,:)),'k',t,abs(xe(2,:)-xr(2,:)),'ro-',t,abs(xe1(2,:)-xr(2,:)),'b*-'),
    set(gca,'FontName','Times New Roman','FontSize',14);
    legend('预测误差','滤波误差','稳态增益滤波误差','FontName','宋体','FontSize',14);
    xlabel('时间','FontName','宋体','FontSize',14);
    ylabel('速度估计误差','FontName','宋体','FontSize',14);
    figure(3)
    plot(t,abs(x(3,:)-xr(3,:)),'k',t,abs(xe(3,:)-xr(3,:)),'ro-',t,abs(xe1(3,:)-xr(3,:)),'b*-');
    set(gca,'FontName','Times New Roman','FontSize',14);
    legend('预测误差','滤波误差','稳态增益滤波误差','FontName','宋体','FontSize',14);
    xlabel('时间','FontName','宋体','FontSize',14);
    ylabel('加速度估计误差','FontName','宋体','FontSize',14);
    figure(4);
    plot(t,Ppre(1,:),'k*--',t,Ppre(2,:),'ko--',t,Ppre(3,:),'k--',t,Pest(1,:),'ks-',t,Pest(2,:),'kv-',t,
Pest(3,:),'k-'),
    legend('p11(-)','p22(-)','p33(-)','p11(+)','p22(+)','p33(+)');
    set(gca,'FontName','Times New Roman','FontSize',14);
    xlabel('时间','FontName','宋体','FontSize',14);
    ylabel('P阵对角线元素','FontName','宋体','FontSize',14);
    figure(5)
    plot(t,K(1,:),'k-',t,K(2,:),'k*-',t,K(3,:),'kv-'),
    set(gca,'FontName','Times New Roman','FontSize',14);
    legend('位移增益','速度增益','加速度增益','FontName','宋体','FontSize',14);
    xlabel('时间','FontName','宋体','FontSize',14);
    ylabel('滤波增益','FontName','宋体','FontSize',14);
```

图8-16～图8-18显示了采用变增益Kalman滤波算法和稳态增益Kalman滤波算法进行滤波时的位移、速度和加速度估计误差图，图8-19和图8-20则展示了变增益Kalman滤波器中协方差矩阵对角线元素以及滤波增益随时间变化的情况。由图可知，在滤波初期，稳态增益滤波误差要比变增益滤波误差大一些，这是因为稳态增益滤波不是最优的，而变增益滤波是最优的；但是，随着滤波周期的迭代，二者趋同。采用稳态增益进行滤波的最大好处是计算量大幅度下降，因为在稳态增益滤波器中，一步预测协方差矩阵、量测更新协方差矩阵和增益矩阵都不需要更新计算，只需要进行状态的预测和量测更新即可。所以，在计算能力有限的情况下，采用稳态增益滤波器是提高滤波实时性的有效方法。

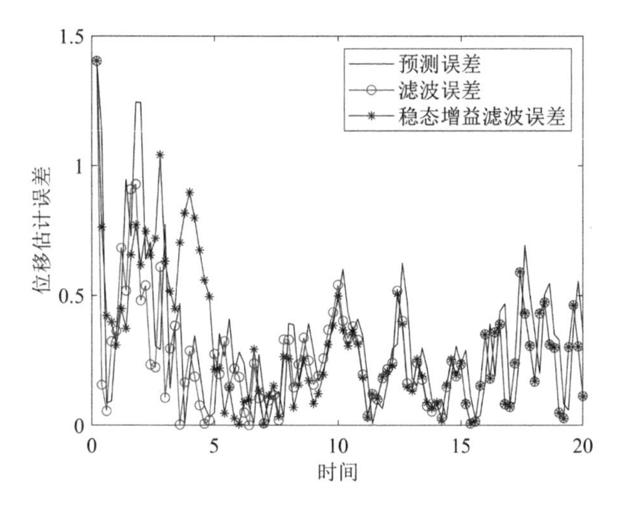

图 8-16　位移估计误差

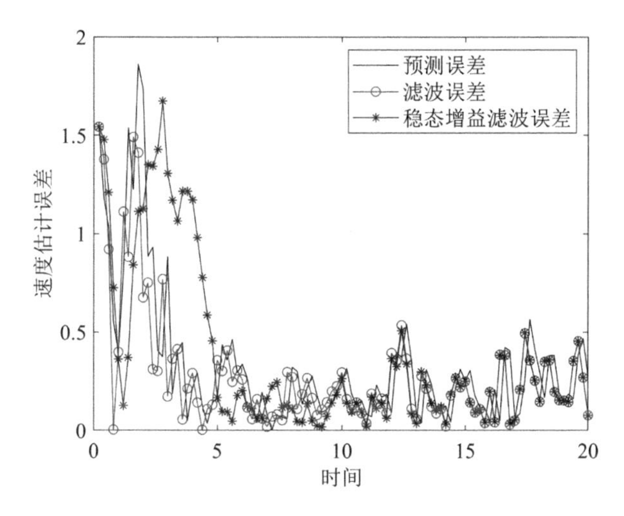

图 8-17　速度估计误差

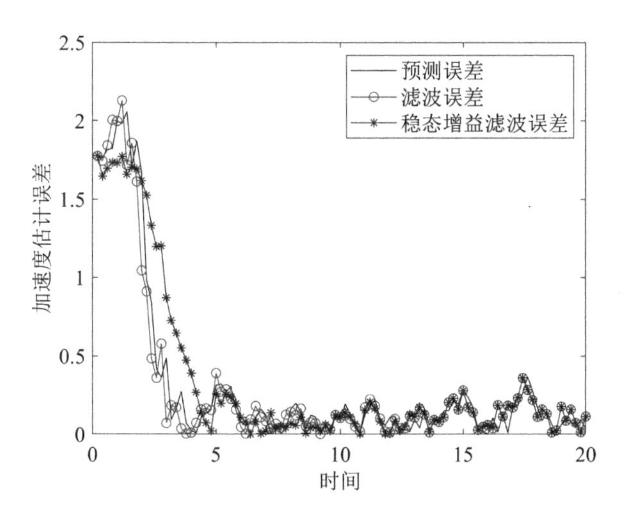

图 8-18　加速度估计误差

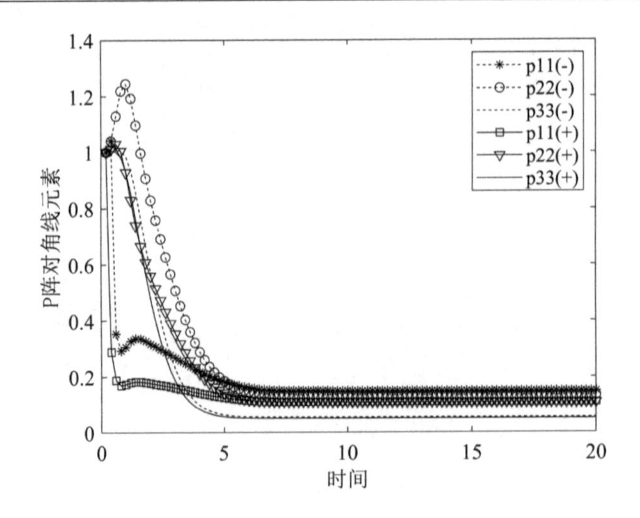

图 8-19 协方差矩阵对角线元素

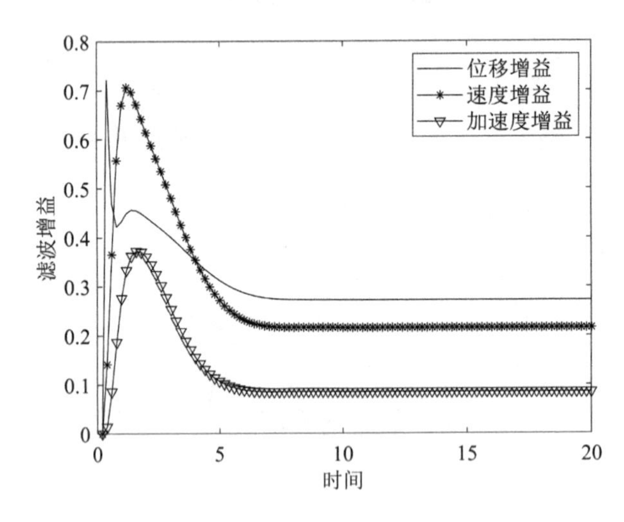

图 8-20 滤波增益

8.4.5 Kalman 滤波使用方法

1. 初值的确定

由于 Kalman 滤波器为迭代算法，所以需要确定初值。一般有如下三种确定方法。

(1) 真值

由 Kalman 滤波的无偏保持性可知，要求初始时的状态估计也是无偏的。如果知道初始真值，那么将初始状态估计取为真值，则 $\mathrm{E}(\tilde{\boldsymbol{x}}_0)=\mathrm{E}(\hat{\boldsymbol{x}}_0-\boldsymbol{x}_0)=\boldsymbol{0}$，即保证了初始估计的无偏性。此时的估计偏差协方差矩阵为 $\boldsymbol{P}_0=\mathrm{E}(\tilde{\boldsymbol{x}}_0\tilde{\boldsymbol{x}}_0^{\mathrm{T}})=\boldsymbol{0}$。但是，实际应用中，真值往往是很难获得的，导致这种初值确定方法在实际中很少应用。

(2) 期望

如果知道初值的统计特性，则可取其期望作为初值，即

$$\begin{cases}\hat{\boldsymbol{x}}_0(-)=\mathrm{E}(\boldsymbol{x}_0)=\boldsymbol{m}_{x_0}\\ \boldsymbol{P}_0(-)=\boldsymbol{C}_{x_0}\end{cases} \tag{8.194}$$

如果有第一次测量值，则可进行如下量测更新：

$$
\begin{cases}
\hat{\boldsymbol{x}}_0(+)=\boldsymbol{m}_{x_0}+\boldsymbol{C}_{x_0}\boldsymbol{H}_0^{\mathrm{T}}(\boldsymbol{H}_0\boldsymbol{C}_{x_0}\boldsymbol{H}_0^{\mathrm{T}}+\boldsymbol{R}_0)^{-1}(\boldsymbol{z}_0-\boldsymbol{H}_0\boldsymbol{m}_{x_0})\\
\boldsymbol{P}_0(+)=\boldsymbol{C}_{x_0}-\boldsymbol{C}_{x_0}\boldsymbol{H}_0^{\mathrm{T}}(\boldsymbol{H}_0\boldsymbol{C}_{x_0}\boldsymbol{H}_0^{\mathrm{T}}+\boldsymbol{R}_0)^{-1}\boldsymbol{H}_0\boldsymbol{C}_{x_0}
\end{cases}
\tag{8.195}
$$

这样也能保证初值的估计是无偏的。

(3) 任意值

如果状态初值的统计特性也不知道，则只能任意确定初值。例如一般可以设初值为零状态，即$\hat{\boldsymbol{x}}_0(-)=\boldsymbol{0}$，显然，此时估计偏差可能会非常大，因此，一般设$\boldsymbol{P}_0(-)=\alpha\boldsymbol{I}$，其中$\alpha$为非常大的数。此时，初值不是无偏的，因此，滤波器的后续估计都是有偏的。但是，如果滤波器是一致收敛的，则滤波结果也是收敛的。关于滤波器的收敛判断方法将在后续介绍。

2. $\boldsymbol{P}_k(+)$计算公式

由式(8.166)、式(8.167)和式(8.168)可知，$\boldsymbol{P}_k(+)$有如下三种等价的计算方法：

$$
\begin{cases}
\boldsymbol{P}_k(+)=(\boldsymbol{I}-\boldsymbol{K}_k\boldsymbol{H}_k)\boldsymbol{P}_k(-)(\boldsymbol{I}-\boldsymbol{K}_k\boldsymbol{H}_k)^{\mathrm{T}}+\boldsymbol{K}_k\boldsymbol{R}_k\boldsymbol{K}_k^{\mathrm{T}}\\
\boldsymbol{P}_k(+)=(\boldsymbol{I}-\boldsymbol{K}_k\boldsymbol{H}_k)\boldsymbol{P}_k(-)\\
\boldsymbol{P}_k(+)=[\boldsymbol{P}_k^{-1}(-)+\boldsymbol{H}_k^{\mathrm{T}}\boldsymbol{R}_k^{-1}\boldsymbol{H}_k]^{-1}
\end{cases}
\tag{8.196}
$$

其中，第一个式子在结构上呈现出完全的对称性，这种对称性的存在能够确保其正定性，并且有利于保持滤波计算的稳定性，因此建议优先考虑使用第一个式子；第二个式子虽然计算量较小，但不易保持对称性，因此不推荐使用；第三个式子涉及求逆运算，导致计算量增加，同时计算的稳定性会降低，一般只有在初值被任意指定的情况下，才会考虑使用该式子。

3. 离散化

在实际应用中，一般建模时得到的都是连续系统模型，而离散 Kalman 滤波算法要求的是离散系统模型，因此，需要进行离散化。由于量测方程不是微分方程，所以，不存在离散化的问题，即只需要对状态方程进行离散化。有关离散化的方法前面已经介绍过，这里将在有关基础上讲解如何在计算机中实现状态转移矩阵和状态噪声离散协方差矩阵的计算。

设连续状态方程为

$$
\dot{\boldsymbol{x}}(t)=\boldsymbol{F}(t)\boldsymbol{x}(t)+\boldsymbol{G}(t)\boldsymbol{w}(t)
\tag{8.197}
$$

式中，$\boldsymbol{w}(t)$为白噪声，$\mathrm{E}[\boldsymbol{w}(t)]=\boldsymbol{0}$，$\mathrm{E}[\boldsymbol{w}(t)\boldsymbol{w}^{\mathrm{T}}(\tau)]=\boldsymbol{Q}(t)\delta(t-\tau)$。设滤波周期为$T=t_{k+1}-t_k$，下面分两种情况介绍状态转移矩阵$\boldsymbol{\Phi}_k$和状态噪声协方差矩阵$\boldsymbol{Q}_k$的计算方法。

(1) 小滤波周期

1) $\boldsymbol{\Phi}_k$

当T很小且$t_{k+1}>t\geqslant t_k$时，设$\boldsymbol{F}(t)\approx\boldsymbol{F}(t_k)=\boldsymbol{F}_k$，因此有

$$
\boldsymbol{\Phi}_k=\mathrm{e}^{\boldsymbol{F}_kT}=\boldsymbol{I}+T\boldsymbol{F}_k+\frac{1}{2!}T^2\boldsymbol{F}_k^2+\cdots
\tag{8.198}
$$

考虑到T很小，上式一般取前 3～5 项即可，具体取多少项可根据计算能力和精度要求进行折中设计。

2) $\boldsymbol{Q}_k$

离散化后的状态噪声为

$$\boldsymbol{w}_k = \int_{t_k}^{t_{k+1}} \boldsymbol{\Phi}(t_{k+1},\tau)\boldsymbol{G}(\tau)\boldsymbol{w}(\tau)\mathrm{d}\tau \tag{8.199}$$

求其期望和协方差矩阵有

$$\mathrm{E}(\boldsymbol{w}_k) = \int_{t_k}^{t_{k+1}} \boldsymbol{\Phi}(t_{k+1},\tau)\boldsymbol{G}(\tau)\mathrm{E}[\boldsymbol{w}(\tau)]\mathrm{d}\tau = \boldsymbol{0} \tag{8.200}$$

$$\begin{aligned}
\mathrm{E}(\boldsymbol{w}_k\boldsymbol{w}_j^{\mathrm{T}}) &= \mathrm{E}\left[\int_{t_k}^{t_{k+1}}\int_{t_j}^{t_{j+1}} \boldsymbol{\Phi}(t_{k+1},\tau)\boldsymbol{G}(\tau)\boldsymbol{w}(\tau)\boldsymbol{w}^{\mathrm{T}}(\alpha)\boldsymbol{G}^{\mathrm{T}}(\alpha)\boldsymbol{\Phi}^{\mathrm{T}}(t_{j+1},\alpha)\mathrm{d}\tau\mathrm{d}\alpha\right]\boldsymbol{w}_k \\
&= \int_{t_k}^{t_{k+1}} \boldsymbol{\Phi}(t_{k+1},\tau)\boldsymbol{G}(\tau)\boldsymbol{w}(\tau)\mathrm{d}\tau \\
&= \int_{t_k}^{t_{k+1}}\int_{t_j}^{t_{j+1}} \boldsymbol{\Phi}(t_{k+1},\tau)\boldsymbol{G}(\tau)\mathrm{E}[\boldsymbol{w}(\tau)\boldsymbol{w}^{\mathrm{T}}(\alpha)]\boldsymbol{G}^{\mathrm{T}}(\alpha)\boldsymbol{\Phi}^{\mathrm{T}}(t_{j+1},\alpha)\mathrm{d}\tau\mathrm{d}\alpha \\
&= \int_{t_k}^{t_{k+1}}\int_{t_j}^{t_{j+1}} \boldsymbol{\Phi}(t_{k+1},\tau)\boldsymbol{G}(\tau)\boldsymbol{Q}(\tau)\delta(\tau-\alpha)\boldsymbol{G}^{\mathrm{T}}(\alpha)\boldsymbol{\Phi}^{\mathrm{T}}(t_{j+1},\alpha)\mathrm{d}\tau\mathrm{d}\alpha \\
&= \int_{t_k}^{t_{k+1}} \boldsymbol{\Phi}(t_{k+1},\tau)\boldsymbol{G}(\tau)\boldsymbol{Q}(\tau)\boldsymbol{G}^{\mathrm{T}}(\tau)\boldsymbol{\Phi}^{\mathrm{T}}(t_{j+1},\alpha)\mathrm{d}\tau\delta_{kj} \\
&= \boldsymbol{Q}_k\delta_{kj}
\end{aligned} \tag{8.201}$$

即

$$\boldsymbol{Q}_k = \int_{t_k}^{t_{k+1}} \boldsymbol{\Phi}(t_{k+1},\tau)\boldsymbol{G}(\tau)\boldsymbol{Q}(\tau)\boldsymbol{G}^{\mathrm{T}}(\tau)\boldsymbol{\Phi}^{\mathrm{T}}(t_{j+1},\alpha)\mathrm{d}\tau \tag{8.202}$$

下面介绍 $\boldsymbol{Q}_k$ 的计算方法。

类似地，在 $t_{k+1}>t\geqslant t_k$ 时，设 $\boldsymbol{G}(t)\approx\boldsymbol{G}_k$，$\boldsymbol{Q}(\tau)=\boldsymbol{Q}$，令 $\overline{\boldsymbol{Q}}=\boldsymbol{G}_k\boldsymbol{Q}\boldsymbol{G}_k^{\mathrm{T}}$，则式(8.202)可近似为

$$\begin{aligned}
\boldsymbol{Q}_k &= \int_{t_k}^{t_{k+1}}\left[\boldsymbol{I}+\boldsymbol{F}_k(t_{k+1}-\tau)+\frac{1}{2!}\boldsymbol{F}_k^2(t_{k+1}-\tau)^2+\cdots\right]\overline{\boldsymbol{Q}}\left[\boldsymbol{I}+\boldsymbol{F}_k(t_{k+1}-\tau)+\frac{1}{2!}\boldsymbol{F}_k^2(t_{k+1}-\tau)^2+\cdots\right]^{\mathrm{T}}\mathrm{d}\tau \\
&= \overline{\boldsymbol{Q}}T+\frac{T^2}{2}(\overline{\boldsymbol{Q}}\boldsymbol{F}_k^{\mathrm{T}}+\boldsymbol{F}_k\overline{\boldsymbol{Q}})+\frac{T^3}{3}\left[\frac{1}{2!}(\overline{\boldsymbol{Q}}\boldsymbol{F}_k^{2\mathrm{T}}+\boldsymbol{F}_k^2\overline{\boldsymbol{Q}})+\boldsymbol{F}_k\overline{\boldsymbol{Q}}\boldsymbol{F}_k^{\mathrm{T}}\right]+ \\
&\quad \frac{T^4}{4}\left[\frac{1}{3!}(\overline{\boldsymbol{Q}}\boldsymbol{F}_k^{3\mathrm{T}}+\boldsymbol{F}_k^3\overline{\boldsymbol{Q}})+\frac{1}{2!1!}(\boldsymbol{F}_k\overline{\boldsymbol{Q}}\boldsymbol{F}_k^{2\mathrm{T}}+\boldsymbol{F}_k^2\overline{\boldsymbol{Q}}\boldsymbol{F}_k^{\mathrm{T}})\right]+\cdots
\end{aligned} \tag{8.203}$$

令

$$\begin{cases}
\boldsymbol{M}_1=\overline{\boldsymbol{Q}} \\
\boldsymbol{M}_2=\overline{\boldsymbol{Q}}\boldsymbol{F}_k^{\mathrm{T}}+\boldsymbol{F}_k\overline{\boldsymbol{Q}} \\
\boldsymbol{M}_3=\overline{\boldsymbol{Q}}\boldsymbol{F}_k^{2\mathrm{T}}+\boldsymbol{F}_k^2\overline{\boldsymbol{Q}}+2\boldsymbol{F}_k\overline{\boldsymbol{Q}}\boldsymbol{F}_k^{\mathrm{T}} \\
\vdots
\end{cases} \tag{8.204}$$

将式(8.204)代入式(8.203)，得

$$\boldsymbol{Q}_k=\frac{T}{1!}\boldsymbol{M}_1+\frac{T^2}{2!}\boldsymbol{M}_2+\frac{T^3}{3!}\boldsymbol{M}_3+\frac{T^4}{4!}\boldsymbol{M}_4+\cdots \tag{8.205}$$

同时，式(8.204)有如下迭代关系：

$$\begin{cases}
\boldsymbol{M}_2=\boldsymbol{F}_k\boldsymbol{M}_1+(\boldsymbol{F}_k\boldsymbol{M}_1)^{\mathrm{T}} \\
\boldsymbol{M}_3=\boldsymbol{F}_k\boldsymbol{M}_2+(\boldsymbol{F}_k\boldsymbol{M}_2)^{\mathrm{T}} \\
\qquad\vdots \\
\boldsymbol{M}_{i+1}=\boldsymbol{F}_k\boldsymbol{M}_i+(\boldsymbol{F}_k\boldsymbol{M}_i)^{\mathrm{T}}
\end{cases} \tag{8.206}$$

这样，在确定 $\boldsymbol{Q}_k$ 需要精确到的项数后，即可按照式(8.206)计算出 $\boldsymbol{M}_i$，然后再代入到

式(8.205)中即可。

(2) **大滤波周期**

由于滤波周期较大,再采用上述近似计算方法将导致计算精度严重下降,可能会导致滤波发散。此时,可以在一个滤波周期内进行多次采样,即将大滤波周期拆分为若干个小周期,然后再进行近似计算。下面介绍计算方法。

将滤波周期 T 分为 N 等分,每个小的采样间隔为 $\Delta T = T/N$,令 $\boldsymbol{F}_k(i) = \boldsymbol{F}(t_k + i\Delta T)$ $(i=0,1,\cdots,N-1)$。

1) $\boldsymbol{\Phi}_k$

由状态转移矩阵的性质有

$$\boldsymbol{\Phi}_k = \boldsymbol{\Phi}[t_k + N\Delta T, t_k + (N-1)\Delta T]\boldsymbol{\Phi}[t_k + (N-1)\Delta T, t_k + (N-2)\Delta T]\cdots\boldsymbol{\Phi}[t_k + \Delta T, t_k] \tag{8.207}$$

当 ΔT 很小时,将式(8.207)的右边展开,并忽略高阶项,得

$$\begin{aligned}\boldsymbol{\Phi}_k &\approx [\boldsymbol{I} + \Delta T\boldsymbol{F}_k(N-1)][\boldsymbol{I} + \Delta T\boldsymbol{F}_k(N-2)]\cdots[\boldsymbol{I} + \Delta T\boldsymbol{F}_k(0)] \\ &\approx \boldsymbol{I} + \Delta T\sum_{i=0}^{N-1}\boldsymbol{F}_k(i)\end{aligned} \tag{8.208}$$

2) $\boldsymbol{Q}_k$

类似地,$\boldsymbol{Q}_k$ 也分段计算为

$$\begin{aligned}\boldsymbol{Q}_k &= \int_{t_k}^{t_{k+1}}\boldsymbol{\Phi}(t_{k+1},\tau)\overline{\boldsymbol{Q}}\,\boldsymbol{\Phi}^{\mathrm{T}}(t_{k+1},\tau)\mathrm{d}\tau \\ &= \sum_{i=0}^{N-1}\int_{t_k+i\Delta T}^{t_{k+1}+(i+1)\Delta T}\boldsymbol{\Phi}(t_{k+1},\tau)\overline{\boldsymbol{Q}}\,\boldsymbol{\Phi}^{\mathrm{T}}(t_{k+1},\tau)\mathrm{d}\tau = \sum_{i=0}^{N-1}\boldsymbol{S}(i)\end{aligned} \tag{8.209}$$

其中

$$\begin{aligned}\boldsymbol{\Phi}(t_{k+1},\tau) = {} & \boldsymbol{\Phi}[t_k + N\Delta T, t_k + (N-1)\Delta T]\boldsymbol{\Phi}[t_k + (N-1)\Delta T, t_k + (N-2)\Delta T]\cdots\boldsymbol{\Phi}[t_k + \\ & (i+2)\Delta T, t_k + (i+1)\Delta T]\boldsymbol{\Phi}[t_k + (i+1)\Delta T, \tau] \\ \approx {} & [\boldsymbol{I} + \Delta T\boldsymbol{F}_k(N-1)][\boldsymbol{I} + \Delta T\boldsymbol{F}_k(N-2)]\cdots[\boldsymbol{I} + \\ & \Delta T\boldsymbol{F}_k(i+1)]\{\boldsymbol{I} + [t_k + (i+1)\Delta T - \tau]\boldsymbol{F}_k(i)\}\end{aligned} \tag{8.210}$$

将式(8.210)代入式(8.209),得

$$\begin{aligned}\boldsymbol{S}(i) \approx {} & \int_{t_k+i\Delta T}^{t_{k+1}+(i+1)\Delta T}\{\overline{\boldsymbol{Q}} + \Delta T[\boldsymbol{F}_k(N-1) + \boldsymbol{F}_k(N-2) + \cdots + \boldsymbol{F}_k(i+1)]\overline{\boldsymbol{Q}} + \\ & [t_k + (i+1)\Delta T - \tau]\boldsymbol{F}_k(i)\overline{\boldsymbol{Q}} + \\ & \Delta T\overline{\boldsymbol{Q}}[\boldsymbol{F}_k^{\mathrm{T}}(N-1) + \boldsymbol{F}_k^{\mathrm{T}}(N-2) + \cdots + \boldsymbol{F}_k^{\mathrm{T}}(i+1)] + \\ & \overline{\boldsymbol{Q}}[t_k + (i+1)\Delta T - \tau]\boldsymbol{F}_k^{\mathrm{T}}(i)\mathrm{d}\tau\} \\ \approx {} & \overline{\boldsymbol{Q}}\Delta T + \Delta T^2\{[\boldsymbol{F}_k(N-1) + \boldsymbol{F}_k(N-2) + \cdots + \boldsymbol{F}_k(i+1)]\overline{\boldsymbol{Q}} + \\ & \overline{\boldsymbol{Q}}[\boldsymbol{F}_k^{\mathrm{T}}(N-1) + \boldsymbol{F}_k^{\mathrm{T}}(N-2) + \cdots + \boldsymbol{F}_k^{\mathrm{T}}(i+1)]\} + \\ & \frac{\Delta T^2}{2}[\boldsymbol{F}_k(i)\overline{\boldsymbol{Q}} + \overline{\boldsymbol{Q}}\boldsymbol{F}_k^{\mathrm{T}}(i)]\end{aligned} \tag{8.211}$$

将式(8.211)代入式(8.209),得

$$
\begin{aligned}
\boldsymbol{Q}_k &= \sum_{i=0}^{N-1}\boldsymbol{S}(i) \\
&\approx N\Delta T\overline{\boldsymbol{Q}} + \Delta T^2\Big\{\Big[\Big(N-1+\frac{1}{2}\Big)\boldsymbol{F}_k(N-1)+\Big(N-2+\frac{1}{2}\Big)\boldsymbol{F}_k(N-2)+\cdots+ \\
&\quad \Big(1+\frac{1}{2}\Big)\boldsymbol{F}_k(1)+\frac{1}{2}\boldsymbol{F}_k(0)\Big]\overline{\boldsymbol{Q}}+\overline{\boldsymbol{Q}}\Big[\Big(N-1+\frac{1}{2}\Big)\boldsymbol{F}_k^{\mathrm{T}}(N-1)+ \\
&\quad \Big(N-2+\frac{1}{2}\Big)\boldsymbol{F}_k^{\mathrm{T}}(N-2)+\cdots+\Big(1+\frac{1}{2}\Big)\boldsymbol{F}_k^{\mathrm{T}}(1)+\frac{1}{2}\boldsymbol{F}_k^{\mathrm{T}}(0)\Big]\Big\} \\
&\approx T\overline{\boldsymbol{Q}} + \Delta T^2\Big\{\Big[\sum_{i=0}^{N-1}\Big(i+\frac{1}{2}\Big)\boldsymbol{F}_k(i)\Big]\overline{\boldsymbol{Q}}+\overline{\boldsymbol{Q}}\Big[\sum_{i=0}^{N-1}\Big(i+\frac{1}{2}\Big)\boldsymbol{F}_k^{\mathrm{T}}(i)\Big]\Big\}
\end{aligned} \tag{8.212}
$$

在确定了等分数 N 之后，即可按照式(8.212)计算 $\boldsymbol{Q}_k$。

4. 系统模型中有确定性项

设系统模型为

$$
\begin{cases}
\boldsymbol{x}_k=\boldsymbol{\Phi}_{k-1}\boldsymbol{x}_{k-1}+\boldsymbol{\Lambda}_{k-1}\boldsymbol{u}_{k-1}+\boldsymbol{\Gamma}_{k-1}\boldsymbol{w}_{k-1} \\
\boldsymbol{z}_k=\boldsymbol{H}_k\boldsymbol{x}_k+\boldsymbol{y}_k+\boldsymbol{v}_k
\end{cases} \tag{8.213}
$$

式中，$\boldsymbol{\Lambda}_{k-1}\boldsymbol{u}_{k-1}$ 为确定性控制项；$\boldsymbol{y}_k$ 为确定性输入项。考虑到这些确定性项是完全可预测的，因此有

$$
\begin{cases}
\hat{\boldsymbol{x}}_k(-)=\boldsymbol{\Phi}_{k-1}\hat{\boldsymbol{x}}_{k-1}(+)+\boldsymbol{\Lambda}_{k-1}\boldsymbol{u}_{k-1} \\
\hat{\boldsymbol{z}}_k=\boldsymbol{H}_k\hat{\boldsymbol{x}}_k(-)+\boldsymbol{y}_k \\
\hat{\boldsymbol{x}}_k(+)=\hat{\boldsymbol{x}}_k(-)+\boldsymbol{K}_k(\boldsymbol{z}_k-\hat{\boldsymbol{z}}_k)
\end{cases} \tag{8.214}
$$

两个估计偏差协方差矩阵方程和增益矩阵方程均不变。

5. 状态噪声与量测噪声相关

设系统模型如式(8.213)所示，其中：

$$
\begin{cases}
\mathrm{E}(\boldsymbol{w}_k)=\mathrm{E}(\boldsymbol{v}_k)=\boldsymbol{0} \\
\mathrm{E}(\boldsymbol{w}_k\boldsymbol{w}_l^{\mathrm{T}})=\boldsymbol{Q}_k\delta_{kl} \\
\mathrm{E}(\boldsymbol{v}_k\boldsymbol{v}_l^{\mathrm{T}})=\boldsymbol{R}_k\delta_{kl} \\
\mathrm{E}(\boldsymbol{w}_k\boldsymbol{v}_l^{\mathrm{T}})=\boldsymbol{S}_k\delta_{kl}
\end{cases} \tag{8.215}
$$

即状态噪声 $\boldsymbol{w}_k$ 与量测噪声 $\boldsymbol{v}_k$ 相关，不符合 Kalman 滤波的应用条件。下面进行去相关处理。

对状态方程进行如下同等变换：

$$
\begin{aligned}
\boldsymbol{x}_k &= \boldsymbol{\Phi}_{k-1}\boldsymbol{x}_{k-1}+\boldsymbol{\Lambda}_{k-1}\boldsymbol{u}_{k-1}+\boldsymbol{\Gamma}_{k-1}\boldsymbol{w}_{k-1}+\boldsymbol{J}_{k-1}(\boldsymbol{z}_{k-1}-\boldsymbol{H}_{k-1}\boldsymbol{x}_{k-1}-\boldsymbol{y}_{k-1}-\boldsymbol{v}_{k-1}) \\
&= (\boldsymbol{\Phi}_{k-1}-\boldsymbol{J}_{k-1}\boldsymbol{H}_{k-1})\boldsymbol{x}_{k-1}+\boldsymbol{\Lambda}_{k-1}\boldsymbol{u}_{k-1}+(\boldsymbol{\Gamma}_{k-1}\boldsymbol{w}_{k-1}-\boldsymbol{J}_{k-1}\boldsymbol{v}_{k-1})+\boldsymbol{J}_{k-1}(\boldsymbol{z}_{k-1}-\boldsymbol{y}_{k-1}) \\
&= \boldsymbol{\Phi}_{k-1}^{*}\boldsymbol{x}_{k-1}+\boldsymbol{\Lambda}_{k-1}\boldsymbol{u}_{k-1}+\boldsymbol{w}_{k-1}^{*}+\boldsymbol{J}_{k-1}(\boldsymbol{z}_{k-1}-\boldsymbol{y}_{k-1})
\end{aligned} \tag{8.216}
$$

其中：

$$
\begin{cases}
\boldsymbol{\Phi}_{k-1}^{*}=\boldsymbol{\Phi}_{k-1}-\boldsymbol{J}_{k-1}\boldsymbol{H}_{k-1} \\
\boldsymbol{w}_{k-1}^{*}=\boldsymbol{\Gamma}_{k-1}\boldsymbol{w}_{k-1}-\boldsymbol{J}_{k-1}\boldsymbol{v}_{k-1}
\end{cases} \tag{8.217}
$$

有：

$$\mathrm{E}(\boldsymbol{w}_{k-1}^{*})=\boldsymbol{\Gamma}_{k-1}\mathrm{E}(\boldsymbol{w}_{k-1})-\boldsymbol{J}_{k-1}\mathrm{E}(\boldsymbol{v}_{k-1})=\boldsymbol{0} \tag{8.218}$$

$$\mathrm{E}(\boldsymbol{w}_{k}^{*}\boldsymbol{w}_{l}^{*\mathrm{T}})=(\boldsymbol{\Gamma}_{k}\boldsymbol{Q}_{k}\boldsymbol{\Gamma}_{k}^{\mathrm{T}}+\boldsymbol{J}_{k}\boldsymbol{R}_{k}\boldsymbol{J}_{k}^{\mathrm{T}}-\boldsymbol{\Gamma}_{k}\boldsymbol{S}_{k}\boldsymbol{J}_{k}^{\mathrm{T}}-\boldsymbol{J}_{k}\boldsymbol{S}_{k}^{\mathrm{T}}\boldsymbol{\Gamma}_{k}^{\mathrm{T}})\delta_{kl} \tag{8.219}$$

$$\mathrm{E}(\boldsymbol{w}_{k}^{*}\boldsymbol{v}_{l}^{\mathrm{T}})=\mathrm{E}[(\boldsymbol{\Gamma}_{k}\boldsymbol{w}_{k}-\boldsymbol{J}_{k}\boldsymbol{v}_{k})\boldsymbol{v}_{l}^{\mathrm{T}}]=(\boldsymbol{\Gamma}_{k}\boldsymbol{S}_{k}-\boldsymbol{J}_{k}\boldsymbol{R}_{k})\delta_{kl} \tag{8.220}$$

取

$$\boldsymbol{J}_{k}=\boldsymbol{\Gamma}_{k}\boldsymbol{S}_{k}\boldsymbol{R}_{k}^{-1} \tag{8.221}$$

则有 $\mathrm{E}(\boldsymbol{w}_{k}^{*}\boldsymbol{v}_{l}^{\mathrm{T}})=\boldsymbol{0}$，即新的状态噪声与量测噪声不相关，实现了去相关的目的。此时有

$$\mathrm{E}(\boldsymbol{w}_{k}^{*}\boldsymbol{w}_{l}^{*\mathrm{T}})=\boldsymbol{\Gamma}_{k}(\boldsymbol{Q}_{k}-\boldsymbol{S}_{k}\boldsymbol{R}_{k}^{-1}\boldsymbol{S}_{k}^{\mathrm{T}})\boldsymbol{\Gamma}_{k}^{\mathrm{T}}\delta_{kl} \tag{8.222}$$

显然，去相关后的新的状态方程和量测方程符合 Kalman 滤波条件，滤波算法如下：

$$\begin{aligned}\hat{\boldsymbol{x}}_{k}(-)&=\boldsymbol{\Phi}_{k-1}^{*}\hat{\boldsymbol{x}}_{k-1}(+)+\boldsymbol{\Lambda}_{k-1}\boldsymbol{u}_{k-1}+\boldsymbol{J}_{k-1}(\boldsymbol{z}_{k-1}-\boldsymbol{y}_{k-1})\\&=\boldsymbol{\Phi}_{k-1}\hat{\boldsymbol{x}}_{k-1}(+)+\boldsymbol{\Lambda}_{k-1}\boldsymbol{u}_{k-1}+\boldsymbol{J}_{k-1}[\boldsymbol{z}_{k-1}-\boldsymbol{y}_{k-1}-\boldsymbol{H}_{k-1}\hat{\boldsymbol{x}}_{k-1}(+)]\end{aligned} \tag{8.223}$$

$$\begin{aligned}\boldsymbol{P}_{k}(-)&=\mathrm{E}\{[\boldsymbol{\Phi}_{k-1}^{*}\hat{\boldsymbol{x}}_{k-1}(+)-\boldsymbol{w}_{k-1}^{*}][\boldsymbol{\Phi}_{k-1}^{*}\hat{\boldsymbol{x}}_{k-1}(+)-\boldsymbol{w}_{k-1}^{*}]^{\mathrm{T}}\}\\&=\boldsymbol{\Phi}_{k-1}^{*}\boldsymbol{P}_{k-1}(+)\boldsymbol{\Phi}_{k-1}^{*\mathrm{T}}+\mathrm{E}(\boldsymbol{w}_{k-1}^{*}\boldsymbol{w}_{k-1}^{*\mathrm{T}})\\&=\boldsymbol{\Phi}_{k-1}^{*}\boldsymbol{P}_{k-1}(+)\boldsymbol{\Phi}_{k-1}^{*\mathrm{T}}+\boldsymbol{\Gamma}_{k}(\boldsymbol{Q}_{k}-\boldsymbol{S}_{k}\boldsymbol{R}_{k}^{-1}\boldsymbol{S}_{k}^{\mathrm{T}})\boldsymbol{\Gamma}_{k}^{\mathrm{T}}\end{aligned} \tag{8.224}$$

$$\boldsymbol{K}_{k}=\boldsymbol{P}_{k}(-)\boldsymbol{H}_{k}^{\mathrm{T}}[\boldsymbol{H}_{k}\boldsymbol{P}_{k}(-)\boldsymbol{H}_{k}^{\mathrm{T}}+\boldsymbol{R}_{k}]^{-1} \tag{8.225}$$

$$\hat{\boldsymbol{x}}_{k}(+)=\hat{\boldsymbol{x}}_{k}(-)+\boldsymbol{K}_{k}[\boldsymbol{z}_{k}-\boldsymbol{y}_{k}-\boldsymbol{H}_{k}\hat{\boldsymbol{x}}_{k}(-)] \tag{8.226}$$

$$\boldsymbol{P}_{k}(+)=(\boldsymbol{I}-\boldsymbol{K}_{k}\boldsymbol{H}_{k})\boldsymbol{P}_{k}(-) \tag{8.227}$$

由上式可知，量测更新的三个方程从形式上没有变化。

【例 8-16】 设电离层探测器上装有惯性导航系统(INS)，在飞行初始阶段用无线电定位测量的方法来实现飞行中导航参数的校正。这里仅考虑单轴情况，且认为 INS 的主要误差源是初始条件(位置、速度和加速度)的误差。略去高阶项短时间(几分钟)的 INS 位置误差方程为

$$\delta p(t)=\delta p(0)+\delta v(0)t+\delta a(0)\frac{t^{2}}{2} \tag{8.228}$$

如果设状态变量为 $\boldsymbol{x}=[\delta p(t)\quad \delta v(t)\quad \delta a(t)]^{\mathrm{T}}$，则上式可写为

$$\dot{\boldsymbol{x}}=\begin{bmatrix}0&1&0\\0&0&1\\0&0&0\end{bmatrix}\begin{bmatrix}\delta p(t)\\\delta v(t)\\\delta a(t)\end{bmatrix}=\boldsymbol{F}\boldsymbol{x} \tag{8.229}$$

设 INS 和无线电定位测量输出的位置分别为 p_{i} 和 p_{r}，则量测方程为

$$\begin{aligned}z&=p_{\mathrm{i}}-p_{\mathrm{r}}=(p+\delta p)-(p+\delta p_{\mathrm{r}})=\delta p-\delta p_{\mathrm{r}}\\&=[1\quad 0\quad 0]\begin{bmatrix}\delta p(t)\\\delta v(t)\\\delta a(t)\end{bmatrix}-\delta p_{\mathrm{r}}=\boldsymbol{H}\boldsymbol{x}+v\end{aligned} \tag{8.230}$$

式中：p 为真实位置；δp 为 INS 的位置误差；δp_{r} 为无线电定位测量误差，作为量测噪声，为零期望白噪声，功率谱密度为 R。现在对 INS 进行两次量测修正，试分析修正效果。

【解】 采用 Kalman 滤波算法进行估计。

首先，进行状态模型的离散化，由于没有状态噪声，所以只计算状态转移矩阵。

$$\boldsymbol{\Phi}(T)=\boldsymbol{I}+\boldsymbol{F}T+\frac{T^2}{2!}\boldsymbol{F}^2+\cdots$$

$$=\begin{bmatrix}1&0&0\\0&1&0\\0&0&1\end{bmatrix}+\begin{bmatrix}0&1&0\\0&0&1\\0&0&0\end{bmatrix}t+\begin{bmatrix}0&0&1\\0&0&0\\0&0&0\end{bmatrix}\frac{T^2}{2}=\begin{bmatrix}1&T&\frac{T^2}{2}\\0&1&T\\0&0&1\end{bmatrix}\tag{8.231}$$

然后,确定初值。设状态初始统计特性已知,即

$$\begin{cases}\mathrm{E}(\boldsymbol{x}_0)=\boldsymbol{m}_{x_0}\\ \mathrm{E}(\boldsymbol{x}_0\boldsymbol{x}_0^{\mathrm{T}})=\boldsymbol{C}_{x_0}=\begin{bmatrix}C_{p_0}&0&0\\0&C_{v_0}&0\\0&0&C_{a_0}\end{bmatrix}\end{cases}\tag{8.232}$$

令

$$\begin{cases}\hat{\boldsymbol{x}}_0(-)=\boldsymbol{m}_{x_0}\\ \boldsymbol{P}_0(-)=\boldsymbol{C}_{x_0}\end{cases}\tag{8.233}$$

下面进行第一次量测修正估计:

$$\boldsymbol{K}_0=\boldsymbol{P}_0(-)\boldsymbol{H}^{\mathrm{T}}\ [\boldsymbol{HP}_0(-)\boldsymbol{H}^{\mathrm{T}}+R]^{-1}=\begin{bmatrix}\frac{C_{p_0}}{C_{p_0}+R}&0&0\end{bmatrix}^{\mathrm{T}}\tag{8.234}$$

$$\hat{\boldsymbol{x}}_0(+)=\hat{\boldsymbol{x}}_0(-)+\boldsymbol{K}_0[z_0-\boldsymbol{H}\hat{\boldsymbol{x}}_0(-)]\tag{8.235}$$

$$\boldsymbol{P}_0(+)=\boldsymbol{P}_0(-)-\boldsymbol{K}_0\boldsymbol{HP}_0(-)=\begin{bmatrix}C_{p_0}-\frac{C_{p_0}^2}{C_{p_0}+R}&0&0\\0&C_{v_0}&0\\0&0&C_{a_0}\end{bmatrix}\tag{8.236}$$

一般有 $C_{p_0}\gg R$,所以

$$p_0^{11}(+)=\frac{C_{p_0}R}{C_{p_0}+R}\approx R\tag{8.237}$$

即经过一次修正后,位置估计精度收敛到测量精度。但是,速度和加速度对应的协方差矩阵项没有任何变化,说明在这次修正中,速度和加速度未得到有效修正。

下面进行第二次量测修正,这里只分析协方差矩阵的变化情况,即

$$\boldsymbol{P}_1(-)=\boldsymbol{\Phi P}_0(+)\boldsymbol{\Phi}^{\mathrm{T}}=\begin{bmatrix}R+C_{v_0}+C_{a_0}\frac{T^2}{2}&C_{v_0}T+C_{a_0}\frac{T^3}{2}&C_{a_0}\frac{T^2}{2}\\C_{v_0}T+C_{a_0}\frac{T^3}{2}&C_{v_0}+C_{a_0}T^2&C_{a_0}T\\C_{a_0}\frac{T^2}{2}&C_{a_0}T&C_{a_0}\end{bmatrix}$$

$$=\begin{bmatrix}p_1^{11}(-)&p_1^{12}(-)&p_1^{13}(-)\\p_1^{21}(-)&p_1^{22}(-)&p_1^{23}(-)\\p_1^{31}(-)&p_1^{32}(-)&p_1^{33}(-)\end{bmatrix}\tag{8.238}$$

$$\boldsymbol{P}_1(+)=\boldsymbol{P}_1(-)-\boldsymbol{P}_1(-)\boldsymbol{H}^{\mathrm{T}}[\boldsymbol{H}\boldsymbol{P}_1(-)\boldsymbol{H}^{\mathrm{T}}+R]\boldsymbol{H}\boldsymbol{P}_1(-)$$

$$=\boldsymbol{P}_1(-)-\frac{1}{p_1^{11}(-)+R}\begin{bmatrix}[p_1^{11}(-)]^2 & p_1^{11}(-)p_1^{12}(-) & p_1^{11}(-)p_1^{13}(-)\\ p_1^{11}(-)p_1^{12}(-) & [p_1^{12}(-)]^2 & p_1^{12}(-)p_1^{13}(-)\\ p_1^{11}(-)p_1^{13}(-) & p_1^{12}(-)p_1^{13}(-) & [p_1^{13}(-)]^2\end{bmatrix}\tag{8.239}$$

具体有：

$$\begin{cases}p_1^{11}(+)=p_1^{11}(-)\left[1-\dfrac{p_1^{11}(-)}{p_1^{11}(-)+R}\right]=p_1^{11}(-)-\dfrac{\left(R+C_{v_0}+C_{a_0}\dfrac{T^2}{2}\right)^2}{2R+C_{v_0}+C_{a_0}\dfrac{T^2}{2}}\\ p_1^{22}(+)=p_1^{22}(-)-\dfrac{[p_1^{12}(-)]^2}{p_1^{11}(-)+R}=p_1^{22}(-)-\dfrac{\left(C_{v_0}T+C_{a_0}\dfrac{T^3}{2}\right)^2}{2R+C_{v_0}+C_{a_0}\dfrac{T^2}{2}}\\ p_1^{33}(+)=p_1^{33}(-)-\dfrac{[p_1^{13}(-)]^2}{p_1^{11}(-)+R}=p_1^{33}(-)-\dfrac{\left(C_{a_0}\dfrac{T^2}{2}\right)^2}{2R+C_{v_0}+C_{a_0}\dfrac{T^2}{2}}\end{cases}\tag{8.240}$$

在 T 较小时，$p_1^{11}(+)$下降最快，而另外两个量下降得较慢，即仍然是位置修正的效果最明显，而速度和加速度修正的效果较差。本例说明，如果想有效对某个状态进行修正，最有效的方法是直接对该状态进行测量，这也是我们在进行滤波系统测量传感器配置时的依据。

8.4.6　Kalman 滤波性能分析方法

1. 协方差分析

当滤波器模型精确时，量测更新后的协方差矩阵反映的是状态估计偏离其真值的协方差。基于此，可以判断状态估计精度，此时也是状态的最优估计。但是，当模型不精确，或初始状态统计不准确时，此时的协方差并不是最优的，不过，基于该协方差的分析结果一般会比最优估计的保守。因此，这种次优协方差分析对设计是有用的。

下面分别针对状态转移矩阵和量测矩阵精确而其它模型参数有偏差，以及所有模型参数都存在偏差的两种情况进行性能分析。

(1) 次优滤波性能分析

当状态转移矩阵 $\boldsymbol{\Phi}_k$ 和量测矩阵 $\boldsymbol{H}_k$ 精确，而状态噪声矩阵 $\boldsymbol{Q}_k$、量测噪声矩阵 $\boldsymbol{R}_k$ 和状态估计偏差协方差矩阵初值 $\boldsymbol{P}_0(-)$都存在偏差时，设存在偏差的状态噪声矩阵、量测噪声矩阵和状态估计偏差协方差矩阵的初值分别为 $\boldsymbol{Q}_k^*$、$\boldsymbol{R}_k^*$ 和 $\boldsymbol{P}_0^*(-)$，次优滤波器协方差分析流程如下：

① 首先将存在偏差的参数代入标准 Kalman 滤波算法，计算得到增益矩阵 $\boldsymbol{K}_k^*$，即

$$\begin{cases}\boldsymbol{P}_k^*(-)=\boldsymbol{\Phi}_{k-1}\boldsymbol{P}_{k-1}^*(+)\boldsymbol{\Phi}_{k-1}^{\mathrm{T}}+\boldsymbol{Q}_{k-1}^*\\ \boldsymbol{K}_k^*=\boldsymbol{P}_k^*(-)\boldsymbol{H}_k^{\mathrm{T}}[\boldsymbol{H}_k\boldsymbol{P}_k^*(-)\boldsymbol{H}_k^{\mathrm{T}}+\boldsymbol{R}_k^*]^{-1}\\ \boldsymbol{P}_k^*(+)=(\boldsymbol{I}-\boldsymbol{K}_k^*\boldsymbol{H}_k)\boldsymbol{P}_k^*(-)(\boldsymbol{I}-\boldsymbol{K}_k^*\boldsymbol{H}_k)^{\mathrm{T}}+\boldsymbol{K}_k^*\boldsymbol{R}_k^*\boldsymbol{K}_k^{*\mathrm{T}}\end{cases}\tag{8.241}$$

显然，$\boldsymbol{K}_k^*$ 是次优的。按照时间序列将$\{\boldsymbol{K}_k^*\}(k=1,2,\cdots)$保存起来，用于后续协方差分析；

② 将$\{\boldsymbol{K}_k^*\}(k=1,2,\cdots)$代入模型正确的滤波器中，计算得到协方差矩阵，即

$$\begin{cases}\boldsymbol{P}_k^{\#}(-)=\boldsymbol{\Phi}_{k-1}\boldsymbol{P}_{k-1}^{\#}(+)\boldsymbol{\Phi}_{k-1}^{\mathrm{T}}+\boldsymbol{Q}_{k-1}\\ \boldsymbol{P}_k^{\#}(+)=(\boldsymbol{I}-\boldsymbol{K}_k^*\boldsymbol{H}_k)\boldsymbol{P}_k^{\#}(-)(\boldsymbol{I}-\boldsymbol{K}_k^*\boldsymbol{H}_k)^{\mathrm{T}}+\boldsymbol{K}_k^*\boldsymbol{R}_k\boldsymbol{K}_k^{*\mathrm{T}}\end{cases}\tag{8.242}$$

其中以 $\boldsymbol{P}_0(-)$开始，由于 $\boldsymbol{K}_k^*$ 是次优的，因此，$\boldsymbol{P}_k^{\#}(+)$和 $\boldsymbol{P}_k^{\#}(-)$也是次优的。

显然，进行次优协方差分析的基础是对真实模型参数的了解，并认为设计的滤波器中状态转移矩阵和量测矩阵是精确的。

(2) 误差预算分析

如式(8.242)所示，当 $\boldsymbol{K}_k^*$ 确定后，协方差矩阵与 $\boldsymbol{Q}_k$、$\boldsymbol{R}_k$ 和 $\boldsymbol{P}_0(-)$之间呈线性关系，因而，可以利用线性叠加原理，单独分析这些误差对总的协方差矩阵的贡献，进行误差预算。

设：

$$\begin{cases}\boldsymbol{Q}_k = \sum_{i=1}^{l}\boldsymbol{Q}_{k,i} \\ \boldsymbol{R}_k = \sum_{i=1}^{m}\boldsymbol{R}_{k,i} \\ \boldsymbol{P}_0(-) = \sum_{i=1}^{n}\boldsymbol{P}_{0,i}(-)\end{cases} \tag{8.243}$$

式中，m、l 和 n 分别为 $\boldsymbol{Q}_k$、$\boldsymbol{R}_k$ 和 $\boldsymbol{P}_0(-)$中独立误差源的个数。

对于 $\boldsymbol{Q}_k$，令 $\boldsymbol{P}_0^{\#}(-)=\boldsymbol{0}$、$\boldsymbol{R}_k=\boldsymbol{0}$，然后将式(8.243)中各分量代入式(8.242)，计算得

$$\begin{cases}\boldsymbol{P}_{k,j}^{\#}(-)=\boldsymbol{\Phi}_{k-1}\boldsymbol{P}_{k-1,j}^{\#}(+)\boldsymbol{\Phi}_{k-1}^{\mathrm{T}}+\boldsymbol{Q}_{k-1,j} \\ \boldsymbol{P}_{k,j}^{\#}(+)=(\boldsymbol{I}-\boldsymbol{K}_k^*\boldsymbol{H}_k)\boldsymbol{P}_{k,j}^{\#}(-)(\boldsymbol{I}-\boldsymbol{K}_k^*\boldsymbol{H}_k)^{\mathrm{T}}\end{cases}, \quad j=1,2,\cdots,l \tag{8.244}$$

对于 $\boldsymbol{R}_k$，令 $\boldsymbol{P}_0^{\#}(-)=\boldsymbol{0}$、$\boldsymbol{Q}_k=\boldsymbol{0}$，然后将式(8.243)中各分量代入式(8.242)，计算得

$$\begin{cases}\boldsymbol{P}_{k,j}^{\#}(-)=\boldsymbol{\Phi}_{k-1}\boldsymbol{P}_{k-1,j}^{\#}(+)\boldsymbol{\Phi}_{k-1}^{\mathrm{T}} \\ \boldsymbol{P}_{k,j}^{\#}(+)=(\boldsymbol{I}-\boldsymbol{K}_k^*\boldsymbol{H}_k)\boldsymbol{P}_{k,j}^{\#}(-)(\boldsymbol{I}-\boldsymbol{K}_k^*\boldsymbol{H}_k)^{\mathrm{T}}+\boldsymbol{K}_k^*\boldsymbol{R}_{k,j}\boldsymbol{K}_k^{*\mathrm{T}}\end{cases}, \quad j=1,2,\cdots,m \tag{8.245}$$

对于 $\boldsymbol{P}_0(-)$，令 $\boldsymbol{Q}_k=\boldsymbol{0}$、$\boldsymbol{R}_k=\boldsymbol{0}$，然后将式(8.243)中各分量代入式(8.242)，计算得

$$\begin{cases}\boldsymbol{P}_{k,j}^{\#}(-)=\boldsymbol{\Phi}_{k-1}\boldsymbol{P}_{k-1,j}^{\#}(+)\boldsymbol{\Phi}_{k-1}^{\mathrm{T}} \\ \boldsymbol{P}_{k,j}^{\#}(+)=(\boldsymbol{I}-\boldsymbol{K}_k^*\boldsymbol{H}_k)\boldsymbol{P}_{k,j}^{\#}(-)(\boldsymbol{I}-\boldsymbol{K}_k^*\boldsymbol{H}_k)^{\mathrm{T}}\end{cases} \tag{8.246}$$

那么，总的协方差矩阵可以由叠加原理得

$$\boldsymbol{P}_k^{\#}(+) = \sum_{j=1}^{l+m+n}\boldsymbol{P}_{k,j}^{\#}(+) \tag{8.247}$$

随着 k 的变化，可以得到这些误差因素所产生的协方差时间序列，即瞬态变化过程。随着时间的迭代，这些因素所产生的协方差将趋于稳定，因而可以分析这些因素对稳态协方差的贡献，即稳态误差预算。

【例 8－17】 取卫星导航接收机的一个载波频率跟踪通道的相位、频率和频率变化率的误差为状态向量，即 $\boldsymbol{x}_k=[\phi_k \quad \omega_k \quad \alpha_k]^{\mathrm{T}}$，其中 ϕ_k、ω_k 和 α_k 分别为相位、频率和频率变化率的误差。通道离散模型如下：

$$\begin{cases}\boldsymbol{x}_{k+1}=\boldsymbol{\Phi}_k\boldsymbol{x}_k+\boldsymbol{\Gamma}_k\boldsymbol{w}_k \\ z_k=\boldsymbol{H}_k\boldsymbol{x}_k+v_k\end{cases}$$

式中：

$$\boldsymbol{\Phi}_k=\begin{bmatrix}1 & T & \dfrac{T^2}{2} \\ 0 & 1 & T \\ 0 & 0 & 1\end{bmatrix}$$

$$\boldsymbol{Q}_k=\boldsymbol{\Gamma}_k E[\boldsymbol{w}_k\boldsymbol{w}_k^{\mathrm{T}}]\boldsymbol{\Gamma}_k^{\mathrm{T}}$$

$$=\left(\frac{\omega_{\mathrm{rf}}}{c}\right)^2 q_\alpha\begin{bmatrix}\frac{T^5}{20} & \frac{T^4}{8} & \frac{T^3}{6}\\ \frac{T^4}{8} & \frac{T^3}{3} & \frac{T^2}{2}\\ \frac{T^3}{6} & \frac{T^2}{2} & T\end{bmatrix}+\omega_{\mathrm{rf}}^2 q_{\mathrm{d}}\begin{bmatrix}\frac{T^3}{3} & \frac{T^2}{2} & 0\\ \frac{T^2}{2} & T & 0\\ 0 & 0 & 0\end{bmatrix}+\omega_{\mathrm{rf}}^2 q_{\mathrm{b}}\begin{bmatrix}T & 0 & 0\\ 0 & 0 & 0\\ 0 & 0 & 0\end{bmatrix}$$

$$\boldsymbol{H}_k=\begin{bmatrix}1 & \frac{-T}{2} & \frac{T^2}{6}\end{bmatrix},R_k=\sigma_{\mathrm{v}}^2=\frac{1}{\frac{2c}{n_0 T}}\left(1+\frac{1}{\frac{2c}{n_0 T}}\right),\frac{c}{n_0}=10^{\frac{(C/N_0)\ \mathrm{dB\text{-}Hz}}{10}},q_{\mathrm{b}}=\frac{h_0}{2},q_{\mathrm{d}}=2\pi^2 h_{-2},$$

$\omega_{\mathrm{rf}}=2\pi\times 1\,575.42\times 10^6$ rad/s，$c=2.997\,924\,58\times 10^8$ m/s，q_α 取决于视线方向的加加速度，C/N_0 为接收载噪比。对于温补型时钟(temperature-compensated oscillator，TCXO)，$h_0=2\times 10^{-19}$ s，$h_{-2}=3\times 10^{-20}$ Hz；对于温控型时钟(oven-controlled oscillator，OCXO)，$h_0=2\times 10^{-25}$ s，$h_{-2}=6\times 10^{-25}$ Hz。设跟踪滤波器按 $T=0.02$ s、$C/N_0=35$ dB-Hz、时钟为 OCXO、q_α 按 0.04 $\mathrm{m^2/s^5}$ 等条件设计，试分析接收机的时钟误差、视线方向加加速度、量测噪声和初始协方差矩阵等对跟踪性能的影响。

【解】 设 $\boldsymbol{P}_0^-=\mathrm{diag}[(2\pi)^2\quad(2\pi\times 1\,000)^2\quad 0]$，先设计跟踪滤波器，相应的 MATLAB 程序如下：

```
cw_rf = 2 * pi * 1575.42e6; speed_of_light = 2.99792458e8;
n = 3; T = 0.02; C_NO = 35; h0 = 2e-25; h_2 = 6e-25; Sf = h0 / 2; Sg = 2 * pi^2 * h_2;
Sa = (0.2)^2; F = [0 1 0; 0 0 1; 0 0 0]; G = diag([w_rf, w_rf, w_rf / speed_of_light]);
Q = diag([Sf, Sg, Sa]); H = [1 - T/2 T^2/6]; [Phi, Qd] = disc_model(F, G, Q, T);
c_n0 = 10^(C_N0 / 10); R0 = 1/(2 * c_n0 * T) * (1 + 1/(2 * c_n0 * T)); R = R0;
T_end = 1; N = T_end / T; P_init = diag([2 * pi, 2 * pi * 1000, 0].^2); P_pred = P_init;
K = zeros(3, N);Pn_err = zeros(3, N); Pp_err = zeros(3, N);
for k = 1: N
    K(:, k) = P_pred * H' / (H * P_pred * H' + R);
    P_update = (eye(n) - K(:, k) * H) * P_pred;
    P_pred = Phi * P_update * Phi' + Qd;
    Pp_err(:, k) = diag(P_update);Pn_err(:, k) = diag(P_pred);
end
phase_err = zeros(5, N); P_pred = zeros(3); Q = diag([Sf, 0, 0]); R = 0;
[Phi,Qd] = disc_model(F, G, Q, T);
for k = 1: N
    P_update = (eye(3) - K(:, k) * H) * P_pred * (eye(3) - K(:, k) * H)' + K(:, k) * R * K(:, k)';
    P_pred = Phi * P_update * Phi' + Qd;  phase_err(1, k) = P_update(1, 1);
end
P_pred = zeros(3); Q = diag([0, Sg, 0]); R = 0; [Phi, Qd] = disc_model(F, G, Q, T);
for k = 1: N
    P_update = (eye(3) - K(:, k) * H) * P_pred * (eye(3) - K(:, k) * H)' + K(:, k) * R * K(:, k)';
    P_pred = Phi * P_update * Phi' + Qd; phase_err(2, k) = P_update(1, 1);
end
P_pred = zeros(3); Q = diag([0, 0, Sa]); R = 0; [Phi, Qd] = disc_model(F, G, Q, T);
for k = 1: N
```

```
    P_update = (eye(3) - K(:, k) * H) * P_pred * (eye(3) - K(:, k) * H)' + K(:, k) * R * K(:, k)';
    P_pred = Phi * P_update * Phi' + Qd; phase_err(3, k) = P_update(1, 1);
end
P_pred = zeros(3); Q = zeros(3); R = R0; [Phi, Qd] = disc_model(F, G, Q, T);
for k = 1: N
    P_update = (eye(3) - K(:, k) * H) * P_pred * (eye(3) - K(:, k) * H)' + K(:, k) * R * K(:, k)';
    P_pred = Phi * P_update * Phi' + Qd; phase_err(4, k) = P_update(1, 1);
end
P_pred = P_init; Q = zeros(3); R = 0; [Phi, Qd] = disc_model(F, G, Q, T);
for k = 1: N
    P_update = (eye(3) - K(:, k) * H) * P_pred * (eye(3) - K(:, k) * H)' + K(:, k) * R * K(:, k)';
    P_pred = Phi * P_update * Phi' + Qd; phase_err(5, k) = P_update(1, 1);
end
figure(1)
semilogy((1: N) * T, rad2deg(phase_err(1, :).^0.5), '-ob', 'LineWidth', 1, 'MarkerSize', 4)
hold on
semilogy((1: N) * T, rad2deg(phase_err(2, :).^0.5), '-*r', 'LineWidth', 1, 'MarkerSize', 4)
semilogy((1: N) * T, rad2deg(phase_err(3, :).^0.5), '-+g', 'LineWidth', 1, 'MarkerSize', 4)
semilogy((1: N) * T, rad2deg(phase_err(4, :).^0.5), '-xm', 'LineWidth', 1, 'MarkerSize', 4)
semilogy((1: N) * T, rad2deg(phase_err(5, :).^0.5), '-dk', 'LineWidth', 1, 'MarkerSize', 4)
hold off
legend('q_b', 'q_d', 'q_\alpha', 'R', 'P_0', 'Location', 'north', 'Orientation', 'horizontal')
xlabel('Time (s)'); ylabel('\sigma_\Delta_\phi (\circ)')
fig = gcf; fig.Units = 'centimeter'; fig.Position = [5 5 12 8]; ax = gca; ax.FontSize = 10;
ax.FontWeight = 'bold'; ax.TitleFontWeight = 'normal'; ax.YTickMode = 'manual';
ax.XTickMode = 'manual'; ax.XTick = [0, 0.2, 0.4, 0.6, 0.8, 1.0];
figure(2)
x = [sum(phase_err(1: 2, end)), phase_err(3: 4, end)'] / sum(phase_err(1: 4, end));
names = {'q_b + q_d:'; 'q_a: '; 'R: '}; PlotPie(x, names)
disp(rad2deg([sum(phase_err(1: 2, end)), phase_err(3: 4, end)'].^0.5))
figure(3)
plot((1:N) * T,K(1,:),'-o',(1:N) * T,K(2,:),'-*',(1:N) * T,K(3,:),'--')
xlabel('Time(s)');ylabel('增益阵'); legend('K(1)','K(2)','K(3)')
```

运行结果如图 8-21 和图 8-22 所示。

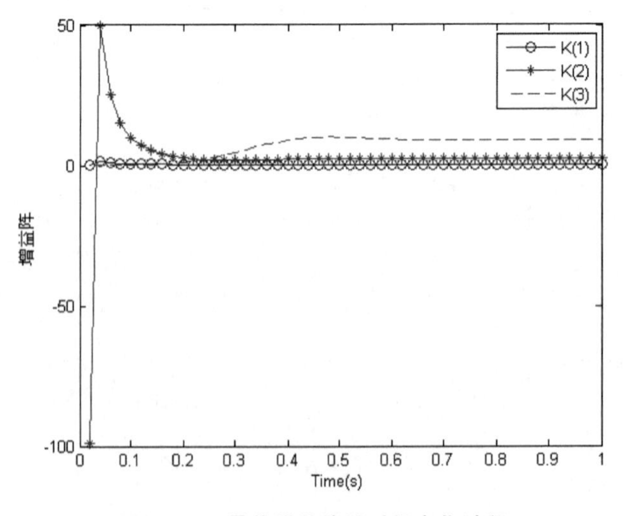

图 8-21　最优增益阵随时间变化过程

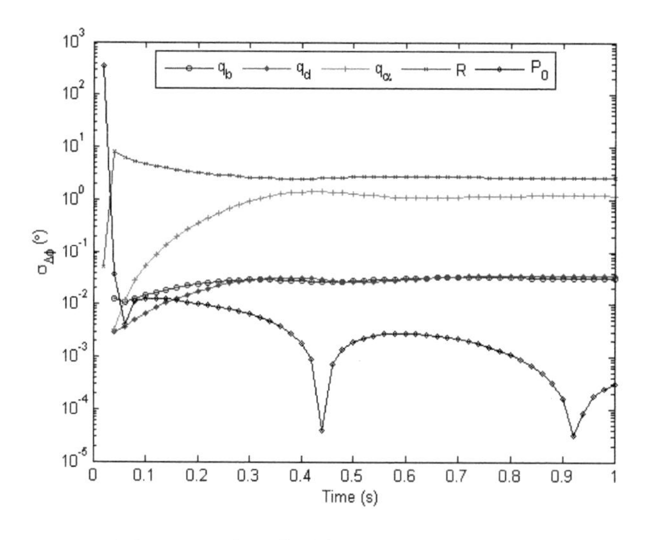

图8-22　各因素对相位跟踪误差的贡献

在图8-21中，3个增益元素都随时间趋于平稳。下面进行误差预算分析，即分别考虑$\boldsymbol{P}_0^-$、时钟误差、动态和载噪比等因素的影响。如图8-22所示为这些因素单独作用时的相位跟踪误差，由图可知，在初始阶段，$\boldsymbol{P}_0^-$是$\sigma_{\Delta\phi}$的主导误差，但随着滤波器的更新，衰减很快，稳态时，其对误差的影响可以忽略。由于使用的是OCXO时钟，q_b、q_d的影响不大，相位跟踪误差主要来源于量测噪声R_k和动态噪声q_α。如图8-23所示为1 s时各因素对相位跟踪误差的贡献比例。

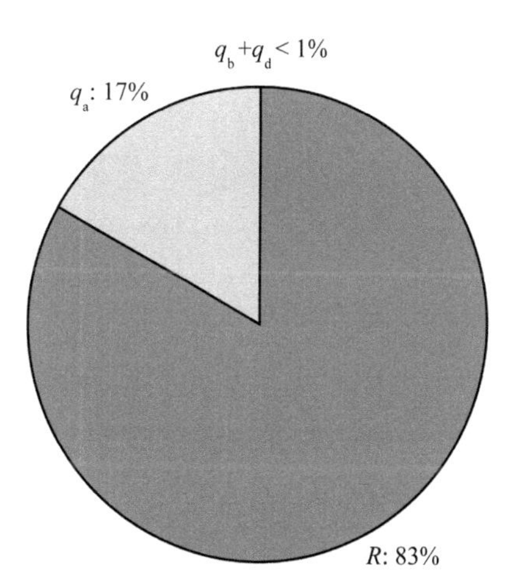

图8-23　稳态时(1 s)各因素对相位跟踪误差的贡献比例

下面再做次优分析。

先分析加加速度为10 g/s、$C/N_0=32$ dB-Hz时，设计的跟踪滤波器在不同接收载噪比时与最优滤波器的性能对比情况。相应的MATLAB程序如下：

```
w_rf = 2 * pi * 1575.42e6; speed_of_light = 2.99792458e8; n_st = 3; T = 0.02;
C_N0 = 20; h0 = 2e-25; h_2 = 6e-25;
Sf = h0 / 2; Sg = 2 * pi^2 * h_2; Sa = (10 * 9.8)^2 * T;
F = [0 1 0; 0 0 1; 0 0 0]; G = diag([w_rf, w_rf, w_rf / speed_of_light]);
Q = diag([Sf, Sg, Sa]); H = [1 -T/2 T^2/6]; [Phi, Qd] = disc_model(F, G, Q, T);
R = CalMeasVar(C_N0, T); T_end = 1.5; N = T_end / T;
P_init = diag([0, 0, 0].^2); n_trials = 21;
K = zeros(3, N,n_trials); Pp_err = zeros(1, n_trials);
for n = 1:n_trials
    P_pred = P_init;
    for k = 1: N
        K(:, k, n) = P_pred * H' / (H * P_pred * H' + R);
```

```
        P_update = (eye(n_st) - K(:, k, n) * H) * P_pred;
        P_pred = Phi * P_update * Phi' + Qd;
    end
    Pp_err(n) = rad2deg(P_update(1, 1).^0.5);
    C_N0 = C_N0 + 2; R = CalMeasVar(C_N0, T);
end
C_N0 = 20; R = CalMeasVar(C_N0, T); P_err = zeros(1, n_trials); n_set = 7;
for n = 1:n_trials
    P_pred = P_init;
    for k = 1: N
        P_update = (eye(n_st) - K(:, k, n_set) * H) * P_pred * (eye(n_st) - …
            K(:, k,n_set) * H)' + K(:, k, n_set) * R * K(:, k, n_set)';
        P_pred = Phi * P_update * Phi' + Qd;
    end
    P_err(n) = rad2deg(P_update(1, 1)^0.5);
    C_N0 = C_N0 + 2; R = CalMeasVar(C_N0, T);
end
plot(20 + (0: n_trials - 1) * 2,P_err, '- o'); plot(20 + (0: n_trials - 1) * 2, Pp_err, '- *')
grid on; hold off; legend('设计性能', '最优性能'); hold on;
xlabel('C/N_0(dB - Hz)');ylabel('\sigma_\phi(deg)')
```

运行结果如图 8 - 24 所示。

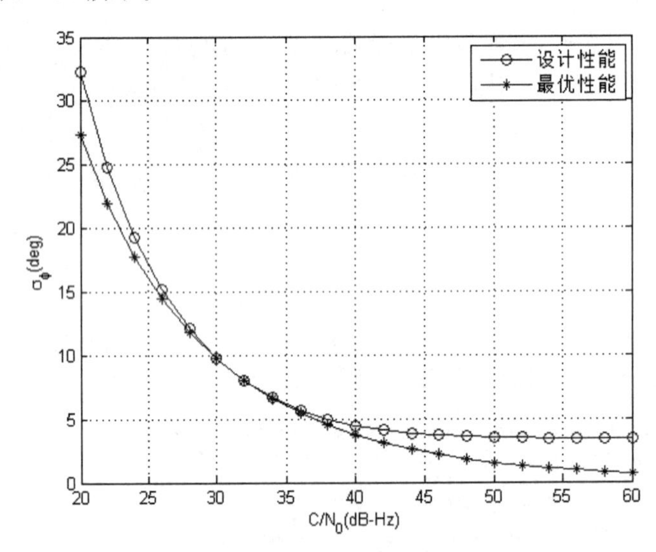

图 8 - 24　加加速度为 10 g/s 和载噪比为 32 dB-Hz 时设计跟踪滤波器性能与最优跟踪滤波器的性能对比

再分析加加速度为 10 g/s、$C/N_0=35$ dB-Hz 时，设计的跟踪滤波器在不同加加速度时与最优滤波器的性能对比情况。相应的 MATLAB 程序如下：

```
w_rf = 2 * pi * 1575.42e6; speed_of_light = 2.99792458e8; n_st = 3;
T = 0.02; C_N0 = 35;
h0 = 2e-25; h_2 = 6e-25; Sf = h0 / 2; Sg = 2 * pi^2 * h_2; F = [0 1 0; 0 0 1; 0 0 0];
G = diag([w_rf, w_rf, w_rf / speed_of_light]);
```

```
H = [1 -T/2 T^2/6]; R = CalMeasVar(C_N0, T);
T_end = 1.5; N = T_end / T; P_init = diag([0, 0, 0].^2);
n_trials = 6; K = zeros(3, N, n_trials);
Pp_err = zeros(1, n_trials); jerk_set = 0.001;
for n = 1:n_trials
    P_pred = P_init; Sa = (10^(n-1) * jerk_set * 9.8)^2 * T; Q = diag([Sf, Sg, Sa]);
    [Phi,Qd] = disc_model(F, G, Q, T);
    for k = 1: N
        K(:, k, n) =P_pred * H' / (H * P_pred * H' + R);
        P_update = (eye(n_st) - K(:, k, n) * H) * P_pred;
        P_pred = Phi * P_update * Phi' + Qd;
    end
    Pp_err(n) = rad2deg(P_update(1, 1).^0.5);
end
jerk_set = 0.001; P_err = zeros(1, n_trials); n_set = 5;
for n = 1:n_trials
    P_pred = P_init; Sa = (10^(n-1) * jerk_set * 9.8)^2 * T; Q = diag([Sf, Sg, Sa]);
    [Phi,Qd] = disc_model(F, G, Q, T);
    for k = 1: N
        P_update = (eye(n_st) - K(:, k, n_set) * H) * P_pred * (eye(n_st) -...
            K(:, k,n_set) * H)' + K(:, k, n_set) * R * K(:, k, n_set)';
        P_pred = Phi * P_update * Phi' + Qd;
    end
    P_err(n) = rad2deg(P_update(1, 1)^0.5);
end
semilogx(0.001*10.^(0: 5), P_err, '-o'); semilogx(0.001*10.^(0: 5), Pp_err, '-*');
holdoff;legend('设计性能', '最优性能'); hold on; grid on
xlabel('\surdq_\alpha(g/s/\surdHz)');ylabel('\sigma_\phi(deg)')
```

运行结果如图 8-25 所示。

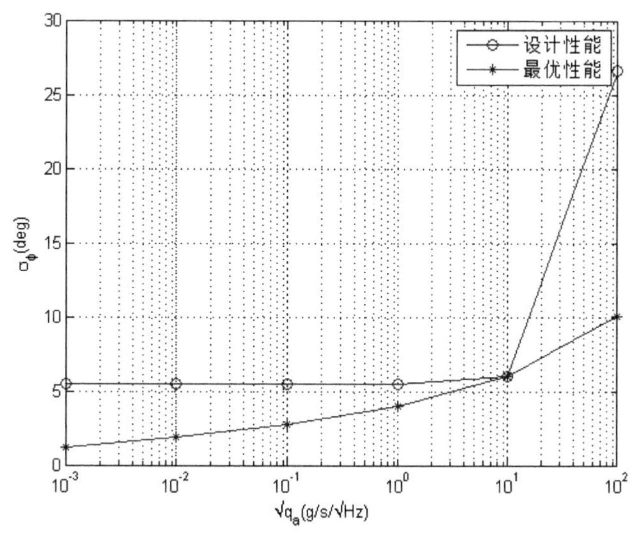

图 8-25　加加速度为 10 g/s 和载噪比为 35 dB-Hz 时设计跟踪滤波器性能与最优跟踪滤波器的性能对比

由图 8－24 和图 8－25 可知，设计的滤波器在设计点与最优滤波器的性能是一致的，而在其它情况下，其性能均不如最优滤波器。但是，当应用条件比设计条件好时，设计滤波器的性能不会比设计点滤波器性能差。例如，在图 8－24 中，设计点的载噪比为 32 dB-Hz，当应用载噪比大于 32 dB-Hz 时，设计滤波器的跟踪相位误差比设计点的要低，即性能要比设计点的要好，但比最优滤波器的要差，在图 8－26 也有类似的情况。因此，基于设计点设计的滤波器虽然性能不是最优的，但只要应用条件不比设计点的差，其滤波性能就是有保障的，即不会比设计点的差。

2. 灵敏度分析

次优协方差分析和误差预算都是基于状态转移矩阵和量测矩阵精确假设的，如果这二者也有误差，则上面的分析方法将失效，此时可以采用如下灵敏度分析方法。

设实际系统模型为

$$\begin{cases}\boldsymbol{x}_k=\boldsymbol{\Phi}_{k-1}\boldsymbol{x}_{k-1}+\boldsymbol{w}_{k-1}\\ \boldsymbol{z}_k=\boldsymbol{H}_k\boldsymbol{x}_k+\boldsymbol{v}_k\\ \mathrm{E}(\boldsymbol{w}_k\boldsymbol{w}_j^{\mathrm{T}})=\boldsymbol{Q}_k\delta_{kj}\\ \mathrm{E}(\boldsymbol{v}_k\boldsymbol{v}_j^{\mathrm{T}})=\boldsymbol{R}_k\delta_{kj}\end{cases}\tag{8.248}$$

设计的滤波模型为

$$\begin{cases}\boldsymbol{x}_k=\boldsymbol{\Phi}_{k-1}^*\boldsymbol{x}_{k-1}+\boldsymbol{w}_{k-1}^*\\ \boldsymbol{z}_k=\boldsymbol{H}_k^*\boldsymbol{x}_k+\boldsymbol{v}_k^*\\ \mathrm{E}(\boldsymbol{w}_k^*\boldsymbol{w}_j^{*\mathrm{T}})=\boldsymbol{Q}_k^*\delta_{kj}\\ \mathrm{E}(\boldsymbol{v}_k^*\boldsymbol{v}_j^{*\mathrm{T}})=\boldsymbol{R}_k^*\delta_{kj}\end{cases}\tag{8.249}$$

在滤波中，按照式(8.249)设计滤波器，滤波的结果为

$$\begin{cases}\hat{\boldsymbol{x}}_k^*(-)=\boldsymbol{\Phi}_{k-1}^*\boldsymbol{x}_{k-1}^*(+)\\ \boldsymbol{x}_k^*(+)=\boldsymbol{x}_k^*(-)+\boldsymbol{K}_k^*[\boldsymbol{z}_k-\boldsymbol{H}_k^*\boldsymbol{x}_k^*(-)]\end{cases}\tag{8.250}$$

其中 $\boldsymbol{K}_k^*$ 用于后续的协方差分析。设状态估计偏差为

$$\begin{cases}\tilde{\boldsymbol{x}}_k^*(-)=\hat{\boldsymbol{x}}_k^*(-)-\boldsymbol{x}_k\\ \tilde{\boldsymbol{x}}_k^*(+)=\hat{\boldsymbol{x}}_k^*(+)-\boldsymbol{x}_k\end{cases}\tag{8.251}$$

令估计偏差协方差为

$$\begin{cases}\boldsymbol{P}_k^*(-)=\mathrm{E}[\tilde{\boldsymbol{x}}_k^*(-)\tilde{\boldsymbol{x}}_k^{*\mathrm{T}}(-)]\\ \boldsymbol{P}_k^*(+)=\mathrm{E}[\tilde{\boldsymbol{x}}_k^*(+)\tilde{\boldsymbol{x}}_k^{*\mathrm{T}}(+)]\end{cases}\tag{8.252}$$

同时令

$$\begin{cases}\boldsymbol{U}_k=\mathrm{E}(\boldsymbol{x}_k\boldsymbol{x}_k^{\mathrm{T}})\\ \boldsymbol{V}_k(-)=\mathrm{E}[\boldsymbol{x}_k\tilde{\boldsymbol{x}}_k^{*\mathrm{T}}(-)]\\ \boldsymbol{V}_k(+)=\mathrm{E}[\boldsymbol{x}_k\tilde{\boldsymbol{x}}_k^{*\mathrm{T}}(+)]\end{cases}\tag{8.253}$$

由式(8.249)～式(8.251)有

$$\begin{cases}\tilde{\boldsymbol{x}}_k^*(-)=\boldsymbol{\Phi}_{k-1}^*\boldsymbol{x}_{k-1}^*(+)-\boldsymbol{\Phi}_{k-1}^*\boldsymbol{x}_{k-1}-\boldsymbol{w}_{k-1}^*=\boldsymbol{\Phi}_{k-1}^*\tilde{\boldsymbol{x}}_{k-1}^*(+)-\boldsymbol{w}_{k-1}^*\\ \tilde{\boldsymbol{x}}_k^*(+)=\boldsymbol{x}_k^*(-)+\boldsymbol{K}_k^*[\boldsymbol{H}_k^*\boldsymbol{x}_k+\boldsymbol{v}_k^*-\boldsymbol{H}_k^*\boldsymbol{x}_k^*(-)]-\boldsymbol{x}_k\\ \qquad\quad=(\boldsymbol{I}-\boldsymbol{K}_k^*\boldsymbol{H}_k^*)\tilde{\boldsymbol{x}}_k^*(-)+\boldsymbol{K}_k^*\boldsymbol{v}_k^*\end{cases}\tag{8.254}$$

将式(8.254)代入式(8.252)，并结合式(8.253)，得

$$
\begin{aligned}
\boldsymbol{P}_k^*(-)=&\boldsymbol{\Phi}_{k-1}^*\boldsymbol{P}_{k-1}^*(+)\boldsymbol{\Phi}_{k-1}^{*\mathrm{T}}+\boldsymbol{Q}_{k-1}^*-\boldsymbol{\Phi}_{k-1}^*\mathrm{E}[\tilde{\boldsymbol{x}}_{k-1}^*(+)\boldsymbol{w}_{k-1}^{*\mathrm{T}}]-\mathrm{E}[\boldsymbol{w}_{k-1}^*\tilde{\boldsymbol{x}}_{k-1}^{*\mathrm{T}}(+)]\boldsymbol{\Phi}_{k-1}^{*\mathrm{T}}\\
=&\boldsymbol{\Phi}_{k-1}^*\boldsymbol{P}_{k-1}^*(+)\boldsymbol{\Phi}_{k-1}^{*\mathrm{T}}+\boldsymbol{Q}_{k-1}+\Delta\boldsymbol{\Phi}_{k-1}\boldsymbol{U}_{k-1}\Delta\boldsymbol{\Phi}_{k-1}^{\mathrm{T}}+\\
&\boldsymbol{\Phi}_{k-1}^*\boldsymbol{V}_{k-1}^{\mathrm{T}}(+)\Delta\boldsymbol{\Phi}_{k-1}^{\mathrm{T}}+\Delta\boldsymbol{\Phi}_{k-1}\boldsymbol{V}_{k-1}(+)\boldsymbol{\Phi}_{k-1}^{*\mathrm{T}}
\end{aligned}\tag{8.255}
$$

$$
\begin{aligned}
\boldsymbol{V}_k(-)=&\mathrm{E}[\boldsymbol{x}_k\tilde{\boldsymbol{x}}_k^{*\mathrm{T}}(-)]=\mathrm{E}\{(\boldsymbol{\Phi}_{k-1}\boldsymbol{x}_{k-1}+\boldsymbol{w}_{k-1})[\boldsymbol{\Phi}_{k-1}^*\tilde{\boldsymbol{x}}_{k-1}^*(+)-\boldsymbol{w}_{k-1}^*]^{\mathrm{T}}\}\\
=&\boldsymbol{\Phi}_{k-1}\boldsymbol{V}_{k-1}(+)\boldsymbol{\Phi}_{k-1}^{*\mathrm{T}}-\boldsymbol{Q}_{k-1}+\boldsymbol{\Phi}_{k-1}\boldsymbol{U}_{k-1}\Delta\boldsymbol{\Phi}_{k-1}^{\mathrm{T}}
\end{aligned}\tag{8.256}
$$

$$
\begin{aligned}
\boldsymbol{U}_k=&\mathrm{E}(\boldsymbol{x}_k\boldsymbol{x}_k^{\mathrm{T}})=\mathrm{E}[(\boldsymbol{\Phi}_{k-1}\boldsymbol{x}_{k-1}+\boldsymbol{w}_{k-1})(\boldsymbol{\Phi}_{k-1}\boldsymbol{x}_{k-1}+\boldsymbol{w}_{k-1})^{\mathrm{T}}]\\
=&\boldsymbol{\Phi}_{k-1}\boldsymbol{U}_{k-1}\boldsymbol{\Phi}_{k-1}^{\mathrm{T}}+\boldsymbol{Q}_{k-1}
\end{aligned}\tag{8.257}
$$

$$
\begin{aligned}
\boldsymbol{P}_k^*(+)=&(\boldsymbol{I}-\boldsymbol{K}_k^*\boldsymbol{H}_k^*)\boldsymbol{P}_k^*(-)(\boldsymbol{I}-\boldsymbol{K}_k^*\boldsymbol{H}_k^*)^{\mathrm{T}}+\boldsymbol{K}_k^*\boldsymbol{R}_k^*\boldsymbol{K}_k^{*\mathrm{T}}+\\
&(\boldsymbol{I}-\boldsymbol{K}_k^*\boldsymbol{H}_k^*)\mathrm{E}[\tilde{\boldsymbol{x}}_k^*(-)\boldsymbol{v}_k^{*\mathrm{T}}]\boldsymbol{K}_k^{*\mathrm{T}}+\boldsymbol{K}_k^*\mathrm{E}[\boldsymbol{v}_k^*\tilde{\boldsymbol{x}}_k^{*\mathrm{T}}(-)](\boldsymbol{I}-\boldsymbol{K}_k^*\boldsymbol{H}_k^*)^{\mathrm{T}}\\
=&(\boldsymbol{I}-\boldsymbol{K}_k^*\boldsymbol{H}_k^*)\boldsymbol{P}_k^*(-)(\boldsymbol{I}-\boldsymbol{K}_k^*\boldsymbol{H}_k^*)^{\mathrm{T}}+\boldsymbol{K}_k^*\boldsymbol{R}_k\boldsymbol{K}_k^{*\mathrm{T}}+\boldsymbol{K}_k^*\Delta\boldsymbol{H}_k\boldsymbol{U}_k\Delta\boldsymbol{H}_k^{\mathrm{T}}\boldsymbol{K}_k^{*\mathrm{T}}-\\
&(\boldsymbol{I}-\boldsymbol{K}_k^*\boldsymbol{H}_k^*)\boldsymbol{V}_k^{\mathrm{T}}(-)\Delta\boldsymbol{H}_k^{\mathrm{T}}\boldsymbol{K}_k^{*\mathrm{T}}-\boldsymbol{K}_k^*\Delta\boldsymbol{H}_k\boldsymbol{V}_k(-)(\boldsymbol{I}-\boldsymbol{K}_k^*\boldsymbol{H}_k^*)^{\mathrm{T}}
\end{aligned}\tag{8.258}
$$

$$
\begin{aligned}
\boldsymbol{V}_k(+)=&\mathrm{E}[\boldsymbol{x}_k\tilde{\boldsymbol{x}}_k^{*\mathrm{T}}(+)]=\mathrm{E}\{\boldsymbol{x}_k[(\boldsymbol{I}-\boldsymbol{K}_k^*\boldsymbol{H}_k^*)\tilde{\boldsymbol{x}}_k^*(-)+\boldsymbol{K}_k^*\boldsymbol{v}_k^*]^{\mathrm{T}}\}\\
=&\boldsymbol{V}_k(-)(\boldsymbol{I}-\boldsymbol{K}_k^*\boldsymbol{H}_k^*)^{\mathrm{T}}+\mathrm{E}(\boldsymbol{x}_k\boldsymbol{v}_k^{*\mathrm{T}})\boldsymbol{K}_k^{*\mathrm{T}}\\
=&\boldsymbol{V}_k(-)(\boldsymbol{I}-\boldsymbol{K}_k^*\boldsymbol{H}_k^*)^{\mathrm{T}}-\boldsymbol{U}_k\Delta\boldsymbol{H}_k^{\mathrm{T}}\boldsymbol{K}_k^{*\mathrm{T}}
\end{aligned}\tag{8.259}
$$

其中，

$$
\begin{cases}
\boldsymbol{w}_k^*=\boldsymbol{w}_{k-1}-\Delta\boldsymbol{\Phi}_{k-1}\boldsymbol{x}_{k-1}\\
\boldsymbol{v}_k^*=\boldsymbol{v}_k-\Delta\boldsymbol{H}_k\boldsymbol{x}_k\\
\Delta\boldsymbol{\Phi}_k=\boldsymbol{\Phi}_k^*-\boldsymbol{\Phi}_k\\
\Delta\boldsymbol{H}_k=\boldsymbol{H}_k^*-\boldsymbol{H}_k
\end{cases}\tag{8.260}
$$

由式(8.255)～式(8.259)可以分析 $\Delta\boldsymbol{\Phi}_k$ 和 $\Delta\boldsymbol{H}_k$ 对状态估计偏差协方差的影响。显然，如果不存在模型参数误差，上述协方差分析将退化为最优形式。

灵敏度分析中需要知道真实状态的统计特性和真实模型，这在实际应用中往往是无法实现的，导致这种分析在实际中很难开展。更为现实的是进行次优性能分析，即上文提到的次优性能分析和误差预算。由图 8-23 可知，通过误差预算可以分析判断各误差因素对滤波性能的影响情况，即灵敏度分析，只是这里分析的对象是设计滤波器，而设计滤波器的性能是次优的，但是这种分析方法是切实可行的。

3. Monte Carlo 仿真

除了可以利用上面介绍的协方差分析方法进行误差分析，还可以利用仿真的方法进行估计偏差的分析。不过，需要注意的是，滤波过程是随机过程，状态噪声和量测噪声都是随机的；但对某一次具体的仿真来说，其又是一个具体的样本序列，而两次样本序列之间可能存在很大的差异，这将导致滤波结果差异很大，因此，基于某次仿真结果对滤波结果的统计特性进行评价并不合理。

如果对初始样本和噪声按照其统计特性进行大样本仿真，然后对每个样本分别进行滤波，得到状态估计和估计偏差协方差等结果，再对这些样本结果进行统计，得到其期望、标准差或圆概率误差(circular error probability，CEP)，再基于统计结果对滤波性能进行分析，那么这种仿真方法就称为“Monte Carlo 仿真法”。这种方法在随机过程分析中经常使用，特别是对于强耦合和非线性系统，是进行随机系统定量分析的有效方法。

【例 8-18】 主要条件如例 8-15，一物体做直线运动，t_k 时刻的位移、速度、加速度和加加速度分别为 s_k、v_k、a_k 和 j_k，只对速度测量，有

$$\begin{cases} z_k = v_k + \upsilon_k \\ \mathrm{E}(\upsilon_k) = \mathrm{E}(j_k) = 0 \\ \mathrm{E}(\upsilon_k \upsilon_j) = r\delta_{kj} \\ \mathrm{E}(j_k j_j) = q\delta_{kj} \end{cases} \tag{8.261}$$

试构建滤波算法，并用 Monte Carlo 法对算法进行多次仿真，得到位移、速度和加速度估计偏差的 CEP 曲线。

【解】 状态方程为

$$\boldsymbol{x}_k = \begin{bmatrix} s_k \\ v_k \\ a_k \end{bmatrix} = \begin{bmatrix} 1 & T & \dfrac{T^2}{2} \\ 0 & 1 & T \\ 0 & 0 & 1 \end{bmatrix} \begin{bmatrix} s_{k-1} \\ v_{k-1} \\ a_{k-1} \end{bmatrix} + \begin{bmatrix} 0 \\ 0 \\ T \end{bmatrix} j_{k-1} = \boldsymbol{\Phi} \boldsymbol{x}_{k-1} + \boldsymbol{\Gamma} j_{k-1} \tag{8.262}$$

对应的量测方程为

$$z_k = v_k + \upsilon_k = \begin{bmatrix} 0 & 1 & 0 \end{bmatrix} \begin{bmatrix} s_k \\ v_k \\ a_k \end{bmatrix} + \upsilon_k = \boldsymbol{H} \boldsymbol{x}_k + \upsilon_k \tag{8.263}$$

建模完成后，可以构建 Kalman 滤波算法，并进行仿真计算。考虑到状态噪声和量测噪声为白噪声，每次仿真时其值会有较大变化，因此，这里采用 Monte Carlo 法进行多次重复仿真，然后计算其估计值的 CEP 值，其中 CEP 值按照如下方式计算(注:CEP 值还有其它计算方法，这里不再给出)。

首先，进行奇异值剔除。设得到某个状态的多次估计结果为 $\{x_i\}(i=1,2,\cdots,N)$，分别计算其期望和标准差：

$$\begin{cases} \mu_x = \dfrac{1}{N} \displaystyle\sum_{i=1}^{N} x_i \\ \sigma_x^2 = \dfrac{1}{N-1} \displaystyle\sum_{i=1}^{N} (x_i - \mu_x)^2 \end{cases} \tag{8.264}$$

然后针对每个样本值计算：

$$\begin{cases} \tau_i = \dfrac{x_i - \mu_x}{\sigma_x} \\ t_i = \dfrac{\tau_i \sqrt{N-2}}{\sqrt{N-1-\tau_i^2}} \end{cases} \tag{8.265}$$

在确定了显著性水平 α 之后，可以结合自由度 $(N-2)$ 通过查表确定剔除阈值 t_{th}，即 $|t_i| > t_{\mathrm{th}}$ 时，即认为 t_i 是奇异值而予以剔除，否则予以保留。

在完成奇异值剔除后，利用剩余的数据进行 CEP 值计算，计算方法如下。

先计算其均值 μ_x 和标准差 σ_x，计算方法同上述，只是这里采用的是剔除奇异值后的数据。再计算：

$$\begin{cases}\rho=\sigma_x^4+2\sigma_x^2\mu_x^2\\ \eta=\sigma_x^2+\mu_x^2\\ \sigma=\sqrt{\dfrac{2\rho}{9\eta^2}}\\ \mu=1-\dfrac{2\rho}{9\eta^2}\end{cases}\tag{8.266}$$

得到这些量后，可计算 CEP 值如下：

$$x_{\mathrm{CEP}}=\sqrt{\eta\,(\lambda\sigma+\mu)^2}\tag{8.267}$$

式中的 λ 可按概率查表 8-1 得到。

表 8-1　参数概率表

概　率	参数值	概　率	参数值	概　率	参数值
50%	0	55%	0.125 38	60%	0.252 93
65%	0.384 88	70%	0.524 00	75%	0.674 19
80%	0.841 46	81%	0.877 76	82%	0.915 26
83%	0.954 10	84%	0.994 42	85%	1.036 43
86%	1.080 35	87%	1.126 46	88%	1.175 09
89%	1.226 67	90%	1.281 73	91%	1.340 97
92%	1.405 32	93%	1.476 08	94%	1.555 10
95%	1.645 21	96%	1.751 68	97%	1.881 21
98%	2.054 19	99%	2.326 79	—	—

在本例中，仿真次数 N 取 102 次，因此自由度为 100，取显著性水平 α 为 0.05，查表得 t_{th} 为 1.984 0；计算 CEP 时的概率分别按 50% 和 95%，即 λ 分别取 0 和 1.645 21。

相应的 MATLAB 程序如下：

```
tstandard = load('tstandard_total.txt'); tstd = tstandard(35,7);
Zp = [0,0.12538,0.25293,0.38488,0.52400,0.67419,0.84146, 0.87776, 0.91526,0.95410,...
    0.99442,1.03643,1.08035, 1.12646,1.17509,1.22667,1.28173,1.34097,1.40532,...
    1.47608,1.55510,1.64521,1.75168,1.88121,2.05419,2.32679];
Zpp = [Zp(1),Zp(22)];
deltat = 1;q3 = 0.001;q2 = 0.01;q1 = 0.1;F = [0 1 0;0 0 1;0 0 0];
G = zeros(3,3);G(3,3) = q3;G(1,1) = q1; G(2,2) = q2;
W = zeros(3,3);W(3,3) = 1;W(2,2) = 1; W(1,1) = 1;
A = zeros(6,6);
A(1:3,1:3) = -1*F;A(1:3,4:6) = G*W*G';A(4:6,4:6) = F';A = A*deltat;B = expm(A);
PHI = B(4:6,4:6);PHI = PHI';Q = PHI * B(1:3,4:6);
H = [0 1 0];sigmav = 1;Rv = sigmav^2;
R = Rv;N = chol(R);N = N'; N = inv(N); span = 1024;I = eye(3); seps = 1e-6;
iterative_number = 102;
cx = [];cxs = [];cp = [];cps = [];cxy = [];time_p = []; time_s = [];
h = waitbar(0,'Kalman Filtering');
for j = 1:iterative_number
    xtrue = zeros(span,3);
```

```
        randn('state', sum(100 * clock)); qk1 = sqrt(Q(1,1)) * randn(span,1);
        randn('state', sum(100 * clock)); qk2 = sqrt(Q(2,2)) * randn(span,1);
        randn('state', sum(100 * clock)); qk3 = sqrt(Q(3,3)) * randn(span,1);
        xtrue(1,1) = qk1(span); xtrue(1,2) = 1.0 + qk2(span); xtrue(1,3) = qk3(span);
        for i = 2:span
            xtrue(i,1) = xtrue(i-1,1) + deltat * xtrue(i-1,2) + deltat^2/2 * xtrue(i-1,3) + qk1(i-1);
            xtrue(i,2) = xtrue(i-1,2) + deltat * xtrue(i-1,3) + qk2(i-1);
            xtrue(i,3) = xtrue(i-1,3) + qk3(i-1);
        end
        z = zeros(span,1); % 2);
        randn('state', sum(100 * clock)); noisev = sigmav * randn(span,1);
        z = xtrue(:,2) + noisev;
        xi_pre(1) = 0; xi_pre(2) = 1.0; xi_pre(3) = 0.0; Pi_pre = zeros(3);
        Pi_pre(1,1) = (xi_pre(1) - xtrue(1,1))^2; Pi_pre(2,2) = (xi_pre(2) - xtrue(1,2))^2;
        Pi_pre(3,3) = (xi_pre(3) - xtrue(1,3))^2;
        x_pre = xi_pre'; P_pre = Pi_pre; x = [];xy = []; p = [];
        K = P_pre * H' * inv(H * P_pre * H' + R); x_est = x_pre + K * (z(1) - H * x_pre);
        P = (I - K * H) * P_pre * (I - K * H)' + K * R * K'; x = [x;x_est(1) - xtrue(1,1)]; p = [p;P(1,1)];
        xy = [xy;x_est(2) - xtrue(1,2)]; tic
        for i = 2:span
            x_pre = PHI * x_est;
            P_pre = PHI * P * PHI' + Q; K = P_pre * H' * inv(H * P_pre * H' + R);
            x_est = x_pre + K * (z(i) - H * x_pre); P = (I - K * H) * P_pre * (I - K * H)' + K * R * K';
            x = [x;x_est(1) - xtrue(i,1)]; p = [p;P(1,1)]; xy = [xy;x_est(2) - xtrue(i,2)];
        end
        tt = toc;time_p = [time_p;tt];cp = [cp,p];cx = [cx,x];cxy = [cxy,xy];
        waitbar(j/iterative_number,h)
    end
    close(h)
    cx_mean = mean(cx,2); cx_std = std(cx,1,2); cp_mean = mean(cp,2);cp_std = std(cp,1,2);
    CEPx = [];CEPp = [];h = waitbar(0,'Calculating CEP errors');
    for i = 1:span - 1
        cepx = [];cepp = [];
        for j = 1:iterative_number
            if cx_std(i)<seps
                cepx = [cepx,cx(i,j)]; else tao_x = (cx(i,j) - cx_mean(i))/cx_std(i);
                t_x = tao_x * sqrt((iterative_number - 2)/(iterative_number - 1 - tao_x^2));
                if (abs(t_x)<= tstd)  cepx = [cepx,cx(i,j)];  end
            end
            if cp_std(i)<seps
                cepp = [cepp,cp(i,j)]; else tao_p = (cp(i,j) - cp_mean(i))/cp_std(i);
                t_p = tao_p * sqrt((iterative_number - 2)/(iterative_number - 1 - tao_p^2));
                if (abs(t_p)<= tstd)  cepp = [cepp,cp(i,j)];  end
            end
        end
        cepx_mean = mean(cepx); cepp_mean = mean(cepp); cepx_std = std(cepx);
        cepp_std = std(cepp); cepx_rho = cepx_std^4 + 2 * cepx_std^2 * cepx_mean^2;
```

```
        cepp_rho = cepp_std^4 + 2 * cepp_std^2 * cepp_mean^2;
        cepx_yeta = cepx_std^2 + cepx_mean^2 + eps;
        cepp_yeta = cepp_std^2 + cepp_mean^2 + eps;
        cepx_zz = 2 * cepx_rho/(9 * cepx_yeta^2); cepp_zz = 2 * cepp_rho/(9 * cepp_yeta^2);
        cepx_zstd = sqrt(cepx_zz); cepp_zstd = sqrt(cepp_zz); cepx_zmean = 1 - cepx_zz;
        cepp_zmean = 1 - cepp_zz;
        cepx_rerror = [sqrt(cepx_yeta * (cepx_zstd * Zpp(1) + cepx_zmean)^3),...
            sqrt(cepx_yeta * (cepx_zstd * Zpp(2) + cepx_zmean)^3)];
        cepp_rerror = [sqrt(cepp_yeta * (cepp_zstd * Zpp(1) + cepp_zmean)^3),...
            sqrt(cepp_yeta * (cepp_zstd * Zpp(2) + cepp_zmean)^3)];
        CEPx = [CEPx;cepx_rerror]; CEPp = [CEPp;cepp_rerror]; waitbar(i/(span - 1),h)
    end
    close(h)
    lspan = 1:span - 1;lenspan = length(lspan);xmean = norm(CEPx(lspan,1))/sqrt(lenspan)
    figure
    plot(lspan,abs(CEPx(lspan,1))),grid;
    xlabel('滤波时间(s)'),ylabel('位置误差 CEP(50 %)(m)')
    figure
    plot(lspan,abs(CEPx(lspan,2))),grid;
    xlabel('滤波时间(s)'),ylabel('位置误差 CEP(95 %)(m)')
    figure
    plot(lspan,CEPp(lspan,1)),grid;
    xlabel('滤波时间(s)'),ylabel('位置估计偏差协方差 CEP')
    figure
    plot(1:span,cx);xlabel('滤波时间(s)'),ylabel('每次滤波位置误差(m)')
```

运行结果如图 8-26～图 8-28 所示，分别为 102 次位置估计误差、50%概率时的 CEP 曲线和 95%概率时的 CEP 曲线。显然每次仿真结果之间均有一定的差异性，而 CEP 值是对这些样本的统计描述，对其变化趋势看得更清楚。此外，采用 95%概率时的 CEP 值要比采用 50%概率时的 CEP 值大，即此时的计算结果更为保守。

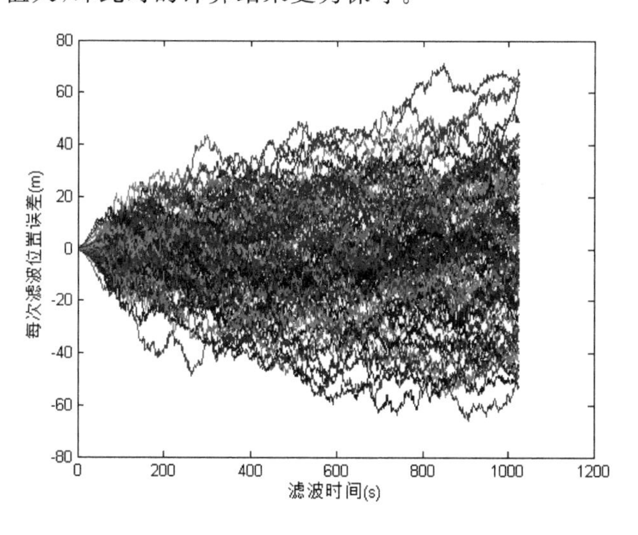

图 8-26　102 次仿真中位置估计误差

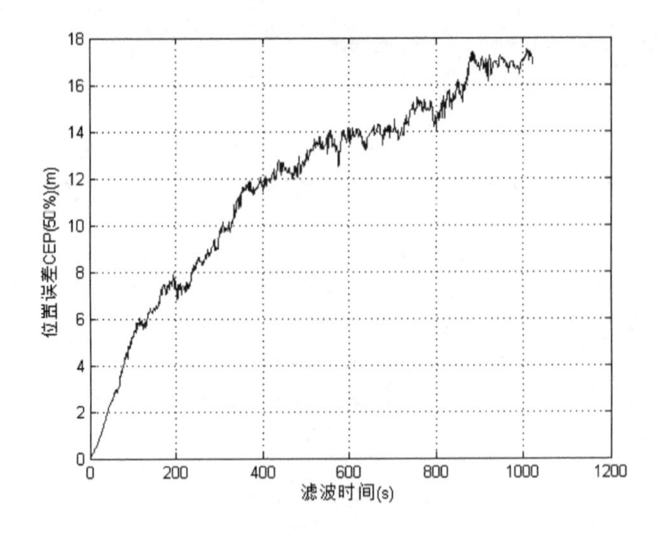

图 8-27　位置误差的 CEP(50%)值

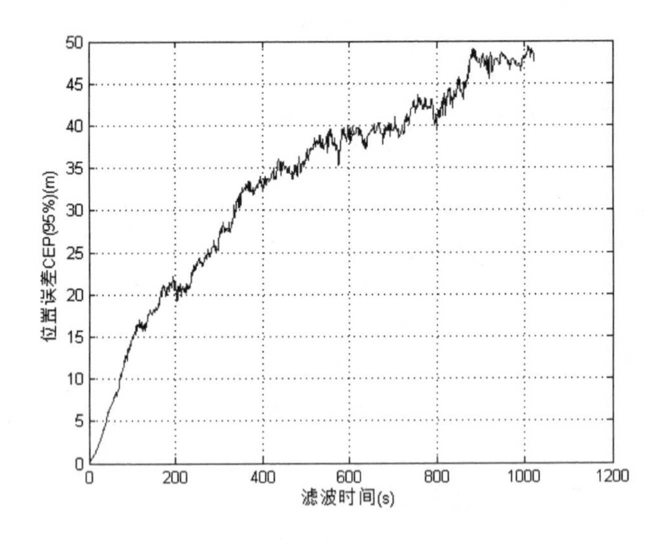

图 8-28　位置误差 CEP(95%)值

4. 稳定性分析

(1) 稳定性定义

在控制理论中,稳定性是指系统受到某一扰动后恢复原有运动状态的能力。即如果系统受到外界有界扰动,那么在扰动撤除后,若系统能恢复到原始平衡状态,则系统是稳定的,否则系统是不稳定的。

Kalman 滤波是一种递推算法,在算法启动时必须先给定状态初始值$\hat{\boldsymbol{x}}_0$和估计方差阵的初始值 $\boldsymbol{P}_0$。当$\hat{\boldsymbol{x}}_0=\mathrm{E}(\boldsymbol{x}_0)$、$\boldsymbol{P}_0=\mathrm{E}[(\hat{\boldsymbol{x}}_0-\boldsymbol{x}_0)(\hat{\boldsymbol{x}}_0-\boldsymbol{x}_0)^{\mathrm{T}}]$时,滤波估计是无偏的,且在最小方差意义下是最优的。但在实际应用中,$\hat{\boldsymbol{x}}_0$ 和 $\boldsymbol{P}_0$ 的真值往往不能精确获得,滤波是有偏的,应分析滤波初值的选取对滤波稳定性的影响。如果随着滤波时间的推移,$\hat{\boldsymbol{x}}_k$ 和 $\boldsymbol{P}_k$ 均不受其初值的影响而收敛,则滤波器是稳定的,否则是不稳定的。因此,稳定滤波器是滤波器正常工作的前提。

对于离散线性系统：

$$x_k = \boldsymbol{\Phi}_{k-1} x_{k-1} + u_{k-1} \tag{8.268}$$

设 x_k^1 和 x_k^2 分别为系统在不同初始状态 x_0^1 和 x_0^2 作用下在 k 时刻的状态，那么四种稳定性定义如下：

① 稳定：$\forall \varepsilon > 0$，总存在 $\delta(\varepsilon, t_0) > 0$，当 $\| x_0^1 - x_0^2 \| < \delta$ 时，$\| x_k^1 - x_k^2 \| < \varepsilon$ 恒成立，则称系统稳定；

② 一致稳定：$\forall \varepsilon > 0$，总存在 $\delta(\varepsilon) > 0$，当 $\| x_0^1 - x_0^2 \| < \delta$ 时，$\| x_k^1 - x_k^2 \| < \varepsilon$ 恒成立，则称系统一致稳定；

③ 渐近稳定：对于任意初始状态，$\forall \mu > 0$，总存在 $T(\mu, t_0) > 0$，当 $t_k \geqslant t_0 + T$ 时，$\| x_k^1 - x_k^2 \| < \mu$ 恒成立，则称系统渐近稳定；

④ 一致渐近稳定：对于任意初始状态，$\forall \mu > 0$，总存在 $T(\mu) > 0$，当 $t_k \geqslant t_0 + T$ 时，$\| x_k^1 - x_k^2 \| < \mu$ 恒成立，则称系统一致渐近稳定。

对于 Kalman 滤波来说，滤波方程可写为

$$\begin{aligned} \hat{x}_k(+) &= \hat{x}_k(-) + K_k [z_k - H_k \hat{x}_k(-)] \\ &= \boldsymbol{\Phi}_{k-1} \hat{x}_{k-1}(+) + K_k [z_k - H_k \boldsymbol{\Phi}_{k-1} \hat{x}_{k-1}(+)] \\ &= (I - K_k H_k) \boldsymbol{\Phi}_{k-1} \hat{x}_{k-1}(+) + K_k z_k \end{aligned} \tag{8.269}$$

式(8.269)可以看作一个线性系统，可以根据上述滤波方程进行 Kalman 滤波的稳定性分析。由控制理论可知，当$(I - K_k H_k)\boldsymbol{\Phi}_{k-1}$有界时，式(8.269)所示的系统是稳定的。

不过由于增益阵的存在，$(I - K_k H_k)\boldsymbol{\Phi}_{k-1}$通常是时变的，使基于式(8.269)进行滤波器的稳定性判断很困难，因此更多时候是根据原系统的结构和参数来判断滤波器的稳定性的。对 Kalman 滤波器来说，可以通过对系统的随机可观测性和随机可控性来判断其稳定性。下面给出判断滤波稳定性的充分条件。

(2) 充分条件

1) 随机可控性

随机线性系统的可控性与之前介绍的确定性系统的可控性之间的区别主要是：之前所说的可控性是描述系统的确定性输入(或控制)影响系统状态的能力，而随机线性系统的可控性是描述系统随机噪声影响系统状态的能力。

对于离散系统：

$$\begin{cases} x_k = \boldsymbol{\Phi}_{k,k-1} x_{k-1} + \boldsymbol{\Gamma}_{k-1} w_{k-1} = \boldsymbol{\Phi}_{k,k-N} x_{k-N} + \sum\limits_{i=k-N+1}^{k} \boldsymbol{\Phi}_{k,i} \boldsymbol{\Gamma}_{i-1} w_{i-1} \\ z_k = H_k x_k + v_k \end{cases} \tag{8.270}$$

定义如下可控性矩阵：

$$\begin{aligned} W_{k,k-N+1} &= \mathrm{E}[(x_k - \boldsymbol{\Phi}_{k,k-N} x_{k-N})(x_k - \boldsymbol{\Phi}_{k,k-N} x_{k-N})^{\mathrm{T}}] \\ &= \mathrm{E}\Big[\Big(\sum_{i=k-N+1}^{k} \boldsymbol{\Phi}_{k,i} \boldsymbol{\Gamma}_{i-1} w_{i-1}\Big)\Big(\sum_{i=k-N+1}^{k} \boldsymbol{\Phi}_{k,i} \boldsymbol{\Gamma}_{i-1} w_{i-1}\Big)^{\mathrm{T}}\Big] \\ &= \sum_{i=k-N+1}^{k} \boldsymbol{\Phi}_{k,i} \boldsymbol{\Gamma}_{i-1} Q_{i-1} \boldsymbol{\Gamma}_{i-1}^{\mathrm{T}} \boldsymbol{\Phi}_{k,i}^{\mathrm{T}} \end{aligned} \tag{8.271}$$

如果式(8.271)所示的矩阵是正定的，则该系统完全可控。

如果存在正整数 N、正数 α_1 和 β_1，使得对所有的 $k \geqslant N$，有$(W_{k,k-N+1} - \alpha_1 I)$和$(\beta_1 I -$

$\boldsymbol{W}_{k,k-N+1}$)非负定,则称系统一致完全可控。

对于连续系统:

$$\begin{cases}\dot{\boldsymbol{x}}(t)=\boldsymbol{F}(t)\boldsymbol{x}(t)+\boldsymbol{G}(t)\boldsymbol{w}(t)\\ \boldsymbol{z}(t)=\boldsymbol{H}(t)\boldsymbol{x}(t)+\boldsymbol{v}(t)\end{cases} \tag{8.272}$$

定义可控性矩阵为

$$\boldsymbol{W}_t=\int_{t_0}^{t}\boldsymbol{\Phi}(t,\tau)\boldsymbol{G}(\tau)\boldsymbol{Q}(\tau)\boldsymbol{G}^{\mathrm{T}}(\tau)\boldsymbol{\Phi}^{\mathrm{T}}(t,\tau)\mathrm{d}\tau \tag{8.273}$$

式中,$\boldsymbol{\Phi}(t,\tau)$为状态转移矩阵。

2) 随机可观测性

类似地,可观性是描述无量测噪声时从量测中确定出状态的能力,而随机可观测性为描述从含有噪声误差的量测中估计状态的能力。

对如式(8.270)所示的离散系统,其随机可观测性矩阵为

$$\boldsymbol{M}_{k,k-N+1}=\sum_{i=k-N+1}^{k}\boldsymbol{\Phi}_{i,k}^{\mathrm{T}}\boldsymbol{H}_i^{\mathrm{T}}\boldsymbol{R}_i^{-1}\boldsymbol{H}_i\boldsymbol{\Phi}_{i,k} \tag{8.274}$$

如果式(8.274)所示的矩阵正定,则系统完全可观测。如果该矩阵不是正定的,但存在正整数 N、正数 α_2 和 β_2,使得对所有的 $k\geqslant N$,有($\boldsymbol{M}_{k,k-N+1}-\alpha_2\boldsymbol{I}$)和($\beta_2\boldsymbol{I}-\boldsymbol{M}_{k,k-N+1}$)非负定,则称系统一致完全可观测。

对如式(8.272)所示的连续系统,其可观测性矩阵为

$$\boldsymbol{M}_t=\int_{t_0}^{t}\boldsymbol{\Phi}^{\mathrm{T}}(\tau,t)\boldsymbol{H}^{\mathrm{T}}(\tau)\boldsymbol{R}^{-1}(\tau)\boldsymbol{H}(\tau)\boldsymbol{\Phi}(\tau,t)\mathrm{d}\tau \tag{8.275}$$

3) 充分条件

下面给出 Kalman 滤波稳定的三个充分条件:

① 如果随机线性系统是一致完全可控和一致完全可观测的,则状态估计偏差协方差矩阵是上下有界的,即滤波器是一致渐近稳定的。

② 系统完全随机可控这一条件意味着系统噪声必须对所有的状态起作用,但是有的系统并不满足这一条件。如果在可控性矩阵中引入滤波器的初始估计误差方差阵 $\boldsymbol{P}_0$,即加入 $\boldsymbol{\Phi}(k,k_0)\boldsymbol{P}_0\boldsymbol{\Phi}^{\mathrm{T}}(k,k_0)$项,只要选定 $\boldsymbol{P}_0$ 是正定的,而 $\boldsymbol{\Phi}(k,k_0)$是满秩的,则 $\overline{\boldsymbol{W}}(k,k_0)$必然满秩,这就放宽了可控阵必须正定的条件。即随机可控阵修改为

$$\overline{\boldsymbol{W}}(k,k_0)=\boldsymbol{\Phi}(k,k_0)\boldsymbol{P}_0\boldsymbol{\Phi}^{\mathrm{T}}(k,k_0)+\sum_{i=k_0+1}^{k}\boldsymbol{\Phi}(k,i)\boldsymbol{\Gamma}_{i-1}\boldsymbol{Q}_{i-1}\boldsymbol{\Gamma}_{i-1}^{\mathrm{T}}\boldsymbol{\Phi}^{\mathrm{T}}(k,i) \tag{8.276}$$

即如果随机线性系统是一致完全可观测的,且式(8.276)所示的 $\overline{\boldsymbol{W}}(k,k_0)$矩阵是正定的,则滤波器是稳定的。

③ 如果线性定常离散系统是完全随机可稳定和完全随机可检测的,则 Kalman 滤波器是渐近稳定的。

所谓完全随机可稳定是指:对状态 $\boldsymbol{x}_k$ 作满秩线性变换,将系统的可控部分和不可控部分解耦,如果不可控部分是稳定的,则系统就是随机可稳定的。

所谓完全随机可检测是指:对状态 $\boldsymbol{x}_k$ 作满秩线性变换,将系统的可观测部分和不可观测部分解耦,如果不可观测部分是稳定的,则系统就是随机可检测的。

5. 可观测度分析

在进行滤波器设计时,对其进行稳定性分析可以定性判断其收敛情况,因此,稳定性分析

通常是必要的。但是,有些应用中,例如组合导航信号滤波处理中,由于初始的状态估计偏差协方差矩阵通常是正定的,且状态转移矩阵是满秩的,状态噪声矩阵是非负定的,因此,由式(8.276)可知系统是可控的,因而滤波器的稳定性取决于系统的可观测性。

在实际应用中,在定性关注系统的可观测性之外,更关注状态变量的可观测程度,即可观测度。下面介绍基于奇异值分解的可观测度分析方法。

对于线性定常系统:

$$\begin{cases} \boldsymbol{x}_k = \boldsymbol{\Phi}\boldsymbol{x}_{k-1} \\ \boldsymbol{z}_k = \boldsymbol{H}\boldsymbol{x}_k \end{cases} \tag{8.277}$$

由现代控制理论可知,其可观测性矩阵为

$$\boldsymbol{\Xi} = \begin{bmatrix} \boldsymbol{H} \\ \boldsymbol{H}\boldsymbol{\Phi} \\ \vdots \\ \boldsymbol{H}\boldsymbol{\Phi}^{l-1} \end{bmatrix} \tag{8.278}$$

若 $\boldsymbol{\Xi}$ 非负定,则其可进行奇异值分解,即

$$\begin{cases} \boldsymbol{\Xi} = \boldsymbol{U}\boldsymbol{\Theta}\boldsymbol{V}^{\mathrm{T}} \\ \boldsymbol{U} = [\boldsymbol{u}_1 \quad \boldsymbol{u}_2 \quad \cdots \quad \boldsymbol{u}_{\mathrm{m}}] \\ \boldsymbol{V} = [\boldsymbol{v}_1 \quad \boldsymbol{v}_2 \quad \cdots \quad \boldsymbol{v}_n] \\ \boldsymbol{\Theta} = \begin{bmatrix} \boldsymbol{S} & \boldsymbol{0} \\ \boldsymbol{0} & \boldsymbol{0} \end{bmatrix} \\ \boldsymbol{S} = \mathrm{diag}(\sigma_1, \sigma_2, \cdots, \sigma_r) \end{cases} \tag{8.279}$$

式中,$\boldsymbol{\Xi}$ 为 $m \times n$ 维矩阵,$\boldsymbol{\Xi}$ 的秩为 r;$\boldsymbol{U}$ 和 $\boldsymbol{V}$ 为正交矩阵;$\sigma_i (i=1,2,\cdots,r)$ 为奇异值,且 $\sigma_1 \geqslant \sigma_2 \geqslant \cdots \geqslant \sigma_r$。对于可观测情况,$r=n$。将式(8.279)代入可观测方程,有

$$\bar{\boldsymbol{z}}_l = \begin{bmatrix} \boldsymbol{z}_0 \\ \boldsymbol{z}_1 \\ \vdots \\ \boldsymbol{z}_{n-1} \end{bmatrix} = \boldsymbol{\Xi}\boldsymbol{x}_0 = \boldsymbol{U}\boldsymbol{\Theta}\boldsymbol{V}^{\mathrm{T}}\boldsymbol{x}_0 = \sum_{i=1}^{n} \sigma_i (\boldsymbol{v}_i^{\mathrm{T}}\boldsymbol{x}_0)\boldsymbol{u}_i \tag{8.280}$$

由式(8.280)有

$$\boldsymbol{x}_0 = \sum_{i=1}^{n} \frac{1}{\sigma_i} (\boldsymbol{u}_i^{\mathrm{T}}\bar{\boldsymbol{z}}_l)\boldsymbol{v}_i \tag{8.281}$$

由式(8.281)可知,当 σ_i 较大时,状态的变化将引起观测量的明显变化,即可观测程度高,相反则可观测程度低。不过,需要注意的是,σ_i 是按大小排序的,并不是与状态量序号直接对应的,其对应关系可以按如下方式确定。

设

$$v'_{i,k} = \max\left(\frac{\boldsymbol{u}_i^{\mathrm{T}}\bar{\boldsymbol{z}}_l}{\sigma_i}\boldsymbol{v}_i\right) \tag{8.282}$$

由于 $\boldsymbol{v}_i$ 前面的系数在某次计算中是固定的,因此,$v'_{i,k}$ 对应的应为 $\boldsymbol{v}_i$ 中绝对值最大的那个分量,即第 k 个分量,由此可以确定第 k 个状态对应的可观测度为 σ_i。这样,由式(8.282)可以依次确定每个状态对应的可观测度。需要注意的是:奇异值分解得到的可观度不能用于不同量纲的直接比较,只能用相同量纲的可观度进行比较。

如果系统是时变或非线性的,则需要对其进行分段线性化,对每一段计算得到一个可观测矩阵,然后将这些可观测矩阵合并成一个总体可观测矩阵,再按照上面所述方式进行奇异值分

解，并将奇异值与状态量对应起来，计算流程与线性定常系统的是一样的，只是可观测矩阵的维数会随分段数的增加而大幅度增加。

【例 8-19】 主要条件如例 8-15，一物体做直线运动，t_k 时刻的位移、速度、加速度和加加速度分别为 s_k、v_k、a_k 和 j_k。

（1）只对速度测量，有

$$\begin{cases} z_k = s_k + \upsilon_k \\ \mathrm{E}(\upsilon_k) = \mathrm{E}(j_k) = 0 \\ \mathrm{E}(\upsilon_k \upsilon_j) = r\delta_{kj} \\ \mathrm{E}(j_k j_j) = q\delta_{kj} \end{cases} \tag{8.283}$$

（2）分别对位移和速度测量，有

$$\begin{cases} z_{k1} = s_k + \upsilon_{k1} \\ z_{k2} = v_k + \upsilon_{k2} \\ \mathrm{E}(\upsilon_{k1}) = \mathrm{E}(\upsilon_{k2}) = \mathrm{E}(j_k) = 0 \\ \mathrm{E}(\upsilon_{k1}\upsilon_{j1}) = r_1\delta_{kj} \\ \mathrm{E}(\upsilon_{k2}\upsilon_{j2}) = r_2\delta_{kj} \\ \mathrm{E}(j_k j_j) = q\delta_{kj} \end{cases} \tag{8.284}$$

试分析两种观测情况下的状态可观测度。

【解】 两种观测情况下的状态方程是一样的，即

$$\boldsymbol{x}_k = \begin{bmatrix} s_k \\ v_k \\ a_k \end{bmatrix} = \begin{bmatrix} 1 & T & \dfrac{T^2}{2} \\ 0 & 1 & T \\ 0 & 0 & 1 \end{bmatrix} \begin{bmatrix} s_{k-1} \\ v_{k-1} \\ a_{k-1} \end{bmatrix} + \begin{bmatrix} 0 \\ 0 \\ T \end{bmatrix} j_{k-1} = \boldsymbol{\Phi}\boldsymbol{x}_{k-1} + \boldsymbol{\Gamma} j_{k-1} \tag{8.285}$$

下面分别对两种观测情况下状态可观测度进行分析：

（1）对应的量测方程为

$$z_k = v_k + \upsilon_k = [0 \quad 1 \quad 0] \begin{bmatrix} s_k \\ v_k \\ a_k \end{bmatrix} + \upsilon_k = \boldsymbol{H}\boldsymbol{x}_k + \upsilon_k \tag{8.286}$$

此时的可观测性矩阵为

$$\boldsymbol{\Xi}_1 = \begin{bmatrix} \boldsymbol{H} \\ \boldsymbol{H\Phi} \\ \boldsymbol{H\Phi}^2 \end{bmatrix} = \begin{bmatrix} 0 & 1 & 0 \\ 0 & 1 & 1 \\ 0 & 1 & 2 \end{bmatrix} \tag{8.287}$$

然后对其进行奇异值分解，得到

$$\begin{cases} \boldsymbol{\Theta}_1 = \begin{bmatrix} 2.6762 & 0 & 0 \\ 0 & 0.9153 & 0 \\ 0 & 0 & 0 \end{bmatrix} \\ \boldsymbol{V}_1 = \begin{bmatrix} 0 & 0 & 1 \\ 0.5847 & -0.8112 & 0 \\ 0.8112 & 0.5847 & 0 \end{bmatrix} \end{cases} \tag{8.288}$$

由奇异值分解结果可知，当只进行速度测量时，状态不是完全可观测的，因为非零奇异值只有两个，即此时的可观测状态为两个。

接下来的问题是判断哪两个状态是可观测的。由式(8.282)可知,只需比较矩阵 $\boldsymbol{V}_1$ 前两列的最大值即可。

首先,由其第一列$[0 \quad 0.5847 \quad 0.8112]^{\mathrm{T}}$ 可知,第一个奇异值对应的是第三个状态量,即第三个状态量是可观测的。

然后,再由其第二列$[0 \quad -0.8112 \quad 0.5847]^{\mathrm{T}}$ 可知,第二个奇异值对应的也是第二个状态量。

因此,在只测量速度时,加速度和速度是可观测的,而位移是不可观测的。

需要注意的是,并不能由可观测度分析的结果判断状态之间可观测程度的差异。比如,在只测量速度时,由于速度是直接可观测的,其可观测程度应该是最大的;但是,由可观测度分析可知,首先判断可观测的是加速度,而且第二个奇异值并不能指定哪个状态是可观测的。不过,对于时变系统来说,可以由可观测度分析结果随时间的变化情况,判断同一个状态在不同时刻的可观测程度的变化情况。

(2) 对应的量测方程为

$$\boldsymbol{z}_k=\begin{bmatrix}1 & 0 & 0\\0 & 1 & 0\end{bmatrix}\begin{bmatrix}s_k\\v_k\\a_k\end{bmatrix}+\begin{bmatrix}v_{k1}\\v_{k2}\end{bmatrix}=\boldsymbol{H}\boldsymbol{x}_k+\boldsymbol{v}_k \tag{8.289}$$

此时的可观测性矩阵为

$$\boldsymbol{\Xi}_2=\begin{bmatrix}\boldsymbol{H}\\\boldsymbol{H\Phi}\\\boldsymbol{H\Phi}^2\end{bmatrix}=\begin{bmatrix}1 & 0 & 0\\0 & 1 & 0\\1 & 1 & 0.5\\0 & 1 & 1\\1 & 2 & 2\\0 & 1 & 2\end{bmatrix} \tag{8.290}$$

然后对其进行奇异值分解,得到

$$\begin{cases}\boldsymbol{\Theta}_2=\begin{bmatrix}4.1481 & 0 & 0\\0 & 1.4746 & 0\\0 & 0 & 0.9320\\0 & 0 & 0\\0 & 0 & 0\\0 & 0 & 0\end{bmatrix}\\\boldsymbol{V}_2=\begin{bmatrix}-0.2632 & -0.8751 & 0.4062\\-0.6594 & -0.1442 & -0.7378\\-0.7042 & 0.4620 & 0.5391\end{bmatrix}\end{cases} \tag{8.291}$$

由奇异值分解结果可知,当同时进行位移和速度测量时,因为非零奇异值为三个,所以三个状态都是可观测的。

下面分析每个奇异值分别对应的状态。

首先,由 $\boldsymbol{V}_2$ 的第一列$[-0.2632 \quad -0.6594 \quad -0.7042]^{\mathrm{T}}$ 可知,第三个状态是可观测的;

然后，由 $\boldsymbol{V}_2$ 的第二列 $[-0.8751 \quad -0.1442 \quad 0.4620]^{\mathrm{T}}$ 可知，第一个状态是可观测的；

最后，再分析 $\boldsymbol{V}_2$ 的第三列 $[0.4062 \quad -0.7378 \quad 0.5391]^{\mathrm{T}}$，其判断的仍然是第二个状态是可观测的，但是因为第三个状态已经判定，所以不再重复。

习　题

8-1　设对某一常量 x 进行 3 次独立的无偏量测，这 3 次量测的方差分别为 σ_1^2、σ_2^2 和 σ_3^2。试基于 3 次测量结果，给出对常量 x 的线性、无偏最小方差估计结果。

8-2　设测量一个自由下落物体的高度，已知高度 r 为重力加速度的函数，初始高度和速度为 r_0 和 v_0，时间为 t，高度的表达式为 $r=r_0+v_0t+\frac{1}{2}at^2$。如果在不同时刻测量高度，并对高度函数进行拟合，能够得到 r_0、v_0 和 $\frac{1}{2}a$ 的估计值。给出该问题的量测方程，并写出 RLS 的表达形式。

8-3　给定系统方程为

$$\boldsymbol{x}_k=\begin{bmatrix}1 & 1\\0 & 1\end{bmatrix}\boldsymbol{x}_{k-1}+\boldsymbol{w}_{k-1}$$

$$\boldsymbol{z}_k=\begin{bmatrix}1 & 0\end{bmatrix}\boldsymbol{x}_k+\boldsymbol{v}_k$$

$$\mathrm{E}(\boldsymbol{w}_k)=\boldsymbol{0},\mathrm{E}(\boldsymbol{v}_k)=\boldsymbol{0}$$

$$\boldsymbol{Q}_k=\begin{bmatrix}0 & 0\\0 & 1\end{bmatrix},\boldsymbol{R}_k=1$$

求解 $k=10$ 时的协方差矩阵 $\boldsymbol{P}_k(+)$ 以及卡尔曼增益 $\boldsymbol{K}_k$，取 $T=1\ \mathrm{s}$，$P_0=\begin{bmatrix}10 & 0\\0 & 10\end{bmatrix}$。

8-4　设系统和量测为 $\begin{cases}x_{k+1}=x_k+w_k\\z_k=x_k+v_k\end{cases}$，$w_k$，$v_k$ 是互不相关的零均值单位白噪声，二者均与 x_0 无关，且 $\mathrm{E}[x_0]=0$，$\mathrm{Var}[x_0]=10$，分别按变增益和常增益设计次优滤波器，并且比较两者的滤波效果。

第9章

惯性基组合导航

如绪论所述，一方面，目前已经发展了多种导航方式，包括惯性导航、卫星导航、天文导航、视觉导航和地形辅助导航等；但是，每种导航方式都有各自的特点和适用场景，比如，惯性导航具有自主性好、抗干扰能力强和导航信息全等优势，但又存在导航误差随工作时间的推移而累积发散的突出问题；与其相反，卫星导航具有导航误差不随工作时间的推移而累积发散的优点，但抗干扰能力弱和动态范围窄；基于星敏感器的天文导航是完全自主的，不仅是目前定姿精度最高的导航方式，通过观测折射星还具有定位功能，而且导航误差不随工作时间的推移而累积发散，但其数据输出率较低，容易受姿态机动和大气影响。另一方面，对航天器来说，导航系统是最重要的分系统之一，不仅其精度要得到保证，还得有足够高的可靠性，单一导航系统是很难满足这些要求的，因此，在实际航天应用中，都是通过配置多套导航系统，实现组合导航，以满足航天任务对导航系统的精度和可靠性等方面的要求。

在航天应用中，最常见的组合导航系统包括卫星/惯性组合导航和天文/惯性组合导航。在组合导航系统中，在确定了分导航系统之后，决定组合导航系统性能的关键因素包括组合模式、状态/量测模型和滤波算法等。本章将以卫星/惯性组合导航和天文/惯性组合导航为例，介绍组合模式和状态/量测建模方法；而滤波算法通常采用标准 Kalman 算法、EKF 算法或 UKF 算法等，因此滤波算法不作为重点介绍。

9.1 卫星/惯性组合

9.1.1 组合模式

按照观测量的不同，可将卫星/惯性组合分为松组合、紧组合、超紧组合和深组合四种模式，如图 9-1～图 9-4 所示为四种组合模式的原理示意图。由图可知，这四种模式的总体架构相似，都是利用 INS 和 GNSS 的输出进行 Kalman 滤波，并用于修正 INS 的累积误差，不过四种模式又有比较大的区别，下面进行具体介绍。

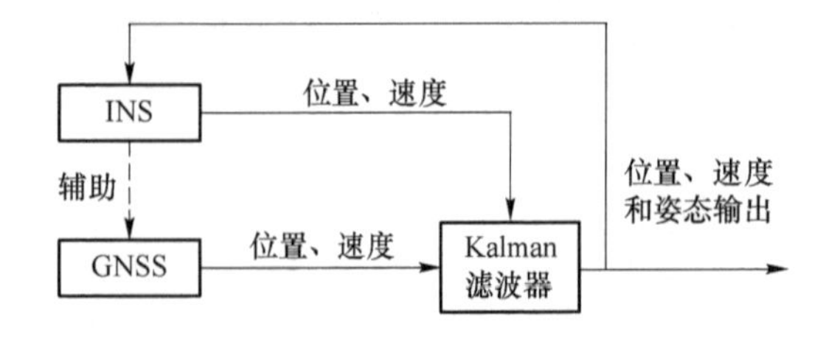

图 9-1　GNSS/INS 松组合原理框图

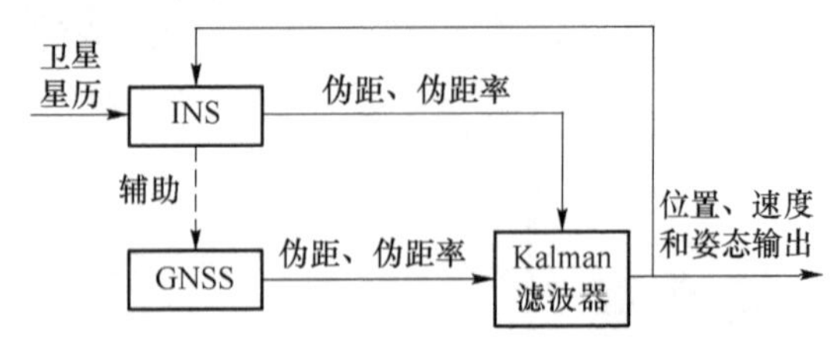

图 9-2　GNSS/INS 紧组合原理框图

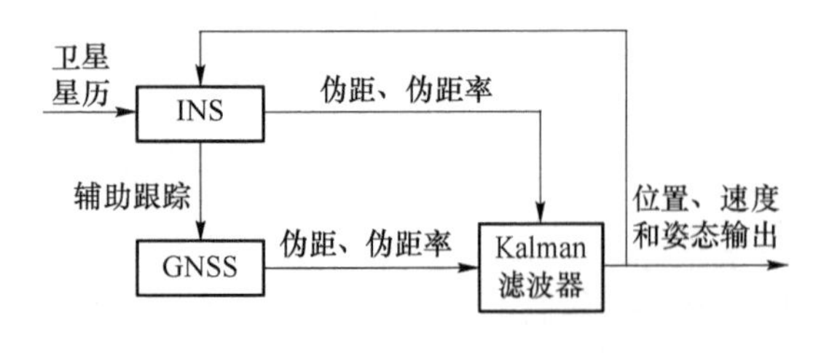

图 9-3　GNSS/INS 超紧组合原理框图

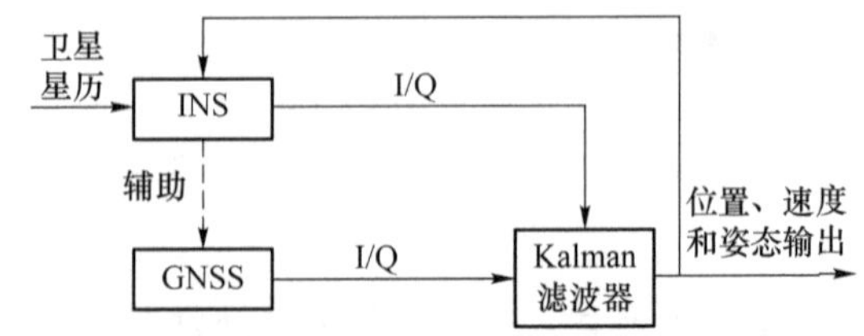

图 9-4　GNSS/INS 深组合原理框图

如图 9-1 所示，在 GNSS/INS 松组合中，INS 和 GNSS 输出的位移和速度信息在后续 Kalman 滤波器中进行了融合，滤波器的输出用于修正 INS 的累积误差，以保证整个组合系统的长时间高精度导航。在松组合中，由于观测量为位置和速度，因此，要求 GNSS 接收机必须同时观测到 4 颗或以上的导航卫星信号，否则，组合滤波算法将无法进行量测更新，退化为纯 INS 解算状态。考虑到 GNSS 接收机容易受外界干扰、信号遮挡和载体高动态运动等因素的影响而无法稳定同时观测到 4 颗或以上的导航卫星信号，因此，组合导航系统的性能主要取决于 INS，即对 INS 的要求较高。另外，如图 9-1 所示，理论上，在松组合中，INS 输出信息也可以用于辅助 GNSS 信号的接收，在 INS 和星历数据的辅助下，可以预测接收卫星信号的 Doppler 频移及其变化率，以便大幅度降低卫星信号跟踪环路的噪声带宽，提高卫星导航接收机的动态性能和接收灵敏度，可以显著提高接收机的可靠性。不过，在目前的松组合中通常并没有考虑 INS 辅助 GNSS 信号接收的设计，主要是因为目前的接收机都处于黑匣子工作状态，无法将 INS 输出信息引入接收机内部，接收机内部的信号捕获与跟踪等处理环节也不对外开放。

与图 9-1 所示的松组合相比，在图 9-2 所示的紧组合中，由于观测量为较原始的伪距和伪距率，因此，即使观测卫星数少于 4 颗，紧组合仍然能正常进行量测更新。实际上即使只观测到 1 颗导航卫星信号，滤波算法仍然能完成量测更新，只是当观测星数目少于 3 颗时，观测是不完备的，滤波结果会发散，但发散速度要比纯 INS 导航要慢。当观测星数目为 4 颗或以上时，采用紧组合模式，从结构上看，可以通过对每颗星输出的伪距和伪距率进行误差估计，在组合滤波器中，可以根据这些误差估计结果，通过增益矩阵配置相应的观测权重，实现给精度较高的卫星信号分配较大的观测权重和给精度较低的卫星信号分配较小的权重，以提高组合精度。从这个角度看，与松组合相比，紧组合模式更优。不过，在紧组合模式中，获取卫星星历数据是正常工作的必要条件，而且要求接收机能输出伪距和伪距率信息，应用难度相对较大。另外，考虑到引起观测卫星数目减小的主要原因是干扰和动态等因素，而在这些因素的影响下，通常一颗卫星信号都接收不到，此时紧组合也退化为纯 INS 工作状态。因此，紧组合只是在部分遮挡这类少数场景下体现出一定的优越性。与松组合类似，紧组合中也很少采用 INS

辅助GNSS信号接收的设计。

如果在紧组合模式中，将INS输出信息引入GNSS接收机中，进行接收信号的Doppler频率及其变化率的估计，并用于辅助GNSS信号的捕获和跟踪环路设计，则有望实现热捕获和大幅度提高载波和码的跟踪性能。与松组合和紧组合相比，这种组合模式真正实现了INS和GNSS接收机的双向辅助和修正，是一种更优的组合模式，称为超紧组合，其原理示意图如图9-3所示。在INS的辅助下，接收机在捕获过程中，可以搜索很小的频率范围，实现热启动；在跟踪过程中，由于主要动态均由INS承担，因此，载波环和码环可以采用更小的噪声带宽，从而提高载波频率和码相位的跟踪精度，以及信号的跟踪灵敏度，适合于高动态和弱信号等复杂应用场景。不过，与松组合和紧组合相比，超紧组合需要保证接收机内部的信号处理环节都是可设计和操作的，即接收机不可以处于黑匣子工作状态，因此，实施难度较大。

如图9-4所示为基于更原始的I/Q观测的组合，称为深组合。I/Q信号是接收机跟踪通道积分器的输出量，或者是鉴相器的输出量，通道间噪声是独立的，并且省去了卫星传输时间组装的步骤，保留了原始信号中的噪声成分。与超紧组合相比，理论上深组合可以获得精度更高的估计结果。在深组合中，INS的辅助通常也是必要条件，按照具体实施方案的不同，又分为标量深组合和矢量深组合等，感兴趣的读者可以参阅有关文献。不过，需要指出的是，I/Q信号的稳定输出是比较困难的，实际应用难度比较大；相反，有环路的超紧组合模式实际应用的可能性更大，而且综合性能也非常好。

9.1.2　松组合模式

1. 状态建模

对飞行器的导航应用来说，状态模型的建立有多种选择，比如“加速度-速度-位移”模型、轨道方程和INS的导航解算方程等。不过，这些模型还是有区别的，“加速度-速度-位移”模型通常需要基于匀加速假设，因为加加速度一般是无法直接测量的，如果模型是变加速度运动，则建立的模型与真实运动状态会相差较大，即建模误差过大，不利于状态预测精度的提升；对于进行轨道飞行的航天器来说，采用轨道方程构建状态模型是比较合适的，建模精度与考虑的摄动项多少有关，不过，轨道方程只涉及质点运动，姿态运动部分还需要基于陀螺的姿态方程进行建模；对于不进行轨道飞行的飞行器，更适合于采用INS的导航解算方程构建状态模型，在一定时间范围内，INS的导航解算精度还是比较高的。因此，在进行状态建模时，要尽可能地提高模型精度，以提高状态预测的精度。

本节将以不进行轨道飞行的飞行器为例进行卫星/惯性组合，因此，这里采用INS的导航解算方程构建状态模型。常见有两种方法，一种是直接以姿态角、速度和位置为状态量建模，称为全状态模型。这种模型的优势是输出量就是导航信息，不需要单独的INS导航解算；其潜在的问题是模型的非线性较强，采用EKF算法时会导致滤波精度下降，容易发散，采用UKF算法或其它非线性滤波算法时，计算量会急剧增加，滤波算法的实时性难以保证。另一种是基于姿态角、速度和位置的偏差建模，称为偏差模型。其优势是高阶小量可以忽略，线性化误差小；但需要有单独的INS导航解算模块，滤波的状态量需要开环或闭环修正INS的输出量。由于偏差模型的线性化误差小，应用较为普遍，这里采用这种建模方法。

以地理坐标系作为导航坐标系，姿态角和速度偏差方程分别如式(3.213)和式(3.214)所示。这里进行重写并具体化，有

$$
\begin{aligned}
\dot{\boldsymbol{\varphi}} &= \boldsymbol{\varphi}\times\boldsymbol{\omega}_{in}^{n}+\delta\boldsymbol{\omega}_{ie}^{n}+\delta\boldsymbol{\omega}_{en}^{n}-\boldsymbol{C}_{b}^{n}\delta\boldsymbol{\omega}_{ib}^{b} \\
&= -\boldsymbol{C}_{b}^{n}\delta\boldsymbol{\omega}_{ib}^{b}-\begin{bmatrix} 0 & -\omega_{ie}\sin L-\dfrac{v_e\tan L}{R_N+h} & \omega_{ie}\cos L+\dfrac{v_e}{R_N+h} \\ \omega_{ie}\sin L+\dfrac{v_e\tan L}{R_N+h} & 0 & \dfrac{v_n}{R_M+h} \\ -\omega_{ie}\cos L-\dfrac{v_e}{R_N+h} & -\dfrac{v_n}{R_M+h} & 0 \end{bmatrix}\begin{bmatrix}\varphi_e\\ \varphi_n\\ \varphi_u\end{bmatrix}+ \\
&\quad \begin{bmatrix} 0 & -\dfrac{1}{R_M+h} & 0 \\ \dfrac{1}{R_N+h} & 0 & 0 \\ \dfrac{\tan\varphi}{R_N+h} & 0 & 0 \end{bmatrix}\begin{bmatrix}\delta v_e\\ \delta v_n\\ \delta v_u\end{bmatrix}+\begin{bmatrix} 0 & 0 & \dfrac{v_n}{(R_M+h)^2} \\ -\omega_{ie}\sin L & 0 & -\dfrac{v_e}{(R_N+h)^2} \\ \omega_{ie}\cos L+\dfrac{v_e}{(R_N+h)\cos^2 L} & 0 & -\dfrac{v_e\tan L}{(R_N+h)^2} \end{bmatrix}\begin{bmatrix}\delta L\\ \delta\lambda\\ \delta h\end{bmatrix}
\end{aligned}
\tag{9.1}
$$

$$
\begin{aligned}
\delta\dot{\boldsymbol{v}}^{n} &= -\boldsymbol{\varphi}\times\boldsymbol{f}^{n}+\tilde{\boldsymbol{C}}_{b}^{n}\delta\boldsymbol{f}^{b}-(2\delta\boldsymbol{\omega}_{ie}^{n}+\delta\boldsymbol{\omega}_{en}^{n})\times\tilde{\boldsymbol{v}}^{n}-(2\boldsymbol{\omega}_{ie}^{n}+\boldsymbol{\omega}_{en}^{n})\times\delta\boldsymbol{v}^{n}+\delta\boldsymbol{g}^{n} \\
&= \tilde{\boldsymbol{C}}_{b}^{n}\delta\boldsymbol{f}^{b}+\begin{bmatrix} 0 & -f_u & f_n \\ f_u & 0 & -f_e \\ -f_n & f_e & 0 \end{bmatrix}\begin{bmatrix}\varphi_e\\ \varphi_n\\ \varphi_u\end{bmatrix}+ \\
&\quad \begin{bmatrix} \dfrac{v_n\tan L-v_u}{R_N+h} & 2\omega_{ie}\sin L+\dfrac{v_e\tan L}{R_N+h} & -2\omega_{ie}\cos L-\dfrac{v_e}{R_N+h} \\ -2\omega_{ie}\sin L+\dfrac{v_e\tan L}{R_N+h} & -\dfrac{v_u}{R_M+h} & -\dfrac{v_n}{R_M+h} \\ 2\omega_{ie}\cos L+\dfrac{v_e}{R_N+h} & \dfrac{2v_n}{R_M+h} & 0 \end{bmatrix}\begin{bmatrix}\delta v_e\\ \delta v_n\\ \delta v_u\end{bmatrix}+ \\
&\quad \begin{bmatrix} 2\omega_{ie}(v_u\sin L+v_n\cos L)+\dfrac{v_n v_e}{(R_N+h)\cos^2 L} & 0 & \dfrac{v_e v_u-v_e v_n\tan L}{(R_N+h)^2} \\ -2v_e\omega_{ie}\cos L-\dfrac{v_e^2}{(R_N+h)\cos^2 L} & 0 & \dfrac{v_n v_u}{(R_M+h)^2}+\dfrac{v_e^2\tan L}{(R_N+h)^2} \\ -2\omega_{ie}v_e\sin L & 0 & \dfrac{2g}{R_0}-\dfrac{v_n^2}{(R_M+h)^2}-\dfrac{v_e^2}{R_N+h} \end{bmatrix}\begin{bmatrix}\delta L\\ \delta\lambda\\ \delta h\end{bmatrix}
\end{aligned}
\tag{9.2}
$$

式中，$\boldsymbol{\varphi}=[\varphi_e \quad \varphi_n \quad \varphi_u]^T$ 为姿态失准角向量；$\delta\boldsymbol{v}=[\delta v_e \quad \delta v_n \quad \delta v_u]^T$ 为速度偏差向量；$\delta\boldsymbol{p}=[\delta L \quad \delta\lambda \quad \delta h]^T$ 为位置偏差向量；$\delta\boldsymbol{\omega}_{ib}^{b}$ 和 $\delta\boldsymbol{f}^{b}$ 分别为陀螺仪和加速度计在载体坐标系中的输出误差向量；f_e、f_n 和 f_u 分别为东向、北向和天向的加速度计比力分量；$R_0=\sqrt{R_M R_N}$。再对式(3.158)的位置方程进行偏差推导，得

$$
\begin{bmatrix}\delta\dot{L}\\ \delta\dot{\lambda}\\ \delta\dot{h}\end{bmatrix}=\begin{bmatrix} 0 & \dfrac{1}{R_M+h} & 0 \\ \dfrac{1}{(R_N+h)\cos L} & 0 & 0 \\ 0 & 0 & 1 \end{bmatrix}\begin{bmatrix}\delta v_e\\ \delta v_n\\ \delta v_u\end{bmatrix}+\begin{bmatrix} 0 & 0 & -\dfrac{v_n}{(R_M+h)^2} \\ \dfrac{v_e\tan L}{(R_N+h)\cos L} & 0 & -\dfrac{v_e}{(R_N+h)^2\cos L} \\ 0 & 0 & 0 \end{bmatrix}\begin{bmatrix}\delta L\\ \delta\lambda\\ \delta h\end{bmatrix}
\tag{9.3}
$$

如第三章所述，陀螺仪和加速度计的随机误差通常可以建模为有色噪声，因此，可以将其扩展至状态中。这里将陀螺仪和加速度计的随机误差建模为随机游走与白噪声的叠加，即

$$\begin{cases}\delta\boldsymbol{\omega}_{ib}^{b}=\boldsymbol{b}_{g}+\boldsymbol{n}_{g}\\ \delta\boldsymbol{f}^{b}=\boldsymbol{b}_{a}+\boldsymbol{n}_{a}\\ \dot{\boldsymbol{b}}_{g}=\boldsymbol{n}_{bg}\\ \dot{\boldsymbol{b}}_{a}=\boldsymbol{n}_{ba}\end{cases} \tag{9.4}$$

其中，$\mathrm{E}(\boldsymbol{n}_{g}\boldsymbol{n}_{g}^{T})=n_{g}^{2}\boldsymbol{I}_{3}$，$\mathrm{E}(\boldsymbol{n}_{a}\boldsymbol{n}_{a}^{T})=n_{a}^{2}\boldsymbol{I}_{3}$，$\mathrm{E}(\boldsymbol{n}_{bg}\boldsymbol{n}_{bg}^{T})=n_{bg}^{2}\boldsymbol{I}_{3}$，$\mathrm{E}(\boldsymbol{n}_{ba}\boldsymbol{n}_{ba}^{T})=n_{ba}^{2}\boldsymbol{I}_{3}$。综上所述，可以设状态向量为

$$\boldsymbol{x}=[\boldsymbol{\varphi}^{T}\quad \delta\boldsymbol{v}^{T}\quad \delta\boldsymbol{p}^{T}\quad \boldsymbol{b}_{a}^{T}\quad \boldsymbol{b}_{g}^{T}]^{T} \tag{9.5}$$

对应的状态方程为

$$\dot{\boldsymbol{x}}=\boldsymbol{F}\boldsymbol{x}+\boldsymbol{w}=\begin{bmatrix}\boldsymbol{F}_{11} & \boldsymbol{F}_{12} & \boldsymbol{F}_{13} & \boldsymbol{0}_{3\times3} & -\boldsymbol{C}_{b}^{n}\\ \boldsymbol{F}_{21} & \boldsymbol{F}_{22} & \boldsymbol{F}_{23} & \boldsymbol{C}_{b}^{n} & \boldsymbol{0}_{3\times3}\\ \boldsymbol{0}_{3} & \boldsymbol{F}_{32} & \boldsymbol{F}_{33} & \boldsymbol{0}_{3\times3} & \boldsymbol{0}_{3\times3}\\ \boldsymbol{0}_{3\times3} & \boldsymbol{0}_{3\times3} & \boldsymbol{0}_{3\times3} & \boldsymbol{0}_{3\times3} & \boldsymbol{0}_{3\times3}\\ \boldsymbol{0}_{3\times3} & \boldsymbol{0}_{3\times3} & \boldsymbol{0}_{3\times3} & \boldsymbol{0}_{3\times3} & \boldsymbol{0}_{3\times3}\end{bmatrix}\boldsymbol{x}+\boldsymbol{w} \tag{9.6}$$

式中，$\boldsymbol{F}$ 为状态系数矩阵，其各元素不再列出；状态噪声的协方差矩阵为

$$\boldsymbol{Q}=\mathrm{E}(\boldsymbol{w}\boldsymbol{w}^{T})=\begin{bmatrix}n_{g}^{2}\boldsymbol{I}_{3} & \boldsymbol{0}_{3\times3} & \boldsymbol{0}_{3\times3} & \boldsymbol{0}_{3\times3} & \boldsymbol{0}_{3\times3}\\ \boldsymbol{0}_{3\times3} & n_{a}^{2}\boldsymbol{I}_{3} & \boldsymbol{0}_{3\times3} & \boldsymbol{0}_{3\times3} & \boldsymbol{0}_{3\times3}\\ \boldsymbol{0}_{3\times3} & \boldsymbol{0}_{3\times3} & \boldsymbol{0}_{3\times3} & \boldsymbol{0}_{3\times3} & \boldsymbol{0}_{3\times3}\\ \boldsymbol{0}_{3\times3} & \boldsymbol{0}_{3\times3} & \boldsymbol{0}_{3\times3} & n_{ba}^{2}\boldsymbol{I}_{3} & \boldsymbol{0}_{3\times3}\\ \boldsymbol{0}_{3\times3} & \boldsymbol{0}_{3\times3} & \boldsymbol{0}_{3\times3} & \boldsymbol{0}_{3\times3} & n_{bg}^{2}\boldsymbol{I}_{3}\end{bmatrix} \tag{9.7}$$

式中，$\boldsymbol{I}_{3}$ 表示 3×3 的单位矩阵。至此，完成了 15 维的状态方程建模。如果将陀螺仪和加速度计的随机误差建成更为复杂的有色噪声模型，则状态维数相应增加。如果状态维数过高，显然滤波的计算量会很大。因此，在建模中，需要在建模精度和计算量之间进行折中。

2. 量测建模

在松组合中，观测量为位置和速度，对于偏差模型来说，观测量就是位置和速度的偏差，即

$$\begin{aligned}\boldsymbol{z}&=\begin{bmatrix}L_{GNSS}\\ \lambda_{GNSS}\\ h_{GNSS}\\ v_{e,GNSS}\\ v_{n,GNSS}\\ v_{u,GNSS}\end{bmatrix}-\begin{bmatrix}L_{INS}\\ \lambda_{INS}\\ h_{INS}\\ v_{e,INS}\\ v_{n,INS}\\ v_{u,INS}\end{bmatrix}=\begin{bmatrix}L+\delta L_{GNSS}\\ \lambda+\delta\lambda_{GNSS}\\ h+\delta h_{GNSS}\\ v_{e}+\delta v_{e,GNSS}\\ v_{n}+\delta v_{n,GNSS}\\ v_{u}+\delta v_{u,GNSS}\end{bmatrix}-\begin{bmatrix}L+\delta L_{INS}\\ \lambda+\delta\lambda_{INS}\\ h+\delta h_{INS}\\ v_{e}+\delta v_{e,INS}\\ v_{n}+\delta v_{n,INS}\\ v_{u}+\delta v_{u,INS}\end{bmatrix}=\begin{bmatrix}\delta L_{GNSS}\\ \delta\lambda_{GNSS}\\ \delta h_{GNSS}\\ \delta v_{e,GNSS}\\ \delta v_{n,GNSS}\\ \delta v_{u,GNSS}\end{bmatrix}-\begin{bmatrix}\delta L_{INS}\\ \delta\lambda_{INS}\\ \delta h_{INS}\\ \delta v_{e,INS}\\ \delta v_{n,INS}\\ \delta v_{u,INS}\end{bmatrix}\\ &=\boldsymbol{H}\boldsymbol{x}+\boldsymbol{v}_{z}\end{aligned} \tag{9.8}$$

式中，L_{GNSS}、λ_{GNSS}、h_{GNSS}、$v_{e,GNSS}$、$v_{n,GNSS}$和 $v_{u,GNSS}$分别为 GNSS 输出的纬度、经度、高度、东向速度、北向速度和天向速度；下标为 INS 的则是 INS 解算得到的对应量；加 δ 的则表示误差量。显然，INS 输出的误差量就是状态量中的对应分量，因此有

$$
\begin{cases}
\boldsymbol{H}=\begin{bmatrix}\boldsymbol{0}_{3\times 3} & \boldsymbol{0}_{3\times 3} & -\boldsymbol{I}_3 \\ \boldsymbol{0}_{3\times 3} & -\boldsymbol{I}_3 & \boldsymbol{0}_{3\times 3}\end{bmatrix} \\
\boldsymbol{v}_z=\begin{bmatrix}\delta L_{\mathrm{GNSS}} & \delta\lambda_{\mathrm{GNSS}} & \delta h_{\mathrm{GNSS}} & \delta v_{\mathrm{e,GNSS}} & \delta v_{\mathrm{n,GNSS}} & \delta v_{\mathrm{u,GNSS}}\end{bmatrix}^{\mathrm{T}} \\
\boldsymbol{R}=\mathrm{E}(\boldsymbol{v}_z\boldsymbol{v}_z^{\mathrm{T}})=\mathrm{diag}(\sigma_{L,\mathrm{GNSS}}^2,\sigma_{\lambda,\mathrm{GNSS}}^2,\sigma_{h,\mathrm{GNSS}}^2,\sigma_{v_{\mathrm{e}},\mathrm{GNSS}}^2,\sigma_{v_{\mathrm{n}},\mathrm{GNSS}}^2,\sigma_{v_{\mathrm{u}},\mathrm{GNSS}}^2)
\end{cases} \tag{9.9}
$$

式中，$\sigma_{L,\mathrm{GNSS}}^2$、$\sigma_{\lambda,\mathrm{GNSS}}^2$、$\sigma_{h,\mathrm{GNSS}}^2$、$\sigma_{v_{\mathrm{e}},\mathrm{GNSS}}^2$、$\sigma_{v_{\mathrm{n}},\mathrm{GNSS}}^2$和$\sigma_{v_{\mathrm{u}},\mathrm{GNSS}}^2$分别表示GNSS输出的纬度误差、经度误差、高度误差、东向速度误差、北向速度误差和天向速度误差的方差；diag表示对角方阵。这里将这些误差建模为白噪声，否则需要按照量测噪声为有色噪声的处理方法进行白化处理。

3. 滤波算法

由式(9.6)和式(9.8)可知，基于偏差的松组合状态模型和量测模型均为线性，因此，可以使用Kalman滤波算法进行状态估计。不过，状态系数矩阵$\boldsymbol{F}$为时变的，因此，在每个滤波周期均需要进行离散化，具体方法可参考第8章有关内容。

在完成Kalman滤波后，可以采用输出校正或反馈校正修正INS的累积误差，这两种校正方式的原理示意图分别如图9-5和图9-6所示。理论推导已证明两种校正的结果是等价的，但是，在具体应用中二者还是有差别的。在输出校正中，INS和GNSS是独立工作的，有利于故障监测，不过，INS的误差一直在累积，这容易导致系统模型误差增加，引起滤波精度下降，甚至发散。因此，输出校正一般适用于INS的精度要求较高、工作时间较短和低动态等场合。在反馈校正中，状态误差持续得到修正，因此，系统模型误差小，滤波精度容易保持，反馈校正适合于INS精度要求较低、工作时间长和高动态等场合。

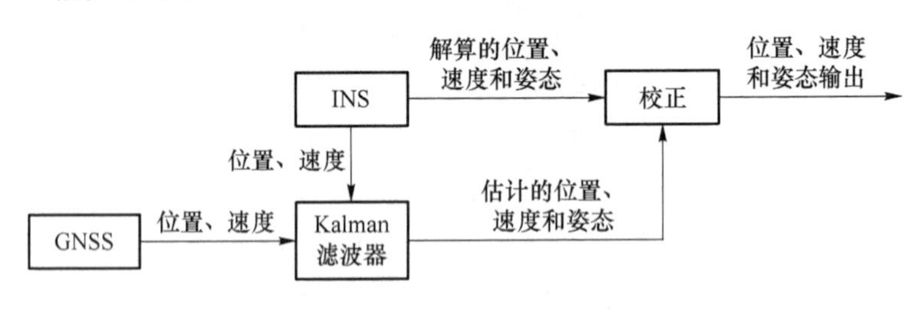

图9-5 输出校正示意图

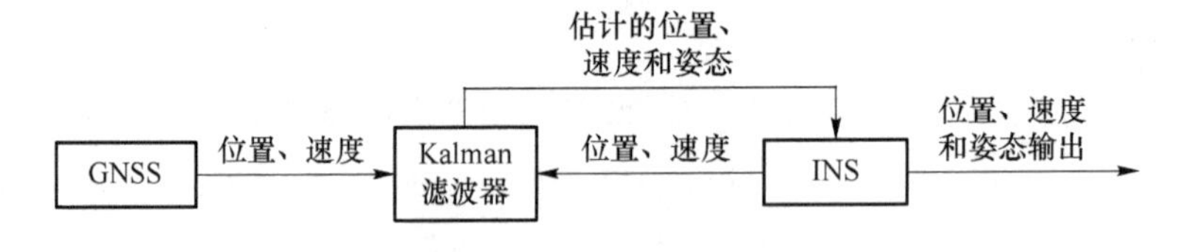

图9-6 反馈校正示意图

在获得了状态估计后，可以分别进行如下反馈校正：

(1) 位置校正

设$\boldsymbol{p}=[L \quad \lambda \quad h]^{\mathrm{T}}$，则

$$
\boldsymbol{p}_{k,\mathrm{INS}}=\tilde{\boldsymbol{p}}_{k,\mathrm{INS}}-\delta\hat{\boldsymbol{p}}_k(+) \tag{9.10}
$$

式中，$\tilde{\boldsymbol{p}}_{k,\mathrm{INS}}$和$\boldsymbol{p}_{k,\mathrm{INS}}$分别为$k$时刻修正前和修正后的INS位置；$\delta\hat{\boldsymbol{p}}_k(+)$为$k$时刻滤波估计的位置偏差。由式(9.10)可知，如果滤波估计正确，则k时刻INS修正后的位置中将无误差，即修正后的位置偏差量为零。这样，在下一个滤波周期中进行一步预测时，偏差位置预测为零，只

需进行一步预测协方差计算即可，而在量测更新时，有

$$\delta\hat{\boldsymbol{p}}_{k+1}(+)=(\boldsymbol{K}_{k+1}\boldsymbol{z}_{k+1})_{7:9} \tag{9.11}$$

式中，下标 7:9表示向量中的第 7～第 9 个元素。因此，需要对滤波方程进行相应的调整，这个调整方法对速度和姿态等也是适用的。

(2) 速度校正

设 $\boldsymbol{v}=[v_{\mathrm{e}} \quad v_{\mathrm{n}} \quad v_{\mathrm{u}}]^{\mathrm{T}}$，则速度校正为

$$\boldsymbol{v}_{k,\mathrm{INS}}=\tilde{\boldsymbol{v}}_{k,\mathrm{INS}}-\delta\hat{\boldsymbol{v}}_{k}(+) \tag{9.12}$$

式中，$\tilde{\boldsymbol{v}}_{k,\mathrm{INS}}$和 $\boldsymbol{v}_{k,\mathrm{INS}}$分别为 k 时刻修正前和修正后的 INS 速度；$\delta\hat{\boldsymbol{v}}_{k}(+)$为 k 时刻滤波估计的速度偏差。

(3) 姿态校正

对于姿态矩阵，有

$$\boldsymbol{C}_{\mathrm{b}}^{\mathrm{n}}=(\boldsymbol{C}_{\mathrm{n}}^{\mathrm{b}})^{\mathrm{T}}=[\tilde{\boldsymbol{C}}_{\mathrm{n}}^{\mathrm{b}}(\boldsymbol{I}-\boldsymbol{\varphi}\times)]^{\mathrm{T}}=(\boldsymbol{I}+\boldsymbol{\varphi}\times)(\tilde{\boldsymbol{C}}_{\mathrm{n}}^{\mathrm{b}})^{\mathrm{T}} \tag{9.13}$$

在得到 k 时刻滤波估计的姿态角偏差$\hat{\boldsymbol{\varphi}}_{k}(+)$后，即可得到$\hat{\boldsymbol{\varphi}}_{k}(+)\times$。对于 k 时刻 INS 输出的姿态矩阵$\tilde{\boldsymbol{C}}_{k,\mathrm{n}}^{\mathrm{b}}$，按式(9.13)校正如下：

$$\boldsymbol{C}_{k,\mathrm{b}}^{\mathrm{n}}=[\boldsymbol{I}+\hat{\boldsymbol{\varphi}}_{k}(+)\times](\tilde{\boldsymbol{C}}_{k,\mathrm{n}}^{\mathrm{b}})^{\mathrm{T}} \tag{9.14}$$

(4) IMU 测量值修正

类似地，在得到陀螺仪和加速度计的随机误差估计之后，即可进行相应的校正，有

$$\begin{cases}\delta\boldsymbol{\omega}_{k,\mathrm{ib}}^{\mathrm{b}}=\delta\tilde{\boldsymbol{\omega}}_{k,\mathrm{ib}}^{\mathrm{b}}-\hat{\boldsymbol{b}}_{k,\mathrm{g}}(+)\\ \delta\boldsymbol{f}_{k,\mathrm{ib}}^{b}=\delta\tilde{\boldsymbol{f}}_{k,\mathrm{ib}}^{b}-\hat{\boldsymbol{b}}_{k,\mathrm{a}}(+)\end{cases} \tag{9.15}$$

【例 9-1】 设一捷联惯性导航系统由 3 个陀螺仪和 3 个加速度计构成，其中陀螺仪的零偏稳定性误差为 0.5 °/h，加速度计的零偏稳定性误差为 $6.5\times10^{-6}g$，g 为重力加速度，采样周期为10 ms。载体运动轨迹如图 9-7所示，其中，初始经度、纬度、高度分别为 116°、40°和 0 m，初始速度为 0，初始航向角为 330°，初始俯仰角和滚转角均为 0。GNSS 量测输出频率为 10 Hz。

试编写松组合程序，输出反馈校正后的姿态、速度和位置误差曲线。

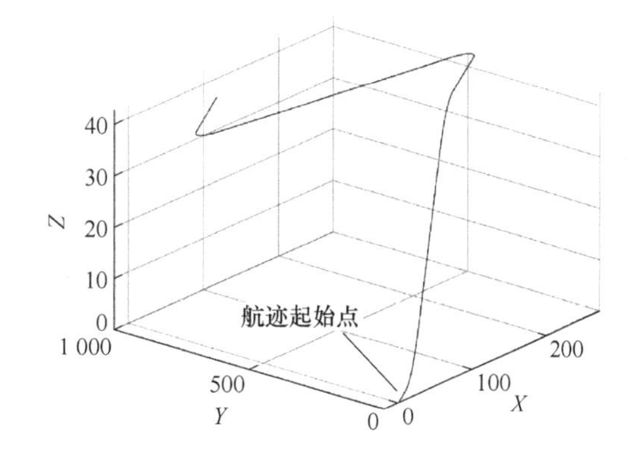

图 9-7　三维载体运动轨迹

【解】 这里将陀螺仪和加速度计的随机误差建模为白噪声，因此，状态变量包括 3 个姿态失准角、3 个速度偏差和 3 个位置偏差，共 9 维状态。

观测量为 INS 和 GNSS 输出的位置和速度之差。

采用 Kalman 滤波算法进行状态估计，并采用反馈校正的方式对 INS 的累积误差进行修正。松组合相应的 MATLAB 程序如下：

```
clear; close all;clc;
loaddataa
addpath('常用函数');
global T; T = 0.01; deg_rad = pi/180; rad_deg = 180/pi;
gps_lat = gps_lat * deg_rad; gps_lon = gps_lon * deg_rad;
gps = [gps_lat gps_lon gps_h vel_gps];
long = 116 * deg_rad;lati = 40 * deg_rad;high = 0;vN = [0;0;0];
theta = 0 * deg_rad;gama = 0 * deg_rad;fai = 330 * deg_rad;
posiN = [long * rad_deg;lati * rad_deg;high];
atti = [theta;gama;fai] * rad_deg;
Re = 6378245; e = 1/298.257;  [Rm,Rn] = wradicurv(lati);
pose0(1) = (Rn + high) * cos(lati) * cos(long);
pose0(2) = (Rn + high) * cos(lati) * sin(long);
pose0(3) = (Rn * (1 - e^2) + high) * sin(lati);
g0 = 9.7803267714; g = wgravity(lati,high); gN = [0;0; - g];
wie = 7.292115147e - 5; wieN = [0;wie * cos(lati);wie * sin(lati)];
wenN = [ - vN(2)/(Rm + high);vN(1)/(Rn + high);vN(1)/(Rn + high) * tan(lati)];
winN = wieN + wenN;
q = weulr2qua([theta gama fai]);
Cbn = [q(1)^2 + q(2)^2 - q(3)^2 - q(4)^2 2 * (q(2) * q(3) + q(1) * q(4)) 2 * (q(2) * q(4) - q(1) * q(3));
    2 * (q(2) * q(3) - q(1) * q(4)) q(1)^2 - q(2)^2 + q(3)^2 - q(4)^2 2 * (q(3) * q(4) + q(1) * q(2));
    2 * (q(2) * q(4) + q(1) * q(3)) 2 * (q(3) * q(4) - q(1) * q(2)) q(1)^2 - q(2)^2 - q(3)^2 + q(4)^2];
N = length(delta_theta(:,1)); Trace_Data = zeros(N,13); I = eye(4);
X = zeros(9,1);  H = zeros(6,9);H(1:3,7:9) = - eye(3);H(4:6,4:6) = - eye(3);
a = 10/Re;
Plon_pos = a^2;  Plat_pos = a^2;  Pup_pos = 10^2;
Peast_vel = 0.5^2;  Pnorth_vel = 0.5^2;  Pup_vel = 0.5^2;
Ppsi_x = 0.1^2;  Ppsi_y = 0.1^2; Ppsi_z = 0.1^2;
P = zeros(9,9);
P(1,1) = Ppsi_x; P(2,2) = Ppsi_y; P(3,3) = Ppsi_z;
P(4,4) = Peast_vel; P(5,5) = Pnorth_vel; P(6,6) = Pup_vel;
P(7,7) = Plat_pos; P(8,8) = Plon_pos; P(9,9) = Pup_pos;
P_est(:,1) = [P(1,1),P(2,2),P(3,3),P(4,4),P(5,5),P(6,6),P(7,7),P(8,8),P(9,9)]';
R = diag([a^2, a^2, 10^2, 0.5^2, 0.5^2, 0.5^2]);
G = zeros(9,6); G(1:6,1:6) = eye(6);
W = diag([(0.5 * deg_rad)^2 (0.5 * deg_rad)^2  (0.5 * deg_rad)^2 (6.5 * 10^ - 6 * g0)^2 (6.5 * 10^ - 6 * g0)^2
(6.5 * 10^ - 6 * g0)^2 ]) ;
% W = diag([(1 * deg_rad)^2 (1 * deg_rad)^2  (1 * deg_rad)^2 (16 * 10^ - 3 * g0)^2 (16 * 10^ - 3 * g0)^2
(16 * 10^ - 3 * g0)^2 ]) ;
update = 0;  count = 0;
j = 1;
w = waitbar(0,' Time Loop ');
late = lati;lone = long;highe = high;Ve = vN;
for i = 1:N
    wibB(:,i) = delta_theta(i,: )'; fB(:,i) = delta_V(i,: )';
    cW = wgenmtr(2 * wieN + wenN);
    fN = Cbn' * fB(:,i); delta_vN = fN - cW * Ve + gN;
```

```
delta_posiN = [Ve(1)/((Rn + highe) * cos(late));Ve(2)/(Rm + highe);Ve(3)];
vN = Ve + delta_vN * T; long = lone + delta_posiN(1) * T;
lati = late + delta_posiN(2) * T; high = highe + delta_posiN(3) * T;
wnbB = wibB(:,i) - Cbn * winN;
delta_Q0 = sqrt((wnbB(1))^2 + (wnbB(2))^2 + (wnbB(3))^2) * T;
delta_Q1 = [   0,        - wnbB(1),    - wnbB(2),       - wnbB(3);
    wnbB(1),      0,          wnbB(3),    - wnbB(2);
    wnbB(2),    - wnbB(3),        0,         wnbB(1);
    wnbB(3),     wnbB(2),    - wnbB(1),        0     ] * T;
q = ((1 - delta_Q0^2/8 + delta_Q0^4/384) * I + (1/2 - delta_Q0^2/48) * delta_Q1) * q;
q = q/norm(q);
Cbn = [q(1)^2 + q(2)^2 - q(3)^2 - q(4)^2  2 * (q(2) * q(3) + q(1) * q(4))  2 * (q(2) * q(4) - q(1) * q(3));
   2 * (q(2) * q(3) - q(1) * q(4))  q(1)^2 - q(2)^2 + q(3)^2 - q(4)^2  2 * (q(3) * q(4) + q(1) * q(2));
   2 * (q(2) * q(4) + q(1) * q(3))  2 * (q(3) * q(4) - q(1) * q(2))  q(1)^2 - q(2)^2 - q(3)^2 + q(4)^2];
CF = tranmj(wenN,wieN,fN,Rm,Rn,late,Ve,highe); % late? lati? Ve? vN? high? highe
F(1:9,1:9) = CF;
A = zeros(18,18); A(1:9,1:9) = -1 * F; A(1:9,10:18) = G * W * G';
A(10:18,10:18) = F'; A = A * T; B = expm(A);
PHI_trans = B(10:18,10:18);
PHI = PHI_trans';  Q = PHI * B(1:9,10:18);
P_pre = PHI * P * PHI' + Q;
count = count + 1;
if count >= 10
    update = 1;
    count = 0;
end
if update == 1
    Z(:,j) = gps(j + 1,:)' - [lati;long;high;vN];
    K = P_pre * H'/(H * P_pre * H' + R);     X = K * Z(:,j);
    P = (eye(9) - K * H) * P_pre * (eye(9) - K * H)' + K * R * K';
    update = 0;
else
    X = zeros(9,1); P = P_pre;
end
if i == 10 * j
    late = lati - X(7); lone = long - X(8);highe = high - X(9);
    Ve = vN - X(4:6);
    Cpn = [    1      X(3)      - X(2);
          - X(3)     1        X(1);
          X(2)    - X(1)      1   ];
    Cbn = Cbn * Cpn; qr = sign(q(1)); q = dcm2q(Cbn,qr); q = q/norm(q);
    X_est(:,j) = X;  P_est(:,j) = diag(P); j = j + 1;
else
    lone = long; late = lati;highe = high;Ve = vN;
end
posiN = [lone * 180/pi;late * 180/pi;highe];
pose(1) = (Rn + highe) * cos(late) * cos(lone);
```

```
    pose(2) = (Rn + highe) * cos(late) * sin(lone);
    pose(3) = (Rn * (1 - e^2) + highe) * sin(late);
    DCMep = wllh2dcm(late,lone);
    posn = DCMep * (pose' - pose0');
    Cbn = [q(1)^2 + q(2)^2 - q(3)^2 - q(4)^2  2 * (q(2) * q(3) + q(1) * q(4))  2 * (q(2) * q(4) - q(1) * q(3));
      2 * (q(2) * q(3) - q(1) * q(4))  q(1)^2 - q(2)^2 + q(3)^2 - q(4)^2  2 * (q(3) * q(4) + q(1) * q(2));
      2 * (q(2) * q(4) + q(1) * q(3))  2 * (q(3) * q(4) - q(1) * q(2))  q(1)^2 - q(2)^2 - q(3)^2 + q(4)^2];
    atte = wdcm2eulr(Cbn) * 180/pi;
    [Rm,Rn] = wradicurv(late); g = wgravity(late,highe); gN = [0;0; - g];
    wieN = [0;wie * cos(late);wie * sin(late)];
    wenN = [ - Ve(2)/(Rm + highe);Ve(1)/(Rn + highe);Ve(1)/(Rn + highe) * tan(late)];
    winN = wieN + wenN;
    Trace_Data(i,:) = [i/100,posn',posiN',Ve',atte'];
    waitbar(i/N)
end
close(w)
ev = Trace_Data(:,8:10) - vel_prof_L(2:N + 1,:);
ea = Trace_Data(:,11:13) - [pitch(2:N + 1)' roll(2:N + 1)' yaw(2:N + 1)'];
ere = Trace_Data(:,5:7) - [lon(2:N + 1) * 180/pi lat(2:N + 1) * 180/pi h(2:N + 1)];
for j = 1:N
    if ea(j,3)>180
        ea(j,3) = ea(j,3) - 360;
    elseif ea(j,3)< - 180
        ea(j,3) = ea(j,3) + 360;
    end
end
for i = 1:N
    elat = Trace_Data(i,6);
    eh = Trace_Data(i,7);
    [Rm,Rn] = wradicurv(elat);
    tran = [0 1/(Rm + eh) 0;1/((Rn + eh) * cos(elat)) 0 0;0 0 1];
    ereb_n(i,:) = (tran\[ere(i,2) * deg_rad ere(i,1) * deg_rad ere(i,3)]')';
end
t = (1:N) * T;N1 = 1:70:N;t1 = N1 * T;
figure
h2 = plot(t1,ereb_n(N1,1),'k - ',t1,ereb_n(N1,2),'kx - ',t1,ereb_n(N1,3),'ks - ');grid on;
set(gca,'FontName','Times New Roman','FontSize',14);
xlabel('时间(s)','FontName','宋体','FontSize',14);
ylabel('位置误差(m)','FontName','宋体','FontSize',14);
legend(h2,'经度误差','纬度误差','高度误差','FontName','宋体','FontSize',14);
figure
h2 = plot(t1,ea(N1,1),'k - ',t1,ea(N1,2),'kx - ',t1,ea(N1,3),'ks - ');grid on;
set(gca,'FontName','Times New Roman','FontSize',14);
xlabel('时间(s)','FontName','宋体','FontSize',14);
ylabel('姿态角误差(°)','FontName','宋体','FontSize',14);
legend(h2,'俯仰角误差','滚转角误差','偏航角误差','FontName','宋体','FontSize',14);
figure
```

```
h2 = plot(t1,ev(N1,1),'k-',t1,ev(N1,2),'ks-',t1,ev(N1,3),'k*-');grid on
set(gca,'FontName','Times New Roman','FontSize',14);
xlabel('时间(s)','FontName','宋体','FontSize',14);
ylabel('速度误差(m/s)','FontName','宋体','FontSize',14);
legend(h2,'东向速度误差','北向速度误差','天向速度误差','FontName','宋体','FontSize',14);
```

运行结果如图 9-8～图 9-10 所示，分别为松组合滤波后的姿态误差、速度误差和位置误差。由滤波结果可知，松组合系统的姿态、速度和位置的误差都是收敛的。俯仰角和滚转角误差较小，偏航角误差相对较大，在载体姿态机动较大的时刻，偏航角误差相应增大，这是因为偏航角的可观测性相对较差；三个方向的速度误差都是收敛的，其中天向速度误差显得更小，这是因为仿真中认为三个方向 GNSS 的速度精度是相同的，在实际应用中，通常 GNSS 的天向速度精度要比水平方向的低，滤波后的结果可能会与这里仿真的不一致。

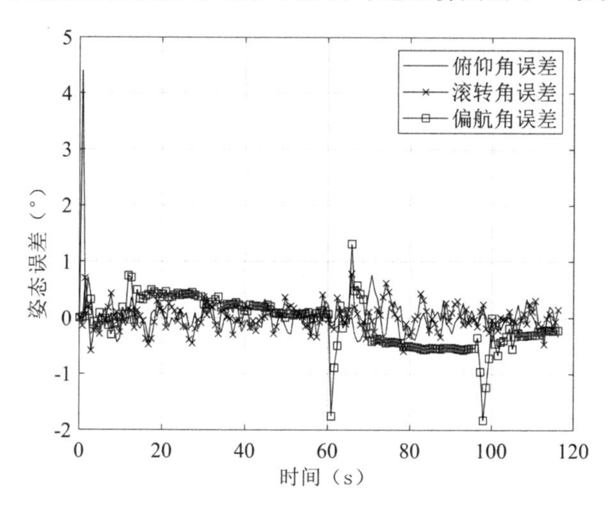

图 9-8　姿态误差

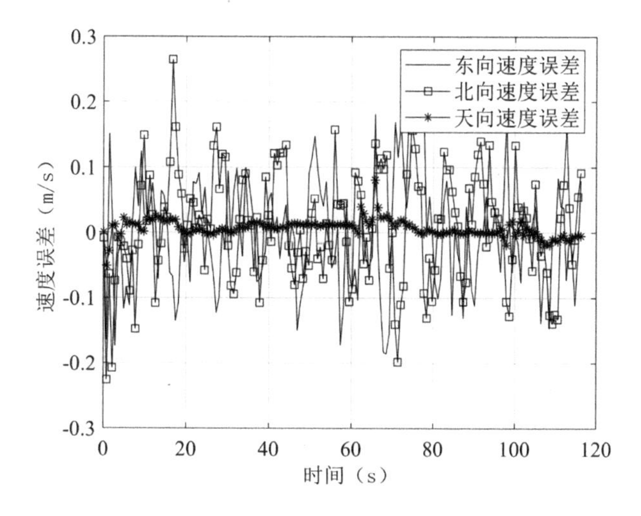

图 9-9　速度误差

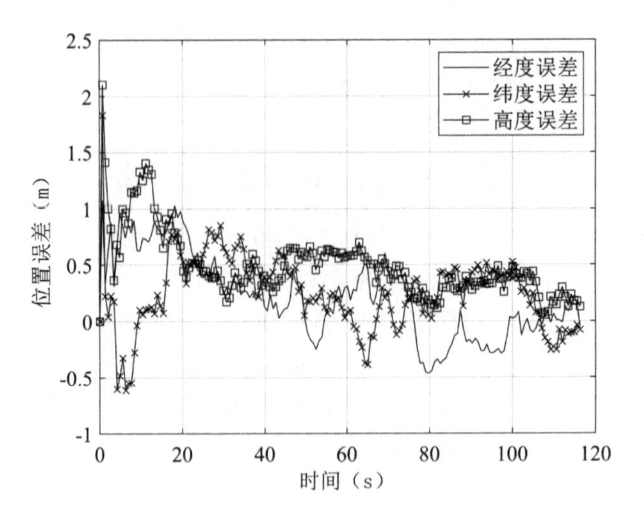

图 9-10　位置误差

9.1.3　紧组合模式

1. 状态建模

与松组合相比，在紧组合状态中要考虑接收机钟差和钟漂，一般可以将接收机的钟差和钟漂建模为一阶 Markov 过程，即

$$\begin{cases} \delta \dot{t}_u = -\beta_t \delta t_u + \omega_t \\ \delta \dot{f}_u = -\beta_d \delta f_u + \omega_d \end{cases} \tag{9.16}$$

式中，δt_u 为接收机钟差；δf_u 为接收机钟漂；ω_t 和 ω_d 分别为钟差和钟漂的驱动白噪声，$E(\omega_t^2)=\sigma_t^2$，$E(\omega_d^2)=\sigma_d^2$；β_t 和 β_d 分别为钟差和钟漂的时间常数。因此，紧组合的状态变量为

$$\boldsymbol{x}=[\boldsymbol{\varphi}^{\mathrm{T}} \quad \delta \boldsymbol{v}^{\mathrm{T}} \quad \delta \boldsymbol{p}^{\mathrm{T}} \quad \boldsymbol{b}_a^{\mathrm{T}} \quad \boldsymbol{b}_g^{\mathrm{T}} \quad \delta t_u \quad \delta f_u]^{\mathrm{T}} \tag{9.17}$$

状态方程为

$$\dot{\boldsymbol{x}}=\boldsymbol{F}\boldsymbol{x}+\boldsymbol{w}=\begin{bmatrix} \boldsymbol{F}_{11} & \boldsymbol{F}_{12} & \boldsymbol{F}_{13} & \boldsymbol{0}_{3\times3} & -\boldsymbol{C}_b^n & \boldsymbol{0}_{3\times3} \\ \boldsymbol{F}_{21} & \boldsymbol{F}_{22} & \boldsymbol{F}_{23} & C_b^n & \boldsymbol{0}_{3\times3} & \boldsymbol{0}_{3\times3} \\ \boldsymbol{0}_{3\times3} & \boldsymbol{F}_{32} & \boldsymbol{F}_{33} & \boldsymbol{0}_{3\times3} & \boldsymbol{0}_{3\times3} & \boldsymbol{0}_{3\times3} \\ \boldsymbol{0}_{3\times3} & \boldsymbol{0}_{3\times3} & \boldsymbol{0}_{3\times3} & \boldsymbol{0}_{3\times3} & \boldsymbol{0}_{3\times3} & \boldsymbol{0}_{3\times3} \\ \boldsymbol{0}_{3\times3} & \boldsymbol{0}_{3\times3} & \boldsymbol{0}_{3\times3} & \boldsymbol{0}_{3\times3} & \boldsymbol{0}_{3\times3} & \boldsymbol{0}_{3\times3} \\ \boldsymbol{0}_{2\times3} & \boldsymbol{0}_{2\times3} & \boldsymbol{0}_{2\times3} & \boldsymbol{0}_{2\times3} & \boldsymbol{0}_{2\times3} & \boldsymbol{A} \end{bmatrix}\boldsymbol{x}+\boldsymbol{w} \tag{9.18}$$

$$\boldsymbol{A}=\begin{bmatrix} -\beta_t & 0 \\ 0 & -\beta_d \end{bmatrix} \tag{9.19}$$

$$\boldsymbol{Q}=\begin{bmatrix} n_g^2\boldsymbol{I}_3 & \boldsymbol{0}_{3\times3} & \boldsymbol{0}_{3\times3} & \boldsymbol{0}_{3\times3} & \boldsymbol{0}_{3\times3} & \boldsymbol{0}_{3\times1} & \boldsymbol{0}_{3\times1} \\ \boldsymbol{0}_{3\times3} & n_a^2\boldsymbol{I}_3 & \boldsymbol{0}_{3\times3} & \boldsymbol{0}_{3\times3} & \boldsymbol{0}_{3\times3} & \boldsymbol{0}_{3\times1} & \boldsymbol{0}_{3\times1} \\ \boldsymbol{0}_{3\times3} & \boldsymbol{0}_{3\times3} & \boldsymbol{0}_{3\times3} & \boldsymbol{0}_{3\times3} & \boldsymbol{0}_{3\times3} & \boldsymbol{0}_{3\times1} & \boldsymbol{0}_{3\times1} \\ \boldsymbol{0}_{3\times3} & \boldsymbol{0}_{3\times3} & \boldsymbol{0}_{3\times3} & n_{ba}^2\boldsymbol{I}_3 & \boldsymbol{0}_{3\times3} & \boldsymbol{0}_{3\times1} & \boldsymbol{0}_{3\times1} \\ \boldsymbol{0}_{3\times3} & \boldsymbol{0}_{3\times3} & \boldsymbol{0}_{3\times3} & \boldsymbol{0}_{3\times3} & n_{bg}^2\boldsymbol{I}_3 & \boldsymbol{0}_{3\times1} & \boldsymbol{0}_{3\times1} \\ \boldsymbol{0}_{1\times3} & \boldsymbol{0}_{1\times3} & \boldsymbol{0}_{1\times3} & \boldsymbol{0}_{1\times3} & \boldsymbol{0}_{1\times3} & \sigma_t^2 & 0 \\ \boldsymbol{0}_{1\times3} & \boldsymbol{0}_{1\times3} & \boldsymbol{0}_{1\times3} & \boldsymbol{0}_{1\times3} & \boldsymbol{0}_{1\times3} & 0 & \sigma_d^2 \end{bmatrix} \tag{9.20}$$

2. 量测建模

(1) 伪距量测方程

在 ECEF 坐标系中，设载体的真实位置为 $[x \quad y \quad z]^{\mathrm{T}}$，INS 推算得到的载体位置为 $[x_1 \quad y_1 \quad z_1]^{\mathrm{T}}$，由卫星星历给出的经过地球自转矫正的第 n 颗卫星位置为 $[x^{(n)} \quad y^{(n)} \quad z^{(n)}]^{\mathrm{T}}$。同时，由于组合过程中已经完成卫星导航解算，可以认为此时接收机钟差为已知量，因此，由 INS 解算的载体到第 n 颗卫星的伪距为

$$\rho_{\mathrm{I}}^{(n)}=\sqrt{[x_1-x^{(n)}]^2+[y_1-y^{(n)}]^2+[z_1-z^{(n)}]^2} \tag{9.21}$$

载体到第 n 颗卫星的真实距离 $r^{(n)}$ 为

$$r^{(n)}=\sqrt{[x-x^{(n)}]^2+[y-y^{(n)}]^2+[z-z^{(n)}]^2} \tag{9.22}$$

对式(9.21)在(x,y,z)处进行 Taylor 展开，略去高阶项得

$$\rho_{\mathrm{I}}^{(n)}\approx r^{(n)}+\frac{x-x^{(n)}}{r^{(n)}}\Delta x+\frac{y-y^{(n)}}{r^{(n)}}\Delta y+\frac{z-z^{(n)}}{r^{(n)}}\Delta z=r^{(n)}+[\boldsymbol{I}^{(n)}]^{\mathrm{T}}\Delta\boldsymbol{x} \tag{9.23}$$

$$\boldsymbol{I}^{(n)}=\begin{bmatrix}\dfrac{x-x^{(n)}}{r^{(n)}} & \dfrac{y-y^{(n)}}{r^{(n)}} & \dfrac{z-z^{(n)}}{r^{(n)}}\end{bmatrix}^{\mathrm{T}} \tag{9.24}$$

式中，$\Delta\boldsymbol{x}=[\Delta x \quad \Delta y \quad \Delta z]^{\mathrm{T}}$。GNSS 接收机输出的伪距为

$$\rho_{\mathrm{G}}^{(n)}=r^{(n)}+\Delta t_{\mathrm{u}} \tag{9.25}$$

因此，有

$$\delta\rho^{(n)}=\rho_{\mathrm{I}}^{(n)}-\rho_{\mathrm{G}}^{(n)}=[\boldsymbol{I}^{(n)}]^{\mathrm{T}}\Delta\boldsymbol{x}-\Delta t_{\mathrm{u}} \tag{9.26}$$

当观测卫星数为 N 时，基于伪距的量测方程为

$$\delta\boldsymbol{\rho}=\begin{bmatrix}[\boldsymbol{I}^{(1)}]^{\mathrm{T}}\\ [\boldsymbol{I}^{(2)}]^{\mathrm{T}}\\ \vdots\\ [\boldsymbol{I}^{(N)}]^{\mathrm{T}}\end{bmatrix}\begin{bmatrix}\Delta x\\ \Delta y\\ \Delta z\end{bmatrix}+\begin{bmatrix}-1\\ -1\\ \vdots\\ -1\end{bmatrix}\Delta t_{\mathrm{u}}+\boldsymbol{v}_{\delta\rho}=\boldsymbol{A}_{\delta\rho}\begin{bmatrix}\Delta x\\ \Delta y\\ \Delta z\end{bmatrix}+\boldsymbol{B}_{\mathrm{one}}\Delta t_{\mathrm{u}}+\boldsymbol{v}_{\delta\rho} \tag{9.27}$$

$$\boldsymbol{A}_{\delta\rho}=\begin{bmatrix}[\boldsymbol{I}^{(1)}]^{\mathrm{T}}\\ [\boldsymbol{I}^{(2)}]^{\mathrm{T}}\\ \vdots\\ [\boldsymbol{I}^{(N)}]^{\mathrm{T}}\end{bmatrix} \tag{9.28}$$

$$\boldsymbol{B}_{\mathrm{one}}=[-1 \quad -1 \quad \cdots \quad -1]^{\mathrm{T}} \tag{9.29}$$

式中，$\boldsymbol{v}_{\delta\rho}$是伪距偏差噪声。由于接收机时钟误差 Δt_{u} 已经建模，并扩展至状态中进行了估计，因此，式(9.27)中的伪距偏差噪声为修正后的残余误差，以及式(9.23)线性化时的舍入误差。注意到式(9.27)是在 *ECEF* 坐标系中建立的，而式(9.18)是在地理坐标系中建立的，二者的坐标系需要统一，两个坐标系之间的转化关系为

$$\begin{cases}x=(R+h)\cos\lambda\cos L\\ y=(R+h)\sin\lambda\cos L\\ z=[R(1-\mathrm{e}^2)+h]\sin L\end{cases} \tag{9.30}$$

对式(9.30)两边取全微分，可得

$$\begin{cases}\Delta x=-(R+h)\cos\lambda\sin L\Delta L-(R+h)\cos L\sin\lambda\Delta\lambda+\cos L\cos\lambda\Delta h\\ \Delta y=-(R+h)\sin\lambda\sin L\Delta L+(R+h)\cos\lambda\cos L\Delta\lambda+\cos L\sin\lambda\Delta h\\ \Delta z=[R(1-\mathrm{e}^2)+h]\cos L\Delta L+\sin L\Delta h\end{cases} \tag{9.31}$$

式(9.31)也可写为

$$\begin{bmatrix}\Delta x\\ \Delta y\\ \Delta z\end{bmatrix}=\begin{bmatrix}-(R+h)\cos\lambda\sin L & -(R+h)\cos L\sin\lambda & \cos L\cos\lambda\\ -(R+h)\sin\lambda\sin L & (R+h)\cos\lambda\cos L & \cos L\sin\lambda\\ [R(1-\mathrm{e}^2)+h]\cos L & 0 & \sin L\end{bmatrix}\begin{bmatrix}\Delta L\\ \Delta\lambda\\ \Delta h\end{bmatrix}=\boldsymbol{C}_{\mathrm{n}}^{\mathrm{e}}\begin{bmatrix}\Delta L\\ \Delta\lambda\\ \Delta h\end{bmatrix} \tag{9.32}$$

$$\boldsymbol{C}_{\mathrm{n}}^{\mathrm{e}}=\begin{bmatrix}-(R+h)\cos\lambda\sin L & -(R+h)\cos L\sin\lambda & \cos L\cos\lambda\\ -(R+h)\sin\lambda\sin L & (R+h)\cos\lambda\cos L & \cos L\sin\lambda\\ [R(1-\mathrm{e}^2)+h]\cos L & 0 & \sin L\end{bmatrix} \tag{9.33}$$

将式(9.32)代入式(9.27),有

$$\begin{cases}\boldsymbol{z}_{\rho}=\delta\boldsymbol{\rho}=\boldsymbol{H}_{\rho}\boldsymbol{x}+\boldsymbol{v}_{\delta\rho}\\ \boldsymbol{H}_{\rho}=[\boldsymbol{0}_{N\times 6}\quad \boldsymbol{H}_{\rho 1}\quad \boldsymbol{0}_{N\times 6}\quad \boldsymbol{B}_{\mathrm{one}}\quad \boldsymbol{0}_{N\times 1}]\end{cases} \tag{9.34}$$

$$\boldsymbol{H}_{\rho 1}=\boldsymbol{A}_{\delta\rho}\boldsymbol{C}_{\mathrm{n}}^{\mathrm{e}} \tag{9.35}$$

(2) 伪距率量测方程

首先,计算 INS 推算的伪距率。对式(9.23)两边同时求导,得

$$\dot{\rho}_{\mathrm{I}}^{(n)}=\dot{r}^{(n)}+[\boldsymbol{I}^{(n)}]^{\mathrm{T}}\Delta\dot{\boldsymbol{x}} \tag{9.36}$$

GNSS 接收机输出的伪距率为

$$\dot{\rho}_{\mathrm{G}}^{(n)}=\dot{r}^{(n)}+\Delta f_{\mathrm{u}} \tag{9.37}$$

因此,伪距率偏差为

$$\delta\,\dot{\rho}^{(n)}=\delta\,\dot{\rho}_{\mathrm{I}}^{(n)}-\delta\,\dot{\rho}_{\mathrm{G}}^{(n)}=[\boldsymbol{I}^{(n)}]^{\mathrm{T}}\Delta\dot{\boldsymbol{x}}-\delta f_{\mathrm{u}} \tag{9.38}$$

式中,$\Delta\dot{\boldsymbol{x}}=[\Delta v_x\quad \Delta v_y\quad \Delta v_z]^{\mathrm{T}}$。当观测卫星数为 N 时,基于伪距率的量测方程为

$$\delta\,\dot{\boldsymbol{\rho}}=\boldsymbol{A}_{\delta\rho}\Delta\dot{\boldsymbol{x}}+\boldsymbol{B}_{\mathrm{one}}\Delta f_u+\boldsymbol{v}_{\delta\dot{\rho}} \tag{9.39}$$

式中,$\boldsymbol{v}_{\delta\dot{\rho}}$ 为残余的伪距率误差。与基于伪距的量测方程类似,将 ECEF 坐标系中的速度转换到地理坐标系中,基于伪距率的量测方程为

$$\begin{cases}\boldsymbol{z}_{\dot{\rho}}=\boldsymbol{H}_{\dot{\rho}}\boldsymbol{x}+\boldsymbol{v}_{\delta\dot{\rho}}\\ \boldsymbol{H}_{\dot{\rho}}=[\boldsymbol{0}_{N\times 3}\quad \boldsymbol{H}_{\rho 1}\quad \boldsymbol{0}_{N\times 9}\quad \boldsymbol{0}_{N\times 1}\quad \boldsymbol{B}_{\mathrm{one}}]\end{cases} \tag{9.40}$$

将式(9.34)和式(9.39)合并,可得到紧组合的量测方程,即

$$\boldsymbol{z}=\begin{bmatrix}\boldsymbol{z}_{\rho}\\ \boldsymbol{z}_{\dot{\rho}}\end{bmatrix}=\begin{bmatrix}\boldsymbol{H}_{\rho}\\ \boldsymbol{H}_{\dot{\rho}}\end{bmatrix}\boldsymbol{x}+\begin{bmatrix}\boldsymbol{v}_{\delta\rho}\\ \boldsymbol{v}_{\delta\dot{\rho}}\end{bmatrix}=\boldsymbol{H}\boldsymbol{x}+\boldsymbol{v} \tag{9.41}$$

至此,完成了基于伪距和伪距率观测的量测方程建立。需要注意的是,由于不同时刻,观测的卫星数目可能会发生变化,即式(9.41)中量测量、量测矩阵和量测噪声的维数通常是随时间变化的,在滤波算法的量测更新迭代中,要对相关参量进行相应调整。

【例 9-2】 设 INS 中,陀螺仪的零偏稳定性为 0.1 °/h,随机游走为 12 °/h$^{1/2}$;加速度计的零偏稳定性为 1.6 mg,随机游走为 0.13 mg/s$^{1/2}$;1 mg$=1\times10^{-3}g\approx9.8\times10^{-3}$ m/s^2,采样周期为 10 ms。载体的运动轨迹如图 9-11 所示,初始纬度为 39°,初始经度为 115°,初始海拔高度为 2 000 m,初始速度为 300 m/s,初始三轴姿态角都是 0°。GNSS 接收机可以输出经度、纬度、高度、速度、伪距和伪距率,输出周期为 100 ms。钟差和钟漂按式(9.16)建模为一阶 Markov 过程,二者的时间常数分别为−0.205 1 和 0.598 0,对应的驱动白噪声标准差分别为 1 m 和0.01 m/s。

已经获得导航卫星的星历数据,请基于仿真的数据,试设计 GNSS/INS 紧组合导航滤波

算法，并给出姿态角、速度和位置的误差曲线，在 150～200 s 之间，人为将可见星数目由 8 颗减少为少于 4 颗。

给定常数：光速 $c=299\ 792\ 458$ m/s，重力加速度 $g_0=9.780\ 326\ 771\ 4$ m/s^{-2}，地球自转角速率 $\omega_{ie}=7.292\ 115\ 147\times10^{-5}$ rad/s。

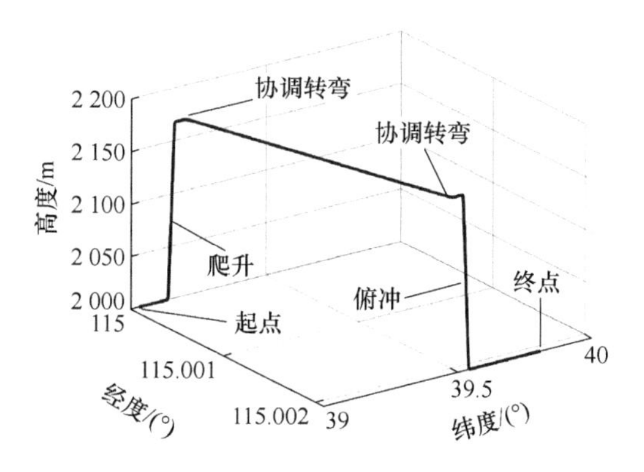

图 9－11　载体运动轨迹图

【解】　这里将钟差和钟漂加入到状态中，构建 11 个状态的状态方程和量测方程，并编制相应的紧组合程序。相应的 MATLAB 代码如下：

```
clear; close all;clc;
loadIMU_traj; load navSat2; addpath('常用函数');
global T
T = 0.01;deg_rad = pi/180; rad_deg = 180/pi;
long = IMU_traj(2,1); lati = IMU_traj(1,1); high = IMU_traj(3,1);
vN = IMU_traj(4:6,1);
theta = 0 * deg_rad; gama = 0 * deg_rad; fai = 0 * deg_rad;
posiN = [long * rad_deg;lati * rad_deg;high];
atti = [theta;gama;fai] * rad_deg;
Re = 6378245; e = 1/298.257; [Rm,Rn] = wradicurv(lati);
pose0(1) = (Rn + high) * cos(lati) * cos(long);
pose0(2) = (Rn + high) * cos(lati) * sin(long);
pose0(3) = (Rn * (1 - e^2) + high) * sin(lati);
g0 = 9.7803267714; g = wgravity(lati,high); gN = [0;0; - g];
wie = 7.292115147e - 5; wieN = [0;wie * cos(lati);wie * sin(lati)];
wenN = [ - vN(2)/(Rm + high);vN(1)/(Rn + high);vN(1)/(Rn + high) * tan(lati)];
winN = wieN + wenN;
q = weulr2qua([theta gama fai]);
Cbn = [q(1)^2 + q(2)^2 - q(3)^2 - q(4)^2  2 * (q(2) * q(3) + q(1) * q(4))  2 * (q(2) * q(4) - q(1) * q(3));
    2 * (q(2) * q(3) - q(1) * q(4))  q(1)^2 - q(2)^2 + q(3)^2 - q(4)^2  2 * (q(3) * q(4) + q(1) * q(2));
    2 * (q(2) * q(4) + q(1) * q(3))  2 * (q(3) * q(4) - q(1) * q(2))  q(1)^2 - q(2)^2 - q(3)^2 + q(4)^2];
N = length(IMU_traj(1,:));
Trace_Data = zeros(N - 1,13); I = eye(4);
% % -----------卡尔曼滤波初始化--------------
satNum = 8;   % 参与解算的卫星数目
satNum2 = 1; % 中途丢星时,解算的星的数目
sT = 130;   % 丢星开始时间;
```

```
eT = 200;  % 丢星结束时间;
X_1 = zeros(11,1); X_est_1 = zeros(11,floor(N/10)); P_est_1 = zeros(11,floor(N/10));
a = 10/Re;
Plon_pos = a^2;  Plat_pos = a^2;  Pup_pos = 10^2;
Peast_vel = 0.5^2;  Pnorth_vel = 0.5^2;  Pup_vel = 0.5^2;
Ppsi_x = 0.1^2;  Ppsi_y = 0.1^2; Ppsi_z = 0.1^2;
Pdt = 1^2; Pdf = 0.01^2;
beta1 = -0.2051;      % 钟差模型中的 β
beta2 = 0.5980;       % 钟漂模型中的 β
P = zeros(9,9);
P(1,1) = Ppsi_x; P(2,2) = Ppsi_y; P(3,3) = Ppsi_z;
P(4,4) = Peast_vel; P(5,5) = Pnorth_vel; P(6,6) = Pup_vel;
P(7,7) = Plat_pos; P(8,8) = Plon_pos; P(9,9) = Pup_pos;
P(10,10) = Pdt; P(11,11) = Pdf;
P_est(:,1) = [P(1,1),P(2,2),P(3,3),P(4,4),P(5,5),P(6,6),P(7,7),P(8,8),P(9,9),...,P(10,10),P(11,11)]';
P_1 = P;
r = [repmat(3^2,1,satNum),....
    repmat(0.5^2,1,satNum)];
R_1 = diag(r);
G = zeros(11,8); G(1:6,1:6) = eye(6); G(10:11,7:8) = eye(2);
rcc = randn; rcd = 0.01 * randn;
rcce = randn; rcde = 0.01 * randn;
W = diag([(0.1 * deg_rad)^2 (0.1 * deg_rad)^2  (0.1 * deg_rad)^2 ...
    (1.6e-3 * g0)^2 (1.6e-3 * g0)^2 (1.6e-3 * g0)^2 1^2  0.01^2]);
%% -----------------------------------------
update = 0; count = 0; j = 1;
%% * * * * * * * * * * * * * * 进行 kalman 滤波 * * * * * * * * * * *
w = waitbar(0,'Time Loop');
late = lati;lone = long;highe = high;Ve = vN;
fB = zeros(3,N); wibB = zeros(3,N); L = 9; % 状态维数
for i = 1:N-1
    % ======== INS 参考系统 ========
    wibB(:,i) = IMU_traj(13:15,i); fB(:,i) = IMU_traj(16:18,i);
    cW = wgenmtr(2 * wieN + wenN); fN = Cbn' * fB(:,i);
    delta_vN = fN - cW * Ve + gN;
    delta_posiN = [Ve(1)/((Rn + highe) * cos(late));Ve(2)/(Rm + highe);Ve(3)];
    vN = Ve + delta_vN * T; long = lone + delta_posiN(1) * T;
    lati = late + delta_posiN(2) * T; high = highe + delta_posiN(3) * T;
    wnbB = wibB(:,i) - Cbn * winN;
    delta_Q0 = sqrt((wnbB(1))^2 + (wnbB(2))^2 + (wnbB(3))^2) * T;
    delta_Q1 = [   0,       -wnbB(1),   -wnbB(2),      -wnbB(3);
        wnbB(1),      0,           wnbB(3),    -wnbB(2);
        wnbB(2),   -wnbB(3),        0,          wnbB(1);
        wnbB(3),    wnbB(2),    -wnbB(1),         0   ] * T;
    q = ((1 - delta_Q0^2/8 + delta_Q0^4/384) * I + (1/2 - delta_Q0^2/48) * delta_Q1) * q;
    q = q/norm(q);
```

```
Cbn = [q(1)^2 + q(2)^2 - q(3)^2 - q(4)^2  2 * (q(2) * q(3) + q(1) * q(4))  2 * (q(2) * q(4) - q(1) * q(3));
    2 * (q(2) * q(3) - q(1) * q(4))  q(1)^2 - q(2)^2 + q(3)^2 - q(4)^2  2 * (q(3) * q(4) + q(1) * q(2));
    2 * (q(2) * q(4) + q(1) * q(3))  2 * (q(3) * q(4) - q(1) * q(2))  q(1)^2 - q(2)^2 - q(3)^2 + q(4)^2];
CF = tranmj(wenN,wieN,fN,Rm,Rn,late,Ve,highe);
F(1:9,1:9) = CF;
A = zeros(22,22); A(1:9,1:9) = - 1 * F;
A(10:11,10:11) = diag([ - beta1  - beta2]); A(1:11,12:22) = G * W * G';
A(12:20,12:20) = F'; A = A * T; B = expm(A);
PHI_trans = B(12:22,12:22); PHI = PHI_trans'; Q = PHI * B(1:11,12:22); Q_1 = Q;
P_pre_1 = PHI * P_1 * PHI' + Q_1; count = count + 1;
rcc = - beta1 * rcc * T + randn; rcd = - beta2 * rcd * T + 0.01 * rand; % 钟差钟漂更新
rcce = - beta1 * rcce * T + randn; rcde = - beta2 * rcde * T + 0.01 * rand; % 钟差钟漂预测更新
if count >= 10, update = 1; count = 0; end
if update = = 1
    tic
    % % EKF
    if i > sT/T && i < eT/T
        satNum = satNum2;
    end
    if i > eT/T
        satNum = 8;
    end
    r = [repmat(3^2,1,satNum),....
        repmat(0.5^2,1,satNum)];
    R_1 = diag(r);
    % 计算几何矩阵 A
    satPos = navSat(j + 11).satPos; satVel = navSat(j + 11).satVel;
    llh = [lati;long;high]; vn = vN;
    Ag = zeros(satNum,4);
    for satCnt = 1:satNum
        pos = llh2xyz(llh);
        RA = norm(llh2xyz(llh) - satPos(:,satCnt),'fro');
        Ag(satCnt,:) = [( - (satPos(1,satCnt) - pos(1))) / RA,...
            ( - (satPos(2,satCnt) - pos(2))) / RA,...
            ( - (satPos(3,satCnt) - pos(3))) / RA,...
            1];
    end
    PR_INS = vecnorm(repmat(llh2xyz(llh),1,satNum) - satPos(:,1:satNum),2,1)' + rcc;
    v_ecef = llh2dcm(llh(1),llh(2))' * vn;
    PRdot_INS = diag(Ag(:,1:3) * (repmat(v_ecef,1,satNum) - satVel(:,1:satNum))) + rcd;
    %H 阵求解
    H1 = Ag(:,1:3) * d_llh2xyz(llh);  % 伪距量测部分
    H2 = Ag(:,1:3) * llh2dcm(llh(1),llh(2))'; % 伪距率量测部分
    H_1 = [zeros(satNum,6), H1,repmat([1 0],satNum,1);
        zeros(satNum,3), H2, zeros(satNum,3)repmat([0 1],satNum,1)];
    % Kalman 滤波
    Z_1(1:2 * satNum,j) = [PR_INS - navSat(j + 11).satPR(1:satNum)';
```

```
            PRdot_INS - navSat(j + 11).satPR_dot(1:satNum)'];
        K_1 = P_pre_1 * H_1'/(H_1 * P_pre_1 * H_1' + R_1);
        X_1 = K_1 * Z_1(1:2 * satNum,j);
        P_1 = (eye(11) - K_1 * H_1) * P_pre_1 * (eye(11) - K_1 * H_1)' + K_1 * R_1 * K_1';
        update = 0;
        a_tout(j) = toc;
    else
        X_1 = zeros(11,1);
        X_1(10:11) = [rcce;rcde];
        P_1 = P_pre_1;
    end
    if i = = 10 * j
        late = lati - X_1(7); lone = long - X_1(8);highe = high - X_1(9);
        Ve = vN - X_1(4:6);
        Cpn = eye(3) + wgenmtr(X_1(1:3))';
        Cbn = Cbn * Cpn; qr = sign(q(1)); q = dcm2q(Cbn,qr); q = q/norm(q);
        X_est_1(:,j) = X_1; P_est_1(:,j) = diag(P_1);
        rcce = X_1(10); rcde = X_1(11);
        j = j + 1;
    else
        lone = long; late = lati;highe = high; Ve = vN;
    end
    posiN = [lone * 180/pi;late * 180/pi;highe];
    pose(1) = (Rn + highe) * cos(late) * cos(lone);
    pose(2) = (Rn + highe) * cos(late) * sin(lone);
    pose(3) = (Rn * (1 - e^2) + highe) * sin(late);
    DCMep = wllh2dcm(late,lone); posn = DCMep * (pose'- pose0');
    Cbn = [q(1)^2 + q(2)^2 - q(3)^2 - q(4)^2   2 * (q(2) * q(3) + q(1) * q(4))   2 * (q(2) * q(4) - q(1) * q(3));
        2 * (q(2) * q(3) - q(1) * q(4))   q(1)^2 - q(2)^2 + q(3)^2 - q(4)^2   2 * (q(3) * q(4) + q(1) * q(2));
        2 * (q(2) * q(4) + q(1) * q(3))   2 * (q(3) * q(4) - q(1) * q(2))   q(1)^2 - q(2)^2 - q(3)^2 + q(4)^2];
    atte = wdcm2eulr(Cbn) * 180/pi; [Rm,Rn] = wradicurv(late);
    g = wgravity(late,highe); gN = [0;0; - g];
    wieN = [0;wie * cos(late);wie * sin(late)];
    wenN = [ - Ve(2)/(Rm + highe);Ve(1)/(Rn + highe);Ve(1)/(Rn + highe) * tan(late)];
    winN = wieN + wenN;
    Trace_Data(i,:) = [i/100,posn',posiN',Ve',atte'];
    % ==================================
    waitbar(i/N)
end
close(w)
%%
%解算误差
ev = Trace_Data(:,8:10) - IMU_traj(4:6,2:end)';   %速度
ea = Trace_Data(:,11:13) - IMU_traj(10:12,2:end)' * 180/pi;    %姿态角
```

```
ere = Trace_Data(:,5:7) - ...
    [IMU_traj(2,2:end) * 180/pi;IMU_traj(1,2:end) * 180/pi;IMU_traj(3,2:end)]'; % 经纬高
for j = 1:N - 1
    if ea(j,3)>180
        ea(j,3) = ea(j,3) - 360;
    elseif ea(j,3)< - 180
        ea(j,3) = ea(j,3) + 360;
    end
end
for i = 1:N - 1
    elat = Trace_Data(i,6);
    eh = Trace_Data(i,7);
    [Rm,Rn] = wradicurv(elat);
    tran = [0 1/(Rm + eh) 0;1/((Rn + eh) * cos(elat)) 0 0;0 0 1];
    ereb_n(i,:) = (tran\[ere(i,2) * deg_rad ere(i,1) * deg_rad ere(i,3)]')';
end
t = (1:N) * T;N1 = 1:70:N;t1 = N1 * T;
figure
h2 = plot(t1,ereb_n(N1,1),'k - ',t1,ereb_n(N1,2),'kx - ',t1,ereb_n(N1,3),'ks - ');grid on;
set(gca,'FontName','Times New Roman','FontSize',14);
xlabel('时间(s)','FontName','宋体','FontSize',14);
ylabel('位置误差(m)','FontName','宋体','FontSize',14);
legend(h2,'经度误差','纬度误差','高度误差',...
      'location','southwest','FontName','宋体','FontSize',14);
figure
h2 = plot(t1,ea(N1,1),'k - ',t1,ea(N1,2),'kx - ',t1,ea(N1,3),'ks - ');grid on;
set(gca,'FontName','Times New Roman','FontSize',14);
xlabel('时间(s)','FontName','宋体','FontSize',14);
ylabel('姿态角误差(°)','FontName','宋体','FontSize',14);
legend(h2,'俯仰角误差','滚转角误差','偏航角误差','FontName','宋体','FontSize',14);
figure
h2 = plot(t1,ev(N1,1),'k - ',t1,ev(N1,2),'ks - ',t1,ev(N1,3),'k * - ');grid on
set(gca,'FontName','Times New Roman','FontSize',14);
xlabel('时间(s)','FontName','宋体','FontSize',14);
ylabel('速度误差(m/s)','FontName','宋体','FontSize',14);
legend(h2,'东向速度误差','北向速度误差','天向速度误差',...
      'location','southwest','FontName','宋体','FontSize',14);
```

运行结果如图 9-12～图 9-15 所示，分别给出了 150～200 s 之间可见星为 3 颗和 1 颗时的紧组合位置误差和速度误差曲线。由图可知，当可见星不少于 4 颗时，紧组合的速度和位置误差都是收敛的，与松组合的差不多；但是，当可见星少于 4 颗时，松组合将退化为纯 INS 解算状态，而紧组合仍然能进行量测修正，只是组合后的位置和速度误差都是发散的，可见星越多，发散速度越慢，从观测卫星信息利用程度来说，比松组合有一定优势。

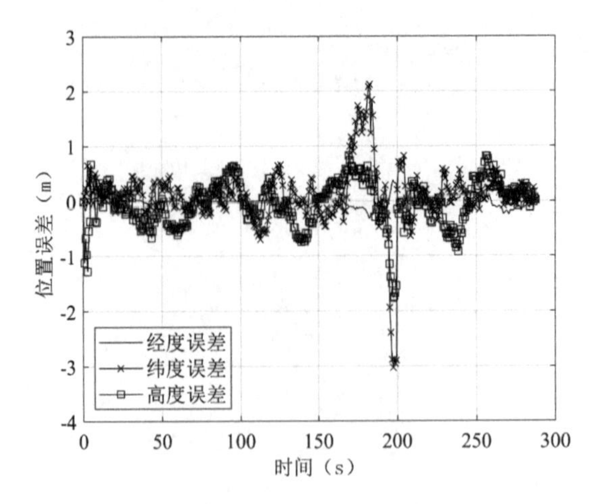

图 9-12　位置误差(150～200 s 可见星为 3 颗)

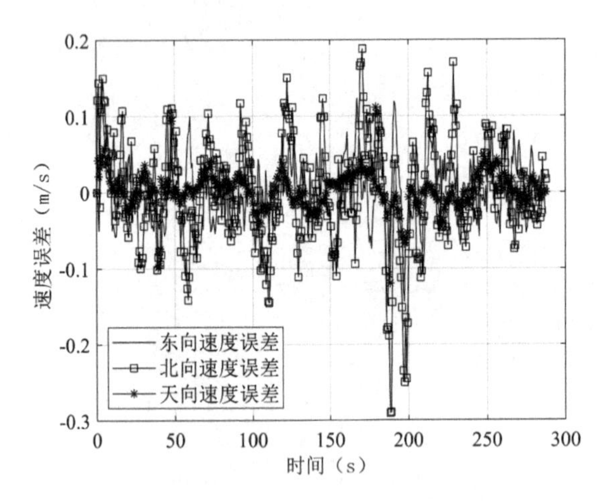

图 9-13　速度误差(150～200 s 可见星为 3 颗)

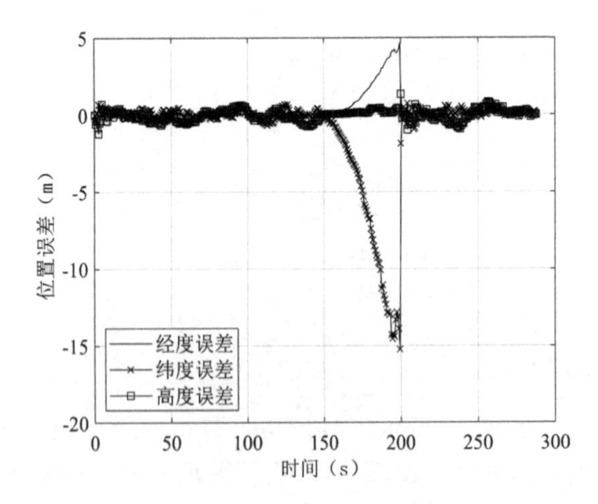

图 9-14　位置误差(150～200 s 可见星为 1 颗)

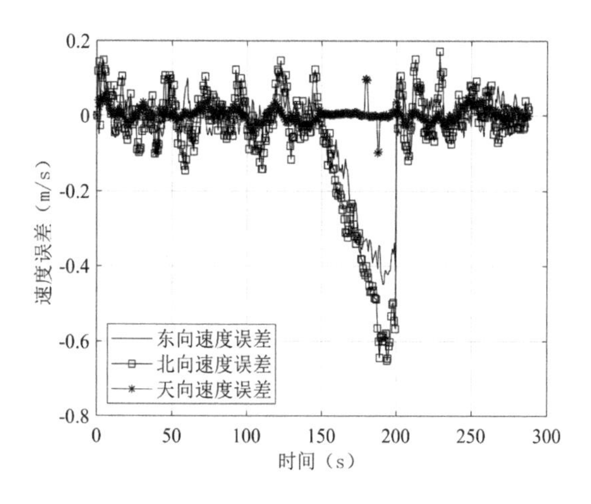

图 9-15　速度误差(150～200 s 可见星为 1 颗)

9.1.4　超紧组合模式

与紧组合相比，超紧组合的量测量也是伪距和伪距率，因此，二者的状态方程和量测方程是完全一样的。二者主要的区别在于，后者利用了 INS 输出信息，对 GNSS 信号的捕获和跟踪进行了辅助，INS 辅助后的捕获频率搜索区间可大幅度减小，在一定程度上降低了捕获计算量和捕获时间，在性能上等价于热捕获。超紧组合引入 INS 辅助后，可以从根本上解决载波环路设计中需要平衡动态性能和噪声带宽的问题。

需要指出的是，正如第四章所反映的，载波环锁定是 GNSS 接收机正常解码和导航解算的基础，同时载波环也是对载体动态最敏感的环节，动态应力过大将导致载波环失锁。而 INS 的动态范围很大，如果引入 INS 的输出信息进行载波环 Doppler 频移辅助，则载波环的动态应力将大大减小，环路噪声带宽就可以相应减小，有利于抑制热噪声的影响。

1. INS 辅助跟踪环路的结构

如图 9-16 所示为 INS 速度辅助下的载波环框图。INS 的速度辅助建模为一阶惯性环节；k 为表示 INS 速度误差的参数，k 越接近于 0，表示 INS 速度误差越小；τ 为描述 INS 速度延迟的参数，τ 越接近于 0，表示 INS 速度延迟越小。

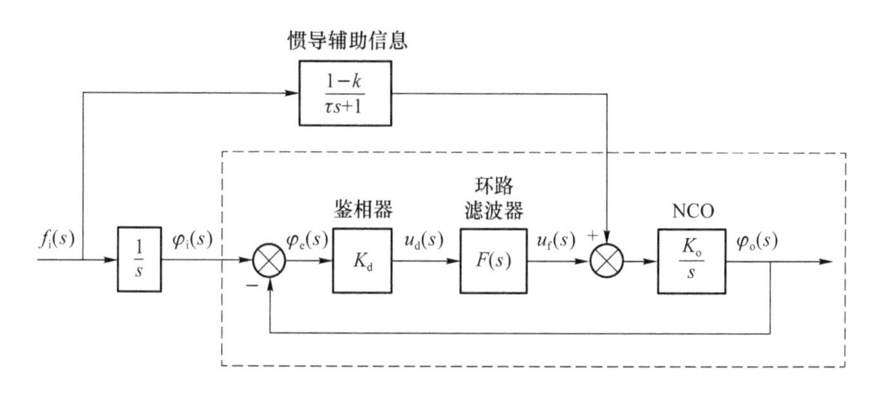

图 9-16　INS 速度辅助下的载波环框图

以二阶 PLL 为例，由第 4 章可知，环路滤波器的传递函数为

$$F(s)=\frac{1}{K}\left(a_2\omega_n+\frac{\omega_n^2}{s}\right) \tag{9.42}$$

进一步可得到二阶 PLL 的闭环传递函数为

$$H(s)=\frac{a_2\omega_n s+\omega_n^2}{s^2+a_2\omega_n s+\omega_n^2} \tag{9.43}$$

考虑了 INS 速度辅助的环路传递函数为

$$H_{\text{aid}}(s)=\frac{\varphi_o(s)}{\varphi_i(s)}=\frac{[1-k+K\tau F(s)]s+KF(s)}{\tau s^2+[1+K\tau F(s)]s+KF(s)} \tag{9.44}$$

将式(9.42)带入式(9.44),可得

$$H_{\text{aid}}(s)=\frac{(1-k+\tau a_2\omega_n)s^2+(\tau\omega_n^2+a_2\omega_n)s+\omega_n^2}{\tau s^3+(1+\tau a_2\omega_n)s^2+(\tau\omega_n^2+a_2\omega_n)s+\omega_n^2} \tag{9.45}$$

由式(9.45)可知,当 k 和 τ 均为 0 时,$H_{\text{aid}}(s)=1$,说明环路可以无误差地跟踪载体的任何动态。当然,这是一种理想情况,实际中,INS 既存在速度误差,又有延迟。不过 INS 的速度误差和延迟越小,环路的辅助效果越好,跟踪误差越小。

2. INS 辅助下的跟踪环路等效噪声带宽

设已知跟踪环路的闭环传递函数 $H(s)$,则对应的环路噪声带宽 B_n 可计算为

$$B_n=\int_0^{\infty}|H(f)|^2\mathrm{d}f \tag{9.46}$$

式中,f 为频率。设 $H(s)$的一般表达式为

$$H(s)=\frac{c_{n-1}s^{n-1}+\cdots+c_1 s+c_0}{d_n s^n+\cdots+d_1 s+d_0} \tag{9.47}$$

特别地,当 n 取 1、2 和 3 时,可以分别得到相应的环路噪声带宽为

$$\begin{cases}B_1=\dfrac{c_0}{4d_0d_1}\\ B_2=\dfrac{c_1^2d_0+c_0^2d_2}{4d_0d_1d_2}\\ B_3=\dfrac{c_2^2d_0d_1+(c_1^2-c_0c_2)d_2d_3+c_0^2d_2d_3}{4d_0d_3(d_1d_2-d_0d_3)}\end{cases} \tag{9.48}$$

式中,B_1、B_2 和 B_3 分别对应的是 n 取 1、2 和 3 时的环路噪声带宽。这里还是以二阶 PLL 为例,如果没有 INS 辅助,其闭环传递函数如式(9.43)所示,有 $c_0=\omega_n^2$,$c_1=a_2\omega_n$,$d_0=\omega_n^2$,$d_1=a_2\omega_n$,$d_2=1$。将这些量带入式(9.48),可得其噪声带宽 B_2 为

$$B_2=\frac{1+a_2^2}{4a_2}\omega_n \tag{9.49}$$

式(9.49)的结果与第四章中给出的是一样的。如果采用 INS 辅助,由式(9.45)可知,$c_0=\omega_n^2$,$c_1=\tau\omega_n^2+a_2\omega_n$,$c_2=1-k+\tau a_2\omega_n$,$d_0=\omega_n^2$,$d_1=\tau\omega_n^2+a_2\omega_n$,$d_2=1+\tau a_2\omega_n$,$d_3=\tau$。将这些量带入式(9.48),可以得到辅助下的噪声带宽 B_3,其表达式较为冗长,此处不再给出。下面通过数值计算,对比分析 INS 辅助前后的环路噪声带宽的变化情况。

如图 9-17 所示为二阶 PLL 的噪声带宽为 20 Hz,$a_2=1.414$,$\omega_n=31.71$ Hz,在引入 INS 速度辅助后,当 k 在[0.001,0.5]范围内和 τ 在[0.000 5,0.005]范围内变化时,环路噪声带宽的变化情况。由图可知,当 $k=0.001$ 和 $\tau=0.000\ 5$ 时,INS 速度辅助下的环路噪声带宽为

525.68 Hz，是无辅助下噪声带宽 20 Hz 的 26 倍之多。当然，随着 τ 和 k 的增大，辅助下的环路噪声带宽减小，特别是 τ 的增大对环路噪声带宽的影响更为明显。例如，当 $k=0.001$ 和 $\tau=0.005$ 时，辅助下的环路噪声带宽减小为 76.40 Hz。因此，在利用 INS 速度信息进行 Doppler 频移辅助时，通常要求 τ 不得超过0.001 s。

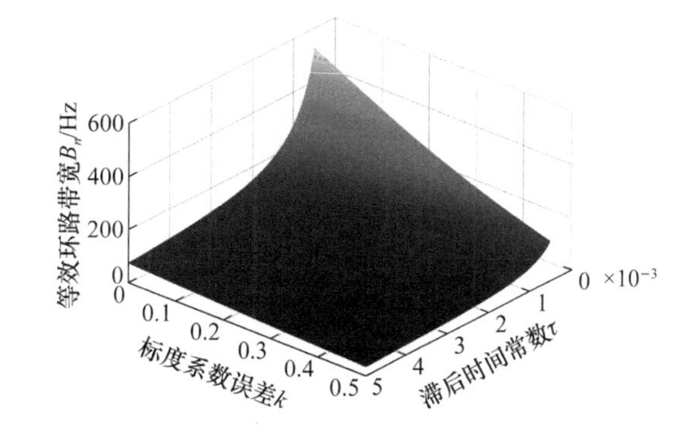

图 9-17　INS 速度辅助下的环路噪声带宽（$B_2=20$ Hz）

实际上，在有 INS 辅助时，通常环路噪声带宽设计得足够小，以提高环路的灵敏度和减小热噪声等性能。如图 9-18 所示为无 INS 辅助时的二阶 PLL 噪声带宽为 20 Hz，$a_2=1.414$，$\omega_n=3.171$ Hz，在引入 INS 速度辅助后，当 k 在 [0.001，0.5] 范围内和 τ 在 [0.000 5，0.005] 范围内变化时，环路噪声带宽的变化情况。由图可知，INS 辅助后的环路噪声带宽受辅助前的影响较小，例如，当 $k=0.001$ 和 $\tau=0.000\,5$ 时，INS 速度辅助下的环路噪声宽为 501.66 Hz；而$k=0.001$ 和 $\tau=0.005$ 时，INS 速度辅助下的环路噪声带宽为 52.57 Hz。

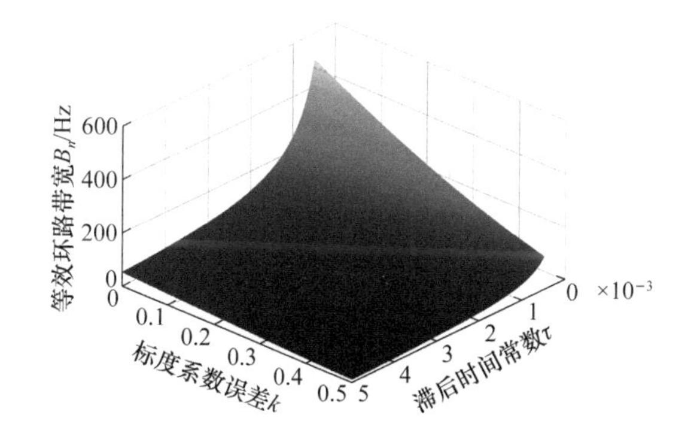

图 9-18　INS 速度辅助下的环路噪声带宽（$B_2=2$ Hz）

综上所述，辅助前的环路噪声带宽对辅助后的影响不大，因此，应尽可能地减小辅助前的环路噪声带宽；在利用 INS 速度信息进行辅助时，τ 对辅助后的环路噪声带宽影响较大，要尽可能保证 INS 辅助信息的实时性。

9.1.5　深组合模式

与超紧组合相比，GNSS/INS 深组合虽然在总体结构上也采用双向辅助的方式，但所采用的观测量更为原始，有利于基于观测误差的建模，更合理地分配观测权重，进一步提高组合性能。另外，在深组合中，不再使用超紧组合中的传统环路，取而代之的是 Kalman 滤波环路，即通过时域的状态估计实现载波频率和载波相位的跟踪，而不是通过频域的 FLL 和 PLL 进行跟踪。在实现方式上，目前常见的有“预滤波＋综合滤波”的级联式深组合和集中式深组合两种，下面简单介绍这两种深组合的建模方法。

1. 级联式深组合

如图 9-19 所示为级联式深组合的结构示意图，针对每一颗捕获成功的导航卫星信号设计一个预滤波器，用于对该卫星信号的载波频率和相位进行精确跟踪，从功能上取代了超紧组合中接收机的 PLL；预滤波器的输出送入后续的综合滤波器中，与 INS 进行组合，并用于辅助导航卫星信号的跟踪。通过转换，可以将预滤波器输出的载波频率和载波频率变化率转换为伪距和伪距率，这样在综合滤波器的设计中，就完全可以采用超紧组合中的滤波器设计方法。

因此，下面重点介绍预滤波器的设计方法。

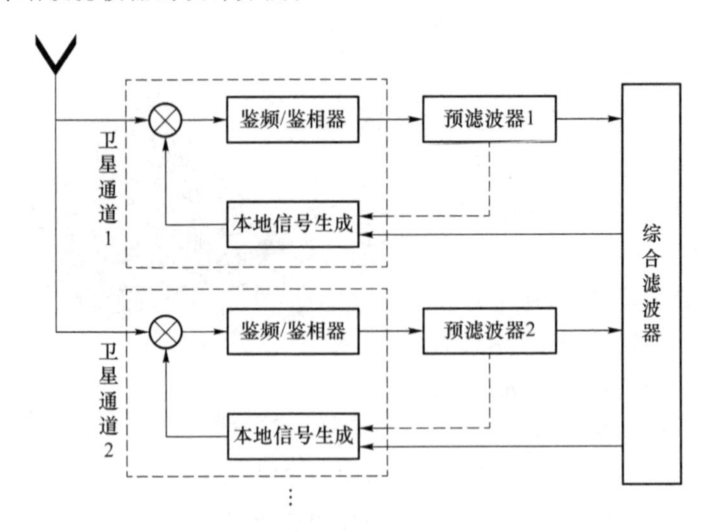

图 9-19　级联式深组合结构示意图

载波相位可建模为

$$\phi(t_0+\tau_a)\approx\frac{1}{2}\alpha(t_0)\tau_a^2+[\omega_{IF}+\omega(t_0)]\tau_a+\phi(t_0) \tag{9.50}$$

式中，$\phi(t)$、$\omega(t)$和$\alpha(t)$分别为载波相位、Doppler 频移和 Doppler 频移变化率。选取状态$x(t)=[\phi\quad\omega\quad\alpha]^{T}$，则预滤波器的状态方程可建模为

$$\dot{\boldsymbol{x}}(t)=\boldsymbol{F}\boldsymbol{x}(t)+\boldsymbol{G}\boldsymbol{w}(t)+\boldsymbol{u}(t) \tag{9.51}$$

$$\boldsymbol{F}=\begin{bmatrix}0&1&0\\0&0&1\\0&0&0\end{bmatrix} \tag{9.52}$$

式中，$\boldsymbol{w}(t)$和$\boldsymbol{G}$分别为过程噪声及过程噪声矩阵；$\boldsymbol{u}(t)=[\omega_{IF}\quad 0\quad 0]^{T}$为确定性量。由于$\boldsymbol{u}(t)$并不影响跟踪环路性能，因而，后续建模中将其忽略。载波相位跟踪主要受动态应力和接收机时钟噪声的影响，而这两方面的因素在式(9.50)中没有体现，因此，在式(9.51)中应通过状态噪声予以考虑。设状态噪声为$\boldsymbol{w}(t)=[w_b\quad w_d\quad w_\alpha]^{T}$，式中，$w_b$、$w_d$和$w_\alpha$为零均值高斯白噪声，其相应的噪声功率谱密度为$q_b$、$q_d$和$q_\alpha$。

若已知接收机时钟的 Allan 方差参数h_0和h_{-2}，则q_b和q_d可取值为

$$\begin{cases}q_b=\dfrac{h_0}{2}\\q_d=2\pi^2h_{-2}\end{cases} \tag{9.53}$$

常用的接收机时钟有 TCXO(temperature-compensated crystal oscillator，温补型时钟)和 OCXO(oven-controlled crystal oscillator，温控型时钟)两种，前者的 Allan 方差参数h_0和h_{-2}的典型值为2×10^{-19} s 和3×10^{-20} Hz，后者的这两个参数典型值分别为2×10^{-25} s 和6×10^{-25} Hz，即后者的噪声要比前者小很多。

q_α由卫星与接收机之间残余的 LOS(line of sight，视线方向)加加速度决定。状态噪声阵$\boldsymbol{G}$为

$$\boldsymbol{G}=\begin{bmatrix}\omega_{\mathrm{rf}} & 0 & 0\\ 0 & \omega_{\mathrm{rf}} & 0\\ 0 & 0 & \dfrac{\omega_{\mathrm{rf}}}{c}\end{bmatrix} \tag{9.54}$$

式中，ω_{rf}为标称载波频率，对于 GPS L1 信号，$\omega_{\mathrm{rf}}=2\pi\times 1\,575.42\times 10^6$ rad/s。状态噪声的协方差为

$$Q=\mathrm{E}(\boldsymbol{G}\boldsymbol{w}\boldsymbol{w}^{\mathrm{T}}\boldsymbol{G}^{\mathrm{T}})=\mathrm{diag}\begin{bmatrix}\omega_{\mathrm{rf}}^2 q_{\mathrm{b}} & \omega_{\mathrm{rf}}^2 q_{\mathrm{d}} & \dfrac{\omega_{\mathrm{rf}}^2 q_{\alpha}}{c^2}\end{bmatrix} \tag{9.55}$$

量测方程为

$$z(t)=\tilde{\phi}=\boldsymbol{H}\boldsymbol{x}(t)+v(t) \tag{9.56}$$

式中，$\tilde{\phi}$ 为鉴相器输出；$\boldsymbol{H}=[1\quad 0\quad 0]$；$v(t)$为零均值高斯白噪声，其噪声功率谱密度为 $\sigma_{\mathrm{v}}^2 T$，T 为环路更新周期，对于 ATAN 相位鉴别器来说，$\sigma_{\mathrm{v}}^2=\dfrac{1}{2TC/N_0}$。

式(9.51)和式(9.56)就是以鉴相器输出为量测量的预滤波器的连续状态和量测模型，由于是线性模型，因此，可以直接使用 Kalman 滤波器进行状态估计，这里不再给出。

当然，真正实施的是离散模型，因此，需要对式(9.51)进行离散化，忽略确定性量，离散的状态方程为

$$\boldsymbol{x}_{k+1}=\boldsymbol{\Phi}_k\boldsymbol{x}_k+\boldsymbol{\Gamma}_k\boldsymbol{w}_k \tag{9.57}$$

式中，$\boldsymbol{x}_k=[\phi_k\quad \omega_k\quad \alpha_k]^{\mathrm{T}}$，状态转移矩阵为

$$\boldsymbol{\Phi}_k=\begin{bmatrix}1 & T & \dfrac{T^2}{2}\\ 0 & 1 & T\\ 0 & 0 & 1\end{bmatrix} \tag{9.58}$$

系统噪声矩阵为

$$\begin{aligned}\boldsymbol{Q}_k&=\boldsymbol{G}\mathrm{E}[\boldsymbol{w}_k\boldsymbol{w}_k^{\mathrm{T}}]\boldsymbol{G}^{\mathrm{T}}\\ &=\left(\frac{\omega_{\mathrm{rf}}}{c}\right)^2 q_{\alpha}\begin{bmatrix}\dfrac{T^5}{20} & \dfrac{T^4}{8} & \dfrac{T^3}{6}\\ \dfrac{T^4}{8} & \dfrac{T^3}{3} & \dfrac{T^2}{2}\\ \dfrac{T^3}{6} & \dfrac{T^2}{2} & T\end{bmatrix}+\omega_{\mathrm{rf}}^2 q_{\mathrm{d}}\begin{bmatrix}\dfrac{T^3}{3} & \dfrac{T^2}{2} & 0\\ \dfrac{T^2}{2} & T & 0\\ 0 & 0 & 0\end{bmatrix}+\omega_{\mathrm{rf}}^2 q_{\mathrm{b}}\begin{bmatrix}T & 0 & 0\\ 0 & 0 & 0\\ 0 & 0 & 0\end{bmatrix}\end{aligned} \tag{9.59}$$

离散的量测方程为

$$z_k=\boldsymbol{H}\boldsymbol{x}_k+v_k \tag{9.60}$$

式中，v_k 为零均值高斯白噪声序列，其方差为 $R_k=\sigma_v^2$。式(9.57)和式(9.60)就是预滤波器的离散状态和量测模型，后续可以基于此设计 Kalman 滤波器，进行某一卫星信号跟踪通道的载波相位、Doppler 频移和 Doppler 频移变化率的估计。

2. 集中式深组合

如图 9-20 所示为集中式深组合的结构示意图。与级联式深组合相比，集中式深组合取消了预滤波器，直接将鉴频/鉴别器的输出输入到综合滤波器中，与 INS 输出的信息进行组合，因此，只需要设计综合滤波器即可。综合滤波器的状态方程与紧组合的一样。下面对量测

方程进行推导。

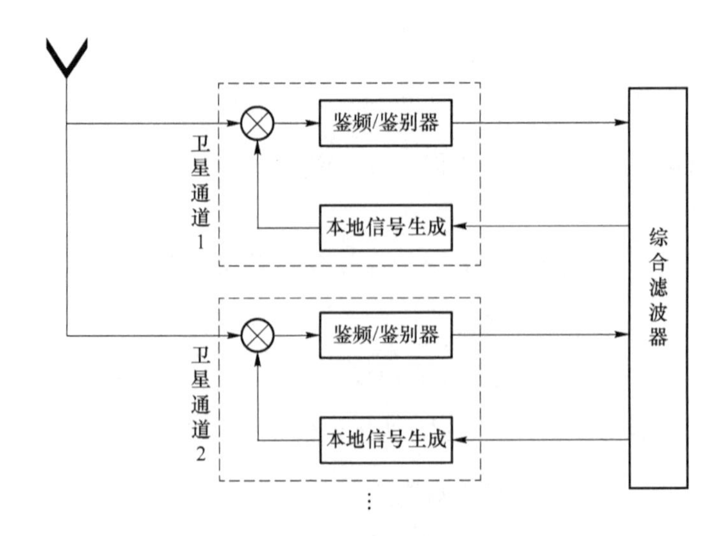

图 9-20 集中式深组合结构示意图

与级联式深组合类似，尽管取消了跟踪环路，但集中式深组合的综合滤波器还是基于码鉴别器和载波频率鉴频器的输出构建量测方程，其中，码鉴别器是对伪距的观测，鉴频器是对伪距率的观测。由于结构上是矢量跟踪模式，因此，分别称为 VDLL（vector DLL）和 VFLL（vector FLL）。之所以没有将载波相位也纳入观测量中，是因为载波相位的稳定观测非常困难，非常容易受载体动态的影响。因此，如果观测到 N 颗卫星信号，则观测量为

$$\boldsymbol{z}=\begin{bmatrix}D(\Delta\tau_1) & D(\Delta\tau_2) & \cdots & D(\Delta\tau_N) & D(\Delta f_1) & D(\Delta f_2) & \cdots & D(\Delta f_N)\end{bmatrix}^{\mathrm{T}} \tag{9.61}$$

式中，$\Delta\tau_i(i=1,2,\cdots,N)$表示码鉴别器的输入码相位误差；$D(\Delta\tau_i)(i=1,2,\cdots,N)$表示码鉴别器的输出；$\Delta f_i(i=1,2,\cdots,N)$表示鉴频器的输入载波频率误差；$D(\Delta f_i)(i=1,2,\cdots,N)$表示鉴频器的输出。根据码鉴别器输出和状态之间的关系，线性化之后，有

$$\boldsymbol{D}_{\mathrm{code}}(\boldsymbol{x}_k)=\boldsymbol{H}_k\boldsymbol{x}_k+\boldsymbol{v}_k \tag{9.62}$$

$$\boldsymbol{H}_k=\begin{bmatrix}\boldsymbol{0}_{1\times 6} & g_1 & [\boldsymbol{I}^{(1)}]^{\mathrm{T}} & \boldsymbol{0}_{1\times 6} & g_1c & 0\\ \boldsymbol{0}_{1\times 6} & g_2 & [\boldsymbol{I}^{(2)}]^{\mathrm{T}} & \boldsymbol{0}_{1\times 6} & g_2c & 0\\ \vdots & & \vdots & \vdots & \vdots & \vdots\\ \boldsymbol{0}_{1\times 6} & g_N & [\boldsymbol{I}^{(N)}]^{\mathrm{T}} & \boldsymbol{0}_{1\times 6} & g_Nc & 0\end{bmatrix} \tag{9.63}$$

$$g_i=\frac{1}{c}\frac{-2(1-d/2)f_{\mathrm{code}}}{(1-d/2)^2+1/[T\,(C/N_0)_i]}\quad(i=1,2,\cdots,N) \tag{9.64}$$

式中，$\boldsymbol{I}$ 为视线方向的单位矢量；d 为相关码片的长度；f_{code} 为导航码的码频率，对 GPS 的 C/A 码，为 1.023 MHz；$(C/N_0)_i$ 为第 i 颗卫星信号的载噪比；$\boldsymbol{v}_k=\begin{bmatrix}v_{1,k} & v_{2,k} & \cdots & v_{N,k}\end{bmatrix}^{\mathrm{T}}$ 为码相位观测噪声向量。类似地，可以得到基于载波频率的鉴频器输出观测方程为

$$\boldsymbol{D}_{\mathrm{carr}}(\boldsymbol{x}_k)=\boldsymbol{H}_k^{\mathrm{f}}\boldsymbol{x}_k+\boldsymbol{v}_k^{\mathrm{f}} \tag{9.65}$$

$$\boldsymbol{H}_k^{\mathrm{f}}=-\frac{2\pi f_{\mathrm{carr}}}{c}\begin{bmatrix}\boldsymbol{0}_{1\times 3} & -[\boldsymbol{I}^{(1)}]^{\mathrm{T}} & \boldsymbol{0}_{1\times 10} & 1\\ \boldsymbol{0}_{1\times 3} & -[\boldsymbol{I}^{(2)}]^{\mathrm{T}} & \boldsymbol{0}_{1\times 10} & 1\\ \vdots & \vdots & \vdots & \vdots\\ \boldsymbol{0}_{1\times 3} & -[\boldsymbol{I}^{(N)}]^{\mathrm{T}} & \boldsymbol{0}_{1\times 10} & 1\end{bmatrix} \tag{9.66}$$

式中，f_{carr} 为载波频率，对 GPS 的 L1 载波，为 1575.42 MHz；$\boldsymbol{v}_k^{\mathrm{f}}$ 为载波频率观测噪声向量。与

紧组合类似，将式(9.62)和式(9.65)结合起来，即可得到基于码相位和载波频率观测的量测方程。由于状态方程和线性化后的量测方程均为线性，因此，可以直接使用Kalman滤波器进行状态估计。

需要指出的是，在式(9.63)和式(9.66)中，在计算LOS向量时，需要用到接收机的位置，在滤波中，建议使用一步预测修正后的接收机进行位置估计。

9.2 天文/惯性组合

如第六章所述，基于天体观测以获取导航信息的导航方式都称为天文导航。不过，在本节天文导航特指基于星敏感器的导航，所以，也可以称为"星敏感器/惯性组合导航"。与卫星/惯性组合导航类似，在组合模式上，星敏感器/惯性组合导航也可以分为松组合和深组合等，这里就不再展开。下面以基于位置和速度观测的松组合为例，对组合方法进行介绍。如图9-21所示为星敏感器/INS松组合的原理示意图。

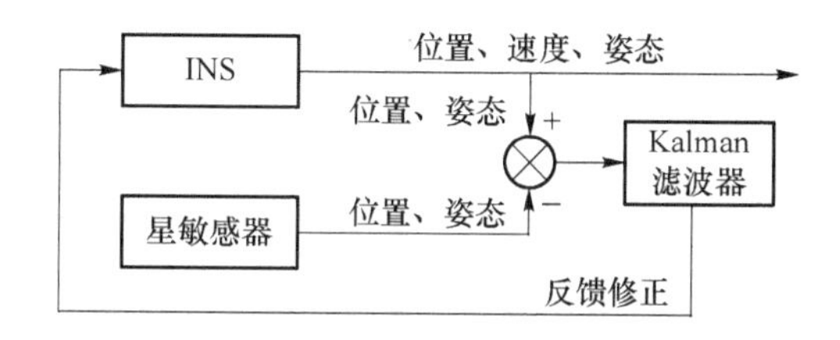

图9-21 星敏感器/INS松组合原理示意图

9.2.1 状态建模

尽管星敏感器在船只和战略轰炸机上都得到了成功使用，但其理想的应用平台是进行轨道飞行的航天器，这里也是以航天器作为应用对象。

以惯性坐标系作为导航坐标系，设姿态失准角为$\boldsymbol{\varphi}=[\varphi_x \quad \varphi_y \quad \varphi_z]^{\mathrm{T}}$，则有

$$\dot{\boldsymbol{\varphi}}=\boldsymbol{C}_{\mathrm{b}}^{\mathrm{i}}\delta\boldsymbol{\omega}_{\mathrm{ib}}^{\mathrm{b}} \tag{9.67}$$

式中，$\delta\boldsymbol{\omega}_{\mathrm{ib}}^{\mathrm{b}}$为陀螺仪在载体坐标系中输出的角速度误差，如式(9.4)所示，可以将其建模为有色噪声和白噪声的叠加。这里将有色噪声建模为随机常数，即

$$\begin{cases}\delta\boldsymbol{\omega}_{\mathrm{ib}}^{\mathrm{b}}=\boldsymbol{b}_{\mathrm{g}}+\boldsymbol{n}_{\mathrm{g}} \\ \dot{\boldsymbol{b}}_{\mathrm{g}}=\boldsymbol{0}\end{cases} \tag{9.68}$$

对加速度计来说，由于处于失重状态，所以，其输出就是加速度计的误差，这里也将加速度计的误差建模为随机常数和白噪声的叠加，即

$$\begin{cases}\delta\boldsymbol{f}^{\mathrm{b}}=\boldsymbol{b}_{\mathrm{a}}+\boldsymbol{n}_{\mathrm{a}} \\ \dot{\boldsymbol{b}}_{\mathrm{a}}=\boldsymbol{0}\end{cases} \tag{9.69}$$

惯性坐标系中的加速度计误差为

$$\delta\boldsymbol{f}^{\mathrm{i}}=\boldsymbol{C}_{\mathrm{b}}^{\mathrm{i}}\delta\boldsymbol{f}^{\mathrm{b}} \tag{9.70}$$

对于进行轨道飞行的航天器来说，其姿态运动与线运动是解耦的，由于加速度计此时因失重而无法工作，因此，基于轨道方程构建其位置和速度方程，有

$$\begin{cases}\begin{bmatrix}\delta\dot{\boldsymbol{v}}\\ \delta\dot{\boldsymbol{x}}\end{bmatrix}=\begin{bmatrix}\boldsymbol{0}_{3\times3} & \boldsymbol{A}\\ \boldsymbol{I}_3 & \boldsymbol{0}_{3\times3}\end{bmatrix}\begin{bmatrix}\delta\boldsymbol{v}\\ \delta\boldsymbol{x}\end{bmatrix}+\begin{bmatrix}\delta\boldsymbol{f}^{\mathrm{i}}\\ \boldsymbol{0}_{1\times3}\end{bmatrix}\\ \boldsymbol{A}=\dfrac{GM}{r^3}\begin{bmatrix}3\dfrac{x^2}{r^2}-1 & \dfrac{3x(y+R_0)}{r^2} & \dfrac{3xz}{r^2}\\ \dfrac{3x(y+R_0)}{r^2} & 3\dfrac{(y+R_0)^2}{r^2}-1 & \dfrac{3z(y+R_0)}{r^2}\\ \dfrac{3xz}{r^2} & \dfrac{3z(y+R_0)}{r^2} & 3\dfrac{z^2}{r^2}-1\end{bmatrix}\end{cases} \tag{9.71}$$

式中，$\delta\boldsymbol{v}=[\delta v_x \quad \delta v_y \quad \delta v_z]^{\mathrm{T}}$；$\delta\boldsymbol{x}=[\delta x \quad \delta y \quad \delta z]^{\mathrm{T}}$；$r=\sqrt{x^2+(y+R_0)^2+z^2}$；$R_0$ 为地球平均半径。

设状态向量为

$$\boldsymbol{x}=[\boldsymbol{\varphi}^{\mathrm{T}} \quad \delta\boldsymbol{v}^{\mathrm{T}} \quad \delta\boldsymbol{x}^{\mathrm{T}} \quad \boldsymbol{b}_{\mathrm{g}}^{\mathrm{T}} \quad \boldsymbol{b}_{\mathrm{a}}^{\mathrm{T}}]^{\mathrm{T}} \tag{9.72}$$

综合式(9.67)～式(9.71)，可得状态方程为

$$\begin{cases}\dot{\boldsymbol{x}}=\boldsymbol{F}\boldsymbol{x}+\boldsymbol{w}\\ \boldsymbol{F}=\begin{bmatrix}\boldsymbol{0}_{3\times3} & \boldsymbol{0}_{3\times3} & \boldsymbol{0}_{3\times3} & \boldsymbol{C}_{\mathrm{b}}^{\mathrm{i}} & \boldsymbol{0}_{3\times3}\\ \boldsymbol{0}_{3\times3} & \boldsymbol{0}_{3\times3} & \boldsymbol{A} & \boldsymbol{0}_{3\times3} & \boldsymbol{C}_{\mathrm{b}}^{\mathrm{i}}\\ \boldsymbol{0}_{3\times3} & \boldsymbol{I}_3 & \boldsymbol{0}_{3\times3} & \boldsymbol{0}_{3\times3} & \boldsymbol{0}_{3\times3}\\ \boldsymbol{0}_{6\times3} & \boldsymbol{0}_{6\times3} & \boldsymbol{0}_{6\times3} & \boldsymbol{0}_{6\times3} & \boldsymbol{0}_{6\times3}\end{bmatrix}\\ \boldsymbol{w}=[(\boldsymbol{C}_{\mathrm{b}}^{\mathrm{i}}\boldsymbol{n}_{\mathrm{g}})^{\mathrm{T}} \quad (\boldsymbol{C}_{\mathrm{b}}^{\mathrm{i}}\boldsymbol{n}_{\mathrm{a}})^{\mathrm{T}} \quad \boldsymbol{0}_{1\times9}]^{\mathrm{T}}\end{cases} \tag{9.73}$$

式(9.73)即为星敏感器/惯性松组合的状态方程，对其进行离散化，即可用于后续状态滤波。关于离散化的方法，请参考第八章相关内容。

9.2.2 量测建模

首先，基于星敏感器定姿的结果，构建量测方程。设基于陀螺仪的输出进行姿态解算得到的惯性坐标系中的姿态角向量为 $\tilde{\boldsymbol{\theta}}_{\mathrm{g}}^{\mathrm{i}}$，星敏感器输出的惯性坐标系中的姿态角向量为 $\tilde{\boldsymbol{\theta}}_{\mathrm{s}}^{\mathrm{i}}$，如果考虑二者的定姿误差，则有

$$\begin{cases}\tilde{\boldsymbol{\theta}}_{\mathrm{g}}^{\mathrm{i}}=\boldsymbol{\theta}^{\mathrm{i}}+\boldsymbol{\varphi}\\ \tilde{\boldsymbol{\theta}}_{\mathrm{s}}^{\mathrm{i}}=\boldsymbol{\theta}^{\mathrm{i}}+\boldsymbol{v}_{\varphi}\end{cases} \tag{9.74}$$

式中，$\boldsymbol{\theta}^{\mathrm{i}}$ 为载体在惯性坐标系中的真实姿态角向量；$\boldsymbol{\varphi}$ 为姿态失准角向量；$\boldsymbol{v}_{\varphi}$ 为星敏感器的定姿误差向量。由式(9.74)，可得

$$\begin{cases}\boldsymbol{z}_{\varphi}=\tilde{\boldsymbol{\theta}}_{\mathrm{g}}^{\mathrm{i}}-\tilde{\boldsymbol{\theta}}_{\mathrm{s}}^{\mathrm{i}}=\boldsymbol{\varphi}-\boldsymbol{v}_{\varphi}=\boldsymbol{H}_{\varphi}\boldsymbol{x}-\boldsymbol{v}_{\varphi}\\ \boldsymbol{H}_{\varphi}=[\boldsymbol{I}_3 \quad \boldsymbol{0}_{3\times12}]\end{cases} \tag{9.75}$$

其次，考虑到基于星光折射还可以得到定位信息，因此，下面继续构建基于定位信息的量测方程。

重写视高度方程为

$$h_{\mathrm{a}}=\sqrt{|\boldsymbol{r}_{\mathrm{s}}|^2-|\boldsymbol{r}_{\mathrm{s}}\cdot\boldsymbol{u}|^2}+|\boldsymbol{r}_{\mathrm{s}}\cdot\boldsymbol{u}|\tan\alpha-R_0-a \tag{9.76}$$

式中，h_{a} 为视高度；$\boldsymbol{r}_{\mathrm{s}}=[x \quad y \quad z]^{\mathrm{T}}$ 为航天器的地心距矢量；$\boldsymbol{u}=[u_1 \quad u_2 \quad u_3]^{\mathrm{T}}$ 为直射星光矢量；α 为星光折射角，a 为一小量(通常可以忽略)。设星敏感器通过星光折射观测得到的导

航星视高度为 $h_{\mathrm{a,s}}$，基于轨道方程或 INS 解算的位置计算得到的导航星视高度为 $h_{\mathrm{a,INS}}$，则有

$$\begin{cases} h_{\mathrm{a,s}}=h_{\mathrm{a}}+v_{\mathrm{h}} \\ h_{\mathrm{a,INS}}=\sqrt{|\boldsymbol{r}_{\mathrm{s}}+\delta\boldsymbol{r}_{\mathrm{s}}|^2-|(\boldsymbol{r}_{\mathrm{s}}+\delta\boldsymbol{r}_{\mathrm{s}})\cdot\boldsymbol{u}|^2}+|(\boldsymbol{r}_{\mathrm{s}}+\delta\boldsymbol{r}_{\mathrm{s}})\cdot\boldsymbol{u}|\tan\alpha-R_0-a \end{cases} \tag{9.77}$$

式中，v_{h} 为星敏感器的视高度误差；$\delta\boldsymbol{r}_{\mathrm{s}}=[\delta x \quad \delta y \quad \delta z]^{\mathrm{T}}$ 为解算位置的误差。对式(9.77)中第二式进行线性化，并与第一式相减可得

$$z_{\mathrm{h}}=h_{\mathrm{a,INS}}-h_{\mathrm{a,s}}=\frac{\boldsymbol{r}_{\mathrm{s}}\cdot\delta\boldsymbol{r}_{\mathrm{s}}-\dfrac{1}{2}\delta\boldsymbol{r}_{\mathrm{s}}\cdot\boldsymbol{u}}{\sqrt{|\boldsymbol{r}_{\mathrm{s}}+\delta\boldsymbol{r}|^2-|(\boldsymbol{r}_{\mathrm{s}}+\delta\boldsymbol{r}_{\mathrm{s}})\cdot\boldsymbol{u}|^2}}+\mathrm{sign}[(\boldsymbol{r}_{\mathrm{s}}+\delta\boldsymbol{r}_{\mathrm{s}})\cdot\boldsymbol{u}]\,|\delta\boldsymbol{r}_{\mathrm{s}}\cdot\boldsymbol{u}|\tan\alpha-\boldsymbol{v} \tag{9.78}$$

令 $\tilde{r}_{\mathrm{h}}=\sqrt{|\boldsymbol{r}_{\mathrm{s}}+\delta\boldsymbol{r}|^2-|(\boldsymbol{r}_{\mathrm{s}}+\delta\boldsymbol{r}_{\mathrm{s}})\cdot\boldsymbol{u}|^2}$，式(9.78)可进一步写为

$$\begin{cases} z_{\mathrm{h}}=[h_1 \quad h_2 \quad h_3]\delta\boldsymbol{x}-v_{\mathrm{h}}=\boldsymbol{H}_{\mathrm{h}}\boldsymbol{x}-v_{\mathrm{h}} \\ h_1=\dfrac{2x-u_1}{2\tilde{r}_{\mathrm{h}}}+\mathrm{sign}(\tau)u_1\tan\alpha \\ h_2=\dfrac{2y-u_2}{2\tilde{r}_{\mathrm{h}}}+\mathrm{sign}(\tau)u_2\tan\alpha \\ h_3=\dfrac{2z-u_3}{2\tilde{r}_{\mathrm{h}}}+\mathrm{sign}(\tau)u_3\tan\alpha \\ \tau=(\boldsymbol{r}_{\mathrm{s}}+\delta\boldsymbol{r}_{\mathrm{s}})\cdot\boldsymbol{u} \\ \boldsymbol{H}_{\mathrm{h}}=[\boldsymbol{0}_{1\times 6} \quad h_1 \quad h_2 \quad h_3 \quad \boldsymbol{0}_{1\times 6}] \end{cases} \tag{9.79}$$

式(9.79)为基于观测到的一颗折射星所构建的量测方程，如果观测到 N 颗折射星，式(9.79)调整为

$$\boldsymbol{z}_{\mathrm{h}}=\begin{bmatrix} z_{\mathrm{h},1} \\ z_{\mathrm{h},2} \\ \vdots \\ z_{\mathrm{h},N} \end{bmatrix}=\begin{bmatrix} \boldsymbol{0}_{1\times 6} & h_{1,1} & h_{2,1} & h_{3,1} & \boldsymbol{0}_{1\times 6} \\ \boldsymbol{0}_{1\times 6} & h_{1,2} & h_{2,2} & h_{3,2} & \boldsymbol{0}_{1\times 6} \\ \vdots & \vdots & \vdots & \vdots & \vdots \\ \boldsymbol{0}_{1\times 6} & h_{1,N} & h_{2,N} & h_{3,N} & \boldsymbol{0}_{1\times 6} \end{bmatrix}\boldsymbol{x}+\begin{bmatrix} -v_{h,1} \\ -v_{h,2} \\ \vdots \\ -v_{h,N} \end{bmatrix} \tag{9.80}$$

式中，$z_{\mathrm{h},i}(i=1,2,\cdots,N)$ 为第 i 颗折射星的量测量；$h_{1,i}$、$h_{2,i}$ 和 $h_{3,i}(i=1,2,\cdots,N)$ 为按式(9.79)计算的第 i 颗折射星的相关系数，$v_{\mathrm{h},i}(i=1,2,\cdots,N)$ 为第 i 颗折射星的视高度误差。联合式(9.75)和式(9.80)即可得到完整的星敏感器/惯性组合导航量测方程。如果在实际应用中，星敏感器只进行姿态测量，或只进行星光折射定位，则量测方程要调整为式(9.75)或式(9.80)。

【例 9-3】 给定弹道导弹，在发射点惯性坐标系下描述导弹位置。陀螺仪零漂为 0.05 °/h，加速计零漂为 0.05 mg。当导弹离地高度高于 10 km 时，开始进行星光姿态修正；当导弹观测到折射星时进行位置和速度修正。试编程仿真实现该星敏感器/惯性组合导航，并输出组合定姿和定位结果。

【解】 根据题意，拟基于星敏感器的定姿和折射定位结果，按照式(9.73)、式(9.75)和式(9.80)分别构建星敏感器/惯性松组合的状态方程和量测方程，并编制仿真程序。

相应的 MATLAB 程序如下：

```
clear; close all;clc;
load data.mat; load IMU.mat; load trajectory.mat;
addpath('常用函数');
f = 100; dt = 1/f; t = 0:dt:T;t_L = length(t);
angle_k = zeros(3,t_L); P_k = zeros(3,t_L);  V_k = zeros(3,t_L);
angle_k(:,1) = [60/180 * pi;60/180 * pi;60/180 * pi]; P_k(:,1) = [0;0;0];
V_k(:,1) = [0;500;0]; IMU_err = zeros(6,t_L); IMU_k = zeros(6,1);
star_dir = []; F = zeros(15,15); G = zeros(15,6); X0 = zeros(15,1);
g0 = 9.78049; Q0 = zeros(6,6); Q0(1:3,1:3) = (0.05/180 * pi/3600)^2 * eye(3);
Q0(4:6,4:6) = (0.05 * 0.001 * g0)^2 * eye(3); P0 = zeros(15,15);
P0(10:12,10:12) = (0.1/180 * pi/3600)^2 * eye(3);
P0(13:15,13:15) = (0.1 * 0.001 * g0)^2 * eye(3);
for i = 1:t_L - 1
    P_i = P_0 + Cci * P_k(:,i); r = norm(P_i);
    h = r - Re;
R3 = [cos(angle_k(3,i)),sin(angle_k(3,i)),0; - sin(angle_k(3,i)),cos(angle_k(3,i)),0; 0,0,1];
R1 = [1,0,0; 0,cos(angle_k(1,i)),sin(angle_k(1,i));0, - sin(angle_k(1,i)),cos(angle_k(1,i))];
R2 = [cos(angle_k(2,i)),0, - sin(angle_k(2,i));0,1,0;sin(angle_k(2,i)),0,cos(angle_k(2,i))];
    Cnb = R2 * R1 * R3;Ak = Cnb' * (fb(:,i) - IMU_k(4:6)) - Cci' * GM/r^3 * P_i;
    V_k(:,i + 1) = V_k(:,i) + Ak * dt;P_k(:,i + 1) = P_k(:,i) + V_k(:,i) * dt;
    dtheat_1 = [cos(angle_k(2,i)),0, - sin(angle_k(2,i)) * cos(angle_k(1,i));
        0,1,sin(angle_k(1,i));
        sin(angle_k(2,i)),0,cos(angle_k(2,i)) * cos(angle_k(1,i))];
    Wk = dtheat_1\(wibb(:,i) - IMU_k(1:3)); angle_k(:,i + 1) = angle_k(:,i) + Wk * dt;
    ac = Cnb' * fb(:,i);
    F(1:3,10:12) = Cnb'; F(4:6,13:15) = Cnb'; F(7:9,4:6) = eye(3);
    F(4:6,1:3) = [0, - ac(3),ac(2);ac(3),0, - ac(1); - ac(2),ac(1),0]';
    F(4,7) = - GM/r^3 * (1 - 3 * P_k(1,i)^2/r^2);
    F(4,8) = 3 * GM * P_k(1,i) * (P_k(2,i) + Re)/r^5;
    F(4,9) = 3 * GM * P_k(1,i) * P_k(3,i)/r^5;
    F(5,7) = F(4,8); F(5,8) = - GM/r^3 * (1 - 3 * (P_k(2,i) + Re)^2/r^2);
    F(5,9) = 3 * GM * P_k(3,i) * (P_k(2,i) + Re)/r^5;
    F(6,7) = F(4,9);F(6,8) = F(5,9);F(6,9) = - GM/r^3 * (1 - 3 * P_k(3,i)^2/r^2);
    Fai = eye(15) + F * dt;G(1:3,1:3) = Cnb';G(4:6,4:6) = Cnb';
    Qk = (G * Q0 * G' + Fai * G * Q0 * G' * Fai') * dt/2;
    X1_ = Fai * X0;P1_ = Fai * P0 * Fai' + Qk;
    if mod(i,10) = = 1&&h>100e3
        P_ir = P_0 + Cci * P_r(:,i + 1); r_ir = norm(P_ir);
        star_see = simulation_refrac(P_ir); P_i1 = P_0 + Cci * P_k(:,i + 1);
        r_i1 = norm(P_i1);L_see = length(star_see(1,:)); Z = zeros(L_see + 3,1);
        R = eye(L_see + 3);angle_star = angle_r(:,i + 1) + 3/3600/180 * pi * randn(3,1);
        Z(1:3) = angle_k(:,i + 1) - angle_star; H = zeros(L_see + 3,15);
    H(1:3,1:3) = - [ - cos(angle_k(3,i + 1)), - sin(angle_k(3,i + 1)),0;
    sin(angle_k(3,i + 1))/cos(angle_k(1,i + 1)), - cos(angle_k(3,i + 1))/cos(angle_k(1,i + 1)),0;
```

```
    - sin(angle_k(3,i+1)) * tan(angle_k(1,i+1)),cos(angle_k(3,i+1)) * tan(angle_k(1,i+1)),-1];
        R(1:3,1:3) = diag([3/3600/180 * pi,3/3600/180 * pi,3/3600/180 * pi].^2);
        if L_see>0
            for j = 1:L_see
                u_k = P_i1' * star_see(2:4,j);
                h_js = sqrt(r_i1^2 - (u_k)^2) + abs(u_k) * tan(star_see(1,j)) - Re;
                Z(j+3) = h_js - star_see(5,j);
                R(j+3,j+3) = (3/(star_see(1,j)/pi * 180 * 3600) * 7000)^2;
                H(j+3,7) = 1/sqrt(r_i1^2 - u_k^2) * (P_i1(1) * Cci(1,1) + P_i1(2) * Cci(2,1) + P_i1(3) * Cci(3,1)) - ...
                (u_k/sqrt(r_i1^2 - u_k^2) - sign(u_k) * tan(star_see(1,j))) * (Cci(1,1) * star_see(2,j) + ...
                Cci(2,1) * star_see(3,j) + Cci(3,1) * star_see(4,j));
                H(j+3,8) = 1/sqrt(r_i1^2 - u_k^2) * (P_i1(1) * Cci(1,2) + P_i1(2) * Cci(2,2) + P_i1(3) * Cci(3,2)) - ...
                (u_k/sqrt(r_i1^2 - u_k^2) - sign(u_k) * tan(star_see(1,j))) * (Cci(1,2) * star_see(2,j) + ...
                Cci(2,2) * star_see(3,j) + Cci(3,2) * star_see(4,j));
                H(j+3,9) = 1/sqrt(r_i1^2 - u_k^2) * (P_i1(1) * Cci(1,3) + P_i1(2) * Cci(2,3) + P_i1(3) * Cci(3,3)) - ...
                (u_k/sqrt(r_i1^2 - u_k^2) - sign(u_k) * tan(star_see(1,j))) * (Cci(1,3) * star_see(2,j) + ...
                Cci(2,3) * star_see(3,j) + Cci(3,3) * star_see(4,j));
            end
        end
        Kk = P1_ * H'/(H * P1_ * H' + R); X0 = X1_ + Kk * (Z - H * X1_);
        P0 = (eye(15) - Kk * H) * P1_ * (eye(15) - Kk * H)' + Kk * R * Kk';
        angle_k(:,i+1) = angle_k(:,i+1) - H(1:3,:) * X0; P_k(:,i+1) = P_k(:,i+1) - X0(7:9);
        V_k(:,i+1) = V_k(:,i+1) - X0(4:6); IMU_k = X0(10:15) + IMU_k;
        X0 = zeros(15,1);
    else
        X0 = X1_;P0 = P1_;
    end
    IMU_err(:,i) = IMU_k;
end
figure;
subplot(311);
plot(t,(P_r(1,:) - P_k(1,:)),'linewidth',1); ylabel('\Delta\itx\rm/m'); xlim([0,T]);
set(gca,'FontName','Times New Roman','FontSize',14);
subplot(312);
plot(t,(P_r(2,:) - P_k(2,:)),'linewidth',1);ylabel('\Delta\ity\rm/m');xlim([0,T]);
set(gca,'FontName','Times New Roman','FontSize',14);
subplot(313);
plot(t,(P_r(3,:) - P_k(3,:)),'linewidth',1);ylabel('\Delta\itz\rm/m');xlabel('Time/s');
xlim([0,T]);set(gca,'FontName','Times New Roman','FontSize',14);
```

运行结果如图 9-22 和图 9-23 所示。由图可知，在有星敏感器姿态输出的情况下，组合后的姿态也是收敛的，收敛精度取决于星敏感器的姿态精度；在星敏感器观测到折射星之后，对组合后的位置精度有所提升，而提升效果取决于观测到的折射星数目，要对三维的位置进行修正，需要同时观测到三颗或以上的折射星，图 9-23 中组合后的位置误差有波动，主要是因为观测的折射星数目在变化。

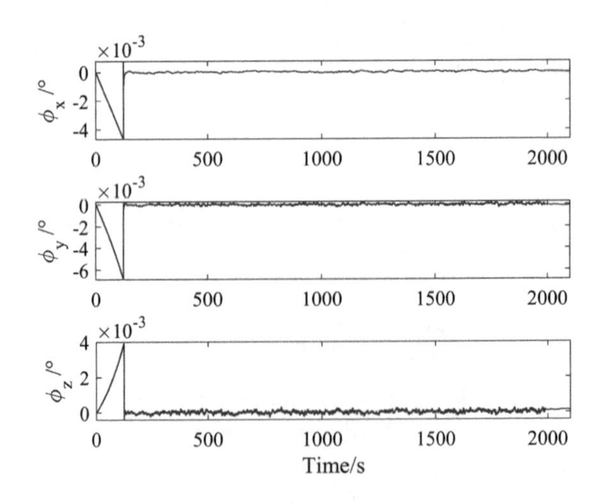

图 9-22　星敏感器/惯性组合定姿误差

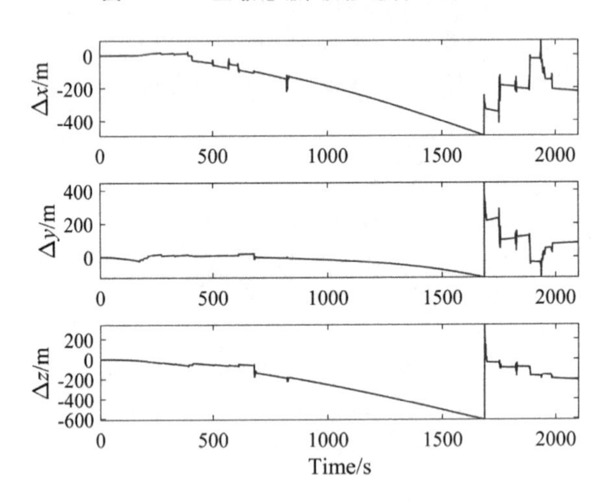

图 9-23　星敏感器/惯性组合位置误差

习　　题

9-1　一个捷联惯性导航系统中存在三个陀螺仪和三个加速度计，其中陀螺仪的零偏稳定性为 0.1 °/h，随机游走为 $12°/h^{1/2}$；加速度计的零偏稳定性为 1.6 mg，随机游走为 $0.13\ mg/s^{1/2}$。其中，$1\ mg=1\times10^{-3}g\approx9.8\times10^{-3}\ m/s^2$，惯导采样周期为 10 ms。载体的运动轨迹如下：初始纬度为 39°，初始经度为 115°，初始海拔高度为 2 000 m；初始速度为 300 m/s；初始三轴姿态角都是 0°。卫星导航系统提供解算的经纬高、速度、伪距和伪距率，周期为 100 ms，基于仿真数据，设计构建 GNSS/INS 松组合和紧组合导航系统。

给定常数：光速 $c=299\ 792\ 458$ m/s；重力加速度 $g_0=9.780\ 326\ 771\ 4\ m/s^2$；地球自转角速率 $\omega_{ie}=7.292\ 115\ 147\times10^{-5}$ rad/s。

题目轨迹和例 8-2 相同，设计 15 维状态的松组合和紧组合导航解算程序。

9-2　对比分析各种组合方式(松组合、紧组合、超紧组合和深组合)的优缺点。随着组合信息耦合程度的加深，带来的好处是什么?

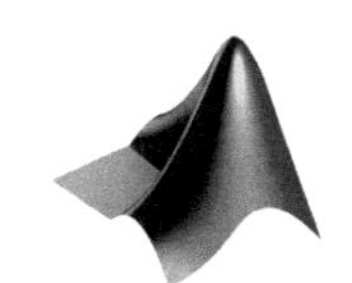

参考文献

[1] 秦永元. 惯性导航[M]. 北京：科学出版社，2006.

[2] Gelb A. Applied optimal estimation[M]. Massachusetts：the MIT press，1974.

[3] Brown R G，Hwang P Y C. Introduction to random signals and applied Kalman filtering (Fourth Edition)[M]. John Wiley & Sons Inc.，2012.

[4] Maybeck P S. Stochastic models，estimation，and control (volume 1)[M]. New York：Academic Press Inc.，1979.

[5] Farrell J A. Aided navigation：GPS with high rate sensors[M]. McGraw-Hill Companies Inc.，2008.

[6] Lee D J. Nonlinear Bayesian filtering with applications to estimation and navigation [D]. Texas：Texas A&M University，2005.

[7] 国防科学技术工业委员会. 惯性导航系统精度评定方法：GJB729-89[S]. 北京：中国人民共和国国家军用标准，1989.

[8] 邓自立. 最优估计理论及其应用——建模、滤波、信息融合估计[M]. 哈尔滨：哈尔滨工业大学出版社，2005.

[9] Fattah S A，Zhu W P，Ahmad M O. Identification of autoregressive moving average systems based on noise compensation in the correlation domain[J]. IET Signal Process，2011，5(3)：pp. 292-305.

[10] Davila C E. A subspace approach to estimation of autoregressive parameters from noisy measurements[J]. IEEE Transactions on Signal Process，1998，46(2)：531-534.

[11] El-Sheimy N，Hou H Y，Niu X J. Analysis and modeling of inertial sensors using Allan variance[J]. IEEE Transactions on Instrumentation and Measurement，2008，57(1)：140-149.

[12] 帅平，陈定昌，江涌. GPS/SINS组合导航系统状态的可观测度分析方法[J]. 中国空间科学技术，2004，(1)：12-19.

[13] 魏伟，秦永元，张晓冬，等. 对Sage-Husa算法的改进[J]. 中国惯性技术学报，2012，20(6)：678-686.

[14] Julier S J，Uhlmann J K，Durrant-Whyte H F. A new approach for filtering nonlinear

systems[C]. Proceedings of the American Control Conference，1995. 1628-1632.

[15] Gordon N，Salmond D，Smith A F M. Novel approach to nonlinear/non-Gaussian Bayesian state estimation[C]. IEE Proceedings-F，1993，140(2)：107-113.

[16] Arulampalam S，Maskell S，Gordon N，et al. A tutorial on particle filters for on-line non-linear/non-Gaussian Bayesian tracking [J]. IEEE Transactions on Signal Processing，2002，50(2)：174-188.

[17] 王可东，熊少锋. ARMA 建模及其在 Kalman 滤波中的应用[J]. 宇航学报，2012，33(8)：1048-1055.

[18] Wang K D，Li Y，Rizos C. Practical approaches to Kalman filtering with time-correlated measurement errors[J]. IEEE Transactions on Aerospace and Electronic Systems，2012，48(2)：1669-1681.

[19] Bryson A E，Henrikson L J. Estimation using sampled data containing sequentially correlated noise[J]. Journal of Spacecraft and Rockets，1968，(5)：662-665.

[20] Petovello M G，O'Keefe K，Lachapelle G，et al. Consideration of time-correlated errors in a Kalman filter applicable to GNSS[J]. Journal of Geodesy，2009，83：51-56.

[21] Jiang R，Wang K D，Liu S H，et al. Performance analysis of a Kalman filter carrier phase tracking loop[J]. GPS Solutions，2017，21：551-559.

[22] 王可东. Kalman 滤波算法基础及 MATLAB 仿真[M]. 北京：北京航空航天大学出版社，2019.

[23] Canny J. A computational approach to edge detection[J]. IEEE Transactions on Pattern Analysis and Machine Intelligence，1986，(6)：679-698.

[24] Lowe，D G. Distinctive image features from scale-invariant keypoints [J]. International Journal of Computer Vision，2004，60：91-110.

[25] Zhang Z Y. A flexible camera calibration by viewing a plane from unknown orientations[R]. Technical Report，Microsoft Research，1998.

[26] Mur-Artal R，Montiel J，Tardós J. ORB-SLAM：A versatile and accurate monocular SLAM system[J]. IEEE Transactions on Robotics，2015，31(5)：1147-1163.

[27] Meng C，Li Z X，Sun H C，et al. Satellite pose estimation via single perspective circle and line[J]. IEEE Transactions on Aerospace and Electronic Systems，2018，54：3084-3095.

[28] Wang K D，Xu X H，Gao W，et al. Linearized in-motion alignment for a low-cost INS[J]. IEEE Transactions on Aerospace and Electronic Systems，2020，56(3)：1917-1925.

[29] 杨勇，王可东. 等值线匹配算法的地形适应性研究[J]. 宇航学报，2010，31(9)：2177-2183.

[30] Wang K D，Zhu T Q，Gao Y F，et al. Efficient terrain matching with 3D Zernike moments[J]. IEEE Transactions on Aerospace and Electronic Systems，2019，55(1)：226-235.

[31] Wang K D，Zhu T Q，Wang J L. Impact of terrain factors on the matching

performance of terrain-aided navigation[J]. Navigation-the Institute of Navigation, 2019, 66(2): 451-462.

[32] Wang K D, Zhu T Q, Qin Y J, et al. Integration of star and inertial sensors for spacecraft attitude determination[J]. Journal of Navigation, 2017, 70: 1335-1348.

[33] 房建成，宁晓琳，刘劲. 航天器自主天文导航原理与方法[M]. 第 2 版. 北京：国防工业出版社，2017.

[34] 秦永元，张洪钺，汪叔华. 卡尔曼滤波与组合导航原理[M]. 第 2 版. 西安：西北工业大学出版社，2012.

[35] Sarlin P E, DeTone D, Malisie wicz T, et al. SuperClue: learning feature matching with graph neural networks [C]. Proceedings of the IEEE/CVF conference on computer vision and pattern recognition, 2020, 4937-4946.

[56] Mildenhall B, Srinivasan P P, Tancik M, et al. NeRF: representing scenes as neural radiance fields for view synthesis[C]. Proceedings of the 16th European Conference on Computer Vision, 2020, 30.